剑 桥 科 学 史

第六卷

现代生物科学和地球科学

本书是备受推崇的《剑桥科学史》的第六卷，专门论述自 1800 年以来生命科学和地球科学的历史。它详细、权威地介绍了关于这些科学领域的重大事件、知识产生的社会与文化环境以及重大理论与应用创新产生的广泛影响等方面的历史思考。各章由公认的专家撰写，他们简明地介绍了最新的历史思考，并对最重要的近期文献提供指南。除了传统科学学科的历史，本卷还涵盖了诸如遗传学、生物化学和地球物理学这些新学科的兴起。科学技术与其在医学等领域的实际应用的相互作用，是本书的一个重点。本书的另一个重点是涵盖了一些有争议的领域，例如科学与宗教以及环保主义的关系。

彼得 · J. 鲍勒是贝尔法斯特英国女王大学的科学史教授。他于 2004～2006 年担任英国科学史学会会长，是爱尔兰王家科学院、英国国家学术院的院士和美国科学促进会的会士。他撰写了多部著作，包括剑桥大学出版社 1996 年出版的《查尔斯 · 达尔文：其人及其影响》(*Charles Darwin: The Man and His Influence*)。

约翰 · V. 皮克斯通是曼彻斯特大学维康研究教授。他创建了该校的科学、技术和医学史研究中心并一直到 2002 年担任中心主任。他已撰写了许多著作和论文，包括《认识方式：科学、技术和医学新史》(*Ways of Knowing: A New History of Science, Technology and Medicine*, 2000)，与朱莉 · 安德森(Julie Anderson)和弗朗西斯 · 内亚里(Francis Neary)合著的《外科医生、厂家和病人：全髋关节置换术在大西洋两岸的历史》(*Surgeons, Manufacturers and Patients: A Transatlantic History of the Total Hip Replacement*, 2007)。

第六卷译者

方是民　方在庆　梁国雄　张瑞峰　胡　炜
刘国伟　欧阳瑾　杨　健　李　晓　贺　葵
王书宗　陈满键　汪　浩　傅玉辉　雷　煜
黄尚永

方是民,1967年生,福建云霄人。1990年毕业于中国科学技术大学生物系,1995年获美国密歇根州立大学生物化学博士学位,先后在罗切斯特大学生物系、索尔克生物研究院做博士后研究,研究方向为分子遗传学。其作品主要有《科学成就健康》《方舟子带你走近科学》《方舟子自选集》等。

方在庆,1963年生,湖北天门人。1983年毕业于吉林大学物理系,1991年在武汉大学获哲学博士学位。曾任教于清华大学、德国慕尼黑大学;2002年起任中国科学院自然科学史研究所研究员,长期从事爱因斯坦、德国的科学与文化研究,出版与爱因斯坦有关的著作和译作十余种,其中编译的《我的世界观》获第十四届文津图书奖。

剑 桥 科 学 史

总主编

戴维·C. 林德博格

罗纳德·L. 南博斯

第一卷

《古代科学》(*Ancient Science*)

亚历山大·琼斯和利巴·沙亚·陶布主编

第二卷

《中世纪科学》(*Medieval Science*)

戴维·C. 林德博格和迈克尔·H. 尚克主编

第三卷

《现代早期科学》(*Early Modern Science*)

凯瑟琳·帕克和洛兰·达斯顿主编

第四卷

《18 世纪科学》(*Eighteenth-Century Science*)

罗伊·波特主编

第五卷

《近代物理科学与数学科学》(*The Modern Physical and Mathematical Sciences*)

玛丽·乔·奈主编

第六卷

《现代生物科学和地球科学》(*The Modern Biological and Earth Sciences*)

彼得·J. 鲍勒和约翰·V. 皮克斯通主编

第七卷

《现代社会科学》(*The Modern Social Sciences*)

西奥多·M. 波特和多萝西·罗斯主编

第八卷

《国家、跨国和全球背景中的现代科学》

(*Modern Science in National, Transnational, and Global Context*)

戴维·N. 利文斯通和罗纳德·L. 南博斯主编

戴维·C. 林德博格是威斯康星大学麦迪逊分校科学史希尔戴尔讲席荣誉教授、人文学科研究所前任所长。他撰写或主编过 12 部关于中世纪科学史和现代早期科学史的著作,包括《西方科学的起源》(*The Beginnings of Western Science*, 1992)。此前,他和罗纳德·L. 南博斯共同主编《上帝和自然:基督教遭遇科学的历史论文集》(*God and Nature: Historical Essays on the Encounter between Christianity and Science*, 1986)和《当科学与基督教相遇》(*When Science and Christianity Meet*, 2003)。他是美国艺术与科学院院士,科学史学会萨顿奖章获得者,也是该学会的前任会长(1994～1995)。

罗纳德·L. 南博斯是威斯康星大学麦迪逊分校科学史与医学史希尔戴尔讲席教授,自 1974 年以来一直在该校任教。作为美国科学史和医学史方面的专家,他已撰写或主编了 20 多部著作,包括《神创论者》(*The Creationists*, 1992, 2006),《教士和教友的科学和基督教》(*Science and Christianity in Pulpit and Pew*, 2007),以及即将出版的《科学与美国人》(*Science and the Americans*)。他是美国艺术与科学院院士,科学史旗舰杂志《爱西斯》(*Isis*)前任主编,并担任过美国教会史学会会长(1999～2000)、科学史学会会长(2000～2001)、国际科学史与科学哲学联合会科学技术史分会会长(2005～2009)。

剑桥科学史

第六卷

现代生物科学和地球科学

主编
[英]彼得·J. 鲍勒
(Peter J. Bowler)
[英]约翰·V. 皮克斯通
(John V. Pickstone)

方是民　方在庆　主译

中原出版传媒集团
中原传媒股份公司

大象出版社
·郑州·

图书在版编目(CIP)数据

现代生物科学和地球科学 /(英) 彼得 · J. 鲍勒,
(英) 约翰 · V. 皮克斯通主编；方是民，方在庆主译. —
郑州：大象出版社，2023. 2
(剑桥科学史;6)
ISBN 978-7-5711-1706-1

Ⅰ. ①现… Ⅱ. ①彼… ②约… ③方… ④方…
Ⅲ. ①生命科学-科学史-世界-近现代②地球科学-科学史
-世界-近现代 Ⅳ. ①Q1-0②P

中国版本图书馆 CIP 数据核字(2023)第 006901 号

著作权合同登记号:图字 16-2004-37

剑桥科学史 · 第六卷

现代生物科学和地球科学

XIANDAI SHENGWU KEXUE HE DIQIU KEXUE

(英)彼得 · J. 鲍勒 (英)约翰 · V. 皮克斯通 主编

方是民 方在庆 主译

出 版 人 汪林中
责任编辑 刘东蓬 杨 倩 耿晓谕 徐湆琪
责任校对 牛志远 张绍纳 万冬辉 安德华
书籍设计 美 霖
责任印制 郭 锋

出版发行 大象出版社(郑州市郑东新区祥盛街 27 号 邮政编码 450016)
发行科 0371-63863551 总编室 0371-65597936
网 址 www.daxiang.cn
印 刷 河南新华印刷集团有限公司
经 销 各地新华书店经销
开 本 787 mm×1092 mm 1/16
印 张 38
字 数 1046 千字
版 次 2023 年 2 月第 1 版 2023 年 2 月第 1 次印刷
定 价 378.00 元
若发现印、装质量问题,影响阅读,请与承印厂联系调换。
印厂地址 郑州市经五路 12 号
邮政编码 450002 电话 0371-65957865

目　录

插 图 目 录

撰稿人简介

帕斯卡尔·阿科特在法国国家科学研究中心从事科学生态学史的研究。1998年，他指导撰写一部集体著作《科学生态学的欧洲起源》(*The European Origins of Scientific Ecology*,2卷,包括光盘)。他还和合作者撰写了11卷百科全书《生物圈》(*Biosphera*)，在美国翻译出版时名为《生物圈的概念》(*The Concept of Biosphere*)。他最新的著作是《气候史》(*Histoire du Climat*)。

戴维·E. 艾伦是伦敦大学学院维康信托基金会医学史中心的研究助理和伦敦自然史博物馆的科学助理。他获得过剑桥大学科学史和科学哲学的博士学位,在退休前是科研管理人员。

奥尔加·阿姆斯特丹斯卡在阿姆斯特丹大学教科学与医学的社会研究。她的研究集中在生物医学科学的发展、流行病学史和20世纪医学中实验室、临床与公共卫生的相互关系。她是《科学、技术与人类价值观》(*Science, Technology, and Human Values*)的前任主编,《科学技术研究手册》(*Handbook of Science and Technology Studies*, 2007)的主编之一。

基思·R. 本森是一名生物学历史学家,特别对北美洲生物学史、海洋科学史、发育生物学史、生物学与社会感兴趣。他是英属哥伦比亚大学的历史学教授。他是《美国生物学的发展》(*The Development of American Biology*)和《美国生物学的扩张》(*The American Expansion of Biology*)的共同主编,雅克·罗歇的经典著作《18世纪法国思想中的生命科学》(*The Life Sciences in Eighteenth-Century French Thought*)的新译本的主编,由多名作者撰写的海洋学史著作《海洋学史:太平洋及更远处》(*Oceanographic History: The Pacific and Beyond*)的共同主编(另一位主编是菲利普·雷博克)。他是国际生物学史、哲学与社会研究学会的现任财务主管,《生命科学的历史与哲学》(*History and Philosophy of the Life Sciences*)的总编辑。

斯蒂芬·博金是安大略省彼得伯勒市的特伦特大学科学史与环境史的教授。他最近的著作包括《大自然的专家：科学、政治与环境》（*Nature's Experts: Science, Politics, and the Environment*，2004），《加拿大的生物多样性：生态学、观念和行动》（*Biodiversity in Canada: Ecology, Ideas, and Action*，2000），《生态学家与环境政治学：当代生态学史》（*Ecologists and Environmental Politics: A History of Contemporary Ecology*，1997）。

彼得·J. 鲍勒是贝尔法斯特英国女王大学科学史教授。他于2004～2006年担任英国科学史学会会长，是爱尔兰王家科学院、英国国家学术院的院士和美国科学促进会的会士。他撰写了多部著作，包括剑桥大学出版社1996年出版的《查尔斯·达尔文：其人及其影响》（*Charles Darwin: The Man and His Influence*）。

罗伯特·巴德是伦敦科学博物馆医学分馆馆长。他领导该博物馆的主要网上项目"精巧的（*Ingenious*）"和"制造现代世界（*Making the Modern World*）"，并在2009年开始参与创建该馆现今的医学展厅网站。他有几项荣誉职务，包括剑桥大学科学史与科学哲学系兼职学者，伦敦大学学院科学技术研究系名誉资深研究员，伯贝克学院历史、古典文学与考古系名誉研究员。他的著作包括《生命的用途：生物技术史》（*The Uses of Life: A History of Biotechnology*，1994）和《青霉素：胜利与悲剧》（*Penicillin: Triumph and Tragedy*，2007）。

理查德·M. 伯里安在匹兹堡大学完成其哲学博士学位，研究自达尔文以来发育、进化与遗传的相互作用。他是弗吉尼亚理工学院暨州立大学哲学系的前任主任和科学技术研究专业的主任，国际生物学历史、哲学与社会研究学会的前任会长，最近出版《发育、遗传与进化的认识论论文：论文选》（*Epistemological Essays on Development, Genetics, and Evolution: Selected Essays*，2005）。

尤金·西塔迪诺曾在哈佛大学、布兰戴斯大学、加利福尼亚大学、威斯康星大学和纽约大学教科学史、医学史、环境史和科学技术研究。他的主要研究兴趣在于生命科学（特别是生态学、植物学和进化生物学）的历史和社会关系。

马里奥·A. 迪格雷戈里奥是意大利拉奎拉大学科学史教授，南非开普敦大学客座教授。他曾经是剑桥大学达尔文学院的研究员、历史系的兼职讲师，加利福尼亚大学洛杉矶分校的客座教授。他撰写了《T. H. 赫胥黎在自然科学中的地位》（*T. H. Huxley's Place in Natural Science*，1984）、《查尔斯·达尔文的旁注》（*Charles Darwin's Marginalia*，与N. W. 吉尔合著，1990）、《从这里走向永恒：恩斯特·海克尔与科学信仰》（*From Here to Eternity: Ernst Haeckel and Scientific Faith*，2005）。他也是歌剧演唱者（低男中音）和演员。

xix

亨利·弗兰克尔是密苏里大学堪萨斯分校哲学教授。他由于围绕理论选择的哲学问题而对大陆漂移的争论产生了兴趣，但是他现在对有关该争论的纯历史方面同样感兴趣。在美国国家科学基金会、美国国家人文学科基金、美国哲学学会、密苏里州堪萨斯市琳达·霍尔图书馆、密苏里大学研究委员会以及他所在学校的支持下,他正在为剑桥大学出版社完成一部3卷本著作《关于大陆漂移的争论》(*The Controversy over Continental Drift*)。

让-保罗·戈迪埃是科学与医学史学家,法国国家卫生与医学研究所资深研究员。他研究20世纪生物学研究和医学研究的转变,目前正在撰写生物疗法的历史。他已出版《发明生物医学》(*Inventer la biomédecine*,2002;英译本即将出版)和《医学与科学:19和20世纪》(*La médecine et les sciences: XIXème-XXème siècles*,2006)。他最近主编《生物学和生物医学科学历史和哲学研究》(*Studies in History and Philosophy of the Biological and Biomedical Sciences*)关于药物轨迹的特刊(2005年)和《技术史》(*History of Technology*)的"药物怎样才能受到专利保护"特刊(2008年6月)。

莫特·T. 格林是地球科学史学家,普吉特海湾大学科学、技术与社会专业主任。他是《19世纪的地质学》(*Geology in the Nineteenth Century*,1982)的作者,《地球科学史》(*Earth Sciences History*)期刊的前任主编。

安妮·哈林顿是哈佛大学科学史系教授和系主任,伦敦政治经济学院医学史客座教授,在那里她共同主编新杂志《生物社会》(*Biosocieties*)。她共同领导哈佛大学的"心理、脑与行为创新项目"(www. mbb. harvard. edu)达6年。她撰写了《医学、心理与双脑》(*Medicine, Mind and the Double Brain*,1987)、《复魅的科学》(*Reenchanted Science*,1997)和《内在的疗法:心—身医学史》(*The Cure Within: A History of Mind-Body Medicine*)。她主编的文集包括《安慰剂效应》(*The Placebo Effect*,1997)、《怜悯的愿景》(*Visions of Compassion*,2000)和《达赖喇嘛在麻省理工学院》(*The Dalai Lama at MIT*,2006)。她目前在研究精神病学的新综合史,以及对文学作品叙述患有大脑疾病的"感觉"产生新兴趣的意义。

乔纳森·哈伍德是曼彻斯特大学科学、技术与医学史中心的科学技术史教授。他的研究兴趣包括1870~1945年的生物学(特别是遗传学)的历史,德国教授职务的社会史和农业科学史。他最新的著作是《技术的两难:德国科学与应用之间的农学院(1860~1934)》(*Technology's Dilemma: Agricultural Colleges between Science and Practice in Germany, 1860-1934*,2005)。他目前在写一部关于"对农民有利"的作物培植的盛衰的著作。

XX

乔纳森·霍奇写过关于布丰和拉马克,费歇尔和赖特,莱伊尔、达尔文和华莱士的历史著作,并写过关于自然选择理论的哲学著作。他目前正在主编《剑桥达尔文研究指南》(*The Cambridge Companion to Darwin*)的第2版,并在撰写关于莱伊尔和关于查尔斯·达尔文的早年的专著。

尼克·霍普伍德是剑桥大学科学史和科学哲学系的高级讲师,他在那里教授现代医学史和生物学史,正在研究胚胎学的视觉文化。他以前是发育生物学家,是《蜡质胚胎:齐格勒工作室的模型》(*Embryos in Wax: Models from the Ziegler Studio*,2002)的作者和《模型:科学的第三维》(*Models: The Third Dimension of Science*,2004)的共同主编。

马克·杰克逊是埃克塞特大学医学史教授、医学史中心主任。他在1985年获得医学学位之后,转而研究杀婴的社会史、智力低下的历史和过敏疾病的历史。他目前在研究精神紧张的历史,特别注重研究谢耶·汉斯(1907～1982)。他的著作包括《新生儿谋杀:18世纪英格兰的妇女、私生和法庭》(*New-Born Child Murder: Women, Illegitimacy and the Courts in Eighteenth-Century England*,1996)、《低能的边界:维多利亚后期和爱德华时期英格兰有关智力低下的医学、社会和虚构》(*The Borderland of Imbecility: Medicine, Society and the Fabrication of the Feeble Mind in Late Victorian and Edwardian England*,2000)和《变态反应:一种现代病的历史》(*Allergy: The History of a Modern Malady*,2006)。

理查德·L. 克雷默是达特茅斯学院历史副教授。他目前在研究大学实验室、实验实践、科学仪器及其制造者。他已出版的著作包括《研究、测量、实验:达特茅斯学院科学仪器的故事》(*Study, Measure, Experiment: Stories of Scientific Instruments at Dartmouth College*,2005)、《赫尔曼·冯·亥姆霍兹致妻子的信》(*Letters of Hermann von Helmholtz to His Wife*,1990)和许多关于19世纪德国大学的文章。

苏珊·C. 劳伦斯是内布拉斯加大学林肯分校历史副教授。她的著作《慈善的知识:18世纪伦敦的医院学生和从业者》(*Charitable Knowledge: Hospital Pupils and Practitioners in Eighteenth-Century London*)出版于1996年。她目前正在撰写一部关于从18世纪到现在英美医学教育中人体解剖的历史著作。

苏珊·E. 莱德勒是威斯康星大学医学与公共卫生学院医学史与生物伦理学罗伯特·特里尔讲席教授、医学史与生物伦理学系主任。她是美国医学史和医学伦理史学家,是《服从科学:第二次世界大战之前美国的人类试验》(*Subjected to Science: Human Experimentation in America before the Second World War*,1995)的作者,并担任克林顿总统的人类辐射实验顾问委员会的委员。她最新的著作是《肉与血:20世纪美国移植和输血的文化史》(*Flesh and Blood: A Cultural History of Transplantation and Transfusion in Twentieth-Century America*,2008)。

保罗·卢西尔是地球科学和环境方面的历史学家。他是几篇文章和《科学家与骗子:美国煤与石油的咨询业务(1820～1890)》(*Scientists and Swindlers: Consulting on

Coal and Oil in America, 1820–1890,2008)一书的作者。他目前在研究美国西部的金银矿业的历史。

罗伊·麦克劳德是悉尼大学历史学荣誉教授。他曾就读于哈佛大学和剑桥大学,在科学、医学和技术的社会史与政治史方面有众多著述。他是《科学的社会研究》(*Social Studies of Science*)的共同创办主编和《密涅瓦》(*Minerva*)的现任主编。

拉塞尔·C. 毛利兹是德雷塞尔大学医学院教授和CHI系统公司的管理医学信息科学家,这两家机构都在费城。在德雷塞尔大学,他教授医学信息学,并偶尔通过其医学人文学系举办医学史讲座。他出版的著述关注美国和西欧的现代临床医学和病理学。他有关19世纪的病理学的专著《病态外观》(*Morbid Appearances*)在2002年重新发行简装本。

詹姆斯·R. 穆尔是开放大学的科学史学家。他曾在剑桥大学、哈佛大学、圣母大学和麦克马斯特大学教学,著作包括《后达尔文时代的争论》(*The Post-Darwinian Controversies*,1979)、《达尔文传奇》(*The Darwin Legend*,1994)和《达尔文》(*Darwin*,1991)(与阿德里安·德斯蒙德合著)。穆尔正在撰写一本关于艾尔弗雷德·拉塞尔·华莱士的传记。

戴维·R. 奥尔德罗伊德是位于悉尼的新南威尔士大学科学史和科学哲学学院的名誉客座教授,他曾是其讲席教授,于1996年退休。他最近的主要兴趣在地质学史领域,这方面他已撰写了几部著作,包括《思考地球》(*Thinking about the Earth*)(被译成德文、土耳其文和中文)*、《土、水、冰和火:英格兰湖区200年的地质学研究》(*Earth, Water, Ice and Fire: Two Hundred Years of Geological Research in the English Lake District*)、《里斯本大地震图集》(*The Iconography of the Lisbon Earthquake*)(与J. 科扎克合著)和《地球周期:历史的方法》(*Earth Cycles: A Historical Approach*)。他曾担任地质科学史国际委员会秘书长一职达8年,其地球史工作获得伦敦地质学会和美国地质学会的奖励。

约翰·V. 皮克斯通自1974年起在曼彻斯特大学工作,并于1986年创建了维康医学史研究部和科学、技术和医学史研究中心。自2002年起,他担任维康研究教授。他早期从事生理学史、英格兰西北部医学史和医学创新史方面的研究。他最近的著作包括《认识方式:科学、技术和医学新史》(2000)、《20世纪医学手册》(*Companion to Medicine in the Twentieth Century*,2002)(与罗杰·库特合编)和《外科医生、厂家和病人:全髋关节置换术在大西洋两岸的历史》(2007)(与朱莉·安德森和弗朗西斯·内亚里合著)。

* 也译为《地球探赜索隐录》,杨静一译,上海科技教育出版社,2006年版。——译者注

xxii 罗纳德·雷恩杰是得克萨斯理工大学历史学教授,他在那里教授科学技术史。在过去的几年内,他研究海洋学史,但最近他又接着从事早先的古生物学史研究。他正在从事一个有关美国古生物学的项目。

杰弗里·C. 尚克是加利福尼亚大学戴维斯分校心理系副教授。他从芝加哥大学获得博士学位,并在印第安纳大学做过有关动物行为的博士后研究。

托马斯·瑟德奎斯特是哥本哈根大学医学史教授和医学博物馆馆长。他出版的有关20世纪生命科学史的著作包括《生态学家》(*The Ecologists*,1986)和《当代科学、技术和医学编史学》(*The Historiography of Contemporary Science, Technology and Medicine*,2006)(共同主编),有关科学传记的著作包括《作为自传的科学》(*Science as Autobiography*,2003)和《科学传记的历史和诗学》(*The History and Poetics of Scientific Biography*,2007)(主编)。他现在的研究兴趣是科学编史学与当前生物医学物质文化之间的边缘区域。

克雷格·R. 史迪威在南俄勒冈大学教授科学技术研究。他的研究包括生物学史和医学史,着重于免疫学方面。

约翰·P. 斯万从威斯康星大学获得科学史博士与药学博士学位。在1989年担任美国食品药品监督管理局历史学家之前,他曾在史密森学会做博士后研究,并在得克萨斯大学医学分部从事研究。他的著述关注药物、生物医学研究、制药业的历史和管理史。他正在撰写一本关于减肥药和肥胖症的历史著作。

查尔斯·特沃迪从印第安纳大学获得科学(以及认知科学)的历史和哲学的博士学位。他曾在莫纳什大学和两家小公司从事因果推理和概率推理方面的研究。他发表过关于因果关系、批判性思维教学、算法可压缩性和玛雅天文学方面的著述。

玛丽·P. 温莎曾在哈佛大学和耶鲁大学学习,并在伍兹霍尔和比较动物学博物馆做过暑期工作。她于1969年成为多伦多大学教员,现在是该校荣誉教授。她是《海星、水母及生命的秩序》(*Starfish, Jellyfish, and the Order of Life*)和《阅读自然的形态》(*Reading the Shape of Nature*)的作者。

xxiii 迈克尔·沃博伊斯是曼彻斯特大学科学、技术和医学史研究中心和维康医学史研究部的主任。他研究1860~1920年英国殖民地科学、热带医学和细菌致病论的历史。他长期以来也对传染病的历史感兴趣,包括结核病、淋病和天花在印度的控制。他正在从事的研究项目包括英国狂犬病(与尼尔·彭伯顿合作)、20世纪真菌疾病(与丰明绫合作)和1890~1920年英国细菌学实验室的历史。

多丽丝·T. 扎伦从哈佛大学获得博士学位,是弗吉尼亚理工学院暨州立大学科学技术研究教授。她曾经是实验室科学家，现在研究与遗传医学领域的进展有关的社会、伦理和政治问题。她是《它是家族遗传的吗？遗传病 DNA 检测的消费者指南》(*Does It Run in the Family? A Consumer's Guide to DNA Testing for Genetic Disorders*, 1997)的作者。

（方是民　译）

总主编前言

出版《剑桥科学史》的想法最早是剑桥大学出版社科学史方面的前主编亚历克斯·霍尔兹曼想到的。1993 年,他邀请我们提交一份报告,申请出版多卷本科学史著作,要将它列入著名的剑桥历史系列,该系列始于近一个世纪前出版阿克顿勋爵的 14 卷本《剑桥现代史》(*Cambridge Modern History*,1902～1912)。由于被说服了有必要出版一部综合性科学史,并相信时机很有利,我们接受了这个邀请。

虽然人类对我们所谓"科学"的发展的思索可以追溯到古代,但是直到进入 20 世纪好多年后科学史才作为一个独立的学科出现。1912 年,为科学史的学科建立做出无与伦比的贡献的比利时科学家和历史学家乔治·萨顿(1884～1956)开始出版《爱西斯》,这是一本专门用于研究科学史及其文化影响的国际评论杂志。12 年后,他帮助创建科学史学会,该学会到 20 世纪结束时已吸引了大约 4000 名个人和机构会员。1941 年,威斯康星大学成立科学史系,是后来在世界范围内出现的许多个这种科系的第一个。

自萨顿时代以来,科学史学家已撰写了一批专著和论文,但是他们一般回避撰写和编撰较广泛的综述。萨顿本人在一定程度上受到剑桥历史系列的启发,曾经计划撰写一部 8 卷本《科学史》(*History of Science*),但是他只完成了最初的两本(1952,1959),内容结束于基督教的诞生。他的 3 卷本巨著《科学史导论》(*Introduction to the History of Science*,1927～1948),更像是一部参考书而不是历史叙述,而且从未写到中世纪之后。以前最接近《剑桥科学史》的著作是勒内·塔顿主编的 3 卷(4 本)《科学通史》(*Histoire Générale des Sciences*,1957～1964),英译本的书名为 *General History of the Sciences*(1963～1964)。塔顿的书刚好编于科学史研究在上个世纪开始繁荣之前,很快就过时了。在 20 世纪 90 年代,罗伊·波特开始主编非常有用的丰塔纳科学史(Fontana History of Science)系列(在美国作为诺顿科学史[Norton History of Science]系列出版),每卷专门介绍一个学科,由一个作者撰写。

《剑桥科学史》由 8 卷组成,前 4 卷从古代到 18 世纪按年代顺序编排,后 4 卷按主题组织,涵盖 19 和 20 世纪。来自欧洲和北美的杰出学者一起组成本系列的编委会,

并分别主编以下各卷:

第一卷:《古代科学》(*Ancient Science*),主编:亚历山大·琼斯,多伦多大学;利巴·沙亚·陶布,剑桥大学。

第二卷:《中世纪科学》(*Medieval Science*),主编:戴维·C. 林德博格和迈克尔·H. 尚克,威斯康星大学麦迪逊分校。

第三卷:《现代早期科学》(*Early Modern Science*),主编:凯瑟琳·帕克,哈佛大学;洛兰·达斯顿,柏林马克斯·普朗克科学史研究所。

第四卷:《18 世纪科学》(*Eighteenth-Century Science*),主编:罗伊·波特,已故,伦敦大学学院维康信托基金会医学史中心。

第五卷:《近代物理科学与数学科学》(*The Modern Physical and Mathematical Sciences*),主编:玛丽·乔·奈,俄勒冈州立大学。

第六卷:《现代生物科学和地球科学》(*The Modern Biological and Earth Sciences*),主编:彼得·J. 鲍勒,贝尔法斯特英国女王大学;约翰·V. 皮克斯通,曼彻斯特大学。

第七卷:《现代社会科学》(*The Modern Social Sciences*),主编:西奥多·M. 波特,加利福尼亚大学洛杉矶分校;多萝西·罗斯,约翰斯·霍普金斯大学。

第八卷:《国家、跨国和全球背景中的现代科学》(*Modern Science in National, Transnational, and Global Context*),主编:戴维·N. 利文斯通,贝尔法斯特英国女王大学;罗纳德·L. 南博斯,威斯康星大学麦迪逊分校。

我们的共同目标是提供一部权威的、最新的科学介绍(从美索不达米亚和埃及最早的有文字社会到 20 世纪末),甚至连外行读者也将会觉得引人入胜。《剑桥科学史》中的论文由来自每个有人居住的大陆的一流专家撰写,探讨人类对自然和社会所做的系统研究,不管它叫什么。("科学"一词直到 19 世纪早期才有了现在的含义。)为了反映科学史研究中一直在拓展的研究方法和主题,参与撰写的作者们除了探讨西方的科学,也探讨非西方的科学;探讨纯科学,也探讨应用科学;探讨精英科学,也探讨通俗科学;探讨科学理论,也探讨科学实践;探讨思想内涵,也探讨文化背景;探讨科学知识的产生,也探讨其传播和接受。乔治·萨顿决不会认识到这种集体合作的作用,但是我们希望我们已实现了他的愿景。

戴维·C. 林德博格
罗纳德·L. 南博斯
(方是民　译)

1

导　　论*

彼得·J. 鲍勒　约翰·V. 皮克斯通

1

这一卷的准备工作对主编和作者来说都是一项艰巨的任务。我们必须制作一个可操作的框架,以此展示多种多样的学科在概念、方法和制度各方面都发生重大变化的一个时期内发展的全貌。同样成问题的是,有必要确保这一展示同时注意到科学史中经久不衰的传统,和最近几十年来编史学的重大创新。我们试图确保既能充分地处理科学各学科本身,又不忽略历史学家对应该如何研究它们的关注。为了能够列出一份可行的主题清单,我们不得不做出某些牺牲。我们希望,其结果具有代表性,但是又绝不至于变成百科全书式的。有些主题虽然是预料中的,却不得不放弃,这是由于没有足够的篇幅来涵盖它们,偶尔也由于主编没能找到愿意在允许的篇幅内综合大量的信息和见解的作者。我们特别意识到,农业及其相关学科几乎没有介绍到,而某些环境学科则无法涉及,包括海洋学和气象学。[1] 编写如此复杂的一个文本,难免出现延误,而且,虽然我们尽力更新各章的文献,但是我们和作者都意识到这个事实,那就是我们的介绍将不会总能反映最新的进展和发表情况。

我们寻求在地球学科与生命学科之间,博物学传统与生物医学学科之间,“旧”学科与“新”学科之间,以及特定学科的发展与更普遍的观点和技术之间达到平衡。我们也试图提醒读者注意到科学编史学的新进展,以及目前学界对科学史与更广泛的社会文化史之间的关系的兴趣。这篇导论试图为那些需要对现代时期的生命科学和地球科学史有一个初步介绍的读者总结这些问题。

2

自从本书主编开始涉足科学史研究以来,这个领域已有很大进步。科学家常常担心对与科学知识的创造有关的社会因素所做的探索,害怕这种对社会背景的探究会导致这种理解,即科学并不比任何其他信仰或价值体系更客观。有些历史学家担心强烈的相对主义研究法会让科学史疏远了它天然的支持者之一——科学家本身。然而,与此同时,实际上所有的职业科学史学家都发现,有必要让自己与通常由那些一时对其

* 为方便读者查找,脚注中的参考文献保留了原文,紧随在译名后的括号中。在不影响读者理解的情况下,省略了原文章名的双引号,用正常体表示;书名、期刊杂志,用斜体表示。(正文中也依此例)——责编注

[1] 参看 Peter Bowler,《丰塔纳/诺顿环境科学史》(*The Fontana/Norton History of the Environmental Sciences*; London: Fontana; New York: Norton, 1992)。关于农业科学的有用注释,参看 Harwood,本卷第 6 章。

领域的发展发生兴趣的科学家所做的历史研究保持距离。这种历史总是有后见之明,用现代的兴趣来决定过去的科学的价值,因此常常歪曲了一些事实,而在历史学家看来,这些事实放在过去时代非常不同的文化和社会背景之中时,是至关重要的。我们需要找到这样一种平衡,既有必要把科学置于适当的背景之中让我们能将它作为人类的一种活动看待,又能顾及科学家的感受,那就是不管受什么样的人类因素影响,科学知识具有某种特殊性,不能简单地把它视为关于自然界的事实。

到了20世纪60年代,科学史已被公认为一门有其核心兴趣和技术的学科。在这个时候,人们还普遍假定,要研究科学如何发展,应该主要关注科学理论。科学史经常与科学哲学(研究科学方法和在探索有关自然界的客观知识的过程中产生的认识论问题)联系在一起。科学知识的产生无疑有哲学、宗教和实际应用等方面的含义,但是对这些问题只有另一派非常不同的“外在主义的”历史学家才有兴趣,他们关心的是科学与外部世界的遭遇。几乎没有哪个“内在主义者”会承认外在因素在一定程度上能影响知识的产生。

同时,没有一个内在主义的历史学家会假称科学仅仅是事实信息的持续累积,正如旧归纳法所暗示的。的确,人们已非常关注那些似乎是通过提出新理论而获得进步的科学领域,这些新理论必须对该领域的所有已知知识重新做出解释。在这个意义上,科学史是思想史的一部分,重大新理论的产生被认为是与改变西方文化的新世界观的出现结合在一起的。诸如日心说天文学、进化论或病菌学说这些概念被当成界定现代世界的特征。但是这些概念革命还被视为由于事实观察的累积产生的谜团或机遇而引发的。寻找以客观词语描述世界的更好方法依然极为重要,而它导致的理论革命所带来的更广泛的影响则仍然被视为次要的现象。在科学界的理论创新与西方科学和文化的更宽阔区域之间,只有单向的影响。每个人都不得不让自己去适应科学进步产生的新思想观念。

这个常常与卡尔·波普尔爵士倡导的科学哲学联系在一起的科学史模型,被科学家普遍接受,因为它保留了这样的主张,那就是新的创新能够简单地解释为试图更好地描述自然界。但是到了1962年,托马斯·S. 库恩的《科学革命的结构》(*Structure of Scientific Revolutions*)已在挑战这个共识,它论证说必须用社会学的观点来理解科学共同体。社会压力帮助维持科学一致性,而多数科学研究是在范式内进行的,这些范式已预先决定了研究项目是有价值的,创新是可接受的。激进的新见解受到抵制,甚至在旧理论很显然已无法解释新的观察结果的时候还是如此——异常情况被掩盖起来,直至危机到来,只有在这个时候科学革命才成为可能。这是个激进的、在当时非常有争议的观点,挑战着科学的客观性。这个挑战也刺激内在主义的历史学家对科学共同体的运作产生兴趣。不久就变得很清楚了,科学理论的创新并非必定是在有关的领域内产生的;有的是从相关的领域传播过来的,或者是被新仪器,或者是被专业教育或实践的新安排推动的。要对知识产生能有一个全面的看法,历史学家必须理解那个时期的社会和经济特点——它的制度以及它的思想观念。

从那以后,科学史变得越来越关注社会学问题,越来越对科学家实际在做什么,要比闭门造车的哲学家说他们应该在做什么,更感兴趣。关注的重点从理论自身越来越转向专业群体,他们确定了科学研究实际上是用什么方式进行的。历史学家现在尤其关注科学研究学派和专业的出现、保持和转变。

历史学家对科学实践越来越大的兴趣,已导致兴趣从经典理论革命转移。在理论革命无法直接与新学科的出现对应起来时,新的研究方法倾向于不再把理论创新作为科学发展的重大转折点来看待。例如,虽然19世纪60年代的达尔文革命无疑对博物学和生命科学已确立领域中的科学家的思想方式有重大影响,但是进化生物学是在很晚以后,到20世纪中叶,才作为一个公认的学科很艰难地确立起来的。我们不应该认定思想观念与结构之间有简单的对应关系,更何况把进化论当成所有生物学科的主要决定因素。对19世纪后期的生物学的许多分支所做的富有成效的研究,都在形态学或生理学等已确立的领域内部出现工作模式的变化这个范围内,很明显这对医学来说是正确的,达尔文主义当时对医学的影响很小,只有优生学除外。

然而,从另一个角度来看,达尔文主义仍然非常重要,其重要性表现在改变或威胁着对世界的共同理解。通过研究进化论,或者通过分析个人和群体看待疾病或瘟疫的方式,我们能够研究专业知识与更普遍的共同的宇宙论的相互影响。人类是不是独特的创造物?疾病是不是一种惩罚?我们能否接受这样的世界,在那里人类的出现或瘟疫的发生有自然的因素,并没有什么意义?我们不再想当然地以为影响只是单向的,也就是从科学的远见卓识到更广泛的社会和文化发展。科学不仅嵌入其自身的社会结构之中,也嵌入整个社会之中,这个事实现在被视为影响着科学创新的创造方式。

科学家有宗教信仰和哲学观点;他们也许还有政治观点,有意识地进行表达,并且无形中受到隐藏在他们生活的社会中更广泛的意识形态的影响。他们也有实际的考虑,关于他们的职业地位的,以及关于他们的工作如何能应用于医学和技术。历史学家现在常规性地期望发现这些因素影响到科学家对研究课题的选择,以及他们倾向于支持或发展什么样的理论。虽然不必步激进社会结构主义的后尘,但是很少有历史学家会否认19世纪早期对大脑功能的解释与社会阶级密切相关,或者,达尔文的理论表明他受到他成长环境中的个人主义的社会哲学的影响。的确,最好的现代编史学寻求把意识形态的背景与详细的技术工作结合起来。

除了愿意承认局部的职业环境的影响,还有些历史学家进一步意识到我们对过去的认识,是被现在的观点所左右的。在一定程度上,英语国家的历史学家用还在他们本国的科学意识中流行的兴趣和价值观来界定过去的科学大革命。例如,研究进化论的历史学家对查尔斯·达尔文的关注程度,反映了英语国家的科学家更致力于把自然选择的遗传理论作为界定其领域的特征。法国或德国科学史学家在寻求描述进化论在他们自己的国家发挥的作用时,会用很不一样的观点来看待达尔文的影响。他们可

5 能更多地关注博物馆和大学,而不是博物学、野外地质学和勘探工作,并更可能把细胞理论和形态学视为19世纪“生物学”的主要活动。结果,他们也更可能强调生物学和医学之间的联系。

英美生物学史学家对达尔文主义的影响的集中关注对其他领域也有“连锁”反应。把关于查尔斯·莱伊尔的均变论的争论作为界定科学地质学崛起的特征来对待,这么做的原因几乎可以肯定是由于他的方法学标志着向达尔文主义迈出了重要一步。但是欧洲大陆的地质学家则很少关注莱伊尔,因而会把关于其学说的争论当成小插曲而忽略掉。本卷多数章是由在英美学界受训练的历史学家撰写的。然而,因为题为“地质学”的一章是由一位研究欧洲大陆的地质学的专家撰写的,莱伊尔的影响根据欧洲大陆的传统相应地被降低了。

读者也应该注意,新近有关生物医学科学的著述大多是那些除了对科学感兴趣,还对医学及其实践感兴趣的历史学家写的。他们倾向于强调“科学实践”是如何与诊断相关联的,并不得不注意到多数医学专家在其中工作的复杂的、一直在改变的社会环境和行业环境。结果,医学史编年与科学史编年相比往往有所差异。

物理科学史学家喜欢关注17世纪的科学革命,有些生物学史学家试图跟着他们去强调威廉·哈维的机械生物学、定量研究或实验的重要性。其他生物学史学家则关注达尔文主义或更一般的进化论,他们相信这一关键概念使得生物学成为科学。但是医学史学家通常关注在大革命之后的巴黎医院中建立起来的临床医学,不只是组织损伤这一新的疾病概念,而且还有一整套相关的实践,临床检查(和尸检)因此取代病人叙述成为定义疾病性质的方法。有的历史学家会看到焦点后来转移到实验室,医学科学家在那里创造出新的检验方法和新的实验方式,因此到19世纪末,生理学和细菌学越来越成为让临床医生获得他们渴望获得的信息的关键学科。

但是,一般而言,我们很容易看出这类方法的变动不是作为替换,而是作为补充,新的关注点和步骤被添加进去,常常是通过论证它们比长期使用而且难以舍弃的做法更重要。因此病人的叙述和临床检查在多数医学领域都作为重要的方式保留下来,而在某些领域(例如精神分析学),病人叙述仍然是主要方式。在生物科学的发展中,特6 定地区的分类学和自然史仍然重要,即使多数生物学家也许更有兴趣用细胞、蛋白质或DNA的模式分析身体,或从事生理学或生物化学系统的实验。[2]

因此,医学或许能够教会科学史学家在解释科学工作时,不要那么“线性”,要更多元化一些。我们肯定能够看出,对机构内科学和医学工作的关注,如何提供了一个社会历史框架,让我们得以确定生物医学的理论和实践在19和20世纪的发展。它也是一个联结和比较西方处于领导地位的国家和帝国的框架,特别是通过它们的教育政策

〔2〕 有关这种看待科学的方式,参看 John V. Pickstone,《认识方式:科学、技术和医学新史》(*Ways of Knowing: A New History of Science, Technology and Medicine*, Manchester: Manchester University Press, 2000; Chicago: University of Chicago Press, 2001)。

和经济活动。看来值得概述一下这个框架,希望它将能用于联结本卷后面各章并为它们提供基础。[3]

现在很少有历史学家在试图理解乔治·居维叶和让-巴蒂斯特·德·莫内·拉马克的动物学,或是格扎维埃·比沙和弗朗索瓦·马让迪的医学时,不提及大革命之后法国政府创建的新机构或改革的机构。这些机构为那些知识分子提供了财政支持和机构力量,他们把自己视为学科的改革者和教科书、杂志和权威藏品的创造者。19世纪早期法国的名牌机构是国立博物馆、医院和职业学校(而不是大学),这有助于形成技术精英与政府关系密切的传统,以及在政府支持的知识分子和天主教教会之间长期的对立。那些19世纪早期的机构,是分析动物学、植物学、地层学和普通解剖学的发展,以及化学在植物、动物和人类方面的种种应用的背景。那也是在19世纪下半叶克洛德·贝尔纳和路易·巴斯德在它的*外面*找到方法发展他们的实验室的背景。在20世纪,特别是自从60年代以来,法国有名的科学研究多数是由政府直接支持的机构支持的,而不是通过大学支持的。

相比之下,德国科学是在19世纪20年代开始被新成立的或改革后的大学塑造的,这些大学享有相当程度的自主权,并通过鼓励"研究"来争夺教员和学生。最近有证据表明当时德国各邦国的发展动力常常既是教育和文化的,也是经济的,但是这不应该掩盖了大学这个新观念所具有的长期、全球的重要性,即大学作为研究者的共同体,致力于发展他们的"专业",各专业的学生本身也是潜在的研究者。这是一个增加知识的机器,可与现代资本主义的再生产能力相媲美。正是在德国,大约从1860年开始,在大学科学家(特别是化学家)、寻找新产品的工业公司和急于推动(最新的)工业化建设的政府之间形成了系统的联系。到19世纪90年代,德国在有机化学、染料和新药等方面领先世界,也是新兴的电子工业的积极参与者。德国科学和许多德国文化一样,为"文明国家"定下了标准。德国是细胞理论和医学细菌学,农业化学和森林学,形态学和胚胎学,以及生物科学和医学科学中的实验应用的发源地。实验生理学虽然起源于法国,却在很大程度上是在德国大学里发展出来的,并在那里拓展到植物生理学和临床科学。在1890年,一个具有科学头脑的英国医生将会试图在一个德国实验室学习一段时间(虽然一名谨慎的病人也许更愿意接受哈利街[Harley Street]*精英提倡的临床经验)。

北欧和东欧各国首都的大学,以及美国南北战争之后较好的州立大学和私立大学都在不同程度上成功地模拟了德国大学的科学。但是在美国,特别是在英国,德国舶来品与面向贵族和未来的神职人员的传统高等教育形式共存,也与天才业余爱好者占突出地位的科学界共存。在19世纪后期,富裕的业余爱好者继续在科学精英中扮演

[3] 也可参看后面关于机构、特别是大学的各章,并参看本系列第七卷的国家科学史。(应该是第八卷《国家、跨国和全球背景中的现代科学》——责编注)

* 哈利街是伦敦医生集中居住的一条街。——译者注

重要的角色，而且，在博物学的某些领域，在精英和众多业余收藏者之间有着重要的联系。虽然苏格兰的医学教育是以大学为基础的，但是英格兰和美国的多数医学教育是以慈善医院或临床医生开的私人医学院为基础的。一直到第一次世界大战之后，私人医学院在美国都有特别突出的地位。

在英国，更老的科学教育模式和与大帝国国力相应的科学探索和探测的传统共存。在北美，美国西部的开发同样产生了一种文化使命，探测成为科学事业的核心。在19世纪早期，有许多地质探测获得支持，虽然这些是重要的科学工作，但是政府资助它们的目的一向是出于功利的——他们想知道有什么矿藏能被开采。在欧洲和殖民地都建了野外工作站和植物园，仍然是为了了解能够怎样对各个大陆的动植物进行商业开发。地方机构也许还试验能否让引进的物种在一个新的环境中生长以用于商业。建在许多欧洲和美洲城市的大自然史博物馆无疑是博物学专业化过程中的关键组成部分，但是它们也是"科学大教堂"，象征着西方对在此展示的动物、植物和化石标本的来源国的霸权。

8

从大约1850年开始，特别是从19世纪70年代开始，大学和医学改革，再加上新型机构的创建，让"学院科学"与时俱进，常常是采用与本地情况相结合的德国模式。在美国，"德国"研究学派与那些寻求灌输应用原则的职业教育项目共存，后者包括工程和其他"应用科学"的项目，在德国这些是留给工科学校的。在英国，化学、物理学和生理学等学科不同程度地追求研究理想，特别是在格拉斯哥、伦敦和曼彻斯特的大学。在剑桥大学，科研在生理学和物理学领域兴旺，与博物学和特别强的数学传统并驾齐驱。但是直到19世纪90年代，"研究"才成为所有主要大学的发展核心。牛津大学在20世纪早期获得了显赫的科学地位，常常靠的是从外地引进业已成名的教授。

到开始进入20世纪时，法国、英国和美国在生物医学科学领域正在"迎头赶上"，而随着日本的"西化"，生物医学也在日本发展起来。随着各国竞争贸易和帝国利益，对经济发展有了新的要求，生物医学和多数其他科学一样受到重视。对生物科学和农业科学来说，与帝国利益的联系特别重要，这是因为在19世纪90年代，科学开始被视为帝国成功的一个关键。"热带医学"将会让欧洲人能够在殖民地安全居住，并能增强土著工人的健康；科学农业将会创造有利可图的农作物和牲畜养殖。人类也可能有更优良的生育，繁衍强者，减少弱者；在20世纪初期，遗传学作为一门新的学科，与优生学紧密地结合在一起，被视为改造社会的良方。在所有这些领域，包括儿童的培养，依赖传统似乎已不能满足社会进步的需求；科学掌握了更好的方法，它的消息通过学校、诊所和通俗讲座传播开去。

差不多同时，在所有领先国家，细菌学也在保证能征服国内的传染病，新的国立机构和慈善机构被建立起来用于医学研究。这些机构与大学有着松散的联系，而随着业界和政府（特别是在英国和美国）追求一种以大学为基础的医学教育模式，大学的医学院正在变得更加科学化。第一次世界大战之前的那一代学生是由生物学和医学的机构和专业塑造的，实验生理学同时在“应用领域”和“纯科学”领域占据了主导地位，在当时它被视为科学医学的典型和连接医学院与理学院的桥梁。

在两次世界大战之间的岁月对欧洲各国来说都是很艰苦的，不管是战败国还是战胜国。虽然战争使政府增加了科研投入，而且这种投入在战后也在继续，但是发展教育的步伐在法国、德国和英国看来都缓慢下来。美国经济比较强大，像生物化学和遗传学这样的新学科得以在那里建立起来，在一定程度上是由于美国大学的结构更为开放和“实用”。德国霸权过气了；有些美国科研人员还去那里，但是他们也到了英国，英美科学界变得更为重要。

9

与此同时，传染病在西方减少，死亡的慢性因素（特别是癌症）出现，给了医学研究和慈善事业新的关注点。到 20 世纪 30 年代，世界各大制药公司全都有实验室用于科研和产品开发（而不止是用于质量管理）。对英国和法国帝国来说，传染病在热带仍然是很重要的问题，而且洛克菲勒基金会也资助美国对此的研究，既在美国南方各州，也在那些对美国经济利益越来越重要的国家。洛克菲勒基金会也作为基础科学的积极参与者登上舞台，它支持的一个项目后来变成了分子生物学。

自 1940 年以来，两种形式的投资转变了生物医学科学界，那就是在 19 世纪末出现的来自政府和来自产业界的投资。在 20 世纪 50～70 年代这个时期，由于西方国家和苏联注入了大量的资源到与武器有关的研究、太空项目、医疗服务、农业增长以及海外发展，政府的投资占据了主流。在地球科学与环境科学领域，这些投资为科学家创造了新的机会，并导致某些学科的转型。由于关注潜水艇战争而产生的研究深海海底的机会，在贬低传统地质学的同时提升了地球物理学的威望，才有可能出现板块构造理论和大陆漂移理论。太空探索为监测地球表面提供了新的方法。几乎所有国家在大学层面的科研和在技术人力这两方面都有大幅度的增长，常常是由于得到军方和工业界的直接或间接的资助。

相似的发展也发生于生命科学中那些能与医学联系起来的领域。心脏病，尤其是癌症，都成了投资目标，其地位可与太空竞赛相比，而且研究人员把自己说成是“生物医学研究者”，以便能够同时利用科学的知识威望和有望得到的医学益处。制药公司拓展其产品范围，把新的抗生素和作用于神经和心血管系统的新种类的分子都包括在内；传统疗法被边缘化了，在现在主导医疗保健业的医院尤其如此。

在第二次世界大战之后的几十年间，大学里的生物科学被重新设置，在一定程度上是受了能成功分析 DNA、RNA、蛋白质及其相互关系的影响，而这一切在有了精密的分析方法之后才有可能，包括同位素标记法、X 射线晶体学和对特殊酶的创造性利用。在 1953 年沃森和克里克在剑桥发现 DNA 双螺旋结构之后，遗传密码成了定义一种“分子”生物学的方法，把研究细胞和基因以下的层次的各个生命科学学科都拉在了一起。旧的基于植物学与动物学（在理学系）和医学科学（向医学生教授）的学科编排方式被一种纵向的学科划分方式以多种途径所取代，这种划分方式上起关注环境的生态

10

学,下讫着重于亚细胞结构,以及在人类与所有其他有机体中发生的事件的生物医学。这么说是简单化的,因为有的新学科设置,例如神经科学,是以物种分类为基础的,涵盖从腔肠动物到人类大脑功能异常,但是无论如何,20世纪早期的学科结构已经让位给新的形式,它们的研究人员人数众多,而且有信心与物理科学家的威望和临床医生的重要性一较高低。生物医学科学是医学实践的前沿和变化的动力;环境科学的规模则小得多,是应对新出现的挑战——全球范围内的环境恶化和物种消失——的关键所在。

在20世纪的最后25年,生物学和医学的这种重建得到加强,这是由于分子生物学和新遗传学从精细分析转向了实验综合,并且与大制药公司和农业公司的联系越来越紧密,这些公司决定着世界范围内的医学和农业实践,这在一定程度上是通过反复的合并达成的。这些公司对遗传工程进行投资,或者是直接的,通过收购由学者创建的小公司,或者是间接的,通过支持大学的科研。

当然,人们不应忘记,大量的大学科研是继续由研究委员会和其他机构根据学术界的专业优先资助的,也不应忘记,大规模"开发"工作是产业特征,学术界相对来说对其没有什么兴趣。但是人们也不能忽视在众多生物医学研究领域中"技术科学"相互影响的扩大。在各个国家,由于曾经由政府资助的实验室和农业站的私有化,也由于政府越来越倾向于把科学当成国家产业结构的直接组成部分而不是一种文化投资形式,研究与商业的联系被进一步加强了。

在各个国家都能发现这些普遍发展趋势,特别是在20世纪,但是这不应该掩盖一向存在的地区和国家差异的重要性。虽然很少有人做全面的历史比较研究,但是通过不同地区之间的部分或隐含的对比,许多社会历史研究能得到加强。正如我们已经暗示的,集中关注科学实践的一个重要结果是,让人认识到在组织和界定专业领域方面的地区差异。例如,概念革命或学科专业化导致遗传学在英国,特别是在美国,诞生的方式,与在法国和德国的就不一样。同样地,如果没有注意到20世纪早期在镭的专业使用方面各国的显著差异,人们也无法完全解释癌症研究和治疗的格局。而且,对所有围绕着分子生物学的国际运动来说,战后剑桥大学项目的成功,在很大程度上要归功于一种特殊的英国式动力,那就是,鼓励某些物理学家和化学家去解决生命难题,而且欢迎几位生物学家去一个X射线结晶学的专业很强的著名物理实验室工作。不管人们如何唱高调,科学从来就不是一个在国际上同质的信息体,因为科学界自身反映了民族思维方式和社会结构。

11

为了说明这些发展,我们把本卷的各章按主题分成多个类别,而不采用编史的方法。有的章涉及科学史学家历来感兴趣的领域,其他的则涉及标志着20世纪职业化科学的特征的新兴类别。多章涉及单个学科,但是在这个背景下,有一章提醒我们,在自然史的许多领域,业余爱好者继续在发挥作用。自然史研究的传统领域包括植物学和动物学,但是我们通过显示这些有广泛基础的领域已被瓜分成生态学、遗传学和其他学科(这常常是通过在寻求透彻解释的过程中定义之前模糊不清的新的研究目标),来说明现代科学的日益增长的专业化程度。当然,在生物医学科学中,一开始业余爱好者就没有太多的用武之地,医学界人士的参与决定了科学学科和职业兴起的机遇。

正如我们已经注意到的,追踪科学实践的另一种方法,是观察从事科学研究的机构和那些利用所产生的信息的外部团体。因此一些章涉及博物馆和医院这样的机构,也涉及越来越重要的大学核心。与地质产业和医学的各个分支有关的章阐明了与实际应用的强大关系。我们的调查并没有忽视科学的外部关系,例如科学与宗教的相互关系,以及生物科学在试图了解人性方面发挥的作用。更新的外部领域,关注例如环保主义和人类实验的伦理,也被包括进去。

对大部分内容来说,作者被授予了自主权,获准可以用在他们看来是自然而然的任何方式研究其主题。考虑到要在不到 1 万个单词的篇幅内同时总结历史信息和变化的历史解释是极其艰巨的工作,我们对他们的努力(以及他们的耐心)深表感激。有的作者选择从其领域的原始(科学)文献开始其介绍,也有的只关注历史问题在其中已被争论过的二手文献。很显然,对那些历史分析相对做得很少的领域来说,把原始文献作为出发点很有必要。[12]

正如本卷通过评论或忽略所表明的,还有很大的科学领域仍然被历史学家所忽视,这些领域有时还相当重要,因此,本卷也许将能引导年轻的研究者去这些没有被研究过的领域。但是本书的视野也许也能鼓励他们去试图回答有关科学发展的大问题,而科学在时间上和空间上都是多种多样的。许多研究科学史和科学社会学的论文现在似乎假定科学是一个整体,或是只在工作地点(例如博物馆或实验室)方面有分化。但是接下来的各章给出了一幅丰富得多的图景——在变化的概念结构、技术可能性和社会构成之间的多种的、动态的相互作用。掌握这些相互作用,对历史学家来说仍是一大挑战,对我们所有人来说则是了解我们的现状的一个重要途径。

(方是民　译)

第一部分

人员和场所

2

业余爱好者和职业人士

15

戴维·E. 艾伦

科学在19世纪经历了重大变化。知识的巨量增长促使科学专业分支变得越来越狭窄和独立。科学原先是一个学习知识的领域,很少有人会被雇来探索它,而此时却变成了有大量的人在学校和大学里接受指导,期待他们能靠科学谋生。科学成为一个重要的职业,但是职业化的进程并不是自动产生的。在多数发达国家,存在着敌视这一进程的环境,而当这个变化终于发生时,相对来说比较突然,产生了很大的压力。这一压力对历史学家来说是个福音,因为它向他们提供了一个明显有标记的层面,把之前的科学世界与随后很快出现的非常不同的科学世界区分开来。

前职业化时期

19世纪80年代之前,采用"业余爱好者"和"职业人士"的分类没有用处,而且误导。尽管"业余爱好者"已有了贬义,特别是在美国,[1]但是在19世纪初期,遭到鄙视的是"职业人士"。职业人士是指某人拿钱做别人出于乐趣做的事,而某人受雇从事劳动,就让他处在了仆人的地位。这种贵族偏见渗透到上层中产阶级,限制了那个阶级的成员能够从事的职业范围。[2] 只有四种职业是可以接受的:军人、教士,以及更受尊敬的法官和医生。

16

正是由于医生在社会上获得的尊敬创造了生命科学或地球科学中第一批支付薪水的职务。在医学院中有植物学的教职,自从16世纪以来植物学已成为一个独立的学科,获得了自己的教席。在18世纪,卡尔·林奈(1707～1778)和少数几个人能够靠担任植物学教授来谋生。后来,医学也能够为动物学家和古生物学家提供生存空间,

[1] Sally Gregory Kohlstedt,《19世纪的业余传统:波士顿自然史学会案例》(The Nineteen-Century Amateur Tradition: The Case of the Boston Society of Natural History),载于Gerald Holton和William A. Blanpied编,《科学及其公众:变化的关系》(*Science and Its Public: The Changing Relationship*, Dordrecht: Reidel, 1976),第173页～第190页;Elizabeth B. Keeney,《植物研究者:19世纪美国的业余科学家》(*The Botanizers: Amateur Scientists in Nineteenth-Century America*, Chapel Hill: University of North Carolina Press, 1992),第3页。

[2] Morris Berman,《英国科学中的"霸权"和业余传统》("Hegemony" and the Amateur Tradition in British Science),载于《社会史杂志》(*Journal of Social History*),8(1974),第30页～第50页。

特别是在解剖学博物馆中。

工业主义的兴起为专家们创造了第二条职业出路:最开始是矿物学家,之后,随着地层学知识的发展,轮到了更广泛意义上的地球科学家。早自1766年起,在法国,精选出来的少数人就有可能靠担任地质学方面的自由咨询师赚钱养家糊口。也有一些政府部门,例如英国的军械委员会(Board of Ordnance)和爱尔兰的边界测量局(Boundary Survey),把它们的工作范围拓展到地质领域,使得它们的工作人员中有些人可以把野外考察作为其职责的一部分。自19世纪20年代起,开始出现政府资助的地质调查的公开工作,其中有些一开始是短期项目,但是逐渐变成实际上永久性的。[3]到19世纪中叶,这些调查拥有了在大学和国立博物馆之外最大的一批领报酬从事自然史学科工作的人员。他们甚至能够充当特洛伊木马,让政府雇用其他种类的博物学家:在1872年,加拿大地质调查局(Geological Survey of Canada)已在其名称中加入"及自然史",并聘请约翰·麦科恩作为它的植物学家。[4] 甚至在一个没有赞助传统的国家,例如在美国,也有替代办法提供给类似威廉·麦克卢尔(1763～1840)这样的富裕慈善家。在他担任费城自然科学院(Academy of Natural Sciences of Philadelphia)院长的23年间,他慷慨地资助该科学院,支持了昆虫学家和贝壳学家托马斯·塞伊(1787～1834),以及鱼类学家夏尔-亚历山大·勒叙厄尔(1778～1846)。[5]

这些职业化职务的雏形有一个缺点,那就是报酬不足以让人过上中产阶级的生活。在法国、奥地利,尤其是在德国,这些国家有由政府担任赞助者的悠久传统,而在美国,从一开始就强调科学的实际应用价值,带来了政府的资助,这个缺点在这些国家不像在英国那么成问题。在英国,政府不太愿意扶持科学研究,[6]这种态度受自由放任主义的支持,而且当它不像平常那么超然时,工资也少得可怜,因此未来的职业人士不得不从两方面进行抗争。当时人们假定这种职务将会吸引那些有其他收入的人,但是那些由于家庭破产没指望拥有财务保障的人在绝望中也谋取了其中的一些职务。遭遇这种不幸的人包括地质学家亨利·托马斯·德拉·贝施(1796～1855)、动物学家威廉·斯温森(1789～1855)和海洋生物学的先驱爱德华·福布斯(1815～1854)。对这些被称为"不成功的年金收入者"(rentiers manqués)来说,[7]要尽力协调他们的社

17

[3] 参看Paul Lucier,本卷第7章。

[4] Carl Berger,《维多利亚时期加拿大的科学、上帝和自然》(*Science, God, and Nature in Victorian Canada*, Toronto: University of Toronto Press, 1983),第16页。

[5] Thomas Peter Bennett,《费城自然科学院史》(The History of the Academy of Natural Sciences of Philadelphia),载于Alwyne Wheeler编,《北美自然史历史论文集》(*Contributions to the History of North American Natural History*, London: Society for the Bibliography of Natural History, 1983),第1页～第14页;Charlotte M. Porter,《鹰巢:自然史与美国观念(1812～1842)》(*The Eagle's Nest: Natural History and American Ideas, 1812-1842*, Tuscaloosa: University of Alabama Press, 1986),第5页,第57页。

[6] J. B. Morrell,《个人主义和1830年英国科学的结构》(Individualism and the Structure of British Science in 1830),载于《物理科学史研究》(*Historical Studies in the Physical Sciences*),3(1971),第183页～第204页。

[7] D. E. Allen,《英国自然史早期职业人士》(The Early Professionals in British Natural History),载于Alwyne Wheeler和James H. Price编,《从林奈到达尔文:生物学史和地质学史评论》(*From Linnaeus to Darwin: Commentaries on the History of Biology and Geology*, London: Society for the History of Natural History, 1985),第1页～第12页。

会地位与减少的财产是很难的。他们不得不寻求不止一种生活来源,常常因此严重地影响到他们的科研时间和健康。不管怎样,英国的科学还是被这些少数社会避难者强化了,讽刺的是,这种福利只有在一个还没有证书壁垒的世界中才有可能。在英国,只有在1855年以后,政府部门的职务才通过竞争性很强的考试来补充;在此之前,对科学家的任命是根据推荐的力度,来自有影响的政治人物的推荐和来自有能力评判其成就的人的推荐一样重要。对一个生命科学的职务来说,最接近文凭资格的是医学学位,而最接近毕业后训练的,是到世界上某个鲜为人知的地方去旅行,作为参与航行或探险的博物学家,也许作为海军舰艇上的外科医生,或者船长的绅士同伴(查尔斯·达尔文就是如此)。由于缺少更为具体的标准,使得名牌科学社团的成员选举更受追捧。

受雇于公立或私立学术机构的缺点不只是财政方面的。尽管政府很慷慨大方地资助到地球边远地方的探险,却很不乐意资助研究这些探险带回来的东西。有些有价值的藏品没有开包就尘封在博物馆里达几十年。[8] 即使只是想要赶紧完成拖延的藏品整理工作,更不要说应付日常的管理工作和外人的咨询,也使得很少有时间或根本就没有时间留给科研工作。与一般的业余爱好者相比,担任这种职务的唯一的真实好处是能够永久地使用大量藏品供研究参考,但是许多富裕的科学家拥有属于他们自己的这种藏品,并有充足的时间来利用它们。 18

业余爱好者分类

除了参与地质调查和在德国的大学工作,能够以生命科学或地球科学谋生的研究人员过于分散,无法形成一个职业团体。如果他们在大城市工作,他们能够在学术社团里遇到同行,自前一个世纪末以来这类社团的数量大为增加。否则,他们能与他人在一起分享兴趣的唯一机会是在德国自然研究者与医师协会(Gesellschaft Deutscher Naturforscher und Ärzte)、英国科学促进会(British Association for the Advancement of Science)、法国科学大会(Congrès Scientifique de France)和美国地质学家和博物学家协会(American Association of Geologists and Naturalists)的年会上。这些团体分别成立于1822、1831、1833和1840年(最后一个在1848年变成了美国科学促进会[American Association for the Advancement of Science]),[9]吸引各自国家的科学家每年到一个不同的城市聚会。这些聚会衍生了非正式的附属团体,例如英国的红狮俱乐部(Red Lions Club),职业人士从中找到了共同事业,有时也得以发泄他们的不满。

[8] Paul Lawrence Farber,《鸟类学作为一门学科的诞生(1760～1850)》(*The Emergence of Ornithology as a Scientific Discipline: 1760-1850*, Dordrecht: Reidel, 1982),第149页;Ray Desmond,《印度博物馆(1801～1879)》(*The India Museum, 1801-1879*, London: Her Majesty's Stationery Office, 1982),第63页～第64页。

[9] Sally Gregory Kohlstedt,《学者和职业人士:美国科学促进会(1848～1860)》(Savants and Professionals: The American Association for the Advancement of Science, 1848-1860),载于Alexandra Oleson和Sanborn C. Brown编,《美国共和国早期的知识追求》(*The Pursuit of Knowledge in the Early American Republic*, Baltimore: Johns Hopkins University Press, 1976),第209页～第325页。

在 1880 年之前的时期，科学职业人士的团体是如此的小，那个团体和参与学术探索的其他任何人的观点差别是如此的细微，以至“职业人士”的类别对历史分析来说几乎没有什么用。相反地，科学史学家越来越认识到，在业余爱好者之中进行分门别类更为有用。业余爱好者由多种有着不同的知识水平和投入程度的人员组成。对此提出的几种分类中，最精细的是由内森·莱因戈尔德提出的三分法：[10]

●“研究者”，处于前沿的人员，投身于研究之中，有值得重视的成就，而且通常（但并不一定）有全职的科研工作；

19

●“从业者”，他们大都受雇于与科学相关的行业，用到了他们所受的科学训练，但是未必发表论文；

●“教养者”，他们在某种科学活动中应用到了他们掌握的知识，但是没有获得报酬，而且往往关心的是他们自己的自我教育，而不是人类知识的增长。

在这个语境中，也值得重复尼尔·吉莱斯皮对“工作博物学家”的定义：“那些一般以科学界认可的方式发表成果的人；他们撰写有关自然界的著述主要不是出于哲学、意识形态或文学的目的；以及那些……发展出一种职业主义的感觉的人，因此既不包括那些不公开的博物学家也不包括纯粹的普及者。”[11]这些很明显和罗伊·波特确认的“职业”地质学家是同一批人：“自立、自认的知识精英，他们的学术事业领域专业知识的守护人。”[12]

这样的分类让人们不至于把“业余爱好者”仅仅当作“非职业人士”的同义词。同时也有必要记住，当时的人未必会把莱因戈尔德分的三类人视为组成了一个等级制。虽然“研究者”的专业知识会得到尊重，但是这并不能让他们免受显摆其社会地位的“教养者”的怠慢。科学知识此时还不够复杂，所有三个类别的人士都能够阅读同样的出版物或参加同样的讲座，而几乎所有的社团（除了大社团）都没有区分地对待他们。这并不是说不存在某种阶层或区别。阶级和（通常更令人苦恼的）宗派导致只有那些相互感到合适的人才会交往。在英国的某些工业地区，出现了一种特殊的社团以满足

[10] Nathan Reingold，《定义与推测：19 世纪美国科学的职业化》（Definitions and Speculations：The Professionalization of Science in America in the Nineteenth Century），载于 Oleson 和 Brown 编，《美国共和国早期的知识追求》，第 33 页～第 69 页。也可参看 Robert H. Karon，《维多利亚时期曼彻斯特的科学：事业与专业知识》（*Science in Victorian Manchester*：*Enterprise and Expertise*，Manchester：Manchester University Press，1977）。关于绅士-业余爱好者在有影响力的“X 俱乐部”内持续发挥的作用，参看 Adrian Desmond，《重新定义 X 轴：“职业人士”“业余爱好者”和维多利亚时代中期生物学的形成》（Redefining the X Axis：“Professionals”，“Amateurs” and the Making of Mid-Victorian Biology），载于《生物学史杂志》（*Journal of the History of Biology*），34（2001），第 3 页～第 50 页。

[11] Neal C. Gillespie，《为达尔文做准备：英美自然史中的贝壳学和自然神学》（Preparing for Darwin：Conchology and Natural Theology in Anglo-American Natural History），《生物学史研究》（*Studies in the History of Biology*），7（1984），第 93 页～第 145 页。

[12] Roy Porter，《绅士与地质学：科学职业的出现（1660～1920）》（Gentlemen and Geology：The Emergence of a Scientific Career，1660-1920），《历史期刊》（*Historical Journal*），21（1978），第 809 页～第 836 页。也可参看 Martin J. S. Rudwick，《泥盆系大辩论：绅士专家中科学知识的塑造》（*The Great Devonian Controversy*：*The Shaping of Scientific Knowledge among Gentlemanly Specialists*，Chicago：University of Chicago Press，1985）。

这种受到限制的形势，让工匠努力把鉴别草药的传统方法彻底地转变成林奈植物学。[13]

科学界出现不同阶层，这促进了地方社团的增长，这是19世纪中叶几个欧洲国家的特征。在英国和法国，这种增长于19世纪70年代达到高峰，[14]在那之后，更快速的交通使得覆盖全国的团体更有吸引力。不过，在加拿大这样的殖民较晚的国家，致力于自然史的地方社团起初是仅有的学术团体。[15] 人们倾向于采用古典学院的常规模式，妨碍了这类社团的发展。因此，由于拥有办公楼、雇人组织会议及看管图书馆和收藏品导致的高昂费用，这类团体在社会上是排外的，在功能上是僵化的。1831年在英国暴露出这个模式用于自然史野外研究是多么的不合适，当时出现了一种新型的团体——野外俱乐部，这是受到医学院把班级带到郊外熟悉自然状态下的药草这种做法的启发出现的。[16] 这种替代模式把野外活动作为核心，而且不必承担办公楼的负担，证明了一个社团仅通过野外工作和发表报告，还是有可能很好地发挥作用的。[17]

20

要在人烟较为稀少的地区集体研究自然史，野外俱乐部是一个理想的框架。它能够在那些对偏僻地区的人们来说较方便的地方聚会，能让本地"领土"的所有部分都受到关注。它也吸引了扎根在郊外社区中的医疗从业者和牧师的加入。从事这两个职业的许多人都在大学受过教育，其中有些人有很高的学术才干，完全可以和那些职业的科学专家相比。例如，迈尔斯·伯克利牧师（1803～1889）在掌管一个教区的同时还有大量的研究成果，作为一名真菌学家享有世界声誉。

对任何对动物或植物感兴趣的人们来说，从事医学职业长期以来是他们最明显的结局。在英国，1815年制定的法律旨在消灭江湖医生，却有一个副作用，让掌握草药应用的知识几乎成了发给从事一般行医执照的先决条件。[18] 结果，医学院学生的野外课程大增，在这个过程中，保证了会有大批的新手被吸收来把研究植物学作为消遣。

驻扎在郊外教区的牧师往往要比当地的医生享有更多的闲暇。信奉基督教新教

[13] Anne Secord，《酒馆中的科学：19世纪早期兰开夏的工匠植物学家》（Science in the Pub：Artisan Botanists in Early Nineteenth Century Lancashire），《科学史》（*History of Science*），32（1979），第269页～第315页；Anne Secord，《工匠植物学》（Artisan Botany），载于N. Jardine、J. A. Secord和E. C. Spary编，《自然史文化》（*Cultures of Natural History*，Cambridge：Cambridge University Press，1996），第378页～第393页。

[14] ［J. Britten］，《地方科学社团》（Local Scientific Societies），《自然》（*Nature*），9（1873），第38页～第40页；Yves Laissus，《学术团体与自然科学的发展：自然史博物馆》（Les Societes Savantes et l'Avancement des Sciences Naturelles：Les Musees d'Histoire Naturelle），载于《全国学术团体大会论文集》（*Actes du Congres National des Societes Savantes*，Paris：Bibliotheque Nationale，1976），第41页～第67页，相关内容参看第47页；Philip Lowe，《英国协会与地方公众》（The British Association and the Provincial Public），载于Roy MacLeod和Peter Collins编，《科学的议会：英国科学促进会（1831～1981）》（*The Parliament of Science：The British Association for the Advancement of Science，1831－1981*，Northwood：Science Review，1981），第118页～第144页，相关内容参看第132页。

[15] Berger，《维多利亚时期加拿大的科学、上帝和自然》，第12页。

[16] D. E. Allen，《草地漫步：医学教育与植物学野外课程的兴起和传播》（Walking the Swards：Medical Education and the Rise and Spread of the Botanical Field Class），《自然史档案》（*Archives of Natural History*），27（2000），第335页～第367页。

[17] D. E. Allen，《历经岁月的英国自然史学会》（The Natural History Society in Britain through the Years），载于《自然史档案》，14（1987），第243页～第259页。

[18] S. W. F. Holloway，《1815年〈药剂师法案〉：一个新解释》（The Apothecaries' Act，1815：A Reinterpretation），载于《医学史》（*Medical History*），10（1966），第107页～第129页，第221页～第236页。

通常被认为更容易导致研究自然界,但是在20世纪之前的法国,有很多神父成为著名博物学家,足以表明罗马天主教会对研究自然界绝无敌意。英国国教由于有政策用大学毕业生填补圣职的空缺,创造了最能产生神职人员兼博物学家的环境。结果,在19世纪的大部分时间,生命科学和地球科学得以依赖教会作为其非专业的领袖。虽然在下一个世纪这种情形越来越不明显,但是这一传统还未完全断绝,亟待对其做详细的历史研究。

21

在研究曼彻斯特文学与哲学学会(Manchester Literary and Philosophical Society)和伦敦植物学学会(Botanical Society of London)时,人们发现了一个令人惊讶的特征,那就是相当一部分的会员是血亲或姻亲,也许是因为当一个学会想要扩大规模时,家庭成员是最容易吸收的。[19] 虽然这些案例也许属于例外情况,但是博物学界的内部关系看来是非常密切的。在一个填补付薪空缺时仍然仰仗裙带关系的时代,那种人脉关系能够导致职业人士世家,法国的德朱西厄家族和英国的胡克家族就是突出的例子。随着以前的科学统一被打破,以及在大城市出现越来越多的专家学会,有些成员长期保持着对两个或更多个学会的忠诚,甚至在其中同时占有官职。[20]

采集文化

自然史界是通过其中的每一个人都愿意接受同样的一整套活动和态度,而成为一体的。当流行的研究模式是采集、描述、罗列或制图时,在那些领报酬的和不领报酬的之间不可能出现界限。那些必要的技术很简单,容易学会,而其工具除了一个例外,都很便宜。这个例外是显微镜,但是在19世纪30年代显微镜的价格下降时,任何满足于只做观察和描述的人都能从事许多领域的研究。鉴定工作贬值了,不再用拉丁文发表。在19世纪80年代之前的时期,生命科学和地球科学的大门对每一个有文化的人都是敞开的。富裕的博物学家开放他们的房屋,允许有同样爱好的人免费使用他们的图书馆和藏品。[21] 在19世纪下半叶公共图书馆和市立博物馆开始普及之前,这种做法有助于让许多学会享有独家的权利。

22

采集工作甚至可能妨碍了自然史往更科学的方向发展。它很有趣,太容易做了,而且为打发时间的旅行者提供了一个目的。一个人的目的地越是偏僻,就越有机会做

[19] Arnold Thackray,《文化背景中的自然知识:曼彻斯特模式》(Natural Knowledge in Cultural Context: The Manchester Model),《美国历史评论》(*American Historical Review*),791(1974),第672页～第709页;D. E. Allen,《植物学家:150年来不列颠群岛植物学学会史》(*The Botanists: A History of the Botanical Society of the British Isles through 150 Years*, Winchester: St. Paul's Bibliographies, 1986),第44页～第45页。

[20] D. E. Allen,《伦敦生物学团体(1870～1914):它们的相互关系以及对变化的反应》(The Biological Societies of London, 1870-1914: Their Interrelations and Their Responses to Change),《林奈》(*Linnean*),4(1988),第23页～第38页。

[21] H. T. Stainton,《在家》(At Home),《昆虫学家的每周情报员》(*Entomologists' Weekly Intelligencer*),5(1859),第73页～第74页;A. S. Kennard,《地质学家协会的51年》(Fifty and One Years of the Geologists' Association),《地质学家协会学报》(*Proceedings of the Geologists' Association*),58(1948),第271页～第293页。

出重要的科学发现。例如,海洋藻类学研究的进展就得益于海边城镇的富裕妇女的努力,她们通过在当地搜寻陌生的海藻,为自己找到了有价值的角色。[22] 地质学家谋取采石工人的帮助,让他们在开采现场留个心眼,这是许多重要化石发现的关键。至少有一位,苏格兰人休·米勒(1802～1856)利用他的化石知识发挥影响,并作为这方面的普及者发了财。

博物学家从事采集工作,因为这是由来已久的做法,而且一个人如果无法辨认他发现的东西,就无法做记录,最好还能给它命名。采集标本在学者中深受尊敬。在19世纪早期,由于自然神学的影响,采集标本还得到了道德方面的激励。许多由于办工业致富的人,发现拥有大量的自然史藏品是赢得社会地位的方便途径,而如果他们没有时间或兴趣采集和整理藏品的话,他们能够在拍卖会上买到现成的藏品。另外,他们也能够从商业化采集公司或从涌现出来的交换俱乐部(特别是植物学方面的)认购。在这些交换俱乐部中,旅行同盟(Unio Itineraria)是主导潮流的模范,它是在1826年左右由两名德国植物学家创立的,此时德国缺少海外领地,因此它的博物学家不得不诉诸自助的方式来获得边远地区的标本。[23] 一个叫埃斯林格尔旅行学会(Esslinger Reisgesellschaft)的团体允许参加者以入股的形式分担远征的费用,作为回报,他们将会获得一部分远征带回来的东西。这种永久性的联合体丰富了德国以及欧洲其他国家的藏品。

到了19世纪中叶,有了大量的收藏者和博物馆,以至一名博物学家可以合理地指望,他能够设法把采集到的标本(特别是来自热带的标本)送回来卖给专门经营自然史材料的商人作为赚钱的营生。艾尔弗雷德·拉塞尔·华莱士(1823～1913)、亨利·沃尔特·贝茨(1825～1892)和理查德·斯普鲁斯(1817～1893)是以这种不稳定的方式谋生的最著名的三人,他们一开始全都到亚马孙丛林探险,并逐渐成为名声卓著的科学家。多数其他职业采集者至少会在事先确保有资助,包括那些同样有本事的植物探寻者们代表私人栽培者和商业苗圃踏遍喜马拉雅山以东的地区寻找奇花异草。[24]

23

虽然采集工作是科学职业化之前的那段时期的主要活动,但是有少数爱好者在从事一种更积极地研究自然界的工作。有的从事植物杂交的实验,或者用音符记录鸟鸣。J. F. M. 达沃斯顿通过观察其庄园里的鸟类行为研究鸟类的领地现象,甚至在标

[22] Ann B. Shteir,《培养女性,培养科学》(*Cultivating Women, Cultivating Science*, Baltimore: Johns Hopkins University Press, 1996),第183页～第191页;D. E. Allen,《品味与狂热》(Tastes and Crazes),载于Jordine、Secord和Spary编,《自然史文化》,第394页～第407页,相关内容参看第400页。

[23] Sophie Ducker,《澳大利亚藻类学史:早期的德国采集者和植物学家》(History of Australian Phycology: Early German Collectors and Botanists),载于Alwyne Wheeler和James H. Price编,《为系统分类学服务的历史》(*History in the Service of Systematics*, London: Society for the Bibliography of Natural History, 1981),第43页～第51页。

[24] Alice M. Coats,《寻觅植物:园艺探险者的历史》(*The Quest for Plants: A History of the Horticultural Explorers*, London: Studio Vista, 1969),第87页～第141页。

记鸟类个体和区分领地边界方面做了初步工作。[25] 那些做出重大贡献的人一般属于学术界中的某个小圈子,也许端坐在一个由通讯报告者组成的网络的中心,例如查尔斯・达尔文或洪堡植物学在英国的主要倡导者休伊特・科特雷尔・沃森(1804～1881)。有的虽然在职业人士当中工作,但是保持着业余爱好者的身份,包括植物分类学家乔治・边沁(1800～1884),他一生的大部分时间都在克佑区英国王家植物园工作,完全是志愿者的身份。[26]

学院化

自然史界笼罩着隐隐约约的贵族光环进入了19世纪的最后25年,对其所作所为充满自信,没有预料到要改变其方式——虽然它的成员不得不彻底地修正其信念以适应进化论。甚至那些职业人士也满足于继续作为系统分类学家,他们意识到任务量的庞大,并期待着沿着基本相同的路线继续干下去。

事实上,由于生物学学院派学科的出现,生命科学正要发生两极分化。值得注意的是,在地质学中并没有发生类似的分裂,虽然它实际上也职业化了,但是仍然保持着和业余爱好者的联系。这主要是因为即便在地质学发展成一门学院派学科之后,它的重点继续放在野外工作。[27] 在英国,政府资助的地质调查局工作人员一年到头大部分时间必须到野外。虽然在面向野外和位于学术界之外这两方面地质调查局都与大植物园类似,但是它也发挥着作为一个有影响力的研究院的作用。

24

由于大学中以实验室为基础的新型学科的兴起,而不是由于现有的团体普遍对系统分类学感到失望,导致系统分类学丧失了在生命科学中的主导地位。在这一转型中,性能提高而且价格更加低廉的显微镜是一个主要因素(但是它不可能是唯一的因素,因为采集者可以自己制造显微镜)。另一个因素是大学教师和研究人员的数量增加,他们为开辟新的研究领域而竞争。用仪器研究自然界中更加神秘的过程,这变得切实可行了,而与之相比,描述性的工作变得平庸、落后。达尔文主义的出现进一步打破了平衡,创造了更多的学科分支(例如胚胎学),去重建生物发育的连续性。

不过,要提供实验室是很昂贵的,需要高价设备、招聘技术人员和额外的空间。对新学科的抗拒往往既有财政方面的原因,又有学术的依据。在一定程度上正是因为德

[25] D. E. Allen,《J. F. M. 达沃斯顿,被忽视的野外鸟类学先驱》(J. F. M. Dovaston, an Overlooked Pioneer of Field Ornithology),《自然史目录学学会杂志》(*Journal of the Society for the Bibliography of Natural History*),4(1967),第277页～第283页。

[26] B. Daydon Jackson,《已故王家学会会员乔治・边沁》(The Late George Bentham, F. R. S.),《植物学杂志》(*Journal of Botany*),22(1884),第353页～第356页。

[27] J. G. O'Connor 和 A. J. Meadows,《英国地质学的专业化和职业化》(Specialization and Professionalization in British Geology),《科学的社会研究》(*Social Studies of Science*),6(1976),第77页～第89页;Porter,《绅士与地质学:科学职业的出现(1660～1920)》;Ronald Rainger,《形态学传统的贡献:美国古生物学(1880～1910)》(The Contribution of the Morphological Tradition: American Paleontology, 1880–1910),载于《生物学史杂志》,14(1981),第129页～第158页。

国各邦国的大学获得了更好的资助，所以它们能够在扶持对这些新知识领域的探索方面领先其他国家的对手。几十年来，德国学术界一向受到其他地方的学术界的推崇，被视为结构典范和示范者；而现在，德国在生命科学的新潮流中遥遥领先，其他国家有抱负的教师和研究人员实际上都必须去德国的某一家大学实验室做一段时间的研究。

不过，其中有一个国家，那就是美国，很早就致力于科学的实际应用，它为了完成生物学的全面职业化所需要的来自德国的推动力要少得多。在19世纪30年代，美国中学的科学(特别是植物学)教育开始有了明显的增加。[28] 到1870年，这个国家的大学教员中大部分是科学教授。[29] 美国错过了绅士兼博物学家的阶段，它的采集者团体成员很大一部分是来自欧洲(特别是德国)的新近移民，他们需要有报酬的职务来维持生计。[30] 这个国家的城市化较晚，也推迟了地方科学社团的扩展，直到南北战争之后这类社团的数量才多了起来。[31] 美国社会的流动性和灵活性产生了许多自命的专家，使得认证成了一个特别紧迫的需要优先考虑的事。美国和加拿大经济发展的需求促进了以市场为导向的农业的发展，它面临着如何战胜在新开垦的土地上种植农作物时发生虫害等问题。这为应用昆虫学家创造了一批职务，结果昆虫学快速地职业化，其进展速度比欧洲还快。[32] 加拿大昆虫学会(Entomological Society of Canada)在1863年创建时，其用意只是要用于联系分散的标本采集者，不久它的刊物就接受政府的资助，作为回报，它向农业部长提供年度报告。[33] 甚至在鸟类学这个意料之外的领域，美国国会也被说服它具有应用潜力，于1885年在美国农业部内部设立经济鸟类学局(Division of Economic Ornithology)，与较早设立的昆虫学局并列。[34] 但是南北战争引起的混乱，破坏了美国在完成科学的全面职业化的赛跑中领先其他竞争对手的机会。一直到19世纪70年代，才开始出现将大学按照德国模式转变为科研和研究生培养机构，最终，所有的德国主要竞争者都一起抢先跑到了终点。

25

在英国和法国，至少用了10年的时间，这种变化的全部和基本特征才变得非常明显。只有那些与学术界关系密切的人才有可能意识到它发出的信号。这通常是以在文献中突然爆发的形式，由崭露头角的新学科的某一位主要倡导者发出的，例如在

[28] Keeney，《植物研究者：19世纪美国的业余科学家》，第54页～第57页。

[29] Stanley M. Guralnick，《高等教育中的美国科学家(1820～1910)》(The American Scientist in Higher Education, 1820-1910)，载于Nathan Reingold编，《美国背景中的科学：新观点》(*The Sciences in the American Context: New Perspectives*, Washington, D. C.: Smithsonian Institution Press, 1979)，第99页～第141页。

[30] Melville H. Hatch，《寻找灵魂的昆虫学》(Entomology in Search of a Soul)，《美国昆虫学会年鉴》(*Annals of the Entomological Society of America*)，47(1954)，第377页～第387页，相关内容在第379页。

[31] Reingold，《定义与推测：19世纪美国科学的职业化》，第34页；Ralph Bates，《美国科学社团》(*Scientific Societies in the United States*, 2nd ed., Cambridge, Mass.: MIT Press, 1995)。

[32] W. Conner Sorensen，《网上的弟兄们：美国昆虫学(1840～1880)》(*Brethren of the Net: American Entomology, 1840-1880*, Tuscaloosa: University of Alabama Press, 1995)。

[33] Berger，《维多利亚时期加拿大的科学、上帝和自然》，第6页。

[34] Mark V. Barrow，《对鸟类的热爱：奥杜邦之后的美国鸟类学》(*A Passion for Birds: American Ornithology after Audubon*, Princeton, N. J.: Princeton University Press, 1997)，第60页。

1867年法国生理学家克洛德·贝尔纳对缺乏实验室表示强烈不满并贬低野外工作。[35] 在英国,后来被视为一个里程碑事件的是,在1861年剑桥大学举行了自然科学荣誉学位的学位考试。但是直到1872年,"新生物学"(其倡导者富有挑战性地如此宣称)才在英国机构首次完成了真正的征服,当时伦敦矿业学校(London's School of Mines)的自然史系获得了一块用作教学实验室的地盘,终于可以开始不受拘束地用新的方式训练它的许多学生。[36]

尽管人们确信正在提倡的学科有着极为不同的信条,但是迟迟未能给它标上新的称呼。正如伦敦矿业学校的系继续属于"自然史",美国第一个反映新的学术潮流的协会也坚持叫自己为美国博物学家学会(American Society of Naturalists)。然而,早在此之前,在1876年,有意识地倡导新型高等教育的约翰斯·霍普金斯大学已首先设立了"生物学"系,一名生理学家和一名形态学家是其仅有的教授。[37] 由于不必克服机构的保守态度,学术文献反映这种范式变化所用的时间要短得多。当来自新兴学科的论文大量出现时,起初它们被投到了有着老式名称的现有刊物,例如美国的《植物学公报》(*Botanical Gazette*)。但是新的刊物不久就出现了,它们的指向是毫不含糊的:首先在法国于1876年出版《普通动物学和实验动物学档案》(*Archives de zoologie expérimentale et générale*),两年后英国出版《生理学杂志》(*Journal of Physiology*)。不久,学会也出现了类似的双重模式。一些情形是现有的学会被入侵并转型,另外的情形是新的专业产生了代表它们自己的专业形象的团体,有的只对那些发表过原创论文的人开放。[38] 专业学会不仅是学院派生物学学术分裂的产物,也是在生物学家占领已由分类学家和采集者主导的团体时导致的紧张关系的产物。在自然史本身的内容变得明显更加理论化时已经出现的尴尬,此时更加恶化了。即便在鸟类学(学院派生物学继续极少在其中出现)中,那些较不具有科学倾向的人也很不高兴地看到他们的会费被用来出版那些越来越让他们读不懂的刊物。[39] 在昆虫学方面,情形变得特别紧张,因为这个领域有多得多的死硬采集者,而且也经历了在大学以外工作的应用科研人员的入侵。业余昆虫学爱好者对此的反应是,越来越多地聚焦在独立学会中。不

[35] Robert Fox,《学者遭遇同行:法国科学社团(1815～1914)》(The *Savant* Confronts His Peers: Scientific Societies in France, 1815-1914),载于Robert Fox和George Weisz编,《法国科学技术组织(1808～1914)》(*The Organization of Science and Technology in France, 1808-1914*, Cambridge: Cambridge University Press, 1980),第241页～第282页,相关内容在第258页。

[36] J. Reynolds Green,《从最早时期到19世纪末的英国植物学史》(*A History of Botany in the United Kingdom from the Earliest Times to the End of the 19th Century*, London: Dent, 1914),第531页～第532页。

[37] Keith R. Benson和C. Edward Quinn,《美国动物学家学会(1889～1989):诠释生物科学的一个世纪》(The American Society of Zoologists, 1889-1989: A Century of Interpreting the Biological Sciences),《美国动物学家》(*American Zoologist*),30(1990),第353页～第396页;Jane Maienschein,《改变美国生物学的传统(1880～1915)》(*Transforming Traditions in American Biology, 1880-1915*, Baltimore: Johns Hopkins University Press, 1991)。

[38] Toby A. Appel,《组织生物学:美国博物学家学会及其附属学会》(Organizing Biology: The American Society of Naturalists and Its Affiliated Societies),载于Ronald Rainger、Keith R. Benson和Jane Maienschein编,《生物学在美国的发展》(*The American Development of Biology*, Philadelphia: University of Pennsylvania Press, 1988),第87页～第120页。

[39] Barrow,《对鸟类的热爱:奥杜邦之后的美国鸟类学》,第57页。

过，在那些人口较少的国家，这并不是一个可行的选择，因为一种只有少部分人有兴趣的爱好，需要相当数量的热心爱好者才能维持出版期刊的费用。在那些国家，把一个学会分成一些半自治的部分，有时也是一种可行的权宜之计，例如荷兰王家植物学学会（Koninklijke Nederlandse Botanische Vereniging）就是如此。[40]

27

到了19世纪80年代，实验学科的倡导者在欧美两个大陆的声望稳定地上升，而系统分类学的拥护者则越来越让人感到已过时。在大学内部有着更多的辛酸，那里长期霸占着位置的教授们忠于旧研究方法，拒绝为实验室腾出地盘，或不愿让系里分配资金用于购买仪器。[41] 不过，讽刺的是，旧研究方法信徒的抵制反而让生物学家感到方便，因为旧研究方法等同于业余活动，这个事实使得他们得以强调他们与它的距离，因此突出了他们作为新一代的职业人士的地位。由于这个原因，并不是所有拥护新研究方法的人都认为仅仅忽略系统分类学就够了，少数一些人甚至公开地嘲笑它。最爱这么做的那些人，其职业开始于其他领域，而现在试图掩盖他们的学术踪迹。[42] 出现这种敌意的另一个原因，也许不过是因为那些采用源于生理学的实验方法的人对旧研究方法缺乏理解。[43]

试图适应

正如保罗·法伯指出的，一些历史学家有一个经不起推敲的假定，认为上述的发展只不过代表了生命科学的成长。用另一位揭露这个谬论的人的话说，它假定自然史逐渐转变成了生物学，是通过"一种学术提升……到了涉及实验和解释的更高级的科学"。[44] 这种假定忽视了一个棘手的事实，那就是，先前存在的研究方法绝没有消失或被转变，而是生存了下来，并在经过了大量重新定义之后，又和以前一样强有力。尽管遭到蔑视，自然史传统被证明非常有弹性。由于主要存在于大学之外，它未受到学院派生物学家所关注的那些概念和技术的影响。生物学家讲一种陌生的语言，有独特的工作方法，有效地将那些没有进过实验室和未受过必要训练的人拒之门外。

[40] P. Smit，《从植物分布学到分子生物学：荷兰王家植物学学会125年》（Van Floristiek tot Moleculaire Biologie: 125 Jaren Koninklijke Nederlandse Botanische Vereniging），《学会1970年年鉴》（*Jaarboek van de KNBV over het jaar 1970*, Amsterdam: Koninklijke Nederlandse Botanische Vereniging, 1971），第117页～第155页；Patricia Faase，《在季节与科学之间》（*Between Seasons and Science*, Amsterdam: SPB Academic, 1995），第29页～第41页。

[41] F. O. Bower，《英国植物学60年（1875～1935）：一位目击者的印象》（*Sixty Years of Botany in Britain [1875-1935]: Impressions of an Eye-Witness*, London: Macmillan, 1938），第102页。

[42] R. A. Baker和R. A. Bayliss，《业余爱好者和职业科学家：评路易斯·C. 迈阿尔（1842～1921）》（The Amateur and Professional Scientist: A Comment on Louis C. Miall [1842-1921]），《博物学家》（*Naturalist*），110（1985），第141页～第145页。

[43] Paul L. Farber，《19世纪自然史的转型》（The Transformation of Natural History in the Nineteenth Century），《生物学史杂志》，15（1982），第145页～第152页；Eugene Cittadino，《美国生态学和植物学的职业化（1890～1905）》（Ecology and the Professionalization of Botany in America, 1890-1905），《生物学史研究》，4（1980），第171页～第198页。

[44] Lynn K. Nyhart，《自然史和"新"生物学》（Natural History and the "New" Biology），载于Jordine、Secord和Spary编，《自然史文化》，第426页～第443页，引文在第426页；Farber，《鸟类学作为一门学科的诞生（1760～1850）》，第123页～第129页。

这并不是说,那些继续从事系统分类学研究的职业人士,以及至少某些有科学倾向的业余爱好者,不会对强加在他们身上的突然和剧烈的变化感到困惑,有时感到沮丧——想要无视生物学家大声鼓吹是不可能的。无论如何,自然史团体中已经有少数标新立异的异议人士。这些异议人士感到,采集工作本身过于频繁地成了目的,而地方记录的编撰工作看来实际上已经完成了。在一种典型的世纪末幻灭情绪中,有人甚至极为夸张地哀叹说:"每一个隐蔽角落的动物和植物都被搜索过了,每一种稀有植物或动物的分布都被准确地记录了。"[45]对那些同意这种悲观观点的人来说,转向别的研究方法看来正是时候。

28

有两种候选对象吸引了这些异议人士。一种是新生物学的简化版本,集中关注发育过程。它有着一个迷惑人的相似名称"自然研究(nature study)",*起源于传统自然史根基较弱的美国。它跨过了大西洋,只是因为变得很容易被当作初等教育,**它的希望才破灭了。[46] 另一种候选对象是生态学——指这个词的原先狭窄的意思,而不是现在变成的更广泛的环保主义的同义词。[47] 当这个学科出现的时候,它在很大程度上是在勘查植被类型,分辨植物群落;因此,它看上去似乎只是自然史的一个特别分支,吸收了一些能干的分类学业余爱好者。在欧洲大陆,这种研究方法演变成怪异的植物社会学平行分类系统。它被证明难以应用到大西洋边的流动环境之后,英国生态学家选择了强调植被发展和更替的美国方法,但是有自己的倾向性,倾向于了解其中隐含的生理学机制,这个改变让业余爱好者无法入门。不过,和他们期待的相反,生态学家没能成功地从分类学家那里把植物地理学抢过来:环境与群落的关系被证明过于复杂,无法让它具有一个生理学基础。[48] 结果,这两种替代对象都变成了死胡同。然而,不管怎样,野外博物馆传统起的作用非常根本,而且它的例行活动有着永久的魅力,因此它不太可能会被大规模地抛弃。虽然它已丧失了它在科学中的中心地位,但是它还有比其批评者所猜测的要多得多的内在活力。

29

尽管生物学的入侵令自然史界感到迷惑,但是它还不如同一时期在自然史界内部出现的另一个问题那样具有分裂性。那就是以道德的原因反对采集工作。在19世纪30年代,采集工作的破坏性及其残酷性已让某些人感到良心不安,但是野外活动的社会威望和枪支的大量生产结合在一起平息了早期的抱怨。人们的普遍态度最终发生

[45] D. E. Allen,《英国博物学家:社会史》(*The Naturalist in Britain: A Social History*, London: Allen Lane, 1976),第192页。

* natural history 直译为"自然史",所以说它与"自然研究"名称相似。通常也译为"博物学"。——译者注

** nature study 可被理解为"自然学习",所以容易被当成是初等教育中的自然学习课。——译者注

[46] E. L. Palmer,《自然研究50年和美国自然研究学会》(Fifty Years of Nature Study and the American Nature Study Society),《自然杂志》(*Nature Magazine*),50(1957),第473页~第480页;E. W. Jenkins,《科学、感情主义或社会控制?英格兰和威尔士的自然研究运动(1899~1914)》(Science, Sentimentalism or Social Control? The Nature Study Movement in England and Wales, 1899-1914),《教育史》(*History of Education*),10(1981),第33页~第43页。

[47] 参看 Pascal Acot,本卷第24章。

[48] Joel B. Hagen,《进化论者和分类学家:20世纪植物地理学的不同传统》(Evolutionists and Taxonomists: Divergent Traditions in Twentieth-Century Plant Geography),《生物学史杂志》,19(1986),第197页~第214页。

变化，是由于两种骇人听闻的破坏性时尚：首先是发生在英国的对蕨类植物的极端狂热，之后是国际上对用来做女帽的鸟羽的需求。[49] 后者更为商业化并激起了更深的感情，导致在美国出现了“羽毛之战”，在大西洋两岸都出现了一系列抵制组织，1891 年在英国诞生了鸟类保护学会（Society for the Protection of Birds），1905 年在美国出现了奥杜邦学会全国协会（National Association of Audubon Societies）。[50] 特别值得注意的是，妇女在这些组织中发挥了突出的作用。

这些抵制运动的爆发初步导致了一些立法，都被证明难以实施，其中有些美国措施甚至被废止。结果，斗争被拖长了。不过，有一些同时出现的进展推进了抵制运动：出现了喂野鸟的时尚，摄影技术变得简单，出版简明的“高效的”手册，性能更强的野外望远镜的普及。[51] 到 1900 年，观察鸟类（而不是射杀它们）很快在西欧、北欧和北美成了鸟类学中被接受的研究方法。不过，更有科学倾向的人极其不信任观察报告，他们直到 20 世纪 20 年代才被争取过来，此时，对如何规范地记录野地特征的说教已成功地让一般水准有了十足的提高。美国的勒德洛·格里斯科姆和英国 F. R. C. 乔丹牧师对此做出了杰出的贡献。相比之下，在植物学家当中普遍形成相似程度的约束花了半个世纪；由于不捕获（如果不杀的话）就很难鉴定多数昆虫，昆虫学一直免受反对采集标本的热潮的影响。

内部拯救

30

与此同时，自然史中出现了一些不同于标本采集的富有成果的其他科学做法。这些做法中，有一个也源于 19 世纪 30 年代，当时英国的两个全国性植物学学会都规定交换植物标本以吸引人们入会。由此出现的网络被植物地理学家休伊特·科特雷尔·沃森用于更精确地描绘英格兰、威尔士和苏格兰的野生植物群中每一种维管植物的分布。印刷地图所需的高昂费用迫使沃森采用一种用数字标明分布状况的系统。由于拥有大量的记录，使得他能够把全国逐步划分成更小的单位，他在 1873～1874 年出版了一本纲要，记载了每个物种在任何 112 个“副郡（vice-counties）”（他对其基本单

[49] D. E. Allen，《维多利亚时期蕨类狂热：蕨恋的历史》（*The Victorian Fern Craze: A History of Pteridomania*, London: Hutchinson, 1969）；D. E. Allen，《对自然保护的态度变化：植物学观点》（Changing Attitudes to Nature Conservation: The Botanical Perspective），《林奈学会植物学杂志》（*Biological Journal of the Linnean Society*），32（1987），第 203 页～第 212 页；Robin W. Doughty，《羽毛时尚和鸟类保护》（*Feather Fashions and Bird Preservation*, Berkeley: University of California Press, 1975）。

[50] William Dutcher，《奥杜邦运动史》（History of the Audubon Movement），《鸟类知识》（*Bird-Lore*），7（1905），第 45 页～第 57 页；F. E. Lemon，《R. S. P. B. 的故事》（The Story of the R. S. P. B.），《鸟类记录和新闻》（*Bird Notes and News*），20（1943），第 67 页～第 68 页，第 84 页～第 87 页，第 100 页～第 102 页，第 116 页～第 118 页；T. Gilbert Pearson，《鸟类保护 50 年》（Fifty Years of Bird Protection），载于 Frank M. Chapman 和 T. S. Palmer 编，《美国鸟类学 50 年进展（1883～1933）》（*Fifty Years' Progress of American Ornithology, 1883–1933*, Lancaster, Pa.: American Ornithologists' Union, 1933），第 199 页～第 213 页；Frank Graham, Jr.，《奥杜邦方舟：全国奥杜邦学会史》（*The Audubon Ark: A History of the National Audubon Society*, New York: Knopf, 1990）。

[51] Allen，《英国博物学家：社会史》，第 230 页～第 235 页。

位的称呼)出现的证据。[52] 沃森的方法后来也被复制,用以研究英国种禽的分布以及陆地和淡水软体动物的分布。同时,更有信息量的点式地图被吉森大学的教授赫尔曼·霍夫曼引进德国,他在19世纪60年代出版了一系列记载上黑森植物群的这种地图,在全欧洲是首创。[53] 到1900年,点式绘图在斯堪的纳维亚已被很好地采用,积累50年后有了埃里克·胡尔滕的《西北欧维管植物分布图》(*Atlas över växternas utbredning i Norden*)。受此启发,以及受到1930～1935年由荷兰植物研究所(Instituut voor het Vegetatie-Onderzoek van Nederland)赞助的一个荷兰大合作项目的启发,不列颠群岛植物学学会(Botanical Society of the British Isles)在1954～1962年率先使用自动化数据处理创作了《英国植物群地图》(*Atlas of the British Flora*),并在1968年出了更为"重要"的类群的增补本。[54] 这是在学术界指导下,大规模召集业余爱好者参与工作产生的,它催生了众多动物和植物种类的一系列全国分布地图,全都是通过相似的合作网络产生的。在1964年之后,主要的管理工作由政府资助的自然保护局(Nature Conservancy)承担,这是英国对应于美国生物调查局(U. S. Biological Survey)的机构。

与这一系列制图行动同时进行的,还有同等大规模的合作冒险事业,它们属于其他类型的工作,与鸟类研究有关。在一个长期被学院派生物学忽视的领域,有这样的成果更令人印象深刻。在大西洋两岸,这项工作所经历的几个阶段都几乎同时发生,这令人吃惊,表明存在某种程度的跨国接触,还未被历史研究揭示出来。

31

早在1843年,布鲁塞尔王家科学院(Académie Royale des Sciences of Brussels)在其秘书统计学家朗贝尔·阿道夫·雅克·凯特尔(1796～1874)的鼓动下,作为一个研究各种周期现象的项目的一部分,开始赞助采集某些候鸟迁徙的数据。其他欧洲国家,特别是俄国和瑞典,跟在比利时的后面。从1875年开始,德国、奥匈帝国、英国和北美都为了破解迁徙之谜发动了大规模的密集攻关,后两者还得到了灯塔看守人的广泛帮助。[55] 这些调查雄心勃勃:在美国,在精力充沛的克林顿·哈特·梅里亚姆(1855～1942)的领导下,向800家报纸发去广告征集观察者建立一个全国性网络,其运作由13个地区负责人负责。[56] 但是在多数情况下,他们只是制作了更多套不完全和不可靠的时间表。真正需要的是在某些有利的地点做系统的观察,最好还能有办法让鸟类自己展示它们的运动。在1900年左右,受海因里希·格特克(1814～1897)在

[52] J. E. Dandy,《英国的沃森副郡》(*Watsonian Vice-Counties of Great Britain*, London: Ray Society, 1969)。

[53] S. M. Walters,《植物分布图——历史考察》(Distribution Maps of Plants-An Historical Survey),载于J. E. Lousley编,《英国植物群研究进展》(*Progress in the Study of the British Flora*, London: Botanical Society of the British Isles, 1951),第89页～第95页。

[54] A. W. Kloos,《荷兰植物分布研究》(The Study of Plant Distribution in Holland),载于J. E. Lousley编,《英国植物分布研究》(*The Study of the Distribution of British Plants*, Oxford: Botanical Society of the British Isles, 1951),第64页～第67页;Faase,《在季节与科学之间》,第58页～第62页;Allen,《植物学家:150年来不列颠群岛植物学学会史》,第153页～第158页。

[55] Erwin Stresemann,《从亚里士多德到现今的鸟类学》(*Ornithology from Aristotle to the Present*, 2nd ed., Cambridge, Mass.: Harvard University Press, 1975),第334页。

[56] Barrow,《对鸟类的热爱:奥杜邦之后的美国鸟类学》,第230页～第235页。

德国黑尔戈兰岛的工作的启发，定期有人管理的鸟类观测台开始建立，先是在波罗的海，然后在北海周围和其他地方。与此同时，铝价的下降使得人们可以使用足够轻的腿环，这种解决办法源于丹麦。1909 年，大多数给鸟类加环志的计划几乎同时出现在美国、英国和法国。[57]

在经历了刺激并认识到"网络研究"的优势后，鸟类学家的野心大增。美国的弗兰克·M. 查普曼(1864～1945)通过其刊物《鸟类知识》(*Bird-Lore*)，以及英国的哈里·福布斯·威瑟比(1873～1943)通过其刊物《英国鸟类》(*British Birds*)，都确保了广大的读者群，使得自 1900 年以后有越来越多的追随者投入鸟群数量的统计。在美国，这项工作在 1914 年被美国生物调查局接管，但是在推动它的职员韦尔斯·伍德布里奇·库克(1858～1916)英年早逝之后，就很快被冷落了。[58] 不过，在英国，对各个鸟类物种的全国性普查到 1931 年已吸引了超过 1000 人的志愿调查者，让人们认识到在"大规模观察"中业余爱好者团体已完善了一种具有一定的研究潜力的技术。[59] 在英国，由于政府仍然很少会去接管重大科学创新项目，人们决定成立一个永久性的机构专门从事这类工作。在英国鸟类学信托基金(British Trust for Ornithology)这个误导人的名头下，于 1932 年在财政危机中开始之后，它逐渐变得兴旺。因此，至少在生命科学和地球科学方面，业余爱好者团体取得了可能很独特的业绩，独立地产生了一个能自我维持的研究事业。

32

会　合

披着鸟类观察的新外衣，鸟类学在北美和北欧都获得了大规模的追随者，这是它的姐妹学科永远不要指望能匹敌的，而鸟类学所享有的社会尊重也让它的姐妹学科只有羡慕的份儿。这种尊重来源于野外活动所具有的荣耀，这种荣耀在它有了告别枪支的新特征之后仍然保持着。自 20 世纪 30 年代之后，这整个在实验室之外的团体，包括职业的和业余的，开始恢复自信，找回了在半个世纪前丧失的方向感。能做到这一点并不仅仅是因为鸟类学中所表现出来的自发的全盛期。到这个时候，热情高涨却鲜有效果的野生动物保护风潮已经成功地得到完善，并且在学院派生态学的影响下，充分发展成一个更有思想的环保运动。[60]

重新获得活力的另一个来源是生物学和自然史最终会合了。在 1910 年左右开始有这一迹象，朱利安·赫胥黎(1887～1975)作为一名生物学家，在当时很难得地也是

[57] Harold B. Ward，《鸟类加环志的历史》(The History of Bird Banding)，《海雀》(*Auk*)，62(1945)，第 256 页～第 265 页；W. Rydzewski，《对鸟类做标志的历史综述》(A Historical Review of Bird Marking)，《丹麦鸟类学学会杂志》(*Dansk Ornithologisk Forening Tidsskrift*)，45(1951)，第 61 页～第 95 页。

[58] Barrow，《对鸟类的热爱：奥杜邦之后的美国鸟类学》，第 170 页～第 171 页。

[59] Bruce Campbell，《动物学研究中的合作》(Co-operation in Zoological Studies)，《发现》(*Discovery*)，11(1950)，第 328 页～第 350 页。

[60] 参看 Stephen Bocking，本卷第 32 章。

野外博物学家，开创了脊椎动物行为的科学研究。1916 年，当他短暂地在得克萨斯任教职时，他号召美国鸟类学家将其新兴的观察网络用于解决具有科学重要性的问题，以此减少野外和实验室世界之间的两极分化。赫胥黎不久之后回到牛津大学，促使那里的一群学生热衷于做同样的事情。[61] 同时，在斯堪的纳维亚，遗传学与植物分类学在"种群生态学"的名称下结合起来，逐渐地扩展为一个把实验方法带给传统的系统分类学的国际运动。1940 年它被宣布为新系统分类学，[62]对自然史有重大影响，直到在 20 世纪 60 年代由于大家转向分子生物学才受到压制，在大学中的分类学教研中近乎消失了。

33 有些人期望，在互补的方向上会发生比已有的更大程度的会合。令人看到有此希望的是，业余博物学爱好者自愿选修大学在校外设置的遗传学和生理学课程，[63]而高等教育的大规模扩增似乎保证了有多得多的受过训练的生物学家拥入野外研究的行列。然而，一支生物学方面的精锐骨干队伍在很大程度上并没有组建起来。比较具有科学倾向的业余爱好者继续从事非实验性的分类学研究，记录观察结果和绘制分布图，并在合适的刊物上发表这些课题的成果，与职业人士并驾齐驱，如果不是在数量上超过他们的话。[64]

最重要的变化是，越来越多的精力被投到了环保中。这是由于在这个专门的圈子中出现了职业人士团体，包括生态学家和管理人员，在受训练的人士和未受训练的人士之间产生了一个完整的相互交流的领域。但是环保代表的仅仅是侧面的力量：它主要与教育、宣传和拉资金有关，对增进科学知识的关注是次要的，除了在增强理解如何更好地管理受保护对象和提高对生物多样性的监控等方面。不过，由于结合了这些因素，自然史现在备受公众关注。人们有更多的休闲时间，有更多、更好的办法来鉴定见到的东西。最重要的是，野生动物能极好地被新的视觉媒体表现，这是一件幸事。结果，现在已数以百万计的自然史的爱好者完全有可能维持它在 20 世纪的下半叶重新获得的动力。而它看来会继续如此，在很大程度上不去理会另一个实验和实验室的世界。

（方是民　译）

[61] Julian Huxley，《回忆》（*Memories*, London: Allen and Unwin, 1970），第 84 页～第 90 页；Julian Huxley，《鸟类观察与生物科学：一些求偶研究的观察结果》（Bird-Watching and Biological Science: Some Observations on the Study of Courtship），《海雀》，35（1916），第 142 页～第 161 页，第 256 页～第 270 页；J. B. Morrell，《科学在牛津：1914～1939》（*Science at Oxford: 1914–1939*, Oxford: Clarendon Press, 1997），第 284 页～第 285 页，第 299 页。

[62] Julian Huxley 编，《新系统分类学》（*The New Systematics*, Oxford: Clarendon Press, 1940）。

[63] Anonymous，《业余爱好者的局限》（The Limits of the Amateur），《新科学家》（*New Scientist*），no. 19（1957），第 7 页。

[64] Marianrie G. Ainley，《业余爱好者对北美鸟类学的贡献：历史观点》（The Contribution of the Amateur to North American Ornithology: A Historical Perspective），《活鸟》（*Living Bird*），18（1979），第 161 页～第 177 页，相关内容在第 169 页。

3

发现和探索

34

罗伊·麦克劳德

2003 年 5 月,在中亚的哈萨克斯坦,从其沙漠中的拜科努尔(Baikonur)发射场,英国科学家发射了一枚俄制联盟-佛盖特上面级火箭(Soyuz-Fregat rocket),火箭上运载着“火星快车(*Mars Express*)”号探测器,目的是确定能否在火星这颗红色行星的稀薄大气和积满灰尘的岩石中发现可识别的生命化学信号。1971 年,苏联首先发射登陆火星的探测器,紧跟着是美国在 1976 年的“海盗(*Viking*)”号太空行动。2004 年 1 月,美国国家航空航天局(NASA)发射的“勇气(*Spirit*)”号和“机遇(*Opportunity*)”号火星车登陆火星。这些都代表着巨大而危险的努力。在以往 30 次火星行动中,有 20 次出了严重的错误。在 2003 年,一个用于探索火星表面的英国探测器(很有纪念意义地称为“贝格尔 2[*Beagle-2*]”号)未能抵达火星表面。欧洲的火星太空行动花费了 3 亿欧元,而美国的花费是其 10 倍。所有这些努力都有必要确保广泛的政治和公众支持。因此,太空行动全盘向公众展示。正如莱斯特大学(University of Leicester)太空研究主任艾伦·韦尔斯所说:“我们正在开创向公众展示太空科学的新局面。”用他的话说,他的职责是当一名既是行星科学也是公共关系的教授。

今天,科学向国际公众叙说。同时,它也反映了国家野心。这个过程即本章主题,经由这个过程,科学合作以一种广泛的国际竞争的背景的观点被过分书写。历史学家们既说科学是一种探索实践,也说探索是科学的目标。就定义而言,科学就是从对自然界的“探索”衍生而来的。特别是,在过去的 3 个世纪,西方科学已提供了探索“内部”空间和“外部”空间的任务、手段和方法,使得人类成为笛卡儿说的“大自然的主宰和拥有者”。自然知识已成为神话的摧毁者。这不仅发生在实验室内,也发生在对宇宙的观察中。在这个故事中,探索史安然处于“发现”史之内。

35

在过去,“发现”和“探索”这两个词都蕴含着个人努力的意思,指的是首次目击、

我想要感谢吉尔·巴恩斯(Jill Barnes)女士、克丽丝·休伊特(Chris Hewett)女士和悉尼大学不厌其烦地提供馆间借阅服务的图书馆管理员在我撰写本章时提供的帮助。在思想支持方面,我十分感激牛津大学基督教堂学院(Christ Church)的院长和学生们、剑桥大学彭布罗克学院的院士们,剑桥大学艺术、社会科学与人文学科研究中心的工作人员以及博洛尼亚大学历史系的工作人员。我感谢海德堡大学的沃尔夫冈·埃卡特(Wolfgang Eckart)教授、汉堡大学瓦尔特·伦茨(Walter Lenz)教授、剑桥大学基督学院(Christ's College)的马克斯·琼斯(Max Jones)博士和伦敦王家学会图书馆的克拉拉·安德森(Clara Anderson)女士提供的特别信息。我感谢编辑们的关照和耐心。

初见陆地、严谨实验或“寻觅”,或者指的是机构中评判证据、确认或否定模型的常规做法。发现史是独特性、偶遇奇缘的运气、首次遭遇和个人辨识的历史。另一方面,探索同时褒扬寻觅的意义和任务——包括描述、分类和展览。而且,“发现”在传统上有宗主国的意味,但是在探索行动中,外围变成了中心,在个人与集体、英雄与凡人同时和大自然抗争之中,甚至小人物也成了关键。探索具有包容性,正如发现具有排他性。通过发现行动,我们宣布拥有;但是通过探索行动,我们获得了移居和交易的手段。

而且,现代探索观念的使用范围很广,实际上在同等程度上既指许多人的努力也指少数人的努力,不仅包括室内实验室的工作,也包括野外、海上的工作,以及越来越多的在太空中检验宇宙模型和证实对宇宙的认识的工作。还有,在 20 世纪,海洋和太空已成为“实验地”,通常只限于地球上最强大的国家才能涉及。这些空间还没有像南极洲那样被确立为“人类的共同遗产”。正如 2003～2004 年的火星探险所表明的,对科学史来说,确定一种新的政治观,正是探索的最深刻意义以及可能的希望所在。

套用利顿·斯特雷奇的话,在某种意义上,现代科学探索的历史永远不可能完全写就,因为我们对它知道得太多了。在我们的现代岁月中,凭借着对“奋进(*Endeavour*)”号*帆船复制品和虚拟的星际飞船“企业(*Enterprise*)”号的充分熟稔,**科学探索的历史可以被理解为一系列不断的发展,代表着自启蒙运动以来,在贸易、商业和战略利益的驱动下,对认识宇宙的探寻的延伸。“为宇宙万物编制目录”不仅是一个让自然史获得艺术敏感性的神圣使命,而且也是一个令人信服的项目,由宗主国的“计算中心”管理。[1] 这些连续性持续下来。但是伴随着它们,非常新的特征出现了,涉及在趋向、组织和目的等方面的重大发展。

36

连接宇宙

科学探索的现代时期是从哪里开始的呢? 在过去的 400 年,它的历史在一个连续的文化空间中展现,产生了保留至今的特征。其中,有两点是值得注意的。第一,这个时期可以恰当地描述为由欧洲人从事的科学寻求为大自然的累积记录“去除空白”的时期,即通过探险来获得关于世界及其民族的更精确的信息。[2] 而且,到这个时期结束时,科学探索的职业化已摆上了议事日程。几个世纪以来,欧洲的科学是混合了大决心、商业运动和不受控制的好奇心的大杂烩,此时开始达成特定的目标。探索概念本身变得“客观化”。第二,在职业化时代,它看来在尽量减少政治负担。如一位作者所说:“多数探险的全部目的是从事新颖的科学研究。这意味着探险的结果必须‘增

* 英国航海家詹姆斯·库克的探索考察船。——译者注

** “企业”号是科幻电视系列剧《星际迷航》(*Star Trek*)中的一艘星际飞船。——译者注

[1] 此短语之所以出名,参看 Bruno Latour,《科学在行动》(*Science in Action*, Milton Keynes: Open University Press, 1987)。

[2] 参看 Peter Whitfield,《新发现地:探索史中的地图》(*New Found Lands: Maps in the History of Exploration*, New York: Routledge, 1998),第 187 页。

添'到已有的知识中。"[3]增添知识,去除猜测,成了它存在的首要目的。

自从20世纪70年代以来,一代历史学家对从这些客观行动和实践中衍生出来的地理政治的诠释产生了兴趣。总的来说,很显然的是,从事科学探险是为了解决哲学家们遗留下来的难题。其中这样一个难题是假定存在一条到亚洲的西北通道,自从君士坦丁堡陷落以来欧洲人就在设想这个前景。[4] 从16世纪起,英国和法国就在寻找麦哲伦海峡周围的通道,也即"西南通道",拥有它们让伊比利亚控制了东印度群岛。但是欧洲人以同样的热情寻找一条在美洲的上头、穿过北纬地区的"西北通道"。在1609年,探险使得亨利·哈得孙(死于1611年)率先以其姓氏为河流命名,这鼓舞了以后400年间的航海者。[5] 不过,到了19世纪,这些动机都被改造了。目标不再是为了商业,而是为了解决一个问题,那就是发现通道,这需要(并挫败)地球上最强大国家的能力。

37

科学问题的解决需要把目的和手段结合起来。对一个概念问题或地理问题的回答,有待于一个合适的地理政治时机的到来,结合必要的技术和政治意愿。因此,18世纪詹姆斯·库克(1728～1779)三次太平洋航行带着解决自托勒密时代起就有的地理问题的使命。但是要证实或否定一个南大陆的存在,以及绘制新发现的陆地,需要进行实际观察,英国海军的控制权让这变得可行。[6] 英格兰在七年战争(1756～1763)中战胜法国,让它有了合适的时机,让它的科学有了机会。英格兰一些最令人瞩目的成功发生于太平洋,但是许多陆地上的问题——例如确定尼罗河的源头、尼罗河的流向、喜马拉雅山的成因和澳大利亚特有的动物群——也由于不列颠享有的帝国威力而变得更加容易解决。

在19世纪,对什么东西能构成一个"科学问题"的定义变化变得越来越清楚。如果说到1800年时西方科学已拥有了一套可靠的方法和仪器以及对探索有了客观的理由的话,那么到1900年时,科学机构和海洋技术的提高已经控制了探险观念,并赋予它新的能力和意图。借用彼得·加利森的用语,"科学探险"控制了在观察和理论之间的一个新的"贸易带",在其中船上技能补充了实验台。[7] 与日益满足自己兴趣的普

[3] John Hemming,《探险参考文献》(*Reference Sources for Expeditions*, London: Royal Geographical Society, 1984)。

[4] 参看 Glyn Williams,《妄想的航行:在理性的时代寻找西北通道》(*Voyages of Delusion: The Search for the Northwest Passage in the Age of Reason*, London: Harper Collins, 2003)。该文献有特殊的出处。参看 Samuel Eliot Morison,《欧洲人对美洲的发现:北部航行(500～1600)》(*The European Discovery of America: The Northern Voyages, A. D. 500-1600*, New York: Oxford University Press, 1971);John L. Allen,《引入之海:寻找西北通道的想象和经验(1497～1632)》(The Indrawing Sea: Imagination and Experience in the Search for the Northwest Passage, 1497-1632),载于 Emerson W. Baker 等编,《美国的开端:在诺伦贝加之地的探索、文化和绘图》(*American Beginnings: Exploration, Culture and Cartography in the Land of Norumbega*, Lincoln: University of Nebraska Press, 1994),第7页～第36页。

[5] Robert G. Albion,《探索与发现》(Exploration and Discovery),载于《美国百科全书》(*Encyclopedia Americana*, International Edition, vol. 10, New York: Americana, 1979),第781页。

[6] Alan Frost,《"奋进"号之航:库克船长和太平洋的发现》(*The Voyage of the "Endeavour": Captain Cook and the Discovery of the Pacific*, Sydney: Allen and Unwin, 1996)。

[7] Peter Galison,《贸易带:现代实验室中实验与理论之间的协调》(The Trading Zone: Coordination between Experiment and Theory in the Modern Laboratory),关于知识地的国际研讨会的论文,特拉维夫,1989年5月。

通科学博物馆和大学科学博物馆一起,科学探险成为一种习惯,一个“知识地”。[8] 那种知识的结构、组织和最终的传播为科学创造了一个新的空间。[9] 从 15 世纪开始,“亲眼所见的”感性让欧洲科学主宰了地球。当西方旅行者带回知识以及植物、动物和其他民族之人的标本时,它们在里斯本和加的斯,或在克佑区英国王家植物园和巴黎植物园,柏林和汉堡,波士顿和悉尼进行分类和编目。不过,对维多利亚时期的人们来说,认识世界的工具就是探险。到 19 世纪后期,随着作为赞助者和受益者的大学、博物馆和基金会的兴起,探险成了施加西方影响、创造新学科、探索新观念和建立新的文化挪用形式的主要媒介。[10] 最终,随着 20 世纪的到来,科学将其自身表现为永恒探索的象征行为。用万尼瓦尔·布什的令人难忘的话来说,科学是人类“无穷无尽的边疆”——认识没有边界或局限,其公共证成是不证自明的。

38

在探索史上,没有什么要比它对人类成就的歌颂更为显著的了。古代水手在 19 世纪被具体化。发现成了科学旅行者和“其载体探索团体”的抱负。[11] “探险者”成了熟悉的形象,在肖像、照片和电影中重复千遍:“极大的热情,由无限的耐心调和,以及全身心地追求真理;尽可能广博的教育;敏锐的眼睛、耳朵和鼻子。”博物学家威廉·毕比(1877～1962)如此写道。他本人是现代人的典范,[12]认识到“科学与探索……是许多人解决问题的方法,他们对自己不满,永不安宁,受到家庭关系和规定的约束,寻求一个借口能躲进未知之中。”[13] 冒险带来了名声。德国探险者海因里希·巴尔特(1821～1865)讲到想要成为“第一”的无休无止的欲望——这也许是科学最普通的评判标准。正如一位当时的人所言:“探险者大家庭已采用了更科学的自然界观察者的规则,并把这作为放之四海而皆准的法律:谁先看到和先宣布的,谁就应该有命名权。”[14]在巴尔特的例子中,桂冠属于那些首先进入“此前从未有欧洲人涉足的未知区

[8] 参看 Michel Foucault,《词与物》(*The Order of Things*, London: Tavistock Press, 1970),第 xvii 页～第 xviii 页;Adi Ophir 和 Steven Shapin,《知识地:一个方法论考察》(The Place of Knowledge: A Methodological Survey),《语境中的科学》(*Science in Context*),4(1991),第 3 页～第 21 页。

[9] 关于扩展的博物馆,参看 Dorinda Outram,《自然史的新空间》(New Spaces in Natural History),载于 N. Jardine、J. A. Secord 和 E. C. Spary 编,《自然史文化》(*Cultures of Natural History*, Cambridge: Cambridge University Press, 1996),第 249 页～第 265 页。

[10] 例如,参看 Andre Gunder Frank,《不发达的发展》(The Development of Underdevelopment),《每月评论》(*Monthly Review*),18(1966),第 17 页～第 31 页;Andre Gunder Frank、S. Amin、G. Arrighi 和 I. Wallerstein,《全球危机的动态》(*Dynamics of Global Crisis*, London: Macmillan, 1982)。对此的讽刺描述,参看 Norman Simms,《我的母牛来缠我:欧洲探险者、旅行者和小说家在海外陆地和岛屿构建文本自我和设想无法想象的事,从克里斯托弗·哥伦布到亚历山大·冯·洪堡》(*My Cow Comes to Haunt Me: European Explorers, Travelers and Novelists Constructing Textual Selves and Imagining the Unthinkable in Lands and Islands beyond the Sea, from Christopher Columbus to Alexander von Humboldt*, New York: Pace University Press, 1996)。

[11] Peter Raby,《光明乐园:维多利亚时代的科学旅行者》(*Bright Paradise: Victorian Scientific Travelers*, London: Pimlico, 1996)。

[12] 引自 Victor von Hagen,《博物学家的绿色世界南美洲:南美洲自然史的 5 个世纪》(*South America: The Green World of the Naturalists: Five Centuries of Natural History in South America*, London: Eyre and Spottiswoode, 1951),第 xvii 页。

[13] Eric Leed,《发现之岸:探险是如何构建世界的》(*Shores of Discovery: How Expeditionaries Have Constructed the World*, New York: Basic Books, 1995),第 12 页。

[14] Elisha Kent Kane,《北极探索:寻找约翰·富兰克林爵士的第二次美国格林内尔探险》(*Arctic Explorations: The Second US Grinnell Expedition in Search of Sir John Franklin*, Philadelphia: Charles and Peterson, 1856)。

域"的人。[15] 原住民仍然常常是一种文化遗物;也许是一个机会,至多是一种分心之事。

今天,对自得其乐的欧洲中心主义必须自觉地给予谴责。但是,无疑地,这个察看、勘测和将"科学未知"的地方打上欧洲印记的过程有着诱人的魅力。这个叙述反映在强国竞争和帝国征服的编史学中。科学探险采用了军事远征的语言和远征军的英雄主义。* 由于同样的原因,对某些人来说,对科学探索的积极投入是衡量一个国家成为文明国家的最高标准。这种"文明化使命"的用语暴露出它所忽略的部分不少于它所声称的部分。随着第一次世界大战的结束,探索的观念从文化事业转变成政治事业,加快了完成宇宙景象的步伐。

39

科学和欧洲的扩张

科学探索不是在19世纪诞生的,但是在该世纪它成熟了。在历史学家看来,这个时期对欧洲人而言让人感到兴奋和刺激,此时欧洲人已完成了自己大陆的勘测,寻找新世界去征服。这个时期最引人注目的是对两个大陆(北美洲和南美洲)"详细探测的完成",另两个大陆(非洲和澳洲)的完全渗透和第6个大陆(南极洲)的部分渗透,以及"主要为了研究海洋"的科学航行。[16] 欧洲的知识不再足以解释世界。探索行动从来就没有远离冒险,并且获得了与虚构的故事和事实的一种新关系。在1800年,大部分地球表面的情况仍然是猜测性的。如果说非洲是黑暗大陆的话,那么多数欧洲人对亚洲甚至美洲都知道得极少,对南极洲则是一无所知。仅仅一个世纪之后,欧洲科学就与欧洲商业一样无处不在。在很短的时间内,探险让世人对地质学、生物学和文化有了前所未有的更多认识。在接下去的50年,受到新学科、新技术和公众对"征服"海洋和天空的高涨兴趣的鼓舞,探索的性质发生了改变,这带来了私人和公共的创新项目的新联合体。

在这些动力的推动下,源自古代的设想传播开去。自从亚历山大大帝以来,欧洲帝国就试图"夺取"关于被征服的民族和地方、风和潮水、河流和大海的知识。[17] 随着对普遍规律的认识,产生了对遥远的自然世界的兴趣。在弗兰西斯·培根著名的乌托

40

[15] Heinrich Barth,《在北非和中非的旅行和发现,1849~1855年进行的旅行》(*Travels and Discoveries in North and Central Africa, Being a Journey Undertaken in 1849-1855*, vol. 2, London: Frank Cass, reprint 1965),第454页,引自Leed,《发现之岸:探险是如何构建世界的》,第213页。

* 科学探险和军事远征的英文单词都是expedition。——译者注

[16] James Wardle 爵士和 Harold E. King,《探索》(Exploration),《钱伯斯百科全书》(*Chambers Encyclopedia*, vol. 5, 1973),第500页~第501页。

[17] 参看J. H. Perry,《西班牙海运帝国》(*The Spanish Seaborne Empire*, Berkeley: University of California Press, 1990);Oskar Spate,2卷本《西班牙湖》(*The Spanish Lake*, Canberra: ANU Press, 1979);Carlo Cipolla,《欧洲扩张初期的枪炮和航行(1400~1700)》(*Guns and Sails in the Early Phase of European Expansion, 1400-1700*, London: Collins, 1966);Margarette Lincoln编,《在太平洋的科学和探索:18世纪欧洲人到南大洋的航行》(*Science and Exploration in the Pacific: European Voyages to the Southern Oceans in the Eighteenth Century*, London: National Maritime Museum, 1998)。

邦新大西岛中，所罗门宫的管理者们委托它的“光明商人航行到外国”，交换知识，并把知识带回来交给英明政府的部门。[18] 到18世纪后期，《百科全书》(*Encyclopaedia*)的作者们预期了一个具有各种关系的世界，其中自然知识占据了主导地位。数百年来有文化的欧洲人在“想象的地理学”中所保留的东西，[19]神话与传说的实质，转变成了一种想要描述大地、天空和大海的愿望，对它们的分门别类是由眼睛所见而不是由书本来主导的。[20] 伴随着物质世界方面的知识而来的，是社会方面的知识——偏远的社会和令人着迷的社会，复杂的社会和原始的社会——它们的手工艺品被收藏在“开明”、富裕和明智人士的私人“珍宝室”中。在英国，来自新世界的新颖农作物和药物的引进，曾经让旅行者变成园丁，而现在，在种植园资源改变英国地貌的同时，让学者变成自然史学者。[21] 开明人士的做法被理想化为认知的途径，受到寻求世界主义尝试支持的“文人共和国”的赞美。他们的机构服务于一种赋予欧洲优越地位的道德经济。其理由是，在创造知识的过程中，欧洲科学将会让它成为普遍知识，造福所有的人。

这种乐观主义称颂着一类献身于旅行和探索的人的前途。1770～1835年这个时期被描述为“探索叙述”的时代。“这在欧洲人开始认为自己是帝国中心的过程中做出了贡献”。的确，在旅行者让种族劣等的观念习以为常时，旅行作品塑造了帝国观念。在1754年，让-雅克·卢梭(1712～1778)抱怨说，自从欧洲开始殖民、让殖民地基督教化以及组织贸易以来的3个世纪，欧洲几乎没有累积有关世界的客观知识。他提出，其原因是由于探险活动被4类人占据了——水手、商人、士兵和传教士。它需要的是新的一类人——博物学家——渴望充实头脑而不是钱包的人。[22] 类似地，夏尔·德·布罗斯(1709～1777)在1756年也号召自然哲学家通过首先服务科学来服务其国家。

41

他的寓意既敏锐又俗套。知识向来就是国家的工具。整个18世纪，人们都相信探索航行同时具有商业和军事方面的正当理由。在18世纪40年代，约翰·坎贝尔倡导到未知的南大陆*探险，认为它对让英格兰人成为“一个伟大、富裕、强大和幸福的民族”至关重要。[23] 科学所倡议的，国家并不拒绝。在法国和英格兰，科学与海军和陆军

〔18〕 参看 Francis Bacon，《新大西岛》(The New Atlantis)，载于 Brian Vickers 编，《弗兰西斯·培根选集》(*Francis Bacon: Selections*, Oxford: Oxford University Press, 1996)。关于培根的详尽文献，参看 Lisa Jardine 和 Alan Stewart，《听天由命》(*Hostage to Fortune*, London: Victor Gollancz, 1998)；Julian Martin，《弗兰西斯·培根、国家和自然哲学变革》(*Francis Bacon, the State and the Reform of Natural Philosophy*, Cambridge: Cambridge University Press, 1992)。

〔19〕 Daniel Boorstin，《发现者们》(*The Discoverers*, New York: Random House, 1983)。

〔20〕 Anthony Grafton，《新世界、老文本：传统的力量与发现的震撼》(*New Worlds, Ancient Texts: The Power of Tradition and the Shock of Discovery*, Cambridge, Mass.: Harvard University Press, 1992)，第217页～第223页。

〔21〕 W. Bray，《农作物和食人族：欧洲人对新世界的最初印象》(Crop Plants and Cannibals: Early European Impressions of the New World)，《英国国家学术院年报》(*Proceedings of the British Academy*)，81(1993)，第289页～第326页，相关内容参看第292页。

〔22〕 Leed，《发现之岸：探险是如何构建世界的》，第10页。

* 南大陆(Terra Australis)是15～18世纪欧洲人绘制的地图上的一个假想的大陆。在澳大利亚被发现后，也指澳大利亚。——译者注

〔23〕 参看 Sverker Sörlin，《为欧洲整理世界：从北部外围看科学之为情报和信息》(Ordering the World for Europe: Science as Intelligence and Information as Seen from the Northern Periphery)，《奥西里斯》(*Osiris*)，15(2000)，第51页～第69页，引文参看第55页。

联姻。[24] 在七年战争之后，法国丧失了它在新世界的殖民帝国，它与英格兰的对抗从欧洲大陆、印度和加勒比海转移到了太平洋、亚洲和非洲。对海洋和东方的更充分了解将会让法国用知识来克服不列颠帝国的科学。[25] 葡萄牙很快发现了相同的逻辑，虽然国内的改革不足以确保海外的领先。[26]

也许欧洲的第一次真正的科学之旅是法国在1735年派往拉普兰和赤道的双重探险，目的是检验牛顿和法国人关于地球的球度的不同看法。[27] 但是一般认为，科学探险的第一个大时代开始于太平洋，这些重要航行的参与者包括路易·安托万·德·布干维尔（1729～1811，旅行于1766～1769），让-弗朗索瓦·德·拉彼鲁兹（1741～1788，旅行于1778～1785），塞缪尔·沃利斯（1728～1795，旅行于1766～1768），菲利普·卡特里特（1733～1796，旅行于1768年），詹姆斯·库克船长（三次探险，1768～1779）及其继承者，乔治·温哥华（1757～1798，旅行于1791～1795），马修·弗林德斯（1774～1814，旅行于1801～1803），以及安托万·德·布吕尼·昂特勒卡斯托（1739～1793，旅行于1791～1793）。在这些航行中，博物学家、天文学家和自然哲学家以自己的身份参加了海军探险。[28] 和库克一起在"奋进"号上的，不仅有约瑟夫·班克斯（1743～1820）及其助手丹尼尔·索兰德（1733～1782），而且还有王家学会指定的天文学家查尔斯·格林。[29] 远在库克之前，科学制图员就在英国的航船上了，而自然科学家在场本身并不意味着就是科学活动。这一故事也不局限于英国和法国。正如伊丽丝·恩斯特兰德已指出的，西班牙害怕会很快失去"西班牙湖"，*在18世纪和19世纪早期派遣勘探探险队到新西班牙，**其踪迹遍布从西印度群岛到墨西哥、加利福尼亚和西北太平洋的地区。这其中的第一次探险（王家科学探险，1785～1800）催生了墨西哥市植物园，以及关于英国和法国在太平洋地区活动的许多情报。[30]

42

在18世纪后期，科学与战略不仅是相互联系的，而且是相互依赖的。库克1768年

[24] 学术会议讨论了相关内容，"科学与法国海军和英国海军（1700～1850）"（Science and the French and British Navies, 1700-1850, Maritime Museum, London, April 30-May 3, 2001）。

[25] Paul Carter，《寻找博丹》（Looking for Baudin），载于Susan Hunt和Paul Carter编，《拿破仑地：法国人眼中的澳大利亚（1800～1804）》（*Terre Napoleon: Australia through French Eyes, 1800-1804*, Sydney: Historic Houses Trust, 1999），第21页～第34页。

[26] William Joel Simon，《葡萄牙海外领地的科学探险（1783～1808），以及里斯本在18世纪后期思想界-科学界中的地位》（*Scientific Expeditions in the Portuguese Overseas Territories [1783-1808], and the Role of Lisbon in the Intellectual-Scientific Community of the Late Eighteenth Century*, Lisbon: Instituto Investigacao Cientifica Tropica, 1983）；Daniel Banes，《葡萄牙人的发现之航与现代科学的兴起》（The Portuguese Voyages of Discovery and the Emergence of Modern Science），《华盛顿科学院杂志》（*Journal of the Washington Academy of Sciences*），78，no. 1（1988），第47页～第58页。

[27] Raby，《光明乐园：维多利亚时代的科学旅行者》，第4页。

[28] 参看Kapil Raj，《航海大发现》（Les Grands Voyages de Découvertes），《研究》（*Recherche*），no. 324（1999年10月），第80页～第84页。

[29] Edward Duyker，《自然的冒险者：丹尼尔·索兰德（1733～1782）》（*Nature's Argonaut: Daniel Solander, 1733-1782*, Melbourne: Melbourne University Press, 1999）。

* 指太平洋。16～18世纪近300年，西班牙人控制着太平洋，太平洋有"西班牙湖"之称。——译者注

** 新西班牙是西班牙在美洲的殖民地总督辖区之一，1521年设立。——译者注

[30] Iris H. W. Engstrand，《新世界的西班牙科学家：18世纪探险》（*Spanish Scientists in the New World: The Eighteenth Century Expeditions*, Seattle: University of Washington Press, 1981）；Iris H. W. Engstrand和Donald Cutter，《为帝国历险：西班牙在西南地区的殖民》（*Quest for Empire: Spanish Settlement in the Southwest*, Golden, Colo.: Fulcrum, 1996）。

的第一次太平洋航行表面上是被一个国际协议促成的，目的是为了获取金星凌日的测量数据以计算天文单位（地球到太阳的距离）。但是它也是被战略考虑驱使的，首先是为了否认法国拥有“新荷兰”*和南纬地区任何其他无主的陆地（不管是否已被占领）。[31] 库克接受的“秘密指示”的第二部分则有着商业用意。他被要求“仔细观察土壤及其产物的属性；栖息在那里或经常到那里的野兽和野禽；能找到的鱼类……如果你发现了任何矿物、矿石或宝石，每样你都要带回样本，如果你能采集到的话。”[32]

对英国科学界来说，航行还有其他的正当理由。正如尼古拉斯·托马斯提醒我们的，对约瑟夫·班克斯来说，旅行和探索的经验不仅让宗主国的人们注意到“科学”不熟悉的东西，而且这种行为本身改变了其实践者的形象，从由执迷于发现“珍宝”而成为人们取乐和斯威夫特**式讽刺的对象，转变为投身于仔细为“客观知识”编目的“严肃”学者。[33] 探索（以及其工具——探险）的成功成了对科学的实际益处的背书。

43

普遍知识：洪堡的宇宙

如果说 18 世纪的探险带来了一种对细节和特异性的新感觉的话，那么 19 世纪早期的探险则带来了一种对自然现象之间的关系的更清楚的理解。自然界的统一性需要一位能欣赏它的解释者，那就是德国探索者和博物学家亚历山大·冯·洪堡（1769～1859），他最有影响的著作《宇宙》（*Cosmos*）（在 1845～1858 年期间出版 4 卷，在其死后于 1862 年出版第 5 卷）激励了查尔斯·达尔文和一代科学旅行家。[34] 洪堡

* 新荷兰是澳洲的旧称。1644 年荷兰航海家发现澳洲时，称之为新荷兰。——译者注

[31] 更多方面的情况，参看 Roy MacLeod，“导论”（Introduction），载于 Roy MacLeod 和 Fritz Rehbock 编，《“最大范围的自然”：西方科学在太平洋》（“*Nature in Its Greatest Extent*”：*Western Science in the Pacific*, Honolulu：University of Hawaii Press, 1988）；John Gascoigne，《科学为帝国服务》（*Science in the Service of Empire*, Cambridge：Cambridge University Press, 1998）；David Miller，《约瑟夫·班克斯、帝国和汉诺威王朝后期伦敦的计算中心》（Joseph Banks, Empire and Centers of Calculation in Late Hanoverian London），载于 David Miller 和 Peter Reill 编，《帝国的梦想：航海、植物学和对自然的描述》（*Visions of Empire*：*Voyages*, *Botany and Representations of Nature*, Cambridge：Cambridge University Press, 1996），第 21 页～第 37 页；更晚近的著述，参看 John Gascoigne，《探索、启蒙和事业：18 世纪后期太平洋探索的目标》（Exploration, Enlightenment and Enterprise：The Goals of Late Eighteenth Century Pacific Exploration），载于 Roy MacLeod（编），《太平洋科学的历史视野》（Historical Perspectives in Pacific Science），《太平洋科学》（*Pacific Science*），54，no. 3（2000），第 227 页～第 239 页。

[32] J. C. Beaglehole，《太平洋探索》（*The Exploration of the Pacific*, 3rd ed., London：Adam and Charles Black, 1966）；Richard Henry Major，《从南大陆的早期航行到库克船长的时代，如原始资料所述》（*Early Voyages to Terra Australis to the Time of Captain Cook as Told in Original Documents*, Adelaide：Australian Heritage, 1963）；Derek Howse 编，《发现的背景：从丹皮尔到库克的太平洋探索》（*Background to Discovery*：*Pacific Exploration from Dampier to Cook*, Berkeley：University of California Press, 1990）。

** 指英国讽刺作家乔纳森·斯威夫特（1667～1745），代表作是寓言小说《格列佛游记》。——译者注

[33] Nicholas Thomas，《获得准许的好奇：库克的太平洋航行》（Licensed Curiosity：Cook's Pacific Voyages），载于 John Elsner 和 Roger Cardinal 编，《采集文化》（*The Cultures of Collecting*, Melbourne：Melbourne University Press, 1994），第 116 页～第 136 页。也可参看 Nicholas Thomas，《殖民主义的文化：人类学、旅行和政府》（*Colonialism's Culture*：*Anthropology*, *Travel and Government*, Melbourne：Melbourne University Press, 1994）。

[34] 关于洪堡的生平，参看 Wolfgang Hagen Hein 编，《亚历山大·冯·洪堡：生平与著作》（*Alexander von Humboldt*：*Leben und Werke*, Frankfurt：Weisbecker, 1985）；Charles W. J. Withers 和 David N. Livingstone 编，《地理学与启蒙》（*Geography and Enlightenment*, Chicago：University of Chicago Press, 1999）。参看 Alexander von Humboldt，2 卷本《宇宙：对宇宙的物理描述纲要》（*Cosmos*：*A Sketch of the Physical Description of the Universe*, Baltimore：Johns Hopkins University Press, 1998），有 Nicolaas Rupke 写的导论。

备受其同胞的推崇(诗人约翰·沃尔夫冈·冯·歌德把亚历山大及其兄长威廉称为“宙斯的儿子们”),是19世纪早期最伟大的科学探索者。与其(成了德国科学的标志的)Wissenschaft* 理念相一致的是,洪堡兄弟拥有一个共同目的。亚历山大·冯·洪堡在格丁根接受矿产工程师的训练,把一名细心的观察者所需的方法和技能,与自然哲学的统一原则相结合。他对“纯粹的地球知识”的探寻是为了揭示一种地球史观。很有意义的是,他最伟大的哲学著作《植物地理学观点》(*Ideen zu einer Geographie der Pflanzen*)是献给歌德的。

与其同时代的军事勘测员、航海家、海军外科医生和采集者不同,洪堡对解决经验问题的兴趣,比不上确定现象之间的联系。他的观察集中于运动、变化和分布,成功地把以前分开的地理学和历史学,以及新的“全球物理学”[35]联系起来,赞美野外观察、测量、专题制图的技能和对人文景观的研究。[36] 他论证道,只有直接的、亲身的参与,“我们才能发现山脉的走向……各带的气候及其对生物形态和习性的影响”。[37] 洪堡也是连接18世纪理论家和19世纪科学家(Wissenschaftler)的人物桥梁,受到了博物学家赖因霍尔德·福斯特(1729～1798)及其儿子格奥尔格的激励,而他们曾参与库克的第二次航行,着手在陆地上做库克在海上做过的事。

44

洪堡先是穿越奥地利和波兰,然后在1800年穿越中美洲和南美洲的丛林和山脉,多年的艰难探险在洪堡的工作中留下了痕迹。[38] 在洪堡的工作中呈现出来的是,自然界表现出具有整体性和全局性,并有着复杂的——但未必恶劣的——前进和变化模式。他的旅行记追踪从革命的拉丁美洲到俄国的干草原的人与自然的相互作用,不仅仅是创作了一份目录清单。和他的法国同事、植物学家艾梅·邦普朗(1773～1858)一起,他描述了8000多个此前科学未知的新物种,并写了30本书,其中10本是关于他访问过的地方的地理。他的写作——因其《自然界的景象》(*Ansichten der Natur*)一书而广为人知——预示了物理地理学学科的诞生。他为科学探险提供了现代思想理论基础。[39]

自然界给予洪堡的不仅仅是信息。为外行读者撰写的《宇宙》一书表现出一个人

* 德文“科学”的意思。——译者注

〔35〕 M. Deltelbach,《全球物理学和审美的欧洲:洪堡对热带的物理画像》(Global Physics and Aesthetic Europe: Humboldt's Physical Portrait of the Tropics),载于Miller和Reill编,《帝国的梦想:航海、植物学和对自然的描述》,第258页～第292页。

〔36〕 Anne Godlewska,《无拘无束的地理学:从卡西尼到洪堡的法国地理科学》(*Geography Unbound: French Geographic Science from Cassini to Humboldt*, Chicago: University of Chicago Press, 1999)。

〔37〕 Alexander von Humboldt,《美洲热带地区旅行记》(*Personal Narrative of Travels to the Equinoctial Regions of America*, 1807),被引用于Suzanne Zeller,《大自然的格列佛和鲁滨孙:英属北美洲的科学探索(1800～1870)》(Nature's Gullivers and Crusoes: The Scientific Exploration of British North America, 1800-1870),载于John Logan Allen编,《北美探索·第三卷·一个被理解的大陆》(*North American Exploration*, vol 3: *A Continent Comprehended*, Lincoln: University of Nebraska Press, 1997),第194页。也可参看Alexander von Humboldt和Aimé Bonpland,《1799～1804年在新大陆赤道地区旅行的个人记述》(*Personal Narrative of Travels to the Equinoctial Regions of the New Continent, during the Years 1799-1804*, London: Longman, 1818)。

〔38〕 对其影响的评价,参看《结绳》(*Quipu*)特刊,特别是Luis Carlos Arboleda Aparicio,《新格拉纳达的洪堡:测高与领土》(Humboldt en la Nueva Granada: Hipsometria y territorio),《结绳》,13,no. 1(2000),第53页～第67页。

〔39〕 Deltelbach,《全球物理学和审美的欧洲:洪堡对热带的物理画像》,第258页～第292页。

的信念，他脱离了保守的传统观念，看到了世界上的奴隶制和偏见，并觉得它令人厌恶。洪堡的科学不支持“物种”民族主义，也不推崇等级系统，而是支持一种世界主义文化和人类的联合。

洪堡的政治观点至今仍有争议。[40] 在有些人看来，由洪堡的政治观点可知，他的科学立场完全脱离了无批判力的功利主义，后者很时髦地被称为培根主义，在英语世界流行。也许他的创见是对“启蒙帝国主义”的精致论证，正如尼古拉斯·A. 吕普克最近提出的。[41] 但也有些人在洪堡的“戏剧性的、扩展的自然界”看法中发现了对当地知识的现代式尊重和环境行动主义的萌芽。他在南美洲的工作在法国、德国和美国有广泛的影响。在英格兰，在其敬仰者中有一位玛丽·萨默维尔，和洪堡一样，她把科学的目的视为包含而不是分割地质学、植物学、动物学和天文学的领域。他激励了一种新的研究，苏姗·费伊·坎农称之为“对广泛而相互联系的真实现象的精确、定量研究，为了找到确定性的定律和动态的因素”。[42]

45

洪堡的创见使科学界着迷，也激发了对“外围”的兴趣。从洪堡向外扩散，并延伸到非洲、中东、澳大拉西亚和太平洋的边远地区，也许可称为“外围的向心性”，成了突出的比喻。探险并非总是成功的。伦敦圣经学会派遣到巴勒斯坦的一次考察，目的是要在自然界发现经文的“真实性”的证据，却得到了含糊的结果。达尔文对澳大利亚大自然的体验——正如他在《航行日记》(*Journals*)中记载的，那里似乎有一个不同的造物主在工作——表明世界要远远比欧洲人意识到的复杂多样。正是这一认识，以及让未知变成已知的持续渴望，刺激了 19 世纪中叶著名的全球科学探险——这些探险最终采用了洪堡的风格，有着漫长、反复的访问，大量的出版物，学术的支撑和广泛的宣传。

科学和国家荣誉

库克和布干维尔的航行成了 19 世纪早期国家科学探险的典范，科学与权力在此融合成一体。探险成了帝国方便的工具、文明的象征和研究的手段。

直到 1815 年拿破仑战争结束之前，科学航海都有着显而易见的军事目的。拿破仑对埃及的入侵伴随着一支由著名学者组成的探险队（由亚历山大大帝的例子所激励），让科学有了帝国的参与。以法兰西学会(Institut de France)为样本建立埃及学会(Institut d'Egypt)，是直接在耍文化霸权主义的把戏。[43] 1800 年，拿破仑继续执行旧制度*的政策，派尼古拉·博丹(1754～1823)乘“地理学家(*Géographe*)”号和“博物学家

[40] 参看 Margarita Bowen，《经验主义和地理学思想：从弗兰西斯·培根到亚历山大·冯·洪堡》(*Empiricism and Geographical Thought: From Francis Bacon to Alexander von Humboldt*, Cambridge: Cambridge University Press, 1981)。

[41] Rupke，“导论”(Introduction)，载于 Humboldt，《宇宙》。

[42] Susan Faye Cannon，《文化中的科学：维多利亚时代早期》(*Science in Culture: The Early Victorian Age*, New York: Science History Publications, 1978)，第 105 页。

[43] 参看 J. Christopher Herald，《波拿巴在埃及》(*Bonaparte in Egypt*, London: Hamish Hamilton, 1992)。

* ancien régime，指法国自中世纪晚期至大革命前夕的社会、政治制度。——译者注

(*Naturaliste*)"号轻巡洋舰到南大陆——直到1803年弗林德斯才把这个大陆命名为"澳大利亚"——为自然史博物馆(Muséum d'Histoire Naturelle)采集标本和搜集英国动向的情报。他的船只被精心装备,就像浮动的实验室、观测台和温室,携带着在乔治·居维叶(1769～1832)的指导下,由人类观察学会(Société des Observations de l'Homme)*制定的计划。这次远征遭遇船员叛乱和疾病,但幸存者带着200具鸟类标本、65具四足动物标本和40000具其他标本回到了巴黎——比库克的第二次航行多了10倍,足以让约瑟芬在马尔迈松(Malmaison)为罕见动物建一个小动物园和为奇异灌木建一个花园。[44]

当然,正如玛丽-诺埃勒·布尔盖指出的:"科学的利益和帝国的利益并非[总是]……步调一致。"[45]但是它们有着一种命中注定的对称性。正如理查德·伯克哈特指出的,拿破仑的失败对法国科学有深远的影响,要求法国自然史博物馆及其馆长乔治·居维叶与新政权建立关系,并且重振该馆作为其他国家的自然史标本的搜集者的声誉,而不是作为没收者。居维叶认为野外考察附属于理论研究,他负责让该馆重归其早期的博物学家-航海家的传统。[46] 最终,该馆恢复了18世纪的做法,把船只用作漂浮实验室,而不限于被动地为宗主国珍宝室采集标本。 16

从孟加拉亚洲学会(Asiatic Society of Bengal)到南太平洋,英国人同样热衷于把科学、探索和战略利益结合起来。[47] 在1801年,海军部派遣马修·弗林德斯上尉乘军舰"调查者(*Investigator*)"号抢在法国人可能到来之前占领库克宣称占有的大陆,并称之为新南威尔士。[48] 和弗林德斯一起出航的有21岁的博物学家罗伯特·布朗(1773～1858)和植物画家费迪南德·鲍尔,后者画的2000幅画——"艺术与科学的卓越融合"——成了派遣到澳大利亚的最伟大的自然史航行的最瞩目的产品。[49] 同一年,新成立的美利坚合众国的总统托马斯·杰弗逊启动了北美洲首次科学探险,在梅里韦

* 此处原文有误,应为人类观察家学会(Société des Observateurs de l'Homme)。——译者注

[44] Carter,《寻找博丹》。也可参看 Frank Horner,《博丹的澳大利亚探险(1800～1804)》(The Baudin Expedition to Australia, 1800-1804),载于 Jacquelin Bonnemaines、Elliott Forsyth 和 Bernard Smith 编,《博丹在澳大利亚水域:法国发现南大陆之航的艺术作品(1800～1804)》(*Baudin in Australian Waters: The Artwork of the French Voyage of Discovery to the Southern Lands, 1800-1804*, Melbourne: Oxford University Press, 1988)。参看 Frank Horner,《法国文艺复兴:博丹在澳大利亚(1801～1803)》(*The French Reconnaissance: Baudin in Australia, 1801-1803*, Melbourne: Melbourne University Press, 1987)。

[45] M.-N. Bourguet,《采集世界:航行与自然史(17世纪末至19世纪初)》(La Collecte du monde: Voyage et histoire naturelle [fin XVIIème siècle-début XIXème siècle]),载于 Claude Blanckaert 等编,《博物馆历史上的第一个世纪》(*Le Muséum au premier siècle de son histoire*, Paris: Muséum National d'Histoire Naturelle, 1997),第163页～第196页,引文在第193页。也可参看 Maurice Crosland,《国家背景中的科学史》(History of Science in a National Context),《英国科学史杂志》(*British Journal for the History of Science*),10(1977),第95页～第115页。

[46] Richard W. Burkhardt, Jr.,《博物学家的实践与自然帝国:巴黎与鸭嘴兽(1815～1833)》(Naturalists' Practices and Nature's Empire: Paris and the Platypus, 1815-1833),《太平洋科学》,55(2001),第327页～第343页。

[47] C. A. Bayly,《帝国与信息:印度社会的情报搜集与社会交往(1780～1870)》(*Empire and Information: Intelligence Gathering and Social Communication in India, 1780-1870*, Cambridge: Cambridge University Press, 1996)。

[48] 参看 Glyndwr Williams 和 Alan Frost 编,《从南大陆到澳大利亚》(*From Terra Australis to Australia*, Melbourne: Oxford University Press, 1988);William Eisler,《最遥远的海岸:从中世纪到库克船长对南大陆的想象》(*The Furthest Shore: Images of Terra Australis from the Middle Ages to Captain Cook*, Cambridge: Cambridge University Press, 1995)。

[49] Peter Watts 编,《敏锐的眼睛:费迪南德·鲍尔的澳大利亚动植物绘画(1801～1820)》(*An Exquisite Eye: The Australian Flora and Fauna Drawings of Ferdinand Bauer, 1801-1820*, Sydney: Museum of Sydney, 1997)。

瑟·刘易斯(1774～1809)和威廉·克拉克(1770～1838)的带领下,勘测该大陆的西部领域并编制目录。

不管后来的历史学家怎么美化,[50]法国和英国从事科学的人们几乎注定在交战,但是“敌方”博物学家常常有着共同的目标。国家间的竞争打断科学的顺利进程的情形很罕见——比如弗林德斯和博丹在南澳大利亚远离海岸的一块被称为“拿破仑地(Terre Napoleon)”的区域(因康特湾[Encounter Bay])意外相遇的时候。[51] 如果这种情形发生了,罪过永远不会被原谅。例如,博丹的助手弗朗索瓦·佩龙对抗他的指示,把科学“望远镜用于间谍侦察”。[52] 弗林德斯成功地让英国宣布对澳大利亚南部海岸拥有主权。但是人们永远不会忘记,当《亚眠和约》(Peace of Amiens)终结而英国和法国再次处于交战状态的消息还没能传到印度洋时,他被毛里求斯的法国官员俘虏并监禁。只有随着时间的推移,历史学家们才会相信科学探险总是能够被当作国家事务。[53]

47

在美国,刘易斯和克拉克探险符合国家的扩张期望。[54] 在大西洋彼岸,拿破仑战争的结束带来了新一轮的探索热。约翰·巴罗在1818年写道:“一旦欧洲世界开始感受到和平的幸福,探索精神立即复活。探险队被派往地球的每个地区。”[55]训练有素而且旅行经验丰富的陆军和海军官员突然可以为和平时期的工作效力。英国海军部水道测量师托马斯·赫德(1747～1823)欢迎这一点,认为这样能够让“许多其才能不可埋没的有功绩的军官继续服务,让他们能变成有益国家……而且也是获取大量的有价值信息的手段”。[56]

在法国,也有类似的状况。迪蒙·迪维尔(1790～1842)的航行让战败的法国看到了探索的价值。1819年,迪维尔乘“舍韦特(*Chevette*)”号*航行到地中海,勘测并编成一本植物志(现藏巴黎自然史博物馆),还在米洛斯岛发现《米洛斯的维纳斯》(*Venus*

[50] Gavin de Beer,《科学家永不交战》(*The Scientists Were Never at War*, London: Nelson, 1962)。

[51] 关于法国人在澳大拉西亚,参看 John Dunmore,《法国探索者在太平洋——18世纪》(*French Explorers in the Pacific-The Eighteenth Century*, Oxford: Clarendon Press, 1965);John Dunmore,《太平洋探索者:让-弗朗索瓦·德·拉彼鲁兹生平(1741～1788)》(*Pacific Explorer: The Life of Jean-François de La Perouse, 1741-1788*, Palmerston North: Dunmore Press, 1985);Leslie Marchant,《法国澳大拉西亚:法国在西澳大利亚南部探索并试图找到一个监禁地和战略据点之研究(1503～1826)》(*France Australie: A Study of French Explorations and Attempts to Found a Penal Colony and Strategic Base in South Western Australia, 1503-1826*, Perth: Artlock Books, 1982);Anne-Marie Nisbet,《法国航海家和澳大利亚的发现》(*French Navigators and the Discovery of Australia*, Sydney: University of New South Wales, 1985)。

[52] Carter,《寻找博丹》,第24页。

[53] 参看 Gascoigne,《科学为帝国服务》。

[54] Stephen Ambrose,《无所畏惧:梅里韦瑟·刘易斯、托马斯·杰弗逊与美国西部的开拓》(*Undaunted Courage: Meriwether Lewis, Thomas Jefferson and the Opening of the American West*, New York: Simon and Schuster, 1996);James P. Ronda,《托马斯·杰弗逊与变化的西部:从征服到保护》(*Thomas Jefferson and the Changing West: From Conquest to Conservation*, Albuquerque: University of New Mexico Press, 1997);Dayton Duncan,《刘易斯与克拉克:一部图解历史》(*Lewis and Clark: An Illustrated History*, New York: Knopf, 1997),源自公共广播系统(Public Broadcasting System)和美国图书馆协会(American Library Association)制作的节目《发现团之旅》(Journey of the Corps of Discovery)。

[55] John Barrow,《北极地区航行编年史》(*A Chronological History of Voyages into the Arctic Regions*, London: John Murray, 1818),第357页～第358页。

[56] George Peard,《上尉乔治·皮尔德乘军舰“兴旺”号航行记》(*Journal of Lt. George Peard of "HMS Blossom"*, Cambridge: Hakluyt Society, 1973),第5页,被引用于 Leed,《发现之岸:探险是如何构建世界的》,第221页。

* 此处原文有误,应为 *Chevrette*。——译者注

de Milo)。他的观察技能促成到西澳大利亚的探险,并在南极洲升起三色旗。

极地区域对"战后"科学提出了许多特殊的挑战。玛丽·雪莱把弗兰肯斯坦博士的最后挣扎放在摧毁了英国战后第一次科学探险的区域,这也许并非巧合。[57] 1818年,由军舰"伊莎贝拉(*Isabella*)"号的约翰·罗斯(1777～1856)上校、"亚历山大(*Alexander*)"号的威廉·佩里上尉、"多罗西娅(*Dorothea*)"号的巴肯上校以及"特伦特(*Trent*)"号的约翰·富兰克林(1786～1847)上尉率领,这次探险既有哲学内涵,也有探索性质,携带各种仪器用于"所有科学学科的观察以及做实验和调查",用约翰·巴罗的话来说,是为了"倘若航行的主要目的由于事故或不切实际没能完成,每一步也都能用于推动科学进步,修正从高北纬地区的每一个有趣事物获得的信息,这些地方是科学人士很少访问的。"[58]

48

和罗斯一起航行的还有爱德华·萨拜因(1788～1883)上校和剑桥大学的数学家费希尔先生。[59] 他们的工作有助于改变对地球的理解,不列颠作为海洋强国对此极感兴趣,而且不久之后来自挪威和瑞典的探险有明显的表现。

从19世纪20年代开始,科学探险对殖民地来说是不可或缺的。宗主国的利益集团利用探索的商业价值,热衷于支持那些绘制地图和搜集具有经济潜力的物品的航行。在不列颠,王家矿业学校(Royal School of Mines)校长罗德里克·麦奇生爵士(1792～1871)和格林尼治王家天文学家乔治·艾里爵士(1801～1892)成为英国科学在澳大拉西亚和加拿大、非洲、加勒比海地区和印度进行全球性扩张的关键人物。在开普敦和墨尔本的观测台组成了不列颠帝国设施的一部分。勘探(结果必然要否定法国占领)成了英国殖民政策中反复出现的潜台词。苏珊娜·泽勒在这样的政策中看到了两个主题,一个是探索者返回"家乡"英格兰向王家学会做报告,这是受乔纳森·斯威夫特的格列佛启发的;另一个是探索者自己成了殖民者,让人想起丹尼尔·笛福的鲁滨孙。根据她的观点,这两种主题都反映了自然神学、功利主义和进取精神的"共同遗产"。[60]

如果泽勒是对的,那么这个传统并不新颖。新颖的是,对记录、报告和公布获得的知识给予了更大程度的关注,是为了殖民地,最终是为了有代表性的政府。因此,加拿大的管理者派遣探险队去寻找可开采的资源,能够收税,而在澳大利亚,"被迁移的不

49

[57] 参看 Trevor H. Levere,《科学与加拿大北极地区:一个世纪的探索(1818～1919)》(*Science and the Canadian Arctic: A Century of Exploration, 1818-1919*, Cambridge: Cambridge University Press, 1993),特别是第6章,"北极远征:国家骄傲、国际事务和科学"(The Arctic Crusade: National Pride, International Affairs and Science)。

[58] Barrow,《北极地区航行编年史》,第367页。

[59] 参看 M. J. Ross,《极地先锋:约翰·罗斯和詹姆斯·克拉克·罗斯》(*Polar Pioneers: John Ross and James Clark Ross*, Kingston: McGill-Queen's University Press, 1994)。第一手叙述参看 Sir Edward Sabine,《罗斯1818年北极航行中的地理学、磁学和气象观察结果》(Geographical, Magnetical and Meteorological Observations during Ross's Arctic Voyage of 1818),RS (Royal Society) Archives MS 126 and 239; Sir Edward Sabine,《评J. 罗斯上校发表的"发现"号后期到巴芬湾航行的叙述》(*Remarks on the Account of the Late Voyage of Discovery to Baffin's Bay, Published by Captain J. Ross*, London: Taylor, 1819)。

[60] Zeller,《大自然的格列佛和鲁滨孙:英属北美洲的科学探索(1800～1870)》,第192页等。

列颠人"通过在"相反的大地"上验证欧洲的一般法则而为科学做出贡献。[61] 例如，在1828～1830年，查尔斯·斯特尔特（1795～1869）和汉密尔顿·休姆（1797～1873）为了解决普遍存在的干旱问题以及对澳大利亚东南部的反向河道感到好奇，他们探测了整个墨累（Murray）河和达令（Darling）河系统。1831～1836年托马斯·米切尔（1792～1855）少校随后也做了勘探，他们的报告奠定了一个地区未来农业殖民地的基础，此地区后来恰如其分地被称为"澳大利亚的幸运（Australia Felix）"。[62]

帝国策略的规则被加到了这些探索殖民地的原则中。正如乔治·巴萨拉已指出的，科学与治国方针的"古老联盟"经常向英国海军部提供信息供其用于给指挥军舰的军官下达指令。就1835年"贝格尔（*Beagle*）"号的情况来说，这是两方面的。首先，它的任务是探索南美洲东部沿海地区的商业航线。这些原西班牙殖民地已经脱离了伊比利亚的贸易垄断，向英国人提供了新的贸易机会。其次，"贝格尔"号计划在福克兰群岛（Falkland Islands）* 升起英国国旗，新独立的阿根廷刚刚对该群岛宣布主权。这艘由一名热心的业余博物学家罗伯特·菲茨罗伊（1805～1865）上校指挥的军舰，很偶然地搭载了年轻的绅士学者查尔斯·达尔文（1809～1882）。

"贝格尔"号将其名字载入科学的一章。但是它的使命是推动不列颠的"无形帝国"。它绕行南美洲，经过加拉帕戈斯（Galápagos）群岛，跨越整个世界，这个航线是由地理政治动机而不是由科学动机决定的。[63] 同样的原因也框定了差不多同时代的"埃罗巴斯（*Erebus*）"号和"响尾蛇（*Rattlesnake*）"号（1846～1850）的航行，它们分别把年轻的外科医生兼博物学家（后来成为达尔文的朋友）约瑟夫·多尔顿·胡克（1817～1911）带到新西兰，[64] 把托马斯·亨利·赫胥黎（1825～1895）带到澳大利亚东岸、新几内亚南岸和路易西亚德群岛（Louisiade Archipelago）。他们的航行肯定必须列入科学、英国海军部和帝国动力之间的合作的广为人知的例子中。

即使许多科学探险具有帝国动机并实际上由国家资助，但如果没有日益扩大的采集者和赞助者网络和对私人探索与发现的新渴求，它们享有的公共影响就会少得多。[65] 从个体企业家到殖民地管理者，一支几乎不可见的"科学旅行者"队伍诞生了——有的富裕，有的并不富裕——多数人回来的时候，都带回了证据展示印度、非

50

[61] F. G. Clarke，《相反的大地：英国人对澳大利亚殖民地的态度（1828～1855）》（*The Land of Contrarieties: British Attitudes to the Australian Colonies, 1828-1855*, Melbourne: Melbourne University Press, 1977）。

[62] Ann Mozley Moyal，《19世纪澳大利亚科学家：一部文献史》（*Scientists in Nineteenth-Century Australia: A Documentary History*, Sydney: Cassell, 1976）。也可参看 Roy MacLeod 编，《科学联邦：澳大利亚和新西兰科学促进会和澳大拉西亚科学事业（1888～1988）》（*The Commonwealth of Science: ANZAAS and the Scientific Enterprise in Australasia, 1888-1988*, Melbourne: Oxford University Press, 1988）。

* 即马尔维纳斯群岛（Malvinas Islands）。——译者注

[63] George Basalla，《没有达尔文的"贝格尔"号之航》（The Voyage of the Beagle without Darwin），《海员镜》（*Mariner's Mirror*），49（1963），第42页～第48页。

[64] 参看 Jim Endersby，《"由于没有干燥标本"：当地知识对抗宗主国专业知识——约瑟夫·胡克与威廉·科伦索和罗纳德·冈恩关于澳大拉西亚的通信》（"From Having no Herbarium": Local Knowledge vs. Metropolitan Expertise: Joseph Hooker's Australasian Correspondence with William Colenso and Ronald Gunn），《太平洋科学》，55（2001），第343页～第359页。

[65] 参看 Raby，《光明乐园：维多利亚时代的科学旅行者》。

洲、加勒比海地区和太平洋这些海外地点的多样化风土人情。悉尼大学的建校校长查尔斯·尼科尔森(1808～1903)爵士绝非第一个途经埃及到澳大利亚的科学旅行者,但是他是首批利用他的旅行将古董带到澳大利亚的。其他的人收集古董则是为了有权有势的赞助者——有博物学癖好的英国上层阶级,例如德比勋爵(Lord Derby)和诺森伯兰公爵(Duke of Northumberland),或是为了克佑区英国王家植物园或伦敦园艺学会。[66] 在前往亚马孙河和东印度群岛的旅行者中,实际上创建了生物地理学的亨利·沃尔特·贝茨(1825～1892)和艾尔弗雷德·拉塞尔·华莱士(1823～1913)[67]只是其中最令人瞩目和最有文化的。在他们之后许多人都带回了发现新植物、动物和民族的新闻,吸引宗主国人们永不满足的兴趣。他们的航行,特别是去热带的航行,激发了更多的旅行(以及殖民)。[68] 他们的著作——从罗伯特·路易斯·史蒂文森到约瑟夫·康拉德——让发现具有文学权威性,并让"新空间"有了生命。

在英国,维多利亚时代的科学、战略与冒险之间的联结获得了政府、科学社团和读者公众三重支持。1839 年,英国海军部、王家学会和英国科学促进会联合促成詹姆斯·克拉克·罗斯上校(1800～1862,"伊莎贝拉"号约翰·罗斯上校的侄子)领导的"埃罗巴斯"号和"恐怖(*Terror*)"号的航行。它的任务——追踪和测量地球磁场并到达磁南极——对航海和贸易至关重要。[69] 法国和美国联合进行"磁远征"(并在范迪门地[Van Dieman's Land]*一直等待罗斯)的事实既为人类命运描绘了一幅西方基督教愿景,也激发了追求它的自豪感。[70]

这种情感并不难在诸如由查尔斯·威尔克斯(1798～1877)率领的1838～1842年美国探索探险中找到,参加那次探险的有年轻的詹姆斯·德怀特·达纳(1813～1895),他不久就成了美国名列前茅的地质学家。威尔克斯的探险和罗斯的探险一样, 51

[66] Janet Browne,《生物地理学与帝国》(Biogeography and Empire),载于 Jardine、Secord 和 Spary 编,《自然史文化》,第 306 页～第 307 页。

[67] Tony Rice,《亚马孙河流域及更远地区(1848～1862):艾尔弗雷德·拉塞尔·华莱士和亨利·沃尔特·贝茨》(Amazonia and Beyond, 1848-1862: Alfred Russel Wallace and Henry Walter Bates),载于 Tony Rice,《发现之航:三个世纪的自然史探索》(*Voyages of Discovery: Three Centuries of Natural History Exploration*, London: Natural History Museum, 1999),第 267 页。

[68] 参看 MacLeod 和 Rehbock 编,《"最大范围的自然":西方科学在太平洋》。

[69] Captain Sir James Clark Ross,《赤道以南和南极地区的发现与研究航行(1839～1843)》(*A Voyage of Discovery and Research in the Southern and Antarctic Regions during the Years 1839-43*, London: John Murray, 1847),重印并由 Sir Raymond Priestley 作序(London: David and Charles, 1969)。参看 John Cawood,《磁远征:维多利亚时代早期英国的科学与政治》(The Magnetic Crusade: Science and Politics in Early Victorian Britain),《爱西斯》(*Isis*),70(1979),第 493 页～第 518 页;John Cawood,《19 世纪早期地磁学与国际合作的发展》(Terrestrial Magnetism and the Development of International Collaboration in the Early Nineteenth Century),《科学年鉴》(*Annals of Science*),34(1977),第 551 页～第 587 页。

* 今塔斯马尼亚岛。——译者注

[70] 罗斯的探险也对生物学有益,他们在新西兰过冬,让年轻的约瑟夫·胡克有一个无与伦比的机会去采集那个地区的原产植物。"以后很可能没有哪个植物学家能够访问我要去的那些国家,这极有吸引力。"他写信给在克佑区的父亲威廉·胡克说。J. D. Hooker 致 W. J. Hooker,1840 年 2 月 3 日,载于《给 J. D. 胡克的书信》(*Letters to J. D. Hooker*, vol. 11, London: Royal Botanic Gardens, Kew);Leonard Huxley,《约瑟夫·多尔顿·胡克生平和书信》(*Life and Letters of Joseph Dalton Hooker*, vol. 1, London: John Murray, 1918),第 163 页,被引用于 Endersby,《"由于没有干燥标本":当地知识对抗宗主国专业知识——约瑟夫·胡克与威廉·科伦索和罗纳德·冈恩关于澳大拉西亚的通信》。

组成了绘制地球磁场的努力的一部分,从而完成了牛顿的世界图景。[71] 这次探险完成之后,其丰富的收集品为史密森学会成为美国国家博物馆起到重要作用。19 世纪 60 年代,美国的领先势头被南北战争打断,德国和奥匈帝国取而代之。格奥尔格·巴尔塔扎·冯·诺伊迈尔获得亚历山大·冯·洪堡的帮助,组织对太平洋的"磁"勘测,并在墨尔本建立磁观测台。

在陆地上,19 世纪的法国探险中(1829～1831 年去摩里亚半岛[今伯罗奔尼撒半岛]和 1839～1942 年去阿尔及利亚),同样的动机联结了科学和战略。在墨西哥(1864～1867),一个科学委员会陪伴着不幸的马克西米连皇帝。不论是在国内还是在国外,支持科学探险都是法国殖民政策的一个常见的特点。[72] 俄国有着相似的主题,19 世纪 40 年代,沙皇和圣彼得堡帝国地理学会派遣探险队去西伯利亚。从 19 世纪 70 年代开始,德意志帝国派遣船载医学和民族学实验室前往亚洲和太平洋有战略意义的地方。[73] 到 19 世纪 90 年代,"大博弈"——在拉迪亚德·吉卜林笔下的吉姆(Kim)的故事中得到永远的纪念,他受训成为一名测量司链员,行走在遥远的、有围墙的城市比卡内尔(Bikaneer)的街道,为英国情报部门计算距离——生产了有关喜马拉雅山、中国西藏、尼泊尔和印度次大陆北部平原的巨量信息。在英国团队从印度和中国出发的同时,由尼古拉·普热瓦尔斯基(1839～1888)带领的俄国探险队生产了关于罗布泊和塔里木盆地的地质和地理的大量信息,并绘制了从克什米尔北部到中国西部的山脉地图。[74]

到 19 世纪 40 年代,美国渴望同欧洲一起从事科学探险的伟大使命。[75] 从 1838 年诞生之日起,美国陆军地形工兵部队(Corps of Topographical Engineers)就勘测了美国远西部及其与墨西哥和加拿大邻近的边疆。这些"战士科学家"在地图没有标注的地方穿行,让这片大陆向科学和商业开放。[76] "从来没有什么能比从西部荒野汹涌而来的标本、岩石、植物和动物的'浪潮'能更好地表明美国的丰富程度。"正如威廉·戈茨

52

[71] 参看 Henry Viola 和 Carolyn Margolis 编,《壮观的航行:美国探索探险(1838～1842)》(*Magnificent Voyages: The US Exploring Expedition, 1838–1842*, Washington, D. C.: Smithsonian Institution Press, 1985)。

[72] Lewis Pyenson,《文明化使命:精确科学与法国海外扩张(1830～1940)》(*Civilizing Mission: Exact Sciences and French Overseas Expansion, 1830–1940*, Baltimore: Johns Hopkins University Press, 1993);Patrick Petitjean,《关于法国帝国的科学与殖民的论文评述》(Essay Review on Science and Colonization in the French Empire),《科学年鉴》,53(1995),第 187 页～第 192 页;Paolo Palladino 和 Michael Worboys,《科学与帝国主义》(Science and Imperialism),《爱西斯》,84(1993),第 91 页～第 102 页;Lewis Pyenson,《再论文化帝国主义与精确科学》(Cultural Imperialism and Exact Sciences Revisited),《爱西斯》,94(1993),第 103 页～第 108 页。

[73] Wolfgang Eckart,《科学与旅行》(Wissenschaft und Reisen),《科学史报告》(*Berichte zur Wissenschaftsgeschichte*),22(1999),第 1 页～第 6 页。

[74] 参看 Satpal Sangwan,《重新整理地球:地质学作为科学学科在殖民地印度的出现》(Reordering the Earth: The Emergence of Geology as Scientific Discipline in Colonial India),《地球科学史》(*Earth Sciences History*),12, no. 2(1993),第 224 页～第 233 页;Robert A. Stafford,《合并过去的地貌:19 世纪不列颠帝国地质学》(Annexing the Landscapes of the Past: British Imperial Geology in the Nineteenth Century),载于 John M. MacKenzie 编,《帝国主义与自然界》(*Imperialism and the Natural World*, Manchester: Manchester University Press, 1990),第 67 页～第 89 页。

[75] 参看 Edward C. Carter,《综观记录:截至 1930 年的北美洲科学探险》(*Surveying the Record: North American Scientific Expeditions to 1930*, Philadelphia: American Philosophical Society, 1999)。

[76] 参看 William Stanton,《美国科学探索(1803～1860):4 家费城图书馆的手稿》(*American Scientific Exploration, 1803–1860: Manuscripts in Four Philadelphia Libraries*, Philadelphia: American Philosophical Library, 1991)。

曼所评论的。[77]

在海外,由威廉·林奇(1801～1865)上尉率领的美国海军探险队探索了约旦和死海的地质,而在19世纪50年代,两支美国海军探险队加入搜索约翰·富兰克林爵士的队伍中,他于1845年在寻找西北通道时在北极地区失踪。在海军准将马修·佩里前往太平洋的航行和日本"开放"之后,1855年,后来成为美国水文办公室(U. S. Hydrographic Office)主管的美国海军上尉马修·莫里(1806～1873)成了发现大西洋海底山脉证据的第一人。测深学这一新的学科因此而开启。并非偶然的是,1858年,美国海军被请求帮助铺设新的跨大西洋电缆。通信的卷须维持着帝国向外伸展的触手。[78]* 在1880～1920年期间,美国探险队接连不断地前往古巴、菲律宾群岛、阿拉斯加、中国、朝鲜和日本,将国家科学兴趣扩展到被有些人视为帝国野心的地步。[79]

科学与国际主义

如果说科学、战略与商业的结合似乎定义了"探险"世纪,那么,探险主题的三个变奏也是如此,它们对探索文化和科学实践有着长久的影响。第一,在19世纪70年代,一种新形式的国际探险开始出现;第二,在19世纪90年代,极地航行开始成为焦点;第三,"大学"、民间和私人的探险在19世纪80年代开始出现,并在20世纪20和30年代盛行。这三者全都致力于国际主义,而且这三者全都涉及动员人力、物力、设备、公关和权力部门。[80] 这些特点在许多方面并不新颖。新颖的是它们对科学的贡献、它们的国际视野和对"探索文化"的影响的性质。

53

1838年威尔克斯的探险可以说为最年轻的民主国家争夺到了本世纪首次全球探险的大奖。与同时代英格兰的"贝格尔"号、"响尾蛇"号、"埃罗巴斯"号的探险相同的是,这次美国探险明显是为了国家利益。然而,到了19世纪70年代,一种新的动机出现了,不仅是为了采集能够发现的东西,而且还要考察全球变化的特点。这些探险中,

[77] William H. Goetzmann,《美国西部的军队探索(1803～1863)》(*Army Exploration in the American West, 1803-1863*, New Haven, Conn.: Yale University Press, 1959),第19页;William H. Goetzmann,《探索与帝国:在美国西部成功的探索者和科学家》(*Exploration and Empire: The Explorer and the Scientist in the Winning of the American West*, New York: Knopf, 1967)。

[78] 关于此阶段科学研究、技术创新和海军通信的结合,参看Daniel Headrick,《帝国的工具:19世纪的技术与欧洲帝国主义》(*Tools of Empire: Technology and European Imperialism in the Nineteenth Century*, New York: Oxford University Press, 1981);Daniel Headrick,《进步的触手:帝国主义时代的技术转移(1850～1940)》(*The Tentacles of Progress: Technology Transfer in the Age of Imperialism, 1850-1940*, New York: Oxford University Press, 1988)。

* 这句话原文为The tendrils of communication sustained the tentacles of empire. tendril指的是植物的卷须,即具有攀缘功能的须状物;tentacle既可指动物的触手,也可指植物的触丝或触毛。这句话的含义应是一些帝国通过铺设电缆等方式维持本土与海外殖民地等的联系,对后者加以控制,就像是攀缘植物的卷须向外延伸攀爬。而帝国用以控制、联系的"触手"依赖于"卷须",似乎有"皮之不存,毛将焉附"的意味。——译者注

[79] 参看Gary Kroll,《密克罗尼西亚太平洋科学委员会:战后太平洋前线的科学、政府与保护》(The Pacific Science Board in Micronesia: Science, Government and Conservation on the Postwar Pacific Frontier),《密涅瓦》(*Minerva*),40,no. 4 (2002),第1页～第22页。

[80] 参看Felix Driver,《地理学斗士:探索文化与帝国》(*Geography Militant: Cultures of Exploration and Empire*, London: Blackwell, 2001),第8页。

没有哪一个能比“挑战者(*Challenger*)”号的环球航行(1872～1876)更具有普遍性或更有意义,它通常被称为第一次现代科学探险,而且肯定是很多被这么叫的探险中的第一次。由新当选的英国政府启动,在海军上校乔治·内尔斯(1831～1915)爵士——很典型地,既是海军军官也是王家学会会员——的指挥下,“挑战者”号定下了合作新标准,给予科学家和船员们足够的空间,并且不再争夺土地发现权。它的目的不是为了插上旗帜而是挥舞旗帜——不是为了宣布拥有新大陆,而是为了从大自然获取新的意义。

“挑战者”号具有深远的影响。它获得关于洋流、温度、盐度、海洋生物和海底地形的数据,带回了对水下山脉的描述,反驳了生命不能在深海存在的理论。通过挖掘出起源于大陆的岩石,证明了南极大陆的存在。事实证明,同样的深海记录对铺设跨大西洋电缆很有用处——这对英国贸易和海军情报必定有用。最重要的是,这次航行实际上创建了海洋地球物理学、海洋生物学、海洋学和地球物理学方面的新领域——所谓“挑战者”号学科。[81]

这些新学科用了几十年的时间才发展成熟。别的进展要快得多。长期以来一直在构建地球及其组成的理论方面占据优势的物理科学,遭到强调全球生物多样性的生物科学的“挑战”,这也许是第一次。而且,“挑战者”号标识着一个转折点,在全球探险的过程中,除了内陆的观测台、科学院和博物馆,还有一个立足点作为学术“机构”。在某些情况下,后来的探险成了这些科学机构的自然“田野扩展”。[82] 此后,它们越来越受到“管理”,并在现代化大学的管理下找到了新的依据。一个这样的例子是,对从近东到远北(Far North)的古代文明研究中,大学和国家博物馆成了重要的受益者。[83]

54

这些新的兴趣在很大程度上是被研究人类进化与发展的达尔文理论所推动的,当边远地区的发现带来疑问时,它挑战了启蒙时期提出的、令人感到舒服的关于文明与野蛮的二元性。例如,在1888年,宾夕法尼亚大学发起去南美洲探险,开始有了一个让很多美国大学跟着学的惯例。[84] 1898年,W. H. R. 里弗斯(1864～1922)领导的

[81] “挑战者”号有大量的文献资料。有价值的介绍,参看 Margaret Deacon,《科学家与海洋(1650～1900):对海洋科学的研究》(*Scientists and the Sea, 1650-1900: A Study of Marine Science*, London: Ashgate, 1971; 2nd ed., 1991)。航海者的叙述值得重温(正如他们也让出版社赚了钱)。例如,参看 Lord George Campbell,《“挑战者”号航行书信》(*Log Letters from "The Challenger"*, London: Macmillan, 1876);H. N. Moseley,《“挑战者”号上一名博物学家的笔记》(*Notes by a Naturalist on the "Challenger"*, London: Macmillan, 1879)。也可参看 P. F. Rehbock 编,《与科学家共同航行:约瑟夫·马特金的“挑战者”号书信》(*At Sea with the Scientifics: The Challenger Letters of Joseph Matkin*, Honolulu: University of Hawaii Press, 1992)。关于“‘挑战者’号原则”,参看 Helen Rozwakowski,《小世界:为海洋学铸造科学海洋文化》(Small World: Forging a Scientific Maritime Culture for Oceanography),《爱西斯》,87(1996),第409页～第419页;Tony Rice,《探测深海(1872～1876):“挑战者”号探险》(Fathoming the Deep, 1872-1876: The *Challenger* Expedition),载于 Rice,《发现之航:三个世纪的自然史探索》,第290页～第296页。关于其对科学的长久影响,参看 Bernard L. Gordon,《随着“挑战者”号而来的教科书》(Textbooks in the Wake of the *Challenger*),《爱丁堡王家学会学报,B部分》(*Proceedings of the Royal Society of Edinburgh, Section B*),72(1972),第297页～第303页。

[82] 参看 Roy C. Bridges,《东非的英国探索者的历史地位》(The Historical Role of British Explorers in East Africa),《未知地》(*Terra Incognitae*),14(1982),第1页～第21页。

[83] 参看 Roy MacLeod,《胚胎学与帝国:鲍尔弗的学生和太平洋实验室对中间形态的寻找(1885～1895)》(Embryology and Empire: The Balfour Students and the Quest for Intermediate Forms in the Laboratory of the Pacific, 1885-1895),载于 Roy MacLeod 和 P. F. Rehbock 编,《达尔文的实验室:进化论与太平洋自然史》(*Darwin's Laboratory: Evolutionary Theory and Natural History in the Pacific*, Honolulu: University of Hawaii Press, 1994),第140页～第165页。

[84] 参看宾夕法尼亚大学网址,www.upenn.edu。

托雷斯海峡(Torres Strait)的探险[85]给剑桥大学带回很多物品,现在收藏在该大学考古学与人类学博物馆。还有其他探险由遍布欧洲的各个博物馆发起。在热带太平洋地区,1908～1910年格奥尔格·蒂勒纽斯(1868～1937)领导的德国南海(南太平洋——译者注)探险是由汉堡民族博物馆(Ethnological Museum)发起的。8名科学家研究了大部分在密克罗尼西亚的34个岛屿,在1914～1938年期间出版了11部著作。[86]

19世纪的最后20年和20世纪的头10年重新出现了对科学国际主义的兴趣。一方面,国家声誉是由科学地位来衡量的;另一方面,科学进展给了冒险主义一个容易被人接受的面孔。1896年首届现代奥林匹克运动会启发了阿尔弗雷德·诺贝尔,虽然"科学探索"并不是诺贝尔奖的一个项目,但是在国家之间的竞赛中,"射门得分"有着显著的位置。

另外,有的射门需要国际合作。正如王家学会外交秘书迈克尔·福斯特爵士(1836～1907)在1896年忠告外交部的,"科学发展清楚地表明了,某些科学事业要么没有国际合作就完全没法进行,要么只有通过国际合作才能成功、迅速、节省地进行。"[87]就获得支持而言,形势是很明显的。王家地理学会会长、令人敬畏的探险者克莱门茨·马卡姆爵士(1830～1916)[88]提醒王家学会它必须说服政府知道探险的益处时说:"在事情完成之后,要从科学、海军和帝国的角度说明所需花费的合理性。"[89]

55

探险让世界各国有机会证明其英雄气概。例如,在"挑战者"号之后,马克斯·韦伯(1852～1937)在1899～1900年乘"实武牙(*Siboga*)"号前往荷属东印度群岛,领导奥地利科学家解决了太平洋海洋生物学的许多问题。[90] 极地探索是另一个例子。在1878～1879年,瑞典探险家尼尔斯·努登舍尔德(1832～1901)沿亚洲北岸向东航行,穿过白令海峡,解决了西北通道的问题。1903～1905年,挪威人罗阿尔·阿蒙森(1872～1928)在对磁北极周围地区做了两年研究之后,首次穿越从大西洋到太平洋的通道。欧洲国家19世纪末的"极地竞赛"预示了20世纪的"太空竞赛"。一位作者

[85] Anita Herle和Sandra Rouse编,《剑桥大学与托雷斯海峡:1898年人类学探险百年论文集》(*Cambridge and the Torres Strait: Centenary Essays on the 1898 Anthropological Expedition*, Cambridge: Cambridge University Press, 1998)。

[86] 例如,参看A. Krämer,《萨摩亚群岛》(*Die Samoan Inseln*, Stuttgart: E. Schweizerbart, 1902, 1903),T. Verhaaren英译,《萨摩亚群岛》(*The Samoan Islands*, Auckland: Polynesian Press, 1995)。

[87] 王家学会档案,委员会会议记录,迈克尔·福斯特爵士致国家外交事务副部长(Undersecretary of State for Foreign Affairs)提议建立国际测量局(International Geodetic Bureau),1896年11月5日。

[88] Ann Savours,《从格陵兰的冰山到印度的珊瑚海滨》(From Greenland's Icy Mountains to India's Coral Strand),载《今日历史》(*History Today*),51(2001),第44页～第51页;Clive Holland编,《南极痴迷:1901～1904年英国国家南极探险起源的个人叙述,克莱门茨·马卡姆爵士述》(*Antarctic Obsession: A Personal Narrative of the Origins of the British National Antarctic Expedition, 1901-1904 by Sir Clements Markham*, Alburgh: Erskine, 1986)。

[89] 王家学会档案,委员会会议记录,克莱门茨·马卡姆爵士致王家学会秘书长,1894年12月3日。

[90] 参看Florence F. J. M. Pieters和Jaap de Visser,《动物学家马克斯·威廉·卡尔·韦伯的科学生涯(1852～1937)》(The Scientific Career of the Zoologist Max Wilhelm Carl Weber, 1852-1937),《动物学来稿》(*Bijdragen Tot de Dierkunde*),62, no. 4(1993),第193页～第214页;Gertraut M. Stoffel,《19世纪奥地利与新西兰的联系》(The Austrian Connection with New Zealand in the Nineteenth Century),载于James N. Bade编,《德国联系:19世纪新西兰与德语区欧洲》(*The German Connection: New Zealand and German-speaking Europe in the Nineteenth Century*, Auckland: Oxford University Press, 1993),第21页～第34页。

将这解读为“科学或荣耀”的竞争。[91] 从1901～1903年努登舍尔德的南极洲探险和1901～1904年罗伯特·福尔肯·斯科特（1868～1912）的“发现（*Discovery*）”号探险，到1914～1916年欧内斯特·沙克尔顿（1874～1922）的“持久（*Endurance*）”号探险，胜利属于那些行动迅速而且坚定不移的人。[92]

在斯堪的纳维亚，极地探索是民间活动；对英国和美国来说，则主要是海军的任务。在1909年，美国海军上校（后来成为海军上将）罗伯特·E. 皮尔里（1856～1920）宣称已到达北极。第一次从空中穿过北极的，则是海军上将理查德·E. 伯德（1888～1957）领导的另一次美国探险。1959年3月17日，美国核潜艇“鳐鱼（*Skate*）”号成为第一艘访问北极的船只。* 讽刺的是，对西北通道的科学研究结果证明了它对商业乃至科学并无价值，只对秘密军事交通有价值。南极的竞赛同样激烈。斯堪的纳维亚人和英国人再次成为对手，但是俄国人、奥地利人和德国人也把领先权视为一种国家荣耀——南极洲南部海域的几个岛群的命名反映了这一事实。[93]

56

1911年12月4日，**罗阿尔·阿蒙森成为到达南极的第一人。18年后，海军上将伯德成了空中穿越南极的第一人。[94] 当旗帜在南北极飘扬时，科学探险的最后大难题似乎已经解决。也许这来得正是时候，因为第一次世界大战的爆发让探险精神暂时搁置，同时也终结了短期内开展国际合作的前景。战后，科学探索又回归了，特别是与矿产资源有关的探索。而且，建立在科学基础上的军事技术首次得到利用——例如反潜艇声学仪器首次被允许用于海底测绘——让人们得以掌握海底地形学和大陆运动的知识。不久之后，第二次世界大战期间和之后的军事行动加速了这些进展。[95]

由大学、博物馆和私立基金会发起的常规探险就没那么有争议了。从20世纪20

[91] David Mountfield，《极地探索史》（*A History of Polar Exploration*, London: Hamlyn, 1974），“为了科学或荣耀”一章（For Science or Glory），第139页～第155页。Mountfield回想起人们曾经习惯于把极地探索分成四个阶段：第一阶段，长时期个人风格的冒险，从中世纪到18世纪后期；第二阶段，与罗伯特·皮尔里和弗朗西斯·利奥波德·麦克林托克爵士（Sir Francis Leopold McClintock）（由于发现富兰克林探险队的结局而被授予爵士）等个人英雄联系在一起的时期；第三阶段，应用新的生存技术的时期，有些技术是皮尔里首创的（后来被认为应归功于爱斯基摩人［Eskimos，此为旧称，现称因纽特人。——译者注］）；第四阶段，我们的现代科学探索。现在流行把阿蒙森和沙克尔顿视为一个更有个人主义的时代的“最后绽放”，从那以后科学成为衡量成功的最终标准，极地探险更多地属于技术和团队的成果，而不是个人的成就。

[92] 在极地探索中，第一个到达的名声会掩盖取得更大科学成就但较无新闻价值的其他探险。例如，在皮尔里之后，1913～1918年同样遭受不幸结局的加拿大北极远征，它不太出名，是由维尔希奥米尔·斯蒂芬森（Vilhjalmur Stefansson）领导的，乘“卡勒克（*Karluk*）”号。参看William Laird McKinley，《“卡勒克”号：未被讲述过的北极探索的伟大故事》（*Karluk: The Great Untold Story of Arctic Exploration*, London: Weidenfeld and Nicolson, 1976）。

* 此处原文有误。第一艘到达北极点的船只是美国核潜艇“鹦鹉螺（*Nautilus*）”号，时间为1958年8月3日。——译者注

[93] 参看Walter Lenz，《德意志帝国建立后海洋学的驱动力》（Die Treibenden Kräfte in der Ozeanographie seit der Gründung des Deutschen Reiches），《海洋与气候研究中心报告》（*Berichte aus dem Zentrum für Meeres- und Klimaforschung*），no. 43（2002）。

** 此处原文有误。应为12月14日。可参看《辞海》中“阿蒙森”词条。——责编注

[94] 对伯德的声称现在阿蒙森支持者有争议。参看http://www.mnc.net/norway/roald.html。

[95] 参看Naomi Oreskes和Ronald Rainger，《前原子弹时代的科学与安全：哈罗尔·U. 斯韦德鲁普忠诚案》（Science and Security before the Atomic Bomb: The Loyalty Case of Harold U. Sverdrup），《现代物理学的历史与哲学研究》（*Studies in the History and Philosophy of Modern Physics*），31（2000），第356页～第363页；Chandra Mukerji，《脆弱权力：科学与国家》（*A Fragile Power: Science and the State*, Princeton, N. J.: Princeton University Press, 1989）。

年代开始，洛克菲勒基金会翻开了慈善资助的新篇章，除了资助科学研究，它还开始资助去中国的考古学和人类学考察。[96] 与此同时，学术团体继续做出重要贡献，特别是支持极地的探险。

20 世纪下半叶——特别是 1957 年“卫星（*Sputnik*）”号发射之后——科学探索继续为军事和政治利益服务，而许多学科从“探索科学”独立出来，获得了新生。[97] 外太空的科学探索在美国和苏联军备竞赛的推动下具有特殊的优先地位。虽然贬低源自太空探索的民用产品的重要性一度很时髦，但是它对日常通信和信息技术的益处是十分巨大的。

57

第二次世界大战结束以后，随着力度越来越大的政府支持，海洋科学家也开始瞄准宏大目标。一个世纪前，“海洋科学”缺少一个观念框架，也没有大家认同的科研项目计划。[98] 在 30 年间，海洋科学对板块构造理论做出了重大贡献，该理论相应地让我们对地球动力学有了革命性的了解。[99] 与此同时，系统性的探索导致发现有价值的矿产和以前不知道的海洋生命体，对地球年龄以及物种分布的理论研究有许多启发。

展　望

几年前，有一种司空见惯的说法，说地球表面现在几乎全都被探索过了，大部分被开发了。但是我们知道这只是在有限的意义上才是对的。地球生物多样性只有一小部分已被鉴定，更不要说做出解释了。我们对地球及其生境在很大程度上还是一无所知的。即使我们把这个行星叫作“地球”并且它被描述为“以大地为中心”，海洋却占了地球面积的 71%，而海床被探索过的部分还不到 2%。延续从 18 世纪开始的并在本章探讨过的这些过程，科学很恰如其分地转向了海洋，特别是转向深海海底，转向了地壳之下的区域，以及转向了外太空。[100] 我们回顾一下，会发现以前的成果对现在的贡献也是非常明显的。太空产业恰当地借用“发现”号和“挑战者”号的名字来为航天飞机命名[101]——而为钻探深海海底样品设计的格洛玛（Glomar）海下项目也用“挑战者”

[96] 1908～1915 年，洛克菲勒基金会资助了几项中国教育和医学研究。参看 Mary Brown Bullock，《一次美国移植：洛克菲勒基金会和北京协和医学院》（*An American Transplant: The Rockefeller Foundation and Peking Union Medical College*, Berkeley: University of California Press, 1980）。关于后来洛克菲勒基金会资助的探险，例如导致“北京人”的发现，参看洛克菲勒基金会档案，RG1. 1, 601D 系列。这方面的信息，我要感谢洛克菲勒基金会档案处的托马斯·罗森鲍姆（Thomas Rosenbaum）先生。

[97] William E. Burrows，《这个新海洋：第一个太空时代的故事》（*This New Ocean: The Story of the First Space Age*, New York: Random House, 1998）。

[98] Deacon，《科学家与海洋（1650～1900）：对海洋科学的研究》，第 xi 页。

[99] Baker 等编，《美国的开端：在诺伦贝加之地的探索、文化和绘图》，第 634 页。

[100] 关于深海探险和研究的专业报道，参看国际科学史与科学哲学联合会海洋学委员会（Commission of Oceanography of the International Union of the History and Philosophy of Science）出版的业务通讯——《海洋学史》（*History of Oceanography*）。

[101] 参看 Robert A. Brown，《“奋进”号看地球》（“*Endeavour*” *Views the Earth*, Cambridge: Cambridge University Press, 1996）。

号命名其科考船。[102] 同样恰当的是,已钻到 8300 米深处的深地取样海洋学联合研究机构(Joint Oceanographic Institution for Deep Earth Sampling)的深海钻探船已被命名为"决心(*Resolution*)"号,以纪念库克船长第三次航行的旗舰。[103]

58 据说,我们现在生活在一个国际主义新时代,在这个时代,知识既被视为一种手段,也被视为一种目的——至少直到能从手段中发现某种目的。可以肯定地说,尽管存在深刻的意识形态分歧,对国际主义的最好的体现——1957～1958 年国际地球物理年,后来续签的 1959 年《南极条约》(Antarctic Treaty)——有的就是从冷战最严重时开始的,并在今天的太空探索中得到回响。南极地区有个特点,它是地球上唯一一个为了大自然利益和科学需求而正式暂停领土主权主张的地方。[104]

然而,商业和战略利益继续在驱使着人们寻找矿产、地下水、地热能源和适合存储放射性废料的地点。为了科学的利益,钻探和取样的经典方法在今天与雷达绘图和卫星遥感结合起来,而地震研究依然重要,但是地表之下依然是一个依靠推测的世界。钻探的高昂费用限制了理解的深度(目前最深到 20 千米)。海洋研究取得了更多进展,包括大海与大气的相互作用,以及作为厄尔尼诺和拉尼娜现象的基础的那些现象。在 1960 年,一个潜水器抵达海平面以下 1 万米的马里亚纳海沟的底部,创下了载人下潜的最深纪录。[105]

今天,海洋仍然是地球上最富裕、最强大的国家的独占区,也是向所有一起行动的国家开放的一个机会。人们常说大海是终极的"人类共同财产"。外太空也被这么描述过。中世纪的语言很好地表达了现代思维。找到一个能够实用的"共同遗产"的定义——不管是用于土地、太空还是海下——仍然是人类的目标。在 21 世纪开始之时,科学的启蒙精神还活着,冒险精神也是如此。在写作本章的时候,有超过 100 项的重大科学探险正在进行着。[106] 然而,它们的成功已暴露了公共利益的分裂。环境悲观主义越来越被人们接受,公共资源给了私人,而政府和国际组织似乎对减缓气候变化的影响无能为力。在过去的 3 个世纪中呈现的问题,科学能否赋予人类 21 世纪的解决办法,目前仍不清楚。

59 在 20 世纪快要结束的时候,两个"旅行者(*Voyager*)"号星际飞船开始向地球报告

[102] 参看 Kenneth J. Hsü,《出海的"挑战者"号:一艘导致地球科学革命的船》("*Challenger*" *at Sea*: *A Ship that Revolutionized Earth Science*, Princeton, N. J.: Princeton University Press, 1992)。

[103] 关于深地取样海洋学联合研究机构(JOIDES),参看 http://joides. rsmas. miami. edu/。

[104] Aant Elzinga,《南极之为大科学》(The Antarctic as Big Science),载于 E. K. Hicks 和 W. Van Russum 编,《政策发展与大科学》(*Policy Development and Big Science*, Amsterdam: North-Holland, 1991),第 15 页～第 25 页;Aant Elzinga,《南极洲:一个由科学并为了科学建设的大陆》(Antarctica: The Construction of a Continent by and for Science),载于 Elisabeth Crawford、Terry Shin 和 Sverker Sörlin 编,《科学去国家化:国际科学实践的背景》(*Denationalizing Science*: *The Contexts of International Scientific Practice*, Dordrecht: Kluwer, 1993),第 73 页～第 106 页;Allison L. C. de Cerreno 和 Alex Keynan,《科学合作、国家冲突:科学家缓和国际不和的作用》(Scientific Cooperation, State Conflict: The Roles of Scientists in Mitigating International Discord),《纽约科学院年报》(*Annals of the New York Academy of Sciences*), 866 (1998),第 48 页～第 54 页。

[105] 参看 http://www. ocean. udel. edu/deepsea/level-2/geology/deepsea. html。

[106] 《世界地理学》(Geography around the World),《地理学杂志》(*Geographical Magazine*), 71(1999 年 7 月),第 70 页～第 71 页。

（要一直报告到至少2020年）在木星、土星、天王星和海王星周围的太空情况。它们的特定任务是确定太阳磁场和太阳风外吹的外部界限。[107] 它们的成功——弥补了“贝格尔2”号的失败——可能会很好地界定未来的科学探索。也许它们更大的使命，用弗兰西斯·培根的话来说，是确保“科学的进步和对生活用途的益处”。科学探索的历史是否会由于这样的益处而被人们牢记，我们拭目以待。

（方是民　译）

[107] 参看NASA，《“旅行者”号的星际任务》（Voyager's Interstellar Mission），链接为http://vraptr.jpl.nasa.gov/voyager/vimdesc.html。

4

60

博物馆

玛丽·P. 温莎

在公众眼里,自然史博物馆是举办一系列教育性质展览的场所,尤其是陈列那些化石和动物标本的场所;而这些机构在科学方面的重要性,在于其未展出的数量更大的标本藏品,这些标本有助于保存、分析世界的多样性。相比于作为科学史的一部分,自然史博物馆的历史更经常被作为文化史的一部分来研究,然而作为有助于进行系统比较的一种手段,这些存档完好的藏品更值得探讨。一直有人认为,博物馆是18世纪末19世纪初出现的新型科学的焦点,这类科学以职业科学家提供的大量信息为基础。尽管此前已有朝这一方向的努力,1793年由巴黎革命政府创建的自然史博物馆(Muséum d'Histoire Naturelle)还是被视为这一新科学的范例。[1] 随后自然史博物馆的转型和增多,归因于依赖有关藏品的学科门类大量增加。

有待历史学家研究的丰富材料,存在于各博物馆的档案中,存在于科学文献中,甚至存在于藏品和建筑物的实物证据中。全面的调查应当关注植物标本馆、植物园、动物园、医疗博物馆、民族志藏品和使得标本获得货币价值的国际贸易等相关科目,以及与艺术博物馆及其他展览比较,但此处主要关注各主要自然史博物馆有关动物学的活动。[2]

61

1792年之前的博物馆

直到最近,早期藏品的大部分说明着眼于显示其非科学的一面以赞美现代政策,或者美化这些藏品以强调其继承者的门第。尽管就我们的品味而言,文艺复兴时代的珍宝室往往古怪,有太多离奇的东西,但目前历史学家倾向于正面评估这些藏品在科

[1] John V. Pickstone,《博物馆学科学?分析/比较在19世纪科学、技术和医学中的地位》(Museological Science? The Place of the Analytical/Comparative in 19th-Century Science, Technology and Medicine),《科学史》(*History of Science*),32(1994),第111页~第138页。

[2] Sally G. Kohlstedt,《论文评述——博物馆:重访自然科学史的遗址》(Essay Review: Museums: Revisiting Sites in the History of the Natural Sciences),《生物学史杂志》(*Journal of the History of Biology*),28(1995),第151页~第166页;Gavin Bridson,《自然史历史:加注的文献目录》(*The History of Natural History: An Annotated Bibliography*, New York: Garland, 1994),第393页~第407页。

学兴起过程中的作用。一些药剂师、医生、教授只收集天然标本。其中影响力最大的人之一是乌利塞·阿尔德罗万迪(1522～1605)。[3] 汉斯·斯隆爵士(1660～1753)在其1739年的遗嘱中宣称,如果国家同意补偿他的遗孀并设立受托人职位,他收藏的书籍、手稿、古董、天然物品都可归公众拥有。[4]

18世纪下半叶,天然标本藏品的数量和体积都迅速增长。探险与帝国殖民提供了收藏机会,但其动机有时是科学好奇心,有时是竞争的虚荣心。自然史的日益流行催生了一种职业,即为别人收集标本、为标本编目和保存标本。主导这些发展的两个人是卡尔·林奈(1707～1778)和乔治-路易·勒克莱尔,即布丰伯爵(1707～1788)。布丰于1739年出任在巴黎的王家植物园园长,任上他大量增加了国王的自然史藏品。他的助手中,有路易-让-马里·多邦东(1716～1800)和让-巴蒂斯特·德·莫内·拉马克骑士(1744～1829)。布丰影响深远的《自然史》(*Histoire Naturelle*)收入了多邦东所编王家珍宝室目录。尽管在分类的原则上有名声恶劣的分歧,林奈和布丰对生命多样性巨大程度的认识却保持了一致,他们共同致力于建立所有生物种类的详细目录。[5]

英国议会于1753年勉强同意购下斯隆的藏品,它们于1759年在伦敦以不列颠博物馆的名义开始展出。林奈的学生丹尼尔·索兰德(1736～1782)于1763年起受雇在此工作。到18世纪最后25年,包括伟大的实验科学家拉扎罗·斯帕兰扎尼(1729～1799)在内的各地严肃的博物学家,都根据分类学布置其珍宝室,并描述这些进入生物种类详细目录的新物种。林奈的遗孀于1784年将林奈的蜡叶标本和图书售予一位年轻的英国绅士詹姆斯·爱德华·史密斯(有关这一国宝已经脱离视野时瑞典军舰扬帆作徒劳追逐的故事纯属虚构)。查尔斯·威尔森·皮尔的费城博物馆(Philadelphia Museum)创立于1786年,体现了其关于公共教育的启蒙主张。为激发普通参观者的兴趣,皮尔设法使其展览具有吸引力,将动物标本放在植被覆盖的自然小丘上,标本架子

62

〔3〕 Krzysztof Pomian,《收藏者与奇异物品:巴黎与威尼斯(1500～1800)》(*Collectors and Curiosities: Paris and Venice, 1500-1800*, Cambridge: Polity Press, 1990),Elizabeth Wiles-Portier 译;Oliver Impey 和 Arthur MacGregor 编,《博物馆起源:16～17世纪欧洲的珍宝室》(*The Origins of Museums: The Cabinet of Curiosities in Sixteenth- and Seventeenth-Century Europe*, Oxford: Clarendon Press, 1985);Ken Arnold,《珍宝室》(Cabinets for the Curious, PhD diss., Princeton University, 1991);Paula Findlen,《拥有自然:现代早期意大利的博物馆、收藏和科学文化》(*Possessing Nature: Museums, Collecting, and Scientific Culture in Early Modern Italy*, Berkeley: University of California Press, 1994);Andreas Grote,《小宇宙中的大宇宙——室内的世界:关于收藏历史(1450～1800)》(*Macrocosmos in Microcosmo: Die Welt in der Stube: Zur Geschichte des Sammelns 1450 bis 1800*, Berliner Schriften zur Museumskunde, vol. 10, Opladen: Leske and Budrich, 1994)。

〔4〕 William T. Stearn,《南肯辛顿自然史博物馆》(*The Natural History Museum at South Kensington*, London: Heinemann, 1981)。

〔5〕 Frans A. Stafleu,《林奈与林奈学派:他们关于植物分类法主张的传播(1735～1789)》(*Linnaeus and the Linnaeans: The Spreading of Their Ideas in Systematic Botany, 1735-1789*, Utrecht: A. Oosthoek, 1971);Lisbet Koerner,《林奈:自然与民族》(*Linnaeus: Nature and Nation*, Cambridge, Mass.: Harvard University Press, 1999);Charles Coulston Gillispie,《旧制度末期法国的科学与政体》(*Science and Polity in France at the End of the Old Regime*, Princeton, N.J.: Princeton University Press, 1980);Jacques Roger,《布丰:从事自然史的一生》(*Buffon: A Life in Natural History*, Ithaca, N.Y.: Cornell University Press, 1997),Sarah Lucille Bonnefoi 译;Franck Bourdier,《王家植物园珍宝室的起源与变迁》(Origines et transformations du cabinet du Jardin Royal des Plantes),《科学史》(*Histoire des Sciences*),18(1962),第35页～第50页。

后方绘出景物。1789 年,由查理三世下令(位于马德里)创立的、建馆不久的普拉多博物馆(Museo del Prado)展出了大地懒(megatherium)拼装骨架化石。[6]

直到 18 世纪中期,有关矿物、植物、动物的知识仍被设定为休闲研究的值得称赞的领域,对医药有用。然而到该世纪后期,人们普遍逐渐相信有关自然的知识将产生经济利益。到该世纪末,博物学家开始相信大自然自身的体系能够取代人为的分类,增加藏品有了进一步的理由。勒内-朱斯特·阿维(1743～1822)于 1784 年根据其几何性质对晶体分类,生物学家受到鼓舞,期望有朝一日发现生物的理性分类法。[7]

巴黎模式 (1793～1809)

对自然史来说,法国大革命是危险时段。虽然许多共和派人士因其实用性打算支持科学教育和研究,但国王的珍宝室和花园看来是奢侈品。不过,靠幸运和政治手段,那个机构不但挺过来了,而且更兴盛。首先一桩幸运是布丰在大革命前去世,他那些精明的前雇员从而赢得时间。以园艺家安德烈·图安(1747～1824)和多邦东为首,他们准备了一个自治方案,承诺为国家服务。根据 1793 年的法令,整个机构(花园、标本室以及珍宝室)被命名为自然史博物馆(19 世纪头几十年,博物馆的名称冠以"国家"一词,随后取消,20 世纪初重新加上)。原先零星举办的演讲规定为系列讲座课程,12 名馆长被授予教授职称,保留特定日期让学生接触收藏品。[8]

63

早期另一桩惊喜是才华横溢而且积极进取的乔治·居维叶(1769～1832)于 1795 年到任,他的著述和教学活动对博物馆声誉飙升贡献很大。拉马克和艾蒂安·若弗鲁

[6] Maria-Franca Spallanzani,《拉扎罗·斯帕兰扎尼的自然收藏品》(La collezione naturalistica di Lazzaro Spallanzani),《拉扎罗·斯帕兰扎尼与 18 世纪生物学:理论、试验、研究机构》(*Lazzaro Spallanzani e la Biologica del Settecento: Teorie, Esperimenti, Istitutzioni Scientifiche*, Biblioteca della'Rivista di Storia delle Scienze Mediche e Naturali', vol. 22, Florence: Leo S. Olschki Editore, 1982),第 589 页～第 602 页;Andrew Thomas Gage 和 William Thomas Stearn,《伦敦林奈学会两百年史》(*A Bicentenary History of the Linnean Society of London*, London: Academic Press, 1988);Charles Coleman Sellers,《皮尔先生的博物馆:查尔斯·威尔森·皮尔及第一所自然科学和艺术公共博物馆》(*Mr. Peale's Museum: Charles Willson Peale and the First Popular Museum of Natural Science and Art*, New York: Norton, 1980);Sidney Hart 和 David C. Ward,《启蒙理想的消亡:查尔斯·威尔森·皮尔的费城博物馆(1790～1820)》(The Waning of an Enlightenment Ideal: Charles Willson Peale's Philadelphia Museum, 1790-1820),载于 Lilian B. Miller 和 David C. Ward 编,《关于查尔斯·威尔森·皮尔的新观点:250 周年纪念》(*New Perspectives on Charles Willson Peale: A 250th Anniversary Celebration*, Pittsburgh, Pa.: University of Pittsburgh Press, 1991);Sidney Hart 和 David C. Ward,《美人鱼、木乃伊和乳齿象:美国博物馆的兴起》(*Mermaids, Mummies, and Mastodons: The Emergence of the American Museum*, Washington, D. C.: American Association of Museums, 1992)。

[7] Peter Stevens,《阿维和 A.-P. 德堪多:晶体学、植物分类学与比较形态学(1780～1840)》(Haüy and A.-P. de Candolle: Crystallography, Botanical Systematics and Comparative Morphology, 1780-1840),《生物学史杂志》,17(1984),第 49 页～第 92 页。

[8] Joseph-Philippe-François Deleuze,2 卷本《王家自然史博物馆的历史与说明》(*Histoire et description du Muséum Royale d'Histoire Naturelle*, Paris: Royer, 1823);Ernest-Théodore Hamy,《王家花园的最后时光和自然史博物馆的创立》(Les derniers jours du Jardin du Roi et la fondation du Muséum d'Histoire Naturelle),载于《自然史博物馆成立百年纪念》(*Centenaire de la fondation du Muséum d'Histoire Naturelle*, Paris: Imprimerie Nationale, 1893),第 1 页～第 162 页;Paul Lemoine,《国家自然史博物馆》(Le Muséum National d'Histoire Naturelle),《国家自然史博物馆档案》(*Archives de Muséum National d'Histoire Naturelle*),12, ser. 6(1935),第 3 页～第 79 页;Camille Limoges,《巴黎自然史博物馆的发展(约 1800～1914)》(The Development of the Muséum d'Histoire Naturelle of Paris, c. 1800-1914),载于 Robert Fox 和 George Weisz 编,《法国科学技术组织(1808～1914)》(*The Organization of Science and Technology in France, 1808-1914*, Cambridge: Cambridge University Press, 1980),第 211 页～第 240 页。

瓦·圣伊莱尔(1772～1844)质疑居维叶关于物种固定不变的理念,但这三人连同他们的学生都对证明比较形态学的有效性做出了贡献。[9] 巴黎博物馆揭示一个概念,即科学研究是公益事业,应当由政府拨款但由科学家经管。博物馆出版技术刊物,其职员撰写权威性专题论文。研究人员照管收藏品,按照分类排列;而居维叶陈列室例外,藏品排列依照解剖学传统,按器官系统排列。虽然博物馆每周免费向公众开放几天,但标本既不贴标签也无说明。[10]

医学方面,博物馆也用于解剖学和病理学标本的展出、分类。有时这些藏品还包括动物标本,用于比较解剖学的研究。在伦敦,约翰·亨特(1728～1793)的藏品不对公众开放,但用于其教学。虽然对这批藏品的品相不大满意,王家外科医生协会(Royal College of Surgeons)还是于1806年接收了这批藏品。[11] 在费城,皮尔完成一头乳齿象骨骼的发掘后,将其组装好于1801年在其博物馆向公众展出,轰动一时。

64

巴黎模式的影响(1810～1859)

由于负责藏品的人们密切关注彼此的进展,某一机构完成的改进经常很快就被其他机构模仿。使得各大博物馆历史明显一致的这一国际意识网,值得深入研究。因其标本数目庞大而又布置得法,巴黎博物馆立即成为模范。前往访问的博物学家和政治家回国后,决定效法巴黎博物馆。已经存在的各博物馆展开改革,新建的博物馆则以巴黎博物馆为样板。[12]

热心的博物学家和慷慨的君主联手的地方,仿效巴黎成就的效率最高。在维也纳,时间可以追溯到1748年的帝国藏品于1810年重组进帝国与皇家联合自然珍宝室。在柏林,国王于1810年为新的大学建立了自然史博物馆,并配备了几个不同凡响

〔9〕 Toby A. Appel,《居维叶-若弗鲁瓦辩论:达尔文之前数十年的法国生物学》(*The Cuvier-Geoffroy Debate*: *French Biology in the Decades before Darwin*, New York: Oxford University Press, 1987);Pietro Corsi,《拉马克时代:进化论在法国(1790～1830)》(*The Age of Lamarck*: *Evolutionary Theories in France*, *1790-1830*, Berkeley: University of California Press, 1988);Dorinda Outram,《乔治·居维叶:法国大革命后的使命、科学与权威》(*Georges Cuvier*: *Vocation*, *Science and Authority in Post-Revolutionary France*, Manchester: Manchester University Press, 1984);Peter F. Stevens,《生物分类学的发展:安托万-洛朗·德朱西厄,自然与自然系统》(*The Development of Biological Systematics*: *Antoine-Laurent de Jussieu*, *Nature*, *and the Natural System*, New York: Columbia University Press, 1994)。

〔10〕 J. B. Pujoulx,2卷本《漫步在植物园、动物园及自然史博物馆的陈列馆》(*Promenades au Jardin des Plantes*, *à la Ménagerie et dans les Galeries du Muséum d'Histoire naturelle*, Paris: La Libraire Économique, 1803);Georges Cuvier,《关于建立博物馆内比较解剖学藏品的说明》(Notice sur l'établissement de la collection d'anatomie comparée du Muséum),《自然史博物馆年刊》(*Annales du Muséum d'Histoire Naturelle*),2(1803),第409页～第414页;Dorinda Outram,《自然史新空间》(New Spaces in Natural History),载于N. Jardine、J. A. Secord和E. C. Spary编,《自然史文化》(*Cultures of Natural History*, Cambridge: Cambridge University Press, 1996),第249页～第265页。

〔11〕 Phillip Reid Sloan,《导论:进化的边缘》(Introductory Essay: On the Edge of Evolution),载于Richard Owen,《亨特比较解剖学讲稿(1837年5月～6月)》(*The Hunterian Lectures in Comparative Anatomy*, *May and June 1837*, Chicago: University of Chicago Press, 1992),第10页～第11页。

〔12〕 Claude Bankaert、Claudine Cohen、Pietro Corsi和Jean-Louis Fisher编,《博物馆头100年历史》(*Le Museum au premier siecle de son histoire*, Paris: Muséum National d'Histoire Naturelle, 1997);Paul Farber,《鸟类学作为一门学科的诞生(1760～1850)》(*The Emergence of Ornithology as a Scientific Discipline*: *1760-1850*, Dordrecht: Reidel, 1982);C. E. O'Riordan,《都柏林自然史博物馆》(*The Natural History Museum*, *Dublin*, Dublin: The Stationery Office [1983])。

的藏品，为矿物学、古生物学、动物学等专业的教授和学生服务，许多其他德意志大学和城市跟进。瑞典的古斯塔夫·派库尔男爵考察了外国博物馆及其藏品后，说服了国王建立与科学院相结合的国家博物馆，于是新的自然史博物馆于1819年在斯德哥尔摩成立。信服科学知识有实际价值的荷兰国王，从1820年起建立并资助新的自然史博物馆。虽然博物馆靠近莱顿大学，但头两位馆长昆拉德·雅各布·特明克（1778～1858）和赫尔曼·施莱格尔（1804～1884）都坚持，博物馆的首要目的是研究而非教学。对荷属东印度的远征提供了良好支持，使得该机构成为欧洲令人印象深刻的博物馆之一。[13]

65

王家外科医生协会的博物馆于1813年开放用于研究（只限于经批准的医学人员），但其陈列布置比起居维叶的陈列相差甚远，令人尴尬。博物馆中藏品的分类编目工作被埃弗拉德·霍姆所忽视。理查德·欧文于1827年获任命，接管了这项工作。作为比较解剖学家，欧文一直在博物馆内工作。史密斯逝世后，伦敦林奈学会购下林奈的藏品（有关史密斯专为接收标本创建了学会的说法，还有他遗赠了这批藏品的说法，都不是真实的）。索兰德去世后，不列颠博物馆中自然史部分遭忽视，但巴黎博物馆的崇拜者威廉·埃尔福德·利奇（1790～1836）于1813年获任命后，出现转机。约瑟夫·班克斯拥有的詹姆斯·库克环球航行所得的植物标本，于1827年被交与不列颠博物馆，由罗伯特·布朗监管。1836年，一个议会特别委员会听取了有关英国国立博物馆远逊于欧洲大陆同类博物馆的证言。1840年约翰·爱德华·格雷（1800～1875）升任动物部总管后，重大改革随即展开。格雷率领动物部赢得科学权威地位。理查德·欧文于1856年离开王家外科医生协会，就任不列颠博物馆中的自然史部总监。同一年，伦敦动物学会决定将其藏品转交不列颠博物馆。[14]

这些标本（包括达尔文的加拉帕戈斯群岛鸟类标本）的移交，说明博物馆史中一个重要原则，即大规模的收藏会如磁力般吸引小规模的收藏。无论是钟爱藏品的收藏者

[13] Günther Hamann，《维也纳的自然史博物馆：君主制末期的维也纳自然史收藏品》（*Das Naturhistorische Museum in Wien: Die Geschichte der Wiener naturhistorischen Sammlungen bis zum Ende der Monarchie unter Verwendung älterer Arbeiten von Leopold Joseph Fitzinger und Hubert Scholler mit einem Kapitel über die Zeit nach 1919 von Max Fischer-Irmgard Moschner-Rudolf Schönmann*, Vienna: Naturhistorisches Museum [Veröffentlichungen aus dem Naturhistorischen Museum, Neue Folge 13], 1976）；Einar Lönnberg，《斯德哥尔摩自然史博物馆》（The Natural History Museum [Naturhistoriska Riksmuseum] Stockholm），《自然史杂志》（*Natural History Magazine*），4（1933），第77页～第93页；Agatha Gijzen，《国家自然史博物馆（1820～1915）》（*'S Rijks Museum van Natuurlijke Historie, 1820－1915*, Rotterdam: W. L. & J. Brusse's Uitgeverscmaatschappij, 1938）；Pieter Smit，《对荷兰自然史及荷属东印度殖民地发展的国际影响（1750～1850）》（International Influences on the Development of Natural History in the Netherlands and Its East Indian Colonies between 1750 and 1850），《雅努斯》（*Janus*），65（1978），第45页～第65页。

[14] Nicolaas A. Rupke，《理查德·欧文：维多利亚时代的博物学家》（*Richard Owen: Victorian Naturalist*, New Haven, Conn.: Yale University Press, 1994）；Albert E. Günther，《通过两位管理者的生平看不列颠博物馆内动物学的100年：1815～1914》（*A Century of Zoology at the British Museum through the Lives of Two Keepers: 1815－1914*, London: Dawsons, 1975）；D. J. Mabberley，《朱庇特式植物学家：不列颠博物馆的罗伯特·布朗》（*Jupiter Botanicus: Robert Brown of the British Museum*, Braunschweig: J. Cramer, 1985）；Frank Sulloway，《达尔文的转变："贝格尔"号航行及其后续》（Darwin's Conversion: The Beagle Voyage and Its Aftermath），《生物学史杂志》，15（1982），第325页～第396页，相关内容在第356页；Gordon McOuat，《编目的力量：描绘"主管博物学家"以及不列颠博物馆中物种的意义》（Cataloguing Power: Delineating "Competent Naturalists" and the Meaning of Species in the British Museum），《英国科学史杂志》（*British Journal for the History of Science*），34（2001），第1页～第28页。

本人还是其继承者,迟早要面对如何保证藏品延续的问题,而移交给各大机构就是顺理成章的解决方案。作为对捐赠者的回报,国立博物馆将捐赠者的姓名登记入册,并使得后来者能够使用这些标本,藏品有望不朽。博物馆越显得能持久,挑选接收哪些捐赠就越挑剔。

19 世纪 20 和 30 年代,皮尔的儿子们试图在年轻的美利坚共和国继续从事其父的博物馆事业,不仅在费城,而且扩展到巴尔的摩和纽约。皮尔及其儿子们创造了现代美国博物馆,号称"真正民主的机构,人人可使用的场所"。他们因此赢得声誉,但他们未能创造资助博物馆的新途径。[15] 他们拒绝了政府的支持,却在竞争中失利。击败他们的有各种煽情的展览(有时也自称"博物馆"),还有纯科学藏品(如费城自然科学院的藏品)。美国各级政府吝于向科学拨款,但国会于 1846 年接受了私人现金遗赠,在华盛顿特区设立史密森学会(Smithsonian Institution)。担任首任会长的物理学家约瑟夫·亨利,于 1850 年雇用了斯潘塞·富勒顿·贝尔德(1823～1887)"负责珍宝室并任学会的博物学家"。有虚构的故事称贝尔德在亨利不知情的状况下建成博物馆,然而可以肯定的是收藏的最初宗旨是研究而非展出。国会从 1858 年开始向博物馆提供专项拨款,它开始被人们称为美国国家博物馆(United States National Museum),其前景一片光明。[16]

66

熟悉多家欧洲博物馆的瑞士流亡者路易·阿加西,鼓励贝尔德按照欧洲博物馆模式,专注于科学研究。阿加西募集到分别来自哈佛大学、私人捐赠者、马萨诸塞州政府的资金,1859 年创建了比较动物学博物馆(Museum of Comparative Zoology)。阿加西强调,他的博物馆中所研究的秩序分明的大自然,是神的思想产物,而不是盲目的进化过程。他对美国文化的巨大影响,与他对发展其博物馆的热情分不开。[17] 许多其他学院被其教授群体说服,认识到自然史的科学研究需要收藏品,从而支持自己的博物馆。[18] 约翰·菲利普斯于 1857 年被任命为牛津大学博物馆主任。该博物馆于 1860 年落成,恰好赶上为托马斯·亨利·赫胥黎激辩威尔伯福斯主教提供了场地。[19]

欧洲各地和世界其他地区的小型博物馆,似乎大多数由充满激情的人士创建并扩展,并得到当地业余爱好者的资助。这些博物馆建设者获得了来自各大型博物馆内博

[15] Joel J. Orosz,《馆长与文化:博物馆运动在美国(1740～1870)》(*Curators and Culture: The Museum Movement in America, 1740-1870*, Tuscaloosa: University of Alabama Press, 1990),第 87 页。

[16] Charlotte M. Porter,《自然史博物馆》(The Natural History Museum),载于 Michael Steven Shapiro 编,《博物馆:参考书指南》(*The Museum: A Reference Guide*, Westport, Conn.: Greenwood Press, 1990),第 1 页～第 29 页; E. F. Rivinus 和 E. M. Youssef,《史密森学会的斯潘塞·贝尔德》(*Spencer Baird of the Smithsonian*, Washington, D. C.: Smithsonian Institution Press, 1992),第 44 页。

[17] Elmer Charles Herber 编,《斯潘塞·富勒顿·贝尔德与路易·阿加西通信录——两位美国先驱博物学家》(*Correspondence between Spencer Fullerton Baird and Louis Agassiz-Two Pioneer American Naturalists*, Washington, D. C.: Smithsonian Institution Press, 1963);Mary P. Winsor,《阅读自然的形态:比较动物学在阿加西博物馆》(*Reading the Shape of Nature: Comparative Zoology at the Agassiz Museum*, Chicago: University of Chicago Press, 1991)。

[18] Sally G. Kohlstedt,《珍异物品与珍宝室:南北战争前校园内的自然史博物馆和教育》(Curiosities and Cabinets: Natural History Museums and Education on the Antebellum Campus),《爱西斯》(*Isis*),79(1988),第 405 页～第 426 页。

[19] 参看 Jack Morrell,《约翰·菲利普斯与维多利亚时代科学的事务》(*John Phillips and the Business of Victorian Science*, Aldershot: Ashgate, 2005)。

物学家的鼓励,虽然在有些情况下相当重要,但这些鼓励是来自他们的共同兴趣,而非政府的政策。用拉图尔的术语来形容,大型博物馆对那些小型博物馆而言就是计算中心,边远的博物学家尽管田野实地经验更为丰富,但时常要遵从那些中心的权威。[20]

67

博物馆运动(1860～1901)

在世界各地,只要是欧洲人带入其文化并建立人口足够多的聚居地的地方,自然史博物馆就成倍增加。通常来说,这一题目属于帝国主义和殖民史事,植物学家和植物园的广泛分布已被置于这一背景下详细分析。[21] 故事说明,地方的自然史博物馆似乎往往取决于某一个动机强烈者的决心。弗雷德里克·麦科伊(1823～1899)从墨尔本的维多利亚国家博物馆(National Museum of Victoria)于1854年成立时就任馆长。尤利乌斯·哈斯特(1822～1887)是创立坎特伯雷博物馆(Canterbury Museum)的最初推动者,该馆于1870年开放。赫尔曼·布尔迈斯特(1807～1892)于1862年接手布宜诺斯艾利斯公共博物馆(Museo Publico),该馆的起源可以上溯到1812年。麦吉尔大学(McGill University)教授约翰·威廉·道森(1820～1899)一直满足于数目适中的藏品,直至这批藏品于1881年随地质调查局搬到渥太华,实业家彼得·雷德帕思于1882年为道森建了一所博物馆。拉普拉塔的弗朗西斯科·莫雷诺(1852～1919),从小就被布尔迈斯特的博物馆激发出兴趣,政府于1884年遴选莫雷诺出任新的拉普拉塔综合博物馆(Museo General)馆长。这类博物馆通常试图展示世界的多样性,而不仅是当地的自然史。伯尼斯·P. 毕晓普博物馆于1891年在火奴鲁鲁开放,基础藏品的年代可追溯至1872年。该馆主任威廉·塔夫茨·布里格姆(1841～1926)曾师从阿加西,坚定奉行阿加西的哲学,即博物馆必须是研究工具。[22]

从1863年开始,林奈学会出售或者捐出其大部分藏品,只保留林奈以及其他少数人的藏品,认为学会能够通过出版、维护图书馆、组织会议等向其成员提供最好服务。

[20] Maurice Chabeuf和Jean Philibert,《第戎自然史博物馆(1836～1976)》(Le Musée d'Histoire Naturelle de Dijon de 1836 à 1976),《勃艮第科学期刊》(*Bulletin Scientifique de Bourgogne*),33(1980),第1页～第12页;Ione Rudner,《南非最早的自然史博物馆和收集者》(The Earliest Natural History Museums and Collectors in South Africa),《南非科学杂志》(*South African Journal of Science*),78(1982),第434页～第437页;Sally Gregory Kohlstedt,《澳大利亚自然史博物馆:19世纪的公众优先和科学发端》(Australian Museums of Natural History: Public Priorities and Scientific Initiatives in the 19th Century),《澳大利亚科学的历史档案》(*Historical Records of Australian Science*),5(1983),第1页～第29页;Bruno Latour,《科学在行动》(*Science in Action*, Cambridge, Mass.: Harvard University Press, 1987)。

[21] Lucile H. Brockway,《科学与殖民扩张:英国王家植物园的作用》(*Science and Colonial Expansion: The Role of the British Royal Botanic Garden*, New York: Academic Press, 1979);Richard Harry Drayton,《帝国的科学与科学的帝国:克佑花园和自然的利用(1772～1903)》(Imperial Science and a Scientific Empire: Kew Gardens and the Uses of Nature, 1772-1903, PhD diss., Yale University, 1993)。

[22] Susan Sheets-Peyenson,《科学的教堂:19世纪后期殖民地自然史博物馆的发展》(*Cathedrals of Science: The Development of Colonial Natural History Museums during the Late Nineteenth Century*, Montreal: McGill-Queen's University Press, 1988);W. A. Waiser,《展示加拿大:朝向国家博物馆(1881～1911)》(Canada on Display: Towards a National Museum, 1881-1911),载于Richard A. Jarrell和Arnold E. Roos编,《加拿大科学、技术、医学史重要期刊》(*Critical Issues in the History of Canadian Science, Technology and Medicine*, Thornhill: HSTC Publications, 1983);Roger G. Rose,《寓教于乐的博物馆:威廉·T. 布里格姆和伯尼斯·P. 毕晓普博物馆的建立》(*A Museum to Instruct and Delight: William T. Brigham and the Founding of Bernice Pauahi Bishop Museum*, Honolulu: Bishop Museum Press, 1980)。

术语“博物馆运动”有时指整个19世纪公共博物馆在数量上的增长，除了自然史博物馆，还包括专注于艺术、历史、工业的博物馆，但其他作者限定这一术语指1880～1920年这一活跃时期，这对理解它更有帮助。术语“博物馆理念”同样存在不精确性，既可以泛指相信所有教育程度不同的人都可以通过参观妥善布局的博物馆获益，也可以包括展出应为参观者而设计的主张，至少要有好的说明标签。有两宗大事件证明对公众开放的宽松政策不会造成灾难性后果，从而推广了博物馆理念，一是1851年伦敦的世界博览会，二是亨利·科尔爵士的南肯辛顿博物馆（现维多利亚和阿尔贝特博物馆）于1857年开放。[23]

68

已灭绝大型动物的骨骼，最能激发公众对自然史博物馆的兴趣。无论是真的还是复制的一头大地懒，正迎合这种要求。本杰明·沃特豪斯·霍金斯（1807～1899）除了建造恐龙模型，还在1868年为约瑟夫·利迪组装了一具恐龙（鸭嘴龙）骨骼，吸引了大批观众来到费城自然科学院。接纳更多参观者带来不容回避的后果是“二元布局”的政策，将博物馆的藏品分出一部分展出，另一部分留待专家研究。采取这种政策既可以更妥善保护研究材料，又可以为日常参观者提供更清楚的资料。其优点于1864年就由格雷直接揭示，但这一理念传播得相当缓慢。施莱格尔于1878年提出，每张鸟的毛皮都应填充以制成标本并摆上架。迟至1893年，二元布局仍被称为“新”理念。[24]

二元布局与博物馆的建筑结构有重要关联，要求博物馆部分房间为众多参观者设计，而另外一些房间用来存放和研究。不列颠博物馆（自然史部）首任主任威廉·亨利·弗劳尔（1831～1899）写道：

> 有一个值得注意的巧合……在其（二元布局的主张）被普遍接受之前，欧洲四个首要国家各自的首都，伦敦、巴黎、维也纳、柏林，几乎同时冒出昂贵甚至堪称豪华的全新建筑，以接受自然史藏品，每个地方的新建筑都远超出原先空间捉襟见肘的场地。[25]

对合理布局主张的争论，一直困扰新的伦敦自然史博物馆设计过程。有些设计将学生与公众分开，然而格雷关于设计“存储和研究的充足空间”的告诫遭忽视。欧文提议建造“索引博物馆”，在主展厅外设置一批小壁龛陈列有代表性的标本，让公众了解

[23] Rupke，《理查德·欧文：维多利亚时代的博物学家》；Sally Gregory Kohlstedt，《国际交流和国家风格：综观美国的自然史博物馆（1850～1900）》（International Exchange and National Style: A View of Natural History Museums in the United States, 1850-1900），载于Nathan Reingold和Marc Rothenberg编，《科学殖民主义：跨文化比较》（*Scientific Colonialism: A Cross-Cultural Comparison*, Washington, D. C.: Smithsonian Institution Press, 1987），第167页～第190页。

[24] James Edward Gray，《关于博物馆的利用与改善以及关于动物的环境适应性》（On Museums, Their Use and Improvement, and on the Acclimatization of Animals），《自然史年刊与杂志》（*Annals and Magazine of Natural History*），14（1864），第283页～第297页，还载于《英国科学促进会报告》（*Report of the British Association for the Advancement of Science*, 1865），第75页～第86页；Erwin Stresemann，《从亚里士多德到现今的鸟类学》（*Ornithology from Aristotle to the Present*, Cambridge, Mass.: Harvard University Press, 1975），第213页；William Henry Flower，《现代博物馆》（Modern Museums，博物馆学会会长演说，1893），载于William Henry Flower，《关于博物馆和其他与自然史有关主题的论文集》（*Essays on Museums and Other Subjects Connected with Natural History*, London: Macmillan, 1898），第30页～第53页，相关内容在第37页。

[25] Flower，《关于博物馆和其他与自然史有关主题的论文集》，第41页。

动物主要分类学种群概要。但是,虽然建好了壁龛,但有关索引的设想被放弃。阿加西在他自己的设计中提议设置“概要”房间,可是他像欧文一样,倾向于在其他房间展出尽可能多的标本。不列颠博物馆的自然史藏品转移到南肯辛顿区大楼,不列颠博物馆自然史部于1880～1883年分阶段在此启用。[26] 1889年启用的法国自然史博物馆的新建筑——动物学展览厅,是“对旧理念纯粹而不加掩饰的赞美……所有标本都要拿出来展览”。[27] 新的柏林自然史博物馆(Museum für Naturkunde)于1890年落成,这一庞大建筑物的设计师在他们1884年的方案中假定数目庞大的藏品向所有参观者开放。但卡尔·奥古斯特·默比乌斯(1825～1908)于1888年就任动物学部主任后,将展品放置在第一层,而将研究用的收藏品放置在楼上,任由富丽堂皇的楼梯空置。在维也纳,自然史博物馆(Naturhistorische Hof-Museum)于1871年开始设计,1881年开始施工,1889年启用。[28]

纽约的美国自然史博物馆(American Museum of Natural History,1869年奠基,1871年启用)被视为自然史博物馆增加对公众服务的标志。该自然史博物馆和同时创建的波士顿和纽约的艺术博物馆一样,被认为在职业科学和公众教育之间达成了折中。从一开始,公众教育就是美国自然史博物馆的目的,但直到19世纪80年代,博物馆的科学声誉仍未建立。该馆由一批富商创立,他们对阿加西的博物馆以及阿加西的叛逆学生艾伯特·S. 比克莫尔(1839～1914)的梦想印象深刻。他们从捐赠或购买的数千标本起步,比克莫尔尽力将所有标本安放展出。博物馆开馆时期望甚高,可是10年后公众的参与度低得令人不安。[29] 若没有其白手起家的百万富翁儿子亚历山大的忠诚,阿加西于1873年去世后,其博物馆无疑也会走下坡路。1875～1884年,亚历山大在比较动物学博物馆建造了有效的存储空间和教学式展览厅。艾尔弗雷德·拉塞尔·华莱士称赞说,这些要比欧洲仍被当作标准的旧风格建筑好得多。[30] 贝尔德于1877年

[26] Mark Girouard,《艾尔弗雷德·沃特豪斯和自然史博物馆》(*Alfred Waterhouse and the Natural History Museum*, London: British Museum [Natural History], 1981),第12页;Sophie Forgan,《展览建筑:19世纪英国的博物馆、大学和物品》(The Architecture of Display: Museums, Universities and Objects in Nineteenth-Century Britain),《科学史》,32(1994),第139页～第162页;Nicolaas A. Rupke,《通往展览馆区之路:理查德·欧文(1804～1892)与英国自然史博物馆的建立》(The Road to Albertopolis: Richard Owen [1804-92] and the Founding of the British Museum of Natural History),载于Nicolaas A. Rupke编,《科学、政治与公众利益:纪念玛格丽特·高英的论文》(*Science, Politics and the Public Good: Essays in Honour of Margaret Gowing*, London: Macmillan, 1988),第63页～第89页。

[27] Flower,《关于博物馆和其他与自然史有关主题的论文集》,第43页。

[28] Robert Graefrath,《柏林大学自然史博物馆的设计和施工历史》(Zur Entwurfs- und Baugeschichte des Museums für Naturkunde der Universität Berlin),关于柏林洪堡大学自然史博物馆的历史及其对目前的研究教学任务的贡献,参看《柏林洪堡大学科学杂志,数学/自然科学》(*Wissenschaftlich Zeitschrift der Humboldt-Universität zu Berlin, Reihe Mathematik/Naturwissenschaften*),38,no. 4(1989),第279页～第286页;Ilse Jahn,《1890年以来新博物馆建筑及新博物馆学概念和活动的发展》(Der neue Museumsbau und die Entwicklung neuer museuologischer Konzeptionen und Activitäten seit 1890),出处同前,第287页～第307页。

[29] John Michael Kennedy,《纽约市的慈善事业和科学:美国自然史博物馆(1868～1968)》(Philanthropy and Science in New York City: The American Museum of Natural History, 1868-1968, PhD diss., Yale University, 1968)。

[30] Alfred Russel Wallace,《美国博物馆》(American Museums),《双周评论》(*Fortnightly Review*),42(1887),第347页～第369页;Mary P. Winsor,《路易·阿加西关于博物馆的理念:愿景和神话》(Louis Agassiz's Notion of a Museum: The Vision and the Myth),载于Michael T. Ghiselin和Alan E. Leviton编,《文化和自然史研究机构》(*Cultures and Institutions of Natural History*, Memoirs of the California Academy of Sciences No. 25, San Francisco: California Academy of Sciences, 2000),第249页～第271页。

聘用了乔治・布朗・古德(1851～1896),10年后古德继承了贝尔德的职务并成为博物馆主任中的领袖。美国国家博物馆于1881年购置建筑物时,就接受了二元布局。同一年,退休金融家莫里斯・凯彻姆・杰瑟普(1830～1908)就任美国自然史博物馆馆长。

动物标本制作这门手艺可以为各种类型的顾客提供服务。为了私人收藏家、运动爱好者、展览会的需要,贝壳可以抛光或者粘成奇幻的设计图案,青蛙可以滑冰。伦敦的威廉・布洛克,斯图加特的赫尔曼・普卢克奎特,巴黎的朱尔・韦罗,制作了几组戏剧性的标本:老虎与大蟒蛇缠斗,猎犬拉倒雄鹿,骑着骆驼的阿拉伯人被狮子围困等。这些组合出现在展览会上很合适,却不是科学机构所需的严肃造型。美国自然史博物馆于1869年购下韦罗的骆驼场景,于自身的科学声誉完全无助。阿加西当时一直告诉供应商,就他关心的角度,填充动物标本或者罐子里泡着的虫子可能看起来既无聊又丑陋,因为他们的目的是严谨的研究。虽然休闲访问者更乐意看拼接好的骨骼,但让零散的骨骼留在抽屉里,研究者更容易比较。二元布局改变了精制标本市场的动力。作为回应,手艺人用染色的蜡或草做成海洋无脊椎动物和植物的精致复制品,还发展了艺术化标本制作术。[31]

得益于阿尔贝特・金特(1830～1914)和R. 鲍德勒・夏普(1847～1909)的热心,艺术化标本制作术于1883年进入不列颠博物馆(自然史部)。他们完成了一批筑巢鸟的标本,而这些鸟都是公众喜爱的。1884年到欧洲博物馆学习的杰瑟普,也做了同样的事。他返回纽约时,对博物馆的社会功能和科学功能的评价都大为提升。哺乳动物学家兼鸟类学家乔尔・阿萨夫・艾伦(1838～1921)于1884年离开比较动物学博物馆,转往美国自然史博物馆。此时,他对二元布局有清晰的理解,胸怀对科学研究的奉献精神,并且看好艺术化标本制作术。从1886年起,美国自然史博物馆引入不列颠博物馆(自然史部)的技术,展出自然状态的鸟类标本。艾伦于1887年聘用弗兰克・M. 查普曼(1864～1945),进一步改善了展览。纽约的博物馆于1888年开始在星期日开放,伦敦的博物馆于1896年跟进。

艺术化标本制作术在欧洲各科学展馆推广缓慢。难道该技术被认为不科学?杰出的瑞典博物学家古斯塔夫・科尔托夫的经历说明正是如此。1889年,他在乌普萨拉大学的动物学系布置了一个富有挑战性的"生物学博物馆",栩栩如生的标本摆放在美丽的背景绘画前面。虽然他的布置深受访客喜爱,但刚过了10年动物学系就把这一空间改作其他用途。1893年,科尔托夫在斯德哥尔摩用植被、岩石、填充鸟类标本,配以360°的景色绘画,创造出一个全视野景观。虽然景观的尺度和细节令人印象深刻, 71

[31] S. Peter Dance,《贝类收藏史》(*A History of Shell Collecting*, Leiden: E. J. Brill, 1986);Karen Wonders,《生境立体布景》(*Habitat Dioramas*, Uppsala: Uppsala University Press, 1993);P. A. Morris,《英国鸟类标本制作历史回顾》(An Historical Review of Bird Taxidermy in Britain),《自然史档案》(*Archives of Natural History*),20(1993),第241页～第255页。

受到所有参观者的喜爱，但15年后生物学博物馆几乎被拆除（虽然逃过一劫）。与此同时，瑞典自然史博物馆固守其风格老旧的古板展览。

亨利·奥古斯塔斯·沃德（1834～1906）是博物馆供应行业之王。1862年，他在纽约州罗切斯特成立了沃德自然科学企业，从欧洲招揽到动物标本剥制师和标本制作师，让他们培训美国"青年人"。这些学徒中有几位由威廉·坦普尔·霍纳迪（1854～1937）率领，从1879年起将标本与合适的背景和植物分组摆放。[32] 他们重现肌肉和骨骼形状的努力得到称赞，但博物馆专业人士抵制绘制背景的主张。在美国国家博物馆，古德雇用了霍纳迪，19世纪80年代在华盛顿特区布置了多组标本，但无背景。1889年，正在威廉·莫顿·惠勒手下为密尔沃基公共博物馆（Milwaukee Public Museum，在沃德鼓动下成立于1882年）工作的卡尔·E. 埃克利（1864～1926），布置了一个小型麝鼠立体场景，点缀着芦苇，横截面是个池塘，背景绘制了更多灌木和池塘。1893年在芝加哥举行的世界哥伦布博览会（World's Columbian Exposition）上，充斥各种时髦的剥制动物标本，最引人注目的是堪萨斯州展馆内挤满哺乳动物模型的景观。芝加哥民众购下某些展览品，1893年建立了芝加哥哥伦布博物馆。一年后博物馆更名为菲尔德哥伦布博物馆以向捐赠者致敬（此后改名为菲尔德自然史博物馆，然后变成芝加哥自然史博物馆，现在称菲尔德自然史博物馆）。1898年，查普曼指导他在美国自然史博物馆的助手，建造了一个新的鸟类组景观，比筑巢鸟类展览区更大。19世纪结束前，一种"生境群"展出风靡美国各公共博物馆，这种得到青睐的景观，包括海鸟在悬崖上筑巢，山艾和莎草之间有几头野牛徜徉等等。[33]

解剖学家兼古生物学家亨利·费尔菲尔德·奥斯本（1857～1935）于1891年被美国自然史博物馆和哥伦比亚大学联合聘请。[34] 据报告，"奥斯本手下一名年轻艺术家亚当·海斯曼有本事发明一种技术，穿过极脆的骨头化石中间部分钻孔，他从而成为拼装出自行站立的动物骨骼化石第一人。"[35]此前骨骼化石必须有外部支架支撑，唯有保存在沼泽中的乳齿象化石例外。

72

通常认为，博物馆运动是进步的，因为使得展览更具吸引力是好事。无疑公共教育肯定受益，但有关供科学使用的藏品如何获得经费的问题还未研究。首先，将展品区分出来使得研究用的藏品获得扩展的空间，因为馆长们没有必要让研究用的标本排列得好看。比起摆放动物标本的架子，一个抽屉可以容纳的鸟类皮毛标本要多得多。一个箱子可以装下的贝壳，粘在板上就占据更多空间。似乎所有人都在设想，展览用

〔32〕 Sally Gregory Kohlstedt，《亨利·A. 沃德：商业博物学家和美国博物馆发展》（Henry A. Ward：The Merchant Naturalist and American Museum Development），《自然史目录学学会杂志》（*Journal of the Society for the Bibliography of Natural History*），9（1980），第647页～第661页。

〔33〕 Nancy Oestreich Lurie，《风格独特：密尔沃基公共博物馆（1882～1982）》（*A Special Style：The Milwaukee Public Museum：1882-1982*，Milwaukee，Wis.：Milwaukee Public Museum，1983）。

〔34〕 Ronald Rainger，《古物备忘录：亨利·费尔菲尔德·奥斯本和脊椎动物古生物学在美国自然史博物馆（1890～1935）》（*An Agenda for Antiquity：Henry Fairfield Osborn and Vertebrate Paleontology at the American Museum of Natural History，1890-1935*，Tuscaloosa：University of Alabama Press，1991）。

〔35〕 Kennedy，《纽约市的慈善事业和科学：美国自然史博物馆（1868～1968）》，第125页。

标本只需要花一次金钱和时间就足够，展出之后，那些长期未完成工作诸如编目、分类、出版就能恢复。这种愿望实际上会落空，不仅因为对公众开放的成功会带来增加公众活动的压力，而且因为公众捐赠者和私人捐助者，甚至还有行政官员，都会对他们未目睹的材料失去兴趣。

普林斯顿大学就像哈佛大学和耶鲁大学那样，利用私人捐款于 1873 年建起自然史博物馆。但接近 19 世纪末，生物学教科书突出解剖和显微镜的使用，维护规模庞大的藏品所需经费成为各大学的难事。麦吉尔大学对雷德帕思博物馆几乎没有财务资助。[36]

达尔文说过，如果他的理论被接受，“分类学者将能像现在一样继续其工作”。[37]他的意思是专家能够继续根据保留下来的标本的形态学特征描述新物种，判断其与其他物种的关系。多数分类学者确实如此行事，运用已经为人熟悉的技术管理不断增长的世界库存。不过，他们对方法进行了一些修正。命名规则有所改变，除了属名、种名，允许用表明当地变种的第三名。此外，馆长们学会特别关照和记录“模式标本”——描述者用来描述一个物种的独特标本。模式标本是命名法的基础，但是达尔文的理论表明，就本体论的观点，任何标本都不具有代表性。实验科学家秉承一个理念，即其他实验室的同行可以重复或证伪他们的结果。分类学家也同样需要保留他们的材料供其他专家重新检查，公共博物馆实现了这点，尽管第二次复查很可能一两代人之内都不大可能发生。[38]

73

达尔文还预测，他的理论会令自然史更有趣。秉承同一精神，恩斯特·迈尔写道：“人们应该预期，到 19 世纪最后 1/3 阶段，对进化论的接受会导致分类学成果丰硕，其声望也得以提高。”可是，分类学在科学中的声望下滑。对此迈尔的解释是“几乎全由纯行政方面原因造成”。譬如博物馆不得不承受“非常必要却不那么激动人心的描述分类学”的负担。[39] 在关于高等分类单元的系统进化史（譬如脊椎动物从无脊椎动物产生）的热烈讨论中，部分博物馆工作者，尤其是古生物学家做出了贡献；而各大学的

[36] Susan Sheets-Peyenson，《“石头、骨头和骨骼”：彼得·雷德帕思博物馆的起源和早期发展（1882～1912）》（“Stones and Bones and Skeletons”: The Origins and Early Development of the Peter Redpath Museum [1882-1912]），《麦吉尔教育杂志》（*McGill Journal of Education*），17（1982），第 45 页～第 64 页；Sally G. Kohlstedt，《校园内的博物馆：探索与教学的传统》（Museums on Campus: A Tradition of Inquiry and Teaching），载于 Ronald Rainger、Keith Benson 和 Jane Maienschein 编，《生物学在美国的发展》（*The American Development of Biology*, Philadelphia: University of Pennsylvania Press, 1988），第 15 页～第 47 页。

[37] Charles Robert Darwin，《物种起源》（*On the Origin of Species*, London: John Murray, 1859），第 484 页。

[38] Richard V. Melville，《动物命名趋于稳定：国际动物命名法委员会历史（1895～1995）》（*Towards Stability in the Names of Animals: A History of the International Commission on Zoological Nomenclature, 1895-1995*, London: International Trust for Zoological Nomenclature, 1995）；Paul Lawrence Farber，《19 世纪前半叶动物学中的模式标本概念》（The Type-Concept in Zoology during the First Half of the Nineteenth Century），《生物学史杂志》，9（1976），第 93 页～第 119 页；Mark V. Barrow, Jr.，《对鸟类的热爱：奥杜邦之后的美国鸟类学》（*A Passion for Birds: American Ornithology after Audubon*, Princeton, N. J.: Princeton University Press, 1998）；M. V. Hounsome，《研究：自然科学藏品》（Research: Natural Science Collections），载于 John M. A. Thompson 等编，《馆长手册：博物馆实践指南》（*Manual of Curatorship: A Guide to Museum Practice*, 2nd ed., Oxford: Butterworth-Heinemann, 1992），第 536 页～第 541 页；Keir B. Sterling 编，《国际哺乳动物学史》（*An International History of Mammalogy*, Bel Air, Md.: One World Press, 1987）。

[39] Ernst Mayr，《分类学在生物学中的作用》（The Role of Systematics in Biology），《进化与生命多元化论文选》（*Evolution and the Diversity of Life: Selected Essays*, Cambridge, Mass.: Harvard University Press, 1976），第 416 页～第 424 页，引文在第 417 页。

动物学家在讨论这些进化问题时表现同样杰出。以大学和野外工作站为基地的显微镜学和实验生理学占据了19世纪下半叶生物学的前沿,博物馆在经费和人才的竞争中失利。[40]

有些博物馆主管反对进化论,其中包括路易·阿加西、道森、施莱格尔,以及博洛尼亚的乔瓦尼·朱塞佩·比安科尼(1809～1898),但博物馆中也有一些进化论最热心的支持者,包括巴黎的埃德蒙·佩里耶(1844～1921)、阿尔贝·让·戈德里(1827～1908),以及耶鲁大学皮博迪博物馆的奥思尼尔·查尔斯·马什(1831～1899)。另一些人诸如亚历山大·阿加西,承认进化论的真理但避免卷入争端。默比乌斯在柏林创立一个展出表达其生态理念,其中有蚝床、珊瑚礁,以及拟态伪装、寄生的实例。

全景和多元(1902～1990)

1902年,大师级的埃克利在芝加哥布置出生境群,在平面背景绘画前展现了四个季节中的鹿,并伴以树木。同一年,由查普曼率领的工人为美国自然史博物馆完成了燕鸥飞翔和在海滩筑巢的场景,海洋延伸到远处。"尽管很多博物馆科学家觉得这个场景太不正式,甚至近乎煽情,馆长杰瑟普宣称这一生境群非常美丽,因其成功,一个基金会已经设立,以资助鸟类馆的类似展出。"[41]同样在1902年,奥洛夫·于林受科尔托夫鼓励,为瑞典马尔默博物馆(Malmö Museum)建造了一个莫克莱彭岛(Måkläppen Island)鸟类繁殖场的悦目的立体场景。于林随后创造了令人吃惊的立体场景,1923年在附近的哥德堡展出。壮观的恐龙展览时代也在此时开始。1904年在匹兹堡开放的卡内基自然史博物馆以庞大的梁龙为特色,下一年安德鲁·卡内基向英国自然史博物馆赠送了一具复制品。美国自然史博物馆随后跟进,1907年展出了异龙,1910年展出了暴龙。

埃克利于1909年搬到纽约以后,奥斯本和另外一些纽约有钱人支持埃克利的决定,通过一系列立体场景留住非洲激动人心的景观和受威胁的动物群。这批1936年完成的场景,也许揭示了建造者的态度。按现代的感觉,他们的态度是性别歧视、种族主义的。[42] 这些场景确实表达出建造者对正在消失的荒野的热情关注,其他一些美丽的立体场景也同样。这些立体场景分别布置在匹兹堡的卡内基博物馆、艾奥瓦州立大学的自然史博物馆、丹佛自然史博物馆、明尼阿波利斯的詹姆斯·福特·贝尔自然史博物馆、加利福尼亚州科学院、洛杉矶县自然史博物馆等。这些立体场景以弯曲的背景画和人工制作的阔叶树为特征,既有艺术性又精确。尽管又昂贵又具吸引力,立体

[40] Peter J. Bowler,《生命的精彩戏剧:进化生物学和生命世系的重建》(*Life's Splendid Drama: Evolutionary Biology and the Reconstruction of Life's Ancestry*, Chicago: University of Chicago Press, 1996)。

[41] Wonders,《生境立体布景》,第128页。

[42] Donna Haraway,《灵长类影像:现代科学世界中的性别、人种和自然》(*Primate Visions: Gender, Race, and Nature in the World of Modern Science*, New York: Routledge, 1989),第26页～第58页。

74

场景与科学无关，馆长们有时担忧博物馆的根本目的正在被遗忘。

博物馆于19世纪激发了教育者的兴趣，在20世纪则很少有学校和大学对博物馆有同样兴趣，但按照当地环境也有例外。正是由于安妮·M. 亚历山大提供资助，加利福尼亚大学伯克利校园于1908年接收了约瑟夫·格林内尔曾训练学生的脊椎动物学博物馆。在亚历山大·格兰特·鲁思文领导下，密歇根大学安娜堡分校的旧博物馆复苏，劳伦斯的堪萨斯大学自然史博物馆也一样。在多伦多，1912年开放的王家安大略博物馆（Royal Ontario Museum），设计成既为多伦多大学也为公众服务。[43]

75

二元布局让博物馆内分类学工作不为外人所见，造成其研究功能存在弱点。业余志愿者继续提供有价值的帮助，维护部分藏品。自从分子生物学崛起，以藏品为基础的生物学在大多数大学的生物课程表中不复存在，因此博物馆要招聘有分类学博士学位的馆长，可能找不到合适的候选人。在柏林博物馆接受训练的鸟类学家恩斯特·迈尔，1931年受聘于美国自然史博物馆。他的著作《系统分类学和物种起源》（*Systematics and the Origin of Species*，1942），将博物馆工作推崇到进化综合分析的中心地位。他于1961～1970年担任比较动物学博物馆主任期间，身处实验生物学越来越占统治地位的年代，仍不知疲倦地为改善博物馆的行政地位和知识界地位而抗争。[44]两种理论创新，数值分类学（表现型分类学）和系统分类学（支序分类学），帮助分类法在20世纪下半叶提高科学地位。这一进展中的多数关键人物以博物馆为基地（达尼埃莱·罗萨、拉尔斯·布伦丁、C. D. 米切纳、加雷思·纳尔逊、科林·帕特森等），但也有一些并非来自博物馆（维利·亨尼希、罗宾·约翰·蒂利亚德、A. J. 凯恩、彼得·斯尼思等）。[45]

今天，在电视与主题公园的年代，许多自然史博物馆都在努力奋斗以吸引公众兴趣，支持其教育功能，要找到对标本收集、保存的支持非常困难。然而生物多样性危机使得分类学家的工作比以往更重要，而分类学家依赖大量研究用藏品。也许正是现在，第二次博物馆运动的基础正在形成。

（梁国雄 译）

[43] Barbara R. Stein，《安妮·M. 亚历山大：非凡的资助人》（Annie M. Alexander: Extraordinary Patron），《生物学史杂志》，30（1997），第243页～第266页；W. A. Donnelly、W. B. Shaw和R. W. Gjelsness编，《密歇根大学：百科全书式调查》（*The University of Michigan: An Encyclopedic Survey*, Ann Arbor: University of Michigan Press, 1958），第4卷，第1431页～第1518页；Lovat Dickson，《博物馆创造者：王家安大略博物馆的故事》（*The Museum Makers: The Story of the Royal Ontario Museum*, Toronto: Royal Ontario Museum, 1986）。

[44] Ernst Mayr和Richard Goodwin，《生物学材料，第一部分：保存的材料和博物馆藏品》（Biological Materials, Part I: Preserved Materials, and Museum Collections, pamphlet, Biology Council, Division of Biology and Agriculture, publication 399, Washington, D. C.: National Academy of Sciences-National Research Council, [n. d., ca. 1955]）。

[45] David Hull，《作为处理过程的科学：科学的社会发展和概念发展的进化解释》（*Science as a Process: An Evolutionary Account of the Social and Conceptual Development of Science*, Chicago: University of Chicago Press, 1988）；Robin Craw，《支序分类学的边缘：在系统发生分类法兴起过程的辨认、区别和位置（1864～1975）》（Margins of Cladistics: Identity, Difference and Place in the Emergence of Phylogenetic Systematics, 1864-1975），载于Paul Griffiths编，《生命之树：生物学哲学论文集》（*Trees of Life: Essays in Philosophy of Biology*, Australian Studies in History and Philosophy of Science, Dordrecht: Kluwer, 1992），第11卷，第65页～第107页。

5

野外考察和野外研究站

基思·R. 本森

18 和 19 世纪之交,艾萨克·牛顿的机械论哲学让人们对理解大自然的规律充满了信心,而卡尔·林奈、亚伯拉罕·戈特洛布·维尔纳(1749～1817)与乔治-路易·勒克莱尔·布丰等博物学家所发现的自然界的典型产物使人们兴奋,这两者也激发了自然哲学家们在自然中研究自然的热情。同时珍宝室的传统逐渐向国家博物馆和国家植物园的形式转变,诸如不列颠博物馆、法国自然史博物馆和克佑区王家植物园(Royal Botanical Gardens at Kew)等机构,都更加重视对自然的研究。还有持续的海外探险与扩张,尤其是在北美洲、亚洲的印度次大陆和澳大利亚等地区增强了欧洲人在这方面的兴趣。

上述这些推动因素一直持续到 19 世纪初期,它们可以用乔治·巴萨拉的科学发展与传播模型来描述。[1] 虽然巴萨拉的模型是建立在对美国早期科学与英格兰科学所做对比研究之上,但通过适当的扩展,它也可以很好地解释 18 世纪欧洲人对欧洲之外的殖民地世界所表现出的兴趣。欧洲人一方面通过远航探险直接采集标本,另一方面也雇用当地的殖民居民做采集工作并把标本送回欧洲母国的博物馆和大学(参看第 3 章)。总体来说,直到 19 世纪下半叶,欧洲人并没有建立他们自己的野外研究站或者开展野外考察,在美国,建野外研究站或开展野外考察大体在同一时间。

19 世纪对自然界进行殖民开发的欧洲模式,是在英国植物学家约瑟夫·班克斯(1743～1820)和传奇性的德国探险家亚历山大·冯·洪堡(1769～1859)开创性成果上建立的。班克斯曾经参加詹姆斯·库克(1728～1779)船长的一次太平洋远航,在这次远航中,班克斯不但为英格兰"发现"了一处新流放地——澳大利亚(当时称为新荷兰)的植物学湾,而且发现了许多新植物,其中一些对英格兰具有潜在的园艺价值。由于这次远航的收获颇丰,班克斯得以说服英国海军部,在每艘前往美洲探险的远航船上都配置一名博物学家或医生兼博物学家,他们的任务之一就是采集标本。这些标本都被送往不列颠博物馆或王家植物园。19 世纪初,在班克斯的远航之后不久,洪堡从

[1] George Basalla,《西方科学的传播》(The Spread of Western Science),《科学》(*Science*),156(1967),第 611 页～第 622 页。

南美洲开始了他的新世界旅行。返回欧洲之后,他出版了自己的传奇性的历险故事和测绘的地形景观集。班克斯的标本采集和洪堡的测绘方法,为之后 19 世纪的欧洲探险者们确定了方向,并激励了他们进一步的工作。但是,至少在欧洲人殖民的领土上,野外研究站、植物园和高度组织化的勘测逐渐代替了个人的探险航行。[2] 欧洲国家纷纷在本国建立了有组织的勘测体系,并把这种行动迅速扩展到北美以及全球其他地区。

欧洲博物学家的主要目标之一是了解令人困惑而奇妙的生物地理分布现象。18 世纪的人们相信生物种类的形态与其所处地理位置是完美适应的,所以当探险者们发现,大多数新世界地区虽然有着与欧洲相似的地理特征,却拥有着独特的生物种群,他们的旧有观念不可避免地受到了巨大冲击。班克斯就对在澳大利亚观察到的动植物令人吃惊的多样性和独特性感到困惑,洪堡曾提出在影响植物种类分布上,海拔和纬度的作用完全一样。所以毫不奇怪,其他有相同疑惑的博物学家都渴望去新世界亲眼见识一下这些新的特征。于是查尔斯·达尔文(1809～1882)在 1831 年登上了王家海军"贝格尔"号军舰,当时他并不知道这次伴随着病痛折磨的远航将由预期的 2 年延续到几乎 5 年。[3] 达尔文的同事、植物学家约瑟夫·多尔顿·胡克(1817～1911)和达尔文学说的捍卫者、被称为"达尔文的斗犬"的托马斯·亨利·赫胥黎(1825～1895),也都满怀着对生物地理的兴趣,在 19 世纪中叶踏上驶往新世界的航船。[4] *78*

野外考察

仅仅强调自然探险活动的科学意义显然流于片面了。戴维· E. 艾伦和林恩·巴伯指出,19 世纪所展现的"自然史的全盛时期",不只是对科学界而言,而是包括普通非专业人群的积极参与。[5] 欧洲长期的珍宝室传统和新的博物馆热潮,代表了一个成

〔2〕 关于约瑟夫·班克斯的更多事迹,参看 Harold B. Carter,《约瑟夫·班克斯爵士》(*Sir Joseph Banks*, London: British Museum, 1988)。洪堡的历险故事被翻译为《1799～1804 年在新大陆赤道地区旅行的个人记述》(*Personal Narrative of Travels to the Equinoctial Regions of the New Continent during the Years 1799-1804*, London, 1814-29, 7 vols.)。关于洪堡在发展洪堡式科学中的作用,参看 Susan Faye Cannon,《文化中的科学》(*Science in Culture*, New York: Science History Publications, 1978),第 73 页～第 110 页。

〔3〕 达尔文为人熟知的《"贝格尔"号航海记》(*Voyage of the Beagle*)一书,最早以《王家海军"贝格尔"号军舰所经地区的地质与自然历史研究的航海日志》(*Journal of Researches into the Geology and Natural History of the Countries Visited by H. M. S. Beagle*, London: H. Colburn, 1839)为题分期出版。它是《航海日志与评论》(*Journal and Remarks*)的重印版本,是以下图书的第三卷,Robert Fitzroy,3 卷本《关于 1826～1836 年王家海军舰队探险航行及"贝格尔"号的记述》(*Narrative of the Surveying Voyages of H. M. S. Adventure and Beagle between the Years 1826 and 1836*, London: H. Colburn, 1839, 3 vols.)。

〔4〕 胡克和赫胥黎的生物学著作及其与达尔文的关系,可参看以下两种优秀的达尔文传记:Adrian Desmond 和 James Moore,《达尔文》(*Darwin*, London: Michael Joseph, 1991);Janet Browne,2 卷本《查尔斯·达尔文:远航》(*Charles Darwin: Voyaging*, New York: Knopf, 1995),《查尔斯·达尔文:地位的力量》(*Charles Darwin: The Power of Place*, New York: Knopf, 2002)。关于赫胥黎的更多资料,参看 Adrian Desmond,《赫胥黎:魔鬼的信徒》(*Huxley: The Devil's Disciple*, London: Michael Joseph, 1994);Adrian Desmond,《赫胥黎:进化论的大祭司》(*Huxley: Evolution's High Priest*, London: Michael Joseph, 1997)。

〔5〕 David Allen,《英国博物学家:社会史》(*The Naturalist in Britain: A Social History*, Princeton, N. J.: Princeton University Press, 1976);Lynn Barber,《自然史全盛期(1820～1870)》(*The Heyday of Natural History: 1820-1870*, Garden City, N. Y.: Doubleday, 1980)。

熟的市场，博物学家们可以为他们从危险的新世界带回来的标本找到展览和商业机会。19世纪中期，艾尔弗雷德·拉塞尔·华莱士（1823～1913）和亨利·沃尔特·贝茨（1825～1892）就是看到了这个市场和其中的经济收益而投入探险活动，对他们而言，南美的旅程是一个充满投资价值的项目。华莱士在亚马孙河流域的探险中曾遭遇了无数的艰险和个人悲剧，但是19世纪50年代早期他的马来群岛之行不论从科学还是商业来说，都是巨大的成功，除了通过标本采集和野外观察赢得了博物学家的荣誉，华莱士还发展了一个科学理论，使他成为自然选择进化论的共同发现人。

自然史考察的发展，还包括来自英格兰流行的自然神学与18和19世纪之交德国的自然哲学的贡献。自然神学把英格兰神学研究导向在自然中寻找上帝至善的证据，而浪漫主义诗人和作家们则从自然哲学的唯心主义观念中获取灵感，把自然世界作为逃离枯燥的19世纪初被工业污染的城市的终极目标。无论理论动机如何，结果是整个欧洲社会对自然世界的兴趣极大提高，到19世纪中期，在全球游荡的欧洲人开始回到欧洲大陆或不列颠岛来继续他们考察自然史的征途，这个时期有时被当作一个新的时代，称为“游历时代”，但有时又被认为是新世界考察的延续。这种游历行为在德意志各邦国中尤其盛行，约翰·沃尔夫冈·冯·歌德（1749～1832）、洪堡和恩斯特·海克尔（1834～1919）都曾进行自然考察式的全欧旅行，沿途获取了无数自然观察结果，并激励了许多追随者。

随着时间推移，野外考察变得越来越系统化，在欧洲建立的模式被应用到世界其他地区。位于伦敦郊区的克佑区王家植物园曾经是研究开发整个不列颠帝国丰富植物资源的中心，但各个殖民地很快就建立了自己的植物园，在英国控制的印度加尔各答就有一个重要的植物园。荷兰则在爪哇茂物建立了一个植物园。欧洲和美洲方式的地质考察也在许多殖民地展开。[6]

根据巴萨拉关于殖民地在科学传播与发展中作用的理论，毫不奇怪北美有着非常深厚的在自然中研究自然的传统。独立战争之后，新建立的合众国突然发现，它被割断了与原来母国的各种研究机构和研究人员的联系，但是本地的博物学者很快形成自己的体系，开始组织学会和建设博物馆。这些活动主要集中在费城、波士顿和纽约等东海岸都市，但也发生在南部的知识中心如查尔斯顿。[7] 这场运动的重要支持者之一就是博学多才的政治家和外交家托马斯·杰弗逊。杰弗逊对布丰的新世界生物由于生活在较欧洲寒冷的气候而必然表现出退化形态的论断，特别持有反对观点。受到这个新生共和国所固有的乐观主义和他自己对北美优越性偏爱的激励，他曾经亲自考察

〔6〕 Lucille Brockway，《科学与殖民扩张：英国王家植物园的作用》（*Science and Colonial Expansion: The Role of the British Royal Botanical Garden*, New York: Academic Press, 1979）。

〔7〕 Brooke Hindle，《独立战争时期美国的科学研究（1735～1789）》（*The Pursuit of Science in Revolutionary America, 1735-1789*, Chapel Hill: University of North Carolina Press, 1956）。

其家乡弗吉尼亚州,针对几乎任何欧洲的动物,都找到了更大(也许更好?)的相似个体。[8]

杰弗逊很快就把眼光投向了弗吉尼亚以外更广大的地区。他本来就对西部广袤地区充满兴趣,西班牙人和法国人联手密谋在北美扩张的情况更加剧了了解这些地区的急迫性,时任美国第三届总统的杰弗逊终于获得了足够的财政支持,得以派出以梅里韦瑟·刘易斯和威廉·克拉克为首的西部探险队。[9] 1803 年出发,探险队横穿整个美国,开辟了向西到达太平洋以及北上密苏里河和南下哥伦比亚河口的路线,他们沿途调查、绘制地图、观测,当 1806 年返回东海岸的首都时,积累了大量的新奇见闻并带回了丰富的实物标本。[10]

80

刘易斯和克拉克的探险并不能被称为严格意义上的科学考察,除了从本杰明·拉什那里接受了一些简要的植物学介绍,他们二人都没有受过系统的科学训练,但是他们对极其“空旷的”美国西部的观察记录确实具有重要的科学价值。在 1803 年美国购买了路易斯安那地区之后,联邦政府向西部地区又派出了数支考察队,大部分都是军事性质的探险,而不是以科学考察为目的,但是这些考察都有专业的博物学家参加,做了大量的标本采集、气候和地质调查与地形测绘等工作。

早期最有影响的政府主导的科学考察是 1838 年由海军军官查尔斯·威尔克斯带领的美国探险航行。有数位被威尔克斯称为“科学队员”的博物学家参加了这次航行,他们从大西洋向南进入南太平洋——途中偶然发现了南极洲,勘查了西北海岸的普吉特海湾(Puget Sound)、俄勒冈地区和北加利福尼亚之后,返回东海岸。[11] 这次远航的重要性当时并未被意识到,当威尔克斯和他的队员们返回东海岸时,他们本来以为能得到英雄般的欢迎,而事实是他们没有引起任何注意。但是这次远航的文字记录和沿途采集的标本,以及航行的海图,最终成为永久的遗产,尤其重要的是 1850 年发表的查尔斯·皮克林的土著人群人类学研究、霍拉肖·黑尔的奇努克(Chinook)语翻译和詹姆斯·德怀特·达纳(1818～1895)的珊瑚岛研究。他们采集的标本也影响深远,开始存放在美国专利局的地下室,最后成为美国南北战争后 1846 年建立的史密森学会(Smithsonian Institution)自然史收藏的基础。

81

仅仅采集标本并不是 19 世纪自然史研究的精髓,亚伯拉罕·戈特洛布·维尔纳的地质学体系为 18 世纪末的矿物学家们提供了一套给岩石分门别类的方法,使他们

[8] Thomas Jefferson,《关于弗吉尼亚州的笔记》(*Notes on the State of Virginia*, Chapel Hill: University of North Carolina Press, 1955),William Peden 编。

[9] 这本畅销书详细记录了刘易斯和克拉克这次探险,Stephen E. Ambrose,《无所畏惧》(*Undaunted Courage*, New York: Simon and Schuster, 1996)。关于该探险的最全面的资料是刘易斯和克拉克本人的日志,参看 Gary Moulton 编,《刘易斯和克拉克探险日志》(*The Journals of the Lewis & Clark Expedition*, Lincoln: University of Nebraska Press, 1988)。

[10] 刘易斯和克拉克探险过程中带回的许多标本被交给美国哲学学会,由于缺少收藏的场地,美国哲学学会把这些标本交给费城皮尔博物馆。当皮尔清算他的财产时,一部分标本被转至费城新成立的美国自然科学学会(1812 年)。

[11] William Stanton,《伟大的美国探索探险(1838～1842)》(*The Great United States Exploring Expedition of 1838-1842*, Berkeley: University of California Press, 1975)。关于此次航行的一个极好的版本是 Herman J. Viola 和 Carolyn J. Margolis 编,《伟大的航海家》(*Magnificent Voyagers*, Washington D. C.: Smithsonian Institution Press, 1985)。

不仅能够区分不同类型的岩石,而且能够更可靠地寻找具有工业价值和/或经济价值的矿藏(参看第7章)。与此类似,19世纪早期英国地质普查的组织者们,也强调这个项目的价值在于寻找煤矿而不是发展地质学理论;当然这个项目确实导致了地层学的许多争论。美国的博物学家则更加重视应用,积极地开展了他们自己的地质普查。美国初期的工作大多是在各州独立进行的,而到了1840年,许多研究者在费城开会成立了美国地质学家和博物学家协会(American Association of Geologists and Naturalists),这是美国最早的"专业"学会之一,也是美国科学促进会(American Association for the Advancement of Science)的先驱。[12]

需要指出的是,地质调查和其他自然考察都首先需要系统的地图来提供基本地理框架。英国的自然考察使用的是一个世纪前英国陆军测量局(Ordnance Survey)为军事目的绘制的地图。在印度,英国实行了三角测量项目(Trigonometrical Survey),这个项目提供了南亚次大陆面积的最早数据,这些数据又导致了关于地球形状的讨论。[13] 这个机构的第二任项目总监,乔治·额菲尔士(1790～1866)的名字被用来命名地球的第一高峰。* 扩展殖民地是各种考察项目的重要推动力,典型的半官方机构英国王家地理学会(Royal Geographical Society)直接推动甚至资助了许多在世界各地的探险考察,该会最活跃的会长罗德里克·麦奇生(1792～1871)以使用英国地质学技术绘制俄罗斯地图而著称——这被认为是一种"智力征服",是与向地球上的未开发地区移民并列的成就。[14]

82

由于其直接的经济效用,地质调查在19世纪的欧洲、英格兰和北美是非常普遍的,而最吸引地质学家兴趣的是广袤多样的美国西部地区。欧洲许多地质学家,其中最为著名的是查尔斯·莱伊尔(1797～1875),曾经多次在美国西部考察,主要为了寻找能解决灾变论和均变论之争的地质现象。美国地理学家,包括詹姆斯·德怀特·达纳、爱德华·希契科克(1793～1864)和詹姆斯·霍耳(1811～1898)以报告他们在美国西部观察到的地质现象而享誉欧洲和英格兰,而他们的工作绝大部分与国家地质调查项目尤其是1878年之后的美国地质普查项目有关。

在美国南北战争之前还有数次对美国科学发展有重要影响的野外考察。首先,陆军的地图绘制者和气象专家,一直进行着对西部的考察,其主要目的是精确标定从南到北的边界。其次,从19世纪40年代后期,联邦政府通过经济刺激的方法,积极鼓励横跨北美大陆的考察,以为铁路确定最优的路线,这些铁路路线调查也生产了许多对

[12] Sally Gregory Kohlstedt,《美国科学共同体的形成》(*The Formation of the American Scientific Community*, Urbana: University of Illinois Press, 1976)。

[13] 关于此事通俗的描述,参看 John Keay,《巨弧:关于如何绘制印度地图和命名额菲尔士峰的戏剧性故事》(*The Great Arc: The Dramatic Tale of How India Was Mapped and Everest Was Named*, London: HarperCollins, 2001)。

* 1858年,印度测量局以其前任项目总监乔治·额菲尔士的姓氏命名此峰。1952年,中国政府将额菲尔士峰正名为珠穆朗玛峰。——责编注

[14] Robert A. Stafford,《帝国科学家:罗德里克·麦奇生爵士、科学探索和维多利亚时代的帝国主义》(*Scientist of the Empire: Sir Roderick Murchison, Scientific Exploration and Victorian Imperialism*, Cambridge: Cambridge University Press, 1989)。

地质和自然史研究有重要意义的数据。[15] 紧接着，许多专业学会和私人在西部地区展开了古生物学方面的考察，这些考察为达尔文的划时代的《物种起源》(*On the Origin of Species*，1859)提供了重要的数据。在寻找能够证明达尔文新理论的证据的过程中，野外工作者发现了大量令人兴奋的、富有挑战性的和充满争议的实物，其中的代表人物是互相竞赛的古生物学家奥思尼尔·查尔斯·马什(1831～1899)和爱德华·德林克·科普(1840～1897)两人，他们都不停地向东海岸的博物馆和报刊寄送大量的标本和报告，来宣称自己在古生物学方面的优先发现。最后但可能是最重要的野外考察，应该是美国海岸调查，该项目开始于19世纪初，成果最多的时期始于1843年，本杰明·富兰克林的曾外孙亚历山大·达拉斯·贝奇(1806～1867)开始领导该项目。[16] 海岸调查的目的是精确绘制大西洋和太平洋美国部分的海岸线，因为一直到19世纪中期，这方面的海图都还不存在。在进行海岸调查时，博物学家们可以搭载海岸调查船，并被鼓励考察沿途的自然地理。亚历山大·阿加西(1835～1910)就是以这种方式开始接触“海洋自然史”，并且以此作为他一生的研究领域。海岸调查在西海岸加利福尼亚州的地区主任乔治·戴维森是一个有更广阔眼光的科学家，他以位于旧金山的海岸调查办公室为基础，在1853年成立了一个自然史学会，即加利福尼亚科学院(California Academy of Sciences)。[17] 这个新的科学组织作为同类中的第一个，在探索美国西海岸自然史中扮演了关键的角色。

83

对自然史的探索并不只限于陆地生境和近岸研究。前文提到了19世纪的探险远航的传统，到该世纪中期，这些远航的性质开始发生变化，主要表现为全面地理考察内容的减少和专门主题考察内容的增加。19世纪最著名的“挑战者”号远航，发生在1872～1876年，由查尔斯·怀维尔·汤姆森(1830～1882)指挥，就是一个典型的例子。王家海军军舰“挑战者”号远航不是着眼于远方的景物，而是大海本身，水手和博物学家调查了水深、洋流、风向和海洋动植物，大量的研究报告在此次远航结束后发表出来，不但总结了许多知识，而且激励了其他博物学家进行后续研究考察。美国的亚历山大·阿加西通过冶铜生意挣取了巨额财富，摆脱了其父亲路易·阿加西(死于1873年)创建的哈佛比较动物学博物馆的事务之后，他就追寻汤姆森和“挑战者”号的航迹，登上“信天翁”号开始了他的远航。阿加西用个人财富支持其研究工作，他选择了1859年随海岸调查船游历时引起其兴趣的海洋学作为研究方向，从19世纪末到20世纪初在大西洋和加勒比海的研究工作，使他很快将研究这个新兴学科作为终身职

[15] John A. Moore，《太平洋铁路考察中的动物学》(Zoology of the Pacific Railroad Surveys)，《美国动物学家》(*American Zoologist*)，26(1986)，第311页～第341页。

[16] 关于围绕海岸调查项目的复杂政治，参看Thomas G. Manning，《美国海岸调查对海军水文局：19世纪科学与政治的竞争》(*U. S. Coast Survey vs. Naval Hydrographic Office: A 19th-Century Rivalry in Science and Politics*, Tuscaloosa: University of Alabama Press, 1988)。

[17] 关于戴维森、加利福尼亚科学院和19世纪后半期加利福尼亚地质学的详情，参看Michael L. Smith，《平和的景象：加利福尼亚的科学家和环境(1850～1915)》(*Pacific Visions: California Scientists and the Environment, 1850-1915*, New Haven, Conn.: Yale University Press, 1987)。

业。在同时代的南欧，阿加西的同道、喜欢博物学的摩纳哥统治者阿尔贝一世亲王，开始了自己的海洋研究。阿尔贝一世在摩纳哥悬崖边建立了一个研究所——海洋博物馆（Museé Océanographique），还乘船巡航地中海和大西洋。[18]

84 在欧洲的北部海岸，对海洋的兴趣还有另外一项特别的考虑，即北海的渔业。在19世纪80年代，北海和波罗的海的渔业产量和利润的逐年下降，直接导致了数次国际性的海洋生物调查，尤其是1883年国际渔业博览会之后，托马斯·亨利·赫胥黎极力呼吁对海洋的研究。斯堪的纳维亚的博物学家，在奥托·彼得松和C. G. J. 彼得森的领导下，研究了波罗的海西部的深处，希望能找到比目鱼数量减少的原因。德国、斯堪的纳维亚国家、荷兰和英国的博物学家，尤其是与维克托·亨森（1835～1924）及其“基尔学派”合作的生物学家们，零距离地研究被称为“海之血”的浮游生物，寻找可能导致鳕鱼数量减少的任何线索。[19] 到20世纪初，这两项研究合并形成了第一个国际性的科学研究合作组织——国际海洋探索大会（International Council for the Exploration of the Seas，缩写为ICES），ICES逐渐从以渔业为中心发展为纯粹研究地球上的海洋，并为20世纪的海洋学研究确定了方向。[20]

野外研究站

19世纪的大部分时间，在自然中研究自然主要是通过科学考察的方法进行的，但到了这个世纪的后半叶，科学实验室开始出现在欧洲，并逐渐替代了科学考察的功能。这些主要以海洋和陆地研究站形式存在的、各有特色研究的科学实验室，其成立原因可准确追溯到海洋勘测中的水文地理工作，与近海和远海渔业衰退相关的经济因素，85 以及广泛的与农业相关的研究，导致生物学与地质学研究计划扩张的教育改革和达尔文有影响的著作在1859年的出版。《物种起源》出版之后，海洋生物胚胎研究立即成为重要方向，也就使得在海边建立新生物实验室的必要性凸显出来，因为那里有着丰

[18] 摩纳哥海洋博物馆的档案管理员Jacqueline Carpine-Lancre写了许多文章记述阿尔贝一世亲王在海洋学方面的贡献，最近一本应Prince Rainier要求写的回忆录，是以Carpine-Lancre的历史作品为基础的。这是一部关于阿尔贝一世亲王生平和科学贡献的佳作。参看Jacqueline Carpine-Lancre，《摩纳哥阿尔贝一世亲王：有关科学、光与和平的著作》（*Albert Ier, Prince de Monaco, des oeuvres de science, de lumière et de paix*, Monaco: Palais de S. A. S. le Prince, 1998）。

[19] Eric Mills，《生物海洋学早期史（1870～1960）》（*Biological Oceanography: An Early History, 1870-1960*, Ithaca, N. Y.: Cornell University Press, 1989）。

[20] 海洋学的历史上有5次国际会议，每次会议的文章都结集出版，参看特别版《1966年摩纳哥第一届国际海洋学史大会通讯》（Communications-Premier congrès international d'histoire de l'océanographie, Monaco, 1966），《摩纳哥海洋学研究所年报》（*Bulletin de l'Institut océanographique, Monaco*），2（1972），第xlii页～第807页；《第二届国际海洋学史大会记录》（Proceedings of Second International Congress on the History of Oceanography. *Challenger* expedition centenary; Edinburgh, September 12-20, 1972），《爱丁堡王家学会学报》（*Proceedings of the Royal Society of Edinburgh*），72（1972），第viii页～第462页；73（1972），第viii页～第435页；Mary Sears和D. Merriam编，《海洋学：过去》（*Oceanography: The Past*, New York: Springer, 1980）；Walter Lenz和Margaret Deacon编，《海洋科学的历史及其与人的关系》（Ocean Sciences: Their History and Relation to Man），《德国水文学杂志补充手册》（*Deutsche Hydrographische Zeitschrift, Ergänzungsheft*），22（1990），第xv页～第603页；Keith R. Benson和Philip F. Rehback编，《海洋学史：太平洋及更远处》（*Oceanographic History: The Pacific and Beyond*, Seattle: University of Washington Press, 2002）。

富的胚胎形态的鱼类。

1859年，第一个海洋研究站建于孔卡诺（Concarneau），是隶属于法兰西学院（College de France）的一个小实验室，由维克托·科斯特领导，主要研究海洋动物学和生理学。这个研究站的模式成为法国其他诸多小型海洋实验室的榜样，这些实验室散布在法国的大西洋和地中海沿岸，包括1863年巴纽尔（Banyul）的研究站、1872年罗斯科夫（Roscoff）的研究站、1874年维姆勒（Wimereux）的研究站和极富传奇色彩的1885年维勒弗朗什（Villefranche）的俄罗斯法国联合观察站——这个观察站的前身是俄罗斯的一个煤场和监狱。在欧洲北部，许多海洋研究站也都于19世纪末建立起来，包括1870年基尔（Kiel）的研究站、1877年克里斯蒂娜贝里（Kristineberg）的研究站、1892年贝尔根（Bergen）和黑尔戈兰岛（Helgoland）的研究站，这些研究站的建立都有着直接的经济因素，它们的主要目的是解决与渔业有关的问题。基于类似的原因，不列颠群岛上也建立了一系列的海洋研究站，其中主要有1885年米尔波特（Millport）的研究站、1888年普利茅斯（Plymouth）的研究站和1891年埃林港（Port Erin）的研究站。[21] 普利茅斯的研究站是由海洋生物协会（Marine Biological Association）支持的，这个协会是由T. H. 赫胥黎的门徒埃德温·雷·兰克斯特（1847～1929）建立的。当受美国政府派遣的查尔斯·科福伊德于20世纪初来考察时，欧洲已经有了超过100个海洋研究站（包括内河实验室）。

早期的海洋研究站大部分是大学附属的夏季实验室，以法国的研究站为典型，或者是直接面向渔业的而不涉及基础生物学。但是那不勒斯动物研究站（Stazione Zoologica in Naples）建立了一种新的方式，影响了20世纪生物研究站发展的方向。那不勒斯动物研究站由安东·多恩（1840～1909）于1872年建立，于1874年向访问人员开放，很快就成为研究海洋生物和海洋生境的国际性中心。那不勒斯因此被称为“生物学家的麦加”，并衍生出许多类似的面向纯粹研究的海岸实验室。[22] 埃德温·雷·兰克斯特是多恩最早的学生之一，正是在那不勒斯的经历，激励了他回到英国后成立海洋生物协会。

86

北美野外研究站的出现紧随欧洲之后。由于联邦政府在内战之后不再像之前那样大力支持自然考察，野外研究站替代自然考察的过程在美国同样发生了一遍。[23] 但

[21] 关于海洋实验室的详细综述文章写于1956年。参看C. M. Yonge，《海洋生物实验室的发展》（Development of Marine Biological Laboratories），《科学进步》（*Science Progress*），173（1956），第1页～第15页。

[22] “生物学家的麦加”这个称谓出自C. O. Whiteman，《那不勒斯动物研究站的显微镜研究方法》（Methods of Microscopical Research in the Zoological Station in Naples），《美国博物学家》（*American Naturalist*），16（1882），第697页～第706页，第772页～第785页。它在19世纪末被普遍接受。参看Christiane Groeben，《那不勒斯动物研究站和伍兹霍尔海洋学研究所》（The Naples Zoological Station and Woods Hole），《海洋》（*Oceanus*），27（1984），第60页～第69页。也可参看《那不勒斯动物研究站和海洋生物实验室：生物学100年》（The Naples Zoological Station and the Marine Biological Laboratory: One Hundred Years of Biology），《生物学公报》（*Biological Bulletin*），168（1985），作为增刊发行。

[23] A. Hunter Dupree，《1940年以前联邦政府科学政策和活动的历史》（*Science in the Federal Government: A History of Policies and Activities to 1940*, Cambridge, Mass.: Harvard University Press, 1957），第148页。

是这些研究站的快速发展一直到20世纪才出现,在很大程度上是因为早期海洋研究站的精确特征与以往的考察明显不同。因此,1899年的两次"绝唱"考察活动,即E. B. 威尔逊领导的哥伦比亚大学对华盛顿州普吉特海湾地区的考察和哈里曼的阿拉斯加探险,成为自然考察传统结束的标志。[24]

从1873年开始,一些夏季海洋实验室在美国东海岸开办,它们的性质更接近于"暑期学校",最早的是路易·阿加西参考纳撒尼尔·谢勒(1841～1906)的夏季野外地质研究站的形式,开办的暑期海滨培训学校。路易·阿加西的学校在他去世一年之后的1874年就关闭了,只运行了两年,但是阿加西的学生阿尔菲厄斯·海厄特(1838～1902)继续完成了这个计划,于1881年在波士顿附近建立了一所新的实验室。这个暑期教育性的实验室,作为前身开启了1888年成立的科德角半岛(Cape Code)伍兹霍尔(Woods Hole)海洋生物实验室(Marine Biological Laboratory)的悠久辉煌历史,很像阿加西在彭尼基斯(Penikese)的研究站。[25] 在南部的切萨皮克湾(Chesapeake Bay),威廉·基思·布鲁克斯(1848～1908)于1878年在约翰斯·霍普金斯大学建立了一个临时性的实验室,即这个国家第一个研究生水平的研究站——切萨皮克动物实验室(Chesapeake Zoological Laboratory)。最后,布鲁克斯的学生们以及其他在19世纪末有幸到那不勒斯参观学习的美国生物学家们,把伍兹霍尔实验室的海边教学传统与切萨皮克实验室的研究课题——虽然后者在19世纪结束之前就关闭了——结合起来,建立起新的具有美国特色的海洋研究站。[26] 西海岸也建立了许多类似的研究站,包括1892年斯坦福大学在帕西菲克格罗夫(Pacific Grove)的研究站、1903年斯克里普斯家族(Scripps Family)资助的在拉霍亚(La Jolla)的研究站和1904年华盛顿大学在圣胡安岛(San Juan Islands)的实验室。[27]

87

欧洲殖民列强在世界各地建立的植物园,主要目的是研究当地具有经济价值的植物,荷兰东印度公司(Dutch East India Company)在爪哇茂物的植物园是一个典型的例子(参看第13章)。另外一类出现在19世纪的植物实验室是农业野外研究站,这种研究站有着明确的经济导向。欧洲的农业研究站有一部分模仿尤斯图斯·冯·李比希

[24] E. B. Wilson是哥伦比亚大学著名的细胞学家,他带领一组学生在普吉特海湾西岸的一个小城汤森港(Port Townsend)考察了海洋生物。关于哈里曼探险的详情,参看William H. Goetzmann和Kay Sloan,《极目北望:1899年哈里曼阿拉斯加探险》(*Looking Far North: The Harriman Expedition to Alaska, 1899*, Princeton, N. J.: Princeton University Press, 1983)。

[25] 关于伍兹霍尔及与那不勒斯动物研究站的比较,参看脚注22,也可参看Philip J. Pauly,《暑期度假地和科学学科:伍兹霍尔和美国生物学体系(1882～1925)》(Summer Resort and Scientific Discipline: Woods Hole and the Structure of American Biology, 1882-1925),载于R. Rainger、K. R. Benson和J. Maienschein编,《生物学在美国的发展》(*The American Development of Biology*, Philadelphia: University of Pennsylvania Press, 1988),第121页～第150页。Robert Kohler主张野外观察站应该是不脱离自然的野外实验室,参看Robert Kohler,《实验室景观:自然化实验室》(Labscapes: Naturalizing the Laboratory),《科学史》(*History of Science*),40(2002),第473页～第501页。

[26] 这些研究站所代表的新型科研机构的价值,可以从美国教育部派遣加利福尼亚大学伯克利分校生物学家C. A. Kofoid去欧洲考察生物研究站这一事实凸显出来。这项重要的工作报告以下书出版,C. A. Kofoid,《欧洲生物学研究站》(*Biological Stations in Europe*, Washington, D. C.: United States Bureau of Education, 1910)。

[27] Keith R. Benson,《新英格兰海岸的实验室:美国海洋生物学"不同方向"》(Laboratories on the New England Shore: The "Somewhat Different Direction" of American Marine Biology),《新英格兰季刊》(*New England Quarterly*),61(1988),第55页～第78页。

(1803～1873)在吉森(Giessen)的动物化学实验室,这个实验室主要研究"新化学"在增长粮食作物产量方面的应用;另外一些研究站则保持了在园艺方面的兴趣,它们的研究工作很快证明了动植物实验繁殖的价值。在东欧,格雷戈尔·孟德尔在豌豆性状方面的影响巨大的研究,就是在这种传统下做出的(参看第 23 章)。美国的领导者们也极力推动在每个州的农业专业的大学和学院建立与农业研究站同样性质的"实验研究站",这些研究站很快就显现出它们的价值。[28] 到 20 世纪,农业野外研究站已经成为世界上大学园区的必要组成部分,为遗传学研究提供重要的实验基地。著名的例子有在华盛顿州普尔曼(Pullman)进行的孟德尔理论在小麦遗传中的应用研究、罗纳德·艾尔默·费歇尔(1890～1962)在洛桑实验站(Rothamsted Experimental Station)进行的群体遗传研究和休厄尔·赖特(1889～1988)在麦迪逊的农业研究站进行的遗传和进化研究。

还有一种野外研究站是为了研究综合了海洋生物学和物理学的一些问题而建立的,而这些问题也都来自 19 世纪的远洋探险。"挑战者"号的远航不仅鼓励科学家在海岸边研究海洋,而且更强调以船为实验室持续地对海洋进行研究。亚历山大·阿加西的成就和阿尔贝一世亲王的研究船都遵循这样的模式,直到国际海洋探索大会和基尔学派的研究计划融合,从而产生了海洋学这样一个全新的科学学科,并成立了海洋学实验室,建造了科考船等新的研究机构和平台。截至第一次世界大战结束,海洋学研究主要集中在北欧,亨利·比奇洛、弗兰克·R. 利利和 T. 韦兰·沃恩等人的开拓性工作把海洋学引入了美国,他们 3 人从 1927 年开始在美国科学院(National Academy of Sciences)的海洋学委员会(Committee on Oceanography)任委员,3 年后这个委员会的报告导致产生了一个新的海洋学研究所——伍兹霍尔海洋学研究所(Woods Hole Oceanographic Institution),并在两个现存的研究所建立了海洋学研究项目——把华盛顿大学的圣胡安岛实验室和斯克里普斯家族资助的野外研究站转型为海洋学实验室。这些项目建立了远洋考察和船上实验相结合的研究方法,项目的经费来自洛克菲勒基金会。

88

两次灾难性的世界大战摧毁了欧洲许多国家的海洋学研究,但在新成立的苏联,海洋学研究从 20 世纪 30 年代兴盛起来,延续着对渔业和海洋生境的双重兴趣。[29] 苏联的研究工作在第一次世界大战后一直在扩展,尤其是与国家安全有关的潜艇武器方面。另外,国际海洋探索大会在战后继续专注于国际合作,组织了数次重要的远航,集中力量研究深海、洋流和与海洋环境相关的天气现象。渔业仍然是国际海洋探索大会

[28] Charles Rosenberg 是最早重视农业野外研究站在美国科学研究中的重要性的历史学家之一。参看 Charles Rosenberg,《别无他神:关于科学和美国社会思想》(*No Other Gods: On Science and American Social Thought*, Baltimore: Johns Hopkins University Press, 1961)。Rosenberg 的观点在下文中得到拓展,Barbara Kimmelman,《前进时代的学科:遗传学和美国的农学院和实验研究站(1890～1920)》(A Progressive Era Discipline: Genetics and American Agricultural Colleges and Experiment Stations, 1890-1920, Ph. D. Diss., University of Pennsylvania, 1987)。

[29] 苏联的海洋学史直到最近才有所披露,Daniel Alexandrov 及其学生在俄罗斯科学院的支持下在莫斯科和圣彼得堡所进行的工作对此贡献颇大。

的一个持续关注点，但它已经不是20世纪海洋学的主要课题，军事、物理、化学和地质学的应用成为海洋学的优先重要领域，尤其是20世纪后半期的美国，这些应用方向尤其突出。

这篇关于自然考察和野外研究站的综述是非常不全面的，它没有包括西欧和北美范围外的这类活动。欧洲和北美科学界对生物地理多样性信息的渴望引导了20世纪多次在非洲、南美、澳大利亚和南太平洋的科学考察，对生物害虫控制的需求激励了在地球最偏远地区进行的旨在寻找可能用于农业害虫控制的新物种的科学考察，[30] 亚洲和非洲的一些重要的古生物学发现导致了20世纪在这些地区的进一步发掘和调查，对全球海洋的经济需求催生了大量非洲和南美洲的小型海岸实验室所进行的渔业研究，同时海洋生物学家对生物学中的基础问题的兴趣刺激了全球许多那不勒斯模式的海洋研究站的建立。所以，当我们开始进入21世纪时，自然科学考察和野外研究站已经成为现代科学探索自然世界知识的重要组成部分。

（张瑞峰　译）

[30] Richard C. Sawyer,《培育完美无暇的柑橘：加利福尼亚的生物控制》(*To Make a Spotless Orange*: *Biological Control in California*, Ames: Iowa State University Press, 1996)。

6

大　　学

乔纳森·哈伍德

90

大学对生物学一直是重要的，其重要性不仅仅在于给生物学提供了一个栖身之地。大学环境的某些特点对于新领域在19世纪的扩散和那些后来赋予这些领域特色的中心问题都有相当大的影响。因此，生物学思想和实践的历史必须给研究机构的历史留一席之地。不仅如此，写作“生物学”史本身亦有其特有的问题。与很多自然科学学科（比如化学、物理）或人文科学学科（比如历史、哲学）不同，“生物学”很少被正式建立为一个学科。每当在大学里得到发展，生命科学展示出一种非同寻常的趋势去建立不同的学科而不是保持一个内部有所不同的整体。虽然这种情况产生的原因并不清楚，但其史学意义在于“生物学”最好应被视为一系列大体相关的探索范围（我将其称为“领域”），其共同之处仅仅是都与活的生物体有关。

这也意味着，这些领域在大学中所占的地位一直是很不相同的。有些领域（比如动物学或植物学），从它们在大多数大学中是主要课程和被设为独立的系（或学院）的角度上说，是正式的学科。但是很多领域虽然存在多年却从来没有获得学科的地位；为方便表述，我称它们为专业（如形态学、胚胎学或细胞学）。尽管授课时缺乏大量学生，这些领域依然在一些大学站住了脚，其原因要么是它们被视为可以解释重要的理论问题（例如形态学研究外形和功能的关系），要么是可以为外行的客户提供服务。例如，19世纪后期的细菌学，最初通过隶属于卫生学校的公共健康实验室站稳了脚跟，因为它能提供诊断信息，同时在一些农学院里细菌学家也为农民提供纯种固氮细菌的培养。[1]

91

究竟为什么某个领域得以逐步取得其特别的地位是个重要问题。首先，地位当然是随时间而变；那些取得学科地位的领域在学术发展上通常以专业开始。但是一些在19世纪已经享有学科地位的领域从那以后丧失了其中心地位（比如植物系统学、博物学）。其次，有些领域在高等教育中的发展远比其他领域成功。比如在19世纪晚期的德国大学里，专注于植物系统学的学院比动物系统学的要多得多；在1945年之前的美

我感谢我的同事约翰·V. 皮克斯通（John V. Pickstone）对本章初稿有益的建议。

〔1〕 Paul Clark，《美国微生物学家的先驱》（*Pioneer Microbiologists of America*, Madison: University of Wisconsin Press, 1961），第268页。所述同样适用于昆虫学和生物化学。

国和英国大学中，遗传学的系远比生态学的更为普遍。最后，某个领域的地位随国家的不同而大不同。在第二次世界大战之前，遗传学系和生物化学系在美国就比在德国更常见。在本章中，我会提出一些如何解释这些不同之处的建议。

由于这一章的目的是一篇编史学讨论而非文献的全面回顾，我没有试图去涵盖全部的生命科学并且基本上没有讨论地球科学。我也花了相对较小的篇幅在生物医学上（这方面的文献很多），[2]而花了较多的篇幅在相关的农业背景上，因为这些背景令人惊讶地被生物学史学家们忽略了。我首先按时间顺序大致描述各个领域自 1800 年以来的出现情况。第二节关注赞助人的问题以理解不同领域组建机构的方式。在第三节，我将探讨大学的架构对教学和科研的影响。在结束语部分，我将简单讨论某些值得特别注意的问题。

不断改变的领域的图谱

生命科学最早是以解剖学和植物学的形式出现在医学系里。到 18 世纪中期的时候，解剖教室在德国的大学里已经成为标准配置，但随后“解剖研究所”——作为研究场所——开始取代解剖教室。欧洲最早的植物园可以追溯到 16 世纪而且通常属于医学系。到 18 世纪，植物学已经是标准医学课程的一部分，由单独的药学教授讲授（比如，卡尔·林奈，自 1741 年起就在乌普萨拉大学教授植物学）。[3]

92

但是生命科学在不少 18 世纪大学的医学系之外也可以找到。尽管设有非医学的植物学教职的学校寥寥无几，“博物学”的教职，至少在欧洲大陆，却更加普遍。到 19 世纪早期的时候，6 所英格兰、苏格兰和爱尔兰的大学和几所较古老的美国大学（哈佛大学、耶鲁大学、宾夕法尼亚大学、哥伦比亚大学和普林斯顿大学）还有博物学的教授职位。到 19 世纪晚期，在新建立的美国州立大学里一般都有一个博物学的教授职位。[4] 后来有些具有幽默感的人建议，应称这些教授职位为“大教授（settees）”更合

[2] 参看 William Coleman 和 Frederic Holmes 编，《调查性事业：19 世纪医学中的实验生理学》（*The Investigative Enterprise: Experimental Physiology in 19th Century Medicine*, Berkeley: University of California Press, 1988）；Andrew Cunningham 和 Percy Williams 编，《医学中的实验室革命》（*The Laboratory Revolution in Medicine*, Cambridge: Cambridge University Press, 1992）；W. F. Bynum 和 Roy Porter 编，《医学史参考百科全书》（*Companion Encyclopedia of the History of Medicine*, London: Routledge, 1993）。

[3] Hans-Heinz Eulner，《德语地区大学中医学专业的发展》（*Die Entwicklung der medizinischen Spezialfaecher an den Universitaeten des deutschen Sprachgebietes*, Stuttgart: Ferdinand Enke, 1970）；Lucille Brockway，《科学与殖民扩张：英国王家植物园的作用》（*Science and Colonial Expansion: The Role of the British Royal Botanic Gardens*, New York: Academic Press, 1979）；William Coleman，《19 世纪的生物学：形式、功能和转型问题》（*Biology in the 19th Century: Problems of Form, Function and Transformation*, New York: Wiley, 1971）；Ilse Jahn、Rolf Loether 和 Konrad Senglaub 编，《生物学史：理论、方法、机构与简短传记》（*Geschichte der Biologie: Theorien, Methoden, Institutionen und Kurzbiographien*, Jena: Gustav Fischer, 1982），第 268 页。

[4] Jahn、Loether 和 Senglaub 编，《生物学史：理论、方法、机构与简短传记》，第 268 页～第 269 页；David Elliston Allen，《英国博物学家：社会史》（*The Naturalist in Britain: A Social History*, Harmondsworth: Penguin, 1978）。我也利用了 17 种于 1947～1953 年出版在生物学期刊《生物》（*Bios*）中的美国生物学系的历史资料（关于详细的书目信息，参看《孟德尔通讯》[*The Mendel Newsletter*, no. 17, 1979]）。我感谢露丝·戴维斯女士（Ms. Ruth Davis）帮助我得到这些文章，她是海洋生物实验室（Woods Hole, Mass.）的档案管理员。

适，因为这些教师需要教授动物、植物和矿物方面的课程。但是自18世纪晚期，在牛津大学、剑桥大学、爱丁堡大学和都柏林大学，矿物学和地质学已被当作单独的学科教授，而且在19世纪期间，大多数新建的英国大学和宾夕法尼亚大学、哥伦比亚大学、普林斯顿大学和几所州立美国大学里都设有地质学的教职。[5]

在19世纪里，于医学院（系）中出现的最具影响的新领域当属生理学。在德国，讲授生理学的责任最初由解剖学教授承担。到19世纪中期，只有1/4的德国大学拥有独立的生理学教职，但到1870年的时候，几乎所有的大学都有了这一职位，在19世纪的后50年中，这种革新传到了英国和美国。[6] 学者基于几个原因对生理学的出现（尤其是在德国）给予了极大的注意。一些对高等教育感兴趣的社会学学者着重注意这一过程，将其作为改革后的德国大学系统内创新的案例，同时一些药学史学家视其为“科学医学”开始的标志。[7] 但是，对生命科学史的学者来说，生理学重要是因为19世纪后期支持试验方法的人时常引用它为模范样板。

93

在医学院（系）之外，在19世纪期间建立的最基础的学科是植物学和动物学。在欧洲，植物学常常效仿巴黎植物园（Jardin des Plantes, 1792）——其设有自己的植物学教授职位——的方式从医学中逐步分离。在19世纪早期，例如，一些大学已经建立了和植物园相关的植物学教职（比如，在新的柏林大学），这些植物园要么源于存在已久的“药物园”，要么是用于研究的捐赠的王家园林。到19世纪60年代时，几乎所有的德国大学都有植物学教授职位。单独的动物学职位设立得要晚一些。到18世纪晚期，动物学（和植物学）已在医学院之外**被教授**，但通常由所谓“官房经济学”（行政科学）教授担当，他还教农学等其他课程。到19世纪早期，自然史博物馆（Muséum d'Histoire Naturelle，巴黎植物园是其一部分）再次被一些人视为样板，其中包括亚历山大·冯·洪堡，他说服了普鲁士当局于1810年设立了一个与柏林动物博物馆联合的动物学教授职位。相似的职位，常常在初期和其他学科联合，逐渐传播开来。到19世纪中期，在德国的19所大学里，只有1/3的学校设有专职动物学教授职位，8所没有任

〔5〕 Roy Porter，《地质学的形成：英国的地球科学（1660～1815）》（*The Making of Geology: Earth Sciences in Britain, 1660–1815*, Cambridge: Cambridge University Press, 1977），第143页～第144页；Roy Porter，《绅士与地质学：科学职业的出现（1660～1920）》（Gentlemen and Geology: The Emergence of a Scientific Career, 1660–1920），《历史期刊》（*Historical Journal*），21（1978），第809页～第836页；《生物》中的历史资料。

〔6〕 Eulner，《德语地区大学中医学专业的发展》；Richard Kremer，《在普鲁士为生理学建造研究院（1836～1846）：背景、兴趣和言辞》（Building Institutes for Physiology in Prussia, 1836–1846: Contexts, Interests and Rhetoric），载于 Cunningham 和 Williams 编，《医学中的实验室革命》，第72页～第109页。

〔7〕 到1989年的文献回顾，参看 J. V. Pickstone，《生理学和实验医学》（Physiology and Experimental Medicine），载于 R. C. Olby、G. N. Cantor、J. R. R. Christie 和 M. J. S. Hodge 编，《现代科学史指南》（*Companion to the History of Modern Science*, London: Routledge, 1990），第728页～第742页。关于生理学和革新，参看 Steven Turner、E. Kerwin 和 D. Woolwine，《19世纪生理学中的职业和创造力：回来的兹洛佐韦尔》（Careers and Creativity in 19th Century Physiology: Zloczower Redux），《爱西斯》（*Isis*），75（1984），第523页～第529页。关于生理学作为“科学医学”，参看 Arlene Tuchman，《德意志的科学、医学和邦国：以巴登为例（1815～1871）》（*Science, Medicine and the State in Germany: The Case of Baden, 1815–1871*, Oxford: Oxford University Press, 1993）；Coleman 和 Holmes 编，《调查性事业：19世纪医学中的实验生理学》；Cunningham 和 Williams 编，《医学中的实验室革命》。关于生理学和实验方法，参看 Coleman，《19世纪的生物学：形式、功能和转型问题》，第7章。

何设置。而到 19 世纪 70 年代,几乎所有的大学都设立了单独的动物学教授职位。[8]

在英国,伦敦大学学院(University College London)和伦敦国王学院(King's College London)在大约 1830 年建立的时候就设有植物学教授职位,前者还伴有一个动物学的职位。比较解剖学于 19 世纪 30 年代末开始为伦敦的几所医学院所教授,但接下来在学科机构上主要进步是在牛津大学(1860 年)和剑桥大学(1866 年)设立的与比较解剖学结合的动物学教授职位。在美国,一些大学在 19 世纪 60 年代就有了动物学教授职位(比如哈佛大学、耶鲁大学、威斯康星大学),但是大多数是在 19 世纪 80 和 90 年代设立的。在后一时期,一些大学把它们的生命科学研究人员划入"生物系":在约翰斯·霍普金斯大学,是理所当然的,但是在宾夕法尼亚大学、哥伦比亚大学、得克萨斯大学、北卡罗来纳大学和威斯康星大学也这么做了。但是,值得注意的是在大多数情况下这些生物系在不到 10 年的时间里分裂成了单独的动物学系和植物学系。[9]

94

大体上说,19 世纪早期的植物学(在德国)由植物系统学占主导地位,而动物学家追求一种动物的生物地理学。到 19 世纪中期,使这两个学科更加"科学"的行动已经在稳步进行中了,改革者的"科学"指的是组织学、胚胎学、生理学和比较解剖学中的实验室研究。19 世纪将近结束的时候,另一波基于试验至上主张的方法论改革产生了异乎寻常多的新专业,它们通常源于德国然后传播到其他地方。在大约 1870～1910 年的这段时间里,出现了实验胚胎学、植物生态学、植物生理学、细菌学、生物化学和遗传学。[10] 所有这些领域很快就有了自己的专业社团和学术期刊,而后 4 个领域更是于第一次世界大战之前就在一些大学取得了系的地位。这些变化的规模和速度是如此强烈以至于到 1920 年的时候,"专门化"已经为许多生物学家所担忧。

在 20 世纪,最重要的新领域无疑是分子生物学。尽管它于 30 和 40 年代期间通过合并遗传学、微生物学、生物化学和物理化学中较为陈旧的研究传统而形成,这个跨学科的对于遗传以及高分子的结构和功能的研究却常常是在大学之外进行的:在巴黎的

[8] Lynn Nyhart,《生物学的形成:动物形态学与德国大学(1800～1900)》(*Biology Takes Form: Animal Morphology and the German Universities, 1800-1900*, Chicago: University of Chicago Press, 1995);Vera Eisnerova,《植物学科》(Botanische Disziplinen),载于 Ilse Jahn 编,《生物学史》(*Geschichte der Biologie*, 3rd ed., Jena: Gustav Fischer, 1998),第 302 页～第 323 页;Armin Geus,《动物学科》(Zoologische Disziplinen),载于 Jahn、Loether 和 Senglaub 编,《生物学史:理论、方法、机构与简短传记》,第 324 页～第 355 页。

[9] Allen,《英国博物学家:社会史》;Adrian Desmond,《进化政治:激进伦敦的形态学、医学和改革》(*The Politics of Evolution: Morphology, Medicine, and Reform in Radical London*, Chicago: University of Chicago Press, 1989);Mark Ridley,《英国的胚胎学和古典动物学》(Embryology and Classical Zoology in Great Britain),载于 T. J. Horder、J. A. Witkowski 和 C. C. Wylie 编,《胚胎学史》(*A History of Embryology*, Cambridge: Cambridge University Press, 1985),第 35 页～第 68 页。关于美国的情况,参看《生物》中的历史资料。

[10] Garland Allen,《20 世纪的生命科学》(*Life Science in the 20th Century*, New York: Wiley, 1975);Eugene Cittadino,《美国的生态学和植物学的职业化(1890～1905)》(Ecology and the Professionalization of Botany in America, 1890-1905),《生物学史研究》(*Studies in the History of Biology*),4(1980),第 171 页～第 198 页。关于各个国家的微生物学,参看 Keith Vernon,《脓、啤酒、污水和牛奶:英国的微生物学(1870～1940)》(Pus, Beer, Sewage and Milk: Microbiology in Britain, 1870-1940),《科学史》(*History of Science*),28(1990),第 289 页～第 325 页;Clark,《美国微生物学家的先驱》;Andrew Mendelsohn,《细菌学文化:一个学科在法国和德国的形成和转变(1870～1914)》(Cultures of Bacteriology: Formation and Transformation of a Science in France and Germany, 1870-1914, PhD diss., Princeton University, 1996)。

巴斯德研究所(Institut Pasteur),在剑桥和伦敦的医学研究委员会(Medical Research Council)的研究单位,或是柏林的威廉皇帝研究所(Kaiser-Wilhelm Institutes)。在美国,这类工作通常在大学之内进行,大概是洛克菲勒基金会(Rockefeller Foundation)的赞助使得研究人员跨系合作更为容易。[11] 这方面的工作在20世纪50和60年代屡获诺贝尔奖使得这一领域备受瞩目,以至于几位杰出的生物学家,特别是在美国,抱怨有机体生物学和种群生物学被贬低了。在一些大学里这一冲突的一个重要结果是提议解散现有的各系并以截然不同的标准重新分配教职员工(在新的系里往往专注于分子生物学、细胞生物学、有机体生物学或种群生物学),该运动自20世纪80年代以来借助对理论分子生物学方面强烈的商业兴趣无疑取得了很大的进展。尽管这一运动代表了大概是过去的100年中最重要的学术机构体制重组,但到目前为止,我们对导致这一事件的过程和它可能已经产生的在科研和教学认知方面的结果都所知甚少。[12]

95

对生命科学学术体制在过去的两个世纪中的大体变迁就讨论到这里。那我们要怎么解释某些特定的领域在大学中发展的特殊方式呢?

赞助人的力量

"赞助人"通常是指一个有权力的个人或机构,其对某些活动的支持,无论财政上的或是社会政治上的,对其存亡至关重要。但是在讨论某一学科的发展时,更宽泛地定义这个词是重要的,它应包括那些本身并非特别富有或非常有权势但集体组成了该活动的重要客户群的群体或机构。在下文中,我们将据此探讨不同领域的地位是如何

[11] Robert Olby,《双螺旋之路》(*The Path to the Double Helix*, London: Macmillan, 1974);Horace Judson,《创世第八天:生物学革命的制造者》(*The Eighth Day of Creation: The Makers of the Revolution in Biology*, New York: Simon and Schuster, 1979);Robert Kohler,《科学中的伙伴:基金会与自然科学家(1900～1945)》(*Partners in Science: Foundations and Natural Scientists, 1900–1945*, Chicago: University of Chicago Press, 1991);Lily Kay,《生命的分子愿景:加州理工学院、洛克菲勒基金会与新生物学的兴起》(*The Molecular Vision of Life: Caltech, the Rockefeller Foundation and the Rise of the New Biology*, New York: Oxford University Press, 1993)。

[12] 关于特奥多修斯·多布然斯基、恩斯特·迈尔和乔治·盖洛德·辛普森在1960年前后为非分子研究的合法性辩护的论据,参看John Beatty,《进化的反还原论:历史的反思》(Evolutionary Antireductionism: Historical Reflections),《生物学与哲学》(*Biology and Philosophy*),5(1990),第199页～第210页。下文讨论了这些机构压力对研究造成的影响,Michael Dietrich,《悖论与说服:在进化生物学中确定分子进化的位置》(Paradox and Persuasion: Negotiating the Place of Molecular Evolution within Evolutionary Biology),《生物学史杂志》(*Journal of the History of Biology*),31(1998),第85页～第111页。关于20世纪50年代晚期哈佛大学的事件,参看一个局内人的叙述,E. O. Wilson,《博物学家》(*Naturalist*, Harmondsworth: Penguin, 1996),第12章。关于在伯克利大学的重组,参看Martin Trow,《领导与组织:以伯克利大学生物学为例》(Leadership and Organization: The Case of Biology at Berkeley),载于Rune Premfors编,《高等教育组织:政策实施条件》(*Higher Education Organization: Conditions for Policy Implementation*, Stockholm: Almqvist & Wiksell, 1984),第148页～第178页。关于在英国的重组,参看Duncan Wilson,《在20世纪晚期重新配置生物科学:曼彻斯特大学研究》(*Reconfiguring Biological Sciences in the Late Twentieth Century: A Study of the University of Manchester*, published by the Faculty of Life Sciences, University of Manchester, in association with the Centre for the History of Science, Technology and Medicine, and produced by Carnegie Publishing, Lancaster, 2008);Duncan Wilson和Gael Lancelot,《为分子生物学让路:在英国大学实施和管理生物科学的改革》(Making Way for Molecular Biology: Implementing and Managing Reform of Biological Science in a UK University),《科学史与科学哲学研究》(*Studies in the History and Philosophy of Science, Part C: Biological and Biomedical Sciences*),49(forthcoming 2008);Gael Lancelot,《改革的多面:英国和法国学术生物学的重组(1965～1995)》(The Many Faces of Reform: The Reorganisation of Academic Biology in Britain and France, 1965–1995, PhD diss., University of Manchester, 2007)。

为两种赞助所影响:提供研究资金和需要特殊的专家或知识。

对于任何学科在大学中的建立,某种形式的赞助曾经是——而且将来仍是——至关重要的。谁算是赞助人不是一成不变的,这取决于大学系统的架构和大学所属的政治体系。例如,对1914年之前美国私立大学里新领域的学术支持者来说,与富有的个人培养良好的关系是必需的。在欧洲的国立大学,注意力更有可能集中在相关政府部门的官员身上。在民主社会里,对于有学术开拓精神的人来说,集中精力向公众中组织良好的利益团体推销,比如农民或医生,是合乎情理的;而在独裁社会中,和居于高位的政党或军队官员的个人关系从来都是更重要的。

很明显,赞助人需要被说服一个新兴的领域具有潜在的重要性。但是"功用"从来都可以以多种不同方式来理解。当然,一些领域经常因其实际用途而得到重视。如我们已经看到的,在农作物医治方面的重要性解释了植物学在大学里的建立要早于动物学。但是,动物学从19世纪初期就在德国大学得以建立的一个原因是其成功地附属于当时在各个社会阶层中广受欢迎的自然史博物馆。[13] 在其他情况下,一些领域由于意识形态方面的功用确保了机构上的优势。比如,在牛津大学和剑桥大学,以及19世纪早期美国非常多的新教大学中,博物学因其对自然神学的重要性而成为课程的一部分。

对功用性的不同认识在近代关于生理学在德国各邦国建立的文献中得到了充分的说明。比较旧的观点是邦国政府的支持(至少是在普鲁士)是出于对其学术价值本身(Wissenschaft)的追求。但是,近年来那些研究了较小的邦国的情况的历史学家认为这些邦国推动生理学的目的是其在其他方面的功用。比如,在萨克森(Saxony),教育部热衷于将实验科学作为经济发展的促进方式。而且越来越多的证据表明,甚至在普鲁士,当邦国政府在19世纪60年代终于开始支持大规模的科学研究时,其目标也是经济而非文化上的。在巴登(Baden),邦国政府官员之所以认为生理学适合一个处于现代化进程中的社会,是因为从实验科学能够给予实践经验和操作技巧而且教授学生独立的和分析的思考能力的角度来说,它是"实用"的。但是邦国政府并非唯一看到新兴的生理学价值的有影响的行动者。在19世纪中期,尽管生理学并不具有明显的治疗上的价值,医科学生同样发现它具有吸引力,一些医生相信生理学家的新仪器可以增强他们的诊断能力,而另外一些医生认为医学课程的"科学"改革是能够增强其职业地位的一种方式。更一般地说,有人认为实验室类的科学在19世纪早期的那些倡导发展一种新的进步的资产阶级文化的中产阶层中享有明显的声望。[14]

[13] Jahn、Loether 和 Senglaub 编,《生物学史:理论、方法、机构与简短传记》,第269页~第271页;Ilse Jahn,《生物学史的基本特征》(*Grundzuege der Biologiegeschichte*, Jena: Gustav Fischer, 1990),第301页。

[14] 关于普鲁士科学政策的经典观点,参看 R. Steven Turner,《普鲁士专业研究的成长(1818~1848):原因与背景》(The Growth of Professorial Research in Prussia, 1818-1848: Causes and Context),《物理科学史研究》(*Historical Studies in the Physical Sciences*),3(1971),第137页~第182页。关于生理学修正主义的观点,参看 Coleman 和 Holmes 编,《调查性事业:19世纪医学中的实验生理学》;Cunningham 和 Williams 编,《医学中的实验室革命》;Tuchman,《德意志的科学、医学和邦国:以巴登为例(1815~1871)》。

但是到了19世纪晚期,在大多数工业化中的国家中,起作用的功用的形式大体上是经济性的。对于生命科学中的新领域来说,进入大学的一个主要途径是通过医学;就如我们已经看到的,植物学和生理学在大学内的发展主要是通过和医学的联系。从某种意义上说,生物化学也是如此。在19世纪末20世纪初之际,很多研究生物过程的化学基础的学者要么受雇于有机化学系(在德国),要么受雇于生理学系(在德国和英国),而且第一批为新领域而创立的系——在美国大约在第一次世界大战时期——都是在医学院里。[15]

在另一方面,尽管有其明显的重要性,历史学家到目前为止并没有给予农业赞助应有的重视。比如在美国,从19世纪60年代,对提高农业生产力的重视(与工业化密切相联)导致了农业学院和农业实验站的快速扩张,以及美国农业部(U. S. Department of Agriculture)所属研究机构自19世纪80年代后的快速扩张。对农业科学家的需求大大超过了供给,因此为那些受过植物学和动物学教育的学者创造了大量的工作岗位。[16] 与此相似,某些被认为和农业特别相关的新兴领域先是在农学院里建制化,然后才是大学。例如,在美国"新植物学"一开始就在中西部大学的农学院(系)中发展得很快,到了19世纪80年代中期,美国大多数重要的植物实验室都设在这些机构里。在英国,就像许多19世纪90年代年轻的剑桥大学植物学毕业生一样,威廉·西塞尔顿-戴尔于19世纪70年代在不同的农业机构中开始了他的职业生涯。在德国,尤利乌斯·萨克斯的初期学术工作是在林学院和农学院里;在丹麦,威廉·约翰森在他的职业生涯里首先研究了20年植物生理学,最初是在卡尔斯伯格实验室(Carlsberg Laboratory),然后是在一个农学院;美国真菌学家W. G. 法洛首先受聘于哈佛大学的农学院。除了植物生理学,生态学是新植物学的另一个主要分支。在美国,从19世纪晚期直到20世纪50年代中期,几乎所有主要的草地生态学中心都位于中西部的州立大学里,尤其是内布拉斯加大学,查尔斯·E. 贝西自从1884年来到这里就一直大力

98

[15] Robert Kohler,《从医学化学到生物化学》(*From Medical Chemistry to Biochemistry*, Cambridge: Cambridge University Press, 1982);Harmke Kamminga 和 Mark Weatherall,《生物化学家的形成,第一部分:弗雷德里克·高兰·霍普金斯关于动态生物化学的解释》(The Making of a Biochemist. I: Frederick Gowland Hopkins' Construction of Dynamic Biochemistry),《医学史》(*Medical History*),40(1996),第269页~第292页。

[16] 美国农业部雇用的植物学家的人数在1897~1912年之间增加了近20倍(昆虫学15倍)。参看 Margaret Rossiter,《农业科学的组织》(The Organization of the Agricultural Sciences),载于 A. Oleson 和 J. Voss 编,《现代美国的知识组织(1860~1920)》(*The Organization of Knowledge in Modern America, 1860-1920*, Baltimore: Johns Hopkins University Press, 1979),第211页~第248页,相关内容在第216页~第220页;Barbara Kimmelman,《一个进步时代的学科:遗传学在美国的农学院和实验站(1900~1920)》(A Progressive Era Discipline: Genetics at American Agricultural Colleges and Experiment Stations, 1900-1920, PhD diss., University of Pennsylvania, 1987),第2章。

推动新植物学。[17]

微生物学的发展与此相似。在英国,细菌学家工作在酿造系(伯明翰大学和赫瑞-瓦特大学)、乳业科学系(雷丁大学学院)以及植物病理学系(剑桥农学院和帝国理工学院)。在美国,细菌学和真菌学最大的机会是植物病理学(在伯克利分校建于1903年,明尼苏达大学1907年,康奈尔大学1907年,威斯康星大学1909年)所提供的,虽然土壤学和兽医学亦有贡献。生物化学也在农业的土壤里扎下根来。例如美国生物化学家协会(American Society of Biological Chemists,建于1906年)的早期成员中少数重要成员是受雇于农业机构的。德国的情形也差不多;在他经典的无细胞发酵证明和获得诺贝尔奖之间的10年里,爱德华·布赫纳在柏林农业学院教授化学。在第一次世界大战之前,卡尔·纽伯格是该学院动物生理学研究所化学部门主任,而这方面的其他学者任职于该学院的发酵化学、酶学和碳水化合物化学研究部门,以及柏林的兽医学院。[18]

99 在遗传学方面,美国最初的遗传学系是设在加州大学(伯克利分校)、康奈尔大学和威斯康星大学的农学院(系)里,而且在1914年之前,美国养殖者协会(American Breeders Association)是新的孟德尔学派的研究人员交流的主要职业学会之一。当遗传学最早在哈佛大学建立的时候,其并不是设在植物学院或动物学院,而是在哈佛农学院;而在德国,1945年之前唯一专门致力于遗传学的系是在柏林的农业学院。在英国,1945年之前研究生培训的主要中心是爱丁堡大学的动物育种研究系。众多的早期孟德尔主义者最初工作在农业机构中,其中包括赫尔曼·尼尔松-埃勒(斯瓦勒夫

[17] 例如,1896~1897年,一个美国农业部的教育改革委员会建议所有的农学院的课程应该包括普通植物学(包括植物生理学和病理学)和普通动物学。参看 Kimmelman,《一个进步时代的学科:遗传学在美国的农学院和实验站(1900~1920)》,第2章。关于美国的新生物学,参看 Cittadino,《美国的生态学和植物学的职业化(1890~1905)》;Richard Overfield,《实践的科学:查尔斯·E. 贝西和美国植物学的成熟》(*Science with Practice: Charles E. Bessey and the Maturing of American Botany*, Ames: Iowa State University Press, 1993),第4章;Ronald Tobey,《挽救大草原:美国植物生态学创始学派的生命周期(1895~1955)》(*Saving the Prairies: The Life Cycle of the Founding School of American Plant Ecology, 1895-1955*, Berkeley: University of California Press, 1981),第5章和附录表4。关于沃德和西塞尔顿-戴尔,参看 J. Reynolds Green,《英国植物学史》(*A History of Botany in the United Kingdom*, London: Dent, 1914);Bernard Thomason,《从约1870~约1914年英国的新植物学》(The New Botany in Britain ca. 1870 to ca. 1914, PhD diss., University of Manchester, 1987);Martin Bopp,"尤利乌斯·萨克斯"(Julius Sachs),《科学传记词典(十二)》(*Dictionary of Scientific Biography*, XII),第58页~第60页;L. C. Dunn,"威廉·约翰森"(Wilhelm Johannsen),《科学传记词典(七)》(*Dictionary of Scientific Biography*, VII),第113页~第115页。关于法洛,参看 W. M. Wheeler,《伯西研究院史》(History of the Bussey Institution),载于 Samuel E. Morison 编,《哈佛大学自埃利奥特校长就任后的发展(1869~1929)》(*The Development of Harvard University since the Inauguration of President Eliot, 1869-1929*, Cambridge, Mass.: Harvard University Press, 1930),第508页~第517页。

[18] 关于微生物学,参看 A. H. Wright,《生物学在康奈尔大学》(Biology at Cornell University),《生物》,24(1953),第123页~第145页;Vernon,《脓、啤酒、污水和牛奶:英国的微生物学(1870~1940)》;Clark,《美国微生物学家的先驱》;Kenneth Baker,《植物病理学和真菌学》(Plant Pathology and Mycology),载于 Joseph Ewan 编,《美国植物学简史》(*A Short History of Botany in the United States*, New York: Hafner, 1969),第82页~第88页。关于美国农用化学,参看 Rossiter,《农业科学的组织》,第228页~第229页;Charles Rosenberg,《别无他神:关于科学和美国社会思想》(*No Other Gods: On Science and American Social Thought*, Baltimore: Johns Hopkins University Press, 1976),第9章。关于德国生物化学,参看 Herbert Schriefers,"爱德华·布赫纳"(Eduard Buchner),《科学传记词典(二)》(*Dictionary of Scientific Biography*, II),第560页~第563页;Michael Engel,《范式转移与外流:柏林的细胞生物学、细胞化学与生物化学》(Paradigmenwechsel und Exodus: Zellbiologie, Zellchemie und Biochemie in Berlin),载于 Wolfram Fischer 等编,《来自柏林的科学外流:问题、结果和愿望》(*Exodus von Wissenschaften aus Berlin: Fragestellungen, Ergebnisse, Desiderate*, Berlin: Walter de Gruyter, 1994),第296页~第341页。

[Svaloef]的瑞典植物育种站)、埃里克・冯・丘歇马克(维也纳农学院)、威廉・贝特森(约翰・英尼斯园艺研究所[John Innes Horticultural Institution])和雷蒙德・珀尔(缅因州农业实验站)。[19]

就是这样,在1900年左右,对与农业相关的专业知识不断增加的需求在几个国家创造了重要的机会。乍看上去,令人困惑的是,这种扩张也发生在农业已经衰落了有一代人之久的英国。尽管大多数历史学家尚未开始探讨这种扩张的原因,其很可能在很大程度上是为帝国的发展所刺激。多种多样的殖民地的研究机构为植物学家提供了就业机会。举例来说,有些本来是在18世纪作为高价值植物收集站建立起来的殖民地植物园,在19世纪变成了重要的研究中心(例如在加尔各达、斯里兰卡的佩勒代尼耶[Perideniya]和爪哇的伯伊滕索赫[Buitenzorg][茂物——译者注])。不仅如此,殖民地的农业学会、实验站和农学院(例如特立尼达的帝国热带农业学院,建于1922年)也雇用了相当多的生命科学家。[20] 正如迈克尔・沃博伊斯多年前指出的,殖民地对植物学和动物学毕业生的需求是很高的。有人曾估计,大约1/4的牛津大学、剑桥大学和帝国理工学院的生命科学的毕业生在20世纪20年代加入了殖民地公职机构(Colonial Service)。到了1932年,一份报告指出,在所有为生物学家而设的政府职位中,在英国本土有319个,而在英国殖民帝国则有840个。殖民地部(Colonial Office)比任何其他政府部门都更关心生命科学毕业生的供应问题,它建议扩大生物教育,特别是在某些有特殊需求的领域。非洲昆虫学研究委员会(建立于1909年)采取的措施之一是通过赞助职位和资助课程来推动经济昆虫学。在帝国理工学院,植物生理学和植物病理学之所以兴旺发展,要归功于J. B. 法默和帝国机构的密切关系。而且在1922年,帝国棉花种植公司(Empire Cotton Growing Corporation)在剑桥农学院为那些学 *100*

[19] Kimmelman,《一个进步时代的学科:遗传学在美国的农学院和实验站(1900～1920)》;Barbara Kimmelman,《美国养殖者协会:农业背景下的遗传学和优生学(1903～1913)》(The American Breeders Association: Genetics and Eugenics in an Agricultural Context, 1903-1913),《科学的社会研究》(*Social Studies of Science*),13(1983),第163页～第204页;Wheeler,《伯西研究院的历史》;Jonathan Harwood,《科学思想的风格:德国遗传学界(1900～1933)》(*Styles of Scientific Thought: The German Genetics Community, 1900-1933*, Chicago: University of Chicago Press, 1993);Margaret Deacon,《爱丁堡的动物遗传学研究所:最初的20年》(The Institute of Animal Genetics at Edinburgh: The First 20 Years),typescript,1974;Arne Muentzing,"赫尔曼・尼尔松-埃勒"(Hermann Nilsson-Ehle),《科学传记词典(十)》(*Dictionary of Scientific Biography*, X),第129页～第130页;Robert Olby,《威廉・贝特森领导下的约翰・英尼斯园艺研究所建立中的科学家与官僚》(Scientists and Bureaucrats in the Establishment of the John Innes Horticultural Institution under William Bateson),《科学年鉴》(*Annals of Science*),46(1989),第497页～第510页;Kathy Cooke,《从科学到实践,还是从实践到科学?雷蒙德・珀尔农业育种研究中的鸡和蛋问题(1907～1916)》(From Science to Practice, or Practice to Science? Chickens and Eggs in Raymond Pearl's Agricultural Breeding Research, 1907-1916),《爱西斯》,88(1997),第62页～第86页。在剑桥大学,几个热衷于新孟德尔主义的植物育种研究者是在农学院,尽管遗传学的职位却不在此(建立在1912年)(Paolo Palladino,《应用研究的政治经济学:英国的植物育种(1910～1940)》[The Political Economy of Applied Research: Plant-Breeding in Great Britain, 1910-1940],《密涅瓦》[*Minerva*],28[1990],第446页～第468页);Paolo Palladino,《手艺和科学之间:植物育种、孟德尔遗传学和英国大学(1900～1920)》(Between Craft and Science: Plant-Breeding, Mendelian Genetics, and British Universities, 1900-1920),《技术与文化》(*Technology and Culture*),34(1993),第300页～第323页。

[20] Brockway,《科学与殖民扩张:英国王家植物园的作用》;Eugene Cittadino,《以自然为实验室:达尔文植物生态学在德意志帝国(1880～1900)》(*Nature as the Laboratory: Darwinian Plant Ecology in the German Empire, 1880-1900*, Cambridge: Cambridge University Press, 1990);Christophe Bonneuil,《精巧地建造和调教热带地区:法属殖民地的植物科学》(Crafting and Disciplining the Tropics: Plant Science in the French Colonies),载于John Krige和Dominique Pestre编,《20世纪的科学》(*Science in the Twentieth Century*, Amsterdam: Harwood, 1997),第77页～第96页。

习基因和植物育种的学生设立了奖学金计划。[21]

帝国的“影响力”在英国年轻的毕业生的职业发展中是显而易见的。例如，植物学家 W. L. 鲍尔斯 1903 年从剑桥大学毕业的时候就要在两个工作中选择一个：要么是在英属圭亚那，要么是在开罗的农业学会。一些年轻的生物学家会在殖民地暂住几年直到能得到欧洲本土的研究生培训或学术职位。例如，1879 年从剑桥大学一毕业，真菌学家 H. 马歇尔·沃德在斯里兰卡当了两年的政府植物学家研究咖啡树的病因，而后回了英国；他很快成为王家印度工程学院（Royal Indian Engineering College）的植物学教授，在那里为帝国培养林业学生。与沃德同时代但较为年轻的德国人特奥多尔·勒默尔和他的经历相似：在 1910 年获得博士学位后，他加入了德国东非殖民地服务局，在东非花了两年时间研究棉花育种，然后回德国谋求学术生涯发展。其他学者则在殖民地度过了他们的大部分职业生涯。比如，悉尼·哈兰（1891～1982）作为植物学学生毕业几年后，接受了一个在圣克罗伊岛（St. Croix，丹麦属西印度群岛）实验站的职位，在 1923 年加入帝国热带农业学院成为植物学和基因学教授，他在那里的研究受到了帝国棉花种植公司的支持。随后他在一个又一个殖民地的研究机构工作，直到 1949 年才返回英国，那时他接受了一个曼彻斯特大学的职位。[22]

101

如果我们想理解生物科学在过去一个世纪的发展道路，我们必须考虑生物科学被认定与医学教育及农业的关联，无论是在国内还是在殖民地。这种功用主义的观点尽管有帮助，但它仍然无法解释那些缺乏明显的实际关联的领域在大学里的迅速发展。在这些情况下，慈善基金会往往扮演了决定性的角色。虽然基金会自 20 世纪早期就已经存在，但由于财力比起政府资金的规模要小，其在第二次世界大战前对学术科学的影响并不大。但是，在美国，在 1945 年之前政府对基础科学的支持非常有限，基金会的巨大财富——尤其是洛克菲勒和卡内基慈善基金，二者都是在第一次世界大战前几年建立的——很大程度上影响了在两次世界大战之间生物科学在大学里的发展。

很多人都知道洛克菲勒基金会在 20 世纪 30 和 40 年代在资助后来成为“分子生物学”的研究工作上起了主要作用。但是到目前为止较少为历史学家所注意的是洛克菲勒基金会在两次世界大战之间支持生命科学的更普遍的模式，也就是它的资助主要集

[21] Michael Worboys，《科学和英国的殖民帝国主义（1895～1940）》（Science and British Colonial Imperialism, 1895-1940, PhD diss., Sussex University, 1979），第 5 章和第 7 章。关于帝国理工学院，参看 Thomason，《从约 1870～约 1914 年英国的新植物学》，第 193 页～第 197 页。关于剑桥大学，参看 G. D. H. Bell，《弗兰克·伦纳德·恩格尔多（1890～1985）》（Frank Leonard Engledow, 1890-1985），《王家学会会员的传记回忆录》（*Biographical Memoirs of Fellows of the Royal Society*），32（1986），第 189 页～第 217 页。

[22] S. C. Harland，《威廉·劳伦斯·鲍尔斯》（William Lawrence Balls），《王家学会会员的传记回忆录》，7（1961），第 1 页～第 16 页。关于沃德，参看 Thomason，《从约 1870～约 1914 年英国的新植物学》，第 5 章；Lilly Nathusius，《特奥多尔·勒默尔：生平概要和书目概述》（*Theodor Roemer: Lebensabriss und bibliographischer Ueberblick*, Halle: Universitaets-u. Landesbibliothek Sachsen-Anhalts, 1955）；Joseph Hutchinson，《悉尼·克罗斯·哈兰》（Sydney Cross Harland），《王家学会会员的传记回忆录》，30（1984），第 299 页～第 316 页。也可参看 D. W. Altman、Paul Fryxell 和 Rosemary D. Harvey，《S. C. 哈兰与约瑟夫·B. 哈钦森：定义棉花属关系的植物学和遗传学先驱》（S. C. Harland and Joseph B. Hutchinson: Pioneer Botanists and Geneticists Defining Relationships in the Cotton Genus），《亨蒂亚》（*Huntia*），9（1993），第 31 页～第 49 页。

中在实验室专业上。在美国,基因学、胚胎学、普通生理学和生殖生物学(加上生物化学和生物物理学)受到了慷慨的资助。在20世纪20年代,洛克菲勒基金会的影响通过它的国际教育委员会(International Education Board,缩写为IEB)扩展到欧洲的大学里。在英国,IEB在牛津大学、剑桥大学以及伦敦卫生与热带医学院投资微生物学,还有爱丁堡大学的基因学。在德国,洛克菲勒基金会的目标是遗传学、生物化学、实验生物学和生物医学科学。与此形成对比的是,进化论、系统学和生态学收到了少得多的支持。这并不是说洛克菲勒基金会从不资助野外生物学,它的确资助过,但是通常是因为这些项目和实验室生物学有一些联系。因此,特奥多修斯·多布然斯基得到了拟暗果蝇(*Drosophila pseudoobscura*)种群遗传的野外考察的资助,欧内斯特·巴布科克得到资助进行植物遗传学和系统学的工作。但是当乔治·盖洛德·辛普森申请资金用于研究古生物样本中的物种形成课题时,他的请求被拒绝了,理由是该项目对“遗传学或实验生物学没有什么影响”。[23]

因此赞助的模式——无论是提供研究资金还是需要专业知识——可以解释在任一特定时期为什么有些学术领域繁荣发展而其他领域裹足不前。但是赞助的效果并不是直接的和不受任何影响的;资金和需求的效果从来都是被领域所在的研究机构的环境所影响。这就意味着我们必须更仔细地探究雇用那些生命科学家的研究机构,因为这些机构组成了他们的直接工作环境。我们将会看到研究机构——以不同的方式组织并产生不同的结果——如何发挥形成影响,塑造了这些领域的思想的发展。 102

机构定位的结果

许多历史学家已经注意到了当一个领域处于医学环境中时所带来的结果。生物化学提供了一个好例子。最有利于这个领域建立为一门学科的环境是在第一次世界

[23] 引文出自 Joseph Cain,《共同的问题和协作的解决方案:进化研究中的组织活动(1936~1947)》(Common Problems and Cooperative Solutions: Organizational Activity in Evolutionary Studies, 1936-1947),《爱西斯》,84(1993),第1页~第25页,引文在第21页。关于洛克菲勒基金会与分子生物学,参看 Kohler,《科学中的伙伴:基金会与自然科学家(1900~1945)》;Pnina Abir-Am,《关于20世纪30年代物理学影响力与生物学知识的讨论:重新评价洛克菲勒基金会的分子生物学“政策”》(The Discourse of Physical Power and Biological Knowledge in the 1930s: A Reappraisal of the Rockefeller Foundation's “Policy” in Molecular Biology),《科学的社会研究》,12(1982),第341页~第382页,和几位作者对 Abir-Am 的文章的答复,载于《科学的社会研究》,14(1984),第225页~第263页。洛克菲勒基金会对生物学其他领域的赞助的证据散见于文献中,但是可参看 Robert Kohler,《蝇中贵族:果蝇遗传学和实验生活》(*Lords of the Fly: Drosophila Genetics and the Experimental Life*, Chicago: University of Chicago Press, 1994),第7章;Vassiliki Betty Smocovitis,《植物学与综合进化论:G. 莱迪亚德·斯特宾斯的生平与工作》(Botany and the Evolutionary Synthesis: The Life and Work of G. Ledyard Stebbins, PhD diss., Cornell University, 1988)。关于欧洲的拨款计划,参看 Paul Weindling,《洛克菲勒基金会与德国生物医学科学(1920~1940):从教育慈善机构到国际科学政策》(The Rockefeller Foundation and German Biomedical Sciences, 1920-1940: From Educational Philanthropy to International Science Policy),载于 N. Rupke 编,《科学、政治与公众利益:纪念玛格丽特·高英的论文》(*Science, Politics and the Public Good: Essays in Honour of Margaret Gowing*, London: Macmillan, 1988),第119页~第140页;Jonathan Harwood,《科学中的国家风格:遗传学在两次世界大战之间的德国和美国》(National Styles in Science: Genetics in Germany and the United States between the World Wars),《爱西斯》,78(1987),第390页~第414页;Robert Kohler,《科学与慈善机构:威克利夫·罗斯和国际教育委员会》(Science and Philanthropy: Wickliffe Rose and the International Education Board),《密涅瓦》,23(1985),第75页~第95页。

大战前几年美国新近改革后的医学院。但是在这样的小天地里，美国的生物化学在两次世界大战之间为罗伯特·科勒所称的“临床风格”的工作所主导，其着重于为诊所和人体营养学、呼吸作用及内分泌学的研究发展分析方法。“普通生物化学”——关注基本的生物学问题，诸如中间代谢、生长和细胞生理——直到生物化学家得以在医学机构之外建立学院方才出现，如F. 高兰·霍普金斯在剑桥，或奥托·瓦尔堡在柏林所做的。[24]

生理学的情况与之类似。在英国，直到19世纪70年代，生理学一直受到解剖学研究的影响，当时迈克尔·福斯特开始在剑桥大学主张生理学是“生物学”的一个分支。福斯特能够推动这个领域非医学的观点，不仅仅是因为他工作在三一学院，而且因为剑桥的医学院仅限于临床前的教学。在美国，一代人之后，雅克·勒布、查尔斯·奥蒂斯·惠特曼和其他人也寻求推动一种广泛的生理学概念，但是因为这种努力常常导致他们和美国主流生理学界产生冲突，他们要么在那些没有医学院的机构中找到了小空间（例如芝加哥大学的洛克菲勒医学研究所），要么他们可以在此机构中和临床医生保持距离（如加州大学伯克利分校、哈佛大学）。从更广泛意义上，菲利普·J. 保利认为在19和20世纪之交的美国，“生物学”研究项目在医学专业很弱（如哥伦比亚大学）或不存在（如芝加哥大学或整个19世纪80年代的约翰斯·霍普金斯大学）的大学中得到繁荣发展。[25]

103

细菌学的史学家注意到类似的现象。在1945年之前细菌学最常见的组成机构的场所是医学院，在那里研究的重点是培养致病菌株并对其分类，或是开发抗菌剂。更普通的“细菌生理学”——以细菌变异、适应、新陈代谢和营养以及各种重要的生态现象作为研究对象——往往发展壮大在农学院（系）里（例如艾奥瓦大学、威斯康星大学和赫尔辛基大学），生物系里（例如斯坦福大学、代尔夫特大学和加州理工学院），或是免受医学限制的生物医学研究所之中（例如巴斯德研究所、洛克菲勒医学研究所，英国的几个受医学研究委员会资助的单位）。在巴黎，安德烈·利沃夫和雅克·莫诺两人在瞧不起医生方面颇为相通，执意要进行和医疗没有直接关系的工作。在1945年以后，他们因此求助于国家科学研究中心（Centre Nationale de la Recherche Scientifique）、

[24] Kohler，《从医学化学到生物化学》，第9章～第11章；Kamminga和Weatherall，《生物化学家的形成，第一部分：弗雷德里克·高兰·霍普金斯关于动态生物化学的解释》。

[25] Gerald Geison，《迈克尔·福斯特与剑桥生理学院》（*Michael Foster and the Cambridge School of Physiology*, Cambridge: Cambridge University Press, 1978）；Philip Pauly，《控制生命：雅克·勒布和生物学的工程理想》（*Controlling Life: Jacques Loeb and the Engineering Ideal in Biology*, New York: Oxford University Press, 1987）；Philip Pauly，《普通生理学和生理学学科（1890～1935）》（General Physiology and the Discipline of Physiology, 1890-1935），载于Gerald Geison编，《美国背景中的生理学（1850～1940）》（*Physiology in the American Context, 1850-1940*, Bethesda, Md.: American Physiological Society, 1987），第195页～第207页；Jane Maienschein，《生理学、生物学和生理学形态学的到来》（Physiology, Biology and the Advent of Physiological Morphology），载于Geison编，《美国背景中的生理学（1850～1940）》，第177页～第207页；Philip Pauly，《19世纪后期学术生物学在美国的出现》（The Appearance of Academic Biology in Late 19th Century America），《生物学史杂志》，17（1984），第369页～第397页。

洛克菲勒基金会和美国研究委员会以促进细菌学和生物化学研究。[26]

但是历史学家再一次忽视了农业背景的影响。在一些情况下,新的领域直接从农业中得到其最基本的前提或实践。例如,那些在1900年左右支持新孟德尔主义的人很多早已熟悉它的一些基本方法(如杂交)和概念(如表现型—基因型的区别),这是因为在19世纪90年代他们一直从事植物育种工作,而这些实践在这类工作中是广为人知的。[27] 那些现在被称为早期"遗传学"的国际会议实际上专注于植物育种和杂交,绝大多数的与会者不是商业的园艺家就是受雇于公共部门农业研究机构的人员。再回到细菌学,安德鲁·门德尔松认为19世纪后期法国人重视细菌的无所不在和可以用于有用的工作——与科赫学派的细菌是入侵性的和破坏性的作用者的看法形成鲜明的对比——来自巴斯德早期工作的农业源头(相比科赫的医学背景)。[28]

104

尽管至今为止我们一直讨论的仅仅是医学和农业环境,但是观点却是普遍的。对于一个新的生命科学领域,在没有一个单一的明显的机构基础的情况下,其所处的是哪种系、院或大学是很重要的。这方面的一个例子是古生物学,它有时在地质学系,有时在生物类的系中。当它在动物学系里时,例如哥伦比亚大学和芝加哥大学(初期),古生物学家研究的是与发育、比较解剖学或进化相关的普通生物学问题。但是在德国和奥地利,古生物学通常都是设在地质学系里,其后果是古生物学研究人员直到很晚

[26] Robert Kohler,《细菌生理学:医学背景》(Bacterial Physiology: The Medical Context),《医学史通报》(*Bulletin of the History of Medicine*),59(1985),第54页~第74页;Olga Amsterdamska,《医学和生物学限制:细菌学中对变异的早期研究》(Medical and Biological Constraints: Early Research on Variation in Bacteriology),《科学的社会研究》,17(1987),第657页~第687页;Jean-Paul Gaudilliere,《巴黎—纽约,往返旅行:跨大西洋交叉和战后法国的生物科学重建》(Paris-New York, Roundtrip: Transatlantic Crossings and the Reconstruction of the Biological Sciences in Postwar France, paper presented at the Max-Planck-Institute for History of Science, Berlin, November 14, 2000)。

[27] 尽管育种者并未正式区分"基因型"和"表现型",但他们很清楚,最迟在19世纪中叶之前,植物的可见特性并非其遗传性的可靠标志。正是这种知识促使个体选择的"谱系方法"的发展。参看Jean Gayon和Doris Zallen,《维尔莫兰公司在法国遗传实验科学的推广和传播中的作用(1840~1920)》(The Role of the Vilmorin Company in the Promotion and Diffusion of the Experimental Science of Heredity in France, 1840-1920),《生物学史杂志》,31(1998),第241页~第262页。

[28] 关于19世纪杂交的工作,参看Kimmelman,《一个进步时代的学科:遗传学在美国的农学院和实验站(1900~1920)》;Barbara Kimmelman,《农业实践对遗传理论发展的影响》(The Influence of Agricultural Practice on the Development of Genetic Theory),《瑞典种子协会杂志》(*Journal of the Swedish Seed Association*),107(1997),第178页~第186页;Robert Olby,《孟德尔主义的起源》(*Origins of Mendelism*, 2nd ed., Chicago: University of Chicago Press, 1985)。关于早期的会议,参看《杂交会议报告》(Hybrid Conference Report),《王家园艺学会杂志》(*Journal of the Royal Horticultural Society*),24(1900),第1页~第349页;《国际植物育种和杂交会议记录》(Proceedings of the International Conference on Plant-Breeding and Hybridization),《纽约园艺学会论文集》(*Memoirs of the Horticultural Society of New York*),1(1902)。虽然术语"遗传学"最终在1906年会议上被引入,会议的全称却是"1906年第三届国际遗传学会议;杂交(属或种的交叉繁殖),变种的交叉繁殖,及普通植物繁殖"(Third International Conference 1906 on Genetics; Hybridisation [the Cross-breeding of Genera or Species], the Cross-Breeding of Varieties, and General Plant-Breeding, London: Royal Horticultural Society, 1906)。参看Mendelsohn,《细菌学文化:一个学科在法国和德国的形成和转变(1870~1914)》。

才对进化论产生兴趣。[29]

到目前为止,我一直在相当泛泛地说“大学”,似乎这是个在19和20世纪中多多少少具有一致性的机构。实际当然不是这样的。大学的组织结构及其隐含精神气质的不同对生命科学的发展曾经有过相当大的影响。大学之间不一样的一个方面是其认为学校应该在多大程度上去解决“实际”问题。例如某人思考在1900年前后的英国,工业化的北方的城市大学与牛津大学和剑桥大学的不同;在美国,政府赠予土地建立的大学与东海岸的私立大学的不同;在德国,工业大学(Technische Hochschulen)与传统大学的不同。生命科学在所有这些类型的大学里都找到了安身之所,这个现象使得评估这些气质的不同对研究过程的影响成为可能,然而还没有几个历史学家利用这个机会。[30]

105

但是大学的不同也可以在其他方面。例如,尽管同样的新领域在1900年前后出现在几个国家里,但却可以明显看到那些被视为这些领域的中心问题随地而异。比如,美国的遗传学家往往更专注在狭义上的传递问题,而德国或法国的同行则研究存在已久的发展或进化问题的遗传方面。类似的情况也出现在生物化学中。造成这些侧重点不同的一个原因是美国和德国大学架构的不同使得美国大学的科研人员相对容易专注于此方面(以至于新领域的学者可以忽视那些旧学科中被视为神圣的问题)。但是在德国的大学里,新领域的实践者没有这种自由可享受,因为他们不得不在旧的学科中谋求职业发展。[31]

这种一个领域的“通才”和“专才”概念的对立在英国的科学界也是明显可见的,尽管其原因不大相同。在他的关于牛津大学在两次世界大战之间的科学史中,杰克·莫雷尔让人注意到研究教学辅导系统的结果。在两次世界大战之间,由于很多学院都相当小——2/3的学校连一个生命科学的教员都没有,剩下的大都只有一个——所以学院热衷于任用什么课程都可以教的教员。把学生送到校外去上专家的课被有些人认为是“可怕的狭隘”。莫雷尔认为,在他们的研究工作中,教员们倾向于通过解决广

[29] Ronald Rainger,《脊椎动物古生物学作为生物学:亨利·费尔菲尔德·奥斯本和美国自然史博物馆》(Vertebrate Paleontology as Biology: Henry Fairfield Osborn and the American Museum of Natural History),载于Ronald Rainger、Keith Benson和Jane Maienschein编,《生物学在美国的发展》(*The American Development of Biology*, Philadelphia: University of Pennsylvania Press, 1988),第219页~第256页;Ronald Rainger,《生物学、地质学,都不是或都是:古脊椎动物学在芝加哥大学(1892~1950)》(Biology, Geology or Neither or Both: Vertebrate Paleontology at the University of Chicago, 1892-1950),《展望科学》(*Perspectives on Science*),1(1993),第478页~第519页;Wolf-Ernst Reif,《在德国古生物学中探究宏观进化论》(The Search for a Macroevolutionary Theory in German Paleontology),《生物学史杂志》,19(1986),第79页~第130页。

[30] 关于美国草原生态的建议性讨论,参看Tobey,《挽救大草原:美国植物生态学创始学派的生命周期(1895~1955)》,第122页~第133页。关于格丁根大学和柏林农业学院在遗传学上的对比,参看Harwood,《科学思想的风格:德国遗传学界(1900~1933)》,第6章。关于在英格兰,特别是剑桥大学和北方城市大学之间的对比,参看John V. Pickstone,《19世纪英格兰的科学:多元结构和单一政治》(Science in Nineteenth-Century England: Plural Configurations and Singular Politics),载于Martin Daunton编,《维多利亚时代英国的知识机构》(*The Organisation of Knowledge in Victorian Britain*, published for the British Academy by Oxford University Press, 2005),第29页~第60页。

[31] Kohler,《从医学化学到生物化学》;Richard Burian、Jean Gayon和Doris Zallen,《法国生物学史上遗传学的奇特命运(1900~1940)》(The Singular Fate of Genetics in the History of French Biology, 1900-1940),《生物学史杂志》,21(1988),第357页~第402页;Harwood,《科学思想的风格:德国遗传学界(1900~1933)》,第4章。

泛的问题把这种情况转化为他们自己的优势，而且正是这类工作也赢得了学校内的赞许。和这个假说一致的是在两次世界大战之间有异常多的来自牛津大学的这样的植物学家，他们既利用野外专业又利用实验室专业的发现和方法进行他们的综合进化论（朱利安·赫胥黎、E. B. 福特和加文·德比尔）和动物生态学（查尔斯·埃尔顿）研究。[32] 106

所以，大量证据表明生物学家所选择的问题，他们喜爱的方法，以及他们所创立的理论一直都为他们所在机构的特定的结构和意识形态所影响。

结束语

尽管生命科学的发展一直明显地受学术环境的特殊性的影响，我们对这些关系的理解依然为文献中大量的空白所阻碍。而且这也使得研究一些主要的编史学问题更加困难。例如，众所周知从 19 世纪后期到第二次世界大战，随着实验室变得更加重要和实验变成了最重要的研究形式，生命科学的整体"形态"发生了重要的变化。关键问题是为什么发生了这个转型。尽管有时候人们认为（或更经常简单地假设）这个转变可归功于实验在认识论方面的优越性，但这个观点从来没有被认真地争论过。从前面所述，我们应该能够明白赞助的本质何以成为一个更可能的解释应该是清楚的，但是为了确立这一点，我们需要更多了解在大学内基本上算是"政治的"过程，其往往忽视基于野外或博物馆的学科，例如系统学、古生物学或生态学（虽然国与国和同一国家内不同大学之间有着重要的不同）。[33]

为了搞清这些过程（如弗雷德里克·邱吉尔很久之前指出的那样），我们需要更加注意机构的历史。但是甚至这方面最基本的工作——长期研究特定大学的特定专业的发展（一个理想的论文题目，人们原本会认为）——也非常缺少。比如，生态学的文献相对较少关注机构历史，对于 20 世纪生态学和实验室领域间的机构关系则根本没有任何关注。在综合进化论的文献里，更多关注的是实验室和野外专业之间知识上的关系——尤其是它们的互相忽略和互不理解——而不是它们机构上的关系。[34] 107

[32] Jack Morrell，《科学在牛津（1914～1939）：改造一所文科大学》（*Science at Oxford, 1914-1939: Transforming an Arts University*, Oxford: Oxford University Press, 1997），第 54 页～第 65 页和第 7 章。引文在第 62 页。

[33] 虽然让·萨普（Jan Sapp）对新孟德尔主义的学科政治的重要研究没有专门探讨实验室和野外的对立，但它对生物专业之间对稀缺资源的竞争的关注仍然是朝着正确方向迈出的一步，不幸的是，它没有引发更进一步的这类研究。参看 Jan Sapp，《遗传领域的权威之争（1900～1932）》（The Struggle for Authority in the Field of Heredity, 1900-1932），《生物学史杂志》，16（1983），第 311 页～第 342 页。

[34] 一个例外，参看 Keith Vernon，《绝望地寻求地位：进化系统学和分类学家对受尊重地位的追求（1940～1960）》（Desperately Seeking Status: Evolutionary Systematics and the Taxonomist's Search for Respectability, 1940-1960），《英国科学史杂志》（*British Journal for the History of Science*），26（1993），第 207 页～第 227 页。关于弗雷德里克·邱吉尔对相关文献的评价，参看他的《寻找新生物学：结局》（In Search of the New Biology: An Epilogue），《生物学史杂志》，14（1981），第 177 页～第 191 页。关于生命科学在一个大学近来的纵向历史，参看 Alison Kraft，《建立曼彻斯特生物学（1851～1963）：国家议程，地方战略》（Building Manchester Biology, 1851-1963: National Agendas, Provincial Strategies, PhD diss., University of Manchester, 2000）。

最后,理解实验室生物学的兴起变得更加困难,由于文献过于关注其在美国的发展(反映了美国生物历史学家的人数优势)。这种不平衡的情况是不幸的,因为这个转型在美国发生的方式和在欧洲那时的发展有着显著的不同。例如,第一次世界大战时,诸如实验胚胎学、生物化学和遗传学等领域已经在美国取得了更大的体制上的进展,在20世纪30和40年代中,在其他实验和野外方法并用的领域里,有美国人对实验方式的偏爱的迹象。[35] 因此,如果我们要查明这个转型的原因,比较分析是不可少的。而且那将需要相当多的关于其他国家的研究工作。

(胡炜 译)

[35] 当他1907年访问美国时,威廉·贝特森深为人们对他的工作的热情程度所感动。参看 Beatrice Bateson,《威廉·贝特森,王家学会会员,博物学家》(*William Bateson, FRS, Naturalist*, Cambridge: Cambridge University Press, 1928),第109页~第112页。关于实验室专业在美国不同寻常的快速增长(和德国相比),参看 Nyhart,《生物学的形成:动物形态学与德国大学(1800~1900)》,第304页~第305页;Kohler,《从医学化学到生物化学》;Harwood,《科学思想的风格:德国遗传学界(1900~1933)》,第4章。关于动物行为学中野外方法和实验室方法,参看 Gregg Mitman 和 Richard Burkhardt,《为身份而奋斗:美国的动物行为研究(1930~1945)》(Struggling for Identity: The Study of Animal Behavior in America, 1930-1945),载于 Keith Benson、Jane Maienschein 和 Ronald Rainger 编,《美国生物学的扩张》(*The Expansion of American Biology*, New Brunswick, N. J.: Rutgers University Press, 1991),第164页~第194页。

7

地质产业

保罗·卢西尔

地质学与产业界的关系,在地球科学历史中是一个显著且具挑战性却仍然被忽视的题目。任何有意探讨这一专题的人,都必须面对一个刺眼的事实,即无论是历史学家还是地质学家本身,都很少写过这一题目。[1] 然而要了解地质学的历史,产业非常重要,即使不考虑其他理由,也要看到科学家(以及工程师)对矿物资源所做的大量研究。在 19 和 20 世纪的杰出地质学家中,没有人不熟悉煤、石油、铁、铜、银、金等矿产,更遑论建筑石材、水、盐等。具体而言,每本教科书无论作者是否研究矿物,都包括有关矿物起源及出现的描述。从表面看,经济资源似乎占据地质学的中心位置,但解释产业对科学发展的影响完全是另一码事。

本章从四方面阐述地质学与产业之间的关系:矿业学校、政府的调查、私营调查、产业科学。头两节讨论作为科学与商业之间中介的机构,第三节讲述地质学家直接为私营企业工作的背景和条件,最后一节探讨产业界所鼓励的新研究领域的出现。本章的分析框架大致按时间顺序,始于 18 世纪末,终于 20 世纪中期。这一编年史揭示产业界对地质学的影响力不断增加。这四节共同提出一个论点,即产业通过影响社会、职业、研究组织,以及影响科学理论、方法、实践等,做出了显著贡献。作为结论,本章提到地质学对产业成长的帮助。

矿业学校

矿业学校被视为地质学的诞生地,部分科学史学家将矿业学校当作矿业与地质学

我要感谢 James Secord、Hugh Torrens、Jack Morrell 等对本章初稿提出的有用建议。我尤其感激 Andrea Rusnock。本章的研究由国家科学基金会资助,基金号 SBR-9711172。

[1] William M. Jordan,《实用成为地质学的刺激物:美国地质学会早年某些事例》(Application as Stimulus in Geology: Some Examples from the Early Years of the Geological Society of America),载于 Ellen T. Drake 和 William M. Jordan 编,《地质学家和理念:北美地质学史》(*Geologists and Ideas: A History of North American Geology*, Boulder, Colo.: Geological Society of America, 1985),第 443 页~第 452 页;Peggy Champlin,《经济地质学》(Economic Geology),载于 Gregory A. Good 编,《地球科学:事件、人、现象的百科全书》(*Sciences of the Earth: An Encyclopedia of Events, People, and Phenomena*, New York: Garland, 1998),第 1 卷,第 225 页~第 226 页;Frederick Leslie Ransome,《应用地质学的现行标准》(The Present Standing of Applied Geology),《经济地质学》(*Economic Geology*),1(1905),第 1 页~第 10 页。

之间紧密关系的实体表现。[2] 最杰出的矿业学校,出现在矿产和矿物归国家所有的欧洲大陆。在 18 世纪后半叶,诸如舍姆尼茨(Schemnitz)的匈牙利王家矿业学院(Royal Hungarian Mining Academy,1760)、巴黎的矿业学院(École des Mines,1783)等学校先后组建,以改良提炼方法以及训练能经营矿业并使其盈利的管理人员。这批学校中最著名的是萨克森地区的弗赖贝格学院(Freiberg Academy,1765),亚伯拉罕·戈特洛布·维尔纳(1749～1817)担任该校地质教授。维尔纳开发出在野外辨认矿物的实用体系,而且提出"地球构造学"理论,以解释地球上主要岩石单元按时间先后的沉积和结构顺序。作为当时最具影响力的教师,维尔纳的"地球构造学派"被他大批学生推广到欧洲、北美各地,弗赖贝格学院从而在 18 世纪末成为学习地质学的首选之地。[3]

对 19 世纪地质学的发展,矿业学校的重要性似乎降低了。学术界占统治地位的观点认为矿业学院是工程师而非地质学家的训练中心。对大多数学生而言,这一概况也许是准确的,但必须强调,矿业学校继续培养科学家,譬如维尔纳的优秀学生亚历山大·冯·洪堡(1769～1859)、利奥波德·冯·布赫(1774～1853)等。此外,矿业学院仍然雇用许多卓越科学家,包括巴黎矿业学院的莱昂斯·埃利·德·博蒙(1798～1874),弗赖贝格的弗里德里希·莫斯(1773～1839)、卡尔·伯恩哈德·冯·科塔(1808～1879)、约翰·布赖特豪普特(1791～1873)等。

美国是 19 世纪可以看到矿业学校影响地质学的另一个地方。对包括乔赛亚·D. 惠特尼(1819～1896)、拉斐尔·庞佩利(1837～1923)、塞缪尔·富兰克林·埃蒙斯(1841～1911)等许多有抱负的美国科学家来说,弗赖贝格学院是他们最向往的学校。它的方法、理论、实践兴趣,被 19 世纪 50、60 年代在此学习的学生传播到美国。[4] 哥伦比亚矿业学校(Columbia School of Mines)于 1864 年在纽约市成立,在许多方面都比得上欧洲的同类学校。它建立了科学与产业界的紧密联系,约翰·S. 纽伯里(1822～

[2] Rachel Laudan,《从矿物学到地质学:一门科学的基础(1650～1830)》(*From Mineralogy to Geology: The Foundations of a Science, 1650-1830*, Chicago: University of Chicago Press, 1987),特别是第 5 章;Theodore M. Porter,《矿业发展和科学进步:矿物学的化学革命》(The Promotion of Mining and the Advancement of Science: The Chemical Revolution of Mineralogy),《科学年鉴》(*Annals of Science*),38(1981),第 543 页～第 570 页;Martin Guntau,《地质学作为一个科学学科出现》(The Emergence of Geology as a Scientific Discipline),《科学史》(*History of Science*),16(1978),第 280 页～第 290 页,特别是第 281 页。

[3] Alexander M. Ospovat,"导论"(Introduction),载于 A. G. Werner 编,《各种岩石的简略分类与描述》(*Short Classification and Description of the Various Rocks*, New York: Hafner, 1971);Alexander M. Ospovat,《关于 A. G. 维尔纳"简略分类"的思考》(Reflections on A. G. Werner's "Kurze Klassification"),载于 Cecil Schneer 编,《论地质学史》(*Toward a History of Geology*, Cambridge, Mass.: MIT Press, 1969),第 242 页～第 256 页;Ezio Vaccari 和 Nicoletta Morello,《采矿与地球知识》(Mining and Knowledge of the Earth),载于 Gregory A. Good 编,《地球科学:事件、人、现象的百科全书》,第 2 卷,第 589 页～第 592 页;V. A. Eyles,《亚伯拉罕·戈特洛布·维尔纳(1749～1817)及其在矿物学、地质科学的历史地位》(Abraham Gottlob Werner [1749-1817] and His Position in the History of the Mineralogical and Geological Sciences),《科学史》,3(1964),第 102 页～第 115 页。

[4] 根据一名观察者说,弗赖贝格学院的学生中大约 1/4 是美国人,学校总收入中约一半是由他们贡献的。参看 John A. Church,《美国矿业学校》(Mining Schools in the United States),《北美评论》(*North American Review*),112(1871),第 62 页～第 81 页。

1892)等杰出地质学家在此任教,它的学生控制了美国采矿业,尤其是在美国西部。[5] 和欧洲的矿业学校不同,哥伦比亚矿业学校不是政府机构。实际上,19 世纪末在美国建立的所有矿业学校都是私营机构。这一差异导致产业界对教育和研究的影响程度不同,无疑造成美国矿业学校的财政地位欠稳定。以由惠特尼和庞佩利等卓越科学家主持的哈佛矿业与实用地质学校(Harvard School of Mining and Practical Geology)为例,该校只开办了 10 年(1865～1875),就因缺乏学生和经费倒闭了。[6] 总之,将来的历史研究可能会探讨美国矿业学校如何回应(也许是响应)产业界的需求设计课程、制定研究计划。

英国的情况则可以看作另一种例子,很难以矿业学院为工具探讨产业界如何影响地质学。1851 年以前英国完全没有矿业学校,虽然对矿物资源的第一次工业化开采早已过去。英国政府既不拥有也不经营任何矿山。私营企业发现、开采煤矿和铁矿,开矿人和地质学几乎没有关系,这一点为试图找出科学在英国工业革命中作用的历史学家带来问题。[7] 正如罗伊·波特所指出,考虑阶级动态,就可以解决这一明显的悖论。绅士风度的地质学家和勇于进取的矿主之间,几乎没有共同点。尤其是从 1820 年开始,以伦敦地质学会为基地的绅士外行执掌了英国地质学界领导权。[8] 不过,这种情形可以从另一个角度研究。 111

学术注意力固定在科学界绅士身上,也许反映出血统高贵的历史学家的偏见。这些历史学家倾向于使用狭窄的科学定义,其中地质学定义为适合绅士的精神探险,而不是出于功利的实际行动。[9] 结果,英国地质学的历史(推广到地质学的总体历史),成为追求理论、鄙视实践的精英专家的旅行记录和著述。[10] 现在应该是重新审视我们这种上流社会式偏爱的时候了。

[5] 19 世纪后半叶,美国约一半矿业工程师毕业于哥伦比亚矿业学校。参看 Clark C. Spence,《矿业工程师和美国西部:系带长筒靴大队(1849～1933)》(*Mining Engineers and the American West: The Lace-Boot Brigade, 1849-1933*, New Haven, Conn.: Yale University Press, 1970),第 40 页。

[6] Peggy Champlin,《拉斐尔·庞佩利:镀金时代的绅士地质学家》(*Raphael Pumpelly: Gentleman Geologist of the Gilded Age*, Tuscaloosa: University of Alabama Press, 1994)。

[7] 参看 Guntau,《地质学作为一个科学学科出现》,第 282 页,或 Margaret C. Jacob,《科学文化和工业化西方的形成》(*Scientific Culture and the Making of the Industrial West*, Oxford: Oxford University Press, 1997)。

[8] Roy S. Porter,《工业革命和地质科学的崛起》(The Industrial Revolution and the Rise of the Science of Geology),载于 Mikuláš Teich 和 Robert Young 编,《科学史中变化的观点:李约瑟纪念文集》(*Changing Perspectives in the History of Science: Essays in Honour of Joseph Needham*, London: Heinemann, 1973),第 320 页～第 343 页。

[9] 对 Charles Lyell 有关通过将其变得令人尊敬来使得地质学成为真正科学的意图,James A. Secord 加以辩驳。参看 Charles Lyell,《地质学原理》(*Principles of Geology*, London: Penguin, 1997),James A. Secord 主编并撰写导言,第 xvi 页。

[10] Rachel Laudan 将这种方式称为"公认观点"。参看 Laudan,《从矿物学到地质学:一门科学的基础(1650～1830)》,第 224 页～第 225 页。关于对英国地质学中"通常过分强调"的相似批评,参看 Mott T. Greene,《19 世纪的地质学:变化世界的变化观点》(*Geology in the Nineteenth Century: Changing Views of a Changing World*, Ithaca, N. Y.: Cornell University Press, 1982),第 15 页。辩护方认为,必须强调英国绅士地质学家是科学文化历史最出色的范例之一。例如,参看 James A. Secord,《维多利亚时代的地质学论战:寒武系-志留系之争》(*Controversy in Victorian Geology: The Cambrian-Silurian Dispute*, Princeton, N. J.: Princeton University Press, 1986);Martin J. S. Rudwick,《泥盆系大辩论:绅士专家中科学知识的塑造》(*The Great Devonian Controversy: The Shaping of Scientific Knowledge among Gentlemanly Specialists*, Chicago: University of Chicago Press, 1985);Nicolaas A. Rupke,《历史巨链:威廉·巴克兰和英国地质学派(1814～1849)》(*The Great Chain of History: William Buckland and the English School of Geology [1814-1849]*, Oxford: Clarendon Press, 1983)。

政府的调查

如同欧洲的矿业学校,地质调查组织属于政府机构。建立调查组织的理念非常直截了当:地质学家拥有的专业知识,有助于对矿产资源确定位置、辨别、评估。政府应当支持组织调查的想法,基于相关的国家在提升其人民总体福利中作用的政治经济学论点。已经证明,组织调查政治上可接受,而且是同时激励产业界、促进研究的有效措施,引起资本家、地质学家和公众的一致关注。商业利益团体获得采矿(确定煤矿、金矿、石油位置)、制造业(辨认燃料或建筑材料)、农业(评估土壤或矿物肥料)、运输(地形图或勘察道路、运河、铁路的路线)等资料,却不必花钱进行昂贵的调查研究。地质学家得到政府的赞助以勘探新区域,有观点认为,公众会因知识增加和经济繁荣而受益。

调查促使科学、产业界、政府之间建立密切关系,第一个由国家组织的调查出现在欧洲大陆也许不出人意料。1825～1835 年,埃利・德・博蒙和乌尔斯・皮埃尔・迪弗雷努瓦(1792～1857)得到矿业集团(Corps des Mines)资助,完成法国地质普查。旨在确定矿物(尤其是煤)位置的调查被认为很有必要,使得法国能够同工业化的英国竞争。法国的举措具有一定讽刺意味。英国最先提出调查的创意,但在 19 世纪 20 年代,英国政府并未鼓励国内的地质学界与工业界采取行动。埃利・德・博蒙和迪弗雷努瓦的工作,提供了将地质学整合入政府的模式。英国政府 1832 年开始行动,数年内建立起第一个常设的调查机构,即大不列颠地质调查所(Geological Survey of Great Britain)。[11] 与此相似,美国各州政府 19 世纪 30 年代初开始尝试展开调查,但联邦政府直到 19 世纪后半叶才资助一个全国性的调查所。

112

和矿业学院比较,调查对地质学发展的影响要大得多,部分归因于到 19 世纪第二个 25 年,调查成长为支撑地质学的主要体制。事实上,调查组织作为科学机构在 19 世纪进入全盛期,聘用了大量(也许是绝大多数)地质学家。作为科学在政府制度框架内机构化大趋势的一部分,调查组织成为地质学家的就业资源,同时使地质学合法化。作为科学的社会历史的组成,调查机构的建立被视为迈向专业化的一种进步。可以说,调查是地质学家的训练场。他们中大多数在此积累野外经验,如识别岩石、化石、地层,以及针对这些现象的素描和填图等。简单来说,调查是 19 世纪地质学的驱动机之一。[12]

[11] Rudwick,《泥盆系大辩论:绅士专家中科学知识的塑造》,第 91 页;James A. Secord,《作为研究学校的大不列颠地质调查所(1839～1855)》(The Geological Survey of Great Britain as a Research School, 1839－1855),《科学史》,24(1986),第 223 页～第 275 页。

[12] Secord,《作为研究学校的大不列颠地质调查所(1839～1855)》,Stephen P. Turner,《19 世纪美国地质调查:资助形式的演化》(The Survey in Nineteenth-Century American Geology: The Evolution of a Form of Patronage),《密涅瓦》(*Minerva*),25(1987),第 282 页～第 330 页。

调查这一重要贡献吸引了许多历史学家的关注，纷纷分析调查机构组建、政府资助调查所的原因、时间与地点。但是讨论完调查机构的组织后，学术关注就会减弱。除了作为例外的詹姆斯·A. 西科德有关大不列颠地质调查所早期的研究，这些机构均未被看成科学研究中心。地质调查往往被描述为例行公事的平淡活动，而且经常反映出缺乏创意的“填图心态”。[13] 这一领域反而为历史研究提供了机会。

还可以找到另一件事来解释调查与产业界的关系。以下对英国、美国调查所的回顾指出两者的关联，同时标出也许值得探讨的问题。必须事先提到的一个重点，是多数调查组织都有其正式历史。这些历史虽然各有局限，但包含未经引用的丰富资料，涉及有关地质调查师面对的目标、实际和问题。[14] 这些资料还揭示，超越其机构、职业等方面的所有重要意义，调查所还做出事关重大的科学贡献，即系统化勘察——通过调查新区域的地质学取得的进展。虽然也许看起来很显然，但仅就其吸引了对作为19世纪地质学显著特征的野外工作的关注，这点也值得强调。但下一个问题，即选择哪个区域填图、如何研究，则引导我们审视产业界对19世纪地质学的影响。

大不列颠地质调查所得以成立，基于其实用前景。虽然部分学者将豪言壮语划入老生常谈，但调查工作中的经济内容仍然值得重新考虑。地质调查师的大量著述以及两部官方历史，揭示现实利益是调查设计、实施的决定因素。即使调查所成立初期并非如此，到19世纪下半叶已是如此。继续在调查中保持绅士外行的价值观，受到了怀疑。历史学家，尤其是波特和西科德，坚持认为鉴于历任所长推出的项目及其个性，调查所体现出科学理论重于实用的倾向。[15] 这些所长包括亨利·托马斯·德拉·贝施（1832～1855任所长）、罗德里克·麦奇生（1855～1871任所长）、安德鲁·拉姆齐（1871～1881任所长）、阿奇博尔德·盖基（1882～1901任所长）、J. J. H. 蒂尔（1901～1914任所长）等。然而众所周知，贝施担任所长期间，调查所在康沃尔郡（Cornwall）的矿区起步，然后在19世纪40年代迁到南威尔士的煤田。1850～1855年，调查所开始在英格兰中部地区的煤田展开工作。

调查工作中煤矿研究的地点，也许是发现英国地质学中矿业作用的一条途径。当王家煤矿委员会（Royal Commission on Coal，1866～1871）成立以调查资源枯竭等专题，调查机构随即响应，派出大多数人员做煤田调查，尤其是拉姆齐担任所长期间。此外，委员会的建议影响了地质调查方法。早期完成的地质图比例为1英寸∶1英里，而煤田

[13] Secord，《作为研究学校的大不列颠地质调查所（1839～1855）》。有关填图心态，参看 David R. Oldroyd，《思考地球：地质学思想史》（*Thinking about the Earth: A History of Ideas in Geology*, London: Athlone, 1996），第5章。

[14] 有关英国，参看 Edward Bailey，《大不列颠地质调查所》（*Geological Survey of Great Britain*, London: Thomas Murby, 1952）；John Smith Flett，《大不列颠地质调查所的第一个百年》（*The First Hundred Years of the Geological Survey of Great Britain*, London: His Majesty's Stationery Office, 1937）。关于美国，参看 Mary C. Rabbitt，4卷本《属于共同防御和全民福利的矿物、土地、地质学》（*Minerals, Lands, and Geology for the Common Defense and General Welfare*, Washington, D. C.: U. S. Government Printing Office, 1979-86）。

[15] Secord，《作为研究学校的大不列颠地质调查所（1839～1855）》；Roy Porter，《绅士与地质学：科学职业的出现（1660～1920）》（Gentlemen and Geology: The Emergence of a Scientific Career, 1660-1920），《历史期刊》（*The Historical Journal*），21（1978），第809页～第836页。

114 需要更详细的图,因此地质图比例转换成6英寸:1英里。[16]

在20世纪,调查将经济资源摆在首位。自从另一个王家煤矿委员会(1905年提交最后报告)由1901年起考虑制图的状态和煤田的范围、结构,"地质调查所的所有工作项目都特别关注煤田勘探"。[17] 从蒂尔任所长时开始,调查所的研究内容包括经济矿物的化学分析。第一次世界大战催生大批应用研究,如《矿物资源特别报告》(*Special Reports on Mineral Resources*,1919),其中3卷论述铁矿。

矿物资源从而成为调查的中心。贝施及其继任所长的精力,集中在能得到最大经济回报的领域。有鉴于此,以及当时最卓越的地质学家为调查机构工作的事实,英国地质学界与工业界之间关系的问题看来值得进一步探讨。

美国的地质调查,提供了了解工业界在19世纪地质学发展中作用的最佳范例。为发现、描述、开发自然资源而设计的调查所,得以建立的主要原因就是经济。如同英国的情况,美国的调查也借助实用为说辞而合法化。[18] 事实上,美国地质学家大多将经济成果排在理论工作前面。这并不意味着理论缺失,但美国地质学家清楚意识到,需要在良好的研究水平和有用的资料之间达到平衡。现实中,地质调查将研究和服务公众、科学和功利互相挂钩。这一动态很大程度上塑造出美国地质学。[19]

19世纪早期、中期,调查主要由各州政府而非联邦政府组织。各州以内务改善(或称为公共工程)为名义,向调查注资。联邦政府既无政治意愿,也无宪法权利推开全国性的调查。北卡罗来纳于1823年成为资助调查的第一个州,其他州,尤其是北部各州 115 很快跟进。至1850年,联邦总共30个州中21个州分别展开一次调查;至1990年,45个州中将近40个州分别资助至少一次调查。[20]

[16] 这次调查于19世纪50、60年代绘制了兰开夏、约克郡、达勒姆、诺森伯兰、坎伯兰等地煤田地质图,此后10年从中洛锡安开始,覆盖苏格兰煤田。参看Flett,《大不列颠地质调查所的第一个百年》,第73页~第92页;Bailey,《大不列颠地质调查所》,第75页~第82页。

[17] Flett,《大不列颠地质调查所的第一个百年》,第144页。

[18] 关于政府组织调查的政治经济学,参看Hugh Richard Slotten,《资助、实践和美国科学文化:亚历山大·达拉斯·贝奇和美国海岸调查》(*Patronage, Practice, and the Culture of American Science: Alexander Dallas Bache and the US Coast Survey*, Cambridge: Cambridge University Press, 1994);Howard S. Miller,《用于研究的美元:19世纪美国的科学及其赞助人》(*Dollars for Research: Science and Its Patrons in Nineteenth-Century America*, Seattle: University of Washington Press, 1970);Walter B. Hendrickson,《19世纪各州地质调查:早期政府对科学的支持》(Nineteenth-Century State Geological Surveys: Early Government Support of Science),《爱西斯》(*Isis*),52(1961),第357页~第371页。

[19] 马萨诸塞州第一次地质调查(1830~1833)的主任爱德华·希契科克是第一位出版报告的州政府地质学家。他建立一个先例,将报告分成"经济"和"科学"两部分。参看Edward Hitchcock,2卷本《关于马萨诸塞州地质的最终报告》(*Final Report on the Geology of Massachusetts*, Northampton, Mass.: J. H. Butler, 1841)。

[20] 有几个州,包括阿拉巴马、新罕布什尔、宾夕法尼亚等,在南北战争前展开一次调查,在镀金时代也展开一次。诸如印第安纳、肯塔基、密苏里、新泽西等其他州,19世纪展开三次或更多次调查。关于美国调查的最佳研究仍然是George P. Merrill,《美国地质学的第一个百年》(*The First One Hundred Years of American Geology*, New Haven, Conn.: Yale University Press, 1924)。也可参看George P. Merrill,《美国各州地质和自然史调查对历史的贡献》(*Contributions to a History of American State Geological and Natural History Surveys*, Smithsonian Institution, United States National Museum, Bulletin 109, Washington, D.C.: U.S. Government Printing Office, 1920)。

早期的调查,经济方面主要关心农业、交通、矿业等。[21] 对南部和中西部各州来说,农业特别重要。北卡罗来纳(1823)、南卡罗来纳(1824)、佐治亚(1836～1840)、密歇根(1837～1842)等州,立法官员要求得到关于土壤、泥灰土沉积和其他矿物肥料的详细报告。俄亥俄州(1837～1839)调查所所长威廉·W. 马瑟(1804～1859)负责勘探对产业(包括"农业产业")有用的矿物。由于部分议员抱怨只有铁矿区、煤矿区从调查中得益,有关法案未能通过。[22] 其他州要求得到有关道路、运河、铁路可行性路线的资料。马里兰(1833～1840)和弗吉尼亚(1835)的地质学家为主管交通的部门工作。[23] 在康涅狄格(1835)和印第安纳(1837～1838),调查所和运河、道路建设有直接关系。纽约州自然史调查(1836～1842)是战前规模最大、资金最充足的项目,但因有关运河的资金出现问题而几乎取消。州长威廉·苏厄德动用矿业的预期收益,才保证了开支。然而具讽刺意味的是,接受指示寻找有开采价值煤矿范围的地质学家于1839年发现,纽约州境内的地层太老,没有这类煤矿。凭借一些巧妙的政治运作,调查以查明其他矿物资源的名义,又延续了3年。[24]

虽然各州展开的调查都是临时的、短期内完成的任务,但其影响深远。当时美国虽然有讲授、研究地质学或其他科学的学院、大学、矿业学校,但为数不多。各州展开的调查成为美国地质学成长的机构性基地,而且成为政府资助科学的先例。[25] 调查结果不仅永远存在,而且令人印象深刻,包括涵盖密西西比河以东北美大陆的报告、垂直剖面(图)和地质图。其中最突出的成果,是北美东部最古老的古生代地层"纽约系"的识别、排序和命名。纽约系此后成为美洲大陆西部和欧洲地层对比的标准。[26]

116

宾夕法尼亚州的调查(1836～1842)对矿业的关注,直接导致持久的理论贡献。担任调查主任的亨利·达尔文·罗杰斯(1808～1866)及其助手J. 彼得·莱斯利(1819～1903)全力以赴,勘察该州东北部无烟煤盆地和匹兹堡周围西部地区含沥青煤田的构造。罗杰斯和莱斯利证明,无烟煤和含沥青煤同一时间沉积,两者之间的差

[21] Michele L. Aldrich,《美国各州地质调查(1820～1845)》(American State Geological Surveys, 1820-1845);William M. Jordan,《19世纪早期至中期宾夕法尼亚的地质学和工业革命》(Geology and the Industrial Revolution in Early to Mid Nineteenth Century Pennsylvania),均载于Cecil J. Schneer编,《美国地质学200年》(*Two Hundred Years of Geology in America*, Hanover, N. H.: University Press of New England, 1979),第91页～第103页,第133页～第143页;Michele L. Aldrich,《纽约州自然史调查(1836～1842):美国科学史中的一章》(*New York State Natural History Survey, 1836-1842: A Chapter in the History of American Science*, Ithaca: Paleontological Research Institution, 2000)。

[22] Merrill,《美国各州地质和自然史调查对历史的贡献》,特别是第390页～第397页。

[23] Michele L. Aldrich和Alan E. Leviton,《威廉·巴顿·罗杰斯和弗吉尼亚地质调查(1835～1842)》(William Barton Rogers and the Virginia Geological Survey, 1835-1842),载于James X. Corgan编,《南北战争前南方的地质科学》(*The Geological Sciences in the Antebellum South*, Tuscaloosa: University of Alabama Press, 1982),第83页～第104页;R. C. Milici和C. R. B. Hobbs,《威廉·巴顿·罗杰斯和弗吉尼亚第一次地质调查(1835～1841)》(William Barton Rogers and the First Geological Survey of Virginia, 1835-1841),《地球科学史》(*Earth Sciences History*),6(1987),第3页～第13页。

[24] Aldrich,《纽约州自然史调查(1836～1842):美国科学史中的一章》。

[25] 调查经常支持其他学科,包括古生物学、矿物学、植物学、动物学、农学或土壤化学。

[26] Patsy A. Gerstner,《亨利·达尔文·罗杰斯和威廉·巴顿·罗杰斯论美国古生界岩石命名法》(Henry Darwin Rogers and William Barton Rogers on the Nomenclature of the American Paleozoic Rocks),载于Schneer编,《美国地质学200年》,第175页～第186页;Cecil J. Schneer,《埃比尼泽·埃蒙斯和美国地质学基础》(Ebenezer Emmons and the Foundations of American Geology),《爱西斯》(*Isis*),60(1969),第437页～第450页。

异反映出沉积物所受温度和压力不同,无烟煤经历的过程较为激烈。和某些英国地质学家的理论不同,无烟煤和含沥青煤的差别,并非由不同有机物质或不同沉积作用造成,而是后期改造的结果。用罗杰斯的话来说,无烟煤在阿巴拉契亚山脉形成过程中被"去沥青化",意味着造山应力东侧强于西侧。这一理论的产业应用显而易见,试图在阿巴拉契亚山脉以西寻找无烟煤的公司失败。这一理论在科学上的应用同样伟大,无烟煤和含沥青煤起源的解释,为罗杰斯的造山理论提供了重要证据。该理论将阿巴拉契亚山脉的形成归因于在东侧聚集的地下应力,向西传递时逐步衰减,而不是逐渐而持续抬升这一地区。煤从而成为突变论者和均变论者就造山运动成因的辩论中的关键。[27]

南北战争以后,美国地质学界令人兴奋的研究,从美洲大陆东部移到密西西比河以西的广大地区,同时得到新的资助者,即美国联邦政府。1867年,美国国会授权展开两项调查:由克拉伦斯·金(1842～1901)主持的"沿北纬40°地质勘查"和由费迪南德·V. 海登(1829～1887)主持的"领土地质与地理调查"。金团队的调查路线沿1869年完成的第一条横贯大陆铁路,海登团队的调查涵盖内布拉斯加、怀俄明、科罗拉多等州。1871年,国会又组建了两支团队——由约翰·韦斯利·鲍威尔(1834～1902)主持的"落基山地区地质与地理调查"和由工程兵乔治·M. 惠勒中尉主持的"西经100°以西地理调查"。这些调查的总体成功为历史学家所熟知,而其经济意义也不应低估。调查的目的,是收集、整理也许能够指导地区未来发展的有用资料,并进行分类。在这方面,金优先考虑矿业。他最先出版的调查报告,讨论内华达州卡姆斯托克(Comstock)矿脉的银铅矿。然而在19世纪60和70年代,联邦对调查的资助随意而零碎。[28]

为了整合这些分散的项目,国会于1879年创立美国地质调查所(United States Geological Survey,缩写为USGS)。通过立法行为,地质调查成为美国政府一个常设行政功能。USGS首任所长金(1879～1881),制定以经济资源为中心的日程。他将调查

[27] Henry Darwin Rogers,2卷本《宾夕法尼亚地质》(*The Geology of Pennsylvania*, Philadelphia: Lippincott, 1858);Paul Lucier,《科学家与骗子:美国煤与石油的咨询业务(1820～1890)》(*Scientists and Swindlers: Consulting on Coal and Oil in America, 1820-1890*, Baltimore: Johns Hopkins University Press, 2000);Patsy A. Gerstner,《亨利·达尔文·罗杰斯(1808～1866):美国地质学家》(*Henry Darwin Rogers, 1808-1866: American Geologist*, Tuscaloosa: University of Alabama Press, 1994)。关于无烟煤矿和地质学家的作用,参看Anthony F. C. Wallace,《圣克莱尔:一个19世纪煤城的易受灾行业的经历》(*St. Clair: A Nineteenth-Century Coal Town's Experience with a Disaster-Prone Industry*, Ithaca, N.Y., Cornell University Press, 1988)。

[28] James D. Hague(其中有Clarence King地质学方面的贡献),《矿业·第三卷·沿北纬40°美国地质勘查报告》(*Mining Industry*, vol. III: *Report of the U.S. Geological Exploration of the Fortieth Parallel*, Washington, D.C.: U.S. Government Printing Office, 1870);Mary C. Rabbitt,4卷本《属于共同防御和全民福利的矿物、土地、地质学·第1卷·1879年以前》(*Minerals, Lands, and Geology for the Common Defense and General Welfare*, Vol. 1: *Before 1879*, Washington, D.C.: U.S. Government Printing Office, 1979);Thomas G. Manning,《科学中的政府机构:美国地质调查所(1867～1894)》(*Government in Science: The U.S. Geological Survey, 1867-1894*, Lexington: University of Kentucky Press, 1967);Thurman Wilkins,《克拉伦斯·金传记》(*Clarence King: A Biography*, New York: Macmillan, 1958);James G. Cassidy,《费迪南德·V. 海登:科学企业家》(*Ferdinand V. Hayden: Entrepreneur of Science*, Lincoln: Univ. of Nebraska Press, 2000);Donald Worster,《大河西流:约翰·韦斯利·鲍威尔的一生》(*A River Running West: The Life of John Wesley Powell*, New York: Oxford Univ Press, 2001)。

所分成两个部分，即矿物地质学部和普通地质学部，推出西部矿区的详细研究计划。他认为，USGS 的目标是向产业提供资料，因此 USGS 的大部分资金和人力直接投入调查金、银、铜等在西部最富集的资源。[29]

从成立之日至今，USGS 一直致力于勘察、评估自然资源。USGS 宏大的经济框架中，涌现出第一流的科学成果。在许多成果中，人们会想起格罗夫·卡尔·吉尔伯特（1843～1918）、乔治·F. 贝克尔（1847～1919）、塞缪尔·富兰克林·埃蒙斯、查尔斯·范海斯（1857～1918）等人的研究。[30] 具备同时从事科学研究和经济调查的能力，是 USGS 的特点。值得再次强调，作为科学机构的各州和联邦所组织的调查队的成功，基于公众和产业界相信地质学有用。

118

私营调查

虽然 19 世纪多数地质学家在政府资助的调查中任职，但还有一种与产业有更多直接联系的雇主资助的调查，即私营调查。这种商业行为至少可以追溯到 18 世纪后期，当时往往被称为工程师的矿物调查人员积极介入寻找煤、铁或其他矿物资源。

从 18 世纪后半叶到 19 世纪之初，英国的矿物调查师在财务方面和学问方面都大有起色。这些从业人员得到的支持，来自公众捐款或富裕的不动产拥有人。通过使用新系统识别、排序、追踪岩石，调查师做出有价值的贡献。约翰·法利（1766～1826）、罗伯特·贝克韦尔（1768～1843）、阿瑟·艾金（1773～1854）、约翰·泰勒（1779～1863）等广为人知的调查师，扩展了勘探和填图项目。[31] 最著名的调查师是威廉·史密斯（1769～1839），他从英格兰南部开始的私营调查，产生深远影响。被誉为“英国地质之父”的史密斯，是最先应用特征化石对比出现在相隔遥远地理区域而又相似的

[29] 除了在 USGS 发挥作用，金在美国第 10 次国情普查中组织了对矿物资源系统的再调查。关于贵金属、铁矿床、石油的众多图书，是有待发掘的地质学资料的丰富资源。参看 Mary C. Rabbitt，4 卷本《属于共同防御和全民福利的矿物、土地、地质学·第 2 卷·1879～1904》（*Minerals, Lands, and Geology for the Common Defense and General Welfare*, Vol. 2: *1879-1904*, Washington, D. C.: U. S. Government Printing Office, 1979）。

[30] R. H. Dott, Jr.，《美国逆流——19 世纪末奔赴东部的地质学家及其主张》（The American Countercurrent-Eastward Flow of Geologists and Their Ideas in the Late Nineteenth Century），《地球科学史》，9（1990），第 158 页～第 162 页；Stephen J. Pyne，《格罗夫·卡尔·吉尔伯特：伟大的研究推动者》（*Grove Karl Gilbert: A Great Engine of Research*, Austin: University of Texas Press, 1980）；John W. Servos，《专业化的智力基础：地球化学在美国（1890～1915）》（The Intellectual Basis of Specialization: Geochemistry in America, 1890-1915），载于 John Parascandola 和 James C. Whorton 编，《现代社会中的化学：纪念阿龙·J. 伊德历史文集》（*Chemistry in Modern Society: Historical Essays in Honor of Aaron J. Ihde*, Washington, D. C.: American Chemical Society, 1983），第 1 页～第 19 页。

[31] Hugh Torrens，《资助和问题：银行和地球科学》（Patronage and Problems: Banks and the Earth Sciences），载于 R. E. R. Banks 等编，《约瑟夫·班克斯爵士：全球视野》（*Sir Joseph Banks: A Global Perspective*, London: Kew Royal Botanic Gardens, 1994），第 49 页～第 75 页；Hugh Torrens，《阿瑟·艾金对什罗普郡的矿物调查（1796～1816）和地质学出版物的现代读者》（Arthur Aikin's Mineralogical Survey of Shropshire 1796-1816 and the Contemporary Audience for Geological Publications），《英国科学史杂志》（*British Journal for the History of Science*），16（1983），第 111 页～第 153 页；Roger Burt，《约翰·泰勒：矿物企业家和工程师（1779～1863）》（*John Taylor: Mining Entrepreneur and Engineer, 1779-1863*, London: Moorland, 1977）。

岩石组合的人之一。[32] 他率先采取用结构顺序为地层排序的方法，完成包括英格兰、威尔士、苏格兰一部分在内的地质图，在图中勾画出他确定的地层单元并渲染颜色。很可能还有其他矿物调查师，但他们的姓名被地质学历史所忽略。[33] 一般认为，造成忽略是由于1820年以后，伦敦地质学会那些追求"优雅观赏性非产业地质学"的绅士专家们，压倒从事实际工作的调查师。[34] 私营调查是否继续，[35] 还有这些调查如何被纳入大不列颠地质调查所的专业活动，都是非常值得探讨的专题。

在美国，几位卓越的地质学家欢迎私营调查的机会，并提出为矿业企业，尤其是煤炭公司、铁矿公司进行调查。被称为科学咨询的这种行为，在19世纪中期非常流行，并延续至今。对于试图解释科学与产业之间关系的学者而言，19世纪的美国人是创新者又是领先的实践者这点十分重要。[36] 咨询开创了将科学专才商业化的先例。[37] 美国人深入地思考了有关产业对研究活动及结果的影响等新的棘手问题。他们所面对

[32] 几位历史学家讨论过威廉·史密斯的工作。例如，参看 Hugh Torrens，《威廉·史密斯的探矿新技术和"布雷昂煤炭计划"：英格兰西南部煤炭勘探的不幸尝试（1803～1810）》（Le 'Nouvel Art de Prospection Minière de William Smith et le "Projet de Houillère de Breham"：Un Essai Malencontreux de Recherche de Charbon dans le Sud-Ouest de l'Angleterre, entre 1803 et 1810），载于《弗朗索瓦·埃伦贝格尔庆祝文集》（*Livre Jubilaire pour François Ellenberger*, Paris：Société; Schneer, géologique de France, 1988），第101页～第118页；Joan M. Eyles，《威廉·史密斯：其生活和工作的若干方面》（William Smith：Some Aspects of His Life and Works），载于 Schneer 编，《论地质学史》，第142页～第158页。马丁·拉德威克已经论证过，亚历山大·布龙尼亚（Alexandre Brongniart, 1770～1847）和乔治·居维叶（1769～1832）在地层地质学或地史地质学形成时起过重要作用。参看 Martin Rudwick，《矿物、地层和化石》（Minerals, Strata and Fossils），载于 N. Jardine、J. A. Secord、E. C. Spary 编，《自然史文化》（*Cultures of Natural History*, Cambridge：Cambridge University Press, 1996），第266页～第286页；Martin Rudwick，《居维叶和布龙尼亚、威廉·史密斯，以及地史学的重建》（Cuvier and Brongniart, William Smith, and the Reconstruction of Geohistory），《地球科学史》，15（1996），第25页～第36页。

[33] 休·托伦斯的工作不同寻常。他发掘出许多18世纪和19世纪初的探矿者。例如，参看 Hugh Torrens，《约瑟夫·哈里森·弗赖尔（1777～1855）：英格兰（1803～1825）和南美（1826～1828）的地质学家和矿业工程师，失败者研究》（Joseph Harrison Fryer [1777-1855]：Geologist and Mining Engineer, in England 1803-1825 and South America 1826-1828. A Study in Failure），载于 S. Figueirôa 和 M. Lopes 编，《拉丁美洲地质科学：科学关系和交流》（*Geological Sciences in Latin America：Scientific Relations and Exchanges*, Campinas：UNICAMP/IG, 1995），第29页～第46页。

[34] Jack Morrell，《经济地质学和装饰地质学：约克郡西区的地质和综合技术学会（1837～1853）》（Economic and Ornamental Geology：The Geological and Polytechnic Society of the West Riding of Yorkshire, 1837-53），载于 Ian Inkster 和 Jack Morrell 编，《宗主国与殖民地：英国文化中的科学（1780～1850）》（*Metropolis and Province：Science in British Culture, 1780-1850*, Philadelphia：University of Pennsylvania Press, 1983），第231页～第256页，引文在第233页。尼古拉斯·A. 吕普克认为，对地质学的经济意义关注度低、不感兴趣，是"英国地质学派"的特征。参看 Rupke，《历史巨链：威廉·巴克兰和英国地质学派（1814～1849）》，第15页～第18页。也可参看 Porter，《绅士与地质学：科学职业的出现（1660～1920）》；Roy S. Porter，《地质学的形成：英国的地球科学（1660～1815）》（*The Making of Geology：Earth Science in Britain, 1660-1815*, Cambridge：Cambridge University Press, 1977）；Jean G. O'Connor 和 A. J. Meadows，《英国地质学中的专业化和职业化》（Specialization and Professionalization in British Geology），《科学的社会研究》（*Social Studies of Science*），6（1976），第77页～第89页。蕾切尔·劳丹认为，与实践地质学家相反，地质学会内的绅士们阻碍了19世纪早期地质学的发展。参看 Rachel Laudan，《英国地质学的理念和组织：机构史案例研究》（Ideas and Organizations in British Geology：A Case Study in Institutional History），《爱西斯》，68（1977），第527页～第538页。

[35] Jack Morrell，《约翰·菲利普斯与维多利亚时代科学的事务》（*John Phillips and the Business of Victorian Science*, Aldershot：Ashgate, 2005）。

[36] Paul Lucier，《商业利益与科学的无私：美国南北战争前充当顾问的地质学家》（Commercial Interests and Scientific Disinterestedness：Consulting Geologists in Antebellum America），《爱西斯》，86（1995），第245页～第267页。

[37] 有关充当顾问的化学家的近来工作，例如，参看 Colin A. Russell，《爱德华·弗兰克兰：维多利亚时代英格兰的化学、争论和阴谋》（*Edward Frankland：Chemistry, Controversy, and Conspiracy in Victorian England*, Cambridge：Cambridge University Press, 1996）；Katherine D. Watson，《作为专家的化学家：威廉·拉姆齐爵士的咨询职业》（The Chemist as Expert：The Consulting Career of Sir William Ramsay），《炼金术史和化学史学会期刊》（*Ambix*），42（1995），第143页～第159页。

的包括对其职业操守的质疑，还有针对私营企业包揽科学是否正当的怀疑。[38] 就社会和体制环境而言，美国也许是个例外。美国既没有英国那种独立存在的绅士外行阶层，也没有像欧洲大陆那样的政府矿业学术机构，政府的支持（即各州组织的调查）是临时的。此外，美国人明显表现出接受实用科学的文化。比起欧洲同行，美国人与产业直接挂钩时的确显得更加通情达理。不过如前所述，其他国家也像美国一样，在矿物调查和咨询方面需要更多研究。[39]

120

产业科学

历史学家和科学家会同意，产业界在地质学最基本的层面（即勘查）帮助了地质学的发展。通过开挖泥土，产业界确确实实将一度藏埋的岩石、化石、地层揭开，供地质学家观察。开矿、采石、挖井、修路、建运河等工地，极大激励了探索。如果有关公司允许地质学家调查，这些露头就成为地质研究理想之地。产业界有时找到一些有趣的东西，却意识不到这些东西可能导出新研究或科学新学科。石油地质学和经济地质学，就是这类产业触发的两个例子。

1859 年，人们在宾夕法尼亚西部发现石油，这确实为新产业带来动力，同时导出石油成因、分布这一科学问题。19 世纪 60 年代，地质学家（其中许多是咨询顾问）认为，石油勘探的最佳指标是地面表征，即喷油。随着石油产业扩展，地质学家很快意识到喷油不一定和地下储油层相关。事实上，部分产量最高的油井坐落在无地面表征的区域。由此地质学家重新提出解释，认为出现喷油代表石油已经逃逸。石油以液态存在，在矿物资源中非常独特。石油可以在垂直方向穿越岩层抵达地面，也可以沿水平方向穿过地层，因此很难发现。储存石油的地层未必就是石油生成的地层，另一方面，即使地下条件适合生产石油，但未必适合石油积累。了解支配油藏的各种因素，对产业和科学都事关重大。[40]

[38] Lucier，《科学家与骗子：美国煤与石油的咨询业务（1820～1890）》；Gerald White，《冲突中的科学家：加利福尼亚石油工业初期》（*Scientists in Conflict: The Beginnings of the Oil Industry in California*, San Marino, Calif.: Huntington Library, 1968）。科学咨询可感受的和事实上的滥用激起了对商业化的强烈反对，这是 19 世纪晚期"纯"科学的理想。参看 Owen Hannaway，《美国化学教育的德国模式，艾拉·雷姆森在约翰斯·霍普金斯大学（1876～1913）》（The German Model of Chemical Education in America, Ira Remsen at Johns Hopkins [1876-1913]），《炼金术史和化学史学会期刊》，23（1976），第 145 页～第 164 页；George H. Daniels，《纯科学理想和民主文化》（The Pure Science Ideal and Democratic Culture），《科学》（*Science*），15（1967），第 1699 页～第 1705 页；Henry Rowland，《为纯科学请愿》（Plea for Pure Science），《科学》，29（1883），第 242 页～第 250 页。

[39] 关于英国的咨询，参看 Geoffrey Tweedale，《地质学和工业咨询：威廉·博伊德·道金斯爵士（1837～1929）和肯特煤田》（Geology and Industrial Consultancy: Sir William Boyd Dawkins [1837-1929] and the Kent Coalfield），《英国科学史杂志》，24（1991），第 435 页～第 451 页。

[40] 美国石油工业最好的总体历史仍然是 Harold F. Williamson 和 Arnold R. Daum，《美国石油工业（1859～1899）：光明年代》（*The American Petroleum Industry, 1859-1899: The Age of Illumination*, Evanston, Ill.: Northwestern University Press, 1959）。有关石油地质学，参看 Edgar Wesley Owen，《石油发现者的艰难跋涉：石油勘探史》（*Trek of the Oil Finders: A History of Exploration for Petroleum*, Tulsa, Okla.: American Association of Petroleum Geologists, 1975）；Lucier，《科学家与骗子：美国煤与石油的咨询业务（1820～1890）》。

121 19世纪70和80年代,美国地质学家(其中大多数当时为宾夕法尼亚、俄亥俄、西弗吉尼亚、加拿大等地质调查机构做事)引入有关储油层结构和地下流体动力学的各种理论。作为一个粗略的框架,他们奠定了发现石油的三大原则:(1)物质来源(动物、植物物质的分解),(2)多孔而可渗透的储油岩石(通常是砂岩或石灰岩),(3)不可渗透的盖油层(如页岩)。控制石油积累的最主要地质构造是背斜,石油向背斜的顶部迁移。[41] 到19世纪最后数十年,地质学家已经系统阐述勘查石油的理论和实践学说,成为19世纪美国最重要的智力贡献之一。

经济地质学的历史,至少在美国的部分是相似的。跨越密西西比河以西的淘金热、采银潮、铜矿突击等,激励了对这些矿物的科学调查。由USGS主导,通过对包括内华达州的卡姆斯托克矿脉、内华达州的尤里卡(Eureka)、科罗拉多州的莱德维尔(Leadville)等主要矿区的研究,经济地质学在19世纪80和90年代形成。[42] 这些调查为相关研究建立一个模式,包括详细填图(地表和地下)、显微岩相学、化学分析等。这些调查还提出天然水理论,作为矿床成因的主要解释。根据这一理论,下渗的地表水通过岩石时被加热,金属离子富集,然后沿主体岩石的裂隙浓缩、沉积,形成矿床。到20世纪之初,这一理论受到其他地质学家(其中大多数在其他矿区为USGS工作)的挑战。这些科学家支持岩浆水理论,认为矿床的形成,是侵入岩浆岩中的水上渗富集的结果。分别持两种理论的地质学家就某些原则达成一致(非常类似石油地质学中的原则):(1)来源(主体岩石或侵入岩浆岩),(2)搬运介质(水,下渗或上渗),(3)沉积(岩脉)。他们还同意,关于矿区的详细研究是经济地质学的基石。[43]

122 在20世纪,随着地质学融入产业界,石油地质学、经济地质学和其他许多分支被改组,有时被重新定义。1900年以前,地质学家(以及其他科学家)拒绝到产业界求职,也不期望成为**非独立**雇员。他们宁可以**独立**专家身份,担任兼职而作用有限的科学咨询顾问,以及在与产业有**非直接**联系的调查所、研究所展现其石油地质、经济地质方面的专长。产业界雇用地质学家这件事本身及其对科学理论、方法、实践的影响,可

[41] 关于这点的最佳证据来自由爱德华·奥顿(1829～1899)主持的俄亥俄州第二、第三次调查(1869～1885、1889～1893)。背斜理论通常归功于奥顿,尽管J. 彼得·莱斯利以及宾夕法尼亚州第二次调查(1874～1888)的有关人员坚决反对。参看Keith L. Miller,《爱德华·奥顿:石油地质学先驱》(Edward Orton: Pioneer in Petroleum Geology),《地球科学史》,12(1993),第54页～第59页;Stephen F. Peckham,《关于石油生产、技术、使用及其产品的报告·第10卷·美国第10次国情普查》(*Report on the Production, Technology, and Uses of Petroleum and Its Products*, vol. 10: *U. S. Tenth Census*, U. S. Congress 2nd Session, H. R. Misc. Doc. 42, Washington, D. C.: U. S. Government Printing Office, 1884)。

[42] G. F. Becker,《卡姆斯托克矿脉和沃舒地区地质:美国地质调查专题文集(3)》(*Geology of the Comstock Lode and Washoe District: U. S. Geological Survey Monograph 3*, Washington, D. C.: U. S. Government Printing Office, 1882);S. F. Emmons,《科罗拉多州莱德维尔的地质和矿业:美国地质调查专题文集(12)》(*Geology and Mining Industry of Leadville, Colorado: U. S. Geological Survey Monograph 12*, Washington, D. C.: U. S. Government Printing Office, 1886);Arnold Hague,《内华达州尤里卡地区地质:美国地质调查专题文集(20)》(*Geology of the Eureka District, Nevada: U. S. Geological Survey Monograph 20*, Washington, D. C.: U. S. Government Printing Office, 1892)。

[43] S. F. Emmons,《从历史角度思考矿床理论》(Theories of Ore Deposition, Historically Considered),《美国地质学会通报》(*Bulletin of the Geological Society of America*),15(1904),第1页～第28页;L. C. Graton,《矿床》(Ore Deposits),载于《地质学(1888～1938):50周年庆祝卷》(*Geology, 1888-1938: Fiftieth Anniversary Volume*, New York: Geological Society of America, 1941),第471页～第509页。

以说是 20 世纪地质学的关键变化,是迫切需要历史学分析的现象。

在石油工业中,地质学家最早于 18 世纪 90 年代在加利福尼亚州成为雇员。为了挑战约翰·D. 洛克菲勒旗下标准石油的垄断地位,各石油产品公司制定范围广阔的战略,包括到斯坦福大学、加州大学伯克利分校等大学雇毕业生找油。[44] 其他公司,主要为美国公司(诸如德士古[Texaco]和海湾石油[Gulf Oil]等)但包括一家英国企业墨西哥鹰油(El Aguila),开始派地质学家到俄克拉何马、得克萨斯、墨西哥等地勘查。勘查本来就是地质学家的工作,石油工业很快成为地质学家的最大雇主。到 20 世纪 50 年代,世界上最大规模、最昂贵的地球科学实验室由各大石油公司经营。

进入 20 世纪之际,矿业公司开始雇用地质学家。设在蒙大拿州比尤特(Butte)的安那康达铜业公司(Anaconda Copper Mining Company),在美国最早成立地质部门。诸如国际镍业等大型企业,模仿"安那康达学派"的做法,为地质研究和冶金研究建立实验室。在 20 世纪 20 年代,超级矿业集团开始建立子公司,例如古根海姆勘探公司(Guggenheim Exploration Company),就是为了支持持续的和积极进取的勘查新产业,尤其是在非洲。到第二次世界大战期间,大多数大型矿业公司都设立了地质部门。[45]

随着产业界越来越依赖地质学,科学家寻求得到专业认可。[46] 早在 1917 年,小规模的西南石油地质学家协会(Southwestern Association of Petroleum Geologists)在俄克拉何马州的塔尔萨(Tulsa)成立。过了一年,该协会改名为美国石油地质学家协会(American Association of Petroleum Geologists,缩写为 AAPG)。这次更名反映出石油在美国经济的中心地位(供内燃机使用的汽油已经成为主要产品,超越照明用煤油),以及石油的军事战略价值。到 1920 年,石油地质成为地球科学内成长最快的科目,AAPG 成为世界上最大的地质团体。[47] 矿业地质学家群体,也出现类似模式。他们于 1920 年成立经济地质学家学会(Society of Economic Geologists),到 1940 年,经济地质学成为美国地质学会(Geological Society of America)最大的分会(AAPG 不属于美国地质学会)。[48] 简而言之,产业界对 20 世纪美国地质界的社会、职业团体有巨大影响。

123

这种影响力远远超出就业、专业认可的范围,产业界还塑造了地球科学的内容。企业寻求发展或应用新技术、新理论,以寻找矿物资源,从而促进了科学创新,石油工业提供了若干例子。受企业鼓励的不仅是石油地质学,而且有新的专业,包括经济古

[44] Frank J. Taylor,《黑色富矿带:一次石油搜寻如何演变为加利福尼亚州联合石油公司》(*Black Bonanza: How an Oil Hunt Grew into the Union Oil Company of California*, New York: McGraw-Hill, 1950);Gerald T. White,《美国远西地区形成的年代:加利福尼亚州标准石油公司及其前身的历史(至 1919 年)》(*Formative Years in the Far West: A History of Standard Oil Company of California and Predecessors through 1919*, New York: Appleton-Century-Crofts, 1962)。

[45] L. C. Graton,《矿业地质学 75 年的进步》(Seventy-Five Years of Progress in Mining Geology),载于 A. B. Parsons 编,《采矿业 75 年的进步(1871~1946)》(*Seventy-Five Years of Progress in the Mining Industry, 1871-1946*, New York: American Institute of Mining and Metallurgical Engineers),第 1 页~第 39 页。

[46] 迈克尔·阿龙·丹尼斯将这点称为石油地质学家的职业风格。参看 Michael Aaron Dennis,《钻探美元:美国石油储量估算的产生过程(1921~1925)》(Drilling for Dollars: The Making of US Petroleum Reserve Estimates, 1921-25),《科学的社会研究》,15(1985),第 241 页~第 265 页。

[47] 到 1960 年,成员已经稍微超过 15,000 人。参看 Owen,《石油发现者的艰难跋涉:石油勘探史》,第 1570 页。

[48] Graton,《矿床》。

生物学、显微岩性学、勘探地球物理、沉积学等(矿业公司也依赖地球物理学,尤其是地磁仪)。每个新的次级学科依次拥有自身的知识基础、实践、专业同一性。这些产业科学的增生,导致了20世纪地球科学的大部分分支和成长。[49]

换言之,20世纪地质产业的战略与结构,很大程度上决定了为产业服务的地球科学的性质。企业招募专家和专才,使得勘查成本降低、综合性提高,科学家从而得到财务激励和体制支持。并不是说产业界操纵了20世纪的地球科学的方向,新的专业一直试图保持其自立性。但作为地球科学家最大、最富有的雇主,产业界显著影响科学理论、方法、实践等,也影响了社会、专业、研究组织。至于这种影响有多么显著,则是一个迫切需要回答的问题。

地质学界和产业界

如果说产业界在地质学发展中的作用遭到历史学家忽略,地质学对产业的影响也被商业史学家、经济学家、矿业界学生所漠视。在有关淘金热、采油潮的记述中,地质学家所起作用微不足道。[50] 虽然总体看来,19世纪和20世纪早期多次著名的大举采矿行动,准确而言并非科学家所为,但有人认为在讨论后续营运时应注意地质学。进一步的勘探、确定矿床的范围,尤其当发生土地所有权、矿物权利诉讼时,[51]往往需要地质学家参与。同样地,为应对因无序的采矿热潮造成的浪费性开采,政府时常组织调查。[52]

124

从地质学家的传记和自传、政府的调查和咨询报告中,历史学家可以找到19世纪地质学和产业界之间关系的大量证据。地质学家显然和探矿者、矿山总监以及其他产业经理人合作愉快,有些时候甚至帮助确定矿物资源的位置![53] 问题在于其他例子肯定可以找到,历史学家却一直没有去寻找。地质学界和产业界之间的互动常常被忽视,因为这些是临时性、功利性或商业的互动。这点已被精确设定;19世纪的矿业不需

[49] William B. Heroy,《石油地质学》(Petroleum Geology),载于《地质学(1888～1938):50周年庆祝卷》,第511页～第548页;Donald C. Barton,《勘探地球物理学》(Exploratory Geophysics),载于《地质学(1888～1938):50周年庆祝卷》,第549页～第578页;John Law,《沉积学的分裂和投资》(Fragmentation and Investment in Sedimentology),《科学的社会研究》,10(1980),第1页～第22页。

[50] 哈罗德·F. 威廉森和阿诺德·R. 多姆提供了一个典型的例子:地质学家对早期石油公司来说"没有用处",因为石油公司不认同"基本的地质学原理",这和达尔文自然选择进化论的"正确性"的情况相似。参看Williamson和Daum,《美国石油工业(1859～1899):光明年代》,第90页。

[51] 在美国西部矿区,地质学家经常在涉及"最高点"的诉讼(apex litigation)中担任专家证人。根据美国联邦法律,矿脉的发现者有权从矿脉顶部(最高点)向下开挖,深度不限。困难当然在于如何确定矿脉终结、分叉或重新开始的位置。参看Spence,《矿业工程师和美国西部:系带长筒靴大队(1849～1933)》,第195页～第230页。

[52] 19世纪70年代早期,由于石油供过于求而展开第二次宾夕法尼亚州地质调查。参看J. Peter Lesley,《宾夕法尼亚》(Pennsylvania),载于Merrill,《美国各州地质和自然史调查对历史的贡献》,第436页。关于大不列颠地质调查所对澳大利亚和其他殖民地淘金热的反应,参看Robert A. Stafford,《帝国科学家:罗德里克·麦奇生爵士、科学探索和维多利亚时代的帝国主义》(*Scientist of Empire: Sir Roderick Murchison, Scientific Exploration and Victorian Imperialism*, Cambridge: Cambridge University Press, 1989)。

[53] 19世纪美国矿业工程师中的老前辈T. A. 里卡德认为,美国地质调查所对科罗拉多州莱德维尔的研究堪称"划时代的"。参看T. A. Rickard,《美国矿业史》(*A History of American Mining*, New York: McGraw-Hill, 1932),第132页,第140页～第141页。关于科学顾问,参看Lucier,《科学家与骗子:美国煤与石油的咨询业务(1820～1890)》。

要持续的科学勘探。[54] 两者的关系更加微妙复杂,不仅仅由于两者的互动经常以政府为中介。试图在理论地质学和实用地质学之间画出界线,不过是凭空制造分裂。

至于20世纪,地质学对产业的影响不言而喻。跨国石油企业和矿业公司内研究实验室的建立,说明它和地球科学的关联,以及地球科学发现、描述、评估矿物资源的价值。地质学已经成为产业界的永久组成部分。然而历史学家从不过问地质学的产业机构化如何影响科学界,令人觉得有些反常和困惑,只能希望地质产业将来能够受到应有的仔细研究。 125

(梁国雄 译)

[54] 为了高效率开采已探明的矿藏,矿业公司越来越依赖工程师持续提供的技术专长。参看 Kathleen H. Ochs,《美国矿业工程师的崛起:科罗拉多矿业学校案例研究》(The Rise of American Mining Engineers: A Case Study of the Colorado School of Mines),《技术与文化》(*Technology and Culture*),33(1992),第278页~第301页。

8

126

制药行业

约翰·P. 斯万

尽管制药产业对我们的日常生活具有重要的意义和影响,但在科学与医学发展的历史长河中,制药产业却没有像其他诸多领域那样得到人们的大力关注。[1] 虽然说不是因为大众媒体上没人提醒,可情况为什么如此,我们还不是十分清楚。[2] 制药行业的原始文献晦涩难懂,或许有助于解释这一行业的学术性历史研究相对落后的原因。但不管原因是什么,我们都理应更多地关注这一行业。制药属于研究最为密集的行业之一,是一种在19世纪末期霸占了药剂师一项核心职能的实体行业;并且,这一行业或许还能自称为20世纪化学疗剂革命的主要代表(实际情况也正是如此)。在整个20世纪,制药产业始终都像任何一个私营行业那样赚钱;据估计,到20世纪90年代中期,全球医药市场每年就达到了2,000亿美元的规模。到了2000年,这一数字又攀升到3,170亿美元,而北美市场就占了差不多半壁江山。[3] 制药行业也是一种能够生产出像沙利度胺这种药品的产业;这种药品,正是治疗学误入歧途,而药品监管措施也荡然无存的标志。在全球领先的药品生产国里,制药产业和药品贸易集团对立法机关具有强大的影响力。因此,以前人们对这一行业的关注落后于其他行业的做法,不可能

127

[1] 许多公司编纂了自己的企业史,但这些企业史常常都存在这种常见的问题。例如,参看 Gregory J. Higby 和 Elaine C. Stroud 编,《药学史:精选带有注释的参考文献》(*The History of Pharmacy: A Selected Annotated Bibliography*, New York: Garland, 1995),第43页~第54页。尽管人们对制药产业的研究与对进化论或科学学科的研究相比完全是小巫见大巫,但如今的历史学家似乎正在日益关注这个方面。例如,参看 James H. Madison,《礼来制药传(1885~1977)》(*Eli Lilly: A Life, 1885-1977*, Indianapolis: Indiana Historical Society, 1989);Geoffrey Tweedale,《犁巷药店:艾伦和汉伯里公司的275年与英国的制药产业》(*At the Sign of the Plough: 275 Years of Allen & Hanburys and the British Pharmaceutical Industry*, London: John Murray, 1990);Ralph Landau、Basil Achilladelis 和 Alexander Scriabine 编,《制药创新:彻底改变人类健康》(*Pharmaceutical Innovation: Revolutionizing Human Health*, Philadelphia: Chemical Heritage Press, 1999),该书在其他方面不太公正,但阿奇勒德利斯撰写的序言虽然冗长,却很有价值;还有 Jordan Goodman 和 Vivien Walsh,《紫杉酚的故事:寻找抗癌药物过程中的自然与政治》(*The Story of Taxol: Nature and Politics in the Pursuit of an Anti-cancer Drug*, Cambridge: Cambridge University Press, 2001),此书解决了关于制药产业化的一些核心问题。我们还可以举出其他的例子来。

[2] 例如,Donald Drake 和 Marian Uhlman,《制药,赚钱》(*Making Medicine, Making Money*, Kansas City, Mo.: Universal Press Syndicate, 1993),此书是以他们在《费城调查者报》(*Philadelphia Inquirer*)上论述制药行业的系列文章为基础撰写而成的。

[3] P. J. Brown,《制药行业国际商务信息服务的发展》(The Development of an International Business Information Service for the Pharmaceutical Industry),《制药史学家》(*Pharmaceutical Historian*),24(1994年3月),第3页;IMS Health,《2000年的全球药品市场——北美市场领先》(The Global Pharmaceutical Market in 2000-North America Sets the Pace),2001年3月15日,网址:http://www.imsglobal.com/insight/news_story/0103/news_story_010314.htm(2002年12月30日访问)。

是这一行业缺乏影响力导致的。

现代制药业的发端非常平凡;令人啼笑皆非的是,这一行业主要是从药房本身发展起来的。法国的安东尼·波美(1728～1804)是率先在自己的药店实验室里开始规模化生产药品的人。波美在实验室里开发并应用的那些技术,后来便成了他进行产业实践的基础;当然,那些技术都是在相应扩大规模之后,才应用到产业实践中去的。到了1775年,他的制药厂生产的药品约达2,400种,其中主要是植物性萃取药,但也有许多化学制剂。[4] 此后,欧洲从零售药房中诞生出来的制药企业不断地成倍增加,这种情况一直持续到19世纪。英国的艾伦和汉伯里(Allen and Hanburys)制药公司,就是由威廉·艾伦(1770～1843)和卢克·霍华德(1772～1864)这两位药剂师合伙开办的,他们都在那家著名的犁巷(Plough Court)药店工作;1797年,他们两人就开始生产化学制剂。[5] 德国药剂师约翰内斯·特罗姆斯多夫(1770～1837)本是一位教育工作者兼编辑,但从18世纪90年代起,他就开始提倡实用性制药和科学制药,后来又在1813年创办了一家化学制剂工厂。[6]

生物碱和染料行业的影响

生物碱的发现,始于弗里德里希·威廉·泽尔蒂纳(1783～1841)于1805年分离出吗啡,并且发现它是鸦片具有催眠作用的有效成分,是19世纪初期治疗学上最重要的进步之一。[7] 这一发现,激发了人们开始在其他药用植物中寻找有效成分的热情,并且最终将为制药行业的发展做出贡献。生物碱药效强大,常常具有毒性,也不容易分离出来。作为药用植物中的有效成分,生物碱给植物性药物剂量学带来了一场革命,因为浓度已知的药物可以直接给病人服用(类似的植物当中,生物碱的含量可能会大不相同)。法国药剂师皮埃尔-约瑟夫·佩尔蒂埃(1788～1842)和约瑟夫-别奈梅·卡旺图(1795～1877)两人,很可能是分离出生物碱最多的人。他们发现了好几种植物活性成分,其中包括番木鳖碱(1818年发现)、奎宁(1820年发现)和咖啡因

128

[4] George Urdang,《零售药房是制药行业的核心》(Retail Pharmacy as the Nucleus of the Pharmaceutical Industry),《医学史通报补编》(*Supplements to the Bulletin of the History of Medicine*),no. 3 (1944),第325页～第346页,相关内容参看第328页～第330页;Glenn Sonnedecker,《美国制药业的崛起》(The Rise of Drug Manufacture in America),《埃默里大学季刊》(*Emory University Quarterly*),21(1965),第75页～第76页。

[5] Ernest Charles Cripps,《犁巷(药店):一家著名药店的故事(1715～1927)》(*Plough Court: The Story of a Notable Pharmacy, 1715-1927*, London: Allen and Hanburys, 1927);Tweedale,《犁巷药店:艾伦和汉伯里公司的275年与英国的制药产业》;Urdang,《零售药房是制药行业的核心》,第334页～第336页。

[6] Urdang,《零售药房是制药行业的核心》,第330页,以及Sonnedecker,《美国制药业的崛起》,第76页。

[7] John E. Lesch,《一门经验科学中的概念转变:发现第一种生物碱》(Conceptual Change in an Empirical Science: The Discovery of the First Alkaloids),《物理科学史研究》(*Historical Studies in the Physical Sciences*),11(1981),第305页～第328页;Eberhard Schmauderer,"泽尔蒂纳,弗里德里希·威廉·亚当·斐迪南德"(Sertürner, Friedrich Wilhelm Adam Ferdinand),《科学传记词典》(*Dictionary of Scientific Biography*),第320页～第321页;Georg Lockemann,《吗啡发现者弗里德里希·威廉·泽尔蒂纳》(Friedrich Wilhelm Sertürner, the Discoverer of Morphine),Ralph E. Oesper翻译,《化学教育杂志》(*Journal of Chemical Education*),28(1951),第305页～第328页;Franz Kromeke,《吗啡发现者弗里德里希·威廉·泽尔蒂纳》(*Friedrich Wilh. Sertürner, der Entdecker des Morphiums*, Jena: Gustav Fischer, 1925)。

(1821年两人共同发现)。接下来,佩尔蒂埃还开办了一家企业,来生产其中的一些药品。[8] 19世纪初期从药房发展而成的其他许多企业,开始制药时主要是生产生物碱。到19世纪20年代末,两位德国药剂师也朝着这个方向迈开了步伐,那就是达姆施塔特的H. E. 默克(1794～1855),以及柏林的约翰·里德尔(1786～1843)(后来,这两个人都在化学制剂生产方面取得了更大的成就)。7年之后,英国的药剂师约翰·梅(1809～1893)创办了一家制药企业,后来这家企业则发展成了梅和贝克尔(May & Baker)公司。[9]

19世纪崛起的合成染料业,也在制药行业的发展过程中发挥了重要作用。在19世纪初期和中叶,奥古斯特·威廉·冯·霍夫曼(1818～1892)、弗里德利布·费迪南德·伦格(1794～1867)以及其他一些人,都开始对煤焦油——焦炭和煤气产生的大量副产品——进行化学研究,从而生产出许多有用产品,包括萘、苯胺和苯。1856年,霍夫曼在伦敦王家化学学院(Royal College of Chemistry)的助手威廉·亨利·珀金(1838～1907)制备出一种合成苯胺染料苯胺紫,使得英国、法国、德国和瑞士的企业纷纷开始用煤焦油生产其他染料。在这种对煤焦油的狂热风潮推动下,德国(其次是瑞士)在生产染料和其他化学品方面迅速超过英国和法国。这种情况,在很大程度上是由这些国家中化学研究的性质与制度化的程度造成的,比如李比希*的实验室就可以证明。许多学术中心都开始密切参与工业企业的运作。[10]

19世纪末,染料行业中出现了好几家制药企业;同时,这一行业中还出现了许多具有重要商业意义的药物,因为在染料行业中,化学合成正是新产品研发的基础。1863年,赫希斯特染料工厂(Farbwerke Hoechst)在德国法兰克福附近创办,生产苯胺染料;1884年,这家企业推出了第一种合成退烧药,也就是后来的镇痛药安替比林(二甲基苯基吡唑酮)。1896年,赫希斯特染料工厂将匹拉米洞(氨基比林)这种类似的药品投

〔8〕 Alex Berman,"卡旺图,约瑟夫-别奈梅"(Caventou, Joseph-Bienaimé),《科学传记词典(三)》(*Dictionary of Scientific Biography*, III),第159页～第160页;Alex Berman,"佩尔蒂埃,皮埃尔-约瑟夫"(Pelletier, Pierre-Joseph),《科学传记词典(十)》(*Dictionary of Scientific Biography*, X),第497页～第499页;Marcel Delépine,《约瑟夫·佩尔蒂埃和约瑟夫·卡旺图》(Joseph Pelletier and Joseph Caventou),Ralph E. Oesper翻译,《化学教育杂志》,28(1951),第454页～第461页;《疟疾和热带医学杂志》(*Revue du paludisme et de medicine tropicale*),《纪念佩尔蒂埃与卡旺图专刊》(Numero special a la memoire de Pelletier et de Caventou),1951。

〔9〕 Urdang,《零售药店是制药产业的核心》,第331页～第333页,第337页;Tom Mahoney,《生命商人:美国制药产业分析》(*The Merchants of Life: An Account of the American Pharmaceutical Industry*, New York: Harper and Brothers, 1959),第193页。

* 尤斯图斯·冯·李比希(1803～1873),德国著名的化学家。他最重要的贡献在于农业和生物化学,因创立了有机化学而被誉为"有机化学之父",因发现了氮对植物营养的重要性而被称为"肥料工业之父",又因发明了现代面向实验室的教学方法而被誉为历史上最伟大的化学教育家之一。——译者注

〔10〕 Fred Aftalion,《国际化学工业史》(*A History of the International Chemical Industry*, Philadelphia: University of Pennsylvania Press, 1991),Otto Theodor Benfy译,第32页～第48页;Aaron J. Ihde,《现代化学的发展》(*The Development of Modern Chemistry*, New York: Harper and Row, 1964),第454页及其后;John J. Beer,《煤焦油染料生产与现代工业研究实验室的起源》(Coal Tar Dye Manufacture and the Origins of the Modern Industrial Research Laboratory),《爱西斯》(*Isis*),49(1958),第123页～第131页。

入市场。10 年后,该企业又开始销售一种药效持久的局部麻醉药奴佛卡因(普鲁卡因)。[11] 就在赫希斯特染料工厂成立的同一年,拜耳(Bayer)公司在德国的巴门创立了。与赫希斯特染料工厂一样,拜耳公司也在 19 世纪 80 年代末期将染料厂的业务进行了扩展,开始生产合成药物,推出了另一种退烧药兼止痛药非那西丁(对乙酰氨基苯乙醚,1888 年合成)。尽管不是染料行业的一种副产品,但拜耳公司产量最大、1897 年投放市场的退热镇痛药阿司匹林(乙酰水杨酸),就是该公司精明地在内部药物研究方面进行了投资的证据。[12] 另一家德国化工企业勃林格殷格翰(Boehringer Ingelheim)公司虽然创办于 1885 年,可直到进入 20 世纪之后不久,才开始转向制药行业,并且起初主要是生产生物碱,而不是合成药物。[13]

还有好几家瑞士制药公司,它们的总部都位于巴塞尔,成立之初的情况也差不多。汽巴(Ciba)公司的前身可以追溯到 1838 年的一家染料工厂,但该公司直到 19 世纪 80 年代末才进入制药市场。该公司第一批大获成功的药品当中,有一种就是慰欧仿(碘氯羟基喹啉)。这是一种杀菌剂,1900 年推入市场。[14] 汽巴公司目前的关联企业嘉基(Geigy)公司起初是一家贸易公司,是其创始人约翰·鲁道夫·嘉基(1733～1793)在 18 世纪成立的。到了 19 世纪 50 年代,该公司已经成了一家树大根深的染料企业。嘉基公司关注药品的时间,要比其他类似的企业晚得多。进入 20 世纪之后不久,虽说公司内部有些人想要推动嘉基进一步向制药行业进军,但该公司直到 1938 年才成立了一个专门负责药品开发的部门。[15] 山德士(Sandoz)公司创立于 1885 年,原本也是一家染料生产企业,尽管在 19 世纪 90 年代初生产过几种退热止痛药,但直到第一次世界大战之前,该公司都没有正儿八经地进入制药行业。1917 年,山德士成立了一个专门负责药品研发的部门,主要研究天然物质当中的活性成分,比如麦角碱。[16]

[11] Aftalion,《国际化学工业史》,第 41 页和第 49 页;Gary L. Nelson 编,《制药公司史》(*Pharmaceutical Company Histories*, vol. 1, Bismarck, N. D.: Woodbine, 1983),第 39 页～第 40 页。也可参看 Ernst Bäumler,《颜色、配方和研究者:赫希斯特与德国化学工业史》(*Farben, Formeln, Forscher: Hoechst und die Geschichte der industriellen Chemie in Deutschland*, Munich: Piper, 1989);A. E. Schreier,《赫希斯特股份公司编年史(1863～1988)》(*Chronik der Hoechst Aktiengesellschaft, 1863-1988*, Frankfurt am Main: Hoechst, 1990)。

[12] Patrice Boussel 等,《药学与制药行业史》(*History of Pharmacy and Pharmaceutical Industry*, Paris: Asklepios Press, ca. 1982),第 217 页～第 220 页。也可参看 Erik Verg 等,《里程碑:拜耳公司的故事(1863～1988)》(*Milestones: The Bayer Story, 1863-1988*, Leverkusen: Bayer, 1988);Charles C. Mann 和 Mark L. Plummer,《阿司匹林战争:金钱、药品和 100 年的激烈竞争》(*The Aspirin Wars: Money, Medicine, and 100 Years of Rampant Competition*, New York: Random House, 1991)。

[13] Boussel 等,《药学与制药行业史》,第 223 页～第 225 页。

[14] Renate A. Riedl,《巴塞尔制药行业简史》(A Brief History of the Pharmaceutical Industry in Basel),载于 Jonathan Liebenau、Gregory J. Higby 和 Elaine C. Stroud 编,《药剂师:制药行业史论文集》(*Pill Peddlers: Essays on the History of the Pharmaceutical Industry*, Madison, Wis.: American Institute of the History of Pharmacy, 1990),第 66 页～第 68 页。也可参看 Ciba,《巴塞尔化学工业逸闻》(*The Story of the Chemical Industry in Basel*, Olten: Urs Graf, 1959)。

[15] Riedl,《巴塞尔制药行业简史》,第 63 页～第 64 页。也可参看 Alfred Bürgin,《嘉基公司史(1758～1939)》(*Geshichte des Geigy Unternehmens von 1758 bis 1939*, Basel: Geigy, 1958)。

[16] Riedl,《巴塞尔制药行业简史》,第 60 页～第 61 页。也可参看《山德士(1886～1961):75 年的研究与事业》(*Sandoz, 1886-1961: 75 Years of Research and Enterprise*, Basel: Sandoz, 1961)。

生物医药的影响

除了发现生物碱以及化学工业的成熟,19 世纪末期细菌学与免疫学领域取得的进步应用于治疗之后,也促进了制药行业的发展。1890 年,埃米尔·冯·贝林(1854～1917)和北里柴三郎(1852～1931)两人在注射过白喉毒素的动物血清里发现了一种有效的白喉抗毒素。埃米尔·鲁(1853～1933)在巴斯德研究所里对这些成果进行了大力扩充。他在 1894 年发现,马匹产生的白喉抗毒素效价比其他动物产生的白喉抗毒素要高,而他关于在实验室和临床研究中应用血清疗法的报告,也明显肯定了抗毒素的治疗价值。[17]

埃米尔·鲁的研究成果,激发了公共卫生机构和商业企业对生产白喉抗毒素的广泛关注。英国的伯勒斯维康公司(Burroughs, Wellcome and Co.)*和美国的马尔福德公司(H. K. Mulford Co.),都属于因这种医学突破而产生了巨大变革的企业。伯勒斯维康公司成立于 1880 年,因其生产的"小药片"而著称;那是一种经过压缩的片剂,其中既有当时的普通药品,比如洋地黄与鸦片,也有较不常见的制剂,比如"急行军"(Forced March)这种由古柯叶与可乐果混合制成、能够"缓解饥饿感并延长耐力"的药品。[18] 很显然,并不是这一时代的所有药品标签都具有欺骗性。

伯勒斯维康公司是英国最早生产白喉抗毒素的企业之一,曾经宣称该公司已经做好了最晚在 1894 年供应治疗用药的准备。制药领域内存有一种严重的文化障碍,使得药品生产过程中的一个组成要素,即抗毒素的生物测定,是在本单位之外进行的。1876 年制定的《虐待动物法》(Cruelty to Animals Act)规定,必须获得许可证才能用动物进行实验;伯勒斯维康公司是第一家申请此种许可证的商业企业,因此当局还就其申请争论了一年半的时间,最终才在 1901 年接受这一申请。[19] 此事对该公司的发展与名气具有极其重要的意义,因为它发挥了作用,导致该公司创立了维康生理学研究实验室(Wellcome Physiological Research Laboratories)。

如果美国的马尔福德公司是在新西泽州开办的,那么该公司也会面临反动物实验法带来的种种困难。该州在 1880 年制定了一部反动物实验法,规定只有在获得该州

〔17〕 Ramunas A. Kondratas,《1902 年生物药品管制法》(Biologics Control Act of 1902),载于 James Harvey Young 编,《早期的联邦食品药品管制》(*The Early Years of Federal Food and Drug Control*, Madison, Wis.: American Institute of the History of Pharmacy, 1982),第 9 页～第 10 页。也可参看 Hubert A. Lechevalier 和 Morris Solotorovsky,《微生物学三百年》(*Three Centuries of Microbiology*, New York: McGraw-Hill, 1965; New York: Dover, 1974)。

* 也译为宝来惠康公司。——译者注

〔18〕 E. M. Tansey,《药品、利润和正当性:英国早期的制药工业》(Pills, Profits and Propriety: The Early Pharmaceutical Industry in Britain),《制药史学家》,25(1995 年 12 月),第 4 页。

〔19〕 E. M. Tansey 和 Rosemary C. E. Milligan,《维康研究实验室的早期历史(1894～1914)》(The Early History of the Wellcome Research Laboratories, 1894-1914),载于 Liebenau、Higby 和 Stroud 编,《药剂师:制药行业史论文集》,第 92 页～第 95 页;Tansey,《药品、利润和正当性:英国早期的制药工业》,第 4 页～第 6 页。

卫生局授权的情况下，才能进行动物实验。[20] 可与其他诸多的美国制药企业一样，马尔福德公司是在费城创办的，新泽西州的那部法律鞭长莫及。[21] 因此，马尔福德公司便像伯勒斯维康公司一样，迅速采用了埃米尔·鲁的技术，开始进行商业化生产。

1894年，马尔福德公司的董事长弥尔顿·坎贝尔（生于1862年）雇用了约瑟夫·麦克法兰（1868～1945）来生产白喉抗毒素，可能还有其他一些生物制剂；后者既是费城卫生委员会里的一名委员，也是医学外科学院的老师。这一举措，“是坎贝尔代表的企业方为了制定一项积极通过实验室科学来进行产品研发的政策而首次做出的直接努力”。[22] 麦克法兰很快就获得了宾夕法尼亚大学兽医学院教职员工的协助，开始生产这种药品；马尔福德公司则做出安排，由宾夕法尼亚州的卫生实验室（Laboratory of Hygiene）来检测这种抗毒素。到了1900年，马尔福德公司通过这些办法生产出10多种不同的生物制剂，其中包括破伤风抗毒素、抗链球菌血清和狂犬病疫苗。[23] 在美国，尽管自1903年起，国内外的生物制剂生产商都必须获得联邦政府的许可，但生产抗毒素、血清和疫苗的企业数量还是翻了一番，从1904年的十来家增加到了4年之后的24家。由获得许可证的企业生产的生物制剂种类也迅速攀升，从1904年的不到12种增长到1921年的近130种（但其中多种生物制剂的效果都不佳）。[24]

政治和法律因素

法律法规和国家的政策，或者说缺乏法律法规和国家政策的情况，都会对制药行业的发展产生深远影响。例如，德国在19世纪为了增强本国实力而做出的种种政治努力，主要是奥托·冯·俾斯麦*掌权时采取的措施，促进了该国制药业和其他行业的发展。另一方面，法国和意大利分别于1844年和1859年制定了专利法规，以道德为由禁止了垄断医药产品的行为；除了商标名称，企业几乎没有获得什么权利去保护它们的专利权益。尽管如此，企业还是能够转而申请海外专利，来保护自己的产品。事实上，法国的制药业在很大程度上都是以出口贸易为动力的，因而至今都在全球市场

132

[20] 这部法律对美国一家主要制药公司的研究活动产生了重大影响。参看John P. Swann，《理论科学家与制药工业：美国20世纪的合作研究》（*Academic Scientists and the Pharmaceutical Industry: Cooperative Research in Twentieth-Century America*, Baltimore: Johns Hopkins University Press, 1988），第43页～第46页。

[21] 这并不是说，该公司是故意创办于宾夕法尼亚州，以避开新泽西州的那部法律。事实上，马尔福德公司很可能与曾经受到了该法影响的默克公司一样，当时并不知道有这样一部法律。

[22] Jonathan Liebenau，《医学与医疗产业：美国制药业的形成》（*Medical Science and Medical Industry: The Formation of the American Pharmaceutical Industry*, Baltimore: Johns Hopkins University Press, 1987），第59页。

[23] Liebenau，《医学与医疗产业：美国制药业的形成》，第58页～第62页。

[24] 《1904年美国公共卫生与海军医院管理局局长的年度报告》（*Annual Report of the Surgeon-General of the Public Health and Marine-Hospital Service of the United States*, 1904），第372页；《1908年美国公共卫生与海军医院管理局局长的年度报告》（*Annual Report of the Surgeon-General*, 1908），第44页；Kondratas，《1902年生物药品管制法》，第18页。

* 奥托·冯·俾斯麦（Otto von Bismarck，1815～1898），德国著名的政治家，曾担任德意志帝国首任宰相，人称“铁血宰相”“德国的建筑师”及“德国的领航员”，是19世纪下半叶欧洲政坛上的风云人物，著有回忆录《思考与回忆》。——译者注

上兴旺得很。[25]

正如我们在原先的沙皇俄国看到的情况一样，关税政策可能给一家国内制药企业的发展带来严重影响。尽管直到19世纪末期该国的政策都对国内生产有利，可随后签订的那些关税条约，却使得本国企业无法供应一些更为重要的药品，比如合成退烧药和生物碱制剂。俄国的关税政策鼓励企业出口原材料、进口成品。因此，西欧各国的企业便从俄国购买像金鸡纳树皮、水杨酸和烟土这样的未加工产品，然后再把奎宁、改性水杨酸和吗啡等成品卖给俄国。比如，玛丽·谢弗·康罗伊曾经记载，该国对水杨酸征收的进口关税，达到了进口等量阿司匹林关税的3倍。1924年，苏联政府里一位药品生产专家"仍在抱怨沙皇时期的关税是如何不合理地阻碍了战前制药产业的发展"。[26]

制药行业对垒专业药房

在很多方面，制药行业都是以牺牲药剂师这群根基很深的专业人士的利益为代价而发展起来的。在绝大多数国家里，制药业与药房业都在许多不同的方面爆发过竞争，在药品流通领域争夺过地盘。法国在1803年就制定了两部法律，让药剂师在一些与之竞争的群体（比如香料制造商）面前，获得为公众供应药品的专有权利。尽管这样的竞争绝对不能说是独一无二的，但该国还是形成了一种颇具特色的制度；因此，即便到了20世纪初，法国那些获得许可的药房中，或许仍有半数在生产一两种招牌药品。此外，1919年法国制定的一部法律又规定，药品生产企业必须由药剂师来进行监管。[27]

19世纪末和20世纪初，药剂师的强力游说在很大程度上是导致出现此种法律的原因；据康罗伊称，这种法律曾经有效地扼制了俄国制药行业的发展。[28] 法国制定1919年那部法律之前，挪威已经分别于1904年和1914年制定了两部法律，规定制药企业必须让药剂师管理所有的制药流程。挪威的制药业也感受到来自药房界的竞争，证据就是1938年奥斯陆举办的一次科技展览"我们懂行（We Know How）"；在这次展览会上，尼葛德公司（Nyegaard & Company）曾向公众提供预先包装好的药品，从而显示

133

[25] A. Soldi,《意大利制药行业的科研与发展》(Scientific Research and Evolution of the Italian Pharmaceutical Industry),《药物:实用版》(*Il Farmaco: Edizione Pratica*),21(1966年6月),第293页~第312页;Michael Robson,《法国的制药业(1919~1939)》(The French Pharmaceutical Industry, 1919-1939),载于Liebenau、Higby和Stroud编,《药剂师:制药行业史论文集》,第107页~第108页。

[26] Mary Schaeffer Conroy,《健康与疾病:沙俄晚期与苏俄早期的药房、药剂师与制药行业》(*In Health and in Sickness: Pharmacy, Pharmacists, and the Pharmaceutical Industry in Late Imperial, Early Soviet Russia*, Boulder, Colo.: East European Monographs, 1994),第137页~第174页(引文在第166页)。

[27] Edward Kremers和George Urdang,《药学史指南与概述》(*History of Pharmacy: A Guide and a Survey*, 1st ed., Philadelphia: Lippincott, 1940),第64页;Glenn Sonnedecker,《克雷默与厄当的药学史》(*Kremers and Urdang's History of Pharmacy*, 4th ed., Philadelphia: Lippincott, 1976),第75页~第76页;Robson,《法国的制药业(1919~1939)》,第108页。

[28] Conroy,《健康与疾病:沙俄晚期与苏俄早期的药房、药剂师与制药行业》,第168页~第173页。

出该公司相较于药房来说具有的优势。[29]

美国内战期间,新兴制药行业的发展和进口预包装药品的做法,引发了广大药剂师的普遍担忧。小威廉·普罗克特(1817～1874)是这一时期开业药房的主要代言人;他之所以备受这些新情况的困扰,有着诸多原因。首先,它们代表着一种直接进攻,侵犯了药剂师接受过科学培养来制造药品的这种传统作用。普罗克特曾经哀叹说,假如药剂师完全变成一个分发药品的人,那么"他就会堕落成一位普通的店主"。[30] 其次,普罗克特担心,一些制药公司会不会任由商业动机取代道德考量,导致企业生产出不合格的药品。他怀疑,制药企业会不会像药剂师那样愿意遵守《美国药典》(United States Pharmacopoeia)中推荐的法定方法。对于有可能出现一大批企业利用不同的方法、生产出质量很可能良莠不齐的药品这样一种前景,普罗克特曾深感不安。[31]

事实上,19 世纪在美国兴起的制药业,的确让药房丧失了作为常用药生产源头的地位。而且,在 20 世纪,药房根据医生的处方来将药物原料合成药品这种传统做法的基础,也面临着类似的命运。20 世纪 30 年代,美国有 3/4 的处方需要配制;20 年后,这一比例下降到 1/4。1960 年,只有 1/25 的处方需要配制,而到了 1970 年,这一比例则降低到了同种疗法中的 1/100。[32] 尽管药房不再名副其实地加工药品,但随着制药业采用大机器生产并且推出一系列新药品,药房的药品配发功能却日益发展起来。

战争:制药业发展的催化剂

正如其他许多产业的情形一样,战时的紧急状态常常也会刺激制药业的发展。例如,克里米亚战争*之后,俄国的制药业就出现了大幅的发展。[33] 美国内战期间,在许多企业都在艰难度日的同时,E. R. 施贵宝(E. R. Squibb)公司、罗森加滕父子(Rosengarten and Sons)公司、鲍尔斯和威特曼(Powers and Weightman)公司以及约翰·惠氏兄弟(John Wyeth and Brother)公司却成了北方联邦军队的主要药品供应商。1864 年,北方联邦还在费城和长岛两地创办了军方的制药厂,直接与这些公司展开竞争;只

134

[29] Rolv Petter Amdam 和 Knut Sogner,《巨大的反差:挪威制药企业尼葛德公司(1874～1985)》(*Wealth of Contrasts: Nyegaard & Co., a Norwegian Pharmaceutical Company, 1874-1985*, n. p.: Ad Notam Gyldendal, 1994),第 59 页和第 62 页。

[30] Gregory J. Higby,《药房的发展》(Evolution of Pharmacy),载于 Alfonso R. Gennaro 编,《雷明顿药学大全》(*Remington's Pharmaceutical Sciences*, 18th ed., Easton, Pa.: Mack, 1990),第 14 页。

[31] Gregory J. Higby,《为美国药学服务:小威廉·普罗克特的职业生涯》(*In Service to American Pharmacy: The Professional Life of William Procter, Jr.*, Tuscaloosa: University of Alabama Press, 1992),第 49 页～第 51 页。

[32] Higby,《药房的发展》,第 15 页。

* 克里米亚战争(Crimean War),1853 年沙皇俄国与奥斯曼帝国、英国、法国及撒丁王国为争夺巴尔干半岛的控制权而爆发的一场战争,直到 1856 年才结束,以沙俄失败而告终。亦称"克里木战争""东方战争""第九次俄土战争"。——译者注

[33] Conroy,《健康与疾病:沙俄晚期与苏俄早期的药房、药剂师与制药行业》,第 141 页及其后。

是内战结束之后,军方的那些制药厂就解散了。[34] 南方邦联也在十几个地方创办了制药厂;而且,由于当时酒精这种重要的溶剂与萃取剂供应短缺,南方邦联还创办了好几家酿酒厂。制药企业生产必需的药品,并对像奎宁和吗啡这样的走私药品进行分析。此外,路易斯安那州也开办了一些制药厂,来满足普通百姓的需求。到了内战末期,由于药品紧缺的形势太过严重,这些药厂供应的所有药品都不得不转交给军队去用。[35]

德国在全球制药市场上占有优势所带来的影响,在第一次世界大战期间曾经变得非常明显。法国政府进行的一项研究,证实了该国在这一时期药品原料与成药短缺,以及在提供劳力来应对这种形势方面困难重重的情况。随后,法国制定了一种药品分配规划,引发了人们的争议;从英国进口的药品弥补了短缺的情况,但这些做法也成了导致英法两国之间更具敌意的一个原因。法国战后刺激生产的议案当中,就含有方法专利和限制商标垄断等规定。到了 20 世纪 30 年代,虽说外国企业仍然在生产药典药品这一领域里领先,但法国的制药企业已经掌控了专利药品市场。[36]

药品半成品与成药短缺给美国带来的影响,从 1913～1916 年普通退烧/镇痛药品的批发价格大幅上涨的过程中,就可以明显地看出来。其间,乙酰苯胺的价格从每磅* 0.21 美元上涨到了 2.75 美元,安替比林的价格从每磅 2.35 美元上涨到了 60 美元,而非那西丁每磅的价格竟然飞涨了 50 倍。[37] 根据 1917 年修正的《对敌贸易法》(Trading with the Enemy Act),外侨财产监管处(Office of the Alien Property Custodian)剥夺了德国人拥有的各种药品专利,并将它们分配给美国的制药企业。由于这一时期没有几家美国企业拥有人员与技术去生产其中的许多药品,因此制药企业纷纷向大学里的科学家求助。例如,雅培制药(Abbott Laboratories)公司雇用了伊利诺伊大学的化学家罗杰·亚当斯(1889～1971),来生产镇静剂佛罗拿(巴比妥)和奴佛卡因。雅培制药公司的这种做法,原本属于战争时期采取的紧急措施,后来却变成了该公司与亚当斯长达 60 年的合作关系。[38]

135

第二次世界大战也对全球的制药产业产生了重要影响。首先,这一行业的实力优势正在从德国转向美国。出现这种转向最有可能的原因,除了两次战争给德国工业带来的不利影响,就是美国的工业产业具有迅速地把研究工作培养成企业公认的一种职

[34] 这一问题的最佳参考资料是 George Winston Smith,《为联邦军队生产药品:内战期间美国的军方实验室》(*Medicines for the Union Army: The United States Army Laboratories during the Civil War*, Madison, Wis.: American Institute of the History of Pharmacy, 1962)。

[35] Norman H. Francke,《南方邦联的制药环境与药品供应》(*Pharmaceutical Conditions and Drug Supply in the Confederacy*, No. 3, Madison, Wis.: American Institute of the History of Pharmacy, 1955),由美国威斯康星州立大学药学院制药史系组织撰稿。

[36] Robson,《法国的制药行业(1919～1939)》,第 109 页～第 111 页。

* 磅(pound),英美制质量或重量单位,有常衡磅与金衡磅之分。1 常衡磅约合 0.454 千克,1 金衡磅约合 0.373 千克。——译者注

[37] W. Lee Lewis 和 F. W. Cassebeer,《药品和药物的价格》(*Prices of Drugs and Pharmaceuticals*, War Industries Board Price Bulletin 54, Washington, D.C.: U.S. Government Printing Office, 1919),第 6 页～第 7 页。

[38] Mann 和 Plummer,《阿司匹林战争:金钱、药品和 100 年的激烈竞争》,第 44 页～第 46 页;Swann,《理论科学家与制药工业:美国 20 世纪的合作研究》,第 61 页～第 65 页。

能的本领。在后文中,我们还将对这种发展情况进行讨论。

其次,第二次世界大战也见证了美英两国的私营和公共资源紧密而广泛地联合起来,在治疗领域获得了长足进步的情况;这些进步,将给两国的抗战带来莫大的好处。当然,激发这种积极性的根源,主要在于牛津大学以霍华德·弗洛里(1898～1968)为首的那个研究小组发现了青霉素具有系统性的化学疗法的效果。[39] 由于太平洋战区疟疾横行以及奎宁供应中断,所以英美两国也付出巨大努力,想要生产出合成性抗疟药物。[40] 这些战时项目都给制药业的发展带来了影响,并且完全可以与煤焦油染料对制药行业的影响相提并论。

两国的学术机构、政府部门、慈善组织和行业机构下辖的许多实验室,参与到一些项目当中;那些项目起初由私营企业实施,但后来分别获得了美国科学研究与发展局(Office of Scientific Research and Development)的医学研究委员会(Committee on Medical Research)和英国医学研究理事会(Medical Research Council)的赞助。参与项目的各个实验室,共享了用自然方法与合成技术生产青霉素的最新资料,而合成方法与奎宁替代产品实验方面的数据,它们也用相似的方式进行了共享。[41]

美英两国共有超过24家制药企业参与这些项目,[42]学会用发酵生产法大量制备青霉素,并且搞清了青霉素的化学性质。这些成就,将在接下来的几十年里,在改良青霉素并发现其他抗生素的竞争过程中,为这一行业发挥出巨大的促进作用。到了1950年,制药企业已经筛选了成千上万种样本(主要源自土壤),希望找到另一种青霉素或者链霉素;[43]这些耗时甚久的筛选项目,的确也筛选出了好几种很有用处、有利可图的药物。[44] 对于制药行业和医疗实践,抗生素都带来了一种突如其来的冲击。第二次世界大战结束6年之后,美国开具抗生素的处方比例便从无到有,一路攀升到了14%左

136

[39] 这个故事的证据极其确凿。核心的一手和二手资料参看下文附录,John Patrick Swann,《青霉素的发现与早期发展》(The Discovery and Early Development of Penicillin),《医学遗产》(*Medical Heritage*),1, no. 5(1985),第375页～第386页。附录中遗漏了Gladys L. Hobby,《青霉素:迎接挑战》(*Penicillin: Meeting the Challenge*, New Haven, Conn.: Yale University Press, 1985)。

[40] 至于这一点究竟为什么会在战争期间成为一个问题,参看Norman Taylor,《爪哇的金鸡纳树:奎宁的故事》(*Cinchona in Java: The Story of Quinine*, New York: Greenberg, 1945)。

[41] 关于青霉素研究的组织情况,参看亲身参与过战时项目者所做的研究,John C. Sheehan,《被施了魔法的环:青霉素不为人知的故事》(*The Enchanted Ring: The Untold Story of Penicillin*, Cambridge, Mass.: MIT Press, 1982)。抗疟项目的最佳参考资料是E. C. Andrus等,2卷本《军事医学的进步》(*Advances in Military Medicine*, Boston: Little Brown, 1948),第2卷,第665页～第716页。

[42] 欲知美国各个战时研究项目的参与者名录,参看Andrus等,2卷本《军事医学的进步》,第2卷,第831页～第882页。

[43] Walter Sneader,《药物原型及其开发》(*Drug Prototypes and Their Exploitation*, Chichester: Wiley, 1996),第510页,描述了派德公司曾经雇用耶鲁大学的植物学家保罗·伯克霍尔德(Paul Burkholder, 1903～1972),请后者分析土壤样本,寻找能够对抗6种细菌的活性成分一事。在伯克霍尔德分析过的7,000个样本当中有一种活性微生物,派德公司的员工从中分离出了氯霉素;结果表明,这一发现对治疗学而言是一个祸福参半的问题。广谱抗生素最终也让一部分患者患上了致命的血质不调症(blood dyscrasias)。另一种广谱抗生素即土霉素(1950年)的发现过程,据称与氯霉素一样,涉及100,000多种从世界各地获得的土壤样本。参看John Parascandola,《将抗生素引入治疗学》(The Introduction of Antibiotics into Therapeutics),载于Yosio Kawakita等编,《治疗史》(*History of Therapy*, Tokyo: Ishiyaku EuroAmerica, 1990),第274页。

[44] 例如,参看Harry F. Dowling,《对抗感染》(*Fighting Infection*, Cambridge, Mass.: Harvard University Press, 1977),第174页～第192页。

右。战争结束10年之后,在美国一些知名制药企业的总销售额中,抗生素所占的份额就上升到40%左右。[45] 但是,正如当时有些人担心、如今我们也已知道的那样,随后就出现了"滥用抗生素"的现象,同时细菌也对抗生素产生了耐药性。[46]

行业发展与研究的作用

制药行业中研究制度化方面的进步,一直都是开发出新的抗生素、镇痛药、抗肿瘤药、心血管药,以及在治疗设备领域里做出几乎任何一种贡献的先决条件。德国的制药行业之所以会在早期获得成功,原因主要在于这一行业给内部研究提供了支持,以及/或者让企业与学术科学家之间建立起联系。例如,赫希斯特染料工厂支持过保罗·埃尔利希的研究工作,使后者最终推出了胂凡纳明。不过,19世纪末期德国商业性制药企业感兴趣的,完全都是效仿化学行业从19世纪早期开始出现的那种先例:当时,学术界与产业界的联系发展到了极端的程度,以至于各大企业都竞相与该国最优秀的化学家及其学生结成同盟。[47] 在英国,伯勒斯维康制药公司之所以能够崛起,或许与该公司在19世纪80年代独树一帜地设立了专门进行化学研究和生理学研究的实验室这种做法是分不开的。那两个实验室,分别由弗雷德里克·B. 鲍尔(1853～1927)和亨利·H. 戴尔(1875～1968)这两位科学家领头。[48]

从19世纪末期起,美国一些优秀的制药企业就开始进行适度的研究活动,其中包括派德(Parke-Davis)公司、马尔福德公司和史克(Smith, Kline & French)公司。不过,美国的制药业直到两次世界大战之间的那个时期,才开始达到德国制药业的行业研究水平;当时,研究支出增长到企业销售额的1%,研究人员非但数量增加,素质也越来越高,并且出现了专门用于研究工作的设备。默克(Merck)公司、雅培公司以及其他企业创办的实验室,启用的时候通常都大张旗鼓,因为这样做不但很好地对研究进行了宣传,也是一笔非常划算的生意。

137

美国国家科学基金会(U. S. National Science Foundation)于1971年进行的一项研究表明,只有两个行业(航空航天业和通信业)中的研究支出,在净销售额中所占的百分比高于制药业。[49] 实际情况无疑正是如此,但对于一种药品走下实验室的工作台,直到摆上药店药柜的所谓研究费用,业内人士往往都会进行掩饰。制药公司不会提供细节信息,说明这些费用是怎样确定下来的,只有医疗财务管理局、技术评估局提供的

[45] Parascandola,《将抗生素引入治疗学》,第277页。

[46] James C. Whorton,《"滥用抗生素":治疗理性主义的复苏》("Antibiotic Abandon": The Resurgence of Therapeutic Rationalism),载于John Parascandola编,《抗生素史论文集》(*The History of Antibiotics: A Symposium*, Madison, Wis.: American Institute of the History of Pharmacy, 1980),第125页～第136页。

[47] Swann,《理论科学家与制药工业:美国20世纪的合作研究》,第27页。

[48] Tansey和Milligan,《维康研究实验室的早期历史(1894～1914)》。戴尔是1904年加入维康生理研究实验室的,2年后他成为这个实验室的主任。

[49] John P. Swann,《美国制药行业的发展》(*Evolution of the American Pharmaceutical Industry*),《历史上的药学》(*Pharmacy in History*),37(1995),第79页～第82页。

数据；因此，或许只有一个没有利害关系的旁观者，才能够证实这些说法。有位医药经济学家指出，在将一种药品推向市场所需的总成本当中，研发成本所占的比例与该行业的同业公会让民众相信的情况相比要低得多，只占16%左右。[50]

规范制药行业

虽说制药行业研发出了无数种可贵的药品，丰富了药品的种类，但这一行业也带来了一些危及公众健康的药品，比如沙利度胺、氯霉素和氯碘羟喹。对于市场上出现不安全、效果不好的药品和假药这个问题，各国就算有所反应，它们的反应也是大不相同的。到1928年时，挪威的《专利药品法》(Proprietary Medicines Act)就规定，“专卖药品”(任何一种用可辨识的医用方式包装或者配制出来的药品)都应当获得政府的许可才能出售；当局在评估一种药品的时候，也会考虑药品的功效及其成为药品的必要性。匈牙利国家公共卫生管理局(National Institute of Public Hygiene of Hungary)下设药品管控处(Section of Drug Control)，是1925年成立的；在大多数情况下，该处只是负责药品的登记工作。1948年制药行业国有化之后，该处被国家药物管理局(National Institute of Pharmacy)取代，后者则在匈牙利国内大力推行药品监管政策。最终，该局的职权还发展到批准临床研究、根据安全性与功效给药品颁发批文、给制药企业颁发营业执照、在药品上市之后进行监管，以及其他一些职能。[51] 138

在美国，生物医药规范的发展过程与药品监管的发展过程并不相同。根据1902年制定的一部法律，生产所谓生物制剂必须由具有资质的员工来进行监管，药厂会受到巡察，制药企业将一种管制药品推向市场之前，必须先获得当局的许可，而政府则会在市场上对产品进行抽样，检查药品的纯度与功效。4年之后，美国又单独立法，将监管非生物药品的职能赋予一个不同的部门。大致说来，1906年这部法律解决了药品标签的问题，禁止往药品中掺假，并且规定了进行厂内查验的措施。1938年，美国又对1906年的那部法律进行了全面修订，规定政府应当在安全的基础上给新药颁发批文，并且强制实行一种强化标签制度，目的是确保消费者安全用药。1962年，药效成了批准一种新药以及1938年以后推出的所有药品获得批文的一个必要条件。虽说美国的药品法律已经在许多方面进行了修正，但20世纪做出的根本性改变，就是上述这

[50] Drake和Uhlman，《制药，赚钱》，第47页。如今所称的药品研究与生产商协会(Pharmaceutical Research and Manufacturers Association)是一个药品贸易组织，我们在差不多40年的时间里一直将其简称为药品生产商协会(Pharmaceutical Manufacturers Association)。参看Sonnedecker，《克雷默与厄当的药学史》，第333页。

[51] Amdam和Sogner，《巨大的反差：挪威制药企业尼葛德公司(1874～1985)》，第60页～第61页；Karoly Zalai，《匈牙利国内从药剂师的售药活动到制药产业的发展过程》(The Process of Development from Apothecary Activity into Pharmaceutical Industry in Hungary)，载于F. Javier Puerto Sarmiento编，《药学和产业化：向吉尔勒莫·福尔奇·若乌医生致敬》(*Farmacia e Industrializacion: Libro Homenaje al Doctor Guillermo Folch Jou*, Madrid: Sociedad Espanola de Historia de la Farmacia, 1985)，第165页～第168页。

些。[52]

许多发展中国家对制药产业的监管,正如弥尔顿·西尔弗曼、米娅·莱德克和菲利普·李等人证实的情况那样,从监管人员贪污腐败到毫无监管措施,不一而足。起初这几位作者探究的,是一些跨国制药公司从这些很大程度上没有受到监管的市场中获取了多大的利益。[53] 然而,他们后来进行的调查却发现,这些国家的本土企业也有责任;从"拥有许可证的"商业企业,到很不可靠的地下工厂,以及没有地方性和全国性的法律法规和人员来应对这些情况,可谓问题多多。1986 年,孟买一家著名的医院里出现了 14 人意外死亡的事故,使用受到污染的甘油很有可能是这次事故的罪魁祸首。事后一场为期 10 个月的公开审理表明,非但制药公司负有责任,医院管理层贪污腐败,地区药品监管机关不作为,而印度的卫生部长也玩忽职守。最后,印度政府很不情愿地解雇了卷入此案的那些个人了事。[54]

1992 年,西尔弗曼和他的合著者又报告了一种导致巴西出现严重医疗事故的惯常现象。在该国,除了医院药房所售卖的药品,至少有 20%的药品来路不正。这些药品当中,就有在危及生命的情况下疗效非常差劲的假药。通常情况下,这些假药是由生产假药的恶棍直接出售给社区药店的。证据表明,两个利益集团似乎都在向国家那些薪水不高的药品检验人员行贿。此外,上述几位作者还称,该国检查所有药品生产企业的职责,竟然只有两个人来执行,而且那两个人还没有接受过充分的培训。巴西在 20 世纪 80 年代进行的政治改革,显然并没有改善这种状况。[55] 该国规定的药品标签措施与管制药品配送政策一样,都只是昙花一现。[56]

139

因此,巴西再次经历了 20 世纪治疗学中最黑暗的一个时期,这一点可能就不足为怪了。该国登记在册的麻风病患者数量庞大,2000 年初约达 78,000 名;这一数字,与 1997 年的约 106,000 名相比,有所下降。[57] 沙利度胺这种镇静剂,曾经在 20 世纪 50 年代末至 60 年代初导致了成千上万例先天缺陷症,可巴西(以及其他一些国家)长久以来,一直都在用这种药品治疗麻风病。事实上,1998 年 7 月,美国食品药品监督管理

[52] James Harvey Young,《联邦的药品和麻醉剂立法》(Federal Drug and Narcotic Legislation),《历史上的药学》,37(1995),第 59 页~第 67 页。

[53] Milton Silverman,《南北美洲的制药业:跨国制药企业为何在美国医生面前和拉丁美洲医生面前对药品的说法前后不一》(*The Drugging of the Americas: How Multinational Drug Companies Say One Thing about Their Products to Physicians in the United States, and Another Thing to Physicians in Latin America*, Berkeley: University of California Press, 1976);Milton Silverman、Philip R. Lee 和 Mia Lydecker,《死亡处方:第三世界的制药业》(*Prescriptions for Death: The Drugging of the Third World*, Berkeley: University of California Press, 1982)。

[54] Milton Silverman、Mia Lydecker 和 Philip R. Lee,《有害药物:第三世界的处方药产业》(*Bad Medicine: The Prescription Drug Industry in the Third World*, Stanford, Calif.: Stanford University Press, 1992),第 151 页~第 153 页。几位作者在书中并未谈及提供可疑甘油的那家企业后来的情况。

[55] Silverman、Lydecker 和 Lee,《有害药物:第三世界的处方药产业》,第 154 页~第 159 页。

[56] 同上书,第 247 页及其后。

[57] Miriam Jordan,《麻风病仍然是战胜了艾滋病的一国之敌》(Leprosy Remains a Foe in Country Winning the Fight Against AIDS),载于 2001 年 8 月 20 日的《华尔街日报》(*Wall Street Journal*),网址:http://www.aegis.com/news/wsj/2001/WJ010805.html(2003 年 1 月 2 日访问);佚名,《足球运动员贝利将变身消灭麻风病的"大使"》(Footballer Pele to be "Ambassador" for Leprosy Elimination),见于 1997 年 7 月 18 日的《世界卫生组织新闻稿》(World Health Organization Press Release WHO/57),网址:http://www.who.int/archives/inf-pr-1997/en/pr97-57.html(2003 年 1 月 2 日访问)。

局(U. S. Food and Drug Administration)还给这种药品颁发了批准文号,规定在极端严格的限制条件之下,可以用此药治疗某种麻风病;而在设立之初,这一机构原本是没有给沙利度胺颁发批文的。但是,沙利度胺还是千方百计地到达了那些没有患上麻风病、也不知道此种药品危险性的巴西女性手中。结果,自 20 世纪 60 年代中期以来,该国至少报告了 33 例由沙利度胺诱发的短肢畸形症病例。[58]

产业合并

在制药行业的发展过程中,兼并始终具有重要意义。例如,默克沙东(Merck Sharp and Dohme)集团在 19 和 20 世纪的兼并历史,涉及的企业可要比如今这个集团名称中所含的那两家公司多得多。[59] 在 20 世纪的头 10 年里,德国的染料企业就开始兼并了。它们在这方面所做的努力,随着参与合并的企业共享专利和分割销售区域而得到了完善与细化;当时,各家公司都在大力捍卫各自在销售领域里的地盘。此种制度,最终导致出现了法本集团(I. G. Farben),这是第一次世界大战后一个实力强大的化学和药品业垄断联盟。瑞士迅速做出反应,合并了山德士、汽巴与嘉基三家公司,组建了巴斯勒集团(Basler I. G.)。[60] *

140

这种合并与并购活动,一直持续到 20 世纪 80 年代末;当时,这种活动明显增多。在 1988～1990 年这段很短的时间里,并购的医药企业总市值就达到 450 亿美元,其中还包括像史克必成(SmithKlineBeecham)、百时美施贵宝(Bristol-Myers Squibb)和马里昂・梅里尔・道(Marion Merrell Dow)这样的知名企业(它们全都是 1989 年并购而成的)。[61] 在 20 世纪 90 年代,这一风潮势头不减,继续进行着,比如葛兰素(Glaxo)公司与史克必成合并,成立了葛兰素史克(GlaxoSmithKline)公司;汽巴-嘉基公司和山德士合并,组建了诺华(Novartis)公司;英国的捷利康(Zeneca)公司与瑞典的阿斯特拉(Astra)公司合并,成立了阿斯利康(AstraZeneca)公司;而赫希斯特染料工厂在 1994～1999 年也与鲁塞尔(Roussel)公司、马里昂・梅里尔・道公司和罗纳普朗克・乐安

[58] E. E. Castilla 等,《沙利度胺是目前南美地区的一种致畸原》(Thalidomide, a Current Teratogen in South America),《畸形学:畸形发育杂志》(*Teratology: The Journal of Abnormal Development*),54(1996),第 273 页～第 277 页;网址:http://www.thalidomide.org/FfdN/Sydamer/SYDAMERI.html(2003 年 1 月 2 日访问)。

[59] 参看[P. Roy Vagelos、Louis Galambos、Michael S. Brown 和 Joseph L. Goldstein]《价值观和愿景:默克公司一百年》(*Values and Visions: A Merck Century*, Rahway, N. J.: Merck, 1991)。就算没有什么其他意义,公司史常常也很擅长抓住一家企业的谱系;参看 Higby 和 Stroud,《药学史:精选带有注释的参考文献》,第 43 页～第 54 页。

[60] Ihde,《现代化学的发展》,第 671 页～第 674 页;Mann 和 Plummer,《阿司匹林战争:金钱、药品和 100 年的激烈竞争》,第 53 页及其后,第 70 页及其后;Riedl,《巴塞尔制药行业简史》,第 64 页。

* 此处原文有误。应为 Basle I. G.(巴勒集团,1918～1951)。Basle 即 Basel(巴塞尔)。——责编注

[61] Robert Balance、Janos Progany 和 Helmet Forstener,《世界的制药产业:国际视角下的创新、竞争和政策》(*The World's Pharmaceutical Industries: An International Perspective on Innovation, Competition and Policy*, Hants: Edward Elgar, 1992),第 183 页～第 184 页。

(Rhone Poulenc Rorer)公司合并,成立了安万特制药公司(Aventis Pharma)。[62] 如今,数量相对较少的一批公司控制了世界上的绝大部分药品销售业务,而产品开发的战略似乎就在于并购,其程度似乎不亚于将更多的资金投入到产品的研发当中去。

不同的环境、事件、人物、法律、机构和科学发展,锻造出了国际制药产业。与众多的生物医药企业一样,随着医疗保健的成本激增,这一行业也受到立法机关日益严格的监管。制药业可以非常正确地提出,尽管还存在医疗事故,尽管还有人指控其中存在价格操纵的行为,但这一行业已经为减少疾病做出了重要的贡献,并且在这一过程中干得相当节俭。不过,业内的官员,尤其是公共卫生政策的制定者,都决不应当忽视这样一个事实:所有的实际效果,都取决于从根本上理解生命与疾病的基本过程。制药企业为这种理解做出了贡献,但在引导基本知识的过程中,科学最重要的特点就在于它始终都是非营利性的。这一事实,在关于公共卫生或生物医学政策的任何一次研讨当中,都应当引起共鸣才是。

(刘国伟 译 雷煜 校)

[62] Landau、Achilladelis 和 Scriabine,《制药创新:彻底改变人类健康》,第 139 页;英国王家制药学会(Royal Pharmaceutical Society)信息中心 2002 年 7 月发布的《制药行业中的合并与收购》(Mergers and Takeovers within the Pharmaceutical Industry),网址:http://www.rpsgb.org.uk/pdfs/mergers.pdf(2003 年 1 月 3 日访问)。

9

公共卫生与环境卫生

141

迈克尔·沃博伊斯

人们一直把现代公共卫生的基本原则看得非常崇高，并且将其阐述为“由国家来保护和促进本国公民的健康与福祉”。[1] 各国政府承担这些义务的方式并不一样，体现出各国的政治文化不同，疾病环境不同，国民社会带来的压力也不同。公共卫生措施主要集中在四个领域：防控自然环境中的各种危险，确保食物和饮水质量，防止传染性疾病的传播，以及提供疫苗和其他个体预防性服务。在每一个领域里，专业人员都已开发出诸多学科和技术；尽管到了 20 世纪，健康教育变得日益重要起来，但在以前，这些学科与技术关注的主要都是预防疾病，而不那么重视促进健康。

理解和驾驭自然环境，要求我们运用和发展自然科学、生物科学和工程学，从而使得跨学科或多学科协作变成了公共卫生活动中一个独具一格的特点。确保食物和饮水供应方面的质量安全和数量安全，涉及上述各门科学。例如，保障供水安全需要我们对气象学中的降水模式、地质学和地理学中的水体运动、土木工程学中的抽取和储存技术、化学和生物学中的加工和质量控制技术以及物理学都有所了解，来帮助我们向用户供水。预防传染性疾病的传播是一项关乎多个学科的事业，涉及环境科学、生物学、人类学和社会学；自 19 世纪 80 年代以来，医学检验学领域（比如其中的细菌学和免疫学）对这个方面的贡献也正在日益增加。现代预防医学的发展，是从天花疫苗接种项目和城市环境的改善开始的；但到了 20 世纪，这种方法又在西方工业化国家里得到迅速发展，开始涵盖提供个人医疗保健服务、医疗卫生监管和健康教育了。毋庸讳言，这些服务的质量及其分配情况在各国是大不相同的；到了 21 世纪初，许多第三世界国家仍然缺乏基本的饮水和排污设施，至于医疗和福利服务就更不用说了。

142

现代公共卫生的发展历史，可以分为 3 个阶段；并且，每一阶段都开发出了许多新的专业活动领域。在 1800～1890 年这个阶段，随着各国开始采用新的疾病防控方法，集中力量应对环境威胁和流行病威胁，人们关注的主要是**城镇卫生**；这些新的方法，后来就构成了公共卫生制度化的基础。在 1890～1950 年这个阶段，人们出现了新的关

[1] George Rosen，《公共卫生史》(*A History of Public Health*, New York: MD Publications, 1958)。

注点，主要就是**国家卫生**，尤其是经济效益和社会效益；而那些针对个人及其行为而采取的措施，则促进了经济效益和社会效益。尽管日益变得常规化，但那些通过环境治理来促进公共卫生的措施，还是保持了下来。最后一个阶段就是1950年以后，此时人们的新关注点变成了**世界卫生**；特别是由于人口不断增长，先进的工业技术（比如核产品和农药）给个体和整个生物圈都带来了巨大的影响，而各种疾病也有可能因为国际旅行速度和频率的增加而传播开来。

1800～1890：城镇卫生

现代公共卫生始于19世纪早期，源自改革人士、医生对欧洲与北美地区城市化、工业化带来的种种影响所做的反应。[2] 在欧洲大陆一些开明的专制主义国家里，这些活动都是建立在卫生监察这一传统，以及中央政府在调节人口和实现人口健康方面常常扮演专权角色这种制度的基础之上。在英美两国，改善环境条件方面所做的种种努力，以前都来自个人的积极性或者地方政府。然而，让公共卫生运动如星火燎原一样发展起来的，却是早期那些工业化城镇人满为患、污染严重、环境恶化，以及高发病率与死亡率、容易暴发瘟疫等方面。起初，改革人士以为疾病毒素的载体是空气，因而称之为瘴气。19世纪40～80年代，改革人士与从医者都试图降低城市环境与工业生产环境带来的危险，主要是通过强制实施法律规定的种种标准，它们都是由卫生工程技术人员与其他公共卫生从业人员，比如公共分析师和肉类检疫人员去努力执行的。与此同时，公共卫生医师则负责监测疾病发生率、接种疫苗，并且劝诫公众保持卫生，用一种在卫生方面负责任的方式去行事。

143

这一时期的公共卫生，建立在两种传统的基础之上，其中一种传统强调**环境**，另一种传统强调的则是**人**。许多历史学家都得出一种结论，那就是在19世纪中叶，一些激进主义者采用的方法源自环境论，因此往往都反对关于疾病蔓延的接触传播模型，而采用后一种方法的人却支持这些模型。环境论的方法起源于希波克拉底的《论空气、水和所在》（*Airs, Waters and Places*）一书，旨在让物理学家与生物学家理解外源性的健康风险，并让工程技术人员采取措施改善城市环境。埃尔温·阿克尔克内希特的一项影响广泛的研究称，这种方法在自由资本主义国家内大行其道，例证就是这些国家都对隔离检疫持反对态度。[3] 强调人的那些方法，源自一种带有重商主义和专制主义性质的设想，即国家民众健康、人口众多非常重要，因此这些方法都被编入卫生监察的政策法规当中。卫生监察机构拥有强大的监管权力，带有家长式作风；它们采取的措施，旨在

[2] Dorothy Porter，《卫生、文明和国家：从古代到现代的公共卫生史》（*Health, Civilization and the State: A History of Public Health from the Ancients to Modern Times*, London: Routledge, 1998）；Dorothy Porter 编，《公共卫生与现代国家史》（*The History of Public Health and the Modern State*, Amsterdam: Rodopi, 1994）。

[3] Erwin Ackerknecht，《反传染论（1821～1861）》（Anticontagionism between 1821 and 1861），《医学史通报》（*Bulletin of the History of Medicine*），22（1948），第561页～第593页。

通过确保人口增长和努力防止公民患上瘟疫和疾病，来促进公众的健康，增加国家的财富。典型的卫生监察活动，就是进行检疫监督、疾病监测，以及规范医疗服务和助产工作。尽管这种方法利用了医生的技术和知识，但它产生并且更加依赖行政性和社会性学科，尤其是统计学。在很多情况下，这两种传统是互为补充的。例如，19 世纪 30 年代初期霍乱即将暴发的时候，欧洲各国政府都进行了一定程度的干预，其中绝大多数国家都非常谨慎，既采取了隔离措施，也采取了卫生措施。尽管如此，对阿克尔克内希特关于政治和经济因素塑造了疾病及其传染理论的观点，历史学家却仍然存有争议。如今，历史学家形成了一致的意见，认为医学界并不是简单地分成“支持接触传染论者”和“反对接触传染论者”这两个类别。相反，尽管对于病因和疾病在不同情况下的传染程度，医生之间当然存有争议，但对于不同的疾病，每位医生都有不同的看法，其中许多疾病都被认为具有临时的传染性。[4] 然而，对于下面这一点，大家却差不多没有什么分歧：尽管并不是用直接或始终一致的方式决定的，但经济和政治利益的确决定了我们会采用什么样的隔离政策。彼得·鲍德温对欧洲从 1830～1930 年的疾控政策进行过意义深远的历史对比，认为他所称的“地理流行病学”发挥了重要的作用。这一术语，指的就是一种传染病在一个国家内流行时，具有不同于在其他国家内流行时的独特变化机制。[5] 有趣的是，他还推翻了人们认为疾控政策受制于政治的惯常观点，认为不同国家对流行病的应对方式，是整个国家权力构成中的重要因素。

收集和整理发病率以及流行病发展过程的数据，成为各国政府及民政部门的优先事项。18 世纪的开明思想家和宣传家，已经将无数种方法当成他们创立一种“人的科学”这一事业中的组成部分，推广到生活中的各个方面。这种事业具有的经济和政治特点，是通过统计学这一学科实现的；统计学是一个术语，产生于 1787 年。推动这一学科的人，旨在将国家的财富进行量化，一开始是进行人口普查、收集其他全国性数据，然后又扩展到记录出生率和死亡率。尽管在德意志诸邦国里，统计学知识的发展是政府部门的职责，可在西欧的自由国家里，这种发展却是由个人和志愿者团体去追求的。在比利时，朗贝尔·阿道夫·雅克·凯特尔（1796～1874）率先使用了平均值和其他一些方法，来判断 19 世纪 30 和 40 年代疾病的自然地理分布与社会地理分布。与此同时，法国的路易·勒内·维莱姆（1782～1863）又将经济领域里的变革，与死亡率、发病率的发展趋势关联起来，是率先质疑希波克拉底学派认为环境因素对健康最为重要这种共识的人物之一。[6] 在英国，1833 年在曼彻斯特、1834 年在伦敦分别成立

144

〔4〕 Margaret Pelling，《霍乱、热病与英国医学（1825～1865）》（*Cholera, Fever and English Medicine, 1825-1865*, Oxford: Oxford University Press, 1978）。

〔5〕 Peter Baldwin，《欧洲的传染病与国家（1830～1930）》（*Contagion and the State in Europe, 1830-1930*, Cambridge: Cambridge University, 1999）。

〔6〕 Ann La Berge，《使命与方法：法国早期的公共卫生运动》（*Mission and Method: The Early French Public Health Movement*, Cambridge: Cambridge University Press, 1992）；William Coleman，《死亡是一种社会疾病：法国工业化初期的公共卫生与政治经济》（*Death Is a Social Disease: Public Health and Political Economy in Early Industrial France*, Madison: University of Wisconsin Press, 1982）。

了两个统计学会，是由一些知识分子组成的两个“改革”俱乐部；随后，威廉·法尔（1807～1883）在1837年又因此而被任命为该国的户籍总署署长。与法国的维莱姆一样，法尔也参与了公共卫生运动，为改革人士提供了关于人口密度过大、工业生产环境以及地方性流行病导致的死亡率等资料。[7] 埃德温·查德威克（1800～1890）是英国政府内部的官员，他出于捍卫自身政治利益这一原因，排斥像苏格兰医生威廉·波尔特尼·艾利森（1790～1895）这种人的观点；后者认为，经济和社会环境是决定健康状况的主要因素。[8] 相反，查德威克将公共卫生与城市环境的实际状况联系起来，并且鼓吹说，除了其他一些证据，那些生活在农村地区比城市居民贫困得多的人，寿命都要长得多。由于欧洲绝大多数人一直在农村地区生活，直到进入20世纪，因此流行病学家和统计学家经常说农村是“健康区域”，可众所周知的是，农村的居住条件较差、缺乏基本的卫生设施，这意味着绝大多数农村人都生活在一种不卫生的环境里；这一点，不能不说颇具讽刺意味。

公共卫生主要涉及的环境管理观点，是在19世纪30和40年代那些公共卫生学家进行的分析与宣传当中形成的。[9] 这些公共卫生学家，导致欧洲的绝大多数国家和其他各个大洲的城市里出现了很多范围更加广泛的公共卫生运动。在统计学家报告的高死亡率、与流行性热病相关的局部和全国性危机，以及人们在政治上更广泛地对新兴的城市工人阶层所处状况（包括身心两个方面）感到担忧等方面的推动下，公共卫生运动开始呼吁采取措施，来降低城市人口的死亡率与发病率。在北欧和北美地区，他们采用了一种疾病模型，使“污物”和腐败物成为热病的主要原因。反过来，他们便由此确定，对健康构成主要威胁的，就是受污染的空气与公害，比如乱倒垃圾、河道有毒和堵塞、受污染的土地和工业废料、猪舍和市镇奶牛场，尤其是下层百姓污秽不堪的身体。关于热病的起因，最盛行的一种解释就是尤斯图斯·冯·李比希（1803～1873）提出的发酵理论。此人认为，发酵和腐坏的过程是由“酵素”这种具有特殊催化功能的化学物质的作用引起的。这种理论认为，发酵过程源于不洁，由此产生的毒素则会经由空气传播到易感人群当中，导致这些人的身体“发炎”和“受到感染”。这些影响，在热病、皮疹和无力症当中极其明显。尽管公共卫生学家都认识到，疾病酵素也可以经由供水和食品传播，以及经由人际接触进行一定程度的传播，但他们最担心的，还是经由空气传播带来的威胁。有毒的空气或瘴气的特点就是气味难闻，或许还有其他一些无形的特点。人们认为，它们能够无孔不入，携带传染病越过阶层和其他社会界限。人们认为，瘴气除了是导致热病的直接诱因，还会削弱人们的体质，从而使人容易染上

145

〔7〕 John M. Eyler，《维多利亚时代的社会医学：威廉·法尔的思想与方法》（*Victorian Social Medicine: The Ideas and Methods of William Farr*, Baltimore: Johns Hopkins University Press, 1979）。

〔8〕 Christopher Hamlin，《英国查德威克时期的公共卫生与社会改革（1800～1854）》（*Public Health and Social Reform in the Age of Chadwick: Britain, 1800–1854*, Cambridge: Cambridge University Press, 1998）。

〔9〕 John Duffy，《公共卫生学家：美国公共卫生史》（*The Sanitarians: A History of American Public Health*, Urbana: University of Illinois Press, 1990）。

其他疾病。然而,人们对这个问题也有其他传统说法与分析,其中就包括那些强调接触和贫困也是染病诱因的观点。[10]

改革人士用于对付疾病威胁的重要智慧武器,就是卫生学。布吕诺·拉图尔的论述,很好地阐述了这一学科的综合性特点:"这是将建议、预防措施、诀窍、观点、统计数据、治疗药物、法律法规、趣闻逸事和病例研究逐渐积累起来的一个过程。"[11]人们认为,卫生学不但历史悠久,而且非常现代。据称希波克拉底是卫生学的鼻祖,但从事卫生学的人声称这一学科也传承了现代科学的衣钵。他们都希望,自己的分析能够揭开健康的(自然)法则的面纱,希望这些法则能够引导政府和公众采取专业的行动、获得专业的建议。卫生学的基础之一就是流行病学,因为我们利用流行病学,有可能通过查明疾病在地理空间、社会结构和历史时代等方面的情况,发现导致疾病的多种原因。公共卫生学家以流行病与职业病为主要目标,因为这两种疾病似乎都具有外部性诱发原因。他们普遍忽视了体质上的问题和先天性疾病,比如结核病与风湿病,因为他们认为,这两种疾病都属于内科病症,是自发性的,因而无法预防。与外源性疾病做斗争,似乎有两种主要的方法:一是改善环境,首先不让环境中出现外源性疾病;二是在局部出现或者输入了外源性疾病之后,防止个人和群体接触这些外源性疾病。与热病类似的显性中毒症状,曾经引导化学家们努力去查明一些有毒物质的性质。这一点最终难以做到之后,又引导他们用度量指标确定了一些物质的安全水平,比如氮和碳的安全水平。由于分析水质要比分析空气容易,因此,尽管空气在卫生这种观念体系中具有重要的意义,可人们对空气污染与瘴气性质进行的研究却比较少。[12]

146

从19世纪中叶起,科学家们对热病的解释便开始从化学转向生物学,而研究人员也开始在环境与人体身上寻找活的病原体。[13] 由于所用的仪器进行了技术改良,显微镜工作者发现细微生物体的本领也在稳步提高;但是,所谓"单孢体"(结构最简单的生物体)具有什么样的重要性,却仍然存有疑问。医生们先是将单孢体说成是严重污染的标志,公共卫生学家则利用这种说法来抨击供水企业的工作。从19世纪60年代起,有些医生和生物学家又利用一些类似已知寄生虫的东西,比如绦虫和真菌,来说明单孢体和其他"微生物"可能具有致病性,其作用可能与"病菌"一样。一些强调化学原因的公共卫生学家却反对这种观点,认为把微生物吃下肚去,与我们吃鱼时没什么两样,认为这种微生物可以起到把危险物质排出体外的作用,并且认为这些微生物的

[10] John V. Pickstone,《饥荒、不洁和流行性热病:改写了英国的"公共卫生"史(1750～1850)》(Dearth, Dirt and Fever Epidemics: Rewriting the History of British "Public Health", 1750-1850),载于Terence Ranger和Paul Slack编,《流行病与观点:瘟疫的历史感知论文集》(*Epidemics and Ideas: Essays on the Historical Perception of Pestilence*, Cambridge: Cambridge University Press, 1992),第125页～第148页。

[11] Bruno Latour,《法国的巴氏杀菌法》(*The Pasteurization of France*, Cambridge, Mass.: Harvard University Press, 1988),第20页。

[12] Christopher Hamlin,《污染学:英格兰19世纪的水质分析》(*A Science of Impurity: Water Analysis in Nineteenth Century England*, Bristol: Adam Hilger, 1990),第35页～第36页。

[13] John Eyler,《安格斯·史密斯的转变:从化学到生物学》(The Conversion of Angus Smith: Chemistry to Biology),载于《医学史通报》,56(1980),第216页～第224页。

存在可能是一种很好的标志，说明水质不错呢。

资源回收与自然净化这两种观点，通常与人们担忧污物及其危险的心态紧密联系在一起。尽管人们认为人畜粪便和其他有机废物对健康构成了威胁，可人们也认为，若是把这些东西收集起来，运到农村，撒到地里，帮助土壤保持肥力，它们却有可能带来益处。农业耕作从未远离19世纪的城镇生活，而轮耕轮作以及资源回收的观念，就是大自然具有天赐性质的例证。那些认为疾病酵素属于生物作用剂而非化学作用剂的人，是用目的论来看待腐坏过程的；他们认为，腐坏是大自然准备物质供生物体重新利用的一种方式。市镇工程人员开发出来的大规模排污系统，将人类粪便与其他垃圾排出市镇，从而将垃圾处理这个问题提高到新的层次上。在沿海附近的城镇里，垃圾被直接倾入海中，因为海水的稀释作用、海洋生物与时间，会让这些垃圾变得不再有害。然而，在许多内陆城市里，人们却没法直接倾倒，因此确保垃圾收集与处理的安全性，再加上受控分解、受控腐烂和安全再利用等问题，就变得非常重要了。人们开发出不同的垃圾处理方法，或是像粪便收集过程中使用的那种"干式"方法，或是像冲洗式下水道这样的"湿式"设备。人们还开发出许多垃圾处理技术，从过滤与沉淀这样的物理技术，到一些复杂的化学与生物处理过程，不一而足。随着企业日益增多，这个方面的知识与处理技能开始变得高度技术化与专门化，以至于卫生工程师能够自成一家，成为一种独立的职业类别了。在医学领域里，公共卫生医疗这种显著的活动兴起得较晚，至于原因，尤其在于医学领域里的专业化并不普遍，很少有医生在这个既不安全、社会地位不高，经济回报也很低的行业里从事全职工作。

许多历史学家认为，病原体致病理论提供的病因学模型，正是导致公共卫生领域里的环境论思想日渐式微的关键因素。他们宣称，由于越来越多的热病表明，它们是通过病原菌的传播，或者是经由像供水、食物或昆虫媒介等特定途径而在人与人之间传播开来的，因此公共卫生专业人士开始直接消灭病原体，或者把阻断疾病传播途径中某些特定的传播阶段定为自己的目标。与这种观点相对的是，一些修正主义历史学家认为，新的细菌学观点与实践带来的影响更加复杂，人们延误了向细菌理论的转变过程，而医生们也仍在疾病预防领域里纠结于环境因素。[14] 在19世纪最后的25年里，很少有医生和科学家把细菌看成是无所不能的入侵者；绝大多数人在看待细菌的作用时，都是用"种子与土壤"这样的比喻，即疾病"种子"的萌芽，需要易感人体这样一种"土壤"。例如，处理伤口感染时所用的抗菌措施，就是建立在"胚种论"的基础之上；这种理论认为，空气中充斥着各种各样的微生物，但这些微生物只有掉到死亡或者受损的组织上，才会造成组织腐坏。这些观点，与人们在应对热病时的临床经验和流

〔14〕 Nancy Tomes，《细菌的福音：美国生活中的男人、女人和微生物》（*The Gospel of Germs: Men, Women and the Microbe in American Life*, Cambridge, Mass.: Harvard University Press, 1998），第1页～第90页；Michael Worboys，《细菌传播：英国的疾病理论与医疗实践（1865～1900）》（*Spreading Germs: Disease Theories and Medical Practice in Britain, 1865-1900*, Cambridge: Cambridge University Press, 2000）。

行病学经验是一致的，因为在临床和流行病学实践中，有些人比其他人更容易受到感染，而同一种感染在不同个人与群体之间的严重程度也不一样。

许多研究人员认为，病菌可能会在人体之外经历多个发展阶段。人们公认的第一种细菌病因学实证，就是罗伯特·科赫（1843～1910）论述炭疽的那部著作；这一实证，发现了一种疾病是由可以在土壤里面蛰伏好几年的孢子传播的。霍乱是确定了一种具体致病细菌的第一种严重的公共卫生疾病。这种细菌，又是科赫在1883～1884年发现的，可人们又过了10年才一致同意这种细菌是引发霍乱的根本原因。尽管如此，细菌理论还是逐渐在医学思想中占据了主导地位，并且适应了那些历史更加悠久的解释流行病起因的理论。例如，马克斯·佩滕科费尔（1818～1901）关于霍乱由地下水上升引起的理论，变成了潮湿会导致霍乱病菌和伤寒病菌再次活化的观点。像天花和麻疹这种经由直接接触、进行无媒介蔓延的疾病，数量似乎相当少；可即便是在这个方面，人们也认为，像风和寒冷这样的物理变量会让人体容易染上疾病。

118

公共卫生部门日益开始想要通过疫苗接种、隔离、消毒和发布通知等手段，来控制传染病和流行病。由国家机关生产和推广的牛痘疫苗让人不会患上天花，此时仍然是绝大多数国家一项核心的公共卫生活动。然而，路易·巴斯德（1822～1895）在制造出一种毒性减弱同时还能保护人体对抗某些具体疾病的细菌方面所做的工作，却让人们抱有了开发出“新的疫苗”来对抗所有传染病的希望。在19世纪70和80年代，对病人进行隔离的地点，从病人家里转到大型的专科医院，因为国家会支付费用来保护更加广泛的公共利益。许多新设的隔离医院原本是为对抗天花而开办的，可随着这种疾病导致的瘟疫逐渐消失，人们便开始将这些医院用于治疗像猩红热和白喉这样的传染病，从而迅速变成儿童医院。许多地方政府成立消毒站，让那些患有流行病的家庭可以在此将家具和衣物消毒。医生们鼓励家庭使用消毒剂，而更加重要的是，一些地方性和全国性的企业还将一系列抗菌卫生新产品推向市场，让各家各户开始使用消毒剂。[15] 之所以通报病例，目的就是让医生能够确定传染病的起源与发展情况，并且追踪接触过患者的人群。通报病例是一个具有争议性的问题，因为这种做法触及了国家与私营医生之间的敏感关系，触及了医患之间相互保密的问题。

尽管质疑细菌学具有决定性的作用，但修正主义历史学家还是承认，人们已经利用细菌学的理念与实践，进一步将公共卫生问题医学化了。细菌学的理念，支持这样一种观点：从“大口径短炮式”的卫生学转变到“精准步枪式”的预防医学，也带来了节约效应，提高了效率；至于带来了较好的医疗监察形式，这一点就更不用说了。在绝大多数国家里，疾病报告方面的立法都得到加强，而隔离性医院里的病床数量也大幅增加。这些措施，既让公共卫生医师们有了发挥临床技术的机会，也让医药领域里一些具有现代化眼光的人获得了机会，可以宣传建立细菌学实验室，来提供诊断和其他医

119

〔15〕 Tomes，《细菌的福音：美国生活中的男人、女人和微生物》，第48页～第112页。

疗服务。然而，彻底改变人们的看法、使之认为酶性传染病“由细菌引发”和“能够传染”的道路，仍然并不平坦。许多常见疾病的微生物学原理，比如猩红热和天花的微生物学原理，在进入20世纪之时，依然没有确定下来（当时人们发现这两种疾病都属于病毒性疾病）。细菌学方面积累起来的丰富资源都被调动起来，用于支持各种各样的政策与理想，而并非只是支持那些简化了的、以实验室为基础、以疾病为中心的措施。[16] 例如，在健康教育领域，人们曾经普遍推荐的做法就是，睡觉时应当打开卧室窗户，据说，就是因为那样做既可以减少空气中的细菌数量，还能让环境保持一种不利于细菌存活的干燥、富氧状态。

由公共卫生部门发起的任何一种背离全面改善环境的转变，都进行得拖拖拉拉，且属于局部改变。事实上，细菌鉴定最初导致的一种反应，就像“胚种论”那样，是让人们对那些出没于环境当中的病菌的威力更感恐惧。保罗·斯塔尔有一句经常被人们引用的话，说细菌学创造了一种“新的不洁概念”，是非常贴切的：细菌虽说刚刚被发现，可人们仍然将细菌与污秽等同起来。[17] 即便是某些特定细菌与某些特殊传染病之间具有关联，使得人们确定了与一种具体疾病相关的病原体，这也不一定意味着它们之间就是单一的因果关系。在医学领域里，人们通常都把细菌看成是诱因，认为细菌只有与其他诱因结合起来才会产生作用。例如，结核杆菌在贫困人口当中、在那些因为干过多尘的室内工作而导致肺部业已受损的人群中更为普遍，对身体也更加有害。某些习惯会增加染病的危险，因此在进行预防结核病的宣传时，我们才会提醒人们不要随地吐痰，应当提防奶制品和肉类，并且不去阴暗、潮湿和肮脏的地方。[18] 不过，其他一些卫生建议，比如不喝酒、多敞开门窗通风、谨慎选择配偶，却更加强调增强体质，而不那么强调避免感染。

在热带殖民地的从医者当中，致力于环境影响因素致病的医生人数，起码到1900年的时候都还特别多。[19] 在19世纪，由于身处极端高温、极端潮湿和日照极端强烈的热带地区的欧洲人死亡率居高不下，因此卫生学中的种种假设都得到了极为有力的证实。医生们认为，这种纬度地区会让人们熟知的一些疾病变得特别严重，同时还会导致一些独特的热带热病。19世纪热带地区欧洲人的死亡率之所以会下降，主要是因为他们在这些地区引入了欧洲为城镇开发出来的种种卫生措施，加之他们还采用了一些

150

[16] Barbara Rosencrantz，《本末倒置：美国公共卫生领域里的理论、实践与职业形象（1870～1920）》（Cart before the Horse：Theory，Practice and Professional Image in American Public Health，1870–1920），《医学史杂志》（*Journal of the History of Medicine*），29（1974），第55页～第73页。

[17] Paul Starr，《美国医学的社会变革》（*The Social Transformation of American Medicine*，New York：Basic Books，1982），第189页～第190页。

[18] Katherine Ott，《发热人生：1870年以来美国文化中的结核病》（*Fevered Lives：Tuberculosis in American Culture since 1870*，Cambridge，Mass.：Harvard University Press，1996）。

[19] Mark Harrison，《印度的公共卫生：英裔印度人的预防医学（1859～1914）》（*Public Health in India：Anglo-Indian Preventive Medicine，1859–1914*，Cambridge：Cambridge University Press，1994）。

特殊的措施，比如用奎宁来预防疟疾。[20] 当时，欧洲人都集中在这些地区的沿海城镇和军事基地；这种情况，使得卫生措施能够以面积很小的区域和有限的人口为目标。气候不适带来的影响，通过精心地安排新来者“适应”环境、定期放假、利用山中的避暑地点以及注意个人卫生等措施，从而得到解决。人们还将卫生工程引入像巴西这样的新兴国家，而在历史较为悠久的一些国家里，比如日本和中国，卫生工程也进行了现代化改造。然而，城市迅速增长、地方政治复杂以及税收方面的经济基础薄弱，却意味着这些国家的卫生基础设施常常建设得并不完备，或者是运行起来不合规范。欧洲以外的殖民地和重要港口，仍然容易暴发流行性疾病，尤其是霍乱、黄热病和鼠疫。从19世纪60年代起，全球召开了一系列国际卫生大会（International Sanitary Conference），向各国政府施加压力，要求它们制定传染病暴发时的隔离措施，改善本国的卫生状况，消除流行性疾病产生和传播的条件。与欧洲和北美地区一样，各个殖民地和新兴国家的公共卫生行业里，仍然存在一种分化现象：有些人继续支持全面改善环境，有些人却支持采取针对特定病原体或者旨在控制染病人群的特殊措施。在19世纪90年代，这两种措施之间保持着很好的平衡；可1900年以后，后者却开始获得专业人士、政界和公众的更多关注了。

1890～1950：国家卫生

当代人士和历史学家一致认为，在公共卫生领域里，1900年左右出现了一次重大的重新定位。大家公认的观点是：公共卫生的重心从自然环境转向了公民个人，而人们对国家人口的关注程度也增加了。[21] 这些变化，在专业形成中反映出来了，因为原来那种多学科的“公共卫生”，分成了预防医学、卫生工程及多种分析性科学。出现这些变化的社会背景，就是国际经济竞争日趋激烈、帝国主义咄咄逼人、社会福利方面出现了诸多的新举措及死亡率日益下降等方面。健康问题开始围绕着体质和种族退化而变得具体化了，同时还出现了许多的新举措，旨在提供医疗服务来提高个人的“素质”，而不是在群体中预防疾病。这并不是说人们忽视了其他的方法。事实上，除了这些以人为中心和以疾病为中心的新方法，其他一些方法也有效地保持下来了。供水、排水、污水处理和污染控制等方法继续得到推广，而一些关键的创新举措，比如活性污泥污水处理法和自来水氯化的方法，最终证明成本效益也很好。一些历史较为悠久的方法，此时被人们用于实现新的目标了。比如，人们发明了与主排污管道相连的抽水马桶，这一方面是继续与环境污染做斗争，另一方面又规定并代表了家庭和个人卫生

151

[20] Philip D. Curtin，《迁移致死：19世纪欧洲遇上了热带世界》（*Death by Migration: Europe's Encounter with the Tropical World in the Nineteenth Century*, Cambridge: Cambridge University Press, 1989）。

[21] Elizabeth Fee和Dorothy Porter，《英美两国的公共卫生、预防医学和职业化》（Public Health, Preventive Medicine, and Professionalization in Britain and the United States），载于Andrew Wear编，《社会医学》（*Medicine in Society*, Cambridge: Cambridge University Press, 1992），第249页～第275页。

方面的一些新标准。

研究公共卫生的历史学家认为,以人为中心的新方法源自多个方面。其中一个至关重要的因素,就是城市疾病的模式正在改变,还有传染病以及所谓因脏致病发病率下降,人们也已认识到像结核病与梅毒这种地方病,以及像酒精中毒和智力低下等社会性疾病的代价。当时(如今依然这样),人们对传染病发病率下降的原因存在广泛的争议,而且越来越多的人认为,环境卫生与公共卫生措施是其中的两个关键性因素。[22]这种观点,是对以前由托马斯·麦基翁而来,认为死亡率下降的主要原因是生活水准提高了,尤其是饮食得到改善这种正统观点的一种背离。

对于新兴的公共卫生与个人卫生服务发展起来的原因,历史学家之间也存在分歧。是因为"来自下层的压力",比如工人阶级的政治分类以及公民权的扩大,从而导致各国政府制定了更加平等与进步的福利政策吗?是不是由于改革人士始终都在推搡一扇半开着的门,因为政治和商业领袖们都已认识到,在争夺全球生产和贸易份额的过程中,在避免社会动荡的过程中,在战时赢得民众忠诚的过程中,健康的公民都具有重要的价值呢?第三种观点就是,公共卫生政策不再是一个社会政治问题,而是变成了卫生工程和预防医学的专业领域,将主要通过技术合理性、实用主义和职业政治来进行塑造。

关注西方国家民族素质的主要表现形式,就是优生优育运动。尽管这个问题起源于弗朗西斯·高尔顿(1822~1911)那种"优质生育"的观点,但优生学始终都没有成为一种完全制度化的人文科学。许多国家成立了研究机构与大学院系,但最终表明,这种研究工作在道德伦理和现实方面都是很难进行的。在美国和德国,对社会政策,对降低"不健康"婴儿的出生率、提高"健康"婴儿的出生率的具体方案,优生学家都拥有极其重要的影响力;而在德国的纳粹政权下,这种优生方案还曾变得更加具有种族主义和凶残性。[23] 在许多国家里,优生学家和公共卫生专家之间即便没有政策上的冲突,也存在意识形态方面的矛盾。前者声称,像智力缺陷与酗酒这样的问题,都是遗传特点导致,容易染上这些问题的人都应当隔离起来,或许还应当接受绝育手术,防止将这些性格特点遗传下去。后者则认为,这种问题都是环境不卫生和公众不懂卫生方面的原则导致的,因此可以通过改善环境、提供个人卫生服务纠正过来。至于实际的政策,双方有许多共同之处,尤其是因为人们都认为,环境条件能够影响到一种遗传特点或者一种易感性可能表现出来的严重程度。例如,假如一个人滴酒不沾,那么一种酗酒的性格倾向就不会受到诱发;而对一些具有遗传性结核体质的人,医生也会建议他

152

[22] Simon Szreter,《社会干预对英国死亡率下降的重要意义(约1850~1914)》(The Importance of Social Intervention in Britain's Mortality Decline, c. 1850-1914),《医学社会史》(*Social History of Medicine*),1(1988),第1页~第37页;Anne Hardy,《传染病盛行的街道:传染病与预防医学的崛起(1856~1900)》(*The Epidemic Streets: Infectious Disease and the Rise of Preventive Medicine, 1856-1900*, Oxford: Clarendon Press, 1993)。

[23] Daniel J. Kevles,《以优生学的名义:基因学和人类遗传的应用》(*In the Name of Eugenics: Genetics and the Uses of Human Heredity*, New York: Knopf, 1985);Mark B. Adams,《优生的科学:德国、法国、巴西和俄罗斯的优生学》(*The Wellborn Science: Eugenics in Germany, France, Brazil and Russia*, Oxford: Oxford University Press, 1990)。

们不要去通风不好的地方,以便保护好他们那种容易感染结核病的肺部。

这些观点,与戴维·阿姆斯特朗和多萝西·波特两人的观点是一致的;他们都认为,1900年以后的预防医学,既关注行为与社会的相互作用,也强调病原体。[24] 实际上,人们还利用了细菌学的观点,来支持和维护新兴利益集团的利益。实验室研究与在疾病预防方面的经验,不但推翻了以前那种关于环境中充斥着细菌、人体中通常都没有细菌的观点,反而指出,环境当中通常都相对地没有病原体,而人体或动物体内却有大量的微生物。[25] 细菌对阳光、干燥、温度和对环境中以之为食的东西都具有易灭性,这一点再次证实了以前人们认为环境具有自然净化作用的观点。此外,如今传染性疾病带来的主要问题,都是小范围的流行病与儿童传染病,而在这些疾病中,人、动物及其粪便都被认为是主要的传染源。对传染病的研究,尤其是对伤寒热的研究表明,许多健康人身上带有致病菌。这就给隔离医院提出了一个很特殊的问题,即什么时候才能让那些已经康复、体内却仍然携带致病菌的患者出院。

没有出现症状的感染者,也就是所谓病菌携带者,曾经因为"伤寒玛丽"的职业生涯而变得在全世界都恶名昭著;"伤寒玛丽"本是餐饮业里的一名工人,原名玛丽·马伦,她曾经在多年里将伤寒传染给美国东北部的许多人。[26] "伤寒玛丽"也代表了人们对食物受到细菌污染那种更加普遍的担忧,尤其是对牛奶的担忧,因为牛奶是一种传播媒介,既可以将结核病从母牛身上传播到人类身上,还会将腹泻病菌传播到用牛奶喂养的婴儿身上。这些问题,都在食物供应链上的不同环节得到了解决,但优先事项就是要让公众负起责任来,提高家庭内部的卫生标准,在准备饭菜这个最后环节提高安全性。由于身为爱尔兰裔移民,因此玛丽·马伦也象征着人们对移民携带病菌的种种害怕心理。在美国,人们担心的并非只是从欧洲来的移民,他们还担心那些从南方诸州而来、获得了自由的非裔美国人带来的威胁。联邦政府在纽约港的埃利斯岛上兴建了配套设施,来筛选欧洲移民,因此这里也成了美国第一个全国性公共卫生机构的前身。其他各州也采取了控制移民的措施,而这种做法,也随着人们一方面害怕输入"弱小"民族,另一方面又害怕传染病的心理而日益变得正当起来。[27]

153

从19世纪80年代起,许多细菌学实验室(尤其是法国的巴斯德研究所)已经给人们带来了希望,有朝一日可能生产出可以抵抗所有传染病的疫苗。[28] 这项工作,最初

[24] David Armstrong,《身体的政治解剖学》(*The Political Anatomy of the Body*, Cambridge: Cambridge University Press, 1983);Dorothy Porter,《爱德华七世时代英格兰的生物学主义、环境论与公共卫生》(Biologism, Environmentalism and Public Health in Edwardian England),《维多利亚时代研究》(*Victorian Studies*),34(1991),第159页~第178页。

[25] J. Andrew Mendelsohn,《细菌学文化:一个学科在法国和德国的形成和转变(1870~1914)》(The Cultures of Bacteriology: Formation and Transformation of a Science in France and Germany, 1870-1914, unpublished PhD diss., Princeton University, 1996)。

[26] Judith W. Leavitt,《伤寒玛丽:公共卫生的俘虏》(*Typhoid Mary: Captive of the Public's Health*, Boston: Beacon Press, 1996)。

[27] Alan M. Kraut,《无声的旅行者:细菌、基因和"移民威胁"》(*Silent Travelers: Germs, Genes and the "Immigrant Menace"*, New York: Basic Books, 1994)。

[28] Gerald L. Geison,《路易·巴斯德的个人科学》(*The Private Science of Louis Pasteur*, Princeton, N. J.: Princeton University Press, 1995)。

的成功是在动物疾病方面取得的,但到了19世纪80年代中期人们将这些成果成功地应用于狂犬病之后,这一工作便引起了国际医学界与新闻界的关注。在19世纪,人们没有生产出几种可用于人体感染的疫苗,而对于疫苗的效果,也依然存有争议。接种天花疫苗被改造成一种细菌学过程,尽管此种细菌的具体身份还没有被研究人员确定下来。有些人群,尤其是军队,都接种了伤寒疫苗和破伤风疫苗。不过,预防性疫苗最主要的现实影响,还是给细菌学和实验医学的制度化提供了动力。巴黎的巴斯德研究所成立于1888年,是用公款和募集的私人资金筹建的,以进一步对狂犬病防治工作进行研究。最大的变化却出现在19世纪90年代初,那就是生产出了白喉抗毒素这样一种治疗药物而非预防性药品。巴斯德研究所以及在柏林科赫传染病研究所(Koch's Institute for Infectious Diseases)工作的埃米尔·冯·贝林(1854～1917),就是将自然抗菌物质分离并进行商业化生产的先驱。人们纷纷开始使用白喉抗毒素和其他产品来进行预防、诊断和治疗,导致出现了一些研究和服务性的实验室。绝大多数国家成立了中央研究实验室,但提供服务的职责,却交给了地方政府、创业的医生、专业学者或者外行人员。

旧时的公共卫生与新兴的、以疾病为中心的预防医学之间的紧张关系,在军事医学和殖民医学领域里最为明显,原因就在于这两个专业都很闭塞,而那些驻扎在热带地区的医生也始终坚持环境论。然而,军事医学界的一些人士,比如阿方斯·拉韦朗(1845～1922)、罗纳德·罗斯(1857～1932)和沃尔特·里德(1851～1902),却利用新的实验方法,在对抗热带热病方面取得了重大的突破。其中最显著的成果,就是搞清了疟疾的病因;他们不但发现了导致此种疾病的寄生原虫的具体发育阶段,还发现了蚊媒在疟疾传播过程中的作用。[29] 20世纪初期过后,寄生虫病媒模型已经成功地应用到其他热带疾病中,包括嗜睡症、黄热病、利什曼病*和血吸虫病。因此,这一工作得到巩固,并在热带医学这种新兴的医学专业里得到发展。这些成果,不但由于各国都有帝国野心,都在相互竞争而得到国际政治界和科学界的关注,还衍生出了两种新的生物学专业,即寄生虫学和蠕虫学,并且改变了以前属于业余学科的昆虫学的学术地位。人们害怕携带寄生虫的昆虫的心理发挥出巨大的作用,非但让病原体理论流行起来,还提出了这样一种观点:控制传染病的最佳途径,就是消灭病原体,或者消灭病原体的携带者。

154

人们在疟疾方面了解到的新知识带来了种种新的可能性,让人们可以控制此种疾病,并且确保热带殖民地的欧洲人保持健康。殖民地当局拥有3种主要的防控选择:消灭寄生虫;消灭病媒;把寄生虫与人体宿主或者昆虫宿主隔离开来,打破疾病的传播

[29] William F. Bynum 和 Bernardino Fantini 编,《历史层面的疟疾和生态系统》(*Malaria and Ecosystems: Historical Aspects*, Rome: Lombardo Editore, 1994)。

* 利什曼病(leishmaniasis),由利什曼原虫引起的一种人畜共患病,可引起人类皮肤及内脏黑热病,多发于地中海国家及热带、亚热带地区,尤以皮肤利什曼病最常见。——译者注

循环。[30] 人们发现,原虫和蠕虫寄生虫易被多种奎宁类和砷基药物杀灭;这一发现,后来就成为化学疗法获得更大发展的基础。[31] 病媒控制与阻断传播是两种非常类似的方法,它们在20世纪绝大部分时间里仍然大行其道。这些方法,从药物预防这样的个人保护措施,到需要彻底改造环境的生态治理,涵盖了各个方面。人们都建议,个人应当穿上防护衣、使用纱网、改变生活方式来避免接触蝇虫,并且应当住在与当地居民隔离开的定居点,因为他们认为,当地居民都是疾病的传染源。用农药直接杀灭病媒的方法,在20世纪40年代以前成效有限,因为使用的化学物质和用药方法的效率都很低。唯一可行且有望做到一劳永逸的办法,就是"物种卫生",即改变地形地貌(比如砍伐森林),或者改变土地利用方式(例如排水),或者改变城镇的局部生态,从而破坏某些特定的昆虫病媒在繁殖与生存过程中必需的栖息地。这种方法,在开凿巴拿马运河的过程中曾经获得惊人的成功。当时,威廉·戈加斯(1845～1920)将军利用手中的军事权力,在这里引入了工程措施、卫生措施和生态措施,来防控黄热病和疟疾。[32]

从更广泛的范围来看,热带殖民地卫生政策的历史是相当复杂的,其成功主要取决于政府与专业人士管理社会环境与自然环境的能力。经济和政治上的优先考虑,确保了所有的防控措施都集中在欧洲人的定居点、种植园和矿山等地,因此在很大程度上,新兴的医疗科学就是"帝国的工具"。[33] 之所以优先防控钩虫这种令人体质变弱的地方病,经济也是一大原因,因为在许多热带殖民地和美国南部的种植园里,这种疾病都成为一个问题。防控此种疾病的努力,得到了洛克菲勒基金会的支持;而在1925～1950年,这个基金会也成为一家在公共卫生和热带卫生领域里领先的研究和政策机构。[34] 该基金会是在农村公共卫生兴起的背景之下,开始致力于在美国防控钩虫病的;农村公共卫生这个问题,是随着工业化国家里那些"落后"地区的健康问题得到解决之后才出现的。在国际舞台上,洛克菲勒基金会一直被人们描述为一个代表美国帝国主义的机构,可其中的专家,却是率先研究并试图改善殖民地原住民的健康状况,尤其是通过防控黄热病的项目和促进农村公共卫生来进行改善的专业人员。

155

在20世纪30年代,人们日益认识到殖民地人口的健康状况很差,并且这种状况还在随着与工业化国家的交流更加密切而恶化下去。在管理殖民地一些特殊群体的过程中,大量问题涌现出来,并且变成了全国性和国际性的健康问题。给囚犯和其他有

[30] Michael Worboys,《东非和中非地区嗜睡症的历史比较(1900～1914)》(The Comparative History of Sleeping Sickness in East and Central Africa, 1900-1914),《科学史》(*History of Science*),32(1994),第89页～第102页。

[31] Miles Weatherall,《寻找疗法:药物发现史》(*In Search of a Cure: A History of Pharmaceutical Discovery*, Oxford: Oxford University Press, 1990)。

[32] Marie D. Gorgas 和 Burton J. Hendrick,《威廉·克劳福德·戈加斯的生平和事业》(*William Crawford Gorgas: His Life and Work*, Philadelphia: Lea and Febiger, 1924)。

[33] Daniel Headrick,《帝国的工具:19世纪的技术与欧洲帝国主义》(*The Tools of Empire: Technology and European Imperialism in the Nineteenth Century*, Oxford: Oxford University Press, 1981)。

[34] R. B. Fosdick,《洛克菲勒基金会的故事》(*The Story of the Rockefeller Foundation*, New Brunswick, N. J.: Transaction Publishers, 1989);Marcos Cueto,《科学倡导者:洛克菲勒基金会与拉丁美洲》(*Missionaries of Science: The Rockefeller Foundation and Latin America*, Bloomington: Indiana University Press, 1994)。

组织群体提供的特殊饮食，尤其是在东南亚地区，使得人们可以研究并重视缺食性营养不良导致的疾病。[35] 有了对健康和饮食进行比较研究的机会之后，殖民地的专业人士不但可以研究饥荒对当地人口的影响，还能发现营养不良和营养失调等问题了。[36] 对南非金矿里非洲移民工人患上的肺部疾病，尤其是肺炎、肺结核和硅沉着病进行的研究，与对欧洲和北美地区进行的调查研究是同步进行的。这一工作，对人们将职业健康问题重新列入政治与医疗蓝图中起到了促进作用，并且强调了帝国边缘地区与工业化宗主国之间种种持续而紧密的联系。[37]

156
人们对职业病的了解，已有好几个世纪了，而且，许多国家在 19 世纪制定了法律，来防控某些具体的风险。然而，其中许多法律规定非常宽容，而为监管这些问题设立的督察部门，也经常是既无权力，又无专业知识。直到 1900 年后的那几十年，人们才齐心协力，系统地去研究这些问题，确定并实施全国性的标准。这些标准，主要是由一批研究职业健康的新兴专业人士精心制定出来的；他们与政府部门及工会协作，在两者之间做了大量工作。在许多工业部门里，改革人士对整体的工作环境感到担忧，而预防医学领域里的专家集中关注的，往往是具体的疾病。比方说，化学物质（如铅和磷）的影响，以及尘埃带来的危险（如纺织行业里的棉纤维吸入性肺炎、采矿和研磨行业里的尘肺病）。[38] 尽管如此，在工业化国家里，职业医学仍然位于对工人的赔偿立法和特定情况发生的责任问题的框架之内。在采矿行业里，问题常常就是：某个具体的硅沉着病病例，究竟在多大程度上是由工作本身，尤其是由矿井和矿业公司的卫生政策、工人的家居环境导致的，还是由某种家族或种族易感性导致的。在 20 世纪上半叶，尽管越来越多地开始采用正式的赔偿方案，并由一些新兴的医疗学科来实施，比如工业卫生和职业健康，但这些问题通常是提交给法庭，当成案件逐一裁决的。

20 世纪 40 年代以前，公共卫生医疗化一直是这一学科的主流趋势。然而，我们不应当忘记，工程技术人员和其他专业人士仍在运营和开发卫生基础设施，而人们也仍然将导致疾病的环境因素当成局部问题来处理，例如，城市里的光化学烟雾和传染性疾病导致的疫情就是如此。福利政策当中范围更加广泛的社会和政治变化，直接影响到公共卫生。比如，住房供应被改造成一个属于社会福利和关乎舒适性的问题，而不再是一个直接与卫生相关的问题。这种转变带来了矛盾冲突，在关于营养不良问题究竟是可以通过提供饮食建议与营养品简单地加以解决，还是只能等到做出直接解决贫

[35] Kenneth Carpenter，《脚气、白米和维生素 B：疾病、病因和疗法》（*Beriberi, White Rice and Vitamin B: A Disease, a Cause and a Cure*, Berkeley: University of California Press, 1999）。

[36] Lenore Manderson，《疾病与国家：殖民地马来亚的健康与疾病（1870～1940）》（*Sickness and the State: Health and Illness in Colonial Malaya, 1870–1940*, Cambridge: Cambridge University Press, 1996）。

[37] Randall Packard，《白色瘟疫，黑色劳工》（*White Plague, Black Labor*, Pietermaritzburg: University of Natal Press, 1989）；David Rosner 和 Gerald Markowitz，《致命尘埃：20 世纪美国的硅沉着病与职业病政治》（*Deadly Dust: Silicosis and the Politics of Occupational Disease in Twentieth Century America*, Princeton, N. J.: Princeton University Press, 1991）。

[38] Christopher C. Sellars，《职业危害：从工业疾病到环境健康科学》（*Hazards of the Job: From Industrial Disease to Environmental Health Science*, Chapel Hill: University of North Carolina Press, 1997）。

困问题的改革之后才会消失的粮食政策上，矛盾则尤其显著。[39] 公共卫生活动受到两个主要群体的批评。首先主要是一些左翼分子，这些人认为，把注意力集中在环境改善和预防医疗措施上的做法，没有解决导致疾病的、原本可以预防的主要原因，即贫困问题。第二个群体主要是临床医生，他们认为，促进“全民健康”的最佳办法，就是增加有疗效的药物，让医院、诊所和家庭医疗服务机构能够给患者带来科学技术的最新产品。[40] 这种趋势，在20世纪30年代英国讨论成立“国民卫生服务制度”的过程中最为明显。这种制度，几乎就是对医疗保健服务的一种彻底重组。

157

1950～2000：世界卫生

1945年以后，人们之所以日益关注全球的健康卫生问题，在某种程度上来说，是成立了世界卫生组织（World Health Organization，缩写为WHO）的结果；不过，公共卫生领域里的国际合作，其实在1866年召开卫生大会时就开始了，又在1907年成立国际公共卫生办公室（Office International d'Hygiène Publique，缩写为OIHP）后保持下来了。这两个机构，都在流行性疾病的传播方面进行过信息合作，并且曾经努力让国际社会对疾病控制的问题形成一致意见。国际联盟（League of Nations）下辖的卫生处（Health Division），曾在20世纪20和30年代与OIHP携手工作，努力促进报告制度的标准化，同时对具体问题展开调查。[41] WHO成立于1948年6月，它维持了卫生处的监督职责和标准化工作，但其下辖的世卫组织大会和各个专业委员会都遵循战后重建的精神，制定了努力改善各国卫生状况的计划。然而，WHO同样碰到了早期一些国际卫生组织碰到过的问题，那就是缺乏资源和权力。

在绝大多数领域里，WHO都必须通过主权国家和地方机构，利用后者的制度和资源来开展工作。该组织几乎没有什么独立的权力来强制实行疾病防控措施。这一劣势，还因WHO事实上主要由医生和其他技术性专业人员负责而变得更加复杂了。这些人往往把注意力集中在疾病问题的医学层面上，比较喜欢技术性的解决办法，而不是组织结构上的解决办法。当然，这并不是说WHO完全没有影响力。该组织把精力集中于医疗卫生不发达、死亡率最高的贫困国家，也就是殖民地和当时刚刚独立的自治领；这种做法，在与当地提供的那种质量低劣的医疗卫生服务相比时，确保了该组织的努力具有深远的意义。这些地区的卫生改良计划，大部分是以第一世界向第三世界

[39] David F. Smith和Jim Phillips编，《20世纪的食品、科学、政策与规范：国际视角与比较视角》（*Food, Science, Policy and Regulation in the Twentieth Century: International and Comparative Perspectives*, London: Routledge, 2000）；David Arnold，《探索殖民地印度的营养不良与饮食》（The Discovery of Malnutrition and Diet in Colonial India），《印度经济社会史评论》（*Indian Economic and Social History Review*），31（1994），第1页～第26页。

[40] Daniel M. Fox，《卫生政策与卫生政治：英国和美国的经验（1911～1965）》（*Health Policies-Health Politics: The British and American Experience, 1911-1965*, Princeton, N. J.: Princeton University Press, 1986）。

[41] Paul Weindling编，《国际卫生组织与运动（1918～1939）》（*International Health Organizations and Movements, 1918-1939*, Cambridge: Cambridge University Press, 1995）。

提供“技术援助”的名义进行的；实施的时候，这些计划都带有家长式的特点，往往会让这些地区形成依赖性，而不是培养这些地区的独立性。WHO 官员碰到的一个新问题，就是 1945 年以后，治疗性药物方面的进步使得医院与研究型实验室具有了更大的文化权力，以至于危及到公共卫生和预防医学。这样一来，第三世界国家里的政治精英阶层常常就会优先在城市里兴建第一世界国家里的那种医院，而不是优先去改善卫生基础设施，或者优先在农村设立卫生保健中心。

158

人们开始关注世界卫生的第二个原因，就是工业和贸易全球化、旅游以及广为普及的医疗技术带来的影响，导致世界各国防控疾病的经验逐渐汇集到一起。我们这样说，并不是要否定第一世界国家和第三世界国家在死亡率与发病率方面存在巨大的差异，也不是要否认二者提供的卫生保健服务在数量与质量方面也存在同样巨大的差异。相反，它指出的是，传播西方国家生活方式导致的常见问题，正在日益增多。例如，汽车导致的城市空气污染，细菌对抗生素药物产生了耐药性，以及属于肺癌病因之一的吸烟。此外，全球健康问题的数量也增加了。国际旅行速度更快、价格更便宜，也使得某些传染病更加容易传播。其中最显著的，就是“获得性免疫缺陷综合征”（艾滋病）。[42] 20 世纪 50 和 60 年代各国在大气层中进行的核武器试验，提高了全球范围内的放射性水平；1988 年从切尔诺贝利核电站泄漏出来的放射性物质，也扩散到了北欧的许多地区。

社会和医学进步，还改变了人口的年龄结构，只是改变的方式不尽相同。其中有一个关键性的变量，就是疾病模式正在发生变化。在第一世界国家里，慢性和退行性疾病，尤其是心脏病、肿瘤和中风，成了发病率与死亡率较高的两大原因。而在第三世界国家里，虽说传染病仍然很重要，但最严重的还是像疟疾、呼吸道疾病和儿童疾病这样的地方性疾病，而不再是传染病了。在第一世界国家里，老年人数量增加，并对医疗保健服务提出了新的要求；而在第三世界国家里，婴儿和儿童死亡率的降低则导致人口迅速增长。

成立 WHO，与第二次世界大战期间开发出来的两种技术（即抗生素和合成农药）得到了迅速普及的形势，是完全一致的。像青霉素和链霉素这样的抗生素给人们带来了希望，因为它们有可能帮助我们防控急性传染病，以及像雅司病*、呼吸道感染这样的地方性疾病。价廉物美、效果显著的新农药，比如滴滴涕（DDT），则给热带医学领域里的专业人士提供了他们长久以来一直在寻找的、杀灭寄生虫病传播媒介的手段。在这些创新基础之上为第三世界国家制定出来的疾病防控计划，催生出一批新的国际医疗精英，以及像疟疾学和应用生态学这些新学科里的现场研究工作者。全球的医疗政

[42] Virginia Berridge 和 Paul Strong 编，《艾滋病和当代史》（*AIDS and Contemporary History*, Cambridge: Cambridge University Press, 1993）；George C. Bond 编，《非洲和加勒比地区的艾滋病》（*AIDS in Africa and the Caribbean*, Oxford: Westview, 1997）。

* 雅司病（yaws），由雅司螺旋体引发的一种接触性传染病，流行于中非、南美、东南亚一些热带地区，偶见于温带。——译者注

策制定者发动了一场他们所谓“消灭疾病的战争”。实际上，在 WHO 组织起一场场“战役”，并且根据指挥体系来进行这些“战役”，试图消灭整个地区的疾病时，军队的影响力就不只是说说而已了。[43] 在这样的环境里，人们认为疾病不只是对个人健康构成了威胁，还是阻碍第三世界经济和社会发展的关键因素。[44] 这就再次提出一个问题：究竟是疾病导致了贫困呢，还是贫困导致了疾病？在 WHO 那些只有技术性手段可用的专家看来，对付疾病和提供医疗服务，常常是他们唯一的选择。然而，总有这样一些专业人士，他们认为，医疗和公共卫生计划能够取得的成就极度有限，而在被战争和移民破坏了的地区，在那些营养不良、依赖这些地区种种资源匮乏的卫生保健制度的人口当中，则尤其如此。

159

战后人们对科学和技术持有的那种乐观心态，导致 WHO 在 1955 年做出决定，要努力在全球范围内消灭疟疾。[45] 这一决定，后来变成了“垂直”防控规划的范例，即专门对付一种单一的疾病，人力和资源方面独立自给，并且倚赖先进的进口医疗技术。消灭疟疾的主要技术，就是喷洒滴滴涕，辅之以预防性的抗疟药物，以及安装纱窗的建议。不过，起初在局部地区获得了成功，使得疟疾的发病率大幅降低之后，这种疾病却又逐渐在一些原本已经清除的地区重新站稳脚跟，因此到了 20 世纪 70 年代，这种政策便废止了。这个项目之所以会失败，原因部分在于疟原虫产生了耐药性，而蚊子也对滴滴涕产生了抗药性；不过，其中也有组织方面的问题。整个项目都没有做到优先通知当地民众，也没有优先让当地民众参与进来，因此基础设施建设得很少，使得实施“垂直”防控计划的人员离去之后，当地民众无法继续实施并将抗疟措施保持下去。1966 年，就在人们对灭疟计划仍然抱有很高期望的时候，WHO 又宣布，该组织将努力消灭天花。这一项目，在 1977 年获得了成功。该项目是建立在实施已久的疫苗接种计划基础之上，与一种发病率或许早已下降的疾病做斗争。WHO 还有过一些类似的、只是抱负没有那么大的“垂直”防控规划，来对儿童实施免疫接种，防控其他一些传染病，比如血吸虫病与雅司病。这种方法产生的影响，在 20 世纪 70 年代仍然非常明显；当时，WHO 和其他技术援助机构都改变了方针，推出了一些“水平”规划，也就是全面地解决健康问题的基础医疗保健计划。然而，这些规划后来常常发展成“垂直”规划，因为专家们仍在争论，不知道基础医疗保健计划的范围究竟是应该涵盖一切，还是应该局限于某些疾病上。

农药在第一世界的农业生产中，就像在第三世界的疾病防控项目当中一样，得到

160

[43] John Farley，《血吸虫病：帝国热带医学史》（*Bilharzia: A History of Imperial Tropical Medicine*, Cambridge: Cambridge University Press, 1991）。

[44] Randall Packard，《关于战后健康与发展及其对发展中国家公共卫生干预措施的影响的战后愿景》（Post-war Visions of Post-war Health and Development and Their Impact on Public Health Interventions in the Developing World），载于 Frederick Cooper 和 Randall Packard 编，《国际发展与社会科学：政治和认知史论文集》（*International Development and the Social Sciences: Essays in the Politics and History of Knowledge*, Berkeley: University of California Press, 1997），第 93 页～第 115 页。

[45] Gordon Harrison，《蚊子、疟疾和人类：1880 年以来与蚊子的战斗史》（*Mosquitoes, Malaria and Man: A History of Hostilities since 1880*, London: John Murray, 1978）。

了广泛的应用。在整个20世纪50年代,出现了农药残留对环境造成损害的证据,特别是农药在食物链末端积累起来之后。1962年,在其《寂静的春天》(*Silent Spring*)一书中,蕾切尔·卡森清楚地指出了农药给当地、地区性和全球生态系统带来的长期影响,以及这种情况对人类健康构成的直接或者间接威胁。[46] 卡森的这本书,开创了20世纪60年代的环保运动;可从全球健康的角度来看,一种更加迫在眉睫的威胁,却是核武器试验产生的放射性尘降物,以及这种放射性尘降物有可能增加癌症的发病率。医疗界和公众担心的主要是大气层核试验,因为这种试验会让尘降物散布到全球各地;对于牛奶和肉类当中某些同位素的水平,人们则尤感担心。辐射专家宣称,这些东西接触的辐射量较低,不会带来风险;可人们对第二次世界大战期间在广岛和长崎两地投下原子弹的情景记忆犹新,而公众对癌症的日益担忧,也使得这个问题上升到了国际政治议程的首位。对于在进行地面核试验的太平洋地区和亚洲生活的民众而言,对那些与辐射性材料打交道的人而言,核辐射也构成了一种局部性的危险。尽管如此,政界人士的注意力还是集中在达成一份禁止大气层核试验的条约这个方面;并且,尽管因为人们担心低水平辐射会对儿童和婴儿造成影响,使得这种做法变得名正言顺,但这份条约的签订,却受到了冷战时期美苏两国关系中那些广泛变化的影响。[47]

更普遍地来看,环保问题本身就是大家争议的焦点,因为生活舒适度与生活质量这两个问题,已经变得像健康风险一样重要了。自相矛盾的是,在参与解决第三世界国家中因污染与发展导致的健康问题这个方面,WHO却行动迟缓,也并没有那么密切地与联合国下辖的环境规划署(UN's Environment Programme)或者粮农组织(Food and Agriculture Organization)展开协作。

新兴的全球公共卫生,往往会变得以问题为本,即以某种特定疾病或者对某个特殊问题做出反应为目标。这种态度,也是1950年之后第一世界国家的全国性和地方性公共卫生问题的一大特点,比如节育问题、吸烟问题和食品卫生问题。在很多情况下,这些问题都是由一些外行压力群体确定下来并加以推动的;这一事实,反映出了预防医学的专业缺陷,反映了预防医学不太确定自己在治疗性服务主导的医疗制度中扮演的是什么角色。治疗学中创新速度之快,以及医疗保健措施在福利改革中的推广,已经不断让预防性医疗服务在医疗领域里变得边缘化了。在第一世界国家里,结合使用有效疫苗与抗生素的做法,迅速降低了传染病的发病率与死亡率,从而剥夺了预防医学曾在19世纪时经久不衰的两种功能,那就是监测传染性疾病和管理隔离医院。国家和药物实验室不断生产出更加有效、更加安全的疫苗,同时人们也在儿童免疫接

161

[46] James Whorton,《"寂静的春天"之前:美国出现滴滴涕以前的农药和公共卫生》(*Before "Silent Spring": Pesticides and Public Health in Pre-DDT America*, Princeton, N. J.: Princeton University Press, 1974);Gino J. Marco 和 Robert M. Hollingworth 编,《寂静之春再临》(*Silent Spring Revisited*, Washington, D. C.: American Chemical Society, 1987)。

[47] Robert A. Divine,《随风吹拂:禁止核试验之争(1954～1960)》(*Blowing on the Wind: The Nuclear Test Ban Debate, 1954-1960*, Oxford: Oxford University Press, 1978);Harold K. Jacobson,《外交家、科学家和政治家:美国和核试验》(*Diplomats, Scientists and Politicians: The United States and the Nuclear Test*, Ann Arbor: University of Michigan Press, 1966)。

种领域发动了一场场新的重大战役,来战胜脊髓灰质炎、肺结核、麻疹、腮腺炎和风疹等疾病。这些项目越来越多地开始经由学校的医疗部门、医院和全科医生来实施,而不再由公共卫生部门来实施了。

节育,就是以问题为本的新型公共卫生的典型代表。[48] 在 20 世纪 60 年代,由于采用了口服避孕药,因此节育问题在第一世界国家和第三世界国家里都变得同样重要了。医疗行业之所以与节育问题保持距离,原因部分在于这一行业原先与优生学有着千丝万缕的联系,部分则在于节育涉及宗教问题和道德问题。在第一世界国家里,像玛丽·斯托普斯和山额夫人这样的一些个人,自 20 世纪 20 年代就开始提倡节育;到了 20 世纪 60 年代,控制生育变成了妇女运动中一个关乎政治和权力的问题之后,这个方面就变得显著得多了。采用口服避孕药的办法尽管给女性提供了更加有效的节育手段,但同时也需要由医生来进行监督,需要依赖制药行业。在有些国家里,尽管绝大多数情况下都是由家庭医生、志愿机构或者专业部门来提供避孕药,但避孕药的管理却由预防性的医疗机构来负责。在第三世界国家里,节育也是一个政治问题。国内和国际医疗机构都提倡采用节育措施来缩小家庭规模,从而帮助改善像营养不良这样的问题,降低女性健康面临的威胁,甚至是对非洲、南亚和东亚以及南美地区迅速增长的城镇进行引导,使之减少人口过密的现象。然而,节育问题的文化层面却意味着,医疗机构常常会面临来自各个阶层的积极和消极抵制。

自 20 世纪 50 年代以来,第一世界国家公共卫生领域里最突出的一个问题,就是吸烟与健康之间的联系问题;到了 20 世纪 90 年代,各国都有人开始养成吸烟习惯之后,这个问题就变成第三世界国家的一大顾虑了。[49] 在第一世界国家里,非专业和医疗施压团体慢慢地说服了政府,让政府相信绝大多数肺癌致死病例都是由吸烟导致的,因此也是可以预防的。这就使得各国政府采取的以通过健康教育进行规劝为主的措施,逐渐转向那些依靠定价与禁令的措施;而当被动吸烟导致身体受到影响的证据开始日渐增多之后,就更是如此了。有趣的是,非专业团体和公共卫生专家并没有进一步利用可预防性癌症的问题;许多病症都牵涉化学致癌物,而公众也普遍大力支持那些筛查项目。在人们对当地城市环境产生出种种新的担忧中,呼吸道疾病的问题也位于前列。光化学烟雾先是源自家庭燃煤,后来则是汽车尾气导致的。最著名的两次光化学污染事件,发生在洛杉矶和德里两地;人们一直认为,支气管炎与儿童哮喘这两种现代流行性疾病,都与光化学烟雾有关。人们认为,这两种疾病都是现代文明导致的,它们的情况与军团病(由空调传播)、利斯特菌病(吃

162

[48] Carl Djerassi,《节育的政治策略》(*The Politics of Contraception*, Stanford, Calif.: Stanford Alumni Association, 1979);Lara Marks,《性化学:避孕药的历史》(*Sexual Chemistry: A History of the Contraceptive Pill*, New Haven, Conn.: Yale University Press, 2001)。

[49] World Health Organization,《要烟草还是要健康:全球现状报告》(*Tobacco or Health: A Global Status Report*, Geneva: World Health Organization, 1997)。

了冷藏食品所致)、肉类和蛋类受到了细菌污染导致的疾病(主要是因为牲畜饲养得过于密集)以及过敏症(对各种合成物质过敏)等的情况都很相似。然而最终结果表明,人们在政治上很难将这些问题利用起来,因为它们导致的是慢性疾病而非死亡,且染病者过于分散,很难将这些人组织起来,形成一个施压团体。业已公认的不利影响当中,许多影响具有长期性和潜伏性;就像吸烟一样,烟草行业的既得利益方能够淡化吸烟的危害,而公众也不愿为了那些长期的、只会在统计数据方面体现出来的好处,就马上改变自己的生活方式。

在其他领域,人们还将疾病模式的长期性变化用作显示环境变化的标志。例如,南半球皮肤癌的发病率上升,被认为是臭氧消耗与全球变暖可能导致的诸多影响当中的头一号。流行病学家还描绘出其他一些情况,那就是热带疾病向南北两个方向蔓延,随着生态系统改变而出现新的致病性病毒,以及随着生物多样性减少而导致某些潜在的天然药物消失。

结束语

1981 年,WHO 通过一项名为"到 2000 年实现全民健康"的政策;这项政策一直与所谓"新型"公共卫生或者公共卫生"绿化"有关,从而说明它与环保运动之间具有一种关联性。然而,其中对"公共卫生"一词的定义表明,这种政策其实并不是非常新颖:

> 这一术语,建立在以前(尤其是 19 世纪)努力解决自然环境中各种危害健康的问题(比如通过修建下水道来解决)的那种公共卫生的基础之上。如今,它还包括了社会-经济环境(比如说高失业率)。人们有时也用"公共卫生"一词,来涵盖像母婴护理这样公开提供的个人医疗卫生服务。新型公共卫生这一术语,往往仅限于环境问题,而将个人医疗服务排除在外,甚至将免疫这样的预防性医疗服务排除在外。[50]

163

这种界定具有两个重要特点:否认临床医学在促进健康方面具有任何作用,同时融入了经济因素和政治因素。因此,提倡新型公共卫生的人,是为 21 世纪定下了一种志向远大且明显带有政治性的议程。这样,就让我们有可能推翻 150 多年来公共卫生事业的一条发展主线,即一心追求"解决之道"(也就是说,为预防疾病和促进健康而寻找科学上和技术上的解决方案),同时回避"可能之道"(也就是说,回避经济上和政治上种种导致疾病的决定性因素)的倾向。公共卫生部门日后将在地方、全国和国际政治舞台上如何发展,这一点仍无定论;不过,其中的一个关键因素将在于,医学界内外人士究竟有多大本事来调动公众,使之关注并为公共卫生活动提供支持。另外,许多

[50] D. Nutbeam,《健康宣传术语表》(Health Promotion Glossary),《健康宣传》(*Health Promotion*, 1986),第 122 页。

方面仍将取决于旧病新疾带来的经济影响与社会影响，仍将取决于环境变化的速度，并且当然也仍将取决于这些变化对健康状况产生的有利和不利影响，取决于全球范围内的人口规模与年龄结构。

（欧阳瑾　译　雷煜　校）

第二部分

分析和实验

10

地质学

莫特·T. 格林

地质学的名称出现于19世纪20年代,指科学研究地球外层的特定方法。这一新学科旨在发现这一分层岩石三维组合的自然史并确定其年龄,了解组成这些岩层的造岩矿物的起源、分类、产地,揭示并理解形成岩层的自然过程和规律。在其代表的新科学方法已经存在一个多世纪之后,"地质学"这一名词才被广泛采用(科学界的情形几乎向来如此)。然而当"地质学"尚未获名分就开展活动时,已遭遇几种与之竞争的研究地球的方法。这些强劲而早已存在的方法,各自对某些现象有特定兴趣。19和20世纪地质学的大部分历史,就是这些研究地球表面的早期方法之间冲突、适应的故事。结果,大部分有关地质学历史的论著(尤其是1980年以后出版的)接受了一个观念,即地质学在一系列大争辩中出现并成长为一门科学。[1]

在其大部分历史中,地质学与天文学、物理宇宙学和天体演化学研究地球的方法截然不同。19世纪的天文学和科学的宇宙学认为,地球是由重力控制的一个旋转球体。其历史只不过是一个稳定的热力学过程,从遥远但可计算出来的过去一个冰冷的(或炽热的)起源,到一个遥远但可计算出来的未来一个炽热的(或冰冷的)终结。天文学家和物理学家眼中的地球,是一个具有总体特性的物体,其形状、结构、地形起伏,都可以解释为其质量、运动、热状况、与其他天体接近的结果。根据这种观点,地质学研究的地球只不过是短暂的附加现象,远低于科学研究的阈值。要立足并建立科学地位,地质学必须就天文学家和物理学家实际上不感兴趣的物质、构造、过程,提供其重要性、相关性和意义。

[1] 例如,参看 Anthony Hallam,《地质大辩论》(*Great Geological Controversies*, 2nd ed., Oxford: Oxford University Press, 1989);David R. Oldroyd,《思考地球:地质学思想史》(*Thinking about the Earth: A History of Ideas in Geology*, London: Athlone, 1996)。两本书都涵盖此处讨论的整个时期,并提供书目指南以及关键术语的讨论。除了此处列出的专著,也可参看论文集,Cecil J. Schneer 编,《论地质学史》(*Toward a History of Geology*, Cambridge, Mass.: MIT Press, 1969),及 Mott T. Greene,《19世纪的地质学:变化世界的变化观点》(*Geology in the Nineteenth Century: Changing Views of a Changing World*, Ithaca, N. Y.: Cornell University Press, 1982)。另几篇有意思的论文刊在 Ludmilla Jordanova 和 Roy Porter 编,《地球的形象:环境科学史文集》(*Images of the Earth: Essays in the History of the Environmental Sciences*, Chalfont St. Giles: British Society for the History of Science, 1979)。较早的有意思的综述包括 F. D. Adams,《地质科学的诞生和发展》(*The Birth and Development of the Geological Sciences*, New York: Dover, 1954, reprinted);Archibald Geikie,《地质学创建者》(*The Founders of Geology*, New York: Dover, 1962, reprinted);Karl von Zittel,《地质学和古生物学史》(*History of Geology and Palaeontology*, Weinheim: J. Cramer, 1962, reprinted)。

因此，地质学在其形成的数十年中受到来自两方面的挤压。一方面是地球只是重力和热力学一般原理的复合作用的结果，另一方面是研究只关心地球最局部最琐碎的细节。19 世纪早期，如果宇宙学和天文学研究的神坛上有人屈尊关心地球及其过程，就会进入一个技术专长和行会所传授知识的领域，接触个别的岩石和矿物。占据这个领域的人，往往先入为主接受了零碎、局部、不系统的有关地球的"次等天文学"细节的知识。

矿物勘探和开采，金属矿产的熔化和金属合金工具、武器的生产，晶体和宝石的发现、分级、打磨、切割，用途和特性各自不同的许多种类的岩石的开采、加工，矿物和矿物提取物用作染料、催化剂、药物以及工艺和工业原料等，都可以追溯到从目前算起的 4000 年前。矿物的地理分布和制图，金属和石头贸易，矿井的开挖、支撑、排水和露天开采等方法，在每一个出色的早期文明中都留下遗迹和记述。所有这些复杂的技术、经济、工程活动，以及那些有关地球及其所包括各要素的知识，已经是活跃的实用事业和智力事业中的一部分，地质学家必须向已经掌握这些知识的矿工、矿物学家、工艺师学习。存在秘密经济利益的地方，要将其公开化；而在地方色彩、习俗、实用工艺等当道的地方，则要令其通用、均一。

可以说这很有些黑格尔哲学的味道，因为"等待诞生"的地质学要同原有事物做辩证斗争，而实际的情形则要具体得多。解释的风格，或我们称为"地质学"的研究地球的方法，等同于启蒙时代晚期已被接受的了解地球及其要素现象的自然哲学和历史解释的延伸。涉及矿物和地球的岩石表面，用阿瑟·洛夫乔伊的话来说，这就是"存在之链的当时化"。相较于按其复杂性和活跃性递增的顺序来整理世界上的现象（从一片死寂、岩石均一，经历所有创世事件，直到人类以及上天的天使的存在之链），18 世纪启蒙时代的自然史愈来愈倾向于按出现的时间顺序整理各种现象，因此将世界及其生命描绘成逐渐显现的过程，具有经常改变的顺序和结构。例如，布丰伯爵的《自然时代》（*Epochs de la nature*，1778）称地球的历史已经有许多万年，将《圣经》中记载的时间、挪亚方舟、静态而完美的创世等远远抛在后面，从而开创了详细描述世界自然史的道路。"地质学"意味着，而且一直意味着，通过讲述地球如何形成我们今日所见的构造和层序的详细历史，然后从自然原因、规律、驱动力等方面解释这些历史的细节，以解释地球现象。

169

因为具备上述特征，地质学 19 世纪之初在早期现代主义的知识界登场。伴随而来的是通过理解政治和艺术、宗教和科学、文化、民族、国家等，解释历史模式的强烈倾向。从事地质学的科学家，对物理学家和天文学家认为微不足道的物质细节感兴趣，并对矿产实业和工艺矿物学均不理会的归纳和普通原理感兴趣。地质学作为独特的知识和科学力量站稳脚跟，靠的不是这些兴趣，而是创造出令上述两群人最终信服而且对其有用的结果。不仅如此，地质学给出的历史图景迅速而广泛地影响到自然科学领域以外。就其严格字面意义而言，这一"世界观"成为新颖的有关人类生活、人类性质、人类历史主流叙述的证据基础。过去 200 年，地质学（也许靠其耐心、经验的磨合而不是耀眼的概念）改变了人类对自我和宇宙的认知，其广大和深远程度，足以和基础物理学为哲学带来的任何变化相比。

地质学在物理学原理的保护伞下，发现、讲述造就地球及其组成要素、栖息其上的生物等细节。这一新研究学科，成为由既得利益的思想者和行动者组成的另一群人的对立竞争者。这一组群，包括自然神学研究者和地球“神圣”历史的作者等。这些历史学家认为，地球是上帝过去数千年来创造的物体，供人类居留，并且是上演原罪和赎罪戏剧的场地。被称为地质学的新方法要完成对这一神圣地球的研究，目标应设为发现、记录希伯来文手稿所讲述的经验自然遗迹，包括诸如挪亚洪水等事件。研究地球表面过程，目标还应设为展现有关证据，证明神对自然秩序的多方面持续不断的干预，或施仁义或施惩罚。对广泛范围的神学家已经给出超自然原因和目的的现象，地质学必须提供完全自然主义的解释，因此要面对这些早期历史学说的拥护者、捍卫者强硬而明显的抵制。 170

一方面通过矿业，另一方面通过天文学和宇宙学，以新模式和新尺度（这颗行星的完全详尽的表面情况以及其上存在的动态关系）沟通双方的知识，引起双方的兴趣而不致因计划、实践而产生矛盾，地质学最终和反对者达成和解，甚至形成共识。然而地球历史的神圣、世俗两大版本之间明显的历史和逻辑关系，随着后者用自然的因果关系取代超自然的解释，一个地方接一个地方、一个场合接一个场合排挤前者，两者再无法共处。

在欧洲、北美地质调查者的科学圈子里，诸如地球很年轻、几乎在一瞬间就被创造出来并完全成形、地球上现存的动植物种类从一开始就在此生活等理念，到19世纪30年代就基本销声匿迹。查尔斯·C. 吉利斯皮的《〈创世记〉和地质学》（*Genesis and Geology*），令人信服地记述了这个有关《圣经》遭遇地层学的伟大故事，出版半世纪后仍是这一专题的最佳著作。[2] 不过后来的评论家意识到，吉利斯皮及其同时代人的注意力，集中在反映同宗教之间紧张关系的方面，而放弃了其他一些对地质科学发展更为重要的事物，其中最显然的是“均变论对灾变论”大辩论（后来变成讨论）。这场辩论在英语世界非常活跃，但其激烈程度和欧洲大陆无法相比。部分现代研究提出，有关地质变化速率的分歧并非像原来认为的那样具有重要理论意义，很大程度上只是因为有人试图攻击、有人捍卫有关最近一次灾变可能是挪亚大洪水的观点，使得这一分歧显得突出。

千万不能以为天启宗教和科学团体范围内地质学之间的最终真相是不可知论者或无神论自然主义者一举取得永久胜利，这与事实完全不符。19世纪中期到晚期，早期生命的地质记录被详细考虑后更是如此。此外，虽然地球历史的神创说（尤其是涉及生命和有机物形成的教义）在科学内部的边缘化在19世纪末已经完成，但由于公众 171

[2] Charles C. Gillispie，《〈创世记〉和地质学：关于英国的科学思想、自然神学和社会舆论之间关系的研究（1790～1850）》（*Genesis and Geology: A Study in the Relations of Scientific Thought, Natural Theology and Social Opinion in Great Britain, 1790-1850*, New York: Harper, 1959）。

的认知水平，有关争论到20世纪末依然发生。在北美地区，神创论的剩余实力依然强大，足以发起运动要求神创论重新列入公立学校课程，还施加压力要取消公立学校中地质、生物进化论课程。

已经进行了超过一个世纪的对科学历史的仔细研究，使我们懂得“科学”不仅仅是科学家研究自然后获得的一系列实验结果和理论解释（虽然确实如此），而且是科学家的复杂活动，科学在哲学、社会、政治、经济的大背景中运作。对地质学而言，无论是否考虑哲学和宗教，地球物质和过程的经济学重要性、国家利益和国防的政治概念产生的影响左右政府是否资助地质学家从事研究等，上述观点在所有时代都是准确的。所有这些现象就像地质锤、手持放大镜、显微镜、闪烁计数器一样，是地质学历史的一部分，并且在阐述以下内容时发挥作用。

地层学：地质学的基础活动

从地质学出现到最近，地质学家的主要注意力集中于借助详细的地图以及相应的文字说明，编绘出表达地球大陆表面特征的三维图像。这些地图描绘、叙述构成地球可见表面以及地壳大部分的沉积岩分层层序，即地层。从字面意义看，地层学（*stratigraphy*）就是地层的素描。往往在水平方向上延伸数千公里、按顺序堆积很厚的地层，是地质学研究的基本对象。地质学的活动向来是命名、测量地球上每个层序中每个地层，详细了解其组分矿物，重构其形成、存在的过程，还往往包括地层变形、解体等过程。这些地层历史的组合，构成地球表面特征宏大完整的历史，而且是理性思维针对单一事物的巨大胜利，在人类思想史上无与伦比。

除了层状岩石，地质学界也研究其他种类的岩石。分层的岩石由砂、泥、碳酸钙以及其他粗细不一的颗粒物质组成。这些物质（一粒一粒）沉到海洋底部，或者被河流挟带、被风吹到某个埋藏地点，逐步硬化成岩，以后暴露在地表并又遭侵蚀。沉积岩之外有火成岩，由熔融状态的岩浆冷却形成，或由从火山口或裂隙喷发出的火山灰或浮渣形成。除此之外，还有岩石原先的性质因受热或压力而改变、需要重新命名的变质岩。对地质学家来说，火成岩和变质岩分别具有非常重要的意义，但地质学的主要活动仍然是研究地层顺序。

172

地层学进展中最重要的内容，20世纪之初已经详细记载在地质工作的历史中。回顾地层学的历史，可以从19世纪初在德国的国立弗赖贝格矿业学院担任矿物学教授的亚伯拉罕·戈特洛布·维尔纳（1749～1817）开始。维尔纳讲授野外技术和矿物辨认，教育了整整一代学生。这批学生分布到世界各地，检验维尔纳有关组成地壳的岩石层序的理念，然后大刀阔斧地修改。法国地质学家、脊椎古生物学家乔治·居维叶（1769～1832），也应单独关注。居维叶及其合作者亚历山大·布龙尼亚（1770～1847）于1810年出版了《论巴黎的矿物地理》（*Essay on the Mineralogical Geography of*

Paris)，其中记录了巴黎周围大盆地的地层层序及其化石内容。在英国，伟大的苏格兰地质学家詹姆斯·赫顿（1726～1797）拯救了一个几乎灭绝的地貌分析传统，将地貌和牛顿力学结合，认为地球由其内部热能驱动而呈动态，在无限的时间跨度中，其表面成形后遭受侵蚀并不断反复。他对侵蚀循环重要作用的强调，对英语世界的应用地质学有决定性影响。1820年以前，英国地层学界先驱威廉·史密斯（1769～1839）已经完成地层分布图，其精确程度令人印象深刻。总之，地层学的初期活动，和西欧宗主国的高等级文化、学术语言等的建立同时起步。[3]

支配19世纪中期英国地质学的大争辩，深刻影响同时代世界各地地质学家的思维。这些辩论几乎没有例外，都同英格兰、苏格兰、威尔士岩石地层的分布和特性有关。亨利·托马斯·德拉·贝施（1796～1855）、罗德里克·麦奇生（1792～1871）、亚当·塞奇维克（1785～1873）、查尔斯·莱伊尔（1797～1875）等，以及其他创建伦敦地质学会（Geological Society of London）、领导政府地质调查、首批在大学担任地质学教授的其他绅士科学家，互相合作又竞争，通过记述地层层序，给出地质年代各时代的命名并绘制成图。对于绘制成图的各主要地层，他们给出的命名，包括寒武系（Cambrian）、志留系*（Silurian）、泥盆系（Devonian），作为世界各地同一年代岩石的绝对标准沿用至今，虽然这些岩石和用作命名的古罗马省份坎布里亚（Cumbria）、威尔士部落西卢里（Silurii）、英国德文郡（Devon）毫无关系。

173

正如上述讨论所指出的那样，英国地层制图在竞争、辩论和合作精神中进行。无论如何，科学是一个有序竞争的系统，奖励、基金、荣誉、地位，都归于事物最成功的发现者和发明者。这点在现代科学所有分支中，以地质学表现最明显。地质学家对"他们的岩石"表现出独占兴趣。如果有人未经邀请又未事先宣布就闯入他们的工作地区，地质学家会被激怒。研究志留系的伟大学者麦奇生，使用帝国、军事、王家的隐喻来描述他的工作成果，如他的志留"王国"、他的"战斗和战役"、他扮演"志留之王"的角色等。就发现的优先和其他事宜，他和贝施、塞奇维克等争斗。这些争辩被詹姆斯·A. 西科德、马丁·拉德威克、戴维·R. 奥尔德罗伊德等详细记录在编年史中。[4]

〔3〕 参看 Rachel Laudan，《从矿物学到地质学：一门科学的基础（1650～1830）》（*From Mineralogy to Geology: The Foundations of a Science, 1650-1830*, Chicago: University of Chicago Press, 1987），以及下书前几章，Greene，《19世纪的地质学：变化世界的变化观点》。关于赫顿，参看 Dennis R. Dean，《詹姆斯·赫顿和地质学史》（*James Hutton and the History of Geology*, Ithaca, N. Y.: Cornell University Press, 1992）。

* "志留"一词源自英国威尔士一个古代民族名 Silures 的日语汉字音译，中国沿用。参看《辞海》"志留纪"词条。——责编注

〔4〕 James A. Secord，《维多利亚时代的地质学论战：寒武系-志留系之争》（*Controversy in Victorian Geology: The Cambrian-Silurian Dispute*, Princeton, N. J.: Princeton University Press, 1986）；Martin J. S. Rudwick，《泥盆系大辩论：绅士专家中科学知识的塑造》（*The Great Devonian Controversy: The Shaping of Scientific Knowledge among Gentlemanly Specialists*, Chicago: University of Chicago Press, 1985）；Martin J. S. Rudwick，《亚当之前的世界：在革新年代重构地史学》（*Worlds before Adam: The Reconstruction of Geohistory in the Age of Reform*, Chicago: University of Chicago Press, 2008）；David R. Oldroyd，《高地之争：通过19世纪英国的实地考察构建地质学知识》（*The Highlands Controversy: Constructing Geological Knowledge through Fieldwork in Nineteenth-Century Britain*, Chicago: University of Chicago Press, 1990）。也可参看 Robert A. Stafford，《帝国科学家：罗德里克·麦奇生爵士、科学探索和维多利亚时代的帝国主义》（*Scientist of Empire: Sir R. I. Murchison, Scientific Exploration and Victorian Imperialism*, Cambridge: Cambridge University Press, 1989）。

维多利亚时代的这些大争辩,正是“地质学基本活动”的最好代表。

虽然技术很简单,但工作吃力而艰难。地层很少均一出露,要弄清一个地区的地层,意味着要把一个地方的露头和另一个地方的露头联系起来,两个露头往往相隔数英里。收集每个岩层的样品,要靠地质锤一一敲打(实际上,野外考察之旅俗称“去抡锤”)。回到驻地,岩石、矿物成分马上被鉴定,以作为进一步采集的标准。有人负责绘制露头素描,并标出每一个地层。有人负责标定地点(地质调查图变精确后这项工作变得容易),用倾斜仪确定地层的倾角,用磁力罗盘确定地层走向。放大镜、样品袋、系带长靴就是全部科学行头。根据多次考察之旅的结果,可以准备当地地层分布的野外报告,有条件时可整合成区域的或更大范围的报告。

从事这类工作时,科学家得到的帮助来自掌握自然史和矿物学知识的当地居民,或来自农民、采石工、矿工,或来自专业的化石收集者。也许可以列为19世纪最著名地质学家的莱伊尔,因孜孜不倦搜求他人的知识,获得“水泵”的绰号。然而莱伊尔的工作风格,在伟大的地层学家中非常普遍。这些地层学家试图收集整理已有知识,同时发现未知的知识。必须注意,就像在科学其他领域一样,地层学同样不宜过多依赖一两位名人。仔细观察往往可以发现,将优先发现的荣誉归于某人,最多不过是为一个规模大小不一的团体的工作树立一个指标性代表。该团体以个人名义或以集体名义完成工作,得出和发现有关的结论。科学结果一旦发表,通过科学出版物的引用惯例,其影响将不断扩大,然而看不出作者依赖其他人的程度(那些宗主国科学家通常不愿承认)。

174

岩相显微镜在19世纪60年代的发展,以及随之而来的对岩石切片的研究,根据矿物组分和晶体结构推断和确定岩石的历史,从而开辟了广阔的研究领域。由此对广泛分布的结晶岩、火山岩、变质岩(因受热受压性质改变)的研究可以看作地质学(而不仅仅是矿物学)的一部分,而且被引入地球历史的主干,和地层学融合。

山脉和运动

研究地质学的基本活动(地层学)本身非常困难,但研究地壳的动态运动更困难、更复杂。在或短或长的时间跨度内,地壳各部分上升或下降,也可能断开、撕裂或裂开。在长的时间跨度内,这些部分还可能折叠、挤压、逆冲、变形。这些动力活动和流水、风的破坏作用结合,增加了在海平面以上的地球表面(其高程)的不稳定性。地球表面这类不稳定性反映地球外部岩层的构造,而最不稳定的莫过于山脉。[5]

山脉的起源向来是地质学中的大问题,自从被提出后一直不断被追踪。为什么山

[5] 有关本节主题的详细历史,参看Greene,《19世纪的地质学:变化世界的变化观点》。对英国文献的较早研究,参看G. J. Davies,《衰退中的地球:英国地貌学史(1578～1878)》(*The Earth in Decay: A History of British Geomorphology, 1578 to 1878*, New York: Science History Publications, 1969)。

峰不像天上的星星一样在大地上随机点状分布？为什么山脉经常排成列，其长轴可能延伸数千英里？为什么山脉的结晶岩体核心往往出现在峰巅，而侧翼则是有时对称甚至形成对称褶皱的沉积层？为什么诸如阿巴拉契亚山、落基山、安第斯山等部分山脉和大陆的海岸平行，阿尔卑斯山等其他山脉横贯大陆中央，而诸如苏格兰高原等入海后消失？ 175

当英国地质学家在绘制水平或倾斜的地层地图取得重大进展的同时，法国、瑞士、奥地利、德国和北美的地质学家在对山脉的研究方面领先。他们着重研究山脉，因为不得不这样做。在他们国家的疆域内，大片面积被褶皱复杂、具有结晶岩石核心的高耸山脉占据，要查出其起源和年代非常不易。18 世纪的先驱研究者，如彼得・西蒙・帕拉斯（1741～1811）在俄罗斯的乌拉尔山脉、H. B. 德・索叙尔（1740～1799）在瑞士境内阿尔卑斯山脉等等，毕生致力于绘制复杂的结构地质图，揭示每座山脉的历史。阿诺尔德・埃舍尔（1807～1872）在阿尔卑斯山、朱尔・图尔曼（1804～1855）在侏罗（Jura）山、威廉・罗杰斯（1804～1882）和亨利・达尔文・罗杰斯（1808～1866）在阿巴拉契亚山等，就是这些研究的实例。

要研究一座山脉，研究者必须沿着与其长轴垂直的方向来来回回步行，用地质锤采集样品，沿着其长轴的间隔绘制横剖面图。以这种方式，研究者可以建构整个山脉的三维图像，然后根据这个图像还原山脉隆起前这一地区的情况。这种类似拼图的研究方式，可以通过一种比喻来想象。把一叠图案丰富的被面弄乱、弄皱、折起，用剪刀剪成小块。不得移动或打开被面，却要按被弄乱、剪开前的大小和图案细节还原被面，才算完成拼图。这类工作非常独特，令人兴奋、充满危险、面临孤独，常在酷热或严寒中进行。然而对有志选择地质学作为科学研究领域的人来说，正是这点具有最大吸引力。

到 19 世纪中期，对数十座主要山脉的研究，足以令研究者将它们比较、区分成若干基本类型，包括褶皱山脉、断层（断块）山脉以及其他几种。山脉抬升的常见理论有许多种，而且各不相同。例如利奥波德・冯・布赫（1774～1853）研究了意大利、德国、法国、斯堪的纳维亚等地的山脉，主张山脉的成因是极端迅速而猛烈的火山抬升活动，可能造就"具高度的火山口"（如维苏威火山），也可能因火山沿长轴活动而造就山脉。莱昂斯・埃利・德・博蒙（1798～1874）认为，山脉代表围绕冷却、收缩内部结构的地壳构造薄弱地带反复塌陷。他相信与赤道夹角相同的所有山脉形成于同一时期，全部山脉分别构成地球表面许多巨大五边形的一条边。像冯・布赫一样，他相信造山事件是灾变性的，声称过去的大烈度事件是地球中心热量逐步下降的后果。

有关过去的地球运动属于突变范畴的理念，也得到乔治・居维叶的支持。他提到两点，即连续地层中化石数量急剧变化和晚近期不寻常地质活动的证据。后者（漂砾和"砾泥"沉积）后来归因于冰期，但一度被认为是出现一次大洪水的证据。英语世界中一些居维叶的追随者，包括威廉・巴克兰（1784～1856），一度将最近一次灾变当成 176

挪亚洪水。查尔斯·莱伊尔在其《地质学原理》(*Principles of Geology*,1830～1833)中挑战"灾变论者"的整体看法,指出地球所有运动都是缓慢而逐步的,其时间尺度就像现代地震一样。他将这点和赫顿的历史观相联系,即侵蚀和抬升在永恒的循环中达到平衡。莱伊尔的论据是方法论的,坚称只有将精力集中在可观察的成因上,地质学才能变成真正的科学。由此产生的"均变论—灾变论"辩论引人瞩目,因为这一辩论代表新科学和古老的圣经传统之间的冲突。早期历史倾向于将灾变论当成非科学的而摒弃,但几项研究表明灾变论可形成有条理而顺理成章的程序,尤其是埃利·德·博蒙以及其他人将灾变论和占统治地位的有关地球正在冷却(莱伊尔坚称冷却状态不稳定)的观点联系起来。[6] 后来的历史倾向于减弱有关辩论的重要性,许多有关地层学的辩论不约而同被导向针对变化速度的差异。但严格来说,欧洲大陆的地质学家几乎丝毫不被莱伊尔的说法触动,坚持认为地球作为一个行星在冷却过程中经历显著变化,这些变化很可能在短期内完成(即使不是灾变),而不是均变的。不过在英语世界中,莱伊尔确实对广大读者有影响,因为他对地质年代时间相当长的强调使所有人意识到,应当重新思考过去关于地球历史的模糊观点。他当然还影响了查尔斯·达尔文。

到19世纪最后25年,一种陈述的轮廓浮现,使得大多数的努力成果可纳入同一框架。大多数地质学家希望看到这样一种历史,即大陆表面经历长时间的侵蚀后被夷平,侵蚀的产物作为沉积物沉积在大陆边缘的外海盆地。随着这些边缘盆地沉降,地层的厚度不断增加。除非被造山运动复苏,大陆逐渐被侵蚀到可被海水淹没的高度。到达这点后,边缘盆地的抬升(由于各种完全假想的力学机制)制造出新的山脉,这些山脉隆起时变形、折叠。这些山脉向海的那一边侵蚀,导致围绕原来的核心形成更大的大陆。看来,在地球历史上存在造山运动在全世界到处发生的年代,也存在造山运动极不活跃的年代。

177

这一理论被称为**地槽**论,因为它强调沉积盆地向下弯曲。地槽论有多种形式,但从19世纪70年代至1960年前后成为粗略的统一准则。对高耸的山脉顶部、离海洋数百英里的内陆深处出现海洋生物化石,这一理论给出了看来可信的解释。地槽论承认侵蚀和沉积的地层学要旨,为循环和周期性出现的现象腾出空间,而且列出在所有各

[6] 有关早期的解释,参看 Gillispie,《〈创世记〉和地质学:关于英国的科学思想、自然神学和社会舆论之间关系的研究(1790～1850)》。有关对灾变论较正面的看法,参看 Martin J. S. Rudwick,《均变论和过程:在莱伊尔时代对地质学理论结构的怀疑》(Uniformity and Progress: Reflections on the Structure of Geological Theory in the Age of Lyell),载于 Duane H. D. Roller 编,《科技史上面面观》(*Perspective in the History of Science and Technology*, Norman: University of Oklahoma Press, 1971),第209页～第227页。也可参看 Martin J. S. Rudwick,《扩展时间限度:革命时期地史学的重构》(*Bursting the Limits of Time: The Reconstruction of Geohistory in the Age of Revolution*, Chicago: University of Chicago Press, 2005)。关于巴克兰,参看 Nicolaas A. Rupke,《历史巨链:威廉·巴克兰和英国地质学派(1814～1849)》(*The Great Chain of History: William Buckland and the English School of Geology* [*1814-1849*], Oxford: Oxford University Press, 1983)。关于莱伊尔,参看 Leonard G. Wilson,《查尔斯·莱伊尔,至1841年:地质学革命》(*Charles Lyell, The Years to 1841: The Revolution in Geology*, New Haven, Conn.: Yale University Press, 1971),及拉德威克在以下重印著作中的前言,Lyell,3卷本《地质学原理》(*Principles of Geology*, Chicago: University of Chicago Press, 1990-1)。

大洲均通用的术语。20 世纪 20 年代前，地槽论受到的唯一一次严肃挑战，来自奥地利地质学家爱德华·修斯（1831～1914）。他在 4 卷本的研究报告《地球表面》（*The Face of the Earth* ，1883～1909）中，推出其理论。修斯搜罗了所有已知的有关地球的地质学知识，并放在一个框架中给出整体表述。作为对地球的描述，地质学文献史上少有相当于修斯的作品，但修斯展现的喜剧却带了一个悲剧结尾。修斯陈述沉积盆地、海面上升下降的理论，以及随之产生的海陆交替，但画蛇添足加了一笔，声称由于巨大的大陆块偶然而缓慢陷落，可以观察到海洋扩大取代大陆。在遥远的未来，地球将被“泛大洋”（世界性大海洋）覆盖，成为一个水行星。

19 世纪末期，多数地质学研究计划重视大陆表面大片面积沉降、压缩或被推挤数公里而不解体的现象。可能造成这些构造的物理过程很难想象，但地质证据无可辩驳，极具说服力。查尔斯·拉普沃思（1842～1920）在苏格兰高地、阿尔贝·埃姆（1849～1937）在瑞士的阿尔卑斯山，揭示了规模巨大的逆掩断层。法国地质学家皮埃尔·泰尔米耶（1859～1930）于 1903 年宣布一个令人震惊的发现。一直令人困惑的阿尔卑斯山东西两侧的差异，是阿尔卑斯山东侧推挤西侧造成的结果。在阿尔卑斯山东侧一个位置，可以看到阿尔卑斯山西部整套岩石出露在一个“窗口”内。

19 世纪末期，地质科学确定无疑进入高奏凯歌的时代。各方几乎一致认为，工作方式、理论深度、成果质量等确保地质事业继续保持独立并成长，而不仅仅是存活。地球表面的主要轮廓和地形起伏被证实并绘制成图，每个大陆上边远地区的地质填图正在进行。每个尺度的地质现象，从显微尺度到全球，都一一被调查。 178

冰期和地球的长期冷却

在 19 世纪最后的 25 年，地质学增加了许多新题目和分支。其中最重要者，包括随着冰期理论在欧洲和北美于 1875 年同时确立而出现的冰川地质学和地貌学。北半球北纬 50°以北大片地区，往往还包括此纬度南侧很远的地区，被砾石、砂、黏土、松散岩石的厚厚的沉积物覆盖。加拿大和斯堪的纳维亚大部分地区岩石裸露，表层土被完全刮走，岩石遭深度切割并刻出条痕。跨越北美和北欧平原，到处散布巨大的漂砾。从地质的角度看，这些漂砾和周围方圆数百英里的岩石都毫无关系。峡谷的形状像字母“U”而不像字母“V”。许多山麓出露连续的大阶地，似乎是原来的湖滨线。在地质学 19 世纪初期与之斗争的圣经地球史中，这些现象被解释为挪亚大洪水的遗迹。到 19 世纪中叶，最受欢迎的解释是这些松散物质被冰山挟带，然后在上一次海陆交替当中掉落。这一解释是根据阿尔卑斯冰川、从格陵兰分裂出去的冰山分别具有挟带岩石到远处的能力类推得出的。

瑞士博物学家路易·阿加西（1807～1873）于 1840 年及以后指出，关于北半球大片面积曾经（不久之前）被巨大冰层覆盖的假说，是上述现象组合的最佳解释。这一解释得到广泛支持，其中最先声援的是斯堪的纳维亚地质学家奥托·托雷尔（1828～1900）和耶拉尔德·德·耶尔（1858～1943）、德国地质学家阿尔布雷希特·彭克（1858～1945）和爱德华·布吕克纳（1862～1927）等。到19世纪80年代，决定性证据被发现。根据冰川留下碎屑组成的终碛物，不仅单个冰川，而且许多冰盖的反复前进、后退及其边界，均被详细绘制成图。19世纪80年代还找到明显证据，证实在更早的年代，南非、印度、澳大利亚等地也被冰盖覆盖。[7]

这些发现不仅本身非常引人瞩目，并且强烈暗示地质学和物理学之间的关系。绝大多数从事实际工作的地质学家觉得，这种关系疏远而不确定，最多不过部分相关，但总是有些理论家试图将地质学中的重大问题与物理过程联系。19世纪最末期，这些“动力地质学家”大体完成的对地球历史的陈述，可与从白炽的星云到地球冷却的热力学图景相容。美国地质学家T. C. 钱伯林（1843～1928）提出一种替代假说，地球由冷的暗物质凝聚而成。但即使是这个说法也要设定地球因重力收缩而变暖，然后才逐渐冷却。有关地球经历长期、不可逆转冷却的观点，得到地层证据的强有力支持，如礁灰岩在高纬度地区出现、蒸发物（盐和石膏）、大面积砂岩等象征地球过去大多数时间比目前温暖等。

179

北半球接二连三出现冰期、南半球古代可能出现冰期的证据，同地球缓慢变冷的理论不相容。詹姆斯·克罗尔（1821～1890）根据天文变化干扰地球绕日轨道所提出的理论，解释了气候波动。[8] 但有关野外工作所证实的理论同地球变冷的物理模式不相容这一事实，并未在地质学家中造成恐慌。恰恰相反，有关物理学不能否决地质学证据的信念逐渐加强。地质学家已经开始建立的科学自信，由此进一步增长。通过耐心积累实验数据，地质学已有能力提出自己的全球理论。

地球的年龄和内部构造

正当不断传出独立和科学成熟的胜利宣言之际，地质学在20世纪第一个10年发生了变化。其动因是短期内迅速涌现三个研究领域，即放射性鉴年法、地震学、重力大地测量学。所有这三个领域尽管1900年在某些专家的小团体之外几乎不为人所知，但到1910年已被非常重视。

放射性的发现以及放射性物质在地壳中大量分布的事实，直接导致两个结果。第一个结果是将地球冷却当成地球发展历史“驱动马达”而做出的种种计算全部被远远抛开，因为放射性产生的热量为长时间的冷却提供稳定的更新补充热能。第二个结果关系更重

180

〔7〕 参看Hallam，《地质大辩论》，第4章；Oldroyd，《思考地球：地质学思想史》，第7章；Davies，《衰退中的地球：英国地貌学史（1578～1878）》，第8章。

〔8〕 参看Christopher Hamlin，《詹姆斯·盖基、詹姆斯·克罗尔和多事的冰期》（James Geikie, James Croll and the Eventful Ice Age），《科学年鉴》（*Annals of Science*），39（1982），第565页～第583页。

大,就是测量从铀衰变成铅,成为第一种测出地球及其地层可靠绝对年龄的方法。

几乎直至第一次世界大战时期,地球的年龄仍然完全未知,只能通过假设地球冷却或测量河流三角洲的沉积速率来间接估算。意识到这点,实在令人震惊。前一种方法根据天文学演绎,后一种则根据目前沉积率推算地质年代沉积物的总厚度。绝对年龄的结果出入非常大,相差跨越两个数量级。有人郑重宣称,地球年龄不到 1000 万年,而大多数估算则认为地球年龄为 1 亿至 6 亿年,小部分结果认为超过 10 亿年。最确定的答案是地球年龄超过 10 亿年,这点引起震动,而且对宇宙学产生巨大影响(地质学反过来影响物理学和天文学)。有关地球年龄的这次激烈交锋的经过及其对地质学的意义,已经由乔·伯奇菲尔德记述。[9]

发现放射性鉴年法后半个世纪内,随着更多巧妙而精密的技术得以应用,地球的年龄不断"增长",其中最引人注意的也许是阿瑟·霍姆斯(1890～1965)和克莱尔·帕特森(1922～1995)的成果。[10] 后者于 1953 年测出的 45 亿年,是被普遍接受的数据。即使是在这一研究领域的最早期,各地层年代的范围已经可以测出。原来只是相对模糊的地层年代,被赋予精确而清晰的含义。然而测年更为重大的意义,在于地质学在总体文化中的理性地位。测年将地质学作为历史(一个不可分割、年代可测定的过去),与人类联系起来。所谓"侏罗纪",不再仅仅是一个有恐龙以及多种植物和动物的时期,而是一个延续了 6900 万年的侏罗纪,从当前算起 2 亿 1300 万年前开始,1 亿 4400 万年前结束。全球范围内,侏罗纪可被划分成 3 个世,进一步可划分为 11 个期。从地层和古生物证据可以推断,每个世或期具有不同的物理、气候条件。其他已知地层年代的年龄也被测出,但看来这些地层只不过是地球的总体历史中一个小部分。

地震学,即对穿过地球的波状扰动(由地震产生)传播的研究,在地质界以外影响不如年代测定,但在地质界内部却显得同样重要。地震学不仅提供地震动力学的直接资料,而且给出地球深处内部结构的图像。通过分析波形、速度变化以及地震波从震源抵达世界各地记录仪器站点的时间总和,就有可能"看见"地球深处内部结构,并绘制内部分层图像。到 1909 年,安德里亚·莫霍洛维契奇(1857～1936)就确定在地幔和地壳之间有一个不连续面,深度为数十公里。贝诺·古滕贝格(1889～1960)以及其他人的进一步工作,发现在分成多层、部分固体部分液体的地核和地幔之间有一个分界面(参看第 21 章)。

181

重力大地测量,即测定地球表面不同地点重力绝对值并将其与计算数值对比,给出推断地球内部结构的另一种途径。曾帮助绘制大峡谷地图的美国人克拉伦斯·达顿(1841～1912)觉得奇怪:就其大小和年龄而言,地球为什么不像台球那样光滑? 他

[9] Joe D. Burchfield,《开尔文勋爵和地球的年龄》(*Lord Kelvin and the Age of the Earth*, New York: Science History Publications, 1975)和 Patrick Wyse-Jackson,《年代学者的探索:探求地球的年龄》(*The Chronologers' Quest: The Search for the Age of the Earth*, Cambridge: Cambridge University Press, 2006)。

[10] 关于霍姆斯,参看 Cherry Lewis,《定年游戏:一个人对地球年龄的探求》(*The Dating Game: One Man's Search for the Age of the Earth*, Cambridge: Cambridge University Press, 2000)。

很想知道，是什么保护地球地势较高的部分不被侵蚀夷平。按道理侵蚀和重力共同作用，早就应该使地势较高的位置平滑。他判断，地壳可能漂在其下方不具有强度的物质（可能具有浮力）上。19 世纪获得的某些重力数据支持这一观点，但一定程度上是受达顿的推测启发而展开的美国重力场大调查于 1909 年完成，揭示地壳实际上比内部物质轻，浮在其上。这一发现导致此后数十年对地球动力学行为理论的重大修正。和放射性、地震学一样，被达顿称为**地壳均衡说**的原理，对阿尔弗雷德·魏格纳（1880～1930）1912 年及此后提出的大陆漂移学说起了重要作用。作为一名刚离开研究生院的年轻大气物理学家，魏格纳根据地球强度在很浅的深度就消失、因放射性元素衰减而受热，指出大部分地质活动可能是巨大的大陆碎片分离、漂移分开的结果，地质学中许多困惑问题由此迎刃而解（参看第 20 章）。

经济地质学

放射性、地震学、重力测量首先因其在理论方面的重要性迅速渗透地质学，但后两者马上被接受成为“地球物理勘探”的有力工具。爆炸产生的反射波被地震学仪器记录，成为确定含石油、天然气沉积层的强有力方式。通过绘制局部重力绝对值变化图，重力测量有助于勘探地下矿体。远在地球磁场研究在板块构造理论中发挥重要作用之前，使用敏感的磁力计勘探铁、镍矿已经是普遍应用的地质手段。对这些技术的迅速而成功的利用（1930 年以前最好的摆式重力仪由在海湾石油公司［Gulf Oil Company］工作的科学家发明），使我们能够暂停下来，并从总体上反思地质学在多大程度上受经济方面考虑的驱动（参看第 7 章）。

182

在全世界范围内对具有经济效益的可勘探矿产的搜求，是 19 世纪末大多数地质探索背后的驱动力，也是 20 世纪地质学最伟大、最有用的著作之一背后的驱动力，虽然地质学家很少提到后一点。那就是篇幅巨大的《区域地质手册》（*Handbook of Regional Geology*，1905～约 1920）。这套由多位作者、多国企业合作而由德国人总其成的著作，调查了全世界。作为其中内容的一个例子，可参看马克斯·布兰肯霍恩的《叙利亚、阿拉伯、美索不达米亚》（*Syria*，*Arabia*，*Mesopotamia*，1914），为该系列第 17 本（第 4 部分，第 5 卷）。与全系列各卷体例一致，该卷从“地貌综述”开始，随即进入地层历史、构造事件和造山运动历史、喷出岩历史，然后展开经济上有用矿产的调查。从总共 159 页中，人们可以阅读到有关世界这一部分所有已知地质知识的总结，包括直到出版那一年的参考文献目录。类似的卷涵盖了世界上每个主要大陆和地区，只是未纳入亚洲内陆、格陵兰、南极等最后被人类访问、研究的区域。同样受科学好奇心和经济利益的渴望所激发的另一部类似著作，是弗朗茨·洛策的《岩盐和钾盐地质学》（*Rock Salt and Potassium Salt Geology*，1938），为丛书“非金属矿物地质学”（Geology of the Non-Metallic Minerals）中第 1 部分第 3 卷，篇幅非常大，以特有的繁多文字描述矿产的位置以及开采。

如果说经济地质学和对矿产、石油产品的搜求对大部分地质文献的方向有明显影响,那它也影响了理论辩论。史上关于大陆漂移的最著名研讨会,1926 年在美国石油地质学家协会(American Association of Petroleum Geologists)纽约会议期间举行。组织这次研讨会的是一名荷兰石油地质学家,当时担任总部设在俄克拉何马州塔尔萨市的马兰石油公司(Marland Oil Company)副总裁。他意识到,如果大陆漂移是事实,就可用各大洲重建的对应海岸线,将某一个大洲已知的沉积与另一个大洲尚未发现的沉积联系起来。

20 世纪的地质学

在 19 和 20 世纪,地质学发展成三个部分,即大学和学术机构地质学,经济和产业地质学,各州、国家、帝国组织的地质调查地质学。事实上,多数地质学家不止一个身份。一位学院派地质学家入行之初可能从事寻找石油、石膏、金以及其他经济矿物的工作,然后深造拿到更高学位,才获得任教机会。从 19 世纪后期开始,大多数地质学家完全在学术机构之外工作。他们为矿业公司做事,并在企业度过其大部分职业生涯。政府调查机构从事调查时,向来录用职业地质学家,但学术和调查机构雇员大幅度重合的情况,到处都很普遍。

183

许多学科都有类似现象,譬如学术机构、产业、政府机构分别有化学家。但国家地质调查使其发生了特殊转折:见到一本标题为《加拿大地质》(*Geology of Canada*)的书相当寻常,但见到标题为《加拿大化学和物理学》(*Chemistry and Physics of Canada*)的书就很奇怪。地质学是一门在政治边界前突然止步的科学,这一异常明显影响其发展。第一次世界大战前那种慷慨合作的精神,直到第二次世界大战之后才得以恢复。两次大战之间的地质学倾向于民族主义、视野内向、互相猜疑、语言单一。美国地质文献中引用德语参考文献的比例,第一次世界大战前高达 50%,而 20 世纪 20 年代降到 5%以下,此后再未恢复到原先水平。奥匈帝国的解体促进了波兰、匈牙利、奥地利的地质学发展,但限制了工作的规模和远距离关联的冲动。欧洲各庞大帝国解体,失去对非洲和亚洲的控制,也产生类似效应。由此造成的不同语言团体之间的合作和交流缺失,对总体理论造成巨大的滞后影响,直至今天,该学科仍对政治分裂和意识形态分离非常敏感。也许有人记得,被广为夸耀的 20 世纪 70 年代早期"地球科学革命",没有任何俄罗斯或"苏联集团"地质学家(当时占全世界地质学家一半以上)参与。直到 20 世纪 80 年代末期,这一群体才因政治形势发展得以加入。

国际地质团体最近的重建,因原先的科学研究努力(绘制地球外层地图并加以描述)而取得进展。但自从 20 世纪 60 年代末期以来,这一学科的基本理论已经在新证据、新方法的基础上,发生迅速而完全的变化。稳定的大陆和洋盆、以缓慢的地槽填充为中心的动力相互关系、靠近大陆的开阔浅海的前进和后退等旧观点，已经被称为板块构造说的理论大厦取代。这一理论实际上是换了名称的大陆漂移说，即由海底扩张而不是由大陆冰山的分裂和漂移驱动。这一理论目前已几乎被全盘接受，成为地质学史上唯一受到如此深度和广度支持的理论。阐述这一理论，很大程度上靠分析洋底以及大陆表面的地磁数据，配合放射性鉴年法。从 20 世纪 70 年代开始，这一学科越来越受地球物理方法支配，虽然野外地质学和古生物学提供了大量附属数据，展现了大陆过去的运动与“古大陆”的关系。关于这些进展的进一步细节，在本卷其他章中讨论（参看第 20 章、第 21 章）。

184

随着地球上地层资料大部分成图、大多数主要化石有机物被描述、详细的地质年代表形成并站稳脚跟，欧洲和美洲各国从 20 世纪 80、90 年代开始，对由国家资助而不能直接产生“经济效益”的地质调查项目停止了拨款，甚至予以取消。大约与此同时，地质课程开始不再把矿物学、历史地质学、古生物学列为必修课，而将更多注意力转向地球物理、遥感、以计算机为基础的地球动力过程建模等。

应用物理技术和理论而非传统地质学方法取得的理论、实践方面成功而产生的累积效果，以及月球、行星探索的决定性影响，使得地球再次作为一个天文学物体引起注意。由于发现地球上许多物种的灭绝由小行星或彗星撞击造成，这种形式得以加强。我们越来越将地球视为行星家庭中的一员，其中不仅有长期以来一直为人熟悉的兄弟姐妹如金星（Venus）、火星（Mars）等，还有一些有趣的表亲，如木星（Jupiter）的卫星木卫三（Ganymede）、木卫四（Callisto）、木卫二（Europa）等。* 这些行星存在生命的可能性或曾经存在生命的证据成为直接观察的目标，认为行星地球独一无二的最后假设被摒弃，同时象征地质学永久转变为“地球科学”，最合适被视为行星学的一个次级学科，专注于全球生物地球化学循环的未来，及其与我们的行星长期动力学行为的关系。

（梁国雄　译）

* 这些行星和卫星都是以罗马神话中神和人的名字命名的，他们之间有一定的关系，所以才有“兄弟姐妹”“表亲”之说。——责编注

11

古生物学

罗纳德·雷恩杰

185

长期以来,古生物学研究为历史分析提供了一个丰富多彩的领域。整个19和20世纪,地质学家和古生物学家在科学界和社会发挥了突出、往往引人瞩目的作用,早先一代的学者将相当一部分注意力投向这批人。由传记作家(主要是科学家)作过颂扬性研究的人物,包括乔治·居维叶(1769～1832)、罗德里克·麦奇生(1792～1871)、理查德·欧文(1804～1892)、奥思尼尔·查尔斯·马什(1832～1899)等。随着科学史学在20世纪60和70年代发展成一个研究领域,学者的注意力集中在该主题的其他方面。历史学家强调科学中概念和方法发展的重要性,将古生物学的作用定义为记录物种灭绝的发生、确定地球的相对年龄、促进进化理论等。

最近这些年对科学的社会和文化背景逐渐增加的兴趣,引发了重要的新的研究。这些背景化研究专注于19世纪的主要人物和发展,对老式编史学的解释提出挑战。除了考察科学群体的出现,这些分析阐述了社会、政治、文化等因素塑造科学职业、学说的方式。近期对科学实践活动的兴趣,促进了针对野外工作、标本收集的分析。此外,古生物学在科学的体制、规范方面,变得越来越重要。作为跨越生物学和地质学的研究领域,古生物学及从事该学科的研究者,不容易融入19世纪出现的越来越专业化的科学研究所和基础机构。需要可观资源的大规模化石采集的重要性,使该领域产生其他问题。其中最重要的是古生物学是一门以博物馆为基地而发展起来的学科,往往同扩展的大学系统分离,因此吸引了关注与科学的社会和体制形态有关问题的人士的兴趣。近期的历史研究,不仅考察了古生物学家在大学环境内所经历的规范方面的困难,而且考察同博物馆发展有关的社会、文化、政治等因素影响学科研究工作的方式。与此类似,对科学普及化、科学和公众关系的兴趣,也对古生物学领域的历史研究产生影响。观察了在博物馆框架内有关科学家、标本采集者、展览的作用问题,历史学家的注意力集中在古生物学的公众化程度。对古生物学历史的研究提供的视点,不仅反映这一学科的重要新发展,而且体现科学史编史学的变化。

186

居维叶、物种灭绝和地层学

19 世纪之前,围绕物种灭绝的概念发生过许多辩论和讨论。数百年间,博物学家发现了我们今天称为化石的标本。但是,有关这些标本包含已经灭绝的有机体残骸的看法,一直未被认可。灭绝问题引发一系列哲学、理论问题,包括托马斯·杰弗逊(1743～1826)在内的狂热博物学家,都拒绝承认关于乳齿象骨骼或类似物体属于不再存在的生物种。[1]

法国动物学家兼比较解剖学家乔治·居维叶,首先阐述灭绝的发生。在斯图加特完成教育并自己从事研究后,居维叶于 1795 年进入巴黎的自然史博物馆(Muséum d'Histoire Naturelle)任职。翌年在题为"目前生存的象和化石象的种(Species of Living and Fossil Elephants)"的演讲中,居维叶运用比较解剖学展示,虽然猛犸、乳齿象均归于现代象所在一属,但分别划入不再生存的不同种。包括让-巴蒂斯特·德·莫内·拉马克(1744～1829)在内的一些人不认可居维叶的说法,但居维叶的表述成为此后古脊椎动物学所有研究工作的基础。[2]

居维叶的古生物学,建立在分类学和比较解剖学原理的基础上。受安托万-洛朗·德朱西厄影响,居维叶将对自然分类系统的信仰,同费利克斯·维克·达齐尔、路易-让-马里·多邦东等人举例说明过的比较解剖学结合起来。居维叶的重要基本观点,包括生物体功能的整体性,即只有特定器官能够存在,每个生物体都是独特的整体。上帝只创造出特定条件下生存所需要的器官,于是目的论功能主义成为居维叶科学理论的特征。居维叶还相信各器官的协调和互相关联,某些器官比其他器官更重要,每一部分同其他部分形成互补关系。在此基础上,他描述、复原了十多个科的脊椎动物化石,并做了分类。居维叶成为法国最重要的自然史学家,具有重要影响力并成为其他人追随的目标。英国博物学家威廉·巴克兰(1784～1856)和威廉·科尼比尔(1787～1857)同居维叶通信,并送标本给居维叶。理查德·欧文和路易·阿加西(1807～1873)从随居维叶工作起开始其职业生涯。[3]

187

[1] Martin J. S. Rudwick,《化石的意义:古生物学史趣事》(*The Meaning of Fossils: Episodes in the History of Palaeontology*, Chicago: University of Chicago Press, 1972),第 1 页～第 48 页;Thomas Jefferson,《弗吉尼亚州记录》(Notes on The State of Virginia),载于 Merrill D. Peterson 编,《便携本系列之托马斯·杰弗逊》(*The Portable Thomas Jefferson*, New York: Penguin, 1975),第 73 页～第 78 页。

[2] Rudwick,《化石的意义:古生物学史趣事》,第 101 页～第 123 页;William Coleman,《动物学家乔治·居维叶:进化论历史研究》(*Georges Cuvier, Zoologist: A Study in the History of Evolution Theory*, Cambridge, Mass.: Harvard University Press, 1964)。也可参看 Rudwick,《扩展时间限度:革命时期地史学的重构》(*Bursting the Limits of Time: The Reconstruction of Geohistory in the Age of Revolution*, Chicago: University of Chicago Press, 2005)。

[3] Rudwick,《化石的意义:古生物学史趣事》,第 101 页～第 123 页;Coleman,《动物学家乔治·居维叶:进化论历史研究》;Toby A. Appel,《居维叶-若弗鲁瓦辩论:达尔文之前数十年的法国生物学》(*The Cuvier-Geoffroy Debate: French Biology in the Decades before Darwin*, New York: Oxford University Press, 1987),第 40 页～第 68 页;Nicolaas A. Rupke,《理查德·欧文:维多利亚时代的博物学家》(*Richard Owen: Victorian Naturalist*, New Haven, Conn.: Yale University Press, 1994),第 23 页～第 24 页;Edward Lurie,《路易·阿加西:科学生涯》(*Louis Agassiz: A Life in Science*, Cambridge, Mass.: Harvard University Press, 1960),第 53 页～第 71 页。

居维叶的研究工作还影响了地层学。整个18世纪,许多人意识到去地层中找岩石和生物遗骸。18世纪80年代,德国矿物学家亚伯拉罕·戈特洛布·维尔纳(1749～1817)提出地球构造学体系,用以区分不同的地层组,确定地球各地层的相对年龄。维尔纳的系统以岩石、构造为基础,而不是化石,而威廉·史密斯(1769～1839)首先依靠生物残骸确定地层及相对年龄。但史密斯的工作成果一直未发表,而居维叶及其同事亚历山大·布龙尼亚于1807年首次描述了化石如何可用于确定地层。根据地层叠覆律,即位置较高地层中的化石比其下方地层的化石年轻,他们辨认出巴黎盆地内7组地层,并确立化石可作为地层学的基础。[4]

展开这些研究后,19世纪早期的科学家发展了更详细、更精确的地球历史。野外工作成为规范实践,地质工作者展开广泛的踏勘,得以辨认、确定地球历史许多极其重要的特征。这类工作大部分在英国进行,麦奇生和亚当·塞奇维克(1785～1873)于19世纪中期已经辨认出寒武纪、志留纪、泥盆纪等地质年代。同样地,约翰·菲利普斯(1800～1874)提出现在被认为地球历史上三个最重要的时期,即古生代、中生代、新生代。[5]

188

传统的历史研究用实证主义的术语解释了上述进展,认为是数据更多、方法改善以及坚信经验主义的成果。最近,马丁·拉德威克、詹姆斯·A. 西科德、戴维·R. 奥尔德罗伊德等对英国地质学史提出新的重要解释。专注于围绕辨认上述地层系统的争论,这些作者结合19世纪英国科学界的社会、政治、文化环境,解释了在此背景下的地质时尺度的构建。拉德威克探索了志留系和泥盆系的建立,不仅是作为麦奇生和塞奇维克之间的地质之争,而且是作为大批分别来自伦敦内外的科学家和专家因地域、权力、地位等造成的辩论、斗争、谈判过程。西科德有关麦奇生和塞奇维克在寒武系-志留系之争中作用的研究,考察了这些主要人物工作的文化、社会、科学因素。奥尔德罗伊德提到查尔斯·拉普沃思(1842～1920)圈出化石带后,质疑麦奇生将志留系地层扩展到苏格兰高地的企图。不过直到20世纪初麦奇生的追随者阿奇博尔德·盖基去世后,拉普沃思有关奥陶系的辨认才得到支持。类似的辩论也发生在美国,科学家就塔康系的确认发生分歧。虽然约翰·迪默对这些历史研究提出批评,但拉德威克、西科德、奥尔德罗伊德等阐明,不结合其社会、文化、政治背景,就无法理解科学家。他

[4] Rudwick,《化石的意义:古生物学史趣事》,第124页～第130页;Rachel Laudan,《从矿物学到地质学:一门科学的基础(1650～1830)》(*From Mineralogy to Geology: The Foundations of a Science, 1650-1830*, Chicago: University of Chicago Press, 1987)。

[5] Martin J. S. Rudwick,《泥盆系大辩论:绅士专家中科学知识的塑造》(*The Great Devonian Controversy: The Shaping of Scientific Knowledge among Gentlemanly Specialists*, Chicago: University of Chicago Press, 1985),第17页～第60页;James A. Secord,《维多利亚时代的地质学论战:寒武系-志留系之争》(*Controversy in Victorian Geology: The Cambrian-Silurian Dispute*, Princeton, N.J.: Princeton University Press, 1986),第14页～第143页。

们采取的概念方面和方法方面的研究手段,应当被考察其他科学群体、活动的学者采纳。[6]

古生物学和进步

虽然居维叶为地层学奠定了基础,但他不愿将地层层序解释为代表生命历史的方向。在居维叶看来,巴黎盆地的化石顺序并不代表进步,而是体现海水、淡水条件的交替循环。突发的洪水灾变之后,又引入新的动物群。过去围绕居维叶灾变论的研究明显认为其带有宗教观点,然而近期的研究给出了更全面、更细致的解释。拉德威克用牛顿式宇宙规律的观点,说明了居维叶的灾变论。多琳达·乌特勒姆考察了居维叶所处的个人、社会、政治背景,辩称居维叶尝试将他自己及其科学从圣经地质学分离开。居维叶未用宗教术语解释物种灭绝和地球历史,而是将古生物学与神学分开,建立一个全新的知识领域。托比·A. 阿佩尔注意到居维叶信仰宗教,但将他在科学著作中避开宗教归因于对经验科学的恪守,并且害怕无约束的推测会造成令人不安的社会、政治后果。[7]

189

尽管居维叶犹豫不决,但大不列颠的博物学家将不断增加的化石记录解释为灾变证据。随之出现新神创论,主张智能设计和渐进。占优势的地球冷却物理理论,支持定向论的解释。对于那些遵照英国传统自然神学观点从事研究工作的人来说,化石记录体现一系列神迹的创造,最终结果是人类出现。詹姆斯·帕金森用《圣经》术语定义化石记录的历史,威廉·巴克兰将最后一次灾变定为《圣经》中对大洪水的记载。威廉·科尼比尔和亚当·塞奇维克并不接受这些严格的宗教解释,但仍相信地球逐渐进步的历史观。然而到19世纪中期,有些人放弃了从爬行类到哺乳类再到人类的单线序列,接受了多线系统。[8]

但是并非所有人都接受进步论的想法。《地质学原理》(*Principles of Geology*, 1830～1833)的作者查尔斯·莱伊尔(1797～1875)拒绝接受灾变论,倾向于强调现实

[6] Rudwick,《泥盆系大辩论:绅士专家中科学知识的塑造》;Secord,《维多利亚时代的地质学论战:寒武系-志留系之争》;David R. Oldroyd,《高地之争:通过19世纪英国的实地考察构建地质学知识》(*The Highlands Controversy: Constructing Geological Knowledge through Fieldwork in Nineteenth-Century Britain*, Chicago: University of Chicago Press, 1990);Cecil J. Schneer,《塔康系大争论》(The Great Taconic Controversy),《爱西斯》(*Isis*),69(1978),第173页～第191页;John Diemer和Michael Collie,《麦奇生在马里郡:一个地质学家在家乡土地上,附麦奇生和伯尼的乔治·戈登博士牧师之间的通信》(Murchison in Moray: A Geologist on Home Ground. With the Correspondence of Roderick Impey Murchison and the Rev. Dr. George Gordon of Birnie),《美国哲学学会学报》(*Transactions of the American Philosophical Society*),85,pt. 3(1995),第1页～第263页。

[7] Rudwick,《化石的意义:古生物学史趣事》,第130页～第131页;Peter J. Bowler,《化石和进步:19世纪的古生物学和进步演化的观点》(*Fossils and Progress: Paleontology and the Idea of Progressive Evolution in the Nineteenth Century*, New York: Science History Publications, 1976),第1页～第22页;Appel,《居维叶-若弗鲁瓦辩论:达尔文之前数十年的法国生物学》,第46页～第59页;Dorinda Outram,《乔治·居维叶:法国大革命后的使命、科学与权威》(*Georges Cuvier: Vocation, Science and Authority in Post-Revolutionary France*, Manchester: Manchester University Press, 1984)。

[8] Rudwick,《化石的意义:古生物学史趣事》,第131页～第149页,第164页～第217页;Bowler,《化石和进步:19世纪的古生物学和进步演化的观点》,第93页～第115页。

主义、渐进主义、世界处于稳定态系统的均变论说法。这一信念,加上莱伊尔抵制将人类定义为线性序列等级中最高等动物,促使他公开声称反对进步论。近期许多研究,还陈述了托马斯·亨利·赫胥黎(1825～1895)否决化石记录体现进步。如马里奥·A. 迪格雷戈里奥指出,直到19世纪60年代,赫胥黎仍坚信物种的类型学概念,并强调原始形式的持久性。阿德里安·德斯蒙德将赫胥黎关于进步的立场归因于他的地理分布观点,还有他与进步论的主要倡导者之一理查德·欧文之间的对立。两名作者都指出,赫胥黎直到19世纪60年代末期阅读了恩斯特·海克尔的著作后,才开始用进化论观点解释化石记录,但他始终未放弃对原始生物持久性的兴趣。[9]

古生物学和进化

190

虽然19世纪早期许多地质学家和古生物学家相信化石记录体现进步,但进步是否需要进化则是一个激起更多争论的话题。许多人反对进化论,但没有人比居维叶更激烈。居维叶的理论虽然允许微小调整,但认为一旦一个器官改变,所有器官必须随之改变,以保持生物个体的功能整体性。但这点不可能发生,因为过渡类型不可能发挥作用或存活。因此化石记录之间不存在关联,化石也不是现存生物的祖先。居维叶用灾变观点阐述地球历史,即灾变杀死所有生物,随后因迁移或神创出现新物种,而不是进化。居维叶于1800年反对拉马克的进化论,其后又拒绝接受艾蒂安·若弗鲁瓦·圣伊莱尔(1772～1844)的进化论观点。同居维叶的目的论功能主义相反,身为巴黎博物馆馆长的若弗鲁瓦专注于辨认代表生物体结构和功能转化的同源性。若弗鲁瓦最初辨认脊椎动物中的这类变化,随后扩展其形态学研究,强调所有动物的组成中有一致性。若弗鲁瓦根据其畸变学研究,在19世纪20年代后期宣称,环境可通过例如产生进化的方式作用于发育中的胚胎。他在化石研究中采用这一解释,坚称不久前发现的一具已灭绝鳄鱼的标本,构成从爬行类到哺乳类进步序列中的一个环节。居维叶对此十分反感,1830年向法兰西科学院(French Academy of Sciences)告发若弗鲁瓦的观点。[10]

按传统,学者用科学术语描述居维叶与若弗鲁瓦之争,即目的论功能主义(居维叶)对形态学(若弗鲁瓦)。这类解释强调居维叶战胜了若弗鲁瓦,断定19世纪的法国生物学和古生物学以反对进化论为标志。但是阿佩尔提出不同看法,对编史学有重要

[9] Rudwick,《化石的意义:古生物学史趣事》,第187页～第191页;Bowler,《化石和进步:19世纪的古生物学和进步演化的观点》,第67页～第79页;Mario Di Gregorio,《T. H. 赫胥黎在自然科学中的地位》(*T. H. Huxley's Place in Nature Science*, New Haven, Conn.: Yale University Press, 1984),第53页～第126页;Adrian Desmond,《原型和祖先:维多利亚时代伦敦的古生物学(1850～1875)》(*Archetypes and Ancestors: Palaeontology in Victorian London, 1850-1875*, Chicago: University of Chicago Press, 1982),第84页～第112页;Adrian Desmond,《赫胥黎:从魔鬼的信徒到进化论的大祭司》(*Huxley: From Devil's Disciple to Evolution's High Priest*, Reading, Mass.: Addison-Wesley, 1997),第193页～第194页,第204页～第205页,第255页～第259页,第293页～第294页,第354页～第360页。

[10] Appel,《居维叶-若弗鲁瓦辩论:达尔文之前数十年的法国生物学》,第40页～第174页。

启示。她的研究成果指出,对居维叶来说,关心这场辩论更甚于关心比较解剖学的不同方法。居维叶用他严格的经验论,对抗若弗鲁瓦关于类比和推测也能在科学研究中发挥作用的主张。居维叶在巴黎博物馆(若弗鲁瓦在馆内也有支持者)的地位,以及对19 世纪 20 年代出现的科学、政治方面威胁的关切,有助于居维叶击败对手。阿佩尔指出,更重要的是,虽然居维叶在辩论中压倒若弗鲁瓦,但形态学并未消亡,反而更加普及。[11]

191

近期的历史研究,也同样明显改变了人们对于 19 世纪早期时进化论在英国的地位的理解。早一代的历史学家根据对一些最突出的地质学家、博物学家的研究,接受了关于查尔斯·达尔文(1809～1882)实际上独自提出进化论的观点。多夫·奥斯波瓦特和菲利普·雷博克等最先注意到形态学在英国的影响,但德斯蒙德的研究成果尤其重要,开启了这一主题的重要新视野。德斯蒙德大范围考察了 19 世纪 20 和 30 年代的博物学家和医师,指出许多人拒绝接受由保守社会和宗教势力支持的学科。在那些被有意打压和隔离的学说中,拉马克的观点尤其是若弗鲁瓦的观点广泛传播了社会和科学的诉求。许多人将进化论与潜在的进步、改良相联系,但是以自然法则取代与目的论相联系的功能主义为基础的形态学,也有不少人接受。卡尔·恩斯特·冯·贝尔的胚胎学越来越被接受,也促进了这一趋势。胚胎学否认重演律,倾向于认为从原始胚芽发生胚胎分化。到 19 世纪 40 年代,传统观点受到挑战。理查德·欧文在此发挥的作用,比其他任何人都更重要。[12]

在 19 世纪上半叶,欧文是英国最重要的生物学家和古生物学家。身为隶属于王家外科医生协会(Royal College of Surgeons)的亨特博物馆(Hunterian Museum)标本总监,欧文对馆内的化石进行分类、描述,并增加其数量。欧文还向幅员辽阔的大不列颠帝国各地索取化石,此后建成的英国自然史博物馆(British Museum of Natural History)更是他的重要成就之一。欧文遵循居维叶有关形式与功能的强调,体现在他对珠光鹦鹉螺的研究中。尼古拉斯·A. 吕普克认为,欧文的早期工作,属于牛津的巴克兰自然神学传统的一部分。而德斯蒙德认为,19 世纪 30 年代欧文受与亨特博物馆有关的保

[11] Franck Bourdier,《若弗鲁瓦·圣伊莱尔对居维叶:围绕古生物学进化论的斗争(1825～1838)》(Geoffroy Saint-Hilaire versus Cuvier: The Campaign for Paleontological Evolution [1825–1838]),载于 Cecil J. Schneer 编,《论地质学史》(*Toward a History of Geology*, Cambridge, Mass.: MIT Press, 1969),第 33 页～第 61 页;Appel,《居维叶-若弗鲁瓦辩论:达尔文之前数十年的法国生物学》;Pietro Corsi,《拉马克时代:进化论在法国(1790～1830)》(*The Age of Lamarck: Evolutionary Theories in France, 1790–1830*, Berkeley: University of California Press, 1988)。

[12] Dov Ospovat,《达尔文理论的发展:自然史、自然神学与自然选择(1838～1859)》(*The Development of Darwin's Theory: Natural History, Natural Theology, and Natural Selection, 1838–1859*, Cambridge: Cambridge University Press, 1981);Philip F. Rehbock,《哲学型博物学家:19 世纪早期英国生物学的主旋律》(*The Philosophical Naturalists: Themes in Early Nineteenth-Century British Biology*, Madison: University of Wisconsin Press, 1983);Adrian Desmond,《进化政治:激进伦敦的形态学、医学和改革》(*The Politics of Evolution: Morphology, Medicine and Reform in Radical London*, Chicago: University of Chicago Press, 1989)。关于冯·贝尔的影响,参看 Dov Ospovat,《卡尔·恩斯特·冯·贝尔的胚胎学的影响(1828～1859):根据理查德·欧文和威廉·B. 卡彭特的〈在古生物学中应用冯·贝尔的规律〉对其重新评价》(The Influence of Karl Ernst von Baer's Embryology, 1828–1859: A Reappraisal in Light of Richard Owen's and William B. Carpenter's "Palaeontological Application of von Baer's Law"),《生物学史杂志》(*Journal of the History of Biology*),9(1976),第 1 页～第 28 页。

守哲学影响，试图暗中削弱对拉马克、若弗鲁瓦等人激进观点的支持。他更值得注意的努力，包括对来自斯通斯菲尔德的中生代哺乳类以及英国爬行类化石(包括恐龙)的分析，反驳罗伯特·E. 格兰特(1793～1874)的进化论解释。[13]

但是欧文很快抛弃了居维叶的功能主义，到19世纪40年代用类似若弗鲁瓦的观点解释生命历史。虽然不承认若弗鲁瓦的设想适用于所有生物，但欧文已经接受了脊椎动物原型的概念。他的论著《论肢的性质》(*On the Nature of Limbs*)于1849年出版，最完整反映出他的观点。在若弗鲁瓦和卡尔·古斯塔夫·卡鲁斯工作的基础上，欧文发明术语"同源性"，以定义不同生物体之间形态的相似性。依照这些相似性，脊椎动物可以回溯为一个理想化的原始模式，只比一套脊椎骨略多一点东西。根据欧文的说法，生物的变化由原型趋异造成。趋异的动力有两种，极化力造成相似结构重复产生，而专门的组织力则使得生物能够接受新的不同条件。两种力相互作用，最终导致人类出现。欧文并未放弃目的论，但到19世纪50年代，他采用次级法则解释生命历史，从通用原型开始产生适应、趋异和专门化。与过去的解释相反，多数学者现在坚称欧文接受进化论的某些形式，虽然不是达尔文的自然选择进化理论。欧文没有用唯物论的术语解释进化，虽然承认并记录了化石记录的趋异和复杂性，但他将地球上生命历史理解成渐进式，而且最终按造物主的指引。在这些和其他立场上，他反对达尔文的进化理论，但并未妨碍他用进化术语解释化石记录。19世纪50年代后期，他认为阿其哥螈(*Archegosaurus*)是鱼类和爬行类之间的中间类型，此后又将来自南方的一批标本确定为哺乳类和爬行类之间的中间类型。在其著作《古生物学》(*Palaeontology*, 1860)中，欧文开始用进化论为基础解释化石记录，在某些方面很难区分他的观点和达尔文的理论。[14]

192

然而不是欧文的理论，而是达尔文的理论影响了19世纪后期的大多数古生物学研究。其中部分原因，是达尔文的支持者宣扬达尔文的理论，而打压欧文的成果和名声。在这点上，托马斯·亨利·赫胥黎起的作用无与伦比。虽然他并未接受达尔文理论中最重要的特质，但赫胥黎迅速成为最敢言的达尔文捍卫者。19世纪50年代后期之前，赫胥黎未从事过古生物研究，但他在这个领域向欧文挑战。德斯蒙德用社会、科学方面的野心，解释赫胥黎的言行。作为比达尔文和欧文晚一辈的人，赫胥黎面对一个系统揭竿而起。对像他这样年纪和社会经济地位的人，这个系统没有提供多少职业机会。对赫胥黎来说，欧文代表一个基于偏爱而不是价值的旧秩序中最坏的一部分。赫胥黎首先批评欧文关于原型的概念和对进步论的坚守，但是德斯蒙德指出，赫胥黎很快意识到化石在争论中的重要性，于是开始其古生物研究。欧文关于用缺少禽距骨

193

[13] Desmond，《进化政治：激进伦敦的形态学、医学和改革》，第236页～第344页；Rupke，《理查德·欧文：维多利亚时代的博物学家》。

[14] Desmond，《原型和祖先：维多利亚时代伦敦的古生物学(1850～1875)》，第19页～第83页；Desmond，《进化政治：激进伦敦的形态学、医学和改革》，第335页～第372页；Rupke，《理查德·欧文：维多利亚时代的博物学家》，第106页～第258页。

区别人类和其他灵长类的说法激怒了赫胥黎，两人就此展开一场充满敌意的公开辩论。赫胥黎的《人在自然中的地位》(*Man's Place in Nature*, 1863)，并非因其进化论的观点或因对化石人类标本的扩展分析而著名。但该著作的确是击败欧文的标志，早在赫胥黎应用化石构建系统发生论学说之前数年，他已经发挥重要作用，在该领域为他自己和达尔文搬走一个主要对手。近期的传记，提供了关于这两个人的科学活动和争论的大量新资料。吕普克以前人远远不及的详细程度考察了欧文的研究工作，而德斯蒙德对赫胥黎所做背景化分析，证明了服务于传记的社会历史研究成果丰硕。[15]

达尔文的成果产生的激励，也同样重要。达尔文本人对古生物学研究做得不多，他唯一的长期研究是化石藤壶，《物种起源》(*On the Origin of Species*)一书提到的支持进化论的化石证据非常贫乏。但《物种起源》相当普及，为未来的调查提供了一个框架。从19世纪60年代开始，许多科学家在胚胎学、比较解剖学、古生物学等领域展开形态学研究，古生物学强调寻找能够体现进化发生的联系环节。在古生物学界内部，科学家寻找过渡类型，即"缺失环节"，以在属的或种的水平上记录进化，或者建立更高阶分类之间的联系。瑞士博物学家路德维希·吕蒂迈尔，是最先描述哺乳动物化石中进化现象的人之一。梅尔希奥·诺依迈尔、弗朗茨·希尔根多夫、威廉·瓦根等，对无脊椎动物化石做了同样工作。博物学家早就知道马化石存在，法国科学家阿尔贝·让·戈德里于1866年发现几件新标本，建立起马科的第一个系统进化谱系。有关这一专题更成熟的研究成果，来自俄罗斯科学家弗拉基米尔·科瓦列夫斯基(1842～1883)。尽管其研究工作局限于各大博物馆中的标本，但是科瓦列夫斯基的解剖分析促使他确定居维叶的安琪马(*Anchitherium*)为古兽马(*Paleotherium*)和现代马之间的过渡类型。科瓦列夫斯基也是一位达尔文主义者，除了证明过渡类型的存在，他通过其功能、适应价值、与外部环境变化的关系等，解释了结构的变化。很少人完全赞成科瓦列夫斯基的解释，他的成果在俄罗斯遭遇敌意对待。但许多人高度评价他的部分成果，他的古生物学研究方法影响了路易·多洛、奥特尼奥·阿贝尔(1875～1946)等人的工作。[16]

194

美国古生物学家的研究，也同样重要。虽然阿加西拒绝接受达尔文的理论，但他的学生阿尔菲厄斯·海厄特(1838～1902)等对进化论感兴趣。海厄特相信，现代鹦鹉螺类的发展包含其化石祖先菊石进化历史的重演，因而花毕生精力研究这组生物的演化。他的工作影响了数名年轻的古生物学家，詹姆斯·佩林·史密斯扩展了海厄特有关菊石进化的研究，查尔斯·埃默森·比彻和罗伯特·特雷西·杰克逊分别绘出腕

[15] Desmond，《赫胥黎：从魔鬼的信徒到进化论的大祭司》，第251页～第335页；Rupke，《理查德·欧文：维多利亚时代的博物学家》，第259页～第322页。

[16] Rudwick，《化石的意义：古生物学史趣事》，第218页～第271页；Ronald Rainger，《理解化石的过去：古生物学和进化论(1850～1910)》(The Understanding of the Fossil Past: Paleontology and Evolution Theory, 1850-1910, PhD diss., Indiana University, 1982)，第83页～第156页。关于科瓦列夫斯基，参看Daniel P. Todes，《V. O. 科瓦列夫斯基：其古生物学研究成果的来源、内容和接纳》(V. O. Kovalevskii: The Genesis, Content, and Reception of His Paleontological Work)，《生物学史研究》(*Studies in History of Biology*)，2(1978)，第99页～第165页。

足类和斧足类的进化图表。[17]

美国科学家研究脊椎动物化石的努力,更为人熟知。19 世纪 40 和 50 年代参与美国西部探险的博物学家,将大批标本送给在费城行医的约瑟夫·利迪(1823～1891)。利迪关于马、岳齿兽以及其他已经灭绝的脊椎动物的研究,集中在辨认、表述、分类等经验问题。利迪意识到较老和较新的遗骸之间的联系,在 19 世纪 60 年代接受了进化论,但无意以此解释进化过程或复原系统发展史。爱德华·德林克·科普(1840～1897)和奥思尼尔·查尔斯·马什(1831～1899)等两位利迪的年轻同行,对此却毫不犹豫。他们两人都参加了政府资助的美国西部考察,但主要靠继承所得财富从事自己的探险。几项研究记述了他们之间的激烈角逐,他们在试图控制标本采集人、采集地点以及标本收藏家方面表现出来的强烈占有欲乃至贪婪。他们的竞争,导致关于新标本发现、命名、描述优先权的争执。正如罗纳德·雷恩杰所指出,马什试图制定古生物学和分类学的研究规则。然而他们两人都做出显著贡献。科普和马什合计发现超过 1500 件新化石标本,其中许多代表原先未知的属或科。虽然科普发现新标本的数量多于竞争对手,但对其他古生物学家而言马什的发现更激动人心。19 世纪 70 年代对堪萨斯州白垩系地层的研究,导致发现带牙齿的鸟化石,为鸟类和爬行类之间的进化关系提供可信证据。马什发现的恐龙,包括庞大的雷龙(*Apatosaurus*)和梁龙,其体型使此前在欧洲发现的标本相形见绌。也许最令人印象深刻的是他在美国中西部的研究,从中生代每一个世中都找到了马标本,为该科动物提供最完全的种系历史。赫胥黎于 1876 年访问美国时,见马什展示这套标本时为之惊叹,达尔文称马什的工作为进化论最重要的客观证据。[18]

195

虽然科普和马什之间的个人之争产生不良后果,但未能妨碍下一代为古生物学做贡献。马什实际上没有学生,但他手下几个采集者,包括约翰·贝尔·哈彻和塞缪尔·温德尔·威利斯顿,发现的爬行类、哺乳类化石引人瞩目。威廉·贝利曼·斯科特(1858～1947)和亨利·费尔菲尔德·奥斯本(1857～1935)等两位古脊椎动物学家也有重大发现。在普林斯顿任教的斯科特,在课堂和野外两方面展开研究工作。他的密友奥斯本,在哥伦比亚大学和纽约的美国自然史博物馆(American Museum of Natural

[17] Peter J. Bowler,《达尔文主义的衰落:1900 年前后数十年中反达尔文的进化理论》(*The Eclipse of Darwinism: Anti-Darwinian Evolutionary Theories in the Decades around 1900*, Baltimore: Johns Hopkins University Press, 1983);Ronald Rainger,《方法论传统的延续:美国古生物学(1880～1910)》(The Continuation of the Morphological Tradition: American Paleontology, 1880-1910),《生物学史杂志》,14(1981),第 129 页～第 158 页。

[18] Elizabeth Noble Shor,《E. D. 科普和 O. C. 马什之间的化石之争》(*The Fossil Feud between E. D. Cope and O. C. Marsh*, Hicksville, N. Y.: Exposition, 1974)。关于科普和马什的科研工作,参看 Ronald Rainger,《关于古物的日程:亨利·费尔菲尔德·奥斯本以及美国自然史博物馆中的古脊椎动物学(1890～1935)》(*An Agenda for Antiquity: Henry Fairfield Osborn and Vertebrate Paleontology at the American Museum of Natural History, 1890-1935*, Tuscaloosa: University of Alabama Press, 1991),第 7 页～第 32 页;Ronald Rainger,《一门学科的兴起与衰落:费城自然科学院古脊椎动物学(1820～1900)》(The Rise and Decline of a Science: Vertebrate Paleontology at Philadelphia's Academy of Natural Sciences, [1820-1900]),《美国哲学学会学报》(*Proceedings of the American Philosophical Society*), 136(1992),第 1 页～第 32 页;Desmond,《赫胥黎:从魔鬼的信徒到进化论的大祭司》,第 471 页～第 482 页;Charles Schuchert 和 Clara Mae LeVene,《O. C. 马什:古生物学先驱》(*O. C. Marsh: Pioneer in Paleontology*, New Haven, Conn.: Yale University Press, 1940),第 246 页～第 247 页。

History)开创了规模更大、更加雄心勃勃的古脊椎动物研究项目。雷恩杰描述过奥斯本如何借助富有赞助人的资金支持,不仅派遣标本采集者赴美国西部,而且先后派人到加拿大、非洲、亚洲,搜寻脊椎动物化石。他们的努力带来成千上万件哺乳类、爬行类化石的发现,使美国自然史博物馆成为全世界第一流的化石收藏馆之一。奥斯本及其主要助手威廉·迪勒·马修(1871～1930)和威廉·金·格雷戈里(1876～1970)推出更新更成熟的进化历史,超越前辈的成果。他们的研究,尤其是格雷戈里及其学生查尔斯·坎普、艾尔弗雷德·舍伍德·罗默,为水生动物到陆生动物的过渡形式、飞行的起源、二足行走的起源以及其他形态学问题,提出新的解释。并非只有美国人对这一传统做出贡献。彼得·J. 鲍勒指出,欧洲和其他地方的古生物学家继续整理化石证据以支持进化论,并且探讨与特定结构、功能、行为有关历史的问题,以及主要生物种类的起源和进化问题。鲍勒强调在形态学传统范围内的持续智力活动,而雷恩杰关于美国古生物学家的研究以及林恩·尼哈特对德国各大学中形态学研究的分析显示,尽管研究仍在继续,但不同的社会和体制指标显示这一传统正在衰落,有必要对其他背景条件做进一步研究,尤其是类似尼哈特那样将对问题做概念分析和社会、体制分析相结合的研究。[19]

196

虽然许多古生物学家研究进化论,但拥戴达尔文关于自然选择导致进化的学说的人并不多。从 19 世纪 60 年代到 20 世纪 30 年代,在考察与进化论的机制、模式相关问题的古生物学家当中,大多数接受新拉马克主义或定向发生学说的主张。正如鲍勒和雷恩杰指出,百家争鸣在美国古生物学家中表现得最明显。与达尔文不同,科普和海厄特于 19 世纪 60 年代声称化石记录表现出变化的线性、累积模式。两人均接受重演学说,均识别出作为线性进化的机制变化的加速律,即个体生长速度加快,使生物得以在遗传个体发生过程结束时增加一个新特性。科普最初用有神论观点解释进化,但到 19 世纪 70 年代,他认为生物对环境的反应触发加速和进化。涉及诸如哺乳动物的牙齿、脚的结构等专题时,他强调适应、器官的用进废退。出于对获得性遗传的坚信,科普以线性观点解释化石层序。海厄特也认定对环境的适应性反应可解释加速和进化,但结合一个规定进化必须结束于种群衰老退化的胚胎学模式,他强调非适应性趋势。科普和海厄特在美国颇具影响力,但正如鲍勒所说,重演论、获得性遗传、非适应性趋势的流行等信念,在当时的古生物学家当中只是老生常谈。[20]

但是,并非所有古生物学家都接受新拉马克主义的解释。海厄特对进化作为朝向灭绝行进的路径的强调,打击了定向进化说。起初接受了科普有关观点的奥斯本和斯

[19] Rainger,《关于古物的日程:亨利·费尔菲尔德·奥斯本以及美国自然史博物馆中的古脊椎动物学(1890～1935)》;Peter J. Bowler,《生命的精彩戏剧:进化生物学和生命世系的重建(1860～1940)》(*Life's Splendid Drama: Evolutionary Biology and the Reconstruction of Life's Ancestry, 1860-1940*, Chicago: University of Chicago Press, 1996);Lynn K. Nyhart,《生物学的形成:动物形态学与德国大学(1800～1900)》(*Biology Takes Form: Animal Morphology and the German Universities, 1800-1900*, Chicago: University of Chicago Press, 1995)。

[20] Bowler,《达尔文主义的衰落:1900 年前后数十年中反达尔文的进化理论》,第 121 页～第 135 页;Rainger,《理解化石的过去:古生物学和进化论(1850～1910)》,第 196 页～第 242 页。

科特,放弃了支持定向进化说的新拉马克主义。试图容纳遗传性状的新成果,尤其是奥古斯特·魏斯曼对新拉马克主义的挑战,奥斯本于19世纪90年代提出一种理论。根据该理论,环境变化将激活一种原始胚质,随时间产生渐进、累积的进化变化。抛开达尔文的理论,奥斯本出版了长篇巨著,严格按照线性、非随机的条件解释象、犀牛、雷兽的历史。其他许多古生物学家,包括奥特尼奥·阿贝尔、鲁道夫·韦德金德(1883～1961),提出定向进化理论。这种理论虽然与奥斯本的理论有些差别,但认为造成进化的因素并非随机变化的自然选择,并且描述了变化的线性模式,看来几乎不可避免趋向特定科或纲的灭绝。[21]

197

古生物学和现代达尔文主义

20世纪初,新的孟德尔学派遗传学在古生物学界追随者很少。孟德尔的研究成果于1900年被重新发现,与以实验室为基地的新实验项目出现相结合,促进了许多遗传学方面的实验,在美国尤其如此。但是无论是在美国还是在其他地方,托马斯·亨特·摩尔根的染色体遗传新理论仍未被古生物学家欣然接受。雷恩杰注意到对获得性遗传的相信继续流行,指出美国大多数古生物学家在博物馆或地质学界,而不在生物学界,造成对遗传学接受程度低。乔纳森·哈伍德认为德国学术界的社会结构和文化忠诚感,是德国不接受孟德尔遗传学和达尔文的进化论的原因。[22]

到20世纪20和30年代,生物学家和古生物学家向旧说法提出挑战。当许多实验生物学家漠视古生物学的发现时,朱利安·赫胥黎运用统计工具挑战奥斯本的定向进化说法。更重要的成果,来自古脊椎动物学家乔治·盖洛德·辛普森(1902～1984)。罗纳德·雷恩杰和马克·斯韦特利茨已经指出,辛普森受其美国自然史博物馆同事马修和格雷戈里的影响,拒绝定向进化理论,接受达尔文的进化论。莱奥·F. 拉波特的研究证实,辛普森对进化速率和趋势的统计分析,与其对居群遗传学的理解结合,使他的书《进化的节奏和模式》(*Tempo and Mode in Evolution*)对综合进化论贡献良多。根据辛普森的看法,造成生物种以及进化的原因,同样可以解释更高阶元分类的起源和

[21] Bowler,《达尔文主义的衰落:1900年前后数十年中反达尔文的进化理论》,第173页～第177页;Rainger,《关于古物的日程:亨利·费尔菲尔德·奥斯本以及美国自然史博物馆中的古脊椎动物学(1890～1935)》,第37页～第44页,第123页～第151页;Wolf-Ernst Reif,《搜寻德国古生物学的大进化理论》(The Search for a Macroevolutionary Theory in German Paleontology),《生物学史杂志》,19(1986),第79页～第130页。

[22] Rainger,《关于古物的日程:亨利·费尔菲尔德·奥斯本以及美国自然史博物馆中的古脊椎动物学(1890～1935)》,第133页～第145页;Jonathan Harwood,《科学思想的风格:德国遗传学界(1900～1933)》(*Styles of Scientific Thought: The German Genetics Community, 1900–1933*, Chicago: University of Chicago Press, 1993)。

进化。[23]

198 生物学家拥护辛普森的成果,而古生物学家的回应则不一致。多数美国古生物学家漠视辛普森的成果,继续发表描述性的形态学、系统分类学论文。包括埃弗里特·C. 奥尔森(1910～1993)在内的部分古生物学家,对有关微进化过程可以解释高阶元分类进化的说法表示不满。奥尔森从未对现代综合进化论提出替代解释,但如沃尔夫-恩斯特·赖夫所指出的,许多德国古生物学家提出不同理论。虽然新拉马克主义和定向进化理论仍然流行,但奥托·申德沃尔夫(1896～1971)的种群源性理论(typostrophic theory)特别有影响。申德沃尔夫的理论将生物种的进化和更高阶元分类的进化区分开来,强调急剧和循环的进化变化。作为德国最重要的古生物学家,申德沃尔夫的观点直到20世纪70年代仍具有相当影响力。[24]

但是辛普森的成果和综合进化论并非毫无影响。第二次世界大战结束后,一个意想不到的群体,即美国无脊椎古动物学界,对进化问题的兴趣大增。当时欧洲研究无脊椎动物化石的学生仍维持对进化论感兴趣的传统,为石油工业服务的美国无脊椎古动物界则截然不同,化石大体上只是地层标记。到20世纪40年代后期,某些无脊椎古动物学家对此倾向不满,希望从生物学的角度研究化石。曾为辛普森工作的无脊椎古动物学家诺曼·纽厄尔(1909～2005),在哥伦比亚大学和美国自然史博物馆任职。他认识到了解居群遗传学的重要性,接受了生物种的居群概念,采用统计方法研究进化速率。到20世纪60年代,纽厄尔以及其他人将他们的研究称为远古生物学(paleobiology),以强调与地层学、作为无脊椎古动物学特征的标本表述相比,生态和进化问题更为重要。[25]

奈尔斯·埃尔德雷奇、斯蒂芬·杰伊·古尔德这两名纽厄尔的学生,1971年发表了对综合进化论的猛烈批评。埃尔德雷奇和古尔德反对新达尔文主义对种系渐变论

[23] Rainger,《关于古物的日程:亨利·费尔菲尔德·奥斯本以及美国自然史博物馆中的古脊椎动物学(1890～1935)》,第182页～第248页;Marc Swetlitz,《朱利安·赫胥黎、乔治·盖洛德·辛普森和20世纪进化论生物学发展的观点》(Julian Huxley, George Gaylord Simpson, and the Idea of Progress in Twentieth-Century Evolutionary Biology, PhD diss., University of Chicago, 1991),第53页～第91页,第164页～第199页;George Gaylord Simpson,《进化的节奏和模式》(*Tempo and Mode in Evolution*, New York: Columbia University Press, 1944);Léo F. Laporte,《重读辛普森的〈进化的节奏和模式〉》(Simpson's *Tempo and Mode in Evolution* Revisited),《美国哲学学会学报》,127(1983),第365页～第416页。

[24] Léo F. Laporte,《乔治·G. 辛普森,古生物学和生物学的扩张》(George G. Simpson, Paleontology, and the Expansion of Biology),载于Keith R. Benson、Jane Maienschein和Ronald Rainger编,《美国生物学的扩张》(*The Expansion of American Biology*, New Brunswick, N. J.: Rutgers University Press, 1991),第92页～第100页;Ronald Rainger,《埃弗里特·C. 奥尔森和古脊椎动物生态学、埋藏学的发展》(Everett C. Olson and the Development of Vertebrate Paleoecology and Taphonomy),《自然史档案》(*Archives of Natural History*),24(1997),第373页～第396页;Reif,《搜寻德国古生物学的大进化理论》,《生物学史杂志》,19(1986),第117页～第122页。

[25] J. Marvin Weller,《无脊椎古动物学家与地质学的关系》(Relations of the Invertebrate Paleontologist to Geology),《古生物学杂志》(*Journal of Paleontology*),21(1947),第570页～第575页;Norman D. Newell和Edwin H. Colbert,《古生物学家:生物学家还是地质学家?》(Paleontologist-Biologist or Geologist?),《古生物学杂志》,22(1948),第264页～第267页;Norman D. Newell,《无脊椎古动物中同物种分类》(Infraspecific Categories in Invertebrate Paleontology),《进化》(*Evolution*),1(1947),第163页～第171页;Norman D. Newell,《向更广阔的无脊椎古动物学前进》(Toward a More Ample Invertebrate Paleontology),《比较动物学博物馆通报》(*Bulletin of the Museum of Comparative Zoology*),112(1954),第93页～第97页;Norman D. Newell,《远古生物学的黄金时代》(Paleobiology's Golden Age),《帕莱奥斯》(*Palaios*),2(1987),第305页～第309页。

的强调,认为进化并不是缓慢、连续的过程,而是一系列变化急剧发生,然后出现静止时期(他们将此定义为“间断平衡”)。他们的假说促使古生物学家到野外考察,从一开始考察报告就互相冲突。史蒂文·斯坦利在无脊椎动物化石中发现间断平衡的证据,菲利普·金格里奇则声称,他对哺乳动物化石的研究推翻了这一假说。戴维·劳普和 R. E. 克里克研究了饰菊石(*Kosmoceras*)的历史,声称他们无法证实也无法否决这一假说。本来将间断平衡表述为符合新达尔文主义的埃尔德雷奇和古尔德,后来开始声称这是一种新的进化理论。他们将物种形成等同于大突变,声称适应和自然选择无法解释物种形成,从而割断大进化和微进化之间的关联。就这一解释的正确性,以及就与间断平衡有关的级系、大进化、物种选择等专题的辩论,一直延续至今。[26]

199

近来对灾变论和大规模灭绝的强调,也对新达尔文主义形成挑战。莱伊尔的均变论学说,过去一个世纪一直是古生物学和进化生物学的基本宗旨,但到 20 世纪 60 年代遭到一些批评。大多数地质学家、古生物学家仍然信奉达尔文的观点,认为灭绝和进化一样,是竞争、适应、自然选择造成的渐进过程,但这种情况在 20 世纪 70 年代后期发生改变。当时由路易斯·沃尔特·阿尔瓦雷茨(1911～1988)和沃尔特·阿尔瓦雷茨(1940～)领导的一批科学家,提出用地外原因解释白垩纪和第三纪(K/T)之间发生的大规模灭绝。阿尔瓦雷茨的团队发现,形成于 6500 万年前恐龙灭绝时的一层黏土中铱元素富集,认为铱是地球受陨石撞击的结果。他们进一步宣称,陨石造成的尘云杀死了恐龙,从而在科学界引起大规模争辩。在更多地点的 K/T 边界地层发现铱元素富集,以及撞击晶体、钻石、陨石坑等证据的发现,使多数地球化学家、行星地质学家、撞击科学家等认可这一假说。[27]

200

然而古生物学家对此却有分歧。许多微体古生物学家接受撞击假说,重要的无脊椎古动物学家也认同。戴维·雅布隆斯基举出证据,指出大灭绝和正常的背景灭绝不

[26] Niles Eldredge 和 Stephen Jay Gould,《间断平衡:代替种群渐变的假说》(Punctuated Equilibria: An Alternative to Phyletic Gradualism),载于 T. J. M. Schopf 编,《远古生物学模型》(*Models in Paleobiology*, San Francisco: Freeman, Cooper, 1972),第 82 页～第 115 页;Stephen Jay Gould,《新的通用进化理论正在形成?》(Is a New and General Theory of Evolution Emerging?),《远古生物学》(*Paleobiology*),6(1980),第 119 页～第 130 页;Steven W. Stanley,《种以上的一种进化理论》(A Theory of Evolution Above the Species Level),《美国国家科学院学报》(*Proceedings of the National Academy of Sciences USA*),72(1975),第 646 页～第 650 页;Philip D. Gingerich,《古生物学和系统发生论:第三纪早期哺乳动物种进化模式》(Paleontology and Phylogeny: Patterns of Evolution at the Species Level in Early Tertiary Mammals),《美国科学杂志》(*American Journal of Science*),276(1976),第 1 页～第 28 页;David M. Raup 和 R. E. Crick,《侏罗纪菊石饰菊石单一特性的进化》(Evolution of Single Characters in the Jurassic Ammonite *Kosmoceras*),《远古生物学》,7(1981),第 200 页～第 215 页。关于延续的辩论,参看 Albert Somit 和 Steven A. Peterson 编,《进化的动力:自然科学和社会科学中的间断平衡辩论》(*The Dynamics of Evolution: The Punctuated Equilibrium Debate in the Natural and Social Sciences*, Ithaca, N. Y.: Cornell University Press, 1992)。

[27] Stephen Jay Gould,《均变论必要吗?》(Is Uniformitarianism Necessary?),《美国科学杂志》,263(1965),第 223 页～第 228 页;M. King Hubbert,《均变原理批判》(Critique of the Principle of Uniformity),《美国地质学会论文特刊》(*Geological Society of America Special Papers*),89(1976),第 1 页～第 33 页;L. W. Alvarez、W. Alvarez、F. Asaro 和 H. V. Michel,《白垩纪-第三纪灭绝的地外原因》(Extraterrestrial Cause for the Cretaceous-Tertiary Extinction),《科学》(*Science*),208(1980),第 1095 页～第 1108 页;William Glen,《撞击、火山、大灭绝的辩论到底如何》(What the Impact/Volcanism/Mass Extinction Debates Are About)和《科学如何在大灭绝辩论中起作用》(How Science Works in the Mass-Extinction Debates),均载于 William Glen 编,《大灭绝辩论:科学如何在危机中起作用》(*Mass Extinction Debates: How Science Works in a Crisis*, Stanford, Calif.: Stanford University Press, 1994),分别在第 7 页～第 38 页、第 39 页～第 91 页。

同,戴维·劳普和J. J. 赛普科斯基根据对3500个科的海洋生物统计分析,声称大灭绝每隔2600万年发生一次。他们的结果激发了解释周期性灭绝的进一步研究,劳普援引撞击假说,声称新灾变说将取代达尔文主义和均变说。其他人批评这种说法。安东尼·哈拉姆同意出现过大灭绝,但认为是海平面上升或大规模火山活动的结果。安东尼·霍夫曼拒绝接受周期性、地外撞击等证据,否认上述假说对新达尔文主义构成合理挑战。古脊椎动物学家持类似怀疑态度。威廉·克莱门斯细化了其野外地质工作的尺度,开发出分析化石记录的新方法,但不接受撞击假说。其他古脊椎动物学家就恐龙灭绝问题挑战撞击假说,认为恐龙灭绝在撞击事件之前已经开始,恐龙灭绝和铱富集并非同时发生,许多科的生物一直繁衍进入白垩纪*等。威廉·格伦探讨了因大灭绝辩论而出现的历史、哲学、社会学问题,所有这些为进一步的研究提供了许多机会。[28]

古生物学和生物地理学

对生物的空间关系问题,古生物学家长期以来感兴趣。阿加西信奉起源中心论,这些中心即导致特定种产生的动物学区域。在19世纪60年代,菲利普·勒特利·斯克莱特强调了地理区域的重要性,这种方法加强了类型学思想。与此相反,达尔文及其追随者接受了对生物地理的历史解释,声称每个物种从一个地点起源、扩散。达尔文不相信伸展的陆桥和沉没的大陆,主张以迁移为基础的生物地理学。艾尔弗雷德·拉塞尔·华莱士(1823～1913)在其著作《动物的地理分布》(*The Geographical Distribution of Animals*,1876)中,考察了迁移问题。华莱士相信哺乳动物中大多数科起源于一个北部的全北区,坚信自然地理的微小改变和已知的迁移方式,可以解释随后的地理分布。[29]

201

华莱士的成果开启了人们对生物地理学的兴趣,但是许多人攻击他对南部大陆和生物问题的解释。占支配地位的地球冷却地质理论认为,生命出现在两极,因此,南极

* 原文如此,疑应为第三纪。——译者注

[28] David Jablonski,《背景灭绝和大灭绝:大进化机制的替代》(Background and Mass Extinctions: The Alternation of Macroevolutionary Regimes),《科学》,231(1986),第129页～第133页;David M. Raup和J. J. Sepkoski, Jr.,《地质历史上大灭绝的周期性》(Periodicity of Mass Extinctions in the Geological Past),《美国国家科学院学报》,81(1984),第801页～第805页;David M. Raup,《灭绝辩论:深沟内所见》(The Extinction Debates: A View from the Trenches),载于Glen编,《大灭绝辩论:科学如何在危机中起作用》,第145页～第151页;Anthony Hallam,《白垩纪末期大灭绝事件:关于地球内部原因的论据》(End-Cretaceous Mass Extinction Event: Argument for Terrestrial Causation),《科学》,238(1987),第1237页～第1242页;Anthony Hoffman,《大灭绝:一名怀疑论者的观点》(Mass Extinctions: The View of a Sceptic),《伦敦地质学会杂志》(*Journal of the Geological Society, London*),146(1989),第21页～第35页;William Glen,《关于大灭绝辩论:采访威廉·A.克莱门斯》(On the Mass-Extinction Debates: An Interview with William A. Clemens),载于Glen编,《大灭绝辩论:科学如何在危机中起作用》,第237页～第252页;R. E. Sloan、J. K. Rigby、L. M. Van Valen和D. Gabriel,《地狱溪地层中恐龙的逐渐灭绝和同时发生的有蹄类分散》(Gradual Dinosaur Extinction and Simultaneous Ungulate Radiation in the Hell Creek Formation),《科学》,232(1986),第629页～第633页。

[29] Bowler,《生命的精彩戏剧:进化生物学和生命世系的重建(1860～1940)》,第371页～第418页;Rainger,《关于古物的日程:亨利·费尔菲尔德·奥斯本以及美国自然史博物馆中的古脊椎动物学(1890～1935)》,第191页～第202页。

和北极是地理分布中心。诸如贫齿类、树懒、有袋类等独特动物的存在，加强了南方起源的想法。阿诺尔德·奥特曼和查尔斯·赫德利声称，南极洲、澳大利亚、南非、拉丁美洲之间一度有陆桥相连，赫尔曼·冯·伊赫林假定巴西和西部非洲之间另有陆桥。阿根廷古生物学家弗洛伦蒂诺·阿米希诺（1854～1911）用脊椎动物化石的证据，颠覆了华莱士的解释。阿米希诺声称拉丁美洲的哺乳动物圈和动物群出现时间早于北半球，确定阿根廷为脊椎动物起源、进化、分布的中心。1912年，德国气象学家阿尔弗雷德·魏格纳（1880～1930）结合延伸广阔的南方地块的想法和非洲、南美洲两地化石遗骸的相似性，提出了大陆漂移理论。[30]

对陆桥和南方起源论的宣扬，遭到威廉·迪勒·马修反对。作为哺乳动物化石专家和为数不多的达尔文主义古生物学家之一，马修坚称大陆地块和海洋盆地是永恒的。他支持华莱士的解释。他影响深远的著作《气候和进化》（*Climate and Evolution*，1915），全面辩护了所有脊椎动物的北方起源说。马修以缺乏真正原因为理由，反对魏格纳的大陆漂移论。依靠其对化石记录和错综复杂的相关关系的理解，马修攻击冯·伊赫林、R. F. 沙夫和其他人的主张。查尔斯·舒克特和托马斯·巴伯批评马修的观点，但马修的成果直到20世纪50年代仍有影响。鲍勒、雷恩杰、拉波特等考察了这些进展，但是在其社会和政治背景内对这些个人和理论的分析，还有待进一步研究。[31]

博物馆和古生物学

随着科学在19世纪愈来愈职业化，古生物学家可以为自己找到合适的位置。有些人受雇于地质调查，虽然有些调查本意就是希望支持化石研究，但古生物学家工作的特殊价值体现在地层学上。有些大学聘用古生物学家，但随着实验生物学在20世纪初占据位置，对古生物学的支持就成为问题。博物馆一直是古生物学活动的主要场所，在整个19世纪作为重要的智力、教育、社会资源发挥作用。巴克兰和阿加西珍惜在巴黎考察居维叶的标本的机会。渴望建立英国自然史博物馆的欧文在整个大英帝国搜寻有价值的化石，而他身在殖民地的同行却靠出售化石来建立博物馆。马什把皮博迪博物馆（Peabody Museum）经营成他的私人领地，赫胥黎和欧文充分利用难得的机会观摩他的脊椎动物化石收藏。学院、大学博物馆的化石收藏，成为科学家和学生的重要教学设施。但是到20世纪20和30年代，自然史博物馆至少是在美国，逐渐变得封闭。罗纳德·雷恩杰和玛丽·P. 温莎的研究认为，虽然博物馆科学家继续教学、从事探险、展开研究，但对系统分类学和比较解剖学的侧重，与在大学展开的相当不同的

202

〔30〕 同上书。
〔31〕 同上书；Léo F. Laporte，《为了正确理由的错误：乔治·盖洛德·辛普森和大陆漂移》（Wrong for the Right Reasons: George Gaylord Simpson and Continental Drift），《美国地质学会百年纪念特别合订本》（*Geological Society of America Centennial Special Volume*），1（1985），第273页～第285页。

新科学研究没有关系。第二次世界大战以后,博物馆和大学之间建立起新型的合作关系。到20世纪60年代,随着系统分类学和进化论之间的辩论展开,博物馆重新成为活跃的研究中心。[32]

博物馆还成为收藏和科学研究职业发展的中心。乌特勒姆和阿佩尔展示了居维叶在巴黎博物馆的发展,如何对他的一生和科学研究产生重要影响。吕普克提到,支配欧文的兴趣和活动的不是进化论,而是博物馆建设。雷恩杰指出,奥斯本依靠其社会、政治联系网络,在美国自然史博物馆推广他的专业和项目。虽然职业发展受到学者关注,但收藏的作用需要进一步研究。苏珊·利·斯塔尔和詹姆斯·R. 格里塞默,展现了关注标本藏品如何提供对博物馆内部的不同观点和社交圈的见识。最近对野外工作的研究,为研究化石收藏的方式、原因及其作用,提供了新机会。[33]

203

博物馆还作为展览化石的中心,吸引了公众和历史学家的关注。1803年查尔斯·威尔森·皮尔的乳齿象展览,令公众对他的费城博物馆内外产生兴趣。化石经常在展览场地展出,例如为水晶宫展览建造了恐龙骨骼,而且成为19世纪后期建造的大型公共博物馆的标准设置。这些展览旨在提供科学、教育介绍,而且以一种娱乐形式出现,以展示庞大而形状怪异的凶猛动物为特色。[34]

博物馆及其展览在20世纪大部分时间丧失活力,但从20世纪80年代起情况大为改观。古生物学,尤其是恐龙古生物学,在此次发展中站在前列。20世纪60和70年代,对恐龙解剖和生理的关注复兴产生重要后果。恐龙是温血动物的观点激起论战,新种、新属陆续被发现,并且出现对恐龙站立姿势、移动方式、社会行为等的解释。撞击假说连同恐龙灭绝,增加了公众尤其是儿童对恐龙的兴趣。费城自然科学院

[32] Susan Sheets-Pyenson,《科学的教堂:19世纪后期殖民地自然史博物馆的发展》(*Cathedrals of Science: The Development of Colonial Natural History Museums in the Late Nineteenth Century*, Montreal: McGill-Queens University Press, 1989);Sally Gregory Kohlstedt,《校园内的博物馆:研究和教学的传统》(Museums on Campus: A Tradition of Inquiry and Teaching),载于Ronald Rainger、Keith R. Benson和Jane Maienschein编,《生物学在美国的发展》(*The American Development of Biology*, Philadelphia: University of Pennsylvania Press, 1988),第15页～第47页;Rainger,《关于古物的日程:亨利·费尔菲尔德·奥斯本以及美国自然史博物馆中的古脊椎动物学(1890～1935)》;Mary P. Winsor,《阅读自然的形态:比较动物学在阿加西博物馆》(*Reading the Shape of Nature: Comparative Zoology at the Agassiz Museum*, Chicago: University of Chicago Press, 1991);Ronald Rainger,《生物学、地质学,都不是或都是:古脊椎动物学在芝加哥大学(1892～1950)》(Biology, Geology or Neither or Both: Vertebrate Paleontology at the University of Chicago, 1892-1950),《展望科学》(*Perspectives on Science*),1(1993),第478页～第519页。

[33] Appel,《居维叶-若弗鲁瓦辩论:达尔文之前数十年的法国生物学》;Outram,《乔治·居维叶:法国大革命后的使命、科学与权威》;Rupke,《理查德·欧文:维多利亚时代的博物学家》,第12页～第105页;Rainger,《关于古物的日程:亨利·费尔菲尔德·奥斯本以及美国自然史博物馆中的古脊椎动物学(1890～1935)》;Susan Leigh Star和James R. Griesemer,《机构生态学、"翻译"和边界目标:伯克利脊椎动物学博物馆的业余人员和专业人员》(Institutional Ecology, "Translations" and Boundary Objects: Amateurs and Professionals in Berkeley's Museum of Vertebrate Zoology, 1907-39),《科学的社会研究》(*Social Studies of Science*),19(1989),第387页～第420页;Robert E. Kohler和Henrika Kuklick编,《野外科学》(Science in the Field),《奥西里斯》第二辑(*Osiris*, 2nd ser.),11(1996),第1页～第265页。

[34] Charles Coleman Sellers,《皮尔先生的博物馆:查尔斯·威尔森·皮尔和第一所自然科学和艺术公共博物馆》(*Mr. Peale's Museum: Charles Willson Peale and the First Popular Museum of Natural Science and Art*, New York: Norton, 1980);Adrian Desmond,《设计恐龙:理查德·欧文对罗伯特·爱德华·格兰特的回复》(Designing the Dinosaur: Richard Owen's Response to Robert Edward Grant),《爱西斯》,70(1979),第224页～第234页;Rainger,《关于古物的日程:亨利·费尔菲尔德·奥斯本以及美国自然史博物馆中的古脊椎动物学(1890～1935)》,第152页～第181页。

(Academy of Natural Sciences of Philadelphia)于20世纪80年代中期举办的新的恐龙展览,造成观众人数剧增,其他博物馆纷纷仿效。世界各地的科学家、馆长、参展人员于是重新设计、重新摆放他们的展品,许多主要博物馆开设了实验室展览,展示古生物学家如何工作。[35]

博物馆的转型,连同博物馆学和科学史学的新方法,使这些机构受到更多学术关注。萨莉·格雷戈里·科尔斯泰德、乔尔·J. 奥罗奇、苏珊·希茨-派恩森、玛丽·P. 温莎等人的研究,证实对博物馆的史学兴趣有所增加。围绕博物馆成果的社会、政治、科学诸方面的辩论,产生挑战性的新观点,主张博物馆应该不仅仅是作为旨在推进公众教育的城市价值的体现。部分研究从宣示权力和权威的角度考察了博物馆的建筑和藏品,其他研究以经济、管理、社会等因素为背景,探讨了有关展出何种藏品、如何展出等决策过程。唐娜·哈拉维称,博物馆不应建造成封闭型的,而应反映促成这些展品展出的个人和文化的理念和价值观。其他历史学家从同一视角考察了古生物展览。德斯蒙德指出,水晶宫的恐龙展览,其实是将欧文削弱格兰特的拉马克主义观点的兴趣实体化。雷恩杰声称,美国自然史博物馆中的古生物展览,不仅反映了奥斯本的进化论观点,而且反映了他对维护既定的社会、政治和科学秩序的兴趣。这些研究从科学家和管理者的角度考察了各博物馆和展出,需要在公众认知和反应方面做更多分析。随着人们对博物馆的普及性和学术的兴趣增加,古生物研究及其公众作用为历史研究提供了许多新机会。[36]

(梁国雄　译)

[35] Elisabeth S. Clemens,《撞击假说和大众科学:学科之间辩论的条件和结果》(The Impact Hypothesis and Popular Science: Conditions and Consequences of Interdisciplinary Debate),载于 Glen,《大灭绝辩论:科学如何在危机中起作用》,第92页～第120页。

[36] Winsor,《阅读自然的形态:比较动物学在阿加西博物馆》;Sheets-Pyenson,《科学的教堂:19世纪后期殖民地自然史博物馆的发展》;Sally Gregory Kohlstedt 编,《美国自然科学起源:乔治·布朗·古德论文集》(*The Origins of Natural Science in America: The Essays of George Brown Goode*, Washington, D. C.: Smithsonian Institution Press, 1991);Joel J. Orocz,《馆长与文化:博物馆运动在美国(1740～1870)》(*Curators and Culture: The Museum Movement in America, 1740-1870*, Tuscaloosa: University of Alabama Press, 1990);I. Karp 和 S. D. Lavine 编,《展览文化:博物馆展出的诗意和政治》(*Exhibiting Cultures: The Poetics and Politics of Museum Display*, Washington, D. C.: Smithsonian Institution Press, 1991);Peter Vergo 编,《新博物馆学》(*The New Museology*, London: Reaktion, 1991);Donna Haraway,《灵长类影像:现代科学世界中的性别、人种和自然》(*Primate Visions: Gender, Race and Nature in the World of Modern Science*, New York: Routledge, 1989);第26页～第58页;Desmond,《设计恐龙:理查德·欧文对罗伯特·爱德华·格兰特的回复》;Rainger,《关于古物的日程:亨利·费尔菲尔德·奥斯本以及美国自然史博物馆中的古脊椎动物学(1890～1935)》,第152页～第181页。

12

205

动物学

马里奥 · A. 迪格雷戈里奥

研究动物界的动物学如今不再被视为科学的一个紧密的分支。20 世纪，学科逐渐专业化，出现了许多独立的学科，动物学也分裂了。但是在 19 世纪的时候，学科专业化进程才刚刚开始，那时许多博物学家仍然称自己为“动物学家”。他们研究的第一要义，是将动物界作为一个整体来理解——包括研究其结构和功能的多样性以及其中的各物种之间是如何相互关联的。

新物种不断被发现，被人们加以描述，同时也进一步佐证了自然界具有丰富的多样性。所有动物学家都会研究“自然系统”之间的关系，但对于如何揭示这种关系却莫衷一是。哲学型博物学家们从先验的假设和抽象的理论入手，致力于寻找自然界各种存在形式之间的一致性与对称性。他们中的许多人深受各种各样的唯心主义哲学的影响，认为自然是某种理性思维的体现。其他人则采取了更为经验主义的做法，从具体的案例着手研究，更倾向于记录动物的习性、分布以及物种之间的生态学关系。长期以来，人们对“形态”（内在的生物学约束）和“功能”（生物对环境的适应）何者对单个物种的结构的塑造更为重要议论纷纷。进化论的出现改变了生物学家们对于各物种之间关系性质的看法，尽管这一理论对实践的影响还难以确定。到了 19 世纪末期，创建一种基于重构物种之间演化关系的动物学范式的尝试失败了。研究的范围变窄，集中于生理学、解剖学和胚胎生物学，并最终缩至生态学和遗传学，使得动物学更加难以连成一个整体。

与此同时，研究动物学的博物学家的背景也在发生变化。19 世纪初期，许多博物学家仍是绅士型的业余爱好者，通常（至少在英国）还是有既得利益的牧师博物学家，他们倾向于视自然界为神圣的造物。查尔斯 · 达尔文（1809～1882）本人从这一传统受益匪浅，这一传统还伴随着日益高涨的采集异域物种的热情。尽管拥有这一背景的206博物学家仍在做出贡献——艾尔弗雷德 · 拉塞尔 · 华莱士（1823～1913，自然选择学说的共同提出者）在 19 世纪 70 年代掀起了一股研究生物地理学的热潮——但是动物学逐渐变成了一门寄居于博物馆和大学里的专业学科。形态学（对结构和形态的研究）占据了首要地位，比较解剖学和胚胎生物学在前达尔文时代和后达尔文时代都被用于阐述生物之间的关系,而今它们的研究逐渐集中于实验室里。从让-巴蒂斯特·德·莫内·拉马克(1744～1829)和乔治·居维叶(1769～1832)在那里都有实验室的巴黎的自然史博物馆(Muséum d'Histoire Naturelle)到那些为欧洲各国的首都增光添彩的大型博物馆,职业科学家使用基于对内部结构的显微镜研究的新技术,开始接手描述和分类的工作。在英国,托马斯·亨利·赫胥黎(1825～1895)和他的弟子们用新生物学帮助创立了被职业科学在现代世界中占据的社会职位。他们的模型就是德国的大学体系,尽管最近的研究显示,被迫脚踩科学与在医学中有传统定位的解剖学这两只船的动物学家的处境很尴尬。形态学的问题在于——正如它的批评者所指出的那样——它只是在描述死的动物。实验室生物学家日益希望使用实验手段来研究有机体的活动(从而改变了胚胎生物学和对遗传学的研究),使动物学变得日益碎片化。与此同时,拥有自己专业身份证明的新一代野外博物学家创立了诸如生态学等学科。

这些成就并没有被历史学家们同等对待。新的学科和研究项目备受关注,在此领域中,对很多学科或项目的研究独立进行。达尔文主义的产生及其影响也多被作为独立的话题进行讨论。但就某些方面而言,"达尔文革命"的热潮已经改变了生物学史的研究方向。有关达尔文革命的争论既是这次革命的先导也是其结果,而人们对这些争论的关注远超其应得的范围。人们总是有一种倾向,即不假思索地认定达尔文的理论将动物学的研究引向了当代的范式。事实上,在许多领域内,进化论几乎没有改变现有的理念和技术。更多达尔文进化论的内涵直到20世纪才得以发掘。本章将会着重介绍动物学仍是热门研究领域时动物学家们所认可的重要理论课题,其中还包括许多被传统的历史研究边缘化的内容。

自然系统与自然神学

在人们对于达尔文革命的传统印象中,19世纪早期的自然史研究是那些有神职背景的博物学家的天下。他们唯一的兴趣就是将物种作为造物主的伟力和慈悲的结果进行诠释。[1] 这种观点当然不是完全错误的,但它掩盖了这些绅士型的专家对科学争论做出的重大贡献。物种神创的观点并没有妨碍对物种之间关系的研究:描述物种与分类有关。也许我们可以通过这一点,推测出当时博物学家们如何重构了神创造物种的蓝图。

207

卡尔·林奈(1707～1778)编制的分类系统向这一问题的答案又迈进了一步,但这一系统所带来的问题比它解决的问题更多。分类系统的目标是弄清自然界各物种之间的关系。有的动物学家就这一点支持林奈,但其他人则反对他。一位影响深远的反

[1] 参看 Charles C. Gillispie,《〈创世记〉和地质学》(*Genesis and Geology*, New York: Harper, 1959)。

对者约翰·弗莱明(1785～1857)首先指出了两派理论上的主要分歧。[2] 相比于研究生物的内部器官,林奈学派更侧重外在特征。这一方法行之有效,却不能反映有机体之间的确切关联。也就是说,他们的分类系统并不是基于客观联系。弗莱明提出了如下问题:我们究竟能否找到动植物之间真实的相似之处,以便重构上帝创造它们时所遵循的次序? 人类能否正确认识自然系统? 如果能的话,自然系统的基础又是什么? 自然系统的支持者希望借此揭示林奈学派更看中的"功利主义"的外在特征之下,那些动物物种的本质特征。博物学家们寄希望于通过分析有机体总的结构特征来将其分类,以此找出物种杂乱无章的表面特征之下,上帝创造世界的深层理念。

林奈学派和反对者之间的论战暗含了一个理论上的微妙差异:林奈学派更多地代表了经验主义,甚至是"现象主义"的科学观点,这一类观点可以追溯到亚里士多德。该观点认为个体,即动物学意义上的动物种类,是神意的具体体现。受柏拉图思想的影响,林奈学派的反对者则倾向于视"自然"和"事实"为同义词,认为其中的个体不过是神的理念的映射。但两派都相信自然界中目的论的存在,认为博物学家的任务就是找出神怎样设计并创造了万物。从这种意义上来说,他们的工作与自然神学研究学派的思想是相容的,该学派得名于牧师威廉·佩利(1743～1805)写于1802年的同名著作。

自然神学研究者,包括威廉·柯比(1759～1850)和达尔文的老师约翰·亨斯洛(1796～1861)等英国国教牧师,认为自然界是造物主的旨意,因此自然界的一切都是定数。所有的自然现象都服务于一定的生态目的。所有生物之间普遍存在着和谐的关系,万物存在的目的与它们的生存环境完美契合。自然界是一台由仁慈的上帝创造出来的机器,这台机器中,即使是诸如死亡、毁灭等表面上消极的方面都可以被解读出积极的因素。每一个有机体都有其地位和存在的目的,我们的任务就是去发现它。博物学家们应当描述所有的自然现象并解答它们在造物主的设计蓝图中的位置。通过对活生物的细致观察,我们就可以解答它们在自然界中的位置这个命题——这就是系统分类学的核心,它依赖于对自然系统的探索的进展。

相比于结构,自然神学研究者更青睐功能,因为他们认为,目的是对有机体进行生物学诠释的基础——他们在这一点上与法国博物学家乔治·居维叶不谋而合。[3] 但自然神学研究者更倾向于研究自然界有机体之间的关系。对此,最好的方法就是研究动植物的习性和适应性。相较于厚重的《布里奇沃特论文集》(*Bridgewater Treatises*)等学院大部头,自然神学研究者的著作都短小精悍,且研究课题引人入胜,例如黄蜂的本

[2] John Fleming,《英国动物史》(*History of British Animals*, Edinburgh: Duncan and Malcolm, 1828)。参看 Mario A. Di Gregorio,《探索自然系统:维多利亚时代英国动物分类的难题》(In Search of the Natural System: Problems of Zoological Classification in Victorian Britain),《生命科学的历史与哲学》(*History and Philosophy of the Life Sciences*),4(1982),第225页～第254页。

[3] 参看 Dov Ospovat,《达尔文理论的发展》(*The Development of Darwin's Theory*, Cambridge: Cambridge University Press, 1981)。

能、植物的运动、昆虫为植物授粉等。许多这类课题后来被达尔文使用,以阐述他对生物与环境之间相互作用的理解,可见他受到了该学派的影响,尽管他在某种程度上将焦点引向了这些适应性形成的原因。

哲学型博物学家

达尔文对生物之间关系的解答也许是最具颠覆性的,但他并不是唯一一个希望通过哲学方法解决这一问题的英国博物学家。部分是因为受德法两国新的思想运动的影响,新一代学者希望只将生物的适应性纳入考虑以取代物种神创的假定。其中最大胆的猜测受到德国自然哲学(Naturphilosophie)流派的启发。自然哲学流派鼓励对自然界进行浪漫而理想化的想象。博物学家在实践中受到这一新思想的影响,试图将传统的分类学观念与探寻自然界潜在规律相融合。

或许这种新思潮最惊人的表现就是环论(又名五环系统[Quinarian System])获得的短暂却热烈的欢迎。这一分类方法是由威廉·S. 麦克利(1792～1865)提出的。在这一分类系统中,动物被分成五大类,这五大类组成了五个环形,并通过过渡种类彼此相连。[4] 五环分类法的支持者认为自然界呈现出环状结构,因此分类学应当用环形来表现动物之间的相互关系。“五”这个数字更多地体现了数学上的和谐与对称的观念而非经验主义观念,因为五环分类法支持者认为造物主遵循数学法则。

209

休·埃德温·斯特里克兰(1811～1853),19 世纪上半叶最具原创精神的动物学家之一,对自然哲学过分的形而上学和五环论(Quinarianism)人为制造的对称性都极为反感。他将亲缘关系,也就是对哲学型动物学家来说最重要的种间关系,定义为“存在于两个或更多个属于同一个自然类群的个体之间的关系,换言之,即相同的关键特征”。[5] 对于亲缘关系的恰当定义有助于博物学家们探索自然系统。斯特里克兰提出了一个非对称的几何图形来描述自然系统。他写道:“在自然系统的排列中,每一个物种之间的距离就是它们之间关键特征相似的程度。”[6]在确定不适应任何人定的法则

[4] W. S. Macleay,《昆虫学研究》(*Horae Entomologicae*, London: S. Bagster, 1819)。参看 Philip F. Rehbock,《哲学型博物学家》(*The Philosophical Naturalist*, Madison: University of Wisconsin Press, 1983)。

[5] H. E. Strickland,《对物种的亲缘关系和同功性的观察》(Observations upon the Affinities and Analogies of Organized Beings),《自然史杂志》(*Magazine of Natural History*),4(1840),第 219 页～第 226 页,引文在第 221 页。参看 William Jardine,《休·埃德温·斯特里克兰晚年回忆录》(*Memoirs of the Late Hugh Edwin Strickland*, London: Van Voorst, 1858);Gordon R. McOuat,《物种、法则和意义:语言中的政治以及 19 世纪自然史定义的终结》(Species, Rules and Meaning: The Politics of Language and the Ends of Definitions in 19th-Century Natural History),《科学史与科学哲学研究》(*Studies in the History and Philosophy of Science*),27(1996),第 473 页～第 519 页;Robert J. O'Hara,《19 世纪自然系统的表示法》(Representations of the Natural System in the 19th Century),载于 Brian S. Baigrie 编,《绘制知识》(*Picturing Knowledge*, Toronto: University of Toronto Press, 1996),第 164 页～第 183 页;M. A. Di Gregorio,《休·埃德温·斯特里克兰(1811～1853)对亲缘关系和同功性的论述:或遗失的关键环节的实例》(Hugh Edwin Strickland [1811-1853] on Affinities and Analogies: or, The Case of the Missing Key),《思想与著作》(*Ideas and Production*),7(1987),第 35 页～第 50 页。

[6] H. E. Strickland,《探索自然系统的动物学和植物学方法》(On the Method of Discovering the Natural System in Zoology and Botany),《自然史年刊与杂志》(*Annals and Magazine of Natural History*),6(1840-1),第 184 页～第 194 页,引文在第 184 页。

之后,斯特里克兰想到用地图来描述物种之间的亲缘关系。物种之间通过衍生种群与其他物种形成姻亲关系,这种关系是发散性的而非线性或环形。1843 年,斯特里克兰基于以上原则绘制了一幅鸟类之间的亲缘关系图。[7]

斯特里克兰的另一个贡献是,他参与组建了一个由英国科学促进会发起的动物命名法委员会。达尔文也曾在该组织工作过。[8]当时的人们认识到规范动物群的命名法的迫切需求。该委员会的一份报告正是受到斯特里克兰的启发。该报告号召动物学改革者们用优先权法则作为命名的基本原则,这一举措使他们摆脱了动物学分类领域充斥的大量同物异名造成的混乱。这份报告为整个 19 世纪的动物学分类奠定了基础。

210

英国博物学家转向更加"哲学化"的研究方法,反映出欧洲大陆上正在萌发的首创精神。在法国,重新组建的巴黎博物馆成为学术研究和争论的中心。争论的代表人物包括乔治·居维叶和他的两个对手:拉马克和艾蒂安·若弗鲁瓦·圣伊莱尔(1772～1844)。如今人们认为,在前达尔文时代,拉马克的进化论比历史学家曾经认为的更有影响。虽然他用自然的观点解释适应性的形成,但他的理论仍是基于传统的理念并且认为地球上的生命史具有连续的发展历程。具有反叛意识的政治思想家们更看中拉马克理论暗含的唯物主义思想,就像他们对比较解剖学家罗伯特·E. 格兰特(1793～1874)的看法那样。后者最终被英国学术界边缘化。[9]

若弗鲁瓦的哲学型解剖学宣称结构决定功能,并且各种各样的生物都是按照同一个结构模板被创造出来的。一个器官可以有多种存在形式,但不会从其天然的位置上移动。因此,假如我们可以发现各器官之间的联系("联系法则"),我们就可以提炼出各器官赖以存在的理想化的抽象框架,该框架反映了各器官最高级别的本质特征。这一框架就是器官所有可能的变化形式的基础。如果我们将脊椎动物与甲壳纲动物做对比,我们就会发现它们的各器官可以一一对应,就好像它们都是同一种理想化生物的不同存在形式。[10]

乔治·居维叶既不同意拉马克的种变说,也反对若弗鲁瓦对自然界同一性的研究。居维叶的解剖学观点与若弗鲁瓦完全不同,因为居维叶坚信功能是第一位的。功

[7] H. E. Strickland,《攀禽自然亲缘关系图之说明》(Description of a Chart of the Natural Affinities of the Insessorial Order of Birds),《英国科学促进会报告》(*Report of the British Association for the Advancement of Science*, 1843),第 69 页。

[8] H. E. Strickland,《关于组成一个制定规则的委员会的报告,通过这些规则在统一且永久的基础上有望建立动物学命名法》(Report of a Committee Appointed to Consider the Rules by Which the Nomenclature of Zoology May Be Established on a Uniform and Permanent Basis),《英国科学促进会报告》(1842),第 105 页～第 121 页;F. Burkhardt 和 S. Smith 编,《查尔斯·达尔文的通信》(*The Correspondence of Charles Darwin*, Cambridge: Cambridge University Press, 1986),第 2 卷,第 311 页,第 320 页。

[9] Pietro Corsi,《拉马克时代:进化论在法国(1790～1830)》(*The Age of Lamarck: Evolutionary Theories in France, 1790–1830*, Berkeley: University of California Press, 1988);Adrian Desmond,《进化政治》(*The Politics of Evolution*, Chicago: University of Chicago Press, 1989)。

[10] Toby A. Appel,《居维叶-若弗鲁瓦辩论:达尔文之前数十年的法国生物学》(*The Cuvier-Geoffroy Debate: French Biology in the Decades before Darwin*, Oxford: Oxford University Press, 1987);E. S. Russell,《形态与功能》(*Form and Function*, London: John Murray, 1916),第 52 页～第 78 页。

能决定结构，所以我们可以通过一个器官的功能来推断它的结构（“相关性原则”）。通过观察各有机体生存的真实状态，我们就可以大致总结出它们的特征及相互关系。好的分类系统应当关注各特征之间的主次关系——对生物的生存更加重要的结构和特性应当是分类的主要指标。对居维叶来说，这些更加重要的结构就是大脑和神经系统以及心脏和循环系统。基于以上这两个指标，他将动物分为完全独立的四大类别（分支）：脊椎动物、软体动物、环节动物和辐射对称动物。所有动物都属于这四大类中的一类，每一大类都包含了在生存条件允许的情况下可能产生的所有多样性。若弗鲁瓦更强调自然界的同一性，而居维叶更注重多样性，虽然他并不相信物种会变化。[11]

211

在德国，整整一代的博物学家受到哲学思考的引领，开始在自然哲学的旗帜下寻找自然界潜在的运行模式。虽然自然哲学常被误解为自然神秘主义，但历史学家认为它是一场更为复杂的思想运动。[12]这其中不那么形而上学的一派包括卡尔·恩斯特·冯·贝尔（1792～1876）、约翰内斯·弥勒（1801～1858）和约翰·弗里德里希·布卢门巴赫（1752～1840），他们都受到了伊曼纽尔·康德（1724～1804）的影响。而最具颠覆性的一派则受到唯心主义哲学家 F. W. J. 冯·谢林（1775～1854）和洛伦茨·奥肯（1777～1851）的影响。尽管理论上有所分歧，但自然哲学可以被视为用反经验主义、唯心主义及浪漫主义的途径研究自然界。

自然哲学的支持者们认为可以通过提炼先验的观念来推演出科学知识。生命是外在表象之下的内在原理的体现。自然哲学相信自然界的对称性，坚信最完美的存在就是球体，所有的现实存在都或多或少地背离了这一基础。他们还认为存在一种潜在的纽带，可以在最基本的层次上将万物联系起来：动物和植物都来自一个卵。因此胚胎是生物之间存在联系的基础。在他们的理论中，动物与植物之间存在着连续性，特别是这一点得到了对纤毛虫的研究的佐证。纤毛虫被认为是动物与植物之间的中间物，这方面克里斯蒂安·戈特弗里德·埃伦贝格（1795～1876）是当时公认的权威。

类型学的兴起

后世的博物学家们认为，自然哲学最有用的部分就是其中胚胎学扮演的角色。居维叶之后，人们清楚地认识到，如果想要了解造物主的整体规划并提炼出自然系统的基础，动物学家们就必须找出每一种动物所属的类群。居维叶将他的四大类群建立在解剖学基础上，相比之下，卡尔·恩斯特·冯·贝尔则继承了自然哲学家的观点，将研

[11] Russell，《形态与功能》，第 31 页～第 44 页；William Coleman，《动物学家乔治·居维叶》（*Georges Cuvier, Zoologist*, Cambridge, Mass.: Harvard University Press, 1964）；Michel Foucault，《词与物》（*The Order of Things*, New York: Pantheon, 1970）。

[12] Timothy Lenoir，《生命的策略》（*The Strategy of Life*, Chicago: University of Chicago Press, 1982）；D. von Engelhardt，《从启蒙运动到实证主义的自然科学历史意识》（*Historisches Bewusstsein in der Naturwissenschaft von der Aufklaerung bis zum Positivismus*, Freiburg: Alber, 1979）。

212 究胚胎发育作为理解四大类群的特征及对其进行正确分类的最佳途径。因此他创建了胚胎类型学。利用胚胎学来理解生物的结构和亲缘关系,推动了动物学从野外考察转向实验室研究的潮流(这一潮流已然在比较解剖学中兴起)。动物学家仍在采集标本,但他们的目的是解剖并分析其结构而非在天然环境中研究这些物种。博物馆以及逐渐兴起的大学,成了动物学研究的主战场。

法国的亨利·米尔恩-爱德华兹(1800～1885)是将胚胎学应用于动物分类的典型代表。他认为由于各物种的胚胎之间的相似程度远大于其成年形态,故而胚胎学比纯粹的比较解剖学更能揭示物种之间的亲缘关系。因为成年动物能够反映亲缘关系的特征会由于适应环境而被改变,这些改变看上去很吸引人却无助于人们对其进行分类,从而模糊它们之间的关系。[13]就像冯·贝尔一样,米尔恩-爱德华兹认为动物的多样性是从一种共同模式演化而来的。基于这些原则,他对脊椎动物,特别是哺乳动物进行了粗略的分类。他相信自然界的多样性是专门化程度的不同造成的:功能上专门化程度的提高,会带动器官进一步分工、分化从而促进动物类群的分化。

在德国,受宗教和浪漫主义气息强烈的最终目的论的影响,约翰内斯·弥勒将对器官形态的研究(形态学)与哲学联系在一起。[14] 弥勒着重研究海洋无脊椎动物,他对海岸线的探索成为海洋动物学研究站得以设立的基础。在这些研究站内,人们可以在动物的生存环境中观察它们,然后在实验室中进行分析。他发现了棘皮动物和软体动物的幼虫形态,进一步巩固了胚胎学在动物学研究中的决定性地位。他对鱼类的研究使他意识到动物类群之间的形态学界限,这是他学术研究上的一座里程碑。他希望这可以证明,人们应该在大的系统类群中寻找动物组织的本质。弥勒还对他的学生特奥多尔·施旺(1810～1882)提出的细胞学说表示支持。[15]

在英国,理查德·欧文(1804～1892)融合了自然哲学、若弗鲁瓦先验的形态学和居维叶的比较解剖学。[16] 他将自然神学研究者所说的亲缘关系重新定义为"同源学":"同源关系——同一种器官在不同动物身上的不同表现形态和功能。"[17]同源关系展现出动物之间因组织和器官蓝图的相似性引起的结构上的相似。欧文将同源关系所基于的那种潜在类型称为"原型"。尤其是在脊椎动物研究中,他致力于寻找这种
213 原型。他认为脊椎动物同源学可以帮助动物学家找到包含所有多样性的理想化原型。

[13] H. Milne-Edwards,《关于动物自然分类的一些原则的思考》(Considérations sur quelques principes relatifs à la classification naturelle des animaux),《自然科学年鉴》(*Annales des sciences naturelles*),3(1844),第65页～第99页。

[14] W. Haberling,《约翰内斯·弥勒:莱茵河地区博物学家的生平》(*Johannes Mueller: Das Leben des rheinischen Naturforschers*, Leipzig: Akademische Verlagsgesellschaft, 1924)。

[15] B. Lohff,《约翰内斯·弥勒在他的〈人体生理学手册〉中对细胞理论的接受》(Johannes Muellers Rezeption der Zellenlehre in seinem "Handbuch der Physiologie der Menschen"),《医学史杂志》(*Medizinhistorisches Journal*),13(1978),第248页～第258页。

[16] Russell,《形态与功能》,第102页～第112页。关于欧文和冯·贝尔的内容,参看Dov Ospovat,《卡尔·恩斯特·冯·贝尔的胚胎学影响(1828～1859)》(The Influence of Karl Ernst von Baer's Embryology,1828-1859),《生物学史杂志》(*Journal of the History of Biology*),9(1976),第1页～第28页。

[17] Richard Owen,《无脊椎动物讲稿》(*Lectures on Invertebrate Animals*, London: Longmans, 1843),第379页。

我们所知的脊椎动物都是从这种原型发展而来。鱼类,相比于其他脊椎动物来说,距离原型更近,是比较简单的脊椎动物,因而是研究脊椎动物类型的最佳切入点。欧文也了解冯·贝尔的胚胎学,但他仅仅将胚胎学作为佐证解剖学的工具。追根溯源,他的原型说与亚里士多德学派一脉相承。但随后,或许是受到来自那些保守的英国同事的压力,欧文的观念带有了更多柏拉图色彩,从而使他成为新一代形态学的代表人物,与"理性设计者"的观念相契合。[18] 欧文是典型的博物馆型的动物学家,他有着浓厚的医用比较解剖学传统。他的职业生涯开始于王家外科医生协会(Royal College of Surgeons)的亨特博物馆(Hunterian Museum),随后在现代伦敦自然史博物馆(Natural History Museum)的创建中扮演了重要角色。[19]

类型学的另一位领军人物就是欧文一生的对手托马斯·亨利·赫胥黎。赫胥黎的声誉来自描述并分类那些他随军舰"响尾蛇(*Rattlesnake*)"号航行期间采集的物种。他认可冯·贝尔的观点(赫胥黎翻译了冯·贝尔的主要著作),并且在他的无脊椎动物研究中引入了胚胎类型学的方法。在他对头足动物、海鞘和水母的研究中,他借用胚胎学方法来解释它们的同源性。终其一生,赫胥黎用一种颠覆性的、非连续性的方法解读冯·贝尔的分类。赫胥黎尽可能地试图排除类型学中唯心主义的因素,只把它作为归纳、体现那些同一类的动物的特征的实用工具。[20] 赫胥黎对欧文的柏拉图式原型的攻击,可以看作他试图将科学树立为英国文化新权威的努力的一部分。[21]

出生于瑞士的动物学家路易·阿加西(1807～1873)曾经在慕尼黑工作过一段时间。在此期间他接触到了谢林的自然哲学。随后他移居美国,并成为他那个时代非进化论动物学家中的领军人物,以及后来颇有影响的哈佛比较动物学博物馆(Museum of Comparative Zoology)的创始人。[22] 阿加西将胚胎学的研究成果应用到古生物学领域。他认为古老红砂岩层中的鱼类化石代表鱼类的胚胎阶段,证明个体和地球生命的发展

214

[18] Nicolaas A. Rupke,《理查德·欧文的脊椎动物原型》(Richard Owen's Vertebrate Archetype),《爱西斯》(*Isis*),84(1993),第231页～第251页;Nicolaas A. Rupke,《理查德·欧文:维多利亚时代的博物学家》(*Richard Owen: Victorian Naturalist*, New Haven, Conn.: Yale University Press, 1994);J. W. Gruber 和 J. C. Thackaray,《纪念理查德·欧文》(*Richard Owen Commemoration*, London: Natural History Museum, 1992);Philip R. Sloan 编,《理查德·欧文:亨特比较解剖学讲稿》(*Richard Owen: The Hunterian Lectures in Comparative Anatomy*, London: Natural History Museum, 1992)。

[19] W. T. Stearn,《南肯辛顿自然史博物馆》(*The Natural History Museum at South Kensington*, London: Heinemann, 1981);Adrian Desmond,《原型和祖先》(*Archetypes and Ancestors*, London: Blond and Briggs, 1982)。

[20] T. H. Huxley,《论头足类软体动物形态学》(On the Morphology of the Cephalous Mollusca, 1853),重印于 T. H. Huxley,《科学回忆录》(*Scientific Memoirs*, London: Macmillan, 1898-1902),第1卷,第152页～第193页;T. H. Huxley,《海洋水螅纲动物》(*The Oceanic Hydrozoa*, London, 1859);T. H. Huxley,《哲学型动物学的几个片段,选自K. E. 冯·贝尔的著作》(Fragments Relating to Philosophical Zoology, Selected from the Works of K. E. von Baer),《泰勒的科学回忆录,自然史》(*Taylor's Scientific Memoirs, Natural History*),3(1853),第176页～第238页。参看 M. A. Di Gregorio,《T. H. 赫胥黎在自然科学中的地位》(*T. H. Huxley's Place in Natural Science*, New Haven, Conn.: Yale University Press, 1984);Mary P. Winsor,《海星、水母及生命的秩序》(*Starfish, Jellyfish, and the Order of Life*, New Haven, Conn.: Yale University Press, 1976)。

[21] Desmond,《原型和祖先》。也可参看 Adrian Desmond,《赫胥黎:魔鬼的信徒》(*Huxley: The Devil's Disciple*, London: Michael Joseph, 1994)。

[22] M. P. Winsor,《阅读自然的形态》(*Reading the Shape of Nature*, Chicago: University of Chicago Press, 1991);Edward Lurie,《路易·阿加西:科学生涯》(*Louis Agassiz: A Life in Science*, Chicago: University of Chicago Press, 1960)。

历程都遵循相同的模式。他在理论著作中也坚持这一方法，他的著作《分类随笔》(*Essay on Classification*，1859)获得了包括年轻的恩斯特·海克尔(1834～1919)在内的许多人的认可，被认为是达尔文《物种起源》(*On the Origin of Species*，1859)理论上的主要对手。对于激进的理想主义者阿加西来说，他所看到的贯穿动物界的创造理念证实了物种和更高的分类群体作为上帝的理想分类而存在。

从达尔文到进化类型学

虽然查尔斯·达尔文提出的进化论对崭新的科学化的动物学造成了巨大影响，但是他的理论仍然包含传统野外考察的因素。这对新兴的、基于实验室研究的生物学家来说很难接受。共同祖先理论来源于形态学家对生物类群中潜在的同一性的研究，但达尔文对区域适应性和物种的地理分布的研究更合工作在旧的自然史传统中的收藏者的胃口。达尔文理论形成的细节将会在别处论述(参看第14章)。下文将概述达尔文的理论怎样影响了19世纪晚期的动物学。

达尔文曾在爱丁堡的拉马克进化论者罗伯特·E. 格兰特手下工作，这一经历对他关于苔藓虫的早期动物学研究影响很大。[23] 在剑桥，他受到了亨斯洛等人的自然神学的影响，然而"贝格尔(*Beagle*)"号上的航行将他的注意力转移到动物地理学和物种对环境的适应上来。回到英格兰后，他采集的标本通过了当时包括欧文在内的顶尖博物学家的审核。他在跟随"贝格尔"号航行期间对动物学的研究(*Zoology of the Beagle*)使他在这一领域初露头角。[24]

215

19世纪30年代末期，达尔文开始试图用进化论来解释动物学问题。这一点在他有关蔓足动物(或藤壶)的详尽的长篇著作中显现得尤为明显。这也是他对纯粹的动物学领域做出的最突出贡献。[25] 对藤壶的研究加深了达尔文对科学命名法的理解，而他最初是在与斯特里克兰的委员会合作时了解到科学命名法的。在那里，达尔文开始思考理论问题并有机会验证他对物种的观点。从那时起，借助藤壶的研究，达尔文形成了一套对分类学的基本认知：同源关系揭示了物种之间真正的遗传关系，而非相同的基本组织造成的结构上的相似性。

达尔文很欣赏米尔恩-爱德华兹的著作中的胚胎学部分，这些内容有助于他将原型重新解读为所有生命曾经的共同祖先——蔓足动物的原型就是当代蔓足动物的祖

[23] Philip R. Sloan，《达尔文的无脊椎动物研究项目(1826～1836)：进化论的先决条件》(Darwin's Invertebrate Program, 1826-1836: Preconditions for Transformism)，载于 David Kohn 编，《达尔文的遗产》(*The Darwinian Heritage*, Princeton, N. J.: Princeton University Press, 1985)，第71页～第120页。关于达尔文的早期科学生涯，参看 Janet Browne，《查尔斯·达尔文：远航》(*Charles Darwin: Voyaging*, London: Jonathan Cape, 1995)。

[24] Charles Darwin 编，《军舰"贝格尔"号航行期间对动物学的研究》(*The Zoology of the Voyage of H. M. S. Beagle*, 5 pts. London: Smith, Elder, 1838-43)。

[25] C. Darwin，《蔓足亚纲形态学》(*Monograph of the Sub-class Cirripedia*, London: Ray Society, 1851)；Burkhardt 和 Smith 编，《查尔斯·达尔文的通信》(vol. 4, 1988)，第388页～第409页。参看 M. T. Ghiselin，《达尔文方法的胜利》(*The Triumph of the Darwinian Method*, Berkeley: University of California Press, 1969)。

先。此外,藤壶的附肢等器官体现出自然界中无用器官的退化和丧失,而且藤壶身上器官明显的形态变化暗示了进化过程中器官功能的改变,这对达尔文的理论来说是至关重要的。他将以上材料都写入了《物种起源》一书,在书中他明确指出自然系统是建立在变化中的同源关系的基础上的,所有正确的分类方式都应体现物种的谱系,代表了简化的进化过程。

达尔文后期的研究,例如对蚯蚓的研究,回归了自然神学研究者对动物习性、本能和适应性的传统兴趣。[26] 查尔斯·莱伊尔(1797～1875)和亚历山大·冯·洪堡(1769～1859)对他的影响使他的注意力聚焦于物种的地理分布上,以此作为解答物种起源之谜的关键。[27] 对生物的地理分布的研究(最终被称为生物地理学)也成为自然选择的共同发现者艾尔弗雷德·拉塞尔·华莱士的重点研究方向。华莱士同达尔文一样,意识到生存竞争与物种的分布有关,在更广的意义上与自然界的平衡息息相关。随后,华莱士研究了地理障碍造成的隔绝对物种形成的影响,并绘制了一条横贯印度尼西亚将亚洲动物群与澳洲动物群隔开的分界线(至今仍被称为华莱士线)。[28] 随着华莱士的著作《动物的地理分布》(*The Geographical Distribution of Animals*,1876)一书的出版,还原物种从起源地迁徙到别处的过程成了一个研究热点。[29]

216

达尔文的《物种起源》出版后的几年中,许多动物学家,包括赫胥黎和海克尔以及安东·多恩(1840～1909),都声称他们接受达尔文的物种理论或受到了该理论的启发。彼得·J. 鲍勒等历史学家则向达尔文理论在 19 世纪自然科学界的影响力提出了挑战。他们认为就许多动物学家具体的科研工作而言,达尔文理论的影响并不是人们通常认为的那么明显。迈克尔·巴塞洛缪提出要修正赫胥黎的历史形象,雅克·罗歇指出在前达尔文时代,海克尔著作中的世界观就包含达尔文主义的因素。罗伯特·J. 理查兹则坚持认为达尔文和海克尔的观点有共通之处。事实上,大多数所谓达尔文主义者并没有广泛地应用自然选择原理——用鲍勒的话来说,他们是“伪达尔文主义者”。[30]

由解剖学家卡尔·格根鲍尔(1826～1903)创立并由恩斯特·海克尔发扬光大的

[26] C. Darwin,《蠕虫的运动与腐殖质的形成及对其习性的观察》(*The Formation of Vegetable Mould, Through the Action of Worms, with Observations on their Habits*, London: John Murray, 1881)。

[27] M. J. S. Hodge,《起源与物种》(*Origins and Species*, New York: Garland, 1991)。

[28] Janet Browne,《不朽方舟:生物地理学史研究》(*The Secular Ark: Studies in the History of Biogeography*, New Haven, Conn.: Yale University Press, 1983)。

[29] P. J. Bowler,《生命的精彩戏剧:进化生物学和生命世系的重建(1860～1940)》(*Life's Splendid Drama: Evolutionary Biology and the Reconstruction of Life's Ancestry, 1860-1940*, Chicago: University of Chicago Press, 1996),第 8 章。

[30] P. J. Bowler,《非达尔文的革命》(*The Non-Darwinian Revolution*, Baltimore: Johns Hopkins University Press, 1988); Michael Bartholomew,《赫胥黎为达尔文主义辩护》(Huxley's Defence of Darwinism),《科学年鉴》(*Annals of Science*), 32(1975),第 525 页～第 535 页;Jacques Roger,《达尔文、海克尔和法国人》(Darwin, Haeckel et les francais),载于 Yvette Conry 编,《从达尔文到达尔文主义:科学与意识形态》(*De Darwin au darwinisme: Science et idéologie*, Paris: J. Vrin, 1983),第 149 页～第 165 页;Robert J. Richards,《进化的意义》(*The Meaning of Evolution*, Chicago: University of Chicago Press, 1991)。

进化形态学派，就是这一时期激烈争论的体现。[31] 格根鲍尔试图将唯心主义的形态学改造为更现代化的学科。虽然为了实现这一目标，他最终倒向了进化论，但他的本意仍在于发展类型观念以及其中暗含的对同源性的解答。形态学研究动物的形态如何形成、发展，以及它们之间相同的特征。形态学可以就胚胎学研究所揭示的动物形态得以形成的动态环境，得出上述问题的大致理论。形态学之所以能够揭示自然的秩序，是因为其基于哲学上合理的比较法。得益于比较解剖学和胚胎学的研究，格根鲍尔相信他可以改造欧文的同源理论。为此，他需要更广泛的动物学知识来提供素材。所以他找到了海克尔，邀请他来耶拿与自己共事。他们一起创立了一个颇有影响力的研究项目——虽然我们知道，他们两人在德国大学系统中享受到的待遇并不像满怀艳羡的外国人（例如赫胥黎）所想象的那样优厚。[32]

就在他们去耶拿前不久，海克尔刚刚在地中海岸完成了一部有关放射虫的专著。这本书依旧遵从弥勒的形态学原理。随后他和格根鲍尔都读到了《物种起源》的德译本，并意识到他们对形态学的改造必须与进化论的原则相一致。1870 年，格根鲍尔重新修订了他写的比较解剖学教科书。该书的第 1 版是在《物种起源》出版几个月前出版的，仍遵循老式的唯心主义形态学。他将老式的原型论改造成遵循进化论的谱系。[33] 自然秩序的关键在于形态随时间的变化。生物类型的发展是历史性的，所以奥肯和欧文的自然系统也应当是基于历史性原则的。而正是比较的方法，通过同源性的概念将历史上不同的形态联系在了一起。自然系统实际上就是基于共同血统理论的形态学，但保留了冯・贝尔对于物种类型形成的胚胎学解释。

217

海克尔对格根鲍尔的研究做出了至关重要的贡献：海克尔提出的“系统发生”的概念，通过强调“一个种群的进化历史”，将传统的形态学（同源性和类型学）与新的共同血统理论结合起来。相对的“个体发生”的概念指的是个体发育的过程。“个体发生重演系统发生”（生物重演律）这一准则将该理论的两极联系起来，认为生物个体的早期发育反映了该物种形成过程中的各个阶段，揭示了其系统发生意义上的祖先的样子。[34] 因此，系统发生学坚信共同祖先理论应当首先研究发育早期的形态，以此揭示生物形态的进化。根据发育学家的传统，生物从第一个胚胎细胞成长为成年个体的过

[31] M. A. Di Gregorio，《披着羊皮的狼：卡尔・格根鲍尔、恩斯特・海克尔、头骨椎源说和理查德・欧文的理论的残余》（A Wolf in Sheep's Clothing: Carl Gegenbaur, Ernst Haeckel, the Vertebral Theory of the Skull, and the Survival of Richard Owen），《生物学史杂志》，28（1995），第 247 页～第 280 页。

[32] E. Krausse，《恩斯特・海克尔》（*Ernst Haeckel*, Leipzig: Teubner, 1987）；G. Uschmann，《耶拿的动物学史和动物学机构（1779～1919）》（*Geschichte der Zoologie und der zoologischen Anstalten in Jena, 1779-1919*, Jena: Gustav Fischer, 1959）；Lynn K. Nyhart，《生物学的形成：动物形态学与德国大学（1800～1900）》（*Biology Takes Form: Animal Morphology and the German Universities, 1800-1900*, Chicago: University of Chicago Press, 1995）。

[33] Carl Gegenbaur，《比较解剖学的基本特征》（*Grundzuege der vergleichenden Anatomie*, 1st ed., Leipzig: Wilhelm Engelman, 1859; 2nd ed., Leipzig: Wilhelm Engelman, 1870）。参看 William Coleman，《处于类型概念和共同血统理论之间的形态学》（Morphology between Type Concept and Descent Theory），《医学史杂志》（*Journal of the History of Medicine*），31（1976），第 149 页～第 175 页。

[34] M. A. Di Gregorio，《从这里走向永恒：恩斯特・海克尔与科学信仰》（*From Here to Eternity: Ernst Haeckel and Scientific Faith*, Göttingen: Vandenhoeck and Ruprecht, 2005）；Bowler，《生命的精彩戏剧：进化生物学和生命世系的重建（1860～1940）》。

程，是一个由生长规律控制的增长、分化、成熟的过程。新的形态要想出现，必须在现有的生长模式的基础上添砖加瓦才能实现。随后，自然选择在这些不同的类型中进行筛选，进化变化才会发生。对海克尔而言，自然选择确实存在，但自然选择是存在于不同的类型之间而非个体之间。这一过程并不符合达尔文《物种起源》中的主要论点。达尔文理论更强调变异的普遍存在和难以察觉的渐变，这与形态学观点有所出入。许多历史学家认为自然选择理论动摇了永恒发展的理念，虽然理查兹并不这么想。[35] 在他对放射虫的研究及其进化论出版物中，海克尔都表达了他对基于几何系统的自然秩序的认同，这显然不是达尔文主义者的论调。海克尔在对管水母的分类中所使用的方法论并不是像他所声称的那样是达尔文主义的，而是更接近于更早期的动物关系理论，特别是卡尔・洛伊卡特（1822～1898）的多态论。该理论认为，一个群落中的动物扮演着不同的角色，受劳动分工原则的影响，它们的形态也会有相应的变化。[36]

218

然而，所有的进化类型学都吸收了达尔文的共同血统理论和自然选择原理。这使得海克尔的系统发生学而非弥勒的类型学成为解答进化原因的备选项。也许，相比于“达尔文主义者”或“伪达尔文主义者”，海克尔和格根鲍尔更应该被定义为“半达尔文主义者”。系统发生学显然是对唯心主义形态学的一种重新解读，迫使其支持者们转变其思想。受到这一思想运动的启发，新一代的形态学家转而创造一个更为科学的进化论。格根鲍尔的学生马克斯・菲尔布林格（1846～1920）在他的鸟类学著作中扩大了研究范围，以寻找化石、胚胎以及生物成年形态之间的形态学联系。格根鲍尔学派的另一位成员，汉斯・加多（1855～1928）移居英国并致力于从形态学角度解释生物地理学。[37]

类型学对动物学研究的影响仍很明显，这一点可以从赫胥黎所做的改造英国生物教学的努力中窥见一二。1859 年后，赫胥黎在有关物种理论的公开辩论中站在达尔文这一边，但直到 19 世纪 60 年代后期，或许是受到海克尔的影响，他才将进化论思想应用到他的动物学著作中，特别是有关鸟类以及甲壳类的起源、发展的著作。他使用了共同血统理论，但却忽略了自然选择。[38] 赫胥黎也一直坚持类型学的观点，特别是在他的教学工作当中。他在教学中选取了几种动物类型作为动物界的代表，例如他将小龙虾作为所有甲壳类动物的代表，称其为典型的甲壳动物。[39] 他将进化学说理论化的过程对他的学生而言仍然太牵强。

〔35〕 Richards，《进化的意义》。

〔36〕 M. P. Winsor，《关于管水母的历史考量》（A Historical Consideration of the Siphonophores），《王家学会学报，B 辑》（*Proceedings of the Royal Society*, *Series B*），73（1971～1972），第 315 页～第 323 页。

〔37〕 Hans Gadow，《现存及灭绝脊椎动物分类》（*A Classification of Vertebrates*, *Recent and Extinct*, London: A. and C. Black, 1875）。参看 Bowler，《生命的精彩戏剧：进化生物学和生命世系的重建（1860～1940）》。

〔38〕 M. A. Di Gregorio，《与恐龙的联系：对 T. H. 赫胥黎的进化观的重新解读》（The Dinosaur Connection: A Reinterpretation of T. H. Huxley's Evolutionary View），《生物学史杂志》，15（1982），第 397 页～第 418 页；Di Gregorio，《T. H. 赫胥黎在自然科学中的地位》。

〔39〕 T. H. Huxley，《淡水螯虾：动物学研究导论》（*The Crayfish*: *An Introduction to the Study of Zoology*, London: Kegan Paul, 1879）。赫胥黎在教学中对进化论的有限运用，参看 Adrian Desmond，《赫胥黎：进化论的大祭司》（*Huxley*: *Evolution's High Priest*, London: Michael Joseph, 1997）。

进化论内部的争议

系统发生学似乎为动物学研究提供了一个全新的基础，改变了人们对物种间结构和分类的认知。但是反对的声音也随之而来，部分是因为重构动物学在技术上难以实现，部分是因为一些因素转移了生物学家的注意力。人们发现难以通过系统发生学来重新解读同源性，因为适应性压力有时会在进化的不同分支中产生相似的结构。进化形态学家对那些由相似的环境压力所产生的适应性不屑一顾，有些人据此认为他们背弃了达尔文主义的要义。而形态学与生理学的联系则被那些基于实验室研究的动物学家所重视，尽管格根鲍尔对此持批判态度。他们据此提出了许多新问题，例如胚胎间差异的机械论原因。

一些德国动物学家坚持用进化论原则指导他们的工作，但对格根鲍尔的研究持批判态度。卡尔·森佩尔（1832～1893）不同意将动物学作为形态学的附属学科，并在维尔茨堡（Wuerzburg）担任比较解剖学与动物学教授，以此强调这两门学科拥有平等的地位。他坚持认为达尔文主义最直接的影响就是将动物学改造成拥有自主权利的学科。对森佩尔而言，比较解剖学无权为科学化的动物学代言，也无法判定物种之间的谱系。海克尔不应当依据其个人对动物学的广泛兴趣而随意扩展格根鲍尔的研究范畴。森佩尔对生理学的兴趣最终使他完成了一部有关环境对有机体的影响的著作，该书成为生态学得以建立的最后一块基石。[40] 维也纳的卡尔·克劳斯（1835～1899）教授批评海克尔没有将他的分类学建立在实事求是的基础上。他承认形态学的重要地位，却认为海克尔的系统发生学过于异想天开而表示反对。[41]

安东·多恩曾在耶拿师从格根鲍尔和海克尔，但随后他们的私交破裂，学术观点也出现了分歧。[42] 在读了弗里德里希·阿尔贝特·兰格的《唯物主义史》（*Geschichte der Materialismus*）后，他认为海克尔的研究的理论背景不够完善。他批判亚历山大·科瓦列夫斯基（1840～1901）提出并受到格根鲍尔以及海克尔支持的观点，即脊椎动物起源于海鞘类动物。多恩认为，脊椎动物是环节类蠕虫的后裔。多恩是从若弗鲁瓦高度形而上学的观点中得出这一论断的。若弗鲁瓦的观点与居维叶和冯·贝尔的相反，他认为所有动物的结构都遵循同一个设计模板，所有的动物形态都来自于此。多恩据此将若弗鲁瓦的物种起源理论改造成进化论的共同血统说，尽管在若弗鲁瓦的共同模型理论中，各物种的起源并没有时间上的先后顺序。

多恩认为昆虫是甲壳类的后裔。这一理论虽然不甚成功，却很好地体现了他对物

[40] Karl Semper，《动物学中的海克尔主义》（*Der Haeckelismus in der Zoologie*，Hamburg，1876）；Karl Semper，《影响动物生命的自然生存条件》（*The Natural Conditions of Existence as They Affect Animal Life*，London：Kegan Paul，1881）。

[41] Carl Claus，《动物学的基本特征》（*Grundzuege der Zoologie*，Marburg：Elwertsche，1868）。

[42] Theodor Heuss，《安东·多恩：贡献给科学的一生》（*Anton Dohrn：A Life for Science*，New York：Springer，1991）。

种的最终形态和过渡形态之间关系的理解，而且这一理论将蔓足类置于中心地位——这两点都与达尔文主义相符。然而他对达尔文主义最大的贡献却是他的脊椎动物环节类起源说。多恩称器官功能的变化使得从环节动物到脊椎动物的演变成为可能：每一个器官都有不止一个功能，但那些次要的功能只有当环境条件改变时才会起作用。这时，次要的功能就会变成首要的功能，这也就解释了为什么物种不会在其形成的过渡阶段被自然选择消灭。[43] 这在达尔文的论述中十分关键：达尔文认为自然选择不仅仅是破坏性的力量，并以此回应圣乔治·米瓦特（1827～1899）对此做出的批评。[44]

220

多恩对动物学发展做出的最大贡献是他参与了那不勒斯动物研究站的建设。一代代动物学家在此研究海洋动物，实现了弥勒的愿望。[45] 然而那不勒斯动物研究站的成果，清楚地展现了动物学要作为一门独立学科存在是多么艰难。动物学研究的潮流转向了生理学领域而非形态学。赫胥黎虽然是个形态学家，但他也鼓励他的学生迈克尔·福斯特（1836～1907）在他的实验室中研究生理学。[46] 赫胥黎的其他学生则坚持形态学的传统，其中一位是弗朗西斯·鲍尔弗（1851～1882），他受到格根鲍尔和那不勒斯动物研究站的启示，开始寻求将形态学与生理学融合在一起的方法。他也预见到胚胎学可以被用于重构物种间的进化关系，但他意识到发育过程的生理需求会掩盖这些迹象。鲍尔弗英年早逝，没有完成他的研究，他的许多追随者也相继离开了形态学领域。

赫胥黎另一个出色的学生是埃德温·雷·兰克斯特（1847～1929）。他也被视为最后一位传统意义上的动物学家。[47] 他坚信胚胎学对自然科学的重要意义，反对欧文的唯心主义观点而更加倾向于达尔文主义。他建议将欧文的“同源学”拆分为“同源性”和“趋同性”两个部分——后者指的是不同演化枝趋同进化产生的相似结构。[48] 人们逐渐认识到趋同性的广泛存在，最终为重构动物物种之间的谱系关系埋下了伏笔。兰克斯特将自然界的分类视为一棵基于系统发生学原理的大树，这棵树通过胚胎形态学展示了物种进化的图景。动物的胚胎发育经历的各个阶段分别代表了它们进化历程中的祖先。所以胚胎发育是进化的重演，谱系分类也应当基于这一原则。胚胎

221

[43] Anton Dohrn 著，M. T. Ghiselin 译，《脊椎动物的起源与功能的演替原则》（The Origin of Vertebrates and the Principle of Succession of Functions），《生命科学的历史与哲学》，16（1993），第 1 页～第 98 页。参看 Bowler，《生命的精彩戏剧：进化生物学和生命世系的重建（1860～1940）》。

[44] St. G. Mivart，《物种创始》（*On the Genesis of Species*, London: Macmillan, 1871）；Darwin，《物种起源》（*On the Origin of Species*, 6th ed., London, 1872），第 6 章。

[45] I. Mueller，《那不勒斯动物研究站的历史》（Die Geschichte der zoologischen Stazion in Neapel, PhD diss., Duesseldorf, 1976）；Christiane Groeben 等，《那不勒斯动物研究站》（The Naples Zoological Station），《生物学公报》（增刊）（*Biological Bulletin*）（*Supplementary volume*），168（1985）。

[46] G. L. Geison，《迈克尔·福斯特与剑桥生理学院》（*Michael Foster and the Cambridge School of Physiology*, Princeton, N. J.: Princeton University Press, 1978）。

[47] J. Lester 和 P. J. Bowler，《E. 雷·兰克斯特与现代英国生物学的创立》（*E. Ray Lankester and the Making of Modern British Biology*, Stanford in the Vale: British Society for the History of Science, 1995）。

[48] E. R. Lankester，《论现代动物学中术语同源关系的使用以及同源性和趋同性的区别》（On the Use of the Term Homology in Modern Zoology, and the Distinction between Homogenic and Homoplastic），《自然史年刊与杂志》，6（1870），第 34 页～第 43 页。

学展示了海鞘类动物作为无脊椎动物与脊椎动物之间的过渡类群的重要进化地位。兰克斯特清楚地认识到生理学在当代生物学中的主导地位,并因此前往莱比锡师从卡尔·路德维希(1816～1895),但是他仍然忠于形态学。此外,兰克斯特认为对生命的化学成分的研究将揭示生命的终极秘密,但他却并没有参与分子生物学的创建。在职业生涯后期他越发支持自然选择理论,尽管对新兴的遗传学的忽视有损他对20世纪达尔文主义发展做出的贡献。

兰克斯特在伦敦大学学院(University College London)创立了一个富有影响力的研究学派,随后他成为自然史博物馆(Natural History Museum)的馆长。他科学生涯的扛鼎之作是他编辑的《动物学论》(*Treatise on Zoology*)。该书第一册出版于1900年,但在第八册出版之后就中断了,仿佛形态动物学已经被发掘殆尽。该书总结了林奈对各种关系的自然体系的探索所开启的这个时代。简而言之,现在的自然体系可以被视为一种基于胚胎类型学的谱系关系,即使重建这一关系难以付诸实践,而且许多生物学家对此已经丧失了兴趣。

进入20世纪

19世纪的动物学传统,连同进化形态学和相关的学科一起盛极而衰。19世纪的动物学传统延续到20世纪,但与生命科学领域的新兴学科相比却黯然失色,它们将“动物学”变成了一门无足轻重的学科。实验主义的兴起,以及诸如微生物学和生态学等新兴学科的巩固,使动物学和植物学这样的人为划分变得没有必要。然而出人意料的是,动物学作为一门学科仍长期在学术界占有一席之地。许多大学中,生态学和遗传学仍然打着动物学的旗号。博物馆中也是如此,馆内的展品仍是按照传统的分类方法,即动物、植物和矿物来布置的。直到20世纪末动物学才完全失去了作为生物学主要分支之一的地位。

形态学现在则更多地被视为一种方法论而非一个独立学科。它借此侥幸延续到20世纪且仍被用于实践,但已经失去其作为生命科学核心的地位。格根鲍尔本人曾经致力于通过寻找历史上真实的物种谱系来取代欧文和若弗鲁瓦的模板变形论,但现在他的学派却倒退回了唯心主义。[49] 在那不勒斯动物研究站,生理学研究方法战胜了纯粹的形态学方法,海克尔的影响力也在淡化。兰克斯特的学生埃德温·S. 古德里奇(1868～1946)在牛津继续推动形态学发展,并为新兴的综合达尔文主义出了一份力。

222

[49] A. Naeff,《唯心主义形态学和系统发生学》(*Idealistische Morphologie und Phylogenie*, Jena: Gustav Fischer, 1919);E. Lubosch,《比较解剖学史》(Geschichte der vergleichenden Anatomie),载于 L. Bolk 等编,7卷本《脊椎动物解剖学手册》(*Handbuch der Anatomie der Wirbelthiere*, Berlin: Urban und Schwarzenberg, 1931-8),第1卷,第3页～第76页;D. Starck,《唯心主义形态学及其作用》(Die idealistische Morphologie und ihre Wirkung),《医学史杂志》,15(1980),第44页～第56页;D. Starck,《从格根鲍尔时代到当前的脊椎动物比较解剖学》(Vergleichende Anatomie der Wirbelthiere von Gegenbaur bis heute),《德国动物学会耶拿会议记录》(*Verhandlungen der deutschen zoologischen Gesesselschaft Jena*, 1966),第51页～第67页。

但总的来说,以胚胎作为线索追溯物种祖先的方法已经在进化论研究中被边缘化了。[50]

胚胎学现在朝着研究胚胎发育过程的方向发展(参看第16章)。一些形态学家抛开进化论转而研究遗传,并在遗传学的建立中扮演了重要角色(参看第23章)。威廉·贝特森(1861～1926),剑桥鲍尔弗学派的创始人之一,放弃了他寻找脊椎动物祖先的工作转而研究变异的不连续性及遗传现象。另一位创始人,W. F. R. 韦尔登(1860～1906)引领了野外生物种群的多样性研究,并用统计学的结果来佐证自然选择理论。他的这一工作与新兴的群体遗传学相结合,为综合达尔文主义和遗传学统治20世纪40年代以来的进化论铺平了道路。韦尔登侧重于在生物种群的野外栖息地中研究它们,这是当时的生物学家想要用更为"科学"的方法进行野外考察,从而打破实验室研究的垄断地位的表现之一。生物地理学在19世纪末期兴起,现在则蜕变成了对种群基因结构的研究。诸如恩斯特·迈尔(1904～2005)等野外考察者研究了地理隔离,并将其与群体基因学和自然选择联系起来(参看第14章)。生态学这个由海克尔提出的概念也变得重要起来(参看第24章)。与此相关的是动物行为学(对动物行为的研究)的兴起。朱利安·赫胥黎(1887～1975)是现代综合达尔文主义的另一位奠基人,他为用进化论观点解释鸟类行为做了重要的前期工作。

当动物学的研究重点还停留在动物的形态上时,曾有许多课题统一于"动物学"这一旗帜下。但新的研究项目正以各种途径将它们割裂开来。尽管如此,这些新的研究项目还是被冠以传统的标签并按照传统的结构进行分类。因此,"动物学"这个术语在20世纪上半叶仍被广泛使用,至少是出于系统化的缘故。大学里都有专门的动物学院系,配以对自己的传统身份所视甚高的老教授们,即便当他们富有创造力的年轻同事们都在忙于创立新的研究课题的时候也是如此。托马斯·亨利·赫胥黎在19世纪末期试图推广"生物学"这个更加大而化之的概念,以此将新兴的实验室科学与自然史传统区分开来。[51] 这一举措对人们重新定义学术研究项目多少有些影响,特别是对诸如约翰斯·霍普金斯大学和芝加哥大学等美国新兴的研究型大学来说。但"动物学"这个概念还是延续了下来,即使是作为可以涵盖任意一个生物研究项目的更宽泛的范畴。著名的《动物生态学原理》(*Principles of Animal Ecology*,1949)的作者们,同时也是公认的动物学家——沃德·克莱德·阿利、艾尔弗雷德·E. 埃默森和托马斯·帕克都

223

[50] 参看W. Coleman,《形态学与综合进化论》(Morphology and the Evolutionary Synthesis),载于E. Mayr和W. Provine编,《综合进化论》(*The Evolutionary Synthesis*, Cambridge, Mass.: Harvard University Press, 1980),第174页～第180页;M. T. Ghiselin,《形态学吸收达尔文主义的失败》(The Failure of Morphology to Assimilate Darwinism),载于Mayr和Provine编,《综合进化论》,第180页～第193页;Garland E. Allen,《20世纪的生命科学》(*Life Science in the Twentieth Century*, Cambridge: Cambridge University Press, 1979)。

[51] 参看Joseph Caron,《"生物学"与生命科学:编史学贡献》("Biology" and the Life Sciences: A Historiographical Contribution),《科学史》(*History of Science*),26(1988),第223页～第268页。关于本段中提到的后续进展,参看Jane Maienschein,《改变美国生物学的传统(1880～1915)》(*Transforming Traditions in American Biology, 1880–1915*, Baltimore: Johns Hopkins University Press, 1991);Ronald Rainger、Keith R. Benson和Jane Maienschein编,《生物学在美国的发展》(*The American Development of Biology*, Philadelphia: University of Pennsylvania Press, 1988)。

是芝加哥大学的动物学教授,奥兰多·帕克任教于西北大学,卡尔·P. 施密特则是芝加哥自然史博物馆(Chicago Natural History Museum)的首席馆长。[52]

最后这一点提醒我们,许多博物馆仍然保留了传统的学科分类,使得"动物学"这个词仍然可以犹如伞盖一般覆盖很多动物学研究。同时,社会也不会坐视传统的消失:直至20世纪,英国科学促进会和美国科学促进会都保留了动物学和植物学的分野(美国科学促进会实际上在1893年才把生物学分割为动物学和植物学)。朱利安·赫胥黎科学生涯的最后一份工作就是在1935～1942年担任伦敦动物学协会(Zoological Society of London)的秘书长。该协会当时仍然掌管着伦敦动物园,并且在学界颇具影响力。第一届国际动物学会议(The first International Congress of Zoology)于1889年在巴黎召开,这一会议一直按例举行直到1963年。1972年最后一次召开是为了结之前会议的未竟事宜,并将《国际动物命名法规》(International Code of Zoological Nomenclature)的管理权移交给国际生物科学联盟(International Union of Biological Sciences)。[53] 分类学仍是以植物分类和动物分类相区别,而20世纪末期一些比较活跃的争论发生在成立于1947年的系统动物学协会(Society for Systematic Zoology)的会议中,以及其期刊《系统动物学》(*Systematic Zoology*)上。[54]

即使是这样,自从形态学的权威消失之后,动物学作为一门统一的科学其存在正越来越难以为继。古德里奇的学生加文·德比尔(1899～1972)出版了一本教科书《脊椎动物学》(*Vertebrate Zoology*,1928),该书也是朱利安·赫胥黎编辑的"动物生物学书系"的一部分。这本书仍侧重形态学和胚胎学,同时配有简短的对系统发生学的论述,德比尔在其中明确表示了对重新概括、划分学科的反对。但整个书系本身就分为生理学、生态学和遗传学等独立的几卷,反映出动物学的领地已经被学科专门化分裂到了何种地步。[55] 如今只有分类学的技术文献中还在用"动物学"这个术语,恩斯特·迈尔的《系统动物学原理》(*Principles of Systematic Zoology*)迟至1969年才出版。在别的领域,作为统称存在的"动物学"一词也渐渐消失,20世纪末,大学中为数众多的动物学院系纷纷消失,只有博物馆中还保留着动物学分部。动物学消失后剩下的是表面上统一的生物学或生命科学领域。这一领域的众多专业学科表面上相辅相成,实践中却渐行渐远。

(杨健　译　黄尚永　校)

[52] W. C. Allee、A. E. Emerson、T. Park、O. Park 和 K. P. Schmidt,《动物生态学原理》(*Principles of Animal Ecology*, Philadelphia: Saunders, 1949)。

[53] 关于国际会议与动物命名法,参看 Richard V. Melville,《动物命名趋于稳定:国际动物命名法委员会历史(1895～1995)》(*Towards Stability in the Names of Animals: A History of the International Commission on Zoological Nomenclature, 1895-1995*, London: International Trust for Zoological Nomenclature, 1995)。

[54] 此处的描述参看 David L. Hull,《作为处理过程的科学》(*Science as a Process*, Chicago: University of Chicago Press, 1988)。

[55] G. De Beer,《脊椎动物学》(*Vertebrate Zoology*, London: Sidgwick and Jackson, 1928)。

13

植物学

尤金·西塔迪诺

225

在过去的两个世纪中,植物学在生命科学的历史中扮演了很重要的角色。现代分类学的观念和方法都源自对植物界的研究。类似地,生物地理学也是起源于研究植物的地理分布。达尔文在英国和北美最坚定的两位支持者——约瑟夫·多尔顿·胡克(1817～1911)和阿萨·格雷(1810～1888),都是致力研究植物地理分布的植物分类学家。达尔文的植物学研究范围则远不止植物的分布和分类,还包括对花朵受精和攀缘植物运动的细致研究等。与此同时,一种以德国为中心、正在兴起的实验室研究对细胞学说、形态学、解剖学、生理学和植物病理学的发展做出了重大贡献。这些贡献对农业科技的发展同样很有帮助。20 世纪的新兴科学——基因学,在格雷戈尔·孟德尔的田园植物杂交实验的基础上建立起来。20 世纪初的植物学家重新认识他的这一学说的价值之后,该学说先是用于农业实验站,然后逐渐在被列入大学实验室的研究范围的过程中确立。生态学的理论和制度基础也是基于 20 世纪初植物学家的研究。这些植物学家将早期的植物地理学传统与新的实验室方法相结合。20 世纪稍晚些时候,细胞遗传学先在植物学领域发展起来。对植物病毒和真菌基因的研究促成了分子生物学的重大进展。许多生物技术都是首先应用于植物学领域。民族植物学受到环保主义和寻找实用、有利可图的药物的双重影响,成为全球的研究热点。

就像自然史的大多数分支那样,贯穿整个 19 世纪,植物学这一学科变得更为职业化、专业化,更加倾向实验室的严谨研究而使得业余爱好者逐渐望而却步。这一转变在植物学领域更为显著,因为植物学在 18 世纪晚期和 19 世纪初期深受业余博物学爱好者的喜爱。19 世纪初期它还是一种欧洲上流社会男女所痴迷的陶冶情操的活动,然而,到了 20 世纪末期,植物学变成了一个壮大的中产阶级专家团体(几乎全是男性)的专属领域,并根植于大学、植物园和各种新兴的诸如农学院和研究站等机构之中。尽管植物学对业余爱好者的吸引力并未消失,但是业余爱好者和专家之间的研究兴趣的差别如此之大,以至于他们几乎不再有什么共同点。与之相似,尽管 19 世纪的女性在学术方面,尤其是在植物学领域仍然有机会做出成就,但是学科的专业化最终将女性排除在权威的和可信赖的岗位之外。19 世纪上半叶,在男性学者的眼中,将植物分类

226

学与自然研究和女性联系在一起会降低植物学的地位，直到职业男性学者成功地占据了科学的所有分支并形成了新兴的专业阶层。到了 20 世纪，尤其是在第二次世界大战之后，职业机会开始逐渐对两性和所有社会阶层开放。[1]

植物学作为一门独立学科所享有的地位，在 19 世纪最后 25 年中达到顶峰。当时基于实验室的研究项目在德国大学取得的成功，刺激了欧洲和美国的大学增加教职岗位和院系。虽然 19 世纪末植物学仍作为一门独立的学科存在，但是从那时起人们开始倾向于将各种各样的生命科学归于更加综合的"生物学"名下。从理论的角度讲，这一趋势始于人们对所有生物之间关键的同一性的认识，这一认识还得到了 19 世纪下半叶进化论、胚胎学、生理学和化学的佐证。从制度的角度讲，1872 年托马斯·亨利·赫胥黎（1825～1895）在伦敦王家矿业学校（Royal School of Mines）为教师开设的基础生物学课程直接推动了这一进程。赫胥黎的学生和助手将统一的生物科学概念推广开来，并像他们的导师那样，开设实验室课程并将其作为完整的学术训练的一部分。[2]生命科学最近的一次重组始于第二次世界大战后，它强调通过研究的层次和方法论对学科进行划分。因此基于其专长，一位植物学家可能会被分到进化论、分类学或生态学名下的一个部门，也可能被划归遗传学和细胞生物学，还有可能被分配到分子生物学名下。总之，任何一个研究机构都没有独立的植物学分部。[3]

227

前林奈时代：分类学与植物地理学

18 世纪中叶卡尔·林奈（1707～1778）所创立的植物分类系统，在 19 世纪的业余植物学爱好者中仍占据统治地位，甚至当越来越多的专家基于植物类群之间的"自然"关系，开始发展更为精密的分类系统时也是如此。林奈创立的双名法给每个物种一个属名和一个独有的种名，很少有分类学家能指出这一方法的不足之处。但是，林奈所谓生殖特征分类法主要是依据花朵所具有的生殖结构的数量及其排列对植物进行分类，这一方法还有很多地方有待改进。林奈本人也很清楚这一方法的局限及其主观性，他承认建立一套完整的自然系统学说存在困难，特别是当时人们对世界植物群的了解还很不完善。不过，后世的植物学家认为当时林奈所划分的许多科（林奈称它们

[1] Anne Shteir,《培养女性，培养科学：花神的女儿们与英格兰的植物学（1760～1860）》（*Cultivating Women, Cultivating Science: Flora's Daughters and Botany in England, 1760–1860*, Baltimore: Johns Hopkins University Press, 1996），特别是第 165 页～第 169 页；Peter F. Stevens,《生物分类学的发展：安托万-洛朗·德朱西厄，自然与自然系统》（*The Development of Biological Systematics: Antoine-Laurent de Jussieu, Nature, and the Natural System*, New York: Columbia University Press, 1994），第 209 页～第 218 页；David E. Allen,《英国博物学家：社会史》（*The Naturalist in Britain: A Social History*, Princeton, N. J.: Princeton University Press, 1994），第 158 页～第 174 页。

[2] Wesley C. Williams,"赫胥黎，托马斯·亨利"（Huxley, Thomas Henry），《科学传记词典（六）》（*Dictionary of Scientific Biography*, VI），第 589 页～第 597 页；Gerald L. Geison,《迈克尔·福斯特与剑桥生理学院》（*Michael Foster and the Cambridge School of Physiology*, Princeton, N. J.: Princeton University Press, 1978），第 116 页～第 147 页；C. P. Swanson,《约翰斯·霍普金斯大学生物学史》（A History of Biology at the Johns Hopkins University），《生物》（*Bios*），22（1951），第 223 页～第 262 页。

[3] 基于作者本人对现存大学名录的调查。

为目)都正确地反映了植物间的关系。更重要的是,这一系统对进行野外考察的博物学家来说十分实用。从业余爱好者到严谨的采集者、探险者,无数的野外植物学家都把林奈的人为分类系统作为分类新标本的快速而有效的方法。例如,英国植物学家罗伯特·布朗(1773～1858)曾在18和19世纪之交前往澳大利亚、塔斯马尼亚岛和新西兰采集标本。他在考察过程中运用林奈的分类系统,发现了数百种欧洲未见的新物种。然而,当他回到欧洲之后,布朗却在他的专著中采用了安托万-洛朗·德朱西厄(1778～1841)的自然系统。[4]

就像布朗的考察结果所反映的那样,植物的采集和分类与欧洲人的探索、殖民活动密不可分。大帝国的中心,例如巴黎、伦敦,以及后来的柏林和纽约,顺理成章地成为植物分类学的中心。布朗本人则是当时学术思潮转变的重要一环。他研究南半球植物群的主要著作《对新荷兰植物群的初步研究》(*Prodromus florae Novae Hollandiae*, 1810)成功地将安托万-洛朗·德朱西厄的自然系统介绍给新一代英国植物学家。1859年,时任克佑区王家植物园园长的著名植物考察学者约瑟夫·多尔顿·胡克称赞该书是"有史以来最优秀的植物学著作"。[5] 与布朗同时代的瑞士植物学家,同时也是布朗的密友奥古斯丁-皮拉姆·德堪多(1778～1841)在法国扮演了相同的角色,将安托万-洛朗·德朱西厄的自然系统传播开来,后者曾是德堪多在巴黎植物园的导师。德朱西厄在18世纪末发表了他的第一部著作,其中表达了要将分类学建立在自然界的亲缘关系的基础上的观点。这种关系的建立应当参考植物的各个部分,而非只考虑花朵。原则上,其目标是包括显微结构在内的所有结构,但自然分类系统只探究植物的表层构造。如果说植物分类至今仍很依赖外表特征,那么它同样也很依赖德朱西厄创立并由德堪多略微修改的分类系统。最后一次建立综合性的自然分类系统的尝试是由乔治·边沁和胡克于19世纪60年代进行的。他们保留了德堪多所建立的大多数科和属,这些科和属也一直延续到今天,相对而言并没有经过大的改动。植物学家兼植物分类史学家彼得·史蒂文斯认为,德朱西厄之后的植物分类系统在整个19世纪乃至20世纪都保持相对稳定。对此史蒂文斯提出了几条可能的原因,包括分类学家所受的训练和对理论的轻视、植物分类单元(科和属)本身难以表述的本质,以及广

228

[4] Gunnar Eriksson,《植物学家林奈》(Linnaeus the Botanist),载于 Tore Frängsmyr 编,《林奈:其人及其工作》(*Linnaeus: The Man and His Work*, Berkeley: University of California Press, 1983),第63页～第109页;John Reynolds Green,《从最早时期到19世纪末的英国植物学史》(*A History of Botany in the United Kingdom from the Earliest Times to the End of the 19th Century*, London: J. M. Dent, 1914),第253页～第353页;D. J. Mabberly,《朱庇特式植物学家:不列颠博物馆的罗伯特·布朗》(*Jupiter Botanicus: Robert Brown of the British Museum*, Braunschweig: J. Cramer, 1985),第141页～第176页;William T. Stearn,"布朗,罗伯特"(Brown, Robert),《科学传记词典(二)》(*Dictionary of Scientific Biography*, II),第516页～第522页。

[5] 引自 Mabberly,《朱庇特式植物学家:不列颠博物馆的罗伯特·布朗》,第166页。

大园艺师和业余爱好者要求植物分类保持稳定的呼声。[6]

即便进化论在19世纪60年代已经初步建立，并且胡克本人还与达尔文联系密切，但是，边沁和胡克并不打算重构植物之间的系统发生学关系。虽然根据进化论的观点，共同祖先才是生物之间亲缘关系的基础，但实践中做到这一点却很难，将推测得出的系统发生学关系用作分类的基础也不可靠。大多数分类学家更倾向于从独立被证明的分类范畴中构建系统发生学方案，而非通过系统发生学构建分类范畴。19世纪末以来，人们提出的几乎所有系统发生学方案都衍生自奥古斯特·艾希勒（1839～1887）和阿道夫·恩格勒（1844～1930）的方案，后者是柏林植物园（Berlin Botanical Garden）的继任园长并从1878～1914年一直担任此职位。其他方案则是由美国的查尔斯·E. 贝西（1845～1915）和德国的汉斯·哈利尔（1831～1904）在20世纪初独立提出的。从那时起，植物分类学最大的变化就是越来越多地使用定量方法，特别是但并非完全是那些依赖于细胞遗传学和分子生物学的方法。这样的方法在数值分类学中被用于从一个中立的角度来判断物种的分类学关系，以及在支序分类学中被用于重建特定的系统发生学关系。[7]

因为植物分类学的实践与全球探索紧密相关，所以对植物的空间和时间分布的研究从一开始就与分类学共同发展。19世纪时古植物学和植物地理学成为独立的学科，而后者受到的关注更多。19世纪最初10年中，亚历山大·布龙尼亚（1770～1847）绘制了令人印象深刻的巴黎近郊的植物化石图表，从而暗中为古植物学赢得了一席之地，因为那时的地层学已经离不开对植物化石的描述、鉴别和分类。对进化论的普遍接受对古生物学研究来讲，更是意义非凡。19世纪下半叶植物化石证据逐渐被补充完整并被用于研究古代植物的分布。到了19世纪末阿道夫·恩格勒等分类学家开始用古生物学证据来解答系统发生学问题，而到了20世纪古生物学被广泛应用于生态学、人类学甚至是农学。[8]

同时，19世纪的植物地理学发展出了彼此独立但又有所联系的两大分支。一方面，植物区系学研究强调特定植物类群，特别是显花植物的科和属的地区和全球分布

[6] A. G. Morton，《植物学史》（*History of Botanical Science*，London：Academic Press，1981），第294页～第313页，第371页～第374页；J. Reynolds Green，《植物学史（1860～1900），成为萨克斯的〈植物学史（1530～1860）〉的续篇》（*A History of Botany，1860–1900，Being a Continuation of Sachs'"History of Botany，1530–1860"*，New York：Russell and Russell，1967），第110页～第153页；George Bentham 和 Joseph Dalton Hooker，3卷本《植物属志》（*Genera Plantarum*，London：Williams and Norgate，1862–83）；Clive Stace，《植物分类学与生物分类学》（*Plant Taxonomy and Biosystematics*，2nd ed.，London：Edward Arnold，1989），第25页～第29页；Stevens，《生物分类学的发展：安托万-洛朗·德朱西厄，自然与自然系统》，第111页～第118页，第251页～第261页。

[7] Stace，《植物分类学与生物分类学》，第29页～第63页；Stevens，《生物分类学的发展：安托万-洛朗·德朱西厄，自然与自然系统》，第10章、第11章，以及"后记"；Richard A. Overfield，《实践的科学：查尔斯·E. 贝西和美国植物学的成熟》（*Science with Practice：Charles E. Bessey and the Maturing of American Botany*，Ames：Iowa State University Press，1993），第178页～第199页。

[8] Martin Rudwick，《化石的意义：古生物学史趣事》（*The Meaning of Fossils：Episodes in the History of Paleontology*，2nd ed.，New York：Neale Watson，1976），第127页～第149页；Karl Mägdefrau，《植物学史》（*Geschichte der Botanik*，Stuttgart：Gustav Fischer，1973），第231页～第251页；Stanley A. Cain，《植物地理学的建立》（*Foundations of Plant Geography*，New York：Harper and Row，1944），第ii页。

模式,并据此将全球划分为几大植物区。达尔文的两大植物学方面的盟友,约瑟夫·多尔顿·胡克和阿萨·格雷的著作都聚焦于植物的地理分布。胡克的著作是他艰辛的考察旅程的结晶,他主要研究南半球植物群,特别是塔斯马尼亚岛和新西兰植物群,还研究印度和中国西藏植物群。格雷深居简出,却很好地利用了他的学生和同事跟随 230 19 世纪欧洲殖民地西进浪潮从北美洲内陆采集的大量标本。胡克和格雷都认同植物地理区的理念,并对全球范围内植物分布的纬度地带性和经度地带性进行了比较研究,达尔文也在他的《物种起源》(*On the Origin of Species*)一书的地理分布各章节引用了他们的著作。19 世纪上半叶的许多区系植物学研究,包括对各地反复出现的属和种比例的数字特征所做的统计学研究,都由阿尔丰沙·德堪多(1806～1893)的主要著作《理性地理植物学》(*Géographie botanique raisonée*,1855)进行了总结。[9]

德堪多也反映了植物地理学的另一个趋势,即将特定的植物形态和植物群与特定的物理环境(特别是气候和土壤)联系起来。这一趋势在 18 世纪末就已出现,并受到了世纪之交的博物学家兼探险家亚历山大·冯·洪堡(1769～1859)的推动。他不仅将大量主要来自南美洲的未命名的植物标本带回欧洲,还扩展了整个植物学研究的对象。他受德国学术传统的影响,将对植物外观的鉴别与气候联系起来。他最有名的著作是他受安第斯山脉探险之旅启发写就的,书中将植被从山底到顶峰的垂直分布与其从赤道到两极的水平分布做了比较。[10] 对地带性的讨论,以及洪堡根据植物群落外观所做的分类,开启了贯穿整个 20 世纪的一个传统。洪堡总结了 16 种外观类型,或称生命形态,包括草本植物、肉质植物、棕榈植物和阔叶树等大类。19 世纪有许多欧洲植物地理学家致力扩展这些类型并详细阐述自己的分类体系,以此鉴别、分类所有环境类群。1838 年,洪堡的追随者奥古斯特·海因里希·鲁道夫·格里泽巴赫(1814～1879)首次将这些环境类型命名为"环境构造"。格里泽巴赫、安东·克纳·冯·马里劳恩(1831～1898)、欧根纽斯·瓦明(1841～1924)以及 A. F. W. 申佩尔(1856～1901)等人形成的学派将植被研究与植物生理学、自然地理学、土壤学等领域联系起来,成为 19 世纪末新兴的植物生态学最显著的特征(参看第 24 章)。在 20 世纪,植物区系和植被类型两大领域作为植物地理学名下独立的分支延续了下来,其中植物区系学更贴近植物分类学,系统发生学和植被类型更贴近生态学,特别是群落生态学。这 231

〔9〕 Janet Browne,《不朽方舟:生物地理学史研究》(*The Secular Ark*:*Studies in the History of Biogeography*, New Haven, Conn.:Yale University Press,1983),第 32 页～第 85 页;Andrew Denny Rodgers III,《美国植物学(1873～1892):过渡的几十年》(*American Botany*,*1873-1892*:*Decades of Transition*, New York:Hafner,1968),第 2 章～第 6 章;A. Hunter Dupree,《阿萨·格雷(1810～1888)》(*Asa Gray*, *1810-1888*, New York:Atheneum,1968),第 185 页～第 196 页,第 233 页～第 263 页;Ray Desmond,《约瑟夫·多尔顿·胡克爵士:旅行家和植物采集者》(*Sir Joseph Dalton Hooker*:*Traveller and Plant Collector*, London:Royal Botanic Gardens,Kew,1999),第 253 页～第 260 页。

〔10〕 Browne,《不朽方舟:生物地理学史研究》,第 42 页～第 52 页。

两大领域有时也分别被冠以历史植物地理学和生态植物地理学的名称。[11]

植物园

19 世纪的多数时间内,植物学研究的中心都是正规的植物园,或者更确切地说,是植物园和植物博物馆,其最显著的特征就是拥有一个满是橱柜的植物标本馆,抽屉里摆满了制作好的干燥标本。现代植物园始于 16、17 世纪,当时的植物园有三重职能,其一是作为展示全球各地植物的地方,其二是作为基督教欧洲帝国主义切实可感的象征,其三是为治愈已知的疾病寻找潜在的药用植物。这一类场馆的建立始于与帕多瓦和莱顿大学医学院相关的大学花园。它们很快就吸引了欧洲各地富裕且有权势的赞助人的注意。到了 18 世纪,曾经引人注目的大学花园,例如剑桥大学和乌普萨拉大学的花园,被诸如巴黎、伦敦、柏林和维也纳等帝国中心发展正盛的城市花园抢去了风头。起初这些花园兼具多重目的——审美、教育、研究、培育并使植物适应新环境,当然还有展示欧洲的全球探索与征服。[12]

19 世纪前,大多数欧洲以外的植物学考察是由法国资助的,巴黎植物园因而拥有当时顶级的植物标本,这些标本曾被包括让-巴蒂斯特·德·莫内·拉马克、贝尔纳和安托万-洛朗·德朱西厄以及奥古斯丁-皮拉姆·德堪多在内的几代分类学家反复研究。巴黎植物园在进入 19 世纪时仍是欧洲顶级的植物园,不过新兴的英国模式正在取代巴黎植物园的传统模式。新模式下的植物园在开阔的地块上用更自然的方法培育植物。除了外在设计的原因,还有其他原因使得英格兰在 18 世纪末开始取得优势,当时,任伦敦克佑区王家植物园园长的约瑟夫·班克斯(1743～1820)收到詹姆斯·库克船长从航行中带回的首批植物样本。班克斯在任期间,植物园内无论是标本还是活体植物的数量都显著增加。到了 19 世纪的第二个 10 年,克佑区王家植物园已经成为全球性的殖民地植物园网络的中枢,它一方面是进一步探索的基地,另一方面则对那些由全球植物园网络传播开来的异域植物进行园艺学实验并使之适应当地气候。但是,法国政府对植物园慷慨的资助也影响到了克佑区王家植物园。威廉·杰克逊·胡克(1785～1865)于 19 世纪 40 年代对克佑区王家植物园进行了改革,就像

232

[11] Malcolm Nicolson,《洪堡后的洪堡植物地理学:与生态学的联系》(Humboldtian Plant Geography after Humboldt: The Link to Ecology),《英国科学史杂志》(*British Journal for the History of Science*),29(1996),第 289 页～第 310 页;Eugene Cittadino,《以自然为实验室:达尔文植物生态学在德意志帝国(1890～1900)》(*Nature as the Laboratory: Darwinian Plant Ecology in the German Empire, 1890-1900*, Cambridge: Cambridge University Press, 1990),第 118 页～第 120 页,第 146 页～第 157 页;Robert P. McIntosh,《生态学背景:概念与理论》(*The Background of Ecology: Concept and Theory*, Cambridge: Cambridge University Press, 1985),第 127 页～第 145 页;Heinrich Walter,《地球植被:关于气候和生态生理学条件》(*Vegetation of the Earth: In Relation to Climate and the Eco-physiological Conditions*, London: The English Universities Press, 1973),Joy Wieser 译,第 1 页～第 27 页。

[12] John Prest,《伊甸园:植物园与重建天堂》(*The Garden of Eden: The Botanic Garden and the Re-creation of Paradise*, New Haven, Conn.: Yale University Press, 1981),第 38 页～第 65 页;Richard Drayton,《自然的管理:科学、不列颠帝国与世界的"进步"》(*Nature's Government: Science, Imperial Britain and the 'Improvement' of the World*, New Haven, Conn.: Yale University Press, 2000),第 137 页～第 138 页。

柏林植物园在卡尔·维尔德诺夫(1765～1812)领导下于19世纪第一个10年进行的改革。[13]

虽然植物园的确是服务于植物学研究,但它们的园长和赞助者却并不把它们作为纯粹的科研场所。美学目的和科学目的都不能像经济目的那样吸引公众支持和财政补贴。克佑区王家植物园就是一个具有启发性的例子。历史学家理查德·德雷顿认为,英国政府对该园的稳定的财政支持不只追求经济回报,而且是与帝国的理念紧紧捆绑在一起的经济回报。如果公众认为该园的植物服务帝国的扩张事业,那么该园的管理者,特别是胡克的儿子约瑟夫和约瑟夫的女婿威廉·西塞尔顿-戴尔(1843～1928),就可以借此为专业植物学扩大领域赢得公众的支持。就像德雷顿所述:"帝国的科学会造就一个科学的帝国。"[14]19世纪70年代,约瑟夫·多尔顿·胡克利用不断扩展的海外植物园网络,例如锡兰(今称斯里兰卡)、加尔各答、新加坡、缅甸和婆罗洲的植物学园地,研究种植橡胶树的最佳方法。威廉·西塞尔顿-戴尔接替约瑟夫并在1885～1905年担任该园园长。他希望进一步深化该园的经济植物研究,特别是深化影响无数企业的殖民地农业的研究。但是,他也推广了19世纪中间30年兴起于德国的新型植物学教学和研究理念。他主持翻译了尤利乌斯·萨克斯(1832～1897)的极具影响力的植物学教材,并于1875年在克佑区王家植物园建立了英国第一所植物学实验室——乔德雷尔实验室(Jodrell Laboratory)。通过乔德雷尔实验室的建立,他也间接促进了剑桥大学、牛津大学,以及新成立大学的植物学实验室的建设。[15]

柏林植物园也同样扮演着双重角色,既是科学研究中心,也是德国曾经获得的非洲和太平洋殖民地植物的管理者。到19世纪末,德国已经在东非、西南非(今天的纳米比亚)和喀麦隆建立了海外植物园和实验站。在大部分殖民时代任柏林植物园园长的阿道夫·恩格勒将植物园移到了达勒姆(Dahlem)。他在那里开始利用格里泽巴赫的方式将植物按照其自然类群分类,并利用职务上的便利推进其分类学和植物地理学研究,将几卷关于非洲植物群的书加入了他本已引人注目的著作清单中。他也在柏林植物园和海外植物园装备了园艺学实验设施,并专门成立了一个办公室,以向殖民地地区的种植园主传播信息、种子和活体植物。巴黎植物园继续作为园艺学实验和植物适应新环境实验以及纯粹学术研究的中心,尽管其影响力在19世纪末已经被克佑区王家植物园和柏林植物园削弱。一处著名的殖民地实验室就是位于爪哇岛的茂物(今博果尔)植物园。该植物园或许是当时最大的植物园。茂物植物园在它的新园长梅尔

233

[13] Henry Savage, Jr.,"导论"(Introduction),载于 Marguerite Duval,《国王的花园》(*The King's Garden*, Charlottesville: University Press of Virginia, 1982),Annette Tomarken 和 Claudine Cowen 译,第 ix 页;Henry Potonié,《柏林皇家植物园》(Der königliche botanische Garten zu Berlin),《科学周刊》(*Naturwissenschaftliche Wochenschrift*),5(1890),第212页～第213页;Drayton,《自然的管理:科学、不列颠帝国与世界的"进步"》,第229页～第230页。

[14] Drayton,《自然的管理:科学、不列颠帝国与世界的"进步"》,第168页。

[15] Lucille Brockway,《科学与殖民扩张:英国王家植物园的作用》(*Science and Colonial Expansion: The Role of the British Royal Botanic Gardens*, New York: Academic Press, 1979),第156页～第160页;Ray Desmond,《克佑区:王家植物园的历史》(*Kew: The History of the Royal Botanic Gardens*, London: Harvill Press, 1995),第290页～第301页;Green,《从最早时期到19世纪末的英国植物学史》,第525页～第539页。

希奥·特勒布(1851～1910)的领导下,在19世纪80年代成为重要的热带植物研究中心。特勒布在此建立了现代植物学实验室和研究性的山区花园。虽然特勒布坚持把服务于荷兰的海外农业利益作为植物园的首要任务,但他仍然成功吸引了许多学术性的植物学家来此研究,并创办期刊以便这些学者发表他们的研究成果。纽约植物园成立于19世纪末20世纪初,当时的美国刚刚开始获取海外领地,它的创立者纳撒尼尔·劳德·布里顿(1859～1939)就像柏林植物园的园长那样,受到了克佑区王家植物园的启发。然而,他所强调的是纯粹的分类学研究而不是经济植物学。美西战争后,加勒比地区对美国人开放,布里顿设法在1898～1916年组织了超过70次独立的采集考察。通过与哈佛大学和华盛顿国家植物标本馆(National Herbarium)组织的联合考察,他后来将植物园扩建以包括南美洲的部分。[16]

“新植物学”

就在大型的城市植物园成为植物分类学、生物地理学和异域植物适应新环境的研究中心时,一种新型的学术研究中心——植物学实验室开始形成。对藻类、真菌、地衣、苔藓和地钱,以及所有的维管植物的形态、结构及功能的研究,成为新的植物学实验室和研究机构的首要任务。不断扩展的德国大学系统以及瑞士、奥地利等德语国家的大学尤其重视这一点。到了19世纪下半叶,这些新的研究机构占据了植物学的主导地位并吸引了越来越多的新加入者的注意力。或许最好的例子就是尤利乌斯·萨克斯于19世纪60～90年代在维尔茨堡大学设立的植物学研究机构和安东·德巴里(1831～1890)在普法战争结束到19世纪80年代末之间重组的德国斯特拉斯堡大学。在这里,预备博士生、助教、无俸讲师和临时的交流学者在负责教授确定的研究项目中各司其职。德巴里的研究机构招徕真菌学(对真菌及其引发的农作物疾病的研究)和解剖学学者,萨克斯的实验室则注重植物生理学——他对这门学科的创立所做的贡献无人能及。这两个研究机构都时常有外国植物学家来访,他们将自己在德国工作的经验应用于发展本国的实验室植物学中。[17]

234

实验室研究首先在德国开花结果有以下几个原因。19世纪上半叶,在各自为政但经济发达的德语邦国中,大学的数量剧增。这导致它们之间展开了装备更好的研究设施和引进更好的教授的竞争。同时,在19世纪初法国占领普鲁士期间,柏林大学建成并受此影响,首创了同时兼具教学和科研任务的新型大学模式。此外,德国研究机构

[16] Bernhard Zepernick 和 Else-Marie Karlsson,《柏林植物园》(*Berlins Botanischer Garten*, Berlin: Haude und Spener, 1979),第90页～第103页;Cittadino,《以自然为实验室:达尔文植物生态学在德意志帝国》,第76页～第79页,第135页～第139页;Henry A. Gleason,《纳撒尼尔·劳德·布里顿的科学成就》(The Scientific Work of Nathaniel Lord Britton),《美国哲学学会学报》(*Proceedings of the American Philosophical Society*),104(1960),第218页～第224页。

[17] S. H. Vines,《关于上世纪70～80年代德国植物实验室的回忆录》(Reminiscences of German Botanical Laboratories in the 'Seventies and 'Eighties of the Last Century)和 D. H. Scott,《80年代早期德国回忆录》(German Reminiscences of the Early 'Eighties),《新植物学家》(*The New Phytologist*),24(1925),第1页～第8页,第9页～第16页。

的场所布置和人员的等级结构使得实验室的研究人员能够在指定岗位上进行精密研究，这尤其适合显微镜研究。因为许多新的植物学研究方向都要用到显微镜，所以有人想当然地认为这一系列成果与显微技术的发展和高质量显微镜的普及有关。然而，有些意义重大的早期工作，例如罗伯特·布朗对细胞核、花粉管形成和花受精的研究以及胡戈·冯·莫尔（1805～1872）对细胞构造所做的大量研究，都是用简易的单镜头显微镜做出的。这样的例子还有许多，就像尤利乌斯·萨克斯和布朗的传记作者D. J. 马伯利所说的那样，这些用简易设备做出的早期成果吸引了更多人加入这一领域并产生了对更好、更便宜显微镜的需求。无论如何，19 世纪 30～40 年代显微技术的稳步发展逐渐消除了设备的球面像差和色差，为新的植物学研究打下了基础。[18]

235

显微镜研究的首要任务，就是弄清所谓隐花植物——真菌、藻类、苔藓和蕨类等不开花不结果的植物的生活史。当时人们对它们的生殖方式知之甚少。1830～1850 年，隐花植物变得不再如此神秘，因为研究人员已经描述了配子构造以及它在植物体中相继交换的细节。威廉·霍夫迈斯特（1824～1877）出版于 1851 年的著作将这方面的研究推向了高潮。霍夫迈斯特在书中用质朴的文字，揭示了植物界普遍存在的世代交替现象，使得此书极具价值。霍夫迈斯特是一位音乐出版商，同时也是自学成才的植物学家。他的论述令人信服，即从苔藓植物（苔藓和地钱）到被子植物（显花植物），所有多细胞绿色植物的生活史都经历了从产生配子的单倍体世代到产生孢子的双倍体世代的循环，它们的细微构造显著相似。霍夫迈斯特的发现为 19 世纪中期的植物学提供了绝佳的共同主题，有力地推动了相关研究的深入。[19]

霍夫迈斯特的研究受到罗伯特·布朗和胡戈·冯·莫尔的显微镜研究以及马蒂亚斯·施莱登（1804～1881）的著作的影响。后者是细胞学说的奠基人之一，同时也是一本开创性地将经验主义方法引入解剖学和形态学的植物学教科书的作者。该书同时还给出了使用显微镜的指导原则。施莱登的"科学植物学"成为计划性模式，使得新一代专业人员能够在不断扩大的德国大学体系中找到工作。细胞学说、霍夫迈斯特的世代交替理论、对植物的化学组成的日益深入的了解以及 1860 年后出现的进化论，新一代植物学家们用这些理论成果武装自己，进而在新型实验室中研究出各种植物的生命周期、发育过程和解剖学结构。解剖学和形态学在实验室植物学发展的初期占主导地位，但到了 19 世纪 60 年代前后，植物生理学壮大起来，这很大程度上得益于维尔茨堡大学的尤利乌斯·萨克斯结合他的医学生理学和农学背景，制定出的一个极具影响力的植物生理学教学与研究项目。萨克斯的许多研究都与向性运动（植物对光照、

[18] Morton，《植物学史》，第 362 页～第 364 页，第 387 页～第 397 页；Brian Ford，《单透镜：简易显微镜的故事》（*Single Lens: The Story of the Simple Microscope*, New York: Harper and Row, 1985），第 143 页～第 164 页；Julius von Sachs，《植物学史》（*A History of Botany*, Oxford: Clarendon Press, 1890），H. E. F. Garnsey 和 I. B. Balfour 译，第 220 页～第 226 页；Mabberly，《朱庇特式植物学家：不列颠博物馆的罗伯特·布朗》，第 113 页～第 114 页。

[19] Johannes Proskau，"霍夫迈斯特，威廉·弗里德里希·贝内迪克特"（Hofmeister, Wilhelm Friedrich Benedikt），《科学传记词典（七）》（*Dictionary of Scientific Biography*, VII），第 464 页～第 468 页；Morton，《植物学史》，第 398 页～第 404 页。

236 重力和接触等刺激因素的反应)有关,为此他还发明了一系列独具匠心的实验器械。他的植物学研究机构成为包括威廉·普费弗(1845～1920)(继萨克斯之后德国植物生理学的领军人物)、胡戈·德佛里斯(1848～1935)(孟德尔定律的重新发现者之一)以及弗朗西斯·达尔文(1848～1925)等整整一代植物学家的训练基地。弗朗西斯·达尔文曾一边师从萨克斯和德巴里,一边协助他父亲查尔斯·达尔文对植物运动进行研究。除了他建立的研究机构,萨克斯还出版了一本极具影响力的植物学教科书,该书被翻译成多种语言,并成为德国植物学计划向外传播的典范。[20]

到了19世纪的最后20年,以德国为中心的植物学改革运动在英国和美国开始被称作"新植物学"。全世界的年轻植物学家都慕名前往德国接受独一无二的植物学培训。19世纪80年代前他们中的大多数人都跟随萨克斯和德巴里,但之后则前往位于波恩的爱德华·施特拉斯布格尔、莱比锡的威廉·普费弗或者慕尼黑的卡尔·格贝尔(1855～1932)领导的植物学研究机构深造。上述这些德国植物学家都曾师从萨克斯或德巴里。受德国模式的影响,实验室培训也成为英美大学植物学研究项目的主要特征。到了19世纪末,强调分类学的传统让位于形态学、解剖学和植物生理学以及这些学科在农学领域的应用。[21]

H. 马歇尔·沃德(1854～1906)是"新植物学家"的典型代表。他于1895年开始在剑桥大学担任植物学教职,直至1906年去世。有很多欧洲或美国植物学家有着类似的职业生涯轨迹,我们可以从沃德的职业生涯中略窥这个趋势的主要特征。沃德出身平凡,他最初是从托马斯·亨利·赫胥黎在伦敦王家矿业学校创办的教师培训课程接受了科研教育。其间他的植物学导师是威廉·西塞尔顿-戴尔和悉尼·瓦因斯(1849～1934)——他们都曾在德国植物学实验室工作过。西塞尔顿-戴尔后来创办了乔德雷尔实验室并成为克佑区王家植物园的园长。瓦因斯则成为剑桥大学和牛津大学建设新植物学的主要推动者。沃德在王家矿业学校取得了突出的学术成果,这为 237 他赢得了一笔剑桥大学奖学金。毕业后,他前往德国萨克斯的实验室深造,随后又接受了"政府隐花植物学家"这个殖民地岗位,前往锡兰的一个种植园调查咖啡树疾病。回到英国,他被任命为伦敦王家印度工程学院(Royal Indian Engineering College)林学研究所(Forestry Institute)的植物学教授。其他方面,他将萨克斯的植物生理学讲稿译成英文。1895年,他接受了剑桥大学的教职,在这个岗位上利用他在植物疾病方面丰富

[20] Karl Goebel,《尤利乌斯·萨克斯》(Julius Sachs),《科学进步》(*Science Progress*),7(1898),第150页～第173页;E. G. Pringsheim,《尤利乌斯·萨克斯:现代植物生理学奠基人(1832～1897)》(*Julius Sachs: Der Begründer der neueren Pflanzenphysiologie, 1832–1897*, Jena: Gustav Fischer, 1932),第218页～第230页;Cittadino,《以自然为实验室:达尔文植物生态学在德意志帝国》,第17页～第25页;Julius Sachs,《植物形态学与植物生理学教科书》(*Text-book of Botany, Morphological and Physiological*, Oxford: Clarendon Press, 1875),A. W. Bennett 和 W. T. Thiselton-Dyer 译。

[21] Rodgers,《美国植物学(1873～1892):过渡的几十年》,第198页～第225页;F. O. Bower,《上个世纪中后期英德植物学》(English and German Botany in the Middle and Towards the End of Last Century),《新植物学家》,24(1925),第129页～第137页;Overfield,《实践的科学:查尔斯·E. 贝西和美国植物学的成熟》,第72页～第99页。

的实践经验推动了植物病理学的研究。[22]

野外考察与实验室研究、理论与实践的融合

沃德的职业生涯反映了野外考察与实验室研究、纯粹科学与实际应用的融合,同时也反映出方法论和学术规划之间的互动更真实地体现出19世纪末20世纪初的植物学的发展特点,而不再使用"纯粹"和"应用"的科学或"博物学家"和"实验主义者"这种二分法。植物学与农学之间的联系可以追溯到19世纪中期,当时受过大学教育的植物学家纷纷前往新兴的农学院和实验站任职。反过来,农业研究也促进了学术植物学的变化。人们对农业实验站寄予厚望,希望它们找到满足作物营养需求的方法,从而有力地推动植物生理学的发展。在他的维尔茨堡大学实验室建立之前,尤利乌斯·萨克斯在19世纪60年代早期就在维尔茨堡的一所新农学院教授这方面的课程。19世纪80年代,柏林农学院(Agricultural College of Berlin)成为植物生理学和植物病理学方面的培训中心。后一门学科的历史可以追溯到19世纪50年代安东·德巴里对植物真菌病的研究。随着19世纪下半叶美国许多农学院的建立,以及美国农业部和全国的农业实验站网络对植物学家敞开大门,对影响农作物的锈病、黑穗病和霉病的研究成为这些机构的当务之急。同时,研究有经济价值的植物(如咖啡树和甘蔗)的疾病,成为被派往热带殖民地的欧洲(后来是美国)植物学家的核心任务。[23]

植物生态学在20世纪初成为一门专门学科,当时的欧美野外考察者采用更新型实验室和实验项目的技术(尤其是观点),来研究植物的适应性、分布以及整个植物群落中的动态变化。美国是新兴学科的制度基础最完善的地区,许多野外考察者受过中西部新建的州立大学和农学院的基础植物学培训,在农耕带的西部边界开展了一系列平原、森林和山地的植被调查活动。20世纪,这一领域在几个方向获得了发展,这些研究方向通常与国别和地域差异紧密相关。斯堪的纳维亚和欧洲大陆的一些地方称其为植物社会学,在这些地方,人们关注的重点是详尽地描述特定的植物群落;在美国,它被称为群落生态学,那里的人强调植被随时间产生的动态变化;在俄国,它被称为地植物学,因为在这里植物群落被视为整个生物-土地自然复合体的有机组成部分。[24]

238

[22] S. M. Walters,《剑桥植物学的形成》(*The Shaping of Cambridge Botany*, Cambridge: Cambridge University Press, 1981),第83页～第85页;Green,《从最早时期到19世纪末的英国植物学史》,第543页～第569页;W. T. Thiselton-Dyer,《70年代植物生物学》(Plant Biology in the 'Seventies),《自然》(*Nature*),115(1925),第709页～第712页。

[23] Charles E. Rosenberg,《别无他神:关于科学和美国社会思想》(*No Other Gods: On Science and American Social Thought*, Baltimore: Johns Hopkins University Press, 1976),第153页～第184页;Arthur Kelman,《植物病理学对生物学的贡献》(Contributions of Plant Pathology to the Biological Sciences),载于Kenneth J. Frey编,《植物学的历史观点》(*Historical Perspectives in Plant Science*, Ames: Iowa State University Press, 1994),第89页～第107页。

[24] Cittadino,《以自然为实验室:达尔文植物生态学在德意志帝国》,第146页～第157页;Cittadino,《美国生态学与植物学职业化(1890～1905)》(Ecology and Professionalization of Botany in the United States, 1890-1905),《生物学史研究》(*Studies in the History of Biology*),4(1980),第171页～第198页;Malcolm Nicolson,《国家风格,不同分类:对美法植物生态学史的比较案例研究》(National Styles, Divergent Classifications: A Comparative Case Study from the History of French and American Plant Ecology),《知识与社会》(*Knowledge and Society*),8(1989),第139页～第186页。

实验室研究的传统在20世纪仍占据统治地位,同时还融入了许多新的实验技术,例如色谱法、超离心机的使用和同位素示踪法等。20世纪上半叶的植物生理学家成功揭示了光合作用的细节过程,还发现了植物激素在植物生长发育中扮演的重要角色。对后者的研究可以追溯到查尔斯·达尔文和弗朗西斯·达尔文在19世纪70年代所做的工作。类似地,植物解剖学先是获益于19世纪末常规光学显微镜的改进,随后又因1950年后电子显微镜的发明获得了新生。植物生理学和植物解剖学的研究常常受到计划中的或已经实施的实际应用的引导。凯瑟琳·埃绍(1898～1987)是20世纪的植物解剖学和电子显微镜应用的先驱者之一。她的研究深受她在柏林农学院学到的植物病毒知识以及移民美国后受雇于一家制糖公司的影响。类似地,在20世纪前25年里,许多接受过大学教育的植物生理学家开始受雇于美国农业部的植物产业办公室。这在很大程度上促进了孟德尔遗传定律在杂交玉米育种研究中的应用。这一项目的成功离不开美国农业部的植物学家与伊利诺伊州私人育种公司的直接合作。随后,20世纪30年代毕业于康奈尔大学农业遗传学同一个研究生项目的芭芭拉·麦克林托克(1902～1992)和乔治·W. 比德尔(1903～1989)为理解DNA的结构和行为做出了主要贡献。前者对玉米基因组进行了研究,后者的研究对象则是面包霉中的脉孢菌(*Neurospora*)。[25]

239

1900年三位重新发现孟德尔定律的欧洲植物学家——卡尔·柯灵斯(1864～1933)、胡戈·德佛里斯和埃里克·冯·丘歇马克(1871～1962),都曾受达尔文花粉受精研究的启发去探索变异的规律。美国的植物育种工作者首先接受了孟德尔的遗传定律并试图应用它。遗传学随后被纳入大学教育,但美国大学里许多参与建立孟德尔遗传学的植物学家都有农业背景,或曾直接参与过植物育种研究。在德国,除了柏林农学院的一个项目,遗传学研究仍是学术植物学的一部分,且并未与农业育种建立起密切的联系。出于这个原因,再加上美、德大学体系的不同,德国的遗传学除了关注细胞核遗传,还关注细胞质遗传,而且不那么注重实际应用。在英国,孟德尔遗传学对植物育种的价值在20世纪初曾受到质疑,当时的育种公司起初不愿将宝押在孟德尔主义上(就像它们在美国的做法)。结果出现了几个独立的育种中心,最终都通过农业研究会(Agricultural Research Council)受国家监管,而农业研究会本身与大学的遗传学

[25] Morton,《植物学史》,第448页～第453页;P. R. Bell,《植物对光的运动反应》(The Movement of Plants in Response to Light),载于P. R. Bell编,《达尔文的值得重新思考的生物学工作》(*Darwin's Biological Work, Some Aspects Reconsidered*, Cambridge: Cambridge University Press, 1959),第1页～第49页;Lee McDavid,"凯瑟琳·埃绍"(Katherine Esau),载于Benjamin F. Shearer和Barbara S. Shearer编,《科学界著名女性:传记辞典》(*Notable Women in the Sciences: A Biographical Dictionary*, Westport, Conn.: Greenwood Press, 1996),第113页～第117页;Deborah Fitzgerald,《育种产业:伊利诺伊州杂交作物(1890～1940)》(*The Business of Breeding: Hybrid Corn in Illinois, 1890-1940*, Ithaca, N. Y.: Cornell University Press, 1990),第30页～第74页,第150页～第169页;Barbara A. Kimmelman,《科学研究中的组织和利益:R. A. 爱默森对农业遗传学的突出贡献的主张》(Organisms and Interests in Scientific Research: R. A. Emerson's Claims for the Unique Contributions of Agricultural Genetics),载于Adele E. Clarke和Joan H. Fujimura编,《工作之利器:运用于20世纪生命科学》(*The Right Tools for the Job: At Work in Twentieth-Century Life Sciences*, Princeton, N. J.: Princeton University Press, 1992),第198页～第232页。

研究项目联系紧密。到20世纪中叶,这些研究中心开发出了小麦、大麦、燕麦和马铃薯的许多新亚种,这些新亚种的质量远超英国私人育种公司的产品。法国国家农学研究院(French National Institute for Research in Agronomy)的育种工作者在20世纪50年代取得了类似的成功,他们培育的玉米亚种可以适应阿尔卑斯山以北相对寒冷的气候。随之而来的就是20世纪60年代以来法国杂交种子对欧洲其他国家的出口以及玉米种植北界的扩展。[26]

第二次世界大战后,美国开始积极向发展中国家推销其植物育种产品和技术。20世纪40年代,训练有素的植物病理学家诺曼·博洛格(1914～2009)被派往墨西哥,参加一项由美国政府、墨西哥农业部和洛克菲勒基金会共同组织的联合研究。从此,他将研究重点从植物病理学转向育种实验并很快研制出一个小麦亚种,显著提高了墨西哥的小麦产量。到了20世纪60年代,所谓绿色革命在印度、巴基斯坦、土耳其和其他国家兴起,并扩展到小麦以外的水稻和其他作物。博洛格于1970年被授予诺贝尔和平奖,尽管他的项目因过度依赖化石燃料和化肥,并损害了自然界基因多样性而受到环保主义者的批评。20世纪的最后20年期间,一种由农业研究者、大学的植物学家和私人企业联合组织的研究项目开始出现,那就是应用重组DNA技术创造抗病作物。这类项目取得了初步的成功,但同时也备受争论。人们将病原病毒的基因转移到宿主植物体内,生产了约50种转基因植物。1987～1995年,这些转基因植物在美国获准进行实验性种植,其他项目则不甚成功,例如将经过重组DNA的抗寒细菌作用于农作物,以及将固氮菌通过生物工程技术转移到非豆科植物体内等,都被证明在商业上无利可图。[27]

240

这些新技术在实践中的应用也引发了人们对遗传的本质和进化过程的思考。20世纪早期,野外研究与实验室研究、生态学知识和古生物学知识以及细胞遗传学为人们提供了研究植物分类学的新视角。在苏联,遗传学家N. I. 瓦维洛夫(1891～1951)将这种视角应用到他于20世纪20和30年代进行的旨在探索农作物起源的种子研究中,直到他的研究被反孟德尔主义的农学家、苏联空想家T. D. 李森科(1898～1976)下令终止。根据他的植物在其发源地的基因多样性最丰富这一理论,瓦维洛夫进行了

[26] Jonathan Harwood,《科学思想的风格:德国遗传学界(1900～1933)》(*Styles of Scientific Thought: The German Genetics Community, 1900–1933*, Chicago: University of Chicago Press, 1993),第138页～第180页;Paolo Palladino,《手艺和科学之间:植物育种、孟德尔遗传学和英国大学(1900～1920)》(Between Craft and Science: Plant Breeding, Mendelian Genetics, and British Universities, 1900–1920),《技术与文化》(*Technology and Culture*),34(1993),第300页～第323页;Paolo Palladino,《科学、技术与经济:英国植物育种(1920～1970)》(Science, Technology, and the Economy: Plant Breeding in Great Britain, 1920–1970),《经济史评论》(*Economic History Review*),49(1996),第116页～第136页;Neil McMullen,《种子与世界农业发展》(*Seeds and World Agricultural Progress*, Washington, D. C.: National Planning Association, 1987),第147页～第163页。

[27] John H. Perkins,《地缘政治学与绿色革命:小麦、基因与冷战》(*Geopolitics and the Green Revolution: Wheat, Genes, and the Cold War*, New York: Oxford University Press, 1997),第223页～第246页;Charles S. Levings III、Kenneth L. Korth和Gerty Cori Ward,《当前观点:生物技术对植物改良的影响》(Current Perspectives: The Impact of Biotechnology on Plant Improvement),载于Frey,《植物学的历史观点》,第133页～第160页;Sheldon Krimsky和Roger P. Wrubel,《农业生物技术与环境:科学、政策与社会问题》(*Agricultural Biotechnology and the Environment: Science, Policy, and Social Issues*, Urbana: University of Illinois Press, 1996),第73页～第97页,第138页～第165页。

世界范围的植物采集，并对它们进行了比较细胞遗传学的研究。在美国，长期以来受 241 实用主义影响的卡内基研究所（Carnegie Institution）于20世纪头10年首先在亚利桑那州的图森（Tucson）建立了沙漠植物学实验室（Desert Botanical Laboratory），之后在加利福尼亚的卡梅尔（Carmel）建立了第二个实验室。这两个实验室旨在融合生理学、生态学、遗传学和细胞学方面的实地考察和实验室研究，以帮助人们更好地了解植物的进化过程。卡内基实验室的研究涵盖了沙漠植物的地理分布和生理适应性、植物物种内部独特的生态"族群"辨识以及多倍体物种（即含有多套染色体的物种），也有许多研究与瓦维洛夫的研究相重合。新技术与新观点的组合显著推动了植物分类学、综合达尔文主义进化论以及孟德尔遗传学的发展（参看第23章）。[28]

循着一条不同的线索，基础研究和应用研究的结合发现了对基因的化学性质的早期研究极其重要的烟草花叶病病毒，这由俄国植物学家D. I. 伊万诺夫斯基（1864～1920）首次发现。他于19世纪90年代被派往克里米亚研究该地区的烟草疾病，从此烟草花叶病病毒成为20世纪早期生物化学领域的研究热点。洛克菲勒研究所在新泽西的普林斯顿的植物病理学实验室、英国的洛桑实验站和纽约的博伊斯·汤普森研究所（唯一进行植物学基础研究的私人机构）在20世纪30年代都开展了对其晶体形态的分离实验。对烟草花叶病病毒最重要的实验研究由洛克菲勒研究所的温德尔·斯坦利（1904～1971）于1935年完成。这一研究基于博伊斯·汤普森研究所稍早的研究成果。当洛桑实验站的植物病理学家们意识到博伊斯·汤普森研究所工作的重要性之后，他们把研究的重点从感染英国重要经济作物马铃薯的病毒转移到烟草病毒上来。他们验证了斯坦利1935年的研究成果，但同样没有意识到病毒中的核酸（针对该病毒来说，是RNA）所起的重要作用。即便如此，詹姆斯·D. 沃森和弗朗西斯·克里克最终通过烟草花叶病病毒的X光衍射照片所提供的关键线索于1953年发现了DNA的双螺旋结构。[29]

242 在过去的两个世纪中，得益于广泛的野外考察和生理学、生物化学研究，植物学与医药领域的传统联系得到进一步的发展。植物园在其中扮演了重要角色。19世纪早

[28] Loren R. Graham，《苏联的科学、哲学与人的行为》（*Science, Philosophy, and Human Behavior in the Soviet Union*, New York: Columbia University Press, 1987），第117页～第138页；N. I. Vavilov，《栽培植物的起源、变异、免疫与繁殖》（*The Origin, Variation, Immunity and Breeding of Cultivated Plants*, Waltham, Mass.: Chronica Botanica, 1951），K. Starr Chester 译；Sharon E. Kingsland，《一门难以捉摸的科学：美国西南部的生态学事业》（An Elusive Science: Ecological Enterprise in the Southwestern United States），载于 Michael Shortland 编，《科学和自然：环境科学史论文集》（*Science and Nature: Essays in the History of the Environmental Sciences*, Oxford: British Society for the History of Science, 1993），第151页～第179页；Joel B. Hagen，《20世纪植物学中的实验主义者和博物学家：实验分类学（1920～1950）》（Experimentalists and Naturalists in Twentieth-Century Botany: Experimental Taxonomy, 1920-1950），《生物学史杂志》（*Journal of the History of Biology*），17（1984），第249页～第270页；Vassiliki Betty Smocovitis，《小G. 莱迪亚德·斯特宾斯与综合进化论（1924～1950）》（G. Ledyard Stebbins, Jr. and the Evolutionary Synthesis [1924-1950]），《美国植物学杂志》（*American Journal of Botany*），84（1997），第1625页～第1637页。

[29] Robert Olby，《双螺旋之路》（*The Path to the Double Helix*, Seattle: University of Washington Press, 1974），第156页～第160页；William Crocker，《植物的生长：博伊斯·汤普森研究所20年的研究》（*Growth of Plants: Twenty Years' Research at Boyce Thompson Institute*, New York: Reinhold, 1948），第1页～第9页；Angela N. H. Creager，《一种病毒的传记：作为实验模型的烟草花叶病病毒（1930～1965）》（*The Life of a Virus: Tobacco Mosaic Virus as an Experimental Model, 1930-1965*, Chicago: University of Chicago Press, 2002）。

期，一位从爪哇回到巴黎植物园的植物学家带给安托万-洛朗·德朱西厄一种箭毒。德朱西厄找到了这种箭毒的植物来源，从此医学研究引入了士的宁（strychnine）这种药物。19 世纪 60～70 年代，约瑟夫·多尔顿·胡克调动克佑区王家植物园和几个殖民地植物园的资源搜集并培育金鸡纳树，其树皮是治疗疟疾的奎宁的来源。采集者往往需要当地人的帮助，才能找到正确的金鸡纳树。20 世纪初“民族植物学”这一术语已经用于实践。利用当地的民间知识寻找有价值的植物资源，一方面是作为文化考古学的研究工具，另一方面则是为了发现有用的药物。制药企业对自然界的植物资源保持着极大的兴趣，因为人工合成药物的第一步就是在自然界中寻找带有生物活性的物质，例如中国长期以来都在使用天然的麻黄碱。德国和中国的药学家于 20 世纪 20 年代成功将其从植物中分离出来并传入西方，而一位日本的研究者首先在 19 世纪 80 年代取得同样的成果。在整个 20 世纪，大学实验室、植物园和制药企业收集并研究了各种各样的毒药、麻醉剂和致幻剂，到 20 世纪末，民族植物学已经成为包括哈佛植物博物馆、纽约植物园和克佑区王家植物园在内的许多机构的主要研究项目。这些机构也时常与制药企业组织热带地区的联合考察。尽管寻找有用的、具有市场价值的药用植物来源仍是一项首要任务，但民族植物学家们的注意力从 20 世纪 80 年代起转向了知识产权保护、生物多样性保护以及原住民的健康和权利。“民族生态学”这一术语正被越来越多地使用，反映出民族植物学领域日益多样的研究视角和越来越强的社会责任感。[30]

（杨健　译）

[30] E. Wade Davis，《民族植物学：旧实践，新学科》（Ethnobotany: An Old Practice, a New Discipline），和 Bo R. Holmsted，《民族药学的历史观点和未来》（Historical Perspective and Future of Ethnopharmacology），载于 Richard Evans Schultes 和 Siri von Reis 编，《民族植物学：一门学科的演化》（*Ethnobotany: Evolution of a Discipline*, Portland, Ore.: Dioscorides Press, 1995），相关内容分别在第 40 页～第 51 页，第 320 页～第 337 页；Drayton，《自然的管理：科学、不列颠帝国与世界的“进步”》，第 206 页～第 211 页；Darrell A. Posey，《保护土著民族的传统资源权利》（Safeguarding Traditional Resource Rights of Indigenous Peoples），载于 Virginia D. Nazarea 编，《民族生态学：本地知识与本地生命》（*Ethnoecology: Situated Knowledge/Located Lives*, Tucson: University of Arizona Press, 1999），第 217 页～第 229 页；Gary J. Martin，《民族植物学：一本方法手册》（*Ethnobotany: A Methods Manual*, London: Chapman and Hall, 1995），第 xvi 页～第 xxiv 页。

14

243

进　　化

乔纳森·霍奇

生物学家现在用进化论来回答很多问题。新物种是怎么产生的？通过进化：通过更早的物种经过有改变的代代相传。为什么鸟类全都有两只脚和两个翅膀？因为它们都是从一个有这些特征的共同祖先物种进化而来的。生命是如何从数十亿年前的最初几个简单有机体发展的呢？通过进化：通过它们后代的增殖、多样化和复杂化。

对进化的研究在今天形成了一个独立的学科：进化生物学。这个学科从其先驱那里得到的恩惠之大为其他大多数学科所不及。像约翰·梅纳德·史密斯这样的最近的贡献者会回溯到20世纪20年代的J. B. S. 霍尔丹（1892～1964）和19世纪80年代的奥古斯特·魏斯曼（1834～1914）。他们又接着回溯到《物种起源》（*On the Origin of Species*，1859）的作者查尔斯·达尔文，而他认为自己是在遵循首先由他的祖父伊拉斯谟·达尔文（1731～1802）和让-巴蒂斯特·德·莫内·拉马克（1744～1829）开创的道路，这两人都在1800年左右著书立说。

所有这些对早期前辈们有意识的追随构成了一种真正的历史延续。然而，当今天的生物学家回溯到查尔斯·达尔文或拉马克的时候，他们通常加入了两种进一步的判断。首先，他们假定这项事业都是千篇一律的，每个人都为在一本当代教科书中呈现的进化生物学做出了贡献。然而一位受过训练并且职业的科学史学家不能做出这样的假定，而且要提出这样的问题：这项事业及其目的是如何变化的以及为什么？生物学家通常做的第二个假设是，只有进化才能对他们的问题做出完全科学的回答，其他答案全是古代宗教教条或固执的形而上学成见。这个观点——掌握进化论是成为一名合适的现代专业人（女人很少被包括进去）的必要条件——可以追溯到19世纪60年代的支持达尔文的运动。那个时候，根据新颖的实证主义科学观念，科学通常被认定是与宗教和形而上学形成鲜明对比的，因此进化论的崛起和希伯来神创论或希腊静止论*的衰落，被归入对我们自己和自然的现代的、科学的思考与感觉方法的崛起。再

244

* 柏拉图的理念论以及本质主义（essentialism）思想认为每个生物物种都有自己的本质，凭借这种本质，物种之间得以被区分开来。在本质主义者看来，这种本质是不变的，如果存在物种进化现象，那么就意味着本质也会发生改变。所以不会存在物种之间的进化，每个物种的特征都是固定不变的，即“静止（stasis）”状态。——译者注

一次地,受过专业训练且职业的历史学家研究这种归纳而不信奉它们,是因为它们宣传可疑的假设,特别是关于事业都具有千篇一律性的假设。

在考量今天的生物学家展示的连续演替中的最早成员时,最需要针对这些假设的"解药"。一剂很好的解药是个老生常谈,那就是,每个人,特别是先驱者,形成并实施其意图,以作为对已经发生的而不是未来几十年仍然存在的事情的回应。那么,本章所述的演替史应该始于回顾1800年左右的生命史与生物多样性的研究者是如何看待他们自己的过去的。他们在回溯什么?他们希望仿效谁或避免重蹈谁的覆辙?对研究人类全部活动的历史学家来说,这些探究一向就是富有启发性的开始。[1]

布丰和林奈的影响

当向1800年前后活跃的自然哲学家和自然史学家提出上述问题时,很明显的是,他们的研究绝不是在一个有共识的理想和实践框架之中进行的,或者有所谓库恩范式(参看第12章)。然而,他们通常都持有这样的观点,即一个主要的挑战是要怎么处理前辈们决定性的但是有分歧的遗产:法国人乔治-路易·勒克莱尔·布丰(1707～1788)和瑞典人卡尔·林奈(1707～1778)的作品。自然地,他们对如何回应这个挑战有不同意见。

对布丰来说,博物学家作为理论家的两个主要任务是地球理论和发生理论。两个任务都需要天体演化论:一个是太阳系中秩序起源的宏观天体演化论,一个是一开始从胚胎的无序产生的任何成年动物中秩序起源的微观天体演化论。布丰的《自然的重要时期》(*Les Époques de la Nature*,1778)综合了这两种理论。在任何行星上,一旦冷却下来,热产生有机分子,有机分子则会自发产生任何新物种的最初成员,而这些分子中力的稳定构型,稳定的有机霉菌,能让物种繁衍下去,只要此后能够达到必需的温度。布丰在探索中,不去寻找任何分类次序,因为他认为分类法和命名法总是武断的、传统的,而不是自然的。[2] 相反地,林奈回避了天体演化论,而把改造分类法和命名法当作

245

[1] 有很多关于进化论历史的著作。经典著作包括 Loren Eiseley,《达尔文的世纪:进化与其发现者》(*Darwin's Century: Evolution and the Men Who Discovered It*, New York: Doubleday, 1958);John C. Greene,《亚当之死:进化与其对西方思想的影响》(*The Death of Adam: Evolution and Its Impact on Western Thought*, Ames: Iowa State University Press, 1959)。现代综合进化论创始人之一的一部研究著作大部分是关于进化的,参看 Ernst Mayr,《生物学思想的发展:多样性、进化和遗传》(*The Growth of Biological Thought: Diversity, Evolution and Inheritance*, Cambridge, Mass.: Harvard University Press, 1982)。三部含有丰富文献目录的最近著作是:Michael Ruse,《从单子到人:进化生物学中的进步概念》(*Monad to Man: The Concept of Progress in Evolutionary Biology*, Cambridge, Mass.: Harvard University Press, 1996);Donald J. Depew 和 Bruce H. Weber,《达尔文主义在进化:系统动力学和自然选择谱系》(*Darwinism Evolving: Systems Dynamics and the Genealogy of Natural Selection*, Cambridge, Mass.: MIT Press, 1995);Peter J. Bowler,《进化:一个观念的历史》(*Evolution: The History of an Idea*, Berkeley: The University of California Press, 1983; 3rd ed., 2003)。最近评价的汇编,参看 Michael Ruse 编,《"达尔文革命":是否、什么和谁的?》(The "Darwinian Revolution": Whether, What and Whose?),《生物学史杂志》(*Journal of the History of Biology*)特刊,38(Spring 2005),第1页～第152页。

[2] 关于布丰,参看 Jacques Roger,《布丰:从事自然史的一生》(*Buffon: A Life in Natural History*, Ithaca, N. Y.: Cornell University Press, 1997),Sarah L. Bonnefoi 译。关于18世纪更一般化的问题,参看 Jacques Roger,《18世纪法国思想中的生命科学》(*Life Sciences in Eighteenth-Century French Thought*, Stanford, Calif.: Stanford University Press, 1998),Robert Ellrich 译。

他作为博物学家的主要责任。布丰将牛顿自然哲学引入卢克莱修或更晚近的笛卡儿天体演化论,而林奈则致力于安德烈亚·切萨尔皮诺等人在文艺复兴时期复兴的亚里士多德系统分类学议程。除了构建人为分类系统,林奈也赞成自然分类,把动物、植物和矿物根据它们被《圣经》的上帝创造时所赋予的自然本质属性和关系加以归类和划分。

布丰与林奈之间的全面对立让他们很难遵循,令人难以置信的是米歇尔·福柯声称他们都在宣扬相同的知识、相同的构成知识的划时代的规则结构。[3] 在两个人分歧最大的问题上,没人能避免站队。然而,到1800年的时候,在许多重要的事情中还是出现了一些挑选和混合。让我们来看三个例子。第一,林奈关于植物与动物一样都有性的教导,与布丰把物种界定为互交不孕的亚种结合得很好,因为在所有生物中物种都可以被视为生殖上互不相关的世系。第二,就像布丰和林奈已提出的,在根据结构的相似性进行生物分类时,单一的线性系列排列是不可行的,树、地图和网等图形更合适。第三,关于物种在全世界的地理分布,布丰提出每一个物种都源自同一个地点,但不同物种有不同起源地,这已被认为是对林奈关于所有物种都源自伊甸岛的观点的怀疑。

尽管对这些挑选和混合有共识,乔治·居维叶(1769～1832)、洛伦茨·奥肯(1779～1851)、拉马克等人之间仍然存在巨大的分歧。居维叶利用在布丰和林奈之后新发展出来的比较解剖学,将内部结构的异同作为消化、呼吸、感觉、运动等功能的自然区别。在此,布丰两种天体演化论的遗产已荡然无存。对居维叶来说,地层古生物学揭示了物种的持续灭绝,以及越来越高等的生命形态可能被一步步地(以未明说的方式)引入地球,而不是源于什么天体演化论框架。[4] 这种与天体演化科学的剥离,很符合居维叶个人在动荡年代的小心谨慎,而且也符合新出现的对专业学者的看法,与属于旧制度(ancien régime)的布丰不同,人们期望专业学者在公开其理论时必须有证据。

246

奥肯信奉的德国唯心主义自然哲学传统被广泛认为有着太多的猜测,虽然批评者也承认奥肯在胚胎学和解剖学方面的贡献。哲学的猜测激发了人们去比较和分门别类地研究先验统一(颅骨是由椎骨组成的)、小与大之间的平行(在完善过程中胚胎一步步地重现比它们低等的动物形态)、低等与高等的渐变(所有动物构造都可以分解成最高人类形态的许多部分)、将所有力量导向形态的发育规律(大量而普遍的力到处被分化和个体化)。[5] 生命和灵魂充满了植物界、动物界乃至矿物界,甚至最早的人类也可能是无父无母地自然发生的。

[3] Michel Foucault,《词与物——人文科学考古学》(*The Order of Things: The Archaeology of the Human Sciences*, New York: Pantheon, 1970)。

[4] Martin J. S. Rudwick,《乔治·居维叶、化石骨骼和地质灾变》(*Georges Cuvier, Fossil Bones and Geological Catastrophes*, Chicago: University of Chicago Press, 1997)。也可参看 Rainger 著本卷第11章。

[5] 关于胚胎发育与进化发展的平行律,后来表现为重演律,参看 Stephen Jay Gould,《个体发生学和系统发生学》(*Ontogeny and Phylogeny*, Cambridge, Mass.: Harvard University Press, 1977)。

对有结构对称性倾向的内在动力的关注，使得形态优先于功能和历史。[6] 对奥肯来说，海洋鱼类与陆地哺乳动物的区别终究不是由于在不同环境中不同生活方式的设计，而是因为它们在以人类为顶点的形态等级系统中处于更低等位置。从鱼到人的每一个现在的、外生的和个体发生的转变，都揭示了鱼类与人类以及鱼类之外的低等生物之间的联系。但是在陆地与生命之间的时间、空间和因果关系的地质或地理的历史，在奥肯建立力与形态之间联系的议程中是无关紧要的。

拉马克：所有生物体属性的直接与间接产物

在1800年首次发表并使拉马克臭名昭著的观点，是他在18世纪90年代开始形成的，取代了他自18世纪70年代以来持有的非常不同的观点。[7] 虽然曾经是布丰的学生，但拉马克从来没有采纳其导师的两种天体演化论。早先拉马克认为，地球一直被太阳加热着，经过了无限漫长的时间，现在的动植物物种都在固定不变地生生不息。只有生物体内特殊的力才能把物质组成白垩之类的矿物，而一旦生命的作用停止，这些矿物就会一步步降解成花岗石之类的更低等的矿物。没有任何自然力能够产生任何生物体，因此，由于高等矿物是生命的产物而低等矿物是高等矿物的产物，所以没有任何矿物，实际上根本没有任何物体是自然的合适产物。

247

到1800年，拉马克已显著地改变了看法。地球和以前一样继续被太阳加热着，归功于无休无止的水的力量，陆地周而复始地被毁灭又被恢复，生命力仍然直接产生了最高等的矿物化合物又间接产生了低等矿物。但是现在拉马克认为所有生物体都是自然产生的。只有最简单的生物体能够以自发的、无父无母的生产方式直接从普通物质产生，因此所有更复杂的生物体必须在地球漫长的时间里逐步产生，而地球在无限漫长的、始终如一的过去一直是一个可栖息的水陆球。

按照历史编写的常规，人们会把拉马克所说的间接产生贴上“进化”（或“转化”或19世纪后期的其他术语）的标签，进而在把拉马克案例引入“进化思想的崛起”的框架之前，去区分拉马克关于“进化的事实证据”和他的“进化机制理论”。然而，在否认根据这些常规做出的假定是学界共识时，我们要问一下，拉马克本人是怎么回应他当时面临的问题的。

这个关键问题的产生，是在18世纪90年代中期，拉马克开始注意到，在把动物按

〔6〕 对此的经典研究为E. S. Russell，《形态与功能：论动物形态学史》（*Form and Function: A Contribution to the History of Animal Morphology*, London: John Murray, 1916）。关于德国思想中的唯心主义运动（包括奥肯形态学）最近的研究是Robert J. Richards，《生命的浪漫主义概念：歌德时代的科学与哲学》（*The Romantic Conception of Life: Science and Philosophy in the Age of Goethe*, Chicago: University of Chicago Press, 2002）。

〔7〕 例如参看M. J. S. Hodge，《拉马克的活体科学》（Lamarck's Science of Living Bodies），《英国科学史杂志》（*British Journal for the History of Science*），5（1971），第323页～第352页；Richard W. Burkhardt, Jr.，《系统的本质：拉马克与进化生物学》（*The Spirit of System: Lamarck and Evolutionary Biology*, Cambridge, Mass.: Harvard University Press, 1977）。

纲排列，从哺乳纲往下依次排到纤毛虫纲时，动物的内部结构组织有着渐变的等级。拉马克以前是一个植物学家，曾经把植物按属排成一个完美的序列，但是并不能将内部组织按等级一直排列到具有生命活力的最小构造，就像新出现的动物比较解剖学揭示的那样。那么问题就是，在接受了这一渐变等级之后，是否要进一步将其解释为由一系列从低级到高级相继的、连续的、逐步的过程产生的，刚好与他长期以来所认为的矿物从高级到低级的产生过程颠倒。为了这一步，拉马克必须改变他多年来将生命的产生置于自然和科学之外的立场，而他在 18 世纪 90 年代中期的著述表明他明确地做了这一改变。在大革命时期的法国，一个共和国的科学公仆会更自然地投身于解释性的任务，这是旧制度分配给教会的任务。

218

对拉马克来说，正如矿物的降解一向就是其矿物成分的本质所致，所有生命体的内在本质——在包含细胞组织的固体中流动的活跃、受控的液体——现在负责让组织结构历经无数代变得越来越复杂，与外部的偶然事件无关。一种次要的、偶然的因素打乱了这一系列从一个纲到下一个纲的进程，例如，为了适应偶然的水生环境，陆地哺乳动物获得了抓鱼的新习性，产生了新的四肢运动，因而内在液体有了新的运动，导致蹼足遗传给后代。首要本质因素造成了非适应性的纲间线性进程，而次要的偶然因素产生了纲内部适应性的、分歧的多样性，产生了新物种的新属和新目，因而已灭绝的物种的化石未必能记录在改变的环境中存活的最终失败者。

过去的爬行类和未来的爬行类都来自鱼类祖先过去和未来的复杂化，但不是同一种鱼，因此它们共有的爬行类特征不是来自一个共同祖先，而是来自一个共同的复合化倾向，它将所有的纲组织限制为一种结构类形。甚至于在次要的偶然因素作用下，一个灭绝的高等物种最终会回来，拉马克坚持认为，这需要经历漫长的岁月，从微小的单细胞生物开始间接地产生。

对受牛顿影响的拉马克来说，就跟布丰认为的那样，自然的最高力量是吸引（引力）和排斥（热）力，而且和布丰一样，他也认为通过这些力量自然已产生了所有的组织。但是在拉马克看来，过渡产物并不是任何有机分子（明确地被其矿物组成理论否定），它们能在古代更热时期轻易地组装成猛犸，就像在现在组装成纤毛虫一样。过渡产物一直就是纤毛虫组织，在一个稳定的地球持续地产生，没有布丰式的热衰退。因此，要正确地阐明引力和热是如何产生有组织的身体的，就需要在第一种简单的生命之后出现第一种复杂的生命，因为没有物理自然界的进与退，同一性在生物界引起了一种进步。

正如拉马克本人所理解的那样，拉马克的理论可解读为用一种牛顿式天体演化论取代了布丰的两个牛顿式天体演化论，这样，我们现在就能评价最新的“进化”编史学。在探究从拉马克到梅纳德·史密斯的整个进展时，迈克尔·鲁斯极力主张，进化作为生物学的一个观念,一向就是一个关于社会的观念——进步——转移到自然中。[8] 这个转移框架一开始就有疑难,那就是,社会进步从大约 1700 年起就是老生常谈,本来就是现代性的界定,而"生物学中的进化"在 1800 年左右才出现。而且,这个框架没法把改变范式的先驱者拉马克包括进去,因为他的生命进步观是从他排斥自然界本身的进步与退步之后推导而得的。这个失败并没有否定所有将科学观念与社会观念联系起来的做法,但是它要对"生物学的进化"做新的分析,避免编史方面的时代错误。

249

居维叶、奥肯和拉马克之后

一点也不令人惊讶的是,居维叶、奥肯、拉马克和其他在 19 世纪最初的 30 年发表著述的学者之间的根本分歧没有一个解决办法。多数观点被视为会带来令人不安的形而上学、宗教和政治后果。拉马克关于人的祖先是动物的观点,以及精神差异取决于组织多样性的观点,看起来都是具有威胁的唯物论观点,因此对私人和公共道德秩序具有颠覆性。虽然拉马克本人并不想实现激进的目标,别人却为此引用他的观点。奥肯的唯心主义和泛灵论似乎在宗教上是泛神论式的非正统思想,而他把精神标榜为自然和人的自由原则又是令人不安的自由化。相比之下,居维叶对唯物主义、唯心主义和泛灵论的敌视,连同他对将人类和前人类历史结合起来的圣经学的尊重,则深合他的很多基督教同胞之意。[9]

将居维叶领导下的伟大的巴黎自然史博物馆(Muséum d'Histoire Naturelle)当作所有博物学和比较解剖学的缩影,这个观点很有吸引力。在那里,居维叶不仅反对拉马克,而且反对另一个同事艾蒂安·若弗鲁瓦·圣伊莱尔(1772～1844)。虽然若弗鲁瓦至少在坚持认为形式同一优先于功能一致这个方面更接近奥肯而不是另外两个人,但是他的观点更接近唯物主义而非唯心主义或泛灵论,与拉马克的物种在变化的环境中能做无限改变的观点一致。当若弗鲁瓦提出所有的动物(不管是无脊椎动物还是脊椎动物)都包含着单一共同蓝图时,这样形态学就上升成了目的论,居维叶公开地反驳,正如他此前已攻击过拉马克体系的中心假设。

应该抗拒这样的诱惑,把居维叶连同其他两个对手这个巴黎三人组当作那个时代的完全缩影,因为这不仅忽略了德国的进展,而且认为两种极端——"形态"(若弗鲁瓦)对"功能"(居维叶)和"进化"(拉马克)对"神创"(居维叶)——为各种可能的立场提供了充分的基础。但是所有的一分为二的框架,不管怎样改变顺序,都是对多种多

250

[8] Ruse,《从单子到人:进化生物学中的进步概念》。

[9] 关于拉马克引起的反响以及 19 世纪初的其他争议,参看 P. Corsi,《拉马克时代:进化论在法国(1790～1830)》(*The Age of Lamarck: Evolutionary Theories in France, 1790-1830*, Berkeley: University of California Press, 1988);Adrian Desmond,《进化政治:激进伦敦的形态学、医学和改革》(*The Politics of Evolution: Morphology, Medicine and Reform in Radical London*, Chicago: University of Chicago Press, 1989);Toby Appel,《居维叶-若弗鲁瓦辩论:达尔文之前数十年的法国生物学》(*The Cuvier-Geoffroy Debate: French Biology in the Decades before Darwin*, Oxford: Oxford University Press, 1987)。

样的、偶然的、环境的调整做了过于简单化的处理并加以采用。

几个在19世纪20年代出名的年轻人的野心表明了这些调整的复杂性。举两个例子也许就够了：卡尔·恩斯特·冯·贝尔（1792～1876），一个在德国工作的爱沙尼亚人，致力推动比较解剖学和胚胎学的进展；查尔斯·莱伊尔（1797～1875），一个在英格兰工作的苏格兰人，他的目标是改造地质学。

奥肯和其他人认为每个胚胎都是从低级到高级发育的，因此一只老鼠在具有哺乳动物形态之前先有鱼类形态，而冯·贝尔则认为发育是一个从普遍到特殊的过程。老鼠先是脊椎动物，然后是哺乳动物、啮齿类，最后成为老鼠，因此从来就没有过鱼形。再者，没有哪种脊椎动物曾经是软体动物，因此这支持了居维叶对若弗鲁瓦所谓所有动物类型具有同一性的反对意见，也支持了居维叶对拉马克连续发育的反对意见。他还反对了奥肯支持者新近提出的观点，即胚胎的逐步发育重演了遥远过去的发展转变。然而，冯·贝尔也喜欢把小宇宙与大宇宙做比较，把这些连续的分化与天空中星云变成恒星联系起来。冯·贝尔根据分化的程度来鉴定结构完善性的等级，并区分结构类型的等级，他坚持认为任何等级都与各种类型相符，而胚胎结构的类型表明了自然分类的归属与分别，因此推进了居维叶的分类学方案，同时抛弃了目的论对形态学的优先地位。

莱伊尔对地质学的改造反对居维叶对这种看法的否定：如果把岩石记录的所有古代事件都归因于现在还在发生的以及人类经验可能触及的变化，地质学就能与那些更受推崇的科学学科竞争。詹姆斯·赫顿（1726～1797）曾提出一个理论，认为一个由水力和火力组成的稳定、平衡的系统维持了可永久栖息的地球表面。莱伊尔复活并修改了这个理论，论证说应该支持这些假设，因为它们使得为以前的结果找到现在的原因成为可能。他反对获得很多地质学家支持的一种综合了物理衰退与有机进步的新理论，该理论认为，新布丰式的冷却与平静让地球越来越适合越来越高等的生命类型，最终创造了人（在进步演替中位于顶端的最晚近物种）。莱伊尔不能接受的是，这种理论框架暗示，很多物种灭绝、随后出现新物种储备的灾难事件只局限于特殊时期，与据称是安宁的现在完全不同。这种进步主义框架也鼓励人们放弃不连续的神创，接受拉马克式的自然的进步性产生。正如莱伊尔用了很长篇幅论证的，不管怎样，关于现存物种的所有已知事实都否定了拉马克需要的物种可变性。[10]

251

莱伊尔关于固定的物种如何在一个稳定的新赫顿式地球上来来去去的说法，前所未有地结合了地质学和地理学。这个结合导致了一条关于适应性的巧合原则。每个物种都是作为一对在一个最适合其以后生存的地方创造出来的，它们扩增数量，扩展

[10] 关于莱伊尔的均变论，参看 Martin J. S. Rudwick，“引论”（Introduction），载于 Charles Lyell，3 卷本影印版《地质学原理》（*Principles of Geology*，Chicago：University of Chicago Press，1990－1），第 1 卷，第 vii 页～第 lviii 页。更具体的，参看 Michael Bartholomew，《莱伊尔和进化：关于莱伊尔回应人类进化而来的可能性之说明》（Lyell and Evolution：An Account of Lyell's Response to the Prospect of an Evolutionary Ancestry for Man），《英国科学史杂志》，6（1973），第 261 页～第 303 页。

活动范围，在特定的限制之内出现适应性和变异性的变化，以让自己在环境发生其他改变之前适应各种各样的环境，其他改变通常对别的物种有利，导致其竞争失败和数量减少，逐渐灭绝。总的来说，物种并不是在特殊时期大批量产生和死亡的，而是逐渐地、持续地产生和死亡的，虽然物种的起源太罕见了，以至于没有被可靠地目击和记录。有限的迁徙能力和机会，而不是适应的局限性，解释了为什么南美洲没有狮子或非洲没有美洲豹之类的现象，在现存物种起源的漫长岁月中，山脉或海洋之类的迁徙障碍一直在出现和消失。不过，适应的局限性的确能解释种以上的动物存在与否。遥远的热带海岛很可能从来就没有哺乳动物起源，因为那里更适合爬行动物。在这个一直可栖息的地球——气候变化并不是由最初的热的不可逆丧失导致的，而是由陆地与海洋分布的可逆变化导致的——在某个地方有一片土地适合哺乳动物生存，当时由于欧洲有热带温度，已知最古老的含化石岩（含碳岩）形成了，因此适应的原则带来的是，生命主要类型的非进步性引入。

莱伊尔用人口统计学和统计学方法分析物种的诞生和死亡，长期来看诞生平衡了死亡，岩石地层可以根据它们埋葬的现存物种而不是灭绝物种的比例按时间排序。对莱伊尔来说，重要的不是像比较解剖学家那样根据组织的类型和等级来归类和分级，而是完全抽象的要求，和清点个人或兔子个体一样，人们也能把一个物种当成一个类个体，将它与另一个物种区分开来，而且没有一个物种的死亡或诞生会超过一次，因此灭绝就是永远消失，而每个物种的诞生都是一个新物种的诞生。

莱伊尔用偶然的目的论和抽象的统计学解释物种的交替，把地质学和地理学结合起来，为此用了不止数十页而是数百页来归纳现存生物的物种，篇幅比以前的任何作者都要多。在 3 卷本《地质学原理》（*Principles of Geology*, 1830～1833）中他提出改造地质学，使得物种作为许多类个体让其自身的存活数量（与死亡数量）前所未有地成为一个主题。 252

即使过了 20 年，几乎没有人支持莱伊尔的地球新生命史。有两人既不支持莱伊尔，彼此之间观点也不一致，他们是不久成为美国人的德裔瑞士人路易·阿加西（1807～1873）和苏格兰人罗伯特·钱伯斯（1802～1871）。对阿加西来说，地球生命的进步和灾变的历史揭示了在个体发育的进步、组织的等级和古生物的系列之间有着三重的平行，从低到高，从无分化到特化，执行一个柏拉图式的宏大计划，实质上不受无机世界的变化的影响。每一种固定物种都是独立于以前的物种创造出来的，甚至一开始就数量极多且分布极广阔。[11] 相比之下，钱伯斯则认为，在天空中星云的凝聚中，进步性变化是自然的、非神奇的力量作用的结果，并推测任何像阿加西所谓陆地生命计划之类的计划也能够由自然力量实现。如果很偶然地有一个个体发育的进步超越了其成年父母，那么这个后代就是一种不同的、稍微高等的物种。这样，经过了漫长的

〔11〕 Edward Lurie，《路易·阿加西：科学生涯》（*Louis Agassiz: A Life in Science*, Chicago: University of Chicago Press, 1960）。

时间,生命就能从最低等的形态(即使现在还在自发发生)一直发展出最高等的形态。那些非常年轻的岛屿,例如加拉帕戈斯群岛,还没有出现哺乳动物,只有从海洋鱼类发展来的陆地爬行动物。非洲和南美洲大陆都有各自的生命线路独立地发展出猴子形态,由于大陆之间的猴子迁徙是不可能的,这表明相同的发展规律产生了同样的结果,只有一些当地条件引起的微小变异。钱伯斯匿名出版的《万物自然史的遗迹》(*Vestiges of the Natural History of Creation*,1844)以人类有猿类祖先作为结尾,遭到许多专业人士的谴责,却引起了轰动。[12]

达尔文:生命树和自然选择

当查尔斯·达尔文的《物种起源》于1859年11月出版时,欧洲和美洲关于生命的历史与多样性的讨论主要集中在让阿加西、钱伯斯和莱伊尔出现分歧的那些问题。然而,达尔文著作中的理论部分很大程度上不是19世纪50年代而是1837～1839年两年私人工作的产物。[13] 要理解达尔文自己对其学术背景的连续性的理解,需要将这项工作与四个来源联系起来:莱伊尔、罗伯特·E. 格兰特(1793～1874)、伊拉斯谟·达尔文和拉马克。在任何"进化"编史学中,人们会假定,后三位作为"进化论者"必定促使了达尔文去全盘取代莱伊尔关于生命多样性和历史的"神创论"说法。但是这种假定其实是很深的误解,与之相反,莱伊尔的教诲常常让达尔文脱离其他人确定的先例。

253

查尔斯·达尔文作为一名科学理论家最全面的雄心壮志形成于乘坐军舰"贝格尔"号航行的那几年(1831～1836),可以追溯到1826～1827年,他在爱丁堡时花了很多时间跟格兰特非正式学习无脊椎动物学,并源于他狂热地信奉莱伊尔的地质学教条。[14] 在爱丁堡时,格兰特——他与拉马克和若弗鲁瓦一起反对居维叶而且敬仰伊拉斯谟·达尔文——并没有促使达尔文去接受任何转变论的观点,但是的确让他长期关注两个极其普遍的问题:个体生命(例如一只兔子的)对相关联的生命或群体生命(例

〔12〕 James A. Secord,《维多利亚时代的轰动:〈万物自然史的遗迹〉非比寻常的出版、接受及秘密的作者》(*Victorian Sensation: The Extraordinary Publication, Reception, and Secret Authorship of Vestiges of the Natural History of Creation*, Chicago: University of Chicago Press, 2000)。关于钱伯斯的进化观点,参看 M. J. S. Hodge,《关于自然的总体构思:钱伯斯的〈万物自然史的遗迹〉和〈解释〉》(The Universal Gestation of Nature: Chambers' *Vestiges* and *Explanations*),《生物学史杂志》,5(1972),第127页～第152页。

〔13〕 达尔文的传记很多,最近一个2卷本为 Janet Browne,《查尔斯·达尔文:远航》(*Charles Darwin: Voyaging*, London: Jonathan Cape, 1995)和《查尔斯·达尔文:地位的力量》(*Charles Darwin: The Power of Place*, London: Jonathan Cape, 2002)。用社会学方法研究其生平和思想,参看 Adrian Desmond 和 James R. Moore,《达尔文》(*Darwin*, London: Michael Joseph, 1991)。有价值的研究达尔文的学术专辑,尤其是关于进化论起源的,也许可在以下书中找到,David Kohn 编,《达尔文的遗产》(*The Darwinian Heritage*, Princeton, N. J.: Princeton University Press, 1985);也可参看 Jonathan Hodge 和 Gregory Radick 编,《剑桥达尔文研究指南》(*The Cambridge Companion to Darwin*, Cambridge: Cambridge University Press, 2003, 2nd edition in press)。阅读达尔文全集,网址为 www. darwin-online. org. uk。也可参看 Howard E. Gruber,《达尔文论人:科学创造性的心理学研究》(*Darwin on Man: A Psychological Study of Scientific Creativity*, New York: Dutton, 1974)。

〔14〕 关于达尔文和格兰特,参看 Philip R. Sloan,《达尔文的无脊椎动物研究项目(1826～1836)》(Darwin's Invertebrate Program, 1826-1836),载于 Kohn,《达尔文的遗产》,第71页～第120页。关于莱伊尔的影响,参看 M. J. S. Hodge,《达尔文和陆生生物系统定律(1835～1837)》(Darwin and the Laws of the Animate Part of the Terrestrial System [1835-1837]),载《生物学史研究》(*Studies in the History of Biology*),6(1982),第1页～第106页。

如在一些珊瑚虫中）以及有性繁殖对无性繁殖。莱伊尔则让他关注在一个稳定宜居的地球上新物种逐渐替换旧物种，以及适应性在多大程度上决定了物种诞生与死亡的时间和地点。

1837 年 3 月，查尔斯·达尔文认定，莱伊尔的适应性原理应该代之以相关物种具有共同祖先，因此需要物种的转变性，这是因为许多属和科的物种是在非常不同的环境中起源的，它们的共同特征最好用遗传因素来解释，也就是说，从单一共同祖先物种传承下来的，而它们的差异则是随后发生的适应性分化。

莱伊尔坚持认为，任何赞同物种转变性的人，都应该全盘接受拉马克整个体系：自发发生、纲的进步、人的祖先是猿，以及所有。到 1837 年 7 月，在《笔记 B》（*Notebook B*）的开头，达尔文就这么做了。他思想上的这个系统飞跃，让写传记的人面临一大挑战，最好的回应是来看看伊拉斯谟·达尔文是怎么做的，就像查尔斯·达尔文本人在当时做的那样。伊拉斯谟·达尔文在晚年融入了有土地的绅士阶层，生平事迹被他的儿子、查尔斯·达尔文受尊敬的父亲称颂，伊拉斯谟在家庭中证明了关于生命的激进观念——通常与拉马克有关——和关于社会的激进观念自然而然是高等并受尊敬的。到 1837 年 7 月，查尔斯·达尔文读了他的祖父写的《生命律》（*Zoonomia*），并把那个词作为他自己写的《笔记 B》的标题。伊拉斯谟·达尔文并没有提供一个系统性结构供仿效，因而他孙子笔记开头的综合性生命律体系符合莱伊尔给予拉马克体系的结构。祖父这一先例激发并鼓励了孙子对拉马克的效仿。

254

莱伊尔对拉马克体系的阐述，与拉马克自己的阐述有显著差别，而查尔斯·达尔文体系又有了更大差别，其中最值得注意的是，并不存在与适应变化的环境无关的内在的进步倾向。而且，马上又有了更多、更进一步的根本改变，那就是在一个无限的树枝状的演化中有无穷无尽的物种更换，最终《物种起源》一书中的绘图阐明了这一点。查尔斯·达尔文想要知道，为什么最完善的动物类群，例如哺乳类，有最多的灭绝，其亚类群之间也有最明显的特征差异。他的想法既是莱伊尔式的也是格兰特式的。他想到，一个母物种通过分裂产生了一个或更多个子物种，这种产生方式与出芽、无性繁殖类似。这种通过分裂方式的倍增性诞生，必须用死亡也就是灭绝来平衡。因此，如果一个物种有 12 个子物种，其中有 11 个必须在同一时期灭绝。分裂伴随着分化，因此随着时间的推移、更多的分裂和分化以及越来越大的类群（从科、目到纲）的产生，亚类群之间的差异将越来越大，甚至可以一直追溯到植物与动物的分裂。达尔文以前认为的类群完善程度、灭绝和差异之间的相关性，被类群的广度、灭绝和差异之间的相关性取代。这样得到的框架是莱伊尔式的，因为它抽象地代表了持续的、无穷无尽的物种的丧失与填充。在允许进步这方面是非莱伊尔式的；达尔文继续认为，虽然所有的变化都是适应性的，多数适应性变化是进步性的，但是这是伴随着适应性创新出现的进步，而不是完成上帝或自然的计划所必需的进步。达尔文认为，适应性变化和进步，全都是因为两个区分有性繁殖和无性繁殖的特征才成为可能：子代有两个父母和经历成熟过程。成熟既是过去变化的重演,也是创新,因为一个不成熟的组织在变化的环境中能获得新的可遗传的适应性变异。双父母的繁殖方式具有保守性,把无规则改变的局部环境变化产生的细小变异混合,这样,当物种缓慢而不可逆地适应它们全部地理分布区的永久变化时,进步便成为可能。查尔斯·达尔文越来越把适应性结构变化追溯到习性的变化,导致例如四肢使用方面的可遗传变化,在很大程度上是拉马克的风格,虽然达尔文错误地认为这个法国人自己的理论应用了有意识的意志而不是无意识的习性。达尔文论证说,一个物种的两个或更多个变种之间缓慢、漫长的适应性分化,最终会伴随着避免近亲繁殖以及后来的种间不育,因此导致亚种的形成,亚种不仅仅被视为变种,还被视为优良物种。

255

1838 年 9 月底,达尔文在阅读托马斯·罗伯特·马尔萨斯关于人口的增长趋势远远超过食物供应的论文时,在自己的理论中加入了这样的论点:虽然正如莱伊尔已论证过的,马尔萨斯式的群体过度增长让所有的物种都易于灭绝,但在环境的细小变化引发的竞争胜出中,通过筛选结构变异、保留优势变异和淘汰劣势变异,这种过度增长也确保了获胜的物种能适应这些变化。[15] 但是这个时候达尔文还没有把这种挑选与农民和园丁的选择育种方法做比较。

1838 年 11 月底,他首次明确区分了结构的适应性变化的两条原理。一条是为人熟知的,铁匠由于经常使用手臂而使手臂变得强壮,并将这个特征遗传给小孩;另一条是,一个出生时碰巧有更强壮手臂的小孩要比其他小孩更有可能活到把这个优势变异传下去。然而,达尔文承认,他无法决定哪种适应性变化是由这两条原理的哪一条导致的。大约一周之后,达尔文通过提出三条他声称能解释所有变化的原理,似乎想要有意避开而不是解决这个困境。这三条看来是为了包容此前的两条原理(而非二选一),因为它们是相当普遍的:遗传;在变化的环境中出现变异的趋势;马尔萨斯式的超级繁殖力。在随后的几天之内,达尔文首次对超级繁殖力导致的生存竞争产生的筛选,和人类选择育种导致的狗的亚种的形成做了比较。不久,这种比较就被阐述为一种类比论证。由于自然选择的范围、精度和时间跨度都要大得多,它的力量也要比人工选择的大得多;而作为更大的力量,它将会相应地比人工选择有更大的影响,因此产生一个物种变成很多后代物种(就像生命树显示的那样)的无限的适应性分化。正如达尔文不久强调的,虽然这种类比允许适应性变化来自偶然变异,但是并不排斥他以前所接受的观点,即适应性结构变化源自可遗传的习惯性使用的结果。达尔文从没有做过这一排斥,在《物种起源》中,1838 年后期提出的这三条原理仍然在包容那两条原理而不是对其进行二选一,它们一开始就被设计为要包容那两条原理。

256

〔15〕 关于马尔萨斯的影响有很多争议,源于它暗示了选择理论也许是自由放任主义社会哲学的产物。参看 Robert M. Young,《马尔萨斯与进化论者》(Malthus and the Evolutionists),重印于 Robert M. Young,《达尔文的隐喻:自然在维多利亚时代文化中的地位》(*Darwin's Metaphor: Nature's Place in Victorian Culture*, Cambridge: Cambridge University Press, 1885);Peter J. Bowler,《马尔萨斯、达尔文和竞争的概念》(Malthus, Darwin, and the Concept of Struggle),《思想史杂志》(*Journal of the History of Ideas*),37(1976),第 631 页～第 650 页。

《物种起源》现在可以而且过去也被视为作为生命史过程的生命树理论,和作为导致生命史沿此方向发展的主要动力的自然选择理论的结合。关于该书的粗糙的"进化"编史学也许会说在书中达尔文把进化描述为分支式的(而拉马克描述为直线式的),并将它归功于自然选择而不是拉马克式的因素。而达尔文的笔记及其各种背景的条件作用表明,这样的总结误解了达尔文对自己工作的理解,包括他有意识地遵循拉马克设定的先例,也歪曲了他在1859年对读者提出的挑战。

至于他的理论建立的广泛背景,编史学研究难以达成共识。达尔文建立理论时参照了亚当·斯密政治经济学"无形的手",即个人对自身利益的追求制造了最大的集体优势?对此人们难以相信,因为关于有性繁殖这个适应性变化的必要因素,达尔文认为它不是为了个体利益而是更高的物种利益。他建立理论时参照了牛顿的天体力学?对此人们也难以相信,因为达尔文并没有对自然选择提出定律,不像牛顿对万有引力提出平方反比定律。达尔文的观念是一个新的统治阶级——城市的工业化资产阶级的观念?也许是,但也许不是:资产阶级当时在英格兰还没成为统治阶级,而达尔文的思想,包括他对马尔萨斯的使用,通常接近更古老的贵族和绅士资本主义的理想和实践,体现在地产、农业改进、殖民拓展和外贸,而不是城市、工厂和机器。马尔萨斯重视土地和食物的政治和经济重要性,并写小册子支持谷物法,这与旧资本主义一致,也与以曼切斯特和利兹为代表的新资本主义一致。将达尔文科学与英国贵族和绅士资本主义,而不是资产阶级资本主义联系起来,需要重新思考那个科学和那个社会,但是这样的重新思考也许是非常必要的。

达尔文之后

达尔文引起学界舆论的改变,要比人们通常认为的更少共识,因为生物学家并非仅仅认同进化本身而不认同进化的因素;他们对进化也有深刻的分歧。彼得·J. 鲍勒修改了斯蒂芬·杰伊·古尔德做的区分,强调自19世纪60年代以来有三个问题一直让生物学家产生分歧。[16] 进化是渐变的还是跃变的?其是由外部主导还是由内部主导?其是规则的还是不规则的?正如鲍勒强调的,集中于这些问题的主要优势在于它们揭示了达尔文之后所有关于进化的思想,也源自居维叶、拉马克、若弗鲁瓦、奥肯、冯·贝尔、欧文和其他人,更不用说柏拉图、亚里士多德和卢克莱修。就达尔文本人而言,他是一个渐变主义者而不是跃变主义者,是一个外部主义者而不是内部主义者,是 257

[16] Peter J. Bowler,《达尔文主义的衰落:1900年前后数十年中反达尔文的进化理论》(*The Eclipse of Darwinism: Anti-Darwinian Evolution Theories in the Decades around 1900*, Baltimore: Johns Hopkins University Press, 1983); Peter J. Bowler,《非达尔文的革命:对一个历史上的荒诞说法的重新解释》(*The Non-Darwinian Revolution: Reinterpreting a Historical Myth*, Baltimore: Johns Hopkins University Press, 1988)。关于不同国家的研究者对达尔文主义的迅速反应,参看 Thomas F. Glick 编,《关于达尔文主义的比较接受》(*The Comparative Reception of Darwinism*, 2nd ed., Chicago: University of Chicago Press, 1988)。

一个不规则主义者而不是规则主义者。比较而言,钱伯斯认为进化是跃变的,由类似于让小狗长成大狗的内部因素决定的,遵循可靠的规则,所有的爬行类总是倾向于变成哺乳类,而不是只有非常少的、例外的爬行动物由于特殊的环境,碰巧成为第一种哺乳类的祖先。很容易预测的是,并不是每个人在这三个问题上都和达尔文一致。一个渐变主义者可以是一个内部主义者和规则主义者,而所有其他组合也都存在。有些作者能够提供多重性先例。那些把拉马克所说源于习性变化的获得性特征遗传当成进化的唯一因素的人,也可以是像达尔文本人一样的渐变主义者、外部主义者和不规则主义者,并因此反对拉马克所谓与环境无关的、导致进步的内部倾向。

对自然选择的敌视到处都是;许多生物学家贬低它是偶然的、不可靠的、残酷的、浪费的,也没有被已知的遗传知识和已知的有限时间充分支撑(或许是真正的否定性的)。有些物理学家认为,用于进化的时间很有限,因为年轻的地球太热,生命无法生存。但是与对自然选择的不满无关的是,达尔文的生命树能让少许生物学家满意。地理学家和地质学家通常遵循达尔文,把物种的科或目局限于一个地理区域,或有共同祖先和树状分化的一个地质时代。然而,比较解剖学家仍然会不为所动;居维叶强调内部的结构(例如心脏和肺)彼此吻合,让整个生命成为可能,这几乎无法阐明。形态学家喜爱的类型一致性,常常符合结构元素中的对称性和重复性,用共同祖先和分支式多样化则难以理解。这种不满从未消弭到达成一致的程度,因为就像当时的社会科学,人们对如何评判结构性、功能性和历史性解释和分析,几乎都无法达成一致意见。在19世纪后期,人们致力用解剖学、胚胎学、古生物学和地理学的证据重建地球生命的进化,但是作为基础的概念辩论仍没有消除。[17]

258

在1868年,达尔文的确提供了一个关于个体生命繁殖的理论,即他的泛生假说,但它对阐明目的论或形态学几乎没有用处。这并不让人惊讶,因为它从来就不是设计来做这种事的。[18] 最可能构建于1841年的泛生假说——达尔文对有性繁殖和无性繁殖做格兰特式比较和对比的结果——猜测,所有从鸡的生殖、树皮的愈合到珊瑚虫芽殖的繁殖都是微卵胞芽生殖。鸡的父母的身体每一部分都产生微小的胞芽,是母组织的微小复制品,这两批胞芽随后碰在一起形成孕体,经过生长、成熟和受精,最终产生了一个像父母的后代。这个假说对微卵胞芽生殖的描述是相当一般和抽象的,并没有进一步提出高等有机体的未分化孕体是如何变成像一个发育的胎儿那样有结构和功能的。它几乎没有涉及个体发育重演种系发生的因果运作关系。

而且,这个假说看来与最新的细胞学说相冲突,最新学说认为精子或卵子和所有细胞一样,都是从以前的细胞分裂产生的单一细胞。这个冲突最终激发了研究繁殖的

[17] Peter J. Bowler,《生命的精彩戏剧:进化生物学和生命世系的重建(1860～1940)》(*Life's Splendid Drama: Evolutionary Biology and the Reconstruction of Life's Ancestry, 1860-1940*, Chicago: University of Chicago Press, 1996)。

[18] 关于泛生假说以及后来关于遗传与进化的争论,参看 Jean Gayon,《达尔文主义的生存竞争:遗传和自然选择假说》(*Darwinism's Struggle for Survival: Heredity and the Hypothesis of Natural Selection*, Cambridge: Cambridge University Press, 1998)。

其他理论家,特别是19世纪80年代的奥古斯特·魏斯曼和胡戈·德佛里斯(1848～1935),提出了符合这个细胞学原理的综合假说。不过,这些提议并没有导致进化方面的共识。德佛里斯认为他的细胞内泛生论是在支持其反渐变主义、反外部主义和反规则主义观点。魏斯曼则认为他的种质连续性理论证明了达尔文自然选择理论的正确,将它与任何获得性特征的遗传剥离开来,是逐渐的、外部主导的、不规则进化的全能因素。到19世纪90年代,把进化生物学与细胞生物学结合起来的愿望获得普遍认可,但是对怎么做到这一点并无共识。的确,当时甚至重新开启了18世纪个体发生的预成论对渐成论的辩论,并明确回顾了那些老问题。

确实,独立构建自然选择理论的艾尔弗雷德·拉塞尔·华莱士(1823～1913)(他比达尔文年轻,是这个理论的共同创立者)和魏斯曼在19世纪90年代在提倡一种比达尔文本人的理论有更多达尔文式、更少拉马克式的新达尔文主义,但是这是一个有争议的少数派观点。[19] 19世纪晚期,有几个世纪之久的观点和学说的分歧从未达成共识,从那以后的几十年也是如此。

259

孟德尔主义以来的进化生物学

1900年经常被称为孟德尔关于遗传的工作被重新发现之年(参看第23章)。虽然这种说法是有问题的,但是仍然存在这样的情况,即在几年内,许多(即使不是全部的)生物学家确信,不久后被称为孟德尔主义的东西会保留下来,并对理解进化有根本的影响。在他们之中,最突出的是跃变主义者、内部主义者和规则主义者威廉·贝特森(1861～1926)。反对贝特森的孟德尔主义的,是W. F. R. 韦尔登(1860～1906)和韦尔登的盟友生物统计学家卡尔·皮尔逊(1857～1936),两人不仅遵循达尔文的渐变主义、外部主义和不规则主义,而且把多数进化都归功于自然选择。就英国而言,一个主要问题是,孟德尔主义者与生物统计学家的对立是什么时候以及为什么解决的,这样,也许由罗纳德·艾尔默·费歇尔(1890～1962)率领的年轻一代,从20世纪第二个10年中期开始,能够看出达尔文遗产与孟德尔遗产之间是协调的,而不是冲突的。不过,这个问题在别的地方就没那么恰当了。例如在美国,E. B. 威尔逊(1856～1939)和威廉·欧内斯特·卡斯尔(1867～1962)并不培养学生在这两种遗产之间做选择,即使因为孟德尔遗传学自己就包含异议而对如何协调它们几乎没有共识。卡斯尔最初认为,他通过选择育种使冠大鼠皮毛出现诱发变异需要孟德尔基因相互混杂产生诱发变异,而其他人则认同的是调节基因频率变化。孟德尔主义和达尔文主义的早

[19] 华莱士的地位很难确定。他在1858年独立发现自然选择,这使得有人声称他是一个被有系统地忽略的主要研究人员。事实上,在达尔文和华莱士关于自然选择的观点之间存在重大差别,而且华莱士对生物学的主要贡献来自他后来的工作。最近的研究,参看Martin Fichman,《一个难以捉摸的维多利亚时代的著名人物:艾尔弗雷德·拉塞尔·华莱士的进化》(*An Elusive Victorian: The Evolution of Alfred Russel Wallace*, Chicago: University of Chicago Press, 2004)。

期结合并非全都符合最终在20世纪30年代形成的规范形式。[20]

而且,到了20世纪30年代,有三个人后来被追认为新进化遗传学创建者,他们都是孟德尔主义者同时又是达尔文主义者——费歇尔、休厄尔·赖特(1889~1988)和J. B. S.霍尔丹——正是他们之间的分歧和共识揭示了他们所处时代的科学状况。费歇尔和赖特尽管最终在数学方面达成一致,但是对生物学结论有不同看法。费歇尔认为单一的大型杂种繁殖群体始终服从普通的选择影响,因为其最适于适应性、进步性进化,而赖特则认为一个大群体分裂成小的局部群体,它们很少杂交繁殖,倾向于近亲交配和遗传漂变以及内部的选择和相互之间的选择性迁移。更深刻的是,这两个人有着不同的议程和风格。[21] 对费歇尔来说,最终的任务是用新数学和新遗传学来证明自然选择是唯一反熵的力量,因此是进化唯一可能的原因,从而排除了拉马克的影响。赖特是一个裁判式的多元主义者,而不是证明式的一元主义者,作为理论家一直是平衡的破坏者,对他来说,其目标是决定许多因素在那些已在动物育种实践中证明最佳因而可假定在自然中也是最佳的因果性相互作用中的相对影响,有的导致同质性,其他的导致异质性。他们的共识是,遗传系统产生的遗传变异已被证明——特别是被哥伦比亚大学的托马斯·亨特·摩尔根小组证明——远不足以自己产生适应性和进步性变化,如果没有自然选择的话。虽然有性繁殖经由无数变化的基因重组产生的变异数量巨大,但对适应性来说这些变化很少而且随机,而那些由基因突变产生的变异多数是隐性的,而且普遍是不利的。不过,他们的数学很难让人理解,作为进化生物学家,他们的意见并不一致,以及他们支持许多生物学家持保留态度的突变的观点,这些都确保了几乎没有人认定费歇尔、霍尔丹和赖特已清除了进化遗传学的所有谜团。

当时也还没到消化和吸收的时候,下一个10年才有这个必要,因为孟德尔主义和达尔文主义的这些结合被视为预告了一个新的黎明,一个新的或"现代"综合学说,将在20世纪40年代才这么叫的。特奥多修斯·多布然斯基(1900~1975)的研究生涯和他的著作《遗传学和物种起源》(*Genetics and the Origin of Species*,1937)表明还需要多得多的东西,这本书是它那个时代,也或许是那个世纪唯一最有影响力的教科书。[22] 这本书把新颖的数学化的进化遗传学与另两个传统结合起来。第一个传统多布然斯基在1927年移民美国之前就在利用了,那就是具有俄罗斯特色的野生群体实验遗传学研究,特别是针对果蝇的,这很吻合他早期对瓢虫的分类学和生物地理学研究。第

[20] 参看 William B. Provine,《理论群体遗传学的起源》(*The Origin of Theoretical Population Genetics*, Chicago: University of Chicago Press, 1971);Ernst Mayr 和 William B. Provine 编,《综合进化论:生物学统一展望》(*The Evolutionary Synthesis: Perspectives on the Unification of Biology*, Cambridge, Mass.: Harvard University Press, 1980);Gayon,《达尔文主义的生存竞争:遗传和自然选择假说》。

[21] 参看 M. J. S. Hodge,《生物学和哲学(包括意识形态):费歇尔和赖特研究》(Biology and Philosophy [Including Ideology]: A Study of Fisher and Wright),载于 S. Sarkar 编,《进化遗传学的奠基人》(*The Founders of Evolutionary Genetics*, Dordrecht: Kluwer, 1985),第185页~第206页。关于赖特,参看 William B. Provine,《休厄尔·赖特和进化生物学》(*Sewall Wright and Evolutionary Biology*, Chicago: University of Chicago Press, 1986)。

[22] 参看 Mark B. Adams 编,《特奥多修斯·多布然斯基的进化》(*The Evolution of Theodosius Dobzhansky*, Princeton, N. J.: Princeton University Press, 1994)。

二个传统是他到美国后加入的摩尔根学派的细胞遗传学。因此,由于在 1932 年之后和赖特的个人合作,多布然斯基独特地将赖特的理论工作与其他种类的遗传学、生物地理学和分类学的研究结合起来。他这本书的书名表明,在将整个遗传学新学科引入老达尔文主义问题时,他比其他任何人的野心都大。

多布然斯基在介绍他这整部书的最终目标和结构时,引用了达尔文主义的先例。在物种之间以及更高类群之间存在着结构与功能的不连续性的有机多样性,应解释成渐进的、连续的树状过程的产物,其中物种之上的变化来自物种以及物种之下的变化的重复。这个论证围绕着两个中心议题展开,一个是关于自然群体中的变异,另一个是关于选择。《遗传学和物种起源》一书前面各章指向第一个议题,后面各章则是建立在两个议题结合的基础上。该书首先分析了实验室中对果蝇基因突变做的研究,紧接着将基因突变和染色体畸变作为野外中个体和亚种差异的基础。随后,自然群体中的变异既与由孟德尔原理引起的平衡趋势有联系,又与群体大小和结构有关,这全都与多布然斯基的俄罗斯博物学家导师及其理论家同事赖特共同强调的相一致。选择议题同样走向赖特式的结局,解释了一个物种细分成小型的、部分隔离的局部群体导致的近亲繁殖和遗传漂变是如何促进了选择这个适应性变化的唯一因素的。有一章是关于多倍体,其中承认这种植物物种突然形成之源的作用,但是剩下各章是关于涉及物种形成的隔离机制和关于杂交不育的,就又回到了渐变主义、适应主义和选择主义的框架,因而为该书最后一章将进化与分类做达尔文主义的结合铺平了道路。多布然斯基在这里有意有倾向性,一开始就坚持认为他书中的科学和达尔文的一样,是相当恰当地属于因果性的而不是历史性的,关注的是进化的原因而不是过程。而且,这本书是属于生理学的,而不是形态学的,正如多布然斯基说的,是在分析导致进化过程的动力,而不是研究进化产物的规则。多布然斯基作为基督徒、浪漫主义者、自由派和反斯大林主义者,在生活中也和在科学中一样充满激情地有倾向性。在 20 世纪 50 年代,他与另一个美国达尔文主义遗传学家、无神论者、理性主义者和曾经是苏联支持者的赫尔曼·J. 穆勒发生一场辩论,一开始是关于自然选择通常是通过青睐更有适应性的纯合体来消灭遗传变异,还是通常通过青睐杂合体来维持遗传变异,但是逐渐升级成关于核武器试验的突变后果、优生学的冲突,从而成了价值观和世界观的不可调和的公开对立。 262

一个诱人的想法是,把多布然斯基在 1937 年出版的该书第 1 版,与他在 1970 年用新书名出版的该书第 4 版,也是最后一版,连同他在 1977 年与加州大学戴维斯分校的三名同事合出的更普遍的教科书《进化》(*Evolution*)——几乎无条件重申其 20 世纪 30 年代中期关于遗传学如何对进化生物学做出贡献的观点,这三者连成一线。[23] 如果像很多人在 1977 年认为的那样,把《进化》一书视为当时流行的正统观点的规范阐述,那

[23] Theodosius Dobzhansky、Francesco J. Ayala、G. Ledyard Stebbins 和 James W. Valentine,《进化》(*Evolution*, San Francisco: W. H. Freeman, 1977)。

么人们就能看出,正是20世纪30年代累积的共识与分歧为20世纪70年代后期的正统观点铺平了道路。然而,这些分歧是如此之多、如此之根本,不能将其视为仅仅是关于构成20世纪30年代遗留问题的结论的分歧,因为它们也是关于假定、方法和策略的分歧。

对于为什么不能对20世纪出现的这些分歧做令人满意的、有条有理的分类,原因多种多样。不过,五个类别也许可以表明编史学的挑战。第一,进化论一直就涉及这些分裂的问题,关于遗传与环境、种族与文明、起源与宿命、进步与退化以及偶然、必然与设计。第二,在从果蝇到人、从实验的短暂到自然的漫长、从数学的可能性到经验的现实性的发展过程中,进化论一直就面临着外推法、一般化和实例化的难题。第三,学科的多样性导致学说的失调。例如,胚胎学家和生态学家经常觉得他们的概念和实践很少来自正统进化论,而它本来是应该用于贯通这两个领域的。第四,一种失落感可以导致不满。当然,对应该复活哪一种传统,是没有一致意见的,但是在呼吁至少应该合理关注形态定律、结构原型或发育力学诸如此类问题时,人们仍然会引用约翰·沃尔夫冈·冯·歌德、理查德·欧文、威廉·鲁、达西·温特沃思·汤普森和威廉·贝特森等这些多少有些久远的人物的教导。第五,方法的创新常常似乎是有威胁或导致混乱的。当分子生物学在20世纪60年代首次侵入进化生物学时,有些人认为它在学说目标方面是霸道的还原主义,并在经济领域的要求上极其强势。更晚近的,复杂性理论家对混沌边界次序的建模,常常显得与研究真实生物体中的实际活动太过遥远。

进化生物学家的信仰和态度的这些和其他多样性源头,显然需要他们自己的历史地理学和生态学,它们能公正对待自然科学文化中的多样性及其受到的政治、经济和其他发展的影响。例如,正如很多科学家认为的,20世纪中期,美国的中欧移民,以及第二次世界大战期间美国相比其他国家更少受破坏,使得美国生物学在进化生物学方面处于领先,而且,在20世纪60年代美国理论家们认为自己要比英国同行在形态生物学方面继承了更多有价值的欧洲大陆传统。还是在20世纪60年代,法国这个长期以来在进化论方面的贡献与其他国家相比明显偏低的国家,成为细菌遗传学及其相关的进化生物学研究的主导核心。这并非反常,因为微生物学研究本身就是来自一个强大的法国传统,可一直追溯到一个世纪前的巴斯德。在其地区和国家的多样化方面,进化生物学就像20世纪多数其他人类文化活动一样,被历史学家研究的所有那些趋势和事件指引和传播,或被扰乱和转移,这些历史学家并不研究科学史但极大地帮助了科学史学家。

263

结束语:争议和背景

争论永远存在,因此我们不可避免地要考虑这个科学领域的编史学大范围的背景。或者,对科学从哪里开始和结束,以及其背景——政治的、宗教的或别的什么——

从哪里开始和结束的传统观点有必要质疑。的确,任何关于有一个内在科学中心和一个经济的而不是科学的外在框架的说法,都必须质疑。然后一名历史学家就可以质问,这样的划分是如何为了多种目的以多种方式被采纳的。在20世纪40和50年代,人们试图给予进化生物学一个确定的专业地位,作为生物学之内而且对生物学有根本重要性的受承认的一个分支,这些企图要求划出包容和排斥的特别界线,这样才能把作为科学的进化论与作为意识形态的进化论区分开来。然而,在20世纪60年代,在关于结束意识形态的主张受到挑战的时候,有些生物学家挑战了更古老的包容和排斥原则。

同样,在这30年里,任何关于科学职业史的历史都会产生类似结论。但是这些结论是平行的,而不是会合的。科学史学家与生物学家在探讨近来的进化生物学时进行友好合作,是令人高兴而且富有成果的。然而,历史学家的科学史与科学家的科学史的目的和手段仍然不太可能一致,因为他们虽然一起工作却各自独立思考。

264

这并不是说所有的科学史学家在独立思考时都是一样的想法。本章描述的主题,正是历史学家希望看到被将来的研究所取代的那种。种种宏大理论的后续,不管多么明确和多么顾及背景关系,正是科学史现在要尽量避免的,取而代之的是研究从事科学工作的许多普通人的地点、团体和实践,不管他们是在野外、实验室、博物馆还是报告厅(参看第3～6章)。永远不太可能达成一致意见的是,一种编史学方案或议程在追求不同目标时是否有必要取代另一种,更不用说其他所有种,或者一种和平的多元局面是否可能。科学史的历史表明,在某些时候,一元化态度至少局部地占了优势,而在其他时候则没有。创造了本章所述历史的所有人——自然哲学家、博物学家和生物学家——不管是著名的、职业的还是完全相反的,他们自己都很不一致,足以说明几乎不可能会有一种编史学安排让每一个听众和读者都满意。也许人们能希望,应该允许不同生境中的多种花朵都能盛开。

(方是民　译)

15

265

解剖学、组织学和细胞学

苏珊·C. 劳伦斯

> 我们看生命体时就好像在看它在不断流淌的水流中的倒影。作为倒影的物质基础的水一直在变化，但是倒影看起来一直不变。如果这个比喻包含了一个真理元素的话，也就是说，如果我们有理由把生命体看成一种在不断穿过它的物质材料流中的倒影的话，那么我们面临一个深刻的问题——决定"倒影"的那个东西是什么？在这里，我们接近了生物学中最基本的难题之一——所谓"形态之谜"，而其谜底仍然是完全模糊的。
>
> ——威尔弗雷德·E. 勒格罗·克拉克，《人体组织》(*The Tissues of the Human Body*, 6th edition, Oxford: Clarendon Press, 1971)，第9页

解剖学、组织学和细胞学是研究形态的学科，主要是基于对已死亡的东西的研究：尸体、死亡的组织和死亡的细胞。每个学科始于观察人员分离、识别并命名生物的外部和内部结构，一开始是利用肉眼然后是利用显微镜。对于一些研究者来说，主要的目标是分类，把令人眼花缭乱的一系列植物、昆虫、鱼类、鸟类和哺乳动物基于其形状及器官的排列整理到群和亚群中去。但是，对于大多数人来说，理解结构曾经是、现在仍然是与理解功能和发育密不可分的。从肺和胃到神经元和细胞膜，器官的结构提供了关于生命个体是如何复制和滋养它们自己以及相似生物的种群是如何随着时间的推移而出现和消亡的重要线索。研究生命内部的器官往往需要研究人员把动态系统变成静态物体，为了领会它而使变化停止。在过去的两个世纪中，好奇的研究者们越是试图更接近生命的过程，越是要更多地检查和分析一系列死亡的标本。他们设计的用来观察和定位生物结构的工艺和技术为生理学、胚胎学、微生物学、生物化学和遗传学的发现和理论提供了工具。

266

在19和20世纪，当对生物的研究进入大学、科研院所，特别是实验室中时，生物科学出现了。现代早期大学中的传统医学学科，特别是解剖学、药物学和"医学研究所"中的生理学在改革后的解剖学系、生理学系、药理学系和病理学系中成为理论学科。与此同时，在医学院之外，曾经统一在自然史大伞之下的领域在文科(和科学)学院里创建的动物学系、植物学系、地质学系和人类学系里找到了新的家园。欧洲、英

国、美国和殖民地大学的机构组织的细节差异很大,但主旨是促使一系列学科成为正式的学术学科,每个学科有自己的学术团体、专业会议、期刊和可接受的研究规程。在这个正在进行的结构调整中,解剖学、组织学和细胞学并不是作为有着稳定边界和明确定义的领域而是作为理论方向和研究方法的集合来发展的。[1]

本章在三种结构水平上聚焦形态的科学研究。"解剖学"包括在宏观水平上对所有可以被肉眼看到的结构进行的绘制和命名,意图构建一个对"正常"身体各器官的确切的描述。[2] "大体解剖学"现在通常是指人体解剖研究,但自古以来研究者使用了大体解剖学的基本方法来研究广泛的生物,尤其是那些有被豢养价值的,如马,或对欧美裔来说是新鲜的,如袋鼠。[3] 比较解剖学研究不同物种的结构,为现代生物学从现代早期自然史中的出现提供了其中一个基础,从而刺激了进化学说和数学系统学理论的发展。

"组织学"涵盖了对组织结构和有机体的研究。组织在大范围水平上是清楚可辨的,正如骨骼明显不同于肌肉,而肌肉不同于皮肤。几个世纪以来,哲学家和解剖学家在人体解剖学的讨论中承认这些"类似"或"完全类似"的部分的存在,但对它们的评论大致上是描述性的和哲学上的。在1800～1802年,格扎维埃・比沙(1771～1802)提出了组织是生理学的最基本单位的思想,每一种组织(他数了一下有21个)有不同的功能。[4] 对比沙和他的追随者来说,组织成为一个新的生理上活跃的"普通解剖学"的构成原则以及研究疾病和功能失调的一个新的病理解剖学的基础。"细胞学",即对细胞结构的研究,也出现在19世纪初的几十年中,虽然罗伯特・胡克(1635～1703)在1665年就首次命名了显微镜可见的"细胞"。在19世纪对细胞学说明确阐述是现代生物学的关键要素之一。对细胞在生理上的首要地位、多细胞生物体从单细胞开始的发育以及细胞内可见结构的重要性的相当多的争论一直到20世纪还在激励着研究者。在19世纪末的生物学家中,作为更具包容性的"细胞生物学"的一个方向,细胞学被包含在对从原生动物到哺乳动物的所有生命形态的研究中。相比之下,在20世纪的医学中,"细胞学"已经变成特指用从组织刮下或从体液抽取的细胞来诊断人类

267

[1] Lynn K. Nyhart,《生物学的形成:动物形态学与德国大学(1800～1900)》(*Biology Takes Form: Animal Morphology and the German Universities, 1800-1900*, Chicago: University of Chicago Press, 1995)。Nyhart 很好地陈述了从学科标签之外来理解现代生物学兴起过程中的哲学思想、体制政治、特别的研究项目和才智背景的相互作用的重要性。也可参看 Andrew Cunningham,《笔和剑:找回生理学和解剖学在1800年前的学科身份(一):旧生理学——笔》(The Pen and the Sword: Recovering the Disciplinary Identity of Physiology and Anatomy before 1800. I: Old Physiology-the Pen),《生物学和生物医学学科历史和哲学研究》(*Studies in the History and Philosophy of Biological and Biomedical Sciences*), 33(2002),第631页～第655页,有关对从18世纪解剖学和生理学到19世纪实验生理学转变的微妙之处的讨论。

[2] K. D. Roberts 和 J. D. W. Tomlinson,《身体的结构:解剖插图的欧洲传统》(*The Fabric of the Body: European Traditions of Anatomical Illustration*, Oxford: Clarendon Press, 1992),提供了对人体解剖学历史中主要图书版本的概论。

[3] Carolo Runi,《论马的解剖学和疾病》(*Dell'Anatomia et dell'Infirmita del Cavallo*, Bologna, 1598);Harriet Ritvo,《鸭嘴兽和美人鱼以及其他分类想象的虚构事物》(*The Platypus and the Mermaid, and Other Figments of the Classifying Imagination*, Cambridge, Mass.: Harvard University Press, 1997),第1页～第84页。

[4] John M. Forrester,《由相似部分组成的器官及其被比沙的组织的代替》(The Homoeomerous Parts and Their Replacement by Bichat's Tissues),《医学史》(*Medical History*),38(1994),第444页～第458页。

和动物的病情,因此在本章不做讨论。[5]

解剖学:人类和动物

解剖的历史主要有两个主题:人体解剖学和比较解剖学,或者说所有非人类的、肉眼可见的生物的解剖学。这两个领域在西方都有悠久的历史,可追溯到希腊文化,从而在19世纪开始时具有可观的古典的和现代早期哲学的取向。特别是在主流作品中,基于目的论和神的设计的辩论影响了大多数对解剖形态的包罗万象的解释。威廉·佩利的《自然神学;或从自然现象收集到的神的存在和象征的证据》(*Natural Theology; or, Evidences of the Existence and Attributes of the Deity, Collected From the Appearances of Nature*, London, 1802)仅仅是在18和19世纪之交散播了上帝的形态秩序的令人舒服的消息的流行出版物之一。在这个秩序中,上帝为了特定的目的而设计了众生所有的器官,所以对结构的研究揭示了这种设计和终极目的。人类是大自然的一部分,体现了上帝的哺乳动物模板的最完美版本而又与其不同,是被赋予灵魂的唯一生物。[6] 较少神学导向的但仍然认为自然界中的过程由目的推动的唯心主义哲学在整个19世纪中仍对胚胎和物种的形态发育的因果解释的形成起到了重要作用。[7] 相反,查尔斯·达尔文(1809~1882)的通过自然选择而进化的理论把形态视为生物和它们的环境之间不断变化的关系的偶然产物。在19世纪后期,研究人员不再在概念上对解剖学感兴趣,虽然它依旧是一个研究生物的重要工具。

268

在方法学上,人体解剖学和动物解剖学以解剖和对大标本的保存为主题。在19世纪前几十年,在酒精罐里密封浸泡是不能脱水的器官的主要保存方式。[8] 在解剖过程中,解剖学家向血管里注入各种流体,如水银或热蜡,来标出细微的分支;在解剖后,如果一个蜡模在组织被剔除后仍然特别完好,那么它就被保存下来用于教学。19世纪中叶后,对其他技术的追求导致了创新,如对整个冷冻躯体切片来研究横断面上的结构关系,以及新防腐剂的出现。1859年发现的甲醛在19世纪晚期变得足够便宜来用

[5] 例如,参看 Michael Cohen 等,《细胞学经典(二):宫颈癌涂片的诊断》(Classics in Cytology II: The Diagnosis of Cancer of the Uterine Cervix in Smears),《细胞学学报》(*Acta Cytologica*),31(1987),第642页~第643页;Neil Theise 和 Michael Cohen,《细胞学经典(三):论肝脏穿刺诊断》(Classics in Cytology III: On the Puncture of the Liver with Diagnostic Purpose),《细胞学学报》,33(1989),第934页~第935页;Stephen R. Long 和 Michael Cohen,《细胞学经典(四):特劳特和"早期子宫颈癌涂片检验"》(Classics in Cytology IV: Traut and the "Pap Smear"),《细胞学学报》,35(1991),第140页~第142页。

[6] William Coleman,《19世纪的生物学:形态、功能和变化的问题》(*Biology in the Nineteenth Century: Problems of Form, Function and Transformation*, Cambridge: Cambridge University Press, 1977),第58页~第61页。

[7] Nyhart,《生物学的形成:动物形态学与德国大学(1800~1900)》,第6页~第12页,第112页~第121页。

[8] F. J. Cole,《从亚里士多德到18世纪的比较解剖学历史》(*A History of Comparative Anatomy from Aristotle to the Eighteenth Century*, New York: Dover, 1975),第445页~第450页。

于消毒和固定大型器官。[9] 20世纪跟解剖配合使用的技术包括所有的射线成像设备(X射线、CT和MRI)和最近采用的用来保持人类和动物的器官免于腐烂和变质的生物塑化技术。

人体解剖学

到19世纪初,人体解剖学方面的工作主要是大学医学院、独立的医学院和医学团体如伦敦王家外科医生协会(Royal College of Surgeons)的职责。朝向体内疾病的解剖定位的智力转移以及手术技术的日益成熟,对于受过良好教育的医学从业者来说,增强了解剖学作为一门核心学科的首要地位。1800年后医学院校能垄断正常人体解剖学的研究是因为它们为教学和科研提供了人体解剖的通道,同时又承担了随之而来的问题和责任。在欧洲主要城市,如巴黎和维也纳,当局在18世纪已允许在某些公立医院死亡的无人认领的尸体,连同国家处决后的尸体供给大学和团体用于学生解剖。在其他地方,学生使用的大多数解剖对象来源于盗墓和偷尸。19世纪初到中叶,各国普遍出台法律以允许教师把无人认领的穷人的尸体用于医学教学。1832年的《英国解剖法》(British Anatomy Act)是这种立法中被研究最充分的实例,成为英国的自治领和美国类似立法的模板。[10] 虽然不同的医学院的解剖学家仍然抱怨尸体供应不足,但是看起来直到第二次世界大战结束后才再次经历严重的短缺。出现这种情况的原因是复杂的,其中一个原因是西方国家各种形式的福利制度的兴起减少了靠政府出钱埋葬的穷人的数量。始于20世纪60年代中期的美国的遗体捐献运动是随着医学院校征求解剖"礼物"并支持既适用于以治疗为目的的器官捐赠又可用于研究和教学的尸体捐献的立法而兴起的。[11]

269

1800年,在宏观人体解剖学领域中重要的研究前沿已经很少了。19世纪的大体解剖学工作产生的课本和图册包含了更多的细节而不是宏观器官本身的新发现。在未来两个世纪中,这个概述两个主要的例外是生物力学和体质人类学。少数19世纪的解剖学家研究了人体生物结构的物理属性,如在心脏的压力下保持体液循环的血管系统的特点和允许某些运动的肌肉和关节的生物物理学;后一领域在20世纪发展成

[9] Nikolai Pirogov,5卷本《解剖图:在三个方向上绘制的冷冻人体切片》(*Anatomia topographica sectionibus per corpus humanum congelatum triplici directione ductis illustrate*, St. Petersburg: J. Trey, 1852-9);G. H. Parker和R. Floyd,《甲醛、福尔马林、福尔摩和福尔马胶》(Formaldehyde, Formaline, Formol, and Formalose),《解剖学公报》(*Anatomischer Anzeiger*),*Series* 3,1(1895-6),第469页。

[10] Ruth Richardson,《死亡、解剖和赤贫的人》(*Death, Dissection and the Destitute*, 2nd ed., Chicago: University of Chicago Press, 2001);Michael Sappol,《尸体买卖》(*A Traffic of Dead Bodies*, Princeton, N. J.: Princeton University Press, 2002);Susan C. Lawrence,《死后——人类尸体器官的利用和意义:历史介绍》(Beyond the Grave-The Use and Meaning of Human Body Parts: A Historical Introduction),载于Robert Weir编,《保存的组织样品:道德的、法律的和公共政策的含意》(*Stored Tissue Samples: Ethical, Legal, and Public Policy Implications*, Iowa City: University of Iowa Press, 1998),第111页~第142页。

[11] Susan C. Lawrence和Kim Lake,"宣传高尚的死亡:20世纪遗体捐献的兴起"(Selling a Noble End: The Twentieth Century Rise in Body Donation, unpublished manuscript)。

为运动学和生物力学工程。[12]

体质人类学是从对人类差异的研究中成长起来的。解剖学家几个世纪以来一直认识到人体的差异并设法从多样化的观察中为完美的(对唯心主义者来说)或典型的(对经验主义者来说)人体结构构建单一的模板。与此同时,他们试图从正常形式中区分什么是扭曲的或病理性的,以及描述与成年男性相对照的女性和婴幼儿的解剖学特征。此外,在18世纪中叶,欧洲的解剖学家把注意力转移到其他种族的解剖学特点上。对种族"类型"的形态学研究在19世纪和20世纪初的科学种族主义中起了重大作用,尤其是当优生学家把解剖学特征,如头颅大小,跟逐步的进化发育联系起来时。[13]

270

在19世纪晚期和20世纪,对人体骨骼差异更为复杂的分析方法随着对史前墓地遗址的仔细检查和对灵长类动物和人类进化的化石证据的搜索出现了。例如,在1891年,曾在阿姆斯特丹大学学医并短暂地担任过解剖学讲师的欧仁·迪布瓦(1858～1940)在爪哇发现了一块头骨碎片、一根股骨和两颗牙齿,他宣布这是一个直立行走的类猿人的证据;他把此新种命名为直立猿人(*Pithecanthropus erectus*,后为 *Homo erectus*)。[14] 迪布瓦回到了欧洲,并在1899年成为阿姆斯特丹大学的古生物学教授,这一步表明了体质人类学如何进入体制。在20世纪20年代末和30年代,对骨骼差异的统计学研究使得威尔顿·M. 克罗格曼(1903～1987),一位凯斯西储大学(Case Western Reserve University)和芝加哥大学的体质人类学家,在1939年为美国联邦调查局出版了《人体骨骼材料鉴定指南》(*A Guide to the Identification of Human Skeletal Material*)。这本用于确定身份不明之人可能的种族、性别和年龄的手册仍在激励着以法医学和人类学为目的的对总体人类形态学的进一步研究。[15]

[12] Nyhart,《生物学的形成:动物形态学与德国大学(1800～1900)》,第81页～第84页。例如,也可参看 Arthur Steindler,《人类正常的和病理学的运动力学》(*Mechanics of Normal and Pathological Locomotion in Man*, Springfield, Ill.: Charles C. Thomas, 1935)。

[13] John P. Jackson, Jr. 和 Nadine M. Weidman,《种族、种族主义和科学:社会影响和相互作用》(*Race, Racism, and Science: Social Impact and Interaction*, Santa Barbara, Calif.: ABC-CLIO, 2004);George W. Stocking 编,《骨骼、身体、行为:生物人类学文集》(*Bones, Bodies, Behavior: Essays on Biological Anthropology*, Madison: University of Wisconsin Press, 1988);Nancy Stepan,《科学中的人种观念:英国(1800～1960)》(*The Idea of Race in Science: Great Britain, 1800–1960*, London: Macmillan, 1982)。关于解剖学差异,参看 Ronald A. Bergman、Adel K. Afifi 和 Ryosuke Miyauchi,《人类解剖学差异图解百科全书(电子资源)》(*Illustrated Encyclopedia of Human Anatomic Variation* [electronic resource], Iowa City: University of Iowa, 2000–4),网址为 http://www.vh.org/Providers/Textbooks/AnatomicVariants/AnatomyHP.html。

[14] John Daintith 和 Derek Gjertsen,"迪布瓦,马里·欧仁·弗朗索瓦·托马"(Dubois, Marie Eugène François Thomas),载于《科学家词典》(*A Dictionary of Scientists*, Oxford: Oxford University Press, 1999, through Oxford Reference Online, accessed June 15, 2004)。Peter J. Bowler,《人类进化理论:一个世纪的辩论(1844～1944)》(*Theories of Human Evolution: A Century of Debate, 1844–1944*, Baltimore: Johns Hopkins University Press, 1986),第34页～第35页,讨论了围绕迪布瓦的主张的论战。

[15] William A. Haviland,《威尔顿·M. 克罗格曼(1903～1987)》(Wilton M. Krogman [1903–1987]),《国家科学院成员传记》(*National Academy of Sciences Biographical Memoirs*),63(1994),第292页～第307页。

比较解剖学

19 世纪前，对人类以外的生物结构的研究与自然史、哲学和神学中的一系列广泛的主题相交织。到 18 世纪头 10 年后期，好多笔墨用在把生命形态妥善分入一个个反映了自然多样性的统一计划的类群。此外，认为人类位于进化顶峰的观点曾长期使得哲学家试图把生物安排到一个分等级的序列中，从“最低”的生命形态（简单的植物）到“最高”的灵长类动物。随着时间的推移，赋予各种植物和动物众多名称并没有使得组织自然世界的任务更简单。在 18 世纪中叶，卡尔 · 林奈（1707 ～1778）系统地应用了二名法（双名命名制），对生物体使用单一的属名和种名。他在 1753 年出版的《植物种志》（*Species Plantarum*）和 1758 年出版的《自然系统》（*Systema Naturae*）中建立了后来为大多数博物学家所采用的生物学命名规则。（但是，国家之间的竞争和优先权的纠纷激起了一直持续到 20 世纪的物种命名的激情。例如，直到 1930 年，来自美国、英国和德国的植物学家才终于同意：如果一个植物已经在林奈出版于 1753 年的《植物种志》里出现，那么它的命名算是正式的。[16]）比较解剖学是奠定分类学基础的关键方法，而 18 世纪的博物学家越是在不同的生物解剖学细节上进行更多的探索和比较，就越难辨明一个对所有生物的统一的计划，更不要说一个严格的分级结构了。[17]

271

在 19 世纪的最初几十年里，乔治 · 居维叶（1769 ～1832）推动了比较解剖学方向上的重大改变。居维叶的职业生涯的大部分时间是在巴黎的国家自然史博物馆（Musée National d’Histoire Naturelle）度过的，这是欧洲最卓越的收集和研究欧洲和殖民地动物群体标本的机构之一。首先，居维叶放弃了动物单一等级的构想而引入了四个不同的身体形态：脊椎动物类（脊椎动物，有脊柱的动物）、软体动物类（软躯体动物，如鱿鱼）、有节动物类（分节的无脊椎动物，如蠕虫和昆虫）和辐射动物类（辐射对称的生物，如海星和水母）。每个类群的成员都有自己的从简单到更复杂的分级排列。通过推翻对生物的单一线性等级的痴迷，居维叶去除了一个哲学上的局限并启发其他人一齐重新思考分类原则。其次，居维叶坚持灭绝的生物应该被包括在分类中。在地质学家对层理和化石形态的研究的带动下，居维叶证实了化石的确是灭绝的物种的遗骸。比如，他比较了在欧洲和西伯利亚发现的类似于大象的动物的骨骼与现在印度和非洲的大象的骨骼并证明了“猛犸”是一种灭绝了很久的物种。然而，居维叶不相信物种会自然地随时间而变化，他对地质学家最终能解释导致生物大灭绝的事件充满信心。最后，居维叶坚决主张功能，而不单是形态，必须指导比较解剖学家解释物种之间的关

272

〔16〕 Ronald H. Petersen，《植物学命名指南（电子资源）》（*A Guide to Botanical Nomenclature* [electronic resource]，Knoxville：University of Tennessee），网址为 http://fp. bio. utk. edu/mycology/Nomenclature/nom-intro. htm；International Commission on Zoological Nomenclature，《国际动物命名规则》（*International Rules of Zoological Nomenclature*，Washington，D. C.：International Commission on Zoological Nomenclature 1926），导论。

〔17〕 Ritvo，《鸭嘴兽和美人鱼以及其他分类想象的虚构事物》，第 19 页～第 34 页。

系。对居维叶来说,生物是一个综合的整体。它们的各个器官一起工作,每一个器官和所有其他各器官相配合。更改一个特征,其他特征必定会改变。此外,相同的功能,可以由不同的结构排列来完成,而表面上类似的器官可能有非常不同的目的。居维叶利用这种洞察力从不完整的化石中重建动物,并把比较解剖学作为理论上成熟的研究方法来推进。[18]

其他比较解剖学家采用、扩展和讨论了居维叶的成果。理查德·欧文(1804～1892)曾是英国王家外科医生协会的亨特收藏品的管理员,之后成为不列颠博物馆自然史部的负责人,他和哈佛大学比较动物学博物馆(1859 年)的创始人路易·阿加西基于对很多物种的形态的细心解剖和分析,都对比较解剖学的发展做出了相当大的贡献。标本收藏品及其在有插图的出版物中的展现迅速增多,刺激了学术界和业余爱好者非常积极地发现、描述和命名物种——从化石珊瑚和外来的昆虫到爬行动物和鸟类——特别是在欧美裔还没有考察过的新地区。当理论家对分类原则仍有分歧时,许多贡献者把注意力集中在描述形态学上,产生的作品为关于生物形态多样性的可用信息增加了分量。[19]

在 19 世纪中叶,两个问题决定性地把停滞的动物解剖学挤到了新兴生物科学中次要的、辅助性的地位。无论是从个体还是从物种来说,胚胎学和达尔文的进化论把关于形态的最基本问题从理解大自然计划的整体设计转移到发育过程本身上。胚胎学家仍然必须详细描述不断变化的形态——极小的微粒通过这一过程变成了成体,但是变化是如何发生的以及为什么会有这样的变化日益成为重要的研究问题。[20] 查尔斯·达尔文在《论通过自然选择的物种起源:或生存竞争中幸运品种的保留》(*On the Origin of Species by Means of Natural Selection: Or, the Preservation of Favored Races in the Struggle for Life*,1859)中认为形态以及随时间变化的形态极大地取决于物种及其环境的相互作用。最重要的是,达尔文的理论为具有类似结构的生物提供了一种新的解释上的关系:它们是由起源于共同祖先的后代而联系在一起的,而不是因大自然对生物

273

[18] Coleman,《19 世纪的生物学:形态、功能和变化的问题》,第 18 页～第 21 页,第 63 页～第 64 页;Toby A. Appel,《居维叶-若弗鲁瓦辩论:达尔文之前数十年的法国生物学》(*The Cuvier-Geoffroy Debate: French Biology in the Decades before Darwin*, New York: Oxford University Press, 1987);Georges Cuvier,《按照其组织排列的动物界,作为动物自然史的基础以及比较解剖学的入门》(*Le règne animal distribué d'après son organisation, pour servir de base à l'histoire naturelle des animaux et d'introduction à l'anatomie comparée*, 1st ed., Paris, 1817)。

[19] David E. Allen,《英国博物学家:社会史》(*The Naturalist in Britain: A Social History*, Princeton, N. J.: Princeton University Press, 1994);Richard Owen,《亨特比较解剖学讲稿(1837 年 5 月～6 月)》(*The Hunterian Lectures in Comparative Anatomy, May and June 1837*, Chicago: University of Chicago Press, 1992),Philip R. Sloan 编辑;Mary P. Winsor,《阅读自然的形态:比较动物学在阿加西博物馆》(*Reading the Shape of Nature: Comparative Zoology at the Agassiz Museum*, Chicago: University of Chicago Press, 1991)。有关这种类型的例子,参看 John O. Westwood,《昆虫学秘密;或图解新的、稀有的和有趣的昆虫》(*Arcana Entomologica; or, Illustrations of New, Rare, and Interesting Insects*, London: W. Smith, 1845);John O. Westwood,《不列颠博物馆馆藏鸟类属和亚属目录》(*Catalogue of the Genera and Subgenera of Birds Contained in the British Museum*, London: The Trustees of the British Museum, 1855)。

[20] Coleman,《19 世纪的生物学:形态、功能和变化的问题》,第 35 页～第 36 页;Nyhart,《生物学的形成:动物形态学与德国大学(1800～1900)》,第 95 页～第 96 页,第 151 页～第 153 页,第 245 页～第 251 页,第 263 页～第 274 页,第 280 页～第 298 页;Henry Harris,《细胞的诞生》(*The Birth of the Cell*, New Haven, Conn.: Yale University Press, 1999),第 117 页～第 137 页。

多样性计划的变动。[21]

两个例子充分表现了解剖学在 20 世纪生物科学中虽然重要但几乎不被注意的角色。第一，虽然发现和描述新物种对野外动物学家来说依然是不可或缺的任务，但是大多数资金和注意力转移到以实验室为基础的研究上。从 19 世纪后期开始，科学家们特别详细地描述了实验动物的宏观结构。其中，托马斯·亨特·摩尔根（1866～1945）为他在遗传学上的研究而选中了黑腹果蝇（*Drosophila melanogaster*），使得这种昆虫在解剖学上的变异（“自然的”和实验室中诱导的）成为世界上被研究最多的变异之一。随着在 2000 年对果蝇基因组完全测序，研究人员正在寻求在 DNA 序列、蛋白表达、胚胎发育和成年结构之间建立一对一的联系。[22] 同样，选择常见的灰色家鼠（*Mus musculus*）作为实验对象导致小白鼠品系的发展，其解剖学特征同样众所周知并日益跟特定的遗传密码相关联。转基因 DNA（一个物种的遗传物质插入另一个物种的卵子、精子或胚胎中）的成功表达通常通过成体中的形态上或生理学上的改变来确定，由此突出了解剖学作为实验工具的地位。[23]

第二，虽然对通过自然选择而进化的普遍接受意味着科学家们应该能够基于从同一个祖先而来的演化和趋异的品系来确定一个“自然的”分类，但是，这是一个在实践中难以实现的目标。分类学家不得不依赖他们如何解释不同物种之间共享结构的范围，并在 20 世纪初期到中叶承认：鉴定、命名和分类主要是基于专业领域的惯例而很少基于遗传关系上的实验数据。为了替换分类学上这种不合要求的哲学和方法学基础，很多生物学家建议使用离散特征的数学分析来确定物种之间进化“相近性”的统计方法。两部作品脱颖而出，开创了这个复杂的领域：1950 年首次在德国出版的维利·亨尼希（1913～1976）的《系统发生分类学》（*Phylogenetic Systematics*，1966），以及罗伯特·索卡尔和彼得·斯尼思的《数值分类学原理》（*The Principles of Numerical Taxonomy*，1963）。自 20 世纪 70 年代以来，数学建模和数据处理的应用扩展了用来理解和安排宏观生物结构的工具，就像这些 20 世纪后期的方法为处理与分子生物学相关的信息标准提供了路线一样。新的分类法能否产生一个有说服力的“自然的”生物

274

[21] Nyhart，《生物学的形成：动物形态学与德国大学（1800～1900）》，第 4 章～第 6 章；Jane Maienschein，《改变美国生物学的传统（1880～1915）》（*Transforming Traditions in American Biology, 1880–1915*, Baltimore: Johns Hopkins University Press, 1991），第 105 页～第 114 页；Yvette Conry，《19 世纪达尔文传入法国》（*L'introduction du darwinisme en France au XIXe siècle*, Paris: J. Vrin, 1974）。

[22] Robert Kohler，《蝇中贵族：果蝇遗传学和实验生活》（*Lords of the Fly: Drosophila Genetics and the Experimental Life*, Chicago: University of Chicago Press, 1994）；E. W. Myers 等，《果蝇全基因组组合体》（A Whole-Genome Assembly of Drosophila），《科学》（*Science*），287（2000），第 2196 页～第 2204 页。

[23] Karen A. Rader，《制造小鼠：使美国生物医学研究动物标准化（1900～1955）》（*Making Mice: Standardizing Animals for American Biomedical Research, 1900–1955*, Princeton, N. J.: Princeton University Press, 2004）；Matthew H. Kaufman 和 Jonathan Bard，《小鼠发育的解剖学基础》（*The Anatomical Basis of Mouse Development*, San Diego, Calif.: Academic Press, 1999）。

分类仍是一个非常开放的问题。[24]

组织和细胞

组织和细胞随着显微镜的发展非常真实地跳入焦点中。把显微镜作为权威的研究工具来应用的转折点是约瑟夫·杰克逊·利斯特*在1826年发明了显著降低色差和球面像差的物镜。这项技术本身并没有创造组织和细胞的概念,但利斯特的镜头以减少早期镜头的光学问题的方式帮助平息了对观察者到底在老式显微镜下看到了什么的激烈争论。每当17和18世纪的仪器制造商试图提高放大倍数时,光环、模糊点、半影和颜色就频频出现,除了像安东尼·范·列文虎克(1632～1723)这种杰出的磨镜者和观察者,这种情况使得包括格扎维埃·比沙在内的很多研究者把显微镜贬为毫无用处。然而,到了19世纪30年代中期,整个欧洲的仪器制造商已经掌握并开始改进利斯特的显微镜,寻求提高放大倍数、固定样品和引导光线射向或通过可视区域的方法。当放大倍数超过200倍(19世纪50年代是大约450倍到500倍,到了1880年达到2500倍)时仍具有锐利的聚焦视区时,对植物、动物和微小生物的显微解剖结构的兴趣被重新激发了。虽然观察者们对关于一些微观结构的主张达成了共识,但新的争论常常出现:什么可以被看到,看到的是"真实"的形态还是人为产物或假象,它们都意味着什么。[25]

275

19世纪中叶,组织和细胞已成为理解复杂的多细胞生命的结构和功能的基本概念。比沙在他的三部作品——《膜的专著》(*A Treatise on the Membranes*,1800)、《生和死的生理学研究》(*Physiological Researches on Life and Death*,1800)和《普通解剖学》(*General Anatomy*,1802)——中陈述了组织是解剖学结构的基本功能单位的构想。这些作品启发了其他人从一般生理解剖学这方面来思考,其中器官和系统(如血管和神经系统)的功能产生于活体组织完成的功能。由于比沙致力于人体解剖学并且尤其对把组织视为宏观上人类疾病的病理变化的位点感兴趣,因此尚不清楚他的归纳是否能够推广到完全不同的生命形态(如植物和昆虫),或者说哪一种独特的生理学特征是他的21种不同的生命物质所固有的。在显微镜的帮助下,研究揭示了比沙的组织是由细胞和其他结构组成的,而有一些种类的细胞不止在一种组织中出现。组织代表着人

[24] Joseph Felsenstein,《统计系统发生学的混乱成长》(The Troubled Growth of Statistical Phylogenetics),《系统生物学》(*Systematic Biology*),50(2001),第465页～第467页;Robin Craw,《支序分类学的边缘:在系统发生分类法兴起过程的辨认、区别和位置(1864～1975)》(Margins of Cladistics: Identity, Difference and Place in the Emergence of Phylogenetic Systematics, 1864–1975),载于Paul Griffiths编,《生命之树:生物学哲学文集》(*Trees of Life: Essays in Philosophy of Biology*, Dordrecht: Kluwer, 1992),第64页～第82页。

* 他有7个孩子,其中第4个就是英国著名外科医生约瑟夫·利斯特(1827～1912)。参看第17章。——责编注

[25] Harris,《细胞的诞生》,第15页～第32页;John V. Pickstone,《液滴和凝结物:19世纪早期组织构造的概念》(Globules and Coagula: Concepts of Tissue Formation in the Early Nineteenth Century),《医学史杂志》(*Journal of the History of Medicine*),23(1973),第336页～第356页;Brian Bracegirdle,《J. J. 利斯特和组织学的建立》(J. J. Lister and the Establishment of Histology),《医学史》,21(1977),第187页～第191页;L. Stephen Jacyna,《道德意志:英国维多利亚时代关于微观事实的谈判》(Moral Fibre: The Negotiation of Microscopic Facts in Victorian Britain),《生物学史杂志》(*Journal of the History of Biology*),36(2003),第39页～第85页。

体解剖学和生理学的前途，但另一个笼统归纳很快就到来并否定了组织是生命的基本单位这个思想。

细胞学说

植物学家马蒂亚斯·施莱登（1804～1881）和解剖生理学家特奥多尔·施旺（1810～1882）于1839年明确阐述了第一个统一的细胞理论。他们不是在19世纪30年代唯一从局部的观察跳跃到对细胞重要性的全面概括的人，但他们可以说是最大胆的。[26] 在1838年发表的一篇论文中，根据观察和猜测，施莱登提出所有植物组织的最基本生命成分是细胞。施旺思考了施莱登的说法，再次观察了动物体的标本并在动物组织中看到了很多细胞结构的细胞核，把施莱登的概括扩展到动物中。细胞是包括植物和动物在内的所有生物的最基本单位这一陈述，作为一个总体理论有着巨大的吸引力，因为它在解剖学家和哲学家正在努力研究自然秩序时阐述了一条统一的原理。如施莱登和施旺所定义的，"这个"细胞有着一系列基本的特征：含有一个核仁的细胞核、一种内在的介质（原生质，后来被称为细胞质）和外部边界（壁或膜）。在组织内，非细胞结构（如骨骼中看起来像固体的细胞间质）是由细胞产生的，而细胞外液包含了细胞所需的元素和化合物。施旺创造了"新陈代谢"这个术语来形容细胞内（或许和周围）发生的使之成为生命单位的所有化学变化，虽然大多数具体的过程还是不为人所知。施莱登和施旺还都强调了把追踪胚胎发育作为进一步把生命的结构和功能与它们的细胞起源联系起来的方式的重要性。[27]

276

施莱登和施旺的出版物既引起了进一步研究又招致了强烈的批评，导致对一些问题的强烈关注。其中，细胞在胚胎发育期间是如何形成的、生长是如何发生的这两个问题给胚胎学家和生理学家造成了特别的负担。施莱登和施旺提出细胞至少以两种方式进行分裂。细胞产生在细胞内，围绕一个或多个子代核仁形成，然后分离。细胞也可以从细胞外液中以一种被施莱登描述为类似于晶体在饱和溶液中形成的方式来生成。一个微小的聚合体在细胞周围丰富的材料中创造了一个核仁，其吸引了细胞物质的其他成分，然后，当聚合的物质足够多时，一个边界在细胞核周围形成。细胞核随后产生一个最终把自己包裹起来的囊，成为新的细胞。施莱登和施旺都没有提供太多的令人信服的证据来支持这些影响深远的主张。[28]

[26] Harris，《细胞的诞生》，第xi页～第xii页，第64页～第75页，第82页～第93页。

[27] Lois M. Magner，《生命科学史》（*A History of the Life Sciences*，2nd ed.，New York：Marcel Dekker，1994），第192页～第201页；Theodor Schwann，《动物和植物结构和生长的一致性的显微镜研究》（*Microscopical Researches into the Accordance in the Structure and Growth of Animals and Plants*，1839）；Theodor Schwann 和 Matthias Schleiden，《植物发生学文稿》（Contributions to Phytogenesis，1838；London：Sydenham Society，1847），Henry Smith 译。

[28] Magner，《生命科学史》，第196页～第200页；Harris，《细胞的诞生》，第97页～第116页。特别参看 Marsha Richmond，《T. H. 赫胥黎对德国细胞理论的批评：对细胞结构的渐成的和生理学的解释》（T. H. Huxley's Criticism of German Cell Theory：An Epigenetic and Physiological Interpretation of Cell Structure），《生物学史杂志》，33（2000），第247页～第289页。

19 世纪 40 年代后期,弗朗茨・翁格尔(1800～1870)和其他植物学家的观察对施莱登的细胞可以从植物细胞外物质中形成的观点提出了相当大的疑问。他们根本没有看到这一过程的任何中间体,却能看到在某分裂阶段的细胞。罗伯特・雷马克(1815～1865)精密地观察了很多标本,包括发育中的小鸡的胚胎红细胞的分裂,也否认了细胞外起源并主张所有动物细胞是通过分裂而繁殖的。鲁道夫・菲尔绍(1821～1902),一个著名的病理解剖学家,在他的作品《细胞病理学》(*Cellular Pathology*,第 1 版,1858)中提出了最笼统的概括,他宣布:"所有细胞来自细胞(omnis cellula e cellula)",这个拉丁语短句首次由法国医生弗朗索瓦-樊尚・拉斯帕伊(1794～1878)使用。[29] 然而,菲尔绍实际上是在他关于人体组织及其病理变化的工作这个背景中阐明这个总体原则的,而不是基于对各种生命形态的大量调查。对菲尔绍来说,主要的一点是疾病是因正常细胞和组织的功能和结构失调造成的;当细胞衰退、变弱或者产生了它们自己的有缺陷的复制品时,疾病就产生了。[30] 细胞不仅是生命的单位也是死亡的单位。

277 那个应用于所有生物的"所有细胞来自细胞"对进一步的研究来说更是一种挑战而不是一个由广泛的证据得来的结论。这个原则也把研究者的注意力转移到下一组难题上。如果细胞是通过分裂复制的,那么是怎么发生的呢? 它们在这一过程中是如何复制其形态和功能的? 对于那些关心胚胎学的人来说,一个受精卵所呈现的形态改变(特别是在其卵是可见和容易控制的鸟、蛙和鱼这些物种中所观察到的)是细胞分裂的结果这一结论澄清了早期发育中的一些步骤,但是要搞清楚这些细胞是如何分化成组织的是一项艰巨的任务。为了解决这些问题,研究人员必须观察多种多样的细胞,它们经历了产生和繁殖的所有阶段。然而,研究人员越是想看到更多,他们就越是不得不发明能使微观结构可见的可靠的技术。

从 19 世纪 40 年代直到现在,构成组织学和细胞学的历史基础的是实验室仪器、试剂和规程以及资金、人员和管理的历史。[31] 比如说,要察看组织,特别是会迅速腐败的脆弱的动物组织,要求标本要被固定和切成极薄的片。软的组织需要硬化,即使是硬的组织也需要用基质(如蜡)包裹起来以保护样品的边缘。研究人员,有时是自己,但通常和专门的仪器制造人员一起,在 19 世纪 40～60 年代开发了一些切片机。随着制造业投资于这种制造大规模生产切片的精密机器的研究,这些切片机在 19 世纪 70 年

[29] Harris,《细胞的诞生》,第 31 页～第 33 页,第 106 页～第 116 页,第 128 页～第 136 页。

[30] Harold M. Malkin,《鲁道夫・菲尔绍和细胞病理学的持久性》(Rudolf Virchow and the Durability of Cellular Pathology),《生物学和医学观点》(*Perspectives in Biology and Medicine*),33(1990),第 431 页～第 439 页。

[31] 参看 Adele E. Clarke 和 Joan H. Fujimura,《什么工具? 什么工作? 为什么是正确的?》(What Tools? Which Jobs? Why Right?),Frederic L. Holmes,《压力计、组织切片和中间代谢》(Manometers, Tissue Slices and Intermediary Metabolism),Patricia P. Gossel,《对标准方法的需求:美国细菌学的例子》(A Need for Standard Methods: The Case of American Bacteriology),载于 Adele E. Clarke 和 Joan H. Fujimura 编,《工作之利器》(*The Right Tools for the Job*, Princeton, N. J.: Princeton University Press, 1992),分别在第 3 页～第 44 页,第 151 页～第 171 页,第 287 页～第 311 页。

代晚期及之后有了显著的改进。[32] 但是，只有薄切片还不够，因为研究人员还发现切片越薄，组织和细胞结构的自然颜色就越浅。解决方案——最早大体上是从偶然的运气和非系统的反复试验和错误中发展出来的——是把标本浸入能够将细微结构染色的化学制品中。为用显微镜检查而对一些物质着色已在 18 世纪和 19 世纪初完成，但寻找化学制品和方法的热情在 19 世纪 50 年代才高涨起来。例如，在 1858 年，约瑟夫·冯·格拉赫（1820～1886）发现，胭脂红溶液（用胭脂虫［*Dactylopius coccus*］身体制成的一种红色着色剂）可对硬化脑组织中神经细胞的细胞核着色，这开辟了神经系统显微解剖以及其他组织细胞核的视觉增强工作。苯胺染料是一种在 19 世纪 50～80 年代从煤焦油中所得的化合物，既促进了工业化学的发展，又促进了新化学制品在组织和细胞标本显影方面的常规应用。在 19 世纪 70 年代对切片和染色的激情使得恩斯特·海克尔（1834～1919），一个著名的比较解剖学家，担心年轻的科学家"会只知道截面图和彩色的组织，却既不知整体的动物又不知它的生活方式！"[33]

278

染色把以前模糊的细胞核渲染成清晰的结构，因此使更多形态被鉴别为细胞。更为重要的是，很多观察者开始密切注意细胞分裂各阶段的能被染色的物质。细胞理论家强调细胞核对制造新的细胞是必不可少的，令他们烦恼的问题之一是在很多情况下细胞核看起来在细胞分裂时会消失。有了更好的固定剂和染色剂，爱德华·施特拉斯布格尔（1844～1912）、爱德华·巴尔比亚尼（1823～1899）、瓦尔特·弗来明（1843～1905）和海因里希·瓦尔代尔（1836～1921）这些研究者确定当细胞核似乎溶解时，它所含染色的棒或线好像排成了行，然后分成两团。瓦尔代尔于 1888 年把这种染色物命名为"染色体"，这个术语取代了由不同作者给染色的细胞核物质起的各种各样的名字。研究人员详细描述了两种细胞分裂。一种（有丝分裂）导致两个完全相同的细胞；另一种（减数分裂）产生了生殖细胞，即卵子和精子。1892 年，奥古斯特·魏斯曼（1834～1914）出版了《种质：遗传理论》（*The Germ-Plasm: A Theory of Heredity*），综合了 20 年以来关于细胞分裂的工作并提供了 19 世纪细胞学说的第三个重要组成部分。细胞是生命的基本单位，所有的细胞都来自其他细胞，细胞核携带着遗传的物质基础。[34]

甚至当从雷马克到魏斯曼这些研究人员还在思考细胞在胚胎发生和组织形成的

[32] Brian Bracegirdle，《显微技术史》（*A History of Microtechnique*, Ithaca, N. Y.: Cornell University Press, 1978），第 111 页～第 288 页；Nyhart，《生物学的形成：动物形态学与德国大学（1800～1900）》，第 201 页～第 204 页；Nathan Rosenberg，《机床工业的技术变革（1840～1910）》（Technological Change in the Machine Tool Industry, 1840-1910），《经济史杂志》（*Journal of Economic History*），23（1963），第 420 页，第 426 页，第 429 页～第 432 页。

[33] 引自 Nyhart，《生物学的形成：动物形态学与德国大学（1800～1900）》，第 203 页（保留原文中的强调）；Bracegirdle，《显微技术史》，第 65 页～第 82 页；Pio Del Rio-Hortega，《组织学中的艺术和技巧》（Art and Artifice in the Science of Histology）（William C. Gibson 译自一篇 1933 年论文），《组织病理学》（*Histopathology*），22（1993），第 515 页～第 525 页。

[34] Harris，《细胞的诞生》，第 138 页～第 148 页，第 153 页～第 170 页；Rasmus G. Winther，《奥古斯特·魏斯曼论种质变异》（August Weismann on Germ-Plasm Variation），《生物学史杂志》，34（2001），第 517 页～第 555 页。有关染色体对细胞理论意义的更复杂的讨论，参看 Marsha L. Richmond，《在遗传学前夜的英国细胞理论》（British Cell Theory on the Eve of Genetics），《奋进》（*Endeavour*），25（2001），第 55 页～第 60 页；Jean-Pierre Gourret，《为有丝分裂器建模：从双极纺锤体的发现到现代概念》（Modelling the Mitotic Apparatus: From the Discovery of the Bipolar Spindle to Modern Concepts），《生物理论学报》（*Acta Biotheoretica*），43（1995），第 127 页～第 142 页。

背景下如何复制时，其他人转向了对微小的细胞样的生物的研究，它们的独立生活令早期的显微学家感到震惊。在17和18世纪观察到的生物基础上，19世纪的研究添加了数千种新生物。林奈曾把所有这些微小的生物归入“蠕虫（Vermes）”类“混沌（Chaos）”纲，但是这并没有使分类学家满意很久。* 此外，到了19世纪中期，某些微生物变得更为重要起来，包括特奥多尔·施旺和路易·巴斯德（1822～1895）在内的研究者确定了这些微小的生物参与了与人类利益有着直接关系的过程，如酒的发酵（酵母）和腐烂（细菌）。细菌在植物、动物和人类疾病中的作用引发了更多的仔细观察并促进了专业研究和教学的新学科——细菌学和20世纪初微生物学的出现。[35] 随着概念和技术在19世纪的实验室里的发展，对微生物的研究反复地与对组织和细胞的研究相交会。比如，不少单细胞生物缺乏细胞核，这就使细胞理论的精确性令人困惑。这个群体（细菌）的特点一直到20世纪都是对关于细胞结构和功能的很多概括的挑战。1937年，赫伯特·科普兰（跟进了最初于1866年由恩斯特·海克尔提出的一个想法）提出了细菌应该从分类学上自成一界而与植物和动物并列。在20世纪70年代，一些生物学家把所有生物划分成两个主要群体（超级界），即原核生物（细胞没有细胞核）和真核生物（细胞有细胞核，包括原生生物、植物和动物），部分是因为这些基本单位的形态混淆了“细胞”的单一的统一定义。[36]

组织学

虽然新兴的细胞理论主导了有关生命的基本单位的理论讨论，但研究人员也在努力理解细胞和其周围介质是如何构成种种完全不同的组织的。医学院的解剖学家特别地转向作为人类器官系统的组成部分的组织的研究。在研究对个人和研究所的声誉的重要性不断增加的时候，组织学为解剖学家开辟了新的研究领域，因而显微解剖学在传统解剖学系的范围内普遍地进入了医学课程。很多19世纪中期的文稿展现了那些致力于研究组织的人是如何努力地既提供一个对组织结构综合性的解释又基于胚胎发育来提供一个组织结构的理论基础的。鲁道夫·阿尔贝特·冯·克利克（1817～1905）于1852年出版的《人类组织学手册》（*Handbuch der Gewebelehre des Menschen*）很快就成为描述人体组织的权威手册之一。在19世纪40～50年代中期的一系列出版物中，罗伯特·雷马克提出，脊椎动物胚胎中出现的三种不同细胞层（外胚层、中胚层和内胚层）各自产生了不同的组织。对简明描绘胚层（原来被称为基本胚胎层）之上的组织，这是一个相当有吸引力的理论。然而，建立一个组织和胚层之间的直

* 此说法不准确。林奈把所有微生物都归为蠕虫纲下面的混沌属（而且都作为一个物种）。——译者注

[35] William Bulloch，《细菌学史》（*The History of Bacteriology*, London: Oxford University Press, 1938），一部虽然过时但仍然有用的概论。

[36] Jan Sapp，《原核生物和真核生物二分法：意义和神话》（The Prokaryote-Eukaryote Dichotomy: Meanings and Mythology），《微生物学和分子生物学评论》（*Microbiology and Molecular Biology Reviews*），69（2005），第292页～第305页。

接关联是非常难的，在19世纪末或20世纪初的某个时候，雷马克的假说已被悄悄地放弃。1857年，弗朗茨·冯·莱迪希(1821～1908)出版了他的《人类和动物组织学教科书》(*Lehrbuch der Histologie des Menschen und der Tiere*)，展示了一种关于跨物种组织的概括的比较观点。莱迪希是克利克的学生，可能赞同胚层理论，但他对组织的分类是基于结构和功能的基本相似性。他提出的四种基本类型仍用于医学组织学中，即上皮组织、结缔组织、肌肉组织和神经组织。每一种都包含多个亚型，包含了比沙的原有的21种组织以及其他组织。[37] 随着切片和染色技术在19世纪中叶后的改进，研究者公布了有关脊椎动物和无脊椎动物组织的结构、构成、发育和恶化的越来越多的细节，继续寻求其与胚胎结构的联系，并希望能在形成复杂的器官系统的组织中找到进化改变的痕迹。[38]

在吸引了19和20世纪组织学家和生理学家的所有组织中，神经系统中的组织是最吸引人的组织之一。自古以来，哲学家和医生从理论上推测了信息是如何好像瞬间从身体的一部分传导到另一部分的。希罗菲卢斯(约前330～前260)已经发现了肉眼可见的神经作为感觉和运动的主要导管，19世纪初，解剖学家已经详细地描绘出人类和许多其他动物的神经分布以及它们与脊髓和大脑的连接。在19世纪中叶，脑组织硬化和神经细胞细胞核染色的方法掀起了一波对神经系统微观形态研究的热潮。当生理学家转向对动物的实验来试图定位大脑内的功能，区分躯体(有意识肌肉运动的和感觉的)神经和自主(无意识运动和本能感觉)神经，并了解反射行为时，显微学家寻找了能使这一系列功能成为可能的结构。[39]

在19世纪后期的几十年中出现在两类主要研究人员之间的分歧，正好说明了染色技术在使得组织中的新结构可见时如何可以促进另一种解读。两个主要研究人员分别为意大利人卡米洛·高尔基(1843～1926)、西班牙人圣地亚哥·拉蒙-卡哈尔(1852～1934)，他俩因对神经系统的研究共享了1906年的诺贝尔医学或生理学奖。高尔基在19世纪70年代初开发了“黑色反应”，一种神经细胞染色的方法，不仅揭示了细胞的相对较短的树突分支复合体而且也揭示了其轴突，轴突的末端也可能有分支。他证实了轴突显然是细胞本身的一部分。高尔基主要是研究人的脑组织，他认为自己的工作支持了这样一种理论，即神经纤维、树突和轴突相互之间形成了一个密集的网络，在很多点上相交从而降低了任何特别的神经细胞的重要性。对高尔基来说，中枢神经系统复杂、完整的功能需要一种使其各部能协调行动的组织结构；他的看法

281

[37] Nyhart，《生物学的形成：动物形态学与德国大学(1800～1900)》，第85页～第87页，第121页～第122页，第128页；Coleman，《19世纪的生物学：形态、功能和变化的问题》，第43页～第47页；Magner，《生命科学史》，第211页。后来的研究表明上皮细胞和结缔组织都是从不止一种雷马克的胚层中产生的。例如，参看Thomas W. Sadler，《朗曼医学胚胎学》(*Langman's Medical Embryology*, 8th ed., Philadelphia: Lippincott Williams and Wilkins, 2000)，第88页，第97页，第102页。

[38] Nyhart，《生物学的形成：动物形态学与德国大学(1800～1900)》，第175页～第206页。

[39] Erwin H. Ackerknecht，《植物性(自主)神经系统发现史》(The History of the Discovery of the Vegetative [Autonomic] Nervous System)，《医学史》，18(1974)，第1页～第8页。

相对还原论者来说更倾向于整体论。[40]

相比之下，卡哈尔延续并增强了高尔基染色法，通常是采用幼小的鸟类和哺乳动物的大脑，其中单独的神经细胞纤细的轴突和树突可以从一个细胞追踪到另一个细胞。他舍弃了高尔基的网络理论而支持一个连续神经纤维链的理论，在这个神经纤维链中，一个神经细胞的轴突连接到另外的单个神经细胞的特定的树突或细胞体。看似乱糟糟一堆的树突和轴突可以分解成简洁的传递链，卡哈尔的这个证明使得欧洲最顶尖的组织学家信服。1891 年，瓦尔代尔在一个有影响的评论中总结了卡哈尔和其他人的工作，阐述了从那时起闻名的“神经元学说”，即神经系统的基本结构和生理单位是单个神经元（他给专门处理信息的神经细胞起的名字）和它们遍布神经系统的相互之间的明显的连接。相对独立的个体细胞的集合如何为无意识和有意识的功能（更不用说知觉）提供令人满意的物质基础，仍然是一个悬而未决的问题。[41]

瓦尔代尔对卡哈尔工作的决定性支持似乎是显微标本的有效准备和染色解决组织学中形态问题的又一个例子。然而，并非所有同时代的人都信服，尤其是那些一心试图确定神经细胞是如何从胚胎起源出现并在成熟的动物中发育的人。比如说，众所周知“黑色反应”着色剂只给一些而不给另外一些神经元着色，并且没有一致地显示单个神经元的所有突起。此外，跟踪个体神经细胞如何发育是不可能的，因为，准确来说，实验室的研究人员不可能在两个不同的时间点看到同一块组织。面对这个有趣的问题，在德国广泛学习后正在耶鲁大学工作的罗斯·哈里森（1870～1959）决定尝试一种新的技术。在 1907～1910 年，他想到用细菌学家已经发展的培养细菌的方法来培养体外组织细胞。尝试一段时间后，他把来自蝌蚪脊髓的神经原性组织的微小样品放入一滴附着于盖玻片的青蛙淋巴液中。在样品被妥善密封以保持不被污染并小心地培养的情况下，他实际上可以在显微镜下观察神经树突和轴突的发育。他关于从神经元细胞体生长出来的轴突中的细胞质向外移动的描述加强了有关神经元学说的共识，解决了对静态组织标本的解释。[42]

282

虽然哈里森对向其他方向扩展这个出色的新实验室程序不感兴趣，但是他的工作启发了包括亚历克西斯·卡雷尔（1873～1944）和他的同事蒙特罗斯·伯罗斯在内的很多人在 20 世纪第二个 10 年到 30 年代末培养了一系列其他动物和人类组织，包括癌细胞。卡雷尔的几个最大胆的断言，比如创造正常哺乳动物和人类细胞的“无限分裂”

[40] Edward G. Jones，《高尔基、卡哈尔和神经元学说》（Golgi, Cajal and the Neuron Doctrine），《神经科学史杂志》（*Journal of the History of the Neurosciences*），8（1999），第 170 页～第 178 页；Ennio Pannese，《高尔基染色：发明、扩散和对神经科学的影响》（The Golgi Stain: Invention, Diffusion and Impact on Neurosciences），《神经科学史杂志》，8（1999），第 132 页～第 140 页。

[41] Jones，《高尔基、卡哈尔和神经元学说》，第 170 页～第 178 页。有关更多细节，参看 Gordon M. Shepherd，《神经元学说的基础》（*Foundations of the Neuron Doctrine*, New York: Oxford University Press, 1991）。

[42] Hannah Landecker，《生物学的新时代：神经培养和试管中的细胞生命的到来》（New Times for Biology: Nerve Cultures and the Advent of Cellular Life in Vitro），《生物学和生物医学学科历史和哲学研究》，33（2002），第 667 页～第 694 页。关于早期培养组织的努力，参看 Lewis Phillip Rubin，《莱奥·勒布在组织培养发展中的作用》（Leo Loeb's Role in the Development of Tissue Culture），《医学史》（*Clio Medica*），12（1977），第 33 页～第 66 页。

品系的可能性，唤起了人们对即将取得重大成就的期望，而随之而来的失望使得研究人员的沮丧一直持续到20世纪50年代早期。但是，组织培养为研究组织的发育、生理学和生物化学的组织学家开创了新的方向，而这些研究领域在20世纪的下半叶迅速扩大。[43]

超微结构

随着光学显微镜的分辨率在19世纪末的提高，细胞学家和组织学家们对细胞内除了细胞核的其他结构的存在争论不休。至少从19世纪60年代开始，许多理论家和观察者声称，细胞质中必定有一个或多个复杂的结构行使细胞生命所必需的所有功能。有人描述了一个由线和流体组成的内部网状物；另外一些人注意到不同的微小斑点、颗粒或可能有一些重要功能的囊。在1898年，高尔基发表了一篇论文，详细说明了在神经细胞内的“黑色反应”着色剂使之可见的一个网状结构。对此，批评家认为这种昙花一现的形态是由固定、染色、切片或显微学家一厢情愿的想法中产生的人为现象。[44]

283

在20世纪的最初几十年里，大多数研究者的注意力集中在细胞核、染色体和遗传的形态基础上，也集中在完善生物化学方法来识别复杂的化合物与参与细胞和组织新陈代谢的反应上。在相当不同领域的研究人员在20世纪30年代中后期开发了两种新仪器，即高速离心机和电子显微镜，它们从根本上重塑了中断了如此多生命和计划的第二次世界大战后的现代生物学。超离心机将打碎的细胞的溶液飞快旋转从而使它所含的部分按重量上的极小差别被分为几类。这种方法被称为组织分离，在不同的分层汇集了整个细胞中所有相似的部分。离心机旋转越快，不同的细胞部分分开得越明显，然后生物化学家通过分析来确定什么样的物质（如核酸、蛋白质、酶、糖和脂质等）出现在一起。[45] 电子显微镜采用电子束而不是光线来成像，使得极小的结构得以分辨，这有利于研究。研究人员用了几年的时间才弄清楚如何准备和切割生物标本，最后再次达成共识，即由此而产生的图像记录了真正的形态而不是人为现象。[46] 超离心机和电子显微镜都带动了数百个独立的研究，但是细胞和组织生物学成果的激增发

[43] Jan A. Witkowski，《亚历克西斯·卡雷尔和组织培养的神秘主义》（Alexis Carrel and the Mysticism of Tissue Culture），《医学史》，23（1979），第279页～第296页；Jan A. Witkowski，《卡雷尔医生的无限分裂的细胞》（Dr. Carrel's Immortal Cells），《医学史》，24（1980），第129页～第142页。

[44] Marina Bentivoglio 和 Paolo Mazzarello，《通向细胞及其细胞器之路：高尔基器100年》（The Pathway to the Cell and Its Organelles: One Hundred Years of the Golgi Apparatus），《奋进》，22（1998），第101页～第105页。

[45] Christian de Duve，《组织分离：过去和现在》（Tissue Fractionation: Past and Present），《细胞生物学杂志》（*Journal of Cell Biology*），50（1970），第20D页～第55D页；Christian de Duve 和 Henri Beaufay，《组织分离的简短历史》（A Short History of Tissue Fractionation），《细胞生物学杂志》，91（1981），第293s页～第299s页。

[46] Daniel C. Pease 和 Keith R. Porter，《电子显微镜和超微切片机》（Electron Microscopy and Ultramicrotomy），《细胞生物学杂志》，91（1981），第287s页～第292s页；Peter Sair，《基思·R. 波特和第一张细胞电子显微照片》（Keith R. Porter and the First Electron Micrograph of a Cell），《奋进》，21（1997），第169页～第171页。

生在生物化学家和显微学家达成一致意见时。

从20世纪50年代中期开始，即使对疑心最大的人来说，电子显微镜展示了真核细胞的细胞质中确有被统称为“细胞器”的组成结构。除了细胞核，细胞器还包括高尔基发现并以他的名字命名的“高尔基体”，以及内质网、线粒体、溶酶体和过氧化物酶体。生物化学家把他们在关于组织分离工作中发现的功能与这些结构联系在一起，从而确定了能量产生在线粒体中，蛋白质产生在内质网中散布着RNA分子的部分。在研究“超微结构”的过程中，形态和功能在细胞内的分子水平上融合在一起。虽然在第二次世界大战后的科学中，细胞核、染色体和DNA结构的故事是到现在为止最著名的汇集了细胞内的部分、分子形态和生物功能的实例，但是由于每一个新的结构层次都能被人类探索，分子生物学包含了解剖学家、组织学家和细胞学家深思熟虑的全系列的问题。[47]

284

结束语

在许多方面，描述性的解剖学、组织学和细胞学是过去的科学。研究人员无疑将补充许多身体、组织和细胞在形态上的细节，但是前沿位于复杂的数学系统学、超微结构、生物化学和分子生物学之中。历史学家才刚刚开始考虑处理有关形态的争论（如细胞器的定义和细胞膜的重要特性）是如何与有关功能的辩论（包括生物化学家倾向于轻视形态学家对精确定位的渴望）相交叉的。由于它们在推动研究议程、实验室物种转化以及个人和政治认同问题中的重要性，发育、遗传学和DNA将继续吸引大量的学术上的关注。对在疾病、衰老和死亡过程中的细胞、组织和身体中的形态和功能的分析近几十年来也吸引了科学家们的注意，这是从医药创新到环境退化等领域的辩论的基础。对这些领域的历史调查，以及对技术、学科专业化和哲学导向在塑造研究轨迹中的作用不断提出的疑问，无疑将有助于我们重新评估这些研究方向（对可理解的形态——无论是动物体还是分子——的探索）是如何帮助我们在面对生物变化时抓住稳定时刻的。

（李晓　译）

[47] Nicolas Rasmussen,《20世纪50年代的线粒体结构和细胞生物学》（Mitochondrial Structure and Cell Biology in the 1950s），《生物学史杂志》，28（1995），第385页～第386页；Michael Morange，《分子生物学史》（*A History of Molecular Biology*, Cambridge, Mass.: Harvard University Press, 1998），Matthew Cobb 译。

16

胚胎学

尼克·霍普伍德

285

"如果……我们说每个人类个体都是从一个卵细胞发育而来的,唯一的回应,即使是来自大多数所谓受过教育的人,将是一个表示怀疑的微笑;如果我们向他们展示从这个人类的卵细胞发育出来的一系列的胚胎形态,他们的怀疑会毫无例外地转变为厌恶。这一点几乎……毫无疑问,"进化论的布道者恩斯特·海克尔(1834～1919)在19世纪70年代写道,"这些人类胚胎隐藏着大量重要的真相,形成一个知识源,比大多数其他学科之和以及所有所谓'启示'所能提供的更丰富。"[1]在这个夸张的断言和它引起的怀疑及厌恶之间存在一段矛盾的历史。在19世纪的大学和医学院中,胚胎学是一个关键的生命学科;1900年左右,现代生物学就是从其中缔造的;而现在,以发育生物学的形式存在的胚胎学弥漫着兴奋的情绪。胚胎学以进化论者的热情、性知识以及控制生育的前景点燃了社会各界,但也令数代医科学生厌烦,是分子生物学家关于学科衰败最喜欢的例子,也吸引了女权主义者和反堕胎者的批评。因此,关于胚胎学有丰富的历史要讲述,而当各个学科的学者开始讲述时,现有的调查看起来很单薄。这些调查主要局限于概念和理论,几乎不告诉我们胚胎学的日常生活。它们依据特定的传统写成,并没有充分展现胚胎科学的多样性和关于它的各种观点。为了应对这些局限性,本章高度选择性地通过追踪两个环环相扣的变革,即在工作形式上的变革和在身份上的变革,来鼓励对综合研究更充分的尝试。

胚胎学跟其他学科共享两种主要工作方式:自18世纪末,对鉴别和分类感兴趣的医生、教授和博物馆馆长把复合物化整为零来分析;从19世纪中叶开始,大学的研究人员宣称实验是控制生命的手段。[2] 胚胎学分析特别针对发育;胚胎学家从收集的标本中获得代表物用以比较和选择,将其整理进发育系列并陈列。一系列的版画、蜡质

286

我感谢约翰·V. 皮克斯通、彼得·J. 鲍勒、蒂姆·霍德(Tim Horder)、吉姆·西科德(Jim Secord)、西尔维娅·德·伦齐(Silvia De Renzi)、斯科特·吉尔伯特(Scott Gilbert)、乔纳森·哈伍德、苏拉娅·德·沙德里维安(Soraya de Chadarevian)和德尼·蒂埃弗里(Denis Thieffry)对草稿的建议。

[1] Ernst Haeckel,2卷本《人类进化:人类个体发生学和系统发生学要点浅说》(*The Evolution of Man: A Popular Exposition of the Principal Points of Human Ontogeny and Phylogeny*, London: Kegan Paul, 1879),第1卷,第xix页。

[2] John V. Pickstone,《博物馆学科学? 分析/比较在19世纪科学、技术和医学中的地位》(Museological Science? The Place of the Analytical/Comparative in Nineteenth-Century Science, Technology and Medicine),《科学史》(*History of Science*),32(1994),第111页～第138页。这个用法跟通常把胚胎学分析和实验等同的用法近似于相反。

模型或超声图的制作可以说为广泛的观众“制造”了发育并为进一步的工作奠定了基础。[3] 在19世纪,分析涉及胚层和细胞;到了20世纪,分析逐渐包括化学物质和大分子。早期的实验从属于分析,但在19世纪80年代,一些胚胎学家仿效生理学中的做法,把实验控制的地位提升,高于想象的纯粹描述。但是分析仍然延续,并继续与实验相互影响,揭示胚胎各部分的潜力并定义互相作用的系统。20世纪中叶,对这些效果的分子因子在生物化学和遗传学上的探究加强了。截至2000年,随着胚胎学使得在医学和农业上生产定制的生物成为可能,深刻而微妙的干预技术走出了实验室。

胚胎学工作中的创新驱动身份变化,也被它驱动。在20世纪60年代,“发育生物学”接替“实验胚胎学”占据了大多数的胚胎学研究。随之,主流编史学从19世纪前3/4时段的“古典描述胚胎学”开始,通过在19世纪80年代到20世纪30年代之间蓬勃发展的“古典实验胚胎学”,转向目前主要的继任者。众所周知,因为胚胎学很少有自己的研究所和教授,所以大多数胚胎学家用生理学家、解剖学家、动物学家或生物学家的身份来谋生。但是,通过把部分看成整体,历史学家已经严重低估了由此而产生的多样化。把20世纪的胚胎学只看成实验生物学的一个分支尤其成问题:第一个专门的胚胎学研究机构是在第一次世界大战期间成立来描述人类胚胎的;大多数胚胎学书籍是医学教科书;到了20世纪90年代,大多数胚胎学家在生育诊所工作。通过涵盖广泛的科学、技术和医疗活动,我们可以最好地探索胚胎学领域。不仅如此,我们应该开始超越实验室和诊所去审视这个学科在生殖问题上跟有时根本不同的外行观点的冲突。因为,正如本章只能暗示,正是从专业人员和外行人——不仅仅是海克尔所谓“受过教育的人”——的观点对比中,我们才会发现胚胎学工作的更普遍的意义。

287

胚胎学的产生

在20世纪30年代,胚胎学家、史学家李约瑟(1900～1995)提名了希波克拉底时期的一个作家为“第一位胚胎学家”并描出了一条从亚里士多德、威廉·哈维和卡尔·恩斯特·冯·贝尔(1792～1876)到其时代最重要的胚胎学期刊的直线。[4] 然而,甚至在李约瑟之前,胚胎学家已经把1800年左右的几十年作为他们的学科历史上的突破,在此期间,对于生殖的不为众人所知的辩论让位于一个更为熟悉的世界。那些追溯我们的自然科学直到革命时代的史学家在启蒙运动后期发现的不仅仅是现代胚胎

[3] Nick Hopwood,《发育的产生:人类胚胎解剖学和威廉·希斯的规范》(Producing Development: The Anatomy of Human Embryos and the Norms of Wilhelm His),《医学史通报》(*Bulletin of the History of Medicine*),74(2000),第29页～第79页。

[4] Joseph Needham和Arthur Hughes,《胚胎学史》(*A History of Embryology*, 2nd ed., Cambridge: Cambridge University Press, 1959),第31页,第36页。

学的产生,还有胚胎学本身的产生。然而,这个学科既是从分析胚胎的新方法中也是从选择性地重新构建此前对生殖的研究中产生的。

17 世纪后期的机械自然哲学家试图理解可见秩序的永久化,但有组织的生命的起源——一个软的、流态的鸡蛋如何变成一只高度有序的小鸡?——仍然是无休止争论的主题。渐成论,这一认为组织是从最初的无组织的物质逐步生成的古老观点,沾染了无神论者的唯物主义。与它争锋的预成论者的观点,显然与此相反,他们认为成体结构在卵中或者在有些人所说的雄性精液中的"微小生物体"中已经存在并等着舒展开来。这种由神之律法决定的被动特性的假设是正统的解释。尽管绝不像以后的胚胎学家所认为的那么可笑,预成论还是有很多可供渐成论者嘲弄之处。如果万能和仁慈的上帝在创世之时制造了所有的生物,那么为什么存在丑陋和无用的畸形生物?又如何来解释 18 世纪 40 年代轰动性的发现,即水螅可以从身体的一部分再生?[5]

这些问题在 18 世纪后半叶帮助渐成论战胜了预成论。但是这个转变比试图解释胚胎结构来源的唯物主义理论的简单胜利更为深刻。此前的博物学家描绘了外表面;而此时的解剖学家剖析了生物体来揭示各部分内在的结构关系和功能性活动。因为结构定义了活着是什么意思,它的起源不再需要加以解释,于是比较解剖学家着力于寻找联系各种结构的规则。[6] 圣彼得堡的学者卡斯帕·弗里德里希·沃尔夫和格丁根大学教授约翰·弗里德里希·布卢门巴赫通过把曾最棘手的生物体变成他们学科的工具而稳定了渐成论。他们主张,生物的畸形是在一种新活性的生成力量不足或过量时产生的。作为一个发育的过程来看,畸形生物甚至变得美丽起来。[7]

288

胚胎学不仅是从生殖的哲学和畸形生物的自然史中创建的,而且也是通过男性外科医生投入到助产术中以及开明的法医学对未出生的孩子作为未来公民的关心而创建的。一开始,怀孕的各个阶段在一个预成论的框架内确定,而不符合理想人体比例的样本被作为畸胎而舍弃。以至于 17 世纪的鸡胚画像都跟那些 200 年后绘制的已经类似了,而人类胚胎的图片和模型却继续呈现一个尺寸渐大的微型孩子。然后,在

[5] Shirley A. Roe,《物质、生命和生殖:18 世纪胚胎学和哈勒-沃尔夫的争论》(*Matter, Life, and Generation: Eighteenth-Century Embryology and the Haller-Wolff Debate*, Cambridge: Cambridge University Press, 1981);Shirley A. Roe,《生命科学》(The Life Sciences),载于 Roy Porter 编,《剑桥科学史·第四卷·18 世纪科学》(*The Cambridge History of Science, vol. 4: Eighteenth-Century Science*, Cambridge: Cambridge University Press, 2003),第 397 页~第 416 页;Emma C. Spary,《政治的、自然的和身体的经济学》(Political, Natural and Bodily Economies),载于 Nicholas Jardine、James A. Secord 和 Emma C. Spary 编,《自然史文化》(*Cultures of Natural History*, Cambridge: Cambridge University Press, 1996),第 178 页~第 196 页。

[6] Roe,《物质、生命和生殖:18 世纪胚胎学和哈勒-沃尔夫的争论》,第 148 页~第 156 页; Michel Foucault,《词与物——人文科学考古学》(*The Order of Things: An Archaeology of the Human Sciences*, London: Tavistock Press, 1970); François Jacob,《生命的逻辑:遗传史》(*The Logic of Life: A History of Heredity*, New York: Pantheon, 1982),Betty E. Spillmann 译,第 74 页~第 129 页。

[7] Georges Canguilhem,《怪物与畸形物》(La Monstruosité et le Monstrueux),载于《生命知识》(*La Connaissance de la Vie*, 2nd ed., Paris: J. Vrin, 1989),第 171 页~第 184 页,相关内容在第 178 页~第 179 页;Michael Hagner,《启蒙的怪物们》(Enlightened Monsters),载于 William Clark、Jan Golinski 和 Simon Schaffer 编,《科学在启蒙的欧洲》(*The Sciences in Enlightened Europe*, Chicago: University of Chicago Press, 1999),第 175 页~第 217 页。也可参看 Armand Marie Leroi,《突变体:关于形态、变种和人体的错误》(*Mutants: On the Form, Varieties and Errors of the Human Body*, London: HarperCollins, 2003)。

1799 年,解剖学家萨穆埃尔·托马斯·泽默林扩展和修改了妊娠子宫的解剖结构,让 289 他的画家创造了一个空间,在其中可以看到人类胚胎的外形逐渐改变(图 16.1)。[8]

这种医学上的发育图像的确定性全然不同于并被用来贬低妇女对怀孕的不确定性的自身体验。这种体验通常历时 9 个月,但偶尔会是 7 个或 11 个月。几次未来的月经或许意味着一个孩子,但也同样可能是疾病或畸胎的信号——直到怀孕的唯一肯定的标志"胎动感"出现,即当一个女人感到孩子在腹中动来动去的时候。在实践中,此时被看成对应于长期存在的基督教亚里士多德主义者所认为的胎儿被赋予生命或灵魂的那一刻。在这一刻之前堕胎是被普遍容忍的,但是,西西里岛的耶稣会士弗朗切斯科·埃马努埃莱·坎贾米拉完全排斥堕胎,他在《神圣的胚胎学》(*Sacred* 290 *Embryology*,1745)中甚至非常痴迷于给最早期的胚胎做洗礼。1803 年,人工流产在英国法律中成为法定犯罪(如在胎动之前进行则受较轻的刑罚);医疗行业的男性利用胚胎学来质疑这种孕妇特权知识的官方认可。更普遍的是,学者们定义了学科的边界,把他们曾经共有的看法当成粗俗的迷信而排除在外。这些迷信包括怀孕期间糟糕的经历会产生畸形胎儿和一个女人在性交中的快感是生育的前提。然而,20 世纪的胚胎学家仍在和类似的观点斗争。[9]

随着一个静态的世界让位于一个动态变化的和历史的世界,发育的模式开始被看成生物体的不同结构之间的基础关系。形态是通过追踪其形成来理解的,并且——特别是在德国的浪漫主义的中心区域——胚胎学是形态学的指导。[10] 渐成论为浪漫主义者提供了一幅关于他们自己成长的合意图像:预成论中的胎儿只是一个简单地继承了父亲的力量、来自母亲身体的机械式的产物,注定为包办婚姻而生;而浪漫主义的胎儿制造了自己而且长大后为爱结婚。[11] 在一个不再是机器而是巨大的动物的宇宙中,生殖是基本的象征,而胚胎发育则代表着一个孕育着由低到高不断向上的一系列形态

[8] Barbara Duden、Nadia Maria Filippini 和 Ulrike Enke 撰写的第 17 章~第 20 章,载于 Barbara Duden、Jürgen Schlumbohm 和 Patrice Veit 编,《未出生的历史:关于妊娠的经验和科学史》(*Geschichte des Ungeborenen: Zur Erfahrungs- und Wissenschaftsgeschichte der Schwangerschaft*, Veröffentlichungen des Max-Planck-Instituts für Geschichte, vol. 170, Göttingen: Vandenhoeck und Ruprecht, 2002)。也可参看 Janina Wellmann,《无形如何生成有形:哈勒-沃尔夫的争论中的图片和 1800 年左右的胚胎学的开端》(Wie das Formlose Formen schafft. Bilder in der Haller-Wolff-Debatte und die Anfänge der Embryologie um 1800),《知识的图像》(*Bildwelten des Wissens*),1,pt. 2(2003),第 105 页~第 115 页。

[9] Angus McLaren,《生殖仪式:16~19 世纪英格兰的生育观念》(*Reproductive Rituals: The Perception of Fertility in England from the Sixteenth Century to the Nineteenth Century*, London: Methuen, 1984);Angus McLaren,《管理妊娠:19 世纪刑法和教会法的改变》(Policing Pregnancies: Changes in Nineteenth-Century Criminal and Canon Law),载于 G. R. Dunstan,《人类胚胎:亚里士多德与阿拉伯的和欧洲的传统》(*The Human Embryo: Aristotle and the Arabic and European Traditions*, Exeter: University of Exeter Press, 1990),第 187 页~第 207 页。也可参看 Thomas Laqueur,《性的制造:从古希腊人到弗洛伊德的身体和性别》(*Making Sex: Body and Gender from the Greeks to Freud*, Cambridge, Mass.: Harvard University Press, 1990),第 149 页~第 192 页。

[10] E. S. Russell,《形态与功能:论动物形态学史》(*Form and Function: A Contribution to the History of Animal Morphology*, London: John Murray, 1916);Owsei Temkin,《1800 年左右的德国个体发生学和历史》(German Concepts of Ontogeny and History around 1800),《医学史通报》,24(1950),第 227 页~第 246 页;Timothy Lenoir,《生命的策略:19 世纪德国生物学中的目的论与力学》(*The Strategy of Life: Teleology and Mechanics in Nineteenth-Century German Biology*, Chicago: University of Chicago Press, 1989)。

[11] Helmut Müller-Sievers,《自我生殖:1800 年左右的生物学、哲学和文学》(*Self-Generation: Biology, Philosophy, and Literature around 1800*, Stanford, Calif.: Stanford University Press, 1997)。

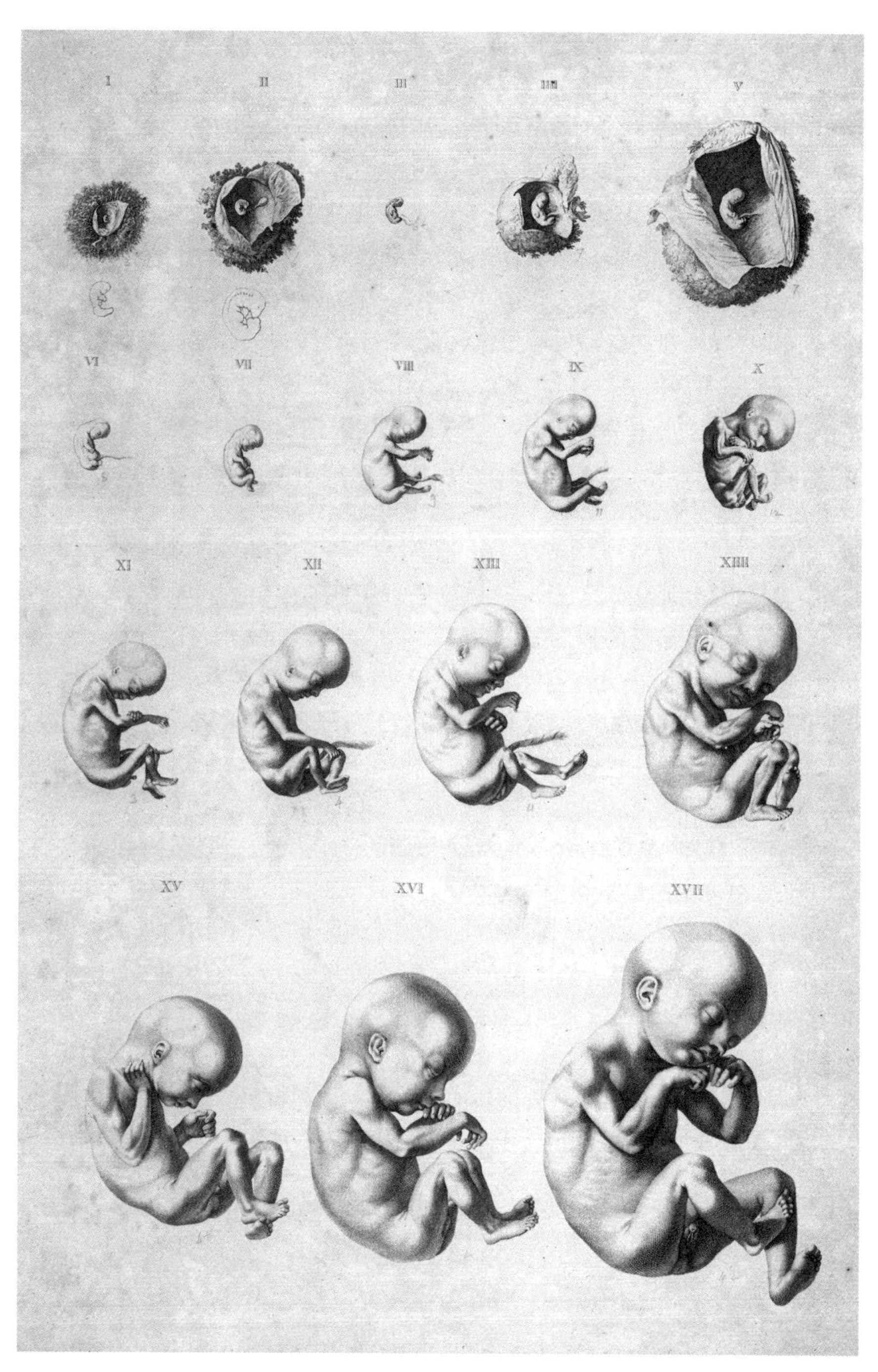

图 16.1　孕期头 4 个月的人类胚胎发育。版画，根据克里斯蒂安·科克（Christian Koeck）的绘画制作，出自 Samuel Thomas Soemmerring，《人类胚胎绘图》（*Icones embryonum humanorum*, Frankfurt am Main: Varrentrapp und Wenner, 1799），插图 I，承蒙剑桥大学图书馆委员惠允

的大自然的模型。

成体动物系列是以人类个体的并行发育来理解的。根据重演学说，高等动物在发育的过程中本质上经历了比其低等的动物的成体形态，人的胎儿的发育则是经历了整个动物界的成体形态。低等动物，浪漫主义自然哲学家洛伦茨·奥肯在1810年左右写道，反过来说，是一系列人类的早产儿。哈雷的解剖学家小约翰·弗里德里希·梅克尔、巴黎人艾蒂安·若弗鲁瓦·圣伊莱尔、伊西多尔·若弗鲁瓦·圣伊莱尔和艾蒂安·塞尔的系统分类中，重演赋予了畸形学这个有关畸形的专门学科以普遍的重要性。但是，来自巴黎新建的自然史博物馆的比较解剖学家乔治·居维叶通过把动物系列划分成四种截然不同的有机体模式有力地反对了这种超验主义的解剖学。[12]

291

发育的历史

在后拿破仑时代的德意志各邦国的大学里，解剖学和生理学教师支持浪漫主义自然哲学但致力于以经验为依据的调查研究，强调了胚胎学上的标准是真实分类的关键。他们认为，没有胚胎学的解剖学承受不自然的风险，而观察胚胎发育则会展示生物体是如何从最初的固有的统一体以对应自然分类系统的秩序产生身体各器官的。通过跟踪基本结构的发育，人们可以把复杂的形态解释为简单类型复杂化。两位来自波罗的海德语区的医科学生克里斯蒂安·潘德尔（1794～1865）和卡尔·恩斯特·冯·贝尔，带领一大群研究人员为胚胎学创造了新的分析模式。他们表明了生物体是如何从最基本的“胚层”的转化中产生的，而他们的追随者把这些胚层转变成细胞。[13]

1816年，维尔茨堡的伊格纳茨·德林格教授建议他的学生们重新检查蛋中鸡胚发育这一生殖研究中百年以来的经典的研究对象。出身贵族却贫困的冯·贝尔不得不把这个既昂贵又耗时的项目留给潘德尔——一个富裕的银行家的儿子。一个看管人管理了两个孵化器，这样他可以耗费几千个鸡蛋，打开它们，并在放大镜下用细针探查胚胎。潘德尔扩展了沃尔夫的工作，用新的词语取代此前迂回累赘的说法来表达他的主要成果：发育并不是直接始于器官结构而是始于一片片组织构造（胚层）。潘德尔的最大开支是支付制作版画的费用，它比他的语言更生动、更详细地表达了复杂的外形变化。[14]

[12] Stephen Jay Gould，《个体发生学和系统发生学》（*Ontogeny and Phylogeny*, Cambridge, Mass.: Harvard University Press/Belknap Press, 1977），第33页～第68页；Toby A. Appel，《居维叶-若弗鲁瓦辩论：达尔文之前数十年的法国生物学》（*The Cuvier-Geoffroy Debate: French Biology in the Decades before Darwin*, New York: Oxford University Press, 1987）。

[13] 关于1880年的综述，参看 Frederick B. Churchill，《经典描述胚胎学的兴起》（The Rise of Classical Descriptive Embryology），载于 Scott F. Gilbert 编，《现代胚胎学概念史》（*A Conceptual History of Modern Embryology*, Baltimore: Johns Hopkins University Press, 1994），第1页～第29页。

[14] 最近的作品，参看 Stéphane Schmitt，《从蛋到化石：潘德尔生物学中的渐成论和物种转化》（From Eggs to Fossils: Epigenesis and the Transformation of Species in Pander's Biology），《发育生物学国际期刊》（*International Journal of Developmental Biology*），49（2005），第1页～第8页。

随着潘德尔“把蛋壳做成的桂冠缠绕在他的前额”,[15]冯·贝尔感兴趣地跟进,并且在获得柯尼斯堡(今加里宁格勒)的学术职位后即刻开始扩展、改正和推广他朋友的报告。这些内容构成了1828年出版的《动物发生史》(*Über Entwickelungsgeschichte der Thiere*)的部分篇章。和居维叶一样,冯·贝尔拒绝线性的动物系列而青睐四种不同类型。在胚胎发生过程中,整个动物界的共有的最初的生殖细胞分化成四个理想化的“原型”之一,而每个原型控制了更专门化的发育。一个胚胎没有经历其他动物的成体形态,但是从共同的胚胎形态趋异。在19世纪30年代,冯·贝尔的成果在英国和法国被用来破坏或淡化往往是反建制的重演论。科学绅士们祈祷关于动物界的分歧观点会削弱伦敦医学院中的激进讲师的从单细胞到人类的进步论。然而,在大多数情况下,“冯·贝尔法则”没有驱逐并行主义的“梅克尔—塞尔法则”,而是和它共存或混为一谈。[16]

292

冯·贝尔的研究为大量进一步研究提供了模式。在19世纪20～50年代,解剖学家和生理学家(其中许多是柏林生理学家约翰内斯·弥勒的学生)增加了细胞作为胚层之外的胚胎分析的第二个基本单位,并开始利用新的消色差显微镜极其努力地建立它们之间的关系。细胞核周围的囊最初是作为脊椎动物(特别是哺乳动物)的卵细胞的一个统一特性而发现的。哺乳动物的卵细胞是由冯·贝尔通过追踪发育到其源头,在1827年发现的。19世纪30年代后期的细胞理论源于试图将这些基本器官的发展概括为后来的结构,并试图统一整个有生世界的发育。在19世纪40年代,罗伯特·雷马克,一个未受洗礼的在柏林大学被边缘化的犹太人,主张所有的细胞从先前存在的细胞产生,即从卵细胞通过胚层到组织(图16.2)。他的胚层特异性学说,是对19世纪胚胎学最强大的概括,宣称在所有脊椎动物中,每一层——内胚层、中胚层和外胚层——产生特定的细胞类型,例如,肝脏、肌肉和神经。这个学说随着对胚层和细胞在有着不同的生命周期和生殖模式的动物中的研究而扩展。[17]

这些人中没有任何一个是职业胚胎学家;这个学科从来没有在其最重要的机构——德国的大学中取得独立地位。在1800年后的几十年里,胚胎学一直主要是解剖学和生理学教授的领域,但这些教授职位在19世纪中叶左右分裂了,而生理学被重新定义为适合实验操作和理化分析的主题。发育因难以研究而被排除在外,留给了被挤到独立的解剖学研究所和新的动物学研究所的形态学家们来研究。此后的胚胎学,

294

[15] 冯·贝尔致沃尔德马尔·冯·迪特马尔(Woldemar von Ditmar)的信,1816年7月10日,引自Boris Evgen'evič Raikov,《卡尔·恩斯特·冯·贝尔(1792～1876):他的生活和工作》(*Karl Ernst von Baer, 1792-1876: Sein Leben und sein Werk*, Acta historica Leopoldina, vol. 5, Leipzig: Barth, 1968),Heinrich von Knorre译,第91页。

[16] Adrian Desmond,《进化政治:激进伦敦的形态学、医学和改革》(*The Politics of Evolution: Morphology, Medicine, and Reform in Radical London*, Chicago: University of Chicago Press, 1989)。

[17] Edwin Clarke和L. S. Jacyna,《19世纪神经科学概念的起源》(*Nineteenth-Century Origins of Neuroscientific Concepts*, Berkeley: University of California Press, 1987),第1页～第100页;Jane M. Oppenheimer,《胚层的非特异性》(The Non-specificity of the Germ-Layers),载于她的《胚胎学和生物学史论文集》(*Essays in the History of Embryology and Biology*, Cambridge, Mass.: MIT Press, 1967),第256页～第294页;Henry Harris,《细胞的诞生》(*The Birth of the Cell*, New Haven, Conn.: Yale University Press, 1999)。

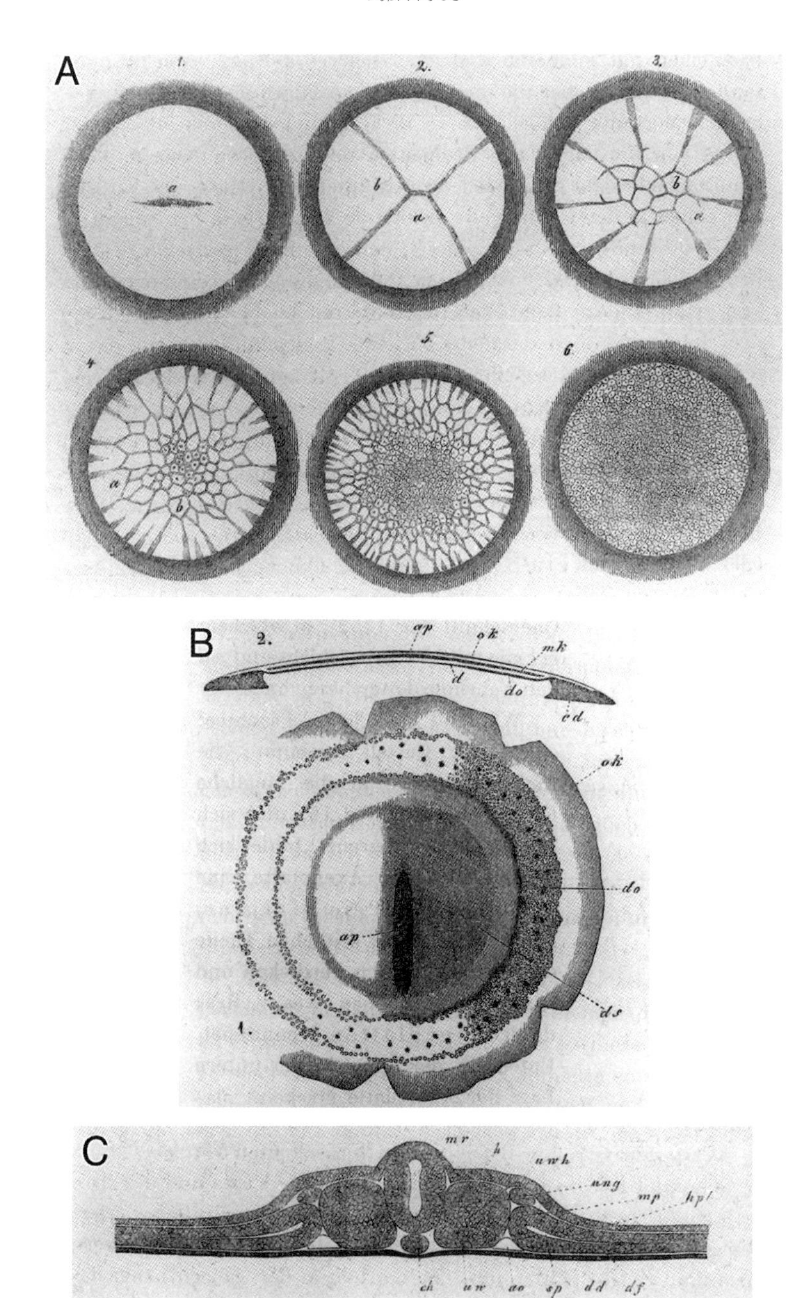

图 16.2　鸡胚发育中的细胞和胚层。(A)在最早的阶段,受精卵的胚层通过卵裂形成细胞。(B)孵化早期的胚膜:(1)背部视图及(2)截面图,展示了三个胚层。(C)两天大胚胎的截面图,展示了典型的脊椎动物结构。木版画出自维尔茨堡鲁道夫·阿尔贝特·冯·克利克教授成功的教科书《人类和高等动物发育史》(*Entwicklungsgeschichte des Menschen und der höheren Thiere*, Leipzig: Engelmann, 1861),第 41 页,第 43 页,第 48 页,承蒙剑桥大学图书馆委员惠允

大体上留给了往往专注于脊椎动物的医学院系的解剖学教授和以无脊椎动物为专长的哲学院系的动物学教授。[18] 此外,人类胚胎在产科诊所中被收集和研究;而卵子的发现则促使了新的妇科学围绕卵巢而不是子宫来组织。[19] 胚胎学也成了渔业生物学的一部分。植物胚胎学没有像人类和动物胚胎学跟普通解剖学及动物学那样跟其他植物学明确地区分开来。

从19世纪30年代,热情的教师们筹划胚胎学特别课程,成为此学科骨干以及解剖学和动物学课程的重要组成部分;一些胚胎学知识也在产科学和妇科学中教授并传授给助产士和兽医。医疗讲座以人类为对象,但因为胚胎学家对孕妇的身体只有有限的接触,所以他们专注于小鸡(图16.2)和家畜。显微镜实用知识教学理应向学生展示如何从最初不吸引人的标本中识别不熟悉的形状,正是通过这些形状,身体得到了在其他课上所解剖的结构。只对通过医生资格感兴趣的年轻人不喜欢这些非常困难的课程,但胚胎学激起了大众极大的兴趣,在以赚钱为目的的解剖学博物馆中,普通大众付费观看发育历史的标本和模型。[20]

作为祖先的胚胎

"当我们……把胚胎视为每个动物大类的共同的亲本形态的或多或少有些模糊的化身时,胚胎学引起了我们极大的兴趣。"查尔斯·达尔文在1859年提出。[21] 进化使理想的原型变成真正的祖先,使胚胎的相似性成为遗传的证据。具有讽刺意味的是,冯·贝尔的胚胎学在进化论的时代并未引起最多的兴趣,而他试图反驳的重演论的版本却做到了。达尔文自己所持的观点在多大程度上属于重演论,是有争论的。[22] 但最重要的人物是耶拿动物学家恩斯特·海克尔。他宣扬个体在胚胎发育过程重复了成年祖先在物种进化发育过程中经历的最重要的改变,或用他的"生物重演律"准则来简练地表示:"个体发生重演系统发生。"作为通往其他缺乏记录的关系的捷径,胚胎学迎来了作为通往地球上生命历史的关键和公众辩论的热点的全盛时期。[23] (参看第12

295

[18] Lynn K. Nyhart,《生物学的形成:动物形态学与德国大学(1800～1900)》(*Biology Takes Form: Animal Morphology and the German Universities, 1800-1900*, Chicago: University of Chicago Press, 1995),第65页～第102页。

[19] Claudia Honegger,《性别秩序:人类科学与女性(1750～1850)》(*Die Ordnung der Geschlechter: Die Wissenschaften vom Menschen und das Weib, 1750-1850*, Frankfurt am Main: Campus, 1991),第210页～第212页。

[20] Nick Hopwood,《蜡质胚胎:齐格勒工作室的模型,附弗里德里希·齐格勒的〈蜡质胚胎学模型〉重印版》(*Embryos in Wax: Models from the Ziegler Studio, with a Reprint of "Embryological Wax Models" by Friedrich Ziegler*, Cambridge: Whipple Museum of the History of Science; Bern: Institute of the History of Medicine, 2002),第12页～第13页,第33页～第39页。

[21] 引自Churchill,《经典描述胚胎学的兴起》,第18页。

[22] Robert J. Richards,《进化的意义:对达尔文理论在形态学上的构建以及在意识形态上的重构》(*The Meaning of Evolution: The Morphological Construction and Ideological Reconstruction of Darwin's Theory*, Chicago: University of Chicago Press, 1992)。

[23] Gould,《个体发生学和系统发生学》,第69页～第114页;Peter J. Bowler,《生命的精彩戏剧:进化生物学和生命世系的重建(1860～1940)》(*Life's Splendid Drama: Evolutionary Biology and the Reconstruction of Life's Ancestry, 1860-1940*, Chicago: University of Chicago Press, 1996)。

章、第 14 章）

带着对研究各种动物发育的高度重视，胚胎学家们开创了新的方案来收集远离欧洲内陆实验室的胚胎。他们的首要任务是充分利用作为“生命的发源地”且有着最丰富多样的动物有机体的海洋，使无脊椎动物胚胎学井然有序并试图建立脊椎动物的进化起点。1872 年，海克尔的学生安东·多恩创办了那不勒斯动物研究站，它是新的一系列海洋实验室中最负盛名的一个。它作为一个思想、材料和技术的国际交流站起到了至关重要的作用。[24] 在这个帝国时代，博物学家们也参与到扩大欧洲生物学的疆土中，进行远征来观察野外的胚胎并把它们作为藏品带回家。[25]

对于这么麻烦才找到的显微标本，胚胎学家彻底地改变了分析方法。一条工作线采用新的固定剂和核染色剂来突出受精和细胞分裂中的主要事件。另一条工作线通过总结整个动物界的脊椎动物胚层的特异性，为建立系统发生学提供强有力的工具。在 19 世纪 70 年代，胚胎学家越来越多地利用切片机将标本转换成一系列能比解剖标本表现出更多的内部结构的薄片。

进化假说一般依赖同时也激发了费时费力的观察，但是海克尔在其半通俗的作品中的大胆推论也引起了争议。从冯·贝尔到海克尔，我们经历了从一个胚胎学的守护神到一个被有些人看成是那个学科的邪恶天才的过程。[26] 虽然这种毁誉参半的名声被 1900 年实验生物学家反对长于推测而短于实证的研究风格的活动加强，但它可追溯到 19 世纪 70 年代。正如其支持者所欢呼的，海克尔不仅很勇敢地开辟了新的研究课题，也使生物重演律成为进化世界观的中心原则。正如其反对者所讥讽的，对其科学同行一直在解决的问题，他用武断的答案煽动公众。

296

在胚胎学界，海克尔最有实力的对手是来自先在巴塞尔后来去了莱比锡的解剖学家威廉·希斯（1831～1904），从 19 世纪 60 年代末，他将切片机的改进和从切片中对蜡质模型的准确重建结合起来。跟持还原论的生理学家的论点相同，他赞成机械论的研究方法，声称没有进化系列能解释发育。希斯寻找一个阶段如何将自己转换到下一个阶段的机制，并在不平衡生长所产生的弯曲和折叠运动中找到了它们。很长一段时间内，无论是建模还是这种机械论的发育观都没有流行起来，但他对海克尔在图片（图 16.3）中有倾向性地使胚胎比真实情况下看起来更加类似的做法的指控被非常广泛地

[24] Christiane Groeben 和 Irmgard Müller，《安东·多恩时期的那不勒斯动物研究站》（*The Naples Zoological Station at the Time of Anton Dohrn*, Paris: Goethe-Institut, 1975），Richard Ivell 和 Christl Ivell 译。

[25] Roy MacLeod，《胚胎学与帝国：鲍尔弗的学生和太平洋实验室对中间形态的寻找》（Embryology and Empire: The Balfour Students and the Quest for Intermediate Forms in the Laboratory of the Pacific），载于 Roy MacLeod 和 Philip F. Rehbock 编，《达尔文的实验室：进化论与太平洋自然史》（*Darwin's Laboratory: Evolutionary Theory and Natural History in the Pacific*, Honolulu: University of Hawaii Press, 1994），第 140 页～第 165 页；Rudolf A. Raff，《生命的形状：基因、发育和动物形态的进化》（*The Shape of Life: Genes, Development, and the Evolution of Animal Form*, Chicago: University of Chicago Press, 1996），第 1 页～第 4 页；Brian K. Hall，《约翰·塞缪尔·巴奇特（1872～1904）：寻找多鳍鱼》（John Samuel Budgett [1872-1904]: In Pursuit of *Polypterus*），《生物科学》（*BioScience*），51（2001），第 399 页～第 407 页。

[26] 关于精神病理学化的观点，参看 Oppenheimer，《胚胎学和生物学史论文集》，第 150 页～第 154 页。

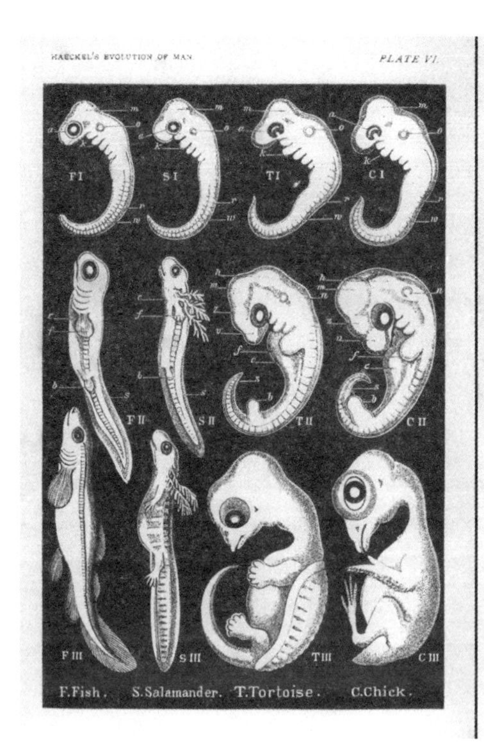

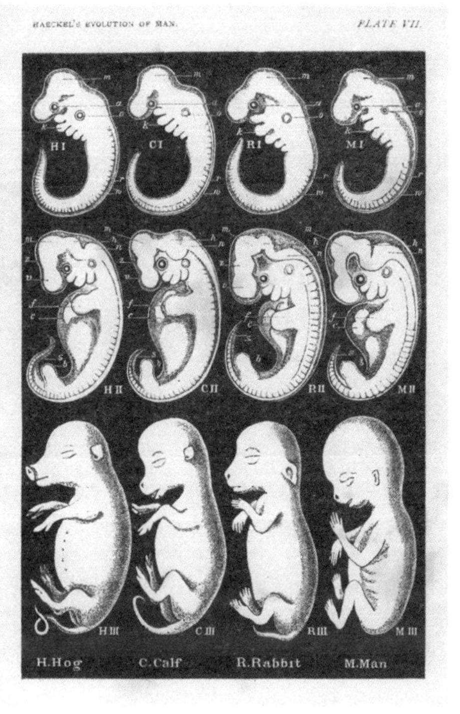

图 16.3　进化时代的胚胎学。这套有争议的版画向公众展示了人类和其他脊椎动物的胚胎在形态关系上的相似性：在最初阶段完全一致（I），并且在更接近的动物之间保留得更久（II、III）。出自 Ernst Haeckel，《人类进化：人类个体发生学和系统发生学要点浅说》（*The Evolution of Man：A Popular Exposition of the Principal Points of Human Ontogeny and Phylogeny*，2 vols，London：Kegan Paul，1879），第 1 卷，插图 6 和插图 7

接受。[27]

作为最大和最模糊的目标，进化胚胎学是有着更丰富内涵的事业，这比人们从集中反对海克尔的辩论中所设想的丰富得多。甚至他的崇拜者，特别是英国的胚胎学家弗朗西斯·鲍尔弗和埃德温·雷·兰克斯特，更经验主义和更灵活地应用生物重演律。像遗传学一样，比较胚胎学经证实也具有特别的产生一系列成果的能力，这些成果在独立时掩盖了它们的起源。比如，宿主对感染的主动抵抗的概念是从吞噬作用是中胚层细胞系的特征的观点发展而来的，而这个观点本身是从对多细胞动物的演化的

[27] Nick Hopwood，《"具体化"胚胎：19 世纪晚期解剖学中的建模、机械论和超薄切片机》（"Giving Body" to Embryos：Modeling，Mechanism，and the Microtome in Late Nineteenth-Century Anatomy），《爱西斯》（*Isis*），90（1999），第 462 页～第 496 页；Nick Hopwood，《进化的图片和对欺诈的指控：恩斯特·海克尔的胚胎学绘图》（Pictures of Evolution and Charges of Fraud：Ernst Haeckel's Embryological Illustrations），《爱西斯》，97（2006），第 260 页～第 301 页。

研究而来的。[28]

然而,主要是海克尔把胚胎学从医学课程和娱乐性的大众解剖学博物馆里解放出来,并传达给广大读者的。重演论被广泛地用于人类学、儿童研究和精神分析学等不同领域。随着欧洲和北美男性科学家看着自己的雄性后代爬升到进化树的顶端,其他人(罪犯、"原始人"和妇女)仿佛仍处在一种低级发展阶段。[29] 但是,在精英之外的进化胚胎学发生了什么? 没有一种对进化的示范可以比得上胚胎在眼前发育的生动性。但谁会受到鼓励从收集自池塘的蛙卵的发育中看到脊椎动物对大地的征服? 难道海克尔和他的新闻界支持者可以使孕妇们相信她们首先怀了一条鱼,然后是一只爬行动物,后来才是一个人?

297

海克尔认为反对堕胎很可笑,因为他认为胎儿一开始只是动物。但医生们支持反对堕胎,在美国他们甚至发起了运动来支持反堕胎(除非是由他们自己执行)的法律。由于对在怀孕期间的越来越多的医疗干预感到震惊,教皇庇护九世于 1869 年推动天主教会走上了拒绝任何堕胎的强硬路线,而在此前,"无生命"和"有生命"的胎儿一般是被区别对待的。与此同时,许多妇女仍然坚信月经期取胎的做法(其正当性被生命从胎动开始的概念所证明),几乎不知道或几乎不关心(从一门宣扬发育连续性的胚胎学上来看)这种说法并不比天主教会所信奉的受孕之时即被赋予灵魂的说法更权威。[30]

298

实验和描述

到 19 世纪 80 年代,学术胚胎学处于动荡之中。尤其是在胚胎学和比较解剖学证据的相对权重上,教师们不能够达成一致意见,这使得有影响力的学生远离了进化形态学。他们放弃了如脊椎动物的起源等问题而集中到较窄的问题上,预期使用更有限的材料来回答这些问题,而很多人在实验生理学的基础上为他们的学科建模。确实,通过把"实验的"和"描述的"胚胎学对立起来,更为激进的分子从在他们看来过于描述性和充满了未证实的猜测的学科中获得了实验生物学家的身份。在 20 世纪 70 和 80 年代,生物学史家们重新调查了从 1880 年到第一次世界大战期间胚胎学的变化,来例证那些塑造了现有的生物学的生命学科在组织、问题、研究所和方法上都有着更广范的转变。实验胚胎学和遗传学被视为模范的亚学科。最初概括的努力倾向于加强

[28] Alfred I. Tauber 和 Leon Chernyak,《梅契尼科夫和免疫学的起源:从隐喻到理论》(*Metchnikoff and the Origins of Immunology: From Metaphor to Theory*, Oxford: Oxford University Press, 1991)。

[29] Gould,《个体发生学和系统发生学》,第 115 页～第 166 页。关于胚胎学在文学和艺术中的应用,特别参看 Evanghélia Stead,《怪物、猴子和胎儿:世纪末欧洲的畸胎和颓废》(*Le monstre, le singe et le foetus: tératogonie et décadence dans l'Europe fin-de-siècle*, Geneva: Droz, 2004)。

[30] McLaren,《管理妊娠:19 世纪刑法和教会法的改变》。关于相反的解释,参看 David Albert Jones,《胚胎的灵魂:关于人类胚胎在基督教传统中的情况的调查》(*The Soul of the Embryo: An Enquiry into the Status of the Human Embryo in the Christian Tradition*, London: Continuum, 2004)。关于相关的对胎儿截割术和剖腹产的辩论,参看 Emmanuel Betta,《赋予生命:19 世纪医学和道德中的生育规则》(*Animare la vita: Disciplina della nascita tra medicina e morale nell'Ottocento*, Bologna: Il Mulino, 2006)。

"从形态学中反叛"这种一维的观点,但后来的研究产生了更加具有细微差别的和包容的历史。[31] 然而,正是这个寻找新生物学起源的议程低估了人类和比较胚胎学研究的连续性并排除了其中重要的创新。

在进化形态学危机中出现的最成功的反对传统者是解剖学家威廉·鲁(1850～1924),19世纪80年代他在布雷斯劳(现弗罗茨瓦夫)大学工作。他建立了所谓"发育力学(Entwicklungsmechanik)",在以后的20年里对这个新的科学以及自我进行了不懈的宣传。虽然被称为"力学",但它并不是希斯曾用于解释身体形态的比较简陋的压力和拉力,而是代表着一个康德式的因果解释的承诺。鲁像希斯一样,注重当前的因素,但又不像希斯,他期待只从实验中得来的它们的作用和互相作用的结论性证明。1888年,鲁用热针把受精的蛙卵由卵裂形成的两个细胞之一破坏掉,并把这比喻为把一枚炸弹扔进一个纺织工厂,目的是从产品的改变了解它内部的结构。未被破坏的细胞会变成什么?鲁获得了半个胚胎(图16.4A),他用与各部分的"依赖性分化"对立的"自我分化"来解释此结果。 299

在此前一年,洛朗·沙布里(1855～1893)曾报告了对海鞘胚胎的类似实验和类似结果,但因为他的工作沿用法国畸形学的传统,这些结果有着不同的意义。艾蒂安·若弗鲁瓦·圣伊莱尔在19世纪20年代用清漆涂抹鸡蛋,而旨在通过模拟环境变化来产生新物种的卡米耶·达雷斯特则从19世纪50年代开始用同样的方法制造畸形小鸡。这些博物学家创造了新形态用来解剖和分类,或出于自己的兴趣研究紊乱,而不是用实验来得出有关正常发育的结论。因为法国动物学界对克洛德·贝尔纳的决定论的生理学的抵制,沙布里没有果断地超越这一传统,但鲁转向德国生理学家的还原论并接受了贝尔纳关于控制的理想。[32]

鲁对进化论可能没有多少话说,但是他对系统发生的问题持开放性的态度并在发育的因果因素之中包含了可继承的确定性综合特征。在下一代中,海克尔的学生汉斯·德里施(1867～1941)接受了他老师在力学和系统发生论之间的鲜明的对立,并

[31] 关于调查,参看 Jane Maienschein,《改变美国生物学的传统(1880～1915)》(*Transforming Traditions in American Biology, 1880–1915*, Baltimore: Johns Hopkins University Press, 1991);Nyhart,《生物学的形成:动物形态学与德国大学(1800～1900)》,第243页～第361页。也可参看 Paul Julian Weindling,《达尔文主义和社会达尔文主义在帝制德国:细胞生物学家奥斯卡·赫特维希(1849～1922)的贡献》(*Darwinism and Social Darwinism in Imperial Germany: The Contribution of the Cell Biologist Oscar Hertwig [1849–1922]*, Stuttgart: Gustav Fischer, 1991);Klaus Sander,《从种质理论到协同模式的形成——百年发育生物学史》(Von der Keimplasmatheorie zur synergetischen Musterbildung–Einhundert Jahre entwicklungsbiologischer Ideengeschichte),《德国动物学会会议记录》(*Verhandlungen der Deutschen Zoologischen Gesellschaft*),83(1990),第133页～第177页;Reinhard Mocek,《初生形态:因果形态学的历史》(*Die werdende Form: Eine Geschichte der Kausalen Morphologie*, Marburg: Basilisken-Presse, 1998)。

[32] Frederick B. Churchill,《沙布里、鲁和19世纪胚胎学实验方法》(Chabry, Roux, and the Experimental Method in Nineteenth-Century Embryology),载于 Ronald N. Giere 和 Richard S. Westfall 编,《科学方法的基础:19世纪》(*Foundations of Scientific Method: The Nineteenth Century*, Bloomington: Indiana University Press, 1973),第161页～第205页;Jean-Louis Fischer,《卡米耶·达雷斯特的生活和工作(1822～1899):实验畸形学的创造者》(*Leben und Werk von Camille Dareste, 1822–1899: Schöpfer der experimentellen Teratologie*, Acta historica Leopoldina, vol. 21, Leipzig: Barth, 1994),Johannes Klapperstück 译;Jean-Louis Fischer,《洛朗·沙布里与法国实验胚胎学的初期阶段》(Laurent Chabry and the Beginnings of Experimental Embryology in France),载于 Gilbert 编,《现代胚胎学概念史》,第31页～第41页。

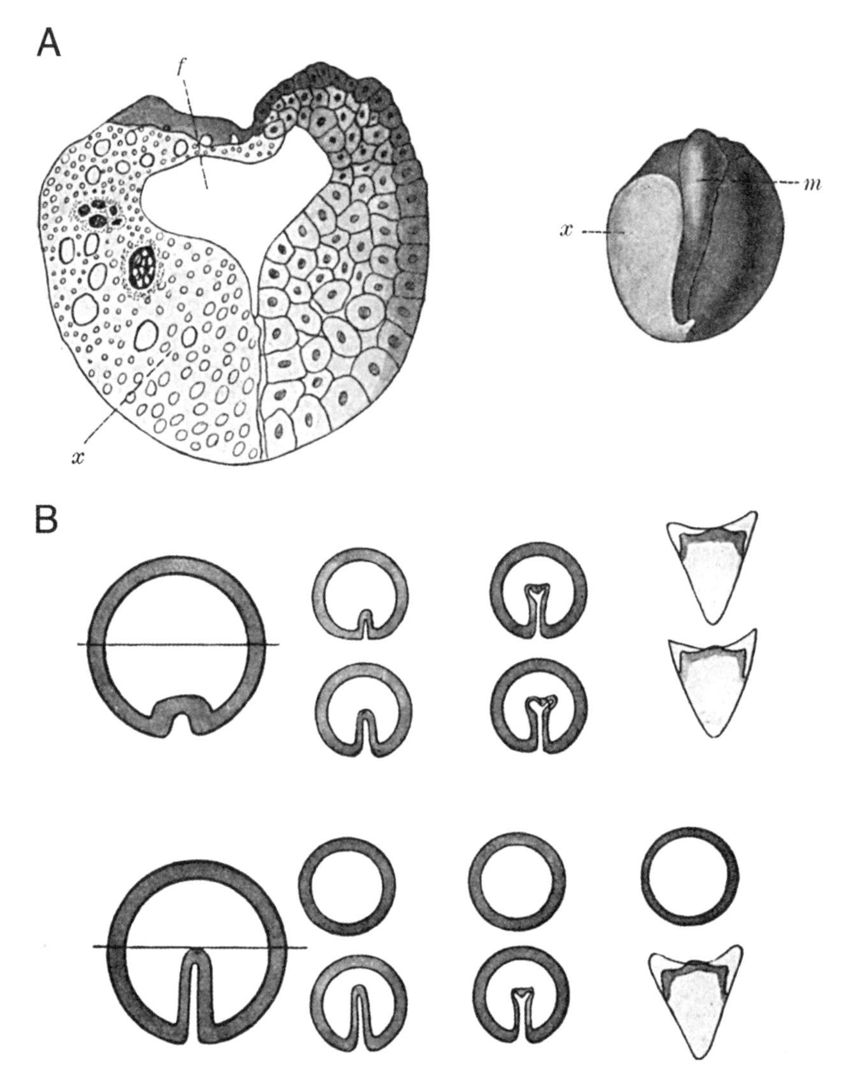

图 16.4　发育力学(Entwicklungsmechanik)的经典。(A)威廉·鲁的热针实验结果:蛙胚胎在囊胚期的截面图和在神经胚期的背部视图;"x"标记被损伤的一半。(B)汉斯·德里施示意图——托马斯·亨特·摩尔根做的探针实验展示了原肠胚形成期和之后(分别是上图和下图)海胆胚胎的分裂控制形成幼虫。出自以下早期教科书,Otto Maas,《实验发育史介绍(发育力学)》(*Einführung in die experimentelle Entwickelungsgeschichte* [*Entwickelungsmechanik*], Wiesbaden: Bergmann, 1903),第 33 页,第 88 页

且因为有着私人资金的撑腰,强烈地反对进化论。1891 年,因其数学-力学方法导致海克尔建议他到精神病院短暂休息之后,德里施完成了一系列具有里程碑意义的实验。摇晃海胆胚胎的最初两个细胞使其分离,产生的不是两个如鲁的青蛙实验结果所预测的半胚胎,而是两个一半大小的正常幼虫(图 16.4B)。这种"调整"的发现为以后

很大部分工作设定了方向:胚胎是如何克服如此大规模的干预仍发育成为一个和谐的整体的呢?虽然他最初是在一个机械论的框架内工作,但到了1900年,德里施开始怀疑没有任何机器可以模仿胚胎的调整能力。他成了一个哲学教授并决定支持有着广泛听众但不为生物学家们(和哲学家们)喜欢的活力论。 300

鲁发现,在极力反对专业化的僵化德国大学系统中建立他的新学科是很困难的;实验往往只是为了点缀已经相当固定的医学课程。因此,海洋研究站和独立科研院所成为发育力学在欧洲的重要研究场所。在美国,这个学科在科德角半岛的伍兹霍尔海洋生物实验室中迅速发展,并也较容易地整合到生物系中。德国移民雅克·勒布于1899年在伍兹霍尔对海胆卵人工孤雌生殖的实验在报纸上被解释为"向……在试管中创造生命迈进的一大步";女权主义者对男性冗余的前景很感兴趣。但发育力学远非唯一选择:无脊椎动物的细胞谱系的工作既不主要是实验性的又没有用生理学做模型;艰辛的形态学研究则观察传代中的细胞分裂和有色质。[33] 301

更概括地说,描述工作不仅持续下来而且也发生了变化。事实上,作为与实验胚胎学家的努力方向完全不同的领域,"描述胚胎学"可以说仅仅创建于1900年左右。"描述"一词虽然早已被用在胚胎学上,但在19世纪初,它意味着解剖学上的而不是比较方面的研究,而海克尔用它来贬低非系统发生学上的工作。现在,作为与实验胚胎学相对应的有价值但乏味的学科,"描述胚胎学"被重新组织成为既包括比较工作又包括系统发生学的工作。虽然在越来越多的情况下被迫采取守势并在大理论水平上存在危机,但是"描述胚胎学",特别是脊椎动物的,进行了技术上和制度上的转变,在某种意义上最终塑造了胚胎科学。[34]

技术转变模仿了威廉·希斯在19世纪80年代初极重要的研究,利用此项研究,他改革了人类胚胎研究;虽然无法通过实验来研究人类胚胎,但它在医疗上和人类学中受到了主要的关注。希斯训练医师收集罕见的流产物,绘成胚胎图,把图片按发育顺序排列起来,并选择那些最有可能代表正常发育的图片组成一幅"正规插图",包括一系列从怀孕头两周末期到两个月的胚胎标准图像。这远非微不足道:经历了长达7年的争论,排除一个被说成是人类胚胎的胚胎(支持海克尔的观点)之后,现代人类胚胎学才建立起来。解剖学家最终被希斯说服,这个胚胎实际上是一个鸟的胚胎。这幅正规插图为人类胚胎的众多研究提供了一个框架并被用作规范其他物种发育顺序的模范。[35]

希斯还坚持,要理解复杂的微观结构,从连续切片中重建蜡质模型是必要的。随 303

[33] Philip J. Pauly,《控制生命:雅克·勒布和生物学的工程理想》(*Controlling Life: Jacques Loeb and the Engineering Ideal in Biology*, Berkeley: University of California Press, 1987),图10和第100页~第101页;Jane Maienschein,《探索生命的100年(1888~1988):伍兹霍尔海洋生物实验室》(*100 Years Exploring Life, 1888–1988: The Marine Biological Laboratory at Woods Hole*, Boston: Jones and Bartlett, 1989)。

[34] Nick Hopwood,《视觉标准和学科变化:胚胎学的正规插图、正规表格和正规阶段》(Visual Standards and Disciplinary Change: Normal Plates, Tables and Stages in Embryology),《科学史》,43(2005),第239页~第303页,特别是第244页。

[35] Hopwood,《发育的产生:人类胚胎解剖学和威廉·希斯的规范》;Hopwood,《视觉标准和学科变化:胚胎学的正规插图、正规表格和正规阶段》。

着建模成为一个关键的研究方法，许多专著和文章描述了模型，巴登地区弗赖堡的阿道夫·齐格勒和弗里德里希·齐格勒也同时“出版”了这些模型并把它们销往世界各地的机构（图16.5C）。[36] 与齐格勒工作室共同出版的科学家们没有放弃对进化的兴趣；他们反而使用正规插图和塑料重构模型来重新研究海克尔的问题，尤其是对稀缺的和复杂的哺乳动物胚胎进行了精细的分析。但是胚胎学的独立是被这种可以理解的需要所推动的，即如果这个学科想继续对被比较解剖学和古生物学日益占有的系统发生学有所贡献的话，它就需要取得更强的经验基础。

这种“描述的”脊椎动物胚胎学并不是简单地在旧机构中牢固确立的，它取得了三大制度上的主动权。第一，从1897年开始，德国解剖学家弗朗茨·凯贝尔编辑了国际性的系列正规插图作为重新研究个体发生学和系统发生论的关系的基础。次要的目标是，在一门常常被认为陷入“类型学”思想的学科中，研究个体胚胎之间的差异。[37] 第二，国际胚胎学研究所（International Institute of Embryology）于1911年成立。这是专为脊椎动物比较胚胎学和促进殖民地的濒危哺乳动物胚胎的收集和研究而建立的。其标志性的成就是胡布雷希特实验室（Hubrecht Laboratory）的重要胚胎收藏室；图16.5A展示了广口瓶中酒精泡着的整体胚胎，而图16.5B则是柜橱中的胚胎切片。[38] 第三，1914年，希斯的学生富兰克林·佩因·马尔获得了来自华盛顿卡内基研究所的资金在巴尔的摩的约翰斯·霍普金斯大学成立了胚胎学系，这个系成为人类胚胎的“标准局”。[39] 越来越早期的人体标本通过越来越多的妇科手术获得，而“不常见的物种”（包括灵长类动物）的胚胎则是从“世界的丛林和山坡”“四处搜寻”或从殖民地掠夺而来。妊娠子宫的探险家们就可以在家里比较这些胚胎。算是对海克尔进化热情的中和，他们的结论是：人类胚胎既是一个记载着传代证据的档案馆，也是一个必须生存和“在建设期间照常营业”的胚芽。[40]

304

我们可以得出结论，实验以两种方式起作用：作为实践和作为修辞，甚至作为意识形态。[41] 作为实践，实验是地位最高的方法。作为修辞，实验主义把其实践者和现代

[36] Hopwood，《蜡质胚胎：齐格勒工作室的模型，附弗里德里希·齐格勒的〈蜡质胚胎学模型〉重印版》。

[37] Hopwood，《视觉标准和学科变化：胚胎学的正规插图、正规表格和正规阶段》。

[38] P. D. Nieuwkoop，《“国际胚胎学研究所”（1911～1961）》（“L'Institut International d'Embryologie”［1911－1961］），《普通胚胎学信息服务》（*General Embryological Information Service*），9（1961），第265页～第269页；Patricia Faasse、Job Faber 和 Jenny Narraway，《胡布雷希特实验室简史》（A Brief History of the Hubrecht Laboratory），《发育生物学国际期刊》，43（1999），第583页～第590页；Michael K. Richardson 和 Jennifer Narraway，《比较胚胎学的宝库》（A Treasure House of Comparative Embryology），《发育生物学国际期刊》，43（1999），第591页～第602页。

[39] Ronan O'Rahilly，《人类胚胎学100年》（One Hundred Years of Human Embryology），《畸胎学中的问题和评论》（*Issues and Reviews in Teratology*），4（1988），第81页～第128页，引文在第93页；Lynn Morgan，《胚胎故事》（Embryo Tales），载于Sarah Franklin 和 Margaret Lock 编，《重新定义生死：走向生物科学的人类学》（*Remaking Life and Death: Toward an Anthropology of the Biosciences*, Santa Fe, N. M.: School of American Research Press, 2003），第261页～第291页；Jane Maienschein、Marie Glitz 和 Garland Allen 编，《华盛顿卡内基研究所百年史·第五卷·胚胎学部门》（*Centennial History of the Carnegie Institution of Washington*, vol. 5: *The Department of Embryology*, Cambridge: Cambridge University Press, 2004）；Hopwood，《视觉标准和学科变化：胚胎学的正规插图、正规表格和正规阶段》，第281页～第284页。

[40] 引自 George W. Corner，《未出世的我们自己：一个胚胎学家关于人的论文》（*Ourselves Unborn: An Embryologist's Essay on Man*, New Haven, Conn.: Yale University Press, 1944），第28页；O'Rahilly，《人类胚胎学100年》，第99页。

[41] Oppenheimer，《胚胎学和生物学史论文集》，第4页～第10页；Maienschein，《改变美国生物学的传统（1880～1915）》；Pickstone，《博物馆学科学？分析/比较在19世纪科学、技术和医学中的地位》。

302

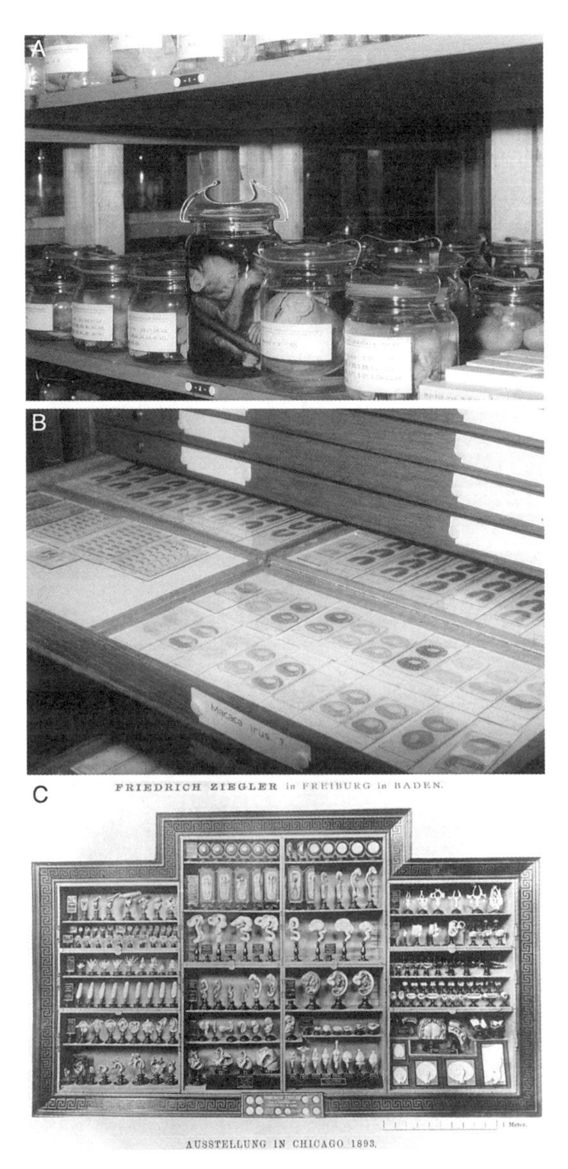

图 16.5　胚胎藏品。(A)猕猴(*Macaca irus*)的完整胚胎;(B)胚胎切片,藏于 20 世纪 90 年代的乌得勒支的胡布雷希特实验室的重要胚胎收藏室(该藏品在 2004 年被转移到柏林的自然史博物馆);(C)弗里德里希·齐格勒的获奖胚胎蜡制模型。其中很多是根据 1893 年在芝加哥举办的世界哥伦布博览会上的胚胎系列塑料模型复制的。出自《弗里德里希·齐格勒(以前是阿道夫·齐格勒医生*)制作的用于教育目的的胚胎学蜡质模型的说明》(*Prospectus über die zu Unterrichtszwecken hergestellten Embryologischen Wachsmodelle von Friedrich Ziegler* [*vormals Dr. Adolph Ziegler*], Freiburg in Baden: Atelier für wissenschaftliche Plastik, 1893)。承蒙胡布雷希特实验室(A、B)和康奈尔大学图书馆的珍品和手稿收藏室(C)惠允复制

* 即弗里德里希之父。——译者注

的严谨和控制联系起来并同时将"描述胚胎学"创造为它单调的对立面,在观念上使其退位成为"经典"的过去。实验其实并没有取代分析,反而被添加到其中。实验胚胎学家试图揭示胚胎各部分的潜力,他们分析手术后的胚胎来研究组织、细胞或分子的存在或缺失,他们还花时间制定标准("正规阶段",改编自凯贝尔的插图和"原基分布图")来评估其干预措施的影响。"描述胚胎学"也没有慢慢淡出,进入后台;在第一次世界大战爆发前几年,虽然大多数历史记录显示实验者一直在领跑,但是"描述"胚胎学家创办了第一个专门的胚胎学学会和第一个致力于此学科的研究机构。虽然战争严重扰乱了这些在欧洲的领先的行动,但比较工作仍在继续。

组织者、梯度和领域

在局部荒废而仍然有人居住的进化论的大厦上建设新的实验学科威胁了其根基。并且,随着机械论和活力论的辩论吸引了广泛的观众参与,形而上学和方法论上的基本争论便很难遏制——尤其是在战争、革命和经济萧条中。从器官移植到断肢再生,一些生物学家和临床医生对可能使鲁的学科做什么更感兴趣。寻求统一生命科学的其他人发出危机警报并寻找一种综合。那些研究"发育力学""发育生理学"或"实验形态学"(对它的称呼不尽相同)的科学家,采用两种策略带来秩序。1919 年,海克尔的最后一个学生尤利乌斯·沙克塞尔认为,只有大规模的理论上的澄清才可以克服分裂、学科投机并指导实验。为此,他创办了第一本"理论生物学"期刊。[42] 而其他科学家继续实验项目,采用有着高度生殖力的有机体系统来定义"组织者""梯度"和"领域"。这些有机实体是为了避免在机械论和活力论之间进退两难的情况而设计的。[43]

305

为回答鲁和德里施提出的问题,20 世纪早期的实验者改进了工具。在低放大率的立体显微镜下,他们利用了两栖类胚胎的尤为卓越的自愈能力,把一个组织从一个胚胎移植到另一个中或者把它分离出来独立培养。还有一些专注于细胞的实验操作。1907 年,美国动物学家罗斯·哈里森(1870～1959)移植了部分幼虫的神经管到凝结的淋巴液内;通过观察活的成神经细胞长出的神经纤维,他坚决地支持了神经元学说,开创了现代细胞培养。其他实验研究了移植体是根据其来源还是新的位置来发育,或者说一个外植体是否已自给自足还是仍然需要进一步的相互作用。这样,哈里森把肢体原基中的中胚层细胞定义成所谓"领域",一个有物理界限的相互作用区域,在此区域内确定的状态是位置的函数。[44]

[42] Nick Hopwood,《在大学和无产阶级之间的生物学:一个红色教授的产生》(Biology between University and Proletariat: The Making of a Red Professor),《科学史》,35(1997),第 367 页～第 424 页。

[43] Donna Jeanne Haraway,《晶体、织物和领域:20 世纪发育生物学有机体理论的隐喻》(*Crystals, Fabrics, and Fields: Metaphors of Organicism in Twentieth-Century Developmental Biology*, New Haven, Conn.: Yale University Press, 1976)。

[44] Maienschein,《改变美国生物学的传统(1880～1915)》,第 261 页～第 289 页;Klaus Sander,《一个在巴黎的美国人和立体显微镜的起源》(An American in Paris and the Origins of the Stereomicroscope),《鲁的发育生物学档案》(*Roux's Archives of Developmental Biology*),203(1994),第 235 页～第 242 页。

芝加哥生物学家查尔斯·曼宁·蔡尔德(1869～1954)切除了扁虫的中间一段,发现前部的结构在前部重生而后部的结构在其后端重生。每个细胞可以形成任何结构,它要形成什么看起来是由原始极性所决定的。有些人从这里看到了形成物质的梯度,但第一次世界大战前不久,蔡尔德清楚地表达了一个活动极性的动态观点。在氰化物溶液中的扁虫从头部开始向后死亡,这表明了一个在代谢率上的从前向后的梯度,他声称,这个梯度是在虫子的结构中表现的。发育可塑性不但支持了一个反遗传论的社会哲学也支持了一种学科政治:作为发育记忆的载体,梯度跟基因竞争来解释遗传。[45]

正如轴向梯度起源于极性的想法并假定了一个享有特权的区域,德国动物学家汉斯·施佩曼(1869～1941)的"组织者"也是这样。他引领着在两次世界大战间的主导学派,这些胚胎学家用精细的玻璃仪器在培养的两栖动物卵上做显微手术(图16.6A)。20世纪20年代初,在弗赖堡的施佩曼的学生希尔德·普勒舍尔特·曼戈尔德开展了那个时代最令人兴奋的生物学实验。她把一种蝾螈的原肠胚的"背唇"移植到一种更黑的受体胚胎的腹部,结果发现它诱发受体组织参与了包括中枢神经系统的第二个中轴形成(图16.6B)。施佩曼把背唇称作"组织者",这在处于内战边缘的德国是一个恢复社会秩序的比喻。他将发育设想为在这个"最初"诱发之后的一系列诱发性的相互作用,并在1936年获得了诺贝尔奖。[46]

306

这些实验有机体的生成新组织的能力甚至激发了像朱利安·赫胥黎这样的博学者把实验工作集中到胚胎学中,也推动了他和他的兄弟奥尔德斯的科幻小说。1927年,朱利安的"神奇故事"讲述了一个英国研究人员成为非洲国王的宗教顾问以及通过把"福特先生的方法"运用到施佩曼和哈里森的一些手工艺性的实验中去,大规模生产了包括双头蟾蜍和三头蛇在内的"活的物神"。1932年,施佩曼的学生约翰内斯·霍尔特弗雷特(1901～1992)发现固定过的、煮过或者用别的方法处理过的组织者可诱发生成正常结构。兴奋随着他的发现达到了狂热。这个发现暗示了活性要素可用化学方法分离。一群剑桥的激进分子为此着迷,他们此前已经开始在一个非正式的"理论生物学俱乐部"聚会。李约瑟和同伴们从德国吸取了沙克塞尔的理论生物学观点和霍尔特弗雷特的胚胎技术,并把它们和当地的生物化学结合在一起。这个团队制备了

[45] Gregg Mitman 和 Anne Fausto-Sterling,《扁虫发生了什么? C. M. 蔡尔德和遗传生理学》(Whatever Happened to *Planaria*? C. M. Child and the Physiology of Inheritance),载于 Adele E. Clarke 和 Joan H. Fujimura 编,《工作之利器:运用于20世纪生命科学》(*The Right Tools for the Job: At Work in Twentieth-Century Life Sciences*, Princeton, N. J.: Princeton University Press, 1992),第172页～第197页。

[46] Peter E. Fäßler,《汉斯·施佩曼(1869～1941):经验和理论的冲突之处的实验性研究及对20世纪初发育生理学历史的贡献》(*Hans Spemann, 1869-1941: Experimentelle Forschung im Spannungsfeld von Empirie und Theorie. Ein Beitrag zur Geschichte der Entwicklungsphysiologie zu Beginn des 20. Jahrhunderts*, Berlin: Springer, 1997)。

307

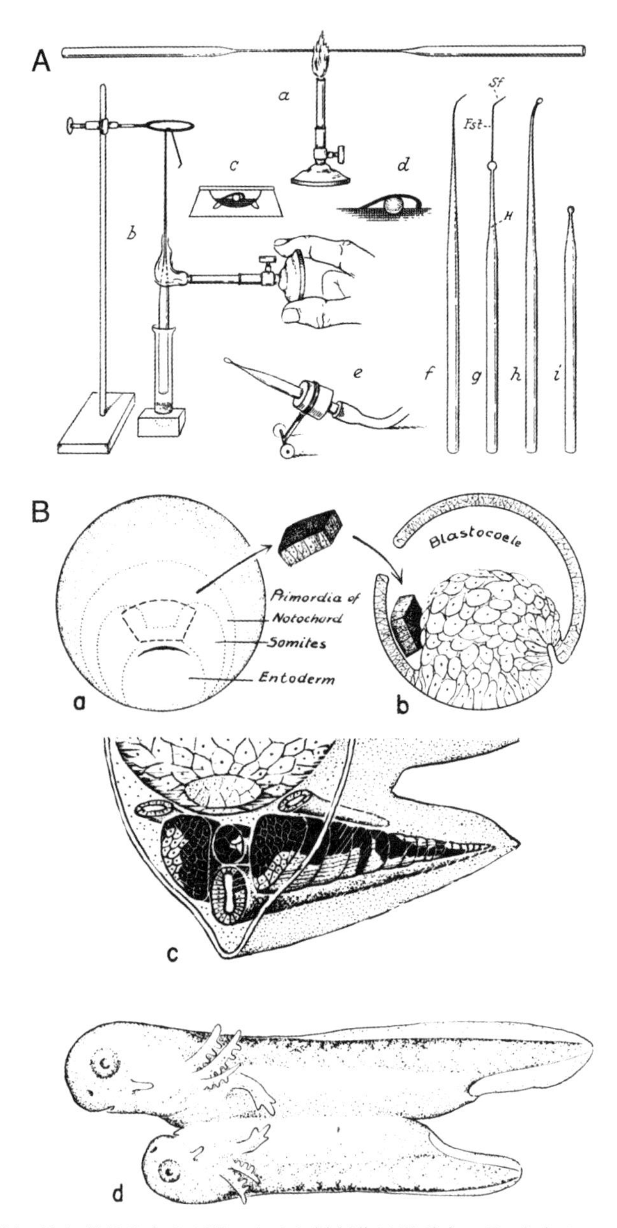

图 16.6 汉斯·施佩曼的发育生理学。(A)怎样制作显微手术工具;出自 Otto Mangold,《发育生理学大师汉斯·施佩曼:他的一生和成就》(*Hans Spemann, ein Meister der Entwicklungsphysiologie: Sein Leben und sein Werk*, Stuttgart: Wissenschaftliche Verlagsgesellschaft, 1953),第 111 页。(B)组织者移植的简化设计:(a)深色移植体的背唇,(b)被插到浅色受体的囊胚腔里。(c、d)在那里,它诱发受体的组织参与形成第二个中轴。出自 J. Holtfreter 和 V. Hamburger,《两栖动物》(Amphibians),载于 Benjamin H. Willier、Paul A. Weiss 和 Viktor Hamburger 编,《发育分析》(*Analysis of Development*, Philadelphia: Saunders, 1955),第 230 页～第 296 页,图在第 244 页

无细胞诱发提取物，但其有机体理论分子模型遵守整个胚胎中的不同级别层次。[47]

在实践中，经证明组织者难以用生物化学的方法处理，把组织者和梯度或梯度和领域结合起来的尝试是短命的。胚胎学家们不仅没有引领伟大的胚胎综合，在 20 世纪 40 年代中期，反而发现他们自己处于一个截然不同的非胚胎学的现代进化论新综合理论的边缘区域。有些生不逢时的"化学胚胎学"往往被认为陷入了困境，因为这个问题需要的分子生物学技术直到 20 世纪 80 年代才得以应用。从历史上看，我们只能在与其相关的有着替代方案的其他学科中了解胚胎学的命运。我们应该还记得，在许多系中，直到战后的很长一段时间胚胎学仍然是一门比较学科。 308

胚胎、细胞、基因和分子

20 世纪生物学的一个主要内驱力是通过细胞、分子和基因的性质来得以接近或者有可能解释发育的机制。但其他学科——特别是生物化学、分子生物学和遗传学——都为自己占据了胚胎学的一部分。它们和胚胎学的关系以及它们的相对地位和成就是怎么样的呢？胚胎学作为新生物学的动力出现在 1900 年左右的几十年里，创造出如细胞培养、基因等关键的创新和观念。相比之下，在第二次世界大战结束后，在生物化学家、遗传学家和新生的分子学家看来，胚胎学是一个有着重要问题但没什么进展的领域。到了 20 世纪 60 年代胚胎学改头换面成了"发育生物学"，在 20 世纪的最后 25 年里成为一个非常活跃的研究领域。

最初的遗传学家使基因传递和胚胎发育之间、细胞核和细胞质之间产生了分裂。遗传学获得了更好的资助、更高的地位，一直到最近更为成功；相对于主要是还原论的、男性化的、抽象的和美国式的遗传学，发育生物学一直被视为一个更整体的、女性化的、实体化的欧洲替代品。[48] 美国遗传学部分地起源于发生在 20 世纪初有关细胞核和细胞质在发育过程中相对重要性的胚胎学辩论；托马斯·亨特·摩尔根对果蝇的研究使他相信细胞核和染色体的重要性并开始在染色体上定位基因。相反地，两次世界大战之间的胚胎学家认为细胞质是细胞中更为有趣的部分，仅影响眼睛颜色的基因在他们看来在解释眼睛本身的形成上太微不足道了。更广泛的实用主义以及对农业和优生学的资助，使得遗传学家在围绕基因频率量变建立综合进化论时占据了首要地位。在 19 世纪晚期，进化的机制是发育，而此时由于回避进化问题，实验胚胎学给遗 309

[47] C. Kenneth Waters 和 Albert Van Helden，《朱利安·赫胥黎：生物学家和科学政治家》(*Julian Huxley: Biologist and Statesman of Science*, Houston, Tex.: Rice University Press, 1992)；Julian Huxley，《组织培养之王》(The Tissue-Culture King)，《耶鲁评论》(*Yale Review*)，15(1926)，第 479 页～第 504 页；Susan Merrill Squier，《瓶中婴儿：20 世纪关于生殖技术的设想》(*Babies in Bottles: Twentieth-Century Visions of Reproductive Technology*, New Brunswick, N.J.: Rutgers University Press, 1994)，第 24 页～第 62 页；P. G. Abir-Am，《李约瑟的化学胚胎学工作的哲学背景》(The Philosophical Background of Joseph Needham's Work in Chemical Embryology)，载于 Gilbert 编，《现代胚胎学概念史》，第 159 页～第 180 页。

[48] Evelyn Fox Keller，《重塑生命：20 世纪生物学的隐喻》(*Refiguring Life: Metaphors of Twentieth-Century Biology*, New York: Columbia University Press, 1995)，第 3 页～第 42 页。

传学留下了一个真空去填补。[49]（参看第23章）

第二次世界大战后，对其他生物医学学科的大规模投资把胚胎学推到了边缘。虽然研究继续进行，然而在从胚胎整体到细胞再到分子的一系列水平上，直到20世纪60年代，这个学科才进行了改革。在美国，从1939年开始，生长研究学会（Society for the Study of Growth），即后来的发育生物学学会（Society for Developmental Biology）把胚胎学家和其他科学家联合在一起。在20世纪30年代初，国际胚胎学研究所对实验提出了谨慎的建议，并于1968年更名为国际发育生物学家学会（International Society of Developmental Biologists）。发育生物学是自认为"现代"的胚胎学家和看到了一个适合其技能的领域的遗传学家、生物化学家、细胞生物学家和分子生物学家的一个联合创新行动。它接手了实验胚胎学的问题和方法，但利用其他资源要求在解释整个生物世界的发育和分化中发挥普遍的作用。[50]

这个新领域的关键概括是发育是基因差异表达的结果。在20世纪30年代末，当几个有影响力的胚胎学家和遗传学家转向"发育遗传学"时，突变可以导致胚胎学上有趣的结果这个观点变得更清晰了。把细胞核从分化的青蛙细胞中移植到去核的卵的实验从50年代后期就说明了分化的细胞核仍然包含生成至少是蝌蚪甚至成体的所有的基因。这些实验引发了公众对克隆的争论。在巴黎的巴斯德研究所，分子生物学家提出细菌基因响应环境刺激而开始运作和停止运作作为多细胞分化的模型。随后对"早期发育中的基因行为"的研究的推动究竟是代表了遗传学和分子生物学对胚胎学长期地接管还是应该被看成升级版的（生物）化学胚胎学？越来越多的工具被从外部引进，但交流并不都是单向的。胚胎学家仍有力地推动了分子分析：1960年左右，让·布拉谢的核酸细胞化学对mRNA的概念有所贡献，而在20世纪70年代，青蛙卵母细胞成为测试真核基因表达的最受欢迎的有机体系统。[51]

310

随着细胞分化研究的继续，一些发育生物学家坚持认为发育还有更多的内容。为什么胚胎不只是生成皮肤、肌肉和骨骼而是一只手？答案之一是形态发生，这是在此

[49] 参看评论，Scott F. Gilbert、John M. Opitz和Rudolf A. Raff，《进化生物学和发育生物学的重新综合》（Resynthesizing Evolutionary and Developmental Biology），《发育生物学》（*Developmental Biology*），173（1996），第357页～第372页。

[50] Jane M. Oppenheimer，《发育生物学的生长和发育》（The Growth and Development of Developmental Biology），载于Michael Locke编，《发育生物学的主要问题》（*Major Problems in Developmental Biology*, Symposia of the Society for Developmental Biology, vol. 25, New York: Academic Press, 1966），第1页～第27页；Oppenheimer，《胚胎学和生物学史论文集》，第1页～第61页；Keller，《重塑生命：20世纪生物学的隐喻》。

[51] Scott F. Gilbert，《诱导和发育遗传学的起源》（Induction and the Origins of Developmental Genetics），载于Gilbert编，《现代胚胎学概念史》，第181页～第206页；Richard M. Burian，《朝向分子遗传学的未得到正确评价的道路，正如让·布拉谢的化学胚胎学所例证的》（Underappreciated Pathways toward Molecular Genetics as Illustrated by Jean Brachet's Chemical Embryology）；Scott F. Gilbert，《酶的适应性和分子生物学进入胚胎学》（Enzymatic Adaptation and the Entrance of Molecular Biology into Embryology），载于Sahotra Sarkar编，《分子生物学的哲学和历史：新观点》（*The Philosophy and History of Molecular Biology: New Perspectives*, Boston Studies in the Philosophy of Science, vol. 183, Dordrecht: Kluwer, 1996），第67页～第85页，第101页～第123页。关于一个对比观点，参看J. B. Gurdon，"简介性评论"（Introductory Comments），和G. M. Rubin，"摘要"（Summary），载于《发育分子生物学》（Molecular Biology of Development），《冷泉港定量生物学论文集》（*Cold Spring Harbor Symposia on Quantitative Biology*），50（1985），分别在第1页～第10页和第905页～第908页。

期间使用的一个术语，特指早期发育中胚胎形态的变化，尤其是指原肠胚和神经胚的形成。在20世纪50年代中期，实验表明来自不同胚层的细胞被分解、被混合又被重新聚集后可以重新排列，因此人们的注意力都集中在细胞表面上。在胚胎学和细胞生物学边缘的科学家研究了细胞的黏附和移动，来试图理解它们之间的协作并寻找负责其特异性的亚细胞组件。但是，从20世纪60年代后期开始，"模式形成"的推进比分化或形态发生更深入。"位置信息"的概念试图详细说明细胞如何"知道"它们在一个区域中的相对位置，并通过识别不连续性来调节。通过对昆虫胚胎的实验，梯度被重新推回主流——但现在是"形态发生素"以模式形式激活了一系列基因。[52]

发育生物学部分是通过再造实验胚胎学而形成的，部分是由看不起胚胎学传统但从它的失败中看到挑战的生物化学家和分子生物学家来构建的。胚胎学在一个生物化学家看来是"一个原始到没有现代研究涉足的领域"。尽管如此，它却包含着这个巨大的令人难以置信的问题，即卵是如何发育成多细胞生物的。[53] 克里斯蒂安·尼斯莱因-福尔哈德（1942～ ）在20世纪70年代中期从分子生物学转而学习处理影响早期果蝇胚胎突变的方法，然后成百倍地提高了它们的生产率。在海德堡的欧洲分子生物学实验室（European Molecular Biology Laboratory），她和埃里克·威绍斯筛选了不止数个基因而是控制分节的所有基因。[54] 这不是"分子"工作而是以一种异常激进的方式追求的经典发育遗传学；他们把它与实验胚胎学以及克隆基因的新技术相结合而赢得了诺贝尔奖。尼斯莱因-福尔哈德的同事不只是在相互作用的基因、mRNA和蛋白质这几个层次结构上描述了中轴的逐渐特化（图16.7），还使前形态发生素的梯度形象化并且观察到它的浓度的改变是如何改变形体构型的。在20世纪80年代，一些胚胎学家认为分子克隆终于把发育还原成基因表达，把发育生物学还原成分子细胞生物学的血汗工厂中一件无名的苦差事。然而，到了20世纪90年代，他们利用从来未有过的精巧和深度的技术来分析包括施佩曼的组织者和花的形成在内的复杂的现象，前所未有地显示并操纵胚胎。

311

发育生物学主要研究它所声称的最普遍的原则，因此研究能够在任何方便获取的物种中进行。到20世纪80年代后期，大多数研究仅仅利用了6种"模式生物"之一，

[52] Sander，《从种质理论到协同模式的形成——百年发育生物学史》，第162页～第172页；L. Wolpert，《梯度、位置和模式：历史》（Gradients, Position and Pattern: A History），载于T. J. Horder、J. A. Witkowski和C. C. Wylie编，《胚胎学史》（*A History of Embryology*, Cambridge: Cambridge University Press, 1985），第347页～第362页。

[53] Donald D. Brown，被引用于Patricia Parratt，《一个科学家的故事》（*One Scientist's Story*, Perspectives in Science, vol. 4, Washington, D. C.: Carnegie Institution, 1988），第6页。

[54] Evelyn Fox Keller，《作为过渡物的果蝇胚胎：唐纳德·波尔森和克里斯蒂安·尼斯莱因-福尔哈德的工作》（*Drosophila* Embryos as Transitional Objects: The Work of Donald Poulson and Christiane Nüsslein-Volhard），《物理科学和生物科学的历史研究》（*Historical Studies in the Physical and Biological Sciences*），26（1996），第313页～第346页。

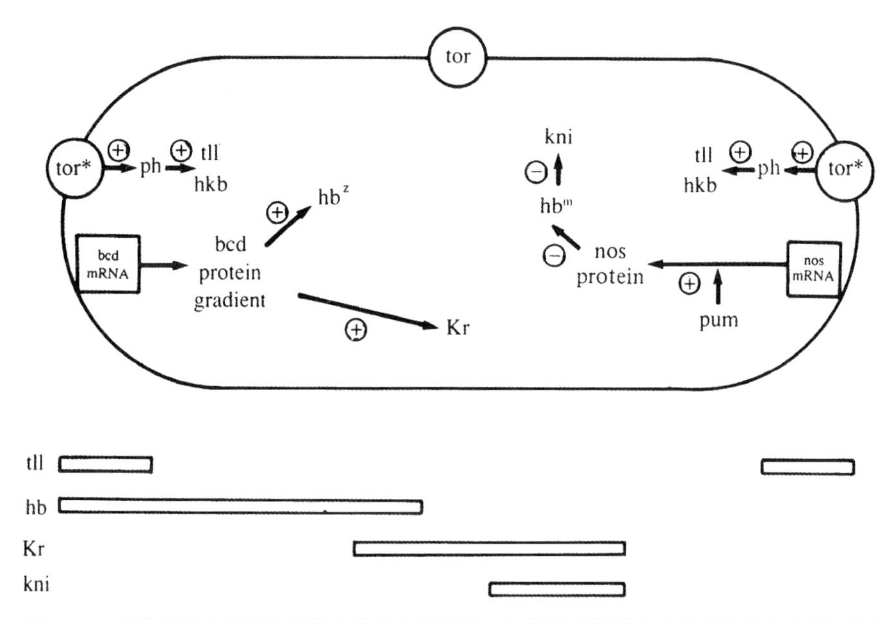

图 16.7　母体基因在控制果蝇前后模式中的作用。它们通过激活(+)或者抑制(-)最初的合子的发育基因表达(下边的横柱)起作用。出自 J. M. W. Slack,《从卵到胚胎:早期发育的局部特化》(*From Egg to Embryo: Regional Specification in Early Development*, 2nd ed., Cambridge: Cambridge University Press, 1991),第 238 页

即果蝇、爪蟾、小鼠、小鸡、线虫和斑马鱼,加上以拟南芥为模式生物的开花植物。[55] 青蛙胚胎学家进行了移植、显微注射以及生物化学实验,但几乎没有开展经典遗传学研究;果蝇学家进行了突变和杂交实验,但在直接操纵胚胎上遇到了困难。随着该领域的扩大,他们形成了不同的群体,专门研究不同的现象和技术并参加特定模式生物会议。教科书早就展示了复合观点,例证了在任何有机体中不同的发育机制为了特定的工作被改变。为了使一个物种在遗传学和/或分子生物学上更有用处的必要投入强化了一种矛盾的隔离。然而,在整个动物界中对同源 DNA 序列的寻找表明,举个例子,果蝇和小鼠有一套类似的、以相同的染色体顺序排列的基因,它们以此来识别沿着前后轴的相同的相对位置。这个发现向曾经遭到蔑视的进化研究中注入了新的生命;看来,不只是对果蝇,包括对虫子、蜘蛛和龙虾的研究又值得做了。"进化发育生物学"的发起人提出了一个围绕宏观进化、同源性以及胚胎学组织的新综合的前景,而这些问

[55] Jessica A. Bolker,《发育生物学中的模式有机体系统》(Model Systems in Developmental Biology),《生物学随笔》(*BioEssays*),17(1995),第 451 页～第 455 页;Soraya de Chadarevian,《关于虫子和程序:秀丽隐杆线虫和发育研究》(Of Worms and Programmes: *Caenorhabditis elegans* and the Study of Development),《生物科学和生物医学科学的历史与哲学研究》(*Studies in History and Philosophy of Biological and Biomedical Sciences*),29(1998),第 81 页～第 105 页;John B. Gurdon 和 Nick Hopwood,《非洲爪蟾引入发育生物学:关于帝国、妊娠检测和核糖体基因》(The Introduction of *Xenopus laevis* into Developmental Biology: Of Empire, Pregnancy Testing and Ribosomal Genes),《发育生物学国际期刊》,44(2000),第 43 页～第 50 页。

题正是没有被现代综合包含在内的。[56]

胚胎学和生殖

虽然许多实验胚胎学家和发育生物学家接受了生物医学的资金,但他们重视独立于医疗服务的角色,20 世纪的胚胎学很大一部分主要是面向医药和农业。尤其是那些研究哺乳类动物的研究人员不仅一直忙于学术生物学而且对人类和动物的生殖进行合理化。对其科学的描述、规划和控制的促进已经开始实现长远目标,但也招来了从反堕胎者到女权主义者、从保守的"传统"家庭的维护者到反对商品化生命的激进的绿色环保主义者的批评。

解剖-胚胎学家继续负责利用教科书教授医科学生人体发育学,这些教科书是由卡内基研究所的科学家修订的,包含了更加完整的胚胎系列。在 1938～1953 年的波士顿,妇科医生约翰·罗克和病理学家阿瑟·T. 赫蒂希从将要切除子宫的妇女身上收集了处于发育头两周的受精卵。通过要求他们的病人在手术前数月内用图表记录生理周期并记下她们是否和在什么时候在最后的排卵期性交的,这些医生提高了他们所说的"猎卵"成功的机会和价值。这些手术被定在排卵后不久,赫蒂希则把胚胎带到卡内基研究所做成切片。[57]

20 世纪早期,人类胚胎学在性和进化上的联系仍然使其常常被排除在学校之外。因此,是成人教育者和性改革家首先制作了人类胚胎系列,它们是生命的科学事实的一部分(图 16.8)。在遭遇了社会各界(其认为卵、精子和发育中的胚胎绝不是所料想的那般真实)之后,他们后悔将女性描述为对自己的身体"无知"。以相对较新的医疗知识来衡量的话,那些认为一次没有来的月经代表着有"血块"需要"倒出"而寻求堕胎的工人阶级的妇女可以说是无知的,但她们关于如何生(或不生)孩子的实践认识通常是有效的。[58]

313

胚胎学家为医生和助产士提供了产科学和妇科学知识的说法一直有些牵强。但是随着在第二次世界大战后孕妇可以入院就医,产科技术——随着 X 射线让位于超声——使子宫内部越来越多地被观察到,而以前,胚胎学家只能通过尸检来描述子宫内部情况。生理学家描述的胎儿是活跃的和处于支配地位的,以前主要为孕妇负责的产科医生成了"胎儿病人"的支持者。但是未出生的婴儿可以截然不同的方式来看待。虽然孕妇身体内的胎儿是手术干预的对象,然而在同一家医院,流产材料可能被用作

[56] Gilbert、Opitz 和 Raff,《进化生物学和发育生物学的重新综合》;Walter J. Gehring,《发育和进化中的主控基因:同源异形框的故事》(*Master Control Genes in Development and Evolution: The Homeobox Story*, New Haven, Conn.: Yale University Press, 1998)。

[57] O'Rahilly,《人类胚胎学 100 年》;Loretta McLaughlin,《口服避孕药、约翰·罗克和教会:一场革命的传记》(*The Pill, John Rock, and the Church: The Biography of a Revolution*, Boston: Little, Brown, 1982),第 58 页～第 92 页。

[58] Cornelie Usborne,《修辞学和反抗:魏玛德国的生殖理性化》(Rhetoric and Resistance: Rationalization of Reproduction in Weimar Germany),《社会政治学》(*Social Politics*),4(1997),第 65 页～第 89 页,引文在第 80 页～第 81 页。

图 16.8 希克(Schick)解剖图被用来交流关于妊娠期的发育学观点。大约 1950 年,在伦敦帕丁顿的孕妇福利中心(London Metropolitan Archives, photograph 80/7364)

移植或研究的工具。关于胚胎和胎儿现在仍有强烈的争议。20 世纪 80 年代初以来,反堕胎活动家已经利用胚胎和胎儿图像作为反对 20 世纪 60 年代末和 70 年代初的改革的武器。女权主义者则指责"未出生的孩子"这个说法模糊了胚胎和婴儿之间的区别,并且——跟大多数人类胚胎学一样——通过抹去孕妇的痕迹来构建一个胎儿自主发育的错觉。[59]

314

在 20 世纪初,生殖学家从胚胎学中为自己创造出一个关于性的研究的新领域,但通过操控配子和早期胚胎来控制生殖的企图仍然跟胚胎学重合。第二次世界大战后,体外受精和胚胎移植被认为可以使更有价值的母畜更充分地繁殖后代,并帮助妇女克服由输卵管阻塞引起的不孕不育。在 20 世纪 50 年代,关于体外受精的早期报告变得如此不可信,以至于很难让这些说法站住脚。1969 年,英国剑桥大学生理学家罗伯特·爱德华兹要为人们进行体外受精的宣言直到 10 年后才被广泛地接受。那次,他与奥尔德姆的妇科医生帕特里克·斯特普托以及技术助理琼·珀迪合作,借助腹腔镜取出一个成熟卵母细胞,在体外受精,把胚胎重新放回子宫内,由此帮助莱斯莉·布朗

[59] Ann Oakley,《被控制的子宫:孕妇医疗史》(*The Captured Womb: A History of the Medical Care of Pregnant Women*, Oxford: Blackwell, 1984);Monica J. Casper,《未出生的病人的产生:胎儿外科学的社会剖析》(*The Making of the Unborn Patient: A Social Anatomy of Fetal Surgery*, New Brunswick, N. J.: Rutgers University Press, 1998);Lynn M. Morgan 和 Meredith W. Michaels 编,《胎儿问题:女权主义的立场》(*Fetal Subjects, Feminist Positions*, Philadelphia: University of Pennsylvania Press, 1999)。

生下一个孩子。同时,培养技术已开始克服对微小又难以获取的哺乳动物胚胎进行实验分析的障碍,而在20世纪70年代,牛胚胎移植成为一项重大的国际生意。1997年,关于通过从成体的乳房核移植实现克隆羊的报告证实分化了的哺乳动物细胞的细胞核具有全能性,实现了发育生物学家长期追求的证明。这种技术,结合干细胞培养的进步,也正在开拓在农业、制药业和"再生医学"方面的新市场。[60]

女权主义的第二次浪潮带来了对胚胎学参与到男性对女性生殖权力的控制中的强烈批评。发育生物学内部和相关领域的女权主义者——在20世纪80～90年代,妇女在那里异乎寻常地得到了充分的代表——领导了更为温和的、更为成功的反对活动,例如,反对把活跃的男性和被动的女性的刻板印象映射到精子/细胞核和卵子/细胞质上。[61] 路易丝·布朗出生以来,许多非常想要孩子的人得到了帮助。尽管对这项常常不成功的手术让女性在感情上、体力上和金钱上都付出巨大成本有所批评,但讨论迅速转移到对生殖服务市场的法律规范上和对利用剩余胚胎进行实验的道德规范上。作为对反堕胎团体的强烈反对的回应,英国科学家进行了游说,被允许继续胚胎研究。虽然在诊所中卵子可能在受精一小时后就会被描述成儿童,但是科学家认为在原条(原肠胚形成的早期信号)出现之前的研究应被允许。英国议会于1990年认可了在人类受精和胚胎学管理局(Human Fertilization and Embryology Authority)的严格管理下对14日内的胚胎进行研究是合法的,而在美国,一个对联邦资金的禁令把研究推向了不受管制的私营企业。[62]

315

在21世纪的开始,就像是在19和20世纪的开端一样,胚胎学又重新成为一个引人注目的学科。胚胎学家不再仅仅分析胚胎,甚至实验性地干预发育;克隆公司和生育诊所正在创造新的生物体。胚胎学的身份和关联学科也已经发生了转化。最具戏剧性的和争议性的是,胚胎学的实践和产品已有力地延伸到医药、农业和日常生活中。

(李晓　译)

[60] Adele E. Clarke,《规范生殖:美国生命科学和"性的问题"》(*Disciplining Reproduction: American Life Sciences and "The Problems of Sex"*, Berkeley: University of California Press, 1998);Robert Edwards 和 Patrick Steptoe,《生命问题:一个医学突破的故事》(*A Matter of Life: The Story of a Medical Breakthrough*, London: Hutchinson, 1980);C. E. Adams,《卵细胞移植:历史观点》(Egg Transfer: Historical Aspects),载于 C. E. Adams 编,《哺乳动物卵细胞移植》(*Mammalian Egg Transfer*, Boca Raton, Fla.: CRC Press, 1982),第1页～第17页;John D. Biggers,《历史观点中的体外受精和胚胎移植》(*In vitro* Fertilization and Embryo Transfer in Historical Perspective),载于 Alan Trounson 和 Carl Wood 编,《体外受精和胚胎移植》(*In vitro Fertilization and Embryo Transfer*, London: Churchill Livingstone, 1984),第3页～第15页;Gina Kolata,《克隆:通往多莉之路及其前途》(*Clone: The Road to Dolly and the Path Ahead*, London: Allen Lane, 1997);Sarah Franklin,《道德的生物资本》(Ethical Biocapital),载于 Franklin 和 Lock 编,《重新定义生死:走向生物科学的人类学》,第97页～第127页。

[61] Gena Corea,《母亲机器:从人工授精到人造子宫的生殖技术》(*The Mother Machine: Reproductive Technologies from Artificial Insemination to Artificial Wombs*, London: Women's Press, 1985);Scott F. Gilbert 和 Karen A. Rader,《回顾发育生物学中的妇女、性别和女权主义》(Revisiting Women, Gender, and Feminism in Developmental Biology),载于 Angela N. H. Creager、Elizabeth Lunbeck 和 Londa Schiebinger 编,《20世纪科学、技术和医学中的女权主义》(*Feminism in Twentieth-Century Science, Technology, and Medicine*, Chicago: University of Chicago Press, 2001),第73页～第97页。

[62] Sarah Franklin,《具体化的进步:辅助受孕的文化解释》(*Embodied Progress: A Cultural Account of Assisted Conception*, London: Rout-ledge, 1997);Michael Mulkay,《胚胎研究争论:科学与生殖政治》(*The Embryo Research Debate: Science and the Politics of Reproduction*, Cambridge: Cambridge University Press, 1997)。

17

316

微生物学

奥尔加·阿姆斯特丹斯卡

对于我们称之为微生物学(其实这种叫法现在已经过时)的研究领域,它唯一不变的特性可能就是该领域所研究的有机体的微小形态及其对仪器和相关技术的依赖,正是依靠这些仪器和技术我们才得以将目光投向肉眼可见范围之外的微观世界。除此之外,该领域在其他方面很难有稳定性或连续性——无论是微生物的范围和分类、微生物相关问题的类型、科学研究的理论目标或实际目标、正在从事探索研究的机构,或是对这些微生物感兴趣的科学家群体的构成,一概如此。

在过去的两个世纪里,这些研究所涉及的生物的范围曾多次发生变化。最开始研究的是相对未分化的纤毛虫类,然后是原生生物和裂殖菌类,再后来是原生动物、细菌、真菌和藻类;紧接着是不可见的滤过性病毒、专性寄生虫和裂解原理,它们出现后不久又迅速为立克次体和病毒所取代。研究这些微生物的人员形形色色,包括业余爱好者、植物学家、动物学家、生物学家、病理学家、生物化学家、遗传学家、医生、卫生工程师、农业科学家、兽医、公共卫生调查人员、生物技术学家等。一些专门研究特定微生物门类的专业和学科(细菌学、病毒学、原生动物学和真菌学)虽然历史上存在体制交叉和知识交叉,但是还是走上了不同的发展轨道。尽管"微生物学"一词的出现可以追溯到19世纪的最后几十年,但直到第二次世界大战之后,它才发展成为一门拥有自身研究范围的学科。即便如此,该学科当时在知识上和体制上都还是非统一的。

自19世纪后期以来,微生物研究一直以实际问题为导向,如保护公共健康、防治人类或动物疾病以及满足葡萄酒、啤酒、食品或工业化学品的生产等。今天,微生物的基因操作在生物技术创新中发挥着重要的作用。

317

微生物学研究在生物学范围内的许多基础理论争论中——关于自然发生说、细胞理论、生命本质、分类法、物种形成、遗传及其机制等的争论——也发挥了重要作用;此外,在一些更具革命性的转变中,例如从描述性的、形态学的或"自然史"的研究方式向实验生物学的转变过程中,或者在普通生物化学以及后来的分子生物学的发展中,该领域的研究也发挥了重要作用。

人类对微生物的研究很少是为了微生物自身的利益。作为最微小的生物体,人们期望能从它们身上获得对宏观生命的批判性理解。微生物是一种极限性的存在——最简单、数量最多、最神奇、最早出现、最原始、适应性最强、最具多样性和变化性、繁殖最快、最容易转化,正因为如此,人们以微生物为对象进行了各种生物学普遍性问题的试验。作为能产生发酵过程的生物,微生物可以用来研究和支持多种食品和药品的生产。另外,微生物还可以用于普通生物化学研究。作为小型代谢工厂,微生物可用于生产有用的物质。今天人们还能通过改造和操控微生物来生产有用的物质。作为病原体,研究微生物有希望帮人们找到一种有助于理解人类、动物或植物疾病并对其加以控制的手段。在遗传学或生物化学研究中,微生物可能被用作一种实验室工具或仪器,帮助人们深入了解代谢途径或遗传性传递的机制。

鉴于该领域背景和关注点的多样性,很难写出一部能公正反映该领域发展在知识和体制上的复杂性的微生物学史。[1] 在本章讨论中,我们试图强调在不同的知识和体制背景下所做研究之间、在以微生物作为工具的研究和以微生物作为特定生物的研究之间、在以回答基本生物学问题为目标的研究和以微生物学知识的实际应用为目标的研究之间的动态相互关系。

物种形成、分类法和纤毛虫

在整个 18 世纪,微生物很难被人观察到,更难为人所理解。显微镜的使用(尤其是单透镜仪器的使用)需要相当的技巧和耐心,而复显微镜产生的图像往往模糊不清,每个物体都被各种颜色的边框包围。人们在使用显微镜时就对它持有一种半信半疑的态度,而且当时缺少一个框架来解释他们对“纤毛虫”(人们自 18 世纪 60 年代以来对微生物的称呼)的观察结果,因此在 18 世纪,只有少数几位博物学家尝试着简单描述了由荷兰绸布商安东尼·范·列文虎克(1632～1723)首次观察到的单个微小生物。而卡尔·林奈的做法则是将所有微生物放在了一个他称之为“混沌(Chaos)”的纲下面的“蠕虫”目中。*

318

然而,到了 19 世纪,对微生物的研究变得越来越重要,与此同时,关于微生物的争论也反映出生物学中一些存在相关性的争论。19 世纪 20 年代以后,新的消色差显微镜问世并提高了图像的放大倍数和清晰度。不过,虽然人们在区分各种微生物组织、观看以前无法看到的纤毛虫的能力有了稳步提高,但专家之间的分歧却并未得到解决。学习制作标本并通过显微镜观察标本是一个非常复杂的过程,也经常在显微镜学

〔1〕 目前,所有微生物学(和细菌学)通史均已过时。但最为全面的是以下两部:Hubert A. Lechevalier 和 Morris Solotorovsky,《微生物学三百年》(*Three Centuries of Microbiology*, New York: McGraw-Hill, 1965),和 Patrick Collard,《微生物学的发展》(*The Development of Microbiology*, Cambridge: Cambridge University Press, 1976)。第二次世界大战前的医学细菌学史,参看 William Bulloch,《细菌学史》(*The History of Bacteriology*, Oxford: Oxford University Press, 1938),和 W. D. Foster,《医学细菌学和免疫学史》(*The History of Medical Bacteriology and Immunology*, London: Heinemann, 1970)。

* 此处原文有误,可参看第 240 页“译者注”。——译者注

家之间制造出新的对立，引发新的争议。

其中一个争议与德国博物学家克里斯蒂安·戈特弗里德·埃伦贝格（1795～1876）的理论有关。埃伦贝格在18世纪丹麦博物学家奥托·弗里德里希·米勒（1730～1784）对纤毛虫所做分类的基础上又进行了细化和扩展，在《作为完美生物的纤毛虫》（*Die Infusionsthierchen als vollkommene Organismen*，1838）一书中，他介绍了数百种微生物，并对其进行了分类，试图阐述：尽管纤毛虫的形态多种多样，但它们全部都有完整的器官系统和机能。埃伦贝格特别强调了纤毛虫消化系统的普遍性和复杂性，他用新的消色差显微镜观察到了这一点。[2] 1841年，法国动物学家费利克斯·迪雅尔丹（1801～1860）强烈批评了关于纤毛虫的这一"多胃理论"。尽管迪雅尔丹使用了一种公认的劣质显微镜，但他认为埃伦贝格"太容易向自己的想象力引发的狂喜屈服了"。[3] 埃伦贝格和迪雅尔丹之间的分歧与其说是由于他们通过各自的显微镜能够或不能够看到的东西不同，倒不如说是由于他们在有机世界的本质这一问题上持有的整体观念存在着差异。

一般生物学领域的问题（如果真有的话，纤毛虫是如何分类的、形态结构本质如何、如何发展和进化、如何适应植物和动物世界的其他部分）构成了19世纪40～70年代植物学家和动物学家对微生物的兴趣基础。1845年，德国弗莱堡大学的动物学家卡尔·特奥多尔·冯·西博尔德（1804～1885）对细菌和其他微生物（他称之为原生动物）进行了区分，并凭此对纤毛虫进行了重新分类。作为细胞理论的支持者，他将细菌划归到植物界（因为它们的运动并非定向运动，而是不自主的），并将"单细胞"微生物作为最简单的生物体形式同时划归入植物界和动物界。此后，弗里德里希·施泰因、恩斯特·海克尔和奥托·比奇利等动物学家在其著作中继续争论细胞理论和进化理论与理解原生动物的精确相关性。[4]

319

在布雷斯劳大学教授费迪南德·科恩（1828～1898）与苏黎世大学暨慕尼黑大学教授、植物学家卡尔·冯·内格里（1817～1891）之间的争论中，对分类和生命本质问题的关注也处于核心位置。在哲学层面上，这场争论中的观点与持唯物主义和机械论观点的生物学家相反，这类生物学家相信物种会以某种渐进的方式进行演变，认为存在一种统一的法则，能够同时支配无生命和有生命的自然界，并反对那些主张生命具有独特性、严格自然分类和物种之间相互割裂并保持固定性的观点。保利娜·马宗达将这场论战描述为"上帝一位论派"和"林奈学派"之间的长期辩论，其中冯·内格里代表第一派，科恩则代表第二派。冯·内格里不仅发展了他自己的进化理论，并声称

〔2〕 Frederick B. Churchill，《问题的核心——从埃伦贝格到比奇利的纤毛虫（1838～1876）》（The Guts of the Matter-Infusoria from Ehrenberg to Bütschli：1838-1876），《生物学史杂志》（*Journal of the History of Biology*），22（1989），第189页～第213页。

〔3〕 John Farley，《从笛卡儿到奥巴林的自然发生说争议》（*The Spontaneous Generation Controversy from Descartes to Oparin*，Baltimore：Johns Hopkins University Press，1974），第55页。

〔4〕 Natasha X. Jacobs，《从单元到整体：原生动物学、细胞理论和生命的新概念》（From Unit to Unity：Protozoology，Cell Theory，and the New Concept of Life），《生物学史杂志》，22（1989），第215页～第242页。

自然发生说的可能性,但他也认为细菌(或者按他的叫法——裂殖菌)由于经历了各种各样的转变而具有多形性,因此把它们分成不同物种毫无意义。相反,费迪南德·科恩花了大半生的时间对细菌物种的多样性和独特性进行编目和分类。虽然科恩最初不是反达尔文主义者,但他对进化论基本上不感兴趣,并强调自己鉴别出的物种的固定性和稳定性。与冯·内格里相反,科恩认为不需要自然发生理论。科恩和冯·内格里之间的这些辩论在细菌学革命中同样具有十分重要的意义。[5]

在德国理论植物学的背景下,冯·内格里和科恩之间的差异主要表现为生物哲学中的问题。因为它们涉及生命的本质及其演变等基本问题,辩论也往往含有宗教和政治因素。杰拉尔德·盖森认为,在路易·巴斯德(1822～1895)的微生物学研究刚开始时起着核心作用的正是这些基本的哲学问题(涉及宗教观点和政治观点),而不是那些更为直接和实际的问题。[6]

320

葡萄酒、生命与政治:巴斯德的发酵研究

路易·巴斯德是一位受过培训的化学家,在19世纪50年代开始对发酵过程感兴趣,并开始了微生物方面的研究。[7] 根据传统记载,巴斯德最初对酒精发酵研究产生兴趣是因为认识了法国里尔(Lille)的一位实业家穆里耶·比戈,当时他在使用甜菜生产酒精方面遇到了困难并向巴斯德求助。盖森对这种现实性激励对巴斯德研究重点的改变所起的作用表示怀疑,指出巴斯德的化学研究和早期微生物学研究之间存在连续性,这两者反映了他对生命和非生命物质之间区别的持久兴趣。

巴斯德并不是第一个认为发酵是活的植物性物质(酵母)重要活动的结果的科学家。自19世纪30年代后期以来,夏尔·卡尼亚尔·德·拉图尔(1777～1859)、特奥多尔·施旺(1810～1882)和弗里德里希·屈青(1807～1893)等科学家就提出了这样的论点。但是著名有机化学家尤斯图斯·冯·李比希(1803～1873)认为发酵是一种化学分解行为,类似于胃蛋白酶消化食物,他嘲笑活的微生物参与发酵过程这一观点。(爱德华·布赫纳[1860～1907]后来对巴斯德的结论做了修改,他在1897年证明了发酵可以通过从酵母中提取一种无细胞抽提物来完成,他将这种抽提物称为"酶")。[8]

[5] Pauline M. H. Mazumdar,《物种与特异性:免疫学史诠释》(*Species and Specificity: An Interpretation of the History of Immunology*, Cambridge: Cambridge University Press, 1995),第15页～第67页。

[6] Gerald L. Geison,《路易·巴斯德的个人科学》(*The Private Science of Louis Pasteur*, Princeton, N. J.: Princeton University Press, 1995)。

[7] 关于巴斯德的文献很多。其中可参看René Dubos,《路易·巴斯德:科学的自由职业者》(*Louis Pasteur: Free Lance of Science*, Boston: Little, Brown, 1950);Emile Duclaux,《巴斯德:思想史》(*Pasteur: The History of a Mind*, Philadelphia: Saunders, 1920),Erwin F. Smith 和 Florence Hedges 译;René Valery-Radot,2卷本《巴斯德的人生》(*La vie de Pasteur*, Paris: Flammarion, 1900);Claire Salomon-Bayet 编,《巴斯德及巴斯德学派的革命》(*Pasteur et la révolution pastorienne*, Paris: Payot, 1986);Geison,《路易·巴斯德的个人科学》;Gerald L. Geison,"路易·巴斯德"(Louis Pasteur),《科学传记词典(十)》(*Dictionary of Scientific Biography*, X),第350页～第416页。

[8] 关于布赫纳的发现及其意义,参看Robert E. Kohler,《爱德华·布赫纳发现无细胞发酵的背景》(The Background to Edouard Buchner's Discovery of Cell-Free Fermentation),《生物学史杂志》,4(1971),第35页～第61页。

巴斯德确定酵母"小球体"是进行发酵所必需的活的有机体,证明它们在没有游离氧的情况下可以生长和繁殖,并且每种特定类型的发酵(乳酸、酒精、乙酸、丁酸等)都是由一种特有的活酵素引起的。巴斯德将发酵定义为"没有空气的生命(life without air)",并强调了发酵和腐败过程在普遍性"自然的经济体系"中的重要性。[9]

321 巴斯德在发酵方面所做的工作使自己的研究永久性地转向了微生物领域。他指出,"无限小"的有机体不仅在生物学上具有研究意义,而且在人类活动中(如在葡萄酒、啤酒、醋和干酪的生产中)也能够拥有实际作用,研究微生物会有助于解决实际问题和生物学难题。巴斯德最初只是尝试着帮助解决19世纪法国农业和工业领域的实际性问题,但这开创了以工业为导向、后来更具体地以生物化学为导向而进行微生物代谢过程研究这一长期传统。

微生物在发酵中的作用也为人类和动物疾病研究提供了一个令人信服的类比物,当时人们通常将疾病视为各种发酵或腐败。不同的微生物参与不同类型发酵的证明有助于建立特异性概念,这一概念后来在关于细菌致病论的争论中发挥了重要作用。最后,在研究发酵的过程中,巴斯德开发了一些分离和净化微生物的程序和技术,这些在后来的研究中被证明是重要的。对微生物有机体的这种实验操作使微生物研究从自然史观察转移到实验生物学的前沿。

在巴斯德与费利克斯·阿基米德·普歇(1800～1872)关于自然发生说的辩论中,生命与非生命物质之间的区别以及相关的哲学、宗教和政治问题也均有所体现。

关于自然发生的争论不时出现在19世纪的生物学中。正如约翰·法利所说,虽然所有这些辩论——无论是乔治·居维叶和艾蒂安·若弗鲁瓦·圣伊莱尔与让-巴蒂斯特·德·莫内·拉马克之间的对立,还是自然哲学派与物理主义派之间的对立,还是H. 查尔顿·巴斯琴与约翰·廷德耳之间的对立——在19世纪的意义发生了变化并且在不同国家有所不同,但它们都涉及宗教、政治和生物。在德国,自然发生的思想是与自然哲学家联系在一起的,他们提出了一种涵盖整个自然界的统一生命力理论。19世纪中期,自然哲学派的活力论遭到赫尔曼·冯·亥姆霍兹、埃米尔·杜布瓦-雷蒙、卡尔·路德维希和恩斯特·布吕克等物理主义者的批驳,自然发生的思想不再那么流行,但之后它又被唯物主义者和上帝一位论进化论者(例如恩斯特·海克尔)再次提了出来,他们认为自然发生是对生命进行全面唯物主义解释的先决条件。在法国,有机体(或其先驱)可以从有机或无机材料自发生成的观点在19世纪初曾经与唯物主义者的自然进化哲学联系在一起,进而与反宗教和共和主义观点联系在一起。因此,322 自然发生学说曾先后与政治思想、唯物主义以及无神论有过关联,而作为秩序力量终身捍卫者的巴斯德,可能是希望割断自己与这三种思想的关系。同时,他对自然发生

[9] James Bryant Conant,《巴斯德发酵研究》(Pasteur's Study of Fermentation),载于《哈佛实验科学典型例证》(*Harvard Case Histories in Experimental Science*, Cambridge, Mass.: Harvard University Press, 1957),第2卷,第437页～第485页。

学说的反对态度也与他的发酵理论直接相关。自然发生不仅“在政治上可疑”,而且也不符合巴斯德所坚持的微生物是发酵的原因(而不是结果)的观点,此外也不符合他的微生物特异性概念,该概念建立在“同性相生”观点基础上。[10]

关于独创性以及最近关于巴斯德实验的逻辑不足和循环性的文章已经写了很多,这些实验旨在证明微生物并不是由有机物和空气(或氧气)之间的相互作用产生的,而是由总是存在于空气中或受污染实验装置(例如普歇的汞浴器)中的微生物发生萌发和繁殖产生的。因此,一些历史学家称赞巴斯德的天鹅颈形状的曲颈瓶(只允许空气而非微生物进入盛有各种液体的容器,以保持其无菌状态)的创造性、其实验步骤的严密性及其论证的逻辑严谨性,认为正是凭借这些因素他才能够证明悬浮在空气中的细菌,而不是一些看不见的“生命”力量,需要对进入有机浸液的微观生命负责。[11] 另外一些历史学家则对这些实验的决定性持有异议,他们认为巴斯德从未精确复制普歇的实验,称巴斯德及其支持者预先形成的思想比实验证据的作用更大。他们认为,和其他批评自然发生说的人一样,巴斯德永远无法证明自然发生是不可能的,他最多只能证明那些号称验证了自然发生现象的个别实验存在缺陷。在试图否定自然发生说时,巴斯德实际上被认为已经预设了其不可能性,并以此作为评价个别实验成败的标准。[12] 这两种说法基于两种完全对立的科学哲学,因此不能完全协调一致。但是,仅仅由于在实验论证中不可能达到绝对的“逻辑”充分性,并不能意味着它在创造科学共识的过程中就只扮演了从属性“历史”角色,也不意味着巴斯德的实验技能可以被贬低到“可以按照设想‘随意’制造出结果的魔术师”的水平。[13]

巴斯德的发现结束了19世纪60年代法国关于自然发生说的争论,但在别处,这种争论则一直持续到19世纪80年代。对自然发生的可能性的拒绝,就像发酵研究和费迪南德·科恩分类研究中所确立的特异性原则一样,为我们现在称为“细菌学革命”的发生创造了一个生物学环境。 323

细菌学革命

虽然人们最常将“细菌学革命”与路易·巴斯德、罗伯特·科赫(1843～1910)以

[10] Farley,《从笛卡儿到奥巴林的自然发生说争议》;John Farley 和 Gerald L. Geison,《19世纪法国的科学、政治和自然发生说:巴斯德-普歇辩论》(Science, Politics and Spontaneous Generation in Nineteenth Century France: The Pasteur-Pouchet Debate),《医学史通报》(*Bulletin of the History of Medicine*),48(1974),第161页～第198页;Geison,《路易·巴斯德的个人科学》,第5章,第110页～第142页;Glenn Vandervliet,《微生物学与19世纪70年代的自然发生说争议》(*Microbiology and the Spontaneous Generation Debate during the 1870's*,Lawrence, Kans.: Coronado Press,1971)。

[11] 例如,参看N. Roll-Hansen,《实验方法与自然发生说:巴斯德与普歇之间的论战(1859～1864)》(Experimental Method and Spontaneous Generation: The Controversy between Pasteur and Pouchet, 1859-64),《医学与相关学科史杂志》(*Journal of the History of Medicine and Allied Sciences*),34(1979),第273页～第292页。

[12] Farley,《从笛卡儿到奥巴林的自然发生说争议》;Geison,《路易·巴斯德的个人科学》。

[13] Geison,《路易·巴斯德的个人科学》,第133页。也可参看Bruno Latour,《证据的剧场》(Le théâtre de la preuve),载于Salamon-Bayet,《巴斯德及巴斯德学派的革命》(*Pasteur et la révolution pastorienne*),第335页～第384页。

及约瑟夫·利斯特(1827～1912)*的研究工作联系在一起,但它实际上是一个复杂而漫长的过程,涉及疾病因果关系和特异性观念的变化、[14]对微生物的新的生物学理解以及在实验室中研究微生物(和疾病)方式的根本性创新。尽管在巴斯德和科赫的研究工作中可以很清晰地看出这三个领域的创新有会合的趋势,自19世纪中叶,研究人员在各种要素整合方面仍有不少工作要做。

今天被人们理解为"细菌致病论"的观念——特定疾病是由特定微生物所引起的概念,远非一种统一理论。19世纪中叶,科学家、执业医师、兽医和流行病学家提出了各种关于感染和传染的理论。[15] 巴斯德学派和罗伯特·科赫的"德国学派"也分别阐述了细菌理论。安德鲁·门德尔松认为巴斯德对医学的贡献是由一套独特的信念所驱动的,这些信念涉及生命的本质和微生物在整个自然经济中的地位(包括它们在疾病中发挥的作用)。巴斯德研究了微生物在法国农业产业中的有益用途,更多地从生理学和生态学的角度去看待它们,发现它们较容易受到环境的影响。科赫是一名曾在普法战争中服役的医生,后来自己身边也有很多军医。他对细菌持有一种严格的医学观点,甚至可以说是军事性观点,即将它们看作一种致命入侵者,必须予以消灭。[16] 这些不同显然影响了他们各自研究项目的发展方式。巴斯德很快将注意力转向毒性弱化和免疫,而科赫则在所有的角落和缝隙中找出看不见的敌人,以尽可能消灭它们。尽管如此,医学细菌学的两位创始人仍然有着一个共同的信念,即传染病是一些特定的实体,而特定的微生物(尽管根据巴斯德的说法,生理上复杂且易受环境影响)与传染病的起源和传播存在着因果关系。

324

到了19世纪中叶,通过临床和病理学研究,科学家已完成对斑疹伤寒、伤寒、肺结核和白喉等个别特定疾病的描述。但是,从病理学或症状学的角度对疾病进行区分既不同于依据疾病病因对其进行的病因学分类,亦不同于按照类似起源或类似传播方式对疾病所做的流行病学分类。因此,虽然许多个别疾病的特性在与(与其无关的)特定

* 其父为王家学会会员、英国业余光学家约瑟夫·杰克逊·利斯特(1786～1869)。参看第15章。——责编注

[14] K. Codell Carter,《巴斯德疾病诱因概念的发展和19世纪医学特殊原因概念的出现》(The Development of Pasteur's Concept of Disease Causation and the Emergence of Specific Causes in Nineteenth Century Medicine),《医学史通报》,65(1991),第528页～第548页。

[15] 关于这些理论在英国的历史的描述,参看 Michael Worboys,《细菌传播:英国的疾病理论与医疗实践(1865～1900)》(*Spreading Germs: Disease Theories and Medical Practice in Britain, 1865-1900*, Cambridge: Cambridge University Press, 2000)。也可参看 Nancy J. Tomes 和 John Harley Warner,《关于细菌致病论再思考的特别问题介绍:比较视角》(Introduction to Special Issue on Rethinking the Reception of the Germ Theory of Disease: Comparative Perspectives),《医学与相关学科史杂志》,52(1997),第7页～第16页;Christopher Lawrence 和 Richard Dixey,《按照原则实践:约瑟夫·利斯特与细菌致病论》(Practicing on Principle: Joseph Lister and the Germ Theories of Disease),载于 Christopher Lawrence 编,《医学理论、外科实践:外科学历史研究》(*Medical Theory, Surgical Practice: Studies in the History of Surgery*, London: Routledge, 1992),第153页～第215页。

[16] John Andrew Mendelsohn,《细菌学文化:一个学科在法国和德国的形成和转变(1870～1914)》(Cultures of Bacteriology: Formation and Transformation of a Science in France and Germany, 1870-1914, PhD diss., Princeton University, 1996);K. Codell Carter,《关于确定炭疽原因的科赫-巴斯德辩论》(The Koch-Pasteur Debate on Establishing the Cause of Anthrax),《医学史通报》,62(1988),第42页～第57页;Henri H. Mollaret,《关于理解科赫和巴斯德之间的关系的论文》(Contribution à la connaissance des relations entre Koch et Pasteur),《自然科学、技术和医学史系列出版物》(*Schriftenreihe für Geschichte der Naturwissenschaften, Technik und Medizin*),20(1983),第57页～第65页。

微生物关联之前已被详细阐述，但它们并不被视为属于单一类别，也不被认为是由一组独特原因造成的。[17] 在19世纪中叶，关于传染病和/或瘴气类疾病如何传播的理论往往涉及引入一些颗粒状的，通常是有机的，有时甚至是活的物质（被描述为毒物、病菌、酵母菌、真菌、芽孢杆菌或弧菌），它们要么在特定的地方产生（例如，有机物分解），要么直接由人传播，或者通过水或“污染物”间接传播。许多传染病被认为是不同形式的腐败和发酵，鉴于发酵化学理论的普及，传染病的病理过程被认为是由一些影响到有机物质的化学变化引起的，这些变化使其“发酵”，并允许将其发酵能力传递给新患者。[18] 疾病过程和发酵之间的这种类比导致巴斯德早在1859年在将注意力真正转向传染病研究之前就宣称，传染病发生的原因有可能和“某些发酵发生的原因类似”。[19] 约瑟夫·利斯特在其初期工作中也探讨了发酵及腐败与“病菌（germs）”在化脓性伤口中的作用的关系，他在外科手术中推广防腐方法作为预防炎症的措施。[20]

325

由流行病学家、兽医、解剖病理学家和医生进行的实验研究和显微镜观察也支持生物体与传染病存在因果关系的观点。有人可能会在这里提到法国兽医卡西米尔·达韦纳（1812～1882）关于炭疽的研究、约翰·斯科特·伯登-桑德森（1828～1905）[21]在英国进行的牛瘟接种实验、意大利公务员奥古斯托·巴西（1773～1856）对僵病进行的真菌病因学研究，以及英国流行病学家威廉·巴德（1811～1880）的主张——其报告霍乱患者的排泄物或被这排泄物污染的水中存在真菌。[22]

把所有这些观察和主张放在一起并将其全部作为细菌理论的先驱进行讨论，这多少有些误导。它们是由不同领域的研究人员在各种各样的独立背景下完成的，他们使用了各种不同的术语来描述“活的接触传染物（contagium vivum）”，并且对所观察到的活的“接触传染物”是如何引起或传播疾病的也都有着不同的理解。这些早期观察和动物接种实验的历史意义也许不在于它们在多大程度上预见了特定疾病的细菌病因学的论证，而在于它们作为催化剂促进了一项讨论——要想在一种微生物和一种疾病之间建立因果关系，什么样的证据是必需的。

德国病理学家雅各布·亨勒（1809～1885）早在1840年就明确阐述了为证明活微

[17] Margaret Pelling，《霍乱、热病与英国医学（1825～1865）》（*Cholera, Fever and English Medicine, 1825-1865*, Oxford: Oxford University Press, 1978）；Margaret Pelling，《传染/细菌理论/特异性》（Contagion/Germ Theory/Specificity），载于William Bynum和Roy Porter编，2卷本《医学史参考百科全书》（*Companion Encyclopedia to the History of Medicine*, London: Routledge, 1997），第1卷，第309页～第333页；Owsei Temkin，《对感染概念的历史分析》（A Historical Analysis of the Concept of Infection），载于Owsei Temkin，《两面神的双面和医学史中的其他论文》（*The Double Face of Janus and Other Essays in the History of Medicine*, Baltimore: Johns Hopkins University Press, 1977），第456页～第471页。

[18] Christopher Hamlin，《杂质学：19世纪英国水分析》（*The Science of Impurity: Water Analysis in Nineteenth Century Britain*, Berkeley: University of California Press, 1990）。

[19] 引自Nancy Tomes，《细菌的福音：美国生活中的男人、女人和微生物》（*The Gospel of Germs: Men, Women, and the Microbe in American Life*, Cambridge, Mass.: Harvard University Press, 1998），第31页。

[20] Lawrence编，《医学理论、外科实践：外科学历史研究》。

[21] Terrie M. Romano，《1865年牛瘟与维多利亚时代中期英国对“细菌理论”的接受》（The Cattle Plague of 1865 and the Reception of "The Germ Theory" in Mid-Victorian Britain），《医学与相关学科史杂志》，52（1997），第51页～第80页。

[22] K. Codell Carter，《伊格纳茨·塞麦尔维斯、卡尔·迈尔霍费尔和细菌理论的兴起》（Ignaz Semmelweis, Carl Mayrhoffer, and the Rise of Germ Theory），《医学史》（*Medical History*），29（1985），第33页～第53页。

生物能够引起疾病而必须满足的各种条件。他认为,要想证明某种菌剂与疾病之间存在因果关系,首先必须证明这种菌剂总是存在于患病的有机体中,必须能将其分离,并在分离状态下对其进行测试,以确定能否再次引起疾病。1872 年,另一位解剖病理学家埃德温·克勒布斯(1834～1913)在其枪伤研究中阐述了一套确立因果关系的类似的标准。[23] 克勒布斯制定了理想的实验策略,科赫后来对这个策略进行了细化,并将其应用在炭疽、伤口感染、霍乱和结核病的研究中。与此同时,医学研究人员、医生、兽医、卫生学者和公共卫生从业人员之间正在进行辩论,主题是微生物是否不仅仅是“无辜的”污染物,它们是否伴随疾病而生而非引起疾病,它们是否由疾病生成而非引发疾病过程,或者,它们是否从无到有,还是在某些尚不清楚的环境条件下从腐生性微生物变为病理性微生物。它们在导致一个人生病的复杂因果关系中有多重要?其存在究竟是一个充分条件或仅仅是一个必要条件?为什么流行病来了又去?如果微生物无所不在,为什么不是每个人都生病呢?细菌理论的怀疑者和支持者(后者试图证明微生物与疾病之间存在因果关系)就此展开了争论,在此背景下,科赫做出了后来被称为“科赫法则”的阐述。问题不仅在于(特定的)细菌是否会导致(特定的)疾病,还涉及它们之间因果关系的性质及其实际的(医学与流行病学)后果。

326

人们对科赫 1876 年著名的炭疽杆菌产生耐热孢子论证的认可,必须放在上述背景下来看。科赫在费迪南德·科恩的布雷斯劳实验室所做的实验演示引起了人们的热情,不仅是因为它提出了一种可靠的炭疽传播模式并解释了与这种疾病有关的已知流行病学事实,而且因为科赫的新型实验技术提高了研究人员在实验室操纵微生物的能力,并提出了开展病因学研究的新方法。[24]

科赫对细菌物种特异性、稳定性和独特性理念的坚持在他的研究项目中发挥了关键作用。这一理念是其病因学研究的核心理论基础,其病因学研究将特定且稳定的细菌物种与特定疾病联系起来。这一理念是重要的方法调节器,是决定微生物培养是否纯净的标准之一,确保了科赫传染病病因学研究的医学与流行病学相关性。科赫关于医学和生物学发展的观点在他与植物学家如冯·内格里、他的学生汉斯·布赫纳(1850～1902)以及卫生学者如马克斯·冯·佩滕科费尔(1818～1901)的争论中得到了体现,他们认为微生物不是产生疾病的最重要原因,因为在改变本地环境的情况下,同一种微生物(或裂殖菌)既可能是致病性的(如炭疽杆菌)也可能是腐生性的(如枯草杆菌)。科赫在对伤口感染的研究中、在关于炭疽的后续论文中,以及后来在关于结核病和霍乱的研究工作中曾反复回到这个问题。和“林奈学派”植物学家科恩一样,科赫引用了自己的实验结果作为证据,证明细菌物种的繁殖是真实的,不会经历任何显

327

[23] K. Codell Carter,《科赫关于雅各布·亨勒和埃德温·克勒布斯的研究的假设》(Koch's Postulates in Relation to the Work of Jacob Henle and Edwin Klebs),《医学史》,29(1985),第 353 页～第 374 页。

[24] 关于科赫,参看 Thomas Brock,《罗伯特·科赫:从事医学和细菌学的一生》(*Robert Koch: A Life in Medicine and Bacteriology*, Madison, Wis.: Science Tech, 1988);Mendelsohn,《细菌学文化:一个学科在法国和德国的形成和转变(1870～1914)》;Mazumdar,《物种与特异性:免疫学史诠释》。

著的形态变化或生理变化。与此同时，他将相反的观察结果或变异性观点归因于对手的实验过程存在偏差，例如污染、纯度不够或使用了混合培养物。[25]

科赫对特异性的坚持以及诸如纯培养方法、固体和选择性培养基、鉴别染色法和显微照相术的发展等一系列技术创新导致了传染病特定病因的发现如雨后春笋般冒了出来。1882年，科赫用一个名垂科学史的实验证明了结核杆菌是导致结核病的细菌，在此之后的10年，他和他的学生及其合作者确定了导致白喉（1884年，由勒夫勒确定）、格兰氏病（1882年，由勒夫勒确定）、伤寒（1884年，由加夫基确定）、霍乱（1884年，由科赫确定）以及破伤风（1889年，由北里柴三郎确定）的特定微生物。其他人则利用科赫的分离、纯培养物和接种方法，确定并描述了导致痢疾、淋病、脑膜炎和肺炎等疾病的特定生物体。对各种菌株进行分离和鉴定，以及将疾病传播给实验动物以再现其特定疾病症状所需的研究相当复杂，使用的技术也具有很高的独创性，以上只做简单罗列。在这个早期的英雄时代，学习细菌和疾病知识的学生提出的许多主张在当时都是有争议的，一些细菌病因后来遭到摒弃或大幅修改，此外，许多"证据"后来又由细菌学家、病理学家或在世界各地实验室工作的医生逐步完善。在某些情况下，将疾病传染给实验动物（霍乱是最著名的例子）或重现某种病理会遇到很大的困难（也正因如此，科赫的假设不可能全部得到验证），这意味着关于特定细菌致病作用的争论又持续了数十年。[26] 这些关于传染病的病因学争论一直持续到20世纪20和30年代，那个时候，对确定特定致病病毒（当时称为"滤过性病毒"）的尝试又成了激烈争论的主题。[27]

当科赫和他在德国的学生忙于病因学研究时，巴斯德及其合作者则将注意力转向了微生物减毒作用研究和特定疫苗的开发。他们首先在鸡霍乱疫苗的研制方面取得初步成功（1880年），随后是炭疽疫苗在1881年普伊勒福尔（Pouilly-le-Fort）镇经典试验中得到了验证，接着是狂犬病疫苗于1885年首次用于人接种。[28] 在巴斯德免疫和减毒作用研究的启发下，人们开始了各种各样的疫苗研制的工作，并尝试着去解释感染免疫现象。到19世纪90年代中期，免疫学研究还推动了细菌鉴定技术和诊断技术的发展（例如，以马克斯·冯·格鲁贝尔和赫伯特·德拉姆1896年关于伤寒杆菌在免

328

[25] Olga Amsterdamska，《医学和生物学限制：细菌学中对变异的早期研究》（Medical and Biological Constraints：Early Research on Variation in Bacteriology），《科学的社会研究》（*Social Studies of Science*），17（1987），第657页～第687页。也可参看Mazumdar，《物种与特异性：免疫学史诠释》；Mendelsohn，《细菌学文化：一个学科在法国和德国的形成和转变（1870～1914）》。

[26] 例如，参看William Coleman，《科赫的霍乱弧菌：第一年》（Koch's Comma Bacillus：The First Year），《医学史通报》，61（1987），第315页～第342页；Ilana Löwy，《从豚鼠到人类：哈夫凯恩抗霍乱疫苗的研制》（From Guinea Pigs to Man：The Development of Haffkine's Anticholera Vaccine），《医学与相关学科史杂志》，47（1992），第270页～第309页。

[27] 关于流感这种疾病的病因学争论，参看Ton Van Helvoort，《20世纪上半叶流感研究的细菌学范式》（A Bacteriological Paradigm in Influenza Research in the First Half of the Twentieth Century），《生命科学的历史与哲学》（*History and Philosophy of the Life Sciences*），15（1993），第3页～第21页。关于病毒学的一般史，参看S. S. Hughes，《病毒：概念史》（*The Virus：A History of the Concept*，London：Heinemann，1977）；A. P. Waterson和L. Wilkinson，《病毒学史导论》（*An Introduction to the History of Virology*，Cambridge：Cambridge University Press，1978）。

[28] Geison，《路易·巴斯德的个人科学》。

疫血清中的聚集或凝集研究为基础开发的用于诊断伤寒的肥达反应)。在随后的几十年中,免疫学理论和技术的发展与医学细菌学的发展密切相关,在第二次世界大战之前,将两个领域严格分开几乎是不可能的。

到1900年,尽管巴斯德派疫苗和针对白喉的血清疗法(1890年由贝林完成)有了发展,但人们不再坚定地认为细菌学的发现可快速实现有效治疗。细菌理论不仅深刻影响了医生和科学家对疾病的认识,而且极大地影响了公众的卫生意识和日常卫生习惯。[29] 尽管某些流行病学家或医生对特定病因、细菌学解释的充分性或特定实验室结果与传染病管理的相关性等问题仍有疑问,但细菌理论仍是实验室研究在医学界可以取得何种成果的最好例证。[30]

细菌学的体制化

细菌学革命深刻改变了医学研究的组织形式和微生物研究的体制化方式。在几十年的时间里,微生物成为在医院、公共卫生实验室、医学院校中工作的各种研究人员和医生的关注焦点。其体制化的过程在不同的国家亦有所不同。例如,在德国,细菌学家往往被任命为卫生学教授,其中许多是伴随科赫的发现而来的,且多由他的学生和合作者担任。[31] 在美国和英国,细菌学更多地被认为是病理学中的一个专门学科。在20世纪的头几十年,美国大学建立起独立的细菌学系。在英国,这一体制化进程进展较为缓慢。病理学和细菌学研究主要在教学医院和一些新兴城市大学进行,而在那些以优秀临床医生为主导的系统中,实验室诊断研究工作的地位相对较低。此外,英国教学医院和大学的细菌学实验室经常应临床医生或公共卫生机构的要求进行常规

329

[29] 参看 Tomes,《细菌的福音:美国生活中的男人、女人和微生物》。

[30] 关于反对细菌学的某些情况,参看 Russell C. Maulitz,《"医生对细菌学家":临床医学中的科学思想》("Physician vs. Bacteriologist": The Ideology of Science in Clinical Medicine),载于 Morris J. Vogel 和 Charles E. Rosenberg 编,《治疗革命:美国医学社会史随笔》(*The Therapeutic Revolution: Essays in the Social History of American Medicine*, Philadelphia: University of Pennsylvania Press, 1979),第91页～第107页;Michael Worboys,《英国肺炎的治疗(1910～1940)》(Treatments for Pneumonia in Britain, 1910-1940),载于 Ilana Löwy 等编,《医学与变革:医学创新的历史研究和社会学研究》(*Medicine and Change: Historical and Sociology Studies of Medical Innovation*, Paris: Libbey, 1993);Anne Hardy,《尖端:地方政府委员会中的流行病学和细菌学(1890～1905)》(On the Cusp: Epidemiology and Bacteriology at the Local Government Board, 1890～1905),《医学史》,42(1998),第328页～第346页;Anna Greenwood,《劳森·泰特与反对细菌理论:定义外科实践中的科学》(Lawson Tait and Opposition to Germ Theory: Defining Science in Surgical Practice),《医学与相关学科史杂志》,53(1998),第99页～第131页;Nancy J. Tomes,《美国人对细菌致病论的态度:重新审视菲莉丝·艾伦·里士满》(American Attitudes towards the Germ Theory of Disease: Phyllis Allen Richmond Revisited),《医学与相关学科史杂志》,52(1997),第17页～第50页。

[31] Paul Weindling,《世纪末巴黎和柏林的科学精英和实验室组织:巴斯德研究所和罗伯特·科赫传染病研究所的比较》(Scientific Elites and Laboratory Organisation in *fin de siècle* Paris and Berlin: The Pasteur Institute and Robert Koch's Institute for Infectious Diseases Compared),载于 Andrew Cunningham 和 Perry Williams 编,《医学中的实验室革命》(*The Laboratory Revolution in Medicine*, Cambridge: Cambridge University Press, 1992),第170页～第188页。

诊断工作。[32] 在巴黎,临床医生在教学医院中同样拥有支配性地位,这也往往使实验室研究边缘化,第一次世界大战前设立的少数微生物学教授席位"往往是'候补席'",被一些渴望获得临床医学教授席位的医生所占据,但他们对微生物学研究并没有什么兴趣。[33]

但是,即使现有的体制结构和学科结构在为细菌学作为一门独立学科腾出空间时进展较为缓慢,在细菌学革命之后,(医学)研究的组织仍然出现了重大创新——出现了专门从事医学(特别是细菌学)研究的重点研究机构。1888 年,巴斯德成功治疗狂犬病之后,在一个公共募捐项目以及法国政府的资助下,巴斯德研究所在巴黎成立。3 年后,一个专为科赫开设的传染病研究所(Institute for Infectious Diseases)在政府的资助下在柏林成立。随后是伦敦利斯特研究所(Lister Institute, 1893)、* 圣彼得堡实验医学研究所(Institute for Experimental Medicine, 1892)、维也纳血清素治疗研究所(Serotherapeutic Institute)、美因河畔法兰克福实验治疗研究所(Institute for Experimental Therapy, 1899)和纽约洛克菲勒医学研究所(Rockefeller Institute for Medical Research, 1902)。尽管这些研究所在研究规划以及实际研究范围上有所不同(例如,洛克菲勒医学研究所侧重于一般性实验医学;巴斯德研究所侧重于微生物研究,包括其非医学方面;科赫传染病研究所侧重于医学细菌学),但它们全都致力于疾病的实验室研究。它们的资金来源也各不相同,包括政府资助、公共募捐和捐赠、工业或慈善基金,或通过生产抗白喉血清等一些生物产品来创造额外收入。因此,它们在财政和体制两个方面的独立程度、与资深"创立"人物所从事研究关系的性质、内部组织结构等方面均不尽相同。它们为未来的研究人员、公共卫生工作者、实验室工作人员和临床医生提供了先进的、通常是协作性的研究和培训环境。科赫及其合作者提供的为期一个月的课程对医学细菌学的传播起到十分重要的作用,这项课程最初设在柏林大学卫生研究所(Hygienic Institute),后来又转到了传染病研究所,有数百名之多的德国医生和大批国外访问学者参加了课程。该课程强调实践经验和实验室技能与方法的学习,并为学生提供了熟悉细菌学研究与教学机构的机会。1888 年巴斯德研究所开业后,埃米尔·鲁

330

[32] Keith Vernon,《脓、污水、啤酒和牛奶:微生物学在英国(1870～1940)》(Pus, Sewage, Beer and Milk: Microbiology in Britain, 1870-1940),《科学史》(*History of Science*),28(1990),第 289 页～第 323 页;Patricia Gossel,《美国细菌学的出现(1875～1900)》(The Emergence of American Bacteriology, 1875-1900, PhD diss., Johns Hopkins University, 1989)。也可参看 Paul F. Clark,《美国微生物学家的先驱》(*Pioneer Microbiologists of America*, Madison: University of Wisconsin Press, 1961);Russell Maulitz,《病理学家、临床医生和病理生理学的作用》(Pathologists, Clinicians, and the Role of Pathophysiology),载于 Gerald Geison 编,《美国背景中的生理学(1850～1940)》(*Physiology in the American Context, 1850-1940*, Bethesda, Md.: American Physiological Society, 1987),第 209 页～第 235 页。

[33] Ilana Löwy,《关于杂交、网络和新学科:巴斯德研究所与法国微生物学的发展》(On Hybridizations, Networks, and New Disciplines: The Pasteur Institute and the Development of Microbiology in France),《科学史与科学哲学研究》(*Studies in the History and Philosophy of Science*),25(1994),第 655 页～第 688 页,引文在第 670 页。

* 此处年代似有误。此研究所成立于 1891 年,当时名为英国预防医学研究所(The British Institute of Preventive Medicine),1898 年更名为琴纳预防医学研究所(Jenner Institute of Preventive Medicine),之后更名为利斯特预防医学研究所(Lister Institute of Preventive Medicine)。可参看以下链接:https://www.lister-institute.org.uk/about-us/our-history/。(2022 年 3 月 24 日访问)——责编注

(1853～1933)以科赫的课程为模范开设了自己的课程，并很快吸引了大批国际学习者。[34]

也许细菌学革命最明显但尚未被充分探索的一个方面是，它将微生物研究从一小群植物学家和动物学家的边缘研究学科转移到众多研究领域广大研究人员的关注中心。医疗和公共卫生环境在这中间占据着最主要的地位，也取得了十分显著的成就，但在19、20世纪之交，微生物仍然是部分学术生物学家的研究对象，并在农业研究环境（兽医学、植物病理学和土壤研究中）以及那些探索微生物在发酵和加工工业中的作用的一些实验室中变得越来越重要。虽然在20世纪上半叶，微生物学在组织和学术方面仍然较为分散，但各种环境中的研究人员之间在方法和体制两个方面也存在着实实在在的联系。

331

这一领域的分散状态经常受到批评，一些细菌学家主张统一起来，并借此获得一定程度的专业及学科自主权。比如成立于1899年的美国细菌学家学会(Society of American Bacteriologists)便将这种统一作为其明确的目标。该学会的创立者们希望"强化细菌学作为生物科学之一的地位"，并"将对细菌学各个分支感兴趣的工作者聚集在一起"。[35] 除了出版综合性的《美国细菌学杂志》(*American Journal of Bacteriology*，创刊于1916年)，该学会还赞助旨在推动细菌研究方法标准化和建立统一的细菌分类系统的工作。这种标准化不仅对发展这一领域的有效交流具有实际重要性，而且有利于提高细菌学作为生物学领域之一的学科地位，而非只是医学、病理学或农业研究的"从属性学科"地位。[36]

原生动物学和热带疾病之间的关系

在20世纪早期的学术生物学背景下，很难确定微生物研究的位置。德国在19、20世纪之交对原生动物的研究说明了这种复杂性。原生动物逐渐成为原生动物学专业的研究对象，这个专业拥有自己的研究机构、期刊（《原生生物科学档案》[*Archiv für Protistenkunde*]，由里夏德·赫特维希于1902年创办）以及教科书。原生动物和其他单

[34] Weindling，《世纪末巴黎和柏林的科学精英和实验室组织：巴斯德研究所和罗伯特·科赫传染病研究所的比较》；Mendelsohn，《细菌学文化：一个学科在法国和德国的形成和转变(1870～1914)》；Gossell，《美国细菌学的出现(1875～1900)》；Löwy，《关于杂交、网络和新学科：巴斯德研究所与法国微生物学的发展》。也可参看Henriette Chick、Margaret Hume和Marjorie Macfarlane，《向疾病开战：利斯特研究所的历史》(*War on Disease: A History of the Lister Institute*, London: Deutsch, 1972)；George W. Corner，《洛克菲勒医学研究所的历史》(*The History of the Rockefeller Institute for Medical Research*, New York: Rockefeller University Press, 1964)；Michel Morange编，《巴斯德研究所：关于其历史的论文》(*L'Institut Pasteur: Contributions à son histoire*, Paris: La Découverte, 1991)。

[35] H. Conn，《赫伯特·威廉·康恩教授和学会的创立》(Professor Herbert William Conn and the Founding of the Society)，《细菌学评论》(*Bacteriological Reviews*)，12(1948)，第275页～第296页，引文在第287页。

[36] Gossel，《美国细菌学的出现(1875～1900)》；Patricia Gossel，《标准方法的必要性：美国细菌学案例》(The Need for Standard Methods: The Case of American Bacteriology)，Adele H. Clarke和Joan H. Fujimura编，《工作之利器：运用于20世纪生命科学》(*The Right Tools for the Job: At Work in Twentieth Century Life Sciences*, Princeton, N. J.: Princeton University Press)，第287页～第311页。

细胞生物也是细胞学研究的模型和研究工具，旨在阐明活细胞的形态和生理，而实验性细胞研究在德国被视为统一整个生物学的基础。[37] 与此同时，特别是在殖民地医学或热带医学中，原生动物也被当作疾病的病原体研究，对其研究的大部分体制性支持显然与这一点相关（科赫传染病研究所原生动物学部门的设立、1901 年汉堡海军和热带疾病研究所［Hamburg Institute for Naval and Tropical Diseases］等研究机构的设立都是明证）。原生动物学家所做的研究往往属于不止上述一个类别。因此，像弗里茨·绍丁这样的一位原生动物学家——由于在 1905 年发现梅毒螺旋体（它并不是一种原生动物，而是螺旋体）是梅毒的病原体，以及在血液寄生虫（疟原虫和锥虫）方面的研究而名留医学史——也深深地卷入到关于原生动物繁殖和生命周期理论的争论当中。绍丁的同事与汉堡海军和热带疾病研究所所长的继任者斯坦尼斯劳斯·冯·普罗瓦泽克，也对原生动物的生理学和细胞学研究与其他病理性微生物（细菌、立克次体和病毒）研究做了类似结合。

332

但是，对几种最重要的原生动物寄生物的初步识别、对其生命周期和通过动物传病媒介传播方式的确定却是在殖民地医学和军事医学的环境中而非学术生物学的环境中完成的。例如，1880 年，法国陆军医生阿方斯·拉韦朗在疟疾受害者的血液中发现了疟原虫；1898 年，印度医务部（Indian Medical Service）的罗纳德·罗斯描述了蚊子在疟疾传播中的作用，并查明蚊子体内寄生虫的生命周期；1895 年，英国王家陆军医疗队（Royal Army Medical Corps）的戴维·布鲁斯研究了锥虫以及采采蝇在一种被称为那加那牛类疾病传播中的作用；1903 年，同在英国王家陆军医疗队的 W. B. 利什曼阐述了黑热病的病因。帕特里克·曼森将热带疾病定义为由原生动物引起并通过媒介传播的疾病，这意味着尽管影响亚洲和非洲人群的许多疾病不属于原生动物疾病（也不一定通过动物媒介传播），但在 20 世纪上半叶，在利物浦热带医学院（Liverpool School of Tropical Medicine，1899 年成立）和伦敦热带医学院（London School of Tropical Medicine，1899 年成立，1927 年后，在洛克菲勒基金会的资助下成为伦敦卫生和热带医学学院［London School of Hygiene and Tropical Medicine］）等机构开展的研究中，热带（殖民地）医学与原生动物学之间始终保持着一种紧密的联系。[38] 不过，到了 20 世纪 20 和 30 年代，在英国此类医学机构或法国/德国类似实验室和机构中进行的一些研究也并未涉及太多具体的医学问题，它们研究的是原生动物形态学、生命周期、营养和生物化学或遗传学等问题，例如安德烈·利沃夫（1902～1994）在巴斯德研究所费利克斯·梅尼尔实验室（Félix Mesnil's laboratory）进行的原生动物营养和生长因子研究。

[37] Jacobs，《从单元到整体：原生动物学、细胞理论和生命的新概念》；Marsha Richmond，《作为后生动物先驱的原生动物：世纪之交的德国细胞理论及其批评者》（Protozoa as Precursors of Metazoa：German Cell Theory and Its Critics at the Turn of the Century），《生物学史杂志》，22（1989），第 243 页～第 276 页。

[38] Michael Worboys，《热带疾病》（Tropical Diseases），Bynum 和 Porter，2 卷本《医学史参考百科全书》，第 1 卷，第 512 页～第 535 页；Michael Worboys，《热带医学的出现》（The Emergence of Tropical Medicine），载于 Gerald Lemaine 等编，《关于科学学科出现的观点》（*Perspectives on the Emergence of Scientific Disciplines*，The Hague：Mouton，1976），第 76 页～第 98 页。

333

植物学、化学和农业之间的细菌学

在谢尔盖·威诺格拉德斯基(1856～1953)和马蒂尼斯·威廉·拜耶林克(1851～1931)各自独立开创的微生物研究传统的发展过程中,我们同样可以看到各种制度背景和知识背景的类似交叉。拜耶林克和威诺格拉德斯基均于19世纪80年代在斯特拉斯堡大学的安东·德巴里植物实验室接受了作为植物学家的训练,并学习了微生物学技术。德巴里是新植物学的一个典型代表,他研究了隐花植物特别是真菌的形态结构、生理过程和发育过程。他还对生物之间的敌对和共生关系感兴趣。拜耶林克和威诺格拉德斯基二人进行微生物研究所采取的更倾向于生态学的方法便植根于植物形态学和生理学这一背景下,反映了对与生长、遗传和生理机能有关的更基本的生物学问题的兴趣,并强调了有机体与其环境之间以及生活在同一环境中的不同微生物之间的相互作用。这种生态学观点不仅体现在他们对标准(医学)细菌学技术的评论中,而且体现在其所使用的方法中:他们使用的是选择性的、富集的或累积的培养方法,这种方法通过调节培养基的化学成分来促进某些拥有特定生理机能的微生物的生长,从而使细菌的分离成为可能。当时在苏黎世工作的威诺格拉德斯基利用这些方法鉴定出硫细菌和铁细菌(1889年),并在19世纪90年代研究了负责硝化作用——固定大气中的氮并将亚硝酸盐转化为硝酸盐——的土壤细菌群。拜耶林克强调了这样的事实:富集培养可以为研究细菌变异提供机会,此外,通过模拟自然界中的环境条件(而不是使用医学细菌学的"人工"培养基),微生物生态学研究成为可能。

威诺格拉德斯基对自养细菌的生理学和生物化学研究显然具有普遍的生物学和生物化学意义,但他提出的问题后来并未在学术生物学领域引发广泛关注,却在资金更充裕的农业研究环境中成了热点问题,土壤微生物学的研究也因其与农业的相关性而拥有了正当地位。[39]

拜耶林克的研究项目与当前植物学和生物学中的各种问题有着更加明显和明确的联系。他研究了各种各样的微生物(包括酵母、藻类、地衣和病毒),对系统分类学以及微生物生理学和变异性也感兴趣。生长、遗传和变异等方面的问题使拜耶林克的所有工作得以统一。毫无疑问,拜耶林克——他因在豆科植物根瘤中发现固氮细菌、证明烟草花叶病病毒是由传染性活液(contagium vivum fluidum,一种滤过性病原体)引起的,以及微生物变异方面的研究而名载史册——追求与学术生物学家更相关的研究问题,而非与农业实践或微生物工业用途相关的问题。拜耶林克起先在一所农业学院教书,然后去了一家工业实验室工作,最后又回到代尔夫特理工大学虽以实践为导向但

334

[39] S. A. Waksman,《谢尔盖·威诺格拉德斯基:其生活与工作》(*Sergei Winogradsky, His Life and Work*, New Brunswick, N. J.: Rutgers University Press, 1953)。

仍有"浓郁学术气息"的环境中。[40]

在随后的几十年中,美国和英国的农业研究站和农业院校成为研究土壤微生物的重要场所,其中至少部分研究(其研究史尚待撰写)采用了拜耶林克和威诺格拉德斯基的生态学和生理学观点。这些观点在罗格斯大学(Rutgers University)新泽西州农业实验站由雅各布·G. 李普曼和塞尔曼·瓦克斯曼及其学生所从事的土壤微生物学研究中也显而易见。[41] 到了20世纪40年代,随着瓦克斯曼实验室转向抗生素相关工作,其研究也更偏向于医学(和工业)目标。

在农业研究机构(如实验站、农业院校和美国农业部联邦植物研究和动物产业局[Federal Bureaus of Plant Research and Animal Industry])的微生物学研究中,大多数并未将重点放在土壤微生物学上,而是放在了植物疾病和动物疾病方面。在美国,这类研究的经费特别充足,尽管如此,许多从事植物疾病和动物疾病研究的科学家不得不面对为农民提供直接服务和开展更基础研究的竞争压力。[42] 粗略来看,可以说,动物疾病的研究与医学细菌学和寄生虫学的其他方面(如西奥博尔德·史密斯的研究)密切相关,乳业细菌学与卫生细菌学或公共卫生细菌学(如赫伯特·威廉·康恩的研究)密切相关,而与植物学的联系则更可能由从事植物疾病研究的科学家(如托马斯·J. 伯里尔和欧文·F. 史密斯)来维持。 335

酿造工业与(生物)化学之间的微生物学

继巴斯德的研究之后,对微生物化学活性的研究似乎应该与各种发酵工业结合起来共同发展,但只有少数这类企业聘用了微生物学家并依靠其专业知识。企业环境下的微生物研究通常由化学家来承担。最著名的一个例外是成立于1876年位于哥本哈根的嘉士伯啤酒厂(Carlsberg Brewery)的研究所,埃米尔·克里斯蒂安·汉森(1842～1909)在该所研究纯酵母培养物以及啤酒遭遇野生酵母污染时出现的问题。在20世

[40] Bert Theunissen,《重新审视"代尔夫特传统"的开端:马蒂尼斯·W. 拜耶林克与微生物遗传学》(The Beginnings of the "Delft Tradition" Revisited: Martinus W. Beijerinck and the Genetics of Microorganisms),《生物学史杂志》,29(1996),第197页～第228页。也可参看G. van Iterson、L. E. den Dooren de Jong和A. J. Kluyver,《马蒂尼斯·威廉·拜耶林克:其生活和工作》(*Martinus Willem Beijerinck: His Life and Work*, orig., 1940; repr. Ann Arbor, Mich.: Science Tech, 1983)。

[41] Jill E. Cooper,《从土壤到科学发现:勒内·迪博和微生物研究的生态学模型(1924～1939)》(From the Soil to Scientific Discovery: René Dubos and the Ecological Model for Microbial Investigation, 1924-1939, paper presented at the meeting of the History of Science Society, Atlanta, Georgia, November 1996)。

[42] Charles E. Rosenberg,《塑造美国农业研究的合理化与现实(1875～1914)》(Rationalization and Reality in Shaping American Agricultural Research, 1875-1914),载于Nathan Reingold编,《美国背景中的科学:新观点》(*The Sciences in the American Context: New Perspectives*, Washington, D. C.: Smithsonian Institution Press, 1979),第143页～第163页;Charles E. Rosenberg,《亚当斯法案:政治与科学研究目标》(The Adams Act: Politics and the Cause of Scientific Research),载于Charles E. Rosenberg,《别无他神:关于科学和美国社会思想》(*No Other Gods: On Science and American Social Thought*, Baltimore: Johns Hopkins University Press, 1961);Margaret Rossiter,《农业科学组织》(The Organization of the Agricultural Sciences),载于Alexandra Oleson和John Voss编,《现代美国知识型组织(1860～1920)》(*The Organization of Knowledge in Modern America, 1860-1920*, Baltimore: Johns Hopkins University Press, 1979)。

纪的前几十年,嘉士伯研究所的科研人员研究了微生物的各种酶促过程。[43] 在第一次世界大战之前,马克斯·E. J. 德尔布吕克(1850～1919)和奥古斯特·费恩巴克分别在柏林发酵工业研究所(Berlin Institut für Gärungsgewerbe)[44]和巴斯德研究所进行了发酵研究。

在第一次世界大战前几年和战争期间,另一位有机化学家(未来的以色列第一任总统)哈伊姆·魏茨曼(与费恩巴克合作)分离出一种能够将淀粉转化为丙酮和丁醇的细菌,并在此基础上开发了生产这两种化合物的方法,从而大大提高了人们对发酵研究经济潜力的认识。虽然最初的希望是丁醇-丙酮工艺能够在合成橡胶的生产中发挥重要作用,但在第一次世界大战期间,该工艺被用于生产炸药,实实在在地在经济方面取得了成功。

罗伯特·巴德认为生物技术的起源与农业和工业院校及相关研究机构中发酵技术研究所的设立及发酵工业潜在范围扩大到酿酒业以外的加工业相关。[45] 在第一次世界大战后不久,微生物如何被用作小而高效的化学工厂这一构想反复出现,"生物技术"一词也被创造出来。除了这些构想对生物技术的实际发展起到重要作用,那些服务于加工工业的各种研究机构也为微生物生理学在化学方面的研究提供了机会。

336

从事这种研究的科学家包括哥本哈根理工学院(Copenhagen Polytechnic)的发酵生理学和农业化学(后来更名为生物技术化学)教授西古德·奥尔拉-延森。为反映发酵实践研究中占据支配地位的微生物的化学观点,奥尔拉-延森尝试从新陈代谢的角度而非形态学或致病性的角度对细菌进行分类。

将工业方向与生物化学方向结合在一起的微生物生理学研究的另一个场所是代尔夫特理工学院(Delft Polytechnic)。在那里,拜耶林克的继任者阿尔贝特·J. 克勒伊费尔(1888～1956)设法将化学工程师在微生物学方面的培训和一个以生物化学的统一理念为基础的细菌代谢研究项目整合在一起,同时与那些在工业生产中使用微生物的荷兰企业保持密切接触。克勒伊费尔一方面培养他的学生进入工业岗位,另一方面让他们在微生物研究中拓展自己的化学背景,他试图开发发酵和氧化代谢的通用生化模型,同时致力于微生物生理学的研究。[46]

因此,在20世纪20和30年代,微生物生理学的研究不仅涉及工业问题或生物技

[43] H. Holter 和 K. Max Møller,《嘉士伯实验室(1876～1976)》(*The Carlsberg Laboratory 1876/1976*, Copenhagen: Rhodos, 1976)。

[44] F. Hayduck,《马克斯·德尔布吕克》(Max Delbrück),《德国化学学会报告》(*Berichte der Deutschen Chemischen Gesellschaft*),53(1920),第48页～第62页。

[45] Robert Bud,《生物技术的发酵技术根源》(The Zymotechnic Roots of Biotechnology),《英国科学史期刊》(*British Journal of the History of Science*),25(1992),第127页～第144页;Robert Bud,《生命的用途:生物技术史》(*The Uses of Life: A History of Biotechnology*, Cambridge: Cambridge University Press, 1993)。

[46] Olga Amsterdamska,《有益微生物:代尔夫特微生物学院及其工业联系》(Beneficent Microbes: The Delft School of Microbiology and Its Industrial Connections),载于P. Bos 和 B. Theunissen 编,《拜耶林克和代尔夫特微生物学院》(*Beijerinck and the Delft School of Microbiology*, Delft: Delft University Press, 1995);A. F. Kamp、J. W. M. la Rivière 和 W. Verhoeven 编,《阿尔贝特·扬·克勒伊费尔:其生活与工作》(*Albert Jan Kluyver: His Life and Work*, Amsterdam: North-Holland, 1959)。

术方面的愿景,而且关系到学术生物化学的发展。除了研究与微生物在发酵工业或医学中的使用有关的化学问题,一些生物化学家在尝试对酶进行分离和净化或对涉及代谢过程的化学步骤进行分析时,会选择细菌或酵母作为工具,而另一些生物化学家则倾向于将微生物视为一种具有独特生理机能的生物系统进行研究。[47]

例如,在剑桥大学的邓恩生物化学研究所(Dunn Institute of Biochemistry),细菌生物化学首先由哈罗德·雷斯特里克(1890～1971)然后由朱达·夸斯特尔(1899～1987)和玛乔丽·斯蒂芬森(1885～1948)进行研究。他们研究了细菌酶,特别是脱氢酶,并开发了所谓静息细胞法来研究不能进行繁殖的活细胞的代谢反应。虽然夸斯特尔的研究兴趣最终回到主要将细菌作为工具的主流生物化学领域,但斯蒂芬森(和她的学生)一直通过研究细菌适应、不同细菌的营养需求以及活细胞代谢过程的生理调节来将一般生物化学与微生物生理学结合起来。斯蒂芬森不认同生物化学家把微生物当作"一袋袋的酶"的观念。[48] 她和她的合作者(特别是约翰·尤德金)在细菌代谢调节和适应现象方面所做的研究成了雅克·莫诺(1910～1976)后来关于二次生长现象、适应性酶及其遗传抑制所做研究的来源之一。

337

20 世纪 20 和 30 年代,一些医学细菌学家也在从事细菌生理学的研究。细菌学家在尝试对细菌菌株进行区分和分类或开发诊断方法时,经常需要考察各种细菌的营养需求。例如,保罗·法尔兹(1882～1971)与一些生物化学家合作,在伦敦米德尔塞克斯医院(London Middlesex Hospital)发起了一个关于细菌营养的系统性项目。[49]

20 世纪 30 和 40 年代,一些科学家尝试通过推动普通微生物学的发展来对抗微生物研究在机构和学术两个方面的分散化,细菌生理学研究成为这种尝试背后的推动力之一。1930 年,一批有着不同工作背景、既热衷于研究纯粹科学问题又致力于解决实际问题的科学家创办了一份新的期刊《微生物学档案》(*Archiv für Mikrobiologie*),该期刊旨在将那些分散发表在植物学、生物化学和形态学期刊上的微生物研究汇集一处。在美国和英国也出现了对普通微生物学的呼吁,部分来自同一批支持者。克勒伊费尔的得意门生、光合细菌专家科内利斯·范·尼尔(1897～1985)在斯坦福大学的霍普金斯海洋研究站(Hopkins Marine Station)开设了普通微生物学课程。范·尼尔提出了一个广泛的微生物学概念,将生物化学、遗传学以及环境和进化等方面的微生物研究结合起来。[50] 他的学生包括战后普通微生物学的领军人物罗杰·斯塔尼尔(1916～1982)和迈克尔·杜多罗夫(1911～1975)。另一个类似目标是将来自不同背景的微

[47] Neil Morgan,《纯科学与应用医学:1880 年后英国细菌学与生物化学的关系》(Pure Science and Applied Medicine: The Relationship between Bacteriology and Biochemistry in England after 1880),《医学社会史学会公报》(*Society for Social History of Medicine Bulletin*),37(1985),第 46 页～第 49 页。

[48] Robert E. Kohler,《常规科学中的创新:细菌生理学》(Innovation in Normal Science: Bacterial Physiology),《爱西斯》(*Isis*),76(1985),第 162 页～第 181 页。

[49] Robert E. Kohler,《细菌生理学:医学背景》(Bacterial Physiology: The Medical Context),《医学史通报》,59(1985),第 54 页～第 74 页。

[50] Susan Spath,《C. B. 范·尼尔与微生物学文化(1920～1965)》(C. B. van Niel and the Culture of Microbiology, 1920-1965, PhD diss., University of California at Berkeley, 1999)。

生物学家聚集在一起，并在所有形式的微生物学之间建立一个共同的基础，联合了于1945年正式成立的英国普通微生物学学会(British Society for General Microbiology)的创始人。

微生物遗传学与分子生物学

细菌生理学研究最初是多学科研究的衍生物，其中涉及工业、医学、农业和生物化学多个领域的交叉和重叠，与此类似，微生物遗传学研究最初也是其他研究的副产品。338直到20世纪40年代，在微生物研究的任何一种背景下，遗传问题都不是主要关注点。拜耶林克曾试图将细菌的变异和生长研究置于德佛里斯突变理论的背景之中，并将其与酶遗传理论联系起来，但这一尝试后来没有得到跟进，即使研究人员有时也会对细菌遗传的本质发出疑问。这一情况在20世纪40年代出现了深刻变化，当时微生物成为生物学家促进和发展新的"分子层面上的生命愿景"的首选工具；最初，这一愿景得到了洛克菲勒基金会等慈善组织的支持，并在战后政府资金开始大规模流入基础生物研究领域时得到了极大的推动。[51] 一大批微生物学家和那些选择微生物作为研究生命过程物理化学基础的工具的遗传学家与生物化学家一道参与了这个跨学科的国际研究项目——我们现在称之为分子生物学。[52] 在各种基金会和政府的支持下，新型科学仪器和技术的开发与应用获得极大推动，如超离心机、电泳仪、电子显微镜和放射性同位素示踪剂等，这些仪器和技术的使用改变了微生物研究的所有领域。[53]

直到20世纪初，尽管从未得到普遍接受，但科赫对细菌物种形态稳定性和生理稳定性的信念一直是医学细菌学家们的主要信条。仅在医学细菌学家的兴趣转向免疫学和化学诊断方法之后，细菌变异——细菌抗原性和发酵特性的变化或细胞和菌落形

[51] 关于洛克菲勒基金会的作用，参看 R. E. Kohler，《科学管理：沃伦·韦弗和洛克菲勒基金会分子生物学项目的经验》(The Management of Science: The Experience of Warren Weaver and the Rockefeller Foundation Program in Molecular Biology)，《密涅瓦》(*Minerva*)，14(1976)，第249页～第293页；Pnina Abir-Am，《关于20世纪30年代物理学影响力与生物学知识的讨论：重新评价洛克菲勒基金会的分子生物学"政策"》(The Discourse of Physical Power and Biological Knowledge in the 1930s: A Reappraisal of the Rockefeller Foundation's "Policy" in Molecular Biology)，《科学的社会研究》，12(1982)，第341页～第382页；Lily E. Kay，《生命的分子愿景：加州理工学院、洛克菲勒基金会与新生物学的兴起》(*The Molecular Vision of Life: Caltech, The Rockefeller Foundation, and the Rise of the New Biology*, New York: Oxford University Press, 1993)。

[52] Pnina Abir-Am，《从多学科合作到跨国客观性：作为分子生物学组成部分的国际空间(1930～1970)》(From Multidisciplinary Collaboration to Transnational Objectivity: International Space as Constitutive of Molecular Biology, 1930-1970)，载于 E. Crawford、T. Shinn 和 S. Sorlin 编，《去国家化科学：科学实践的国际背景》(*Denationalizing Science: The International Context of Scientific Practice*, Dordrecht: Kluwer, 1993)，第153页～第186页。

[53] 关于电子显微镜在细菌形态学研究和噬菌体研究中的应用，参看 Nicolas Rassmussen，《图片控制：电子显微镜和美国生物学的转变(1940～1960)》(*Picture Control: The Electron Microscope and the Transformation of Biology in America, 1940-1960*, Palo Alto, Calif.: Stanford University Press, 1997)，特别是第2章和第5章。关于微生物学家就新方法的使用产生的争论，参看 James Strick，《逆潮流而行：阿德里亚尼斯·派佩尔和关于细菌鞭毛的争论(1946～1956)》(Swimming against the Tide: Adrianus Pijper and the Debate over Bacterial Flagella, 1946-1956)，《爱西斯》，87(1996)，第274页～第305页。也可参看 Abir-Am，《关于20世纪30年代物理学影响力与生物学知识的讨论：重新评价洛克菲勒基金会的分子生物学"政策"》；Lily Kay，《实验室技术与生物知识：蒂塞利乌斯电泳仪(1930～1945)》(Laboratory Technology and Biological Knowledge: The Tiselius Electrophoresis Apparatus, 1930-1945)，《生命科学的历史与哲学》，10(1988)，第51页～第72页。

态的变化(特别是所谓S/R解离)——才再次成为关注的主题。在两次世界大战之间,医学细菌学家对解离进行研究,主要是因为解离与细菌的致病性和免疫学特性的变化有关,他们也对解离的机制做了推测,呼吁各种遗传学理论来解释他们的发现,并试图去测试这些变化究竟是可遗传的和永久的还是依赖于细菌的培养环境且容易逆转的。他们的研究主要围绕医学问题而非遗传问题展开。[54]

339

试举一例,解离的医学意义对奥斯瓦尔德·埃弗里(1877～1955)及其洛克菲勒研究所医院(Rockefeller Institute Hospital)团队开展的肺炎球菌转化研究起到了至关重要的作用。埃弗里和他的同事们主要对肺炎球菌肺炎的治疗感兴趣,他们在转化方面的工作顺利地融入了他们的免疫化学研究项目。不过,到了1943年,当体外系统完善之后,埃弗里将负责物质确定为DNA,此时其科学发现的意义远远超出了医学细菌学的范围。[55]

与埃弗里的医学动机相反,20世纪40和50年代,大多数关于微生物遗传学的新研究都出于生物学家(以及一些物理学家)的这样一种信念:认为微生物可以用作实验工具来研究遗传机制和生化过程遗传控制中的一些根本问题。从物理学家转型为遗传学家的马克斯·L. H. 德尔布吕克(1906～1981)就是出于这样一种动机;20世纪30年代末,他选择噬菌体(细菌病毒)作为实验对象,试图用它来解决"生命之谜":在德尔布吕克看来,噬菌体就是"生物学中的原子",是能够自我复制的基本生物单位,因此是理解基因作用的首选实验模型和概念工具。[56]

出于对一般生物学问题而非对微生物本身的兴趣,遗传学家乔治·W. 比德尔(1903～1989)和细菌生物化学家爱德华·塔特姆(1909～1975)选择面包霉脉孢菌作为一种特别适合研究生化机制遗传控制的有机体。比德尔(和鲍里斯·埃弗吕西)对果蝇眼睛颜色的遗传控制进行研究后,又和塔特姆合作,将注意力转移到脉孢菌上,因为他希望它能提供一个更简单的实验模型,其生物化学过程比果蝇更易于了解和控制。事实证明,脉孢菌是一种方便、高效的实验工具,该项研究产生的一基因一酶概念

340

[54] Amsterdamska,《医学和生物学限制:细菌学中对变异的早期研究》;Olga Amsterdamska,《稳定不稳定性:关于两次世界大战期间细菌变异的周期发育说的争论》(Stabilizing Instability: The Controversies over Cyclogenic Theories of Bacterial Variation during the Interwar Period),《生物学史杂志》,24(1991),第191页～第222页;William Summers,《从作为有机体的培养菌到作为细胞的有机体:细菌遗传学的历史起源》(From Culture as Organism to Organism as Cell: Historical Origins of Bacterial Genetics),《生物学史杂志》,24(1991),第171页～第190页。

[55] Olga Amsterdamska,《从肺炎到DNA:奥斯瓦尔德·T. 埃弗里的研究生涯》(From Pneumonia to DNA: The Research Career of Oswald T. Avery),《物理科学和生物科学的历史研究》(*Historical Studies in the Physical and Biological Sciences*),24(1993),第1页～第39页;René Dubos,《教授、研究所和DNA》(*The Professor, the Institute and DNA*, New York: Rockefeller University Press, 1976);Maclyn McCarty,《转变中的原则:发现基因由DNA组成》(*The Transforming Principle: Discovering that Genes Are Made of DNA*, New York: Norton, 1985);Ilana Löwy,《发现报告中的意义分歧:当代生物学中的案例》(Variances of Meaning in Discovery Accounts: The Case of Contemporary Biology),《物理科学史研究》(*Historical Studies in the Physical Sciences*),21(1990),第87页～第121页。

[56] Lily E. Kay,《概念模型和分析工具:物理学家马克斯·德尔布吕克的生物学》(Conceptual Models and Analytical Tools: The Biology of Physicist Max Delbrück),《生物学史杂志》,18(1985),第207页～第246页;Thomas D. Brock,《细菌遗传学的出现》(*The Emergence of Bacterial Genetics*, Cold Spring Harbor, N. Y.: Cold Spring Harbor Laboratory Press, 1990);John Cairns、Gunther Stent和James Watson编,《噬菌体与分子生物学的起源》(*Phage and the Origins of Molecular Biology*, Cold Spring Harbor, N. Y.: Cold Spring Harbor Laboratory Press, 1966)。

为利用遗传突变体研究代谢途径提供了理论基础。[57]

希望将细菌制成适合遗传研究的生物体也促使乔舒亚·莱德伯格在使用双营养突变体和噬菌体抗性作为标记的实验中进行他的大肠杆菌交配研究。[58] 20 世纪 50 和 60 年代，一些研究人员对交配过程的性质及其生理学、遗传意义和细菌细胞中遗传物质的组织进行了研究，其中一些特别重要的内容由英国的威廉·海斯、巴斯德研究所的弗朗索瓦·雅各布和埃利·沃尔曼负责完成。

第二次世界大战后，微生物成为所有生物共有的重要现象的物理和化学基础研究的首选工具，这标志着上帝一位论生物学和还原论生物学的胜利。雅克·莫诺有句名言就很好地捕捉到了这一点：大肠杆菌所揭示的真相，也必定适用于大象。由于大肠杆菌比大象构造更简单，更容易在实验室中操作，分子生物学取得了长足进步，并推动了微生物分子过程相关知识的空前发展，同时促进了微生物学家在新领域中的合作与实践的发展。

结束语

微生物学的分子化以及微生物在分子生物学研究和生物技术中的应用使微生物学研究得到空前发展和多样化。如今，美国微生物学学会（American Society for Microbiology）拥有 4 万名会员和 24 个专业分支机构，号称是世界上最大的生命科学专业人员组织，其微生物学家会员遍布各种学术机构和科研环境。

341

不过，虽然人类在实验室和工业中已经驯化了大量不同类型的微生物，在试管和发酵反应器中操纵和处理微生物生命的能力也有很大提高，但最近几十年我们也明显感受到在实验室之外驾驭微生物还存在很多困难。结核病等一些传染病死灰复燃，对其控制已迫在眉睫，艾滋病等一些新流行病泛滥，这都有力证明了实验室和外部世界的这种差异。

（贺葵　译）

[57] Robert E. Kohler，《生产系统：果蝇、脉孢菌和生化遗传学》（Systems of Production：*Drosophila*，*Neurospora*，and Biochemical Genetics），《物理科学和生物科学的历史研究》，22（1991），第 87 页～第 130 页；Lily E. Kay，《在战时推销纯科学：G. W. 比德尔的生化遗传学》（Selling Pure Science in Wartime：The Biochemical Genetics of G. W. Beadle），《生物学史杂志》，2（1989），第 73 页～第 101 页。

[58] Joshua Lederberg，《细菌基因重组 40 年》（Forty Years of Genetic Recombination in Bacteria），《自然》（*Nature*），324（1986），第 627 页～第 629 页；Joshua Lederberg，《细菌中的遗传重组：发现报告》（Genetic Recombination in Bacteria：A Discovery Account），《遗传学评论年刊》（*Annual Review of Genetics*），21（1987），第 23 页～第 46 页。

18

生理学

理查德·L. 克雷默

在现代生命科学中,历史学家对生理学的重视仅次于进化科学。拉马克、达尔文和孟德尔或许比现代生理学的英雄们更出名,但是像弗朗索瓦·马让迪(1783～1885)、约翰内斯·弥勒(1801～1858)、克洛德·贝尔纳(1813～1878)、赫尔曼·冯·亥姆霍兹(1821～1894)、伊万·彼得罗维奇·巴甫洛夫(1849～1936)和查尔斯·谢灵顿(1857～1952)这些名字无须向那些稍微了解点科学史的人介绍。生理学得到如此注意,或许是因为人们普遍认为它是第一个从研究包含在医学和自然史中的生命现象的传统手段中产生的现代生物学科。此外,生理学使第二次世界大战后的第一代科学史学家能够发展一系列的叙述。这些叙述反映了他们对现代科学的性质、重要性以及如何书写其历史的更广泛的关注。如果说 20 世纪 50 和 60 年代物理学科的编史学在 16 和 17 世纪的"科学革命"中找到了它的标准模型的话,那么,在这 20 年中生命科学的史学家们也在 19 世纪的生理学中找到了他们的标准模型。[1]

开创性的叙述

除了几本关于如亥姆霍兹或贝尔纳的英雄传记,人们对于撰写现代生理学的综合性历史(而不只是作为医学史中的一个片段)的最初一系列尝试出现在 20 世纪 50 和 60 年代。这些作者包括了活跃的生理学家,还有第一代欧美职业科学历史学家和科学社会学家的主要代表。生理学就像一个铁砧,这些作家在上面打造出那时正在职业化

[1] 参看 Mario Biagioli,《科学革命没有消亡》(The Scientific Revolution is Undead),《结构》(*Configurations*),6(1998),第 141 页～第 147 页。

的科学史和科学社会学学科的一些方法和概念。[2] 这些早期的生理学史刻画了4种交织在一起的主题：生理学的“为独立而斗争”、学科的实验化、生理学“概念”的发展和研究学派或者说生理学家谱系的形成。

后亚里士多德生理学的起源（希腊语中生理学原指对自然总体的研究）通常追溯到众所周知的法国医生让·费内尔，他的《论医学的自然部分》（*De naturali parte medicinae*，1524）把大学医学课程概括为5部分，其中生理学包含在“健康人的所有特征”那部分内。然而，对于早期的历史学家而言，生理学仍保持着在17、18世纪的大学中作为“理论医学”或“医学概要”的一部分的从属地位。直到19世纪早期，生理学才（特别是从医学解剖学中）获得了“独立”。直到那时，生理学史才成为有关生理学家的历史。就这样，生理学为科学史提供了19世纪学科成功专业化的第一批故事之一。学科专业化是后来被称为“第二次科学革命”的首要特点。

利用历史学家卡尔·E. 罗特舒的重要生理学发现名单，社会学家约瑟夫·本-戴维关于德国大学结构的研究描述了学科的形成是追求独立的“自然的”结果。从理论上来说，这个过程要求对做研究的新方法和用来组织理论解释的新概念进行明确的阐述。从制度上讲，这个过程创造的结构到了1900年时将会在大多数的科学学科上留下痕迹：由学科奠基者编辑的专业化期刊、教科书和手册；在德国大学中独立的教授职位和随后的独立院系（有着教室和实验室的专用楼房、工作人员、预算、仪器和试验材料），这些院系提供了永久性的职位和学科认同；通过作为大学课程和职业认证考试的

344

[2] 关于早期历史中最有影响力的作品，参看 Owsei Temkin，《19世纪早期法国和德国生理学中的唯物主义》（Materialism in French and German Physiology of the Early Nineteenth Century），《医学史通报》（*Bulletin of the History of Medicine*），20（1946），第322页～第327页；Karl E. Rothschuh，《生理学问题演化表》（*Entwicklungsgeschichte physiologischer Probleme in Tabellenform*，Munich：Urban and Schwarzenberg，1952）；Karl E. Rothschuh，《生理学史》（*Geschichte der Physiologie*，Berlin：Springer，1953），英文翻译 Guenter Risse（Huntington，N. Y.：Krieger，1973）；Karl E. Rothschuh，《19世纪生理学思想的起源和演变[1966]》（Ursprünge und Wandlungen der physiologischen Denkweise im 19. Jahrhundert [1966]），载于 Karl E. Rothschuh，《酝酿中的生理学》（*Physiologie im Werden*，Stuttgart：Gustav Fischer，1969），第115页～第181页；Paul F. Cranefield，《1847年的有机物理学与今天的生物物理学》（The Organic Physics of 1847 and the Biophysics of Today），《医学史杂志》（*Journal of the History of Medicine*），12（1957），第407页～第423页；Chandler McC. Brooks 和 Paul F. Cranefield 编，《生理学思想的历史发展》（*The Historical Development of Physiological Thought*，New York：Hafner，1959）；Joseph Ben-David，《19世纪医学的科学生产力和学术组织》（Scientific Productivity and Academic Organization in Nineteenth-Century Medicine），《美国社会学评论》（*American Sociological Review*），25（1960），第828页～第843页；Avraham Zloczower，《19世纪德国就业机会和科学发现的增长》（*Career Opportunities and the Growth of Scientific Discovery in 19th Century Germany*，MA thesis，Hebrew University，1960；New York：Arno，1981）；Joseph Ben-David 和 Avraham Zloczower，《现代社会的大学和学术系统》（Universities and Academic Systems in Modern Societies），《欧洲社会学杂志》（*European Journal of Sociology*），3（1972），第45页～第84页；Everett Mendelsohn，《物理学模型和生理学概念：19世纪生物学中的解释》（Physical Models and Physiological Concepts：Explanation in Nineteenth-Century Biology），《英国科学史杂志》（*British Journal for the History of Science*），2（1965），第201页～第219页；Georges Canguilhem，《17和18世纪反射概念的形成》（*La formation du concept du réflexe aux XVIIe et XVIIIe siècles*，Paris：J. Vrin，1955）；Georges Canguilhem，《生理学作为一个学科的形成》（La constitution de la physiologie comme science [1963]），载于 Georges Canguilhem，《历史研究和科学哲学》（*Etudes d'histoire et de philosophie des sciences*，Paris：J. Vrin，1968），第226页～第273页；Joseph Schiller，《克洛德·贝尔纳和他所在时代的科学问题》（*Claude Bernard et les problèmes scientifiques de son temps*，Paris：Éditions du Cèdre，1967）；Joseph Schiller，《生理学在19世纪上半叶的独立斗争》（Physiology's Struggle for Independence in the First Half of the Nineteenth Century），《科学史》（*History of Science*），7（1968），第64页～第89页。关于对开创性叙述的作者有很大影响的更早的历史，参看 Heinrich Boruttau，《在19世纪末之前生理学在医学中应用的历史》（Geschichte der Physiologie in ihrer Anwendung auf die Medizin bis zum Ende des neunzehnten Jahrhunderts），载于 Theodor Puschmann、Max Neuburger 和 Julius Pagel 编，《医学史手册》（*Handbuch der Geschichte der Medizin*，vol. 2，Jena：Gustav Fischer，1903），第347页～第456页。

规定科目而得到的认可;最后是国内和国际的专业职业协会的建立。在这场独立运动中,法国人和德国人提供了理论上的创新,德国人还提供了制度上的改革。[3]

工作地点提供了学科认同的关键标志。撰写了18世纪重要的生理学教科书的阿尔布雷希特·哈勒尔(1708～1777)曾是格丁根大学解剖学、外科学和医学教授。动物实验的先锋拉扎罗·斯帕兰扎尼*(1729～1799),是个牧师和帕多瓦大学的自然史教授。美国人威廉·博蒙特(1785～1853)开展了一项重要的有关消化的研究,是位军医。法国活体解剖的主要提倡者、生理学和病理学新期刊的创建者马让迪在成为索邦神学院**的医学教授之前曾是医生和私人讲师。19世纪前半叶德国毋庸置疑的最重要的实践者约翰内斯·弥勒担任了柏林大学医学院解剖学和生理学教授。可用职业化来衡量的面向独立的转变始于1811年,当时,在布雷斯劳新成立的大学设立了生理学教授的职位(不和解剖学合并在一起)。巴黎和蒙彼利埃的医学院分别于1823年和1824年设立了独立的生理学教授职位,但是,下半个世纪,两个学院都没有在这些职位上任命具有自我意识的学科奠基者。独立的生理学不是在法国而是在德意志各邦国首次出现。到1860年,几乎所有的德国大学都已在医学院中设立了独立的生理学教授职位。到19世纪末,英国、美国和法国的大学医学院采用了德国的模式。1871年,亨利·鲍迪奇(1840～1911)成为哈佛大学医学院的第一位生理学教授;1874年,约翰·斯科特·伯登-桑德森(1828～1905)在伦敦大学学院就任了一个类似的职位。

伴随着教授职位到来的是专业化的生理学实验室,同样首先出现在德国,其他地方直到1900年后才出现。在19世纪20年代这样的实验室早已出现在弗赖堡和布雷斯劳;大多数的德国大学在19世纪70年代以前都有一个这样的实验室。最初,这些实验室支持教授在课堂上演示的实验,或许还有一些教授和少许学习好的学生的私人实验。直到19世纪80年代,当量产的实验仪器变得廉价,并且国家发放医生执照开始要求一些实验作业时,院校开始向上生理课的所有学生提供实际动手的实验操作机会。为了给这些学院配置人员,整个欧洲范围内的大学为很多刚出道的"生理学家"提供了职位。

345

这些新的职业机会推动了专业组织和社团的兴起。生理学并没有在宽泛的国家协会中顺利发展,这些协会有德国自然研究者与医师大会(Versammlung Deutscher Naturforscher und Ärzte,1828)、英国科学促进会(British Association for the Advancement of Science,1831)和美国科学促进会(American Association for the Advancement of Science,1848)。在这些协会的各个学部中,生理学通常同解剖学和(或)动物学合并在一起。在美国科学促进会,生理学像这样存在了10年(1851～1860),然后从这些学部

[3] 关于19世纪中的生理学的发现、教职和专业期刊增长的图表,参看Rothschuh,《酝酿中的生理学》,第172页～第176页。

* 原文"Spallanzoni"应为"Spallanzani"。——译者注

** 巴黎大学的前身。——译者注

中完全消失了。只有在德国自然研究者与医师大会,生理学直到 1889 年才得以成立了自己的独立的学部。生理学奠基者们更想建立他们自己的独立学会。在 1875 年,柏林生理学学会(Berlin Physiologische Gesellschaft)开始举行会议。1876 年,英国生理学学会(British Physiological Society)出现了。1887 年,美国生理学学会(American Physiological Society)成立了。两年后,第一届国际生理学代表大会(International Congress of Physiology)在巴塞尔召开,有 124 人与会。诺贝尔奖于 1895 年草创时,奖项中包括了"生理学或医学"。[4] 就生理学早期的历史来说,与 1800 年的情况相比较,生理学更少地受制于人类医学的需求,而上述体制上的创新则成为这门独立学科成功出现的标志。

虽然历史学家们通常把这个独立运动描述成"知识增长"的自然结果,但是在 20 世纪 60 年代,本-戴维和他的学生亚伯拉罕·兹洛佐韦尔试图把新学科的迅速成长解释为德国大学系统内部的市场力量的结果。他们把生理学作为个案研究并以此主张在这些非扩张的大学里,分等级的教员组织形式防止了同一科目教授职位的"加倍"。于是寻求教授职位的年轻德国学者就被迫专业化。如果有一个大学能被说服而为一个新学科设一个教授职位,那么因为德国大学是各自为政的,它们之间的竞争会使此革新很快地扩散到整个系统。这样大约 20 个新的教授职位就产生了。早一代德国医学教授可能会试图同时教授解剖学和生理学,这样他们能从学费中提高收入,但是在 19 世纪 40 年代取得讲课资格的一代试图把这些学科分开作为进入大学任教的唯一手段。在早期的科学社会学家(如本-戴维和兹洛佐韦尔)看来,生理学是 19 世纪后半叶席卷自然科学的学科专业化大潮的缩影。

346

早期历史强调的第二个主题是生理学是作为第一门实验生命科学出现的,这个过程也是发生在 19 世纪。虽然这些历史学家承认 18 世纪研究者(如哈勒尔或斯帕兰扎尼)在实验上的成就,但是他们仍坚持实验法的"活跃传道者"[5]在 1800 年后才出现,而马让迪通常被提名为"实验生理学"的鼓动者。早期的历史学家同时重申了他们的 19 世纪早期问题的主张:生理学的实验转向代表了对更哲学化的、推测性的(要不然就是反经验的)生命观的拒绝,这些生命观曾在 1800 年左右被法国空想理论家(idéologues)和德国浪漫主义自然哲学家(Naturphilosophen)所传播。

到了 1850 年,实验生理学的 3 种不同研究方式已经出现了,它们采用了不同的实验材料、仪器和理论上的假设。经验的或者活体解剖的研究方式是利用活体动物来确定各种生理功能的因果条件和解剖学位置。[6] 马让迪对草药毒性的研究和对头部神

[4] 到了 1902 年,这一项变成了"生理学和医学"。参看 Claire Salomon-Bayet,《细菌学和诺贝尔奖的选择(1901～1920)》(Bacteriology and Nobel Prize Selections, 1901-20),载于 Carl Gustav Bernhard、Elisabeth Crawford 和 Per Sörbom 编,《阿尔弗雷德·诺贝尔时代的科学、技术与社会》(*Science, Technology, and Society in the Time of Alfred Nobel*, Oxford: Pergamon Press, 1982),第 377 页～第 400 页。

[5] Canguilhem,《历史研究和科学哲学》,第 231 页。

[6] Rothschuh,《生理学史》,第 93 页。

经的活体解剖,或者他对动物小脑在维持平衡方面所起作用的发现是这种研究方式的典型。贝尔纳对肝脏的生糖原功能、主动的血管舒张反射和血管系统的温度分布特征的发现延续了这种传统。他的具有影响力的《实验医学研究导论》(*Introduction à l'étude de la médecine expérimentale*,1865)对这种研究方式的方法和逻辑依据进行了经典的阐述。在德国,扬·普尔基涅应用精巧的实验手段在自己身上做实验,对各种现象(如压力性光幻视或者颜色的视相对亮度的改变)与光强的关系(所谓普尔基涅偏移)进行探索而开创了感官生物学的新篇章。对动物行为的手术干预和肉眼观察是这种活体解剖手段的标志。

第二种实验类型有效地利用了物理仪器、定量测量、对数据图形化的表示和离体组织或器官的制备。通过卡尔·路德维希(1816～1895)和一群约翰内斯·弥勒的主要的学生,包括埃米尔·杜布瓦-雷蒙(1818～1896)、恩斯特·布吕克(1819～1892)和亥姆霍兹的努力,这种实验类型得到了承认。通过培养跟仪器制造者、军队工程师、物理学家和数学家的关系,这些"有机物理学家"在19世纪下半叶把波动曲线记录仪、检流计、非极性电极、热电偶、水银压力计和剥离的青蛙腓肠肌变成了实验生理学的真正标志。[7] 路德维希对循环系统力学方面的研究、亥姆霍兹对神经冲动传导速度的测量、布吕克对变色龙如何变色的分析和杜布瓦-雷蒙对正在收缩的肌肉中的电流的探索很快地成为教科书中物理主义传统的成功实验的范例。

347

第三种实验方法利用元素分析技术对伴随着生理功能的化学变化进行探索。[8] 最初,系统现象如呼吸和消化被用化学方法来研究。最重要的化学家,如约恩斯·雅各布·贝尔塞柳斯(1779～1848)、弗里德里希·韦勒(1800～1882)和尤斯图斯·冯·李比希(1803～1873)在"动物化学"上的工作显示了这种手段的前途。利奥波德·格梅林和弗里德里希·蒂德曼的《消化实验》(*Verdauung nach Versuchen*,1827)和赫尔曼·纳塞的《血液杂象》(*Das Blut in mehrfacher Hinsicht*,1836)提供了更详细的研究。到了1842年,卡尔·莱曼就能在他的《生理化学教科书》(*Lehrbuch der physiologischen Chemie*)中开始对这个领域进行整理。随后被广泛模仿的19世纪70年代费利克斯·霍佩-赛勒(1825～1895)对血红蛋白或威廉·屈内(1837～1900)对视网膜中化学过程的研究使生理化学成为第一批从新独立的生理学学科中分离出来并建立了自己的院系的分支学科之一。

根据早期的历史,至少是在整个19世纪70年代,这三种实验手段的成功引起了对各种生理学解释模型的效力的相当多的讨论。这些争论通常被描述成"活力论者"和"还原论者"之间的较量,可在教科书的前言、公共讲座或者辩论性的半通俗作品,如马让迪的《关于生命体特有现象的一些总体观点》(Quelques idées générales sur les

[7] Cranefield,《1847年的有机物理学与今天的生物物理学》。

[8] Frederic L. Holmes,《元素分析与生理化学的起源》(Elementary Analysis and the Origins of Physiological Chemistry),《爱西斯》(*Isis*),54(1963),第50页～第81页。

phénomènes particuliers aux corps vivants，1809）、亨利·迪特罗谢的《生命运动的直接因素》（*L'agent immédiat du mouvement vital*，1826）、李比希的《化学信函》（*Chemische Briefe*，1844）、雅各布·莫勒斯霍特的《生命的循环》（*Kreislauf des Lebens*，1852）或者贝尔纳的《实验医学研究导论》中找到。很多法国实验学家，特别是贝尔纳，认为生理学解释中特殊的"生物学"规律更合他们的心意，往往被看成是活力论者或至少是反还原论者。而德国人被认为偏爱还原论的或"物理主义的"解释，这种解释完全依赖物理和化学的语言和定律。[9] 考虑到1900年时德国生理学的组成机构上的优势，这种在解释上的国家极化产生了一种进步主义者的叙述，把19世纪的生理学描述成还原论对活力论的胜利。一位重要的早期历史学家总结道，"每一个成功的实验"都反驳了活力论。[10]

348

早期历史中第三个主题是对知识增长的描述，即在关于给定的生理学"问题"研究的长期传统中，对生理学"概念"的阐述。虽然许多这样的研究传统被仔细检查过（例如感觉生理学、肌肉生理学、新陈代谢、细胞生理学、神经生理学），但是乔治·康吉扬在他对生物能学和内分泌学的分析中最大程度地例证了这种编史学。在康吉扬的描述中，每一项研究传统始于一个定义明确的问题，每一个问题不仅会被创新的实验而且会被"形成、改变和修正科学概念"这种方式慢慢解决，而这种方式转而引出新的问题并指引未来的研究。[11]

生物能学作为一个问题同能量守恒的思想同时出现。到1800年，研究者们已经认识到了两种形式的能量（机械功和热），但还没有阐述它们之间的数量关系。安托万·拉瓦锡（1743～1794）和皮埃尔-西蒙·拉普拉斯（1749～1827）的经典实验展示了动物热的产生可以由以呼吸作用的气体交换来衡量的营养物质的燃烧来解释，但是他们忽略了功。19世纪20年代为重现这些结果而做的后续实验看起来表明单是呼吸不能够解释动物产生的所有热。这样就产生了一个研究上的普遍难题：生命现象中产生的所有能量是否都来源于摄入的营养成分中的含热量。化学家亨利·维克托·勒尼奥（1810～1878）和朱尔·雷塞（1818～1896）开始对各种营养物质的能含量进行测定。爱德华·普夫吕格尔（1829～1910）展示了呼吸商可被用来确定哪些营养物质在动物体内燃烧。到了1900年，美国人马克斯·鲁布纳和W. O. 阿特沃特建造了巨大的热量计和气量计并证实处于休息或工作状态的整个生物体（狗和人）的能量在长段时间内复杂的生理过程中严格守恒。能量平衡是这项研究的关键概念。

〔9〕 参看Temkin，《19世纪早期法国和德国生理学中的唯物主义》；Mendelsohn，《物理学模型和生理学概念：19世纪生物学中的解释》。

〔10〕 Schiller，《生理学在19世纪上半叶的独立斗争》，第84页。

〔11〕 Canguilhem，《历史研究和科学哲学》，第235页。关于康吉扬的认识论，参看Caspar Grond-Ginsbach，《医学史家乔治·康吉扬》（Georges Canguilhem als Medizinhistoriker），《科学史报告》（*Berichte zur Wissenschaftsgeschichte*），19（1996），第235页～第244页；Marjorie Grene，《乔治·康吉扬的科学哲学》（The Philosophy of Science of Georges Canguilhem），《科学史评论》（*Revue d'histoire des sciences*），53（2000），第47页～第63页；Jonathan Hodge，《康吉扬和生物学史》（Canguilhem and the History of Biology），《科学史评论》，53（2000），第65页～第68页。

有关腺体功能的研究问题在内分泌学这个术语于 1909 年被造出之前很久就明确化了。在 19 世纪的大多数时间里,内分泌腺的功能一直未知。正如康吉扬所强调的,贝尔纳的内分泌的概念没有在腺体功能的发现上起到"启发性的作用",因为对贝尔纳来说,那个概念只是用来把腺体和像肝脏一样的排泄器官区分开来。相反地,有关腺体功能的问题始于实验者和临床医生注意到破坏甲状腺或肾上腺的致命效果时。在 19 世纪 90 年代,研究者们发现了移植甲状腺或注射肾上腺提取物水溶液的治疗效果。到了大约 1900 年,约翰·雅各布·埃布尔(1857～1938)和高峰让吉(1854～1922)从肾上腺髓质中提取了有效成分并命名为肾上腺素。这是第一个被发现的激素。到了沃尔特·布拉德福德·坎农(1871～1945)把贝尔纳"内环境"的概念阐述成"内平衡"这一概念之后,研究者们意识到激素为生理学过程提供了化学调节。凭着后面这个基本概念,康吉扬总结道,内分泌学诞生了。 349

早期历史中的最后一个主题是国家传统和谱系对这个新独立学科的组织形式的影响。罗特舒和康吉扬特别采用了师生家族树,这不仅描述了生理学在空间和时间上的扩张,还描述了其在选择仪器和研究问题上的持续性(参看图 18.1)。如上所述,早期的历史通常认为现代生理学先是起源于法国然后是德国。然而,19 世纪的法国教学实验室绝不能与新的德国生理学学院匹敌,无论是从大小还是从可使用的资源来说。从 19 世纪 70 年代到至少 1914 年,德国院校吸引了从整个欧洲、俄国和美洲来的学生。德国生理学家如路德维希、杜布瓦-雷蒙、布吕克、卡尔·福伊特(1831～1908)和埃瓦尔德·黑林(1834～1918)的一代代学生们把德国生理学的理想和实践移植到全球的大学和医学院,从而保证了生理学模式作为一个独立的不同于医学和解剖学的学科的成功复制。

其他国家的传统在早期的历史中得到的关注明显较少。罗特舒引用了爱德华·沙比-谢弗(1850～1935)在 1927 年谈到英国生理学学会(British Physiological Society)历史时说的一段话:"在 19 世纪中期,英国远远地落在法国和德国的后面……我们没有纯粹的生理学家而人们认为任何外科或内科医生都能胜任教授这个学科的任务。"他的叙述只给了英国(和美国)几页的内容。[12] 斯堪的纳维亚、荷兰和比利时得到的关注甚至更少。康吉扬对国家传统的描述跟罗特舒类似,但是的确为俄国加了一小段。在经典的描述中,独立的生理学在 1860 年左右创建于法国和德国,在下一代向外扩散到英国、美国和俄国。

包含在这 4 个主题中,早期的历史提供了一个几乎完全局限在 19 世纪之中的现代生理学历史。在生理学作为一个独立学科的起源及其实验惯例、研究问题和概念构架的建立的故事中,早期的历史学家为成功的生命学科,也为连贯的科学史和科学社会学找到了范例。 351

[12] Rothschuh,《生理学史》,第 193 页。

350

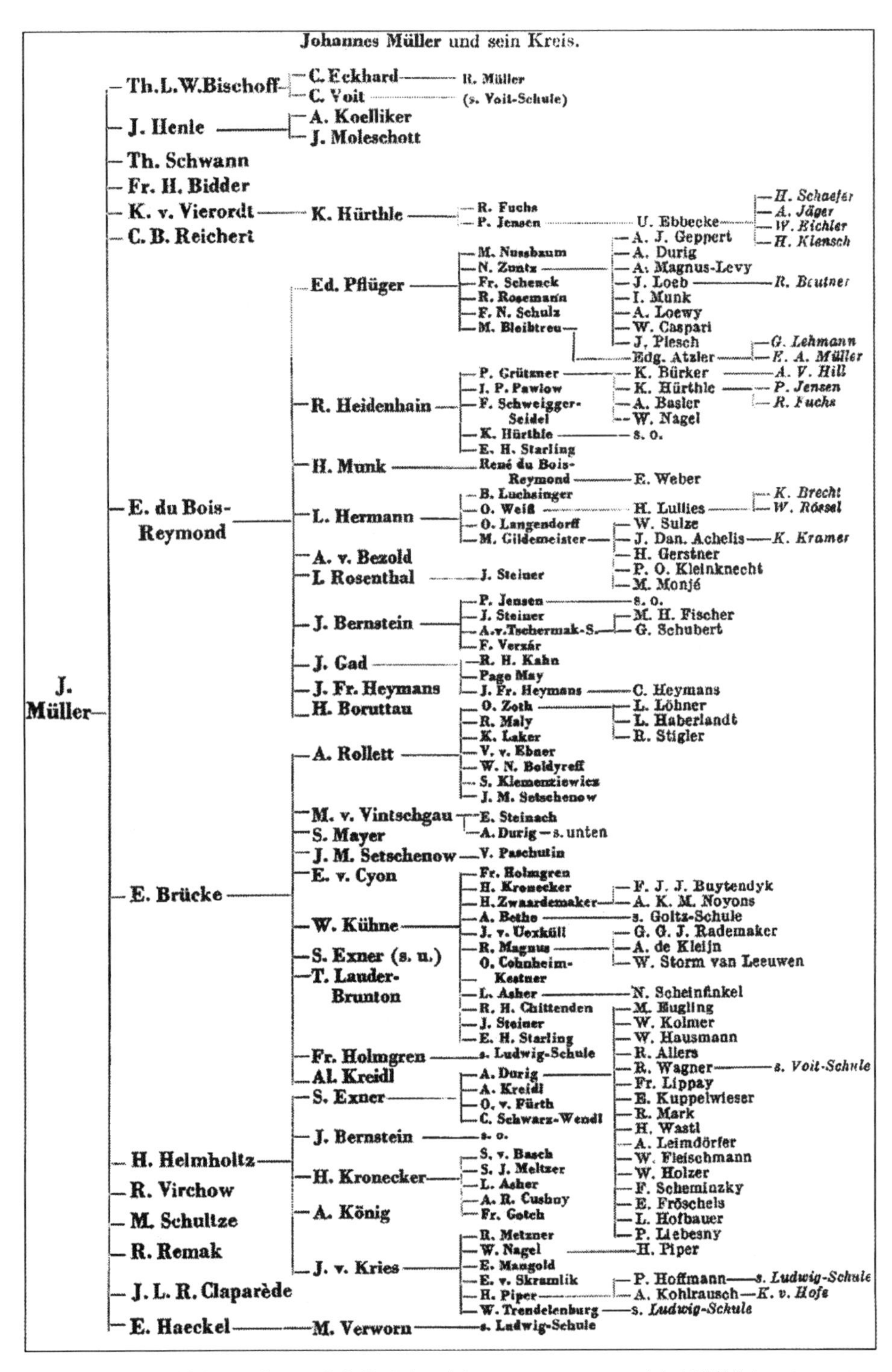

图 18.1 罗特舒的现代生理学家谱系图。引自 Karl E. Rothschuh,《生理学史》(*Geschichte der Physiologie*),第 124 页

更近的叙述

在过去的20多年里，越来越专业化的科学史学家已经从记述大范围的学科历史转到大量的新问题上。这些问题强调了科学实践的异质性、局部偶发性和科学知识生产是嵌入在更广泛的经济、政治、文化和性别的网络中的。对于生理学史来说，向异质性的转变意味着很少有人尝试把早期的描述作为这个学科的全面概论扩展到20世纪。[13] 一部包含19和20世纪的生理学综合史还没有落笔。相反地，很多最近的研究，受新的科学史研究方法的激励，修改了生理学史中的一些基本的描述。[14] 尽管在从柏林和巴黎到莫斯科、伦敦、芝加哥和布宜诺斯艾利斯的大学里被相似的例证证明，但一个统一的、独立的学科形象不再存在。

虽然生理学作为一个独立的学科在19世纪出现的故事保持了它的力量，但是新的学术研究使故事情节多样化。比如说，一些历史学家阐明了19世纪生理学辩论的多样性。这些辩论代表了在马让迪和德国物理主义者的经验主义之外的选择。历史学家蒂莫西·勒努瓦强调康德的影响，确认了一种在1850年以前的德语地区很强势的“目的机械论”的传统。这种传统在对生命过程的解释中包含了目的和形式的概念，并提供了“替罪羊”，通过反对它，稍微年轻一些的物理主义者试图将自己与其区分开。约翰·V. 皮克斯通把亨利·迪特罗谢的反还原论的“有机物理学”归因于大革命后法国生理学中很强的植物学背景。杰拉尔德·盖森解释了1870年之前英国生理学中特别的解剖学辩论是由自然神学、反活体解剖主义和实用主义的校外医学教育的独特混合物导致的。在北美，“生理学”在19世纪大部分时间是表示个人卫生和保健改革的意思。生理学的巡回讲师经常是女性，宣扬清洁、锻炼、节食和戒酒的好处并且在1837年创建了短暂存在的美国生理学学会（American Physiological Society）（来推进素食主义），还创建了直到1900年后还在美国私立女子学院教授的、托比·A. 阿佩尔所谓生

352

[13] 参看 Chandler McC. Brooks，《生理学在过去50年中的发展》（The Development of Physiology in the Last Fifty Years），《医学史通报》，33（1959），第249页～第262页；Gerald L. Geison 编，《美国背景中的生理学（1850～1940）》（*Physiology in the American Context, 1850–1940*, Bethesda, Md.: American Physiological Society, 1987），这是一部眼界狭窄的短文集，虽然原计划是做成一部综合性的“1940年前的美国生理学历史”，根据 J. R. Brobeck、O. E. Reynolds 和 T. A. Appel 编，《美国生理学学会史》（*History of the American Physiological Society*, Bethesda, Md.: American Physiological Society, 1987），第491页；和最近的 Ilse Jahn 编，《生物学史》（*Geschichte der Biologie*, 3rd rev. ed., Jena: Gustav Fischer, 1998），用篇幅很长的数章综述了从1850年到现在有关“发育生理学”“动物比较生理学”和“植物生理学和生物化学”等大多数德国概念的发展。

[14] 关于一种有用的倾向，参看 John V. Pickstone，《生理学和实验医学》（Physiology and Experimental Medicine），载于 R. C. Olby 等编，《现代科学史指南》（*Companion to the History of Modern Science*, London: Routledge, 1990），第728页～第742页。人物传记一直是重要的体裁。精选的一组作品包括：John C. Eccles，《谢灵顿》（*Sherrington*, Berlin: Springer, 1979）；Frederic L. Holmes，《克洛德·贝尔纳和动物化学》（*Claude Bernard and Animal Chemistry*, Cambridge, Mass.: Harvard University Press, 1974）；Frederic L. Holmes，2卷本《汉斯·克雷布斯》（*Hans Krebs*, New York: Oxford University Press, 1991–3）；Pinero Lopez 和 José Maria，《卡哈尔》（*Cajal*, Madrid: Debate, 2000）；Philip J. Pauly，《控制生命：雅克·勒布和生物学的工程理想》（*Controlling Life: Jacques Loeb and the Engineering Ideal in Biology*, New York: Oxford University Press, 1987）；Daniel Todes，《巴甫洛夫的生理学工厂》（*Pavlov's Physiology Factory*, Baltimore: Johns Hopkins University Press, 2001）；Elin L. Wolfe、A. Clifford Barger 和 Saul Bennison，《沃尔特·B. 坎农》（*Walter B. Cannon*, Cambridge, Mass.: Harvard University Press, 2000）。

理学的“女性亚文化”。[15] 其他的研究强调了很多当地的和个人生平的问题，以及更大的政治和经济问题，它们决定了著名的法国和德国生理学奠基人的成就。从而，与早期历史学家所强调的生理学独立的目的论的“自然性”不同，这些研究提供了极为不同的偶发性故事。[16]

同样地，在较新的历史中，独立的实验生理学的传播不再是简单地把法国或德国的模式移植到英国、美国或其他地方的大学中，而是要复杂一些。[17] 如盖森所描述，当王家外科医生协会于1870年开始要求所有会员申请人要上过那个科目的实验课时，一个新的实验生理学很快地在英国建立起来。虽然大多数在大学和医院的医学院很快开始提供实验课程，但到了1900年，却是伦敦大学学院、剑桥大学和牛津大学的新实验室分别在约翰·斯科特·伯登-桑德森、迈克尔·福斯特（1836～1907）和爱德华·沙比-谢弗的领导下成为有国际声誉的生理学研究中心。[18] 虽然福斯特曾访问德

353

[15] Timothy Lenoir，《生命的策略：19世纪德国生物学中的目的论与力学》（*The Strategy of Life: Teleology and Mechanics in Nineteenth-Century German Biology*, Dordrecht: Reidel, 1982）；Kenneth Caneva，《带着遗憾的目的论》（Teleology with Regrets），《科学年鉴》（*Annals of Science*），47（1990），第291页～第300页；J. V. Pickstone，《生命作用和有机物理学：亨利·迪特罗谢和19世纪20年代的法国生理学》（Vital Actions and Organic Physics: Henri Dutrochet and French Physiology during the 1820s），《医学史通报》，50（1976），第191页～第212页；Gerald L. Geison，《迈克尔·福斯特与剑桥生理学院：维多利亚时代晚期社会的科学事业》（*Michael Foster and the Cambridge School of Physiology: The Scientific Enterprise in Late Victorian Society*, Princeton, N. J.: Princeton University Press, 1978）；Sally Gregory Kohlstedt，《妇女生理学讲座：萨拉·科茨在俄亥俄（1850）》（Physiological Lectures for Women: Sarah Coates in Ohio, 1850），《医学与相关学科史杂志》（*Journal of the History of Medicine and Allied Sciences*），33（1978），第75页～第81页；Toby A. Appel，《美国女子院校中的生理学：女性流派的兴起和衰落》（Physiology in American Women's Colleges: The Rise and Decline of a Female Subculture），《爱西斯》，85（1994），第26页～第56页；Hebel E. Hoff和John F. Fulton，《第一个美国生理学学会百周年纪念》（The Centenary of the First American Physiological Society），《医学史通报》，5（1937），第687页～第734页；Edward C. Atwater，《“榨取自然的力量”：1870年前的美国实验生理学》（“Squeezing Mother Nature”: Experimental Physiology in the United States before 1870），《医学史通报》，52（1978），第313页～第335页。

[16] William Randall Albury，《比沙和马让迪的生理学中的实验和解释》（Experiment and Explanation in the Physiology of Bichat and Magendie），《生物学史研究》（*Studies in History of Biology*），1（1977），第47页～第131页；John V. Pickstone，《大革命后法国的行政系统、自由主义和身体：比沙的生理学和巴黎医学院》（Bureaucracy, Liberalism and the Body in Post-Revolutionary France: Bichat's Physiology and the Paris School of Medicine），《科学史》，19（1981），第115页～第142页；William Coleman，《学科的认知基础：克洛德·贝尔纳论生理学》（The Cognitive Basis of the Discipline: Claude Bernard on Physiology），《爱西斯》，76（1985），第49页～第70页；Timothy Lenoir，《德国的实验室、医学和公共生活（1830～1849）》（Laboratories, Medicine and Public Life in Germany, 1830－1849），载于Andrew Cunningham和Perry Williams编，《医学中的实验室革命》（*The Laboratory Revolution in Medicine*, Cambridge: Cambridge University Press, 1992），第14页～第71页；Richard L. Kremer，《在普鲁士建立生理学研究所（1836～1846）：背景、兴趣和言辞》（Building Institutes for Physiology in Prussia, 1836－1846: Contexts, Interests and Rhetoric），载于Cunningham和Williams编，《医学中的实验室革命》，第72页～第109页；Arleen Tuchman，《德意志的科学、医学和邦国：巴登的例子（1815～1871）》（*Science, Medicine, and the State in Germany: The Case of Baden, 1815－1871*, New York: Oxford University Press, 1993）。

[17] 大多数较新的叙述仍专注于北欧和北美，有关其他地区参看Josep Lluís Barona，《学说和实验室：19世纪西班牙社会的生理学和实验》（*La doctrina y el laboratorio: Fisiología y experimentación en la sociedad española del siglo XIX*, Madrid: Consejo Superior de Investigaciones Científicas, 1992）；Claudio Pogliano，《19～20世纪意大利的生理学》（La fisiologia in Italia fra ottocento e novecento），《信使》（*Nuncius*），4，no. 1（1991），第97页～第121页；Kh. S. Koshtoyants，《俄国生理学史文集》（*Essays on the History of Physiology in Russia* [1946], Washington, D. C.: American Institute of Biological Sciences, 1964），Donald B. Lindsley译；M. Lindemann、S. A. Cesnokova和V. A. Makarov，《I. M. 谢切诺夫和俄国电生理学的发展》（I. M. Secenov und die Entwicklung der Elektrophysiologie in Rußland），《自然科学、技术和医学史杂志》（*Zeitschriftenreihe für Geschichte der Naturwissenschaften, Technik und Medizin*），16（1979），第1页～第11页；Daniel P. Todes，《巴甫洛夫和布尔什维克党人》（Pavlov and the Bolsheviks），《生命科学的历史与哲学》（*History and Philosophy of the Life Sciences*），17（1995），第379页～第418页。

[18] 参看Stella V. F. Butler，《中心和外围：英国生理学的发展（1870～1914）》（Centers and Peripheries: The Development of British Physiology, 1870－1914），《生物学史期刊》（*Journal of the History of Biology*），21（1988），第473页～第500页，他解释了英国地区大学的研究课程较不成功是由于临床兴趣处于支配地位。

国并以路德维希的莱比锡研究所为模板建立了实验室,但是与德国大多数生理学家留在医学院系的情况不同,这些重要中心的英国生理学在方向上更加“生物学化”。在剑桥,在托马斯·亨利·赫胥黎(1825～1895)的影响下,福斯特开发了一门非常热门的基础生物学实验课程并把进化解释引入了他的生理学课。盖森主张,一种明显非医学的、考虑结构和功能之间进化关系的达尔文式的关切把维多利亚晚期的生理学与德国模式区分开来。同样地,保罗·埃利奥特指出,在19世纪大多数时间,法国的实验生理学不是在医学院而是在巴黎科学院(Parisian Académie des Sciences)和阿尔福(Alfort)兽医学院“长大的”。[19]

最近关于北美实验生理学史的研究也强调了不同性。[20] 虽然一些美国人在独立战争后去了巴黎和贝尔纳一起工作,但是路德维希的莱比锡研究所于19世纪70～90年代吸引了罗伯特·弗兰克所描述的美国访问学者的“德国一代”。他们带着对实验室研究和一个独立自主的生理学的价值的新认同从德国返回,在新兴的美国医学教育改革运动的鼓舞下,带头把生理学设立成美国医学院的必修实验学科。把实验生理学家安排在大学生物系的英国模式由福斯特的学生亨利·纽厄尔·马丁(1848～1896)在新建的约翰斯·霍普金斯大学发起,并以不同的形式在哥伦比亚大学、多伦多大学和芝加哥大学尝试,但没有能够持续下去。[21] 美国生理学是在有着新的四年学制的大学医学院里发展起来的。然而,正如弗兰克所指出的,去德国的访问学者带回了“生理学之外的所有东西”。[22] 不像在剑桥大学、牛津大学和伦敦大学学院的实验生理学家,美国生理学家或许为他们对医科学生的“服务任务”所累,在建立国际性可信赖的研究项目上进展缓慢。这确实跟英国各地区和伦敦大多数基于医院的医学院的情况一致。虽然到了1910年,美国学者更多地开始发表原创性研究报告,但是直到1929年美国才主办了国际生理学大会(International Physiological Congress)。直到20世纪30年代晚期,国际生理学期刊中对美国学者工作的引用才开始迅速增长。而直到1944年才有第一批美国培养的生理学家获得诺贝尔奖。[23]

354

[19] Geison,《迈克尔·福斯特与剑桥生理学院:维多利亚时代晚期社会的科学事业》;Paul Elliott,《活体解剖和19世纪法国实验生理学的出现》(Vivisection and the Emergence of Experimental Physiology in Nineteenth-Century France),载于Nicolaas A. Rupke编,《历史地审视活体解剖》(*Vivisection in Historical Perspective*, London: Croom Helm, 1987),第48页～第77页。

[20] 参看Robert E. Kohler,《从医学化学到生物化学:一个生物医学学科的形成》(*From Medical Chemistry to Biochemistry: The Making of a Biomedical Discipline*, Cambridge: Cambridge University Press, 1982);Geison,《美国背景中的生理学》;W. Bruce Fye,《美国生理学的发展:19世纪的科学医学》(*The Development of American Physiology: Scientific Medicine in the Nineteenth Century*, Baltimore: Johns Hopkins University Press, 1987);John Harley Warner,《反对体制精神:19世纪美国医学的法国推动力》(*Against the Spirit of System: The French Impulse in Nineteenth-Century American Medicine*, Princeton, N. J.: Princeton University Press, 1998),第8章和第9章。

[21] 关于建立一个独立的普通生理学学科的大体上不成功的尝试,参看Philip J. Pauly,《普通生理学和生理学学科(1890～1935)》(General Physiology and the Discipline of Physiology, 1890-1935),载于Geison,《美国背景中的生理学》,第195页～第207页。

[22] Robert G. Frank,《德国实验室中的美国生理学家(1865～1914)》(American Physiologists in German Laboratories, 1865-1914),载于Geison,《美国背景中的生理学》,第40页。

[23] Gerald L. Geison,《关于美国生理学史》(Toward a History of American Physiology),载于Geison,《美国背景中的生理学》,第1页～第9页;John Harley Warner,《生理学》(Physiology),载于Ronald L. Numbers编,《美国医生的教育》(*The Education of American Physicians*, Berkeley: University of California Press, 1980),第48页～第71页。

最近的学术研究也增加了新近独立的生理学学科创造的“产品”。那就是，19 世纪的生理学实验室并不只是产生了生理学知识和生理学家。在德国的大学里，生理学实验室（跟这些大学中早期的化学实验室一样）为学生提供了进行原初调查的条件，这些学生进而认识到德国唯心主义改革家如格奥尔格·黑格尔或威廉·冯·洪堡所倡导的反功利主义教育（Bildung）或者个体文化构成的新人文主义理想。历史学家威廉·科尔曼认为，对教育改革的关注促使普尔基涅于 19 世纪 20 年代在布雷斯劳的普鲁士大学建立了一个早期的生理学研究所。深受教育学创新者（如让-雅克·卢梭和约翰·海因里希·裴斯泰洛齐）的影响，普尔基涅试图给大学带来一种基于实践的学习方式（例如，让学生直接跟实物而不是简单地跟课本打交道），并且提出一个全面的规划以在中小学实行裴斯泰洛齐式的改革。对于普尔基涅来说，实操实验生理学于是变成了大学医科学生个人自我发展的载体。[24] 其他对在海登堡和莱比锡的早期生理学实验室的研究强调了现代化中的德意志邦国在支持包括生理学研究所在内的实验学科中的功利性兴趣。通过鼓励大学生进行标准化的实验、测量和对他们自己观察到的有因果关系的现象以一种严格的方式进行推理，邦国教育当局认为能够训练出一批能更好地满足工业化经济要求的公民。随着生理学实验室在整个 19 世纪变得更大、日常化，并塞满了大规模制造的标准化的仪器，它们为踏进门的数以千计的学生提供了文化灌输（至少是在邦国教育官员眼中）。[25] 到了 20 世纪早期，专业化的实验室，如威廉皇帝职业生理学研究所（Kaiser Wilhelm Institut für Arbeitsphysiologie）或者哈佛大学的疲劳实验室（Fatigue Laboratory），会开始专门针对现代国家中的“工业关系”问题生产知识。[26]

355

较新的研究也强调了实验生理学对一个急于让自己更“科学化”的医学职业的功用。然而，对于这种功用是与理想层面还是治疗层面更加相关或者在何时天平偏向了

[24] William Coleman，《普鲁士教学法：普尔基涅在布雷斯劳（1823～1839）》（Prussian Pedagogy: Purkynê at Breslau, 1823–1839），载于 William Coleman 和 Frederic L. Holmes 编，《调查性事业：19 世纪医学中的实验生理学》（*The Investigative Enterprise: Experimental Physiology in 19th-Century Medicine*, Berkeley: University of California Press, 1988），第 15 页～第 64 页。

[25] Timothy Lenoir，《为了临床的科学：科学政策和卡尔·路德维希在莱比锡的研究所的建立》（Science for the Clinic: Science Policy and the Formation of Carl Ludwig's Institute in Leipzig），载于 Coleman 和 Holmes 编，《调查性事业：19 世纪医学中的实验生理学》，第 139 页～第 178 页；Tuchman，《德意志的科学、医学和邦国：巴登的例子（1815～1871）》；Todes，《巴甫洛夫的生理学工厂》。

[26] Anson Rabinbach，《人形发动机：能量、疲劳与现代性的起源》（*The Human Motor: Energy, Fatigue and the Origins of Modernity*, New York: Basic Books, 1990）；Steven M. Horvath 和 Elizabeth C. Horvath，《哈佛疲劳实验室：其历史与贡献》（*The Harvard Fatigue Laboratory: Its History and Contributions*, Englewood Cliffs, N. J.: Prentice-Hall, 1973）；Carleton B. Chapman，《哈佛疲劳实验室的深远影响（1926～1947）》（The Long Reach of Harvard's Fatigue Laboratory, 1926–1947），《生物学和医学观点》（*Perspectives in Biology and Medicine*），34（1990），第 17 页～第 33 页；John Parascandola，《L. J. 亨德森和变量的相互依赖：从物理化学到帕累托》（L. J. Henderson and the Mutual Dependence of Variables: From Physical Chemistry to Pareto），载于 Clark A. Elliott 和 Margaret W. Rossiter，《哈佛大学的科学：历史观点》（*Science at Harvard University: Historical Perspectives*, Bethlehem, Pa.: Lehigh University Press, 1992），第 167 页～第 190 页；Richard Gillespie，《工业疲劳和生理学学科》（Industrial Fatigue and the Discipline of Physiology），载于 Geison，《美国背景中的生理学》，第 237 页～第 262 页；Philipp Sarasin 和 Jakob Tanner 编，《生理学和工业社会：19 和 20 世纪身体的科学化研究》（*Physiologie und industrielle Gesellschaft: Studien zur Verwissenschaftlichung des Körpers im 19. und 20. Jahrhundert*, Frankfurt: Suhrkamp, 1998）。

后者的问题上,历史学家的想法并非一致。例如,历史学家约翰·E. 雷施称早在19世纪30和40年代,有着很多兽医会员的巴黎医学学会(Parisian Académie de Médecine)就积极地支持实验(大多是对动物的活体解剖)作为一种提高手术技术的手段。这种外科生理学的经验性多于推测性,在从格扎维埃·比沙(1771～1802)、马让迪到贝尔纳的法国传统中产生了共鸣,并创造了一个用雷施的话来讲是"被吸收"到医学中的实验生理学形象。[27] 另外,盖森、约翰·沃纳和其他人提出在19世纪大部分时间,生理学在改善人的医学诊断或治疗上并没有提供很多新资源。甚至在实验学家,如罗伯特·科赫(1843～1910)和路易·巴斯德(1822～1895)发起对细菌学和免疫学的改革运动之后,很多临床医生仍旧对实验室持怀疑态度。在美国,在亚伯拉罕·弗莱克斯纳于1910年发表对医学教育的尖锐批评之前,医学院极少要求生理学实验课;确实,甚至到了20世纪30年代,很多有影响力的美国医生还抱怨生理学对医学实践的不实用性。然而在同一时期,由于欧洲和北美医学界都寻求提高职业地位,而实验室和"科学的"实验生理学的思想可以被作为提高医学的社会地位和权威的具有说服力的资源来发展。贝尔纳、杜布瓦-雷蒙和福斯特等重要的生理学家在公众讲座和文章中抨击了这个主题。[28] 到了20世纪20年代,随着皮克斯通所谓"临床生理学家"分离出胰岛素并找到治愈贫血病的方法,这种说法的一部分变成了现实。虽然早期的历史学家大体上把实验生理学的医学功用看成是理所当然的,但是更近的编史学,特别是在1900年后,寻求区分生理学研究在理想上和医学上的贡献。

356

然而,随着社会形象的提高,对贝尔纳在其《实验医学研究导论》中称为"恐怖厨房"的活体解剖实验室的公开批评如潮水般涌来。最近的研究介绍了实验生理学遇到的反活体解剖阻力,实验生理学家尝试把"科学医学"作为19世纪晚期欧洲、北美阶级和性别关系的社会历史中的重要篇章来宣传时也遇到这种阻力。[29] 虽然对动物活体实验的道德和功用的讨论可追溯到西方医学的最初始阶段,但有组织的反活体解剖者

[27] John E. Resch,《巴黎医学学会和实验科学(1820～1848)》(The Paris Academy of Medicine and Experimental Science, 1820-1848),载于 Coleman 和 Holmes 编,《调查性事业:19世纪医学中的实验生理学》,第100页～第138页。

[28] Gerald L. Geison,《我们相对而立:美国背景中的生理学家和临床医生》(Divided We Stand: Physiologists and Clinicians in the American Context),载于 Morris J. Vogel 和 Charles E. Rosenberg 编,《治疗革命:美国医学社会史随笔》(*The Therapeutic Revolution: Essays in the Social History of American Medicine*, Philadelphia: University of Pennsylvania Press, 1979),第67页～第90页;John Harley Warner,《19世纪晚期美国医学中的科学理想及其缺憾》(Ideals of Science and Their Discontents in Late 19th-Century American Medicine),《爱西斯》,82(1991),第454页～第478页;John Harley Warner,《职业神秘性的衰落和兴起:19世纪美国的认识论、权威和实验医学的出现》(The Fall and Rise of Professional Mystery: Epistemology, Authority and the Emergence of Laboratory Medicine in Nineteenth-Century America),载于 Cunningham 和 Williams 编,《医学中的实验室革命》,第110页～第141页;Merriley Borell,《训练感觉,训练思维》(Training the Senses, Training the Mind),载于 W. F. Bynum 和 Roy Porter 编,《医学与五官感觉》(*Medicine and the Five Senses*, Cambridge: Cambridge University Press, 1993),第244页～第261页。

[29] H. Bretschneider,《19世纪关于活体解剖的争论》(*Der Streit um die Vivisektion im 19. Jahrhundert*, Stuttgart: Gustav Fischer, 1962);Richard D. French,《维多利亚时代社会的反活体解剖运动与医学科学》(*Antivivisection and Medical Science in Victorian Society*, Princeton, N. J.: Princeton University Press, 1975);Coral Lansbury,《棕色老狗:爱德华七世时代英格兰的女人、工人与活体解剖》(*The Old Brown Dog: Women, Workers and Vivisection in Edwardian England*, Madison: University of Wisconsin Press, 1985);Rupke,《历史地审视活体解剖》;Craig Buettinger,《19世纪晚期美国的妇女和反活体解剖》(Women and Antivivisection in Late 19th-Century America),《社会史杂志》(*Journal of Social History*),30(1997),第857页～第872页。

的社会活动最初出现在19世纪的英国,具有讽刺意味的是,考虑到英国生理学的"停滞不前",在1870年前很少有活体解剖在那里进行。然而英国公众对马让迪在19世纪20年代的讲座演示的讨论,以及阿尔福兽医学院或贝尔纳实验室的动物实验报告促使英国王家反虐待动物协会(Royal Society for the Prevention of Cruelty to Animals)开始了一场反法国、反活体解剖的运动。到了19世纪70年代,已经有很多反活体解剖协会成立,数以百计的手册和图书出版,一个王家委员会还要求政府对动物实验进行有限的管制。在1876年,议会通过了《虐待动物法》(Cruelty to Animals Act),授权内政部对所有活体动物实验授权并要求在任何可能的情况下使用麻醉剂。在以后20年中,这项法规引发了德国和美国类似的反活体解剖运动,尽管这些运动没有在立法上获得很多成功。反活体解剖的努力也推动了生理学家组织他们自己的政治游说团体,如英国的医学研究促进会(Association for the Advancement of Medicine by Research, 1882)或美国的医学研究保护委员会(Council for the Defense of Medical Research, 1907)。

357

尽管在主题上各国不同——英国反活体解剖者强调了动物权利,美国人重视基督教道德改革的主题,德国强调医学是一种不干涉主义者对大自然愈合力的依赖——但这些辩论中的论点和争论者从19世纪70年代到第一次世界大战前反活体解剖主义退潮期间保持了相当的一致性。大部分讨论围绕4个问题展开:动物实验的医学功用、动物的道德地位、活体解剖对活体解剖者和其观众的道德影响、历史学家安德烈亚斯-霍尔格·梅勒和乌尔里希·特勒勒所谓"你也是(tu-quoque)"辩论(例如,为他人需要而屠杀或虐待动物是否使活体解剖合理化)。很多重要的反活体解剖者是城市中的中上阶层或贵族妇女。她们同时也反对奴隶制、强制接种、酗酒、不尊重安息日、雇用童工和卖淫等罪恶。重要的活体解剖捍卫者往往是著名的医学科学家,如鲁道夫·菲尔绍(1821～1902)、托马斯·亨利·赫胥黎或坎农。大多数报道在斗争的结果上持同样的观点。尽管有些限制性的法规在英国出台,麻醉剂在动物实验中的使用也更为严格,但实验生理学的力量占了上风。1900年后,动物实验不仅在生理学中而且在细菌学、药理学和免疫学中繁荣起来,而反活体解剖组织陷入了派系的争吵和偏激状态中。

然而,几位历史学家觉察到这场斗争中更深层次的问题。仿效弗里茨·林格的《德国要人们的衰落》(*The Decline of the German Mandarins*)或弗兰克·特纳的《科学与宗教之间》(*Between Science and Religion*)的主题,理查德·D. 弗伦奇认为,在反活体解剖主义中,重要的中上阶层成员,特别是宗教思想家和从事写作的知识分子,对作为维多利亚晚期社会重要制度的科学有着明确的敌意。在一个"超自觉意识"的水平上,科拉尔·兰斯伯里发现了一种女性权利和反活体解剖主义的主题融合。从她对反活体解剖主义小说,如威尔基·科林斯的《情感和科学》(*Heart and Science*, 1883)、萨拉·格兰德的《贝丝书》(*The Beth Book*, 1897)或者H. G. 威尔斯的《莫罗博士之岛》(*The*

Island of Dr. Moreau,1896),以及色情小说和女性对维多利亚时代晚期男性医生实施的妇科手术和卵巢切除术的广泛厌恶的分析中,兰斯伯里总结道:"被活体解剖的动物代表着被活体解剖的女性:被绑在妇科手术台的女性、在这个时代的色情小说中被抽打和捆绑的女性。"她提出,在维多利亚时代晚期的动人景象中,受害者-动物-女性作为受支配者的形象总与色情作家-妇科医生-活体解剖者作为支配者的形象相呼应。类似地,斯图尔特·理查兹提出实验惯例,如在广泛使用的约翰·斯科特·伯登-桑德森的《生理学实验手册》(*Handbook for the Physiological Laboratory*,1873)中描述的那些,一定会促使生理学"要求它的从业者具有一种特殊的心理承受能力来抵御不仅仅是审美上的而且在某些情况下也是伦理上的忧虑"。和大多数其他的学科不同,实验生理学必定"规定了施加痛苦",理查兹道。如此一来,生理学不再是简单的"物理或者化学的特例"而是一门"其器具规范与其公开的和私下的道德分不开的学科"。[30]

358

生理学的消失?

正像已经提到的,早期研究生理学"独立"的历史学家通常视1900年为故事的结束,原因并不难推测。盖森已经敏锐地论断:"就像生理学曾宣布它从医学和医学解剖学中独立那样,新的领域和专业现在(1900年后)看起来宣布了它们自己从生理学中独立。"[31]确实,在很多观察者看来,随着新医学专业(如内分泌学或免疫学)以及新生物学科(如生物化学或神经学)的兴起,20世纪,特别是在1945年后,生理学已经像一个处于"被撕裂"[32]边缘的学科。伴随着迅速扩张的科学的、医学的和慈善机构的基础结构,这种离心趋势在美国最为明显。因此建立于1887年的美国生理学学会有两

359

[30] French,《维多利亚时代社会的反活体解剖运动与医学科学》,第371页;Lansbury,《棕色老狗:爱德华七世时代英格兰的女人、工人与活体解剖》,第x页;Stewart Richards,《麻醉学、伦理学和美学:19世纪晚期英国实验室中的活体解剖》(Anaesthetics, Ethics and Aesthetics: Vivisection in the Late Nineteenth-Century British Laboratory),载于Cunningham和Williams编,《医学中的实验室革命》,第142页~第169页,引文在第168页;Stewart Richards,《代人受罪,必要的痛苦:19世纪晚期英国生理学方法》(Vicarious Suffering, Necessary Pain: Physiological Method in Late Nineteenth-Century Britain),载于Rupke,《历史地审视活体解剖》,第125页~第148页,引文在第144页。也可参看Stewart Richards,《抽出生理学的生命之血:活体解剖和生理学家的困境(1870~1900)》(Drawing the Life-blood of Physiology: Vivisection and the Physiologists' Dilemma, 1870-1900),《科学年鉴》,43(1986),第27页~第56页。

[31] Geison,《我们相对而立:美国背景中的生理学家和临床医生》,第78页~第79页。Robert E. Kohler,《医学改革和生物医学科学:生物化学——个案研究》(Medical Reform and Biomedical Science: Biochemistry-a Case Study),载于Vogel和Rosenberg,《治疗革命:美国医学社会史随笔》,第27页~第66页,引文在第60页,文中利用了地理学上的比喻,描述了生理学"丢失了许多像独立学科或研究专业这样的'地区'"。

[32] Toby A. Appel,《生物学和医学学会及美国生理学学会的成立》(Biological and Medical Societies and the Founding of the American Physiological Society),载于Geison,《美国背景中的生理学》,第155页。类似的观点参看Rothschuh,《生理学史》,第222页;Brooks,《生理学在过去50年中的发展》,第250页;Peter Hall,《生理学的分裂:可能的学术后果》(Fragmentation of Physiology: Possible Academic Consequences),《生理学家》(*The Physiologist*),19(1976),第35页~第39页;Alan C. Burton,《多样化——科学和生命的意味:专业化的缺点》(Variety-the Spice of Science as Well as Life: The Disadvantages of Specialization),《生理学年度评论》(*Annual Review of Physiology*),37(1975),第1页~第12页。

个作用：表达对这个学科消失的担忧和努力阻止这种消失。[33]

到20世纪40年代中期，几种趋势开始让美国生理学学会的领导者烦恼。无论是绝对数量还是相对其他生命学科学位的数量，新授的生理学博士学位的数量都已经开始下降。很多新的专业协会开始和美国生理学学会竞争会员和专业认同感。[34] 特别是在美国的医学院，生理学系的数量已经下降；幸存下来的系被合并、重新调整或是被改名以便和其他生物医学专业形成新联盟。[35] 对此，美国生理学学会在40和50年代主持了几次不同寻常的自我调查。1945～1946年，阿道夫研究（Adolf Study）调查了750名研究者的活动（其中只有52%自认“生理学家”），这是一个混杂的群体，有些人接受过正式的生理学领域的训练并仍在此领域工作，有些人则是在其他领域工作但是其研究课题被研究委员会认为有关“生理学”。阿道夫研究明确拒绝把生理学定义得比“对生命单位过程的研究”这一定义更狭窄，谴责了“不可避免但是令人困惑且无疑是有害的对生理学的分割”和北美医学院中“普通生理学”必修课的缺失。[36]

被认为是对美国生理学学会面临的挑战的不充分的回应，阿道夫研究立刻遭到了批评。在学会1947年年会的生理学教育论坛上，来自芝加哥的发育生物学家保罗·A. 魏斯（1898～1989）提议不要把生理学定义为一个学科或主题而应该定义为一种对“功能”（不仅仅是“机制”或“过程”）研究的“态度”，这些“功能”赋予了生物有机体意义。这种态度会涵盖一个“比大多数传统的生理学机构（系、学会和期刊）更广泛的领域”并可能会有助于统一生物学，即“我们的母学科”。[37] 第二个自我调查是由拿到新成立的国家科学基金巨额资助的密歇根大学神经生理学教授拉尔夫·杰勒德在1952～1954年领导的。这次研究重申了魏斯的定义：“从本质上说，生理学不是一项学科或职业而是一种观点……这种观点遍布于生命学科；它是一种考虑生命过程并理解它们的方式。”[38]此调查把“核心”生理学家（那些自认“生理学”在他们工作的“生物学领域”中排名第一的）跟“外围”生理学家（那些自认“生理学”排在第二到第四位

360

[33] 关于20世纪中期的美国生理学学会的透彻分析，参看 George Joseph，“生理学家面临‘分子学化’：20世纪中期美国生理学中的职业认同和职业焦虑”（Physiologists Face “Going Molecular”: Professional Identity and Professional Anxiety in Mid-twentieth-Century American Physiology, unpublished manuscript, 1999）。感谢约瑟夫先生发给我此文的拷贝。

[34] 这些竞争者包括：实验生物学和医学学会（Society for Experimental Biology and Medicine, 1903）、美国生物化学家协会（American Society for Biological Chemists, 1906）、美国药理学和实验治疗学学会（American Society for Pharmacology and Experimental Therapeutics, 1908）、美国实验病理学学会（American Society of Experimental Pathology, 1913）、普通生理学家协会（Society of General Physiologists, 1946）、生物物理学会（Biophysical Society, 1957）和神经科学学会（Society for Neuroscience, 1969）。

[35] 对接近100所北美医学院的调查表明，目前不到一半的医学院有“生理学”系。接近1/4的医学院有“生理学和生物物理学”系。“解剖学和生理学”“神经科学和生理学”“生理学和药理学”“分子和细胞生理学”和“细胞生物学和生理学”系也以一定频率出现。参看《彼得森生物科学研究生课程》（*Peterson's Graduate Programs in the Biological Sciences*, 35th ed., Peterson's: Princeton, N. J., 2001）。

[36] E. F. Adolph 等，《北美生理学（1945）：美国生理学学会委员会所做的调查》（Physiology in North America, 1945: Survey by a Committee of the American Physiological Society），《联合会公报》（*Federation Proceedings*），5（1946），第407页～第436页。

[37] Paul Weiss，《生理学在生物学科中的地位》（The Place of Physiology in the Biological Sciences），《联合会公报》，6（1947），第523页～第525页。

[38] R. W. Gerard，《生理学的镜子：生理学的自我调查》（*Mirror to Physiology: A Self-Survey of Physiological Science*, Washington, D. C.: American Physiological Society, 1958），第1页。

的）区分开来，杰勒德发现4500名回信者中拿到生理学博士学位的不足1/3，不足1/5的人受雇于生理学系，而在美国生理学学会期刊上发表文章的所有作者中，核心生理学家不足1/4。但是杰勒德对如此的数据并未完全地感到悲观：

> 总的来说，生理学虽然在成长，但已落在后面。是把生理学和其最传统的下属领域的萎缩看成是警报——这是从其他学科（尤其是化学方面）对它侵蚀这个方面来看，还是看成是荣耀——这是从生理学态度和方法对其他领域的渗透这个方面来看，大概跟个人品味相关。[39]

为了避免生理学完全分裂到其他生物学专业中去，杰勒德提出了一项关于公共关系和课程改革的复杂策略，包括在美国高中和大学中从制作和推广关于职业机会的电影到教授更多的"综合生物学"。

尽管有了杰勒德的提议，但对美国生理学学会来说，分裂的问题只增不减。到1976年，美国生理学学会已经开始被划分成多个有着自己成员名单、会议和期刊的专业"学部"。在10年之内，超过15个学部出现了。[40] 由美国生理学学会长期计划委员会（Long Range Planning Committee）在1990年编写的《生理学的未来白皮书》（White Paper on the Future of Physiology）承认"生理学界对于此学科和代表它的机构的未来有一种深深的忧虑……这个忧虑早在一个多世纪前美国生理学学会创建之时就存在。"整个20世纪，生理学面对着一种"持续地分裂并建立新部分的倾向，这些新部分凭本身的头衔就成为科学学科"。因此，生理学"不是一个统一的学科，它的异质性可以被看成这个科目固有的特性……生理学作为一个学科和职业实际并不存在"。[41] 杰勒德在20世纪50年代所说的嘲弄之语在90年代变成了虚无主义。

361

有关20世纪生理学作为一个学科、职业认同感的来源或者研究项目的集合体的命运的综合性论文仍然在撰写。[42] 对几个数量指标的初步调查呈现出生理学在不断专业化的生物学科的爆炸性增长中的持续生存能力的混合画面。一方面，从1906年开始，在连续几版的《美国科学名人录》（*American Men* [*and Women*] *of Science*）的所有生物学家（不包括健康、农业、林业和食品科学）中，自认"生理学家"的比例一直在提高。在排名中，生物化学和生理学在20世纪中叶已经代替植物学和动物学成为生物

[39] 同上书，第48页。

[40] John S. Cook，《分部化》（Sectionalization），载于Brobeck、Reynolds和Appel编，《美国生理学学会史》，第427页～第461页。

[41] Long Range Planning Committee [of the APS]，《过去的是序幕：关于生理学未来的〈白皮书〉和美国生理学学会在其中的作用》（What's Past Is Prologue: A "White Paper" on the Future of Physiology and the Role of the American Physiological Society in It），《生理学家》，33（1990），第161页～第180页，引文在第176页～第177页。

[42] 虽然对很多新的20世纪生物医学学科如免疫学、生态学、生物化学、生物物理学、遗传学或分子生物学来说，一种很有意义的编史学已经出现，但是描述学科和"科学专业"之间关系的社会学仍有待发展。参看Harriet Zuckerman，《科学社会学》（The Sociology of Science），载于Neil Smelser编，《社会学手册》（*Handbook of Sociology*, Newbury Park, Calif.: Sage, 1988），第511页～第574页，相关内容在第541页。

学科中最热门的领域，这个名次一直持续到80年代（参看表18.1）。[43] 这个指标说明大部分生物学家认为他们自己是生理学家，即便生命科学早已变得更加专业化。然而，我对美国生命科学博士获得者所在领域的跟踪研究表明，自认是生理学家的新博士的比例从第二次世界大战之后一直下降，而该领域的排名也有所下降（参看表18.2和图18.2）。在连续几版《美国科学名人录》中，大约直到1970年（除了第二次世界大战中的下降），美国大学中所有获得博士学位的人数、生物科学博士人数和生理学博士人数和自认的生物学家和生理学家的人数都经历了类似的指数增长。如果有什么特殊的，那就是生理学博士数量的年增长率比1920～1940年所有博士数量的年增长率（9%对7%）要稍高些，也比1961～1971年所有博士数量的年增长率（13%对12%）要稍高些。然而，从1971年开始，新生理学博士的增长已经停滞甚至下降，而所有博士（1%）和所有生物科学博士（2%）的增长仍在持续，虽然很大程度上小于以前的增长率。美国生理学学会会员数量是衡量认同生理学作为一个学科的另外一个指标，其在过去的一个世纪持续指数式增长。然而，年增长率从1971年以前的6%降到那年以后的仅2%。在北美，作为一个专业象征，生理学在20世纪的进程中已经不那么强大了。

364

同样地，从1900年开始，医学院的生理学系就不再是北美生理学家工作的主要地点。最近的一项美国生理学学会的研究发现大约只有1/3有生理学博士学位的美国医学院教师在生理学系任职。只有一半在生理学系任职的医学院教师自认是"生理学家"（12%自认是生化学家，6%自认是药理学家，5%自认是生物学家，还有4%自认是生物物理学家）。[44] 我对《美国科学名人录》中生理学家的跟踪研究揭示了一种类似的极其分散的任职形式（参看表18.3）。在整个20世纪非常一致，只有大约1/2的自命的美国生理学家曾在医学院或兽医学院工作过；有1/4的曾被安排在大学或者学院中的技术和科学院中的生物学系、动物学系或生物化学系；剩下的曾在政府机构或研究机构、私人基金会、公司的研究部门或医院任职过。[45]

366

[43] 表18.1中的学科分类大体上由詹姆斯·麦基恩·卡特尔定义，他是前7版《美国科学名人录》（1906～1944）的编者。卡特尔把以日益专业化的职业协会的出现为标志的新学科置于经典的孔德式学科层次结构之上，把传记主人公自定的学科限制在有限数量的分类中。这些分类的基本结构在以后版本的《美国科学名人录》中保留了下来。参看 Michael M. Sokal，《凝望星星：詹姆斯·麦基恩·卡特尔、〈美国科学名人录〉和美国科学界的报酬结构（1906～1944）》（Stargazing: James McKeen Cattell, *American Men of Science*, and the Reward Structure of the American Scientific Community, 1906–1944），载于 Frank Kessel 编，《心理学、科学和人类事务：纪念威廉·贝文文集》（*Psychology, Science, and Human Affairs: Essays in Honor of William Bevan*, Boulder, Colo.: Westview Press, 1995），第64页～第86页。生命科学家自认是生理学家的比例在1989年版中略微有些增加，这可能反映了在那个版本中生命科学家把他们自己归类到多于一个领域的频率有所增加。在那个版本中，生命科学家平均把自己列入1.2个领域里。

[44] Marsha Lakes Matyas 和 Martin Frank，《美国医学院中的生理学家：教育、现状和多样化的趋势》（Physiologists at US Medical Schools: Education, Current Status, and Trends in Diversity），《生理学家》，38（1995），第1页～第12页。

[45] 自1980年开始对美国生理学学会会员的就业调查表明，大约65%的会员在医学院工作，10%～20%的会员在技术和科学院就业。参看《生理学家》，23（1980），第18页；34（1991），第79页；42（1999），第402页。

表 18.1 北美《美国科学名人录》生物科学家自认的领域(生理学以粗体标出)排序 362

年代	1906	1921	1933	1949	1960	1976	1989
自认的领域(占比/%)	动物学(24)	植物学(24)	动物学(19)	动物学(16)	生物化学(22)	生物化学(20)	生物化学(20)
	植物学(23)	动物学(22)	植物学(15)	生物化学(15)	**生理学(12)**	**生理学(11)**	**生理学(15)**
	生物学(13)	昆虫学(11)	昆虫学(12)	细菌学(13)	动物学(10)	动物学(11)	微生物学(10)
	病理学(10)	生物学(9)	**生理学(11)**	**生理学(12)**	细菌学(9)	植物学(9)	生态学(7)
	细菌学(9)	细菌学(9)	细菌学(11)	植物学(11)	生物学(8)	微生物学(8)	遗传学(7)
	生理学(8)	**生理学(7)**	生物化学(10)	昆虫学(10)	昆虫学(7)	生态学(8)	动物学(6)
	昆虫学(8)	解剖学(7)	生物学(8)	生物学(7)	微生物学(6)	生物学(8)	植物学(6)
	解剖学(8)	生物化学(7)	解剖学(5)	植物生理学(4)	植物学(6)	遗传学(6)	免疫学(6)
	古生物学(4)	神经科学(2)	植物生理学(3)	解剖学(4)	解剖学(4)	神经科学(4)	分子生物学(6)
	生理化学(3)	植物生理学(2)	遗传学(2)	遗传学(3)	遗传学(4)	昆虫学(4)	生物学(6)
	神经病学(2)	胚胎学(1)	神经科学(2)	生态学(1)	植物生理学(4)	细胞学(4)	生物物理学(5)
	胚胎学(2)	微生物学(1)	微生物学(1)	胚胎学(1)	神经科学(3)	解剖学(4)	昆虫学(4)
	1230	2800	5600	10,500	21,300	40,000	46,100

资料来源:《美国科学名人录》第 1 版、第 3 版、第 5 版、第 8 版、第 10 版、第 13 版和第 17 版。领域是入选者自认的。这些领域的分类是由詹姆斯·麦基恩·卡特尔和其后的编者建立的。自认两个或两个以上的生物科学领域的入选者的比例逐渐增加,到第 17 版时达到 22%。估算基于的样本大小:第 1 版 4000 人(所有词条总数的 100%),第 3 版 3800 人(40%),第 5 版 3140 人(14%),第 8 版 3330 人(7%),第 10 版 6000 人(7%)。由于第 13 版和第 17 版的主题索引的改进,所有的(分别有 110,000 人和 128,500 人)词条都得到统计。临床学科如医学、眼科学、儿科学、外科学和其他学科没有算进生物学科,农业、林业和食品技术也未算入。关于卡特尔把入选者分类时所用的方法,参看 Sokal,《凝望星星》(Stargazing),和 Kessel,《心理学、科学和人类事务》(*Psychology, Science, and Human Affairs*),第 64 页~第 86 页。

注:最后一行是给定的《美国科学名人录》中生物科学家的估计总数。

363

表 18.2 美国大学授予的生物学科博士学位不同领域(生理学以粗体标出)排序

年代区间	1920～1924	1932～1936	1945～1949	1958～1962	1970～1974	1981～1985	1993～1997
不同领域(占比/%)	植物学(26)	动物学(29)	动物学(29)	生物化学(22)	生物化学(18)	生物化学(17)	生物化学(16)
	动物学(22)	植物学(20)	植物学(21)	微生物学(16)	微生物学(12)	微生物学(9)	分子生物学(12)
	混杂生物学(16)	混杂生物学(15)	生物化学(16)	动物学(14)	生物学(10)	生物学(8)	生物学(9)
	生理学(15)	**生理学(15)**	**生理学(14)**	植物学(9)	**生理学(10)**	**生理学(7)**	微生物学(8)
	生物化学(9)	生物化学(10)	微生物学(14)	**生理学(9)**	动物学(10)	药理学(7)	**生理学(5)**
	微生物学(9)	微生物学(9)	混杂生物学(5)	昆虫学(8)	昆虫学(6)	分子生物学(6)	细胞生物学(5)
	解剖学(4)	解剖学(5)	解剖学(2)	遗传学(7)	植物学(6)	生态学(5)	生态学(4)
				植物生理学(4)	遗传学(4)	动物学(5)	遗传学(4)
	699	2077	2197	5670	16,356	18,429	25,904

资料来源:1920～1949 年来自 Lindsey R. Harmon 和 Herbert Soldz,《美国大学博士学位数量(1920～1962)》(*Doctorate Production in United States Universities, 1920-1962*, Washington, D. C.: National Academy of Sciences-National Research Council, 1963),他们把生物学科分成了 7 个领域并且将学位论文分配到上述领域;1958～1997 年来自 Fred D. Boercker,《美国大学博士学位获得者(1958～1966)》(*Doctorate Recipients from United States Universities, 1958-1966*, Washington, D. C.: National Academy of Sciences, 1967),和 Fred D. Boercker,《1970 年以来的总结报告:美国大学博士学位获得者》(*Summary Report 1970-: Doctorate Recipients from United States Universities*, Washington, D. C.: National Research Council, 1970-1997)。二者都是基于年度《所获博士学位调查》(Survey of Earned Doctorates)中生物学科学位论文的作者从 1958 年的 17 个领域中(到 1997 年扩展到了 26 个领域)选定的自己所处的领域。

注:最后一行是 5 年内生物学科学位论文总数。

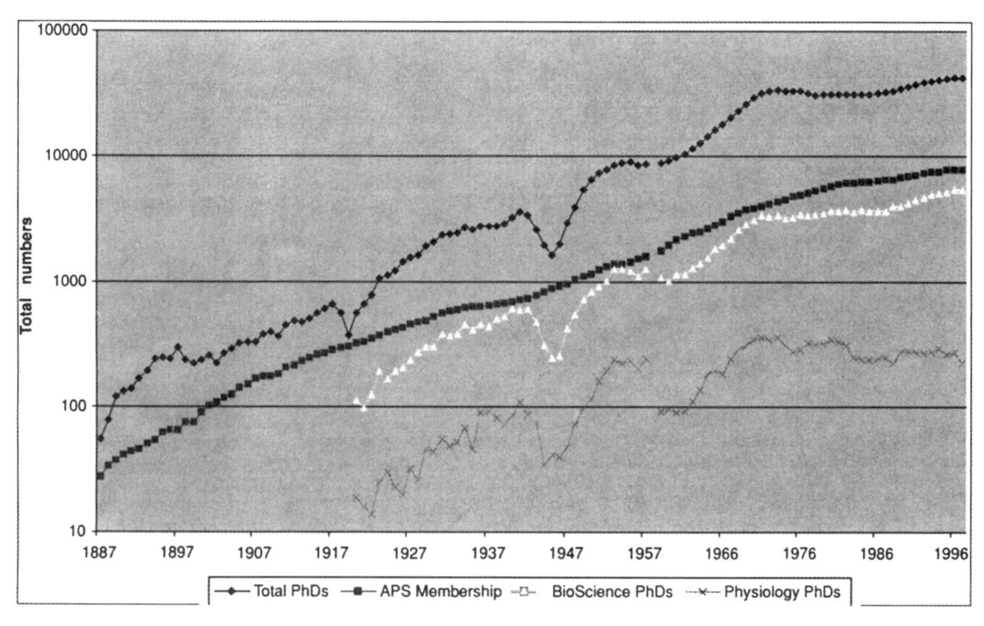

图 18.2　美国生理学，1887～1997，年度指标

来源：Brobeck、Reynolds 和 Appel 编，《美国生理学学会史》(*History of the American Physiological Society*)，第 302 页；《生理学家》(*The Physiologist*，1987－1997)；Lindsey R. Harmon，《博士学位的世纪：增长和变化的数据分析》(*A Century of Doctorates：Data-Analysis of Growth and Change*，Washington，D. C.：National Academy of Sciences，1978)和表 18.2 的资料来源。

表 18.3　北美《美国科学名人录》中生理学家的工作机构排序

365

年代	1906	1921	1933	1949	1960	1976	1989
工作机构（占比/%）	医学院[a] (43)	医学院 (53)	医学院 (57)	医学院 (60)	医学院 (44)	医学院 (54)	医学院 (50)
	技术和科学院 (33)	技术和科学院 (28)	技术和科学院 (25)	技术和科学院 (23)	技术和科学院 (25)	技术和科学院 (65)	技术和科学院 (30)
	政府 (4)	公司/基金会 (5)	医院 (7)	政府 (8)	政府 (16)	政府 (8)	公司/基金会 (9)
	医院 (4)	医院 (4)	公司/基金会 (3)	医院 (5)	公司/基金会 (8)	公司/基金会 (6)	政府 (6)
	公司/基金会[b] (3)	政府 (3)	政府 (1)	公司/基金会 (1)	医院 (6)	医院 (1)	医院 (2)

资料来源：同表 18.1，入选者自认是“生理学家”。

注：*a* 包括医学院和兽医学院。

b 包括公司和慈善基金会。

这些数据可能支持了魏斯的观点:20 世纪的生理学更多是一种态度,而不是一门有着传统的 19 世纪学科形式的学科。或者它们可能说明如果生理学在 20 世纪仍存在的话,已经成为一种可能被称为超级学科的东西。1958 年美国生理学学会的自我调查总结说:"生理学家显著地分散到生物科学的很多分支中。"[46] 在这种分散中,很多人已经接受了更狭窄、更专业的学科的职业认同和院系结构,但是仍然坚持把生理学作为一种"观点"或者一种被苏珊·利·斯塔尔和詹姆斯·R. 格里塞默所谓"边界对象"的来源。[47] 美国生理学学会的分化反映了美国生理学家的这种双重身份。[48] 即使专业化和重新组合已经根本地异化了他们从 19 世纪继承来的学科特点,或许 19 世纪自然学科的孔德式划分被 20 世纪的科学家以超级学科的形式保存着。[49]

(李晓 译)

[46] Gerard,《生理学的镜子:生理学的自我调查》,第 2 页。

[47] Susan Leigh Star 和 James R. Griesemer,《机构生态学、"翻译"和边界目标:伯克利脊椎动物学博物馆的业余人员和专业人员(1907～1939)》(Institutional Ecology, "Translations" and Boundary Objects: Amateurs and Professionals in Berkeley's Museum of Vertebrate Zoology, 1907-39),《科学的社会研究》(*Social Studies of Science*),19(1989),第 387 页～第 420 页。

[48] 大一些的美国学科学会如美国化学学会(American Chemical Society)和美国物理学会(American Physical Society),也在 20 世纪的进程中经历了"分部化"。虽然有时这两个学会的领导把专业化视为一种威胁,但是在这些大的组织中(目前这两个学会分别有超过 16,000 和超过 40,000 位会员)焦虑程度从未达到过美国生理学学会的水平。参看 Karl H. Reese 编,《百年化学:化学家的角色和美国化学学会》(*A Century of Chemistry: The Role of Chemists and the American Chemical Society*, Washington, D. C.: American Chemical Society, 1976);Harry Lustig,《推进和传播物理学知识:美国物理学会百年历史的记述》(To Advance and Diffuse the Knowledge of Physics: An Account of the One-Hundred-Year History of the American Physical Society),《美国物理学杂志》(*American Journal of Physics*),68(2000),第 595 页～第 636 页;David Kaiser,《制造理论:战后美国物理学和物理学家的生产》(Making Theory: Producing Physics and Physicists in Postwar America, PhD diss., Harvard University, 2000),第 3 章。

[49] 关于 20 世纪科学中各学科地位的有启发性思考(虽然各不相同),参看 Lindley Darden 和 Nancy Maull,《交叉领域理论》(Interfield Theories),《科学哲学》(*Philosophy of Science*),44(1977),第 43 页～第 64 页;Pnina Abir-Am,《新科学学科巩固过程中合法化的主题、类型和顺序:解构分子生物学编史学》(Themes, Genres and Orders of Legitimation in the Consolidation of New Scientific Disciplines: Deconstructing the Historiography of Molecular Biology),《科学史》,23(1985),第 73 页～第 117 页;Timothy Lenoir,《自然学科和学科的性质》(The Discipline of Nature and the Nature of Disciplines),载于 Ellen Messer-Davidow、David R. Shumway 和 David J. Sylvan 编,《知识:学科的历史和评论研究》(*Knowledges: Historical and Critical Studies in Disciplinarity*, Charlottesville: University Press of Virginia, 1993),第 70 页～第 102 页。

19

病理学

拉塞尔·C. 毛利兹

367

病理学的发展及其所有复杂根源和分支,比起我们将其作为医学教育和"科学医学"之基础的大多数学科更难讲述。完成这件工作需要一系列医学史的"横切"片段,这些"横切"片段在不同层发挥作用。一个完整的讲述需要包括病理学博物馆和收集冲动,以及疾病概念的发展——直到那些概念定位于人体(或者就此而言,是在人体上推广)。这个完整的讲述还需要包含"疾病本身"的发展模式,而无论我们赋予疾病的意思是什么,[1]因为乔瓦尼·巴蒂斯塔·莫尔加尼和后来的医生们所描述的人体上的"疾病的位置和原因"不仅取决于一直变化着的流行病学模式,也同样取决于医生们面对疾病所拥有的工具。如严重急性呼吸综合征(SARS)或者艾滋病等新疾病,人类的仪式行为,家庭生活,智人和其他动物及自然环境的关系,还有(特别是)城市化以及随之而生的疾病在医院的集中——所有这些都有助于界定医学观察者"眼中所看到"的"病理学"。

让人持续着迷的是思考那些隐藏于人体、工具和疾病之间关系中的悖论,即认知上的"事实"和流行病学"事实"之间的争论。从某种意义上来说,在任何历史时刻,我们都能看到这三者——人体、工具和疾病——中的任何一个在另外两个之间调解。也许正是这种复杂性使得大多数历史学家对病理学历史敬而远之。[2]

368

作为一门学科,病理学的演化只有两个高层的事实是清楚的。第一,也是这一章的主要焦点,就是在过去的200年,一种重要的病理学的实践和"科学"成长于西方文化中。第二,这一点我们在此将只是顺便带过,就是在近几十年里,病理学进入了一个

[1] 关于时间要素的重要性,参看 Harry Marks,"现代医学中的时间与疾病"(*Time and Disease in Modern Medicine*, unpublished manuscript),第1章"病理学的时间"(Pathological Time)。这本专著即将出版,论述了疾病理论中变化的概念是如何随时间流逝而演变的。

[2] Russell Maulitz,《凯-吕迪格·普吕尔之〈西欧的病理学传统:理论、制度及其文化背景〉评论》(Review of Cay-Rüdiger Prüll, *Traditions of Pathology in Western Europe: Theories, Institutions and Their Cultural Setting* [Herbolzheim: Centaurus, 2003]),《医学史通报》(*Bulletin of the History of Medicine*),79(2005),第604页~第606页。也可参看简短但极好的普吕尔的编史学文章,载于 Cay-Rüdiger Prüll 编,《19和20世纪的病理学:理论与实践的关系》(*Pathology in the 19th and 20th Centuries: The Relationship between Theory and Practice*, Sheffield: EAHMH, 1998),第1页~第9页。在 Axel Bauer 维护的网站上也可以在线获得重要的编史学帮助,《国际病理学史书目指南》(International Bibliographic Guide to the History of Pathology),链接为 http://www.uni-heidelberg.de/institute/fak5/igm/g47/bauerpat.htm (last accessed November 5, 2005)。

奇怪的衰退期。病理学作为一门学科,作为学术医学的试金石,有些类似于解剖学和生理学,仍然是医学教育中的一大支柱。[3] 但是病理学的其他传统基础,如尸体解剖中的程序和诊断判定中的认知学,却实质性地消失了。[4] 这些病理学的基础在过去数百年曾非常重要,只是最近在20世纪的两次世界大战之后,似乎变成了化石。[5] 在很多国家,尸体解剖现在很少做了——为了减少开支、规避诉讼风险,以及病理学家群体的投入收益最大化。

病理学家同时也变成一个管理员,典型的领域是化学自动分析、血清学、放射免疫检测和微生物学实验室。但是具有讽刺意味的是,这个领域虽然在衰退,却变得越来越有自我意识。2005年,王家病理学家协会(Royal College of Pathologists)的主席如此定义他的领域——"位于现代医学心脏的隐藏科学,对疾病的诊断和临床管理至关重要",却没有列举任何解剖病理学的专业职位的类别。[6] 的确,在多个层次,这种描述是非常贴切的。从认知角度来看,病理学家是发现病理学的人,病理学是分析的不可见平面或层次,在其中,疾病的一个概念映射另一个概念。[7]

我们可以将病理学以阶段划分,即一个史前阶段和三个现代阶段——或许之后进入一个"史后"阶段。我所说的史前阶段是指18世纪后期和19世纪早期之前的阶段,当时疾病理论的第一次"现实神秘化"使仔细检查的重点从看得见的"正常"人体转移到人体组织。

369

第二次变革发生在19世纪下半叶的某个时候,当时改良的显微镜又一次使得检查的重点从组织转移到单个细胞。第三次变革则发生在20世纪,此时病理学家们抢占了分析人体血液和亚细胞成分的行业。有时这也叫"临床病理学",如今正占着支配地位。最后,只是有可能地,是一个更新近的变革,可能最早从20世纪90年代开始——病理学的一个史后期,此时基因组医学试图找到阳光下的一个位置。本章的结尾处将提供一些现有的比较简略的证据,来说明这个可能发生的最后的变革。

接下来,我建议用一种方式来思考病理学的起源和随后的发展方向,这种方式由以下几个阶段呈现:(1)史前,(2)组织病理学,(3)细胞病理学,(4)临床病理学,(5)

[3] 参看 Susan C. Lawrence 撰写的第15章。

[4] Jack Hasson,《美国的医疗失误与尸体解剖》(Medical Fallibility and the Autopsy in the USA),《临床实践评价杂志》(*Journal of Evaluation in Clinical Practice*),3(1997),第229页。也可参看 Cay-Rüdiger Prüll,《1850年以来的德国病理学和为尸体解剖的辩护》(German Pathology and the Defence of Autopsy since 1850),载于 Cay-Rüdiger Prüll 编,《西欧的病理学传统:理论、制度及其文化背景》(*Traditions of Pathology in Western Europe: Theories, Institutions and Their Cultural Setting*, Neuere Medizin- und Wissenschaftsgeschichte, Quellen und Studien, vol. 6, Herbolzheim: Centaurus, 2003),第139页~第162页。

[5] Hasson,《美国的医疗失误与尸体解剖》。

[6] Sir James Underwood, http://www.rcpath.org.uk/index.asp (accessed June 11, 2005)。在此文中,长长的专业领域清单中并不包括解剖病理学。然而,Underwood 确实保留了法医病理学(尸体解剖在传统上的最后归宿),它可能是最"引人注目"的,但在职位方面已经变得"相对较少"。这也意味着,对于从事这个职业的人来说,坐在法庭上与切割并理解尸体内部的信息一样重要。

[7] Russell Maulitz,《凯-吕迪格·普吕尔之〈西欧的病理学传统:理论、制度及其文化背景〉评论》;Russell Maulitz,《病理学传统》(The Pathological Tradition),载于 W. F. Bynum 和 Roy Porter 编,《医学史参考百科全书》(*Companion Encyclopedia of the History of Medicine*, London: Routledge, 1993),第169页~第191页。

当代范式。以上每一个病理学模式都覆盖了在其之前的旧模式却并不完全抹杀旧模式。因为每一个模式只是增加了一个新的“看见”病变人体的层面，所以当今的开业医师们仍然能够(也是在做的和必须做的)讲述，比如，病变器官的大致外形或者不正常的组织面。医学思想史是一个非常保守的历史，至少从病理学共同体来看是这样的。所以，病理学历史不是一系列的破坏性革命，而是一个重写本，即在旧思路之上补充一些新思路，来查看正常和异常的解剖结果。[8]

我们可以增加另一个认识框架，即为了理解病理学作为疾病理论和作为学科是如何发展的，我们可以将每一个发展时期概念化为一组成对的步骤序列。在每一个序列中，先是关于人体结构及其病态紊乱的某些概念，即基于解剖观察但还不是疾病观察的“理论阶段”。接着是一个更有操作性的临床阶段，在此阶段，社会环境和机构环境的变化允许确立和细化早期疾病理论，并将其投入特定的临床背景中。再三地，病理学的这种两阶段发展模式催生了病理学的新分支学科，以及病理学及其从业者的新角色。[9]

病理学的史前阶段

西方病理学的史前阶段——在“病理学家”出现之前的病理学实践——始于现代早期。在南欧主要的医学中心，用于医学教学的解剖开始将当时的两种兴趣结合起来。一种是对储备知识的兴趣，主要来自一些受过学术训练的内科医生；另一种是对人体微细结构的兴趣，主要来自一些学徒出身的外科医生。不久又加入了对病变的兴趣。所以可以说这时有三个轴：一个 X 轴，即保存人体方面的信息以利于进一步创建一个医学理论的主体；一个 Y 轴，即观察尸体的组成器官以利于确定人体构造的某个截面或结构，并且由此来规范理论；一个 Z 轴，即通过把某些类型的疾病关联到人体的某个器官——在过去的许多病例中都观察到了——来进一步规范理论和实践。[10]

370

在医学这个新的“XYZ”的实践者中，乔瓦尼·巴蒂斯塔·莫尔加尼属于走在最前沿的一个。作为知名的“泛欧洲人”，他在帕多瓦大学沿着威廉·哈维的足迹前进，并且与从意大利到不列颠各处的科学社团通信。[11] 由于人体器官可能提供一种途径来

[8] 关于更多的这种积累，参看 John V. Pickstone，《认识方式：科学、技术和医学新史》(*Ways of Knowing: A New History of Science, Technology and Medicine*, Chicago: University of Chicago Press, 2001)。

[9] 当然，正如我们有时忘记的，一些理论概念从未成功。关于不可预知性和运气在各学科中的作用，参看 Nassim Taleb，《被随机性愚弄：机会在生活和市场中的秘密作用》(*Fooled by Randomness: The Hidden Role of Chance in Life and in the Markets*, 2nd ed., New York: Random House, 2005)。当然，公平地说，在更大程度上，一个理论在医学中比在某些人文学科中的“成功”机会更多，因为事实上它与一段时间内看到的疾病模式相对应，也就是说，“现实测试”可能会更直接一些(尽管并非总是如此)。

[10] Russell Maulitz，《解剖学与解剖诊所》(Anatomie et anatomo-clinique)，载于 D. Lecourt 编，《医学思想词典》(*Dictionnaire de la pensée médicale*, Paris: Presses Universitaires de France, 2004)，第 47 页～第 51 页。在《现代医学中的时间与疾病》中，Harry Marks 展示了我们在此处说的 Z 轴(疾病轴)，实际上是“疾病随时间变化”的轴；也就是说，随时间变化的疾病的连续表现被记录下来，这要比那些静态快照对医生想法的影响大得多。

[11] Maulitz，《解剖学与解剖诊所》。此处关于莫尔加尼的简要叙述大部分以这篇文章为基础。

更好地理解疾病的发展过程，莫尔加尼开始系统整理器官病理学。把疾病锚定在人体某个特定的器官，为诸如癌症等疾病的解剖定位法做好准备。这完全有悖于全身体液学说的诊断和治疗方法，此方法仍然主宰着大多数医生的思想观念。

在他职业生涯的后期，与 19 世纪早期的那些法国解剖病理学家仅仅相差一代人的时候，莫尔加尼着手书写他的巨著，将他从事解剖的一生总结于《论疾病的位置和原因——解剖学调查》（*De sedibus et causis morborum per anatomen indagatis*）。这本于 1761 年出版的著作很快被译成英语和其他主要语言并出版，其中莫尔加尼公开了 70 封信，共描述了大约 700 个病例。每个病例都以某种方式描述一种疾病的特征，如此一来人们就可以从解剖学基础上最好地理解疾病。

解剖实践是伴随欧洲南部和北部文艺复兴而产生的，而“器官理论”当然可以追溯到解剖实践这个伟大传统。莫尔加尼的贡献是那个关键的 Z 轴，即长时间地系统化地展示疾病在“这个病人”身上的“这种效果”和在“那个病人”身上的“那种效果”，通过反复的展示将器官病理学具体化，作为理解不适和疾病的一个方法，其重要性得到人们的公认。一个病例又一个病例地积累，一个描述又一个描述地增加，逐步形成基于解剖部位的疾病理论坚实的基础。

因此，在威廉·哈维辞世仅仅 4 年后出生、一直活到格扎维埃·比沙（1771～1802）出生那年的莫尔加尼，成为 17 和 18 世纪器官解剖学和 19 世纪组织解剖学之间一个承上启下的关键性人物。以这种方式，莫尔加尼作为一个个体展现了一种操作性，这将是接下来的一个世纪里临床解剖的共同特征。下一个层面，下一个依序排列的概念上的联系，是下一代的组织解剖学。

371

第一次变革：组织病理学

诚然，从某种意义上说，把发生在英国、法国和其他国家的组织病理学先驱之前的事情都标上“史前”的标签是有点自大。但这种自大是基于职业角色和教学特权的观念：这个人，经过这种方式的培训，现在可以讲授这门学科。直到肉眼看到器官及其相应的病变形态，并且理解人体所包含的深奥知识，一个人才能诚实地宣称自己是“病理学家”。的确，在 19 世纪早期的欧洲和也许一代人之后的美国，“病理解剖学”“外科病理学”“医学病理学”（有时同一所机构开设其中的两门或更多）等独立的学术课程将开始蓬勃发展，这并不是偶然的。[12]

组织病理学的观念实质上是给予人体内部各层分类的特权，这些层即这病或那病

〔12〕 我们还记得，内科医生和外科医生在某些方面（在欧洲比在美国更多）仍然主宰着分离的领域。然而，病理解剖学无疑是两者之间的一座桥梁。参看 Russell Maulitz，《病态外观：19 世纪早期的病理解剖学》（*Morbid Appearances: The Anatomy of Pathology in the Early Nineteenth Century*, Cambridge: Cambridge University Press, 1987）。关于美国的情况，参看 Russell Maulitz，《病理学》（Pathology），载于 Ronald Numbers 编，《美国内科医生的教育》（*The Education of the American Physician*, Berkeley: University of California Press, 1979），第 122 页～第 142 页。

作用的主要部位。正如很多学者所提出的那样,组织病理学开始是18世纪的一个产物,并且是一个多中心的产物。[13] 在英国,约翰·亨特、马修·贝利,还有他们的很多学生,借助一种早期的以医院为基础的临床观察,开始用本体论或实在论的术语谈论人体的个别组织——作为正常和紊乱状态下解剖学中基本的构造单元。但是,正如乔治·康吉扬、克里斯蒂亚娜·辛丁和其他学者所指出的,这种早期的组织术语在等待着它最终的制度上和文化上的操作性环境,而这个环境则是在20世纪中叶由米歇尔·福柯、埃尔温·阿克尔克内希特和其他人所精确描述的巴黎医学。[14]

372

在新世纪刚刚开始的时候,在革命后巴黎拥挤的医院里,格扎维埃·比沙勾勒出一种"病理解剖学"的新传统,它基于人体的组织并将外科医生的"外部病理学"和内科医生的"内部病理学"连接起来。其后这个新传统又由加斯帕尔·培尔(1774～1816)、泰奥菲勒·拉埃内克(1781～1826)和其他人进一步发展。这个传统并不代表旧理论的和自然史的"内部"病理学,后者在当时仍旧被巴黎教授群体中的一些人(包括菲利普·皮内尔)以某种陈旧的方式讲授。相反,这个传统成长于内科学和外科学体系的缝隙中,以前分开的这两个从业者群体的实践慢慢融合起来:在几个由拉埃内克和其他人讲授的病理解剖学私人课程上,在关于同样是五花八门的新成立的医学学会的回忆录里,以及在让·科维萨尔(1755～1821)和亚历克西·布瓦耶(1757～1831)主持的权威性杂志《内科、外科及药学杂志》(*Journal de médecine, chirurgie, pharmacie*)上发表的一些文章里。

比沙学派的组织病理学整合完善的速度异常缓慢,其中一个毫无疑问的原因是,尽管它分享了一些官方的、外科导向的"外部"病理学的局部病因说,却几乎和之前内科医生们采用的普通"内部"病理学一样缺乏视觉效果。考虑到大体解剖学中的视觉重视和后来病理学中的视觉强调,巴黎诊所里的解剖学总论却主要是文字的,这一点颇具讽刺意味。而这种新的病理学项目则将疾病定位于组织而不是器官,倾向于以图片取代文字。[15]

各种各样的日常诊所事务推动了新的病理解剖学的操作阶段的出现。在拉埃内克的情况中,它就是把临床和病理关联起来的精心设计的仪式,他通过身体诊断方法(如扣诊和听诊)获得病人临死前的检测结果,然后与拿破仑和法兰西第一帝国时代的巴黎允许的对尸体更精细的解剖所得的死后的检测结果进行很多细节上的比较。[16] 在有些人的情况中,比如奥古斯特·肖梅尔(1788～1858)或比他年轻些的同事(也是

[13] Othmar Keel,《现代临床医学在欧洲的出现(1750～1815)》(*L'avènement de la médecine clinique moderne en Europe, 1750-1815: Politiques, institutions et savoirs*, Montréal: Presses Universitaires de Montréal, 2001)。

[14] Michel Foucault,《诊所的诞生》(*Naissance de la Clinique*, Paris: Presses Universitaires de France, 2003); Erwin Ackerknecht,《巴黎医院的医学》(*Medicine at the Paris Hospital*, Baltimore: Johns Hopkins University Press, 1967); Georges Canguilhem,《正常与病态》(*Le normal et le pathologique*, Paris: Presses Universitaires de France, 2005)。

[15] 此段文字改编自 Maulitz,《病态外观:19世纪早期的病理解剖学》,获得作者许可。

[16] Maulitz,《病态外观:19世纪早期的病理解剖学》;Jacalyn Duffin,《高瞻远瞩:R. T. H. 拉埃内克的一生》(*To See with a Better Eye: A Life of R. T. H. Laennec*, Princeton, N. J.: Princeton University Press, 1998)。

其从前的学生）皮埃尔·路易，这是对频闪般的一系列微细尸检结果的几乎狂热的关注，这种观察最终能让他们产生一个总结性的解释，即疾病是如何“符合”组织病理，正如证据显示的那样，组织病变反复出现在一个主题下：“得了这种病，死于这种方式，病变的组织因此是这样的。”[17]对于越来越流行、越来越被认识或两者兼备的例子，这种操作性的一个经典的范例就是肺部的胸膜表面感染，或称胸膜炎。阿德里安·威尔逊已经展示过，如何以这个疾病作为新的组织病理学的一个范例，就像通过一个镜头，来审视19世纪早期巴黎的结核病和其他浆膜炎，虽然“胸膜炎”本身，如同“组织”这样的基本概念一样，很古老。[18] 在一篇新近发表的文章里，阿德里安·威尔逊提出病理学连续性和变化之间表面上的悖论。在这篇发表在纪念罗伊·波特专集中的重要文章里，他比较了该学者和米歇尔·福柯对病理学的看法，并且得出与本章相同的结论。威尔逊描述了病理学出现所必备的一系列条件，并指出：“在巴黎卫生学校，这些条件都具备了——并非蓄意为之，而仅仅是因为那里出现的实践和环境偶然的三重结合的结果。”[19]

373

自19世纪30年代起，解剖传统从巴黎开始，接着穿过很多国界——而且确实又返回了英格兰，在比如临床医师兼研究人员罗伯特·卡斯韦尔、托马斯·霍奇金和理查德·布莱特等人的工作中恢复了——这个传统很快被做上标记，即试图把疾病定位到器官和组织，并使用统计方法对系统化序列中的大量的病人进行系统的观察。通过使用学生编辑，肖梅尔对这个观念的理解可能比他的任何法国同行都更深入。但是，在肖梅尔本身、皮埃尔·路易或者他们说英语的门徒的掌控下，项目总是结合了好几个观念，即将疾病定位到非常具体的身体部位；全身各处占据中间位置的组织，常位于孤立的固体器官（如肝脏）与“体液”（如血流）之间；需要研究大量因组织感染而生病的人的案例；（经常）需要在临床背景下细化和传播解剖学知识的特定人群病房系统。其结果不仅是一个新的教学系统的产生，而且还带来一种新思路，来思考在疾病状态下的各鲜活的亚组织之间的关系。举一个最突出和最普遍的例子，在某个垂死的病人体内，存在着非常易见的结核节——肺结核或其他结核病那种巨大的肉芽肿状的病灶——处于各种各样的浆膜之中，这是一种理解为什么有结核性心包炎的病人也会被预测有结核性腹膜炎的方法，反之亦然。这是一种强有力的、神秘的却又极其现实的方法，来理解人体内各病变组织面之间的同一性和相联性。它是一种进行预后诊断的方法，即疾病进程的临床预测。它也是一种形成新的研究领域的途径。

所以这个时候，病理学已经推进到一种可以称为学科的形式了。它融汇了解剖

[17] Russell Maulitz，《在诊所中：在巴黎医院中确定疾病》（In the Clinic: Framing Disease at the Paris Hospital），《科学年鉴》（*Annals of Science*），47（1990），第127页～第137页；Marks，《现代医学中的时间与疾病》。

[18] Adrian Wilson，《论疾病概念史：以胸膜炎为例》（On the History of Disease-Concepts: The Case of Pleurisy），《科学史》（*History of Science*），38（2000），第271页～第319页。

[19] Adrian Wilson，《波特对福柯：关于“诊所的诞生”》（Porter versus Foucault on the “Birth of the Clinic”），载于Roberta Bivins和John V. Pickstone编，《万事皆可知：纪念罗伊·波特文集》（*De Omni Scribili: Essays in Memory of Roy Porter*，Basingstoke: Palgrave, 2007）。

学、临床学和教育学的原理，它们一一上演于欧洲主要首都的舞台上，而且在19世纪中叶之后的美国也是如此。在19世纪的第二个1/4世纪里，美国学习病理解剖学和临床医学的学生都将被吸引到巴黎。历史学家约翰·沃纳以编年史的方式记载了这些“巴黎回忆”如何强有力地使这些学生联系在一起，产生关于诊所的某种世界观。[20]对这些学生来说，病理学已经毫不夸张地成为操作性的，因为从业者从诊断到临终卧床再到尸体解剖一直跟随着病人。

374

第二次变革：细胞病理学

在19世纪中叶，当学生们蜂拥前往巴黎的时候，一个新的概念层已经在组织病理学之上形成，即细胞理论。正如苏珊·C. 劳伦斯所探讨的那样（参看第15章），在不列颠、德意志各邦国和其他地方，已有很多观察者正在使用改良的显微镜去辨识比层状组织更精细的结构，层状组织对第一代病理学家来说已经足够了。这个由德国的鲁道夫·菲尔绍命名的新型病理学——细胞病理学的理论阶段，持续了19世纪中间1/3世纪大部分的时间。在这个阶段，显微镜学家们利用了来自法国和其他一些地方的早期工作，这些工作显示出“细胞”，而不是“组织”，代表着生命中最基本的结构和功能单位。而且正如菲尔绍最先于1855年所提出的那样，如果有生命，那么就有疾病。[21]菲尔绍为这个新兴的病理科学创建了一个平台，即《档案》(*Archiv*)杂志，在该杂志的一篇文章中，以及在他自己的经典著作《细胞病理学》(*Cellular Pathology*,1858)中，他为疾病研究安排了一个日程。[22] 他的日程将把细胞解剖学理论从马蒂亚斯·施莱登、特奥多尔·施旺和其他人建立起来的理论基础，推进到在实验室和尸检房的操作阶段。[23]

菲尔绍于19世纪50年代设想的这个宏大的、程序化的愿景催生了科学医学的整个产业，而组织病理学也重组为细胞病理学。[24] 这个规划能具有操作性是因为菲尔绍及其学生把具体性贯彻到理论日程之中了。有两个例子足够说明问题。第一个是菲尔绍自己在肿瘤方面做的工作。19世纪是一个传染病的世纪，日渐拥挤的城市社会状

375

[20] 此处关于肖梅尔及其继承者的讨论改编自Maulitz,《在诊所中：在巴黎医院中确定疾病》。关于美国学生的观点，参看John Harley Warner,《反对体制精神：19世纪美国医学的法国推动力》(*Against the Spirit of System: The French Impulse in Nineteenth-Century American Medicine*, Princeton, N. J.: Princeton University Press, 1997)，和Matthew Ramsay对此的评论，《泰晤士报文学增刊》(*Times Literary Supplement*), no. 4978, 1998年8月28日，第8页。

[21] Rudolf Virchow,《细胞病理学》(Cellular-Pathologie),《病理解剖学和生理学档案及临床医学档案》(*Archiv für Pathologische Anatomie und Physiologie und für klinische Medicin*), 8(1855)，第3页～第39页。

[22] Rudolf Virchow,《基于生理组织学和病理组织学的细胞病理学》(*Die Cellularpathologie in ihrer Begründung auf physiologische und pathologische Gewebelehre*, Berlin, 1858)。关于它的持久力量，参看Erwin H Ackerknecht,《在菲尔绍的〈细胞病理学〉发表100周年之际：回顾》(Zum 100. Geburtstag von Virchows "Cellularpathologie": ein Rückblick),《菲尔绍档案》(*Virchows Archiv*), 332(1959)，第1页～第5页。

[23] Lawrence，第15章。

[24] 关于这个项目在德国的兴起，参看Axel Bauer,《19世纪德意志各邦国、瑞士德语区和奥地利的大学中病理解剖学的制度化》(Die Institutionalisierung der Pathologischen Anatomie im 19. Jahrhundert an den Universitäten Deutschlands, der deutschen Schweiz und Österreichs),《格斯纳》(*Gesnerus*), 47(1990)，第303页～第328页。

况为病理学家们提供了一个实验室。病理学家们声称他们有能力把传染病从其他疾病(如慢性癌症)中区分开来,尤其是像结核病这样的慢性传染病;在1863年出版的《与肿瘤相关的疾病》(*Die Krankhafte Geschwültse*)这本书里,菲尔绍就讨论过区分癌症和其他身体失调的问题。当一种癌症能在显微镜下看见的时候,从19世纪晚期起,临床冲动便是手术摘除病变的组织结构,并确认组织学上(即基于细胞的)"干净边缘"的出现。[25] 虽然以前和现在都还在争论菲尔绍是否做出了正确的诊断,比如弗里德里希三世*——德皇和普鲁士国王——的癌症,但那不在目前讨论范围之内。在各种医务环境里,显微诊断技术正被接纳为常规技术,而细胞病理学也演变成一个具有操作性的学科。[26]

另一个很能说明问题的例子是尤利乌斯·科恩海姆自19世纪60年代之后在炎症方面的工作。由于感染、癌变和其他过程都可能导致组织发炎,菲尔绍的一些学生,最引人注目的是科恩海姆,对理解细胞发炎的过程提出了问题。[27] 从炎症必须以某种方式发生在细胞水平上这个观点开始,科恩海姆极大地扩展了菲尔绍激进的"局部病因说"的观点。运用创新的活体解剖技术,他展示了当局部细胞需要帮助以便消灭入侵者的时候,会发出某种哨兵似的召唤,而炎症反应细胞则可以受此召唤从远处迁移到该处。[28]

第三次变革:临床病理学

示范了"生理病理学"的科恩海姆的发炎观念,既调用了体液的"远距离作用",又使用了疾病过程的局部细胞的解释,它们已经不仅是为病理学项目提供深入的操作性了,而且使病理学家成为理解疾病的一个来源。虽然基本上还是植根于菲尔绍学派的范式之中,但科恩海姆的生理病理学提供了一个续章使得病理学进入下一个时代。我们将称之为实验室新体液学说或临床病理学。

376

[25] Rudolf Virchow,《与肿瘤相关的疾病》(*Die Krankhaften Geschwülste*, Berlin: Hirschwald, 1863)。关于此阶段的重要历史作品包括W. I. B. Onuigbo,《菲尔绍癌症转移观点的悖论》(The Paradox of Virchow's Views on Cancer Metastasis),《医学史通报》,36(1962),第444页~第449页;L. J. Rather,《癌症的根源》(*The Genesis of Cancer*, Baltimore: Johns Hopkins University Press, 1978)。

* 此处原文有误,写为Frederick II,应为Frederick III。已改正。——责编注

[26] J. M. Weiner和J. I. Lin,《为菲尔绍辩护:讨论菲尔绍关于弗里德里希三世癌症的病理报告》(In Defense of Virchow: Discussion of Virchow's Pathological Reports on Frederick III's Cancer),《新英格兰医学杂志》(*New England Journal of Medicine*),312(1985),第653页。

[27] Julius Cohnheim,《论炎症和化脓》(Ueber Entzündung und Eiterung),《病理解剖学和生理学档案及临床医学档案》,40(1867),第1页~第79页。

[28] Russell Maulitz,《鲁道夫·菲尔绍、尤利乌斯·科恩海姆和病理学项目》(Rudolf Virchow, Julius Cohnheim, and the Program of Pathology),《医学史通报》,52(1978),第162页~第182页。

19 世纪后期,包括生理学、[29] 细菌学[30] 和病理学本身在内的多种学科相互交叉,此时在科学医学领域出现了两种对立的倾向。一种倾向关注特定部位,疾病可能被追溯到这些部位。这种倾向以“纯粹的”菲尔绍学派的细胞病理学和可论证的大量的细菌学为代表,其重点是用人体脓肿的患处和伤口的分泌物培养出有机体。于是这种疾病与这个部位的恶性肿瘤或这个充满细菌的脓包相关联。但是,到 19 世纪最后 1/4 的时候,一种相反的、整体论的倾向在大多数新兴的生物医学学科里成长起来了。这在某种程度上是被临床医生们不信任尸检台和实验室不断上升的重要性推动的。[31] 就病理学而言,与菲尔绍学派局部病因学说相对抗的学说来自两个迥然不同的主要根源:临床意义的哲学和临床化学家的经验工作。

“临床意义”试图将正常和疾病状态的人体作为一个整体,拒绝以似乎由组织病理学以及尤其由细胞病理学控制的高度细化的术语来“认定”疾病的过程。这种冲动在某种程度上来自一位研究者所说的在医学上“对整体性的渴求”这样的哲学观念。在德国,这种冲动典型地表现在路德维希 · 阿孝夫身上,他在很多方面都是菲尔绍的直接继任者。[32] 毫无疑问,这种冲动也源于更为世俗一些的观念,即病床边临床医师的诊断预测和实验台边病理学家的距离需要缩短一些。这个观念对那些到目前为止已经深深潜入到明确的专门职业环境中的病理学家(如阿孝夫)来说,很可能要更容易接受些。而且重要的是,阿孝夫受到了来自国外的“整体性”工作的影响,尤其是俄国人伊利亚 · 梅契尼科夫的工作。对梅契尼科夫来说,不管细胞是来自外来的入侵者还是本身的病变,吞噬细胞都是将这些细胞和宿主联系起来的完美纽带。[33]

正如我们之前提到过的,位于细胞病理学之上的临床病理学作为一个新层出现还有另外一个原因:临床化学。通过使用化学分析来进行诊断在拉埃内克和肖梅尔的时代就已经开始了。18 世纪 20 和 30 年代,在伦敦的盖伊医院(Guy's Hospital),理查德 · 布莱特对“水肿”(今天可能称为心力衰竭)病人的尸体所做的解剖常常显示他们的肾脏异常,而这些病人的尿样中含有蛋白质。史蒂文 · 佩茨曼把这些发现综合起来称为“布莱特氏病”,该病可能是第一个依靠化学异常的实证来诊断的疾病。布莱特的两位助手,约翰 · 博斯托克和乔治 · 欧文 · 里斯后来检测了好几个布莱特的病人的血

377

[29] Gerald Geison,《我们相对而立:美国背景中的生理学家和临床医生》(Divided We Stand: Physiologists and Clinicians in the American Context),载于 Morris J. Vogel 和 Charles E. Rosenberg 编,《治疗革命:美国医学社会史随笔》(*The Therapeutic Revolution: Essays in the Social History of American Medicine*, Philadelphia: University of Pennsylvania Press, 1979),第 67 页～第 90 页。

[30] Russell Maulitz,《“医生对细菌学家”:临床医学中的科学思想》(“Physician versus Bacteriologist”: The Ideology of Science in Clinical Medicine),载于 Vogel 和 Rosenberg 编,《治疗革命:美国医学社会史随笔》,第 91 页～第 108 页。

[31] 另外两个例子,参看 Geison,《我们相对而立:美国背景中的生理学家和临床医生》;Maulitz,《“医生对细菌学家”:临床医学中的科学思想》。

[32] Lazare Benaroyo,《病理学与德国医学危机(1920～1930):路德维希 · 阿孝夫案例研究》(Pathology and the Crisis of German Medicine [1920-1930]: A Study of Ludwig Aschoff's Case),载于 Prüll 编,《19 和 20 世纪的病理学:理论与实践的关系》,第 101 页～第 113 页。

[33] Alfred Tauber 和 Leon Chernyak,《梅契尼科夫和免疫学的起源:从隐喻到理论》(*Metchnikoff and the Origins of Immunology: From Metaphor to Theory*, New York: Oxford University Press, 1991)。

液,其中的白蛋白和血清中的尿素都偏低。

但是几十年来,临床化学并没有与病理学融合起来。尽管内科医师们的诊断化学手册在19世纪中叶就出版了,但直到20世纪,后菲尔绍时代的病理学家们重新编写这些手册的时候,对血液和尿液中的尿素、尿酸和葡萄糖等物质的常规检测还不是惯常的做法,检测它们反而显得有些古怪。对化学病理学来说,把实验台和病床之间的鸿沟连接起来的"操作性时刻"反映出20世纪的三重进展:第一,使用少量血液进行快速化学测试的引入,尤其得益于伊瓦尔·C. 邦、奥托·福林、唐纳德·D. 范斯利克等人;第二,获得血样到实验室分析成为常规实践的观念;第三,医院里兴起了使用自动分析仪器的诊断实验室。此时已经是20世纪中叶。有完备的程序用于提交所有类型的样品(液体的和固体的),于是,临床化学终于在病理学系中争得一席之地。而这反过来又确保了病理学作为一门学科持续地繁荣下去,此时距尸体解剖急剧衰退已经很久了。[34]

随着尸体解剖重要性的衰减,临床化学成了医学业务和病理学业务中的核心。这种进化场景可以在美国科学医学的根据地约翰斯·霍普金斯大学病理学系的发展轨迹中辨别出来。约翰斯·霍普金斯大学病理学系的前辈威廉·H. 韦尔奇曾是一位关键性的人物,他衔接着19世纪欧洲的病理学和20世纪冉冉升起的美国医学教育。他格外注重用实验室医学培养临床医师。[35] 但是一个世纪后,韦尔奇的后继者,尽管毫无疑问是一位卓有成效的科学家——因为他获得的研究经费每年能达到两位数的增长,却不是一位具有医学博士兼哲学博士双学位的医师科学家,须知这种双学位在20世纪的大部分时间里是学术病理学家的一个标志。相反地,他是一位有商业管理学位的内科医师。病理学到20世纪末已然成为一门"大生意"。[36]

378

这门"大生意"的另外一部分就是外科病理学。在20世纪,病理学家成了来自外科手术室的冰冻组织切片和其他组织切片的裁决者。手术操作室和病理学家办公室之间的协商,就像早期病床和实验台之间的协商一样,显著地都是对乳腺癌诊断的裁定。正如一个评论者所说:"一个外科手术病理报告结束之日,才是一位妇女正式确定

[34] Steven Peitzman 和 Russell Maulitz,《诊断的基础》(La fondazione della diagnosi),载于 Mirko D. Grmek 编,《西方医学思想史·第三卷·从浪漫主义时代到现代医学》(*Storia del Pensiero Medico Occidentale*: 3. *Dall'Età Romantica alla Medicine Moderna*, Rome: Laterza, 1998),第255页~第281页。关于自动分析仪器的发明,参看 Leonard T. Skeggs, Jr.,《坚持与祈祷:从人造肾到自动分析仪》(Persistence and Prayer: From the Artificial Kidney to the Autoanalyzer),《临床化学》(*Clinical Chemistry*),46(2000),第1425页~第1436页。

[35] 在亚伯拉罕·弗莱克斯纳和他1910年的医学教育报告之后,出现了大量关于韦尔奇的研究——就像关于弗莱克斯纳的研究一样。最近一个有趣的研究是 Angus Rae,《平反的奥斯勒:弗莱克斯纳的灵魂安息了》(Osler Vindicated: The Ghost of Flexner Laid to Rest),《加拿大医学协会杂志》(*Canadian Medical Association Journal*),164, no. 13, 2001年6月26日。关于病理学在美国医学教育中的位置,参看 Maulitz,《病理学》,第122页~第142页。

[36] http://pathology.jhu.edu/department/letter.cfm, accessed January 22, 2006.

为乳腺癌患者之时。”[37]

流行的法医病理学

在2000年，一个新的流行文化热点——《犯罪现场调查》(*Crime Scene Investigation*)电视连续剧——突然进入美国电视观众的意识，并于一两年后在英国、德国、西班牙，毫无疑问还有其他地方赢得类似的大量观众。《犯罪现场调查》中的这些角色与一系列其他节目——比如《穿过约旦河》(*Crossing Jordan*)——一起美化了病理学家和其他法医调查人员的个人生活和工作。[38] 观察者如果认为这种公众关注在某种程度上反映了该工作本身的良好变化，倒是情有可原，但真实情况并非如此。至少在美国，病理学家的数量和空缺职位之间并不匹配。[39] 比如，在2001年1月，在一个公布这种工作机会的关键互联网网站上，寻找职位的人员总数是184，而空缺职位总数只有116。[40] 这位“博主”还引用了一个对外公开的公共数据来源——美国病理学家协会(College of American Pathologists)工作公告板，在2006年1月，上面公布的空缺职位数是76。[41] 有些病理学家幸运的话能找到一些管理职位，监管众多被雇用来作为专业人员助手的新技术人员。在2001年，法医病理学是一个很小的领域，只有为数不多的新从业者，[42]所以除非电视的魅力引发了一场前所未有的热潮，否则我们还必须到其他地方寻找病理学的未来。在此，我们可能被历史模型引导，即在任何时候，病理学都是创造性地分为两块：一块是已经成为操作性的实践，另一块则还处于发展之中——仍然还处于我所说的理论阶段。从20世纪90年代起，对病理学以及更广泛意义的医学来说，新的愿景似乎是“转化医学”。

379

[37] 关于外科病理学，参看C. H. Browning,《20世纪上半叶英国的病理学及对未来的展望》(Pathology in Britain in the First Half of the Twentieth Century, with a Glance Forward),《英国医学杂志》(*British Medical Journal*), no. 561(1967年8月5日)，第359页～第362页。关于癌症，参看Elliott Foucar,《乳腺癌战争：希望、恐惧和追求治愈在20世纪美国》(The Breast Cancer Wars: Hope, Fear, and the Pursuit of a Cure in Twentieth-Century America),《美国外科病理学杂志》(*American Journal of Surgical Pathology*), 27, no. 3(2003年3月)，第417页～第419页。埃利奥特·富卡尔的文章是一位病理学家对巴伦·H. 勒纳关于此主题的专著的评论。参看Barron H. Lerner,《乳腺癌战争：希望、恐惧和追求治愈在20世纪美国》(*The Breast Cancer Wars: Hope, Fear, and the Pursuit of a Cure in Twentieth-Century America*, New York: Oxford University Press, 2001)。

[38] 新闻稿，http://www.allianceatlantis.com/corporate/press media/AAC05 26.asp，2006年1月28日访问。

[39] 关于《犯罪现场调查》中的“职业”，在21世纪肯定是一个成长型行业，参看Hayden Baldwin,《如何成为犯罪现场调查员》(How to Become a CSI), http://www.icsia.org/faq.html，2006年1月29日访问。

[40] “病理学工作市场更新”，公布在病理学工作市场改进委员会(Committee for the Improvement in the Pathology Job Market)的博客上，http://members.tripod.com/～philgmh/CIPJM.html 和 http://members.tripod.com/～philgmh/pjmd.htm。

[41] http://www.cap.org and http://www.healthecareers.com/site templates/CAP/index.asp? aff = CAP&SPLD = CAP (requires registration)，2006年1月29日访问。

[42] 对法医病理学的规模和对该分支学科“真实”困境的看法，参看Brad Randall,《法医病理学家调查》(Survey of Forensic Pathologists),《美国法医学与病理学杂志》(*American Journal of Forensic Medicine and Pathology*), 22(2001)，第123页～第127页。

近期的转化医学

正如组织细胞病理学来源于生物学和显微镜学，临床病理学来源于化学一样，转化医学和它的子学科——基因组学——则来源于信息学，而信息学是从计算机科学和临床信息系统成长起来的学科，包括疾病分类和处置程序。在21世纪开始之际，这个观念的宣言占据了整整一期《病理学杂志》(*Journal of Pathology*)。[43] 对这个目前仍然在等待着操作阶段的以实验室为基础的运动的关注包括：创建储存病理学图像和术语的标准化系统，这些系统间的互用性，以及——这也可能是对未来操作性最为重要的——病理学的发现和最近人类基因组的解码之间的关联性。(动植物进化谱系上其他基因组对这些先锋来说也是有意思的。)对这个在医学共同体中快速成长的小共同体——这种"出芽"效应可用来解释和代表我们已经讨论过的新知识层——来说，最基本且重要的是这样一个观念，即未来对疾病的理解，必须具备改良的医疗设备来处理大量复杂的数据集，并对过去医学教育中被忽视的领域(比如信息学、遗传学、生物工程等)要给予更多关注。为在一定程度上达到此目标，在21世纪早些时候，病理信息学协会(Association of Pathology Informatics)成立了。[44]

如果有人问，病理学重写本的这个最新层是否以及如何能达到其操作阶段，也许我们可以从肿瘤病理学看出一些端倪。卷入这个病理学新浪潮的一些实验室依然对恶性肿瘤的特殊性感兴趣，仿效了菲尔绍和他的前辈们在19世纪的工作。[45] 但是现在，他们希望通过使用大量已被归类和可以索引的来自癌症病人的图像和DNA序列的数据来为癌症病人进行"量体裁衣"似的诊断直至最终的治疗。在20世纪90年代中期，出现了一些令人鼓舞的情况，如临床医师改变了他们对所谓黏膜相关淋巴组织(mucosa-associated lymphoid tissue，缩写为MALT)的看法，MALT是一种发现于某些胃癌病人中的恶性淋巴瘤。一个多世纪以来，局部病因说学派的组织病理学和细胞病理学的标志性做法是将此类癌变完全切除，这种做法在20世纪出现具有操作性的临床病理学后也毫无改变。但是突然间，人们证实MALT淋巴瘤可以用一种简单的药物方案治疗——不是传统的化疗毒杀，而是酸性抑制剂和抗生素的结合。一种叫幽门螺杆菌的生物被证实与胃黏膜的慢性发炎相关，这种慢性发炎在绝大多数情况下会导致这种淋巴瘤。更令人称奇的是，使用有别于手术或化疗的治疗措施确实可以使这种淋巴

380

[43] K. J. Hillan和P. Quirke，《基因组病理学的开端：一个新的前沿》(Preface to Genomic Pathology: A New Frontier)，《病理学杂志》(*Journal of Pathology*)，195，no. 1(2001年9月)，第1页～第2页。

[44] 可以调查该组织，它很早就与来自医疗记录和数字成像领域的企业赞助商合作，它的一些早期临时文件已检阅，链接为http://www.pathologyinformatics.org(上次访问时间为2006年2月2日)。

[45] Jules Berman，《肿瘤分类：分子分析遇见亚里士多德》(Tumor Classification: Molecular Analysis Meets Aristotle)，《BMC肿瘤》(*BMC Cancer*)，4(2004)，第10页。电子版链接为http://www.biomedcentral.com/1471-2407/4/10。

瘤萎缩。[46] 在至少好几个病例中,当病人经过癌症诊断做手术切除胃后,却发现本可以免于手术或化疗时,就引发了法律诉讼。如果这一点当代历史是转化医学进入其操作阶段的早期暗示的话,那么疾病的整个形象也许又要开始发生变化了。

结束语

病理学一直关注着两件不同的事情:一个是诊断法或司法鉴定("这个人出了什么问题?"),另一个则是边界维护("'疾病'和'正常'的区别是什么?")。因为这双重关注,病理学的发展经过了一系列的层——每个理论阶段之后就是操作阶段。组织的想法,一个泛欧洲现象,产生了19世纪早期作为法国医疗诊所一部分的操作性组织病理学。19世纪后期,显微镜学及其衍生的新生物学催生了细胞病理学理论。而后在细菌学和无菌外科手术时代,细胞病理学创建了其自身的操作可能性。临床病理学也经历了一个类似的动态过程。从19世纪的临床化学而来的临床病理学这个新层由20世纪的自动化程序表现出其操作性。最后,在20世纪后期,"病理基因组学"这个新形式似乎极有可能为其更大的病理学母学科的进一步演变创造条件。莫尔加尼、比沙、菲尔绍、范斯利克他们还认识这个21世纪的由信息驱动的新病理学吗?这个重写本增加了新层,但在新层之下是那些老层,它们也仍然可能变化。而在最底层的,在某种意义上最终不可知的,是人体本身及其各种病症。 381

(王书宗 译)

[46] Julie Parsonnet和Peter Isaacson,《细菌感染和MALT淋巴瘤》(Bacterial Infection and MALT Lymphoma),《新英格兰医学杂志》,350(2004),第213页~第215页。

第三部分

新研究对象和新思想

20

板块构造理论

亨利·弗兰克尔

20世纪60年代,地球科学经历一场革命,终结了持续将近60年的关于大陆漂移真实性之争。1966年以前,几乎没有人将大陆漂移看成起作用的假说,多数地球科学家倾向于固定论。固定论坚称,大陆和海洋彼此的相对位置从未明显改变。反之,在此被认为是活动论传统的大陆漂移传统中的各种理论则坚称发生过相对位移。但是海底扩张被证实后,多数地球科学家很快成为活动论者。板块构造理论作为大陆漂移理论的现代化版本,从此成为地球科学界占统治地位的理论。本章旨在概述板块构造理论革命历史的主要方面。[1]

[1] 关于这段争论历史的最佳记述,包括 Homer E. Le Grand,《漂移的大陆与平移断层理论》(*Drifting Continents and Shifting Theories*, Cambridge: Cambridge University Press, 1988),以及 Naomi Oreskes,《拒绝大陆漂移说:美国地球科学的理论和方法》(*The Rejection of Continental Drift: Theory and Method in American Earth Science*, New York: Oxford University Press, 1999)。两则早期(但仍然有用的)讨论是,Anthony Hallam,《地球科学的革命》(*A Revolution in the Earth Sciences*, Oxford: Oxford University Press, 1973),和 Ursula B. Marvin,《大陆漂移:一个概念的演化》(*Continental Drift: The Evolution of a Concept*, Washington, D. C.: Smithsonian Institution Press, 1973)。不太可靠的是 Walter Sullivan,《活动中的大陆》(*Continents in Motion*, New York: McGraw-Hill, 1974)。关于革命的性质,参看 Henry Frankel,《接受和赞同大陆漂移理论作为科学史上一个理性阶段》(The Reception and Acceptance of Continental Drift Theory as a Rational Episode in the History of Science),载于 Seymour H. Mauskopf 编,《非常规科学的接受》(*The Reception of Unconventional Science*, Boulder, Colo.: Westview Press, 1979),第51页~第90页;Henry Frankel,《大陆漂移理论进程:拉卡托斯·伊姆雷对科学成长、变化的分析在漂移理论兴起中的应用》(The Career of Continental Drift Theory: An Application of Imre Lakatos' Analysis of Scientific Growth and Change to the Rise of Drift Theory),《科学史与科学哲学研究》(*Studies in History and Philosophy of Science*),10(1979),第21页~第66页;Henry Frankel,《近期地球科学革命的非库恩特性》(The Non-Kuhnian Nature of the Recent Revolution in the Earth Sciences),Peter D. Asquith 和 Ian Hacking 编,《科学哲学协会1978年双年会会议录》(*Proceedings of the 1978 Biennial Meeting of the Philosophy of Science Association*, *PSA 1978*, vol. 2, East Lansing, Mich.: Philosophy of Science Association, 1981),第240页~第273页;Michael Ruse,《地质学发生了何种革命》(What Kind of Revolution Occurred in Geology),载于 Asquith 和 Hacking 编,《科学哲学协会1978年双年会会议录》,第2卷,第197页~第214页;Rachel Laudan,《近期地质学革命和库恩的科学变化理论》(The Recent Revolution in Geology and Kuhn's Theory of Scientific Change),载于 Garry Gutting 编,《范式与革命:对托马斯·库恩的科学哲学的评价及应用》(*Paradigms and Revolutions: Appraisals and Applications of Thomas Kuhn's Philosophy of Science*, Notre Dame, Ind.: University of Notre Dame Press, 1980),第284页~第296页;Robert Muir Wood,《地球的暗面》(*The Dark Side of the Earth*, London: Allen and Unwin, 1985);John A. Stewart,《漂移的大陆和碰撞的范式:地球科学革命透视》(*Drifting Continents and Colliding Paradigms: Perspectives on the Geoscience Revolution*, Bloomington: Indiana University Press, 1990);Anthony Hallam,《理论转移》(Shift in Theories),自然(*Nature*),345(1990),第586页;Henry Frankel,《大陆漂移和板块构造理论革命》(Continental Drift and the Plate Tectonics Revolution),载于 Gregory A. Good 编,《地球科学:事件、人、现象的百科全书》(*Sciences of the Earth: An Encyclopedia of Events, People, and Phenomena*, New York: Garland, 1999),第118页~第136页。

386

活动论争论的古典阶段：从阿尔弗雷德·魏格纳到第二次世界大战结束

19世纪80年代，许多地球科学家相信伟大的奥地利地质学家爱德华·修斯（1831～1914）已经提出基本框架，因此他们认为找到总体地质理论的前景一片光明。修斯的固定论就是司空见惯的收缩论，在19世纪后半叶占统治地位。[2] 修斯断言，地球一经形成，就随着冷却一直收缩。他假定，由于地球的内层收缩比地壳收缩快，所以地壳层产生张力。由水平逆冲和褶皱释放的张力形成山脉系统和岛弧；而垂直断层和大规模下陷释放的张力则导致原先的大陆变成目前的海洋。修斯辩称，当前的大陆和海洋的排列并非地球永久的形态。随着由地球收缩产生的径向张力分解，大陆发生塌陷。修斯靠构造和古生物论据支持，完成广泛的古地理复原。

虽然欧洲许多古生物学家支持修斯的理论，地球物理学家却提出一些问题。鉴于已经发现的地壳主要特点是趋于同其密度较大的类流体内部物质保持均势平衡，地球物理学家争辩称，修斯的古大陆不可能沉入密度更大的海底。鉴于已经发现地球内部可产生热量的放射性物质丰度很高，地球物理学家争辩称，地球持续冷却的假设值得怀疑。地质学家则对修斯有关造山的解释提出问题。有些地质学家认为，收缩理论不能解释山脉集中成群分布，而不是均匀分布在地球表面上。另一些则声称，单就"展开"阿尔卑斯山脉群山所需的径向收缩应力就远远超过修斯收缩理论允许的数值，何况地球表面还有许多其他山脉系统。

尽管修斯的理论因受到多层面抨击而降低了其流行性，但欧洲大陆绝大多数地质学家继续支持收缩理论，不过许多人拒绝修斯的观点，提出新的收缩理论以避开修斯学说所面对的质疑。事实上，直到海底扩张学说被接受之前，收缩论一直是重要的观点。

387

20世纪之前，曾出现过几个纯属推测、粗略而遭忽视的大陆漂移观点。美国地质学家弗兰克·泰勒（1860～1938）在1907年提出第一个有关大陆漂移的详细说法，但未引起多少注意。[3] 德国气象学家兼地球物理学家阿尔弗雷德·魏格纳（1880～1930）在1912年推出其大陆漂移观点，引起广泛注意。[4]

魏格纳声称，他的理论可以解答许多问题，其中包括以下内容：

1. 为什么南美洲东部和非洲西部的海岸等高线如此吻合？为什么北美洲、欧洲各

〔2〕 一个关于修斯收缩论的出色解释，参看 Mott T. Greene，《19世纪的地质学：变化世界的变化观点》（*Geology in the Nineteenth Century: Changing Views of a Changing World*, Ithaca, N. Y.: Cornell University Press, 1982）。

〔3〕 关于泰勒理论及其接受情况，参看 Rachel Laudan，《弗兰克·伯斯利·泰勒的大陆漂移理论》（Frank Bursley Taylor's Theory of Continental Drift），《地球科学史》（*Earth Sciences History*），1（1985），第118页～第121页。

〔4〕 关于魏格纳就大陆漂移的早期工作的两则有趣讨论，参看 Anthony Hallam，《地质大辩论》（*Great Geological Controversies*, Oxford: Oxford University Press, 1983）；Mott T. Greene，《阿尔弗雷德·魏格纳》（Alfred Wegener），《社会研究》（*Social Research*），51（1984），第739页～第761页。

自的海岸线有如此多相似之处？魏格纳指出，各大陆原先联合组成一个被称为“泛古陆”的大陆，以后分裂解体。

2. 为什么非洲和南美洲之间地质特征相似之处如此之多、北美洲和欧洲之间也有许多相似？魏格纳同样将之归因为大陆分裂，大陆的分离将原先连续的地质构造分成旧大陆、新人陆部分。

3. 为什么有许多实例显示过去和现在许多生命形态的地理分布呈间断性？魏格纳认为，造成生命形态分布间断的原因是泛古陆分裂，各片陆地分离。

4. 为什么山脉往往沿各大陆的海岸线分布？为什么造山地区的形状长而窄？魏格纳假设，漂移大陆的前部边缘遭遇对抗的洋底挤压时破碎，安第斯山脉就是最佳实例。他还声称，印度半岛和亚洲大陆碰撞形成喜马拉雅山脉。

5. 为什么地壳呈两个基本高程，一个同大陆基准面一致，而另一个同洋底一致？魏格纳解释称，只不过存在两个未受扰动的基准面，一旦达到地壳均衡后就相对不变。

6. 覆盖南非、阿根廷、巴西南部、印度、澳大利亚部分地区的石炭纪-二叠纪冰盖起源是什么？魏格纳的解答是设定上述地区在石炭纪、二叠纪期间相连，而冰盖的中心可定位为南极。

比较他的理论和收缩论解决上述问题的效力后，魏格纳指出，只有他的理论能解决第 1、第 5、第 6 个问题，而他的理论对第 2、第 3、第 4 等三个问题的解答优于收缩论。与收缩论不同，魏格纳对第 2、第 3 个问题的解答符合地壳均衡原理。他对第 4 个问题的解答也与收缩论不同，可以解释现存山区的位置和集中，不须依赖存疑的地球冷却假设。

388

但是魏格纳没有指望他的理论被顺利接纳，部分由于他意识到有个问题尚未解决，即造成大陆位移的驱动力问题。被称为“机制”的这个二阶问题，显然需要他陈述。因为他就古大陆塌陷和山脉形成等批评过收缩论的机制，那么，他必须就大陆漂移的机制做出某种说明。魏格纳认为，如果有持久的动力推动硅铝质的大陆通过硅镁质的海底，漂移大陆的水平位移并非没有可能。多种可能性诚然存在，魏格纳列举其中几种，如离极力、潮汐力、经向开裂、进动力、极移等，或者上述几种力的组合。但是他承认这些答案中没有一种完全合适，同时声称要认真回答这一问题还为时过早，因为对这些作用力的了解还很少。

在其著作《海陆的起源》（*The Origin of Continents and Oceans*）中，魏格纳进一步扩展了他的学说。该书第 1 版于 1915 年出版，接下来在 1920 年、1922 年、1929 年新版发行。在后几个版本中，魏格纳不断为其理论增加证据，特别关注显示格陵兰相对欧洲向西漂移的大地测量研究，并且试图消除对手针对其理论的批评。魏格纳在 20 世纪30年代去世。[5]

对魏格纳理论的反应可以分成三类。第一类,他的理论在地球科学不同领域引发许多次级争论。在每一次争论中,固定论者和活动论者都质疑对方的解答,但均不能提出无争议而得以承认的解答。因此,固定论或活动论都无法就达成共识取得进展。固定论者批评魏格纳对大陆边缘吻合问题的解答。他们争辩称,欧洲和北美洲之间的吻合程度远远不如非洲和南美洲之间,同时魏格纳过高估计两片南部大陆之间的相似程度,因此大量的相似只不过是偶然。[6] 虽然许多古生物学家欢迎魏格纳的理论,并且支持生命形态间断分布的解答,但其他古生物学家,包括美国当时最杰出的古脊椎生物学家乔治·盖洛德·辛普森(1902～1984),针对该问题提出一个永久性解答,并且在整个20世纪40年代对活动论的解答提出几点反驳,指责魏格纳因为采用不可靠的数据过度高估生物形态间断分布的数量。[7] 针对魏格纳关于石炭纪-二叠纪冰盖解释的古气候学争论,也经历了类似演变。[8] 几位著名的古气候学家支持大陆漂移论。但是从20世纪20～30年代,固定论者针对魏格纳的解答提出一些问题。其中他们争辩称,美国石炭纪-二叠纪时期冰川区在魏格纳的理论中显得反常,因为根据魏格纳的说法,美国当时处在热带。尽管魏格纳和亚历山大·迪图瓦(1878～1948)修改了其活动论说法,以避开固定论者提出的问题,但他们未能给出无争议而被接受的答案。此外,查尔斯·舒克特(1858～1942)和贝利·威利斯(1857～1949)这两名美国固定论者在20世纪30年代早期就该问题提出一个替代性解答。就格陵兰相对欧洲明显向西漂移,大地测量学界也产生类似争论。20世纪20年代丹麦大地测量(Danish Geodetic Survey)的最初结果支持活动论。魏格纳欢迎这一结果,因为它提供了一个可能无争议的解答。但是正如固定论者所预测,20世纪30年代丹麦大地测量更新、更可靠的结果不支持魏格纳的理论,这导致了此前的测量结果不可靠的结论。[9]

〔5〕关于魏格纳在不同版本的《海陆的起源》中发展其主张的讨论,参看Hallam,《地质大辩论》;Le Grand,《漂移的大陆与平移断层理论》;Marvin,《大陆漂移:一个概念的演化》。要想知道更多魏格纳生平,参看Martin Schwarzback,《阿尔弗雷德·魏格纳,大陆漂移之父》(*Alfred Wegener, the Father of Continental Drift*, Madison, Wis.: Science Tech, 1986),Carla Love译;Johannes Georgi,《纪念阿尔弗雷德·魏格纳》(Memories of Alfred Wegener),载于S. K. Runcorn编,《大陆漂移》(*Continental Drift*, London: Academic Press, 1962),第309页～第324页。也可参看Johannes Georgi,《冰原中心:魏格纳格陵兰探险故事》(*Mid-Ice: The Story of the Wegener Expedition to Greenland*, New York: Dutton, 1935),F. H. Lyon译,其中数篇感人的文章讲到魏格纳不幸的格陵兰探险。由探险队成员撰写的这些文章,描述了他们最后见到魏格纳的情景,以及冬季在冰原中心帐篷内的艰险。

〔6〕参看Hallam,《地球科学的革命》;Le Grand,《漂移的大陆与平移断层理论》;Marvin,《大陆漂移:一个概念的演化》。

〔7〕有关古生物学和生物地理学中的次级争论的描述,参看Henry Frankel,《针对生命形态间断分布问题的古生物地理学辩论》(The Paleobiogeographical Debate over the Problem of Disjunctively Distributed Life Forms),《科学史与科学哲学研究》,12(1981),第211页～第259页;Léo F. Laporte,《出于正确理由的错误:G. G. 辛普森和大陆漂移》(Wrong for the Right Reasons: G. G. Simpson and Continental Drift),《美国地质学会:百年特刊》(*Geological Society of America: Centennial Special*),1(1985),第273页～第285页。

〔8〕关于石炭纪-二叠纪冰盖次级争论的讨论,参看Henry Frankel,《石炭纪-二叠纪冰盖和大陆漂移》(The Permo-Carboniferous Ice Cap and Continental Drift),《第9届石炭系地层和地质国际大会论文集》(*Compte rendu de Neuvieme Congres International de Stratigraphe et de Geologie du Carbonifere*),11(1979),第113页～第120页。.

〔9〕关于活动论的大地测量证据的讨论,参看Hallam,《地球科学的革命》;Le Grand,《漂移的大陆与平移断层理论》;H. W. Menard,《真理之洋:全球大地构造学的个人史》(*The Ocean of Truth: A Personal History of Global Tectonics*, Princeton, N. J.: Princeton University Press, 1986);Frankel,《大陆漂移理论进程:拉卡托斯·伊姆雷对科学成长、变化的分析在漂移理论兴起中的应用》。

第二类,魏格纳提出的大陆漂移机制被视为其理论中最薄弱的环节。诸如当时英国最重要的地球物理学家哈罗德·杰弗里斯(1891～1989)等固定论者,以及许多北美地质学家、地球物理学家认为,魏格纳所援引的推动大陆的特殊力都不恰当。杰弗里斯在其影响极大的著作《地球:其起源、历史和物理构造》(*The Earth: Its Origin, History and Physical Constitution*,1924 年第 1 版)的不同版本,以及 20 世纪 20 和 30 年代的各种研讨会上,对大陆漂移论提出反对看法。北美许多地质学家、地球物理学家在美国石油地质学家协会(American Association of Petroleum Geologists)于 1926 年召开的研讨会上,声称反对大陆漂移。魏格纳提出的机制招来反对意见,他理论中的其他提法也受到影响。许多倾向于赞成大陆漂移理论的古气候学、古生物学专家由此降低了支持程度。[10]

390

第三类,魏格纳的理论,得到几位研究兴趣横跨地球科学几个领域的地球科学家的支持。这些研究人员分别提出了自己的大陆漂移理论,包括埃米尔·阿尔冈(1879～1940)、亚历山大·迪图瓦、约翰·乔利(1857～1933)、阿瑟·霍姆斯(1890～1965)、雷金纳德·戴利(1871～1957)等。1923 年,来自瑞士的重要的阿尔卑斯地质学家阿尔冈,显著扩展了漂移对山脉起源问题的解决方案。爱尔兰地球物理学家约翰·乔利在 20 世纪 20 年代提出了机制问题的新解决方案。知名野外地质学家、入选王家学会的数名南非地质学家之一的亚历山大·迪图瓦在 20 世纪 20 年代开始为大陆漂移辩护,直至 1948 年去世前一直支持大陆漂移学说。专注南部非洲和南美洲地质的迪图瓦赢得更多支持,并在 1937 年出版的著作《我们漫游的大陆》(*Our Wandering Continents*)中,提出他自己的大陆漂移学说版本。[11] 英国地质学家兼地球物理学家阿瑟·霍姆斯也许是最受尊敬的捍卫大陆漂移学说的地球科学家。[12] 在 20 世纪 20 年代,他支持造山收缩论,但到该年代末,他拒绝认同收缩论,开始为支持大陆漂移论而辩论。霍姆斯为大陆漂移论对许多问题的解决方案进行了辩护,而且引入大尺度热对流,就机制问题提出了新的解决方案,还就山脉起源问题提出一个改善的活动论解答。如哈罗德·杰弗里斯这样的激进固定论者,虽然承认霍姆斯的新机制使活动论变得并

391

[10] 由于其重要性,对机制的异议在文献中广泛收录。例如参看 Frankel,《大陆漂移理论进程:拉卡托斯·伊姆雷对科学成长、变化的分析在漂移理论兴起中的应用》;Hallam,《地球科学的革命》;Le Grand,《漂移的大陆与平移断层理论》;Marvin,《大陆漂移:一个概念的演化》;Menard,《真理之洋:全球大地构造学的个人史》;Henry Frankel,《瓦因-马修斯-莫利假说的发展、接受和赞同》(The Development, Reception, and Acceptance of the Vine-Matthews-Morley Hypothesis),《物理科学史研究》(*Historical Studies in the Physical Sciences*),13(1982),第 1 页～第 39 页。

[11] 参看 Emile Argand,《亚洲大地构造》(*Tectonics of Asia*, New York: Hafner Press, 1977),Albert V. Carozzi 译,该文献资料丰富,介绍阿尔冈活动论思想。有关乔利、戴利、迪图瓦的讨论,参看 Frankel,《大陆漂移理论进程:拉卡托斯·伊姆雷对科学成长、变化的分析在漂移理论兴起中的应用》;Hallam,《地球科学的革命》;Le Grand,《漂移的大陆与平移断层理论》;Marvin,《大陆漂移:一个概念的演化》;Menard,《真理之洋:全球大地构造学的个人史》。

[12] 在所有活动论者当中,霍姆斯是魏格纳以外最受瞩目者。参看 Henry Frankel,《阿瑟·霍姆斯和大陆漂移》(Arthur Holmes and Continental Drift),《英国科学史杂志》(*British Journal for the History of Science*),11(1978),第 130 页～第 150 页;Naomi Oreskes,《拒绝大陆漂移说》(The Rejection of Continental Drift),《物理科学史研究》,18(1988),第 311 页～第 348 页;Alan Allwardt,《阿瑟·霍姆斯和哈里·赫斯在现代全球大地构造学发展中所起作用》(The Roles of Arthur Holmes and Harry Hess in the Development of Modern Global Tectonics, PhD diss., University of California, Santa Cruz, 1990)。

非完全不可能,但强调这种情形极少有机会发生。除此以外,不少人质疑假定大尺度热对流的合理性。荷兰地球物理学家费利克斯·韦宁·迈内斯愿意假设大尺度热对流存在,但不支持活动论。此外,霍姆斯的假说不能检验,因为其有赖于海底数据,而这些数据在20世纪60年代前无法收集。因此,霍姆斯的活动论面临理论和实验的双重困难。大陆漂移论在北美地球科学家中不受支持,娜奥米·奥雷斯克斯认为,这种情形归因于这一理论破坏了已经建立的方法论以及科学实践常规。雷金纳德·戴利和贝诺·古滕贝格是美国仅有的两位著名的活动论者,他们的活动论倾向充其量是被原谅了。[13]

针对大陆漂移的现代争论

20世纪50年代早期,关于大陆漂移论的争论陷入停顿,古地磁研究者推出活动论的新例子。两个支持活动论的古地磁学家团队都来自英国,最早以曼彻斯特大学、剑桥大学为基地。由P. M. S. 布莱克特(1897～1974)和约翰·克莱格(1922～1995)领导的曼彻斯特团队从1952年年底开始工作,1953年迁入帝国理工学院(Imperial College)。另一个于1950年夏季在剑桥成立,最终成为更有影响力的团队。当时从荷兰来的新博士研究生扬·霍斯珀斯为进行古地磁研究赴冰岛采集熔岩样品。1951年,这个团队统一归S. K. 伦科恩领导。团队各成员继续在剑桥工作,直到1955年年底。伦科恩带着几名古地磁学家前往当时的杜伦大学大学学院(University College of the University of Durham)*(后来的纽卡斯尔大学[Newcastle University]),其中包括肯尼思·克里尔和尼尔·奥普代克。剑桥/纽卡斯尔团队的主要成员包括克里尔、罗纳德·艾尔默·费歇尔、霍斯珀斯、爱德华·欧文、奥普代克和伦科恩。欧文于1954年离开剑桥,前往澳大利亚国立大学(Australian National University)组建自己的团队。从20世纪50年代后期到60年代前期,伦敦、纽卡斯尔和澳大利亚团队在争论中站在大陆漂移论一方。他们的工作重新激活停滞的活动论对固定论之争。本来已经倾向于大陆漂移论的人士欢迎其成果,但陆地的古地磁证据本身不足以改变大多数地球科学家的态度。有些地球物理学家质疑支持活动论的古地磁数据的可靠性,包括艾伦·考克斯(1926～1987)、理查德·德尔(1925～2008)在内的一些古地磁学家,甚至提出极移就可以解释古地磁数据,不必引入大陆漂移论。[14]

392

〔13〕 关于古滕贝格的活动论观点的讨论,参看Oreskes,《拒绝大陆漂移说》;Marvin,《大陆漂移:一个概念的演化》;Menard,《真理之洋:全球大地构造学的个人史》。

* 此处原文有误。应为King's College of the University of Durham,即杜伦大学国王学院。——责编注

〔14〕 对古地磁学的崛起及其用于检验活动论,没有全面、详细的说明,但可参看Edward Irving,《大陆漂移的古地磁确认》(The Paleomagnetic Confirmation of Continental Drift),《EOS周刊:美国地球物理联合会会报》(*EOS: Transactions of the American Geophysical Union*),69(1988),第994页～第997页。也可参看Hallam,《地球科学的革命》;Le Grand,《漂移的大陆与平移断层理论》;Menard,《真理之洋:全球大地构造学的个人史》;Henry Frankel,《扬·霍斯珀斯和古地磁学崛起》(Jan Hospers and the Rise of Paleomagnetism),《EOS周刊:美国地球物理联合会会报》,68(1987),第577页～第580页。

20 世纪 50 年代,海洋学快速扩展。由于关于海底的知识对国防的重要性被正确认识,海洋学家调查海底的巨额资金得以保证。到 1960 年,经包括哥伦比亚大学的拉蒙特-多尔蒂地质观测站(Lamont-Doherty Geological Observatory)、斯克里普斯海洋学研究所(Scripps Institution of Oceanography)、剑桥大学、伍兹霍尔海洋研究所、美国海岸与大地测量调查所(U. S. Coast and Geodetic Survey)、美国海军研究办公室(U. S. Office of Naval Research)等在内的几所大学、研究所、政府机构共同努力,对洋底的认识显著增加。在众多发现中,至为重要的是世界性的洋脊系统。为这些洋脊的起源找出解答成为海洋地质学家和地球物理学家的主要兴趣。固定论和漂移论的解释都有人提出。例如拉蒙特-多尔蒂地质观测站站长莫里斯·尤因(1906～1974)、斯克里普斯的重量级人物之一 H. W. 梅纳德(1920～1986)、普林斯顿大学的领军地质学家之一哈里·赫斯(1906～1969)等,分别提出不同的固定论解释,梅纳德和赫斯还提出了活动论的见解。拉蒙特的海洋学家布鲁斯·希曾(1924～1977)提出一个引入地球膨胀概念的解释。[15]

大自然看来站在赫斯的活动论假说一边,该假说的另一名支持者罗伯特·迪茨(1914～1995)将这一假说定名为"海底扩张"。最早在 1960 年 12 月在一篇预印论文中发表的这一假说主张,上升的热对流流体将地幔物质向上推出,沿洋脊的轴形成海底;这些物质沿与洋脊轴垂直的方向向外扩张,形成新的大洋盆地。赫斯翌年增加了一个设想,即沿水平方向移动的海底最终沉入地幔,形成沿盆地周围分布的海沟。海底扩张学说为洋脊的起源提供了一个解释。此外,赫斯意识到,如果洋脊在一个大陆内部产生,大陆就会分裂,裂开的大陆块之间将形成一个新的海洋盆地。随着裂开的大陆块继续相互远离,新形成的洋盆宽度将增加。由此,如果大陆块内部形成新的海底,大陆漂移就会发生。赫斯注意到,他的活动论观点为一直困扰其他活动论理论的机制问题提供了解答。在其模式中,大陆并非费力通过海底,只是被动地承载在沿水平方向运动的热对流流体上。赫斯的想法,有些类似霍姆斯有关海底变薄的旧想法。[16]

393

赫斯提出的假说只是当时有关洋中脊起源的几个有趣假说中的一个,其重要性在于引出两个可检验的推论。弗雷德里克·瓦因(1939～)和德拉蒙德·马修斯(1931～1997)独立提出第一个推论。受马修斯指导的剑桥大学研究生瓦因于 1963 年得出推论。加拿大地球物理学家劳伦斯·莫利同一年也提出类似想法。但是莫利的文章两

[15] 对海洋学崛起和关于洋脊起源假说的竞争最有趣的解释,参看 Menard,《真理之洋:全球大地构造学的个人史》。也可参看 William Wertenbaker,《海洋底部:莫里斯·尤因和理解地球的研究》(*The Floor of the Sea: Maurice Ewing and the Search to Understand the Earth*, Boston: Little, Brown, 1974),由一名记者采访了许多拉蒙特-多尔蒂地质观测站主要科学家后写成。

[16] 关于赫斯思想的发展的讨论,参看 Allwardt,《阿瑟·霍姆斯和哈里·赫斯在现代全球大地构造学发展中所起作用》;Henry Frankel,《赫斯如何发展其海底扩张假说》(Hess's Development of his Seafloor Spreading Hypothesis),载于 Thomas Nickles 编,《科学发现案例研究》(*Scientific Discovery: Case Studies*, Boston Studies in the Philosophy of Science, vol. 60, Dordrecht: Reidel, 1980),第 345 页～第 366 页。

次遭拒,直到1964年才附在他和一名合作者的长篇论文后发表。[17] 虽然存在微小差异,但两个推论均断言,如果海底扩张已经发生,地球的磁场如同陆地地磁研究表明那样曾反复出现极性倒转,海底则应由正向、反向磁化物质交替排列的条带组成,这些条带应大致平行洋脊的轴分布,洋脊两侧的磁异常模式应大体相同。

由加拿大地球物理学家J. 图佐·威耳孙(1908～1993)提出的另一个假说于1965年发表。威耳孙定义了新的一类断层,称之为转换断层。他声称,如果海底扩张发生,这类断层就会出现。威耳孙解释了如何使用地震学数据来查明它们的存在。两个推论在1966年都得到证实。瓦因和威耳孙检查了斯克里普斯海洋学研究所工作人员收集的海底古地磁数据后,证实了瓦因-马修斯假说。对该假说的进一步证实,由拉蒙特-多尔蒂地质观测站完成。由詹姆斯·海茨勒指导的拉蒙特-多尔蒂地质观测站研究生沃尔特·皮特曼分析了跨越太平洋-南极洋脊的几个磁性剖面,提供了强有力的支持证据。地震学家林恩·R. 赛克斯通过分析大西洋中脊的地震学数据,探明威耳孙的转换断层确实存在。同伦科恩、欧文等合作的古地磁学家尼尔·奥普代克分析了洋底沉积物后,找到了支持地磁极反转以及瓦因-马修斯假说的证据。随着上述两个推论被证实,仍从事海洋学研究的大部分固定论者马上接受了活动论,因为海底扩张和两个推论相结合时,解释起来有优势。

394

虽然海底扩张论终结了活动论的争辩,但直到板块构造理论于1967年问世,革命才得以完成。板块构造理论由普林斯顿大学从物理学家转变为地球物理学家的贾森·摩根、剑桥大学大地测量和地球物理系的地球物理学家丹·麦肯齐分别独立提出。将海底扩张及其两个推论应用到球面上,就得出板块构造理论。这一理论发展的关键在于领悟到欧拉定理(该定理指出,球面上任何一个点的运动,都可描述成围绕一个点[“欧拉极”]旋转)能用于描述组成地球外层岩石圈的约10个刚性板块的相对运动。拉蒙特-多尔蒂地质观测站的科学家立即为板块构造理论找到支持证据。格扎维埃·勒皮雄广泛使用拉蒙特的海洋古地磁数据,杰克·奥利弗和布赖恩·艾萨克斯等两名拉蒙特地震学家发现的地震学证据说明地球外表面向下延伸约100千米进入地球内部后仍为刚性。[18]

板块构造理论的出现,引发了地球科学各种分支的调整。地质学不再具有超级统

[17] 有关瓦因-马修斯-莫利假说的发展、接受和赞同的详细历史叙述,参看Frankel,《瓦因-马修斯-莫利假说的发展、接受和赞同》,和William Glen,《通往哈拉米略之路:地球科学革命的关键年代》(*The Road to Jaramillo: Critical Years of the Revolution in Earth Science*, Stanford, Calif.: Stanford University Press, 1982)。两名作者均采访过许多关键科学家。

[18] Jack Oliver,《震动与岩石:板块构造理论革命中的地震学》(*Shocks and Rocks: Seismology in the Plate Tectonics Revolution*, History of Geophysics, vol. 6, Washington, D. C.: American Geophysical Union, 1995),是对奥利弗、艾萨克斯、赛克斯等人的地震学成果的出色叙述。参看评论,Henry Frankel,《一位关键革命家眼中的大地构造学革命》(The Tectonic Revolution as Seen by One of the Key Revolutionaries),《今日物理》(*Physics Today*),50(1997),第63页～第64页。关于摩根和麦肯齐独立提出板块构造理论的说明,参看Henry Frankel,《J. 摩根和D. 麦肯齐发展板块构造理论》(The Development of Plate Tectonics by J. Morgan and D. McKenzie),《新地球》(*Terra Nova*),2(1990),第202页～第214页。

治地位，地球物理学也不能统治地质学。因为板块构造理论为地球科学家提供了一个地球科学各分支概念性联合的成功图景，迫使地质学家和地球物理学家合作，例如就证明外来地体共同工作。

（梁国雄　译）

21

395

地球物理学和地球化学

戴维·R. 奥尔德罗伊德

地球物理学是实验物理学的分支,关注地球、大气圈和水圈。地球物理学包括气象学和海洋学等领域,但本章内容只限于大地测量学、重力学、地震学、地磁学等。地球化学是对地球、海洋、大气中不同元素的分布和迁移的研究,因此涉及矿物、岩石、大气、矿物溶液的化学分析。现代地球化学研究引入不同元素的放射性同位素研究,这些同位素也用于放射性鉴年法。在这类工作中,地球物理学、地质学、地球化学之间的界限已经消失。

地球物理学是一个重要的领域,实用方面如地震研究,理论方面的例子是地球物理学家对建立板块构造理论的贡献(参看第20章)。[1] 地球化学也同样重要,实用方面如地球化学勘探,理论方面尤其体现在与地球起源和循环过程有关的研究,有时还涉及活的生物体等。这两个领域的历史都未得到应有关注,尽管能够提供相关资料和

396

观点的有用资源非常多。[2] 由于这些领域比起地球科学其他方面较不为人所知,本章

[1] 关于板块构造理论的一个附有历史资料的适当综述,参看W. Jacquelyne Kious和Robert I. Tilling,《这个动态地球:板块构造理论的故事》(*This Dynamic Earth: The Story of Plate Tectonics*, Washington, D. C.: U. S. Department of the Interior/U. S. Geological Survey, n. d.)。

[2] 关于综合文献目录,参看Stephen G. Brush和Helmut E. Landsberg,《地球物理学和气象学历史:一份附注释的文献目录》(*The History of Geophysics and Meteorology: An Annotated Bibliography*, New York: Garland, 1985)。也可参看Stephen G. Brush,《现代行星物理学史·第1卷·星云地球》《第2卷·转变的过去》《第3卷·成果丰硕的相会》(*A History of Modern Planetary Physics*, vol. 1: *Nebulous Earth*, vol. 2: *Transmuted Past*, vol. 3: *Fruitful Encounters*, Cambridge: Cambridge University Press, 1996)。D. H. Hall,《科学革命和工业革命时期的地球科学史,附物理地学的特别参考书目》(*History of the Earth Sciences during the Scientific and Industrial Revolutions with Special Reference on the Physical Geosciences*, Amsterdam: Elsevier, 1976),提供了关于该领域的一个马克思主义见解。有关"内部人士"的观点,参看Charles C. Bates、Thomas F. Gaskell和Robert B. Bruce,《人类事务中的地球物理学:勘探地球物理学及其结盟学科地震学和海洋学的人格化历史》(*Geophysics in the Affairs of Man: A Personalized History of Exploration Geophysics and Its Allied Sciences of Seismology and Oceanography*, Oxford: Pergamon Press, 1982)。对地球化学的重要研究包括:A. A. Manten,《化学地质学和地球化学的历史基础》(Historical Foundations of Chemical Geology and Geochemistry),《化学地质学》(*Chemical Geology*),1(1966),第5页~第31页;Claude Allègre,《从石头到星球:现代地质学观点》(*From Stone to Star: A View of Modern Geology*, Cambridge, Mass.: Harvard University Press, 1992)。关于活体在地球化学循环中的作用的探讨,参看Peter Westbroek,《作为一种地质力的生命》(*Life as a Geological Force*, New York: Norton, 1991)。关于地震学,参看Jack Oliver,《震动与岩石:板块构造理论革命中的地震学》(*Shocks and Rocks: Seismology in the Plate Tectonics Revolution*, Washington, D. C.: American Geophysical Union, 1996)。关于地磁学对板块构造理论革命贡献的探讨,参看William Glen,《通往哈拉米略之路:地球科学革命的关键年代》(*The Road to Jaramillo: Critical Years of the Revolution in Earth Science*, Stanford, Calif.: Stanford University Press, 1982)。有关历史学家感兴趣的许多技术细节,参看S. K. Runcorn编,2卷本《国际地球物理学词典》(*International Dictionary of Geophysics*, Oxford: Pergamon Press, 1967),附地图;Shawna Vogel,《裸露的地球:新地球物理学》(*Naked Earth: The New Geophysics*, New York: Dutton, 1995)。大地测量成果和地壳均衡之间关系的讨论,参看Naomi Oreskes,《拒绝大陆漂移说:美国地球科学的理论和方法》(*The Rejection of Continental Drift: Theory and Method in American Earth Science*, Oxford: Oxford University Press, 1998)。以下调查对地球物理学和地球化学的关注,比其他地质学史著作更多,David R. Oldroyd,《思考地球:地质学思想史》(*Thinking about the Earth: A History of Ideas in Geology*, London: Athlone Press; Cambridge, Mass.: Harvard University Press, 1996)。也可参看由美国地球物理联合会出版的《地球物理学史》(*History of Geophysics*)年刊和最近载于《地球科学史》(*Earth Sciences History*)的论文集,26(2007),no. 2。

阐述其历史之前,先概括介绍其主要学科发展。

接下来的段落,讨论地球物理学主要分支及其对建立板块构造综合理论框架的贡献;地球化学部分则介绍有助于理解地球动力系统的另一个综合理论如何建立。两个领域的成就叠加,意义非常深远,以至"地质学"一词从20世纪60和70年代开始时而被"地球科学(earth science或geoscience)"取代,这意味着采用了与地质锤、放大镜、显微镜以及其他传统地质工具截然不同的新仪器后,地质学家更广泛地了解了地球及其历史。历史学家尚未就地质学如何演化成"地球科学"形成综合观点,虽然罗伯特·缪尔·伍德提供了有用的纲要。[3]

地球物理学理论往往抽象而数学化,这一学科的成长部分归功于数学的发展(如应用于地磁学的位势理论)或物理理论的发展(如地震学所需的弹性理论)。地质学部分转化为"地球科学"之前,地球物理学家总体上被训练成数学家、物理学家或天文学家。他们只是出于数学或理论上的兴趣,才着眼于地球方面的问题。身为数学家兼物理学家的格丁根天文台(Göttingen Observatory)台长卡尔·弗里德里希·高斯(1777～1855),就是一个例子。也有人对地球作为一个行星体有兴趣,例如剑桥大学天文学教授哈罗德·杰弗里斯(1891～1989)。然而,19世纪已经出现专业的大地测量学家、地震学家和其他专家作为观测师、计算师或理论家受雇于各种调查、观测台站或大学。

全球规模的资料收集向来重要,国家、国际的投入都发挥了作用。在实用的层面上,地球物理技术在20世纪60年代之前已被广泛用于矿物勘探,同军事利益有关而进行的测量收集到大批相关资料。全国性的测量通常有军事原因,包括印度大三角测量(Great Trigonometrical Survey of India)和美国海岸与大地测量。英国19世纪早期进行的多数大地测量以及其他地球物理工作,也都同军事有关联。[4] 板块构造理论革命所依据的洋底调查,时常因军事原因开展。但国际合作更多依赖科学家的热情,博学的德国科学家亚历山大·冯·洪堡(1769～1859)的影响尤其重要。洪堡希望,通过各国科学家共同努力收集、综合资料,可以建立关于地球和宇宙的统一理论。[5] 洪堡时代发起的若干国际合作计划会在此提及,而诸如国际极地年(International Polar Year,1882～1883)等其他计划在19世纪稍后年代展开。20世纪出现大规模的国际合作计划,如1957～1958年的国际地球物理年(International Geophysical Year)等。与地球物理学家相比,地球化学家倾向于同传统地质学进行更密切的结合。地球化学数据也在全世界收集,但不需要观测台站网络。

397

[3] Robert Muir Wood,《地球的暗面》(*The Dark Side of the Earth*, London: Allen and Unwin, 1984)。

[4] 参看David P. Miller,《英国物理科学的复兴(1815～1840)》(The Revival of the Physical Sciences in Britain, 1815–1840),《奥西里斯》(*Osiris*),2(1986),第107页～第134页。

[5] L. Kellner,《亚历山大·冯·洪堡和地球物理学研究的国际合作》(Alexander von Humboldt and the Organization of International Collaboration in Geophysical Research),《当代物理》(*Contemporary Physics*),1(1959),第35页～第48页。

地球的大小、形状和重量：重力学以及相关理论

艾萨克·牛顿(1643～1727)认识到地球是一个椭球体,在 18 世纪人们更关注地球的精确形状。两名法国学者夏尔·德拉·孔达米纳(1701～1774)、皮埃尔·莫佩尔蒂(1698～1759)分别在秘鲁和拉普兰展开勇气十足的探险,确定不同纬度对应的每 1°的长度。繁复的数学分析由一批科学家完成,尤其是亚历克西-克洛德·克莱洛(1713～1765)。[6] 因为地球是个椭球体,重力加速度(g)沿其表面变化。只要确定不同位置的 g 值,就能计算出它的实际形状。地球是椭球体这个事实,还造成不同经度、纬度上看到的月亮存在可观测出的差异。由此,柯尼希山天文台(Königsberg Observatory)台长弗里德里希·贝塞尔(1784～1846)已经掌握足够资料,计算出地球赤道轴与极轴之比为 3271953.854:3261072.900(赤道"鼓起"约 18.5 千米[11.5 英里])。[7] 这一成果也许可称为牛顿范式的库恩式"表达",其中涉及探讨牛顿的物理理论和总体世界观之间的分歧。

398

通过观测一个单摆靠近一座山时与垂直方向的偏差,可以计算出地球的平均密度(由此可得出质量)。水道测量家皮埃尔·布给(1698～1758)随孔达米纳赴秘鲁探险时、王家天文学家内维尔·马斯基林(1732～1811)在珀斯郡的希哈利恩山,分别尝试计算地球质量。如同另一位王家天文学家乔治·艾里(1801～1892)所做的那样,对比单摆在地面和已知深度矿井内的振荡,也可计算地球质量。[8] 根据希哈利恩山质量和体积的估算,马斯基林算出地球的平均密度为其表面岩石的 4～5 倍,从而排除了地球内部空心的说法。

地球的质量,还可以根据 g 和万有引力常量(G)确定。根据牛顿公式 $GMm/R^2 = mg$ 地球吸引一个质量为 m 的物体。由此,已知 g(用单摆可测出)和地球半径(R,通过大地测量得知),地球的质量(M)就可算出。G 值由英国的最优秀的物理学家亨利·卡文迪许(1731～1810)测定。他测量了两个大铅球和用扭杆悬挂的两个小铅球之间的引力,但这些引力非常微弱,同时还要付出极大的努力消除温度变化以及其他影响

[6] Alexis-Claude Clairaut,《地球形状理论》(*Théorie de la Figure de la Terre*, Paris: David Fils, 1743);Isaac Todhunter,《地球形状和引力数学理论史》(*A History of the Mathematical Theories of Attraction and the Figure of the Earth*, London: Macmillan, 1873),第 1 卷,第 11 章;John L. Greenberg,《地球形状问题:从牛顿到克莱洛》(*The Problem of the Earth's Shape from Newton to Clairaut*, Cambridge: Cambridge University Press, 1995)。

[7] Friedrich W. Bessel,《最符合现有子午线弧长测量值的旋转椭球体的轴的测定》(Determination of the Axes of the Elliptical Spheroid of Revolution Which Most Nearly Corresponds with the Existing Measurements of the Arcs of the Meridian),载于 Richard Taylor 编,《科学论文集,选自外国科学院和博学团体的通报》(*Scientific Memoirs, Selected from the Transactions of Foreign Academies of Science and Learned Societies*, London: Richard and John Taylor, 1841),第 2 卷,第 387 页～第 400 页(最先刊于《天文学会》[*Astronomische Nachrichten*],1837)。

[8] Pierre Bouguer,《根据在秘鲁的观测确定地球形状》(*La Figure de la Terre Déterminée par les Observations faites au Pérou*, Paris: C. A. Jombert, 1749);Nevil Maskelyne,《关于为发现其引力在希哈利恩山所作观测的记录》(An Account of Observations Made on the Mountain of Schiehallion for Finding Its Attraction),《哲学汇刊》(*Philosophical Transactions*),65 (1775),第 500 页～第 542 页;George Airy,《关于最近在霍顿煤矿完成的摆锤实验》(On the Pendulum Experiments Lately Made in the Horton Colliery),《哲学汇刊》,146(1856),第 297 页～第 356 页。

造成的误差。卡文迪许还估算了仪器外壳施加的力。尽管原理非常直截了当,但就像地球物理中常见的情形一样,卡文迪许的计算异常复杂。他给出地球的相对密度为 5.48g/cm^3(等于 G 值为 6.75×10^{-8} cm^{3}g^{-1}sec^{-2})。[9]

到 19 世纪,卡文迪许的方法被伦敦的物理学家兼发明家查尔斯·博伊斯(1855～1944)等改进。博伊斯用石英丝悬吊一条短扭杆,石英丝不同高度放置金质砝码,使得大铅球彼此可以离得相当远。博伊斯得出地球的平均密度为 5.5270g/cm^3。华盛顿国家标准局(National Bureau of Standards)的保罗·海尔,完成了进一步工作。使用抽成真空的器皿,他得出的 G 值为 6.670 ± 0.005 cm^{3}g^{-1}sec^{-2}。* 如果说卡文迪许的误差修正过程非常复杂,海尔的算法更是堪称恐怖,代表精确性在地球物理学中的重要程度。[10]

约与博伊斯同时,匈牙利物理学家罗兰·冯·厄缶男爵(1848～1919)设计出一个高度精确的扭秤仪器,可以测量沿地球表面的重力梯度或 g 值的微小变化。[11] 这类仪器后来被设计用于地球物理学勘探,因为重力的微小变化可能指示地下构造和矿体。

399

克莱洛关于(旋转)地球的分析假设地球表面是一个均衡的椭球体,如同由一层完全覆盖地球的水形成。假设地球内部都是密度一致的同心层,每一个椭球状层的形状都和假想的液体表层相同。但是正如布给已经认识到的,地球有许多非均一性,因此特定纬度上的 g 值会不同于"理想"数值。任何一个位置的 g 值,根据观测点的岩石密度和相对海平面的高度作校正后,同理想值之间的差异被称为"布给异常"。这与确定"大地水准面"有关,是一个具有重大地质学意义的数字。在早期的研究工作中,使用一个可以翻转的长单摆测定 g 值,后来的仪器使用较短的单摆。[12]

19 世纪早期,由乔治·额菲尔士(1790～1866)主持的旨在测定印度子午线弧长的印度大三角测量成果,显示出由天文测量或由三角测量时卡利安普尔(Kalianpur)和卡利安纳(Kaliana)两地纬度方向距离有差异。加尔各答的数学家总执事约翰·普拉特(1809～1871),将这种差异归因于喜马拉雅山吸引天文测量仪器的铅垂线。这促使艾里考虑作用在山脉上的各种力,提出山脉就像冰山一样"浮"在液体上,但具有伸入地球内部的固体"根"。英国神职人员兼数学家奥斯蒙德·费希尔(1817～1914)发

[9] Henry Cavendish,《测定地球密度的实验》(Experiments to Determine the Density of the Earth),《哲学汇刊》,83(1798),第 469 页～第 525 页。

* 原文如此,但该值似应为(6.670 ± 0.005) $\times10^{-8}$ cm^{3}g^{-1}sec^{-2}。——译者注

[10] Charles V. Boys,《关于牛顿的万有引力常量》(On the Newtonian Constant of Gravitation),《哲学汇刊,A 辑》(*Philosophical Transactions, Series A*),186(1895),第 1 页～第 72 页;Paul R. Heyl,《万有引力常量一次重新测定》(A Redetermination of the Constant of Gravitation),《国家标准局研究杂志》(*Journal of Research of the National Bureau of Standards*),5(1930),第 1243 页～第 1290 页。

[11] Roland, Baron Eötvös of Vásárosnamény,《重力场和地磁场研究》(Untersuchungen auf dem Gebiete der Gravitation und des Erdmagnetismus),《物理学与化学年鉴》(*Annalen der Physik und Chemie*),59(1896),第 354 页～第 400 页。

[12] 例如,Captain Henry Kater,《关于确定摆锤在伦敦的纬度振荡时间长短实验的记录》(An Account of Experiments for Determining the Length of the Pendulum Vibrating Seconds in the Latitude of London),《哲学汇刊》,108(1818),第 32 页～第 102 页;Major Robert von Sterneck,《帝国军事地理研究所的新摆锤装置》(Der neue Pendelapparat des k. k. Militär-geographischen Instituts),《仪器学杂志》(*Zeitschrift für Instrumentenkunde*),8(1888),第 157 页～第 171 页。

展了这一想法,注意到密度高的玄武岩构成海底,而密度较低的花岗岩趋于构成山脉。[13]

为解释地球偏离理想球体(在物质较轻的位置凸出,而在物质较重的区域形成凹陷)的想法,美国地质学家克拉伦斯·达顿(1841～1912)提出"地壳均衡"("地位相等")这个术语。除非受地球运动(主要由侵蚀和沉积造成)干扰,地壳整体应处于平衡状态。一旦发生这类运动,就将出现均衡调整。[14] 检验这种说法需要精确了解"大地水准面",即假想的覆盖整个地球、假设延伸过所有大陆的水态外层(并非理想的椭球体),大地水准面表面任何位置都与重力方向垂直。达顿的理论与19世纪占优势的冷却和收缩造成地壳非均一性主张有分歧。

20世纪来临前后,美国海岸与大地测量调查所专心致力于确定大地水准面形状。主要调查人员包括土木工程师出身的计算部主任兼大地测量师约翰·海福德(1868～1925)、大地测量部主任威廉·鲍伊(1872～1940)等。经过亚历山大·达拉斯·贝奇的努力,海岸与大地测量调查所成为美国一个主要科研机构,为地球物理学研究和地球物理科学职业化提供了重要的机构化基地。[15] 检验地壳均衡假说,是测量所的重要考虑。检验方法涉及全美国的三角测量,并与天文测量做比较,还要将测量结果和周围的地形相联系(如同印度的情形)。此外,铅垂线从垂直方向的偏离在不同位置测定。[16]

亚历山大·克拉克上尉(1828～1914)算出的结果被选为地球的"理想"椭球体形状,[17]大地水准面以图形表示为等高线,这与克拉克椭球体相关。发表的大地水准面(至少是美国部分),可用大陆的地形做对比。由于地貌形态在垂直方向上造成的预期偏离值和实验所得的偏离值(揭示大地水准面形状)之间的差异,可用地表以下密度分布解释。然而海福德声称,他的结果显示地球大体上处于地壳均衡的平衡状态。山岳

[13] John Pratt,《论作用在印度的单摆线上的喜马拉雅山脉及其后方高海拔地区的引力》(On the Attraction of the Himalayan Mountains and of the Elevated Regions beyond Them, upon the Plumb-Line in India),《哲学汇刊,B辑》(*Philosophical Transactions, Series B*),145(1855),第53页～第100页;George B. Airy,《关于山体对大地测量中地表天文站点的干扰效应的计算》(On the Computation of the Effects of Mountain-Masses as Disturbing the Apparent Astronomical Latitude of Stations in Geodetic Survey),《哲学汇刊,B辑》,145(1855),第101页～第104页;Osmond Fisher,《地壳物理》(*Physics of the Earth's Crust*, London: Macmillan, 1881)。

[14] Clarence E. Dutton,《论普通地质学中若干重大问题》(On Some of the Greater Problems of Physical Geology),《华盛顿哲学学会学报》(*Bulletin of the Philosophical Society of Washington*),11(1892),第51页～第64页。

[15] 参看Hugh R. Slotten,《资助、实践和美国科学文化:亚历山大·达拉斯·贝奇和美国海岸调查》(*Patronage, Practice, and the Culture of American Science: Alexander Dallas Bache and the U. S. Coast Survey*, Cambridge: Cambridge University Press, 1994),Slotten认为测量所的成果具有洪堡主义的特性。

[16] U. S. Coast and Geodetic Survey,《通过在美国的测量确定大地水准面形状》(The Form of the Geoid as Determined by Measurements in the United States),载于《第8届国际地理大会报告》(*Report of the Eighth International Geographic Congress*, Washington, D. C.: U. S. Government Printing Office, 1905),第535页～第540页;John F. Hayford,《地壳均衡说的大地测量证据,考虑到地壳均衡补偿的深度和完整性以及地质学若干重大问题的证据诸方面》(The Geodetic Evidence of Isostasy, with a Consideration of the Depth and Completeness of the Isostatic Compensation and of the Bearing of the Evidence upon some of the Greater Problems of Geology),《华盛顿科学院论文集》(*Proceedings of the Washington Academy of Science*),8(1906),第25页～第40页;John F. Hayford,《地球形状和来自美国测量数据的地壳均衡说》(*The Figure of the Earth and Isostasy from Measurements in the United States*, Washington, D. C.: U. S. Government Printing Office, 1909; *Supplement*, 1910)。

[17] A. R. Clarke,《地球形状》(Figure of the Earth),载于Sir Henry James,《英格兰、法国、比利时、普鲁士、俄罗斯、印度、澳大利亚长度标准的比较》(*Comparisons of the Standards of Length of England, France, Belgium, Prussia, Russia, India, Australia*, London: Her Majesty's Stationery Office, 1866),第1卷,第281页～第287页。

看来不是受到应力而上升。地壳有足够可塑性做均衡调整。

追随普拉特的主张，海福德假设全球范围内有一个统一的特定深度，地壳均衡补偿在此深度完成。可以假想有若干高度、密度不一但重量相同的岩石“柱”，分布在“补偿面”（大约在椭球体表面以下 113 千米深处）上不同位置。就像有许多冰山，所有的基底都处于同一深度，但因密度不同而出露海面的高度各不相同。对海福德来说，这是一个可行的假说，经得起计算。但是他意识到另一种情形，即地壳下表面不见得就是椭球体，可能存在由密度高的大洋地壳构成的较薄区域和由密度较低的大陆地壳构成的较厚区域。根据艾里/费希尔模型，高山有较深的根。[18]

401

鲍伊发展了海福德的想法，指出尽管（如达顿所指出）因侵蚀和沉积引起的横向运动也对此产生影响，但诸如裂谷等地质特征间接表明垂直运动支配对地壳均衡平衡的干扰。[19] 美国大地测量的成果及其看来合理的推论，可以部分解释为什么美国人不愿意接受大陆漂移理论。如果地壳及其下方的地幔具有可塑性，能够通过垂直运动实现地壳均衡平衡，横向运动相对会微不足道。

但是海福德给出对地壳均衡的理解时，不知道海洋地壳的 g 值。20 世纪 20 年代，重力研究扩展到海洋区域，尤其是荷兰的土木工程师、大地测量师费利克斯・韦宁・迈内斯（1887～1966）与鲍伊合作完成的项目。韦宁・迈内斯乘坐美国、荷兰的潜艇，在墨西哥湾、东南亚以及其他地方工作。[20] 工作的主要目标还是调查大地水准面，结果还是表明大部分地壳显然达到均衡平衡，也发现异常情况，尤其是在地壳构造活跃地区。重力缺失带在岛弧（如印度尼西亚群岛南部）附近发现，说明这类地区包含过量的富含硅和铝（“硅铝质”）的轻岩石。看来向下运动的地壳对横向应力做出反应，在这些受挤压的地带发生弯曲，形成较轻的“根”。与鲍伊的期望相反，这些地区属于地壳均衡不平衡区，同时显然属于地质活跃区。随后“根”的向上运动也许能够解释山脉的形成。[21] 韦宁・迈内斯还仔细思考了与地壳构造过程有关的地球内部热对流。[22] 他与阿尔弗雷德・魏格纳的“大陆漂移”假说保持距离，但他的重力缺失带此后与板块构造理论的“俯冲带”相联系。

402

重力测量对矿物勘探也很重要，g 值局部小变化可能代表隐藏的矿体。探测“重力梯度”的便携式仪器已经设计出来，其中由美国发明家吕西安・拉科斯特（1908～

〔18〕 Osmond Fisher，《论单摆线在印度的偏移》（On Deflections of the Plumb Line in India），载于 22 卷本《印度大三角测量过程报告》（*Account of the Operations of the Great Trigonometrical Survey of India*, Dehra Dun, 1870-1912），第 18 卷，附录 1；Osmond Fisher，《论印度子午线弧上特定观测站的重力变化及其与地壳构成的关系》（On the Variations of Gravity at Certain Stations of the Indian Arc of the Meridian in Relation to Their Bearing upon the Constitution of the Earth's Crust），《哲学杂志》（*Philosophical Magazine*），22（1886），第 1 页～第 29 页。

〔19〕 William Bowie，《地壳均衡说》（*Isostasy*, New York: Dutton, 1927）。

〔20〕 装置包括互相垂直的两对摆，每对摆的摆动方向相反。“虚拟摆”被想象成振幅等于两组摆振幅之差。“虚拟摆”的平均周期与潜艇的运动无关，可根据周期的变化推算出 g 值的变化。摆运动被照相记录，并与设在荷兰一个基地的数据对比。

〔21〕 Felix A. Vening Meinesz，《海上重力考察（1923～1932）》（*Gravity Expeditions at Sea, 1923-1932*, Delft: N. V. Technische Boekhandlung en Drukkerij J. Waltman Jr., 1934），第 2 卷，第 118 页～第 119 页。

〔22〕 同上书，第 136 页。

1995)设计的一种仪器在第二次世界大战后统治了这个领域。[23] 将重力梯度相同的各点用线连接,可以揭示重要的地下构造。[24]

地震学

19 世纪早期,地球内部被假设为液态,以符合观测到的上地壳温度梯度以及火山喷发所需的物质来源。但剑桥大学的数学家兼地质学家威廉·霍普金斯(1793～1866)等声称,这样一个旋转并受潮汐力作用的地球应当不稳定。由此,整个 19 世纪到 20 世纪早期,地球内部被假设为固体。也许如霍普金斯假设的那样,在厚地壳中偶尔有“岩浆湖”;也许像费希尔认为的那样,在固体地壳下方不太深的位置,有较薄的一层熔融岩石(无潮汐作用),包含超热的蒸汽。[25] 这些模型最终被地震学调查否决。

为了探测、记录地震,许多仪器在 19 世纪被设计出来。[26] 这些仪器基本上是单摆装置,摆锤相对支撑部分的运动以相同方式记录下来。最初,领先仪器制造商在意大利,然后是在日本和德国。意大利和日本自然是地震研究之地,而德国则由于洪堡的影响成为 19 世纪地球物理学研究领先的国家。世界各地纷纷建立地震观测站,包括大学实验室、天文台(往往由耶稣会士运作)、气象站以及其他地点。

由格丁根的埃米尔·维歇特(1861～1928)设计的地震记录仪,被广泛使用。这一仪器采用一个“逆向摆”(重量在杆顶部),大的移动被气动活塞限制,振动被连续记录在一条行进的熏黑的纸带上。标记笔每分钟提起一次,因此每次扰动的时间都可确定。至 20 世纪早期,许多观测站配备了诸如维歇特记录仪等效率很高的地震记录仪,因此可以比较同一次地震的信号抵达不同观测站的时间。

403

非典型的身兼地质学家和地球物理学家的印度地质调查所(Indian Geological Survey)前主任理查德·奥尔德姆(1858～1936),1899 年报告称在意大利观测到印度的阿萨姆邦地震(1897 年)产生两类脉冲波。先抵达的是“可压缩波”(也被描述为“初级波”“压性波”或“*P* 波”),随后抵达的是“变形波”(也被描述为“次级波”“剪切性波”或“*S* 波”),分别为纵波和横波。从阿萨姆邦到意大利,这些波显然穿透地球。奥尔德姆还注意到,根据传播距离,这些波速看来有所增加。假如这些波在地球内部的高温高压中传播,这点不难理解。此外,*P* 波和 *S* 波抵达时间的差异取决于离震源的

[23] Chris Harrison,《吕西安·J. B. 拉科斯特:一位科学家兼发明家的肖像》(Lucien J. B. LaCoste: Portrait of a Scientist-Inventor),《太空中的地球》(*Earth in Space*),8(1996),第 12 页～第 13 页。

[24] Karl Sundberg,《布利登重力仪——矿物勘探的一种新仪器》(The Boliden Gravimeter - A New Instrument for Ore Prospecting),《矿业与冶金研究所学报》(*Bulletin of the Institution of Mining and Metallurgy*),no. 402(1938),第 1 页～第 25 页和插图;R. D. Wyckoff,《海湾重力仪》(The Gulf Gravimeter),《地球物理学》(*Geophysics*),6(1941),第 13 页～第 33 页。

[25] 关于这些进展,参看 Stephen G. Brush,《19 世纪关于地球内部的辩论》(Nineteenth-Century Debates about the Inside of the Earth),《科学年鉴》(*Annals of Science*),36(1979),第 224 页～第 254 页。

[26] Graziano Ferrari,《意大利地震仪器 200 年》(*Two Hundred Years of Seismic Instruments in Italy*, Bologna: Storia-Geofisica-Ambiente, 1992);Oldroyd,《思考地球:地质学思想史》,第 10 章。

距离。如果震源和观测站之间的“距离”大于 120°，*S* 波明显滞后。奥尔德姆假设，由于某种原因，*S* 波在地球中心区域传播异常缓慢，或者可能这类波根本无法通过地球内部最深层，只是环绕地球外层（以某种方式）折射才抵达观测站。奥尔德姆最初倾向于第一种解释，但即使如此，他仍然假设地球中心部分（“地核”）的物理性质，与其上直到地壳的区域有所不同。将地震波的轨迹作几何简化假设后，他估算地核的直径约相当于整个地球半径的 2/5。但他 1906 年**没有**提出液态地核阻挡 *S* 波（剪切性波）的传播。他发现了地核，但并非液态地核。[27]

液态地核最早由俄罗斯数学家兼地球物理学家列昂尼德·列伊本松（1879～1951）于 1911 年提出，到 1913 年奥尔德姆想到地核可能是液态的，他原先假定为缓慢抵达的 *S* 波（超过 120°）的信号根本就不是 *S* 波。但液态地核假说并未马上流行。影响力很大的德裔美国地质学家贝诺·古滕贝格（1889～1960）声称，潮汐研究、重力学、大地测量学、章动等，以及关于具有液态内核的旋转地球会不稳定的论据，均说明地核属固体。[28] 只有地震学支持液态地核假说，即便如此，地震学家还是认同在奥尔德姆指出的位置附近存在某种内部边界。

逐渐接受液态地核的趋势，出现在深具影响力的哈罗德·杰弗里斯发表一篇论文之后。杰弗里斯指出，倘若更大的地幔被假定为刚性，就同数据更吻合。杰弗里斯还表示，如果地幔是固体，液态地核就不妨碍稳定性。此后 10 年，丹麦地质学家英厄·莱曼（1888～1993）通过地震记录证据，发现液态地核内部有固态内核。[29]

404

就了解地球内部来说，地震学家做出了至关重要的贡献。担任萨格勒布气象台（Zagreb Observatory）台长的克罗地亚地震学家安德里亚·莫霍洛维契奇（1857～1936）报告称，当地一次地震看来产生两套 *P* 波和 *S* 波，可以用来解释他先前提出的地球内部约 45 千米深处存在某种分界。今天，这一分界被定义为地壳和地幔之间的边界，被称为“莫霍界面”。[30]

1914 年，美国地质学家约瑟夫·巴雷尔（1869～1919）根据地壳均衡理论需要，提出“软流圈”的术语，指上地幔刚性较弱且具有可塑性的层。12 年后，古滕贝格提供不

[27] Richard D. Oldham，《关于 1897 年 6 月 12 日大地震的报告》（Report on the Great Earthquake of 12 June 1897），《印度地质调查所论文集》（*Memoirs of the Geological Survey of India*），29（1899），第 1 页～第 379 页；Richard D. Oldham，《由地震揭示的地球构成》（The Constitution of the Earth as Revealed by Earthquakes），《地质学会季刊》（*Quarterly Journal of the Geological Society*），62（1906），第 456 页～第 475 页。参看 Stephen Brush，《地核的发现》（Discovery of the Earth's Core），《美国物理学杂志》（*American Journal of Physics*），48（1980），第 705 页～第 724 页。

[28] Beno Gutenberg，《地球构造》（*Der Aufbau der Erde*, Berlin: Gebruder Borntraeger, 1925）。

[29] 参看 Brush，《19 世纪关于地球内部的辩论》。术语**地幔**由维歇特于 1896 年引入，代表地壳以下的地球内部的巨大外层。

[30] Andrija Mohorovicic，《1909 年 10 月 8 日的地震》（Das Beben vom 8. X. 1909），《萨格布勒（阿格拉姆）气象台 1909 年年鉴》（*Jahrbuch des meteorologischen Observatoriums in Zagreb* [*Agram*] *für das Jahr 1909*, 9 [pt. 4, sec. 1], 1910），第 1 页～第 65 页和图表；James B. Macelwane 和 Frederick W. Sohon，《理论地震学导论》（*Introduction to Theoretical Seismology*, New York: Wiley; London: Chapman and Hall），第 1 卷，第 204 页。

确定证据,认为深度为70～100千米的减速层可能同软流圈有关。[31] 到20世纪20年代末期,杰弗里斯支持软流圈概念。但这一想法长期未被全部接受,直到20世纪50年代核爆炸引起的扰动被观测到。对“大陆漂移”理论或板块构造理论来说,存在略有可塑性的内层非常必要。

一个重要的结果,由日本气象局(Japanese Meteorological Agency)的和达清夫(1902～1995)得出。他发现环绕日本的具有坡度的“弱表面”是地震集中地区。这些“表面”被加州理工学院(California Institute of Technology)的雨果·贝尼奥夫(1899～1968)“再发现”,[32]在板块构造理论中被认为代表断层面。根据韦宁·迈内斯的设想,物质受地幔对流驱动,沿这些断层面“俯冲”入地球内部。

因此地震学提供有关地球内部结构的重要证据,并且总体支持板块构造范式。近期的研究探测了地幔与地核边界和地核物质运动,这类运动同地磁学理论有联系。[33] 地震学还帮助地层学家测定格陵兰冰盖的厚度,方法是引爆爆炸物并记录反射信号的接收时间。20世纪40年代,剑桥大学地球物理学家爱德华·布拉德(1907～1980)及其合作者用同样方法,调查了英格兰东部古生界地层。[34] 使用更精巧的装置,地下的地层已经普遍通过此种方法“绘制成图”。

405

地磁学

由于地磁场的强度、磁偏角、磁倾角等具有许多不规则性(长期的、每年的、每日的、地理的),同时地球磁场显然不时倒转,古地磁学令人感到困惑。由于调查所需装置相对简单,地磁学已经被详细研究多年,第一个定期观测站早在1667年就在巴黎设立。埃德蒙·哈雷(1656～1742)于大约1701年发表了一张图,显示磁倾角等值线。[35]

部分无铁的地磁观测站于18世纪建立。从1828年起,亚历山大·冯·洪堡的柏林实验室同设在巴黎和弗赖贝格一座矿山的观测站同步。洪堡希望找到地磁现象特性隐藏的法则,例如他发现地磁扰动在全世界同时发生,可能与太阳黑子活动有关。

[31] Joseph Barrell,《地壳的强度》(The Strength of the Earth's Crust),《地质学杂志》(*Journal of Geology*),22(1914),第655页～第683页;Beno Gutenberg,《关于土壤晶体化深度问题的研究》(Untersuchungen zur Frage, bis zu welcher Tiefe die Erde kristallin ist),《地球物理学杂志》(*Zeitschrift für Geophysik*),2(1926),第24页～第29页。参看Oldroyd,《思考地球:地质学思想史》,第238页～第240页。

[32] Kiyoo Wadati,《日本群岛和邻近地区深震源地震活动研究》(On the Activity of Deep-Focus Earthquakes in the Japan Islands and Neighborhood),《东京地球物理学杂志》(*Geophysical Magazine, Tokio*),8(1935),第305页～第325页;Hugo Benioff,《造山运动和深层地壳结构——来自地震学的补充证据》(Orogenesis and Deep Crustal Structure-Additional Evidence from Seismology),《美国地质学会通报》(*Bulletin of the Geological Society of America*),65(1954),第385页～第400页。

[33] 参看Vogel,《裸露的地球:新地球物理学》。

[34] E. C. Bullard、T. F. Gaskell、W. B. Harland和C. Kerr-Grant,《对英格兰东部古生界地层的地震调查》(Seismic Investigations on the Palaeozoic Floor of East England),《哲学汇刊,A辑》,239(1946),第29页～第94页。

[35] Sydney Chapman和Julius Bartels,2卷本《地磁学》(*Geomagnetism*, Oxford: Clarendon Press, 1940),插图38。

他的研究项目,一直被称为"洪堡科学",[36]除天文学外没有先例。通过1829年在俄罗斯探险时签署的合约,洪堡在那个幅员广阔的国家建立起观测站网络。受洪堡启发,高斯建立了一个"磁联盟"(1834年),鼓励建立观测站并互相协调,出版观测结果。两年以后,洪堡同王家学会联系,在激辩以后,大英帝国到处建立起观测站。[37] 19世纪的探测者通常按照王家学会的指南从事地磁观测。英国科学促进会同样鼓励和协调地磁研究工作。更多的研究工作,由美国海岸与大地测量调查所及以后的卡内基研究所完成。地球物理学需要在全世界观测,因而一直带头建立国际科学团体。高斯的磁联盟,成为国际地磁学和高空大气学协会(International Association of Geomagnetism and Aeronomy)的前身。

406

进入19世纪之后,人们设计了精密度越来越高的仪器,[38]但地磁学在理论上陷入困境。通过在两个地点分别悬挂一块磁铁并测量其震荡周期,就可以比较两处的磁场强度。观察磁铁分别相对天文子午线和水平线的偏转,就可确定磁偏角和磁倾角。研究人员发现,磁偏角的等值线一定平滑,而磁场强度等值线有时显然构成交错的闭合环![39] 为了解释观测结果,最先曾假设存在不同数目的地磁极,但这样做已被证明不足以"挽回面子"。

高斯和威廉·韦伯(1804～1891)的实验室无论是对实验还是对理论都特别重要。放弃有关地球内部存在"磁棒"的想法,高斯假设存在两股磁流体,包含极其大量的"北""南"粒子,两种粒子遵循"牛顿的"平方反比法则彼此吸引或排斥。从此假设出发,应用皮埃尔-西蒙·拉普拉斯(1749～1827)的"球谐函数",高斯推出表达磁场的方程,从固定的地磁观测站获得的实验数据可填入其中。其他地点的磁学量(magnetic quantities)得以成功预测,特别值得注意的是南磁极的位置。高斯强调,此方法同地磁学的不同最终原因(ultimate causes)相容。他设想,不规则的地磁变化可能有地球以外的原因,诸如以极光形式出现的大气层中电流等。[40] 高斯的成果,就像克莱洛的成果一样,是被视为"典范的"牛顿力学原理的表达。

[36] 该术语的提出参看 Susan F. Cannon,《文化中的科学》(*Science in Culture*, Flokestone: William Dawson; New York: Science History Publications, 1978)。冯·洪堡最喜欢的方法是绘出各种量(生物的或物理的)的"等值线",然后解释其模式。他收集观测结果,而不是样品。Slotten(在《资助、实践和美国科学文化:亚历山大·达拉斯·贝奇和美国海岸调查》中)认为贝奇和美国海岸调查的工作具有洪堡主义性质。

[37] 参看 John Cawood,《磁远征:维多利亚时代早期英国的科学与政治》(The Magnetic Crusade: Science and Politics in Early Victorian Britain),《爱西斯》(*Isis*),70(1979),第493页～第518页;Susan Zeller,《发明加拿大:维多利亚时代早期的科学和一个横跨大陆国家的理念》(*Inventing Canada: Early Victorian Science and the Idea of a Transcontinental Nation*, Toronto: University of Toronto Press, 1987),第二部分。

[38] Anita McConnell,《1900年以前的地磁仪器》(*Geomagnetic Instruments before 1900*, London: Harriet Wynter, 1980); Robert P. Multhauf 和 Gregory Good,《地磁学简史》(*A Brief History of Geomagnetism*, Washington, D. C.: Smithsonian Institution Press, 1987)。

[39] Multhauf 和 Good,《地磁学简史》,第34页(图28)。

[40] Carl Friedrich Gauss,《地磁通论》(General Theory of Terrestrial Magnetism),载于 Taylor 编,《科学论文集,选自外国科学院和博学团体的通报》,第2卷,第184页～第251页,第313页～第316页和插图。(最早以德文发表,题为 *Resultate aus den Beobachtungen des Magnetismus Vereins*, 1839)。关于说明,参看 G. D. Garland,《卡尔·弗里德里希·高斯对地磁学的贡献》(The Contributions of Carl Friedrich Gauss to Geomagnetism),《数学史》(*Historia Mathematica*),6(1979),第5页～第24页。

随后，曼彻斯特的物理学教授阿图尔·舒斯特（1851～1934）应用了高斯的“谐波分析”，将地球产生的磁场和地外产生的磁场区别开来。地球内部的电流可能产生地磁。舒斯特相信，磁场的每天变化由太阳引发的潮汐运动而产生的大气中的电流造成。1918年，生于爱尔兰的剑桥数学物理学家约瑟夫·拉莫尔（1857～1942）提出，太阳磁场和地磁场都可由某种自激发电机制造成。德裔美国物理学家瓦尔特·埃尔泽塞尔（1904～1991）在20世纪40年代发展了这个想法。当地球的液态地核切过地球磁场就产生电流，从而造成磁场变化。根据要求，磁场应该有长期的变化，因为埃尔泽塞尔主张，磁场振幅的振荡变化将叠加在呈指数衰减的电流上。北磁极向西偏移，归因于液态内核滞后于固体地幔。布拉德试图用地核上部的涡流解释地球表面磁场的局部异常，试图显示规模可观的磁场如何可能由一个随机的初始小磁场发展而来。但无论是布拉德还是埃尔泽塞尔，都未能解释磁反转（这点目前仍无法说明）。[41]

407

然而地磁反转对地震学家格外重要。地球磁场对岩浆磁化的早期证据，由阿希尔·德莱斯（1817～1881）和马切多尼奥·梅洛尼（1798～1854）发现。贝尔纳·布吕纳（1867～1910）研究了被岩浆流烘烤过的黏土，认为其磁性取向也许对地层对比有用。[42] 他的成果，得到京都大学松山基范（1884～1958）的支持，松山发现了磁极性同目前相反的岩浆。[43] 怀疑依然存在，但到20世纪60年代，古地磁反转的证据分别在冰岛（马丁·吕滕）、俄罗斯（阿列克谢·赫拉莫夫）、夏威夷（伊恩·麦克杜格尔和唐纳德·塔林）被发现，这个想法被接受。

古地磁学在板块构造理论革命中的作用，已由威廉·格伦描述（参看第20章）。[44] 简而言之，20世纪50年代对“剩余”磁性的研究，使得包括S. K. 伦科恩（英国）、爱德华·欧文（澳大利亚）在内的地球物理学家提出由于大陆相对其下方的地幔缓慢移动，所以地球磁极的位置已经明显改变。除此以外，美国海军和圣迭戈的斯克里普斯研究

408

[41] Arthur Schuster，《地磁的每日变化》（The Diurnal Variation of Terrestrial Magnetism），《哲学汇刊，A辑》，180（1889），第467页～第518页；Joseph Larmor，《一个诸如太阳的旋转体如何成为磁铁》（How Could a Rotating Body such as the Sun Become a Magnet），《英国科学促进会报告》（*Report of the British Association for the Advancement of Science*），1918年会议，第159页～第160页；Walter M. Elsasser，《地磁的感应效应》（Induction Effects in Terrestrial Magnetism），《物理学评论》（*Physical Review*），60（1946），第876页～第883页；Walter M. Elsasser，《地球内部和地磁》（The Earth's Interior and Geomagnetism），《现代物理学评论》（*Review of Modern Physics*），22（1950），第1页～第35页；Walter M. Elsasser，《地球作为发电机》（The Earth as a Dynamo），《科学美国人》（*Scientific American*），198（1958年5月），第44页～第48页；Edward C. Bullard，《地球磁场的长期变化》（The Secular Changes in the Earth's Magnetic Field），《王家天文学会月报地球物理增刊》（*Monthly Notices of the Royal Astronomical Society Geophysical Supplement*），20（1948），第248页～第257页；Edward C. Bullard，《地球内部磁场》（The Magnetic Field within the Earth），《王家学会学报，A辑》（*Proceedings of the Royal Society, Series A*），197（1949），第433页～第453页。

[42] Achille Delesse，《矿物和岩石的磁极性》（Sur le Magnétisme Polaire dans les Minéraux et dans les Roches），《化学和物理学年鉴》（*Annales de Chimie et de Physiques*），25（1849），第194页～第209页；Macedonio Melloni，《论岩石的磁性》（Du Magnétisme des Roches），《科学院论文集，巴黎》（*Comptes Rendus de l'Académie des Sciences, Paris*），37（1853），第966页～第968页；Bernard Brunhes，《火山岩磁化方向研究》（Recherches sur la Direction d'Aimantation des Roches Volcaniques），《理论物理学与应用物理学杂志》（*Journal de Physique Théorique et Appliquée*），5（1906），第705页～第724页。

[43] Motonori Mutuyama，《论日本、朝鲜和中国东北玄武岩的磁化方向》（On the Direction of Magnetisation of Basalt in Japan, Tyôsen and Manchuria），载于《第4届太平洋科学大会论文集，1929年于爪哇》（*Proceedings of the Fourth Pacific Science Congress Java, 1929*, Batavia-Bandoeng, 1930），第二卷B，第567页～第569页。

[44] Glen，《通往哈拉米略之路：地球科学革命的关键年代》。

所等机构,在20世纪60年代完成大量磁场测定工作,使用研究船只拖曳敏感的仪器测量地磁场。如早期研究者指出,大洋底部已知为高密度的玄武岩,形成时已被轻度磁化。但磁力仪出人意料揭示,如果绘制大洋玄武岩磁性图时,(假定)用黑色代表一种方向的岩石磁性(高于一般背景磁性的程度),而用白色表示反向,就会出现"斑马"图形。此外,图形在已知大洋中脊两侧对称。一个看法很快被人们接受,即地球内部的熔岩沿洋脊涌出,并缓慢分布在两侧,然后被冰川般缓慢的地幔热对流移动(海底扩张)。熔岩在洋底硬化时,其磁性方向与当时占优势的磁场方向一致。当地磁场反转(原因未知)时,玄武岩的磁性也反转,"条带"因而出现。[45]

从地球物理调查得出的地质学综合论

在20世纪后半叶,地球物理学在建立领先的地质学"范式"中发挥了主要作用。大地测量学和重力学提供了地球的形状、内部物质分布、地幔中热对流等想法;地震学提供了与内部构造、俯冲带有关的资料;地磁学研究证实了地磁反转(推动了地磁时标的发展)、大陆相对彼此运动、海底扩张等。[46]

但是我们可以看到,在板块构造综合论之前,已经出现一个更普遍的"地球科学"理论。在洪堡的时代已经知道会一再出现的太阳黑子活动,被预测1957～1958年会再次发生。根据劳埃德·伯克纳的建议,国际科学联盟理事会(International Council of Scientific Unions)于1952年组织了一项重大的数据收集活动,并在国际地球物理年项目下进行。宇宙射线、地磁、重力、气象、地震、太阳活动等巨量数据被收集,这明显激励了空间研究。许多合作项目随之出现,诸如世界数据中心(World Data Centres)数据库的汇集。[47] 核试验政治也导致20世纪60年代地震学研究大量增加,世界范围标准化地震台网(World-Wide Standardized Seismograph Network)得以建立。[48] 1961年,不久后在板块构造理论出现的"戏剧"中担任主要角色的加拿大地球物理学家兼地质学家J. 图佐·威耳孙(1908～1993),详细列举了与开始将地球科学转化成行星科学的国际地球物理年有关的若干事件。[49] 由此地质学已经开始从一门主要关注地壳物质和历史的学科,转变成范围更广阔的学科,罗伯特·缪尔·伍德关于这一复杂转变的初

409

[45] 形成这一想法的领军人物包括哈里·赫斯、罗伯特·迪茨、罗纳德·梅森、阿瑟·拉夫、弗雷德里克·瓦因、德拉蒙德·马修斯、劳伦斯·莫利等。J. 图佐·威耳孙补充了"转换断层"概念。

[46] 结合地球物理学和地球化学的结果,最近的工作成果展现出地球内部构造、成分、行为的复杂性。一篇附带历史材料的有用文章是Michael Wysession,《地球内部运行方式》(The Inner Workings of the Earth),《美国科学家》(*American Scientist*),83(1995),第134页～第147页。

[47] Henry Rishbeth,《世界数据中心系统的历史和演变》(History and Evolution of the World Data Centre System),《地磁和地电杂志增刊》(*Journal of Geomagnetism and Geoelectricity Supplement*),43(1991),第921页～第929页。

[48] Bruce A. Bolt,《核爆炸和地震:裂开的幕布》(*Nuclear Explosions and Earthquakes: The Parted Veil*, San Francisco: W. H. Freeman, 1976)。

[49] J. Tuzo Wilson,《国际地球物理年:新卫星之年》(*IGY: The Year of the New Moons*, London: Michael Joseph, 1961)。

步思考相当有用。[50]

虽然某些地质学家仍然站出来反对板块构造理论（“膨胀地球”理论是一种替代模型，但受支持度不断下降[51]），但它的吸引力在于整合了不同领域的知识。广而言之，这些知识“聚合”起来，也许是个真实的贴切表达。但是，这个理论仍然存在问题。例如对高温高压下物质的矿物学研究（参看“地球化学循环”一节）指出，快速的俯冲发生后，俯冲板块的物质“折返”，板块理论家尚未合理解释这一现象。从而，尽管板块理论聚合了地质学和地球物理学资料，但有关（“库恩式”？）异常仍然存在，活跃的研究仍在继续。这是一个困难的研究领域，因为它既专业又广泛。板块构造理论革命的历史虽然已经被详细研究（参看第 20 章），但历史学家几乎尚未开始关注此后发生的事，更不用说将近期的地质学和地球物理学作为哲学思考的领域。[52]

岩石和矿物的化学分析

岩石和矿物“湿”法化学分析技术最早由瑞典化学家托尔贝恩・贝里曼（1735～1784）发明。[53] 他将事先称重的样品放在热碱中溶解，然后将依次沉淀的物质过滤、灼烧、称重。贝里曼的结果相当不精确，但他开创的方法被德国的马丁・克拉普罗特（1743～1817）、法国的尼古拉・沃克兰（1763～1829）和瑞典的约恩斯・雅各布・贝尔塞柳斯（1779～1848）*等继承。到 19 世纪 30 年代，通过确定“包含”在岩石、矿物中“泥土”的百分比，有可能合理而圆满地确定化学成分。杰克・莫雷尔对早期此类研究工作的描述很有价值。[54]

410

认识到化学成分后，岩石和矿物的分类变得可行。贝尔塞柳斯提出一个矿物的化学成分分类系统，以取代当时流行的靠外部物理特征的分类系统，如弗里德里希・莫斯（1773～1839）提出的分类。贝尔塞柳斯的尝试有些为时过早，但曾提出过外部特征分类方案的弗赖贝格的奥古斯特・布赖特豪普特（1791～1873），直到 1849 年一直使用化学标准。耶鲁大学地质学家詹姆斯・德怀特・达纳（1813～1895）的矿物学教

[50] Wood，《地球的暗面》。

[51] Warren S. Carey，《地球和宇宙理论：地球科学信条史》（*Theories of the Earth and Universe: A History of Dogma in the Earth Sciences*, Stanford, Calif.: Stanford University Press, 1988）。

[52] Brush（在《现代行星物理学史》中）在某种程度上做了这点，但未应用近期的哲学成果。

[53] Torbern O. Bergman，《地球岩石的化学研究》（Disquisitio Chemica de Terra Gemmarum），《乌普萨拉王家科学学会新学报》（*Nova Acta Regiae Societatis Scientiarum Upsaliensis*），2（1777），第 137 页～第 170 页。

* 也译为永斯・雅各布・贝采利乌斯。——译者注

[54] Jack B. Morrell，《培养化学家之地：李比希和托马斯・汤姆森的研究学校》（The Chemist Breeders: The Research Schools of Liebig and Thomas Thomson），《炼金术史和化学史学会期刊》（*Ambix*），14（1972），第 1 页～第 46 页。

科书在后期版本中也做了相应修改。[55]

地球化学

术语“地球化学”，由巴塞尔大学教授克里斯蒂安·弗里德里希·舍恩拜因（1799～1868）于1838年提出。舍恩拜因是电化学家，臭氧的发现者。他提出，地球的无机物质按照化学法则沉积，因此有不同的化学地层，类似于不同的有机纪（organic epochs）。两者极有可能互相关联，舍恩拜因称之为沉积体“地球化学对比”，由此化学家可能撰写地球历史。然而舍恩拜因认为，要完成这个里程碑式的任务，地球化学界必须有自己的居维叶或牛顿。[56]

19世纪早期，进化论理论家让-巴蒂斯特·德·莫内·拉马克（1744～1829）假设物质因活的生物体帮助而循环。法国化学家让-巴蒂斯特·杜马（1800～1884）和让-巴蒂斯特·布森戈（1802～1887），研究了植物在化学循环中的作用。吉森的化学家尤斯图斯·冯·李比希（1803～1873）研究腐殖质和肥料时，也进行类似研究。[57]

波恩大学化学教授卡尔·古斯塔夫·比朔夫（1792～1870），测出气体、水、矿物、岩石化学成分的大批数据。他将地球视为“巨大的化学实验室”，其中各种元素循环，包括空气和水。对岩石和矿体的形成，低温过程十分重要。比朔夫相信，多数造岩矿物可从水溶液产生，而从熔岩中形成的岩石只是特例。花岗岩可用化学方法变为板岩，玄武岩可用化学方法变为页岩。这种“新水成论”观点，反映出德国学者针对19世纪地质学中占主导地位的“火成论”的抵制。反对花岗岩“火成论”起源的一个主要论据是，当岩石熔融时，石英是最后液化的矿物；但花岗岩中的石英晶体似乎不是最先形成，因为石英显然影响了其他硅酸盐晶体（如长石），因此可以假定石英晶体在它们之后产生。然而德国有“超火成论者”，如尤斯图斯·路德维希·罗特（1819～1892）。

411

[55] Jons J. Berzelius，《应用电化学理论和化学比例建立矿物学纯科学系统的尝试》（*An Attempt to Establish a Pure Scientific System of Mineralogy, by the Application of Electro-Chemical Theory and the Chemical Proportions*, London: Robert Baldwin; Edinburgh: William Blackwood, 1814），J. Black 译；Friedrich Mohs，《矿物的自然史系统》（*The Natural History System of Minerals*, Edinburgh: W. and C. Tait, 1820）；J. F. August Breithaupt，《矿物共生：矿物学、地质学和化学说明，尤其与矿业有关》（*Die Paragenesis der Mineralien: Mineralogisch, geognostich und chemisch beleuchtet, mit besonderer Rücksicht auf Bergbau*, Freiberg: J. G. Engelhardt, 1849）；James D. Dana，《矿物学系统》（*A System of Mineralogy*, New Haven, Conn.: Durrie & Peck & Herrick & Noyes, 1837）。

[56] Christian Friedrich Schönbein，《关于特定物质受热影响时颜色变化的原因》（On the Causes of the Change of Colour which Takes Place in Certain Substances under the Influence of Heat），《电学、磁学、化学年鉴》（*Annals of Electricity, Magnetism and Chemistry*），5（1840），第224页～第236页（译自《物理学与化学年鉴》［*Annalen der Physik und Chemie*, 1838］）。此处概括的几个主题的长篇讨论参看 Oldroyd，《思考地球：地质学思想史》，第9章。

[57] Jean-Baptiste Lamarck，《水文地质学》（*Hydrogéologie*, Paris: the author, 1802）；Jean-Baptiste Dumas 和 Jean-Baptiste Boussingault，《有机物化学成分的静电测试》（*Essai de Statique Chimique des Étres Organisés*, Paris: Fortin, Masson et Ce, 1841）；Justus von Liebig，《有机化学在农业、生理学上的应用》（*Die organische Chemie in ihrer Anwendung auf Agricultur und Physiologie*, Braunschweig: Vieweg und Sohn, 1840）。

他认为,所有结晶岩石,从熔岩到千枚岩到板岩,全部都源自岩浆。[58]

法国矿产部的首席工程师加布里埃尔-奥古斯特·多布雷(1814～1896),研究水在岩石形成中的作用。他将岩石物质置于高温高压下,可能有水也可能没有水参与,由此总结出变质作用可以在非熔融的情况下发生。此外,多布雷的压力容器中不能产生花岗岩。他认为,过去条件可能同现在根本不同,温度和压力更高,大气成分也不一样。多布雷的观点与当时在英国广受支持的"均变论"对立。[59]

在加拿大,地质调查所官员托马斯·斯特里·亨特(1826～1892)研究太古宙岩石,试图为地球历史提供"恰如其分"的化学解释,正如舍恩拜因所呼吁的。亨特想象,简单化合物遵循其已知的化学特性互相作用:地壳应当由硅酸盐渣组成,浓厚的大气可能包含蒸汽、二氧化碳、氯化氢、二氧化硫、氧化氮等,可能还有氧气。地球冷却时会形成酸性的海洋,硅石沉淀成"石英岩"。进一步冷却后,固态的地壳出露,经历侵蚀和沉积,新物质形成。石灰岩和盐类沉积物形成化学沉淀,生命形态逐渐在化学相互转换中发挥作用。但亨特认可的太古宙生命形态(曙动物)被认定为不可信,因为相似的形态在火成岩中也发现了,而且就与已知知识的关系而言,他的"化学地质学"出现时机还不成熟。[60]

412

物理化学岩石学

如何合理解释结晶火成岩的结构,"新水成论"和"火成论"对此有分歧。要解决这一问题,需要通过对岩浆在不同压力下、熔融物中水含量等条件下的冷却过程进行实验性模拟。完成这类实验的技术直到20世纪初期才被开发出来,尤其是在华盛顿的卡内基研究所成立后。[61] 研究所对类岩浆熔融物的物理化学过程进行了研究,且诺曼·鲍文(1887～1956)的工作值得关注,他的学派逐渐主导了关于花岗岩起源的长期延续的争论。

卡内基研究所的技术很重要,因为此前熔融火成岩并让其在受控条件下冷却的过程不能得出确定的资料:混合物通常非常复杂,以致结晶原因无法查明。从简单的人

[58] Carl Gustav Bischof,2卷本(4册)《化学地质学和物理地质学教科书》(*Lehrbuch der chemischen und physikalischen Geologie*, Bonn: A. Marcus, 1847-55);Justus Ludwig Adolph Roth,3卷本《普通地质学和化学地质学》(*Allgemeine und chemische Geologie*, Berlin: W. Hertz, 1879-93)。

[59] Gabriel-Auguste Daubreé,《变质作用和结晶岩形成的综合研究和实验》(*Études et Expériences Synthétiques sur la Métamorphisme et sur la Formation des Roches Cristallines*, Paris: Imprimerie Royale, 1860)。关于19世纪"水成论"和"火成论/火山论"的讨论,参看W. Nieuwenkamp,《19世纪岩石学趋势》(Trends in Nineteenth Century Petrology),《雅努斯》(*Janus*),62(1975),第235页～第269页。

[60] Thomas Sterry Hunt,《论原始地球的化学特性》(On the Chemistry of the Primaeval Earth),《加拿大博物学家》(*The Canadian Naturalist*),3(1867),第225页～第234页;Charles F. O'Brien,《加拿大曙动物:加拿大最初的动物》(*Eozoön canadense*: The Dawn Animal of Canada),《爱西斯》,61(1970),第206页～第223页。

[61] Hatten S. Yoder,《地球物理学实验室初始科学项目的开发和推广》(Development and Promotion of the Initial Scientific Program for the Geophysical Laboratory),载于Gregory Good编,《地球、天空和华盛顿卡内基研究所》(*The Earth, the Heavens and the Carnegie Institution of Washington*, Washington, D.C.: American Geophysical Union, 1994),第21页～第28页。(注意卡内基研究所同时开展地球物理学和地球化学研究。)

工硅酸盐混合物入手，查明其行为，然后分别加入其他成分以确定其变化结果，这种技术已被证明更令人满意。将比例不同的各种混合物熔融，冷却至不同的固化阶段，然后迅速冷却。用显微镜检查就可以确定不同物质以蒸发温度达到平衡时的比例。因此火成岩熔融物结晶过程可被研究。

鲍文指出，“镁铁质”岩石（富含铁镁矿物，如辉石、闪石等）结晶过程中，铁镁矿物的结晶构成“不连续反应系列”。冷却时，首先形成的物质与剩余的熔融物反应，形成系列中的下一种矿物，这种过程反复发生。与之相反，长石构成“连续反应系列”，晶体持续与熔融物反应，直至完全冷却。[62] 简单来说如下：

温度下降

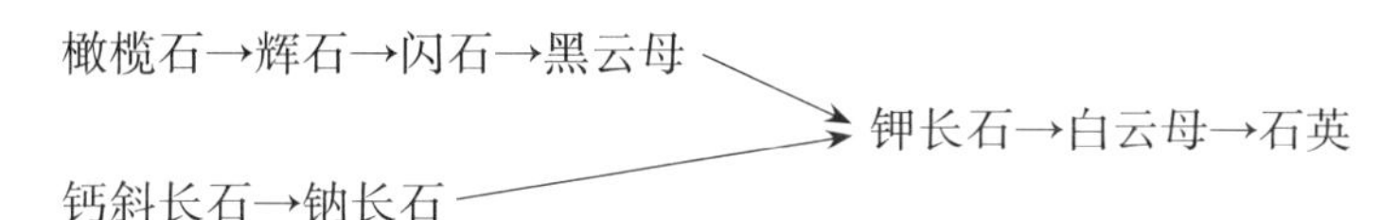

但是，根据来自其他地方（譬如波罗的地盾）的证据，诸如雅各布·塞德霍尔姆（1863～1934）等“岩浆论者”认为，沉积物可能因被充满矿物的热液渗透而改变（多布雷可能会支持这点），形成花岗岩和片麻岩。1958 年，诺曼·鲍文和宾夕法尼亚州立大学（Pennsylvania State University）的奥维尔·塔特尔等“岩浆论者”表示，花岗岩可能由含水岩浆冷却形成。但就在同一年，马堡大学（Marburg University）赫尔穆特·温克勒和希尔马·冯·普拉滕通过对混合了氯化钠的黏土施加高温高压，制成变质片麻岩，然后又制成花岗岩熔融物。[63] 也许如哈罗德·赫伯特·里德（1889～1970）指出的，可能存在“花岗岩然后花岗岩”。[64]

此后，牛津大学的劳伦斯·韦杰等地质学家专注于某些火成岩尤其是辉长岩的层状性质。[65] 他们的看法是当熔融物冷却时，部分物质结晶并受重力作用下沉，由此改变剩余液体的化学成分，从而形成一系列不同的矿物。这一看法可以追溯到查尔斯·达尔文（1809～1882），[66] 为 20 世纪后半叶的研究开辟了重要领域。

[62] Norman L. Bowen，《成岩成因论中的反应原理》（The Reaction Principle in Petrogenesis），《地质学杂志》，30（1922），第 177 页～第 198 页。

[63] Jakob J. Sederholm，《论芬兰西南部的混合岩和相关的前寒武纪岩石》（On Migmatites and Associated Pre-Cambrian Rocks of Southwestern Finland），《芬兰地质调查公报》（*Bulletin de la Commission Géologique de Finland*），no. 58（1923）；Orville F. Tuttle 和 Norman L. Bowen，《借助对 $NaAlSi_3O_8$— SiO_2—H_2O 系统的实验研究探讨花岗岩起源》（Origin of Granite in the Light of Experimental Studies in the System $NaAlSi_3O_8$— SiO_2—H_2O），《美国地质学会论文集》（*Memoir of the Geological Society of America*，No. 74，New York：Geological Society of America，1958）；Helmut G. F. Winkler 和 Hilmar von Platen，《岩石变质作用实验（二）：含 NaCl 的钙质黏土变质作用中形成重熔花岗岩熔融物》（Experimentelle Gesteinsmetamorphose – II：Bildung von anatektischen granitischen Schmelzen bei der Metamorphose von NaCl – führenden kalkfreien Tonen），《地球化学和宇宙化学学报》（*Geochimica et Cosmochimica Acta*），15（1958），第 91 页～第 112 页。

[64] Harold Herbert Read，《花岗岩争论》（*The Granite Controversy*，New York：Interscience，1957），第 161 页。

[65] Lawrence R. Wager 和 G. Malcolm Brown，《层状火成岩》（*Layered Igneous Rocks*，Edinburgh：Oliver and Boyd，1968）。

[66] 参看 Paul N. Pearson，《查尔斯·达尔文论火成岩的起源和多样性》（Charles Darwin on the Origin and Diversity of Igneous Rocks），《地球科学史》（*Earth Sciences History*），15（1996），第 49 页～第 67 页。

地球化学循环

舍恩拜因的宏伟计划被亨特过早承认之后，又被弗拉基米尔·韦尔纳茨基（1863～1945）复兴。韦尔纳茨基师从德米特里·门捷列夫（以元素周期表闻名）学习化学，又师从瓦西里·多库恰耶夫学习土壤科学，还对亨利·贝格松的“进化”哲学感兴趣。在其早期工作中，韦尔纳茨基研究前寒武纪的生命证据，并考虑有机物可能帮助前寒武纪部分岩石形成（当今看来在某些情况下确实如此）。此后，他研究不同元素通过大气、海洋、活的和死的生物体、地壳等循环。他强调，大气的组成有赖于活的生物体。[67]

414 韦尔纳茨基的观点，由其儿子传播到美国，并被耶鲁大学的生态学家乔治·伊夫林·哈钦森接受。[68] 地球化学史上另一个杰出人物是来自挪威的维克托·戈尔德施密特（1888～1947）。他的划时代著作《地球化学》（*Geochemistry*）[69]阐述了元素在地球不同部分、大气以及其他介质中随时间的分布、岩浆岩的演化（援引了鲍文的成果）、晶体化学原理等。基本的问题是：不同元素随时间分布到什么地方？比例是多少？要回答这些问题，人们需要关于岩石、矿物、水、气体的化学成分及其随时间的变化的丰富知识。这类知识只能通过建立数据库慢慢获取，就像地球物理学所做的那样。

关于地球化学循环的综合想法出现时间较晚，倡导者中尤其要提到美国地球化学家罗伯特·M. 加雷尔斯（1916～1988）。他设想岩石圈-水圈-大气圈内的运动就像一座工厂，“管道”将不同元素从一个容器输送到另一个容器，整个循环的驱动力是地球内部放射性热能和太阳能。在元素从一个储存地点移到另一个储存地点的过程中，活的生物体发挥重要作用（如珊瑚固定碳酸钙）。此外，在不同的地质年代，元素可能富集在不同的物质中。例如碳有时富集在煤沉积物中，有时则富集在石灰岩中，硫可能富集在黄铁矿或石膏中。加雷尔斯（同亚伯拉罕·莱尔曼合作）指出碳循环和硫循环是如何“耦合”的。[70] 从而，地球化学开始揭示地层柱的“意义”。[71]

根据地球化学证据，生命在地球历史中显然极为重要，通过其“缓冲作用”使地球维持一种有助于生命延续的状态。由此，就有关了解地球发挥“平衡系统”功能的方式，当然还有提供其他技术譬如寻找矿体等，地球化学提供了极其重要的见解。

[67] Vladimir Ivanovich Vernadsky，《生物圈》（*The Biosphere*, New York: Springer, 1997; first Russian edition, 1926），David B. Langmuir 译。

[68] George E. Hutchinson，《生态学剧场和进化演出》（*The Ecological Theater and the Evolutionary Play*, New Haven, Conn.: Yale University Press, 1965）。

[69] Victor M. Goldschmidt，《地球化学》（*Geochemistry*, Oxford: Clarendon Press, 1954）。

[70] Robert M. Garrels 和 Frederick T. MacKenzie，《沉积岩演化》（*Evolution of Sedimentary Rocks*, New York: Norton, 1971）；Robert M. Garrels 和 Abraham Lerman，《沉积硫和碳循环的耦合—— 一个改善的模型》（Coupling of Sedimentary Sulfur and Carbon Cycles-An Improved Model），《美国科学杂志》（*American Journal of Science*），284（1984），第989页～第1007页。

[71] 参看 Peter Westbroek，《作为地质力的生命：地球动力学》（*Life as a Geological Force: Dynamics of the Earth*, New York: Norton, 1994）。

对地质学、对我们对地球的认识,包括其作为一个行星体以及作为一个准有机体的功能,更遑论“实用”事物如地震等,地球物理学和地球化学已经做出重要贡献。对专业物理学家、天文学家、化学家以及想要成为整体论者的人,还有工业界人士而言,地球是一个极其有趣的研究对象。尽管极具科学兴趣和重要性,地球物理学和地球化学只吸引到极少数历史学家的关注。地球物理学和地球化学为未来的历史研究提供了内容丰富的领域,尤其是其综合特性。但是考虑到20世纪下半叶之前地球物理学和地球化学一直未“联姻”,也许可以理解人数不多、迄今为止专注于20世纪以前专题的地质学史学家,尚未对地质学的姐妹学科给予应有的注意。 415

（梁国雄　译）

22

416

数学模型

杰弗里·C. 尚克　查尔斯·特沃迪

寻求把自然界数学化的早期自然哲学家们几乎肯定地认为他们看清了这个世界的真正基础,而不是在建立可能对应着所观察到的现象的模型。“模型”或“类比”的说法首先出现于19世纪的物理学,对建模功能的明确认知是否标志着朝向科学是如何运作的现代观点迈出了重要一步,则是一个有趣的问题(超出了本章的主题)。在生物学中,最初很多人相信生物现象是无法用数学来表达的,这种以模型为媒介的方法似乎为那些觉得必须建立一座通往定律世界和因果世界的桥梁的人提供了一条前进的道路。

数学建模直到20世纪20年代才成为生命科学中的一个重要研究策略,但是其源头严格说来在于19世纪中期的使生命科学更像物理学的努力,也在于概率理论和数学统计的发展。在那一时期,欧洲的生物学家开始抛弃德国自然哲学传统中唯心主义的和活力论的生物学,有几位学者开始转向其他自然科学以寻求灵感。更具体地说,几个年轻的德国生理学家和微生物学家倡导一种还原论生物学,其仅仅求助于物理-化学的解释,有时以牛顿力学定律的方式表达。[1] 还原论并没有立即在各个地方得到很大的发展,但是甚至那些认为生物学的某些方面无法还原为物理或化学的研究者也同意应该开始尝试做出这样的还原。[2]

但是,不同于物理学和经济学,一直到20世纪早期,数学模型对生物学思想的发展都几乎没有什么影响,甚至在那个时期,还有生物学家以其过于简化了复杂的问题而反对数学化。在接近19世纪末期,支持达尔文进化理论的生物学家开始运用(和构建)统计分析以支持他们的看法。[3] 统计的思想最终促进了在20世纪20年代达尔文

417

[1] David J. Depew 和 Bruce H. Weber,《达尔文主义在进化:系统动态和自然选择谱系》(*Darwinism Evolving: Systems Dynamics and the Genealogy of Natural Selection*, Cambridge, Mass.: MIT Press, 1995)。

[2] Everett Mendelsohn,《物理模型和生理学概念:19世纪生物学的解释》(Physical Models and Physiological Concepts: Explanation in Nineteenth-Century Biology),《英国科学史杂志》(*British Journal for the History of Science*),2(1965),第201页～第217页。

[3] 参看 Robert Olby,《科学争论的维度:生物统计学—孟德尔主义的争论》(The Dimensions of Scientific Debate: The Biometric-Mendelian Debate),《英国科学史杂志》,22(1988),第299页～第320页;J. S. Wilkie,《高尔顿对进化论的贡献,尤其是他对模型和隐喻的运用》(Galton's Contribution to the Theory of Evolution, with Special Reference to His Use of Models and Metaphors),《科学年鉴》(*Annals of Science*),11(1955),第194页～第205页。

主义和遗传学的综合,并为生命科学的其他部分数学化准备了条件。在后来的几十年里,我们看到:(1)数学模型成为综合进化论的一个关键部分;(2)运用种群数量模型来指导理论生态学或应用生态学的发展;(3)数学统计在整个生命科学中的传播;(4)数学模型和建模者从自然科学到生命科学的迁移。今天,随着计算机技术的引入,我们看到建模更加广泛地应用在研究(例如生物信息学)和教学中,甚至有了新的实验性建模。

由于模型总是涉及理想化的状态,并且建模是一个建设性的过程,我们发现生命科学任何领域内的建模往往开始于一个简单情况的模型——一个高度理想化的模型,即生物世界的无摩擦滑轮。后续模型常常加入新的要素或重新合并以前模型的要素。模型的这种频繁的逐步演进是建模的建设性的过程不可避免的结果,受到很多直接或间接作用于模型演进的外部和内部因素的影响。

建模者的观点会被各种各样的影响所左右。在技术层面,这些影响包括本体论和认识论方面的假设、建模目标和分析及测试模型所受到的限制。按照生物学家理查德·莱文斯的说法,模型至少有三个互不相容的特征:真实性、精确性和一般性。[4] 在莱文斯看来,建模者根据他的观点会牺牲这些特征中的一个(或更多)。比如,莱文斯认为洛特卡-沃尔泰拉(Lotka-Volterra)模型为了精确性和一般性牺牲了真实性;他认为这是受数学物理所启发的模型的特点。但是,对于这种深层次的选择,也许会归结为何种选择可能会是最“能出成果”的直觉,而且这些选择会受很多实际因素的影响,有时还受到意识形态因素的影响。

物理上和形式上的类似在数学建模的历史中一直扮演着关键的角色,并且典型地和引发问题的活动联系在一起。如果一个建模者注意到两个系统在形式上或是物理上的相似,而其一已经有了一个成功的数学模型,那么形式上或物理上的类似或许暗示着第二个系统有一个相似的模型。阿尔弗雷德·詹姆斯·洛特卡(1880～1949),数学生态学的奠基人之一,从源自物理学和化学的基本数学形式开始,然后转向在生态学中提出问题。数学技术从科学的一个领域到另一个领域的转移产生了一些问题,而这些问题是关注新兴学科的专业身份的历史学家特别感兴趣的。

418

理想化发生在建模过程的每个阶段和每个活动中。这可能相当于找到最简单或最容易的生物系统或机制来研究,或是找出一个生物系统最简单和最容易的概念上的理想化的状态。在模型的构建和分析中,理想化大概相当于选择一个在分析上和计算上易于处理的数学框架,这几乎总是涉及近似。在对手间的辩论中,模型甚至可以被进一步简化,算是一种可能为得到可理解性甚至不惜以歪曲当代生物学研究和教学为

[4] R. Levins,《种群生物学中的模型建造策略》(The Strategy of Model Building in Population Biology),《美国科学家》(*American Scientist*),54(1966),第 421 页～第 431 页。关于最近建模的一般历史调查,参看 Paola Cerrai、Paolo Feruglia 和 Claudio Pellegrini 编,《数学模型在自然中的应用:关键时刻和关键方面》(*The Application of Mathematical Models to Nature: Critical Moments and Aspects*, New York: Kluwer/Plenum, 2002)。

代价的策略。[5]

因此,一个模型最终采用的形式可能会受到和所涉及的技术细节无关的因素的影响。传统上,历史学家区分了内部因素和外部因素,内部因素源自科学的方法论、认识论和解释,外部因素包括心理影响、社会影响、政治影响和经济影响。但是,近年来,内部因素和外部因素的区别已经变得非常模糊以至于几乎毫无用处。例如,数学生态学最初是由"应用派"的生物学家发展起来的,其面临着控制害虫的农业需要和经济需要。这种需要引导了对种群数量稳定性问题的早期研究,此研究计划影响了这一领域的后续发展。尽管这个外部因素是至关重要的,这项研究方式得以历久不衰的部分原因却在于内部因素:在生物学的很多领域里,种群数量的稳定性的理论重要性和实践重要性都得到广泛的关注。

社会关系和个人性格特点在数学模型的时机选择、发展和接受中一直都有显著的作用。早在 1902 年,数学家乔治·尤德尼·尤尔就认识到孟德尔主义和"连续的"进化改变并非不兼容,只是这两大主要生物学阵营之间的社会冲突使他们无法看到这两种思想如何能够以数学的方式融合在一起。这种情况直到有了罗纳德·艾尔默·费歇尔、J. B. S. 霍尔丹和休厄尔·赖特在 20 世纪 20 年代的综合工作方才改变。关于这些分歧,人们已经写了很多,并以哲学的和意识形态的争执以及职业上的竞争加以诠释。与此相似,数学建模在生态学中的出现也同样伴随着一些争论,其产生于对所要解决问题的本质的不同看法和一些早期建模者缺乏职业上的安全感。[6]

419

提供一个详尽的关于生命科学中数学模型及建模的调查超出了本章的范围,但是我们会调查一些代表了生命科学中的模型构造的重要的历史线索,并提供了所选的主要和次要资料的简要说明。我们从数学建模已经进入生命科学的 3 个方面开始,即生理学和心理学、进化和生态学以及发育和形态。接下来的部分会着重于 3 个较新的历史观点,我们相信这些观点在建模的起源和其当前状态之间提供了一些桥梁。它们是数学统计、综合建模以及计算机和数学建模。

生理学和心理学

1835 年,特奥多尔·施旺(1810～1882)通过测量不同长度的青蛙肌肉的收缩力展示了在生物学中应用数学定理的可能性。当他在柏林的约翰内斯·弥勒(1801～1858)指导下工作的时候,施旺发现收缩力随肌肉长度的不同而不同,他宣称这是第一

[5] J. R. Jungck,《改变生物学的 10 个方程:面向问题解决的生物学课程中的数学》(Ten Equations That Changed Biology: Mathematics in Problem-Solving Biology Curricula),《生物圈》(*Bioscene*),23(1997),第 11 页～第 36 页。

[6] 关于生物统计学和孟德尔主义争论的权威研究是 W. B. Provine,《理论群体遗传学的起源》(*The Origins of Theoretical Population Genetics*, Chicago: University of Chicago, 1971)。关于生态学,参看 Sharon Kingsland,《为自然建模:种群生态学的历史趣事》(*Modeling Nature: Episodes in the History of Population Ecology*, Chicago: University of Chicago Press, 1985)。

次“一个生命过程以数学的方式被研究并被收纳在以数字表示的力的定律中”。尽管这种说法并不完全正确,但它的确对其他生理学家有着很大的影响,并促进了生命科学中所谓牛顿革命。[7]

赫尔曼·冯·亥姆霍兹(1821～1894),一位在感官生理学方面做过大量工作的物理学家,受到了施旺的启发。亥姆霍兹也是弥勒的学生,1847年,他因将能量守恒定律用公式表示出来而出名。他的这一成果受当时在弥勒学生中发展的反活力论思想所激励,埃米尔·杜布瓦-雷蒙(1818～1896)就是其中之一。亥姆霍兹确信活力论等同于永恒运动,故而寻求物理方面的原因来驳斥这种思想。[8] 亥姆霍兹继续从事这项机械学研究项目,他最早的一些生理学工作是关于神经脉冲的传播速度(1850年),在这些研究中,他开启了神经生理学研究和建模的大门。亥姆霍兹表明了神经信号并不是以无限快的速度传播的,甚至不接近光速,而是以对电来说非常平常的大约30米/秒的速度传播,这就引发了关于神经信号传播机理的重要问题,并迫使人们对认识论做出修正——一项亥姆霍兹本人所从事的工作。这个实验的另一个重要方面是亥姆霍兹运用了统计误差分析来解释他的数据,这是一种常常被忽视的数学建模方法,因为现在看来,它太平常了。[9]

420

亥姆霍兹没有探究神经的内部工作机理,以至于神经电生理学直至20世纪中期一直处于莫名其妙的状态。在探索神经的内部工作机理的过程中,两个关键的进展是对半透膜的理解和对动作电位的建模。[10] 在1888和1889年,赫尔曼·能斯特(1864～1941)——一位参加过亥姆霍兹在柏林的热力学讲座的(从物理学家转行来的)化学家——定义了一个方程,其详尽阐述了溶液中只允许一个离子通过的膜在离子通过它扩散时如何产生电位。在1912年,一位生理学家尤利乌斯·伯恩斯坦(1839～1917)——杜布瓦-雷蒙在柏林的前学生及亥姆霍兹在海德堡时的助手——提出神经细胞被一层活的半透膜包围着。如果是这样,那么通过类比,他可以使用能斯特方程来预测神经的静息电位。伯恩斯坦提出膜的通透性可能会随电的刺激而增加,从而提出了一种动作电位的机制。

生物物理学家艾伦·L. 霍奇金和安德鲁·F. 赫胥黎于1951和1952年在一系列论文里发展了这一思想,他们测量了鱿鱼巨轴突的电位,发现高度理想化的能斯特模

[7] Mendelsohn,《物理模型和生理学概念:19世纪生物学的解释》。

[8] F. Bevilacqua,《亥姆霍兹〈论力的守恒〉:一个理论物理学家的出现》(Helmholtz's *Ueber die Erhaltung der Kraft*: The Emergence of a Theoretical Physicist),载于David Cahan编,《赫尔曼·冯·亥姆霍兹和19世纪科学的基础》(*Hermann von Helmholtz and the Foundations of Nineteenth-Century Science*, Berkeley: University of California Press, 1993),第291页～第333页; E. Mendelsohn,《19世纪的生物科学:一些问题和来源》(The Biological Sciences in the Nineteenth Century: Some Problems and Sources),《科学史》(*History of Science*),34(1964),第39页～第59页。

[9] 关于对亥姆霍兹的看法的研究,参看Cahan,《赫尔曼·冯·亥姆霍兹和19世纪科学的基础》。

[10] 关于一个参与者的更详细的反思,参看K. S. Cole,《理论、实验和神经脉冲》(Theory, Experiment, and the Nerve Impulse),载于Talbot H. Waterman和Harold J. Morowitz编,《理论生物学和数学生物学》(*Theoretical and Mathematical Biology*, New York: Blaisdell, 1965),第136页～第171页。

型的一种修改形式可以和他们的测量结果高度吻合。在该系列论文的最后一篇中,[11]他们类比了能够导致相似结果的电子线路,进而构造出一个神经信号(动作电位)扩散的动态模型。这个并联电容的模型非常成功,尽管进一步的亚细胞级的分析对从物理上理解膜中离子通道的工作机理及突触传递所涉及的过程起了很大作用,但动态方程和电路类比依然被讲授。

在 19 世纪后期,从古斯塔夫·特奥多尔·费希纳(1801～1887)在莱比锡的工作开始,感觉生理学在宏观上也变得更加数学化了。费希纳,比弥勒的学生早一代,是恩斯特·韦伯(1795～1878)的学生,并不是一个还原论者,但是他的确有些赞同这一思想。费希纳最初是一名物理学家,他坚持实验而且他著名的定律有一部分是基于亥姆霍兹 1847 年的能量守恒论文。费希纳定律是他的《心理物理学原理》(*Elemente der Psychophysik*,1860)的中心,此书定义了实验心理学的研究领域。费希纳定律重新诠释了韦伯定律,其指出刺激越大,在任何差异变得可见之前,所需的变化也越多。费希纳断言,如果 S 是感觉的大小,那么 S 是韦伯的最小可觉差的固定倍数。如果我们以 R 作为刺激的单位,那么费希纳定律可以表达为 $S = K\lg R$,其指出我们的感觉的增加仅仅和刺激的对数成正比。虽然这个定律简单,又是基于经验观察,并且有局限性,但是其公式化这件事本身对生命科学日益牛顿化起了推动作用。此外,费希纳提倡使用统计方法处理心理学的种种测量特征。话虽这么说,费希纳当时正在创建一个新的领域,而心理学作为一个整体直到 20 世纪 30 年代才采纳了数学方法,在当时“美国数学心理学彻底地走向了统计”。[12]

421

进化和生态学

尽管查尔斯·达尔文(1809～1882)在他的进化理论中没有依赖数学推理,但是他受到托马斯·马尔萨斯牧师(1766～1834)在《人口论》(*Essay on Principle of Population*,1798)中表述的经济学观点的影响却是广为人知的。马尔萨斯推断,人口往往以远远超过他们的粮食供给所能跟上的速度增加,自然界要平衡消费和生产,所以人类大众注定要遭受饥荒和瘟疫。[13] 虽然生物学家最初没有注意到马尔萨斯很容易数学化的模型,但是他的工作被当时的经济学家所发现而且现在依然被用作经济—人

[11] A. L. Hodgkin 和 A. F. Huxley,《膜电流的定量描述及其应用于神经中的传导和激发》(A Quantitative Description of Membrane Current and Its Application to Conduction and Excitation in Nerve),《生理学杂志》(*Journal of Physiology*),117(1952),第 500 页～第 544 页。也可参看 B. R. Dworkin,《学习和生理调节》(*Learning and Physiological Regulation*, Chicago: University of Chicago Press, 1993)。

[12] G. A. Miller,《数学和心理学》(*Mathematics and Psychology*, New York: Wiley, 1964)。

[13] 尽管这似乎会直接导致自然选择,但并非一定。对这一问题的分析,参看 P. J. Bowler,《马尔萨斯、达尔文和竞争的概念》(Malthus, Darwin, and the Concept of Struggle),《思想史杂志》(*Journal of the History of Ideas*),37(1976),第 631 页～第 650 页。

口相互作用的数学模型的基础。[14]

在达尔文的《物种起源》出版后的几十年间,争论更多集中在选择是发生在相对小的"连续"变异中还是大的突变中。弗朗西斯·高尔顿(1822～1911)通过测量父代和子代在诸如高度和智力等特征方面和统计均值的偏差,开始认真地在遗传研究中运用统计。高尔顿观察到对于任何特性来说,极端父母的孩子往往不那么极端,他称其为"回归平均值"的模式。这种模式导致他在某种程度上倾向于突变的观点,但是他对更多自然选择论的观点仍然保持开放的态度。那些更极端的突变论者运用"回归平均值"的论点对达尔文主义者进行恶意攻击,但是高尔顿的同事,数学家卡尔·皮尔逊(1857～1936)发展了高尔顿的统计直觉的其他部分,而且用其为连续变异的作用辩护,来应对一些突变论者的攻击。1893 年,皮尔逊在伦敦大学学院建立了生物统计实验室,后来为德雷珀公司(Drapers' Company)所资助。随后他在 1908 年建立了高尔顿优生实验室。有人认为皮尔逊的生物统计学是受他对优生学的关注的影响(人类的选择性育种),而且有人声称他的统计技术是为了证实优生政策而积极地发展起来的。但是最近的研究对这种观点提出了疑问,因为人们注意到皮尔逊对进化和优生的研究在方法论上并不总是密切相连。[15]

422

大多数早期孟德尔学派的支持者是突变主义者,并且以这种方式解释重新发现的孟德尔的定律。不可避免地,他们反对生物统计学者,因为后者支持达尔文的连续变异的观点。两个阵营都声称高尔顿是他们的先驱,而且双方都没有注意到这两种主张并非一定不兼容,尽管英国数学家乔治·尤德尼·尤尔早在 1904 年就已经指出这一点。数学化的人口遗传学开始于对孟德尔的基本经验公式($A + 2Aa + a$)的深入探讨。[16] 如果对基因而非特征建模,这个表达式可变为 $AA + 2Aa + aa$。引入 p 和 q 作为等位基因 A 和 a 相应的频率,我们得到哈代-温伯格平衡 $p^2 + 2pq + q^2 = 1$。进化遗传学数学模型后来的奠基人罗纳德·艾尔默·费歇尔(1890～1962)、J. B. S. 霍尔丹(1892～1964)和休厄尔·赖特(1889～1988),详细阐述了在影响种群选择背景下的孟德尔定律。在进化论之外,他们都对育种研究感兴趣:费歇尔是洛桑农业研究站的常驻统计学家,霍尔丹(先是剑桥大学的生物化学高级讲师,接着是伦敦大学学院的遗传学教授)在约翰·因斯园艺学院兼职,赖特从美国农业部转到芝加哥大学。尽管在适合模型的专一性以及诸如随机漂移、显性、种群结构、异位显性和连锁等复杂因素的

[14] 一个例子是 M. L. Lee 和 D. Loschky,《马尔萨斯的人口波动》(Malthusian Population Oscillations),《经济杂志》(*The Economic Journal*),97(1987),第 727 页～第 739 页。

[15] 生物统计学家和孟德尔主义者的冲突的经典来源是 Provine,《理论群体遗传学的起源》。对优生学在皮尔逊统计学建立中的作用的强调,参看 Donald Mackenzie,《英国的统计学(1865～1930):科学知识的社会构造》(*Statistics in Britain, 1865-1930: The Social Construction of Scientific Knowledge*, Edinburgh: Edinburgh University Press, 1982)。对此的疑问,参看 Eileen Magnello,《卡尔·皮尔逊的遗传特征的数学化》(Karl Pearson's Mathematization of Inheritance),《科学年鉴》,55(1998),第 35 页～第 94 页;Eileen Magnello,《生物统计和优生学的不相关性》(The Non-correlation of Biometrics and Eugenics),《科学史》, 37(1999),第 79 页～第 106 页,第 123 页～第 150 页。

[16] 弗雷德里克·邱吉尔(个人通信)告诉我们,孟德尔本人指出种群随机近交世代的杂合子衰退。

作用方面有着尖锐的分歧,但他们的工作在现代综合进化论中调和生物统计学和孟德尔传统之间的差异起了关键的作用。不同的建模技术中的一部分是由不同的思想源头所致,另外的部分则是由不同的哲学和意识形态观点所致。例如,费歇尔原本是研究气体动力学理论的,他关心的是他的进化理论与他对优生学的支持兼容。[17]

随着进化的数学模型逐渐形成,相对较新的生态学也开始探索用数学表示种群增长、捕食和竞争的可能性。莎伦·金斯兰对此提供了详细的记录,勾画出由有关人员不同的背景所造成的紧张和在创立一个新的科学学科中所遇到的问题。[18] 较早的建模者之一是雷蒙德·珀尔(1879～1940),他曾在伦敦和皮尔逊共事并且把他的数学方法带回美国,1907～1918 年珀尔在缅因州农业实验站工作,接下来是在约翰斯·霍普金斯大学的卫生与公共健康学院工作,最后在那里主管自己的研究所。[19] 珀尔以马尔萨斯的传统进行理论生态学研究。他在寻找的就是一个种群增长的定律,而且认为在逻辑斯谛(logistic)模型中找到了这一定律。用现代术语来说,马尔萨斯的模型可以用一个差分方程表示,其中一个大小为 N 的种群的变化速度等于一个常数 r 乘 N,即 $dN/dt = rN$。这个方程预示着无约束的不现实的指数增长。珀尔引入了密度制约的概念,以参数 K 代表,这样他的模型变为 $dN/dt = rN(1 - N/K)$,随着种群数量接近限制参数 K 其会减缓增长速度,从而在进行数学积分时产生 S 形曲线或逻辑斯谛曲线。这是逻辑斯谛模型发展史进化的第一步,而且珀尔是推广这些变化的主要(和臭名昭著的)角色。[20] 1924 年,尤尔在英国科学促进会称赞了珀尔的工作,但也给出了不要从数据做出太牵强的推断的警告。珀尔的定律并不试图描述一种机制,所以生物学家对他有时草率的推断和越来越多特定的曲线拟合感到怀疑是恰当的。[21]

这种存在于业界的怀疑大概和人口统计学家阿尔弗雷德·詹姆斯·洛特卡所感到的强烈抵制有关。洛特卡是一个有着化学背景的局外人,当时他正要完成一本著作——《物理生物学原理》(*Elements of Physical Biology*),而该书后来成为生态学数学模型的基础。洛特卡曾供职于保险行业(它有自己的建模策略传统),故而他更加严格地遵循经济学传统。不仅如此,他的书的组织结构和主题明显地源自物理学,特别是热力学。一个类似的模型由维托·沃尔泰拉(1860～1940,罗马大学的数学物理学教授)独立提出。洛特卡和沃尔泰拉一起发展出一个多物种(捕食者—猎物)互相作用的简单数学模型,其从此产生了自己的模型发展史。

洛特卡和沃尔泰拉的例子表明了数学上的类比如何与物理上的类比分离开来。洛特卡运用了一种词语方程(word-equation)类的推理,它来自物理化学的精巧类比;沃

[17] 参看以下著作中的文章,S. Sarkar,《进化遗传学的奠基人》(*The Founders of Evolutionary Genetics*, Dordrecht: Kluwer, 1992)。关于赖特和费歇尔的不同,也可参看 W. B. Provine,《休厄尔·赖特和进化生物学》(*Sewall Wright and Evolutionary Biology*, Chicago: University of Chicago Press, 1986)。

[18] Kingsland,《为自然建模:种群生态学的历史趣事》。

[19] 同上书,第 3 章。

[20] 同上书,第 61 页～第 63 页。

[21] 同上书,第 4 章。

尔泰拉使用了一种“偶遇法(method of encounters)”,它基于和统计力学的类比。但是两人都得到了同样的数学模型。此外,两个系统都是高度理想化的,有着同类的种群,没有时间延迟,没有环境交互作用,[22]这些假设与他们相当抽象的生物学方法是一致的。这些高屋建瓴的全系统的动态模型代表了一种和当时生态学中新兴的基于个体的建模方式非常不同的方法,反映了在目标集、细节程度的偏好以及评估模型的资源方面的不同。两种模型都代表了马尔萨斯的方法和逻辑斯谛方法的扩展,逻辑斯谛方程只处理单一物种,而洛特卡-沃尔泰拉方程同时处理两个物种,经常被称为“捕食者—猎物”方程。

澳大利亚昆虫学家亚历山大·尼科尔森(1895～1969)在他对有限的种群增长和种群数量稳定性来源的研究中用到了洛特卡和马尔萨斯的研究。他在悉尼大学的一个学生注意到了传统的解释(有限的食物供给)是不充分的,因为害虫通常并不会吃光所有可以吃到的食物。尼科尔森探索了其他可能和种群大小密切相关的机制,认为相比较小的种群,较大的种群是个更大和更容易被捕食的目标。这就提供了所需要的对增长的制衡。在一个物理学家同事的帮助下,尼科尔森构想了一个包含这一机制的数学模型,但是这个模型预测了宿主和寄生虫群体数量的不断增加的振荡,尼科尔森认为这是个不切实际的结果。[23] 探索稳定性的来源一直是尼科尔森-贝利(Nicholson-Bailey)模型后续发展的推动力量。

也有生物学家反对应用这些数学模型的努力,他们认为这种整体的研究方法会使自然界交互的复杂性变得模糊不清。一个主要反对者是威廉·罗宾·汤普森(1887～1972),英国帝国昆虫研究所的主管,他的反对是由他对受天主教信仰所启发的反机械论世界观的热情所导致的。直到20世纪50年代,在罗伯特·赫尔默·麦克阿瑟(1930～1972)的影响下,建模才在科学生态学中赢得了更广泛的基础,麦克阿瑟先是在耶鲁大学的生态学家乔治·伊夫林·哈钦森(1903～1991)的指导下学习,而后在宾夕法尼亚大学和普林斯顿大学任教。麦克阿瑟有效地把注意力重新集中在由洛特卡和其他人开创的问题和方法上,他的观点在1957年冷泉港(Cold Spring Harbor)定量生物学研讨会上得到了哈钦森的大力支持。即便如此,关于模型生态学最恰当的方法的论战一直是活跃的,而且各方的语言常常是刻薄的,特别是在专业竞争加重了理念差异的情况下。[24]

425

[22] 参看G. Israel,《生物数学的出现和种群动态的案例:机械还原论和达尔文主义的复兴》(The Emergence of Biomathematics and the Case of Population Dynamics: A Revival of Mechanical Reductionism and Darwinism),《语境中的科学》(*Science in Context*),6(1993),第469页～第509页;G. Israel,《论沃尔泰拉和洛特卡对现代生物数学发展的贡献》(On the Contribution of Volterra and Lotka to the Development of Modern Biomathematics),《生命科学的历史与哲学》(*History and Philosophy of the Life Sciences*),10(1988),第37页～第49页。

[23] Kingsland,《为自然建模:种群生态学的历史趣事》,第116页～第126页。

[24] 关于汤普森和麦克阿瑟,参看Kingsland,《为自然建模:种群生态学的历史趣事》,第134页～第143页和第8章。关于后来的争论,参看Paolo Palladino,《定义生态学:20世纪60和70年代的生态学理论、数学模型和应用生物学》(Defining Ecology: Ecological Theories, Mathematical Models, and Applied Biology in the 1960s and 1970s),《生物学史杂志》(*Journal of the History of Biology*),24(1991),第223页～第243页。

发育和形态

尽管对形态学的研究可以向前扩展到整个19世纪，但达西·温特沃思·汤普森的《论生长与形态》(*On Growth and Form*,1917)一书为生长和发育的数学建模提供了一个好的出发点。正如弗雷德里克·邱吉尔所说:“汤普森的意图在于展示数学和物理分析能够提供一种对有机形态富有洞察力的解释,这也许是唯一准确的解释。”[25]在他的“生长速度”一章中,汤普森宣称“从数学上说,有机形态自身让我们感觉就像一个时间的函数”,这激励了朱利安·赫胥黎(1887～1975)去进一步探索。

在《相对生长的问题》(*Problems of Relative Growth*,1932)一书中,朱利安·赫胥黎详尽阐述了他于1924年在《自然》(*Nature*)杂志上描述的相对生长速率的公式。指数定律公式 $Y = bX^k$ 把身体部分 Y 的生长和整体 X 的生长用两个常数 b 和 k 联系起来。赫胥黎的公式是从经验中派生出来的,因此没有从理论上解释 k 的恒定性。这个基本模型一直保留下来,虽然很多其他研究人员通过额外的常数来扩展这个模型以处理各种异速生长关系。近年来,G. B. 韦斯特与其合作者试图解释 k 的恒定性及其在不同系统中的特定值,这些不同体现在植物的表面分形特性和动物的血液循环系统。[26]

426

20世纪初,德国动物学家和解剖学家特奥多尔·博韦里(1862～1915)研究了海胆卵的受精过程。在偶尔情况下,海胆卵会被两个精子(双精卵)或多个精子(多精卵)受精,从而导致发育异常。通过精巧的比较论证和排除了其他可能原因的实验,博韦里确定了在多精受精卵中的不正常分裂刚好和染色体在第一次分裂成3个或4个卵裂球(而非正常的2个)的不规则分裂同时发生。在海胆中,每个卵子和精子贡献18个染色体,所以双精卵有54个染色体,而不是正常的36个。这些卵也有一个额外的着丝粒(每个精子贡献1个),所以在单细胞的卵中,会形成3个或4个纺锤体,54个染色体不均匀地分布在这3个或4个纺锤体之间。先前的实验表明了如果每个染色体在细胞核中至少出现一次,正常发育就能发生。因此,博韦里推断重要的并非染色体的数目差异而是其分布差异。一个可以发育的细胞可以有多个某个染色体,但是它必须拥有所有染色体,至少每种一个。

在一个物理学家朋友威廉·魏因的建议下,博韦里把54个混合好的木球(编号1～18,重复3次)倒进一个圆盘中,并将一根木制交叉杠放在圆盘上,这样把54个球随机地分成3或4组,其代表了分裂中的卵细胞的3或4个纺锤体。他重复了这一过

[25] F. B. Churchill,《关于通往常数 k 之路:历史介绍》(On the Road to the k Constant: A Historical Introduction),对朱利安·赫胥黎的介绍,《相对生长的问题》(*Problems of Relative Growth*, London: Methuen, 1932; Baltimore: Johns Hopkins University Press, 1993, reprinted),第ix页～第xlv页。

[26] G. B. West、J. H. Brown 和 B. J. Enquist,《生物学异速增长标度律起源的通用模型》(A General Model for the Origin of Allometric Scaling Laws in Biology),《科学》(*Science*),276(1997),第122页～第126页。

程200次,以得到两种情况(正常发育相对于异常发育)出现次数的百分比。博韦里的模型和实际结果符合得相当好——为他不同染色体携带不同基因的假说提供了更多支持——而且这个模型在预测现代蒙特卡洛模拟方法和基于个体的建模方面特别有前瞻性。[27] 物理学家兼生物学家马克斯·L. H. 德尔布吕克(1906～1981),工作在20世纪中期,不相信机械的模型——这种不信任似乎继承自他的导师、物理学家尼尔斯·玻尔。但是,他却强烈支持数值数据的数学分析,并且设计了特别适合物理学分析技术的实验。实际上,德尔布吕克怀着发现类似"生物学的原子"的东西的希望进入了生物学领域,而且在美国的第一年的时间里他到处寻找适合定量研究的有机体和方法论。1938年他在埃默里·埃利斯的噬菌体中发现了这个东西,并在此后继续这方面的研究。[28] 德尔布吕克引入了复杂的数据分布的统计取样,而且导出了他的每个噬菌体种群的特征逻辑斯谛增长模型。通过在每年长岛冷泉港夏季的噬菌体研讨会上展示用这种方法所取得的分析清晰度和训练学生遵循这些技术,德尔布吕克提高了微生物学中数学描述和数据的数学建模技术的地位。[29] 德尔布吕克1938年的论文《噬菌体的生长》(The Growth of the Bacteriophage)引入了统计取样技术来评估实验,而且给出了噬菌体的特征逻辑斯谛生长曲线。[30] 1940年有一系列论文扩充了这些分析,并在噬菌体研究中引入了泊松分布和二项分布。此外,德尔布吕克用流体动力学的方法计算出通过膜的流通率,从而发现了不同噬菌体种群的更具特征性的速率。[31]

427

在前面的各节中,我们概述了生命科学数学建模历史中的一些主要脉络。由于这部分历史很少被人探索,所以我们的一个目标一直是扼要地描述一个框架的组成部分以便进一步帮助历史研究。在下面的3节中,我们讨论把数学建模的起源和近来的建模联系起来的3个方面。

数学统计

数学统计作为数学建模的一个分支容易为人所忽略,至少是在这个分支在生理学建模和进化建模方面所起的那些特定作用之外。这大概是由一个不成文的区别所致。尽管数学模型和统计模型都是精确的,但数学模型通常被视为生物系统、过程和机理的理想的表示,而统计模型则在如下3个方面被视为值得信任的工具:(1)测量生物系统的实际统计属性及其关系;(2)评估测量误差;(3)决定我们应该接受哪个评估或假

[27] F. Baltzer,《特奥多尔·博韦里》(*Theodor Boveri*, Berkeley: University of California Press, 1967);C. Stern,《遗传学的连续性》(The Continuity of Genetics),《代达罗斯》(*Daedalus*),99(1970),第882页～第907页。

[28] Ernst Peter Fischer和Carol Lipson,《考虑科学:马克斯·德尔布吕克和分子生物学的起源》(*Thinking about Science: Max Delbrück and the Origins of Molecular Biology*, New York: Norton, 1988)。

[29] L. E. Kay,《概念模型和分析工具:物理学家马克斯·德尔布吕克的生物学》(Conceptual Models and Analytical Tools: The Biology of Physicist Max Delbrück),《生物学史杂志》,18(1985),第207页～第246页。

[30] Max Delbrück,《噬菌体的生长》(The Growth of the Bacteriophage),《普通生理学杂志》(*Journal of General Physiology*),22(1938),第365页～第384页。

[31] Kay,《概念模型和分析工具:物理学家马克斯·德尔布吕克的生物学》。

说是非常可能或是真的。这种区别充其量只能说是表面的。统计模型也是理想化的，而且受到所有影响数学模型的外部和内部因素的影响——甚至可能尤甚！

统计模型是现今生命科学最常见的数学模型形式。数学统计出现在1810年前后，它综合了观察的组合和以推断为目的的概率的作用。但是，直到19世纪后半叶，随着一场由4个人（高尔顿、弗朗西斯·伊西德罗·埃奇沃斯、皮尔逊和尤尔）领导的统计革命，数学统计才在生命科学中绽放异彩。他们的思想及其在数学回归和相关性的发展为现代参数和非参数的统计学打下了基础，特别是生命科学中几乎无处不在的方差分析模型（首先由罗纳德·艾尔默·费歇尔明确地用公式表达出来）。[32]

428

数学统计的发展很好地说明了我们早先讨论过的数学建模的两个特点。第一，由高尔顿、埃奇沃斯、皮尔逊和尤尔导致的相关性模型的发展可以被视为一部模型的发展史。最近逐渐出现的方差模型变量分析都和把一组观察值的方差分解成其方差分量（首先由尤尔明确指明）的基本分析有关。[33] 第二，建模者的视角及（特别是）建模者的心理因素在数学统计的历史发展中发挥了至关重要的作用。这一点清楚地展示在1897年皮尔逊对尤尔的线性回归公式化的有效性和普遍性的看法上。施蒂格勒从他们的视角差异解释了他们的冲突：

> 因此皮尔逊对[线性回归的]技术作为生物学工具多少有些局限的看法强烈地影响了他对尤尔的工作的反应。从这一角度看，他的顾虑看起来是明智的（甚至是深刻的）；从更广泛的角度看，或许并非如此。
>
> 另一方面，尤尔试图超越生物学问题而进入其他领域，那里的一种不同类型的关系恰恰是问题所在。从这个不同的视角上，尤尔以不同的方式看待事物。他把一条回归线视为因果关系的替代，而不仅仅是一个频率面的特征。[34]

正是尤尔的观点使得回归不仅仅是一个遗传定律。一些对皮尔逊、费歇尔及其他人工作的更广泛的影响在之前他们对进化理论的贡献的部分已经讨论过了。

综合建模：神经科学中的一个例子

数学建模的发展在很大程度上依赖于集成不同领域的概念、数据和数学方法。没有什么比神经科学中数学建模的历史更能体现这一点。作为19世纪生理学数学建模的继承者，它受到了牛顿观点的影响，而且通过W. S. 麦卡洛克和W. H. 皮茨的神经元的逻辑模型（1943年），被现代逻辑的发展所影响。[35]

[32] S. M. Stigler,《统计学史：1900年前对不确定性的测量》（*The History of Statistics: The Measurement of Uncertainty before 1900*, Cambridge, Mass.: Harvard University Press, 1986）；Theodore M. Porter,《统计思想的兴起（1820～1900）》（*The Rise of Statistical Thinking, 1820-1900*, Princeton, N. J.: Princeton University Press, 1986）。

[33] 同上。

[34] Stigler,《统计学史：1900年前对不确定性的测量》，第353页。

[35] W. S. McCulloch 和 W. H. Pitts,《神经活动中固有思想的逻辑积分》（A Logical Calculus of the Ideas Immanent in Nervous Activity），《数学生物物理学期刊》（*Bulletin of Mathematical Biophysics*），5（1943），第115页～第133页。

青蛙视觉运动协调的建模就是一个综合的和跨学科建模出现的精彩案例，其融汇了至少3个历史思想及普遍的观点：(1)冯·于克斯屈尔、洛伦茨和廷贝亨的行为学和神经行为学的观点；(2)胡贝尔和托尔斯滕·维泽尔的神经生物学的观点，以及麦卡洛克及其合作者对这个领域影响深远的论文《青蛙的眼睛告诉了青蛙大脑什么》(What the frog's eye tells the frog's brain)；(3)M. A. 阿尔比布及其同事在1970年以迪代的工作为开始的计算机模拟建模的观点。自从20世纪70年代以来，欧洲和美国的动物行为学家、神经生物学家和建模者一直在发展青蛙捕食猎物时的视觉运动协调的计算模型，突出表现在1981年、1987年和1996年的国际研讨会。这个领域有许多计算模型的发展史，应该能够提供我们所建议的那种历史分析的一个好的案例。的确，阿尔比布一直在倡导遵循一个我们早些时候描述为系统演化的和逐步提高的建模策略："如果已经建立了许多模型，那么进一步的建模应该——最大可能——是渐进的，新模型应该建立在先前的模型上，并对其改进、修改而非从头开始构建。"[36]这是个有着众多跨学科相互作用的领域，在研究社会、个人及技术(比如通过互联网)对建模过程的影响上，它应该非常有趣。

429

计算机和数学建模

没有讨论计算机对建模深远影响的数学建模历史是不完整的。计算机对数学建模早期(20世纪中期)的影响是在于其数值运算的速度。用分析法难解的差分方程集合组成的模型现在可以使用蛮力的数值计算来求解。数学统计的模型可以应用在越来越大的数据集上，这不仅需要快速的数值计算，还需要操纵数据的算法的开发。

数字计算机的发展大大增强了用于数学模型的可视化分析的图形表示法的使用，使得甚至在简单的数学模型中发现新的形态属性成为可能，例如逻辑斯谛生长方程，而且在教授大学生生态学普遍原则的过程中也增强了数学模型的使用。[37] 计算机还使得用于数学模型分析的通用的和大规模的蒙特卡洛模拟方法——类似于博韦里的物理模拟——的实现成为可能。蒙特卡洛方法常常需要用于高度非线性的数学积分问题，并且当分析统计的假设(例如底层分布的正态性)不成立时，对数据集合中的数量不确定性给出完全通用性的估计。但是，在完成这些任务时，计算机的功能主要是作为工具，它们进行计算和数据图形处理的速度比人类更快。

430

[36] M. A. Arbib，《视觉运动协调：神经模型和感知机器人学》(Visuomotor Coordination: Neural Models and Perceptual Robotics)，载于J. P. Ewert和M. A. Arbib编，《视觉运动协调：两栖动物、对比、模型和机器人》(*Visuomotor Coordination: Amphibians, Comparisons, Models, and Robots*, Kassel: Plenum Press, 1989)，第121页～第171页，引文在第125页。

[37] 参看B. Jones、W. Sterner和J. Schank，《生物区：为复杂生态系统建模的对象导向工具》(Biota: An Object-Oriented Tool for Modeling Complex Ecological Systems)，《数学建模和计算机建模》(*Mathematical and Computer Modeling*)，20(1994)，第31页～第40页；W. C. Wimsatt和J. C. Schank，《建模——基础》(Modelling-A Primer)，载于J. R. Jungck、N. Peterson和J. N. Calley编，《生物调查库》(*The BioQUEST Library*, vol. 4, New York: Academic Press, 1999)，第1页～第233页。

实验数学模型的一种新的类型,或许更好的说法是一系列相关的类型,开始出现在20世纪60年代晚期和70年代早期,被称为基于个体的建模(基于代理人的模型和细胞自动机模型是主要的例子)。[38] 我们虽然可能无法公正地评价生命科学中基于个体建模的各种不同类型,但是我们可以说其重点是对个体(或个体的部分)及其交互作用进行建模。这种模型的基本的分析策略是实验性的:运行模拟实验,并在一系列参数值上分析所得到的数据。如果模拟实验是在相似的环境(带有不同的初始化条件)下一遍又一遍地运行,人们可以期待看到从长期来看是收敛的(统计意义上)结果——一个让人想到博韦里在海胆异常发育研究中的物理模拟实验建模策略。这种新的建模类型已经因20世纪后期计算能力的爆炸性高速增长(应该持续到21世纪)而成为可能,并且具有实验方法的基本特征;这标志着一种崭新的建模类型。在种群生态学中,基于个体的建模标志着在建模思想方面的质的变化,这与传统的建模形成鲜明的对比,在那些传统方式中状态变量是种群密度和代表了个体的整体属性的参数,例如生长速率、竞争或捕食。[39]

结束语

生命科学中数学模型的历史不只是将数学应用于生命系统的历史。它有着丰富的过程和影响它的无数因素。我们已经提到一些影响建模类型和过程的因素——社会因素、心理因素和技术因素。数学模型在生命科学的特定领域的演进表明,从历史角度看,将其视为某种与物种相似的事物——其"进化"而且遵循系统发展分析——是很有成效的。由于数学模型需要准确的公式表达及明确的前提假设,数学关系可以被追溯,从而产生一个知识传承的发展史。有几个可能的方法来构建模型的发展史。最简单的,如果条件适用,是在特殊的和限制条件下的数学特征,但是不太正式的方法——诸如斯通描述的分支的方法[40]——可能会有更广泛的应用,特别是随着计算机技术被引入建模中。实际上,计算机的引入不仅帮助了数学建模,而且引入了一种新的被称为基于个体建模的实验建模方式。

[38] 参看D. L. DeAngelis和L. J. Grows编,《生态学中基于个体的模型和方法》(*Individual-Based Models and Approaches in Ecology*, New York: Routledge, 1992);O. P. Judson,《生态学中基于个体的模型的兴起》(The Rise of the Individual-Based Models in Ecology),《在生态学与进化中的趋势》(*Trends in Ecology and Evolution*),9(1994),第9页~第14页。关于这一观点较早的表述,参看S. A. Kauffman,《生物学中组成部分的解释的结合及对其理性的寻找》(Articulation of Parts Explanation in Biology and the Rational Search for Them),载于R. C. Buck和R. S. Cohen编,《1970年科学哲学学会会议纪要》(*PSA 1970*, *Boston Studies in the Philosophy of Science*, vol. 8, Dordrecht: Reidel, 1971),第257页~第272页。

[39] Judson,《生态学中基于个体的模型的兴起》,第9页~第14页。

[40] J. R. Stone,《思想的进化:壳模型发展史》(The Evolution of Ideas: A Phylogeny of Shell Models),《美国博物学家》(*American Naturalist*),148(1996),第904页~第929页;也可参看J. C. Schank和T. J. Koehnle,《为复杂的行为系统建模》(Modelling Complex Behavioral Systems),载于M. D. Lamblicher和G. B. Muller编,《为生物学建模:结构、行为和进化》(*Modelling Biology*: *Structures*, *Behaviors*, *Evolution*, Cambridge, Mass.: MIT Press, 2007),第219页~第244页。

在本章中,我们不得不省略许多数学模型和重要的历史脉络。我们几乎完全忽略了生物学中的优选模型(例如博弈论和最优设计)的发展,该模型产生于经济学和工程的研究工作。我们没有讨论以下内容:考夫曼的计算模型,其试图综合基因控制、发展和进化;[41]人工生命模型的发展;来自应用动物育种的数量遗传模型的发展,以及数量遗传学的“芝加哥学派”对该模型的详尽阐述;用于演化分析的分支模型的发展;[42]流行病的数学建模,其大致开始于威廉·奥格尔维·克马克和安德森·格雷·麦肯德里克的研究工作。最后,在20世纪早期和中期,出现了许多新的建模思路,具体内容如下:生物时间模型;多种动物行为的模型,包括社会结构和长幼强弱次序;信号检测模型及信息论模型;连接建模;生物化学和药理学模型、生物力学和基因编码的模型。在所有这些建模的篇章中,还有许多尚未讲述的历史故事。

(胡炜　译)

[41] S. A. Kauffman,《秩序的起源:进化中的自我组织和选择》(*The Origins of Order: Self-Organization and Selection in Evolution*, Oxford: Oxford University Press, 1993)。

[42] 参看 David L. Hull,《作为一个过程的科学》(*Science as a Process*, Chicago: University of Chicago Press, 1988)。

432

23

基　因

理查德·M. 伯里安　多丽丝·T. 扎伦

在这一章,我们将讲述关于基因和基因概念的传统历史说法,以及最近关于这个主题的修正主义编史学带来的一些问题。关于基因和遗传学的历史还处于起步阶段。直到20世纪70年代中期,它们的历史多数是科学家写的,反映的是科学争论的胜利者的观点。[1] 只有到了最近才有职业历史学家挑战传统说法,深入探讨基因历史遗失的方方面面。[2] 近来的生物学研究结果让人怀疑是不是存在基因"这样"一个实体。现在的历史学家对基因应该算作一种发明还是发现,涉及的历史是基本连续的还是不连续的,以及遗传学的技术和理论进展是如何与更大的社会问题,包括优生学、基因组计划、遗传医学和生物技术"干预"自然等问题联系起来的等这些问题都有异议。

孟德尔之前

从史前时期开始,人们就已经意识到有其父必有其子,并相信某种形式的后天获得性遗传,以此解释为什么性状和体格会在家族中遗传。[3] 后来,也用于解释对特定疾病(例如梅毒和肺结核)的易感性,以及引进植物和驯养动物对新环境的适应性。希

433

[1] 这些著作中最好的一部是 Elof A. Carlson,《基因批评史》(*The Gene: A Critical History*, Philadelphia: Saunders, 1966; repr. ed., Ames: Iowa State University Press, 1989)。参看 L. C. Dunn,《遗传学简史》(*A Short History of Genetics*, New York: McGraw-Hill, 1965);L. C. Dunn 编,《20世纪遗传学:关于遗传学最初50年进展的论文集》(*Genetics in the 20th Century: Essays on the Progress of Genetics during Its First 50 Years*, New York: Macmillan, 1951);Alfred Sturtevant,《遗传学史》(*A History of Genetics*, New York: Harper, 1965)。关于分子生物学的起源,参看 John Cairns、Gunther S. Stent 和 James D. Watson 编,《噬菌体与分子生物学的起源》(*Phage and the Origin of Molecular Biology*, Cold Spring Harbor, N. Y.: Cold Spring Harbor Laboratory of Quantitative Biology, 1966)。

[2] 参看 Jonathan Harwood,《科学思想的风格:德国遗传学界(1900～1933)》(*Styles of Scientific Thought: The German Genetics Community, 1900–1933*, Chicago: University of Chicago Press, 1993);Robert C. Olby,《双螺旋之路》(*The Path to the Double Helix*, Seattle: University of Washington Press, 1974);Jan Sapp,《基因之外:细胞质遗传和争夺遗传学权威的斗争》(*Beyond the Gene: Cytoplasmic Inheritance and the Struggle for Authority in Genetics*, New York: Oxford University Press, 1986)。

[3] 关于一般性背景,参看 William Coleman,《19世纪的生物学》(*Biology in the Nineteenth Century*, New York: Wiley, 1971);Ernst Mayr,《生物学思想的发展:多样性、进化和遗传》(*The Growth of Biological Thought: Diversity, Evolution, and Inheritance*, Cambridge, Mass.: Harvard University Press, 1982);Robert C. Olby,《孟德尔主义的起源》(*Origins of Mendelism*, rev. ed., Chicago: University of Chicago Press, 1985);Hans Stubbe,《遗传学史,从史前时期到孟德尔定律的重新发现》(*History of Genetics, from Prehistoric Times to the Rediscovery of Mendel's Laws*, Cambridge, Mass.: MIT Press, 1965),T. R. W. Waters 译。

波克拉底主义者已经形成明确的理论用于支持这种遗传,[4]但是在引入进化的观念之后才开始有了持续不断的努力要形成特定的遗传理论,见于伊拉斯谟·达尔文、让-巴蒂斯特·德·莫内·拉马克(1744～1829)特别是查尔斯·达尔文(1809～1882)这些人的著作中。[5] 在1900年左右,多数生物学家仍然认为,不管涉及什么样的具体原理或机制,遗传理论必须找到办法来解释后天获得性遗传。

与19世纪中叶多数进化论者不同,查尔斯·达尔文深入地利用育种研究结果。在《物种起源》(*On the Origin of Species*)第1章,他用人工选择作为自然选择模型。他后来提出"泛生子暂时性假说"也利用了育种知识。根据那个理论,每个细胞都会散发出微小颗粒("微芽")到性腺。受孕过程激活了多数微芽,它们如果获得足够营养就开始形成与它们的来源相似的细胞和器官。其他微芽则一直潜伏着。这个学说让达尔文得以对许多现象做出初步的假说性解释,包括铁匠的儿子遗传了发达的肱二头肌,洞穴动物丧失了眼睛,以及(由于潜伏的微芽)出现隔代遗传或恢复祖先的性状。[6]

从孟德尔到世纪之交

格雷戈尔·孟德尔(1822～1884)是一名受过科学训练的摩拉维亚修道士。他对遗传学的影响来自有关植物"物种"(或变种——德语Art一词模棱两可)杂交产生稳定的新"物种"的研究工作,而不是我们所理解的遗传学研究工作。[7] 孟德尔设计了一个有效的方法来检验豌豆变种之间挑选出来的明显差别是不是分离遗传,以及研究这些差别在后代中的分布。在他检验过的7个例子中,杂交一代全都是一对性状(例如绿色或黄色种皮颜色)中的一个;他把那个性状叫作"显性",另一个叫作"隐性"。在通过第一代植株的自我授粉获得的第二代中,1/4有显性性状,而且自我授粉只产生显性性状的后代,一半有显性性状但同时产生显性和隐性性状的后代,1/4有隐性性状而且只产生具有那个性状的植株。孟德尔推测,导致特定性状的"元素"(也叫"因子")不变地保存在配子(卵细胞和花粉细胞)中,提供了从一代到下一代的延续性。

434

[4] Conway Zirkle,《获得性遗传和泛生子假说的早期历史》(The Early History of the Inheritance of Acquired Characters and of Pangenesis),《美国哲学学会学报》(*Transactions of the American Philosophical Society*), n. s., 35(1946),第91页～第151页。

[5] 关于这些人以及我们提供生卒日期的多数人参看《科学传记词典》(*Dictionary of Scientific Biography*)中的传记。

[6] Charles Darwin,《物种起源》(*On the Origin of Species*, London: John Murray, 1859)。关于泛生子假说,参看Charles Darwin,《家养动物和植物的变异》(*The Variation of Animals and Plants under Domestication*, London: John Murray, 1868),第27章。

[7] Gregor Mendel,《植物杂交实验》(Versuche über Pflanzen-Hybriden),《布尔诺自然研究协会会议记录》(*Verhandlungen des naturforschenden Vereines in Brün*),4(1866),第3页～第47页,Eva Sherwood的英译本载于Curt Stern和Eva Sherwood编,《遗传学的起源:孟德尔资料书》(*The Origin of Genetics: A Mendel Source Book*, San Francisco: W. H. Freeman, 1966)。参看Viteslav Orel,《孟德尔》(*Mendel*, New York: Oxford University Press, 1984),相反的论述参看Olby,《孟德尔主义的起源》,特别是《孟德尔不是孟德尔主义者》(Mendel no Mendelian),第234页～第258页。关于一般性背景,参看Garland Allen,《20世纪的生命科学》(*Life Science in the Twentieth Century*, Cambridge: Cambridge University Press, 1975);Peter J. Bowler,《孟德尔革命》(*The Mendelian Revolution*, Baltimore: Johns Hopkins University Press, 1989)。

根据经过一系列传代的多种性状分布(并应用他学自物理学的统计工具),他提出了现在著名的元素分离定律和独立分配定律。这个提议的的确确超越了它的时代,只有少数人听说过,而他们全都置若罔闻。

19世纪70年代,显微镜以及新染料的进展帮助科学家看到了细胞内部结构,改进了细胞学说。在19世纪80和90年代,显微学家艰难地搞清楚了在有丝分裂(通常的细胞分裂)和减数分裂(配子的形成)中染色体的"舞蹈"。到1900年,部分共识达成,即染色体是纵向分裂的,每个配子只接受一对染色体中的一个。这些发现不久就表明了一个合理的机制能够产生孟德尔的因子分离。[8] 1900年"重新发现"孟德尔论文后不久,特奥多尔·博韦里(1862~1915)、沃尔特·萨顿(1877~1916)和其他人强调了染色体新知识与孟德尔理论之间的联系,指出染色体就是孟德尔因子的载体,每个配子得到每一对因子中的一个。[9]

从1883年开始,奥古斯特·魏斯曼(1834~1914)竭尽全力论证,种系细胞在发育早期就与体细胞分离,因此不能被那些改变体细胞的环境变化所改变。[10] 因此,在有机体生活中获得的性状不能遗传。这标志着一个关键的转折点;它使得从概念上有可能把决定因子的传递与对它们如何完成其功能的解释分离开,并激励旨在认识遗传性状是如何传递的实验。魏斯曼的学说成为重大公共争议的焦点,即使在他的许多特定学说被否定后仍然很有影响力,并有助于形成孟德尔的工作被重新发现的环境。[11]

435

直到第二次世界大战时遗传学和基因概念的进展

1900年,三名植物学家明确承认孟德尔发现的重要性,他们是胡戈·德佛里斯(1848~1935)、卡尔·柯灵斯(1864~1933)和埃里克·冯·丘歇马克(1871~

[8] 但是有不少证据表明,在1900年之后,细胞学的发现通过与孟德尔主义的发现相互作用而固定下来。参看 Alice Baxter 和 John Farley,《孟德尔和减数分裂》(Mendel and Meiosis),《生物学史杂志》(*Journal of the History of Biology*),12(1979),第137页~第173页。

[9] 博韦里通过海胆实验证明每个染色体都是特别的个体,而且要产生能存活的后代需要一整套互补的染色体。参看 Theodor Boveri,《论用于分析细胞核的方法:多极有丝分裂》(Über mehrpolige Mitosen als Mittel zur Analyse des Zellkerns),《维尔茨堡物理-医学学会会议记录》(*Verhandlungen der physikalischen-medizinischen Gesellschaft zu Würzburg*),35(1902),第67页~第90页。萨顿从研究染色体的细胞学行为起步。参看 Walter S. Sutton,《遗传中的染色体》(The Chromosomes in Heredity),《生物学公报》(*Biological Bulletin*),4(1903),第231页~第251页。

[10] 例如参看 August Weismann,《种质连续性作为遗传理论的基础》(*Die Continuität des Keimplasmas als Grundlage einer Theorie der Vererbung*, Jena: Gustav Fischer, 1885),英译版载于 Edward B. Poulton、Selmar Schoenland 和 Arthur E. Shipley 编,《关于遗传和同宗生物学问题的论文集》(*Essays upon Heredity and Kindred Biological Problems*, Oxford: Clarendon Press, 1889),第1卷,第4章。

[11] 例如参看 Jane Maienschein,《预形成或新形成——或都不是或都是?》(Preformation or New Formation-or Neither or Both?),载于 T. J. Horder、J. A. Witkowski 和 C. C. Wylie 编,《胚胎学史》(*A History of Embryology*, Cambridge: Cambridge University Press, 1986),第73页~第108页;Jane Maienschein,《1900年左右美国的遗传与发育研究》(Heredity/Development in the United States, circa 1900),《生命科学的历史与哲学》(*History and Philosophy of the Life Sciences*),9(1987),第79页~第93页;Jane Maienschein,《细胞理论和发展》(Cell Theory and Development),载于 R. C. Olby、G. N. Cantor、J. R. R. Christie 和 M. J. S. Hodge 编,《现代科学史指南》(*Companion to the History of Modern Science*, London: Routledge, 1990),第357页~第373页。

1962)。他们都在自己的实验中发现孟德尔比例,随后发现了孟德尔的论文。[12]

对这个“重新发现”的反应非常迅速。起初被训练成传统的英国达尔文主义者的威廉·贝特森(1861～1926)扮演了孟德尔斗犬的角色。早先,他为了理解进化历程和种系发生史,采用胚胎学和形态学,但是在19世纪90年代,他的幻想破灭后,成了不连续变异重要性的鼓吹者。贝特森否认孟德尔因子(他的术语)可能是物质性颗粒或物质,因为它们必须指导有机体的发育,而他确信物质性颗粒是做不到的。取而代之,他显然认为它们是某种稳定的和谐共振。[13]

孟德尔主义很快就成了一个大型事业,一方面是由于它引起的争论,另一方面是由于来自植物和动物育种者[14]以及来自农业研究站的支持,特别是在美国的农业研究站。很多工作是为了界定以孟德尔方式遗传的性状,是为了证明这种“孟德尔化”性状在所有植物和动物种类中都能发现,是为了将孟德尔主义用于实际育种。从1900年到1910年,遗传学的许多基本术语已制定,包括“等位基因”“纯合子”与“杂合子”“遗传学”“基因”“基因型”和“表现型”。在同一时期,孟德尔因子的理论概念层出不穷,其中很多概念是模糊的。虽然这些概念指向不同方向,但它们多数寻求将因子与有机体发育、物种和变种的形成联系起来。因为孟德尔主义的发育和进化结果难以检验,那些问题逐渐被当成猜测而放置一旁。到1910年,年轻的孟德尔主义者(特别是在美国的)越来越集中于研究性状传递的现象和机理,要求遗传变化的理论必须能被检验。其结果成功地把基因的概念局限于传递因子,其差异反映在以孟德尔模式遗传的表现型差异中。这些成功加强了这样的信念,即遗传学说终于有了真正的进步。

436

从1910年开始,托马斯·亨特·摩尔根(1866～1945)和他的学生发展出从大约1915年开始统治这个领域的理论——把基因当成在染色体上线性排列的颗粒的经典理论。虽然自19世纪90年代起就有这样一个理论的预示(特别是萨顿的贡献),摩尔根小组提供了一个详细的、严密推理的、可检验的方式,把染色体行为的细胞学知识与

[12] 参看 Stern 和 Sherwood 编,《遗传学的起源:孟德尔资料书》,里面有德佛里斯和柯灵斯论文的英译版。27篇原始论文(包括孟德尔的)的重印版载于 Jaroslav Krizenecky 编,《基础遗传学》(*Fundamenta Genetica*, Prague: Publishing House of Czechoslovakia Academy of Science; Brno: Moravian Museum, 1965)。

[13] 参看 Alan G. Cock,《威廉·贝特森、孟德尔主义和生物统计学》(William Bateson, Mendelism, and Biometry),《生物学史杂志》,6(1973),第1页～第36页;William Coleman,《贝特森和染色体:科学中的保守思想》(Bateson and Chromosomes: Conservative Thought in Science),《半人马座》(*Centaurus*),15(1970),第228页～第314页;William B. Provine,《理论群体遗传学的起源》(*The Origins of Theoretical Population Genetics*, Chicago: University of Chicago Press, 1971)。科尔曼讨论了贝特森反对将因子解释为颗粒的理由。

[14] Jean Gayon 和 Doris Zallen,《维尔莫兰公司在法国推动和传播遗传实验科学的作用(1840～1920)》(The Role of the Vilmorin Company in the Promotion and Diffusion of the Experimental Science of Heredity in France, 1840-1920),《生物学史杂志》,31(1998),第241页～第262页;Barbara A. Kimmelman,《美国育种者协会:农业背景中的遗传学和优生学(1903～1913)》(The American Breeder's Association: Genetics and Eugenics in an Agricultural Context, 1903-13),《科学的社会研究》(*Social Studies of Science*),13(1983),第163页～第204页;Diane B. Paul 和 Barbara A. Kimmelman,《孟德尔在美国:理论与实践(1900～1919)》(Mendel in America: Theory and Practice, 1900-1919),载于 Ronald Rainger、Keith R. Benson 和 Jane Maienschein 编,《生物学在美国的发展》(*The American Development of Biology*, Philadelphia: University of Pennsylvania Press, 1988),第281页～第309页;G. Olsson 编,《斯瓦洛夫(1886～1986),植物育种研究和结果》(*Svalöf, 1886-1986, Research and Results in Plant Breeding*, Stockholm: LTS Förlag, 1986)。

孟德尔因子的遗传学知识结合起来。他们研究一种很有优势的有机体——果蝇，这种昆虫只有4对形态迥异的染色体，容易在实验室培养，每一代的时间短，生殖力强，并且容易控制杂交，使得他们能创建并追踪谱系。[15] 1910年，他们发现一只白眼睛果蝇，其眼睛颜色是以性连锁的方式遗传的，也就是说，通过决定雄性的X染色体传递的。到了1912年，他们已经发现了6种不同的X染色体突变。其中有些并不是独立分配的，它们以大于50%的特定频率一起出现。由于这种配对组合，这6个突变组成了一个因子"连锁群"，在一起出现的频率比预计的高。

437

1911年，摩尔根根据比利时细胞学家弗朗斯·阿尔方斯·让森斯（1863～1924）的细胞学发现发展出一个关键的观念。当染色体在减数分裂期间相互扭曲在一起时，有时会断裂和重联，一片"交换"材料从一个染色体到另一个染色体。如果像摩尔根小组假设的那样，孟德尔因子沿着染色体占据固定位置，交换就会允许检验它们的相对位置。根据因子在染色体上线性排列的假说和交换的频率随着染色体上距离的增加而增加，摩尔根的一名本科生艾尔弗雷德·斯特蒂文特（1891～1970）利用6个X连锁因子的连锁（共现）统计构建了第一个遗传图谱。[16]

基因的染色体理论的主要部分到大约1915年已确定下来，虽然它们多数还是有争议的。遗传学这门关于基因的科学迅速发展成一门主要的生物学学科，在概念上接近生物学中心，因为它声称要确定有机体的关键特征是怎么决定的。关键的事件是1915年《孟德尔遗传的机理》（*The Mechanism of Mendelian Heredity*）一书的出版，这是摩尔根小组写的教科书，涵盖许多植物和动物，特别注重果蝇的例子。[17] 这本教科书综合了来自许多来源的发现，支持下列主张：

● 染色体是遗传物质的载体。

● 基因（而不是"单位性状"）是遗传的基本单位。

● 基因在染色体上线性排列。

● 基因连锁群（重叠的、非独立的分配）的数量等于染色体的数量。

● 虽然每个分离的基因可以有很多等位基因，但它是一直不变的，除非发生突变。

[15] 参看Carlson，《基因批评史》；Garland E. Allen，《托马斯·亨特·摩尔根：其人与其科学》（*Thomas Hunt Morgan: The Man and His Science*, Princeton, N. J.: Princeton University Press, 1978）。关于果蝇的优点和特点，参看Robert E. Kohler，《蝇中贵族：果蝇遗传学和实验生活》（*Lords of the Fly: Drosophila Genetics and the Experimental Life*, Chicago: University of Chicago Press, 1994）。关于细胞学和遗传学在构建和检验基因的染色体理论方面的相互作用，参看Lindley Darden，《科学中的理论变化：来自孟德尔遗传学的策略》（*Theory Change in Science: Strategies from Mendelian Genetics*, New York: Oxford University Press, 1991）。

[16] F. A. Janssens，《交叉型理论》（La theorie de la chiasmatypie），《细胞》（*La Cellule*），25（1909），第389页；Thomas Hunt Morgan，《孟德尔遗传学中的随机分离与连锁》（Random Segregation versus Coupling in Mendelian Inheritance），《科学》（*Science*），34（1911），第384页；Alfred H. Sturtevant，《果蝇6个性连因子的线性排列，由它们的联合模式显示》（The Linear Arrangement of Six Sex-Linked Factors in *Drosophila*, as Shown by Their Mode of Association），《实验动物学杂志》（*Journal of Experimental Zoology*），14（1913），第43页～第59页。

[17] Thomas Hunt Morgan、Alfred H. Sturtevant、Hermann J. Muller和Calvin B. Bridges，《孟德尔遗传的机理》（*The Mechanism of Mendelian Heredity*, New York: Henry Holt, 1915, rev. ed., 1922）。也可参看Thomas Hunt Morgan，《基因理论》（*The Theory of the Gene*, New Haven, Conn.: Yale University Press, 1926）。

●环境因素(例如温度和营养)能够影响某些基因的效果。

●有些基因能够影响其他基因的效果,有时相当特别。

●当其效果被修饰基因改变时,基因本身是不变的。

●为了产生可观察到的性状,大量的基因必须合作。

438

●许多突变有大的效果,但更多的突变有小的效果。

●虽然从基因到性状的途径是完全未知的,用基因理论解释的孟德尔原理提供了"遗传的科学解释,满足了因果解释的所有要求"。(修订版,第281页)

摩尔根和他的同事不看重那些他们的理论没法解释的遗传现象。例如,在《孟德尔遗传的机理》一书中,他们指出,少数已知的细胞质遗传的例子可以解释为细胞质中(可能的)自我复制颗粒(例如叶绿体)的遗传,或者是输入卵中的母亲遗传信息(例如卵膜的颜色)的延迟效应。

染色体理论得到巩固的标志是术语的变化。在《孟德尔遗传的机理》一书中摩尔根等人还在用"因子"一词。到1920年,他们已改用"基因",强调染色体理论的特别承诺。虽然在改进和特殊问题上有很多很激烈的辩论,但是在第二次世界大战结束前该理论一直主宰着遗传学。

另一个重要进展是在1927年由赫尔曼·J. 穆勒(1890～1967)引发的,那就是发现了X射线能够大大地改变突变率。[18] X射线与基因的反应提供了一种干预基因的方法,有望有助于研究基因的结构。它也刺激了物理学家对遗传学的兴趣,从20世纪30年代开始,他们中有些人对遗传学做出了影响深远的贡献。

在1940年,有三个长期存在的问题仍然困扰着遗传学,并让来自其他学科的反对者有依据反对这一新学科。

第一个问题是关于基因的化学成分。一旦基因被当成物质实体,就有必要分析它的物质和结构属性。穆勒阐明了这些需求。他强调有三个明显的属性必须用基因的成分或结构来解释。首先,基因是"自催化的"(也就是说,它们能够复制或繁衍自己);其次,基因是"异催化的"(也就是说,它们能催化、指导或控制与它们的成分不一样的物质的形成,包括在所有有机体的体内的所有的蛋白质、脂类和碳水化合物)。最后,它们即使在突变之后仍然保留了自催化和异催化的能力,因此它们必须能够在发生结构变化时使这些能力不会消失。[19] 蛋白质是基因物质的首选,因为它们的成分和结构足够多样,足够稳定,而且在染色体上有足够的数量能够提供必要的特异性、稳定性和结构多样性。染色体其他成分中唯一有足够的量值得考虑的是核酸。但是长期已知存在于染色体中的DNA似乎很不合适。它只有四种可变部分(核苷酸碱基腺嘌

439

[18] Hermann J. Muller,《基因的人造突变》(Artificial Transmutation of the Gene),《科学》,66(1927),第84页～第87页。

[19] Hermann J. Muller,《个体基因变化产生的变异》(Variation Due to Change in the Individual Gene),载于《美国博物学家》(*American Naturalist*),56(1922),第32页～第50页。也可参看Hermann J. Muller,《基因》(The Gene),《王家学会学报,B辑》(*Proceedings of the Royal Society, Series B*),134(1947),第1页～第37页。

呤、鸟嘌呤、胞嘧啶和胸腺嘧啶，缩写为 A、G、C 和 T)，而且被认为结构单一，有着核苷酸以固定顺序重复的“单调的”系列。这样的分子是不能充当遗传角色的。[20]

第二个困扰遗传学的问题涉及遗传学与进化的联系。虽然罗纳德・艾尔默・费歇尔(1890～1962)、J. B. S. 霍尔丹(1892～1964)和休厄尔・赖特(1889～1998)在 20 世纪 20 和 30 年代阐明了理论群体遗传学的数学基础，但是仍然不清楚的是，基因论是否能够充分地与博物学家的进化论协调。开始于 20 世纪 30 年代后期的所谓综合进化论一直到 40 和 50 年代才站稳脚跟(参看第 14 章)。

第三个引发对遗传学的反对的问题是遗传学与胚胎学的关系。遗传学当时仍然不能解释有机体的发育，从受精开始，经过其生活史的所有阶段，直到生命结束。摩尔根学派基本上是把这个问题置于一旁，认为难以解决。在遗传学的创建者中，贝特森和威廉・约翰森(1857～1927)怀疑基因的染色体理论是否有能力完成这个任务。多数胚胎学家和许多欧洲遗传学家抱有相同的怀疑态度。他们坚持认为，一个充分的遗传理论必须能够解释遗传因子如何指导或决定发育，这大多是(或看起来是)由细胞质而不是细胞核中的事件决定的。

从一开始，解释基因的哲学两极就相当紧张。有些理论家认为基因是一个用于说明育种结果的形式工具。如果基因在这些说明之外还有一个实体，那也是还未被充分鉴定的。约翰森在 1909 年有意用“基因”一词来表明这个观点。他用这个术语来标志以孟德尔因子的模式传递的东西，不管那是什么，理论上是不确定的。人们可以考虑各种假说，但是必须保持不可知的态度，例如，在像摩尔根的唯物主义观点和像贝特森的动态主义观点之间保持不可知。重要的植物遗传学家 L. J. 斯塔德勒(1896～1954)在 1954 年临终前提出相似的观点。[21] 他区分了可用育种标准界定的“操作性基因”和需要做内在鉴定的“假想性基因”。对实际实验结果采用明确的计算系统，就能直截了当地取得对“操作性基因”的共识，但斯塔德勒并不指望对“假想性基因”会有共识，起码要等到遥远的未来。

440

战后新奇事物：基因物质和基因行动

至少有两种知识在 1940 年时是没有的，但是又是解决遗传学的根本问题所必需的：基因是由什么组成的？它们是如何行动的？这些问题在第二次世界大战期间和之后受到重视，当时有大量的科学家，他们很多是在其他学科(特别是生物化学和物理

[20] Olby,《双螺旋之路》; Horace Freeland Judson,《创世第八天：生物学革命的制造者》(*The Eighth Day of Creation: Makers of the Revolution in Biology*, expanded ed., Cold Spring Harbor, N. Y.: Cold Spring Harbor Laboratory Press, 1996)。

[21] Lewis John Stadler,《基因》(The Gene),《科学》,120(1954),第 811 页～第 819 页。

学)受的训练,进入这个领域,带来了新技术和新方法。[22] 到战争结束时,新的方法、发现和工具使得有可能在分子水平上研究遗传学,因而改变了这个领域。在工具和技术方面有两种主要改变。一是利用放射性追踪物、电子显微镜、超离心机和其他工具使得遗传学家可以跟踪在各种反应和过程中的细胞器和分子成分。二是使用微生物。此前多数微生物是没法用孟德尔技术分析的,因为它们并不显示有常规性交换,那些有性交换的则太小和难以掌握,无法分析它们的谱系。直到20世纪40年代后期,多数遗传学家和细菌学家还认为细菌(无真正的细胞核)没有一个像高等生物那样的基因系统。清除这些障碍的准备工作是在第二次世界大战期间做的。[23]

奥斯瓦尔德·埃弗里(1877～1955)和同事用一种遗传学家不熟悉的细菌做了一系列研究。他们证明通过转移一种被鉴定为DNA的物质能够将肺炎球菌从一种抗原结构转换成另一种,即从非致病性转换成致病性。[24] 从20世纪30年代开始,对细菌和有核微生物(例如酵母菌、真菌和原生生物)的营养做的研究显示基本的营养需求具有普遍性。在第二次世界大战期间,乔治·W. 比德尔(1903～1989)和同事使用面包霉来筛选和研究影响营养需求的突变。到1945年他们已证明,每一个影响营养的面包霉基因都是用于指导单一的参与有机体代谢的酶的形成。这个主张不久就经过归纳,形成了一个基因生产一种酶的假说。[25] 在法国,雅克·莫诺(1910～1976)显示了如何把某种细菌消化某种糖的遗传能力与实际存在做该消化的酶分离开来。有的细菌有能力控制生产消化特定糖类的酶。例如,当存在葡萄糖或没有乳糖时,有的细菌不生产消化乳糖的酶,但是正如莫诺显示的,它们具有遗传决定的能力,在存在乳糖但没有葡萄糖时,能够改而生产消化乳糖所需的酶。[26] 回头来看,虽然在当时并非显然,但这是迈向理解基因行动调控的第一步。马克斯·L. H. 德尔布吕克(1906～1981)和萨尔瓦多·卢里亚(1912～1991)开始研究攻击细菌的病毒("噬菌体"),并能够显

441

[22] 关于这个时期的最重要的通史著作是Judson,《创世第八天:生物学革命的制造者》,以及Michel Morange,《分子生物学史》(*A History of Molecular Biology*, Cambridge, Mass.: Harvard University Press, 1998),Matthew Cobb译。

[23] Thomas D. Brock,《细菌遗传学的出现》(*The Emergence of Bacterial Genetics*, Cold Spring Harbor, N. Y.: Cold Spring Harbor Laboratory Press, 1990)。

[24] Oswald T. Avery、Colin M. MacLeod和MacLyn McCarty,《导致肺炎球菌类型转变的物质的化学性质研究·第一部分·从肺炎球菌型III分离的脱氧核糖核酸组分导致转换》(Studies on the Chemical Nature of the Substance Inducing Transformation of Pneumococcal Types. I. Induction of Transformation by a Deoxyribonucleic Acid Fraction Isolated from *Pneumococcus* type III),《实验生物学和医学杂志》(*Journal of Experimental Biology and Medicine*),79(1944),第137页～第158页。

[25] George W. Beadle和Edward L. Tatum,《面包霉中生物化学反应的遗传控制》(Genetic Control of Biochemical Reactions in *Neurospora*),《美国国家科学院学报》(*Proceedings of the National Academy of Sciences USA*),27(1941),第499页～第506页;George W. Beadle,《生物化学反应的遗传控制》(The Genetic Control of Biochemical Reactions),《哈维演讲》(*Harvey Lectures*),40(1945),第179页～第194页。也可参看Norman H. Horowitz,《50年前:面包霉革命》(Fifty Years Ago: The *Neurospora* Revolution),《遗传学》(*Genetics*),127(1991),第631页～第635页;Lily Kay,《在战争期间推销纯科学:G. W. 比德尔的生物化学遗传学》(Selling Pure Science in Wartime: The Biochemical Genetics of G. W. Beadle),《生物学史杂志》,22(1989),第73页～第101页。

[26] Jacques L. Monod,《酶适应现象以及其对遗传学和细胞分化问题的影响》(The Phenomenon of Enzymatic Adaptation and Its Bearing on Problems of Genetics and Cellular Differentiation),《生长专题论文集》(*Growth Symposium*),11(1947),第223页～第289页。

示，在一个大培养物中有少数细菌预先存在让它们能够抵抗噬菌体的基因。[27]

遗传物质的鉴定是第一个被解决的主要问题。第二次世界大战之后，在埃弗里等人的结果的基础上做研究，许多人阐明了 DNA 和 RNA 都要比以前意识到的更紧密地参与基因生理学，[28]而 DNA 分子要比以前意料的大得多。到 1952 年，一小群遗传学家和生物化学家确信 DNA 是遗传物质，他们用各种可能的方式分析它的化学性质，它在细胞中的作用，以及它的结构。这个时期最著名的生物学发现是詹姆斯 · D. 沃森（1928 ～）和弗朗西斯 · 克里克（1916～2004）在 1953 年发现 DNA 的双螺旋结构，这个成就是用 X 射线晶体学和建模取得的。[29] 这个结构的关键之处是在双螺旋内部 A 和 T、G 和 C 互补配对。这个结构提示了解决基因复制（自催化）问题的方案。要复制双螺旋，需要的只是打开原来的双螺旋，分别用互补的两条链作为模版制造新链。

442

然而，DNA 如何指定一种产物的问题仍未解决。克里克也许是处理这个问题的最重要的理论家。他和多位同事显示了遗传密码很可能采用一个三核苷酸序列（一个“密码子”）来指定一个氨基酸，密码子系列则指定产生蛋白质所需要的氨基酸序列。但是最终通过湿法生物化学技术才发现关于遗传密码的详细解决方案。那些细节取决于蛋白质合成机理（一个长期存在的生物化学问题），并要求两个主要的中间步骤。[30]

其中一个是发现了把特定密码子和特定氨基酸联系起来的小 RNA 分子。它们是用生物化学方法发现的，结合了很多研究小组的工作，特别是保罗 · 扎梅奇尼克。[31]他和同事发现需要“可溶性 RNA”来“激活”氨基酸——也就是说，向它们提供能量使之形成蛋白质。这些分子现在叫转运 RNA（tRNA），是连接密码子和氨基酸的中间分子。克里克已预测这种中间分子的存在，把它们叫作“适配子（adaptors）”。

第二个步骤是关于包含在 DNA 的核苷酸序列中的信息是怎么被带到核糖体这个细胞质中组装蛋白质的单位的。弗朗索瓦 · 雅各布（1920 ～2013）和莫诺在 1958 ～1961 年做出了关键发现。简单地说，“信使 RNA（mRNA）”从 DNA“转录”，在细胞质中被核糖体“阅读”。当核糖体处理一条 mRNA 时，它把 mRNA 核苷酸序列“转译”成氨基酸序列，通过沿着 mRNA 一次移动一个密码子，挑选氨基酸到连接那个密码子的

[27] Salvador E. Luria 和 Max Delbrück，《从对病毒敏感到抗病毒的细菌突变》（Mutations of Bacteria from Virus Sensitivity to Virus Resistance），《遗传学》，28（1943），第 491 页～第 511 页。

[28] Alfred D. Hershey 和 Martha Chase，《噬菌体生长中病毒蛋白质和核酸的独立功能》（Independent Functions of Viral Protein and Nucleic Acid in Growth of Bacteriophage），《普通生理学杂志》（*Journal of General Physiology*），36（1952），第 39 页～第 56 页。其他研究工作指向相同方向，例如 Jean Brachet，《细胞中核糖核酸的位置和作用》（The Localization and the Role of Ribonucleic Acid in the Cell），《纽约科学院》（*New York Academy of Sciences*），50（1950），第 861 页～第 869 页。参看 Olby，《双螺旋之路》；Franklin H. Portugal 和 Jack S. Cohen，《DNA 的世纪》（*A Century of DNA*，Cambridge，Mass.：MIT Press，1979）。

[29] James D. Watson，《双螺旋》（*The Double Helix*，New York：Atheneum，1968，or the Norton Critical Edition，ed. G. Stent，New York：Norton，1980）。

[30] Judson，《创世第八天：生物学革命的制造者》，第 8 章。

[31] Hans-Jörg Rheinberger，《走向认知事物的历史：在试管中合成蛋白质》（*Towards a History of Epistemic Things*：*Synthesizing Proteins in the Test Tube*，Stanford，Calif.：Stanford University Press，1997）。

转运 RNA 上,把它加进生长中的蛋白质链。[32]

一旦理解了 mRNA 和 tRNA 之间的差别,并且研发出了在体外制造蛋白质的技术,就有可能破解遗传密码。这是在 1961～1966 年由很多实验室做了困难的生物化学实验完成的。大体上,这些研究者制造了高度重复的合成 mRNA,并分析导致的蛋白质链。通过对应每个 mRNA 密码子和一个氨基酸,他们慢慢填充了从核苷酸到蛋白质的转换表。[33]

在 1958～1961 年的相关实验中,雅各布和莫诺解决了另一个重要问题——描述调控基因行动的一个关键机理。他们建立"操纵子"模型,根据这个模型,一个被称为操纵子的 DNA 区域就像一个由环境信号打开和关闭的开关,决定一组基因是否转录成 mRNA。这样一组基因典型地控制一个重要性状(例如消化特定糖的能力)。雅各布和莫诺将基因分成不同级别——有的生产酶,其他的调控别的基因的表达。至少就细菌而言,他们的模型让人清楚地理解了遗传潜能(存在什么样的生产蛋白质基因)与基因和基因行动调控(控制系统是如何决定哪个基因表达和何时表达的)之间的差别。[34]

443

从大约 1975 年开始,关于真核生物(有真细胞核的有机体)中基因表达控制的新发现在相当程度上让这个图景变得复杂。DNA(或 RNA 病毒的 RNA)中核苷酸序列与最终产物之间的联系视大量的生理调节而定。几个例子阐明了这些新的复杂性。

●遗传密码的变异。遗传密码取决于 mRNA 上核苷酸三联体与 tRNA 上氨基酸的配对。少数有机体和许多有机体中的线粒体存在不标准配对的 tRNA。例如,在果蝇中,密码子 AGA 是转译成丝氨酸还是精氨酸取决于它是在线粒体中还是在细胞质中被转译的。因此,由给定核苷酸序列制造的蛋白质产物具有邻近依赖性。

●基因是片段的。编码蛋白质的典型真核基因的核苷酸比在蛋白质产物中表达的多得多。非编码片段("内含子")打断了编码物质。要从 DNA 的核苷酸序列获得蛋白质,人们必须理解把内含子从 mRNA 转录文本中切除的调控设备。许多因素,包括细胞型、环境条件以及发育阶段,都能够影响切除模式。

●基因组成部分的洗牌。在有机体发育时(例如免疫系统基因)以及在进化时标上,基因组成部分都会作为一个整体移动,重组产生新的产物。在有机体的

[32] 参看 Judson,《创世第八天:生物学革命的制造者》,第 7 章;Morange,《分子生物学史》,第 13 章。

[33] 突破是首次用一条人造 mRNA 合成一种蛋白质,参看 Marshall W. Nirenberg 和 J. Heinrich Matthei,《在大肠杆菌中依赖自然产生或合成的聚核糖核酸无细胞合成蛋白质》(The Dependence of Cell-Free Protein Synthesis in *E. coli* upon Naturally Occurring or Synthetic Polyribonucleotides),《美国国家科学院学报》,47(1961),第 1588 页～第 1602 页。参看 Judson,《创世第八天:生物学革命的制造者》,第 8 章;Morange,《分子生物学史》,第 12 章。

[34] François Jacob 和 Jacques L. Monod,《蛋白质合成中的基因调控机制》(Genetic Regulatory Mechanisms in the Synthesis of Proteins),《分子生物学杂志》(*Journal of Molecular Biology*),3(1961),第 318 页～第 356 页;François Jacob 和 Jacques L. Monod,《论基因活动的调控:大肠杆菌中 β-半乳糖苷酶的形成》(On the Regulation of Gene Activity: β-galactosidase Formation in *E. coli*),《冷泉港定量生物学论文集》(*Cold Spring Harbor Symposia on Quantitative Biology*),26(1961),第 193 页～第 211 页。参看 Judson,《创世第八天:生物学革命的制造者》,第 7 章。

尺度上,这意味着一个受精卵的DNA并不包含成年基因组的全部结构。在进化尺度上,它意味着进化变化的单位包括基因的组成部分(有时对应蛋白质功能域)和控制基因组织与表达的因子。

●mRNA转录文本的处理。在许多情形中,在mRNA到达细胞质后,它遭到了改变其信息的改动。这种改动通常是重大的——在不同的器官中,同一条mRNA转录文本产生不同的蛋白质。原因是,在转录文本抵达有关细胞的细胞质之后对转录文本做的特定改动改变了蛋白质。例如,在哺乳动物的小肠和肝脏中,编码一种叫载脂蛋白B的蛋白质的转录文本中一个T被C取代,导致该蛋白质在小肠中要比在肝脏中更早地被截断(并有不同功能)。[35]

444

这些例子支持一个简单明了的观点。一方面,如果一个基因是由其产物或它是干什么的来鉴定的,那它就不能简单地用它的核苷酸序列来鉴定。另一方面,如果一个基因是用核苷酸序列鉴定的,则需要更多信息才能推出它制造什么或它做什么。因为基因组是动态的,因为结构与功能的联系依赖环境,而且因为基因是通过混合结构与功能的标准鉴定的,那么就没有唯一正确的方法来界定它。但是这意味着用不同方法界定基因的科学家们将不会同意遗传物质的哪种变化应该算是突变。从描述遗传物质到解释基因行为的这种复杂性似乎是无法避免的。

近来编史学视角下的基因

多数关于基因的传统历史强调两个显著特点:同质性和线性。也就是说,这个领域的历史发展被表述为似乎存在单一的主流传统。因此,由于还原主义的议程,研究似乎是沿着一条相当笔直的思想线移动的,从孟德尔工作的重新发现一直到最近对基因物质的精确化学性质和基因如何起作用的详细理解。一般而言,根据这样的叙述,在基因被当成研究对象时,对基因的研究是以相当均一的方式推进的。

较新的关于遗传学研究的历史研究与这个图景有着显著的不同。它们强调科学文献中冲突传统的重要性和对基因概念的挑战,这在以前被历史学家和科学家忽略或当成"死胡同"抛弃。最近关于第二次世界大战以后时期的叙述也强调来自许多学科的研究者的相互作用,他们以不同方式推进了遗传学。为了理解涉及改革遗传学研究的各种因素,历史学家开展了大量工作。

现在很清楚了,遗传学研究是在不同地方向不同方向推进的。比较研究已显示,一个国家的遗传学并非如第一次世界大战之后L. C. 邓恩认为的"实际上与任何其他

445

[35] 对这个结果的早期教科书描述参看Benjamin Lewin,《基因(四)》(*Genes IV*, Oxford: Oxford University Press, 1990),第606页~第607页。

国家无法分别”。[36] 一般而言,不同国家的遗传学家关注不同问题,采用不同概念和技术。这些差异取决于像研究的问题和使用的有机体这些因素。[37] 然后受到由研究传统的创建者建立的思想根源、颂扬国家成就或推动有特色的研究风格的教育系统[38]和关键研究机构的长期投入的影响。这些因素合起来创造了不同的合法性标准用于提出并解决研究问题。

在那些研究模式与美国的有着明显不同的国家传统中,法国的例子尤其令人瞩目。[39] 除了少数几个面向实际应用的农学研究机构,法国的研究项目并不是建立在孟德尔概念之上,也不依赖标准的孟德尔研究做法。法国生物学家很了解孟德尔主义的贡献,并非不愿意采用新的实验系统。然而,法国占主流的研究传统削弱了接受孟德尔主义作为理解遗传的关键。最终对法国遗传学发展做出贡献的研究传统包括生理学(来自克洛德·贝尔纳)、实验胚胎学(与伊夫·德拉热和埃马纽埃尔·福雷-弗雷米耶有关)和微生物学(从路易·巴斯德开始)。这些传统导致法国生物学家强调理解从一个受精卵发育成整个有机体、保持和谐功能(孟德尔主义无法解释)而不只是个体性状遗传的重要性。他们也促进了对法国实证主义标准的接受,特别是坚持理论必须按部就班地获得相关经验事实的“实证知识”。结果,在第二次世界大战结束之前,孟德尔遗传学几乎进不了法国大学课程。与此同时,像巴斯德研究所这样的法国研究机构推动了长期投入在主流研究传统中的研究。有了这个背景,就不必惊讶,当法国研究人员在第二次世界大战之后进入分子遗传学研究时,他们在分析基因调控方面起到了主导作用。

德国遗传学也产生了有特色的国家传统,更偏向于大综合理论,它们为阐明独特的研究项目提供了试金石。由像埃尔温·鲍尔、卡尔·柯灵斯、里夏德·戈尔德施米特、瓦伦丁·黑克尔、阿尔弗雷德·屈恩和弗里茨·冯·韦特施泰因这些人建立的研究项目,导致了就孟德尔遗传学而言其在法国和美国之间处于一种中间位置。这些创建者多数寻求把孟德尔遗传学结合进一个关于有机体和进化的首要理论之中。这样,那些教遗传学的人,要比他们的美国同事更强烈地寻求将它与胚胎学和发育过程相结合。部分地由于这一点,人们对判定细胞质对遗传和发育的贡献有相当大的兴趣。结

446

〔36〕 Leslie Clarence Dunn,《L. C. 邓恩回忆录》(The Reminiscences of L. C. Dunn, typescript from the Columbia University Oral History Project [1960], p. 935, distributed by Microfilming Corp. of America, Glen Rock, N. J., 1975)。

〔37〕 Adele E. Clarke 和 Joan H. Fujimura 编,《工作之利器:运用于20世纪生命科学》(*The Right Tools for the Job: At Work in 20th Century Life Sciences*, Princeton, N. J.: Princeton University Press, 1991)。

〔38〕 例如参看 Harwood,《科学思想的风格:德国遗传学界(1900～1933)》。

〔39〕 关于法国遗传学和更多参考文献,参看 Richard M. Burian、Jean Gayon 和 Doris Zallen,《法国生物学史上遗传学的奇特命运(1900～1940)》(The Singular Fate of Genetics in the History of French Biology, 1900-1940),《生物学史杂志》,21(1988),第357页～第402页;Richard M. Burian 和 Jean Gayon,《遗传学法国学派:从生理和群体遗传学到调控分子遗传学》(The French School of Genetics: From Physiological and Population Genetics to Regulatory Molecular Genetics),《遗传学评论年刊》(*Annual Review of Genetics*),33(1999),第313页～第349页;Sapp,《基因之外:细胞质遗传和争夺遗传学权威的斗争》。

果,对细胞质遗传和细胞质建立遗传模板的作用的认识,首先在德国实验室出现。[40]在同一时期,在其他某些国家,例如在英国和美国工作的遗传学家,一般都不赞成做这样的研究。

除了国家传统,还有许多因素对遗传学研究方法的显著多样性做出了贡献。其中包括研究资助的影响、实验有机体和研究工具的选择和关注的研究问题。

科学研究要得以进行,需要资金用于支付仪器、设备、试剂、薪水等等。最近,历史学家提出,赞助者——他们通常会把自己的议程带进科学研究中——把遗传学往特定方向推动。有许多不同类型的赞助者。其中包括大学、[41]政府部门(例如美国农业部[U. S. Department of Agriculture]、国家科学基金会[National Science Foundation]、国家卫生研究院[National Institutes of Health],法国国家科学研究中心[Centre National de la Recherche Scientifique],[42]英国医学研究委员会[Medical Research Council])、政府支持的独立机构(例如德国威廉皇帝研究所和马克斯·普朗克研究所[Kaiser Wilhelm and Max Planck Institutes])、专业协会、[43]基金会[44](例如洛克菲勒基金会[Rockefeller Foundation]和维康信托基金会[Wellcome Trust])、私立研究机构(例如巴斯德研究所和冷泉港实验室)、支持人类疾病研究的消费者群体(例如国家婴儿瘫痪基金会[National Foundation for Infantile Paralysis]与亨廷顿病基金会[Huntington Disease Foundation])[45]和私立公司(例如酿酒厂、种子公司、制药公司和生物技术公司)。资助者与研究者之间有很紧密的联系,并鼓励在受资助的实验室用不同的方法研究基因。在20世纪30和40年代,洛克菲勒基金会积极资助那些把物理学工具结合进生物学的研究。它给研究者提供强有力的研究工具,促进分子思想的发展,促进把基因当成一种能脱离有机体确定其属性的分子的观点的形成。制药公司和生物技术公司赞助者倾向于把基因作为一个生产蛋白质产物的结构单位。[46] 相比之下,对农业研究的资助大多强调复杂性状的遗传学,例如产奶量、抗病抗虫害能力、肌肉密度和营养质量。这些性状许多属于数量遗传,直接取决于非常多(有时多得无法确定)的基因。因此,这种工作偏爱把基因当成是一种有着复杂排列、无法确定的实体。

[40] Harwood,《科学思想的风格:德国遗传学界(1900～1933)》;Sapp,《基因之外:细胞质遗传和争夺遗传学权威的斗争》。

[41] 关于来自一个大学的贡献,参看 Lily Kay,《生命的分子愿景:加州理工学院、洛克菲勒基金会与新生物学的兴起》(*The Molecular Vision of Life: Caltech, The Rockefeller Foundation, and the Rise of the New Biology*, New York: Oxford University Press, 1992)。

[42] Jean-François Picard,《智者共和国:法国研究与国家科学研究中心》(*La République de Savants: La recherche française et le CNRS*, Paris: Flammarion, 1990)。

[43] Kimmelman,《美国育种者协会:农业背景中的遗传学和优生学(1903～1913)》。

[44] Robert E. Kohler,《科学中的伙伴:基金会与自然科学家(1900～1945)》(*Partners in Science: Foundations and Natural Scientists, 1900-1945*, Chicago: University of Chicago Press, 1991)。

[45] Doris T. Zallen,《它是家族遗传的吗?》(*Does It Run in the Family?*, New Brunswick, N. J.: Rutgers University Press, 1997)。

[46] Morange,《分子生物学史》;Arthur Kornberg,《金螺旋:生物技术商业风险内幕》(*Golden Helix: Inside Biotech Ventures*, Sausalito, Calif.: University Science Books, 1995)。

研究的有机体类型也很关键。[47] 甚至自从孟德尔的工作被重新发现以来,某些有机体已经成为遗传研究的重要工具,时至今日仍然如此。遗传学的创建者主要是研究植物。摩尔根和他的同事们选择了果蝇。其他人,例如英国的伦纳德·达比希尔、美国的威廉·欧内斯特·卡斯尔和法国的吕西安·屈埃诺,则用小鼠之类的哺乳动物。[48] 随着遗传学研究的深入,各种各样的其他有机体也被选用。随着一种新的实验有机体的出现,也出现了探讨某些新问题的机会,其他问题则被抛弃。有些有机体有特殊属性,帮助遗传学往新方向发展,并提供了除此之外不可能有的洞察。认识选择有机体的重要性,就是挑战遗传学研究的传统、死板、线性的观点。例如,某些单细胞有机体有真细胞核,例如酵母菌和绿藻,它们帮助揭示存在非核基因——基因位于线粒体和叶绿体中,以及这种基因对细胞和有机体功能起的作用。芭芭拉·麦克林托克(1902～1992)做的玉米遗传学研究揭示了存在可移动的遗传元素,并打开了遗传物质含有活跃于有机体发育调控中的动态成分的可能性。[49] 对细菌的研究使得人们认识到将基因关和开从而调控其表达的机制。蝴蝶、蛾和蜗牛帮助揭示进化效应和自然环境在增强或削弱基因功能的作用,以及卵细胞质的作用,它含有来自母亲的遗传信号,决定了发育模式,但是与受精卵自身的遗传组成无关。[50]

448

由于详细的家族研究,人类遗传学家能够认识表现型中的小变异(通常与健康问题有关)和追踪那些变异的遗传,要比用其他有机体能做到的详细得多。然而,人类遗传学的发展缓慢,因为一代人的时间是如此长,“自然实验”——有特定性状的个体之间的杂交——是极其难以评判的,也因为遗传学家在实际上和道德上都不能对确定的遗传储备采用传统的杂交技术或构建确定的遗传储备。[51] 因此,直到最近,研究人类的遗传学家的首要工具是根据详细的家族研究做血统分析。在一些特殊情形中,掌握大量的血统数据使得对表现型中的特定变异——通常很小或与健康有关——所做的追踪要比用其他有机体能做到的详细得多。随着生物化学和分子分析工具的发展,DNA能够脱离对有性生殖的要求而进行分离和研究。在过去的20年,新技术使得人们有

[47] Muriel Lederman 和 Richard M. Burian 编,《适合工作的有机体》(The Right Organism for the Job),《生物学历史杂志》,26,no. 2(Summer 1993),第235页～第367页(特别栏目)。

[48] 有些研究人员,包括贝特森、卡斯尔和摩尔根,利用很多有机体,但多数专注于一种有机体。要从一种特定的有机体获益,需要专门的知识和实践,这通常让人无法同时研究多种有机体。

[49] 参看 Evelyn Fox Keller,《对有机体的感觉:芭芭拉·麦克林托克生平和工作》(*A Feeling for the Organism: The Life and Work of Barbara McClintock*, San Francisco: W. H. Freeman, 1983);Nathaniel Comfort,《纠缠不清的领域:芭芭拉·麦克林托克对基因调控模式的研究》(*The Tangled Field: Barbara McClintock's Search for the Patterns of Genetic Control*, Cambridge, Mass.: Harvard University Press, 2001)。

[50] 关于蝴蝶,参看 Doris T. Zallen,《从蝴蝶到血液:英国的人类遗传学》(From Butterflies to Blood: Human Genetics in the United Kingdom),载于 Michael Fortun 和 Everett Mendelsohn 编,《人类遗传学实践》(*The Practices of Human Genetics*, Dordrecht: Kluwer, 1999),第197页～第216页。

[51] Victor A. McKusick,《医学遗传学史》(History of Medical Genetics),载于 D. L. Rimoin、J. M. Connor 和 R. E. Pyeritz 编,《埃默里-里穆安医学遗传学原理和实践》(*Emery-Rimoin Principles and Practices of Medical Genetics*, 3rd ed., Edinburgh: Churchill Livingstone, 1996),第1页～第30页。也可参看 Arno G. Moulsky,《会长演讲:人类与医学遗传学,过去、现在和未来》(Presidential Address: Human and Medical Genetics, Past, Present and Future),载于 R. Vogel 和 K. Sperling 编,《人类遗传学》(*Human Genetics*, Berlin: Springer, 1987),第3页～第13页。

可能把以前只能从血统研究知道的遗传紊乱追踪到特定基因的突变。例如，已经知道了导致镰刀型细胞贫血症、囊性纤维化、亨廷顿病和乳腺癌易感性的基因突变。结果，人类作为研究对象从研究项目的边缘被带到了中心。自 1990 年以来，有一个国际性的为期 13 年的人类基因组计划要绘制和测序所有的人类基因；[52]它的发现已使我们对理解基因行动和遗传物质与分子及大尺度环境的相互作用做出重大修正。

即便此时，尽管有国际合作，国家差异仍然存在。[53] 在美国，强调的是研究个别基因。在英国，由于与生态遗传学有很强的历史联系，更多地强调像癌症这样的复杂疾病和基因与环境因素的相互作用。在法国，细胞遗传学和免疫学研究占主导地位；在德国，纳粹时期的恐怖制造了人类遗传学研究的障碍。

449

历史学家们最近强调实验室用的仪器和技术强烈地影响了遗传研究改往新的方向。这特别清楚地体现在研究工具研发的初期，此时仪器还没有商业化，步骤也还没定型。研发新的研究工具的先驱者中，有很多人自己制造仪器，努力完善相关步骤。研发其他分析工具要求有数学、化学或物理方面的训练，这对多数遗传学家来说是做不到的。因此，专业技能的区域地带就出现了，它们通常与特定的理论前景有关。这样的工具通常要经过相当长的时间才会在遗传学共同体中广泛传播，要经过更长的时间，它们产生的结果才能充分地与已有的前景和由其他技术获得的结果调和。[54]

研究有机体和研究工具的不同组合，产生了形形色色的研究实践。这反映在领域内出现了许多不同分支。例如，细胞遗传学是由那些依赖显微镜和相关染色技术研究基因物质结构细节的研究人员创立的。对这些研究人员来说，遗传物质被分离成由大大小小的染色条带鉴别的区域。对像海胆和人类这样有许多小染色体的有机体来说，这些技术并不足以把一条染色体与另一条染色体区分开。相比之下，它们能很好地用于果蝇、百合[55]和玉米。直到 20 世纪 80 年代出现了基于基因生物化学的更精确的染色步骤，人们才能看到单个基因。与此同时，那些依赖化学方法或使用层析和放射性标识的研究人员合并成生物化学遗传学家和生理遗传学家共同体。那些应用数学和统计工具研究有机体群体特征的研究人员组成了群体遗传学家和数量遗传学家的独立共同体。在具体的案例中他们对基因的数目有不同看法，部分原因是他们的计算有不同的出发点——群体遗传学家从基因向上算，而数量遗传学家从表现型向下算。随

〔52〕 Daniel J. Kevles 和 Leroy Hood 编，《密码的密码：人类基因组计划中的科学和社会问题》（*The Code of Codes: Scientific and Social Issues in the Human Genome Project*, Cambridge, Mass.: Harvard University Press, 1992）；Robert M. Cook-Deegan，《基因战争：科学、政治和人类基因组》（*The Gene Wars: Science, Politics and the Human Genome*, New York: Norton, 1994）。

〔53〕 Krishna Dronamraju 编，《人类遗传学的历史和进展》（*History and Development of Human Genetics*, London: World Scientific, 1992）。

〔54〕 Clarke 和 Fujimura 编，《工作之利器：运用于 20 世纪生命科学》。

〔55〕 例如，细胞遗传学家约翰·贝林相信他能够在某些百合的染色体上看到单个基因。参看 John Belling，《百合和芦荟中的终极染色体，就基因数目而言》（The Ultimate Chromomeres in Lilium and Aloe with Regard to the Numbers of Genes），《加利福尼亚大学植物学刊物》（*University of California Publications in Botany*），14（1928），第 307 页～第 318 页。

着各个学科分支的扩增，对基因的说法也跟着扩增。发育遗传学家以影响发育的单位来算基因，细胞遗传学家以染色体的区域来算基因，生理遗传学家以相互作用和与环境因素作用产生稳定功能的调控单位来算基因，群体遗传学家以基因组中有长期稳定性的单位来算基因，等等。就此而言，有很多不可避免地独立的判定标准可用于鉴定和个体化基因。[56] 这些学科差异制造的障碍，使得研究人员彼此疏离，甚至在一个国家内部，遗传学共同体也不是同质的。 450

结束语

标准的遗传学历史通常用于提供"发现的神话"。对历史学家来说，这个作用是令人担忧的，因为它常常导致错误地描述一门学科的创建者采取的立场和他们对其实验与理论做的解释。在遗传学中，那些聚焦于基因被认为应该具有的功能的研究人员，与那些把它们作为物质结构的研究人员之间一向关系紧张；那些把基因当成计算单位的研究人员，与那些相信孟德尔分析已发现功能单位并且像物理中的电子与原子核一样确切界定的研究人员之间也一向关系紧张。本章介绍的各种传统和学科表明了基因的概念总是开放的，至少在一定程度上如此，这反映了在不同学科和背景采用的不同方法之间的紧张关系。遗传学最近的研究结果让人怀疑是否能够通过科学发现找到一个独特的解决办法来合理地界定基因和基因概念。我们相信，让关于基因概念及其应用的丰富的异议历史继续下去是很重要的，不仅要继续争论在遗传学历史上由杰出科学家提出的某些问题，而且提醒我们对遗传学历史有丰富的不同解释，这有必要继续分析、辩论和（重新）解释。赏识关于基因概念和遗传模式的解释的争斗，将会导致赏识构成当前遗传学的多线条的工作、胜利和失败。它也将会强力提醒我们当前遗传学知识的开放性特征。[57]

（方是民　译）

[56] 参看 Hans-Jörg Rheinberger，《生物学中实验复杂性：认识论和历史评论》（Experimental Complexity in Biology：Some Epistemological and Historical Remarks）第 3 节，《科学哲学》（*Philosophy of Science*），64（suppl.）（1997），S279–S291。也可参看 Sahotra Sarkar 编，《进化遗传学基础：世纪重估》（*Foundations of Evolutionary Genetics*：*A Centenary Reappraisal*，Dordrecht：Kluwer，1996）。

[57] 自从提交本章之后，关于基因历史和基因概念的文献资料又迅速涌现。为了帮助感兴趣的读者，本章作者建立并维护一个网站罗列关于这些主题的最新文献。网址是 http://www.phil.vt.edu/Burian/GeneConcepts/Bibliography.html。想要建议补充文献的读者请用电子邮件寄到 rmburian@vt.edu 或 dtzallen@vt.edu。

24

451

生态系统

帕斯卡尔·阿科特

“生态系统”一词(源于希腊语的 oïkos,意思是“房子”或“栖息地”;而 sustêma,意思是“合集”)是 1935 年由英国植物生态学家阿瑟·乔治·坦斯利(1871～1955)所创:

> 在我看来,更根本的理解是,整个系统(物理学意义上的系统),不仅包括有机集合体,还包括形成所谓生物群落环境的所有物理要素的集合体——最广义的生境要素……这些所谓生态系统的种类不一、规模各异。[1]

这个定义把两次世界大战期间关于科学生态学的三大特性综合起来:这个生物学的新分支致力于研究生物(动物、植物)群落与环境的关系;这些群落的本体论地位依然有争议;它们与纯物理要素(如太阳能)的相互依存关系的真正本质逐渐成为争议的焦点。J. R. 卡彭特著名的生态学词汇表(1938 年)包含了科学生态学最早期的历史调研之一,然而它并未提及坦斯利的这个概念,表明这个新概念在第二次世界大战前几乎没有受到关注。[2] 直到 20 世纪 40 年代,年轻的北美湖沼学家雷蒙德·劳雷尔·林德曼(1915～1942)创造了一个新颖的生态系统理论,他的理论与现在被广泛认可的范式相当接近。

1956 年,尤金·P. 奥德姆(1913～2002)和霍华德·T. 奥德姆(1924～2002)的研究开启了系统生态学(systems ecology)的黄金时代。之后,美国生态学家弗朗西斯·C. 埃文斯使人们注意到以前用于指示争议本质的三个词:“微宇宙(microcosm)”(1887 年)、“自然复合物(naturkomplekse)”(1926 年)和“生态系(holocoen)”(1927 年)。[3] 1969 年,杰克·梅杰甚至把生态系统的概念追溯到古典时期;[4]根据这个备

452

〔1〕 Arthur George Tansley,《植被概念与术语的使用和滥用》(The Use and Abuse of Vegetational Concepts and Terms),《生态学》(*Ecology*),16(1935),第 284 页～第 307 页,引文在第 299 页。一个“biome”即一个生物群落;这个术语通常应用在受制于相似或相同气候条件的自然群落中。

〔2〕 参看 John Richard Carpenter,《生态学词汇表》(*An Ecological Glossary*, Norman: University of Oklahoma Press, 1938)。

〔3〕 Francis C. Evans,《生态系统作为生态学的基本单元》(Ecosystem as the Basic Unit in Ecology),《科学》(*Science*),123(1956),第 1127 页～第 1128 页。关于这些词及“生物系统”(1939 年)和“生物地理群落”(1942 年)相关概念的更多信息可以在本章后面部分找到。

〔4〕 Jack Major,《生态系统概念的历史发展》(Historical Development of the Ecosystem Concept),载于 G. M. Van Dyne 编,《自然资源管理中的生态系统概念》(*The Ecosystem Concept in Natural Resource Management*, New York: Academic Press, 1969),第 9 页～第 22 页。

受争议的观点,“生态系统”这个词虽然创造的时间不长,但这个概念本身有着更久远的历史。然而弗兰克·本杰明·戈利在研究这一观点时,把它的根源追溯到斯蒂芬·艾尔弗雷德·福布斯(1844～1930)的“微宇宙”概念。[5] 但普遍的看法是,其根源可以追溯到19世纪初亚历山大·冯·洪堡(1769～1859)关于植物地理学的基础研究。

许多人从截然不同的角度编写了生态学通史。唐纳德·沃斯特的开山之作《自然经济》(*Nature's Economy*)主要探讨生态学观点而不是科学生态学。他提倡“田园派”的自然观而反对生态“帝国主义”:前者致力于“发现自然的本质价值和保护自然”,而后者倾向于“创造一个工具化的世界和对自然的开发”。[6] 而职业生态学家罗伯特·P. 麦金托什所编写的生态学通史走了另一个极端。他强调这个问题的科学性,而淡化它的意识形态维度。[7]

过去20年出版了几部科学生态学通史,而其他研究主要关注生态学的某些领域、某些国家范围内的生态学,或其与环境问题的关系。[8] 以上揭示出生态系统概念的形成与发展是历史研究领域里较新的课题,还未引起重大的争议。意见分歧的表现方式是选择不同立场,而非进行目标明确的辩论。然而,所有这些研究都包含了生态系统理论的有用知识。它们还涉及生态系统理论构建过程中基础的认识论问题,即整体论观点及还原论观点的对立。本章课题之一正是这个重要问题所引起辩论的发展历程。

453

植物群落的研究

关于栖居同一区域的不同有机体之间相互影响的认知至少可追溯到瑞典博物学

[5] Frank Benjamin Golley,《生态学中的生态系统概念史:大于部分之总和》(*A History of the Ecosystem Concept in Ecology: More than the Sum of the Parts*, New Haven, Conn.: Yale University Press, 1993)。

[6] Donald Worster,《自然经济》(*Nature's Economy*, San Francisco: Sierra Club Books, 1977; new edition, Cambridge: Cambridge University Press, 1984),第xi页。

[7] Robert P. McIntosh,《生态学背景》(*The Background of Ecology*, Cambridge: Cambridge University Press, 1985)。更全面的介绍可参看Peter J. Bowler,《丰塔纳/诺顿环境科学史》(*The Fontana/Norton History of the Environmental Sciences*, London: Fontana; New York: Norton, 1992)。

[8] 有几本法语的概述性著作也非常重要。参看Pascal Acot,《生态学史》(*Histoire de l'écologie*, Paris: Presses Universitaires de France, 1988),Michel Godron作序;Pascal Acot,《生态学史》(*Histoire de l'écologie*, Paris: Presses Universitaires de France, 1994);Jean-Marc Drouin,《重塑自然:生态学及其历史》(*Réinventer la nature, l'écologie et son histoire*, Paris: Desclée de Brouwer, 1991),Michel Serres作序;Jean-Paul Deléage,《生态学史:人与自然的科学》(*Histoire de l'écologie, une science de l'homme et de la nature*, Paris: La Découverte, 1991)。若想了解生态学的某个方面,参看Sharon E. Kingsland,《为自然建模:种群生态学的历史趣事》(*Modeling Nature: Episodes in the History of Population Ecology*, Chicago: University of Chicago Press, 1985);Leslie A. Real和James H. Brown编,《生态学基础:带注释的经典论文》(*Foundations of Ecology: Classic Papers with Commentaries*, Chicago: University of Chicago Press, 1991)。关于美国的生态学,参看Ronald C. Tobey,《挽救大草原:美国植物生态学创始学派的生命周期(1895～1955)》(*Saving the Prairies: The Life Cycle of the Founding School of American Plant Ecology, 1895-1955*, Berkeley: University of California Press, 1981);Sharon Kingsland,《美国生态学的演化(1890～2000)》(*The Evolution of American Ecology, 1890-2000*, Baltimore: Johns Hopkins University Press, 2005);Chung Lin Kwa,《模仿自然:美国系统生态学的发展(1950～1975)》(Mimicking Nature: The Development of Systems Ecology in the United States, 1950-1975, PhD thesis, University of Amsterdam, 1989)。想了解更广泛的议题,参看Gregg Mitman,《自然的状态、生态学、群落与美国社会思想(1900～1950)》(*The State of Nature, Ecology, Community and American Social Thought, 1900-1950*, Chicago: University of Chicago Press, 1992);Stephen Bocking,《生态学家与环境政治学:当代生态学史》(*Ecologists and Environmental Politics: A History of Contemporary Ecology*, New Haven, Conn.: Yale University Press, 1997)。

家卡尔·林奈。然而,更加系统的研究始于19世纪早期。1799～1804年,普鲁士科学家亚历山大·冯·洪堡与其法国同伴海军外科医生和植物学家艾梅·邦普朗(1773～1858)在"南美洲"旅行期间,曾登上位于秘鲁高原的钦博拉索山(Mount Chimborazo)。他们观察到从山脚一直到积雪边界,山坡两侧都被相互平行的植被带覆盖。植被外貌随着海拔高度而变化,洪堡和邦普朗得出结论,随海拔变化的气候梯度,是造成这种现象的主要环境因素。

随后,他们在这些观察结果与纬向植被外貌变化之间找到了相似之处。无论是海拔还是纬向变化,他们都认为是植物"群丛"导致的植被景观变化。洪堡提出了"植物地理学"这一说法,以表示研究植被与气候间关系的科学。

从那时起,许多受洪堡的《植物地理学论文集》(*Essai sur la géographie des plantes*)纲领所启发的研究专注于植物、动物群落的研究,而非对个体或林奈物种的研究。然而,人们并未忽视对环境中物理因素的研究;早在1820年,日内瓦植物学家奥古斯丁-皮拉姆·德堪多(1778～1841)就考虑到光照等因素的影响,这些因素的重要影响一直被低估。

植物群落研究的另一个里程碑是格丁根大学植物学家奥古斯特·海因里希·鲁道夫·格里泽巴赫(1814～1879)提出的植物群系外貌概念。他把植物地理群系定义为拥有明确的群落外貌特征的植物群,例如草甸、松林或苔原。[9]

454 许多植物地理学家追随这一研究趋势,逐渐把植物地理学从详尽的植物勘察中解放出来。1855年,阿尔丰沙·德堪多(1806～1893)强调古代植被在现代植物群落解释中的重要性,并在1874年在生理学基础上详细阐述了植物群落分类。[10] 同一时期,另一位日内瓦植物学家加斯东·德·萨波塔(1823～1895)发现了法国南部普罗旺斯第三纪植被与现有的热带植物群丛之间相似之处非常多。奥地利植物学家安东·克纳·冯·马里劳恩(1831～1898)关于多瑙河流域植物群落的研究也说明了19世纪植物地理学家的总体倾向是研究植被与环境之间的关系,而不是植物的地理分布。植物社会学苏黎世-蒙彼利埃学派(Zürich-Montpellier school)创始人约西亚斯·布劳恩·布朗凯(1884～1980)甚至认为克纳的研究预示着未来植物社会学的发展。[11]

[9] August Heinrich Rudolf Grisebach,《关于气候对自然植物群的限制》(Über den Einfluss des Climas auf die Begränzung der Natürlichen Floren),《林奈》(*Linnea*),12(1838),第160页。

[10] Alphonse de Candolle,2卷本《理性地理植物学》(*Géographie botanique raisonnée*, Paris: Masson, 1855);Alphonse de Candolle,《构成适用于古代和现代植物地理学的植物生理群》(*Constitution dans le règne végétal de groupes physiologiques applicables à la géographie botanique ancienne et moderne*, Geneva: Archives des Sciences de la Bibliothèque Universelle, 1874)。

[11] 参看Anton Joseph Ritter Kerner von Marilaün,《多瑙河流域的植物》(*Das Pflanzenleben der Donauländer*, Innsbrück: Vierhapper, 1863),英文版由H. S. Conard译,《植物生态学的背景:多瑙河流域的植物》(*The Background of Plant Ecology: The Plants of the Danube Basin*, Ames: Iowa State College Press, 1951)。关于植物社会学的苏黎世-蒙彼利埃学派,参看Malcolm Nicholson,《国家形式,不同分类:法国和美国植物生态学史的比较个案分析》(National Styles, Divergent Classifications: A Comparative Case Study from the History of French and American Plant Ecology),《知识与社会》(*Knowledge and Society*),8(1989),第139页～第186页。

“生物群落”的概念

除了植物群落的研究,19 世纪后期的一些科学家,主要是动物学家,开始研究植物与动物之间的相互关系。亚历山大·冯·洪堡在《植物地理学论文集》中提出了“动物地理学”的纲要;查尔斯·莱伊尔(1797～1875)的研究使林奈的似乎由神的干预才发生的“自然平衡”概念世俗化,这项研究在今天能纳入种群生态学的范畴。这一点在以下节选自莱伊尔的《地质学原理》(*Principles of Geology*)的段落中非常明显,莱伊尔想象了当第一批北极熊靠着从格陵兰岛东部冰障中脱离的一座漂浮的冰山到达冰岛时的场景:

> 北极熊猎食的鹿、狐狸、海豹甚至鸟类等猎物数量将很快减少……而鹿食用的植物也因为草食物种数量减少导致消耗减少,这意味着某些昆虫的食物将很快增加,可能是陆生有壳虫,它们的数量也将因此增加……海豹数量的减少使饱受迫害的鱼类得到喘息机会;这些鱼类数量随之增加,给它们的猎物带来极大压力……因此,栖居这里的生物,无论是海里的还是陆上的,它们的数值比例可能会由于此地区新物种的定居而被永久改变;这些变化可能会间接影响该区域所有种类的生物,几乎永无止境。[12]

155

达尔文的《物种起源》(*On the Origin of Species*)第 3 章中描写的著名的“从猫到三叶草”的关系链与构造植物、动物群落的生物食物链的描述在科学上具有相关性:“我们可以相信在一个地区里如果有大量的猫科动物,将首先影响田鼠,然后是蜜蜂的数量,并最终决定该地区某些开花植物的频度!”[13]

几年后,在 1877 年,德国动物学家、基尔大学(Kiel University)教授卡尔·奥古斯特·默比乌斯(1825～1908)创造了“生物群落(biocoenosis)”一词(源于希腊文 bios,意思为“生命”;koinos,意思为“共同点”),对此问题的研究进入成熟阶段。默比乌斯研究了基尔湾的动物群,并在 1865 年出版了《基尔湾动物群》(*Fauna der Kieler Bucht*)第 1 卷。这本书研究了地貌、深度的变化以及动植物,最终默比乌斯提出了“生命共同体(Lebensgemeinschaft)”的概念。

目前使用的“生物群落(biocoenosis)”一词是晚些时候被引入的。在 1869 年,石勒苏益格-荷尔斯泰因牡蛎层的枯竭使普鲁士政府感到担忧。默比乌斯受委托调查开发沿海岸养殖牡蛎的可能性。经过长期调查研究,他完成了最终的报告《牡蛎与牡蛎养殖》(*Die Auster und die Austernwirtschaft*)(他研究了法国和英国的经验)。默比乌斯得出结论:牡蛎层的过度开采是铁路开发的结果,而铁路的开发促使市场获得巨大拓展。

[12] Charles Lyell,3 卷本《地质学原理》(*Principles of Geology*, London: John Murray, 1830, 1832, 1833),第 2 卷,第 144 页。
[13] Charles Darwin,《物种起源》(*On the Origin of Species*, London: John Murray, 1859),第 74 页。

因为他必须考虑到构成牡蛎层环境的所有因素，默比乌斯对“生物群落”的概念进行阐述：

> 科学界尚没有一个词可以表示……一个指定的生物群落；没有一个词可以描述物种和个体的（它们在一般外界生存条件下相互制约、相互选择）总体，通过遗传持续占有某个明确的地域。我提出以“biocoenosis”这个词形容这样一个群落。[14]

10年后，在1887年，北美动物学家斯蒂芬·艾尔弗雷德·福布斯使用了一个类似的概念——“微宇宙”——表示组成我们现在称为“生物群落”的所有生物：“一个湖泊……自成一个小世界——一个微宇宙，其中所有的元素之力相互作用，生命之剧在这里全面上演，然而规模不大因此比较容易理解。”[15]生物群落概念的发展非常重要，因为它开启了接下来几十年，从根本上对生命有机体和生物环境的传统区分提出疑问的进程。

456

物理因素的集成

19世纪40年代，在迫切的社会需求推动下，农业化学有了巨大的进展。这发生在跨学科研究领域里，这一领域随后演变成科学生态学。在这个阶段，人们仍需理解植物的精细生命机制。德国化学家尤斯图斯·冯·李比希男爵（1803～1873）发现了“最小因子定律”，即植物的生长取决于处于最低量的营养元素，就像一条链子的坚固性取决于最弱的一环。1905年，英国植物学家弗雷德里克·弗罗斯特·布莱克曼（1866～1947）对这个定律进行扩展。他强调了最高量营养元素也具有限制作用。[16]与李比希同一时期，法国矿业学院（École des Mines）的化学家和工程师让-巴蒂斯特·布森戈（1802～1887）——他曾经是南美革命家和政治家西蒙·玻利瓦尔（1783～1830）的陆军中校——研究了植物的氮吸收，在植物“自养作用（autotrophy）”的研究中起了重要作用。自养作用是指植物吸收氮或大气中的碳等无机元素的过程。

关于一个生态系统的第一个定性概述

我们应该感谢瑞士博物学家弗朗索瓦-阿方斯·福雷尔（1841～1912），正是他第

[14] Karl Möbius，《牡蛎与牡蛎养殖》（*Die Auster und die Austernwirtshaft*，Berlin：Verlag von Wiegandt，Hempel und Parey，1877），英文译本，《牡蛎与牡蛎养殖》（The Oyster and Oyster-Culture），《美国水产品和渔业委员会报告》（*Report of the U. S. Commission of Fish and Fisheries*，Washington，D. C.：U. S. Government Printing Office，1883），第723页。

[15] Stephen Alfred Forbes，《湖泊微宇宙》（The Lake as a Microcosm），《伊利诺州国家历史调查通报》（*Illinois National History Survey Bulletin*），15（1925），第537页（1887年首次在皮奥里亚科学协会[Scientific Association of Peoria]宣读，然后同一年在其公报中发表）。也可参看 Stephen Alfred Forbes，《斯蒂芬·艾尔弗雷德·福布斯的生态学调查》（*Ecological Investigations of Stephen Alfred Forbes*，New York：Arno Press，1977）。

[16] Frederick Frost Blackman，《最佳条件和限制因素》（Optima and Limiting Factor），《植物学年鉴》（*Annals of Botany*），19（1905），第281页～第298页。

一次详尽描述了生态系统。历史学家也常常注意到斯蒂芬·艾尔弗雷德·福布斯先前曾在《湖泊微宇宙》(*The Lake as a Microcosm*)一书中使用了“水生动物系统”这种说法。福布斯的经典论文致力于研究生物群落,但在处理生物群落与群落环境物理因素之间的关系时缺乏信服力——这一点削弱了他应该被视为生态系统概念创始人的主张。

福雷尔出生于瑞士莫尔日(Morges),在日内瓦湖(Lac Léman)边,在洛桑市(Lausanne)西边16千米(10英里)。他一生致力研究日内瓦湖,创立并命名了“湖沼学”,即研究湖泊的海洋学。福雷尔是洛桑大学(Académie de Lausanne)普通解剖学和生理学教授,同时也是动物学家、地理学家和考古学家。特别值得一提的是,他发现了日内瓦湖的底栖动物。他发明了许多测量仪表,包括“福雷尔水色计”——用于鉴别湖水的颜色,和“湖水水位测量计”——测量“湖面波动”的仪器。 457

在他关于日内瓦湖的书中第11部分中,第7章的标题是“有机物质的循环”。此章对我们现在称为“生态系统”的元素和功能进行了详尽描述。从中我们看到一些学科成果的特征已被概括出来,包括自养作用、食物链、植物群落和动物群落:

> 湖泊植物以溶解于湖水中的矿物质为食……湖里的动物直接吸收这些溶解的元素,并把它们转化为生命有机体的一部分……但它们主要的食物来源是植物有机体……例如藻类(algae)被硅藻(diatomea)吃了,然后硅藻被轮虫(rotator)吃掉,轮虫又被桡足类(copepoda)吃掉,然后到枝角类(cladocera),再到蛮毛蚊属(féra),蛮毛蚊属又被梭鱼吃掉,最后梭鱼被水獭或人类吃掉。

福雷尔思想最重要的特点是他认识到食物链之间紧密相关,形成循环结构,并实现有机物质的部分回收:

> 大大小小的有机体在湖水中互相吞食创造生命物质,这些生命物质的连续化身越来越复杂、越来越高等,微生物则代表了相反的功能……腐败作用中微生物介质的功能使循环回归到原始状态或起点,从而完成了有机质的衍变循环。[17]

尽管这个描述非常详尽,然而20世纪上半叶科学生态学的进一步发展意味着福雷尔不能被视为生态系统理论的创始人。

从植物演替到生态学中的有机体

亨利·钱德勒·考尔斯(1869～1939)是美国生态学的重要先驱。他研究了密歇根湖(Lake Michigan)畔的沙丘和植被。直到那时,生态学家一直尝试分析静态情况,但沙丘是非常不稳定的地貌,沙丘植被变换快速。这大概是考尔斯着手研究“演替性”植被运动的原因之一:“正如变化的景观都有地形的演替一样,植物小群落必定有一个 458

〔17〕 François-Alphonse Forel,3卷本《日内瓦湖湖沼学专著》(*Le Léman Monographie Limnologique*, Lausanne: F. Rouge, 1892-1901; Geneva: Slatkine Reprints, 1969),第3卷,第364页,第367页(Pascal Acot译)。

演替顺序。随着岁月流逝,一个植物小群落必然被另一个小群落代替,虽然一个小群落到另一个小群落的过渡是几乎无法察觉的渐变过程。”[18]他相信,在终极阶段,这个过程会达到一个动态平衡,称为“顶极群落(climax)”(源于希腊语 klimaktêrikos,意思为梯级过程)。

群丛、竞争、迁移和“定居(ecesis)”(群落的定居)的概念迅速成为生态学的核心。这个研究趋势激发了弗雷德里克·爱德华·克莱门茨(1874～1945)的植物群落有机体概念:

> 植被存在一些现象,它们是植被最根本力量的特征表现。这些现象是植被特有的,与被称为功能的个体主要活动完全不同。如果我们把植被看作一个实体,这个概念就更清晰了。植被的变化与结构遵循一些基本原则,正如植物的功能与结构也要符合明确的定律一样。[19]

个体的组成(其组成部分形成一个明确的个体)与群落的机体组成(其组成部分形成一个整体)之间有关联这个想法可以追溯到古典时期。根据柏拉图的关于心理学、认识论、社会学和政治的经典书信集,他的哲学可被视为社会有机论。事实上,从最基本的个体假定开始,哲学历史上不乏对组建公共实体进行的尝试。进化论思想家赫伯特·斯宾塞(1820～1903)一直主张个体与“社会”有机体之间有真实的相似之处,[20]也许是他把哲学有机体说和克莱门茨把植物群系概念化为明确实体的努力(考尔斯的“植物小群落”)联系了起来。克莱门茨认为:“植物群系是一个有机单元。它展现的活动或变化将带来发展、结构和繁衍……根据这个观点,植物群系是复杂的有机体,它有各种功能和特定结构,它的发展周期跟植物的类似。”[21]

459

持续 30 年的争议

阿瑟·乔治·坦斯利几乎立刻引发了一场反对克莱门茨有机体论观点的战争,这个争议持续了 30 年。除了担任牛津大学的植物学教授,坦斯利还关注一系列广泛的课题,包括自然保护、心理学、精神分析和哲学——后者也许解释了他参与认识论探讨的兴趣。在阐述生态系统概念时,他针对克莱门茨把群落当成独立有机体的观点所引起的危机提出了解决方案。

[18] Henry Chandler Cowles,《芝加哥和周边的地文生态学:植物小群落的起源、发展和分类研究》(The Physiographic Ecology of Chicago and Vicinity; a Study of the Origin, Development, and Classification of Plant-Societies),《植物学学报》(*Botanical Gazette*),31,no. 2(1901),第 73 页～第 108 页,第 145 页～第 182 页,引文在第 79 页。

[19] Frederic Edward Clements,《植被的发展与结构》(The Development and Structure of Vegetation),《内布拉斯加州植物调查》(*Nebraska Botanical Survey*, 1904),第 5 页～第 31 页,引文在第 5 页。1901 年 8 月,本论文在丹佛曾在美国植物学学会(Botanical Society of America)宣读。

[20] 关于 19 世纪生物学中的社会思想,参看 Peter J. Bowler,《生物学与社会思想(1850～1914)》(*Biology and Social Thought: 1850-1914*, Berkeley: Office for History of Science and Technology, University of California, 1993)。

[21] Frederic Edward Clements,《生态学研究方法》(*Research Methods in Ecology*, Lincoln, Neb.: The University Publishing Co., 1905),第 199 页。

早在1905年，坦斯利在评论克莱门茨的《生态学研究方法》(*Research Methods in Ecology*)时论证说，植物群系的功能(例如群丛、入侵和演替功能)在顶极群落并不存在，它们必须被视为进程而不是功能。因此，他认为"准有机体"一词更为合适。然而，有机体说的意识形态在流行的、模棱两可的概念框架里依然甚嚣尘上。克莱门茨在1916年的经典著作《植物演替》(*Plant Succession*)开头重申了他的观点："作为一个有机体，群系会崛起、成长、成熟并最终死亡。"[22]

有机体说在生物群落学家(如维克托·埃尔默·谢尔福德[1877～1968])中逐渐盛行，谢尔福德写道："生态学是普通生理学的一个分支，它把有机体当作一个整体来研究，与器官生理学不同，生态学研究的是一般的生命进程。"[23]在这样的背景下，坦斯利在1920年对他的思想进行定性："把植被单位看作有机实体是有实际意义的，但并不能得出结论它们是有机体……另一方面，尽管这些推论不被采纳，也不能断定与有机体进行对比是没有价值的。"[24]

随着《演替、发展、顶极群落和复杂有机体：概念分析》(Succession, Development, the Climax, and the Complex Organism: An Analysis of Concepts)[25]这篇论文发表在《生态学期刊》(*Journal of Ecology*)上，危机在1934～1935年到来。它的作者，约翰·菲利普斯在中非、东非和南非开展了生态学的应用和理论研究。在论文的第3部分，他主张在一个隐蔽的因素——"整体性(holism)"的影响下，大自然显露出一个构成"整体"的内在趋势。这个词(holism)在1926年被未来的南非总理扬·克里斯蒂安·史末资(1870～1950)将军提出："整体性这个词(来源于holos = whole)用于表示大自然的整体化趋势，这个基本因素对于创造宇宙中的整体是有效的。"[26]与还原论完全相反，这种整体论是生态学中有机体说的形而上学基础：植物小群落代表的不仅仅是形成小群落的植物个体，因为整体性使得整体大于部分的总和。

460

坦斯利没有隐瞒他对这种论证的反感：

> 菲利普斯的论文不可抗拒地提醒人们对一种教义的阐释——一个宗教或哲学教条的封闭系统。克莱门茨作为大先知，菲利普斯作为主使徒，很大程度上拥有真正的使徒般的热情。幸运地……异教首领，甚至异教徒也受到礼貌对待。尽管调研非常完整，几乎每一个可想象到的意见都考虑到，但是明显缺乏了对对手论

[22] Frederic Edward Clements,《植物演替：对植被发展的分析》(*Plant Succession: An Analysis of the Development of Vegetation*, Washington, D. C.: Carnegie Institution, 1916),第3页。

[23] Victor Elmer Shelford,《由动物实例说明的生态学的原则和问题》(Principles and Problems of Ecology as Illustrated by Animals),《生态学期刊》(*Journal of Ecology*),3,no. 1(1915),第1页～第23页,引文在第2页。

[24] Arthur George Tansley,《植被分类及发展概念》(The Classification of Vegetation and the Concept of Development),《生态学期刊》,8,no. 2(1920),第118页～第144页,引文在第122页。

[25] John F. V. Phillips,《演替、发展、顶极群落和复杂有机体：概念分析》(Succession, Development, the Climax, and the Complex Organism: An Analysis of Concepts),《生态学期刊》,22(1934),第554页～第571页;23(1935),第210页～第246页,第488页～第508页。

[26] Jan Christian Smuts,《整体性与进化》(*Holism and Evolution*, London: MacMillan, 1926),第100页。

据的站得住脚的批判。[27]

他必须克服一个现实的难题：一方面剔除生态学中的有机体思想，另一方面保留“生物群落”的启发式价值，生物群落被认为是明确的、有结构的实体。为了理解演替过程和顶极群落，坦斯利把生物因素和物理因素整合进一个新的实体里，他写道：“在一个生态系统里，有机体和无机因素同样是相对稳定的动态平衡的组成部分。”因此，通过在科学生态学里引入生态系统的概念，他把这个研究领域从他一直猛烈抨击的形而上学的束缚中解放出来，同时提供了一个概念化手段把群落视为相对独立的单位。

在科学的发展进程中，新的概念在提出前就已经被同一工作背景下的其他人描述过是常有的事。除了早期使用的“微宇宙”一词，它也曾经在1926年被称为“自然复合物”，1927年被称为“生态系”。德国湖沼学家奥古斯特·蒂内曼（1882～1960）和苏联生态学家V. N. 苏卡乔夫分别提出了“生态系统（biosystem）”和“生物地理群落（biogeocoenosis）”两个词。[28]

461 这些概念有一个共同的主题，即尝试去理解生物群落平衡机制，并阐明生态系统中有机组分和无机组分之间的关系。逐渐与生态系统能量学合并，这些问题处于营养结构和种群动力学这个重要研究趋势的核心，几年后，这个趋势催生了基于新基础的生态系统理论。

种群动力学

20世纪初，人们对支配种群波动的机制知之甚少。生物群落的金字塔形种群结构概念是由德国动物学家卡尔·森佩尔（1832～1893）提出的。[29] 随后英国动物学家查尔斯·埃尔顿（1900～1991）进一步扩展了这一概念，因此它往往被称为“埃尔顿金字塔”。埃尔顿还赋予了“生态位”概念一个功能定义，而非空间定义。[30]

统计学家朗贝尔·阿道夫·雅克·凯特尔（1796～1874）的弟子，年轻的比利时数学家皮埃尔-弗朗索瓦·韦尔于尔斯（1804～1849），曾经提出著名的描述种群增长的

[27] Tansley，《植被概念与术语的使用和滥用》，第285页，第306页。

[28] 参看E. Markus，《自然复合物》（Naturcomplekse），《塔尔图大学自然主义学会论文集》（*Sitzungsberichte der Naturforscher-Gesellschaft bei der Universität Tartu*），32（1926），第79页～第94页；K. Friederichs，《高阶生命单位与生态单位因子的基本原理》（Grundzätzliches Über die lebenseinheiten hörerer Ordnung und der ökologischer Einheitsfaktor），《自然科学》（*Die Naturwissenschaften*），15（1927），第153页～第157页，第182页～第186页；A. Thienemann，《普通生态学基础》（Grundzüge einen allgemeinen Oekologie），《水生生物学档案》（*Archiv für Hydrobiologie*），35（1939），第267页～第285页；V. N. Sukatchev，《关于生物地理学遗传分类的原则》（On the Principles of Genetic Classification in Biocoenology）（俄语略），《苏联科学院普通生物学杂志》（*Zhurnal Obscej Biologii*, *Akademija Nauk SSSR*），5（1944），第213页～第227页，由F. Raney和R. Daubenmire翻译和缩写，《生态学》，39（1958），第364页～第367页。

[29] Karl Semper，《动物生存的自然条件》（*Die natürlichen Existenzbedingungen der Thiere*, Leipzig: A. Brockhaus, 1880），英文译本，《受自然生存条件影响的动物》（*Animal life as Affected by the Natural Conditions of Existence*, New York: Appleton, 1881）。

[30] 关于查尔斯·埃尔顿，从机构的角度出发，参看Peter Crowcroft，《埃尔顿的生态学家：动物种群局的历史》（*Elton's Ecologists: A History of the Bureau of Animal Population*, Chicago: University of Chicago Press, 1991）。

"逻辑斯谛(logistic)"方程——倾向于指数式增长,但随着环境饱和度提高而逐步放缓。[31] 然而,这个逻辑斯谛曲线在1920年之前几乎无人关注,直到北美动物学家雷蒙德·珀尔(1879～1940)与同事洛厄尔·J. 里德重新发现了它,前者在一年后承认是韦尔于尔斯先提出的概念。

美国物理学家阿尔弗雷德·詹姆斯·洛特卡(1880～1949)在1925年提出了一个微分方程系统用于计算两个物种的周期波动,其中一个物种以另一个为食。[32] 曾被第一次世界大战中断的对亚德里亚海域渔业的明确的社会需求重又出现,伟大的意大利数学家维托·沃尔泰拉(1860～1940)就此开展了研究工作。[33] 这项研究需要许多实验验证——大部分由苏联生物学家格奥尔吉·弗兰采维奇·豪泽(1910～1986)完成。它们对生物群落[34]食物链方面知识的增长做出了巨大贡献,生态群落从那时起被认为由其一整套的生态位组成。 462

生态系统的营养动力学观点

人们在理解生态系统如何运作上仍然存在问题:为什么(到达了顶极群落后)在不受打扰的情况下,它们能无限期地存续? 1940年,北美湖沼学家钱塞·朱德(1871～1944)提出了初级植物生产量中太阳能的基本功能,他使用了同样的单位——卡路里——来衡量湖泊在一年中获取的太阳能,以及同一时期生产的有机质的能量当量。这也解释了在不受干扰的情况下,生态系统在理论上永久存续的本质。朱德的论文标题和内容不同寻常——《内陆湖的年度能量预算》(Annual Energy Budget of an Inland Lake)[35]——让人们想到了一种工业植物,其产量取决于原材料和能量消耗。这种群落经济学的语言明显使生态系统理论偏离了有机体论,反而更加接近第二次世界大战后物理学家大力发展的方法。

1941年,另一位美国湖沼学家雷蒙德·劳雷尔·林德曼,曾师从在英国受训的生

[31] 关于韦尔于尔斯的著作,参看G. E. Hutchinson,《种群生态学入门》(*An Introduction to Population Ecology*, New Haven, Conn.: Yale University Press, 1978),第1章。

[32] 参看Kingsland,《为自然建模:种群生态学的历史趣事》; Alfred James Lotka,《物理生物学的元素》(*Elements of Physical Biology*, Baltimore: Williams and Wilkins, 1925),其修订版和增补版是《数学生物学的元素》(*Elements of Mathematical Biology*, New York: Dover, 1956)。

[33] Vito Volterra,《共生动物物种中个体数量的变化和波动》(Variazioni e fluttuazioni del numero d'individui in specie animali conviventi),《国家林琴科学院学报,回忆录》(*Atti delle Accademia nazionale dei Lincei, Memorie*),6, no. 2(1926),第31页～第113页;Vito Volterra,《特定繁殖条件下的种群增长、平衡和灭绝:逻辑斯谛曲线理论的发展和延伸》(Population Growth, Equilibria and Extinction under Specified Breeding Conditions: A Development and Extension of the Theory of the Logistic Curve),《人类生物学》(*Human Biology*),10(1938),第1页～第11页。

[34] G. F. Gause,《维托·沃尔泰拉生存竞争数学理论的实验分析》(Experimental Analysis of Vito Volterra's Mathematical Theory of the Struggle for Existence),《科学》(*Science*),79, no. 2036(1934),第16页～第17页。在专注于对中世纪科学的研究之前,阿利斯泰尔·卡梅伦·克龙比(1915～1996)重复了豪泽的实验,进一步阐明了讨论中的问题。参看Alistair Cameron Crombie,《种间竞争》(Interspecific Competition),《动物生态学杂志》(*Journal of Animal Ecology*),16, no. 1(1947),第44页～第73页。

[35] Chancey Juday,《内陆湖的年度能量预算》(Annual Energy Budget of an Inland Lake),《生态学》,21, no. 4(1940),第439页～第450页。

态学家乔治·伊夫林·哈钦森(1903～1991),他发表了一篇论文,"这是完成哲学博士学位要求的一部分",里面对塞达伯格湖(Cedar Bog Lake)的生态系统进行了详尽描述:

> 原地生成及外来的溶解态营养物被生产者整合到有机物质中,湖泊中有三种常见的生产者:自养细菌、藻类和水池草。这些生产者也许会死去,在细菌作用下分解成为淤泥,或被一些消费者吃掉。浮游动物作为第一消费者,以浮游藻类、细菌和颗粒有机物为食;浮游动物也许会被次级消费者吃掉,例如浮游生物捕食者和小型水生捕食者,或者死去后变为湖底淤泥。[36]

描述里还展示了所有定义生态系统的特征——自养作用、消费者的营养习惯与群落结构的关系以及微生物对有机质的回收,即"在有机体死亡后,每个类群的物质最终变为湖底淤泥,其中所含植物所需的营养物再次溶解到水中。"把重量数值转换为热值后,能量预算就被算出来了。

463

根据大多数科学生态学历史学家的观点,第二年,林德曼把他的分析推广到所有的生态系统中,使理论得到了创新,并最终创建了该理论,他总结道:"对食物循环关系的分析表明一个生物群落不能与其非生物环境明确区分开来;因此生态系统被认为是更基本的生态单位。"[37]从那时起,任何一种生态系统——陆地、海洋或湖泊——将被视为物质和能量进行交换的结构,他写道:"营养动力学中的基本进程就是能量从生态系统的一部分交换到另一部分。"[38]

林德曼的奠基性论文起初遭到两位著名评审者的驳回——美国湖沼学家保罗·韦尔奇和钱塞·朱德认为他的论文过于理论化。他们和福雷尔一样坚信,湖泊是独立的"个体",因此林德曼的理论推广至少是尚未成熟的。他们还认为理论性论文不适合《生态学》(*Ecology*)这一评论性期刊。在乔治·伊夫林·哈钦森独立获得了林德曼的部分发现之后,他向《生态学》期刊的编辑托马斯·帕克强烈推荐发表这篇论文,林德曼的第四稿终于被通过。在论文出版时,雷蒙德·劳雷尔·林德曼去世了,哈钦森只能伤心地补上一个讣告:"本论文是致力于生态学科学研究的最富创意、思想最开阔的科学家的伟大贡献。"

奥德姆的生态学基础

1944年,奥地利物理学家埃尔温·薛定谔(1887～1961)出版了一本从热力学角度描述生物的小书。他观察到生物并不受热力学第二定律控制,这导致了一个结果,

[36] Raymond L. Lindeman,《老年湖的季节性食物循环动力学》(Seasonal Food-Cycle Dynamics in a Senescent Lake),《美国中部博物学家》(*The American Midland Naturalist*),26(1941),第636页～第673页,引文在第637页～第638页。
[37] Raymond L. Lindeman,《生态学的营养动力学观点》(The Trophic-Dynamic Aspect of Ecology),《生态学》,23(1942),第399页～第418页,引文在第415页。
[38] 同上文,第400页。

即在隔离或始终如一的条件下，一个非生物系统达到一个恒久状态时，这个系统将观察不到任何运动。这种状态被称为“热力学平衡”或者“最大熵”状态。反之，生物拥有一种不可思议的属性，它们可以通过代谢过程推迟达到最大熵的时刻，即它们死亡的那一刻。[39]

这些观点被哈钦森分享，也激励了他之前的两个美国学生尤金·P. 奥德姆和霍华德·T. 奥德姆两兄弟。他们都是鸟类学家，但霍华德·T. 奥德姆很快又转向生物化学和放射生态学（哈钦森是他的博导，他的课题是锶的生物地球化学循环）。两兄弟后来都专注于放射生态学（霍华德·T. 奥德姆创造的术语）的研究。特别是他们通过自己建立的模型，把生态系统中的物质和能量循环与电路中的电流或经济体中的资源进行了类比，为科学生态学带来深刻的影响。[40] 464

他们在编写的著名教材《生态学基础》（*Fundamentals of Ecology*）中表示，从热力学角度来讲，生态系统有着像活的有机体一样的行为：

> 有机体、生态系统和整个生物圈有着热力学的基本特征，即创造并维持一种高度的内部秩序，或者一种低熵条件（一种衡量混乱程度或系统中无用能总量的标准）。低熵是通过能量的持续耗散，即从高效能量（例如光或食物）转化为低效能量（例如热能）达到的。在生态系统中，一个复杂生物量结构的“秩序”是通过整个群落呼吸作用维持的，呼吸作用不断“抽出混乱”。[41]

这些概念是在一个较复杂的认识论框架里阐释的。一方面，生态系统被理解为实体集成中的第二层，这些实体拥有生物的特征：第一层，是有机体；第二层——第一层有机体的集成——就是生态系统；第三层是整个生物圈。这明显是一个整体概念，根据这一概念，新质（emergent properties）出现在集成的高层。在这个非形而上学意义上，奥德姆兄弟称自己为整体论者。然而，另一方面，生态系统也被理解为一个热力学机器，在顶极群落附近，可以使自己维持在一个振荡平衡状态。这是个还原论观点，与整体论相反。

从生态系统到全球生态学

因此，现代生态学最根本的概念从它被创造时起，就充满了整体论与还原论的认识论之争。人们理所当然地想知道在生态学研究中这种矛盾的再度重现是否有周期性，而关于“全球生态学”的目前的辩论则表明正是如此。 465

[39] 参看 E. Schrödinger，《生命是什么？活细胞的物理特性》（*What Is Life? The Physical Aspects of the Living Cell*, Cambridge: Cambridge University Press, 1944）。

[40] 参看 H. T. Odum，《生态系统的生态潜力和模拟电路》（Ecological Potential and Analogue Circuits for the Ecosystem），《美国科学家》（*American Scientist*），48（1960），第 1 页～第 8 页。

[41] E. P. Odum 和 H. T. Odum，《生态学基础》（*Fundamentals of Ecology*, 3rd ed., Philadelphia: Saunders, 1971），第 37 页。

“生物圈”一词表示地球上存在生命的区域,维也纳地质学家爱德华·修斯(1831～1914)在一本关于阿尔卑斯山脉起源的小书中创造了这个词。然而,“生物圈”往往与苏联矿物学家弗拉基米尔·韦尔纳茨基(1863～1945)相关,他在自己重要的著作《生物圈》(*Biosfera*)中使用了这个词,使他关于地球生命的整体观点概念化。[42]

20世纪30年代,哈钦森在耶鲁大学任教时开始对生物地球化学循环进行研究。因为韦尔纳茨基的儿子乔治·韦尔纳茨基是耶鲁大学的历史教授,而哈钦森的同事俄罗斯蜘蛛学家亚历山大·彼得伦克维奇在莫斯科大学时曾经是弗拉基米尔·韦尔纳茨基的学生,因此他非常熟悉韦尔纳茨基的观点。关于韦尔纳茨基,乔治·伊夫林·哈钦森曾经在他的自传中写道:“我尽力地帮助彼得伦克维奇和乔治·韦尔纳茨基在英语国家中推广韦尔纳茨基的生物圈观点,使其更为人所知。”[43]

哈钦森曾经详细研究过人类活动对碳和磷循环的影响,更是激发了林德曼和奥德姆对营养循环和生物地球化学循环的研究。因此哈钦森不仅是“韦尔纳茨基的研究与生态学之间缺失的一环”,[44]还是韦尔纳茨基生物圈概念、系统生态学和目前的“全球变化”生态学的共同命名者:

> 大气层二氧化碳浓度的提高导致农业产量稍有提升,除此之外,很难看到我们正用其污染大气的各种各样的污染物如何会成为迈出革命性一步的基础。然而,值得注意的是,真核细胞在寒武纪中期得到进化时,这一进程也许涉及前所未有的一种进化发展。可以假定,如果我们想继续在生物圈生活,我们必须引入前所未见的进程。[45]

确实,21世纪初,生态系统概念已经成为建立全球生态潜在变化模型的基本单位。重要的是,新科学生态学时代的认识论背景依然与整体论和还原论之间由来已久的冲突相关。例如,整体论研究方法会把大气层视为一个生物圈的全球“循环系统”,而还原论研究方法会逐步整合当地系统的生态特性。

466

在未来,这两种方法可能会越来越互补,在两种情况中,当前的范式依然不变:地球的生命物质的薄层被理解为多个生态系统的拼凑物,由庞大的生物地球化学循环联系并维持。

(陈满键 译)

[42] 参看 Eduard Suess,《阿尔卑斯山的形成》(*Die Entstehung der Alpen*, Vienna: W. Braumüller, 1875);V. I. Vernadsky,《生物圈》(*Biosfera*, Leningrad: Nauchnoe Khimikoteknicheskoe Izdatelstvo, 1926)。

[43] G. E. Hutchinson,《地球的友善之果:一位胚胎生态学家的回忆》(*The Kindly Fruits of the Earth: Recollections of an Embryo Ecologist*, New Haven, Conn.: Yale University Press, 1979),第233页。

[44] Nicholas Polunin 和 Jacques Grinevald,《韦尔纳茨基和生物圈生态学》(Vernadsky and Biospheral Ecology),《环境保护》(*Environmental Conservation*),15,no. 2(1988),第119页。

[45] G. E. Hutchinson,《生物圈》(The Biosphere),《科学美国人》(*Scientific American*),223(1970),第45页～第54页,引文在第53页。

25

免疫学

托马斯·瑟德奎斯特　克雷格·R. 史迪威　马克·杰克逊

467

从广义上讲，“免疫”指的是人们首先在实践中，然后在诊所里，最后在实验室里观察到的一连串自然现象。人们自古以来就知道，注射小剂量的毒药可以预防意想不到的大剂量对人体造成伤害（预防性免疫）；有些疾病在一次患病之后，永远不会对一个人造成影响（获得性免疫）；某些个体比其他个体更不容易感染传染病（自然免疫）。尽管人们习惯将首个有效预防天花的手术（后来称为疫苗接种）的发明归功于英国医生爱德华·琴纳，但吸入或接种天花病灶结痂所磨成的粉末似乎早在这之前就已经是民族医学实践的一部分了，在 18 世纪的大部分时间里甚至被欧洲上流社会所采用。琴纳的技术（接种牛痘浆来预防天花）于 1798 年首次公布，随后迅速为人们所接受，其原因可能是他有条理的研究契合那个年代——人们因启蒙运动对科学抱有乐观情绪。即便如此，人们对免疫学的认识在近一个世纪之后出现的新细菌致病论的背景下才取得新的进展。[1]

在本章的前 3 小节中，我们将重点放在免疫学概念的历史和免疫科学的出现上，因为免疫学一直到 20 世纪 70 年代与实验室研究密切相关，没有涉及流行病学和公共卫生等领域以及预防和治疗方法等临床情况。本章的第 4 小节将回顾 20 世纪免疫学编史学，特别是近 30 年来的编史学。

468

作为科学研究对象的免疫

1880 年，在长期从事化学工作以及在微生物研究及微生物与发酵、发生和疾病的关系方面取得开拓性的成果之后，路易·巴斯德宣布，其已经研究出预防鸡霍乱的方法。他发现，在给鸡接种减毒的微生物后，这些微生物能使鸡获得免疫力，可以抵御此后接种的致病性强的微生物。在其后的几年内，巴斯德和他的同事们（其中，埃米尔·

[1] Genevieve Miller，《英格兰和法国对天花接种的采用》（*The Adoption of Inoculation for Smallpox in England and France*, Philadelphia: University of Pennsylvania Press, 1957）；Arthur M. Silverstein 和 Genevieve Miller，《关于免疫的王家实验》（The Royal Experiment on Immunity），载于 Arthur M. Silverstein，《免疫学史》（*A History of Immunology*, San Diego, Calif.: Academic Press, 1989），第 24 页～第 37 页。

鲁的贡献比人们以往认为的要大)运用减毒原理(通过氧化减弱微生物的致病性)为炭疽病(一种绵羊和牛易患的微生物疾病)研发了一种疫苗。1886 年,巴斯德宣布了一个令人瞩目的消息:他的实验室研发出一种狂犬疫苗,这种疫苗已经挽救了两名被疯狗严重咬伤的男孩的性命。1888 年,巴斯德研究所在巴黎成立,研究所获得充足资金并快速建成反映了巴斯德非常成功地与法国社会其他重要团体结成了联盟(例如农民、兽医、医生、卫生学家),也表明了科学是如何在医学和公共卫生中发挥关键作用的。跟随巴斯德的发现,"免疫"一词(法文为"immunité"、德文为"immunität")越来越频繁地在医学和科学文献中使用,这表明许多细菌学家、病理学家、卫生学家和动物学家都认为,他们正在应对的是一种普通的自然现象。[2]

1888 年,鲁和亚历山大・耶尔森分离出导致白喉窒息征状的微生物毒素。在当时几乎所有拥挤不堪的和不卫生的欧洲大都市中,白喉是一种折磨孩子的疾病。两年后,在细菌学家罗伯特・科赫的柏林实验室工作的埃米尔・冯・贝林和北里柴三郎发现,被注射了低剂量白喉(或破伤风)毒素的动物会对大剂量的毒素产生"免疫"。这些获免疫动物的血清具有一种能中和毒素的"特性"。1891 年年底,贝林用这种已免疫动物的抗毒素血清挽救了一名差点被白喉夺去性命的 10 岁女孩。贝林对"血清疗法"这个新领域的贡献使他在 1901 年被授予了第一个诺贝尔生理学或医学奖。鲁则研究出在马体内大量生成抗毒素血清(又称抗血清)的技术。一些研究所,如巴斯德研究所、伦敦的利斯特研究所(Lister Institute,1894),*迅速开始生产并销售抗血清;还有一些研究所专门为此目的而成立,如柏林的血清研究与血清检测研究所(Institut für Serumprüfung und Serumforschung,1894)、商业化运营的伦敦维康实验室(Wellcome Laboratory,1894)以及哥本哈根的国家血清研究所(Statens Seruminstitut,1901)。尽管血清疗法承诺为医生装备对抗传染性疾病的强大武器,但除白喉和破伤风中毒之外,它没有达到预期的效果。[3]

469

然而,血液中的体液并不是解释对传染性疾病免疫这个现象的唯一方法。1883 年,俄国比较动物学家伊利亚・梅契尼科夫在显微镜下观察到,活动的变形细胞主动

[2] Patrice Debré,《路易・巴斯德》(*Louis Pasteur*, Baltimore: Johns Hopkins University Press, 1998);Gerald L. Geison,《路易・巴斯德的个人科学》(*The Private Science of Louis Pasteur*, Princeton, N. J.: Princeton University Press, 1995);Bruno Latour,《微生物:战争与和平》(*Les microbes: Guerre et Paix*, 1984),英文版由 Alan Sheridan 和 John Law 译,《法国的巴氏消毒》(*The Pasteurization of France*, Cambridge, Mass.: Harvard University Press, 1988)。

* 此处年代似有误。此研究所成立于 1891 年,当时名为英国预防医学研究所(The British Institute of Preventive Medicine),1898 年更名为琴纳预防医学研究所(Jenner Institute of Preventive Medicine),之后更名为利斯特预防医学研究所(Lister Institute of Preventive Medicine)。可参看以下链接 https://www.lister-institute.org.uk/about-us/our-history/。(2022 年 3 月 24 日访问)——责编注

[3] Paul Weindling,《鲁与白喉》(Roux et la Diphtherie),载于 Michael Morange 编,《巴斯德研究所》(*L'Institut Pasteur*, Paris, 1991),第 137 页～第 143 页;Paul Weindling,《从医学研究到临床实践:19 世纪 90 年代治疗白喉的血清疗法》(From Medical Research to Clinical Practice: Serum Therapy for Diphtheria in the 1890s),载于 John Pickstone 编,《历史视野中的医学创新》(*Medical Innovations in Historical Perspective*, London: Macmillan, 1992),第 72 页～第 83 页;Paul Weindling,《从隔离到治疗:19 世纪末巴黎、伦敦和柏林的儿童医院和白喉》(From Isolation to Therapy: Children's Hospitals and Diphtheria in Fin de Siecle Paris, London, and Berlin),载于 Roger Cooter 编,《以儿童的名义:健康和福利(1880～1940)》(*In the Name of the Child: Health and Welfare*, [*1880-1940*], London: Routledge, 1992),第 124 页～第 145 页。

聚集到插进透明海星幼虫体内的刺的周围；他将变形细胞的这种活动解释为保护性反应，并在进一步的实验和观察后提出了炎症吞噬细胞理论。但由于当时流行的医学观点认为炎症是一种有害的事件，他的理论遭到病理学家的尖锐批评，认为它太过于目的论或活力论。面对批评，梅契尼科夫并未退缩，而是继续扩展他的吞噬细胞保护原理，称对传染性疾病免疫主要是吞噬细胞吞噬和摧毁入侵的微生物病原体这一能力产生的结果。[4]

在发现沙皇俄国的政治气氛不利于他的研究后，梅契尼科夫接受了在新成立的巴斯德研究所建立自己实验室的邀请，并于 1888 年开始在研究所工作，直至 1916 年去世。这一时期正值 1870 年普法战争以及巴斯德与罗伯特·科赫就细菌学问题的激烈竞争结束，由梅契尼科夫领导的法国细胞免疫学派与德国体液免疫学派展开了激烈交锋，推动了大量免疫学发现在这一时期集中出现。与梅契尼科夫强调吞噬作用的细胞活动相比，体液学家认为对传染性疾病免疫是在血清中发现的被称为“抗毒素”或“抗体”的物质的杀菌作用产生的结果。在他们看来，吞噬细胞的作用只是清除被体液中化学物质杀死的微生物的尸体。[5]

双方在大型国际医疗卫生会议上进行了激烈的辩论，并且，都拿出了反驳对方的实验和理论的实验结果。然而，到了 19 世纪末，各种发现都支持体液学家的论断。例如，在 1895 年，科赫实验室的里夏德·普法伊费尔观察到无细胞的抗血清中霍乱微生物的降解（溶菌现象）。其他体液学家很快发现，无细胞抗血清可以使细菌凝集（1896 年），并使细菌物质（1897 年）和非细菌物质（1899 年）沉淀。年轻的比利时人朱尔·博尔代在 1899 年观察到，红细胞在含有抗体和补体（一种新发现的血清成分）的无细胞血清的影响下破裂（溶血），梅契尼科夫的实验室随后得出了更多支持体液学家立场的研究成果。这些血清学反应的确切特异性被用来研发有用的诊断技术，比如用于梅毒的瓦色曼试验（1906 年）。此外，尽管保罗·埃尔利希对血清抗毒素进行量化和标准化做出的开创性努力受到质疑，但他的成果后来成为第一次世界大战后标准化免疫

470

[4] Olga Metchnikoff,《伊利亚·梅契尼科夫的一生》(*Life of Elie Metchnikoff*, Boston: Houghton Mifflin, 1926)；Alfred I. Tauber 和 Leon Chernyak,《梅契尼科夫和免疫学的起源：从隐喻到理论》(*Metchnikoff and the Origins of Immunology: From Metaphor to Theory*, Oxford: Oxford University Press, 1991)。

[5] Tauber 和 Chernyak,《梅契尼科夫和免疫学的起源：从隐喻到理论》，第 154 页～第 174 页；Silverstein,《免疫学史》，第 38 页～第 58 页。

血清、疫苗和其他生物试剂的长期国际化和制度化努力的基础。[6]

到了20世纪初,除巴斯德研究所的研究者外,大多数免疫现象的研究者都是体液学家。梅契尼科夫用他自己的一系列实验和解释对每个体液学家的发现做出了回应;在他1901年出版的代表作《传染病的免疫》(*L'immunité dans les maladies infectieuses*)中,他坚定了他的立场。此时,在其血清标准化的实验研究的指引下,埃尔利希提出了一个关于抗体形成的理论,为体液学家提供了一个他们之前缺乏的全面框架。基于当时有机化学领域的一些理论,埃尔利希认为身体细胞具有表面受体(称为侧链),这些受体能对作为正常细胞代谢的一部分的营养粒子做出特定反应。这些受体还可以对外来物质(如毒素或其他非营养性"抗原")做出反应。在适当的抗原刺激下,细胞会替换并过度产生受体,这些受体则会作为循环抗体进入血清。[7]

随着细胞学家和体液学家之间的辩论变得两极分化,一些研究者开始寻求一种折中的立场。例如,英国免疫学家阿尔姆罗思·赖特爵士于1903年提出,抗体会与致病微生物结合在一起,为吞噬细胞吃掉这些微生物做准备。这一过程被他称为调理作用。卡罗林斯卡学院(Karolinska Institute)的专家组在评选1908年度的诺贝尔生理学或医学奖时也选择了折中的方法,将这笔奖金平分给了梅契尼科夫和埃尔利希。[8]

471

免疫学的出现

在20世纪上半叶,抗原—抗体反应的性质和特异性、抗体形成的机制及抗体分子的物理结构是受新兴的免疫学学科重视的几个核心问题。这些问题主要是用化学方法和技术而不是生物学方法和技术来解决的。事实上,"免疫化学"一词是1904年由瑞典物理化学家斯万特·阿雷纽斯提出的。他与丹麦血清学家托瓦尔·马森反对埃

[6] Pauline M. H. Mazumdar,《1890年的免疫》(Immunity in 1890),《医学史杂志》(*Journal of the History of Medicine*),27(1972),第312页～第324页;Ernst Bäumler,《保罗·埃尔利希:为了生命的科学家》(*Paul Ehrlich: Scientist for Life*, New York: Holmes and Meier, 1984),Grant Edwards 译;Pauline M. H. Mazumdar,《物种与特异性:免疫学史诠释》(*Species and Specificity: An Interpretation of the History of Immunology*, Cambridge: Cambridge University Press, 1995),第107页～第122页;Jonathan Leibman,《作为商业科学家和研究管理者的保罗·埃尔利希》(Paul Ehrlich as a Commercial Scientist and Research Administrator),《医学史》(*Medical History*),34(1990),第65页～第78页;Alberto Cambrosio、Daniel Jacobi 和 Peter Keating,《埃尔利希的"美景"与免疫学象征充满争议的开端》(Ehrlich's "Beautiful Pictures" and the Controversial Beginnings of Immunological Imagery),《爱西斯》(*Isis*),84(1993),第662页～第699页;Cay Rüdiger-Prüll,《科学总规划的一部分?保罗·埃尔利希与其受体概念的起源》(Part of a Scientific Master Plan? Paul Ehrlich and the Origins of His Receptor Concept),《医学史》,47(2003),第332页～第356页;Pauline M. H. Mazumdar,《抗原—抗体反应与生命物理和生命化学》(The Antigen-Antibody Reaction and the Physics and Chemistry of Life),《医学史通报》(*Bulletin of the History of Medicine*),48(1974),第1页～第21页;Pauline M. H. Mazumdar,《免疫的目的:兰德施泰纳对人类同种抗体的解读》(The Purpose of Immunity: Landsteiner's Interpretation of the Human Isoantibodies),《生物学史杂志》(*Journal of the History of Biology*),8(1975),第115页～第133页。

[7] Elie Metchnikoff,《传染病的免疫》(*Immunity in Infective Diseases*, Cambridge: Cambridge University Press, 1905),F. G. Binnie 译;Cambrosio、Jacobi 和 Keating,《埃尔利希的"美景"与免疫学象征充满争议的开端》;Silverstein,《免疫学史》,第87页～第123页。

[8] Michael Worboys,《英国爱德华时代的疫苗疗法和实验室医学》(Vaccine Therapy and Laboratory Medicine in Edwardian Britain),载于 Pickstone 编,《历史视野中的医学创新》,第84页～第103页;Alfred I. Tauber,《免疫学的诞生(三)吞噬作用理论的命运》(The Birth of Immunology. III. The Fate of the Phagocytosis Theory),《细胞免疫学》(*Cellular Immunology*),139(1992),第505页～第530页。

尔利希所说的化合,而是将抗毒素对毒素的中和比作酸和碱的弱且可逆的离解。此外,在期刊和教科书中,诸如“immunology”“immunologie”“Immunitätsforschung”*之类的术语出现的频率越来越高,这不仅表明科学家们开始将免疫视为一种单独的现象,而且说明他们认为需要把自己与那些做“细菌学”和“病理学”研究的人们区分开来。不过,即使在德国的《免疫学杂志》(*Zeitschrift für Immunitätsforschung*,1909)和《美国免疫学杂志》(*American Journal of Immunology*,1916)等专业期刊创刊之后,许多研究者仍继续在医学、卫生学和细菌学期刊上发表文章。[9]

在新世纪的头几年里,埃尔利希与维也纳卫生学教授马克斯·冯·格鲁贝尔进行了激烈的辩论,后者拒绝接受抗毒素—毒素(即抗体—抗原)反应的狭窄的特异性以及埃尔利希研究中越来越多的体液成分以及极其复杂的术语。为了使说明其侧链理论的例子更加具有说服力,埃尔利希提供了他提出的细胞表面受体以及它们与抗原和补体的特异性结合的详细图片。尽管博尔代批评了埃尔利希用词浮夸的阐述,但已不那么尖刻,只是认为它们是令人困惑且不必要的;他认为抗体—抗原的相互作用较弱且不太具有特异性,很像染料对织物的物理吸附,而不像化学键结合得那么紧密。[10]

另一位批评埃尔利希的研究者是卡尔·兰德施泰纳,他是冯·格鲁贝尔的前助理,是一位在实验室病理学和有机化学方面均具有丰富经验的医生。兰德施泰纳曾研究过血型鉴定、苯丙酮尿症和脊髓灰质炎。他还拒绝接受埃尔利希对抗体—抗原相互作用的结构化学解释,而是赞成从胶体化学中借用的物理化学解释。兰德施泰纳与胶体化学家沃尔夫冈·泡利**合作,将结构概念与物理化学概念相结合,提出了一个侧重于抗原和抗体表面之间电化学吸引力的相互作用理论。1918 年,兰德施泰纳证明,抗原的静电荷轮廓决定了抗体的特异性,这意味着埃尔利希设想的抗体(受体)特异性的巨大多样性是没有必要的,因为同一抗体可能会对一个抗原上的多种相似电荷轮廓产生反应。[11]

472

兰德施泰纳在第一次世界大战后被迫提前退休,之后他接受了纽约市洛克菲勒研究所的一个职位,随后在那里对血清学反应的特异性进行了重要研究。借助弗里德里希·奥伯迈尔和恩斯特·皮克在战前开创的技术,兰德施泰纳通过向大蛋白质分子(载体)中添加较小的、稍有变化的化学基团(半抗原)来精心修改载体,以便针对每个

* 三个词都是“免疫学”的意思,“immunology”是英文,“immunologie”是法文,“Immunitätsforschung”是德文。——译者注

[9] Mazumdar,《物种与特异性:免疫学史诠释》,第 202 页～第 213 页;Arthur M. Silverstein,《20 世纪免疫学概念变化动态》(The Dynamics of Conceptual Change in Twentieth Century Immunology),《细胞免疫学》,132(1991),第 515 页～第 531 页;Silverstein,《免疫学史》,第 4 章和第 5 章。

[10] Mazumdar,《物种与特异性:免疫学史诠释》,第 136 页～第 151 页;Silverstein,《免疫学史》,第 99 页～第 107 页;Rüdiger-Prüll,《科学总规划的一部分? 保罗·埃尔利希与其受体概念的起源》;Cambrosio、Jacobi 和 Keating,《埃尔利希的“美景”与免疫学象征充满争议的开端》。

** 也是著名物理学家,曾提出泡利不相容原理。——责编注

[11] Mazumdar,《物种与特异性:免疫学史诠释》,第 123 页～第 135 页,第 214 页～第 236 页;Silverstein,《免疫学史》,第 107 页～第 112 页。

半抗原组诱发特异性抗体。这些半抗原可以从天然存在的致病微生物中提取,也可以来自自然界中并不存在的合成化学物质。兰德施泰纳的研究结果再次使埃尔利希理论中的抗体特异性和多样性问题成为焦点:为什么有机体会拥有能够与仅在化学家实验室中存在的人造抗原反应的预成抗体(受体)?[12]

由于不满埃尔利希的理论,同时受到兰德施泰纳关于特异性研究的激励,布拉格的血清学家费迪南德·布雷恩尔和生物化学家费利克斯·豪罗维茨于1930年提出抗原可以作为形成特异性抗体的模板:由于每个带电荷的氨基酸都会将其自身朝向抗原上的一个互补电荷,这种特异性抗体就能在抗原表面形成片段。与此同时,其他研究者也独立提出了类似的模板理论。化学键领域最著名的权威美国化学家莱纳斯·鲍林在1940年对这项理论提出了一个重要的修改方案:一种已经合成的多肽链会盘绕在一个抗原周围,形成一个具有确切特异性的抗体。由于模板学说解决了埃尔利希的侧链理论中的许多问题,直到20世纪50年代后期,它是大多数免疫学家普遍认同的观点。[13]

473 正如上述历史所表明的那样,贝林提出的免疫血清的抗毒"特性"最终被研究者确定为一种血液中可被盐析的蛋白质成分。尽管已存在埃尔利希的侧链受体理论和鲍林的卷曲多肽理论,但是在20世纪60年代前,抗体的结构仍悬而未决。利用超速离心和凝胶电泳这两项20世纪30年代后期发展起来的强大物理化学技术,在血液蛋白的丙种球蛋白*片段,即所谓免疫球蛋白G(IgG)中,发现了血清抗体。生成抗体的肿瘤细胞(骨髓瘤)为免疫化学家提供了纯单克隆IgG,他们可以(使用化学试剂和酶试剂)将其选择性切割并(使用纸层析和柱层析等技术)进行分离,以确定序列和结构关系。到了20世纪60年代中期,主要得益于罗德尼·波特和杰拉尔德·埃德尔曼(他们共享了1972年的诺贝尔化学奖)这两位开拓性的研究者的努力,IgG的分子被证明具有四链结构:两条由约200个氨基酸组成的"轻"多肽链以及两条"重"多肽链,其约为"轻"多肽链的两倍长,通过二硫键结合成Y字形。一个抗体分子具有两个抗原结合位点,分别位于Y字两个分支的末端,在这两个区域里,氨基酸和核酸序列显示出高变异度。[14]

除了这些对概念和技术问题的研究帮助免疫学成为一门科学学科,其他免疫研究领域也不能被排除在更宽泛的免疫和免疫学史的考量之外,比如疫苗疗法、血清疗法、

[12] Mazumdar,《物种与特异性:免疫学史诠释》,第237页~第253页;Karl Landsteiner,《血清学反应的特异性》(*The Specificity of Serological Reactions*, Cambridge, Mass.: Harvard University Press, 1945)。

[13] Silverstein,《免疫学史》,第64页~第71页;Linus Pauling,《抗体的结构和形成过程理论》(A Theory of the Structure and Process of Formation of Antibodies),《美国化学学会杂志》(*Journal of the American Chemical Society*),62(1940),第2643页~第2657页。

* 又译为γ球蛋白。——译者注

[14] Gerald M. Edelman和W. Einar Gall,《抗体问题》(The Antibody Problem),《生物化学评论年刊》(*Annual Review of Biochemistry*),38(1969),第415页~第466页。有关20世纪60和70年代抗体结构说明的详细分析,参看Scott Podolsky和Alfred I. Tauber,《多样性的产生:克隆选择理论与分子免疫学的兴起》(*The Generation of Diversity: Clonal Selection Theory and the Rise of Molecular Immunology*, Cambridge, Mass.: Harvard University Press, 1998)。

血清诊断、过敏反应、自身免疫、血型鉴定以及速发型和迟发型超敏反应或变态反应*的研究。尽管一些研究者已经确定了针对自身抗原的抗体，但在20世纪初，埃尔利希认为在正常情况下这种抗体会被消除或控制，由于研究者都认同这一观点，自身免疫的研究受到了阻碍。相比之下，超敏反应的临床和科学研究则大量涌现。1906年，基于对接种反应和血清病的临床观察，奥地利儿科医生克莱门斯·冯·皮尔凯引入了术语“变态反应”来表示任何类型的改变了的生物反应，无论其是否引起免疫或超敏反应。尽管“变态反应”一词的含义随后发生了变化，但变态反应可能在某些疾病（如哮喘、花粉症、湿疹和食物不耐受）的发病机制中发挥作用，这一认识有助于促进一个新临床专业的发展。值得注意的是，在当时那个对抗原和抗体免疫化学上的详细研究的新兴关注有效地将实验室研究从临床研究中分离出来的时期，冯·皮尔凯对变态反应的系统阐述也有助于维持免疫学和医学之间的联系。正如诺贝尔奖获得者免疫学家尼尔斯·K. 耶尔诺**多年以后所说的那样，作为“接种、变态反应和血清诊断”研究的直接结果，“免疫学有一条专线与医学相连，这条专线弥补了免疫学的孤立状态。”[15]

474

后来，涉及免疫现象的生理和病理研究的边缘研究领域在第二次世界大战后重新聚合，振兴了这一学科。例如，1945年，雷·欧文报告了一项观察结果：非同卵双生、在胚胎发育期共用一套循环系统的小牛均拥有彼此血细胞的混合物，并且不能产生针对彼此血型的抗体，即使它们的血型互不相同。欧文的发现帮助塑造了澳大利亚从病毒学转而研究免疫学的弗兰克·麦克法兰·伯内特在20世纪40年代后期的理论观点，即关于有机体如何将“自我”与“异物”区分开来的观点，这对他来说已成为免疫学的核心问题。在第二次世界大战期间，面对数量激增的严重烧伤患者，医生们因皮肤移植物排斥现象而深受打击，这使人们清楚地认识到这个问题的实际意义。英国动物学家彼得·梅达沃对小鼠移植物排斥的研究表明，这本质上是一种免疫应答。战后，欧文的发现促使梅达沃和他的同事们通过实验，在牛和其他实验动物身上研究这种现象，这使得他们于1953年发现了实验性免疫耐受，这种方法可通过使其与供体生命早期的细胞接触而使动物能够耐受外来皮肤移植物。[16]

* 变态反应有个更通俗的名称——过敏。——译者注

** 也译为尼尔斯·K. 杰尼（Niels K. Jerne），但从丹麦语发音来说，Jerne 译为耶尔诺更合适。——责编注

[15] Silverstein，《免疫学史》，第214页～第251页。Mark Jackson 编，《变态反应的临床和实验室起源》（*The Clinical and Laboratory Origins of Allergy*），《生物科学和生物医学科学的历史与哲学研究（特刊）》（*Studies in History and Philosophy of Biological and Biomedical Sciences* [*Special Issue*]），34（2003），第383页～第398页；Niels K. Jerne，《免疫学常识》（The Common Sense of Immunology），《冷泉港定量生物学论文集》（*Cold Spring Harbor Symposia on Quantitative Biology*），41（1977），第1页～第4页，引文在第4页。

[16] Silverstein，《20世纪免疫学概念变化动态》；Ray Owen，《牛双胞胎间血管吻合的免疫遗传结果》（Immunogenetic Consequences of Vascular Anastomoses between Bovine Twins），《科学》（*Science*），102（1945），第400页～第401页；F. Macfarlane Burnet 和 Frank Fenner，《抗体的产生》（*The Production of Antibodies*, 2nd ed., Melbourne: Macmillan, 1949）；Rupert E. Billingham、Leslie Brent 和 Peter B. Medawar，《外来细胞的主动获得耐受》（Actively Acquired Tolerance of Foreign Cells），《自然》（*Nature*），172（1953），第603页～第606页；Leslie Brent，《移植免疫学史》（*A History of Transplantation Immunology*, San Diego, Calif.: Academic Press, 1997）。

免疫学的巩固

战争结束后,研究移植、肿瘤生物学、变态反应和自身免疫疾病的学生开始在他们的工作中看到了共性特征。正如澳大利亚免疫学家古斯塔夫·诺萨尔所说:"20 世纪 50 年代发生了一件特别的事情。"重新强调细胞的重要性是一个特殊的联系特征,它帮助巩固了许多不同的研究领域。梅达沃对移植物排斥的研究提示移植物的淋巴细胞浸润可能在排斥过程中起作用。兰德施泰纳和梅里尔·W. 蔡斯在 20 世纪 40 年代初曾报告,迟发型超敏反应(如化学物质和结核菌素所致的接触敏感性)是由淋巴细胞而不是血清抗体介导的过敏反应。最后,免疫细胞对于克隆选择理论变得非常重要,并且体现了免疫学家对研究免疫现象的生物学基础及其病理学的普遍再度重视。[17]

475

1955 年,丹麦免疫学家尼尔斯·K. 耶尔诺提出了抗体形成的自然选择理论,他认为该理论能够解释在当时还未获解释的一些看似无关的免疫现象。耶尔诺认为,有机体拥有大量具有各种特异性的抗体。进入有机体的任何抗原都会发现一种能与之足够好地结合以形成复合物的抗体,这种复合物随后会被转移到能够制造更多具有相同特异性的抗体的细胞中。在两年内,美国免疫学家戴维·塔尔梅奇,特别是伯内特对这一观点进行了修改。伯内特提出,抗原会选择出一个与淋巴细胞表面结合的特异性抗体,这一抗体随后会受到刺激,开始增殖出一系列克隆细胞,每个克隆细胞都能产生具有相同抗原特异性的抗体。在接下来的 10 年里,这种克隆选择理论成为免疫学的中心法则。[18]

伯内特的修改强调了细胞在抗原识别、抗体反应和免疫记忆这些免疫现象中的作用;哪些细胞完成这些功能以及如何完成在 20 世纪 50 和 60 年代成为免疫学家研究的核心问题。1954 年,伦敦的梅达沃研究小组中的埃夫里安·米奇森证明,如果来自接触过异体移植物的动物的细胞(而不是血清)被动地转移至一个新的未接触异体移植物的动物身上,这将使后者对随后的异体移植产生免疫。这一成果表明移植免疫是一

[17] Gustav J. V. Nossal,《抗原进入后的选择:抗体形成或免疫耐受?》(Choices Following Antigen Entry: Antibody Formation or Immunologic Tolerance?),《免疫学评论年刊》(*Annual Review of Immunology*),13(1995),第 1 页～第 27 页,引文在第 2 页。Karl Landsteiner 和 Merrill W. Chase,《皮肤敏感性向简单化合物转移的实验》(Experiments on Transfer of Cutaneous Sensitivity to Simple Compounds),《实验生物学和医学学会会刊》(*Proceedings of the Society for Experimental Biology and Medicine*),49(1942),第 688 页～第 690 页;Merrill W. Chase,《对结核菌素的皮肤超敏反应的细胞转移》(The Cellular Transfer of Cutaneous Hypersensitivity to Tuberculin),《实验生物学和医学学会会刊》,59(1945),第 134 页～第 155 页。

[18] Niels K. Jerne,《抗体形成的自然选择理论》(The Natural-Selection Theory of Antibody Formation),《美国国家科学院学报》(*Proceedings of the National Academy of Sciences USA*),41(1955),第 849 页～第 857 页;David W. Talmage,《变态反应和免疫学》(Allergy and Immunology),《医学评论年刊》(*Annual Review of Medicine*),8(1957),第 239 页～第 256 页;F. Macfarlane Burnet,《使用克隆选择概念改进耶尔诺的抗体生产理论》(A Modification of Jerne's Theory of Antibody Production Using the Concept of Clonal Selection),《澳大利亚科学期刊》(*Australian Journal of Science*),20(1957),第 67 页～第 69 页;F. Macfarlane Burnet,《获得性免疫的克隆选择理论》(*The Clonal Selection Theory of Acquired Immunity*, Nashville, Tenn.: Vanderbilt University Press, 1959)。有关详细信息,参看 Podolsky 和 Tauber,《多样性的产生:克隆选择理论与分子免疫学的兴起》。

种细胞介导的现象。同时,移植物抗宿主病的这种相关现象也被证明是细胞介导的,但在这种情况下,异体移植物的淋巴细胞会攻击受体的组织。这种神秘的、非分裂期的小淋巴细胞成了牛津的生理学家詹姆斯·高恩斯的研究重点。他在20世纪50年代末和60年代初证明,这种淋巴细胞从血液到淋巴不断循环,寿命较长,并且可以通过增殖和启动免疫应答(如皮肤移植物排斥、移植物抗宿主反应和免疫耐受)来对抗原做出反应。[19]

476

1961年,罗伯特·A. 古德、拜伦·瓦克斯曼和雅克·F. A. P. 米勒这三位独立研究者同时发现了胸腺的免疫学意义,同时,他们的研究小组观察到,在出生时被切除胸腺的动物的免疫应答受到了损坏。在此几年前,研究者已经观察到,移除刚孵化的小鸡的法氏囊(位于鸟类泄殖腔中的小淋巴组织)会损害其日后对抗原激发产生抗体应答的能力。进一步的实验结果表明,源自胸腺的细胞能够调节细胞免疫应答,而源自法氏囊(或哺乳动物体内一些未知的法氏囊的等效结构)的细胞能够调节抗体介导的应答。然而,在1966年,亨利·克拉曼和他在丹佛的研究小组证明,源自胸腺的细胞和源自骨髓的细胞需要互相协作,才能对某些抗原产生抗体应答。两年后,米勒和他的同事格雷厄姆·F. 米切尔报告,源自骨髓的细胞实际上是制造抗体的细胞(浆细胞)的前体,但是对于某些抗原来说,需要源自胸腺的细胞来"帮助"这种抗体应答。1969年,学界提出了"T细胞"和"B细胞"这两个术语,研究者很快证明T细胞分为不同的亚类,如"辅助性"T细胞、细胞毒素T细胞(或"杀伤性"T细胞)和"抑制性"T细胞。在20世纪70年代,研究者通过检测每个亚类所特有的一些细胞表面标记物,找到了区分这些淋巴细胞亚类的方法。[20]

最近从分子和遗传基础方面对伯内特的免疫学核心问题("自我—异物"鉴别)的阐释,进一步展示了第二次世界大战后不同领域对免疫学的巩固做出的贡献。甚至在梅达沃在皮肤移植物排斥方面做出开创性的研究之前,小鼠遗传学家就已经确定,对肿瘤组织移植物的排斥是一种受遗传控制的现象,且肿瘤排斥是一种应答,它类似于当供体和受体具有不相容的血型时,宿主血清对输入的红细胞的破坏(溶血作用)。溶血作用和肿瘤排斥与某些作为遗传个体性的免疫学标志物的血细胞抗原有关。免疫遗传学这一领域就此诞生了。遗传学家通过使用"同类系小鼠"(即在20世纪40年代

477

[19] N. A. Mitchison,《移植免疫的被动转移》(Passive Transfer of Transplantation Immunity),《自然》,171(1953),第267页~第268页;James L. Gowans,《神秘的淋巴细胞》(The Mysterious Lymphocyte),载于Richard Gallagher、Jean Gilder、G. J. V. Nossal和Gaetano Salvatore编,《免疫学:一门现代科学的创立》(*Immunology: The Making of a Modern Science*, London: Academic Press, 1995),第65页~第74页。

[20] J. F. A. P. Miller,《胸腺功能的发现》(The Discovery of Thymus Function),载于Gallagher等编,《免疫学:一门现代科学的创立》,第75页~第84页;J. F. A. P. Miller,《揭示胸腺功能》(Uncovering Thymus Function),《生物学和医学观点》(*Perspectives in Biology and Medicine*),39(1996),第338页~第352页;R. A. Good,《明尼苏达州景象:进入现代细胞免疫学的关键入口》(The Minnesota Scene: A Crucial Portal of Entry to Modern Cellular Immunology),载于Sandor Szentivanyi和Herman Friedman编,《免疫学革命:事实和见证者》(*Immunologic Revolution: Facts and Witnesses*, Boca Raton, Fla.: CRC Press, 1994),第105页~第168页。有关20世纪60年代胸腺研究的回顾,参看Craig R. Stillwell,《作为免疫学实验系统的胸腺切除术》(Thymectomy as an Experimental System in Immunology),《生物学史杂志》,27(1994),第379页~第401页。

中期培育的高度近交系小鼠),开始描述“主要组织相容性复合体”(MHC),这是一组可变等位基因,可确定两只小鼠是否可以成功交换移植物。20世纪60年代中期,研究者已经发现,人类的高度可变组织相容性基因的同源复合体在7号染色体中,这个同源复合体就是人类白细胞抗原(HLA)。自1964年以来,一系列国际组织相容性研讨会推动了HLA组织类型的描述和系统化,这一协作极大提高了器官移植的成功率。[21]

到了20世纪60年代末至70年代初,在免疫学家发现对某些合成抗原的免疫应答是由MHC内的一组高度可变基因介导的之后,MHC在其他类型免疫应答中所起的调节作用变得更加清晰。进一步的研究结果表明,辅助性T细胞不会“帮助”B细胞产生抗体,除非巨噬细胞或B细胞等抗原呈递细胞共享相同的MHC等位基因;研究结果还表明,“杀伤性”T细胞不会“杀死”已感染病毒的细胞或肿瘤细胞,除非这些细胞也共享完全相同的MHC等位基因。也就是说,细胞间的相互作用会受MHC的“限制”。由于研究者确定,T细胞只能“识别”与由相容MHC基因表达的特异性细胞表面分子复合而成的外来抗原的短片段(即“自我”),对抗原加工和呈递的研究开始与免疫遗传学联系起来。这种被某些研究者解释为“自我—异物”鉴别的遗传基础的“MHC限制”现象,在20世纪80年代得以从分子水平上阐明。这得益于研究者发现了T细胞受体,随后又确定了其分子结构以及与之特异结合的MHC-抗原复合物。[22]

随着非特异可溶性蛋白因子(被称为淋巴因子或细胞因子)的发现,阐明细胞合作和免疫调节的另一系列研究开始涌现。这种因子由细胞分泌,用以刺激或抑制其他参与免疫应答的细胞的活性。尽管干扰素(一种抗病毒化学品)等免疫学上重要的因子已在1957年前被描述过,但在约10年后,研究者又发现了几个重要因子,其中包括如今被称为白介素-2的因子。到20世纪70年代后期,细胞因子的数量和细胞动力学活动的种类以惊人的速度增加,同时,术语成了一个重要的问题,需要召开多次国际会议才能争论出结果。在20世纪80年代,研究人员开始克隆细胞因子基因,并利用基因重组技术表达出这些基因。干扰素和白介素-2疗法都成了临床研究的活跃领域。[23]

478

由于几乎没有什么理论基础,20世纪上半叶进行的大量免疫学研究被称为“盲血清学”。而到了战后,这方面的情况发生了很大变化。与其他免疫学家相比,耶尔诺更多地扮演了这方面的初期理论家的角色,特别是在1973年,他提出了免疫系统功能的一般理论,为未来10年的大部分研究设定了议题。在抗体可以充当其他抗体的抗原这一观点的基础上,耶尔诺将免疫系统描述为相互作用的抗体、抗抗体和淋巴细胞受体形成的一个信息封闭的调节系统(所谓独特型网络)。该理论带有很强的反还原论

[21] Jan Klein,《MHC的自然史》(*Natural History of the MHC*, New York: Wiley, 1986);Alfred I. Tauber,《免疫学的分子化》(The Molecularization of Immunology),载于Sahotra Sarkar编,《分子生物学的哲学和历史:新观点》(*The Philosophy and History of Molecular Biology: New Perspectives*, Dordrecht: Kluwer, 1996),第125页～第169页;Brent,《移植免疫学史》。

[22] Podolsky和Tauber,《多样性的产生:克隆选择理论与分子免疫学的兴起》。

[23] Byron H. Waksman和Joost J. Oppenheim,《细胞因子概念对免疫学的贡献》(The Contribution of the Cytokine Concept to Immunology),载于Gallagher等编,《免疫学:一门现代科学的创立》,第133页～第143页。

色彩,其形而上学的特征使它的某些方面受到了严厉的批评,虽然如此,它还是使年轻的免疫学家越来越强烈地感觉到他们这门学科终于成为一门理论方面成熟的学科。[24]

免疫作为历史研究的对象

黑格尔说过,历史智慧的猫头鹰只在黄昏时飞翔。* 然而,早在 1902 年,路德维希·霍普夫就已经在图宾根出版了一本薄薄的书,名为《免疫和免疫接种:医学史研究》(*Immunität und Immunisirung: Eine medizinisch-historische Studie*),梳理了从 17 和 18 世纪一直到当时的研究历史,包括当时流行的鲁道夫·埃梅里希和奥斯卡·勒夫的所谓酶理论,不过这一理论早已被排除在历史经典之外。[25]

然而,霍普夫是一只孤独沉思的猫头鹰。尽管某些科学家和临床医生(如冯·皮尔凯)偶尔会认真思考其领域的发展,特别是他们自己的贡献,但 20 世纪上半叶关于细菌学和/或免疫的重要教科书一般很少关注其学科的历史根源。W. W. C. 托普利和 G. S. 威尔逊的首版《细菌学与免疫原理》(*Principles of Bacteriology and Immunity*)中非常简略地概述了细菌学的历史,但却只字未提免疫学的历史;朱尔·博尔代在他 863 页的《论传染病的免疫》(*Traité de l'immunité dans les maladies infectieuses*,1939)中仅用了几页来介绍先驱们;而 1943～1966 年出版了 4 个版本的威廉·博伊德的《免疫学基础》(*Fundamentals of Immunology*)则完全与历史无关。霍普夫在医学史的作者中也没有多少追随者。对这个主题的最具学术性的处理来自威廉·布洛克,他将他如今已成为经典的《细菌学史》(*The History of Bacteriology*,1938)11 章中的最后一章献给了免疫学说的历史。在这一章中,保罗·埃尔利希和他有关抗体产生的侧链理论在战胜梅契尼科夫的理论方面发挥了核心作用。最广为流传的早期免疫学发现史是微生物学家保罗·德·克吕夫的《微生物猎人》(*Microbe Hunters*,1926),这是一部个人意识色彩浓厚却在内容上兼收并蓄的科普作品,讲述了微生物学领域中从安东尼·范·列文虎克到保罗·埃尔利希等"伟大人物及其事迹",流传了超过 1/4 个世纪。[26]

479

到了 20 世纪 60 和 70 年代,许多新教材才开始收录一些短小的史论,通常还会简

[24] Niels K. Jerne,《迈向免疫系统的网络理论》(Towards a Network Theory of the Immune System),《免疫学年鉴(巴斯德研究所)》(*Annales d'Immunologie [Institut Pasteur]*),125 C(1974),第 373 页～第 383 页;Anne Marie Moulin,《免疫系统:免疫学史的一个关键概念》(The Immune System: A Key Concept for the History of Immunology),《生命科学的历史和哲学》(*History and Philosophy of Life Sciences*),11(1989),第 221 页～第 236 页。

* 此处英文是:The owl of historical wisdom flies only at dusk. 黑格尔的原文是:Die Eule der Minerva beginnt erst mit der einbrechenden Dämmerung ihren Flug.(密涅瓦的猫头鹰只在黄昏时开始飞翔。)——责编注

[25] Ludwig Hopf,《免疫和免疫接种:医学史研究》(*Immunität und Immunisirung: Eine medizinisch-historische Studie*, Tübingen: Franz Pietzcker, 1902)。

[26] W. W. C. Topley,《细菌学与免疫原理》(*Topley and Wilson's Principles of Bacteriology and Immunity*, 3rd ed., Baltimore: Williams and Wilkins, 1946),G. S. Wilson 和 A. A. Miles 修订;Jules Bordet,《论传染病的免疫》(*Traité de l'immunité dans les maladies infectieuses*, 2nd ed., Paris: Masson, 1939);William C. Boyd,《免疫学基础》(*Fundamentals of Immunology*, New York: Interscience, 1943);William Bulloch,《细菌学史》(*The History of Bacteriology*, London: Oxford University Press, 1938);Paul de Kruif,《微生物猎人》(*Microbe Hunters*, New York: Harcourt Brace, 1926)。

要地列出主要的免疫学家和重要的发现结果。这显然是随着全世界免疫学的制度化而出现的。约翰·汉弗莱和 R. G. 怀特在他们广为流传的《医科学生免疫学》(*Immunology for Students of Medicine*,1963)中提供了首批精彩导言之一。10 年后,弗兰克·麦克法兰·伯内特在他的《细胞免疫学》(*Cellular Immunology*)中记述了"免疫学思想史"(尽管主要聚焦克隆选择理论中的先驱们)。20 年后,爱德华·S. 戈卢布和威廉·R. 克拉克采取了一种不同的方法,在各自的教科书中根据历史发展的脉络来组织许多主题。[27]

这一时期还有一些仔细依据史实编写而成的文稿得以出版。例如,于贝尔·A. 勒舍瓦利耶和莫里斯·索洛托罗夫斯基在他们的《微生物学三百年》(*Three Centuries of Microbiology*,1965)中用了两章来讨论 20 世纪 20 年代之前细胞免疫学和体液免疫学的重要实验。W. D. 福斯特在他的《医学细菌学和免疫学史》(*A History of Medical Bacteriology and Immunology*)中写了关于"免疫学的科学基础"的一章。这一章富有洞察力,将梅契尼科夫从布洛克的贬低中解救出来,恢复了其应有的地位。他还为免疫学编史学提供了新内容,即关于"免疫学在医学中的实际应用"这一章。1974 年,伴随着同名纪录片在最受欢迎的媒体——电视上的播出,科普作家罗伯特·里德出版了《微生物与人》(*Microbes and Men*),这本书基本上是对保罗·德·克吕夫《微生物猎人》的更新和扩展。[28]

480

1981 年,值尼尔斯·K. 耶尔诺 70 岁生日之际献给他的两卷本的纪念文集收到了 125 份投稿,标志着对免疫特别是免疫学的历史反思进入了一个新时代。一开始,这种反思大部分是 20 世纪后半叶巩固免疫学的主要参与者所撰写的自传式故事。《免疫学评论年刊》(*Annual Review of Immunology*)(其本身就是这种巩固的象征)于 1983 年首次出版,刊登了埃尔文·卡巴特撰写的长篇自传性回忆录的第一部分。埃尔文·卡巴特的职业生涯可以追溯到 20 世纪 30 年代。随后几卷收录了约翰·汉弗莱、梅里尔·W. 蔡斯、戴维·塔尔梅奇、迈克尔·塞拉、布丽吉特·阿斯科纳斯、巴鲁赫·贝纳塞拉夫、埃夫里安·米奇森、古斯塔夫·诺萨尔及其他著名"免疫生物学革命"领军人物所写的自传故事。《生物学和医学观点》(*Perspectives in Biology and Medicine*)期刊刊登的一系列较短的回忆录,以及在 20 世纪 60 和 70 年代开始蓬勃发展的各个国家免疫学会上发表的主席演讲,培养了对这个新的全球性学科的历史意识。一些最杰出的免疫学家还以书的形式出版了他们的回忆录,包括伯内特的"非典型自传"《改变模式》

[27] John Humphrey 和 R. G. White,《医科学生免疫学》(*Immunology for Students of Medicine*, Oxford: Blackwell, 1963);F. Macfarlane Burnet,《细胞免疫学》(*Cellular Immunology*, Melbourne: Melbourne University Press, 1969);Edward S. Golub,《免疫应答的细胞基础:一种免疫生物学的方法》(*The Cellular Basis of the Immune Response: An Approach to Immunobiology*, Sunderland, Mass.: Sinauer Associates, 1977);William R. Clark,《现代免疫学的实验基础》(*The Experimental Foundations of Modern Immunology*, New York: Wiley, 1983)。

[28] Hubert Lechavalier 和 Morris Solotorovsky,《微生物学三百年》(*Three Centuries of Microbiology*, New York: McGraw-Hill, 1965);W. D. Foster,《医学细菌学和免疫学史》(*A History of Medical Bacteriology and Immunology*, London: Heinemann, 1970);Robert Reid,《微生物与人》(*Microbes and Men*, New York: Saturday Review Press, 1975)。也可参看 H. J. Parish,《免疫接种史》(*A History of Immunization*, Edinburgh: E. and S. Livingstone, 1965)。

(*Changing Patterns*)、梅达沃的《一个能思考的萝卜的回忆录》(*Memoir of a Thinking Radish*)和贝纳塞拉夫的《天使之子》(*Son of an Angel*)。[29]

在最初的个人回忆录的浪潮过后,又出现了有关参与者自传故事的文集。关于免疫学史的第一次国际会议是由著名免疫学家伯纳德·西纳德倡议的,他请从研究病理学转而研究历史的保利娜·马宗达在1986年于多伦多召开的第六届国际免疫学大会的框架内组织这次会议。这次很有影响力的会议突出了耶尔诺-伯内特的选择理论,用马宗达的话说,这个理论"塑造了参加大会的这一代"免疫学家的科学思想。[30]

1988年,值迈克尔·海德尔伯格诞辰一百周年之际,一些"重要的参与者、他们的同事以及见证者"被邀请从个人角度而"不是从科学的、有争议的,也不是历史分析"的角度阐述20世纪的"免疫革命"。几年后,另一部论文集《免疫学:一门现代科学的创立》(*Immunology: The Making of a Modern Science*)的编者们承认他们"故意排除了'历史'这个词所强加的束缚",而坚称他们的目的只是追忆有助于塑造现代免疫学的那个"激动人心的研究时期",并将追忆放在"地点和时间的个人背景中",实际上就是做一部"充满激情的、传记式的"论文集。[31]

481

另一类重要的反思是由从研究免疫学转而研究历史的研究者做出的。20世纪80年代,阿瑟·M. 西尔弗斯坦在《细胞免疫学》(*Cellular Immunology*)杂志上撰写了一系列文章,很大程度上借鉴了他毕生所获得的重要文献的第一手知识。1989年,他贡献了第一篇像书一样厚的关于免疫和免疫学史的专题论文。西尔弗斯坦随后在历史专业上投入了越来越多的精力,并在他后来的著作中发现了免疫学发展(从20世纪上半叶的化学方法占主导地位到第二次世界大战后出现的对细胞现象的关注)的库恩式革命。* 但迄今为止,鲜有免疫学史学家按照他的这一建议开展深入研究。[32]

西尔弗斯坦厌倦了那些历史视野几乎不超过10年的同行的研究,希望帮助年轻的免疫学家理解"免疫学现在发展到了哪一步以及如何发展到这一步"这两个问题。然而,在第二次世界大战后公共卫生史上最引人注目的一章——获得性免疫缺陷综合

[29] Charles M. Steinberg 和 Ivan Lefkovits 编,2卷本《免疫系统》(*The Immune System*, Basel: Karger, 1981);F. Macfarlane Burnet,《改变模式:非典型自传》(*Changing Patterns: An Atypical Autobiography*, Melbourne: Heinemann, 1968);Peter Medawar,《一个能思考的萝卜的回忆录:一部自传》(*Memoir of a Thinking Radish: An Autobiography*, Oxford: Oxford University Press, 1986);Baruj Benacerraf,《天使之子》(*Son of an Angel*, Great Neck, N. Y.: Todd and Honeywell, 1991)。

[30] Pauline M. H. Mazumdar 编,《免疫学(1930～1980):免疫学史论文集》(*Immunology, 1930-1980: Essays on the History of Immunology*, Toronto: Wall and Thompson, 1989)。

[31] Szentivanyi 和 Friedman 编,《免疫学革命:事实和见证者》;Gallagher 等编,《免疫学:一门现代科学的创立》,第1页～第4页。

* 库恩指的是美国物理学家、科学史学家和科学哲学家托马斯·库恩(Thomas Kuhn),他的《科学革命的结构》(*The Structure of Scientific Revolutions*)从科学史的视角探讨常规科学和科学革命的本质,第一次提出了范式理论,深刻揭示了科学革命的结构。——译者注

[32] Silverstein,《免疫学史》。关于历史学家在免疫学史中采用西尔弗斯坦的离散、范式时代概念的例子,参看 Ilana Löwy,《松散概念的力量:边界概念、联合实验策略和学科发展——以免疫学为例》(The Strength of Loose Concepts: Boundary Concepts, Federative Experimental Strategies and Disciplinary Growth: The Case of Immunology),《科学史》(*History of Science*),30(1992),第371页～第396页。

征(艾滋病)出现后,历史反思数量的增加可能并非巧合。[33]

安妮-玛丽·穆兰的《最新的医学语言》(*Le dernier langage de la médicine*)(很贴切地取了"从巴斯德到艾滋病的免疫学史"的副标题)虽然与西尔弗斯坦相比较少借鉴重要的免疫学文献,但却具有很强的叙述动力(耶尔诺在为这本书撰写的序言中称赞这本书"激动人心",可能是因为他成了书的主角)。虽然穆兰最初是一名专门研究寄生虫学和热带医学的临床医生(但从她"内在主义"的叙述中几乎看不出她所受的学术训练),但她也有一套自己的哲学议题,这一点可以从这里看出来:她回到莱布尼茨的《单子论》(*Monadologie*)来解释什么样的"形而上学氛围"可能影响以1973年耶尔诺的独特型网络理论为顶峰的现代"免疫系统"概念。[34]

482

在她的《物种与特异性》(*Species and Specificity*)中,保利娜·马宗达也从哲学争论的角度阐释了免疫学的发展。她主张,20世纪早期免疫学家之间的争论是基于自然是统一、连续的还是由多种可定义的物种组成的问题。她的分析重点集中在卡尔·兰德施泰纳身上,兰德施泰纳的一元论观点与科赫和埃尔利希的追随者所持的特异性和多元论的观点完全对立。

艾尔弗雷德·I. 陶伯在他的《梅契尼科夫和免疫学的起源:从隐喻到理论》(*Metchnikoff and the Origins of Immunology: From Metaphor to Theory*,与列昂·切尔尼亚克合著)重新诠释了吞噬理论,认为它是对理解有机体完整性的一项根本贡献。在他的《免疫的自我:理论还是比喻?》(*The Immune Self: Theory or Metaphor?*),陶伯追溯了"自我"和"异物"中心概念的起源,并试图将它们置于广泛的哲学语境中,包括尼采和胡塞尔的现象学;线上版的《斯坦福哲学百科全书》(*Stanford Encyclopedia of Philosophy*)也对"自我"和"异物"这对免疫学中心概念的概念历史做了有条理的总结。陶伯最新的关于这一话题的书是《多样性的产生》(*The Generation of Diversity*,与斯科特·波多尔斯基合著),精彩地追溯了过去30年免疫学分子化的历史;这本书的结尾部分讨论了当今免疫学的基本问题。

微生物学家德布拉·扬·比贝尔*在她选编的非常有用的原始文献和译作集《免疫学的里程碑》(*Milestones in Immunology*)(可惜现在已经绝版)中,也为这些精选文章描述的重大发现提供了历史背景和哲学见解。薇姬·L. 佐藤和马尔科姆·L. 格夫特

[33] Steven B. Mizel 和 Peter Jaret,《自卫:人体免疫系统——医学新领域》(*In Self Defense: The Human Immune System–The New Frontier in Medicine*, San Diego, Calif.: Harcourt Brace Jovanovich, 1985);William E. Paul 编,《免疫学:识别与应答,〈科学美国人〉文摘》(*Immunology: Recognition and Response, Readings from Scientific American*, New York: W. H. Freeman, 1991);Emily Martin,《灵活的身体:追踪从脊髓灰质炎时代到艾滋病时代美国文化中的免疫》(*Flexible Bodies: Tracking Immunity in American Culture from the Days of Polio to the Age of AIDS*, Boston: Beacon Press, 1994);William R. Clark,《体内的战争:免疫的双刃剑》(*At War Within: The Double Edged Sword of Immunity*, Oxford: Oxford University Press, 1995);Stephen S. Hall,《血液中的骚动:生命、死亡和免疫系统》(*A Commotion in the Blood: Life, Death, and the Immune System*, New York: Henry Holt, 1997)。

[34] Anne-Marie Moulin,《最新的医学语言——从巴斯德到艾滋病的免疫学史》(*Le dernier langage de la médecine: Histoire de l'immunologie de Pasteur au SIDA*, Paris: Presses Universitaires de France, 1991)。

* 她也是一位有40年画龄的画家。她还是一位禅宗佛教徒。从1990年,她的绘画作品受到其科学经历和佛教实践方面的影响。可参看 http://lonemountain-art.com/。(2022年3月30日访问)——责编注

编纂了一部关于细胞免疫学重要阅读材料的选集；谢尔登·科恩和马克斯·萨姆特选编了一部论文集，收录了有关变态反应的开创性论文。[35]

到目前为止，我们讨论的作品（这里也可能包括1993年在波士顿大学和1998年在法国圣于连昂博若莱[Saint-Julien-en-Beaujolais]举行的会议的两卷会议记录）都以构建免疫学和/或免疫研究的历史为其明确目的。然而，还有一些主要在社会学或科学研究设定的议题下进行个案研究的作品也提到了免疫学史上的重要事件，而且这几乎成了一种默认的做法。这类书中常被引用的一本是卢德维克·弗莱克近来非常著名的《一个科学事实的出现和发展》（*Enstehung und Entwicklung einer wissenshaftlichen Tatsache*，1935）。为了论证他的集体和非个人创造经验性事实的社会学论点，弗莱克精辟地分析了"最好的医学事实之一"，即瓦色曼试验与梅毒的关系。通过这种做法，他对免疫和免疫学历史上的一个重大事件进行了第一次社会学上的深入历史分析，而这个方法在近几年才被超越。值得注意的是，弗莱克和他的一些波兰同行的成果已经成为近来一些关于免疫学知识和实践的全面历史研究的核心。[36]

483

在其《微生物：战争与和平》（*Les microbes：Guerre et Paix*，1984）中，布吕诺·拉图尔将他如今众所周知的概念应用于分析巴斯德的微生物研究如何成为法国19世纪后期的政治、社会、文化力量网络的中心。他的这一概念非常独特，混合了米歇尔·塞尔的网络概念和米歇尔·福柯的微观权力概念。虽然拉图尔几乎没有提及"免疫"和"免疫学"这两个词，但他对法国的"巴氏消毒"的解释还是为未来将免疫和免疫学史置于微观和宏观文化相结合的背景下的尝试展示了有趣的可能性。杰拉尔德·盖森在他的《路易·巴斯德的个人科学》（*The Private Science of Louis Pasteur*）中利用这位法国国家英雄的私人实验室笔记本揭示了这些记录与他的公开声明之间的惊人差异。托马斯·瑟德奎斯特为耶尔诺撰写的传记《作为自传的科学：尼尔斯·耶尔诺坎坷的一生》（*Science as Autobiography：The Troubled Life of Niels Jerne*）利用深度访谈和大量私人文件，展示了耶尔诺的生活经历是如何塑造抗体形成的选择理论和独特型网络理论的。由于耶尔诺在持"免疫系统"认知观的理论家和推动者中间扮演了领导者的角色，他终

[35] Mazumdar，《物种与特异性：免疫学史诠释》；Alfred I. Tauber，《免疫的自我：理论还是比喻?》（*The Immune Self：Theory or Metaphor?*，Cambridge：Cambridge University Press，1994）；Alfred I. Tauber，《自我与异物的生物学概念》（The Biological Notion of Self and Non-Self），载于《斯坦福哲学百科全书》（*Stanford Encyclopedia of Philosophy*，http://plato.stanford.edu）；Podolsky 和 Tauber，《多样性的产生：克隆选择理论与分子免疫学的兴起》；Debra Jan Bibel 编，《免疫学的里程碑：历史探索》（*Milestones in Immunology：A Historical Exploration*，Madison，Wis.：Science Tech，1988）；Vicki Sato 和 Malcolm L. Gefter 编，《细胞免疫学：文摘与评注》（*Cellular Immunology：Selected Readings and Critical Commentary*，London：Addison-Wesley，1981）；Sheldon G. Cohen 和 Max Samter，《变态反应经典文摘》（*Excerpts from Classics in Allergy*，Carlsbad，Calif.：Symposia Foundation，1992）。

[36] Alberto Cambrosio、Peter Keating 和 Alfred I. Tauber 编，《作为历史对象的免疫学》（Immunology as a Historical Object），《生物学史杂志（特刊）》（*Special Issue*），27（1994），第375页～第378页；Anne-Marie Moulin 和 Alberto Cambrosio 编，《奇异的自我：免疫学的历史问题与当代争论》（*Singular Selves：Historical Issues and Contemporary Debates in Immunology*，Amsterdam：Elsevier，2000）；Ludwik Fleck，《一个科学事实的出现和发展》（*Genesis and Development of a Scientific Fact*，[English translation of *Entstehung und Entwicklung einer wissenschaftlichen Tatsache：Einführung in die Lehre vom Denkstil und Denkkollektive*，1935]，Chicago：University of Chicago Press，1979），Fred Bradley 和 Thaddeus J. Trenn 译；Ilana Löwy，《自我的免疫学构造》（The Immunological Construction of the Self），载于 Alfred I. Tauber 编，《有机体与自我的起源》（*Organism and the Origins of Self*，Dordrecht：Kluwer，1991），第43页～第75页。

生寻找意义的这段存在主义故事对20世纪60～80年代免疫学理论基础的历史是一种间接的影响。[37]

在过去的10年里，后库恩时代科学研究的方法促成了对生物医学科学实践的新认识（往往在日常的精细层面上，面对面的细节）以及对复杂的人际网络、实验室技术和维持这些实践的地方制度安排的新认识。伊拉娜·勒维在20世纪90年代初的一系列文章中对临床工作中的实验免疫学进行了"深描"，并在她的《在工作台和床边之间》（*Between Bench and Bedside*）中进行了总结。她描写了法国一项被广泛报道的临床试验中涉及的工作，即白介素-2作为可能的抗癌药物的应用。白介素-2对免疫系统具有非特异性刺激作用。她聚焦免疫学创新到临床的转移，并观察到实验室科学家（"拿老鼠做实验的医生"）和临床医生（"给人治病的医生"）之间的合作并不像人们通常设想的那样守规则、没有任何问题。[38]

484

阿尔韦托·坎布罗西奥和彼得·基廷在他们的《敏感的特异性》（*Exquisite Specificity*）中也带领读者进行了一次民族志之旅附带历史之旅——探索研究免疫现象所取得的一项突破背后的复杂工作，这个突破就是单克隆抗体技术的发明。坎布罗西奥和基廷以拉图尔式的方式"追踪"参与者和原料，它们将简单的实验室技术转化为现代生物医学和生物技术最有用的工具之一。[39]

在一篇记录免疫学史近期发展方向的富有挑战性的论文中，沃里克·安德森、迈尔斯·杰克逊和芭芭拉·古特曼·罗森克兰茨令人信服地指出，历史学家的研究大多在免疫学家自己划定的传统或"发明的传统"的界限内，并且未能探索"模糊和偶然的主题的历史，如免疫、感染或变态反应"。他们提出，应研究"非传统的免疫学史，不是实验室研究的历史，而是诊所和文化的历史"。一小部分历史学家接受了安德森的生态学愿景（这在诸如他自己的有关免疫和种族的著作中表现得很明显），开始探索这些方面的免疫学史。因此，最近的一些论文集分析了20世纪初期临床变态反应和自身免疫的起源，考察了花粉症、哮喘、类风湿性关节炎等具体免疫疾病的历史，从多学科的角度追溯了新免疫学工作和技术的发展，并开始将研究医学史的方法与新兴的环境史相融合。此外，免疫学知识的构建也引起了一些人类学家和文咏之士的注意，他们

[37] Latour，《法国的巴氏消毒》；Geison，《路易·巴斯德的个人科学》；Thomas Söderqvist，《作为自传的科学：尼尔斯·耶尔诺坎坷的一生》（*Science as Autobiography*: *The Troubled Life of Niels Jerne*, New Haven, Conn.: Yale University Press, 2003），David Mel Paul 译。

[38] Adele E. Clarke 和 Joan H. Fujimura 编，《工作之利器：运用于20世纪生命科学》（*The Right Tools for the Job*: *At Work in Twentieth Century Life Sciences*, Princeton, N. J.: Princeton University Press, 1992）；Ilana Löwy，《在工作台和床边之间：癌症病房中的科学、治疗和白介素-2》（*Between Bench and Bedside*: *Science, Healing, and Interleukin-2 in a Cancer Ward*, Cambridge, Mass.: Harvard University Press, 1996）。

[39] Alberto Cambrosio 和 Peter Keating，《敏感的特异性：单克隆抗体革命》（*Exquisite Specificity*: *The Monoclonal Antibody Revolution*, New York: Oxford University Press, 1995）。

热衷于曝光在19和20世纪塑造了免疫学领域的社会经济、政治和文化突发事件。[40]

485

总之,免疫学编史学还有很长的路要走。许多有文字记载的历史对现代医学科学和实践的大部分领域都表现出一种相当狭隘的"内在论"视角。近期出版的一些很有潜力的作品看上去眼界更开阔,也运用了更加雄心勃勃的方法,但许多重要领域还有待探索,尤其是在临床方面。目前还没有近期的制度史,传记作者仍然不得不以窥一斑而见全豹的方式呈现他们的故事。20世纪科学和医学中的"免疫革命"以及"自我"和"异物"的文化重要性无疑值得历史学家给予更多关注。[41]

(杨健 译)

[40] Warwick Anderson、Myles Jackson 和 Barbara Gutmann Rosenkrantz,《关于免疫学的非自然史》(Toward an Unnatural History of Immunology),《生物学史杂志》,27(1994),第575页~第594页,引文在第587页;Jackson,《变态反应的临床和实验室起源》;Donna Haraway,《猿人、控制论机体和女人:自然的再创造》(*Simians, Cyborgs, and Women: The Reinvention of Nature*, New York: Routledge),第203页~第230页;Emily Martin,《免疫系统史》(Histories of Immune Systems),《文化、医学和精神病学》(*Culture, Medicine and Psychiatry*),17(1993),第67页~第76页;Laura Otis,《膜:19世纪文学、科学和政治中的侵袭隐喻》(*Membranes: Metaphors of Invasion in Nineteenth-Century Literature, Science, and Politics*, Baltimore: Johns Hopkins University Press, 1999)。

[41] Tauber,《自我与异物的生物学概念》。

26

486

癌　症

让-保罗·戈迪埃

1994 年 1 月,《科学美国人》(*Scientific American*)杂志发表了一篇关于癌症的综述文章,开篇即援引一位来自麦吉尔大学的著名的流行病学家约翰·贝勒三世的话,声称我们没有打赢这场“针对癌症的战争”。[1] 贝勒把这个理查德·尼克松总统于 1971 年发起的抗癌运动看作越南战争的民间替代物,以及共和党人继林登·约翰逊总统“向贫穷开战”之后的一个后续行动。[2] 贝勒的论点是基于国家癌症研究所(National Cancer Institute)的统计数据,该数据表明美国的癌症死亡率(除去老龄化人口影响)在这场“战争”的 25 年间上升了 7%。这场“战争”则是通过在生物学和临床学两方面均投入大量研究来完成的。

这篇文章提醒我们,癌症正如过去一个多世纪中那样,现在依然是一种可见的、可怕的、“科学的”病症。它不像第二次世界大战后被认为已经克服了的肺结核或梅毒,癌症仍是 20 世纪的灾难。[3] 从 19 世纪末叶开始,不断增加的各种各样的肿瘤发病率以及现存疗法的各种局限性,一直是西方医学讨论的中心,也越来越多地与相对富裕和老龄化的人口有关。从那时起,专家们就把肿瘤的形成视为不受限制的细胞增生引起的问题,这种情况也许可以在更好地理解细胞生长和细胞分裂后找到物理学或者化学的方法加以控制。如果癌症的历史能很好地反映出科学实践和医学实践之间的尴尬关系,那么它也非常有利于阐明西方医学向大规模生物医学冒险事业的转变。从这个角度看,第二次世界大战乃是一个转折点,它与医疗体系、工业制药以及新的研究基础设施等三方面的快速增长有关。

487

本章的写作如果没有 David Cantor、Ilana Löwy 以及 Patrice Pinell 等人的作品几乎不可能完成。他们对癌症历史文献的精彩分析为本章提供了背景知识。

[1] Tim Beardsley,《未赢之战》(A War Not Won),《科学美国人》(*Scientific American*),270(1994 年 1 月),第 130 页～第 138 页。

[2] R. A. Rettig,《癌症运动:〈1971 年国家癌症法案〉史》(*Cancer Crusade: The History of the National Cancer Act of 1971*, Princeton, N. J.: Princeton University Press, 1977)。

[3] I. Löwy,《转化细胞的世纪》(The Century of the Transformed Cell),载于 J. Krige 和 D. Pestre 编,《20 世纪的科学》(*Science in the Twentieth Century*, Amsterdam: Harwood, 1998),第 461 页～第 478 页;D. Cantor,《癌症》(Cancer),载于 W. F. Bynum 和 R. Porter 编,《医学史参考百科全书》(*Companion Encyclopedia of the History of Medicine*, London: Routledge, 1993),第 537 页～第 561 页;P. Pinell,《癌症》(Cancer),载于 R. Cooter 和 J. Pickstone 编,《20 世纪的医学》(*Medicine in the Twentieth Century*, Amsterdam: Harwood, 1998),第 671 页～第 686 页;D. Cantor 编,《癌症》(Cancer),《医学史通报(特刊)》(*Bulletin of the History of Medicine* [*Special Issue*]),81(2007 年春)。

临床学癌症：肿瘤、细胞和诊断

大概在19世纪中叶，医疗科学在分析尺度上发生了一个重大的变化：病理学家们开始寻找细胞损伤并以此作为基本的发病信号，这是器官和身体出现更大病变的基础。[4] 在对异常生长的研究中越来越多地使用显微镜、染色剂、固定剂等，使癌症成为细胞疾病。但是这个转变并不是一蹴而就的。医学分类和医学病理学方面的历史学者们[5]强调了特奥多尔·施旺（1810～1882）和他的细胞理论以及鲁道夫·菲尔绍（1821～1902）和其他德国病理学者在这个转变过程中的重要性。

直到19世纪50年代，癌症（像其他体质遗传病一样）被认为与发炎相关。自我维持的细胞繁殖，起源于人体对外源刺激物的强烈反应，并且，在疾病分类学上往往把肿瘤和炎症性损伤（如囊肿和结核）放在一起。基于尸体解剖的实践，人们发现"良性"和"恶性"肿瘤的一个主要的临床学区别在于：前者位于某个局部并且没有突出性的生长，而后者却可以侵入周围组织并且偶尔会在身体其他部位出现同样增长的肿块。

鲁道夫·菲尔绍是最早一批提倡对癌症组织进行系统化显微检查的病理学者之一。[6] 他相信肿瘤细胞是从正常组织的原始细胞中发展来的，而且他对细胞而不是组织块的强调导致了肿瘤分类的修正。比如，相对于巴黎学派强调肿瘤的局部生长，德国病理学者们把白血病视为一种恶性肿瘤，即一种无色的白血球通过细胞增生的方式引起的细胞数增多。进一步阐释这种组织学视角的例子有："脂肪瘤"（源于脂肪细胞的肿瘤）、软骨瘤（源于软骨）、肌瘤（源于肌肉）、骨瘤（位于骨组织）、腺瘤（位于腺体组织）。

488

菲尔绍的所有癌症的细胞起源的主张不久被一些尝试所补充，即将肿瘤按照它们与胚胎组织的相似性（也是它们假定的来源）进行归类。在19世纪60和70年代，一个最具争议的问题是是否存在着起源于上皮组织的癌症。菲尔绍在他发表于1863～1867年的巨著《与疾病相关的肿瘤》（*Die Krankhaften Geschwülste*）一书中，说明了所有癌症都来源于结缔组织。他认为，发炎性肿瘤、结核、真正的肿瘤是散布于身体结缔组织中的未分化细胞受刺激物作用而产生的。菲尔绍最喜欢的证据是包含着典型的表皮细胞的肿瘤，它们起源于一个封闭的部位，该部位与上皮组织毫无解剖学上的联系，比如位于骨髓、脑膜、卵巢等组织内的肿瘤。

但是在19世纪下半叶，随着新的染色和固定技术的出现，胚胎发育的精细颗粒分

[4] W. Bynum,《19世纪的科学与医学实践》(*Science and the Practice of Medicine in the Nineteenth Century*, Cambridge: Cambridge University Press, 1994)。

[5] L. J. Rather,《癌症的根源》(*The Genesis of Cancer*, Baltimore: Johns Hopkins University Press, 1978);J. S. Olson,《癌症史:有注释的参考书目》(*The History of Cancer: An Annotated Bibliography*, New York: Greenwood Press, 1989);D. De Moulin,《乳腺癌简史》(*A Short History of Breast Cancer*, Dordrecht: Kluwer, 1989)。

[6] Rather,《癌症的根源》;R. C. Maulitz,《病态外观》(*Morbid Appearances*, Cambridge: Cambridge University Press, 1987)。

析扩大了，依据发育阶段仔细地将显微切片按序排列，使得人们能够识别同质发育区间、推定界域和组织谱系。[7] 以前所认为的各胚层可以容易地互相转化的观念越来越不流行了，也因此动摇着菲尔绍理论的基础。19 世纪 60 年代，与胚胎学家在依序切片排列方面的实践相呼应，威廉·瓦尔代尔证实胚层理论和所有组织学的发现相一致：一个特定类型的肿瘤来源于该类型的组织。瓦尔代尔自己对乳腺癌的研究证实分离的上皮癌细胞簇团实际上和覆盖在上面的正常的上皮相连。瓦尔代尔的观点被广泛接受，直到第一次世界大战。

这些谱系方案有什么临床上的用处呢？组织病理学那时是一门学术学科，直到 19 世纪末叶才有一点服务功能。[8] 如同尸体解剖，组织学分析主要还是"事后"——这些研究发生在病人死后或者提供肿瘤组织的手术干预完成后。对临床医师来说，癌症最重要的症状仍然是肉眼可见的肿瘤生长和恶病质（消耗性的）；组织学则很少被用到，并且仅仅是用于事后确证。我们对癌症的组织学诊断在 1920 年之前几十年的发展知之甚少。但我们可能会把它视为"医学的实验室革命"的一个副产物，把它视为一个时代的典型特征，当与临床病房为邻的化学实验室、细菌学实验室、显微镜学实验室提供补充信息并且开始实现服务功能的时候。

489

第一个技术疾病：癌症和放射治疗

19 世纪的最后 5 年对医学物理学来说是一个令人惊叹的时段。1895 年，威廉·伦琴（1845～1923）发现了一种新的射线，它具备一种能穿透人类身体的奇特性质。他的骨头照片很快激发了数十位物理学家和医生的遐想。1898 年，玛丽·居里（1867～1934）和她的丈夫皮埃尔·居里向物理学界介绍了另外一种射线。他们的镭元素因其物理性质和其灼伤活体组织的能力很快被人们拿来与 X 射线相比较。一个广为传播的故事起始于对玛丽·居里和镭如英雄般的描述，然后是物理学家和癌症专家之间的结盟。但是不同于过去所描述的、简单的从物理实验室转移到生物实验室再转移到临床病房的一个线性历史，最近的历史研究发现，有一些更为复杂的、处于学术实验室和工业实验室之间来来回回的运作。

[7] N. Hopwood，《"具体化"胚胎：19 世纪晚期解剖学中的建模、机械论和超薄切片机》（"Giving Body" to Embryos: Modeling, Mechanism and the Microtome in the Late 19th Century Anatomy），《爱西斯》（*Isis*），90（1999），第 462 页～第 496 页。

[8] R. C. Maulitz，《鲁道夫·菲尔绍、尤利乌斯·科恩海姆和病理学项目》（Rudolf Virchow, Julius Cohnheim, and the Program of Pathology），《医学史通报》（*Bulletin of the History of Medicine*），52（1978），第 168 页～第 182 页；L. S. Jacyna，《实验室和诊所：病理学对格拉斯哥西部医院外科诊断的影响（1875～1910）》（The Laboratory and the Clinic: The Impact of Pathology on Surgical Diagnosis in the Glasgow Western Infirmary, 1875-1910），《医学史通报》，62（1988），第 384 页～第 406 页。

医学历史学者记录了医学放射学作为一个自主的诊断专业的发展情况。[9] 临床医生很关键，他们既处理 X 射线感光板，又管理病人和他们的医疗记录；尽管电子工业很快抓住了放射线市场，但电子工业并没有引导创新发展。镭疗法提供了一个不同的画面。物理历史学者已经表明，在 19 世纪末叶研究镭的实验室和工业界紧密联系在一起；[10] 这些实验室依赖全系列工具的制造，通常由商业投机公司生产，并且这些实验室还参与新产品的开发。就镭元素而言，这种联系始于实验室对实验材料的需求。为了研究镭，居里夫妇需要大量的镭，而纯化镭很困难。一旦化学制备工序被制定出来，居里夫妇认为让一个企业家来接手这个过程，从经济学角度看是个不错的办法。于是他们和一个化学物质制造商阿梅·德·利勒签订合同，创建了一个为市场供应镭的公司。而这反过来又推动了两方面的发展。一是，由于标准测量方法对放射线的研究和商业材料的评估均具有关键作用，居里实验室对计量学的兴趣有所扩展；二是，鉴于制备镭所需工作的规模和数量，一个公司单单依靠物理实验室的订单几乎无法存活。医学用途可能会提供一个更为重要的市场，所以阿梅·德·利勒和居里夫妇努力拓展镭的临床使用。

490

贝内迪克特·樊尚叙述了早期的巴黎镭研究所和玛丽·居里为推进镭疗法所付出的努力。[11] 在创建一个集物理实验室、生物实验室和癌症病房于一身的新专门研究中心之前，研究工作是在工业环境中开展的。工厂实验室包括一个生物学和医学部，这种安排有助于同医院医师展开交流，后者常需租借阿梅·德·利勒公司的装有镭的管子和探针用于临床检查。早期的应用集中于皮肤病，比如狼疮，但镭射线的"灼烧"能力很快就被应用于表层的癌症组织。癌症作为一个医学靶子，其重要性被让·贝尔戈尼耶和路易·特里邦多的证明加强，他们发现快速分裂的肿瘤细胞比已经分化的正常细胞更易于受到射线的影响。[12]

放射性物质的工业历史也揭示了不断变化中的镭疗法的规模。20 世纪 20 年代早期，居里基金会的一个主要成就就是发明了"镭弹"——一种存有巨量镭（好几克）的设备——以产生一种穿透性的射线。这种射线被认为是治疗深层肿瘤唯一的办法。帕特里斯·皮内尔认为这个发明也只有在一个集中了许多科学资源和社会资源的强大的中心才能完成。这个发明可能在巴黎久负盛名的镭研究所内得以实现。但是积累巨量镭却是一个先决条件，这可以追溯到刚果境内发现了大量铀矿，该发现使得比

[9] B. Pasveer，《作为双向事务的医学的描述：20 世纪早期的 X 射线照片和肺结核》（Depiction in Medicine as a Two-Way Affair: X-ray Pictures and Pulmonary Tuberculosis in the Early 20th Century），载于 I. Löwy 编，《医学与变革：医学创新的历史研究和社会学研究》（*Medicine and Change: Historical and Sociological Studies of Medical Innovation*, Paris: INSERM-John Libbey, 1993），第 85 页～第 105 页。

[10] S. Boudia，《居里实验室：放射性和计量学》（The Curie Laboratory: Radioactivity and Metrology），《历史与技术》（*History and Technology*），13（1997），第 249 页～第 265 页。

[11] B. Vincent，《镭研究所巴斯德馆的起源》（Genesis of the Pavillon Pasteur of the Institut du Radium），《技术史》（*History of Technology*），13（1997），第 293 页～第 305 页。

[12] P. Pinell，《灾难的诞生：在法国与癌症战斗》（*Naissance d'un fléau: La lutte contre le cancer en France*, Paris: Editions Métailié, 1992）。

利时的镭产业大赚了一笔,并且很快大幅度扩大了镭的供应和使用。通过把治疗的效率和容量不断升级的机器联系起来,镭弹的存在改变了人们对癌症的狭隘的看法。所以 20 世纪 20 年代的癌症诊所发明了一种“大医药”的形式,这种形式很快将影响医学护理的其他领域。[13]

但是放射学在法国癌症领域处于中心位置这一现象也许会产生一些误导,因为在除瑞典外的其他国家,镭治疗并不突出。英国的放射学在两次世界大战之间只有很小的规模,[14]但管制却是集中化的。十几家不同的癌症医院从国家镭管理委员会(National Radium Commission)获得国有材料,因为它希望能保证全国的病人都能得到这种技术的治疗。但是(国家)医学研究理事会(Medical Research Council)也参与其中,而一些癌症中心在它们的惯例化、统计以及科学合作方面也值得关注。[15] 到 20 世纪 30 年代晚期为止,在曼彻斯特,放射性剂量系统已经发展得和巴黎、斯德哥尔摩相当了。

491

在美国,放射线从没有像法国那样广泛地使用;外科手术仍然是治疗的首选。[16]但一些名牌医疗中心,比如纽约市的纪念医院(Memorial Hospital)将物理学与癌症研究结合起来,因而成为肿瘤学治疗领域内采取技术手段的群体中的一员。比如,纽约纪念医院依靠强大的电气制造工业,迫切要求建造大型的 X 射线装置——一个 100 万伏特的设备终于在 20 世纪 30 年代末建立起来。

作为社会疾病的癌症:志愿卫生组织和大生物医学

一种疾病是如何成为一个社会灾害的呢?和肺结核一样,癌症是一个很好的例子,示范了一种特殊的人类病痛是如何转化为一个职业人士和公众行动的目标的。如果我们以癌症协会的创立作为癌症“社会化”的标准,那么这个“可怕的疾病”可以说是发明于第一次世界大战前后。(英国)帝国癌症研究基金(Imperial Cancer Research Fund)创立于 1902 年,美国癌症控制协会(American Society for the Control of Cancer)成立于 1911 年,法国癌症控制协会(French Ligue Contre le Cancer)成立于 1918 年 3 月,而大英帝国癌症运动(British Empire Cancer Campaign)则始于 1923 年。[17]

[13] 关于技术平台在生物医学兴起中的重要性,参看 A. Cambrosio 和 P. Keating,《生物医学平台》(*Biomedical Platforms*, Cambridge, Mass.: MIT Press, 2003)。

[14] D. Cantor,《两次世界大战之间医学研究理事会对实验放射学的支持》(The MRC Support for Experimental Radiology during the Inter-war Years),载于 J. Austoker 和 L. Bryder 编,《关于医学研究理事会作用的历史观点》(*Historical Perspective on the Role of the MRC*, Oxford: Oxford University Press, 1989),第 181 页~第 204 页。

[15] 参看 E. Magnello,《曼彻斯特克里斯蒂医院百年史》(*A Centenary History of the Christie Hospital*, *Manchester*, Manchester: Christie Hospital and the Wellcome Unit for the History of Medicine, University of Manchester, 2001)。

[16] J. T. Patterson,《可怕的疾病:癌症与现代美国文化》(*The Dread Disease*: *Cancer and Modern American Culture*, Cambridge, Mass.: Harvard University Press, 1987)。

[17] J. Austoker,《帝国癌症研究基金史(1902~1986)》(*A History of the Imperial Cancer Research Fund*: *1902-1986*, Oxford: Oxford University Press, 1988); D. F. Shaughnessy,《美国癌症协会史》(The Story of the American Cancer Society, PhD thesis, Columbia University, 1957); Pinell,《灾难的诞生:在法国与癌症战斗》。

那么是什么因素导致公众兴趣的高涨呢？历史流行病学认为平均寿命的延长导致癌症发病率的提高。法、英、德、美等国的人口统计资料显示癌症病例的数量明确地在增长。但这种趋势的含义却不甚清楚。比以前出现更多的癌症病人，是因为医疗记录发生了改变，还是因为诊断变得更精益求精了，抑或是因为肿瘤确实增多了呢？20世纪20年代，美国癌症专家们倾向于支持第二种假说。他们梳理了19世纪末的医疗记录，认为那里存在着大量未明确诊断的病例和死亡数据的不确定性。在法国，第一次世界大战改变了医疗统计学，结果癌症在对应征新兵进行医疗调查的情况下，成为一个公众卫生目标；军队的医生们量化了男性人口的发病率，从而引起了公众对癌症社会影响的关注。

如同其他社会疾病，癌症是一个集体目标，即不同群体的“边界目标”，这些群体包括政界人士、行政人员、商业人士、女权运动者，以及最后但相当重要的医生等。医师和非专业癌症组织联合，继而充当技术专家的角色，这种情况在不断增加的福利国家里发展迅猛。癌症协会在阐发癌症的科学及医学意义上担当了非常重要的角色，尤其是在美国。在美国，名牌（大学的）医生们面临着一个疏于管理的职业、一个蒸蒸日上的医疗市场以及不稳定的社会地位，所以他们把求助的目光转向行业外的改革者和激进人士，以求战胜“江湖医生”和其他一些癌症“治疗者”。* 美国癌症控制协会是由这些专家们创立以推进癌症教育——针对普通从业者和假定的患者。 492

美国癌症控制协会在其早年期间，似乎只担当一个纯粹的职业角色，对那段时间没有什么清楚的历史记载。[18] 作为一个评估癌症新疗法的集体机构，它组织了对医院实践的调查、国外经验的询问以及对文献的评论；它也发布一些报告和传单，展示了一种典型的医疗化形式，它着重宣传一种观念，即如果诊断及时并且在肿瘤很小的时候切除，“癌症是可以治愈的”。但该协会的早期诊断活动不仅仅只是推动常规的医学检查，它还创立了一种身体觉察的形式，比如通过“自我检查”来发现乳腺癌的早期体征。受到社会中上层名人支持的一些欧洲癌症协会也常常沿着类似的路线前进。虽然罹患肺结核的贫困工人会被观察和施以管教（比如被家访护士），但更受尊敬的癌症患者则是单纯询问病情以及平等合作的对象。

抗癌协会的一个显著的且有很多文件证明的特点是它们招募了一些支持癌症研究的非专业人士。但是这种联盟因国家不同而异，我们可以比较法国癌症问题的临床治疗历程和美国出现的生物医学动员。法国癌症控制协会是一个庞大的慈善人士集合体，涵盖了从企业家到政界人士以及“世界女士”。[19] 其诞生不久，就开始在全国各主要城市支持建立癌症中心——一些旨在加强外科医师和放射学家之间合作的、疾病导向型的研究和治疗站点。这些中心愿意接纳可治愈的贫困患者，条件是以实验为代

* 此处“治疗者”指以信仰疗法治疗癌症的术士。——译者注

[18] M. B. Shimkin,《逆天行事》(*Contrary to Nature*, Washington, D.C.: NIH Publications, 1979)。

[19] Pinell,《灾难的诞生:在法国与癌症战斗》。

价接受治疗。尽管法国癌症控制协会在形式上是一个民间机构，但它实际上是一个半公众的卫生组织，为国家和精英职业人员间经典的联盟做出了示范；这些癌症中心的资金在很大程度上来源于一种特殊的税收。对许多地方政府和外科医师来说，建立抗癌中心成为一种建立名望和影响力的渠道。所以在20世纪20年代初，癌症中心的数量激增。而因其产生的管理危机也在1925年该协会的主任朱斯坦·戈达尔就任卫生部长时得以解决。那个时候，人们认为抗癌中心应该是专注于对放射疗法进行革新的场所，并且为避免镭的分散和误用，新的中心不再成立。因此，在1945年后一项旨在重组法国卫生保健系统的行动中，该协会通过高科技医院网络来提供医疗服务。在20世纪30年代末，就"特权阶层的不幸"引发了关于癌症政策的辩论：当时的事实是一些社会中层或上层的患者去不了抗癌中心，得不到放射疗法的治疗。后来正是为了相对富有的人群，法国癌症控制协会才提倡扩大抗癌中心的就诊服务以及医疗保健改革。

493

对比于法国癌症控制协会，美国癌症控制协会则不提供护理服务。在其存在的初期，它只是告诫全科医师和地方癌症医生们，不要采用"未被证实"的和私人的治疗方法。因为该协会的医生们对全国广告中各种各样的镭疗法保持着一种批判的眼光，也因为他们认为放射疗法是一种比手术治疗要昂贵得多的实验性程序，所以放射疗法成为牺牲品。协会的这种角色终于在新政(New Deal)*期间受到攻击，时值美国癌症控制协会变成了美国癌症协会(American Cancer Society)，而且是全美最有影响力的非官方卫生组织。

在20世纪30年代末，美国癌症协会的医学主任们成立了一支"妇女野战军"负责募集资金和散发教育材料。在新政激进主义的背景下，这支"野战军"在规模上迅速扩大，截至1939年，它集合了10万多名妇女(其中大多数也参加了国家妇女俱乐部联合会[National Federation of Women's Clubs])。这为美国癌症协会的第二次重组提供了基础。在第二次世界大战特有的紧急文化中和青霉素项目这个最好的例子证明的，医学的进步是通过基础科学、企业生产、公众投资和组织能力的结合来实现的。在第二次世界大战期间，一群非专业激进人士，主要由企业管理人员组成并由玛丽·拉斯克(1900～1994)领头，把在美国癌症协会中掌权的医生赶下台。他们强调要增加公众参与、理性管理和大规模资助，并且他们利用媒体宣传发起大规模集资运动，比如针对脊髓灰质炎的"一毛钱大游行(March of Dimes)"。随着新的美国癌症协会募集到数百万美元的抗癌资金，它也成为美国医学研究的主要推动者。

20世纪40年代末，在国家健康保险项目开发失败的大环境下，美国癌症协会愈加把研究和技术创新视为解决癌症问题的线索，[20]并且它强有力的游说体系使得它成为

* 1933年富兰克林·罗斯福就任总统后为缓解经济危机而采取的一系列政策。——译者注

[20] P. Starr,《美国医学的社会变革》(*The Social Transformation of American Medicine*, New York: Basic Books, 1982)。

战后生物医学政策方面的积极参与者。[21] 该协会的官员们和科学家、公共卫生官员以及一些国会议员们，呼吁对癌症研究的基础设施进行扩建。由于他们的施压，国家癌症研究所的研究经费预算从1945年的几十万美元增长到70年代末的10亿美元，彼时正值1971年尼克松总统发起了全国“抗癌战争”的运动。[22]

494

美国癌症协会所发明的手术管理风格也影响到癌症教育的更为传统的角色。战后癌症协会将其预防运动扩展为针对美国每个癌症易感患者的筛选行动。这种模式最好的例子是“早期子宫颈癌涂片检验”*的开发。[23] 首先，美国癌症协会提供给乔治・帕帕尼古劳（1883～1962）教授用于子宫颈癌细胞学检测研究的大部分研究资金。其次，美国癌症协会在很多癌症中心组建了测试咨询点，而且还组织了技术员的培训以进行每年几十万次的测试检查。最后，美国癌症协会提供了数百万的宣传册子和影片，宣称每个美国妇女都应该定期进行“早期子宫颈癌涂片检验”。

战后癌症的状况是被一种象征深深影响的，即凭借科学“不会受到伤害的人类”与疾病战斗，这种成见主宰着欧洲和美国。但是，癌症的文化可见性的某些方面却没有在旧大陆出现，比如，在癌症病因学和“绿化美国运动”期间与日俱增的对环境污染的关注这两者之间的联系。[24] 美国国家癌症研究所20世纪40年代末发起了化学品致癌作用的研究，但是转折点却是蕾切尔・卡森发表于1962年的长篇故事《寂静的春天》（*Silent Spring*）。该作品引发了关于化学污染的全国范围的争论。通过指出工业是威胁和风险因素，这场争论继而改变了化学品致癌作用的内涵。罗伯特・普罗克特已经展示了这场介于环境保护主义者、化工业代表、流行病学家和癌症专家间的争斗，是如何演化成关于统计学数据的内涵、动物模型以及用量/反应曲线的争论的，这些争论也构成了美国食品药品监督管理局（Food and Drug Administration）或者新近成立的环境保护署（Environmental Protection Agency）制定政策干预的基础。

作为生物学问题的癌症

癌症的“生物医学化”是指临床问题和病理学材料转化成生物学研究系统；而在反向流动上却要少得多。整个20世纪里，这种肿瘤细胞向生物学实验室的流入培养了许多学科——包括生理学、生物化学、免疫学、遗传学以及分子生物学。

495

[21] S. P. Strickland，《政治、科学和可怕的疾病》（*Politics, Science, and the Dread Disease*, Cambridge, Mass.: Harvard University Press, 1972）。

[22] Rettig，《癌症运动：〈1971年国家癌症法案〉史》。

* 即巴氏涂片检查。——译者注

[23] E. Vayena，《癌症检测器：早期子宫颈癌涂片检验和子宫颈癌筛查的国际史（1928～1970）》（Cancer Detectors: An International History of the Pap Test and Cervical Cancer Screening, 1928-1970, PhD thesis, University of Minnesota, 1999）。

[24] R. Proctor，《癌症战争：政治如何决定关于癌症我们了解什么和不了解什么》（*Cancer Wars: How Politics Shapes What We Know and What We Don't Know about Cancer*, New York: Basic Books, 1995）。

在20世纪初,主要的癌症专家们认为疾病的秘密隐藏在恶性细胞内,所以他们和其他方面的专家一起,合力寻找正常细胞和癌变细胞之间微小的差别。生物化学当时是一个蓬勃发展的学科,其中许多成员希望他们能发现一些对细胞存活至关重要的化学反应,继而能发现癌细胞新陈代谢的特异性。这个想法在德国生物化学家奥托·瓦尔堡(1883～1970)提出一些实验结果后,获得了强有力的支持。瓦尔堡的结果似乎表明在产生细胞能量方面,癌细胞和正常细胞并不遵循相同的路径。[25] 瓦尔堡声称肿瘤细胞并不呼吸,而是使碳水化合物发酵,从而在无氧条件下生长,这很符合观测到的肿瘤里低水平的血液供应现象。在两次世界大战之间的年月里,这个理论产生了数百项比较研究,这些研究均专注于参与能量代谢的酶和其他细胞结构。研究结果让人失望,而到了20世纪30年代末,该研究项目的基础受到挑战。许多主要肿瘤学家开始认为代谢变化是癌变状态的一个结果而不是原因:新陈代谢方面的差别仅仅是快速增生率的副作用。但是在此期间,对癌细胞的研究惠及了生物化学领域的两大变化。一是它有助于鉴定和分离几种酶;二是当固醇类激素的化学类似物可以从工业界得到并被认为是可能的致癌物时,寻求对癌症新陈代谢方面的理解转向激素调节方面。

免疫学也因为癌症被定义为一个生物学问题而深受影响,这很确切地表现在移植研究的历史中。[26] 20世纪初,实验科学家们依靠外科手术将肿瘤从一个动物转移到另一个动物来研究癌症。这些肿瘤经常被排斥,以至于这种"抗性"现象被认为是一种主要医学研究兴趣;它也许是提高病人对其疾病的抵抗力的方法。但是这种肿瘤移植的"实验化"把研究导向了一个完全不同的方向。小鼠的近交系被发展出来,以便检查遗传因素在移植中出现接受或排斥时所起的作用;这些近交系小鼠的使用,由于减少了实验结果的易变性而稳固了移植的实践,也使得人们接受这样一个观念,即肿瘤(以及更广泛意义上的移植)的命运只取决于供体和宿主的遗传体质。这个结果使得移植研究在临床上的意义小了很多,但对于以近交系和以移植为基础的纯度测试的形式来研究生物学和哺乳动物遗传学的人来说,它提供了一些新的工具。在20世纪30年代,遗传背景清楚的小鼠和肿瘤细胞系(可以无限制地以培养物的形式维持下去)的流通使用,对限制实验系统的易变性以及增加使用动物病理模型方面都做出了很大的贡献。[27]

496

尽管肿瘤移植的实验室研究对治疗癌症没起到什么作用,但它们却为研究对组织相容性有重要作用的遗传因子,提供了一些非常有价值的系统。到20世纪40年代

[25] Olson,《癌症史:有注释的参考书目》。

[26] I. Löwy,《在工作台和床边之间:癌症病房中的科学、治疗和白介素-2》(*Between Bench and Bedside: Science, Healing and Interleukine-2 in a Cancer Ward*, Cambridge, Mass.: Harvard University Press, 1996)。

[27] J.-P. Gaudillière,《循环小鼠和病毒:杰克逊纪念实验室、国家癌症研究所和乳腺癌遗传学》(Circulating Mice and Viruses: The Jackson Memorial Laboratory, the National Cancer Institute and the Genetics of Breast Cancer),载于E. Mendelsohn和M. Fortun编,《人类遗传学实践》(*The Practices of Human Genetics*, Dordrecht: Kluwer, 1999),第89页～第124页;K. Rader,《制造小鼠:使美国生物医学研究动物标准化(1900～1955)》(*Making Mice: Standardizing Animals for American Biomedical Research, 1900–1955*, Princeton, N.J.: Princeton University Press, 2004)。

末，小鼠遗传学家们开始选择那些只相差一个"组织相容性"基因的小鼠品系。遗传连锁分析以这些品系为原材料，导致鉴别出小鼠的H基因复合体。小鼠的系统继而为破译人类的白细胞抗原(human leukocyte antigen)系统提供了参照物。

分子生物学研究领域的诞生与癌症研究密切相关。第二次世界大战以后，新的成像和描述大分子的系统的扩充——包括电子显微镜、超离心机和X射线晶体学——使病毒成为非常流行的研究对象并且促成了癌症成因中感染学说的复活。[28] 尽管癌症可以传染的观念在临床医生中从来没有非常流行过，但是在实验科学家那里，这个观念得到了发展。1911年，弗朗西斯·佩顿·劳斯(1879～1970)使用不含有细胞或细菌的肿瘤组织的过滤提取物，成功地在鸡身上诱导产生了白血病。[29] 但鸡肉瘤的滤过性因子一直很奇怪，直到20世纪30年代，洛克菲勒研究所对兔乳头状瘤病毒的分离扩大了不可见的病毒性致癌因子的数量。癌症病毒是隐藏于宿主细胞中很小的、可复制的传染性颗粒，它们诱导新陈代谢的变化而导致不受限制的生长，这个观念产生了两个不同的研究方向。[30] 一个方向是重新复兴的对劳斯鸡肉瘤的研究兴趣，这时使用的手段是新的分子机器。按照这个轨迹，洛克菲勒研究所的生物学家阿尔贝·克洛德(1899～1983)开始了细胞结构的基础研究，包括对微粒体和核糖体的鉴定。[31]

497

另一个研究方向涉及致癌病毒在哺乳动物有机体上的复制。第一个在小鼠中发现的因子是一个可以在某些癌症易感品系小鼠中诱导乳腺肿瘤的"乳汁因子"，这种病毒由母鼠传递给哺乳期新生小鼠。这个病毒的发现削弱了癌症的遗传学说，因为过去被认为是遗传性素质的问题现在却被认为是"垂直流行病"。在20世纪50和60年代，科学家们在许多实验室啮齿动物中分离出诱导白血病——也有其他形式的癌症——的病毒。这些病毒的实用性也吸引了对细胞代谢和生长感兴趣的生物学家们，他们继而也对发现癌症病毒的潮流做出了贡献。在20世纪60年代末，这样的因子在哺乳动物细胞中几乎藏于所有地方的观点为许多癌症专家以及著名医学决策者们所认同。这种意见一致性导致国家癌症研究所建立了一个特别的研究项目，以资助研究

[28] N. Rasmussen,《图片控制：电子显微镜和美国生物学的转变(1940～1960)》(*Picture Control: The Electron Microscope and the Transformation of Biology in America, 1940-1960*, Stanford, Calif.: Stanford University Press, 1997)；A. N. Creager,《一种病毒的传记：温德尔·斯坦利、烟草花叶病病毒和生物医学研究中的材料模型》(*The Life of a Virus: Wendell Stanley, TMV, and Material Models in Biomedical Research*, Chicago: University of Chicago Press, 2001)；J.-P. Gaudillière,《发明生物医学》(*Inventer la biomédecine*, Paris: La Découverte, 2002; English trans., New Haven, Conn.: Yale University Press, forthcoming)。

[29] I. Löwy,《发现报告中意义的分歧：当代生物学的案例》(Variances of Meanings in Discovery Accounts: The Case of Contemporary Biology),《物理科学和生物科学的历史研究》(*Historical Studies in the Physical and Biological Sciences*), 22(1990),第87页～第121页；H. J. Rheinberger,《从微粒体到核糖体：表征策略》(From Microsomes to Ribosomes: Strategies of Representation),《生物学史杂志》(*Journal of the History of Biology*), 28(1995),第49页～第89页；T. van Helvoort,《作为致癌物的病毒：佩顿·劳斯、"传染性原理"和癌症研究》(Viren als Krebserreger: Peyton Rous, das "infektiöse Prinzip" und die Krebsforschung),载于Christoph Gradmann和Thomas Schlich编,《因果关系策略：19和20世纪疾病因果关系的概念》(*Stretegien der Kausalität: Konzepte der Krankheitsverursachung im 19 und 20. Jahrhundert*, Pfaffenweiler: Centaurus, 1999),第185页～第226页。

[30] A. N. Creager和J.-P. Gaudillière,《可视化的实验安排和技术：癌症作为病毒性流行病》(Experimental Arrangements and Technologies of Visualization: Cancer as a Viral Epidemic),载于J.-P. Gaudillière和I. Löwy编,《感染和遗传：疾病传播史》(*Infection and Heredity: A History of Disease Transmission*, London: Routledge, 2001),第203页～第241页。

[31] Rasmussen,《图片控制：电子显微镜和美国生物学的转变(1940～1960)》。

动物模型系统、寻找人类癌症病毒以及开发新的治疗手段,即癌症疫苗。[32]

这个美国病毒癌症项目并没有给癌症专家们带来多少好处,但是对发展分子遗传学以及催生"癌基因范式"起到了至关重要的作用。[33] 20 世纪 70 年代初,对癌症病毒的研究导致了一个理论的产生,即正常细胞的染色体上永久包含着一些起源于远古病毒的基因,这些基因在被诸如激素、化学品或者病毒感染等因素激活时,能刺激细胞分裂。在 20 世纪 80 年代,随着基因工程和新生物技术公司研发了一些用来操纵、转移、分离、复制 DNA 片段的新手段,这个癌基因的模型被重新塑造。[34] 与病毒癌基因同源的基因在正常细胞中被描述,这终止了对垂直传染的癌症病毒的搜索,同时提出了新的目标,其形式是正常细胞中控制细胞复制的因子。这些基因的突变将是癌症发生的一个初始步骤。这种新的癌基因在过去 20 年里进入癌症诊所。但主要还是作为一些非常见肿瘤的诊断工具,比如神经母细胞瘤。这些癌基因的主要任务依然在生物学研究实验室中。作为癌症病因学分子化运动的典型结果,它们在调控细胞分化和新陈代谢方面显示出非常重要的作用,所以激素、蛋白质调控、胚胎发育以及癌症等方面的专家对它们很感兴趣。

498

常规实验:化学疗法和临床试验

在 20 世纪,医学与日俱增地依赖工业制药。第二次世界大战以前,癌症的化疗还是一个名声很坏的话题,为严肃的医生们所不齿,他们认为只有两种方法对付那些凶猛的坏细胞:切除和灼烧。那么癌症的化学疗法是如何来到科学研究、工业生产以及临床研究的前沿的呢?[35]

早期对癌症的化学治疗直接关系到对毒气和营养的医学研究,这些研究在第二次世界大战期间由美国科学研究与发展局(Office for Scientific Research and Development)资助。战后,研究者们把这个模式转移到民用临床研究中,启动了一些研究项目来筛选具有抗肿瘤特性的化学品。[36] 以青霉素项目为榜样,这些研究是目标导向型的、大规模的以及合作性的——连接着大学、医院和制药公司。1945～1954 年,有两个项目(一个在位于纽约市的斯隆·凯特林研究所[Sloan Kettering Institute],另一个在国家癌症研究所)调查了由美国制药公司提供的数千种自然以及合成的化合物的抗癌效果。

[32] J.-P. Gaudillière,《战后美国癌症病因学的分子化:工具、政治和管理》(The Molecularization of Cancer Etiology in the Postwar United States: Instruments, Politics, and Management),载于 H. Kamminga 和 S. de Chadarevian 编,《分子化生物学和医学》(*Molecularizing Biology and Medicine*, Amsterdam: Harwood, 1998),第 139 页～第 170 页。

[33] M. Morange,《从癌症的调节愿景到癌基因范式》(From the Regulatory Vision of Cancer to the Oncogene Paradigm),《生物学史杂志》,30(1997),第 1 页～第 29 页。

[34] J. Fujimura,《精制科学:探索癌症遗传学的社会史》(*Crafting Science: A Sociohistory of the Quest for the Genetics of Cancer*, Cambridge, Mass.: Harvard University Press, 1996)。

[35] Löwy,《在工作台和床边之间:癌症病房中的科学、治疗和白介素-2》。

[36] R. Bud,《第二次世界大战后美国癌症研究的策略:案例研究》(Strategy in American Cancer Research after World War II: A Case Study),《科学的社会研究》(*Social Studies of Science*),8(1978),第 425 页～第 459 页。

抗肿瘤特性的实验室模型有一个问题是抗癌化学品的有效剂量和致毒剂量很接近,所以不容易判断其治疗价值。大规模临床实验似乎很必要,以便将这些物质用于人类治疗,而且化学疗法的增长开始与大量的、大规模的临床试验的组织连接起来。

在20世纪50年代,主要的癌症专家、美国癌症协会以及制药工业一道对美国国会施压,要其支持化疗研究。这个游说活动催生了癌症化疗国家服务中心(Cancer Chemotherapy National Service Center),一个由国家癌症研究所管理的准制药机构。这个中心得到了不断增加的拨款(1956年500万美元,1958年2800万美元)以协调开发抗癌药物的方方面面。按照工业药物研究的模式,需要减少两个要素的可变性:用作人体模型的携带肿瘤小鼠和参与临床试验的癌症病人。

499

小鼠和肿瘤通过使用遗传标准化品系得以控制,这些品系由一个癌症化疗国家服务中心小鼠生产计划所产生,而这个计划则是和美国实验鼠的主要产地杰克逊纪念实验室(Jackson Memorial Laboratory)的生物学家和工程师合作实施的。癌症化疗国家服务中心的专家们确定了培育小鼠、移植肿瘤、测试化学品等实验方案。他们也组织了筛选实验室的质量控制和数据的统计分析。这是一个庞大的事业,每年要处理数万种化合物——这么多化合物中却只有几十种能进入病房。

对病人的控制通过试验的集中化和标准化来实现。癌症化疗国家服务中心的临床研究专题组(Clinical Studies Panel)建立了一个对试验质量进行监督的系统,主要专注于实验室分析、随机化程序、同质方案以及肿瘤消退的客观指标。临床研究者们组织成"任务小分队"以便于加强试验点和专家之间的密切合作。在20世纪60年代中期,一个旨在治疗儿童急性淋巴白血病(acute lymphatic leukemia)的任务小分队宣布他们已经能治愈该病。其成功依靠复杂的临床管理,辅之以药物的使用,但它被认为是一个突破。然后,主要的癌症专家、卫生管理官员以及美国的政界人士都希望,只要如法炮制,将会治愈大多数恶性肿瘤。在20世纪60和70年代,癌症药物疗法的普及获得成功,不过不是通过一些化合物的广泛使用(抗生素的使用曾经是这样的),而是通过以缓和照顾的形式使用药物组合的临床试验转化而成的。化学疗法因此也成为一个常规实验治疗系统,由一个新的医疗角色(医学癌症专家)来管理,他们专门测试假定的抗癌疗法。

癌症数字:风险和日常生活的生物医学化

如果20世纪是癌世纪,那么它也是一个毫无疑问地"信任数字"的世纪。在医学里,这种趋势就反映在统计学作为评估治疗的工具越来越重要了,[37]但是把数字当作一个客观化手段使用,并不限于临床管理。历史学者和疾病研究人员都同意在第二次

[37] H. Marks,《实验的进步:美国的科学与治疗改革(1900～1990)》(*The Progress of Experiment: Science and Therapeutic Reform in the United States, 1900-1990*, Cambridge: Cambridge University Press, 1997)。

世界大战后，越来越多地使用概率统计学，以及新出现的对慢性病而不是传染病的兴500趣，深深地影响着疾病成因的研究。大规模的癌症病人调查在这个转化过程中亦起着关键的作用。

战后癌症流行病学中研究最多的具有争议的话题是烟草使用与肺癌之相关性的争论，其发展起来的时间是20世纪50和60年代。[38] 但是罗伯特·普罗克特的著作《纳粹党对癌症的战争》(*The Nazi War on Cancer*)显示将烟草标定为日益增加的肺癌发病率的罪魁祸首，始于几十年前的德国。[39] 在纳粹党针对烟草而发动的公共卫生运动的大环境下，那时就开始了对肺癌病人的早期研究。这个运动大幅度减少了卷烟的消费（尤其是1942年后当这个结果被战争限制令加强的时候），这个运动也禁止了卷烟广告以及在公共场所吸烟。它还激发了对烟草消费的影响的医学研究；德国医生们收集的样本显示在肺癌患者中存在着无数的吸烟者。

这些研究并没有在德国之外造成多大影响，也许是因为它们与纳粹党的政策有关。但是烟草与肺癌的问题在20世纪50年代再次浮现出来——在英国和美国——而且在使人们接受统计学家在医学中的职能的过程中起到了特洛伊木马的作用。医学统计学的历史学者强调，来自（英国）医学研究理事会统计部门的奥斯汀·布拉德福德·希尔（1897～1991）和理查德·多尔（1912～2005）发挥了重要影响。在第一篇回顾性的研究论文发表于1950年后，这两位科学家组织了他们视为方法学上比较合理的一个调查：对英国医生吸烟习惯和健康状况进行前瞻性的跟踪研究。这项研究持续了几十年，主要的报告发表于20世纪60年代。质疑这个研究的有烟草企业家，也有一些遗传学家、生理学家以及癌症专家。在疾病成因和相关性、多个因素的衡量以及在对照组和显著性的测试等问题上，这场争论充满了大量方法学和统计学考量。"风险因子"流行病学就起源于这场烟草与肺癌的争论以及当代关于心血管疾病成因的讨论中。

一个典型的创新是"相对风险"的观念，这个因子通过患病人群和对照组之间一个假定疾病因子的分布计算而来。在20世纪60年代，这项技术被用来列举和排序一系列影响癌症发病率的高度异质性因素。相对风险也是一个数学上简单的观念，它能帮助量化、客观化和方便政策制定，这一点在美国这个大舞台上的肺癌和烟草的争议发501展过程中得到了很好的例证。位于这个庞大的全美肺癌调查背后的主导力量（又一次）是美国癌症协会，它为统计人员提供了资金、医务联系以及政治影响，是这些统计人员证明了在重度吸烟者中，肺癌的风险是普通人群的20倍。美国癌症协会的管理

[38] A. Brandt，《卷烟、风险与美国文化》(Cigarette, Risk, and American Culture)，《代达罗斯》(*Daedalus*)，119(1990)，第155页～第176页；V. Berridge，《科学与政策：战后英国吸烟政策案例》(Science and Policy: The Case of Postwar British Smoking Policy)，载于V. Lock、L. Reynolds和E. M. Tansey编，《烟灰到骨灰：吸烟与健康的历史》(*Ashes to Ashes: The History of Smoking and Health*, Amsterdam: Rodopi, 1998)，第143页～第157页；Patterson，《可怕的疾病：癌症与现代美国文化》。

[39] R. Proctor，《纳粹党对癌症的战争》(*The Nazi War on Cancer*, Princeton, N. J.: Princeton University Press, 1999)。

者们与公共卫生署(Public Health Service)的官员密切合作,将这个问题变为一项重要的政治斗争,这项斗争既代表了人们对着眼于有关危害健康的潜在因素的公共政策的迫切需要,也使得消费者们知道了伴随其行为而产生的风险。癌症的相对风险也经常在国会、报纸以及公共教育会议上被讨论。在20世纪70年代,相对风险的观念进入癌症文化如此之深,以至于美国癌症协会关于乳腺癌的小册子上不再列举致病因子来解释疾病的起源,而是直接按相对风险排序罗列致病因子。

这种现代风险文化并非为医学所特有。社会学家认为20世纪最后25年是一个新"风险社会"成型于美国和欧洲的时期。[40] 这个风险社会具有如下几个特征:(1)对技术活动造成的、与环境和健康有关的问题有一个总的认识;(2)风险和风险暴露在个人身份和社会群体的构成中所起的作用;(3)广泛存在的对负责风险管理的科学专家和政府机构的不信任。关于癌症成因(放射、化学污染物、食品添加剂)或者替代性癌症疗法(维生素C、无脂肪或高纤维饮食)的反复的公共争议的编史学,证实了上述观点。[41]

"癌症风险社会"最新的一些征兆来源于基因组学及其在癌症问题上的应用。从美国基因组计划1987年实施以来,癌症的遗传解释重新复活。但是现在的基因是分子的基因,它们能够被克隆、复制,或用作探针,并有可能用作药物。寻找癌基因因此变得很热门,目前着重于对有严重癌症史的家庭进行分子连锁研究。新兴的生物科技公司和一些大学实验室都参与了这场竞赛。一旦成功,这种研究可以发现DNA片段的序列,这些片段的突变在癌症发病过程中意味着高风险。在生物医学新的政治经济中,这些基因已经被申请专利,并开发出了商业性诊断服务。[42] 因为这种诊断常常没有特定的预防或治疗措施,其发展动向已经引发大量批评。就乳腺癌而言,反对产生一个标记着"高风险"的妇女人群的最洪亮的声音来自妇女的卫生组织,她们认为当担心不断增多的遗传测试会带来医源性和歧视性影响的时候,妇女有权自由选择是测试或是不测试。[43]

502

[40] U. Beck,《风险社会》(*Risk Society*, London: Sage, 1992)。

[41] C. Sellers,《职业危害:从工业疾病到环境健康科学》(*Hazards of the Job: From Industrial Disease to Environmental Health Science*, Chapel Hill: University of North Carolina Press, 1997);E. Richards,《治疗评估的政治:维生素C和癌症的争论》(The Politics of Therapeutic Evaluation: The Vitamin C and Cancer Controversy),《科学的社会研究》,18(1988),第653页~第701页;Evelleen Richards,《维生素C和癌症:医学或政治?》(*Vitamin C and Cancer: Medicine or Politics?*, New York: St. Martin's Press, 1991);M. R. Edelstein,《氡的致命女儿:科学、环境政策和风险政治》(*Radon's Deadly Daughters: Science, Environmental Policy, and the Politics of Risk*, Lanham, Md.: Rowman and Littlefield, 1998)。

[42] M. Cassier 和 J.-P. Gaudillière,《研究、医学和市场:乳腺癌的遗传学》(Recherche, médecine et marché: La génétique du cancer du sein),《社会科学与健康》(*Sciences Sociales et Santé*),18(2000),第29页~第50页。

[43] Barron H. Lerner,《乳腺癌战争:希望、恐惧和追求治愈在20世纪美国》(*The Breast Cancer Wars: Hope, Fear and the Pursuit of a Cure in Twentieth-Century America*, New York: Oxford University Press, 2001);M. H. Casamayou,《乳腺癌政治》(*The Politics of Breast Cancer*, Washington, D.C.: Georgetown University Press, 2001);S. Morgen,《自己做主:美国的妇女健康运动》(*In Our Own Hands: The Women's Health Movement in the United States*, New Brunswick, N.J.: Rutgers University Press, 2002)。

结束语：一个世纪后的癌细胞?

20世纪结束的时候,基因疗法也变成了主要科学杂志如《科学》(*Science*)和《自然》(*Nature*)中专栏的批评对象。临床医生们谨慎对待将DNA变成一种药物的过度炒作的诺言,他们解释到,现在大多数研究还是涉及技术可行性而不是治疗效果;还需要很多年的研究才能在完全理解基因转移的基础上开发基因疗法。但是大多数人同意在过去的20年里癌症科学和医学已经发生了很大的变化。肿瘤从一个动物移植到另一个动物身上、组织切片、庞大的筛选项目以及医疗记录储存库等被DNA探针、基因图谱、分子设计以及计算机数据库所取代。简单地说,一个独特的"癌症世纪"也许到达了其终点。

正如本章所讨论的,20世纪的癌症在一方面为癌症细胞所主导,在另一方面则为物理及化学干预方法的开发所主导。以细胞为中心的癌症观使得研究广泛生物学问题的科学家们能得到大量(物资的和财政的)资源以便开发新的实验系统和研究对象,所以对生物学的影响是非常巨大的。但是癌症的实验化并非只是单向过程。随着放射、化学品以及统计技术被调动用于与日俱增的癌症患者,临床工作亦发生了深刻的转化。在第二次世界大战后,当这些发展催生出一个庞大的连接着政府研究机构、名牌医疗中心、大学实验室以及制药公司的"生物医学复合体"的时候,其本身也大幅度地加速了。

但是今天,癌细胞似乎在消退——被DNA分子所取代。癌症的起源在今天已经变成了一个遗传信息的问题,分子损伤被认为是药物设计的新前沿,而公共卫生则表现为一种新的个性化和私人化的形式,其目标是遗传风险。不过,一个了解历史的研究者也许会禁不住地想,癌症分子专家们正在往"新瓶里倒老酒"。确实,任何把基因组学等同于战后化学疗法的做法都是在歪曲这个故事,但它的确有助于强调受其本身的技术和工业根源影响极深的生物医学事业的连贯性。从这个角度来说,研究重点是转移了,但"癌症研究"却在继续。

503

(王书宗　译)

27

大脑与行为科学

安妮·哈林顿

最近几年来,与神经科学有关的智力机会的可见度与意义都与日俱增,因此这也刺激了人们对其过去的兴趣。第一次,有一部综合性的科学史参考书愿意收录关于大脑与行为科学史的述评,如同在一幅内容浩繁的叙事画卷中增添了一道认真绘出的墨迹。一方面,这似乎是一个可喜的迹象,表明一个新的史学分科已经"成熟"。另一方面,当某人决定撰写一篇关于"学科现状"的记叙文时,他马上就会意识到所有的事情都还是刚刚起步。在对伟人与伟大时刻及重大的"思想进步"回顾的怀旧记叙文和专业史学家对特定主题(例如颅相学、大脑定位和反射理论)的更加专业性尝试的非系统性的拼凑物之间的地带,大量的可利用的次要文献依然游荡其中。[1]

我们所要研究的历史没有简单的或清晰的学科边界,这使得想象一个全面的叙述更加艰难。思想、实验、临床创新、机构网络和高风险社会辩论的论文材料不仅跨越了明显的活跃点,如神经病学、神经外科学和神经生理学,而且还跨越了(仅仅是明显)不同的领域界限,如医学、演化论、社会理论、心理学、精神病院管理、遗传学、哲学、语言学、人类学、计算机科学和神学。

我们在研究这段有挑战性的历史时,可能会被历史学家质疑的最大的问题之一就是,在过去的两个世纪里,人类将科学理解的范畴应用到自己身上而做出的努力——人类被局限在社会和道德现实宇宙和超越此现实的宇宙(他们学会了称其为"自然"宇宙)之间——有什么结果吗?在各种层面上,我们对自己的碎片式的理解都会在这段

本章也得益于麻省理工学院科学、技术和社会项目的参与者汉娜·兰德克尔(Hannah Landecker)的贡献,她与我一道工作,我们一起起草了部分早期版本并将其内容概念化。

[1] 在此处所述的例外案例或部分例外案例中,罗杰·史密斯(Roger Smith)的《丰塔纳人类科学史》(*Fontana History of the Human Sciences*, London: Fontana, 1997)在一个关于什么可以构成"人类科学"历史的更大的主张中嵌入了有关大脑—行为关系的问题,史密斯强烈反对将其简化为以生物为导向的自然科学叙事。该领域的"内部人士"对这些相同科学的广泛而丰富的概述也很有用,参看 Stanley Finger,《神经科学的起源:探索大脑功能的历史》(*Origins of Neuroscience: A History of Explorations into Brain Function*, New York: Oxford University Press, 1994)。还有在编史学方面更为雄心勃勃的著作,Edwin Clarke 和 Stephen Jacyna,《19 世纪神经科学概念的起源》(*Nineteenth-Century Origins of Neuroscientific Concepts*, Berkeley: University of California Press, 1987)。最近,苏黎世的迈克尔·哈格纳(Michael Hagner)和他在柏林马克斯·普朗克科学史研究所(Max Planck Institute for the History of Science)的同事们在这一领域处于领先地位,他们出版了一些独自创作和编辑的作品:《猿的脑:从与生俱来的器官到人脑的演变》(*Homo Cerebralis: Der Wandel vom Seelenorgan zum Gehirn*, Berlin Verlag, 1997),《皮质一瞥:现代人的头脑对历史的贡献》(*Ecce Cortex: Beiträge zur Geschichte des modernen Gehirns*, Wallstein, 1999),《心智实践:论 20 世纪的神经科学》(*Mindful Practices: on the Neurosciences in the Twentieth Century*, Cambridge: Cambridge University Press, 2001)。

历史中不安地相遇、碰撞,任何未能认识到这一点的研究,都会在某种根本意义上根基不牢。

鬼魂与机器：笛卡儿、康德及其后续

陈述历史从何时开始,一直让人大费心思。我们选择了17世纪作为大脑与行为科学史的"开端",当时欧洲新的自然哲学家们开始就一个宇宙模型达成一致意见,在这个模型中,一切事物似乎都可以用物质和运动来解释,并且可以用精确的几何学的语言来描述;一切事物,也就是说,可能除了那些哲学家自己,那些正在透过望远镜窥视、粗略运算、思考无限、渴望永生的具有意识的少数人,一直存在于一个衰退的、有病的、可在毫无警告的情况下就死去的形体中。[2]

科学家是如何理解自己的心智在物质和运动世界中的位置的?他的灵魂是否超越了宇宙的物理定律,可以与身体互动(也许是通过一个特定的位置,或特殊的"座位"),而自己却没有受到死亡的蹂躏和机械决定论牢笼的束缚?勒内·笛卡儿声名狼藉的身心二元论似乎能回答这些问题。但关于这个理论已有很多著述,我在这里仅略加回顾。[3] 笛卡儿的"机器里的鬼魂"(如很晚以后,吉尔伯特·赖尔对此著名的嘲讽)开始于一个解释人类大多数智力功能和动物的所有智力功能的[4]生理学反射模型,但后来断定"其他事物"为人类所独有,即一种纯粹的思维物质或理性灵魂,能够借助所谓动物精气,直接随意驱动身体。机器化的身体与这个灵魂相互作用,但灵魂是所有有意识心理活动的最终权威。笛卡儿断言:"意志的本性是自由的,它永远不能被束缚。"

506

但这个想法的可信度有多高?在18世纪,法国哲学家伏尔泰会这样嘲讽地质疑,伟大的牛顿的众神会遵从物理定律的命令而毫无违逆,但为何宇宙中仍然存在着"一个5英尺高的小生物,行事只凭着自己的念头,喜欢做什么就做什么"呢?[5]

确实,在20世纪初期,哲学家艾尔弗雷德·诺思·怀特海会反思笛卡儿关于二元宇宙的原始观点中固有的不连贯性,以及它们给未来彻底思考人类的意念和生物界的努力带来的持久的问题。

[2] Steven Shapin,《科学革命》(*The Scientific Revolution*, Chicago: University of Chicago Press, 1996)。

[3] 最近一些有用的研究包括:Marleen Rozemond,《笛卡儿的二元论案例》(Descartes's Case for Dualism),《哲学史杂志》(*Journal of the History of Philosophy*),33(1995),第29页~第64页;Timothy J. Reiss,《否认身体?笛卡儿的记忆与历史困境》(Denying the Body? Memory and the Dilemmas of History in Descartes),《思想史杂志》(*Journal of the History of Ideas*),57(1996),第587页~第608页。

[4] 当然,在传统上,反射理论总是被描述为"起源"于笛卡儿。然而,乔治·康吉扬认为,这是起源的追溯性建构,始于1850年左右机械论的建立。他把这个概念归功于18世纪托马斯·威利斯(Thomas Willis)的作品。参看Georges Canguilhem,《17和18世纪反射概念的形成》(*La formation du concept de réflexe au XVIIe et XVIIIe siécle*, Paris: Presses Universitaires de France, 1955)。

[5] 这段引文及前一段笛卡儿言论的引文,都引自Daniel Robinson,《开化的机器》(*The Enlightened Machine*, New York: Columbia University Press, 1980),第12页。

在17世纪,科学思想的模式形成了,从那之后,它一直是主流观念。它包含一个基本的二元性,一方面是物质,另一方面是心智。在两者之间,存在着生命、有机体、功能、瞬间的现实、相互作用、自然的秩序等概念。这些概念会合在一起,形成了整个系统的阿喀琉斯之踵。[6]

一些人很早就开始攻讦笛卡儿。在18世纪中期,法国医生、哲学家朱利安·奥弗鲁瓦·德·拉美特利(1709～1751)就反对笛卡儿的二元形而上学,并提议彻底消除二元对立的其中一半。他说,心智可以畅通无阻地与物质融为一体。在他随后于1748年出版的声名狼藉的著作《人是机器》(*L'Homme Machine*)之中,提出了这样的观点:"灵魂的所有能力如此依赖大脑与全身的特定组织以至于貌似它们就是这个组织,故而灵魂明显是一台开化的机器。"[7]

在那个时代,称灵魂为一台机器(开化的或其他的)意味着你相信它的所有思想与行为,都是被伟大的艾萨克·牛顿所发现的各条非人性的、可掌控行星与恒星的物质与运动定律的产物。当亚历山大·蒲柏赞美牛顿的成就阐明了智慧的力量时("自然与自然法则深藏于黑暗之中,上帝说:'让牛顿出现吧',一切灿然光明"),弗里德里希·席勒却对这决定论的监狱感到不寒而栗,它似乎构成了宇宙("就像钟摆的致命一击,自然——失去了众神——奴隶般地服务于万有引力定律")。无论怎样,在18世纪末,伊曼纽尔·康德坚持认为,实际上,在生物当中,特别是在包含人类的情况下,牛顿的机械论因果关系的范畴是不适用的。康德说,为了理解生命和心智的现实,人类的判断被迫假设另一种因果关系原则,他称之为"自然目的(Naturzwecke)"。这是一种解释形式,在这种解释中,会把有机体作为一个整体,以目的论或目的功能理解其工作部分。[8]

507

这一康德的遗产一度提供了一块试金石,为那些想要在笛卡儿的神本二元论与粗糙唯物主义还原论之间寻找"第三条道路"的新一代研究者所用。譬如德国的卡尔·恩斯特·冯·贝尔和约翰内斯·弥勒,英格兰的托马斯·莱科克等人就以自然主义的框架做研究,历史学家蒂莫西·勒努瓦将其描述为"目的论机械论",这个框架至少可以容纳怀特海确定的一些不稳定的概念范畴,它们从17世纪就一直徘徊于我们形而上学的两块巨石——"心智"和"物质"——之间的断层线上。[9]

[6] Alfred North Whitehead,《科学与现代世界》(*Science and the Modern World*, Cambridge: Cambridge University Press, 1926),第83页～第84页。

[7] Julien Offroy de la Mettrie,《人是机器》(*Man a Machine*, La Salle, Ill.: Open Court, 1912),G. C. Bussey编译,第48页。

[8] 参看 Clark Zumbach,《先验的科学:康德的生物方法论概念》(*The Transcendent Science: Kant's Conception of Biological Methodology*, Nijhoff International Philosophy Series, vol. 15, The Hague: Nijhoff; Boston: Kluwer, 1984)。

[9] Timothy Lenoir,《生命的策略:19世纪德国生物学中的目的论与力学》(*The Strategy of Life: Teleology and Mechanics in Nineteenth-Century German Biology*, Dordrecht: Reidel, 1982)。

自我演奏的钢琴：从加尔到亥姆霍兹

然而，在19世纪初期，这一有关心智、生命、大脑和身体的第一反还原论科学，却遭到了新一代的研究者日益卓有成效的攻击。此处的叙述是复杂的、内部有争议的而且还不是完美无瑕的。其中一条线索始于19世纪初，从弗朗茨·约瑟夫·加尔的工作开始，此人会因其"器官学"或颅相学体系而闻名（也受到了嘲笑）。这个系统植根于三个基本原则：大脑是心智的器官（在当时这并不是一个明显的命题）；大脑是由各个部分组成的，每个部分都有不同的心理"能力"；大脑不同部分的尺寸，主要靠检查颅骨上的隆起来估量，与其所司的不同能力的相对优势相对应。[10]

508 加尔当然不是对脑内有机结构与精神活动各方面之间关系产生兴趣的第一人。在加尔以前，哲学家-自然主义者查尔斯·邦内特就已经声称，任一彻底理解大脑结构之人，都可以理解所有的一瞬而过之思维，宛如"在读一本书"一般。然而邦内特以笛卡儿模式从事研究，将大脑的假定的各个部分设想为各种工具，由非物质的灵魂任意操作的工具，就像一个钢琴家在控制键盘。加尔与前辈们最明显的区别，就在于他决意消除这个"钢琴家"以及滥权的"灵魂"，代之以一个假设，即认为30多个自我驱动的部分组成了大脑，各部分齐心协力，产生了人类的心智与人格。在加尔假定的系统之中，这台钢琴是自我演奏的。

起初，颅相学在历史记述中被嘲讽为一种"解读隆起"的伪科学，过去30年里，颅相学获得了部分平反。这体现在两个方面，其一是作为一种处理大脑—行为关系的方法，为即将到来的持久工作注入动力，其二是在从精神病院到大众演讲厅等机构场所中，表现为一种反教权主义的和政治上的有效力量。[11]

然而就本章的目的而言，它将足以强调一个不同的观点：加尔的研究促进甚至更多地例证了一种心智—大脑关系的普及中的研究方法，其特点是两个相互关联的战略原则：(1)要了解一种心智，就要把它分解到它的各个功能构建模块之中；(2)如果你能把一个心智建立在假定的与其关联的大脑部位的基础之上，你就能宣称它在科学上是正确的。这不是一条通往真理的必需道路（例如一种可能被进化生物学所选择的一

[10] Franz Josef Gall，6卷本《大脑及其各部分功能》(*On the Functions of the Brain and Each of Its Parts*, Boston: Marsh, Capen and Lyon, 1835)，W. Lewis译。为了追踪颅相学思想的进一步发展，参看J. G. Spurzheim，《颅相学或精神现象学说》(*Phrenology or the Doctrine of the Mental Phenomena*, 2nd American ed., Philadelphia: Lippincott, 1908)。在当时，对这种大脑研究方法最尖锐批判的文献，参看J. P. M. Flourens，《被审查的颅相学》(*Phrenology Examined*, Philadelphia: Hogan and Thompson, 1846)，C. L. Meigs译。

[11] 最早的一批关于颅相学的严肃的理性分析，参看Robert Young，《19世纪的心智、大脑和调节》(*Mind, Brain, and Adaptation in the Nineteenth Century*, Oxford: Clarendon Press, 1970)。关于从文化和政治的角度对颅相学的研究，参看Steven Shapin，《人类颅相学：关于历史问题的人类学观点》(Homo phrenologicus: Anthropological Perspectives on an Historical Problem)，载于Barry Barnes和Steven Shapin编，《自然秩序：科学文化的历史研究》(*Natural Order: Historical Studies of Scientific Culture*, London: Sage, 1979)，第41页～第71页；Roger Cooter，《大众科学的文化意义：19世纪英国的颅相学和赞同的组织》(*The Cultural Meaning of Popular Science: Phrenology and the Organization of Consent in Nineteenth-Century Britain*, Cambridge: Cambridge University Press, 1984)。

种不同的方法),但它确实有助于在实验室和诊所开展经验性的项目,而且后来证明这也非常有成效。[12] 确实,随着新"想象"技术的降临,一个人可被允许"看见"活动中的大脑的不同部分会"发光",以回应任务和刺激,这种方法比以前的更为活泼生动。

无论加尔和他的同道会给基督教二元论神学带来什么样的挑战,这些第一代脑科学研究人士即使有也极少严肃质疑的一件事,就是康德所坚持的活的有机体需要被以技术手段解读:心智的特征,不止是动机(*causes*)的产物,也因为理性(*reasons*)成其所是。远离这种研究心智与大脑的方法的更加清晰的转变,在 19 世纪 40 年代末开始越来越有影响力(具有讽刺意味的是,与此同时,新的进化思想又重新引起了人们对生命科学其他领域功能实用性的关注)。我们可以通过观察一个在德国工作的、内部联系紧密的"有机物理学家"团体——由赫尔曼·冯·亥姆霍兹、埃米尔·杜布瓦-雷蒙、恩斯特·布吕克和卡尔·路德维希组成——的出现和日益增长的影响力,来追踪这种转变。这些人,都成长于一个受到"目的论机械论者"影响的年代,他们共同决定背离师门,寻求建立一门科学,在这门科学中,所有对生命过程的解释最终都会转化为物理科学中新的因果-物质解释。正如这些人在 1847 年发表的著名言论:

509

> 除了常见的物理-化学力以外,没有其他力能在有机体内活动。在无法被这些力所解释的事例之中,人们也需要通过物理-数学方法,以发现它们具体的作用方式或形式,或假定有新的力存在,让这类力在名义上等于物质中本来的物理-化学力,再将其还原为引力或斥力。[13]

从实验室合成尿素等有机物质,到细胞理论的建立,再到对胚胎发育新机制的认识,19 世纪中叶一系列里程碑事件的共同作用,为生物物理学事业注入了相当大的动力。然而,在这些显著的成功案例之中,没有一项能比在 19 世纪 40 年代末期奠基的能量守恒定律,或热力学第一定律有更大的历史意义,这一定律与从生理学家转为物理学家的亥姆霍兹联系尤为密切。[14] 对这一话题,亥姆霍兹在一个 1862 年的公开讲座上这样解释:"被提及的这一定律可以确定,在整个自然界中,有效的力的数量是不可改变的,既不能增加也不能减少。"换言之,各种能量(机械能、动能、热能)都是等效的,而且还可相互转化。要理解生命现象,包含人类的生理与心理现象,不需什么特殊的、什么"额外的"知识。如医学生理学家鲁道夫·菲尔绍在 1858 年所阐释的那样:"同一种电现象,发生在神经中,跟发生在电报线中一样;活的生物体可以通过氧化生

[12] 这一观点在下列著作中提出,Susan Leigh Star,《心智的区域:大脑研究与科学确定性的探索》(*Regions of the Mind: Brain Research and the Quest for Scientific Certainty*, Stanford, Calif.: Stanford University Press, 1989)。

[13] 引自 M. Leichtman,《格式塔理论与对实证主义的反叛》(Gestalt Theory and the Revolt against Positivism),载于 A. Buss 编,《社会背景中的心理学》(*Psychology in Social Context*, New York: Irvington, 1979),第 47 页~第 75 页,引文出自第 70 页注释。

[14] Hermann von Helmholtz,《论力的守恒:一篇物理学论文》(*Über die Erhaltung der Kraft: Eine physikalische Abhandlung*, Berlin: George Reimar, 1847)。

热，与烤炉生热一样；淀粉可以在动植物体内被转化为糖类，和在工厂里所发生的一样。”[15]

510

想象构建模块：从语言到反射作用

虽然生物物理学家们在德语国家的研究基础上取得了进展，但是，大脑作为一个模块化精神功能集合体的修订的设想也会在笛卡儿的出生地法国获得新生。在19世纪60年代，法国神经解剖学家和人类学家保罗·布罗卡利用了确定的临床解剖学的证据，说服了他的同事和国际科学界的许多人。那就是，至少有一种颅神经精神能力，即“语言表达能力”，实际上在大脑中占有一个独立的“位置”，这个位置位于人类大脑皮层额叶（几年后被探究得更清楚，这只存在于大脑左侧）的第三个额叶脑回处。[16]

关于布罗卡有能力扭转国际舆论的潮流支持脑功能的功能定位研究方法的解释很多，但都没有什么说服力，因为在过去的近两代人中，通行的观念一直强烈反对这种方法。从表面上看，他要处理的要素并没有表现出什么特别良好的兆头：少数病人，主要是老年人，他们的多种疾病使语言功能丧失的临床表现蒙上了一层阴影，模糊的尸检数据需要相当多的拿捏不准的猜测，才能使证据“得出正确的结果”。而同时，批评家们也准备好了更为充分和更为可靠的反证。为了使这个成功的叙事成为焦点，丰富的“背景”解读因此显得很有必要。例如，在法国的某一个时期，语言功能定位研究曾得到过加强，当时共和主义正在兴起，政府和天主教教会对此大有戒备。因此，法国神经学家皮埃尔·马里在新世纪即将到来之时曾回忆，法国的医科学生是如何迅速地掌握了新的功能定位主义学说的，因为它的唯物主义激进性质和老一代对它的厌恶，似乎代表了科学进步、自由思想和自由政治。用马里的话说：“有一段时间，在学生当中，对功能定位的信仰成为共和主义者信条的一部分。”[17]

511

当我们把语言功能定位的成功叙事放在当时法国种族人类学的一个更大的探究

[15] Rudolf Virchow,《论生命的机械论解释》(On the Mechanistic Interpretation of Life [1858])，载于 Rudolf Virchow,《疾病、生命与人：论文选集》(*Disease, Life, and Man: Selected Essays*, Stanford, Calif.: Stanford University Press, 1958), Lelland J. Rather 译并作序，第102页～第119页，引文在第115页。

[16] Paul Broca,《关于语言表达能力定位的陈述，其后是对失语症（失去语言功能）的观察记录》(Remarques sur le siège de la faculté du langage articulé, suivies d'une observation d'aphémie [perte de la parole])，《人类学学会公报》(*Bulletins de la Société d'Anthropologie*), 36(1861)，第330页～第357页；Paul Broca,《语言表达能力的定位》(Du siège de la faculté du langage articulé)，《人类学学会公报》，6(1865)，第377页～第393页；Anne Harington,《医学、心理与双脑》(*Medicine, Mind and the Double Brain*, Princeton, N. J.: Princeton University Press, 1987)。

[17] Pierre Marie, ,《重新审视失语症问题：1861～1866年的失语症；论述布罗卡学说的历史起源》(Revision de la question de l'aphasie: L'aphasie de 1861 à 1866; essai de critique historique sur la genèse de la doctrine de Broca)，《医学周刊》(*Semaine médicale*, 1906)，第565页～第571页；Harrington,《医学、心理与双脑》，第36页～第49页。其他国家背景的研究也巩固了一个相似的观点，即大脑和生理学研究与政治之间更广泛的政治共鸣，关于这些研究，参看 Stephen Jacyna,《维多利亚时代思想中的心智生理学、自然和谐以及道德秩序》(The Physiology of Mind, the Unity of Nature, and the Moral Order in Victorian Thought)，《英国科学史期刊》(*British Journal of the History of Science*), 14(1981)，第109页～第132页；P. J. Pauly,《大脑的政治结构：大脑定位在俾斯麦德国》(The Political Structure of the Brain: Cerebral Localization in Bismarckian Germany)，《神经科学国际期刊》(*International Journal of Neuroscience*), 21(1983)，第145页～第150页。

进程之中,以确定不同种族之间存在“已知”心理差异的生物学基础时,它变得更加清晰。这项研究中,有一个被广泛接受的论断认为,所谓进化上优越的欧洲白色人种的成员,拥有比“原始”的非白色人种更发达的前额区域,后者被认为拥有更大的后脑区域。布罗卡的亲密同事、法国神经解剖学家皮埃尔·格拉蒂奥莱甚至将高加索人种、蒙古人种和尼格罗人种按其所谓优势脑区分类:分别被列为“额部人种”“顶部人种”和“枕部人种”。

通过这些内容,我们就会明白布罗卡是受何种原因驱动,会如此积极地在额叶中去寻找诸如语言能力(通常以从莎士比亚到伏尔泰再到歌德在内的欧洲文豪为例)的位置。我们也可以开始理解这样一种逻辑,即语言发生功能的最终定位仅在左半球的额叶区域(以及语言和惯于使用右手之间相应的基于大脑的联系)将有助于产生范围更广泛的论述,在这种论述中,大脑的右半球变成了大脑中代表“野蛮人”“女性”“疯子”和“动物”的一个区域。我们在这里关注的是一个“大脑”,它在某种程度上起着灵活的象征性资源的作用,它是一个社会道德和政治工作之实现的具体隐喻。还要说明的一点是,在20世纪70年代,当“分裂脑”手术与罗杰·斯佩里、约瑟夫·博根和迈克尔·加扎尼加等人的工作产生关联时,情况也同样如此,这又重新开启了关于我们大脑中两个半球及其可能不同的“认知方式”的问题(也可参看“技术需要与‘神经科学’的形成”一节)。[18]

现在,叙事又加深了一步。再回顾一下19世纪20年代,解剖学家查尔斯·贝尔与弗朗索瓦·马让迪一同证明脊髓具有功能二元性,经后根充当(传入)感觉信息的通道,经前根充当(传出)运动反应的通道。这样,二人就确定了神经系统的“反射”活动的物质基础。在19世纪30和40年代,有一个重要项目,致力于系统性地把这个新的神经功能的感觉-运动反射模型扩展到更高水平的神经系统之内。然而,大脑皮质却被这种蔓延中的殖民活动豁免,享受到作为一个或多或少服务于“精神”功能的神秘生理区位的荣誉。在定位语言功能的过程中,布罗卡和其他人一样接受了这种观点。[19]

512

随后,在19世纪70年代,两位德国研究者古斯塔夫·弗里奇与爱德华·希齐希证明了大脑皮质对感觉-运动活动也有作用。两位德国研究者应用电流刺激了几条狗的大脑,随后二人就能以此让狗产生一些笨拙的运动,进而发现某些特定的脑区可能会

[18] Harrington,《医学、心理与双脑》,特别是第2章与第3章。如果想要更全面地了解关于种族的思考是怎样在这些讨论中逐渐发生的,参看P. Broca,《关于种族完美性的讨论》(Discussion sur la perfectibilité des races),《人类学学会公报》,1(1860),第337页~第342页。关于脑研究更广泛的背景与种族化人类学的有益的介绍,参看Stephen Jay Gould,《对人的错误度量》(*The Mismeasure of Man*, Middlesex: Penguin, 1981)。

[19] 有关反射叙事中涉及的智力问题的详细介绍,参看Clarke和Jacyna,《19世纪神经科学概念的起源》。有关反射理论在更大范围的关于控制、抑制和调节的文化共鸣辩论中的地位的分析,参看Roger Smith,《抑制:心智与大脑科学中的历史与意义》(*Inhibition: History and Meaning in the Sciences of Mind and Brain*, Berkeley: University of California Press, 1992)。

负责某些特定的运动。[20] 到此时，如果大脑皮质正如弗里奇与希齐希提出的意见，具备了“肌肉运动神经中枢”的职能，然后，由于它与脊髓和下皮质结构的运作方式类似，我们有理由假设它也有感觉神经中枢。事实上，在19世纪的最后30年里，在实验动物身上识别这些皮质的肌肉运动和感觉神经中枢的工作主导了实验生理学。这项工作的一部分最终不仅推进了实验室研究议程，而且也为这一世纪末神经外科的崛起奠定了基础。[21]

但是这种功能定位的工作，对于将心智与物质联系起来的意图，又意味着什么呢？正如英国神经病学家戴维·费里尔在1874年所说：“最近的精神分析中的精神病手术必须仅仅是感觉-肌肉运动实体的主观的一面，”这是真的吗？[22] 在19世纪70年代，一位名叫卡尔·韦尼克的年轻德国精神病学家试图用一种方式来回答这个问题，这种方式也明确显示回到了生物物理学家的梦想，即为心智和大脑创造一种解释性语言，并最终以物理科学的解释性语言作为其方向。

下面就要讲述这一语言怎么运作了。利用他的老师特奥多尔·迈纳特在解剖学实验室建立的感觉-肌肉运动“投射”的解剖学知识，韦尼克设想了一个皮质，其后部专门用于处理和存储感觉数据，前部由肌肉运动投射和中枢组成。在这个模式中，与“布罗卡区”相关的失语模式，被重新概念化为“运动”缺陷，而韦尼克则为大脑（后）颞区的语言理解和生成提供了一个更基本的感觉基础。语言和理性思想虽然是通过假设的物理主义的过程在大脑中生成的，但其各种形式的崩溃可以用纸和笔描述出来。感觉-肌肉运动中枢被假定为可以通过“联系纤维”互相交流信息，像许多电脉冲一样沿着电报线路交换“意念”，并按照既定的心理“联系定律”进行组合。对新一代人而言，这种对大脑的思考方式——齐齿的、一元论的和预言性的——似乎成熟了。这将会为基于精神病院的研究转入大量新近被构想的个体大脑疾病（失语症、失认症、失用症）的研究奠定基础，这一结出硕果的时期，后来被老一代人怀念为高级脑功能临床研究史上的“黄金时代”。

513

电、能量与神经系统，从伽伐尼到谢灵顿

然而，在20世纪的开端，西班牙神经解剖学家圣地亚哥·拉蒙-卡哈尔，认识到了他那个时代里，各种功能定位理论的一大根本性不足之处：“不论听起来多诱人，植根于功能定位的大脑生理学说都让我们对心理行为的详细机制一无所知。”一方面，卡哈

〔20〕 G. Fritsch 和 E. Hitzig，《论大脑的电兴奋性》（*Über die elektrische Erregbarkeit des Grosshirns* [1870]）。英文版载于《关于大脑皮质的一些论文》（*Some Papers on the Cerebral Cortex*, Springfield, Ill.: Charles C. Thomas, 1960），Gerhardt von Bonin 译。

〔21〕 D. Rioch，《戴维·费里尔》（David Ferrier），载于 W. Haymaker 和 F. Schiller 编，《神经病学的创立者》（*Founders of Neurology*, 2nd ed., Springfield, Ill.: Charles C. Thomas, 1970），第195页～第198页。

〔22〕 David Ferrier，《大脑的功能》（*The Functions of the Brain* [1876], London: Dawsons of Pall Mall, 1966）。

尔识别不同类型的神经细胞及其连接布局的组织学工作把“描绘”神经系统的功能定位者的计划提高到一个新的水平。另一方面，他认识到，他在探究复杂解剖学知识的同时，还需要了解“神经波的性质，以及它在传播时所带来的或经历的能量转换”。[23]

早在18世纪中期，人们越来越相信神经力本质上与电有关。这里要陈述的一段更宏大的叙事，不仅仅会把我们带入电生理学产生的早期历史之中，还将为我们打开一扇扇新的大门，让我们看到了一系列与启蒙运动和浪漫主义时代有万分纠葛的有关有机物与无机物、人类与宇宙之间关系的讨论，以及将深奥的科学和通俗文化带入一场关于新疗法的功效及其意义的公共对话，新疗法开始以“动物磁性”或催眠术的名义传播。[24]

514

为了我们的目的，必须先把上述叙事放在一边，并在历史记录中确定一个更通俗的参考点：1791年，意大利的路易吉·伽伐尼公布了他做的一些实验，他相信这些实验证明了神经中含有电。在这个经典的实验中，青蛙的大腿被一根黄铜钩刺穿并固定住，然后脚被拉下来与一条银条接触。接触时会产生电流，导致腿部肌肉收缩，脚部抬起。这切断了电流，导致腿再次落到银条上。

伽伐尼对此实验意义的解释，受到了他的意大利同事，亚历山德罗·伏打的挑战。伏打觉得，伽伐尼没有证明固有的生物电的存在，仅仅反映了在大不相同的两种金属（黄铜钩与银条）之间，通过潮湿中介物（青蛙的肌肉）生成电流的可能。他证实了，他能够产生一个相同的现象，不过他所使用的是他称之为“人工电器官”的器材——由浸泡在盐水中的多层硬纸板隔开的不同金属圆盘，或称为第一个湿电池。[25]

伽伐尼的工作或许一直不具有确定性，但其他人——再一次在意大利人早期成果的基础上——将使这件事具有更多的确定性。在19世纪40年代，杜布瓦-雷蒙说明了神经中的“负变化”：跟随神经刺激的电位的变化产生了恒定电流。这项工作最终确定了生物电的存在。与杜布瓦-雷蒙同时的亥姆霍兹随后又测量了神经系统中电流传导的速度，而且发现这速度居然非常之低，仅137千米/时（85英里/时）。[26] 神经能量不仅能合乎19世纪物理学的概念范畴和实验装置的要求了，而且看起来也确实吻合

[23] Ramon y Cajal，《对大脑的解剖学与生理学思考》（Anatomical and Physiological Considerations about the Brain），载于G. von Bonin编译，《关于大脑皮质的一些论文》，第275页。

[24] 欲了解更多内容，参看Robert Darnton，《催眠术与法国启蒙运动的终结》（*Mesmerism and the End of the Enlightenment in France*, Cambridge, Mass.: Harvard University Press, 1968）；Adam Crabtree，《从梅斯梅尔到弗洛伊德：磁性睡眠与心理治疗的根基》（*From Mesmer to Freud: Magnetic Sleep and the Roots of Psychological Healing*, New Haven, Conn.: Yale University Press, 1993）；Alan Gauld，《催眠术史》（*A History of Hypnotism*, Cambridge: Cambridge University Press, 1992）中的几部分。关于这方面较晚的（很大程度上未知的）持续的历史，它所定位的主题在以下范围：法国文化和建制化的神经生理学和精神病学的后续发展，参看Anne Harrington，《癔病、催眠和无形的诱惑：19世纪末法国精神病学中新催眠术的兴起》（Hysteria, Hypnosis and the Lure of the Invisible: The Rise of Neo-Mesmerism in Fin-de-Siècle French Psychiatry），载于W. F. Bynum、R. Porter和M. Shepherd编，《精神病分析：精神病学史论文集·第三卷·精神病院及其精神病学》（*The Anatomy of Madness: Essays in the History of Psychiatry*, vol. 3, *The Asylum and Its Psychiatry*, London: Tavistock Press, 1988），第226页～第246页。

[25] Marcello Pera，《概念模糊的青蛙：伽伐尼与伏打关于动物电的辩论》（*The Ambiguous Frog: The Galvani-Volta Controversy on Animal Electricity*, Princeton. N. J.: Princeton University Press, 1992），Jonathan Mandelbaum译。

[26] Anson Rabinbach，《人形发动机：能量、疲劳与现代性的起源》（*The Human Motor: Energy, Fatigue, and the Origins of Modernity*, Berkeley: University of California Press, 1992），第66页，第93页。

度很高。

同时，通过组织学专家的辛勤工作，神经系统细胞结构的概念化正在逐渐形成。卡米洛·高尔基在19世纪70年代用银染色法在新的高清晰度水平上显示了神经细胞，他觉得有证据表明，神经系统是一个连续的网络（“网状理论”）。但与他大约同时做相关工作的卡哈尔不同意。他认为微观证据表明神经细胞没有相互联系，而是一个个离散的实体，通过一些尚未被确定的过程（“神经元理论”）相互连通。卡哈尔的观点将会最终获胜，并且它会以新的、更加综合的方式为与神经系统相关的解剖学和生理学提供基础。突然之间，人们开始明白电信号在神经系统的物理结构中的传导方式，它们可能是按照一定目标，在不同的神经元的连接点被传导、转移、抑制、加强的，正如一列火车运行时在各个道岔之间变线并复位。[27]

515

在20世纪前期，通过生理学家查尔斯·谢灵顿的工作，人们就已经认识到了神经元理论的潜能。谢灵顿对狗展开了研究，他试图描绘出这个复杂的神经纤维链：神经电流脉冲从末梢的感觉接受器（在此例中，是皮肤的触觉接受器）传进脊髓和大脑，之后，脊髓和大脑传出的神经电流脉冲经肌肉运动神经纤维链产生一个回应（搔痒）。这些研究使他产生了一种想法，开始强调神经系统的一个层面上的反射行为如何改变（刺激或抑制）在另一个层面上的反射行为。[28] 这些过程被理解为电脉冲和单个神经连接点（谢灵顿称为“突触”）发出的调节性化学信号相互作用的结果。

在同一段时间，俄罗斯的生理学家伊万·彼得罗维奇·巴甫洛夫（1849～1936）以另一种方式，在新的生理学基础上扩展了对反射的理解，强调了所谓*无条件*反射行为和*条件*反射行为之间的一个重要区别（狗会在有肉粉的情况下流涎，狗又在听到之前只与肉粉*配合*的铃声时流涎）。这项工作为20世纪早期英美和俄罗斯心理学中出现的行为主义方法奠定了基础。具有讽刺意味的是，这也将在很大程度上从实验描述中排除人们对大脑和生物学的考虑，以便集中精力阐明预测和控制行为的策略。[29]

然而，在英格兰，通过对人一生的生理活动结果的调查，谢灵顿得出结论，这些对低水平神经功能的新见解（尽管他对低级神经功能研究做出了根本性的贡献）中，没有一条与心智和意识等高水平活动相关。他坚持认为，这些高水平活动当中有一种超越物质的灵魂式实体，这也至少让他的一些同事感到沮丧。很明显，即使在20世纪，仅来源于门诊部和实验室的数据，仍不足以解决所有正在进行中的关于人性终极本质的

516

〔27〕 Santiago Ramon y Cajal，《神经元理论还是网状理论？神经细胞解剖一致性的客观证据》（*Neuron Theory or Reticular Theory? Objective Evidence of the Anatomical Unity of Nerve Cells*, Madrid: Consejo Superior de Investigaciones Cientificas, Instituto Ramon y Cajal, 1954），M. Ubeda Purkiss 和 Clement A. Fox 译。

〔28〕 罗杰·史密斯（Roger Smith）令人印象深刻地探究了更广泛的文化和语义领域，在这个领域里，抑制的种种概念在生理学、精神病学和其他领域都得到了发展和发挥，在这一背景下，他还讨论了谢灵顿的工作。参看 Roger Smith，《抑制：心智与大脑科学中的历史与意义》。

〔29〕 Robert A. Boakes，《从达尔文到行为主义：心理学与动物的心智》（*From Darwin to Behaviourism: Psychology and the Minds of Animals*, Cambridge: Cambridge University Press, 1984）；John A. Mills，《控制：行为心理学史》（*Control: A History of Behavioral Psychology*, New York: New York University Press, 1998）。

讨论。[30]

被我们的过去所困扰：进化论时期的大脑

19世纪末对大脑的研究成为关于人类本性和命运的讨论的重要热点，即便没有胜出，它们的重要性肯定会与查尔斯·达尔文的新进化思想旗鼓相当。但这两种传统是如何相互影响的呢？艾尔弗雷德·拉塞尔·华莱士是达尔文经由自然选择的进化论的共同创始人，他在一开始就在二者关系中引入了一个紧张的音符，他认为，事实上，人脑对于新的进化论而言，处在一个两难的境地之中。因为即使在"野蛮人"身上，相比于那些仅为生存所需的能力，它能够在智力上获得更大的成就，在道德方面做出更高尚的行为。因此，很难看出它仅仅是自然选择的产物。相反，大脑似乎是事先"准备"好的（也许是"统治性的智慧生命"所为），这才能使得人类的文明在随后绽放而出。查尔斯·达尔文对华莱士这一行为的评论值得审视一番，他告诉他的朋友：我希望，你没有太彻底地"谋杀了你的和我的孩子"。[31]

更符合当时世俗化、反教权主义特征的是1874年学者演讲，由托马斯·亨利·赫胥黎所作的《论动物是自动机的假说及其历史》（On the Hypothesis that Animals are Automata and Its History），这篇文章集合了反射理论和进化论来支持心身关系的一种令人震惊的现代形而上学。这种"有意识自动机"理论否定了意识或"自由意志"在人类生活中的全部有效地位。它的观点是，意识仅仅伴随着我们的生命，就像"伴随着机车发动机工作的汽笛声"。[32]

与此同时，在某些方面，人们开始提出以下问题：一个人如何能够开始将脑科学的经验性项目调整为更合理地解释大脑不仅仅是空间中的一个物体，也是时间上的一个演化过程——一个四维实体？有一种思考这个问题的方法，最终在层级的设想中被找到了。19世纪70年代，英国神经病学家约翰·休林斯·杰克逊是最早清楚地阐明了 517

[30] Charles Scott Sherrington，《神经系统的整合作用》（*Integrative Action of the Nervous System* [1906], 2nd ed., New Haven, Conn.: Yale University Press, 1961）；Charles Scott Sherrington，《在其本性之上的人》（*Man on His Nature* [1940], Gifford Lectures, Cambridge: Cambridge University Press, 1951）。

[31] Alfred Russel Wallace，《应用于人的自然选择的限制》（*The Limits of Natural Selection as Applied to Man* [1870]），重印于Alfred Russel Wallace，《自然选择理论文集》（*Contributions to the Theory of Natural Selection*, London: Macmillan, 1875），第332页～第372页。关于华莱士的故事的相关内容，参看Loren Eiseley，《达尔文的世纪：进化论与其发现者》（*Darwin's Century: Evolution and the Men Who Discovered It*, Garden City, N. Y.: Doubleday, 1958）。达尔文言论的引文亦出自此书。

[32] Thomas Huxley，《论动物是自动机的假说及其历史》（On the Hypothesis that Animals are Automata and Its History），《双周评论》（*Fortnightly Review*），22（1874），第199页～第245页，引文在第236页。关于人类心智进化研究方法叙事的一般方向，参看Robert J. Richards，《达尔文与心智和行为进化理论的出现》（*Darwin and the Emergence of Evolutionary Theories of Mind and Behavior*, Chicago: University of Chicago Press, 1987）。关于进化论和脑科学之间的意识形态关系，参看Robert Young，《19世纪对人类在自然中地位讨论的历史和意识形态背景》（The Historiographic and Ideological Contexts of the 19th-Century Debate on Man's Place in Nature），载于Robert Young编，《达尔文的隐喻：自然在维多利亚时代文化中的地位》（*Darwin's Metaphor: Nature's Place in Victorian Culture*, Cambridge: Cambridge University Press, 1985），第164页～第171页，第219页～第247页。

一种观点的一批人之一，即大脑的不同层级可以作为一种物种生物史的考古记录，而较低和较高的层级分别对应于演化发展的早期和晚期。[33]

但这还不是全部。杰克逊对大脑功能的时间观点也建立在这样一个假设之上，即最近进化出的功能层（在人类大脑中，这与理性思维和道德控制相关）是最脆弱的功能层。这意味着，在受到电击或伤害的情况下，更精细的功能层会最先崩溃，人也会借此观察到大脑功能的原始层级突然暴露的情况大量出现。“解体”是休林斯·杰克逊的术语，指的是神经系统的分级越向下功能就越原始的无意识的和冲动的状态。在一个社会动荡不断加剧的时代，这是一种注定要将其本身嵌入当时更大政治考量中的大脑功能模型。当杰克逊的同事亨利·莫兹利，把大脑中不受管制的“下中枢”想象成“像一个没有领袖的民主国家的动荡、漫无目的的行动”时，他只是在和许多其他人一样，担心动物主义生理学的激增，可能会导致从街头暴乱到激情犯罪的一切问题。

在精神病院，这样的想法成为一种重要的思想资源，使人们重新致力于将精神病视为一种有生物学基础的医学疾病，从而将精神病院的精神病治疗法再次申明为一门医学，自 19 世纪末以来，它被越来越多地贬为一种纯粹的监护职业。爱德华·肖特所说的“第一生物精神病学”[34]的时代有着强烈的遗传论导向，带有明显的宿命论色彩——正如唯物主义者一直以来所坚持的意见，生物学是命运之学，但精神病生物学，“精神变态者”生物学，或许尤为如此。直到 20 世纪 40 年代，生物精神病学才开始被认为与从电击疗法到外科手术等大量生物干预手段相一致，[35]直到 20 世纪 60 年代，具有药物干预的生物精神病学的流行鉴别方法才开始确立。

518

确实，在 20 世纪第 2 个 10 年中，尤其是在美国，乐观的社会工程项目会与心理学中的行为主义思想和美国化的精神分析解释相结合，对合适的社会化和教育能改善人类脆弱性的能力（“心理卫生”运动）提出了强有力的反驳。然而，即使在这种新的文化背景下，达尔文思想所激发的一种挣扎在“较高”和“较低”层次之间的不稳定的旧心智形象，还会以秘密的方式继续存在。例如，它会被合并到精神分析学的“回归”概念之中，成为精神分析学区分主要和次要精神过程的理论基础，弗洛伊德本人生动形象地描述有意识的、理性的自我时表达了这个观点，这一“自我”努力保持某种对无意识、激情驱动的“本我”的控制。[36]

再把视角转回更专业化的大学实验室研究之中，“较高的”心智功能对低级的“动物的”心智功能具有抑制力的基本设想，会继续在本世纪中叶对大脑的新理解上留下

[33] 对杰克逊思想最好的专门介绍是，John Hughlings Jackson，2 卷本《约翰·休林斯·杰克逊选集》（*Selected Writings of John Hughlings Jackson*, London: Hodder and Stoughton, 1932），J. Taylor 编。

[34] Edward Shorter，《精神病学史：从精神病院时代到百忧解时代》（*A History of Psychiatry: From the Era of the Asylum to the Age of Prozac*, New York: Wiley, 1997）。

[35] Elliot S. Valenstein，《伟大而绝望的治疗：治疗精神疾病的精神外科和其他激进疗法的兴衰》（*Great and Desperate Cures: The Rise and Decline of Psychosurgery and other Radical Treatments for Mental Illness*, New York: Basic Books, 1986）。

[36] Sigmund Freud，《自我与本我》（*The Ego and the Id* [1927], London: Hogarth Press, 1949），Joan Riviere 译。

印记。耶鲁大学约翰·富尔顿领导的一个颇为高调的实验室项目,研究了大脑中抑制和去抑制的分层过程,所有这些过程都是在进化论的框架内被概念化的。在解剖学家詹姆斯·帕佩兹的工作基础之上,这个实验室团队的成员之一内科医师和生理学家保罗·麦克莱恩概念化了一个综合的下皮质大脑结构系统,他认为其充当了大脑的"情感"中枢,传导促进生存的行为,包括求偶和照顾自家下一代的冲动,在其他方面的行为,则非常像弗洛伊德本能驱使的无意识行为。麦克莱恩最终称这个系统为"边缘系统"。[37]

伴随哈佛大学心理生理学家沃尔特·布拉德福德·坎农关于"交战或逃跑"冲动(特别是愤怒和恐惧)引起的觉醒过程中交感神经-肾上腺系统作用的研究,进化论思想以某种不同的方式塑造了脑科学思想。他将神经系统的这一部分视为调节系统的一半(另一半称为"副交感神经系统"),这一部分还涉及保持反应平衡状态或整个有机体的"自我平衡"。从20世纪50年代后期开始,坎农的"战斗或逃跑"模型将作为一种组织框架被用于研究含有科学、临床实践和文化说教的一个非常复杂的复合体,它涉及一种被称为"应激"的新的心理生理体验,现在发现它涵盖了从在实验室环境中患上溃疡的猴子,到公司董事会会议室中因高龄而引起心脏病发作的"A级"高管,无所不包。[38]

519

主体的反击:癔病与整体论

尽管脑科学的扩张主义野心似乎一切顺利,但在这个更大的堡垒上也出现了一些越来越大的裂痕。这个"主体"是在当前脑解剖和生理学的概念范畴内被驯化的,但它以各种方式拒绝放弃反抗和按照它被要求的方式行动。

由于篇幅所限,我们只能简述几个相关的方向。先让我们回到19世纪的最后几十年看看第一个问题,那时欧洲著名的神经病学家让-马丁·沙尔科决心将神经科学的概念范畴和临床方法引入对他那个时代最令人困惑的疾病之一——癔病的生理逻

[37] 参看 Walter B. Cannon,《疼痛、饥饿、恐惧与愤怒时的身体变化》(*Bodily Changes in Pain, Hunger, Fear and Rage* [1919], 2nd ed., 1929);J. W. Papez,《关于情绪的被推荐的作用机理》(A Proposed Mechanism of Emotion),《神经病学与精神病学档案》(*Archives of Neurology and Psychiatry*),33(1937),第725页~第743页;Paul MacLean,《身心疾病与"脏器"大脑:关于帕佩兹情绪理论的最近发展》(Psychosomatic Disease and the "Visceral" Brain: Recent Developments Bearing on the Papez Theory of Emotion),《身心医学》(*Psychosomatic Medicine*),11(1949),第338页~第353页;Paul MacLean,《人的类似爬行动物的和边缘性的遗传特征》(Man's Reptilian and Limbic Inheritance),载于T. Boag和D. Campbell编,《大脑与行为的三位一体的概念:欣克斯纪念堂演讲》(*A Triune Concept of the Brain and Behavior: The Hincks Memorial Lectures*, Toronto: University of Toronto Press, 1973),第6页~第22页。关于此问题还有一份基础议题概览,参看 John Durant,《情绪科学:情绪在大脑中定位的问题》(The Science of Sentiment: The Problem of the Cerebral Localization of Emotion),载于P. P. G. Bateson和P. H. Klopfer编,《性格学观点集·第六卷·作用机理》(*Perspectives in Ethology*, vol. 6: *Mechanisms*, New York: Plenum Press, 1985),第1页~第31页。

[38] Robert Kugelmann,《应激:被设计的困扰的本质与历史》(*Stress: The Nature and History of Engineered Grief*, New York: Praeger, 1992);Allan Young,《幻想的和谐:发明受创后应激失调》(*The Harmony of Illusions: Inventing Post-traumatic Stress Disorder*, Princeton, N.J.: Princeton University Press, 1995);Harris Dienstfrey,《心智在何处与肉体相逢》(*Where the Mind Meets the Body*, New York: Harper Perennial, 1991)。

辑解释之中。起初，一切似乎都很顺利，甚至非常顺利。秩序开始从混乱中恢复。症状被分门归类，生理“规律”得到了描述。病人的照片提供了沙尔科所需的证据，如他所言，这些证据可证明他所发现的癔病规律“对所有国家、所有时代、所有种族都有效”，并“因此具有普遍性”。

但是，随着研究的进展，事实证明，这种生理学，其规律不具备“普遍性”，反而仅能体现于沙尔科的萨尔彼得里耶（Salpêtrière）精神病院之中。借助催眠术（沙尔科已证明这有助于康复），沙尔科的竞争对手表明，一个人可以重现癔病的所有症状，一个人也可以改变它们或使它们消失。这一结果逐渐传播开来，沙尔科成了众人嘲笑的对象，他的追随者们也随之作鸟兽散。建立在可见的、客观的、普遍的基础上的整个癔病的神经病学大厦慢慢崩溃了——它的整体轮廓，在此时被归于一些看不见的、模糊的心理过程，人们开始称之为“暗示”。

此时在这个打开的困惑与羞辱的空间中，像弗洛伊德这样的人走进来并重新把癔病解释为一种“心智”疾病而非一种“大脑”疾病。从这次选择中，人们看到了一种新的笛卡儿逻辑的兴起，这种逻辑将会被以不同的方式规范化和阐述，比如通过一系列20世纪事物的比较，包括“神经症”与“精神病”的区别、“精神病学”与“神经病学”的区别、“谈话疗法”与“药物”的区别，以及“全在你头脑里”的躯体疾病和“真实”的躯体疾病之间的区别。我们今天仍然生活在那些制度化的形而上学分类的遗产中。在我们目前利用所谓“安慰剂效应”的方法中，可以最清楚地观察到这一点。我们深信这一现象的力量和普遍性，因此我们要求所有新药都要针对它们自己的虚拟形态进行测试；同时，我们坚定地将所有安慰剂效应视为“想象的”或“不真实的”。[39]

520

大约在同时，神经病学诊所里也出现了其他类型的不满情绪。特别是在德语国家中，人们正在搜罗证据反对韦尼克和他那一代人所建立的具有诊断价值的心智和大脑功能模型。反对者的主要武器是“恢复”问题在韦尼克模型中产生反常现象和挑战，这是大脑自我修复能力的证据。越来越多的人会说，随着时间的推移，大脑受损的人可能会恢复得更好，可能会恢复一时失去的语言和运动能力，这一显著的事实与19世纪的神经系统“机器”模型完全不相容，因为后者相信神经系统纯粹是一部机械装置，按照固定的反射和联想规律运作。有人说了这样一句战斗性的话：机器在遭受损坏后无法自我修复，如果大脑某些固定区域被永久性破坏，“居住”在其中的功能就无法重现。出于这个原因，以及其他原因，很明显，人类实际上“不仅仅是机器”，无论是开化的还是其他什么（怀着对拉美特利的敬意），而未来的大脑和行为科学（这些来自诊所的反

[39] 对整体癔症叙事的这一点和其他切入点的全面的编史学介绍，参看《研究癔病：疾病及其解释》（*Approaching Hysteria: Disease and Its Interpretations*, Princeton, N. J.: Princeton University Press, 1995）；关于安慰剂，参看 Anne Harrington 编，《安慰剂效应：跨学科探索》（*The Placebo Effect: An Interdisciplinary Exploration*, Cambridge, Mass.: Harvard University Press, 1997）。

叛声音)将不得不考虑所有的方式,其中这一点是一样的。[40]

20世纪20年代,基于实验室的挑战也出现了,针对大脑皮质是一种器质性结构,受到严格限制的神经连接与大脑区域执行特定功能。美国精神生理学家卡尔·拉什利未能在大鼠皮质中找到任一与学习行为的记忆("印迹")有关的位置,这有助于开创关于大脑皮质的"新观点",其主导原则是功能性的"等势性"和"集体行动"。20世纪30年代,保罗·A. 魏斯在两栖动物方面的研究进一步指出,当切断和重新排列四肢的神经中枢时,运动协调性仍然可以被有序地重建。在那一段时间,大脑(部分原因还与政治和文化上的一致性有关)似乎是一个奇妙的可塑结构。不是生物学,而是环境(从家庭生活到实验室条件作用)似乎对大脑与心智的活动起着"决定性作用"。[41]

521

技术需要与"神经科学"的形成

环境论者的观点直到20世纪50年代末才开始改变,当时实验室和诊所的新项目开始争论大脑在受损后自我重组的相对的无能,以及特定功能在大脑皮质中确实拥有一个器质性"位置"的范围。新的技术、新的实验范式以及用于解释含糊不清的数据的更新的文化开放性,都可能促成了解释方式转向一种生物决定论。在20世纪70年代,一个综合性的说法就是人们对所谓分裂脑研究和偏侧化脑半球功能的兴趣激增。加利福尼亚州心理学家罗杰·斯佩里和他的同事们首先研究了癫痫患者,他们大脑两半球之间的连接因治疗的原因被切断。似乎每个被切断的大脑半球都有一个或多或少独立的意识领域——通常左脑根本不知道右脑在做什么。另外,两个大脑半球对环境的反应和计算信息的方式也不相同:左半球一般专门负责语言和(有些人开始争论)分析性、琐碎性的思考;右半球一般专门负责视觉空间信息处理和(有争议的)"整体性"(创造性、艺术性)思维。这些研究不仅激发了新的对大脑高级功能的研究,它们还带来了关于所谓"左脑"与"右脑"思维的相对优点的文化对话(也许是美国特有的)。[42]

另外,在战后时代,技术创新很快地推动了研究,至少与理论急务推动的一样多。

[40] 关于这一话题的延伸性讨论,参看 Anne Harrington,《复魅的科学:从威廉二世到希特勒的德国文化整体论》(*Reenchanted Science: Holism in German Culture from Wilhelm II to Hitler*, Princeton, N. J.: Princeton University Press, 1996);Anne Harrington,《库尔特·戈尔德施泰因的治疗与整体的神经病学:魏玛叙事》(Kurt Goldstein's Neurology of Healing and Wholeness: A Weimar Story),载于 George Weisz 和 Christopher Lawrence 编,《大于部分之和:20世纪的整体生物医学》(*Greater than the Sum of Its Parts: Holistic Biomedicine in the Twentieth Century*, Cambridge: Cambridge University Press, 1998)。

[41] Karl S. Lashley,《大脑的作用机理与智力》(*Brain Mechanisms and Intelligence*, Chicago: University of Chicago Press, 1929)。关于这一时期更多的资料,参看多种自传体文章,载于 Frederic G. Worden、Judith P. Swazey 和 George Adelman,《神经科学:发现之路》(*The Neurosciences: Paths of Discovery*, Boston: Birkhäuser, 1975)。

[42] 关于这个文献与这些事件的有益的概述,参看 Sally Springer 和 Georg Deutsch,《左脑,右脑》(*Left Brain, Right Brain*, San Francisco: W. H. Freeman, 1993);Anne Harrington 和 G. Oepen,《"全脑"政治与大脑偏侧化研究》("Whole brain" Politics and Brain Laterality Research),《欧洲神经病学档案》(*Archives of European Neurology*),239(1989),第141页~第143页。

例如，随着20世纪40年代微电极的发展，许多基础的神经生物学研究进入了细胞水平。在20世纪60年代，哈佛大学的研究人员戴维·于贝尔和托尔斯滕·维泽尔用微电极记录了横穿大脑皮质第一视区细胞柱的单个神经细胞的活动（其解剖由约翰斯·霍普金斯大学神经解剖学家弗农·芒卡斯尔完成）。他们得出的结论震惊了研究界，因为他们认为，不同的个体细胞"所见"不同，或者更准确地说，有不同的内在能力对视觉刺激做出反应，他们称之为"模式特异性"。也就是说，大脑了解世界的特定指令似乎被记录在小到单个细胞的水平上。[43]

522

从20世纪80年代末开始，基础神经生物学研究中占据主流的分子研究方面的兴趣开始部分地让位于新的神经成像技术所带来的兴奋，这一技术被认为可以用来观察特定神经结构对大脑整体功能的贡献。20世纪40年代，西摩·凯蒂曾用一氧化二氮来追踪脑血流的变化，这表明可能有办法观察"活大脑"的活动。这项工作是一系列技术发展的第一步，其后续发展包括计算机断层扫描术（CT）产生的解剖图和正电子发射技术（PET）产生的引人注目的彩色脑图像，以及最近的功能磁共振成像（fMRI）。慢慢地，一种新的庆祝性言论，夹杂着"最后的边界"的意象，在脑科学的学科文化中传播开来。最终，心智和大脑的秘密将被解决，但不是通过哲学方面的精微之言，而是通过新的技术设备，我们可以去看看以前没有男人（或女人）探索过的地方。[44]

如今，大多数大脑和行为科学研究仍然被技术上的高风险高回报的承诺和自己的前瞻性身份所支撑。脑科学有着"骨子里的未来"（令人回想起C. P. 斯诺的著名言论），[45]它了解这一点。尽管如此，它的实践和思想的活生生的实质仍然受到其学科划分和道德上有争议的过去的滋养，这一点它往往不愿承认。尽管有弗朗西斯·施米特的神经科学研究项目（Neurosciences Research Project）在20世纪60年代设想的多学科整合的巨大希望（这导致了新词"神经科学"的出现），但所有的新项目和新理解并非可以毫无缝隙地彼此对应。例如，更新后的器质性功能定位概念与神经系统模型共存，成为一个"神经网络"的自我更新动态系统（这与杰拉尔德·埃德尔曼等人的工作有关）。[46] 在计算机科学的净化墙内发展起来的多种心智模型（所谓人工智能），不容易欺骗在灵长类动物学研究和生物人类学中较少控制的世界中研究出的心智模型。

523

对神经系统的神经化学研究——包括20世纪70年代发现内啡肽，大脑的"天然麻醉剂"（所罗门·斯奈德与坎达斯·珀特发现）[47]——也使一些人质疑神经系统可以在多大程度上被严格地描述为作为一个独立的实体而存在。或许它应该被重新理解为

[43] David H. Hubel，《眼、脑与视觉》（*Eye, Brain, and Vision*, New York: Scientific American Library, distributed by W. H. Freeman, 1988）。

[44] Roger E. Kelley 编，《机能神经成像》（*Functional Neuroimaging*, Armonk, N. Y.: Futura, 1994）。

[45] Charles Percy Snow，《两种文化》（*The Two Cultures* [original title: *Two Cultures and the Scientific Revolution*], Cambridge: Cambridge University Press, 1993），Stefan Collini 作序。

[46] Gerald M. Edelman，《神经系统的达尔文主义：神经元群选择理论》（*Neural Darwinism: The Theory of Neuronal Group Selection*, New York: Basic Books, 1987）。

[47] Solomon H. Snyder，《头脑风暴：关于麻醉剂研究的科学与政治》（*Brainstorming: The Science and Politics of Opiate Research*, Cambridge, Mass.: Harvard University Press, 1989）。

一个相互连接的生物化学过程的更复杂的系统的一部分,包括那些调节内分泌和免疫功能的过程。在这最后的想象中,“心智”出现了,它不仅是大脑的产物,而且在某种意义上,也是整个人体组织的产物。

同时,关于性取向、暴力、智力等可能以大脑为基础的决定因素的政治辩论仍在进行,而假设的精神障碍(从抑郁症到注意缺陷障碍)表明,大脑和心智研究的改变中的视野将会继续被导向我们社会不断变化的政治和文化需求和当务之急。今天,和过去一样,我们关于我们所思考的作为人的含意的疑问,以及关于我们所思考的科学可以帮助我们回答那个问题的所有方式的疑问,对我们而言太紧迫了,以至我们无法将它们与我们人类的生命分开(即使我们想或认为我们应该这样做),它们注定属于某一个想象中被驯化的客观探究的领域。

(汪浩　译)

28

524

生物技术史

罗伯特·巴德

在近一个世纪的时间里，企业家、决策者和科学家们用生物技术这个词，来描述由生物学应用所引起的即将到来的种种革命。[1] 但是许多被预测者认为是划时代的新奇概念、技术和产品并没有显示出预期的潜力。

这种令人沮丧的状况在 1980 年似乎出现了转机，这一年美国最高法院做出裁决，允许授予专利给一种转基因细菌，这种细菌能够降解泄漏到海水中的石油。这项裁决给了许多人巨大的鼓励，而其他国家的政府都意识到它们也不可能回避发生在美国的这种挑战。对于这个案例所触及的全新的科学应用，虽然存在异议，但主流的评论都认为，它开启了一个控制和利用原始生物的时代。[2] 授予专利给用现代生物技术尤其是用 20 世纪 70 年代早期发展起来的 DNA 重组技术制造的新生命体，似乎开启了迄今为止难以想象的诸多可能性。现在整个生物谱系的基因都可以被重新组合来产生新的生命体，这与传统的限于种内动植物杂交而产生新品种的方法，有着巨大的区别。与此同时，一场石油危机预示着能源密集型的旧工业已经走向末路，微电子产业成功地展示出一场新的工业革命，所以世界上的主要国家都开始建立自己的生物技术发展计划。[3]

525

直到最近，生物技术的科学与技术内涵以及它的侧重点，都还在显著地变化着。在 DNA 重组技术应用之初，科学家和企业家们的期望是使用经过基因设计的生物体来产生具有治病功能的蛋白质，以弥补基因缺陷导致的疾病。近期的着重点则转移到了人类基因测序、基因改变和转基因农作物等方面，而克隆和干细胞研究更是当前的热点。

[1] 这里引入主题的方法来自 Robert Bud，《生命的利用：生物技术史》（*Uses of Life: A History of Biotechnology*, Cambridge University Press, 1994）。在没有其他资料来源的情况下，这种方法提供了一个很好的切入点。

[2] Daniel J. Kevles，《戴尔蒙德诉查德拉巴蒂案及其影响：生物专利中的政治经济学》（*Diamond v. Chackrabarty* and Beyond: The Political Economy of Patenting Life），载于 Arnold Thackray 编，《隐秘的科学：生物技术和分子生物学的兴起》（*Private Science: Biotechnology and the Rise of the Biomolecular Sciences*, Philadelphia: University of Pennsylvania Press, 1998），第 65 页～第 79 页。

[3] Margaret Sharp，《新生物技术：正在寻求战略的欧洲各国政府》（*The New Biotechnology: European Governments in Search of a Strategy*, Sussex European Papers no. 15, Brighton: Science Policy Research Unit, 1985）。

生物技术的特点更多地体现在生物科学和技术的进路中，而不是体现在某个具体的方法中。经济合作与发展组织（Organization for Economy Cooperation and Development）给生物技术定义如下："科学和工程理论应用于生物媒介材料的处理以提供产品和服务。"[4]关于生物技术更接近一门科学还是一种技术，许多历史学者都感到困惑，这是由于科学史和技术史有着非常不同的传统，前者倾向于记录知识的发现和掌握，而后者更着重于记录应用和经济成果，处于基础科学和应用技术之间的生物技术，也就显得难以定位。

一般认为，生物技术是一门"应用科学"，但是应用科学本身的含义却一直都是模糊的。有人认为应用科学是纯科学的应用，也有人坚持应用科学实质上就是一种活动。[5] 微生物学奠基人法国的路易·巴斯德，曾经说过这样一句著名的话："根本不存在应用科学，只有科学的应用。"但是，正如蒂莫西·勒努瓦指出的，与巴斯德同时代的研究热力学的科学家们却是针对应用来构建他们的理论，一个例子就是弗里茨·哈柏在 1909 年用氢气和氮气合成氨的方法。整个 20 世纪的大学工程课程就反映出人们对应用科学本质的探讨，到底在多大程度上工程本身，或者在多大程度上工程作为基本理论的应用，应该被包括在教学内容中。[6]

关于科学与技术的关系，在 20 世纪 60 年代有过广泛的争论。这种争论的大背景是，当时科学研究方面的投入正在减缓，关于科学与技术两者密切相关的乐观情绪似乎有所减退。此后，对专门的工业研究实验室、研究者与军方资助者的互动以及威斯康星和斯坦福等大学城周边产业群的形成所进行的深入研究，进一步丰富了科学与技术间关系的概念。在观测仪器设备的开发和使用过程中，学者们发现了科学和技术的复杂互动，例如细胞计数器和基因测序机给生物化学家们提供了自动化的工具，使得大规模处理巨量的样本成为可能。另外，技术在一般工业产品和专门科学仪器之间传播，比如喷墨打印机的设计就被使用在荧光激活细胞分选仪上。"技术科学"这个词成

526

[4] Allan T. Bull、Geoffrey Holt 和 Malcolm D. Lilly，《生物技术：全球趋势与展望》（*Biotechnology: International Trends and Perspectives*, Paris: OECD, 1982）。

[5] Robert Bud 和 Gerrylynn K. Roberts，《科学与实践相对：英国维多利亚时代的化学》（*Science versus Practice: Chemistry in Victorian Britain*, Manchester: Manchester University Press, 1984）。也可参看 Thackray，《隐秘的科学：生物技术和分子生物学的兴起》。

[6] 巴斯德的这句名言被引用于下书中，René Dubos，《路易·巴斯德：自由科学人》（*Louis Pasteur: Freelance of Science*, New York: Scribner, 1976），第 67 页～第 68 页。关于作为应用科学的化学，参看 Timothy Lenoir，《实用科学：科学知识的文化成果》（*Instituting Science: The Cultural Production of Scientific Knowledge*, Stanford, Calif.: Stanford University Press, 1997）。

为纯科学、应用科学和技术日益缩小区别的一个标志。[7]

但是,生物技术开发的参与者们对于应该遵循科学还是技术的原则,有他们自己的意识。最近的人类基因组测序工作,提供了一个很好的例证,两个团体得出了相似的成果,但他们的操作模式大相径庭:一个是以公司形式运作的塞莱拉(Celera),由私人提供资金,它的目的是通过出售知识获利,这跟其他任何出售产品的公司一般无二;而另一个团体是由公众资金支持的,它的知识是向公众开放的。[8]

20 世纪 80 年代早期的生物技术的独特之处在于其基础是现代分子生物科学,所以它被称为"新生物技术",以区别于人们通常熟悉的"旧生物技术"。新、旧生物学的分野是在 1984 年美国技术评估办公室(United States Office of Technology Assessment)一份题为《全球商业生物技术分析》(*Commercial Biotechnology, An International Analysis*)的报告中被明确的。[9] 可以说,如此定义的"新"生物技术只有现在而没有历史。虽然一些概念可以追溯到格雷戈尔·孟德尔最早的关于遗传的研究,但通常人们都把弗朗西斯·克里克(1916～2004)和詹姆斯·D. 沃森(1928～)在 1953 年发现 DNA 的双螺旋结构作为开端。[10] 这个开端也更多地被认为是当前发展中的关键突破之一,而不是一个历史事件,它只是正在进行中的科学家和企业家所讨论的课题的一部分,绝大多数研究者也都还属于这个开端以来的第一或第二学术世代。

527

随后的对生物技术有显著意义的分子生物学方面的认知发展包括 1961 年马歇尔·W. 尼伦伯格和 J. 海因里希·马特伊揭示 RNA 编码蛋白质的过程进而破解基因编码,1967 年阿瑟·科恩伯格合成 DNA 片段,1971 年保罗·伯格开发出能够精确剪切 DNA 的酶,1973 年斯坦利·科恩和赫伯特·博耶关于在生物体之间转移 DNA 片段的研究。到 20 世纪 70 年代后期,能产生人的生长激素和胰岛素的基因被成功地转移

[7] David Noble,《设计美国:科学、技术和企业资本主义的兴起》(*America by Design: Science, Technology, and the Rise of Corporate Capitalism*, New York: Knopf, 1977)。关于产业群与研究型大学的关系,参看 John P. Swann,《理论科学家与制药工业:美国 20 世纪的合作研究》(*Academic Scientists and the Pharmaceutical Industry: Cooperative Research in Twentieth-Century America*, Baltimore: Johns Hopkins University Press, 1988);Stuart W. Leslie,《冷战与美国科学:麻省理工学院和斯坦福大学的军事-企业-大学共同体》(*The Cold War and American Science: The Military-Industrial-Academic Complex at MIT and Stanford*, New York: Columbia University Press, 1993)。关于技术科学,参看 J. V. Pickstone,《认识方式:科学、技术和医学新史》(*Ways of Knowing: A New History of Science, Technology and Medicine*, Manchester: Manchester University Press, 2000)。关于根本性改变是否已经发生的讨论,参看 Terry Shinn,《变革还是变异? 关于当代科学基础的思考》(Change or Mutation? Reflection on the Foundations of Contemporary Science),《社会科学信息》(*Social Science Information*),38(1999),第 149 页～第 176 页;Terry Shinn 和 Bernard Joerges,《横向联系的科学与技术文化:科研技术的动态和作用》(The Transverse Science and Technology Culture: Dynamics and Roles of Research-Technology),《社会科学信息》,41(2002),第 207 页～第 251 页;Michael Gibbons、Camille Limoges、Helga Nowotny、Simon Schwartzman、Peter Scott 和 Martin Trow,《知识的新式生产:现代社会中科学与研究动态》(*The New Production of Knowledge: The Dynamics of Science and Research in Contemporary Societies*, London: Sage, 1994);Peter Weingart,《从"结束"到"第二模式":新瓶装旧酒》(From "Finalization" to "Mode 2": Old Wine in New Bottles),《社会科学信息》,36(1997),第 591 页～第 613 页。

[8] John Sulston 和 Georgina Ferry,《共同的线索:科学、政治、道德和人类基因组的故事》(*The Common Thread, A Story of Science, Politics, Ethics and the Human Genome*, London: Bantam, 2002)。

[9] U.S. Congress, Office of Technology Assessment,《全球商业生物技术分析》(*Commercial Biotechnology, An International Analysis*, OTA-BA-218, Washington, D.C.: U.S. Government Printing Office, 1984)。

[10] Soraya de Chadaravian,《设计生命:第二次世界大战后的分子生物学》(*Designs for Life: Molecular Biology after World War II*, Cambridge: Cambridge University Press, 2001)。

到大肠杆菌上,随后诸如作为抗癌药的干扰素和一种抗凝血因子等很多蛋白质都用相似的转基因方法制造出来。1988 年哈佛大学获得了一项专利,其内容是一个基因工程哺乳动物,该校菲利普·莱德教授不是把基因从一个大肠杆菌细胞转移到另一个上,而是把一段病毒的基因转到老鼠上,从而生成了一个新的生物体。[11] 克隆也开始转向哺乳动物,1997 年生物工程羊多莉从一只成年绵羊的细胞培养了出来。[12] 2000 年人类基因组测序初步完成,其长远意义还在逐渐显露中,同时人们开始考察细菌和其他一些病原体的基因组。

在分子生物科学和生物技术之间,还有政治和法律层面的因素。在 70 年代早期,对危险生物体有可能从实验室泄漏出去的巨大忧虑,曾导致有关研究工作的暂停和以后对此类研究的严格控制,这些控制措施即使是出于惯例而不是法规,仍然同样地影响到学术界和工业界的科学家。[13] 这次行动是由生物技术研究的领导者们自己发起的,他们试图避免重蹈前辈物理学家的覆辙——后者的冒进态度导致他们的成果毫无控制地应用于核武器,从而招致公众的责难。也有人认为不应该对分子生物学的研究与应用控制过严,他们指出对这门科学的未来的争论要综合考虑可预见的好处和危险。[14]

528

当我们重点关注生物技术改变细胞的方法时,可能忽视了培养细胞和提取精细的细胞物质所必需的工程和化学技巧,平衡各方面的贡献需要考虑语言甚至哲学方面的因素。在英文文献中,生物技术与分子生物学是联系在一起的,绝大多数分子生物学的研究成果都是用英文报告的;但是关于细菌和真菌细胞的早期研究却大多是非英文的,德国学者曾经在 19 世纪和 20 世纪大部分时间统治了发酵的研究,直到今天,最主要的酿造技术文献仍然是用德文写就的。[15]

早期历史

传统发酵工艺的发展是很缓慢的,许多人在实践中有所心得,但几乎没有人愿意

[11] Donna Haraway,《第二个千年的谦恭见证者(女性男人和肿瘤鼠):女权主义与技术科学》(*Modest_Witness@ Second_Millennium. FemaleMan_Meets_OncoMouse*: *Feminism and Technoscience*, New York: Routledge, 1997)。

[12] 关于多莉绵羊和克隆,参看 Ian Wilmut、Keith Campbell 和 Colin Tudge,《第二次造物:克隆多莉的科学家的生物控制技术》(*The Second Creation*: *The Art of Biological Control by the Scientists Who Cloned Dolly*, London: Headline, 2000); Gina Kolata,《克隆:通向多莉之路及其前途》(*Clone*: *The Road to Dolly and the Path Ahead*, London: Allen Lane, 1997)。

[13] Sheldon Krimsky,《应用生物学和社会:工业化遗传学的兴起》(*Biotechnics and Society*: *The Rise of Industrial Genetics*, New York: Praeger, 1991); Susan Wright,《分子政治学:美国和英国关于基因工程的规范政策(1972～1982)》(*Molecular Politics*: *Developing American and British Regulatory Policy for Genetic Engineering*, *1972 – 82*, Chicago: University of Chicago Press, 1994)。

[14] Robert Bud,《不同步调的生物技术舞者:狂热者、怀疑者和管理者》(Biotechnological Dancers to Different Tunes: Enthusiasts, Sceptics and Regulators),载于 Martin Bauer 编,《新技术的阻力》(*Resistance to New Technology*, Cambridge: Cambridge University Press, 1995),第 293 页～第 310 页。

[15] Mikulas Teich,《德意志的啤酒、科学和经济(1800～1914):对德国工业化历史的贡献》(*Bier*, *Wissenschaft und Wirtschaft in Deutschland 1800–1914*: *ein Beitrag zur deutschen Industrialisierungsgeschichte*, Vienna: Böhlau, 2000)。

改变。不过科学解释应用于实际并产生新颖的技术和方法,还是时有发生的,17 世纪末的科学革命,把新的测温和水文技术以及化学理论引入传统的发酵过程。普鲁士王室医生格奥尔格·恩斯特·施塔尔(1659~1734)最早提出了"酿造术"的概念,这是一类专门的发酵技术。施塔尔影响广泛的著作《酿造术基础》(*Zymotechnia Fundamentalis*)出版于 1697 年,被视为生物技术的奠基性文献。[16]

施塔尔根据自己的理论,对他眼中的生物和非生物世界做了严格区分,并以此形成他的发酵理论。不过这个理论在 19 世纪初,随着他的燃素学说一起被抛弃了。玛丽·雪莱创作的、为大家所熟知的弗兰肯斯坦的故事——那个科学怪人用非生物材料制造出一个活的怪物,就是后施塔尔时代的直接产物,也是关于生物技术的一个经久不衰的传说。[17]

529 但是,施塔尔创造的"酿造术"这个词,在课本和学校中流传了下来。在 19 世纪中期的布拉格,有 33 年教龄的卡尔·巴林教授致力研究化学原理在酿造业中的应用,当他追寻历史时,在施塔尔的著作中找到了自己研究对象的源头、本质和位置。巴林借用了"酿造术"这个词作为他酿造方面的经典著作《酿造科学和技术的发展》(*Bericht über die Fortschritte der zymotechnische Wissenschaften und Gewerbe*)的第四卷的题目。

路易·巴斯德的工作进一步强化了生物体和一般化学物质的区别。19 世纪末,人们开始发展一种新的发酵理论。当时研究酿造的中心不在鲁尔地区或兰开夏这些工业革命风暴的中心,而是在巴黎、柏林、哥本哈根和芝加哥等农用工业的聚集地。芝加哥是当时世界最大的农产品市场所在地,其周边大平原所出产的小麦供应世界各地,流水线的生肉处理方式成为后来亨利·福特的汽车生产线的榜样。同时期的丹麦在农产品增值加工方面处于领先地位,首创了工业化的生猪催肥与熏肉、黄油和啤酒加工。正是在这些农用工业聚集地,生物科学和生物技术不停地结合,并形成系统。

19 世纪后期酿造术的经典著作是《微生物与发酵》(*Microorganisms and Fermentation*),作者是哥本哈根的阿尔弗雷德·约尔根森,最早的丹麦文版在 1889 年出版,并在之后的 60 年的时间里,多次被翻译、修订和重印。约尔根森是一名酿酒顾问,与乐堡酿酒厂关系密切。他还开了一间学校,该学校吸引了来自欧洲各地的学生,据约尔根森自己声称,在 1903 年该校有 800 名学生就读。约尔根森的影响是如此之大,一个名为马克斯·赫纽斯的丹麦人在芝加哥模仿他开办了一所同名的"发酵技术

[16] Kristoff Glamann,《科学酿酒人:现代酿酒工业兴起期间的创始者和继承者》(The Scientific Brewer: Founders and Successors during the Rise of the Modern Brewing Industry),载于 D. C. Coleman 和 Peter Mathias 编,《企业和历史:纪念查尔斯·威尔逊的论文集》(*Enterprise and History: Essays in Honour of Charles Wilson*, Cambridge: Cambridge University Press, 1984),第 186 页~第 198 页;例如,参看 M. Delbrück 和 A. Schrohe 编,《酵母、发酵和腐烂》(*Hefe, Gärung und Fäulnis*, Berlin: Paul Parey, 1904);A. Schrohe,《发酵技术及其相关领域的历史》(*Aus der Vergangenheit der Gärungstechnik und verwandter Gebiete*, Berlin: Paul Parey, 1917)。

[17] Jon Turney,《弗兰肯斯坦的足迹:科学、基因和流行文化》(*Frankenstein's Footsteps: Science, Genetics and Popular Culture*, New Haven, Conn.: Yale University Press, 1998)。

学校”,[18]而德国人约翰·埃瓦尔德·西贝尔借鉴他的丹麦文“Zymotkniske Tidende”,创办了《发酵技术杂志:发酵工业杂志》(*Zymotechnic Magazine: Zeitschrift für Gährungsgewerbe*)、《食品与饮料评论》(*Food and Beverage Critics*),后来西贝尔还建立了发酵技术学院。1906年,芝加哥的酿酒专家们组织了一个专业俱乐部,叫作发酵技术协会。[19]

最受关注的发酵产品仍然是啤酒,直到19世纪末,德国啤酒的销售额与钢铁相当。受普法战争中法国的屈辱刺激,巴斯德曾发表啤酒酿造方面的文章,声称法国在这个传统上属于德国的工业领域中胜过对方。但是发现野生酵母感染是造成啤酒发酵失败原因的是丹麦人埃米尔·克里斯蒂安·汉森,而纯酵母在啤酒酿造中的使用则是由马克斯·E. J. 德尔布吕克在柏林发展的。当时的科学家们并没有受到国界的限制,而是有密切的交流,但他们工作的理念是不同的。在巴黎这些新的研究课题被视为微生物学的应用,而在哥本哈根和柏林,它们被视为发酵技术的再生。 530

发酵的科学和技术也不只限于啤酒制造,奶酪和酸奶、葡萄酒和醋、茶叶和烟草……甚至皮革脱毛,都涉及发酵过程。在19世纪即将结束时,最早的通过发酵制造的化学合成物(乳酸、柠檬酸和高峰淀粉酶[enzyme takaminase])出现了,“酿造术”作为主要与啤酒制造相关的一个概念,在它的拥护者尤其是丹麦科学家的眼里,显得过于局限了。[20]

从酿造术到应用生物学

1913年在哥本哈根,约尔根森的学生西古德·奥尔拉-延森的教授头衔从农业化学与发酵生理学教授变为生物技术化学教授,这个改变是对扩张了的酿造术的一个正式确认。奥尔拉-延森的课程把研究蛋白质、酶和细胞与牛奶、代黄油等特殊食品的分析联系起来,也和巧克力的制造联系起来,从而建立了一个新的学科。奥尔拉-延森多年后在其著作中解释了他对应用科学的观点,就是应用科学并不仅仅是纯科学的应用,而是来自实践经验的一种知识形式。奥尔拉-延森的论据是,植物学就产生于人们寻找草药的过程,化学则来自矿石研究。奥尔拉-延森的名字可能不会收录在著名生化学家名录里,但当他从瑞士回到丹麦时,他确实找到了在瑞士干酪上更好地产生孔

[18] 虽然还没有人给约尔根森写传记,但赫纽斯和西贝尔都有传记。参看 Max Henius Memoir Committee,《马克斯·赫纽斯传》(*Max Henius: A Biography*, Chicago: privately printed, 1936);John P. Arnold 和 Frank Penman,《美国酿酒工业和酿酒科学的历史:纪念美国酿酒科学先驱约翰·E. 西贝尔博士和安东·施瓦茨》(*History of the Brewing Industry and Brewing Science in America, Prepared as a Memorial to the Pioneers of American Brewing Science Dr. John E. Siebel and Anton Schwartz*, Chicago: privately printed, 1933)。

[19] 关于20世纪早期的芝加哥的介绍,参看 Upton Sinclair,《屠场》(*The Jungle*, New York: Jungle Publishing, 1906)。虽然这是一本小说,但被广泛地认为是导致1906年《食品与药物法》(Food and Drug Act)出台的原因。

[20] 关于丹麦农业发展的英文著作,目前只有 Eimar Jensen,《丹麦农业的经济发展:自由贸易时期的描述和经济分析(1870~1930)》(*Danish Agriculture: Its Economic Development, a Description and Economic Analysis Centering on the Free Trade Epoch, 1870-1930*, Copenhagen: Schultz, 1937)。

洞的生产条件。

第一次世界大战也是促进科学与技术相结合的一个因素。在柏林，弗里茨·哈柏发明的合成氨被做成营养基用以大规模地培养动物饲料所需的酵母；在不列颠，白俄罗斯犹太人、后来的以色列总统哈伊姆·魏茨曼，开发出了用细菌从淀粉合成丙酮溶剂的方法。魏茨曼曾经与奥古斯特·费恩巴赫一起在巴斯德研究所工作，他最初是想为巴勒斯坦的低价农产品找到用途，后来则转向帮助盟军生产无烟火药，丙酮就是生产无烟火药的关键成分。但是，没有证据表明，英国《贝尔福宣言》(Balfour Declaration)把巴勒斯坦给予回归犹太人作为建国之地，是出于对魏茨曼的感谢。[21]

531

战后，魏茨曼的工作成为丁醇生产的基础，丁醇本来只是魏茨曼过程的一个副产品，但后来发现它是汽车油漆的上好溶剂。[22] 魏茨曼过程成为微生物学应用的一个范例，这些应用被称为经济微生物学。[23]

另一项第一次世界大战中的研究则开启了“生物技术”这个词的使用。奥匈帝国一直渴望其农业基地匈牙利能达到丹麦那样的高效率，在此背景下，经济学家卡尔·埃赖基建造了最大的生猪处理厂：进入工厂的是整火车的甜菜，作为5万头生猪增肥的饲料，而运出的则是猪油、皮和肉。在这个似乎是苏联集体农场前身的工厂中，农民(已经被城市社会所吸收)完全被工业化的生物过程所取代和超越。埃赖基回顾他创新的意义时认为，它预示了一场化学技术导致的工业革命，在他的著作《生物技术》(*Biotechnologie*)中，他强调了具体的技术原则与广泛的哲学的联系。战后，埃赖基成为匈牙利的食品部部长。

但是，埃赖基首先使用的“生物技术”这个词，并不是通过他本人的活动而为人熟知的。柏林酿造工业学院(Institut für Gärungsgewerbe)著名的植物学家保罗·林德纳在审阅了埃赖基的书后，指出微生物体在酵母生产或魏茨曼过程中起到的作用与工业生产中的机器是一样的，可以被视为生物技术机器，“生物技术”这个词就是以这个含义在20世纪20年代最早进入德语字典。生物技术与酿造技术的联系在芝加哥尤为显著，在禁酒令时期，那里建立了一个名为“生物技术局”的咨询机构，专注于非酒精发酵饮料的研究。不久以后英格兰也出现了几乎同名的咨询机构，发酵技术在商业上的重要性变得越来越明显。

532

如果仅仅作为酿造术的升级，生物技术是不可能成为现代热门前沿学科的。其实从19世纪中期以来，生命的工程还有另外一个含义，就是优生学，即对个体或集体的人的“改进”，也正是这个方向的研究者在1911年最早预测了20世纪将是生物技术的

[21] Jehuda Reinharz，《犹太复国主义者的领袖哈伊姆·魏茨曼》(*Chaim Weizmann, the Making of a Zionist Leader*, Oxford: Oxford University Press, 1985)。

[22] H. Benninga，《乳酸制造的历史：生物技术史的一章》(*A History of Lactic Acid Making: A Chapter in the History of Biotechnology*, Dordrecht: Kluwer, 1990)。

[23] Keith Vernon，《脓、污水、啤酒和牛奶：微生物学在英国(1870～1940)》(Pus, Sewage, Beer and Milk: Microbiology in Britain, 1870-1940)，《科学史》(*History of Science*)，28(1990)，第289页～第325页。

世纪。优生学和酿造术一起孕育了现代生物技术。

今天优生学由于常常被当作杀害弱者或异见者的行为(甚至是大屠杀)的意识形态基础而臭名昭著,[24]但 20 世纪早期许多优生学的支持者所持的信念却是弱者可以变为强者,与一部分人所持的人种改进只能通过除去“不优秀”基因的观点不同,另一部分人相信人类可以对自己的基因进行改进。毫无疑问的是,人类通过使用技术已经超越了其生物限制。

早在 1828 年,让-巴蒂斯特·德·莫内·拉马克的一个法国学生让-雅克·维雷就使用“应用生物学(biotechnie)”这个词来描述人类使用技术来完成生物功能的能力。[25] 与查尔斯·达尔文同时提出了进化论的艾尔弗雷德·拉塞尔·华莱士把制造工具作为人类进化的途径。一些生物学的思想家认为,人类的进化将会来自生物性和技术性的有机结合,在目睹了贫穷、饥饿、疾病和流产的现象后,这些人相信人类的生存状况可以通过生物手段改善。即使对此观点持反对态度的人,也不得不承认在 20 世纪的许多国家,国民的“生物”性状如身高、抗病能力和寿命都有了显著的提高。

法国的亨利·贝格松学派和德国的社会生物学学派,都预见了人类通过技术超越自身传统限制。[26] 奥地利社会学家鲁道夫·戈德沙伊德在其 1911 年的著作《进步和人类经济》(*Höherentwicklung und Menschenökonomie*)中提出的 20 世纪将是应用生物学的世纪,得到许多同时代学者的赞同。[27] 第一次世界大战前后的应用生物学的倡导者,比如拉乌尔·弗兰采和鲁道夫·戈德沙伊德,都基本上被遗忘了,但他们的思想在英国被朱利安·赫胥黎及其亲密朋友兰斯洛特·霍格本继承了下来,后两者的著作都是传世的经典。在两次世界大战之间,赫胥黎(他与 H. G. 威尔斯合著了著名的《生命的科学》[*The Science of Life*])和霍格本(写了“富裕时代”中产阶级的入门读物《公民的科学》[*Science for the Citizen*])都认为生物工程技术将是新一代的革命技术。赫胥黎的弟弟奥尔德斯·赫胥黎写作《美丽新世界》(*Brave New World*)一书,[28]正是对他社会生物工程技术梦想的响应。这种响应都只是虚构的文学形式,而不是由科学家作出的详细技术描述,这些著作面向的是普通大众。这个特点贯穿了生物技术方面的文字作品,以致新千年的科学思想家们仍然用文学的方式写科普文章。

533

〔24〕 Daniel Kevles,《以优生学的名义:基因学和人类遗传的应用》(*In the Name of Eugenics: Genetics and the Uses of Human Heredity*, New York: Knopf, 1985),书中详细叙述了优生学在英国和美国的历史。

〔25〕 Alex Berman,《浪漫的健康女神:J. J. 维雷(1775～1846),药剂师和自然哲学家》(Romantic Hygeia: J. J. Virey, 1775-1846. Pharmacist and Philosopher of Nature),《医学史通报》(*Bulletin of the History of Medicine*),39(1965),第 134 页～第 142 页。

〔26〕 法国学派得益于 William H. Schneider,《质量和数量:探究 20 世纪法国的生物学重建》(*Quality and Quantity: The Quest for Biological Regeneration in Twentieth-Century France*, Cambridge: Cambridge University Press, 1990)。

〔27〕 对 20 世纪早期德国关于优生的探讨的评价,由于其悲剧性的结果而不幸地带上了负面的色彩。参看 Paul Weindling,《健康、种族与国家统一和纳粹主义之间的德国政治策略(1870～1945)》(*Health, Race and German Politics between National Unification and Nazism, 1870-1945*, Cambridge: Cambridge University Press, 1989)。

〔28〕 Gary Werskey 曾经描写了这个团体的生物学观点,参看 Gary Werskey,《令人瞩目的学院》(*The Visible College*, London: Allen Lane, 1978)。也可参看 Turney,《弗兰肯斯坦的足迹:科学、基因和流行文化》。

生物化学工程

从第二次世界大战以来，青霉素等用微生物生产的抗生素似乎有希望彻底征服感染类疾病，能够作为能源的生物酒精将为边远贫穷的地方带来财富，用微生物方法制造的食品会解决世界性饥饿问题。即使这些期望最后证明是有些言过其实了，但是青霉素是20世纪最伟大生物技术产品这一事实应该是无可争辩的。它不但挽救了千百万人的生命，而且启发了其他抗生素的发现，而所有这些抗生素在西方国家里消除了这代人对传染病的恐惧。

青霉素是在一种自然霉菌的分泌物中发现的，这个发现是一个偶然事件，而且之后很长时间，对青霉素的研究都是为了纯粹的科学目的。但在第二次世界大战期间的短短3年中，这种稀少而且不稳定的化学物质就被转化为一种被广泛使用的强大药物，美国和英国政府把学术界、国家实验室和制药公司组织起来，集中了基因学、生物化学、化学和化工等各种技术，用高频放射线照射自然霉菌，最终产生了一种高产的突变体，之后所有的青霉素药品都来自这些人造的细胞。青霉素到20世纪50年代就已经能够便宜地生产并在全球广泛使用，而这个过程中所付出的努力，不仅仅有益于青霉素这一个药物的开发和生产。[29] 培养嗜氧霉菌的、巨大至5万升的、持续搅拌的发酵罐所需要的制造和操作技术，对其他许多工业化大规模生产的微生物产品都是适用的，这些产品包括一系列的抗生素和避孕药物所需的类固醇。

534

大规模培养和处理微生物的新技术产生了新的科学分支，生物化学工程和应用微生物学都是这个新分支的名字。瑞典生物学家卡尔-约兰·赫登，可能是受到德国前辈的影响而对“生物技术”这个名字有所偏爱，并说服朋友埃尔默·盖登把他主持的杂志改名为《生物技术和生物化学工程》(*Biotechnology and Biochemical Engineering*)。“应用微生物学的全球影响”则从1962年起成为几个主要国际会议的主题。

生物化学工程的成果，从治病救人的药物、避孕用品到止痛的类固醇，对每个人的生活都产生了深刻的影响。在整个20世纪60年代，同样的技术也被用来生产其他现代生活的必需品——产生动力的燃料和提供蛋白质的食品，而且这些生产可以在生物量丰富的赤道国家(也往往是世界上最贫穷的国家)最有效率地进行。酒精可以通过发酵淀粉或者其他诸如甘蔗和玉米之类的富含糖分的作物制取，巴西就依此制定了一个国家计划，用酒精来替代需要从石油中提炼的汽油。[30] 在美国，用玉米生产燃料似乎能够解决由1979年开始对苏联禁运而加剧的农作物价格过低问题，基于此的酒精

[29] 对此的综述，参看 Robert Bud，《青霉素：胜利与悲剧》(*Penicillin: Triumph and Tragedy*, Oxford: Oxford University Press, 2007)。

[30] Harry Rothman、Rod Greenshields 和 Francisco Rosillo Callé，《酒精经济：乙醇燃料和巴西经验》(*The Alcohol Economy: Fuel Ethanol and the Brazilian Experience*, London: Pinter, 1983)。

燃料计划致力于把生物燃料的产量提高 6 倍,产生了超过 10 亿美元的价值,“酒精汽油(gasohol)”已经成为一个流行词语。

另外一个旧概念的新名字是“单细胞蛋白质(single-cell protein)”,这个词最早出现在 1966 年。但早在第一次世界大战期间,德国人就开始用酵曲做牲畜饲料,今天则可以用石油培养作为食物的富含蛋白质的细菌和真菌,从而石油工业似乎找到了一个解决全球饥荒问题的方案。苏联实施了一个主要的单细胞蛋白质生产计划。[31] 德国政府在寻找新的更加“绿色”的工业政策的过程中,于 1973 年公布了一份题为《生物技术》(*Biotechnologie*)的报告,该报告指出生物处理是现代技术发展的关键。[32] 但是这份报告主要集中讨论使用成熟技术生产新颖的产品,而没有涉及当时已经证明可行的 DNA 重组等新技术。

535

所以在 20 世纪 70 年代末,复兴的酿造术获得巨大的动能。大公司都投资于单细胞蛋白质生产技术,许多国家看到了一个新工业的机会,生物处理过程也变得越来越有效率。但是,单细胞蛋白质却遭到消费者的抵制,而事实也说明发展中国家的饥荒问题并不是简单的蛋白质短缺造成的。当 20 世纪 80 年代初石油价格开始下降后,酒精汽油计划也显得并不经济。当年投入在以微生物学和生物化学为基础的生物技术上的资源、热情和理念,逐渐转移到开始应用分子生物学研究成果的新一代公司中。到 20 世纪 80 和 90 年代,优生学和酿造术逐渐地被整合到基因学里,而这种结合的端倪在 20 世纪 60 年代就已经清晰可见。

分子生物学

到 20 世纪 70 年代,作为一门深奥科学的分子生物学,正在取得重要的进展,但是其实际应用,总体上距离工业生产还很远。“基因工程(genetic engineering)”这个词在 20 世纪 60 年代出现在一般文献中,用来描述对人类基因的改变。[33] 当时一些蛋白质类的药物,比如糖尿病患者用的胰岛素和癌症患者用的干扰素,由于很难从人体中提取而面临居高不下的成本。但乔舒亚·莱德伯格和沃尔特·吉尔伯特等预言,DNA 重组技术可以使这些蛋白质在细菌细胞中表达,从而为生产这类昂贵药物提供了一个理想的解决方案。于是出现了一批小公司,开始做这方面的工作,其中包括位于加利福

[31] David H. Sharp,《生物蛋白的制造:批评性评估》(*Bio-Protein Manufacture: A Critical Assessment*, Chichester: Ellis Horwood, 1989);Anthony Rimmington 和 Rod Greenshields,《技术和变化:俄罗斯、乌克兰和波罗的海国家生物技术综述》(*Technology and Transition: A Survey of Biotechnology in Russia, Ukraine and the Baltic States*, London: Pinter, 1992)。

[32] Klaus Buchholz,《促进和发展生物技术的目标》(Die Gezielte Förderung und Entwicklung der Biotechnologie),载于 Wolfgang van den Daele、Wolfgang Krohn 和 Peter Weingart 编,《研究计划》(*Geplante Forschung*, Frankfurt: Suhrkamp, 1979),第 64 页～第 116 页。

[33] Gordon Wolstenholme 编,《人类及其未来:汽巴卷》(*Man and His Future: A CIBA Volume*, London: Churchill, 1963);T. M. Sonneborn 编,《控制人类的遗传和进化》(*The Control of Human Heredity and Evolution*, New York: Macmillan, 1965)。在这两次会议上,莱德伯格和塔特姆首先使用了“人种改良学(euphenics)”和“基因工程”这两个名词。

尼亚的赛特斯(Cetus)和吉尼泰科(Genentech)和位于马萨诸塞州剑桥市的百傲健(Biogen)。而传统的大公司则用担忧的目光注视着新的竞争者和它们取得的进展。[34]

在把热情从设计发酵罐转移到设计基因的过程中,起决定性作用的是华尔街。20世纪70年代末,新的税收法律鼓励已经非常大胆的美国投资者把资金投入一些小公司,这些公司股票价值的增长超过了其利润。考虑到当时日本已经在钢铁和汽车制造这样的传统工业建立了优势,新技术尤其是在美国拥有优势的领域,有着更大的投资潜力。股票中间商 E. F. 赫顿看到了百傲健和赛特斯这些分子生物技术公司的潜力,在寻找合适的词语来描述这些公司的业务时,赫顿选择了"生物技术(Biotechnology)"这个已经广泛使用的名词。[35] 这个名词吸引了500多人参加1979年9月举行的一个关于干扰素产品的研讨会。当年12月,这个名词被注册为一本大量发行的杂志的名字。第二年,美国最高法院裁决,第一次允许注册一种细菌的专利。

536

分子生物学的发现在带来兴奋的同时,也引起了一定的不安。在20世纪70年代早期,由于担心公众对可能被不当应用的科学的反感,科学家们在DNA重组技术还处于襁褓之中时就寻求对其研究范围进行规范。1976年美国国家卫生研究院(National Institutes of Health)开始规范美国政府资助的实验项目,这些规范使得分子生物学研究首先在美国然后在其他国家得以重新启动。从20世纪70年代后期,法律规范对分子生物研究实验的控制,使科学界内部的担心逐渐减少,但美国和欧洲的公众仍然对生物技术充满疑虑。一个值得注意的事实是,虽然生物技术在20世纪70年代被作为一种绿色技术提出,以替代污染严重的传统工业,但它一直被视为"非自然"的。为什么在特别小心地先立法再研究之后,还会出现这样的现象呢?希拉·亚桑诺夫的回答是,对美国、德国和英国等不同国家的危险和抵制概念要区别对待,每个国家对危险的定义都与该国的传统评估方法、经验和争论密切相关,而且对生物技术专家的信任度也是许多问题的症结所在。20世纪80年代,在德国,生物技术与曾经由国家资助的种族优生学和当代对核能的担心联系在一起;在英国,生物技术使人们回忆起生物专家们在数次饥荒中的失败作为;而在美国,对干细胞的开发总是被联系到人工流产上去。

有担心也有热情。在美国,出于对过度法规控制的不以为然,一些企业和科学界的领袖对生物技术的潜力做出了最乐观的预测。这些预测反馈到华尔街,支持了生物技术工业。在商业方面,接下来的20年出现了两个现象。一方面,大量小生物技术公

537

[34] Stephen Hall 记录了百傲健与吉尼泰科在研制第一个基因重组胰岛素过程中的竞争,参看 Stephen Hall,《看不见的前沿:合成人类基因的竞赛》(*Invisible Frontiers: The Race to Synthesize a Human Gene*, London: Sidgwick and Jackson, 1987)。

[35] 关于华尔街对生物技术公司的热情的最好的论述,参看 Robert Teitelman,《基因之梦:华尔街、学术界和生物技术的崛起》(*Gene Dreams: Wall Street, Academia, and the Rise of Biotechnology*, New York: Basic Books, 1989)。关于当时学术界与商界的联系,参看 Martin Kenney,《生物技术:大学和工业的综合体》(*Biotechnology: The University-Industrial Complex*, New Haven, Conn.: Yale University Press, 1986)。欧洲在这方面的观点,参看 Luigi Orsenigo,《生物技术的出现:工业创新中的机构和市场》(*The Emergence of Biotechnology: Institutions and Markets in Industrial Innovation*, London: Pinter, 1989)。

司爆炸式地出现,主要在美国,少量在欧洲,[36] 1978～1981 年,“各类生物技术公司的累计投资额从 5500 万美元上升至 8 亿美元”。[37] 而与最初的预测相反,日本并没有成为生物技术工业的主导力量。但在另一方面,能够赢利的生物技术公司的数量却很少,一些早期的开拓者都不存在了,比如赛特斯和吉尼泰科都被别的公司所兼并。小公司仍然是创新的主力,但规模生产和市场开拓主要是由孟山都(Monsanto)这样的大公司主导,后者的转基因大豆是最早被广泛采用的转基因产品之一。

大生物科技公司确实取得了巨大的成功。在 1939 年,默克(Merck)这个主要的医药研发公司大概只有化工企业杜邦(Du Pont)的 2%的规模,而半个世纪以后,默克的产值和股票市值都超过了杜邦。德国著名的化工企业赫希斯特(Hoechst)通过兼并变成了制药公司赛诺菲-阿旺蒂(Sanofi-Aventis),而赫希斯特的同档次的英国竞争对手帝国化学公司(ICI)则分拆出其最大的也是最盈利的制药部门。虽然有少量的用 DNA 重组技术产生的大分子在制药方面取得了成功,但用 DNA 重组发现然后用化学合成法制造的小分子产品还是主流。在 20 世纪 80 和 90 年代,一些超级药物,如治疗抑郁症的盐酸氟西汀(商品名为普赛克[Prozac][中文俗称百忧解——译者注])、治疗溃疡的奥美拉唑(商品名洛赛克[Losec])和促进性功能的枸橼酸西地那非(商品名万艾可[Viagra])都是用化学合成方法而不是分子生物学方法生产的。

大制药公司的工业优势和小生物技术公司的吸引力,标志着工业和农业正在经历的深刻变化。[38] 如果信息技术仍然是整个工业更重要的决定特征,那么生物技术似乎是人类“现代化”的核心。

20 世纪 80 年代以测序并标定整个人类基因组为目标的人类基因组计划,是一个支撑未来生物技术的伟大的科学项目,也将进一步促进生物技术的重要性。[39] 虽然常常用单数形式表示,事实上有多个关于人类基因组的项目,同时还有其他并行的破解线虫、酵母和细菌基因组的项目。所有这些项目都显示出不同应用学科的合作,表现为一方面相信人类基因组的科学知识会对所有技术有所裨益;另一方面基因组测序技术中的一系列技术革命使其能够以工业化的速度进行。人类基因组计划彰显了莉

538

[36] Sheila Jasanoff,《产品、过程或程序:生物技术的三种文化和规范》(Product, Process or Programme: Three Cultures and the Regulation of Biotechnology),载于 Martin Bauer 编,《对新技术的抵制》(*Resistance to New Technology*, Cambridge: Cambridge University Press, 1995),第 311 页～第 334 页。

[37] Paul Rabinow,《制造聚合酶链反应:生物技术的故事》(*Making PCR: A Story of Biotechnology*, Chicago: University of Chicago Press, 1996),第 27 页。该书也记述了赛特斯公司的历史,并分析了聚合酶链反应的研发过程。

[38] 关于农业生物技术的长期历史,参看 J. R. Kloppenberg, Jr.,《第一粒种子:农业生物技术的政治经济学(1492～2000)》(*First the Seed: The Political Economy of Plant Biotechnology, 1492-2000*, Cambridge: Cambridge University Press, 1988);Lawrence Busch 等,《农作物、能源和利润:新生物技术的社会、经济和道德结果》(*Plants, Power and Profit: Social, Economic and Ethical Consequences of the New Biotechnologies*, Oxford: Blackwell, 1991);Daniel Charles,《收获物的主人:生物技术、大资本和未来的食物》(*Lords of the Harvest: Biotech, Big Money and the Future of Food*, Cambridge, Mass.: Perseus, 2001)。

[39] Robert Cook-Deegan,《基因战争:科学、政治和人类基因组》(*The Gene Wars: Science, Politics and the Human Genome*, New York: Norton, 1994)。

莉·E.凯所描述的分子生物学与生俱来的一个传统,[40]这个传统在分子生物学近期的历史中一直是个核心,即专利问题。[41]

我们对生物技术历史的重构始终与我们对科学和技术的概念紧密相关。应用科学并不是纯科学的应用,但它们也不是完全分离的。对细菌细胞的研究、培养和利用,与最近对哺乳动物细胞所做的同样事情是相通的。分析技术和大规模生产既包括工程学也包括生物学。科学原因和技术结果这类简单的模型,正在为网络和连接、矛盾和多重特征这些比喻方法所代替 。生物技术的历史可以视为有自主意识的科学和技术集团,通过一系列的网络联系分享它们对生物技术光明未来的期望,以及对它们各自的专门技术和对"人类缺陷"的共同关心。

(张瑞峰　译)

[40] Lily E. Kay,《生命的分子愿景:加州理工学院、洛克菲勒基金会与新生物学的兴起》(*The Molecular Vision of Life: Caltech, the Rockefeller Foundation and the Rise of the New Biology*, Oxford: Oxford University Press, 1993)。

[41] F. K. Beier、R. S. Crespi 和 J. Strauss,《生物技术和专利保护:国际综述》(*Biotechnology and Patent Protection: An International Review*, Paris: OECD, 1985)。

第四部分

科学和文化

29

宗教和科学

541

詹姆斯·R. 穆尔

美国国会图书馆的主题标题编目表,在所有同类编目表中堪称最为完备。书目领域的《米其林指南》(*Michelin's Guide*)理应给它打5颗星,因为这个世界级的"菜单"展示了华盛顿的"书籍大厨们"如何为知识领域奉上盛宴。一个世纪以来,该编目造就了各地图书馆员的分类口味,并且仍然指导着许多领域的分类信息提供者。编目表中有些主题简直令人无法抗拒,尤其是"宗教和科学"。在巨量出版物中,这一主题是国会图书馆的首选专题,比"科学和宗教""神学和科学""宗教和各类科学"等主题下的条目多数千倍甚至更多。然而如何来细分"宗教和科学"呢?国会图书馆将其分成上百个类别:按时间段和地点;通过单本书和系列;在诗歌、戏剧、小说中;适合的读者从医务人员到儿童。最近200年,时间顺序分类最为详细,"宗教和科学"被细分成1800～1859年、1860～1899年、1900～1925年、1926～1945年、1946年至今。

这个方案也许确实有用,然而就像所有分类法一样,假定的内容多于其能证明的部分。举例来说,为什么将连续无间断的时间网分割成在1859年、1925年断开的片段?一个世纪,如1800年、1900年,用起来很方便,1945年标志世界大战结束,可是为什么选择查尔斯·达尔文(1809～1882)的《物种起源》(*On the Origin of Species*,1859)出版那年和田纳西州高中教师约翰·斯科普斯卷入"猴子审判"那年?为组织"宗教和科学"这个范围广泛的主题,将上述事件视为具有特殊意义会引发争议,实际上国会图书馆的馆员并非总是如此。一小部分老的副标题把分割线划在1857年、1858年、1879年、1889年;一系列日期则完全忽略了1925年。这表明,只要稍加思考和独创,就有可能设计出一种完全不同的分期,这类分期考虑到物理科学、世界范围的进步,或仅仅是欧洲的事件。例如,对1789年以来的出版物进行分类,为什么不能在1814年、1848年、1871年、1914年和1933年断开?

542

简言之,"宗教和科学"正如那些日期一样,不归属于社会史和政治史的命名法则。首先而且最重要的,它是一个知识的专题,与思想史,尤其是英语世界的思想史相适应。在其范围内,宗教观念和科学观念存在于具象化的心灵中,然而其历史记录了一组观念与其他观念逐渐结合,或一组观念与其他观念分离,或者一组观念战胜其他,每种情况都伴随排除来自社会、政治的具体干预。正是这些世俗的压力阻碍"宗教"和"科学"的正常发展。它们是堵塞历史齿轮的污染物,是黑暗年代或者刚刚逝去年代残留的碎屑。不是战争、内部动乱或者胡乱干涉的官僚,而是真理与理性(人的或神圣的)成为纯化剂,推动人类不断进步,历史不断前进。

维多利亚时代专题

如果G. M. 扬是正确的,"宗教和科学"作为知识界的行话有其价值。他说:"历史的真实中心主题不是发生了什么,而是当事情发生时人们感受到什么。"[1]因而毫无疑问,对很多维多利亚时代的人来说,"宗教和科学"是一个组织类别,也是一个令人痛苦不堪的类别。书商利用他们的关注,将这对古怪的伴侣搭配成无数不同组合出售获利。这种繁荣始于19世纪70年代,经约翰·威廉·德雷珀(1811～1882)所著的跨大西洋畅销书《宗教与科学冲突史》(*History of the Conflict between Religion and Science*, 1874)推波助澜。德雷珀是个从激进的卫理公会教友转变成的化学家兼通俗历史学家,住在爱尔兰人中间,从默西赛德郡迁到纽约市,非常厌恶天主教会。根据其专横的设想,他的《宗教与科学冲突史》一书主张人类注定要被科学解放。而真正的宗教也应加强的观点更令人铭记,它出自康奈尔大学思想开放的校长安德鲁·迪克森·怀特(1832～1918)的《科学与基督教界神学战争史》(*A History of the Warfare of Science with Theology in Christendom*, 1896)一书。* 在这部他的平生力作中,怀特一一应对康奈尔各教派的批评,指出所有出于狭隘教理动机对科学探求的干涉,一概不符合科学和宗教的真正利益。这是一个不干涉的信息,然而消失在一团杂乱无章的脚注中。虽然煞费苦心完成两大卷本,怀特的《科学与基督教界神学战争史》所取得的成功,只不过将怀特本人和德雷珀关于"所有错误想法中最错误的,就是坚信科学和宗教彼此为敌"的感叹,"更深地推入千万人心中"。[2]

543 怀特的《科学与基督教界神学战争史》发布的翌年,即1897年,国会图书馆通过将"宗教和科学"纳入其权威的主题标题编目,协助将维多利亚时代人们"摸索"的完全转换成"历史的真实中心主题"。由两名陷入苦战的吹鼓手推出的令人难忘的两个具体化的抽象概念,成为诠释现代思想史的典范。几乎没有人探询过"宗教和科学"的起源、它所代表的假设、它引发的激情。维多利亚时代专题被视为理所当然,专家和普及

[1] G. M. Young,《维多利亚时代的英格兰:描述一个时代》(*Victorian England: Portrait of an Age*, 2nd ed., London: Oxford University Press, 1952),第vi页。

* 也译为《科学-神学论战史》,鲁旭东译,商务印书馆,2012年版。——责编注

[2] Andrew Dickson White,2卷本《科学与基督教界神学战争史》(*A History of the Warfare of Science with Theology in Christendom*, London: Macmillan, 1896),第1卷,第410页。关于专题效力的证明,载于Sydney Eisen和Bernard V. Lightman编,《维多利亚时代的科学与宗教:一份着重关注进化论、信仰、无信仰的书目,包括约1900～1975年的著作》(*Victorian Science and Religion: A Bibliography with Emphasis on Evolution, Belief, and Unbelief, Comprised of Works Published from c. 1900–1975*, Hamden, Conn.: Archon, 1984)。

者都沉迷于一些问题，诸如“宗教和科学处在战争状态吗？它们必须彼此作战吗？冲突的原因是什么？讲和的机会是什么？”典型地，这些问题无非是我的宗教对抗你的科学，或者是你的宗教对抗我的科学，即一套信仰（确信他们思想的正直）与另一套（在其中倒行逆施的意识形态被打扮成真正的信仰）相对立。如同弗兰克·特纳解释过，即便学术界的历史学家也摆脱不了这种派别之见。

在20世纪第3个25年中，当特纳加入耶鲁大学历史系，美国学者采取“真理-征服-错误”来理解现代知识生活，已经几乎成为“一种通过仪式”。这种世俗的目的论或多或少不加批判地来自19世纪的自由思想家，如德雷珀和怀特，他们认为他们在“宗教与科学之间的冲突”中获胜。历史学家“经常采纳读物的表面含义和相对有限数量作者的自我解释，然后倾向于用这些作为他们自己文化状况的指南”。鉴于共产主义者在其左翼，基要主义者在其右翼（后来的女权主义者、多元文化主义者、后现代主义者……无处不在），作为新一代陷入苦战的世俗知识分子的成员，美国自由派鼓吹维多利亚时代知识生活的各个方面，认定那些方面是他们自己的道德价值感所必需的。[3] 与分析公认的“科学和宗教”见解相比，他们觉得更为有利的是直接选择立场，将一个时间片段延续成“历史的真实中心主题”。

近年来，随着一批曾经历20世纪60年代政治摇摆的较为年轻的英国、北美历史学家质疑许多自由派灵丹妙方的合理性，这一程序的贫乏变得明显。对“冲突”和“战争”的表述如今似乎是片面的军国主义；术语“宗教”和“科学”在关于过往的严肃辩论中被认为“太大而不好用”。[4] 随着历史主体叙事的衰落（因苏联共产主义的崩溃而加速）以及科学史上“大场面”的消失，学者开始关注局部、特定事件和偶发事件。诸如“宗教和科学”这类“行动者范畴”变成待解释的事物而非解释前提，社会和政治压力变成知识发展的关键而非污染物。最重大的逆转伴随20世纪80年代“达尔文研究”的转型而出现。特纳注意到，就对所谓宗教和科学的冲突的态度而言，“在维多利亚时代的知识史上，没有其他领域出现过如此广泛的修正”。历史学家“明确分类思想和意识形态运动的真实内容问题”，并重点关注“科学活动的特定社会环境”，令重大改变发生。这种“语境主义”方法已被广泛采用。得益于一代人在科学知识社会学方面的努

544

〔3〕 Frank M. Turner，《争取文化权力：维多利亚时代知识生活文集》（*Contesting Cultural Authority: Essays in Victorian Intellectual Life*, Cambridge: Cambridge University Press, 1993），第6页～第9页。

〔4〕 Owen Chadwick，《19世纪欧洲人心灵的世俗化》（*The Secularization of the European Mind in the Nineteenth Century*, Cambridge: Cambridge University Press, 1975），第175页。

力，我们对过去两个世纪中科学和宗教的理解丰富多了。[5]

结果，达尔文开始扫荡奄奄一息的反对派的1859年不再是耸立的分水岭。国会图书馆列出“宗教和科学(1800～1859)”和“宗教和科学(1860～1900)”的主题标题，不过说明了维多利亚时代宣传的成功。根据近期的研究，1925年也不再被当作一个决定性的年份。几十年来，斯科普斯审判的诠释者们只是模仿了此案的支持者，他们自己把诉讼程序当作德雷珀和怀特老战役迟来的爆发。作为不可知论者的辩护律师克拉伦斯·达罗(1857～1938)羞辱了基要主义者、州检察官威廉·詹宁斯·布赖恩(1860～1925)，但未打赢官司。尽管如此，这个审判以公民自由主义者“面对多数派的专制敢于挺身而出”并取得“象征性胜利”载入美国史册。[6] 实际上，基要主义只是转入地下继续蓬勃发展，审判刚结束布赖恩就去世了，这确保了他的宣福礼。自由主义的常胜主义观点已经沦落为政治民间传说，随着它的消亡，主题标题“宗教和科学(1900～1925)”和“宗教和科学(1926～1945)”也显得古怪，默默透露党派传奇的影响力。

545

目前，随着学者们重新审视其他事件，包括引发这一专题的维多利亚时代争论，

[5] Turner，《争取文化权力：维多利亚时代知识生活文集》，第17页～第18页。重要的修正主义的研究包括(按时间顺序)：Frank Miller Turner，《在科学与宗教之间：维多利亚时代晚期英格兰对科学自然主义的反应》(*Between Science and Religion: The Reaction to Scientific Naturalism in Late Victorian England*, New Haven, Conn.: Yale University Press, 1974)；James Moore，《后达尔文时代的争论：关于英国和美国新教徒努力与达尔文妥协的研究(1870～1900)》(*The Post-Darwinian Controversies: A Study of the Protestant Struggle to Come to Terms with Darwin in Great Britain and America, 1870-1900*, Cambridge: Cambridge University Press, 1979)，第1页～第100页；Martin Rudwick，《自然世界的感觉和上帝的感觉：科学和宗教历史关系的再观察》(Senses of the Natural World and Senses of God: Another Look at the Historical Relation of Science and Religion)，载于A. R. Peacocke编，《20世纪的科学与神学》(*The Sciences and Theology in the Twentieth Century*, Stocksfield: Oriel Press, 1981)，第241页～第261页；Robert M. Young，《达尔文的隐喻：自然在维多利亚时代文化中的地位》(*Darwin's Metaphor: Nature's Place in Victorian Culture*, Cambridge: Cambridge University Press, 1985)；Ronald L. Numbers，《科学与宗教》(Science and Religion)，《奥西里斯》第二辑(*Osiris*, 2nd ser.)，1(1985)，第59页～第80页；David C. Lindberg和Ronald L. Numbers，《超越战争与和平：重评基督教遭遇科学》(Beyond War and Peace: A Reappraisal of the Encounter between Christianity and Science)，《教会史》(*Church History*)，55(1986)，第338页～第354页；Pietro Corsi，《科学和宗教：巴登·鲍威尔与英国国教辩论(1800～1860)》(*Science and Religion: Baden Powell and the Anglican Debate, 1800-1860*, Cambridge: Cambridge University Press, 1988)；John Hedley Brooke，《科学与宗教：一些历史观点》(*Science and Religion: Some Historical Perspectives*, Cambridge: Cambridge University Press, 1991)；Ronald L. Numbers，《神创论者：科学创造论的演变》(*The Creationists: The Evolution of Scientific Creationism*, New York: Knopf, 1992)；Edward J. Larson，《诸神之夏：斯科普斯审判和美国关于科学和宗教的持续争论》(*Summer for the Gods: The Scopes Trial and America's Continuing Debate over Science and Religion*, New York: Basic Books, 1997)；John Brooke和Geoffrey Cantor，《重构自然：科学与宗教的交战》(*Reconstructing Nature: The Engagement of Science and Religion*, Edinburgh: T. and T. Clark, 1998)；Peter J. Bowler，《调和科学与宗教：英国20世纪早期的争论》(*Reconciling Science and Religion: The Debate in Early-Twentieth-Century Britain*, Chicago: University of Chicago Press, 2001)。

[6] Larson，《诸神之夏：斯科普斯审判和美国关于科学和宗教的持续争论》，第22页～第23页，第234页，第238页，第247页。

"宗教与科学"被放弃。本章回顾了围绕达尔文研究的变换的范围产生的5个争论主题。[7]

自由思想

历史学家对无信仰这个九头蛇怪物的新兴趣,最好不过地说明了他们逃离知识抽象观念的动向。不畏艰险,不被征服,无信仰不断重塑自我,或者被重新塑造,成为19世纪意识形态的"他者"。革命的法国人提倡"唯物主义"和"无神论",德国学者传授"理性主义",帝国中的英国人推出"世俗主义"和"不可知论"。从19世纪中叶起,另一个来自法国的舶来品"实证主义"作为无宗教信仰的最新潮科学形式,在大西洋两岸受到热烈推崇。通用的术语"自由思想"代表所有这些离经叛道的"主义",并且仍然抓住这些主义的政治要旨。自由思想是政治的,因为宗教本身就是。在基督教经法律确立的地方,它在教会和国家中光彩夺目;在宗教中自由地思考是危险的,发表个人见解则是煽动行为。异端邪说和政治异见从而密不可分。自由思想者通常是先进的自由派,然而他们中许多人通过支持共和派和革命事业来坐实教徒最大的担忧。[8]

19世纪肇始时的英国,自然神教信仰者在嘲笑神迹,非基督教的一神论者否认基督的神性,剑桥的威廉·弗伦德(1757～1841)、爱丁堡的约翰·莱斯利(1766～1832)等大学里的异类陷入与支持教权主义的同事的冲突。当激进分子的诉求达到顶峰,数十年的情况一团糟。工匠煽动者捉弄主教,讥笑《圣经》,以他们的粗鄙方式发泄愤怒。科学被暂时征用,科学作为知识向所有反对基督教的人开放。激进分子政治上师从法国,并尽可能从那里撷取各种学说。保罗·霍尔巴赫的唯物主义、皮埃尔-西蒙·拉普拉斯的数学决定论、朱利安·奥弗鲁瓦·德·拉美特利的"机器人"、让-巴蒂斯特·德·莫内·拉马克(1744～1829)和艾蒂安·若弗鲁瓦·圣伊莱尔(1772～1844)的物种演

546

[7] 除了脚注5列出的研究,参看这些作品集(按时间顺序):John Durant 编,《达尔文主义与神学:进化论与宗教信仰论文集》(*Darwinism and Divinity: Essays on Evolution and Religious Belief*, Oxford: Blackwell, 1985);David C. Lindberg 和 Ronald L. Numbers 编,《上帝与自然:基督教与科学遭遇的历史论文》(*God and Nature: Historical Essays on the Encounter between Christianity and Science*, Berkeley: University of California Press, 1986);James Moore 编,《历史、人类和进化:纪念约翰·C. 格林的论文》(*History, Humanity and Evolution: Essays for John C. Greene*, Cambridge: Cambridge University Press, 1989);Bernard Lightman 编,《背景中的维多利亚时代的科学》(*Victorian Science in Context*, Chicago: University of Chicago Press, 1997);David N. Livingstone、D. G. Hart 和 Mark A. Noll 编,《历史视野中的福音派与科学》(*Evangelicals and Science in Historical Perspective*, New York: Oxford University Press, 1999);Ronald L. Numbers 和 John Stenhouse 编,《传播达尔文主义:地域、种族、宗教和性别的作用》(*Disseminating Darwinism: The Role of Place, Race, Religion, and Gender*, Cambridge: Cambridge University Press, 1999)。

[8] Edward Royle,《维多利亚时代的无信仰者:英国世俗主义运动的起源(1791～1866)》(*Victorian Infidels: The Origins of the British Secularist Movement, 1791–1866*, Manchester: Manchester University Press, 1974);Edward Royle,《激进派、世俗主义者和共和派:英国流行的自由思想(1866～1915)》(*Radicals, Secularists and Republicans: Popular Freethought in Britain, 1866–1915*, Manchester: Manchester University Press, 1980);Bernard Lightman,《不可知论的起源:维多利亚时代的无信仰和知识的局限》(*The Origins of Agnosticism: Victorian Unbelief and the Limits of Knowledge*, Baltimore: Johns Hopkins University Press, 1987);Charles D. Cashdollar,《神学的转变:英国和美国的实证主义和新教思想(1830～1890)》(*The Transformation of Theology, 1830–1890: Positivism and Protestant Thought in Britain and America*, Princeton, N. J.: Princeton University Press, 1989)。

变学说，通过无数廉价改写本流传。而在英国国内，一些受到尊敬的著作被肢解，用作反对国教教徒的教程。依靠这些武器，像理查德·卡莱尔（1790～1843）等叛逆者敦促“科学人”来治愈社会的宗教狂热；劳工们蜂拥到“科学大堂”，学习改造环境如何可以创造社会主义世界；19 世纪 40 年代，不敬神的期刊《理性的神谕》（*Oracle of Reason*）使得从物质到人的进化成为政治无神论的堡垒。[9] 瞧！在充斥贫困区偏僻小巷的帮派、街头演说者的胡言乱语和来路不明的小报的暮色世界里，可以找到维多利亚时代“宗教和科学”的根源。

然而，科学并非宣传者口中的单一体，而是多方面的综合体。无论是工匠的科学和绅士的科学、激进的科学和保守的科学，还是标新立异的科学和正统的科学，它们之间的界限总是不断重划。在辩论催眠术、颅相学以及后来的唯灵论的是非曲直时，同盟者可能彼此对立，而意识形态的敌对者也可能坐在同一张桌子旁捍卫他们的特定专长。[10] 联盟内的忠诚度出现转移，新的联盟就会成立，但是物质派系和精神派系之间的鸿沟总是固定不变。个别人相信，物质自行运动，产生所有的生命和心灵现象，然而绝大多数人坚持认为包括上帝、灵魂、天使、魔鬼在内的精神，才是运动物质背后的动力，赋予物质目的、活力和意识。中间立场很少见，并且所有人都认为道德和政治源于他们的假设。在知识界中层、上层人士中，精神观对英国国教徒和许多异议者、所有托利党人或保守的辉格党人来说都是神圣的。为物质的效能辩护的人是自由思想者，包括非基督教一神论者和异见人士，后者的政治立场从辉格党人延伸到极端激进派。[11] 在此议题上，科学界的基督徒与双方都保持一致。这并非“宗教和科学”。

547

激进分子遭受伤害，有些是因为太出名。唯物主义者和共和主义者威廉·劳伦斯（1783～1867）发现他 1816 年的一些关于比较解剖学的讲稿被托利党媒体宣称对神不敬之后，遭街头无神论者盗版了 8 次。约翰·埃利奥特森（1791～1868）因否认灵魂存在而遭到诅咒，1838 年又因病人在催眠的恍惚状态中变得狂躁而失去伦敦大学医学教授职位。他的同事、比较解剖学教授罗伯特·E. 格兰特（1793～1874）因其拉马克自然神学成为社会的永久弃儿，默默无闻地度过 1827～1874 年。可是，普通的自由思想者坚持抨击托利党及英国国教的特权。激进派医生和他们的同道厌恶那些垄断伦敦

[9] Adrian Desmond，《英国工匠的反抗与进化（1819～1848）》（Artisan Resistance and Evolution in Britain, 1819–1848），《奥西里斯》第二辑，3（1987），第 77 页～第 110 页。

[10] Alison Winter，《被催眠：维多利亚时代英国心灵的力量》（*Mesmerized: Powers of Mind in Victorian Britain*, Chicago: University of Chicago Press, 1999）；Roger Cooter，《大众科学的文化意义：19 世纪英国的颅相学和赞同的组织》（*The Cultural Meaning of Popular Science: Phrenology and the Organization of Consent in Nineteenth-Century Britain*, Cambridge: Cambridge University Press, 1984）；Logie Barrow，《独立的心灵：唯灵论和英国平民（1850～1910）》（*Independent Spirits: Spiritualism and English Plebeians, 1850–1910*, London: Routledge and Kegan Paul, 1986）；Janet Oppenheim，《另一个世界：英格兰的唯灵论与心理研究（1850～1914）》（*The Other World: Spiritualism and Psychical Research in England, 1850–1914*, Cambridge: Cambridge University Press, 1985）。

[11] L. S. Jacyna，《包含还是超越：英国的生命理论与组织（1790～1835）》（Immanence or Transcendence: Theories of Life and Organization in Britain, 1790–1835），《爱西斯》（*Isis*），74（1983），第 311 页～第 329 页；L. S. Jacyna，《维多利亚时代晚期思想中的心智生理学、自然和谐以及道德秩序》（The Physiology of Mind, the Unity of Nature, and the Moral Order in Late Victorian Thought），《英国科学史杂志》（*British Journal for the History of Science*），14（1981），第 109 页～第 132 页。

各医院和各王家学院的毕业于牛津、剑桥的医生,致力于培养社会医生。认定这些大学被“老派腐败分子”统治,异见人士,包括许多悍勇的民主派,像仇视政治一样仇视学校里教授的精神科学。在首都一些学费低廉的医学院(某种程度上也在“不信神”的伦敦大学),他们借助欧洲大陆最新研究成果反击,用唯物主义生理学和生命的同一与发展规律训练持异议的全科医生。激进派希望由他们信赖的医疗顾问在贫困阶层、中产阶层中传播的这些宗旨将有助于打破教会对科学和国家的控制,加速政治改革。[12]

到19世纪50年代,随着改革蔓延到各国教大学,世俗主义的口号“科学是人类可得到的天意”表达出一个真理,以至自由思考的基督徒也会肯定,尤其是因为自然神学目前意味着神圣的天意的说法空前缺乏说服力。

自然神学

“科学”要获得自由成为真正的科学首先必须挣脱的“宗教”就是自然神学。自然神学是自由思想者的抗争对象,最终被达尔文驳倒。自然神学营造出一个静态有目的的世界的幻觉,该世界并非由规律而由上帝统治。科学史的进步要通过消除这种幻觉的程度来衡量——它曾如此被假设过。自然神学既造成障碍又放松限制,但前者更主要。现在流行一种更加慎重的观点。没有人怀疑自然神学试图通过诉诸自然中神的意志的证据来灌输宗教信仰和价值观,或者怀疑自然神学经常掩盖后来似乎不言而喻的科学真理。正是历史学家对其多种多样的策略和意义的恢复,赋予了自然神学新的含义。

548

自然神学并非单一和静态的,而是道德追求的一个多变聚合体。例如,求助于巴兹尔·威利称之为“宇宙托利主义”的善意自然设计论在辉格党人中也是例行公事。激进分子最突出的代表托马斯·潘恩(1737～1809)从政治上利用了设计论,主张上帝在自然中的创造给了人们发明革命的理由。将自然视为训诫的道德秩序,而无视一个人的政治倾向,确实是自然神学的核心和灵魂;恕我不赞成潘恩,自然神学将世界上的“是”转化成“应该”,并且总体上用于调和人类的希望与痛苦的现实。[13] 但是,涉及的内容还有更多。面对无信仰者的主张,自然神学不顾颜面地护短,为造物主的存在和特性辩护。自然神学通过强调创世的奇迹说服信徒,强化他们的信仰。它在各教派之间进行调解,充当消除教义冲突的共同基础。它激励人们去调查这个世界,并认可

〔12〕 Adrian Desmond,《进化政治:激进伦敦的形态学、医学和改革》(*The Politics of Evolution: Morphology, Medicine, and Reform in Radical London*, Chicago: University of Chicago Press, 1989)。

〔13〕 Basil Willey,《18世纪背景》(*The Eighteenth Century Background*, London: Chatto and Windus, 1940),第3章;Jack Fruchtman, Jr.,《托马斯·潘恩与自然宗教》(*Thomas Paine and the Religion of Nature*, Baltimore: Johns Hopkins University Press, 1993);John Hedley Brooke,《自然神学和多个世界:对布儒斯特-休厄尔辩论的观察》(Natural Theology and the Plurality of Worlds: Observations on the Brewster-Whewell Debate),《科学年鉴》(*Annals of Science*),34(1977),第221页～第286页;对比Young,《达尔文的隐喻:自然在维多利亚时代文化中的地位》,第126页～第163页。

了那些为上帝的智慧、能力和善良作证的调查。对许多基督徒而言,自然神学也是绊脚石。高教会信徒、苏格兰福音派信徒和各处的虔信派信徒,认定它沾染了理性主义。他们认为,自然神学的所谓证据,只对信奉者有说服力,并且无论如何不会造就圣洁的品格和行为,更不会造就对救赎的信仰。这些只能来自教会和《圣经》经文。[14]

然而自然神学或多或少仍然相当重要。自然神学有一个方面(关于设计的论点)得到确认,这首先要归功于威廉・佩利(1743～1805)牧师。这位无趣的会吏总遭受了不公正的伤害。与传说相反,他的著作《自然神学》(*Natural Theology*,1802)整个19世纪从未列入剑桥大学必读书单,令学生厌烦,令科学窒息。佩利本人也不是一个反动派。在革命时代自我满足,他容忍教会和国家的弊端,一直是中庸的辉格党人,神学中的自由主义者,道德原则中的功利主义者。《自然神学》将上帝的存在和属性置于纯自然主义的基础上。[15] 生物,无论是人还是动物,都是精确的机器,靠每个杠杆、连接件、滑轮完美配合来完成使命(完善这个形象的比喻正是佩利本人的伟大发明)。一切机器都有设计者,因此自然的机器也必须有设计者。上帝的智慧和仁慈的存在,就像马修・博尔顿和詹姆斯・瓦特的存在一样确定无疑。对佩利而言,这一证明"不仅流行而且通俗",是从日常生活中亲身体验演绎得出的。在工厂和蒸汽机的年代,这个推论被计划用于教育(和警告)那些忙忙碌碌的操作者:这个世界是由一个至高无上的机械师主宰的。[16]

549

《自然神学》在技工讲习所(Mechanics' Institutes)上架,借助英国国教的光环,作为"有用的知识"在那里传播,使劳工阶级得以进步。廉价的版本在穷人中流通。《布里奇沃特论文集——论创世时显露的上帝的权能、智慧和善良》(*Bridgewater Treatises on the Power, Wisdom and Goodness of God as Manifested in the Creation*,1833～1836)(以下简称《布里奇沃特论文集》)的境遇则完全不同。8种作品共11卷,售价为7英镑,超过一名工人两个月的薪水。由坎特伯雷大主教、伦敦主教、王家学会会长亲自挑选的作者们,每人得到1000英镑的报酬。凭借自行定价的权利,这套丛书锁定虔诚的中产阶级,而在这群人中这套丛书则是半阅读半摆设。然而《布里奇沃特论文集》上架出售的时间很长,具有广泛吸引力。这套自然神学登峰造极的著作包含了天文学、解剖学、生理学、地质学、化学和其他领域的最新说明。佩利以惯常的比喻说明造物主的智慧

[14] Brooke,《科学与宗教:一些历史观点》,第192页～第225页;Frank M. Turner,《约翰・亨利・纽曼和科学文化挑战》(John Henry Newman and the Challenge of a Culture of Science),《欧洲遗产》(*The European Legacy*),1(1996),第1694页～第1704页;Jonathan Topham,《19世纪早期苏格兰的科学、自然神学和福音派:托马斯・查默斯和"证据"争辩》(Science, Natural Theology, and Evangelicalism in Early Nineteenth-Century Scotland: Thomas Chalmers and the "Evidence" Controversy),载于Livingstone、Hart和Noll编,《历史视野中的福音派与科学》,第142页～第174页。

[15] Aileen Fyfe,《在剑桥大学对威廉・佩利〈自然神学〉的接受》(The Reception of William Paley's "Natural Theology" in the University of Cambridge),《英国科学史杂志》,30(1997),第324页～第335页;Mark Francis,《自然主义和威廉・佩利》(Naturalism and William Paley),《欧洲思想史》(*History of European Ideas*),10(1989),第203页～第220页。

[16] William Paley,《自然神学:或者上帝的存在和象征的证据》(*Natural Theology: or, Evidence of the Existence and Attributes of the Deity, Collected from the Appearances of Nature*, 5th ed., London: printed for R. Faulder, 1803),第457页;Neal C. Gillespie,《上帝的设计与工业革命:威廉・佩利失败的自然神学改革》(Divine Design and the Industrial Revolution: William Paley's Abortive Reform of Natural Theology),《爱西斯》,91(1990),第214页～第229页。

和善行;而这些大部头著作展现了绅士派专家所追求的科学的智慧和仁慈。捐赠者将《布里奇沃特论文集》放进技工讲习所,以确保工人们获得这些信息。[17] 然而,丛书第8种上架不久,英国国教博学者查尔斯·巴比奇(1792～1871)运用他著名的机械计算机——伦敦知识分子的议论话题——推导出一个令人困惑的说法。他声称,正如他能设定他优化的齿轮箱,在一个有序数列中产生不连续点,上帝也能在世界机器中建立“更高法则”。根据这一法则,有机体被自然而然地创造出来,而不是如同佩利和《布里奇沃特论文集》的作者假设的那样,被奇迹般地创造出来。巴比奇认为,这个规律也许可以被发现,并且在他主动创作的《第9种布里奇沃特论文》(*Ninth Bridgewater Treatise*,1839)中作出表述。

进一步的体会也被总结出来。模拟奇迹的机器可以用来摒弃造物主。为了避免这种危险,一些科学人建议将自然神学置于更高的层面。根据传奇性的无所不知的威廉·休厄尔(1794～1866)牧师所说,观念是通向上帝的最佳指引。一个有基督徒品格的人直觉地回应上帝植入的观念;世界上所有的机器都没有引诱他信无神论,而只是证实了他对自然法则背后的立法者的固有感觉。[18]

550

英国首屈一指的古生物学家、亲法的医学上有偏激思想的麻烦制造者理查德·欧文(1804～1892),就是这样一个人。当《布里奇沃特论文集》19世纪30年代问世时,他通过诠释有机体并非简单机器来强化设计见解。大自然的机器有时会失灵,其结构已经被证明适应性差。然而正是在适应性不完美的地方,欧文发现了形式的相似之处,譬如鼹鼠的铲状爪、蝙蝠的翅膀、人类上肢等骨骼结构。拉马克和若弗鲁瓦把这作为进化世系的实际证据,尽管欧文最爱古老的骨骼,但他却讨厌物质。按他的解释,这些相似性是根本理念的变异体。作为至高无上的机械师的上帝走了,留下的是每一个根据其环境奇迹般创造出来的物种。在欧文的自然神学中,上帝是最尊贵的设计师,他设计出一份永恒的蓝图,然后通过时间引导它的实现,当物种通过普通繁殖一个从另一个之中诞生时,再调整这份蓝图。在欧文心中如此清晰的这个蓝图,或者称为“原

[17] Jonathan Topham,《19世纪30年代的科学与大众教育:〈布里奇沃特论文集〉的作用》(Science and Popular Education in the 1830s: The Role of the "Bridgewater Treatises"),《英国科学史杂志》,25(1992),第397页～第430页;John M. Robson,《法令与上帝的手指:〈布里奇沃特论文集〉》(The Fiat and Finger of God: "The Bridgewater Treatises"),载于Richard J. Helmstadter和Bernard Lightman编,《维多利亚时代的信仰危机:论19世纪宗教信仰的延续和改变的文集》(*Victorian Faith in Crisis: Essays on Continuity and Change in Nineteenth-Century Religious Belief*, London: Macmillan, 1990),第71页～第125页。

[18] John Hedley Brooke,《科学思想及其对宗教的意义:法国科学对英国自然神学的影响(1827～1859)》(Scientific Thought and Its Meaning for Religion: The Impact of French Science on British Natural Theology, 1827-1859),《综合评论》第四辑(*Revue de synthèse*, 4th ser.),110(1989),第33页～第59页;Richard Yeo,《定义科学:英国维多利亚时代早期威廉·休厄尔和自然知识公开辩论》(*Defining Science: William Whewell, Natural Knowledge Public Debate in Early Victorian Britain*, Cambridge: Cambridge University Press, 1993)。

型”,是心灵支配物质的证据,这个证据比佩利单纯的机器的证据更持久。[19]

然而欧文的自然神学本身与物质进步的时代格格不入。罗伯特·钱伯斯(1802～1871)于1844年匿名出版了粗制滥造的《万物自然史的遗迹》(*Vestiges of the Natural History of Creation*),将新物种的诞生归因于类似巴比奇所说的更高法则,并且以稍许幼稚的虚张声势的方式宣称物质确实可以解释所有生命现象,包括人类。此时愤怒的英国国教徒逼迫欧文解释,为什么他自己的观点并未令他成为进化论者。[20]

地球历史

正如查尔斯·C. 吉利斯皮在其冷战时期经典著作《〈创世记〉和地质学》(*Genesis and Geology*,1951)中指出的,面对地球和生命科学的进步,欧文等博物学家的“奇妙的神意论”遭遇了“尴尬的障碍”。在吉利斯皮看来,该问题“与其说是宗教对抗科学,不如说是科学内部(一种粗略意义上)的宗教”。[21] 宗教没有从外部攻击科学,甚至没有从内部削弱其根基。为了科学进步这种颠覆必须停止,将其根除的任务首先落在现代地质学之父查尔斯·莱伊尔(1797～1875)及其知识继承人查尔斯·达尔文身上。

551

吉利斯皮开创性的社会史是学者们的福音,而其实证主义动力要回溯一个世纪。《〈创世记〉和地质学》这个书名本身就是维多利亚时代的产物,来源之一是怀特的《科学与基督教界神学战争史》,其中一章有一个个性鲜明而别扭的题目“从《创世记》到地质学”。这个头韵法既令人难忘,又具误导性。从19世纪之初起,《创世记》一书从未规范过或(除了极少数例外)甚至关联过有资格的地质学家关于地球科学的理论和实践。有大量外行,他们的学识微乎其微,包括业余爱好者和浅薄的涉猎者、收藏家和投机者,把《创世记》当成一条通向地球“真理”的灵感捷径。而对于这些“真理”与地质专家信心日益增强的断言之间的不和谐,外行人士一直感到不安。不过在作出这些断言的人当中,最早以地球科学为职业的有教养人士在其研究中,最多只是屈从《创世

[19] Desmond,《进化政治:激进伦敦的形态学、医学和改革》,第6章～第8章;Adrian Desmond,《原型和祖先:维多利亚时代伦敦的古生物学(1850～1875)》(*Archetypes and Ancestors: Palaeontology in Victorian London, 1850–1875*, London: Blond and Briggs, 1982);Nicolaas Rupke,《理查德·欧文,维多利亚时代的博物学家》(*Richard Owen, Victorian Naturalist*, New Haven, Conn.: Yale University Press, 1994);Dov Ospovat,《完美适应与目的论解释:19世纪中叶关于生命史问题的解决方法》(Perfect Adaptation and Teleological Explanation: Approaches to the Problem of the History of Life in the Mid-nineteenth Century),《生物学史研究》(*Studies in the History of Biology*),2(1978),第33页～第56页。

[20] Evelleen Richards,《一个产权问题:重评理查德·欧文的进化学说》(A Question of Property Rights: Richard Owen's Evolutionism Reassessed),《英国科学史杂志》,20(1987),第129页～第171页;James A. Secord,《维多利亚时代的轰动:〈万物自然史的遗迹〉非比寻常的出版、接受及秘密的作者》(*Victorian Sensation: The Extraordinary Publication, Reception, and Secret Authorship of "Vestiges of the Natural History of Creation"*, Chicago: University of Chicago Press, 2000)。

[21] Charles Coulston Gillispie,“初版前言”(Preface to the Original Edition),载于Charles Coulston Gillispie,《〈创世记〉和地质学:关于英国的科学思想、自然神学和社会舆论之间关系的研究(1790～1850)》(*Genesis and Geology: A Study in the Relations of Scientific Thought, Natural Theology, and Social Opinion in Great Britain, 1790–1850*, new ed., Cambridge, Mass.: Harvard University Press, 1996),在第xxix页强调。

记》。他们的宗教立场应当被表述为“《创世记》或者地质学”,也许表述为“绅士和地质学”更好些。研究甲虫、贝类或者蘑菇,任何行内人都可以成名,但是 19 世纪地球科学的杰出荣耀只保留给有地位有财富者,如乡绅、神职人员、律师、军官等,后来才是全职的学术界专家。即便是维多利亚政府管辖的最大职业科学组织大不列颠地质调查所(Geological Survey of Great Britain),也由富有的土地拥有者操控,充斥着他们的门客。[22] 宗教虔诚将这些显贵团结在一起,以适应其高贵身份。即使《创世记》没有支配他们的科学,但宗教信仰仍然支持它。

作为他们主要任务的地层学,要求严格的经验论,而经验论本身正是自然神学中奉为神圣的研究上帝成果的唯一准确方法。在所有的技术辩论中,乡绅们持续斗争以占领“培根哲学”这个制高点。[23] 牵涉地球历史多种起因的动力地质学,为思索提供了更大的空间。然而就在此领域,绅士们原则上赞成:由上帝确定的古代起因是自然的,或者说是“实际的”,而不是超自然的。仅凭证据就可以确定影响是突然和“灾变性”的,或者是渐变和“均变性”的。无论如何,没有人会怀疑地球的外壳经历了数百万年的塑造。即使是在气氛紧张的古生物领域,地质绅士们都会联手。但有一个关键的例外,他们将化石记录看成最终达到智人的连续进化,这一进化不异于(也不源于)《创世记》中的神创陈述。这种一致性与 19 世纪地球科学被宗教辩论撕裂的传统观点不符。有关地质学家“被分裂成均变论者与灾变论者、进步与反动、开明科学家与固执己见的蒙昧主义者等对立派别”的说法,是一个“历史神话”。[24]

552

业余地质学家坚持他们有用《创世记》解释地球历史的优先权限,专业人士只好与他们分道扬镳。这些“《圣经》地质学家”是一群乌合之众,包括退休商人、有空余时间的医学人士、教士兼博物学家、语言学家、古董收藏家等等,这些既得利益者在公众场合展示书本而不是岩石的意义。就岩石专家们而言,他们凭借平常的虔诚心疲于应对。他们丝毫不敢驳斥《圣经》,而只是试图表明他们的发现是如何轻微地或有助地影响《圣经》的解释。对有些人来说,“调和”《创世记》和地质学成了嗜好。伦敦地质学会(London's Geological Society)的教士核心成员,包括威廉·巴克兰(1784～1856)、亚

[22] Roy Porter,《地质学的形成:英国的地球科学(1660～1815)》(*The Making of Geology: Earth Science in Britain, 1660-1815*, Cambridge: Cambridge University Press, 1977);Nicolaas Rupke,《历史巨链:威廉·巴克兰和英国地质学派(1814～1849)》(*The Great Chain of History: William Buckland and the English School of Geology, 1814-1849*, Oxford: Clarendon Press, 1983);Nicolaas Rupke,“前言”(Foreword),载于 Gillispie,《〈创世记〉和地质学:关于英国的科学思想、自然神学和社会舆论之间关系的研究(1790～1850)》,第 v 页～第 xix 页。

[23] Martin J. S. Rudwick,《泥盆系大辩论:绅士专家中科学知识的塑造》(*The Great Devonian Controversy: The Shaping of Scientific Knowledge among Gentlemanly Specialists*, Chicago: University of Chicago Press, 1985);James A. Secord,《维多利亚时代的地质学论战:寒武系-志留系之争》(*Controversy in Victorian Geology: The Cambrian-Silurian Dispute*, Princeton, N. J.: Princeton University Press, 1986);John Hedley Brooke,《地质学家的自然神学:某些神学地层》(The Natural Theology of the Geologists: Some Theological Strata),载于 L. J. Jordanova 和 Roy S. Porter 编,《地球的形象:环境科学史文集》(*Images of the Earth: Essays in the History of the Environmental Sciences*, Chalfont St. Giles: British Society for the History of Science, 1979),第 39 页～第 64 页。

[24] Rudwick,《泥盆系大辩论:绅士专家中科学知识的塑造》,第 46 页。参看 Martin J. S. Rudwick,《化石的意义:古生物学史趣事》(*The Meaning of Fossils: Episodes in the History of Palaeontology*, London: Macdonald, 1972);R. Hooykaas,《地质学、生物学和神学中的均变原理》(*The Principle of Uniformity in Geology, Biology, and Theology*, new ed., Leiden: E. J. Brill, 1963)。

当·塞奇维克(1785～1873)、威廉·科尼比尔(1787～1857)等,虽然未容忍详细的调和方案,但他们每人都煞费苦心向外行们保证,虽然《圣经》没有传授科学真理,但永远不会发现它与已确立的事实互相矛盾。在北美洲,一批前后传承的福音派精英地质学家在整个19世纪提倡同一理念。本杰明·西利曼(1779～1864)、爱德华·希契科克(1793～1864)、阿诺德·盖奥特(1807～1884)、詹姆斯·德怀特·达纳(1813～1895)、约翰·威廉·道森(1820～1899)等,每人至少出版了一本通俗读物,展示《创世记》如何与地球历史的发现相容,道森甚至出版了10多本。[25]

查尔斯·莱伊尔理应与这些绝缘。正是为了将科学从经义中解放出来,他写出《地质学原理》(*Principles of Geology*,1830～1833)。尽管他似乎真的挥舞刷子将其同行抹黑为《圣经》学者,因而历史学家们一直以为他独自用科学反对宗教,然而真相几乎相反。作为英国国教徒转化成的一元论者,莱伊尔对自然抱有通常的敬畏,坚信佩利式设计、神圣的天意,乃至某些更高法则创造的可能性。正是他的科学信仰使他与众不同。在《地质学原理》中,他遵循惯例,定义地质动力学研究时排除了神迹事件如挪亚大洪水,然而他又规定,只有与目前正在起作用的动力类型、强度相同的那些动力成因,才可以被援引。拥有《圣经》未记载的灾变证据的地质学家反对这个先验禁令。莱伊尔并未全部排除挪亚一类的传说。为了颠覆拉马克的演变学说,莱伊尔走得很远,甚至否认生命历史。在《地质学原理》中,地球外壳以无方向的稳定状态存在;具有预适应性的物种被安排在围绕一个永恒均值波动的环境中。化石记录根本没有呈现演进(即便演进已经完成也不会呈现),没有呈现演进到人类的阶梯。据此,莱伊尔得出一个信念,他的整个科学体系也以此为出发点:人类是独一无二的,并非从无灵魂的兽类进化而来。

553

其他人的这个信念以《创世记》为基础。而莱伊尔通过从他的地质学中删除《创世记》的所有痕迹,甚至包括渐进的创造来为它辩护。在这一点上,出于其对个人不朽的深切信仰以及对异族通婚的傲慢厌恶(从他对奴隶制的宽容中可以看出),他与世隔绝,孤立无援。唯有他自己那样的高尚灵性生物,不包括牛津大学和林肯律师学院的人,才是地球上生命的一切和终极形式。[26] 即便是其声誉最卓著的门生,也无法劝阻莱伊尔。

〔25〕 James Moore,《19世纪的地质学家和〈创世记〉解释者》(Geologists and Interpreters of Genesis in the Nineteenth Century),载于 Lindberg 和 Numbers 编,《上帝与自然:基督教与科学遭遇的历史论文》,第322页～第350页;Rodney L. Stiling,《美国的〈圣经〉地质学》(Scriptural Geology in America),载于 Livingstone、Hart 和 Noll 编,《历史视野中的福音派与科学》,第177页～第192页;Charles F. O'Brien,《威廉·道森爵士:科学与宗教的一生》(*Sir William Dawson: A Life in Science and Religion*, Philadelphia: American Philosophical Society, 1971)。

〔26〕 Martin J. S. Rudwick,《莱伊尔〈地质学原理〉的策略》(The Strategy of Lyell's "Principles of Geology"),《爱西斯》,61(1970),第4页～第33页;Michael Bartholomew,《莱伊尔的孤独》(The Singularity of Lyell),《科学史》(*History of Science*),17(1979),第276页～第293页;Michael Bartholomew,《非演进的非进步:对莱伊尔学说的两种回应》(The Non-progress of Non-progression: Two Responses to Lyell's Doctrine),《英国科学史杂志》,9(1976),第166页～第174页;Michael Bartholomew,《莱伊尔和进化:关于莱伊尔回应人类进化而来的可能性之说明》(Lyell and Evolution: An Account of Lyell's Response to the Prospect of an Evolutionary Ancestry for Man),《英国科学史杂志》,6(1973),第261页～第303页。

达尔文

在自由思想、自然神学、莱伊尔地球历史学说的交叉路口，查尔斯·达尔文站在那里。作为一个世界旅行家、富裕的辉格党人，人们认为他的科学通过解决“奥秘中的奥秘”即生物物种起源的古老问题，削弱了宗教的基础。[27] 他受洗为英国国教徒，成长为一神论者，先被他自由思想派的父亲送往爱丁堡大学学医，在那里成为年轻的拉马克主义者罗伯特·E. 格兰特的门生，然后放弃学医到剑桥大学为履行圣职做准备。在那里他熟读了佩利的著作，与受尊敬的教授们密切交往。教授们敦促达尔文参加王家海军舰艇“贝格尔”号的远航，并劝说他阅读莱伊尔的书。达尔文在航程中自学了《地质学原理》，归来就改变了信仰，参加了在莱伊尔庇护下的地质学会，开始在科学领域崭露头角。于是，在无畏的突破中，他在一个私人的袖珍笔记本中承认自己知识上的反叛。在维多利亚时代的十字路口，他作为隐藏的进化论者，凭借一己之力向一个方向突围，坚定不移地用自然法则解释整个生物界，包括物种、精神和社会。教会被甩在一边。

554

这并不是无神论者的实际行为，然而达尔文的信仰最终大为动摇。由于自由思想和一神论的家族传统，他知道物质具有实现上帝意图的潜力。由于佩利和《布里奇沃特论文集》，他理解那些意图包括有机体对环境的完美适应。从莱伊尔那里，他学到环境如何根据神意确定的法则在无穷岁月中逐步变化。而师徒分道扬镳之处，是关于人。达尔文接触过野蛮人（南美火地岛原住民），而莱伊尔从未接触过。对惯于自己同一物种的成员像野兽一样生存的人来说，演变不至于引起恐惧，因此莱伊尔的反进步论并未阻滞达尔文私下的研究。他不顾一切向前推进，寻求有机体适应环境所遵循的规律，知道这一规律可以解释人类物种的起源，就像解释所有其他物种的起源一样。这一规律类似巴比奇的更高法则，而不像欧文的永恒原型（达尔文把原型看作真实世系的证据），但相当于一个排除了《万物自然史的遗迹》奇怪想法的法则。不过这本书得到宗教自由派的支持，包括巴登·鲍威尔（1796～1860）、W. B. 卡彭特（1813～1885）、弗朗西斯·纽曼（1805～1897）等，这些人后来成为达尔文的同盟者。[28]

达尔文通过阅读一本臭名昭著的社会神学著作得出他的法则，那就是辉格党改革派心仪的托马斯·罗伯特·马尔萨斯（1766～1834）牧师所著的《人口论》（*An Essay on the Principle of Population*，第6版，1826）。“教区牧师马尔萨斯”告诫，经济上的匮乏

〔27〕 Adrian Desmond 和 James Moore，《达尔文》（*Darwin*，London: Michael Joseph, 1991）；Janet Browne，2卷本《查尔斯·达尔文》（*Charles Darwin*，London: Cape, 1995－2002）；Peter J. Bowler，《查尔斯·达尔文：其人及其影响》（*Charles Darwin: The Man and His Influence*，Oxford: Blackwell, 1990）。更多文献，参看 Adrian Desmond、Janet Browne 和 James Moore，《达尔文，查尔斯·罗伯特（1809～1882）》（Darwin, Charles Robert [1809－1882]），60卷本《牛津国家传记词典》（*Oxford Dictionary of National Biography*，Oxford: Oxford University Press, 2004），第15卷，第177页～第202页。

〔28〕 Corsi，《科学和宗教：巴登·鲍威尔与英国国教辩论（1800～1860）》，第16章～第17章。

是自然的，为了生存，竞争不可避免。人口往往以几何级数的方式增长，而他们的食品供应最多以算术级数的方式增长。这个“原则”为上帝所采纳，促使人类在土壤上耕作，抑制他们的贪欲，为美好的将来做准备。[29] 1838 年读到马尔萨斯的著作后，达尔文意识到，动物和植物因无法抑制繁殖力，为生存的竞争必然激烈许多倍。他确定，其“目的因”或者意图是筛选出具有特定优势的个体，从而使种群有选择地适应不断变化的环境。他将这个过程称为“自然选择”（类比育种者从事的人工选择），并且在他的余生一直观察这个学说可以解释多少现象。在达尔文看来，比起佩利和欧文的理论，该法则使得创造过程“更加宏伟”。佩利和欧文的理论中上帝的形象，不过是“一个人，比我们聪明许多”。[30] 可是与此同时，自然选择论使得上帝渐行渐远。

555

《物种起源》是科学史上最后一部神学在其中还是活跃成分的伟大著作。“进化”一词除了在最后一版露过一面，在正文中完全未出现，但是“神创”及其同源词，达尔文则用了上百次。与扉页相对的一页有两段引文，一段是弗兰西斯·培根（1561～1626）所说，要像研究《圣经》那样研究上帝的作品，还有一段来自休厄尔，论述作为上帝治理之道的“万有法则”。书中最后一页，达尔文通过自然“最美丽的和最奇异的”多样化来自“原先呼吸注入少数类型或者一个类型的……若干能力”，赞美他生命观点的“壮丽”。虽然这是写给读者看的，但语调和术语（包括《圣经》用语“呼吸注入”）都是真诚的。从开头到结尾，《物种起源》都是一本敬神的著作：一个反对奇迹一般的创造的“漫长论证”，同时又相当于改革者证明由自然法则创造的论据。它回避了人类进化和生命起源，这一点必须与其将作为选择者的“自然”人格化进行比较，在后期的版本还添加了约瑟夫·巴特勒主教（1692～1752）和“知名作家兼神学家”查尔斯·金斯莱牧师（1819～1875）的评论。[31] 这些特点体现了达尔文自身矛盾的宗教个性。

在写作《物种起源》的过程中，达尔文对“人格上帝”的信仰一直坚定，从未把自己当成无神论者。在他看来，基督教有神论不能自圆其说。一个出现在所有事件中的永恒的设计神意，宣告了“我的神灵‘自然选择’是多余的”。达尔文还坚持认为，上帝永

[29] Patricia James，《人口马尔萨斯：他的一生和活跃期》（*Population Malthus: His Life and Times*, London: Routledge and Kegan Paul, 1979）；Mervyn Nicholson，《第十一诫：沃斯通克拉夫特和马尔萨斯著作中的性与精神》（The Eleventh Commandment: Sex and Spirit in Wollstonecraft and Malthus），《思想史杂志》（*Journal of the History of Ideas*），51（1990），第 401 页～第 421 页；A. M. C. Waterman，《革命、经济学和宗教：基督教政治经济学（1798～1833）》（*Revolution, Economics and Religion: Christian Political Economy, 1798–1833*, Cambridge: Cambridge University Press, 1991）。

[30] Francis Darwin 编，3 卷本《查尔斯·达尔文的一生与书信，其中一章是自传》（*The Life and Letters of Charles Darwin, Including an Autobiographical Chapter*, London: John Murray, 1887），第 3 卷，第 62 页。关于达尔文与马尔萨斯，参看 Dov Ospovat，《达尔文理论的发展：自然史、自然神学与自然选择（1838～1859）》（*The Development of Darwin's Theory: Natural History, Natural Theology, and Natural Selection, 1838–1859*, Cambridge: Cambridge University Press, 1981）；John Hedley Brooke，《达尔文的科学与他的宗教之间的关系》（The Relations between Darwin's Science and His Religion），载于 Durant，《达尔文主义与神学：进化论与宗教信仰论文集》，第 40 页～第 75 页；David Kohn，《达尔文理论的美学结构》（The Aesthetic Construction of Darwin's Theory），载于 A. I. Tauber 编，《高深莫测的综合：美学与科学》（*The Elusive Synthesis: Aesthetics and Science*, Dordrecht: Reidel, 1996），第 13 页～第 48 页。

[31] Morse Peckham 编，《达尔文的〈物种起源〉：集注本》（*The Origin of Species by Charles Darwin: A Variorum Text*, Philadelphia: University of Pennsylvania Press, 1959），第 40 页（1. 1: b），第 719 页（4），第 748 页（183. 3: b）；David Kohn，《达尔文的模棱两可：生物学意义的世俗化》（Darwin's Ambiguity: The Secularization of Biological Meaning），《英国科学史杂志》，22（1989），第 215 页～第 239 页。

久惩罚那些不相信他的人,这样做上帝自己就是不道德的。他父亲1848年逝世,他10岁的女儿1851年夭折,加剧了他信仰迷失的痛苦。即便如此,他仍对生命的适应性感到惊奇(《物种起源》并未反驳设计,只是反驳佩利的机械论证据),考虑自己是否应该就宗教公开发声。但是他与他妻子对此意见分歧严重,他只能私下坦陈自己的信仰。他相信,实现"思想的自由","最好通过追随科学的进步,逐步教化人类心灵来推动",而不是通过对抗。从未"出版过一个直接反对宗教和神职人员的词句",达尔文终其一生都是受尊敬的不可知论者,下葬于威斯敏斯特教堂。[32] 教会索回了本属于它的成员。

556

冲　突

《物种起源》并未引发"达尔文革命",摧毁自然神学,将宗教和科学推入邪恶的冲突。以无可挑剔的声誉为后盾,达尔文的强势论点只是指出并加剧了先前存在的紧张局势。

尽管其中有神学,各地的自由思想者还是热烈欢迎《物种起源》,将其作为他们自由主义"军械库"的强力补充。大多人通过哲学的角度去读《物种起源》;第一位法文译者克莱芒丝·鲁瓦耶将《物种起源》重新包装成反教权的小册子,令达尔文十分愤怒。将《物种起源》当作对设计论点、道德、《圣经》的致命重磅炸弹,这帮了《布里奇沃特论文集》学派的教会人士、试图调和《创世记》和地质学的人士以及所有的《圣经》地质学家的忙,尽管书中有神学。但是对越来越多的受过教育的人来说,《物种起源》不过是解决古老的物种奥秘问题的一种简单而诚实的科学。他们成千上万本地抢购,批判性地阅读,10年内思想转变为相信物种由法则创造,然而这一法则往往不是自然选择。即便是理解、认可进化论的宗教虔诚人士,譬如温和派的公理会信徒、哈佛大学植物学家阿萨·格雷(1810～1888)等,也不能全盘接受达尔文的观点。与格雷站在同一立场的有非达尔文主义者、虔诚的英国国教徒理查德·欧文及其追随者天主教解剖学家圣乔治·米瓦特(1827～1900)和苏格兰长老派教徒阿盖尔公爵(1823～1900)。* 对他们所有人来说,生命的法则是一个神圣的法令,而不是一场血腥、盲目和磕磕绊绊

[32] F. Darwin 编,3卷本《查尔斯·达尔文的一生与书信,其中一章是自传》,第2卷,第373页,第3卷,第236页;Desmond 和 Moore,《达尔文》,第635页～第636页,第645页;James Moore,《沮丧的达尔文:身为牧师兼地主-博物学家的进化论者》(Darwin of Down: The Evolutionist as Squarson-Naturalist),载于 David Kohn,《达尔文的遗产》(*The Darwinian Heritage*, Princeton, N. J.: Princeton University Press, 1985),第435页～第481页;James Moore,《自由思想、世俗主义和不可知论:以查尔斯·达尔文为例》(Freethought, Secularism, Agnosticism: The Case of Charles Darwin),载于 Gerald Parsons 编,《英国维多利亚时代的宗教·第1卷·传统》(*Religion in Victorian Britain*, vol. 1: *Traditions*, Manchester: Manchester University Press, 1988),第274页～第310页;James Moore,《关于爱与死:达尔文为什么"放弃基督教"》(Of Love and Death: Why Darwin "Gave up Christianity"),载于 Moore 编,《历史、人类和进化:纪念约翰·C. 格林的论文》,第195页～第229页;James Moore,《达尔文传奇》(*The Darwin Legend*, Grand Rapids, Mich.: Baker, 1994)。

* 即乔治·道格拉斯·坎贝尔(George Douglas Campbell),是19世纪的英国贵族、学者和政治家。——责编注

的生存竞争。[33]

557 《物种起源》中一个明确的暗示，后来达尔文在《人类的由来》(*The Descent of Man*, 1871)中指出，即人类也是通过同样的生存竞争进化而来的，更少的人能接受这点。一如既往，反方有权威人士支持，不仅有写出《人类古老性的地质学证据》(*Geological Evidences of the Antiquity of Man*, 1863)的莱伊尔，还有自然选择理论的共同奠基人艾尔弗雷德·拉塞尔·华莱士(1823～1913)。华莱士关于人类起源的观点有鲜明的平民色彩，而莱伊尔的观点有贵族气。这两位博物学家都将智人置于进化之上，但是自学成才又受社会主义影响的华莱士相信所有物种都是平等的。他年轻时就离开了教会，接受过催眠术，发现像他一样的普通人可以被诱导进入昏睡。此后，华莱士在土著人部落中生活，意识到那些人的智力跟他自己并无差异。19 世纪 60 年代，华莱士参加降灵会时认为，人类的思维源自精神世界。科学界人士嘲笑他的轻信，教会中人则认为他是个异端，这不见得是宗教和科学的冲突。[34]

无可否认，冲突确实发生了。维多利亚时代的人将冲突的特征归为"宗教和科学"，但是问题远比他们所知的更复杂。这场冲突并不是仅与教义和理念有关，即所谓"信仰危机"，也不是真的有一群人整齐集结在宗教的旗帜下而另一群人站在科学的旗帜下。科学人，甚至非基督徒，都声称自己信奉宗教。而信教的外行人，无论是否基督徒，都以了解科学为荣。联盟时合时分，皈依和叛变、私下订盟和公开决裂，影响着每一方。令人们困惑的是一系列问题，有实际的也有理论的，有经验的也有形而上学的，有社会的、政治的也有意识形态的。最终，世界的工业秩序处于危险中。[35] 公认的人类正在享受的进步的最佳推手，到底是哪家的科学、哪家的宗教？迄今为止令人瞩目的进步，应当归功于哪家的科学、哪家的宗教？19 世纪末期，这些问题撼动了欧洲多数

[33] Alvar Ellegård,《达尔文和普通读者：英国期刊出版界对达尔文进化理论的接纳(1859～1872)》(*Darwin and the General Reader: The Reception of Darwin's Theory of Evolution in the British Periodical Press, 1859-1872*, Göteborg: Elanders Bocktryckeri Aktiebolag, 1958)；Moore,《后达尔文时代的争论：关于英国和美国新教徒努力与达尔文妥协的研究(1870～1900)》，第 9 章～第 12 章；Frederick Gregory,《19 世纪达尔文进化论对新教神学的影响》(The Impact of Darwinian Evolution on Protestant Theology in the Nineteenth Century)，载于 Lindberg 和 Numbers 编，《上帝与自然：基督教与科学遭遇的历史论文》，第 369 页～第 390 页；Jon H. Roberts,《达尔文主义和美国神学家：新教知识分子和有机体进化论(1859～1900)》(*Darwinism and the Divine in America: Protestant Intellectuals and Organic Evolution, 1859-1900*, Madison: University of Wisconsin Press, 1988)；Gregory P. Elder,《长期的活力：达尔文、英国国教信徒、天主教信徒和神意进化学说的发展》(*Chronic Vigour: Darwin, Anglicans, Catholics, and the Development of a Doctrine of Providential Evolution*, Lanham, Md.: University Press of America, 1996)。

[34] W. F. Bynum,《查尔斯·莱伊尔的〈人类古老性的地质学证据〉与其批评者》(Charles Lyell's "Antiquity of Man" and Its Critics)，《生物学史杂志》(*Journal of the History of Biology*)，17(1984)，第 153 页～第 187 页；Turner,《在科学与宗教之间：维多利亚时代晚期英格兰对科学自然主义的反应》，第 4 章；Oppenheim,《另一个世界：英格兰的唯灵论与心理研究(1850～1914)》，第 7 章；Peter Raby,《艾尔弗雷德·拉塞尔·华莱士：他的一生》(*Alfred Russel Wallace: A Life*, London: Chatto and Windus, 2001)；Michael Shermer,《在达尔文的阴影里：艾尔弗雷德·拉塞尔·华莱士的人生与科学》(*In Darwin's Shadow: The Life and Science of Alfred Russel Wallace; A Biographical Study on the Psychology of History*, New York: Oxford University Press, 2002)。

[35] Moore,《后达尔文时代的争论：关于英国和美国新教徒努力与达尔文妥协的研究(1870～1900)》，第 4 章；James Moore,《没有革命的危机：维多利亚时代英格兰的意识形态分水岭》(Crisis without Revolution: The Ideological Watershed in Victorian England)，《综合评论》第四辑，107(1986)，第 53 页～第 78 页；James Moore,《神正论与社会：知识界的危机》(Theodicy and Society: The Crisis of the Intelligentsia)，载于 Helmstadter 和 Lightman 编，《维多利亚时代的信仰危机：19 世纪宗教信仰的延续和改变文集》，第 153 页～第 186 页。

国家、它们的殖民地、北美洲人口稠密的地域等地的知识界。最响亮而又具有最终决定性的答案来自那些当时开始自称“科学家”的人。[36] 此时科学家们借助一个戏剧性的新创造神话,即“宗教和科学的冲突”,首次将他们崛起的地位合法化。

558

争论以奇异的力度在第一个工业化国家英国爆发,当时英国正处于其帝国狂热的巅峰状态。在19世纪60年代,自由思想赢得尊重;平民反教权主义完全坦白,自称“不可知论”。重要的主角属于一个9人“游击队”,自我命名为X俱乐部,流露出对罗马数字不屑一顾的态度。他们第一次聚会时,所有成员中仅有一人超过40岁,也仅有一人未当选王家学会会员。接下来20年内,英国全部顶级科学部门中除了一个部门,其他部门都沾了俱乐部的边。在此期间,X俱乐部成员成功控制了英国国家科学促进会、王家研究院和王家学会。在这片屏蔽了革命、遮挡住福音派的国土上,这就是一场知识领域的宫廷政变。起义者挥舞着自然法则的宝剑,在达尔文本人的鼓励下,赶走所有将科学套上上帝或者贪欲之神桎梏的人,包括老派佩利观点的贩子和教区牧师兼博物学家。取代他们的是专心致志的职业人士,一个适合英国新兴工业文化的科学智囊团。[37]

许多人将这看成科学驱逐宗教,或者达尔文对抗教会,以及X俱乐部借此形象获得政治资本。但是就像达尔文本人一样,这些激进派成员也显示他们只是热衷追求真理的改革者。他们的模式是马丁·路德的宗教改革,而不是洗劫罗马。最知名的X俱乐部成员有托马斯·亨利·赫胥黎(1825～1895)、约翰·廷德耳(1820～1893)、赫伯特·斯宾塞(1820～1903)等,分别是一个不可知论的清教徒、一个泛神论的奥兰基社团成员、一个形而上学的卫理公会派教徒。[38] 他们的急就章式作品和公开演讲造就一个地震带,将知识的震动传播到全世界。耶拿的动物学家恩斯特·海克尔(1834～1919)感受到震撼而采取行动。他的清除社会弊端的达尔文主义支持德国统一,支持一场反天主教的文化战争以及与他所谓“宗教与科学”紧密关联的哲学“一元论”。赫胥黎、廷德耳、斯宾塞这非神圣三位一体,1872～1882年先后访问美国,激励科学家和

[36] James Moore 和 Adrian Desmond,《越过边界》(Transgressing Boundaries),《维多利亚时代文化杂志》(*Journal of Victorian Culture*),3(1998),第150页～第152页。关于英国以外英语世界的公开辩论,参看 Numbers 和 Stenhouse 编,《传播达尔文主义:地域、种族、宗教和性别的作用》。

[37] Turner,《在科学和宗教之间:维多利亚时代晚期英格兰对科学自然主义的反应》,第1章;Turner,《争取文化权力:维多利亚时代知识生活文集》,第6章～第7章;Ruth Barton,《“赫胥黎、卢伯克和另外几位”:X俱乐部形成时的专业人士和绅士(1851～1864)》(“Huxley, Lubbock, and Half a Dozen Others”: Professionals and Gentlemen in the Formation of the X Club, 1851-1864),《爱西斯》,89(1998),第410页～第444页,附参考文献;Josef L. Altholz,《两大争论记:关于〈论文与评论集〉的争论中的达尔文主义》(A Tale of Two Controversies: Darwinism in the Debate over “Essays and Reviews”),《教会史》,63(1994),第50页～第59页;James Moore,《解构达尔文主义:19世纪60年代进化政治》(Deconstructing Darwinism: The Politics of Evolution in the 1860s),《生物学史杂志》,24(1991),第353页～第408页。

[38] Adrian Desmond,《赫胥黎:从魔鬼的信徒到进化论的大祭司》(*Huxley: From Devil's Disciple to Evolution's High Priest*, London: Penguin, 1998);David Wiltshire,《赫伯特·斯宾塞的社会政治思想》(*The Social and Political Thought of Herbert Spencer*, Oxford: Oxford University Press, 1978);Ruth Barton,《约翰·廷德耳,泛神论者》(John Tyndall, Pantheist),《奥西里斯》第二辑,3(1987),第111页～第134页;J. Vernon Jensen,《回归威尔伯福斯-赫胥黎辩论》(Return to the Wilberforce-Huxley Debate),《英国科学史杂志》,21(1988),第161页～第179页,附参考文献。

宗教自由派人士,还有那些在南北战争的可怕后果中做好恢复准备的本土的自由思想者。[39] 德雷珀的《宗教与科学冲突史》和怀特的《科学与基督教界神学战争史》接踵而至,这是一个时代的典型产物,这时候,为了科学有个大写的"S",新世界的骄傲承担了旧世界的傲慢。

559

在"宗教和科学"之外

在那些科学家将他们自己从宗教体制解放出来的宁静日子里,只有怀疑论者才敢预言,有朝一日科学家们会建立一个令人们试图摆脱的体制。进步显而易见,不受拘束从事研究的好处不言自明。科学承诺世俗世界的丰裕将永无尽头,以此弥补失去的宗教希望。怀疑论者——维多利亚时代的反对活体解剖者和反接种疫苗者、爱德华时代的种族主义人类学和优生学批评家——显得自私而无良。他们缺乏进取的良知,也看不到科学与国家联手能够使人类变得更好。制度化的知识始终不会威胁人类的价值,只有那些以宗教或其他非理性名义持续攻击科学的人才会。[40]

第一次世界大战之后,对科学的一个新威胁来自一些自我标榜的"基要主义者",普通的美国人感到愤怒,因为他们最珍视的信仰居然被损害了,用的还是他们自己缴纳的税款。这些低俗的怀疑论者敌视一种教育体制,这种体制将人变成野兽,讲授人类不平等,将优生学塞入学校教科书,将生活描述成无神的血腥竞争。这不是德国将军和布尔什维克还有老朽的达尔文的教义吗? 自然选择当时是不是批评者比友人多得多? 威廉·詹宁斯·布赖恩是位进步的民主党人、反战主义者,曾经为抗议美国介入第一次世界大战辞去国务卿职务。他将进化论政治当作他个人的圣战,从 1922 年起到他去世,这位"伟大的平民"率领基要主义美国人取得压倒性优势。他在斯科普斯审判中最后一次欢呼,在进化论者眼中,这不过是盲目的狂热分子的最后喘息。进步的民主党人、达尔文主义决定论者克拉伦斯·达罗,像布赖恩信仰基督一样信仰科学。

[39] Paul Weindling,《帝制德国的细胞状态理论》(Theories of the Cell State in Imperial Germany),载于 Charles Webster 编,《生物学、医学与社会(1840～1940)》(*Biology, Medicine and Society, 1840-1940*, Cambridge: Cambridge University Press, 1981),第 99 页～第 155 页;Paul Weindling,《恩斯特·海克尔、达尔文主义和自然的世俗化》(Ernst Haeckel, Darwinismus and the Secularization of Nature),载于 Moore 编,《历史、人类和进化:纪念约翰·C. 格林的论文》,第 311 页～第 327 页;Alfred Kelly,《达尔文的传承:达尔文主义在德国的普及(1860～1914)》(*The Descent of Darwin: The Popularization of Darwinism in Germany, 1860-1914*, Chapel Hill: University of North Carolina Press, 1981);Roberts,《达尔文主义和美国神学家:新教知识分子和有机体进化论(1859～1900)》;James Moore,《赫伯特·斯宾塞的忠实追随者:19 世纪后期美国新教徒自由派的发展》(Herbert Spencer's Henchmen: The Evolution of Protestant Liberals in Late Nineteenth-Century America),载于 Durant,《达尔文主义与神学:进化论与宗教信仰论文集》,第 76 页～第 100 页;James Turner,《没有上帝,没有信仰:美国无信仰的起源》(*Without God, without Creed: The Origins of Unbelief in America*, Baltimore: Johns Hopkins University Press, 1985)。

[40] Roy MacLeod,《"科学的破产"辩论:对科学的信仰及其危机(1885～1900)》(The "Bankruptcy of Science" Debate: The Creed of Science and Its Critics, 1885-1900),《科学、技术与人类价值观》(*Science, Technology, and Human Values*),7(1982),第 2 页～第 15 页。

达罗将自己的对手戏称为“全部蠢人的偶像”。[41]

自由派的科学信徒作为宽容、公正、民主价值观的化身，在20世纪30年代的大萧条岁月得到报应。甚至在经济衰退开始之前，自由放任资本主义派的批评家就蔑视达尔文式教条所操控的体制。约翰·梅纳德·凯恩斯（1883～1946）愤怒地说：“向伦敦市政府提出有关公众利益的社会行动的建议，就像60年前和主教讨论《物种起源》一样。”[42]情况不久变得明朗，科学将追随自由度较少的意识形态。德国科学界大部分人通过赞成种族灭绝的达尔文主义政策，获得了国家的支持。在以马克思主义的唯物主义为基础的工业化、军事化并谋求统治世界的苏联，科学和国家合为一体。西方自由派为之惊慌失措，宣称极权主义对科学的威胁要大于基要主义。然而在第二次世界大战期间，特别是在动员研究以应对战后苏联的挑战时，西方的科学被用于国家目标，被国家资助束缚，并前所未有地受到国家监管。到冷战高峰期，无论东方还是西方，“科学的文化境遇”已经成为“一度与宗教相关的镜像。一种科学指导的文化……在相当程度上取代了教堂指导的文化。科学体制……取得了曾经为宗教体制拥有的特权文化地位”。20世纪60和70年代，新基要主义者推出一个战略，试图压制在美国公立学校讲授进化论，几乎没有人感到诧异。新基要主义者们呼吁，要介绍更多的科学即“神创论科学”。[43] 现在宗教为了赢得信赖，必须表现自己为科学，正如科学曾经不得不展示其宗教性。

560

在20世纪末，研究“宗教与科学”主题的历史学家将过去当作那个时代有自我意识的生物。“发生了什么”（重提G. M. 扬的名言）不仅是认识到“当事情发生时人们感受到什么”，而且还假定这些事情都经过历史学家本身经历的折射——在20世纪后期对他们来说发生了什么、事情发生时他们感受到什么。在许多方面，他们的经历往往与维多利亚时代的人相反，“历史的真实中心主题”不再是“宗教和科学”的对歌游行。一个更加刺耳、不大成功的音符奏起，成为文化和信仰系统冲突的回响。除了对自由主义的批评和一些政治信仰的崩溃（如苏联共产主义），还有德雷珀和怀特之后一个世纪塑造了历史学家观点的世俗化的失败：伴随着有竞争力的各种小写“s”学科的兴起而产生的对有大写“S”的科学信仰的侵蚀，基要主义的发展，以及精英支持的科学

561

[41] George Marsden，《基要主义和美国文化：20世纪福音主义的形成（1870～1925）》（*Fundamentalism and American Culture: The Shaping of Twentieth Century Evangelicalism, 1870-1925*, New York: Oxford University Press, 1980）；Ferenc Morton Szasz，《新教美国的对立思想（1880～1930）》（*The Divided Mind of Protestant America, 1880-1930*, Tuscaloosa: University of Alabama Press, 1982），第9章～第11章；Larson，《诸神之夏：斯科普斯审判和美国关于科学和宗教的持续争论》。

[42] John Maynard Keynes，《自由放任主义的终结》（*The End of Laissez-Faire*, London: Leonard and Virginia Woolf at the Hogarth Press, 1926），第38页。

[43] Frank M. Turner，《科学与宗教自由》（Science and Religious Freedom），载于Richard Helmstadter编，《19世纪的自由与宗教》（*Freedom and Religion in the Nineteenth Century*, Stanford, Calif.: Stanford University Press, 1997），第85页。也可参看Christopher P. Toumey，《上帝自己的科学家：世俗世界中的神创论者》（*God's Own Scientists: Creationists in a Secular World*, New Brunswick, N.J.: Rutgers University Press, 1994）；James Moore，《新教基要主义的神创论宇宙》（The Creationist Cosmos of Protestant Fundamentalism），载于Martin E. Marty和R. Scott Appleby编，《基要主义和社会：改造科学、家庭与教育》（*Fundamentalisms and Society: Reclaiming the Sciences, the Family, and Education*, Chicago: University of Chicago Press, 1993），第42页～第72页；Numbers，《神创论者：科学创造论的演变》。

宗教世界观的出现。[44] 在这支离破碎的背景下，许多历史学家觉得不得不调整或放弃他们自己往往真诚信守的承诺，这事实使他们在努力修订"宗教与科学"的古老确定性时备感辛酸。

当今历史学家的目标是将宗教和科学置于文化的共同基础之上，从而恢复科学的宗教性、宗教的科学性，以及占据传统上所理解的"科学与宗教之间"大片未知领域的形而上学的完整性。[45] 真正的领域对这个目标确实至关重要，正如戴维·利文斯通在将空间、地点和地理置于科学—宗教讨论中心的建议中所提出的。阿德里安·德斯蒙德已经说明这些讨论在多大程度上遭受赫胥黎反对神学的"神圣战争"的歪曲，这是一场具有现实冲击力的隐喻性战争，"将军"本人以达尔文主义训练招募到的军队，培养军备制造商并支持英国的海外工业"战争"来帮助释放这种冲击力。[46] 受赫胥黎牵累的人和编史学纷争中的其他牺牲者也得到了其应有的评价，尤其是科学家中的理查德·欧文，还有顽固的神职人员中的约翰·亨利·纽曼（1801～1890）和查尔斯·霍奇（1797～1878），他们关于科学的考虑如今看起来偶尔有敏锐见解。同样，在"科学与宗教之间"犹豫不决的次专业人员——调和主义者和理想主义者，催眠术、唯灵论以及从黑格尔主义到通灵学等各种形而上学的追随者等——正在被重新评估。这些人不仅包括像华莱士那样的科学圈外人，还包括被科学的和宗教的"教士"制度长期排斥在外的知识女性如玛丽·贝克·埃迪、弗朗西丝·鲍尔·科布和安妮·贝赞特。"宗教和科学"这一专题的许多弊端之一，就是它在历史领域长期保持这种排斥的倾向。[47]

562

也许受历史学家关注的近期最显著动向，是宗教与科学在某些新的现实情景中大

[44] Brooke 和 Cantor，《重构自然：科学与宗教的交战》，第 2 章；James Gilbert，《赎回文化：科学时代的美国宗教》（*Redeeming Culture: American Religion in an Age of Science*, Chicago: University of Chicago Press, 1997）。

[45] Turner，《在科学与宗教之间：维多利亚时代晚期英格兰对科学自然主义的反应》；James Moore，《谈谈"科学与宗教"——过去与现在》（Speaking of "Science and Religion" - Then and Now），《科学史》，30（1992），第 311 页～第 323 页；David B. Wilson，《论从科学史与宗教史中消除"科学与宗教"的重要性：以奥利弗·洛奇、J. H. 金斯和 A. S. 爱丁顿为例》（On the Importance of Eliminating "Science and Religion" from the History of Science and Religion: The Cases of Oliver Lodge, J. H. Jeans and A. S. Eddington），载于 Jitse M. van der Meer 编，《信仰和科学各方面·第 1 卷·编史学和互动方式》（*Facets of Faith and Science*, vol. 1: *Historiography and Modes of Interaction*, Lanham, Md.: Pascal Centre/University Press of America, 1996），第 27 页～第 47 页。

[46] David N. Livingstone，《科学与宗教：遭遇历史地理学的前言》（Science and Religion: Foreword to the Historical Geography of an Encounter），《历史地理学杂志》（*Journal of Historical Geography*），20（1994），第 367 页～第 383 页；Desmond，《赫胥黎：从魔鬼的信徒到进化论的大祭司》，第 632 页～第 636 页。

[47] David N. Livingstone，《确定福音派对进化论的反应》（Situating Evangelical Responses to Evolution），载于 Livingstone、Hart 和 Noll 编，《历史视野中的福音派与科学》，第 193 页～第 219 页；Charles Hodge，《什么是达尔文主义？以及其他关于科学与宗教的著作》（*What Is Darwinism? and Other Writings on Science and Religion*, Grand Rapids, Mich.: Baker, 1994），Mark A. Noll 和 David N. Livingstone 编；Alex Owen，《变暗的房间：维多利亚时代晚期英格兰的妇女、权力和唯灵论》（*The Darkened Room: Women, Power, and Spiritualism in Late Victorian England*, Philadelphia: University of Pennsylvania Press, 1990）；Lori Williamson，《权利与抗议：弗朗西丝·鲍尔·科布和维多利亚时代的社会》（*Power and Protest: Frances Power Cobbe and Victorian Society*, London: Rivers Oram Press, 1998）；David F. Noble，《没有女性的世界：西方科学的基督教教士文化》（*A World without Women: The Christian Clerical Culture of Western Science*, New York: Knopf, 1992）；Maureen McNeil，《教士传统和世俗陷阱：父权制科学和父权制科学研究》（Clerical Legacies and Secular Snares: Patriarchal Science and Patriarchal Science Studies），《欧洲遗产》，1（1996），第 1728 页～第 1739 页。

吹大擂的融合,其科学权威将得到宗教和道德的完全认可。[48] 虽然为这一新兴的宗教科学冲锋陷阵打掩护的通常是物理学,但生物学也显得不甘落后。新神创论者也许热衷于从生命的复杂结构中证明“智能设计”,但达尔文派无神论者多年来一直为非智能设计惊叹。据斯蒂芬·杰伊·古尔德看来,他们的信念基本上是神学的。古尔德称这些现代的适应主义者为“超达尔文主义的使徒”和“达尔文主义基要主义者”。[49] 确实,许多超达尔文主义著作显然属于那些试图“在科学迹象和证据中找到关于意义和价值的终极问题”的大型历史文献。从朱利安·赫胥黎的《无启示的宗教》(*Religion without Revelation*,1927)到理查德·道金斯的《盲目钟表匠》(*Blind Watchmaker*,1986),从乔治·盖洛德·辛普森、加勒特·哈丁、C. H. 沃丁顿、E. O. 威尔逊、丹尼尔·丹尼特等人的普及作品到进化心理学家的粗制滥造的成果,全球知识界现在越来越多地从“20 世纪的布里奇沃特论文集”中选择其科学。[50] 随着科学家承诺通过分子操控来“扮演上帝”,重新设计自然、重新解释人类生命,新世纪很可能见证自然神学重生,而新的达尔文会崛起,以戳破其华丽的自负。而已经被历史学家长期放弃的“宗教和科学”,显然将会持续走运。

(梁国雄 译)

[48] Eileen Barker,《作为神学的科学:西方科学中的神学功能》(Science as Theology - The Theological Functioning of Western Science),载于 Peacocke,《20 世纪的科学与神学》,第 262 页~第 280 页;Richard C. Rothschild,《新兴的科学宗教》(*The Emerging Religion of Science*, New York: Praeger, 1989);Mary Midgley,《作为救世力量的科学:一个现代传说及其意义》(*Science as Salvation: A Modern Myth and Its Meaning*, London: Routledge, 1992);David F. Noble,《技术宗教:人的神性和发明精神》(*The Religion of Technology: The Divinity of Man and the Spirit of Invention*, New York: Knopf, 1997)。

[49] Stephen Jay Gould,《论将玻意耳定律转化为达尔文革命》(On Transmuting Boyle's Law to Darwin's Revolution),载于 A. C. Fabian 编,《进化:科学、社会和宇宙》(*Evolution: Science, Society and the Universe*, Cambridge: Cambridge University Press, 1998),第 24 页~第 25 页;Stephen Jay Gould,《达尔文主义基要主义》(Darwinian Fundamentalism),《纽约书评》(*New York Review of Books*),1997 年 6 月 12 日,第 34 页及其后。参看 Mary Midgley,《作为一种宗教的进化:奇怪的希望和更奇怪的恐惧》(*Evolution as a Religion: Strange Hopes and Stranger Fears*, London: Methuen, 1985);Howard L. Kaye,《现代生物学的社会意义:从社会达尔文主义到社会生物学》(*The Social Meaning of Modern Biology: From Social Darwinism to Sociobiology*, New Haven, Conn.: Yale University Press, 1986);John R. Durant,《进化、意识形态和世界观:20 世纪的达尔文主义宗教》(Evolution, Ideology and World View: Darwinian Religion in the Twentieth Century),载于 Moore 编,《历史、人类和进化:纪念约翰·C. 格林的论文》,第 355 页~第 373 页;R. C. Lewontin,《作为意识形态的生物学:DNA 教义》(*Biology as Ideology: The Doctrine of DNA*, New York: Harper, 1992);John C. Avise,《遗传之神:人类事务中的进化与信仰》(*The Genetic Gods: Evolution and Belief in Human Affairs*, Cambridge, Mass.: Harvard University Press, 1998);Thomas Dixon,《作为信仰传统的科学无神论》(Scientific Atheism as a Faith Tradition),《生物科学和生物医学科学的历史与哲学研究》(*Studies in History and Philosophy of Biological and Biomedical Sciences*),33 (2002),第 337 页~第 359 页。

[50] John C. Greene,《科学、意识形态和世界观:进化论思想史文集》(*Science, Ideology, and World View: Essays in the History of Evolutionary Ideas*, Berkeley: University of California Press, 1981),第 162 页~第 163 页。

30

563

生物学与人性

彼得·J. 鲍勒

在传统的基督教思想中,灵魂和肉体是两个截然不同的事物。如果行为受到动物性冲动的影响,那么它仅仅表示灵魂对它的肉体外壳没有实施足够的控制。笛卡儿学派坚持认为思维存在于一个不同于肉体的层面上——肉体被认为实际上只是一台机器——延续着这种二元论式的解释。在这样的一个模型中,心理学和社会学科将构成一个与生物学没有联系的毫不相干的知识体系。思维活动可以通过反思来进行研究,无须参照肉体。在18世纪,这种二元论的观点开始遭到抨击,当时一批唯物主义哲学家(比如朱利安·奥弗鲁瓦·德·拉美特利等人)认为思维会受到身体的影响。他们认为思维仅仅是大脑中一些生理活动的副产物而已。对唯物主义者来说,人性在实质上是生物学问题。二元论与唯物主义之间的争论在19世纪得以重新继续,因为当时生物学的发展开始为研究人类行为提供了一系列的技术手段。但是,唯物主义方法并没有取得彻底的胜利。力图把思维放在一个迥然不同的活动层面的观点仍然继续着,部分原因是为了捍卫灵魂的观念,但更多的原因是人们试图以这种方式来为心理学与社会科学营造一个职业环境。

所有以生物学为基础来描述人性的努力总是伴随着争议。我们行为的各个方面由生物活动所决定,这样的观点一直被认为是对人类尊严和道德责任的侵犯。如果思维仅仅是大脑中物理变化的一种反映,那么当我们需要关于道德和社会问题方面的建议时,我们也许应该找神经生理学家,而不是哲学家或心理学家。如果大脑是自然进化的产物,那么对进化过程的研究应该能告诉我们为什么我们会被设计成像我们现在

564

这样行动。20世纪末,生物学科对人性发起新一轮攻击。这些结论一如既往地引起争议,早期那些企图将生物学应用于人类科学的历史也许能为我们提供一些珍贵的见解和告诫。

对于生物学进入人性这个曾经的禁区,历史学家们已经密切关注过这个过程中若干重要的环节,包括一些企图证明人性或是取决于大脑的结构,或是取决于智力或行为模式方面遗传性的缺陷,或是取决于进化过程的本质。许多这样的争论都被视为具有哲学和意识形态的维度。哲学家们也许会认为虽然大脑是思维的器官,但却是理论

家采用这种主张去证明某些社会行动是正当的,比如,试图限制那些被认为缺少思维能力或者具有危险本能的人的生育能力。在过去的几十年里,历史学家们显示有越来越多的人更愿意使用意识形态的术语来解释很多辩论。那种老式的臆想,即科学能给人们提供客观的知识,已经在许多领域里失败了,但是最明显不过的要算生物学这个领域了,在其中科学知识的人类的暗示是如此直接。我们现在已经越来越确信,在过去的不同时间点,科学知识所传递给我们的往往是由那个时代的社会价值观所影响的(我没有说决定)。正如一个在此运动中具有影响力的声音所断定的那样,"达尔文主义是社会的"。[1] 这不是一个达尔文主义如何运用于社会的问题,而是一个社会形象如何构建到科学本身的结构中去的问题。颅相学(一种早期大脑定位的理论)的兴起和衰落曾被"爱丁堡学派(Edinburgh school)"一位先驱用作案例分析,他是科学知识是在社会中构建的这个观点最坚定的提倡者。[2] 科学家们经常反对这个说法来捍卫他们的客观性。但如果历史学家们能证明早期将生物学应用到人性研究的努力常常为社会价值观所左右,那么对那些在现代社会还致力于此项目的人来说,应该吸取其中的教训。

有些主题尤其吸引历史学家的注意,而有些主题相对来说却没有被研究过。大量的文献能见于如下一些主题:心理机能的大脑定位、"社会达尔文主义"、声称人种间生物差别的理论以及其他形式的与"优生学"(弗朗西斯·高尔顿[1822～1911]使用的术语,用于人种的选择性生育计划)相关的遗传决定论。古人类学,关于人类起源的科学,大体上还没有科学史学者涉足。但是这些领域全然没有它们有时看上去的那样迥然不同。它们全部都依赖大脑控制行为这个信念(参看第 27 章),尽管当注意力转移到特定行为模式的进化起源时,这个信念或许已经被忘记。所谓人种间的思维能力差异仅仅是更普遍说法中的一个特殊案例,即一个人的性格是由遗传所控制的,而且不能被后天学习所更改。决定论本身常常建立在一些关于进化对遗传所传递的性格形成发挥着作用的假设上。在决定人类行为上,关于"本性"和"教养"相对的影响力也是一个争论话题,它引发了在生物学科与社会学科关系中的诸多问题。诸如社会生物学之类的现代理论或许会在生物学发展过程中结合来自各种有独立源头的原始资料的影响。强调性别在形成科学家关于人性的假设的作用的近期研究也突破了传统的界限。

565

[1] Robert M. Young,《达尔文主义是社会的》(Darwinism *Is* Social),载于 David Kohn 编,《达尔文的遗产》(*The Darwinian Heritage*, Princeton, N. J.: Princeton University Press, 1985),第 609 页～第 638 页。也可参看以下论文集,Robert M. Young,《达尔文的隐喻:自然在维多利亚时代文化中的地位》(*Darwin's Metaphor: Nature's Place in Victorian Culture*, Cambridge: Cambridge University Press, 1985)。

[2] Steven Shapin,《人类颅相学:关于历史问题的人类学观点》(Homo Phrenologicus: Anthropological Perspectives on a Historical Problem),载于 Barry Barnes 和 Steven Shapin 编,《自然秩序:科学文化的历史研究》(*Natural Order: Historical Studies of Scientific Culture*, Beverly Hills, Calif.: Sage, 1979),第 41 页～第 79 页。也可参看 Michael Mulkay,《科学与知识社会学》(*Science and the Sociology of Knowledge*, London: Allen and Unwin, 1979);Stephen Yearley,《科学、技术与社会变迁》(*Science, Technology and Social Change*, London: Unwin Hyman, 1988)。

意识与大脑

18世纪的唯物主义者反对当时流行的意识运行观点，后者主要认为学习和习惯来源于“想法之间的联系”；19世纪早期，心理学以一种假设为基础，即意识无须借助大脑的任何生理活动，就能在感觉印象和记忆之间建立联系。对这种二元论心理学的主要挑战来自两位颅相学的推动者弗朗茨·约瑟夫·加尔（1758～1828）与约翰·加斯帕尔·施普尔茨海姆（1776～1832）。他们在解剖大脑和观察行为的研究基础上，认为一系列迥然各异的心理机能，各自位于大脑中某个特定区域。个体行为实际上都取决于大脑的结构。他们认为这些内部结构可以从颅骨的外部形态上观察到。[3] 在19世纪20和30年代，颅相学虽然受到哲学家和解剖学家尖锐的批评，但是它获得了广泛的知名度。当时在爱丁堡曾发生过一场特别激烈的争论。颅相学领军人物乔治·库姆（1788～1858）声称如果人们知道他们的心理的强项和弱项，就可以更好地管控自己的生活，基于此，他把颅相学和一项改良主义的社会政策联系起来。[4] 库姆的《人的构造》（*Constitution of Man*，1828）曾是19世纪早期的畅销书之一。

对颅相学的传统描述通常斥之为伪科学：解剖学家有一点是对的，他们指出大脑的精细结构并没有反映在颅骨的形状上。但现代历史学家们却认为事后如此简单的贬斥忽略了一个事实，即颅相学更为基础而重要的那些观点实际上并不是无的放矢。后来在19世纪发展起来的大脑定位的确证实了一些生理机能发生在大脑的某些特定区域，所以这些区域的损坏也影响到对应的功能。把颅相学斥之为胡说八道不过是不加分析地重复那个时代颅相学反对者们的观点。在这种情况下，需要一种更为精细的分析，并需要回答下面这个问题：由谁来决定什么可以当作科学知识？史蒂文·夏平和罗杰·库特的著述显示，支持颅相学的是那些从改良主义社会哲学中获益的人，颅相学与改良主义社会哲学的联系是库姆和其他人建立起来的。[5] 而排斥颅相学的则是学术建制派，他们力图维系着传统的人类意识观。颅相学影响着许多重要的思想者，包括那些对后来大脑解剖学的发展做出贡献的人。颅相学从学术科学中边缘化（这个边缘化如此成功以至后来为之作出的很多辩护都没有被认可）告诉我们科学共

566

[3] 关于加尔的工作的描述，参看 Robert M. Young，《19世纪的意识、大脑和适应性》（*Mind, Brain and Adaptation in the Nineteenth Century*, Oxford: Clarendon Press, 1970），第1章。一个涵盖本章提到的许多主题的概论是 Roger Smith，《丰塔纳/诺顿人文科学史》（*The Fontana/Norton History of the Human Sciences*, London: Fontana; New York: Norton, 1997）。

[4] Geoffrey Cantor，《爱丁堡颅相学辩论（1803～1828）》（The Edinburgh Phrenological Debate, 1803-1828），《科学年鉴》（*Annals of Science*），32（1975），第195页～第218页；Shapin，《人类颅相学：关于历史问题的人类学观点》；Steven Shapin，《颅相学知识和19世纪初爱丁堡的社会结构》（Phrenological Knowledge and the Social Structure of Early Nineteenth-Century Edinburgh），《科学年鉴》，32（1975），第219页～第243页。

[5] Shapin，同脚注4；Roger Cooter，《大众科学的文化意义：19世纪英国的颅相学和赞同的组织》（*The Cultural Meaning of Popular Science: Phrenology and the Organization of Consent in Nineteenth-Century Britain*, Cambridge: Cambridge University Press, 1984）。也可参看 John Van Wyhe，《颅相学和维多利亚时代科学自然主义的起源》（*Phrenology and the Origins of Victorian Scientific Naturalism*, Aldershot: Ashgate, 2004）。

同体的态度更多地取决于社会进程,而不是理论的客观性验证。

19 世纪中叶神经生理学的发展证实了一些生理机能的确依靠大脑的特定区域的特定功能。1861 年,保罗·布罗卡(1824～1880)找到了一个区域,这个区域如果受损,那么病人会失去语言功能。19 世纪 70 年代,戴维·费里尔(1843～1928)和其他人开始进行大脑定位的细节研究。更重要的是,费里尔一直受哲学心理学发展的影响,著名联想论心理学家亚历山大·贝恩(1818～1903)在他的著述《感觉与智力》(*The Senses and the Intellect*,1855)中,还特地用一章的篇幅论述神经生理学,显示他期望着神经系统生理活动方面的研究将很快应用到大脑,并能为心理过程背后的生理基础提供见解。1855 年,哲学家赫伯特·斯宾塞的著作《心理学原理》(*Principles of Psychology*)采用了智能的进化观点。在斯宾塞看来,个体的意识已被其祖先的经历预先塑造:后天习得的习惯成为本能行为模式,并通过遗传传递下去。斯宾塞的心理学依据拉马克的获得性状遗传理论——但是习得的习惯能依次遗传下去的假设是基于一种信念,即习惯是由大脑中的结构所决定的(所以也能由生物遗传传递下去)。[6]

查尔斯·谢灵顿爵士(1857～1952)进一步扩展了费里尔的工作,他的著作《神经系统的整合作用》(*Integrative Action of the Nervous System*,1906)总体描述了神经系统的协调作用,但谢灵顿是一个二元论者,他没有讨论心理状态。所以他的工作把神经生理学和心理学严格分开,并可能阻碍了心理学在英国作为一门科学的发展。[7] 一个更为巨大的影响来自科学自然主义的倡导者们,这些人包括托马斯·亨利·赫胥黎(1825～1895)和约翰·廷德耳(1820～1893)等,他们认为心理活动仅仅是大脑生理活动的一个副产物。他们虽然承认心理世界并不能简化为物质世界,但是他们仍然坚持认为意识不可能对物质世界产生控制性的影响。20 世纪大脑定位的发展证实了意识与大脑之间的关系在本质上是真实的但也是非常复杂的,但这些史实总体上还没有被历史学家们所记录。

567

更多的注意力则放在与颅相学不是那么直接相关的知识遗产上面,进化论者很自然地欢迎这样的暗示,即随着动物获得较大的大脑时,它们的智力也随之加强。这种联系在著名作家罗伯特·钱伯斯(1802～1871)于 1844 年匿名出版的《万物自然史的遗迹》(*Vestiges of the Natural History of Creation*)中表现得明白无遗。[8] 体质人类学家,笃定要显示非白色人种比白色人种智力低下,开始使用颅骨测量(测量颅容量)这个办

〔6〕 关于这些发展,参看 Young,《19 世纪的意识、大脑和适应性》;Raymond E. Fancher,《心理学先驱》(*Pioneers of Psychology*, New York: Norton, 1979),第 2 章;Robert J. Richards,《达尔文与心智和行为进化理论的出现》(*Darwin and the Emergence of Evolutionary Theories of Mind and Behavior*, Chicago: University of Chicago Press, 1987)。

〔7〕 参看 Roger Smith,《抑制:心智与大脑科学中的历史与意义》(*Inhibition: History and Meaning in the Sciences of Mind and Brain*, London: Free Association Books, 1992),第 5 章。

〔8〕 参看 James A. Secord,《维多利亚时代的轰动:〈万物自然史的遗迹〉非比寻常的出版、接受及秘密的作者》(*Victorian Sensation: The Extraordinary Publication, Reception, and Secret Authorship of Vestiges of the Natural History of Creation*, Chicago: University of Chicago Press, 2000)。也可参看 Secord 为以下作品所写的绪论,Robert Chambers,《〈万物自然史的遗迹〉和其他进化作品》(*Vestiges of the Natural History of Creation and Other Evolutionary Writings*, Chicago: University of Chicago Press, 1994)。

法来给出他们的判断的证据。塞缪尔·乔治·莫顿(1799～1851)将一种容量测量术应用于空颅骨,虽然用现代标准来看存在着某些瑕疵,但是他找到了所需要的证据。布罗卡也把颅骨测量用于体质人类学。[9] 到查尔斯·达尔文(1809～1882)普及进化论的时候,几乎理所当然地认为"低等"人种是人类发展过程中早期阶段的孑遗,这些低等人种原始的秉性也被他们较小的大脑和较不发达的智力所证实。如今,这样的体质人类学已经从科学领域清除,但其遗毒还常常表现在一些大众辩论中。

弗朗西斯·高尔顿,测量活人颅骨的倡导者,也是优生学运动的发起人。高尔顿测量颅骨是区分人种类型努力的一部分——但是他也通过测试大量被试者,提出了智力的系统测量法。与威廉·冯特(1832～1920)使用的生理学模型一起,高尔顿的技术有助于把心理学确立为一门实验科学。[10] 20 世纪早期智力测验的应用,也是为了证明非白色人种的智力低下,它建立在类似的大众测试技术基础之上。[11]

568

进化、心理学和社会科学

在早年关于达尔文主义的争论中,托马斯·亨利·赫胥黎与他的主要对手理查德·欧文(1804～1892)曾就人类与类人猿的解剖相似之处的意义进行过辩论。人们普遍认为赫胥黎的《人在自然界中的地位》(*Man's Place in Nature*,1863)已经证明了这种亲缘关系,尤其是在大脑结构方面。但是远不止解剖关系利害攸关。达尔文意识到讨论人类起源这个话题将会引起巨大的争议,所以他在《物种起源》(*On the Origin of Species*)中回避了这个话题。人类大脑尺寸上的相对增加可以解释人类意识的出现吗?包括那些曾被认为将我们与野兽区分开的理性力量和道德力量也是这么出现的吗?赫伯特·斯宾塞甚至在达尔文著作问世之前就已经提出并发表了关于意识的进化观点。到达尔文 1871 年出版他的著作《人类的由来》(*The Descent of Man*)时,他可能借助了很多研究,这些研究已经开始探索人类意识的出现和社会的发展的进化论含义。19 世纪末叶,人文科学内部关于进化的模型兴趣达到了全盛期。不少模型强调了作为前进动力的生存竞争在进化中的作用,所以被广泛地称为"社会达尔文主义"。历史学家争论过社会达尔文主义的本质和影响,并且就其是否依赖达尔文的生物学理论意见不一。有些进化模型肯定包含着一些并非直接来自达尔文主义的元素。

达尔文自己从研究其进化论开始,就采用了一种关于意识的唯物主义观点。他对

[9] Stephen Jay Gould,《对人的错误度量》(*The Mismeasure of Man*, New York:Norton, 1981)。也可参看 William Stanton,《豹斑:对美国人种的科学态度(1815～1859)》(*The Leopard's Spots: Scientific Attitudes toward Race in America, 1815-1859*, Chicago: Phoenix Books, 1960);John S. Haller,《被进化抛弃的人:人种劣等的科学态度(1859～1900)》(*Outcasts from Evolution: Scientific Attitudes of Racial Inferiority, 1859-1900*, Urbana: University of Illinois Press, 1975);Nancy Stepan,《科学中的人种观念:英国(1800～1960)》(*The Idea of Race in Science: Great Britain, 1800-1960*, London: Macmillan, 1982)。

[10] Kurt Danziger,《构建学科:心理学研究的历史起源》(*Constructing the Subject: Historical Origins of Psychological Research*, Cambridge: Cambridge University Press, 1990)。

[11] 参看 Gould,《对人的错误度量》。

一些本能的起源特别感兴趣，并把这些本能当作行为模式，它们被进化过程印到大脑中。斯宾塞采用了拉马克的观点，认为习得的习惯可以通过获得性状遗传转化成遗传性本能。不过达尔文也意识到，只要行为模式中存在少许变化，自然选择也可能修改本能。在《人类的由来》这本书中，达尔文用两种方式阐述了社会本能的起源，即拉马克主义和群体选择过程（具有最强社会本能的群体在竞争中得以存活）。对达尔文来说，本能主控着我们的社会互动，而正是人类的努力将这些本能理性化，并成为所有伦理体系的基础。[12]

569

达尔文认为从长远来看，进化非常稳定地提升动物的智力水平——尽管他知道生命树上的很多分支并没有走向更高的发展水平。他提供了一种特定的理论来阐释为什么比起我们亲缘关系上最近的类人猿，人类能发展出如此之高的智力水平。但是大多数进化心理学家却对人类进化中可能存在的关键拐点并没有兴趣。他们勾勒出一幅从动物界到人类的心理发展的假想等级图，并且假定进化几乎会不可避免地稳步上升到最高级别。这个方法可见于乔治·约翰·罗马尼斯（1848～1894）的著作中，他实际上成为达尔文在心理进化领域的继承人。在美国，意识进化模型是由詹姆斯·马克·鲍德温（1861～1934）和 G. 斯坦利·霍尔（1844～1924）提出的。

达尔文和罗马尼斯夸大了动物的智力以便尽可能减小它们与人类之间的鸿沟，这是因为进化必须跨越这个鸿沟。康韦·劳埃德·摩根（1852～1936）在《比较心理学导论》（*Introduction to Comparative Psychology*，1895）中提出的“准则”，实际上是针对一些心理学家把动物行为进行拟人化而提出的一种警示，尽管摩根本人也是一位进化论者。他后来发展了他的“突生进化”论，他把意识和精神归为新类别，它们是在进化的某些阶段以不可预见的方式出现的。[13] 这个理论向传统的那种认为意识仅仅是物质世界活动的一种副现象或副产物的观点提出了挑战。一旦意识出现了，它就会在这个世界里积极发挥作用。从这个角度看，康韦·劳埃德·摩根尽力维持着 19 世纪末“心理拉马克主义者”的观点，他们一直认为获得性状遗传比达尔文学派的自然选择具有道德优势，因为它容许有意识地选择习惯以指导物种的进化。鲍德温在 1896 年引入了“有机体选择”的概念，试图阐明自然选择也能被导入习惯预先决定的渠道。[14]

19 世纪末发育理论中一个重要的元素是重演的概念，即物种的进化史在个体有机体的发育中重演。在生物学中，重演论的一个有力推动者是恩斯特·海克尔（1834～1919），他生造了“个体发育会重演系统发生”这个词组。另一个推动者是美国的新拉

570

〔12〕 关于达尔文、斯宾塞和其他进化论者对意识起源的详细描述，参看 Richards，《达尔文与心智和行为进化理论的出现》。

〔13〕 Conway Lloyd Morgan，《突生进化》（*Emergent Evolution*，London：Williams and Norgate，1923）。也可参看 David Blitz，《突生进化：性质新颖和真实水平》（*Emergent Evolution：Qualitative Novelty and the Levels of Reality*，Dordrecht：Kluwer，1992）。

〔14〕 关于拉马克主义和鲍德温效应的背景，参看 Richards，《达尔文与心智和行为进化理论的出现》，尤其是第 6 章、第 8 章和第 10 章；Peter J. Bowler，《达尔文主义的衰落：1900 年前后数十年中反达尔文的进化理论》（*The Eclipse of Darwinism：Anti-Darwinian Evolution Theories in the Decades around 1900*，Baltimore：Johns Hopkins University Press，1983），第 4 章和第 6 章。

马克主义者爱德华·德林克·科普(1840～1897)。重演论提供了一个进化模型,在其中向更高成熟度的进化似乎不可避免。进化心理学家们确信人类个体意识的发展经历了心理进化的各个阶段,它们标记着动物界的进化。罗马尼斯清楚地发现儿童在不同年龄段表现出来的智能对应于动物智力的各种不同水平。这个模型鼓励人们相信"野蛮的"人种的智力水平——被认为是类人猿进化到人类过程中早期阶段的孑遗——相当于白人儿童的智力水平。切萨雷·龙勃罗梭(1835～1909)提出一个"犯罪人类学"的体系,其中犯罪分子所具备的智力就是人类进化早期阶段的孑遗智力。[15]

尽管重演论在20世纪早期开始有所衰落,但它仍然在几个具有现代特征的重要理论的产生中发挥过作用。弗兰克·萨洛韦及其他人注意到西格蒙德·弗洛伊德(1856～1939)的心理学(因其令人不快的诸多暗示)就是牢牢地建立在一个进化模型之上,在其中构成意识的几个层面全对应于动物智力的水平。弗洛伊德革命性的领悟是这些水平整合到个体发育中是一个充满危险的过程。至少从这个角度看,19世纪进化论中自信满满的进步主义受到了挑战。值得注意的是,鉴于重演论和拉马克主义的长期联合,弗洛伊德在其整个职业生涯均保持对后者的忠诚。同样的生物学观念组合亦可见于另一个卓越的心理学家让·皮亚杰的研究工作。[16]

所有这些心理演进的模型均基于一种假设,即发育在于越来越成熟的等级的提升。同样的模型在19世纪晚期的人类学中也独立地出现了。尽管人类学历史曾经假设这种进化观点是由达尔文主义革命激发的,但是现代研究倾向于把这两种发育视为相同文化价值观的平行展示。进化人类学家比如爱德华·B. 泰勒(1832～1917)和路易斯·H. 摩尔根(1818～1881)假定现代"野蛮人"是文化发展阶段的孑遗,而白色人种的祖先在史前历史阶段已经经过了这个阶段。激发他们灵感的是自19世纪60年代以来的考古学家们的新发现,这些发现证实了人类种族极其古老,并且创造了一个原始"石器时代"的概念。[17] 所有的现存文化都在一个发展等级中分到一个位置,其顶点是现代工业文明。文化差异不能用趋异进化解释,而要解释成沿着单一等级发展水平上的差异。起初,人类学家们反对比较"原始"的民族在智力上比白人低的主张,

571

[15] 进化心理学家对重演论的应用,参看 Richards,《达尔文与心智和行为进化理论的出现》,尤其是第8章,以及 John R. Morss,《儿童态的生物化:发展心理学与达尔文神话》(*The Biologizing of Childhood: Developmental Psychology and the Darwinian Myth*, Hove: Erlbaum, 1990)。关于此理论(包括龙勃罗梭)的影响更全面的介绍,参看 Stephen Jay Gould,《个体发生学和系统发生学》(*Ontogeny and Phylogeny*, Cambridge, Mass.: Harvard University Press, 1977),第5章。

[16] 参看 Frank Sulloway,《弗洛伊德:意识生物学家》(*Freud: Biologist of the Mind*, London: Burnett Books, 1979);Lucille B. Ritvo,《达尔文对弗洛伊德的影响》(*Darwin's Influence on Freud*, New Haven, Conn.: Yale University Press, 1990);Richard Webster,《为什么弗洛伊德错了:罪、科学与精神分析》(*Why Freud Was Wrong: Sin, Science and Psychoanalysis*, London: HarperCollins, 1995)。关于皮亚杰的重演论,参看 Morss,《儿童态的生物化:发展心理学与达尔文神话》,第4章。

[17] 参看 Donald Grayson,《人类古老性的确定》(*The Establishment of Human Antiquity*, New York: Academic Press, 1983);A. Bowdoin Van Riper,《猛犸中的人:维多利亚时代的科学和人类史前史的发现》(*Men among the Mammoths: Victorian Science and the Discovery of Human Prehistory*, Chicago: University of Chicago Press, 1993)。

但是随着世纪的推进,他们觉得越来越难把心理发育和文化发展分开来讲。[18]

赫伯特·斯宾塞的进化哲学把心理发育和文化及社会发展紧密地联系在一起。斯宾塞的心理学强调没有普世的"人性"——人类意识由社会环境塑造,其环境越有激发力,个体的心理发育水平也越高。反过来讲,个体智力水平越高,社会将发展得越快,由此产生一个心理进化和社会进化之间的反馈环。在这个模型中,那些保持着"原始"技术水平的种族(假定也标志着社会结构的原始水平)也必然停滞在心理进化的低级阶段,这将是不可避免的现象。野蛮人群既是生物的也是文化的旧时代的孑遗,他们保存着类人猿般的——和儿童般的——智力水平。

但是什么是心理进化和社会进化的驱动力呢?在达尔文的自然选择理论中,变化来源于生存竞争中不适者的淘汰,留下适者继续生存和繁衍。当然有许多"社会达尔文主义者"宣布竞争是前进的"发动机"。但是假定达尔文的理论从生物学转移到社会(就某些历史学家所担心的而言)就是本末倒置。我们知道达尔文本人直接受托马斯·罗伯特·马尔萨斯(1766～1834)人口增长原理的影响,这是自由企业经济思想的一个经典产物。这使得像罗伯特·M. 扬等历史学家认为意识形态的价值观已经成为科学进化论的核心。[19] 所以一点也不令人吃惊的是,达尔文的理论会被用来使建立于其上的意识形态合法化,而论证的方法则是认为社会应该建立在"自然"法则的基础上。

关于"社会达尔文主义"在19世纪末的流行,已经有诸多文字加以描述。自由企业体制通过竞争产生进步,斯宾塞是这个主张的主要倡导者。成功的资本家使用适者生存的比喻,理所当然地认可这种体制的合理性。传统的看法——至少被一个最近的研究结果所支持——这样的论点是由达尔文主义激发的。但有些历史学家则认为下结论须谨慎,何况"社会达尔文主义"这个术语是由一些作家提出的,他们反对"竞争应该在人类事务中发挥作用"这样的观点。这个术语的使用强调了达尔文主义的参与,而且毫无疑问自然选择理论是这种意识形态的一部分。但是自然选择绝不是唯一一个被如此使用的生物学机制。其他一些理论,特别是拉马克主义,也被卷入竞争将导致进步的狂热中。"社会达尔文主义"这个术语对整个思想运动也许是一个方便的标签,如果它被认为意味着现代生物学家挑选出来的达尔文最重要的洞见成为19世纪

572

[18] 关于19世纪人类学的发展,参看J. W. Burrow,《社会中的进化:维多利亚时代社会理论研究》(*Evolution in Society: A Study in Victorian Social Theory*, Cambridge: Cambridge University Press, 1966);George W. Stocking, Jr. ,《维多利亚时代的人类学》(*Victorian Anthropology*, New York: Free Press, 1987);Peter J. Bowler,《进步的发明:维多利亚时代的人和过去》(*The Invention of Progress: The Victorians and the Past*, Oxford: Blackwell, 1989)。

[19] 参看Young,《达尔文主义是社会的》;Young,《达尔文的隐喻:自然在维多利亚时代文化中的地位》。

社会思潮的中心主题，那会使人误解。[20]

拉马克主义作为一种更容易被无情的社会政策的反对者所使用的理论而获得了声誉。像莱斯特·弗兰克·沃德（1841～1913）这样的拉马克主义者相信他们的理论为社会进步提供了一种人道途径：如果儿童被教授适当的社会行为，那么由此产生的行为模式将最终成为遗传本能。人类本身将能够变得更社会化。但是拉马克主义也促进了重演论，因为它强调“原始”智力的低等。斯宾塞自己是拉马克主义者，而且以此为基础在达尔文发表其理论之前，就已经发展出社会进化论和生物进化论。斯宾塞在读了达尔文的文章后采用了自然选择的观念——他生造了“适者生存”这个令人激动的词组——但他从未放弃对拉马克主义的支持，认为拉马克主义是生物进化的主要机制。他对自由企业和竞争作用的热情，至少部分来源于他相信一个竞争的社会将为个人的自我改善提供最好的激励，也源于他希望这样的改善能传递给未来的世世代代。很多社会达尔文主义的支持者是作家，他们不能清楚地区分斯宾塞学派的自我改善模型和达尔文学派的自然选择模型。19 世纪末期，人们关注的焦点从个体竞争逐渐转向国家和种族竞争。

578

人类起源与社会价值观

进化理论特别强调“人类自己是如何出现的”这个问题，与这个主题相关的理论特别容易受到社会价值观的影响。历史学家一直关注此类研究方向，即人类起源的科学理论是如何用于贬斥非白色人种为低等这个观念的。更新近的学问也强调性别在有关一个问题的基本假定中所起的作用，这个问题即何为男性具有长期统治地位的领域。

在 19 世纪 60 年代初期，地质学家意识到石器时代的人类可以追溯到至少最后一个冰期，使人们相信现代低技术水平的民族是远古时代的孑遗。但是，到目前为止，几乎没有发现人类化石，只发现了石制工具。第一个尼安德特人化石发现于 1857 年，刚开始极具争议。即使是赫胥黎也否认其对于人类起源的研究有何意义，虽然粗壮突起的眉脊使得其颅骨外形与类人猿的相似。但是到 19 世纪 90 年代，更多的尼安德特人样本被发现，而且人们越来越相信这就是人类早期的一个种族，他们保留了一些类人

[20] 对达尔文主义发挥了支配性作用观点的经典表述，参看 Richard Hofstadter，《美国思想中的社会达尔文主义》（*Social Darwinism in American Thought*, revised ed., Boston: Beacon Press, 1955）。更新近的作品，参看 Mike Hawkins，《欧美思想中的社会达尔文主义（1860～1945）：自然作为模型与自然作为威胁》（*Social Darwinism in European and American Thought, 1860-1945: Nature as Model and Nature as Threat*, Cambridge: Cambridge University Press, 1997）。也可参看 Greta Jones，《英国思想中的社会达尔文主义》（*Social Darwinism in English Thought*, London: Harvester, 1980）。关于对霍夫斯塔特的批评，参看 Robert C. Bannister，《社会达尔文主义：英美社会思想中的科学与神话》（*Social Darwinism: Science and Myth in Anglo-American Social Thought*, Philadelphia: Temple University Press, 1979）。关于斯宾塞的社会思想的修正主义的描述，参看 Mark Francis，《赫伯特·斯宾塞与现代生活的发明》（*Herbert Spencer and the Invention of Modern Life*, Stocksfield, U. K.: Acumen, 2007）。

猿的特点——尼安德特人就是那个“丢失的环”。这种观念在1891～1892年“爪哇人”(爪哇直立猿人[*Pithecanthropus erectus*],现在命名为直立人[*Homo erectus*])被发现之后得以强化。爪哇人的大脑尺寸介于类人猿与现代人之间。关于1912年臭名昭著的辟尔唐发现(后来被证明是假的)引起的争议是新古人类学的一个经典产物。关于化石原始人类的现代报告通常会从概括早期争论开始,尽管这方面的文献基本上是独立于进化论的历史分析发展起来的。辟尔唐事件已成为一项致力揭露真正的滋事者但无足轻重且呆板的研究的重点。极少有科学史学者进入这个领地,而且化石的解读在多大程度上成型于已经流行的进化理论这个问题,基本上没有记录。[21]

历史学家不愿处理这种素材令人吃惊,倘若古人类学辩论显示了意识形态影响的清晰证据。前面提到的心理发育和社会发展的理论是基于同一种发展模型,它强调发展等级的稳步上升。到19世纪90年代,古人类学家已经构建了一个类似的模型,其中爪哇直立猿人和尼安德特人是从类人猿上升到现代白色人种的中间阶段(非白色人种则降级到仅仅高于尼安德特人的较低阶层中)。重点在于预设的那个过程的连续性,大脑增大和智力水平提高都是连续性的。在《人类的由来》这本书中,达尔文已经向这个模型提出了部分挑战,他论述到采用直立姿势是一个关键性的突破,它把人类进化世系与类人猿进化世系区分开。那些类人猿曾冒险跑到开阔的平原上,已经直立起来并开始使用它们的手,它们使用工具也激发了更多智力的发育。通过在树上生活过渡到在开阔平原生活,达尔文建立了一个适应性场景,使得人类大脑的增大看起来并不像一个发展趋势中不可避免的产物。但是,他的洞见在发育进化论的时代,基本上没有得到关注,直到1912年,格拉夫顿·埃利奥特·史密斯(1871～1937)提出的理论仍然把直立行走当作不断提高的智力的结果。人类是灵长类动物进化(大脑增大)的主要趋势的必然产物,而不是特殊环境组合所产生的一个不大可能出现的结果。[22]

574

1924年雷蒙德·达特(1893～1988)发现的南方古猿化石开始并没有引起多大关注,主要是这个化石与当时的大脑增大是人类进化的驱动力这个信念不符所致。这种生物明显地至少以部分直立的方式行走,但是其大脑与类人猿的差不多大。直到20世纪30年代末越来越多南方古猿样本被发现时,学界才认识到直立行走的确是原始人类世系的远古特征这一点。重要的是,这个阶段亦是进化生物学中自然选择理论逐

[21] 有以下几个例外,Peter J. Bowler,《人类进化理论:一个世纪的辩论(1844～1944)》(*Theories of Human Evolution: A Century of Debate, 1844-1944*, Baltimore: Johns Hopkins University Press, 1986);Bert Theunissen,《欧仁·迪布瓦与爪哇猿人:第一个“丢失的环”与其发现者的历史》(*Eugene Dubois and the Ape-Man from Java: The History of the First "Missing Link" and Its Discoverer*, Dordrecht: Kluwer, 1989)。关于化石发现的大众化的描述,参看John Reader,《丢失的环:搜寻早期人类》(*Missing Links: The Hunt for Earliest Man*, London: Collins, 1981);Roger Lewin,《争论的焦点:探究人类起源中的争议》(*Bones of Contention: Controversies in the Search for Human Origins*, New York: Simon and Schuster, 1988)。一部较晚但有争议的关于辟尔唐争论的文献是Frank Spencer,《辟尔唐:科学伪造物》(*Piltdown: A Scientific Forgery*, London: Natural History Museum; Oxford: Oxford University Press, 1990)。

[22] Charles Darwin,2卷本《人类的由来及性选择》(*The Descent of Man and Selection in Relation to Sex*, London: John Murray, 1871),第1卷,第138页～第145页;Grafton Elliot Smith,《人的进化:随笔》(*The Evolution of Man: Essays*, London: Humphrey Milford, 1924),第40页。参看Bowler,《人类进化理论:一个世纪的辩论(1844～1944)》,第7章。

步占据上风的时期,这促使人们对早期所信仰的发展必然性产生了疑问。对现代古人类学家们来说,大脑增大并不是理所当然的,但解释其成因却是一个最大的问题。

尽管该发育模型幸存到20世纪,但它在第一次世界大战期间经历过一次转型。尼安德特人和其他化石原始人类不再被视为从类人猿上升的"梯子"中的梯级,而是被认为是人类进化过程中灭绝的一些旁支。这个认识并不像有时候被声称的那样,是对进化模型的一种否定——当代古生物学家们确信绝大多数群体的进化是通过许多物种在同一方向上平行前进的方式进行的。该发育模型已经变得更为复杂,允许前进有不同速度。尼安德特人并不是我们的祖先,他们是原始人类进化中独立的一支,但还没有进化到心理发育的级别。从现代人类的祖先中"排除尼安德特人",倒是符合早期生物地理学家们对一个可能性的执念,即优势类型的波浪会从快速进化的中心扩散出去从而导致早期并不高级的物种的灭绝。这个模型和帝国主义的辞令之间的共鸣很容易证明。[23] 尼安德特人的灭绝问题在现代古人类学中再次引起争议,这要归因于最近的遗传学证据表明所有现代人类比较新近的发源地在非洲。

575

生物学也被用于定义表明白色人种优越的那些特征。我们已经论述过从19世纪中叶开始,体质人类学家曾试图把现存人种根据平均大脑尺寸进行等级划分,其中白色人种处于顶端。尽管这个体系一开始就受到文化人类学家的抵制,但是用独特的生物特征和心理特征来定义每个人种的尝试还是变得越来越流行。解剖学家罗伯特·诺克斯(1791～1862)就坚持认为每一个人种都有其与众不同的心理特征,而到了19世纪60年代,在巴黎和伦敦都已建立致力研究人种差别的人类学学会。考古学家们也着重研究欧洲不同人种所呈现的连续性的外貌特征。[24]

许多后达尔文主义的进化论者都乐于使用脑容量差别作为证据来确证非白色人种是进化过程中以往人种的孑遗。但是,对平行进化越来越多的关注,使得对这同一个有定论的现象有了不同的解释:那些"低等"人种并不是白色人种过去时代的原始孑遗,而是平行进化的旁支,只是还没有进化到高等级。这个解释支持了一个被广泛接受的观点,即人种是不同的生物物种。尼安德特人由于正统现代人类的入侵而灭绝,只是这个过程早期的一个例子,此过程一直贯穿着史前时代——并且在现代世界中还会再次上演高等人种入侵低等人种的领地。

这些理论发展可以说明生物学理论是如何介入欧洲人对其他人种的评价的。以前,有人曾试图用科学为一种假设提供合法理由,即非白色人种是智力低下的。历史

[23] 参看 Michael Hammond,《从人类的祖先中排除尼安德特人:马塞兰·布勒和科学研究的社会背景》(The Expulsion of the Neanderthals from Human Ancestry: Marcellin Boule and the Social Context of Scientific Research),《科学的社会研究》(*Social Studies of Science*),12(1982),第1页～第36页;Bowler,《进步的发明:维多利亚时代的人和过去》,第4章。关于生物地理学和帝国主义的隐喻,参看 Peter J. Bowler,《生命的精彩戏剧:进化生物学和生命世系的重建(1860～1940)》(*Life's Splendid Drama: Evolutionary Biology and the Reconstruction of Life's Ancestry, 1860-1940*, Chicago: University of Chicago Press, 1996),第9章。

[24] 关于科学与人种问题,参看古尔德、斯坦顿、哈勒尔和斯捷潘在脚注9中被引用的作品,以及 Bowler,《人类进化理论:一个世纪的辩论(1844～1944)》。

学家一直在研究这种现象。科学被如此利用无可争辩,摆在历史学家面前的真正问题是,在何种程度上这些因素影响到科学自身的发展。社会学观点认为科学知识反映了那些生产它的人的意识形态偏好。理论的构建方式能够最大限度地对某些偏见提供支持,比如像白色人种优越这样的假设。人种分化理论的热潮和帝国主义时代相吻合,而这种意识形态几乎肯定地影响了那些认为其他人种为低等的科学家们的思想。但是,历史学家们则对采用一种决定论的方法持谨慎态度,因为此方法中一种特定的意识形态必然会产生一种特定的科学理论。许多不同的科学理论适合同一种社会目的,这使得历史学家们去寻找相关的科学家们选择他们特定理论的其他原因。这些19世纪晚期和20世纪早期的进化理论中的绝大多数都对人种科学有所贡献,达尔文的理论如此,非达尔文的理论亦如此。 576

建立在非白色人种劣等论基础上的这些进化模型,在整个20世纪早期都一直很流行。它们从未从科学中彻底清除,但是在20世纪中叶的几十年里,其影响力大幅下降,部分原因是德国纳粹党政权对其滥用。但是科学因素也起了作用:自然选择遗传理论的兴起颠覆了平行进化理论,后者曾用于宣称各种人种与众不同的特征,同时自然选择理论还强调了所有现代人类之间的遗传类同。即使如此,许多科学家在一开始仍然抵制这种潮流,而历史学家们则将继续辩论在何种程度上科学影响了社会态度或被其影响。[25]

生物学与性别

古人类学辩论中的一个方面引导我们朝向一个新主题:现代女权主义学者坚持认为科学一直倾向于呈现一种男性化的自然观。20世纪晚期对灵长类动物行为的研究——通常是为了给人类起源寻找线索——的一个重要特征就是女性研究者取得的不同寻常的杰出成就。有些研究者(包括戴安·福西和简·古多尔)享有国际声誉。她们的影响突显了一个事实,就是在这个领域,而不是科学的其他地方,妇女能够发挥主要的作用。有些学者(比如唐娜·哈拉维)开始询问是否妇女的贡献会影响数据的解读方式。这些说明在当时压倒性的男性导向的世界观和一个(极其罕见呈现的)女性导向的另类世界观之间存在着明显张力。这门女权主义编史学在几个层面都提出了一个问题:“科学是男性至上主义的吗?”最显而易见的是,它提出了为什么妇女在科学研究中通常被排除或不被鼓励参与科学研究。大多数科学家也许承认这种排除的存在,但也坚持认为:(1)这个问题等同于另一个问题,即在其他许多社会活动中妇女们因为社会原因被排除在外;(2)这种排除对科学如何完成没有影响。女权主义者则认 577

[25] 参看 Elazar Barkan,《科学种族主义的退却:两次世界大战期间英国和美国人种概念的变迁》(*The Retreat of Scientific Racism: Changing Concepts of Race in Britain and the United States between the World Wars*, Cambridge: Cambridge University Press, 1992)。

为妇女被排除在外，反映了科学探索自然的方式中的一种深深的男性化偏见。妇女不仅被拒绝参与，而且她们被其所见（一种看世界的方式）拖累。因为这个方式似乎总是更支持那些反映男性价值观的理论的出现，也必然把女性与研究领域隔离开来。在这个模型中，如果妇女们能将她们独特的视角贡献给研究活动，我们也许会有一个很不一样的科学（也就是很不一样的世界观）。

唐娜·哈拉维在她的灵长类动物学研究中，显示了舍伍德·沃什伯恩"猎人"的形象如何影响古人类学理论去将本来定义为人类的形象提升为男性的形象。[26] 依靠将人类进化中男性的活动作为人类进化的主要刺激因素，女性价值观在进化中和（含蓄地）在所谓人类中都被迫退出。女权主义的古人类学家们后来试图通过两种方式来消解这种性别歧视：一是挑战一种貌似正确的宣称，即我们的远古祖先是大型动物的猎人；二是强调在激发直立行走的发展中收集食物以及在激增的社会活动方面，女性活动的可能重要性。

女权主义历史学家也强调了科学中男性偏见的问题，他们指出有些女性科学家向顶级研究者行列晋升过程中所面临的困境。灵长类动物学家福西和古多尔能够避开通常的"玻璃天花板"，是因为她们工作的环境里强大的公众关注使得她们获得了影响力，而无须通过技术出版物的常规渠道。但是在大多数其他科学领域，女性发现到达顶级行列非常之难，因为她们的工作被其男性同事设置障碍甚至边缘化。罗莎琳德·富兰克林就是一个例子。她的 X 射线衍射图像对发现 DNA 的双螺旋结构提供了至关重要的线索，但经常被其同事设置障碍，并在后来詹姆斯·D. 沃森以自我为中心讲述的发现 DNA 结构的故事中，被说成与其毫不相干。[27] 在遗传学家芭芭拉·麦克林托克的例子中，这位女性科学家的观点导致了一种现象（基因转座现象，即基因能在染色体间移动）的发现，但因为这个发现不符合男性科学家们对基因控制有机体发育所持的一种强硬的决定论观点而被忽略。[28]

578

这个案例指向了一种更具有争议的可能，就是科学知识本身受那些知识构建者的价值观的影响。女权主义学者认为有些理论观点，其中遗传决定论只是其一，反映了男性执迷于控制模型而不是和谐的互动模型。达尔文的自然选择理论被视为反映了不惜以牺牲合作为代价而追求竞争的男性理想。当然这些主张具有相当的争议性，但也不可否认，在整个科学史中，很多理论都以强化男性价值观的方式呈现出来。这些理论是的确体现了那种价值观，还是仅仅被人为歪曲而表现成那样，倒是一个关键问题。

[26] Donna Haraway，《灵长类影像：现代科学世界中的性别、人种和自然》（*Primate Visions: Gender, Race and Nature in the World of Modern Science*, London: Routledge, 1990）。

[27] Brenda Maddox，《罗莎琳德·富兰克林》（*Rosalind Franklin*, London: HarperCollins, 2002）；James D. Watson，《双螺旋》（*The Double Helix*, New York: Atheneum, 1968）。

[28] Evelyn Fox Keller，《对有机体的感觉：芭芭拉·麦克林托克生平和工作》（*A Feeling for the Organism: The Life and Times of Barbara McClintock*, San Francisco: W. H. Freeman, 1983）。

女权主义者们肯定在生物科学领域的很多地方都发现了理论被用来把妇女描述成低男人一等。[29] 在许多方面,这些情形无异于(之前讨论过的)那些问题,即生物学被用来辩护白色人种在心理上和道德上均优于其他人种。医学作家们把女性身体当作"正常"男性身体类型的一种病态的修改,而"歇斯底里"这个术语普遍用于描述心理失衡,这种病被认为是由女性生殖器官影响大脑引起的。[30] 解剖学家(包括托马斯·亨利·赫胥黎)都认为女性大脑比男性大脑要简单得多,而且赫胥黎拒绝支持将医学教育对妇女开放。整整一代进化论学者都认为妇女赋有的心理使她们更适于养育孩子,但却使她们不能很好地应对家庭之外的生活。达尔文的性选择理论可以被视为一种将维多利亚时代性别角色强加于自然的办法,但它当然绝不是唯一的一个。赫伯特·斯宾塞认为女性身体的能量已经从大脑转移到生殖系统,所以任何教她们参与劳作的艰苦生活方式和各种职业的企图,都将削弱她们生育孩子的能力,并将对整个人类的未来产生威胁。[31]

人们很容易把这些想法斥之为维多利亚时代男性偏见带来的科学扭曲,但是女权主义历史学家们却将它们视为一个更深层次问题的呈现,这个问题即科学思想甚至科学方法本身都充满着男性价值观。大自然必须以实验来探究的总体想法也被认为是体现男性风格的统治观,就如同将科学应用于控制自然界。我们已经提到有人说遗传决定论和自然选择理论都表现了同样的男性思考模式。在这个基础上,维多利亚时代的人们试图利用科学作为一种手段来定义社会中妇女的从属地位并未脱离常规——这些企图仅仅是一个更深层次问题的表观呈现;这个问题的解决也只有等到妇女们在科学共同体内变得更强,强大到产生一种在科学方法和自然过程这两方面都更加偏向相互作用主义的观点。批评者也许会考虑尽力拒绝一些如自然选择这样成功的理论,因为它们是意识形态错误表达的产物。正如布赖恩·伊斯利所表示的那样,我们会因为对达尔文主义更广泛的暗示产生的不信任,而重新捡起已不可信的拉马克的理

579

[29] 参看 Brian Easlea,《科学与性压迫:男性统治与妇女和自然的对峙》(*Science and Sexual Oppression: Patriarchy's Confrontation with Women and Nature*, London: Weidenfeld and Nicolson, 1981);Evelyn Fox Keller,《对性别与科学研究的反思》(*Reflections on Gender and Science*, New Haven, Conn.: Yale University Press, 1985);Ludmilla Jordanova,《性的景象:科学与医学中的性别的形象》(*Sexual Visions: Images of Gender in Science and Medicine*, Hemel Hempstead: Wheatsheaf, 1989);Cynthia Eagle Russet,《性科学:维多利亚时代女性气质的解释》(*Sexual Science: The Victorian Construction of Womanhood*, Cambridge, Mass.: Harvard University Press, 1989)。

[30] J. M. Masson,《黑暗的科学:19 世纪的妇女、性别和精神病学》(*A Dark Science: Women, Sexuality and Psychiatry in the Nineteenth Century*, New York: Farrar, Straus and Giroux, 1986);Elaine Showalter,《女性疾病:妇女、疯狂和英国文化(1830~1980)》(*The Female Malady: Women, Madness and English Culture, 1830-1980*, New York: Pantheon, 1986)。

[31] 关于赫胥黎和达尔文,参看 Evelleen Richards,《赫胥黎找到男人,丢失女人:"女人问题"和对维多利亚时代人类学的控制》(Huxley Finds Man, Loses Woman: The "Woman Question" and the Control of Victorian Anthropology),载于 J. R. Moore 编,《历史、人类和进化:纪念约翰·C. 格林的论文》(*History, Humanity and Evolution: Essays for John C. Greene*, Cambridge: Cambridge University Press, 1989),第 253 页~第 284 页;Evelleen Richards,《达尔文和女人的起源》(Darwin and the Descent of Woman),载于 D. R. Oldroyd 和 Ian Langham 编,《进化思想更广泛的领域》(*The Wider Domain of Evolutionary Thought*, Dordrecht: Reidel, 1983),第 57 页~第 111 页。更全面的介绍,参看 Lorna Duffin,《进步的囚徒:女人与进化》(Prisoners of Progress: Women and Evolution),载于 Sara Delamont 和 Lorna Duffin 编,《19 世纪的女人:其文化与物质世界》(*The Nineteenth-Century Woman: Her Cultural and Physical World*, London: Croom Helm, 1978),第 57 页~第 91 页。

论吗?

遗传与遗传决定论

许多19世纪思想家都确信一个人的能力水平已经预先由性别或种族血统决定了,这代表了支持生物决定论或遗传决定论的第一波浪潮。自由派思想家起初反对这样的观点,他们认为背景和教育在形成人格和能力上起着主要作用。这种观点分歧引发了关于性格决定方面的本性和教养孰轻孰重的一个个著名的、看似永无止境的辩论。但是在19世纪晚期,这个辩论的结构发生了一个重要变化。当时越来越多的人认为,即使在同一个人种内,也有个体的差异,而这些差异是由每个人的祖先预先决定的。能力的高低,也许甚至是脾气,都是由父母通过遗传传递给子女,而那些一出生就带着"劣质"的遗传物质的人将注定低人一等,不管他们受到何种教育。这种在社会舆论内部的发展与当时生物学家对遗传主题的关注正好吻合,这个现象也导致历史学家们再一次探究意识形态在科学知识形成过程中所起的作用。

这一轮新的遗传决定论浪潮的急先锋是达尔文的表弟弗朗西斯·高尔顿。在一次非洲的旅行中,高尔顿确信黑色人种的低等。然后他开始主张遗传论原则在白色人种内部也是适用的:聪明的人会有聪明的孩子,同时也意味着笨人生笨小孩。高尔顿的著述《遗传天才》(*Hereditary Genius*,1869)为后来的政治运动铺上了奠基石,这项运动旨在避免因忽略上述这个所谓生物学事实而造成危险。高尔顿认为在一个现代社会里,"不适者"不再被自然选择所淘汰,而是存活下来且快速生育,所以不断提高人群中低劣遗传的水平。高尔顿生造了"优生学"这个术语,用来表示一项计划,这项计划通过限制"不适者"的生育以及鼓励适者多生的方法来改进种族性状。[32]

580

到20世纪早期,高尔顿已经成为一个具有强大影响力的群体的领导者。优生学在许多国家蓬勃发展,动因既有对种族退化的恐惧,也有对科学会带来一个精细管理的社会这个看法的极大支持。这个运动能发展壮大也契合了遗传的出现,这是生物学家的主要关注对象。高尔顿的学生卡尔·皮尔逊(1857～1936)开发出统计学技术以衡量一个群体内对遗传性状的选择效应,而1900年也发生了孟德尔定律的"再发现"。

[32] 关于高尔顿,例如参看 Ruth Schwartz Cowan,《本性和教养:生物学和政治在弗朗西斯·高尔顿的工作中的相互作用》(Nature and Nurture: The Interplay of Biology and Politics in the Work of Francis Galton),《生物学史研究》(*Studies in the History of Biology*),1(1977),第133页～第208页;N. W. Gilham,《弗朗西斯·高尔顿的一生:从非洲探险到优生学诞生》(*A Life of Sir Francis Galton: From African Exploration to the Birth of Eugenics*, Oxford: Oxford University Press, 2002)。关于优生学的文献极其丰富。经典的研究包括 Mark H. Haller,《优生学:美国思想中的遗传论者的态度》(*Eugenics: Hereditarian Attitudes in American Thought*, New Brunswick, N. J.: Rutgers University Press, 1963);D. K. Pickens,《优生学与进步论者》(*Eugenics and the Progressives*, Nashville, Tenn.: Vanderbilt University Press, 1968);G. R. Searle,《英国的优生学和政治(1900～1914)》(*Eugenics and Politics in Britain, 1900-1914*, Leiden: Noordhoff, 1976);Daniel Kevles,《以优生学的名义:基因学和人类遗传的应用》(*In the Name of Eugenics: Genetics and the Uses of Human Heredity*, New York: Knopf, 1985)。关于德国优生学有争议的问题,参看 Richard Weikart,《从达尔文到希特勒:德国的进化伦理和种族主义》(*From Darwin to Hitler: Evolutionary Ethics and Racism in Germany*, New York: Palgrave Macmillan, 2004)。

历史学家们已将科学发展和社会舆论联系起来。最极端的解释认为遗传理论的结构都是由那些支持优生学方面的各种用途来决定的。就人种问题而言,相对容易的是论证社会压力会让科学家关注一些特定的事情,但相对不容易的是证明理论本身反映了特定的社会价值观。有一个事实就是相互竞争的理论会对同样的社会态度提供合法性解释,这削弱了决定论的解释,为科学问题在普遍的遗传论框架下塑造思考细节的可能性提供了空间。

皮尔逊支持达尔文主义的自然选择,所以达尔文主义被视为一种优生学模型:自然选择在人类群体中被人工选择所代替。皮尔逊奠定了许多现代统计学技术的基础,而他对优生学的强烈支持导致唐纳德·麦肯齐认为他那些统计学技术是为了突出人类社会中遗传效应而专门设计的。但是,最近的一项研究表明,皮尔逊的统计学技术很多都是由生物学问题引发的。当他转向人类遗传时,他引入了不同的分析方法。[33]与达尔文主义之间的联系也必须谨慎处理:高尔顿强调了消除选择压力后的消极效应,但他不相信自然选择是进化中新性状的源泉。 581

在这个关注遗传的新浪潮中最具有特征性的产物当然是孟德尔遗传学了。虽然格雷戈尔·孟德尔(1822～1884)的遗传定律在1865年就已经发表了,但是这些定律一直被忽略,直到1900年才由胡戈·德佛里斯(1848～1935)和卡尔·柯灵斯(1864～1933)重新发现。很快孟德尔定律就成为高尔顿和皮尔逊非特定遗传模型的强大对手。尤其在美国,遗传学和优生学项目联系起来时仅仅依靠一些过于简单化的关于人类特征的遗传基础的假设。比如查尔斯·贝内迪克特·达文波特(1866～1944)认为低能是单一孟德尔性状,通过使该基因携带者绝育就能轻易地从人群中去除。但是重要的英国遗传学家威廉·贝特森(1861～1926)并不支持优生学,而皮尔逊——贝特森在科学上的强大对手——却认为孟德尔遗传学过于简单,可能会危及优生学的可信性而拒绝接受它。贝特森和大多数早期的遗传学家拒绝接受达尔文的选择理论。因此,对遗传论思维的热情在科学中的确切表达方式取决于相关科学家的情况。罗纳德·艾尔默·费歇尔(1890～1962)是一位群体遗传学的先锋人物,受到优生学影响,虽然他的研究显示从人类群体中去除有害基因是多么困难。社会主义者J. B. S. 霍尔丹(1892～1964)也做过类似的工作,他怀疑优生学运动可以限制人类群体内的变异性。

随着很多人对纳粹德国的压迫性政策感到厌恶,对优生学的支持在20世纪40年代减少了。社会科学中的自由主义新思潮产生了,支持人可以通过更好的环境得到改进。在20世纪70年代,由于E. O. 威尔逊(1929～2021)在社会生物学上的论断而又爆发了关于本性和教养的辩论。动物行为学家长期以来认为进化产生了很多本能,它

[33] Donald Mackenzie,《英国的统计学(1865～1930):科学知识的社会构造》(*Statistics in Britain, 1865-1930: The Social Construction of Scientific Knowledge*, Edinburgh: Edinburgh University Press, 1982);Eileen Magnello,《卡尔·皮尔逊的方法论创新:德雷珀家族的生物统计学实验室和高尔顿优生学实验室》(Karl Pearson's Methodological Innovations: The Drapers' Biometrical Laboratory and the Galton Eugenics Laboratory),《科学史》(*History of Science*),37(1999),第79页～第106页,第123页～第150页。

们控制着行为的方方面面。威尔逊开创了用自然选择产生的本能来解释社会行为各方面的技术,尤其是在昆虫的社会行为方面。当他表示人类行为或许也是由这种方式决定的时候,自由派人士义愤填膺并且声称社会达尔文主义的新思潮已经开始。[34] 最近,许多神经科学家们开始支持一种观点,即基因遗传在决定大脑结构方面发挥了作用,因此决定着智力和本能的行为。最近还出现了不同的种族群体具有不同的平均智力水平这样更新过的主张。人类基因组计划让人们相信,针对每一种身体上的和情绪上的疾病,都存在着一种基因"修复"。

582

这些现代的争议构成了历史研究的背景。我们不能无视一个事实,就是科学在参与这些辩论的时候会引发关于科学本身的性质以及客观性的问题。当我们探究过去的时候,我们正在揭示各种概念和态度的起源,它们塑造了我们关于人性的对立的看法。我们把历史作为一种工具来标记各种现代理论,以突显它们被人认定的社会含义,就像社会生物学被认定为社会达尔文主义那样。对过去的这些诉求显示了历史在今天仍然具有意义,但同时也意味着对任何一个试图进入争议话题的历史学家,前方有危险在等着他。我们有义务去警示人们对历史的误用,包括简单化地宣称特定的意识形态必然与特定的科学理论相一致。但是历史学家能接触到巨量的文献,他们利用这些能确认过去科学家在日常中对那时社会问题的参与。一个具有社会意识的历史分析,会为我们所有人提供一条宝贵的途径,警示我们在多大程度上科学仍然可能会受到同样因素的影响。

(王书宗 译)

[34] 关于社会生物学的文献也极其丰富。对原始文献的调查,参看 Arthur O. Caplan,《社会生物学争论》(*The Sociobiology Debate*, New York: Harper and Row, 1978)。关于一个较近的分析,参看 Ullica Segerstrale,《真理的拥护者:支持社会生物学争论中科学的战斗》(*Defenders of the Truth: The Battle for Science in the Sociobiology Debate*, Oxford: Oxford University Press, 2000)。

31

医学试验和伦理

583

苏珊·E. 莱德勒

“用人做医学试验的底线在哪里?”从法国生理学家克洛德·贝尔纳在他的《医学试验研究导论》(*An Introduction to the Study of Experimental Medicine*,1865)一书中提出这个问题之后,19～20世纪的时间里,医生、科学家和士兵在探索人类试验准则的过程中,不断地更新着他们的答案。贝尔纳本人的观点是“医学和手术的道德准则在于,绝不能在人身上进行对其有任何可能伤害的试验,即使这种试验的结果对科学有再大的益处”。与此形成对比的是,在第二次世界大战期间,德国和日本的医生都曾在集中营被囚者和战俘身上,做过以致残甚至致命为目的的试验。[1] 医学试验的伦理底线始终都是存在的,即使它变化很大甚至有时显得荒诞,医生和科学家也从来不能随心所欲地在试验中忽视试验对象的权利,不论这个对象是人还是动物。在纳粹党统治下的德国,纳粹党医生曾经骇人听闻地颠覆了人类试验最基本的道德准则,毫无限制地以集中营囚犯为试验对象,但是他们使用试验动物却是受到法律限制的。本章的主要部分,就是回顾过去两个世纪以来,人类医学试验规范化所走过的道路,以及在这个过程中医生、立法者、社会活动家和普通民众所起的作用——他们参与定义并执行对人类受试者研究的限制。

当贝尔纳提出人类试验的伦理底线时,他的关注点并不在其本身,实际上他是着眼于建立动物试验的合理性。作为生理学家弗朗索瓦·马让迪的继承者,贝尔纳直接承受了社会对动物试验的批评,甚至他自己的妻子和女儿都谴责他使用动物做试验的行为。[2] 所以在1865年的《医学试验研究导论》一书中,贝尔纳试图确立动物试验和活体解剖作为生命科学关键组成部分的有效性和道德性。对于贝尔纳和许多与他持相同观点的人来说,动物试验和人类试验是密切相关的,正如他在上面的书中所写的:

584

> 在人类或动物身上的试验都是必需的,但目前太多的危险试验还没有在动物身上研究清楚就被医生们施于人体。我不能认可下面的行为是道德的,即没有首

[1] Claude Bernard,《医学试验研究导论》(*An Introduction to the Study of Experimental Medicine*, New York: Dover, 1957), Henry Copley Green 译,第101页。

[2] Joseph Schiller,《克洛德·贝尔纳和活体解剖》(Claude Bernard and Vivisection),《医学史杂志》(*Journal of the History of Medicine*),22(1967),第246页～第260页。

先在狗身上试验就把一个治疗方法应用于医院里的病人。下面我将会证明,只要方法正确,在动物身上得到的结果也同样适用于人。(第 102 页)

虽然到 20 世纪末,动物试验和人类试验是两个分开讨论的不同话题,但在 19～20 世纪的大部分时间里,它们往往是纠缠在一起的。本章的安排就循着这两个话题所关心的内容:动物试验的对象,动物试验和人类试验的关系,以及特别与人类相关的一些问题。

贝尔纳之前的历史

在 19 世纪 60 年代之前,几乎没有哪个医生做过系统的人类试验,而且除非造成了巨大的伤害,在人身上试验药物和疗法也很少引起注意。1774 年,当英国农民本杰明·杰斯蒂试图用感染了牛痘的奶牛的乳腺分泌物给他的妻子和儿子们做天花免疫注射时,他的妻子由于注射部位严重感染几乎失去整个胳膊,邻居们用"非人地残忍"来描述杰斯蒂。[3] 20 年之后也是在英国,爱德华·琴纳*医生用牛痘病变部位的分泌物接种使人产生对致命天花免疫的成功例子,也没有引起许多反响。在 1796 年 5 月,琴纳用感染了牛痘的挤奶女工的体液,给一个健康的 8 岁男孩詹姆斯·菲普斯做了接种,菲普斯对疫苗产生了轻微的反应;6 周后,琴纳给菲普斯注射天花病人的脓液,以检测牛痘疫苗所激发的免疫保护,菲普斯没有出现天花症状。这次成功鼓舞着琴纳"以加倍的热情"继续他的试验,但是琴纳的结果并没有被王家学会接受发表。琴纳继续积累更多的试验数据,他大胆地给 5 个儿童接种了牛痘,然后用天花病原体感染他们其中的 3 个。对于琴纳的试验,当时一直有反对意见,但几乎没有谁对他用人做试验有微词的。琴纳免疫方法在美国的早期应用也是通过直接在人身上做试验;本杰明·沃特豪斯在给 7 个儿童接种了新的天花疫苗后,让其中的 3 个与天花病人接触,以检验疫苗的效果。[4]

585

早期的人类试验也不都是关于传染病的,19 世纪初的一些著名试验是利用特定人群的身体异样来进行的。在 19 世纪 20 和 30 年代,美国陆军军医威廉·博蒙特以一个名叫亚历克西斯·圣马丁的法裔加拿大猎人为样本,系统地研究了人类的消化系统。圣马丁由于腹部的枪伤无法愈合而得了胃瘘,博蒙特借此做了一系列的试验,包括从圣马丁的胃里抽取胃液和部分消化的食物,其中有一些试验显然是会使人产生强烈不适的。为了取得试验对象圣马丁的配合,博蒙特与圣马丁签订了一份合同:作为获得

〔3〕 Nicolau Barquet 和 Pere Domingo,《天花:战胜最恐怖的死神》(Smallpox: The Triumph over the Most Terrible of the Ministers of Death),《内科学年鉴》(*Annals of Internal Medicine*),127(1997),第 635 页～第 642 页。

* 也译为爱德华·詹纳。——责编注

〔4〕 Susan E. Lederer 和 Michael A. Grodin,《儿科试验的历史回顾》(Historical Overview: Pediatric Experimentation),载于 Michael A. Grodin 和 Leonard H. Glantz 编,《作为研究对象的儿童:科学、伦理和法律》(*Children as Research Subjects: Science, Ethics and Law*, New York: Oxford University Press, 1994),第 3 页～第 25 页。

免费食宿和每年 150 美元补贴的交换，圣马丁将"尽其所能地为威廉[博蒙特]在其腹部及以内所做的具有哲学和医学意义的试验提供协助"。根据历史学者罗纳德·南博斯的说法，博蒙特的试验没有引起同时代人的反感，相反他们鼓励博蒙特利用这种"自然状态下试验"的机会来增进医学知识。[5]

为了保证具有特殊身体条件的研究对象的合作或者至少是配合，博蒙特不得不采用了签订合同这样的新颖方法。不过使用非裔奴隶作为研究对象的美国南方医生，可能就觉得没有这种必要。[6] 被誉为"美国妇科之父"的 J. 马里昂·西姆斯医生曾与奴隶主达成交易，使用奴隶做试验。在 1845 年，为了开发一个矫正膀胱阴道瘘（通常在分娩中造成的阴道壁撕裂）的手术方法，西姆斯用几个女奴隶做了一系列的手术试验。在后来的回忆中，西姆斯提到他的第一个"病人"——一个只知道名叫露西的女性奴隶——在他完善手术过程中所遭受的痛苦，"露西经受了极度的痛苦，她趴着一动不动，我以为她几乎要死了"。[7] 露西和其他女奴隶们经历了多达 30 次的外科手术，而且都是在没有使用乙醚或氯仿（两种当时普遍使用的麻醉剂——译者注）的条件下进行的。直到 1849 年，西姆斯终于完善了他的手术，他才开始在白人妇女身上使用。

586

与奴隶的境遇相似，在 19 世纪，贫穷的病人也常常被医院当作医学研究和教学的试验品。为了获得有时由知名医生提供的医疗服务，穷人必须同意在他们身上试验新的未经检测的疗法和药物，或者做医科学生的练习素材，这种交换是当时社会的一种潜规则。法国作家和社会活动家欧仁·休曾经描写过 19 世纪早期巴黎的大型医院里的恐怖景象，在那里生病的和垂死的穷人一起被"送上科学的祭坛"。他的著名小说《悲惨巴黎》（*Les Mystères de Paris*, 1843）中的人物，谋杀成性的格里丰医生这样对他的学生说："我研究，我试验，我毫不迟疑地在病人身上练习，所以我获得了大量的知识。"[8]到 19 世纪下半叶，关于医院病人被当作试验对象的报道成为反动物试验的刺激因素。

维多利亚时代和动物试验

反动物试验运动是从动物保护运动中生发出来的，后者是 19 世纪众多的人道主义改革运动之一。1824 年在伦敦成立的王家反虐待动物协会（Royal Society for the Prevention of Cruelty to Animals，缩写为 RSPCA），曾经在 19 世纪 60 年代公开批评法国阿尔福（Alfort）的兽医学校的学生用马和骡子做试验，并呼吁法国政府禁止这种行为。

[5] Ronald L. Numbers，《威廉·博蒙特和人类试验的伦理》（William Beaumont and the Ethics of Human Experimentation），《生物学史杂志》（*Journal of the History of Biology*），12（1979），第 113 页～第 135 页。

[6] Todd L. Savitt，《美国旧时南方用黑人做医学试验和演示的历史》（The Use of Blacks for Medical Experimentation and Demonstration in the Old South），《南方历史杂志》（*Journal of Southern History*），48（1982），第 331 页～第 348 页。

[7] J. Marion Sims，《我的一生》（*The Story of My Life*, New York: Da Capo Press, 1968），第 238 页。

[8] 引自 John Harley Warner，《反对体制精神：19 世纪美国医学的法国推动力》（*Against the Spirit of System: The French Impulse in Nineteenth-Century American Medicine*, Princeton, N. J.: Princeton University Press, 1998），第 261 页。

欧洲大陆与英国相似，克洛德·贝尔纳的学生、生理学家莫里茨·席夫的动物活体解剖在佛罗伦萨的英国人中引起了抗议。英裔爱尔兰记者弗朗西丝·鲍尔·科布是抗议席夫活动的领导者，她回到英格兰之后发起的反动物试验运动，对19世纪最后30年英国的医学和生命科学研究产生了巨大影响。出于对主流的RSPCA批判动物试验的失败的不满，科布发起了一个新的组织——维多利亚街协会（Victoria Street Society），致力于禁止动物活体解剖。科布作为一个著名记者的声誉和她出色的社会活动能力，吸引了包括诗人艾尔弗雷德·丁尼生男爵、约克大主教和沙夫茨伯里伯爵等社会名流的支持，使得维多利亚街协会成为有组织的反活体解剖运动的领导者。[9]

587

公众不断增长的对动物活体解剖问题的关注，促使英国在1875年成立一个王家委员会，专门调查"为科学目的将活体动物用于试验的行为"。第二年，英国议会通过了《虐待动物法》（Cruelty to Animals Act），这项法律规范了之后110年英国的动物试验。该法律要求任何需要做动物试验的研究者必须向内政部申请执照，只有那些为增进知识的试验才被允许进行，公开演示或医学和生理学学生为提高操作技巧而在动物身上做练习则是明文禁止的；该法律还要求执照持有者向内政部报告动物试验的所有细节，包括所使用动物的品种和数量。从19世纪末开始，关于这项法律对英国医学研究有阻碍作用的意见一直存在。美国的一些为医学试验辩护的人针对约瑟夫·利斯特1898年的声明指出，动物试验执照的要求其实会阻碍他本人在炎症和抗菌方面的早期研究。[10] 历史学家理查德·D. 弗伦奇给出令人信服的证据说明，这项法律在最初的1876～1882年确实延误了一些重要的医学试验，但是在1882年内政部把发放执照的决定权交予由医生和研究者组成的鼓励医学研究的组织——医学研究促进会（Association for the Advancement of Medicine by Research）之后，英国的试验医学有了长足的增长，这个变化详细地记载在提交给内政部的报告中。[11]

英国的反活体解剖运动深刻影响了西欧和美国民众对试验动物的同情。在德国和瑞士，描写残忍的动物试验的英文文章被翻译引入，激起了声势浩大的反活体解剖运动。作曲家理查德·瓦格纳（1813～1883）就是在这个时期开始认同反活体解剖的理念，他为德国的反"科学酷刑"的许多组织提供了经济上的支持。[12] 德国的这些组织有意识地模仿英国反活体解剖运动的模式，试图从法律上限制大学和医院中的动物试验，但是由于公众对后者的支持始终存在，它们的努力没有成功。到19世纪90年代，德国的反活体解剖运动开始有了反犹色彩，比如德语的反活体解剖杂志《动物和慈

588

〔9〕 James Turner，《与野兽同感：动物、痛苦和维多利亚时代思想中的人性》（*Reckoning with the Beast: Animals, Pain and Humanity in the Victorian Mind*, Baltimore: Johns Hopkins University Press, 1980）。

〔10〕 William Williams Keen，《动物试验和医学进步》（*Animal Experimentation and Medical Progress*, Boston: Houghton Mifflin, 1914），第19页，第28页，第225页～第227页。

〔11〕 Richard D. French，《维多利亚时代社会的反活体解剖运动与医学科学》（*Antivivisection and Medical Science in Victorian Society*, Princeton, N. J.: Princeton University Press, 1975）。

〔12〕 Ulrich Tröhler和Andreas-Holger Maehle，《19世纪德国和瑞士反活体解剖运动的动机和方法》（Anti-vivisection in Nineteenth-Century Germany and Switzerland: Motives and Methods），载于Nicolaas A. Rupke编，《历史地审视活体解剖》（*Vivisection in Historical Perspective*, London: Croom Helm, 1987），第149页～第187页。

善家》(*Thier- und Menschenfreund*)就不只支持取缔犹太屠宰方式,而且批评"医生的犹太化"和"渗入医学的利己主义"。在德国对试验医学的这种批评持续至20世纪20和30年代,直到在纳粹党统治下的1933年催生了一部法律,禁止"在普鲁士土地上对任何种类动物进行活体解剖",并警告"这样做的人都将被送往集中营"。[13]

美国反活体解剖运动在19世纪80年代缓慢开始,并在第一次世界大战之前的时间里持续发展。与他们的德国同道一样,美国反活体解剖活动者以英国的运动为榜样,当时美国第一个致力于取消动物试验的团体,在一定程度上是受到弗朗西丝·鲍尔·科布的个人影响而成立的。与英国的情况类似,动物保护和反活体解剖团体吸引了大量女性成员,她们常常被维护医学研究一方贴上过于感情用事和对医学科学一无所知的标签。[14]

美国的反活体解剖运动涵盖了很广泛的主张,除了坚持否认活体解剖有任何益处的激进废除派,还有一些相对温和的人,他们批评医学研究者在不实施麻醉或忽视动物的痛苦的情况下在动物身上进行残忍的试验,但同时也承认通过"人道的"动物试验获取有益的科学知识是必要的。与不相信任何妥协的激进派相比,温和派一直都是少数派,但维护无限制动物试验的一方把它也归于激进派之下,因为把温和改良的意见曲解成拒绝任何动物试验的激进观点,对反限制方推进他们的观点有着不言而喻的好处。直到最近,历史学家们仍然常常不加辨别地采用这种玩弄文字技巧的策略,把所有对动物试验的批评都当作拒绝医学进步的极端观点,而故意忽视温和派与激进派的不同之处。[15]

对试验动物日益深入的关注,首先刺激了医生和医学研究者对保护医学研究不受法律干涉的重视。美国医学组织的领导者们不愿意看到,本国的立法机关沿着英国议会的道路对试验动物的使用进行法律限制,于是他们组成了一个委员会来应对这种威胁。哈佛大学的生理学家沃尔特·布拉德福德·坎农是维护医学研究的重要领导者之一,他在1908年提出了一整套进行"人道的"动物试验的指导原则,并以他美国医学协会维护医学研究委员会(American Medical Association's Committee on the Protection of Medical Research)主席的身份,把这套指导原则发给全美的医学院院长们。坎农的指导原则中包括这样的规定:狗或猫必须留养24小时,以便于在它们是丢失或被偷的宠

589

[13] Robert N. Proctor,《种族纯化:纳粹分子统治下的医学》(*Racial Hygiene: Medicine under the Nazis*, Cambridge, Mass.: Harvard University Press, 1988),第227页。参看Arnold Arluke和Boria Sax,《解析纳粹党的动物保护和大屠杀》(Understanding Nazi Animal Protection and the Holocaust),《人与动物》(*Anthrozoös*),5(1992),第6页～第31页。

[14] Susan E. Lederer,《道德情感和医学科学:性别、动物试验和医患关系》(Moral Sensibility and Medical Science: Gender, Animal Experimentation, and the Doctor-Patient Relationship),载于Ellen Singer More和Maureen A. Milligan编,《感同身受:同情、性别和医学》(*The Empathic Practitioner: Empathy, Gender and Medicine*, New Brunswick, N. J.: Rutgers University Press, 1994),第59页～第73页。

[15] Susan E. Lederer,《美国关于动物试验的争论(1880～1914)》(The Controversy over Animal Experimentation in America, 1880-1914),载于Rupke编,《历史地审视活体解剖》,第236页～第258页。

物的情况下,它们的主人可以将其领回。[16]

为了避免反活体解剖者从科学或医学杂志得到不"人道"动物试验的证据,坎农请求杂志编辑们特别注意那些可能引起批评者和普通民众误解的词句,他还建议动物试验中使用麻醉剂的细节应该作为惯例包括在生物医学研究文章中,以避免作者即使在试验中使用了麻醉剂却在著文时忘记说明这样的情况。20 世纪上半叶美国最重要的生物医学期刊《试验医学杂志》(*Journal of Experimental Medicine*)的主编弗朗西斯·佩顿·劳斯和编辑部的工作人员,就非常仔细地审查来稿,以便发现和删除可能引起对人类或动物试验指责的内容;除了对感情色彩强烈的词语进行必要的替换——比如用"禁食"替换"饥饿"、用"失感剂"替换"毒药",劳斯还限制动物试验照片只能显示动物的四肢和内脏器官,并拒绝发表任何会"引起感官不适"的动物照片。[17]

这种对出版物的严格审查,显示出 20 世纪中期的生物医学研究者们仍然担心反活体解剖者可能干涉他们的研究活动。即使到了反活体解剖运动在英国和美国已经逐渐边缘化的 20 世纪 20～30 年代,这种运动集中力量进行的解救狗的活动,依然引起试验研究者一方的警觉。日益增长的对狗这种动物的关注和对偷窃宠物卖给研究机构牟利行为的担心,给获取试验动物造成了一定的困难。在英国,一种犬瘟热疫苗的研制成功得益于在狗身上的试验,从而成为阻止 20 世纪 20 年代禁止用狗做试验的法律通过的一个重要因素。[18] 同一时期,胰岛素的发现和用胰岛素治愈的糖尿病患儿的感人照片,也帮助医学研究者避免了立法机构对用狗做试验的限制。

590

动物试验的支持者曾经警告说,限制动物活体解剖会导致无法控制的在医院病人身上的危险试验。本来就对医学研究充满怀疑的反活体解剖者,认为这个警告就是医生和生理学家们以人类试验为目标的证据,为了使民众相信这种把人当作小白鼠的虐待行为是存在的,他们搜集并公开了许多"人体活体解剖"的案例。从 19 世纪 90 年代到 20 世纪,流行杂志和报纸上充斥着关于医学研究中用诸如梅毒、淋病、麻风的病原体感染不知情的病人的报告。[19]

与此同时,维护医学研究的人则强调人类试验所能带来的巨大进步。19 世纪最著名的人类试验应该是路易·巴斯德在 10 岁的约瑟夫·迈斯特身上试用他新研制的狂犬病疫苗的试验,这个试验几乎没有引起对人类试验伦理的疑虑。在 1885 年,当迈斯特经过巴斯德的治疗痊愈后,确实有人挑战巴斯德这次试验的伦理以及他的疫苗的理

[16] Saul Benison、A. Clifford Barger 和 Elin L. Wolfe,《沃尔特·布拉德福德·坎农:一个青年科学家的一生与时代》(*Walter Bradford Cannon: The Life and Times of a Young Scientist*, Cambridge, Mass.: Belknap Press, 1987)。

[17] Susan E. Lederer,《政治动物:20 世纪美国生物医学研究文献的形成》(Political Animals: The Shaping of Biomedical Research Literature in Twentieth-Century America),《爱西斯》(*Isis*),83(1992),第 61 页～第 79 页。

[18] E. M. Tansey,《预防犬瘟热和〈狗保护法案〉:医学研究委员会和反活体解剖运动(1911～1933)》(Protection Against Dog Distemper and Dogs Protection Bills: The Medical Research Council and Anti-vivisectionist Protest, 1911-1933),载于《医学史》(*Medical History*),38(1994),第 1 页～第 26 页。

[19] Susan E. Lederer,《服从科学:第二次世界大战之前美国的人类试验》(*Subjected to Science: Human Experimentation in America before the Second World War*, Baltimore: Johns Hopkins University Press, 1995)。

论基础，但是试验本身的巨大成功保护了巴斯德没有受到苛责。历史学家杰拉尔德·盖森令人信服地证明：这位法国化学家清楚地知道人类试验可能带来的危险，却没有遵守他自己的道德准则，而在必要的试验结论之前就（实际上是由他的一个同事）对一个儿童施用了疫苗；巴斯德的试验记录上“没有任何证据表明他完成了他自己所宣称的动物试验，从而使得他对迈斯特的治疗合理化”，实际上当这位法国科学家决定在那个男孩儿身上试验他的疫苗时，他只是刚刚开始在狗身上做一系列的“模糊对比”试验。[20]

如果巴斯德还可以争辩说，他的试验是为了挽救濒死的病人，那么在健康人身上试验危险疾病的行为，面临的就是完全不同的伦理问题了。在20世纪早期，防止对人类试验的指责的一个策略是，取得试验对象的书面同意。美国医生沃尔特·里德最早在他的黄热病研究中使用这个策略，这些文件列明了试验条件和受试者得到的好处。黄热病是一种致命的传染病，在当时还没有任何有效的治疗方法。1900年，里德与在古巴的美国陆军黄热病委员会（United States Army Yellow Fever Board）合作，使用人类试验证明黄热病通过蚊子传染的过程。里德工作组要求所有的试验参与者——绝大多数是西班牙裔，在一个书面契约上签字同意，这个契约用英文和西班牙文说明了参与者面临的危险和对参与者的补偿，其中的补偿包括价值100美元的黄金。虽然这个契约很可能不符合今天21世纪的协议书标准，但在医生们刚刚开始实践在手术前取得病人书面同意的时代，它确实代表了一个巨大进步。里德的试验成功地证明了黄热病的蚊子传播路径，而且没有造成一例人类受试者的死亡，这两项事实进一步保护了里德和他的同事们免于道德上的指责。

591

在20世纪最初的40年，随着一些不道德的研究活动被公开，人们开始正式讨论人类试验的伦理标准和有关法律。在美国用孤儿和精神病人做梅毒病等研究的新闻报道，促使科研界的领导者在1916年试图修订美国医学协会的伦理守则，明确医学试验必须取得试验对象同意的条款。虽然这个努力得到了一些研究者的支持，但是大多数人仍然担心这样的条款会妨碍医学的进步，最终修订伦理守则的努力还是失败了。

20世纪20和30年代，美国医学界的领导者曾经大力宣传医学专业人员用自己的身体做试验的意愿。以身试药在医学发展史上一直起着重要的作用，在20世纪也催生了许多惊人的成果。维尔纳·福斯曼因心脏导管手术获得1956年诺贝尔生理学或医学奖，它就是首先在他自己身上试做成功的。[21] 近一些的例子还有，20世纪80年代澳大利亚的巴里·马歇尔医生，为了证明幽门螺杆菌在胃病中的作用，把这种细菌注入自己体内，引发了胃炎。在第二次世界大战前，像杰西·拉齐尔、克拉拉·马斯、

[20] Gerald L. Geison，《路易·巴斯德的个人科学》（*The Private Science of Louis Pasteur*, Princeton N. J.: Princeton University Press, 1995），第251页～第252页。

[21] Lawrence K. Altman，《谁来做第一个？以身试药的故事》（*Who Goes First? The Story of Self-Experimentation in Medicine*, New York: Random House, 1986）。

野口英世和阿德里安·斯托克斯等为研究黄热病而英勇献身这样的事迹，在一定程度上转移了公众对医学界以孤儿、精神病人或其他弱势人群为试验对象的负面印象。[22]

在欧洲，人类试验的丑闻迫使立法者对人类试验做出限制。普鲁士文化部在1900 592 年颁布了一项法令，禁止在未成年人和弱势人群身上做医学试验，并要求做医学试验要获得试验对象的同意。依据这项法令对淋球菌的发现者布雷斯劳（Breslau，今波兰弗罗茨瓦夫）的阿尔贝特·奈塞尔的惩罚，在当时引起了一些争议，奈塞尔由于在妓女和未成年少女身上试验梅毒血清，遭到政府训诫并被处以300马克的罚款。[23] 1931年，在吕贝克灾难发生后，德意志国（俗称魏玛共和国——责编注）内政部颁布了《新医疗方法和人类试验管理规定》（Regulations on New Therapy and Human Experimentation）。吕贝克灾难是1930年吕贝克市医院试验预防肺结核的卡介苗时发生的一起事故，试验用的疫苗被有毒的结核杆菌所污染，导致76个儿童和婴儿死亡。吕贝克灾难发生后，对事故负有责任的医生被判入狱，内政部还专门为此召集了一个健康委员会专门会议，讨论人类试验的问题，其结果就是下面这些重要的规定：人类试验之前必须进行动物试验，人类试验必须获得试验对象同意，以及对儿童、"社会性贫困"的病人和濒死病人的特别保护。从法律上讲，这些法规一直到1945年都是有效的，但1933年之后的纳粹党医生对它们完全置之不理。[24]

为政权服务的科学

在1933年阿道夫·希特勒登上权力巅峰之前，德国就有不少医生和生物学家加入了民族社会主义者的专业组织。新政权建立后，这些纳粹党医生在为"从为个人服务的医生到为国家服务的医生"[25]的转变做准备时，承担了日益重要的责任。医学专业人士在《纽伦堡法》（Nuremberg Laws）和遗传健康法庭等纳粹党种族政策的建立和实施过程中扮演了重要的角色，这些法律准许对40多万人进行强制绝育。医生们参与谋杀了为数众多的被定为种族低劣、有智力缺陷或交流缺陷的人，他们还参与了臭名昭著的对集中营囚犯的医学试验。为了搜集有军事意义的信息，纳粹党医生施行了一系列可怕的试验——在达豪（Dachau）集中营，他们把囚犯浸在冰水里，以确定飞行员能够在冰冷北海中的存活时间；他们强迫囚犯饮用海水，以确定人可以在无淡水的 593 情况下生存多久；他们还把囚犯锁在低压室中，模拟飞行员在高空会经历的空气稀薄的情况；他们甚至肢解囚犯以开发用于伤员救护的医疗和手术技术。

[22] Lederer，《服从科学：第二次世界大战之前美国的人类试验》。

[23] Barbara Elkeles，《19世纪末的人类医学试验和奈塞尔事件》（Medizinische Menschenversuche gegen Ende des 19. Jahrhunderts und her Fall Neisser），《医学史杂志》（*Medizinhistorisches Journal*），20（1985），第135页～第148页。

[24] Hans-Martin Sass，《1931年的政府通告：〈纽伦堡法〉之前德国关于新医疗方法和人类试验的法律》（Reichsrundschrieben 1931：Pre-Nuremberg German Regulations Concerning New Therapy and Human Experimentation），《医学与哲学杂志》（*Journal of Medicine and Philosophy*），8（1983），第99页～第111页。

[25] Proctor，《种族纯化：纳粹分子统治下的医学》，第73页。

许多纳粹党医生所做的人类试验的恐怖细节，直到1946～1947年美国军事法庭举行的“医生审判”，才被揭露出来。审判的23名被告——除了3个其他都是医生——为自己辩护时说明，牺牲囚犯是为了挽救更多其他人的生命。德国的辩护律师还更进一步辩解，纳粹党医生使用集中营囚犯做医学试验的行为，并不是唯一的。他们指出美国的研究者使用囚犯和病人试验的情况，以及黑人医生被排除在美国医疗组织之外的事实。[26]

美国的医学研究者积极驳斥了把美国医生的医学试验跟纳粹党医生的等同起来的说法。伊利诺伊大学的生理学家安德鲁·C. 艾维，当时代表美国医学协会在“医生审判”中作美方公诉人的顾问，他指出，在美国监狱囚犯都是在没有外力强迫的情况下，同意在他们身上做医学试验的。在帮助美方公诉人准备起诉材料的过程中，艾维完善了美国医学协会在人类试验伦理方面的政策。在1946年12月，美国医学协会确立了该协会第一个人类试验伦理准则，准则确定了道德的人类试验的3个要求：试验对象必须自愿参与；必须有先期的动物试验；必须有适当的医学监督。根据这些伦理准则公诉人成功地起诉了纳粹党医生们。[27]

美国医学协会所推行的道德的人类试验条件，尤其是第一条，不论在第二次世界大战中还是战后的相当一段时间里，都没有被严格遵守。在1941～1945年，美国的研究者普遍地在医学试验中使用儿童和脑损伤者这样并无自主能力的人。富兰克林·D. 罗斯福总统在1941年成立了科学研究与发展局所属的医学研究委员会（Committee on Medical Research），作为支持战争的努力的一部分，它资助了许多痢疾、流感、疟疾、性病以及人体低温耐受力等方面的研究，这些研究都曾使用监狱囚犯、精神病人和孤儿院儿童做试验对象。事实上，能够利用公共机构控制下的人群，比如俄亥俄军人孤儿之家或者新泽西州弱智儿童中心的儿童，往往成为资助申请者的重要优势。[28] 在战时和战后，美国的研究者还在拒服兵役者的身上试验新的药物、疫苗和手术方法。军队的士兵也曾经大规模参与一些秘密试验，比如芥子气和核辐射等武器方面的研究。[29] 当时有研究者对这些试验可能的有害影响，尤其是对试验对象的伤害甚至致死，表示了担心。哈佛大学的血液专家埃德温·科恩在第二次世界大战期间曾咨询给试验对象购买保险的可能性，希望以此保护试验对象，并使学校免于试验伤害的责任，但是学校的行政人员拒绝了科恩的建议，认为它的代价太高了。1942年在马萨诸塞州监狱中进行的代用牛血清的临床试验，造成了一个囚犯的死亡，科恩和作为资助方的医学研究委员会都担心可能面临的诉讼。最后死亡囚犯的母亲并没有起诉科恩，她平

594

[26] George J. Annas 和 Michael A. Grodin，《纳粹党医生和〈纽伦堡原则〉：人类试验中的人权》（*The Nazi Doctors and the Nuremberg Code: Human Rights in Human Experimentation*, New York: Oxford University Press, 1992）。

[27] Jon M. Harkness，《纽伦堡和美国在战争期间的囚犯试验问题》（Nuremberg and the Issue of Wartime Experiments on US Prisoners），《美国医学协会杂志》（*Journal of the American Medical Association*），276（1996），第1672页～第1675页。

[28] David J. Rothman，《床边的陌生人》（*Strangers at the Bedside*, New York: Basic Books, 1991）。

[29] Constance M. Pechura 和 David P. Rall 编，《处于危险中的退伍军人：芥子气和路易氏气对健康的影响》（*Veterans at Risk: The Health Effects of Mustard Gas and Lewisite*, Washington, D.C.: National Academy Press, 1993）。

静地接受了给儿子追认的赦免，她儿子葬礼的花费是科恩用研究经费支付的。[30]

在英国拒服兵役者被安排参加医学试验，在20世纪30和40年代都有发生。医学昆虫学家肯尼思·梅兰比在1945年记录了英国在第二次世界大战中在这些人群中试验湿疹的情况。梅兰比作为《英国医学杂志》(*British Medical Journal*)的通讯员参加了纽伦堡“医生审判”，并反驳了美国方面宣称的纳粹党医生的医学研究毫无价值的论点。历史学家保罗·温德林指出，持纳粹党医生在医学研究中的罪行是政府干涉医学研究的必然结果这种观点的英国医学研究者肯定不止梅兰比一人。英国医学协会(British Medical Association)很快就将这些论据组织起来，用以反对建立国家卫生部以及国家对医学研究的任何控制。[31]

纽伦堡“医生审判”结束后，美国军方领导人又调查了由日本军医主持的大规模的细菌武器试验。与纳粹党医生的研究一样，日本军方的医学研究的细节，一直到第二次世界大战后才被披露出来。1931年日本侵占中国东北之后，有医学学位的石井四郎，作为一名日军少佐和细菌武器的鼓吹者，在那里建立了一个研究机构，专门研究细菌制剂和投送系统。在13年的时间里，日本军方支持石井在成千上万的中国战俘和平民身上，用鼠疫、霍乱、伤寒、痢疾、炭疽、马鼻疽等病菌做了大量的试验。石井下令进行冻伤研究，把被试验的人反复冰冻和解冻直至死亡。历史学家谢尔登·哈里斯估计，到战争最后石井拆除研究设备之时，至少有3000人在他的试验中丧失了生命。但是美国军方为了获取石井的细菌武器研究数据，对公众尤其是苏联隐瞒了石井的罪行，致使石井本人和他的同谋者逃过了审判。[32] 直至今日，日本政府在为其第二次世界大战中的暴行道歉时，仍然拒绝承认石井研究细菌武器的罪行。

595

世界医学协会和纽伦堡审判后的医学研究

纽伦堡审判之后的很多年，“集中营的意味”持续困扰着关于人类试验的伦理问题的探讨，[33]关于合理利用人类受试者的讨论也在继续着，但都没有显然的急迫性。1951年美国癌症学者迈克尔·希姆金在加州大学旧金山医学院，组织了一个使用人类受试者进行研究的公开讨论会，希姆金把讨论的内容与《纽伦堡原则》(Nuremberg Code)一起发表在《科学》(*Science*)杂志上。[34] 1952年在欧洲举行的第一届国际神经

[30] Jon M. Harkness，《铁栏后的科研：美国使用囚犯作非治疗性研究的历史》(Research Behind Bars: A History of Nontherapeutic Research on American Prisoners, PhD diss., University of Wisconsin-Madison, 1996)。

[31] Paul Weindling，《人豚鼠和医学试验的伦理：〈英国医学杂志〉在纽伦堡“医生审判”中的通讯记者》(Human Guinea Pigs and the Ethics of Experimentation: the *BMJ*'s Correspondent at the Nuremberg Medical Trial)，《英国医学杂志》(*British Medical Journal*)，313(1996)，第1467页～第1470页。

[32] Sheldon H. Harris，《死亡工厂：日本生物战(1932～1945)和美国的隐瞒》(*Factories of Death: Japanese Biological Warfare 1932-45 and the American Cover-Up*, London: Routledge, 1994)。

[33] Peter Flood，《人类医学试验》(*Medical Experimentation on Man*, Cork: Mercier Press, 1955)，第11页。

[34] Michael B. Shimkin，《人类试验的问题》(The Problem of Experimentation on Human Beings)，《科学》(*Science*)，117(1953)，第205页～第207页。

系统组织病理学大会上，组织者邀请了教皇庇护十二世，作了题为“医学研究和治疗的道德界限”的演讲。庇护十二世在演讲中，以最近的纽伦堡审判为训，明确了在医学研究中获得参与者同意的必要性。病毒学家汤姆·里弗斯回忆，庇护十二世的演讲对美国和欧洲的医学科学家们都产生了“广泛的触动”。[35]

对纳粹党医生反思的一个成果是，全世界范围内人们开始努力建立道德的人类试验的指导原则，世界医学协会在其中发挥了领导作用。世界医学协会在1947年由来自澳大利亚、美国、加拿大、英国、新西兰、南非以及原来纳粹党德国占领区国家的医生们共同组建，从20世纪50～60年代，该协会努力建立一个平衡的标准，兼顾医学研究对人类试验的需要和志愿者及病人的人权。1964年在赫尔辛基举行的第18届世界医学大会，通过了一整套对以后的临床医学研究影响重大的指导准则，称为《赫尔辛基宣言》(Helsinki Declaration)。促成《赫尔辛基宣言》的一部分原因是，沙利度胺(thalidomide)事件引起的国际性关注，以及美国政府关于加强包括人类受试者的临床药物试验管理的建议。[36]《赫尔辛基宣言》与《纽伦堡原则》的不同之处在于，后者把试验参与者的同意作为道德的人类试验的绝对条件，而前者认可在参与者不具备表达意见的能力时，比如儿童、昏迷者和精神病人，代理同意可以被接受。《赫尔辛基宣言》还允许研究者在“与病人心理不一致”的条件下拒绝代理同意。[37]

596

但是有人对把重要的决定权交予个别研究者的良心的原则，表示了不安。英国医生莫里斯·帕普沃斯从公开发表的文章中，搜集他认为在伦理方面可疑的研究工作，并在1967年出版了《人豚鼠》(*Human Guinea Pigs*)一书(该书由1962年的同名文章扩充而来)，揭露了许多在婴儿、儿童、智障者、精神病人、罪犯、濒死者、老人、手术病人和非病人志愿者身上的试验过程。[38] 有人宣称帕普沃斯的指责在英国公众中引起的兴趣和对临床医生的实践的影响都十分有限，但历史学家蕾切尔·麦克亚当斯论证了帕普沃斯的影响要大得多。[39] 20世纪60～70年代，包括医学研究委员会和王家医生协会在内的英国主流医学组织，都发布了针对人类试验的建议和守则。[40]

不论是在美国还是英国，对试验研究对象权力的讨论都是在公众对包括医生在内

[35] Ruth R. Faden、Susan E. Lederer 和 Jonathan D. Moreno，《美国医学研究者，纽伦堡“医生审判”和〈纽伦堡原则〉》(US Medical Researchers, the Nuremberg Doctors Trial, and the Nuremberg Code)，《美国医学协会杂志》(*Journal of the American Medical Association*)，276(1996)，第1667页～第1671页。

[36] Annas 和 Grodin，《纳粹党医生和〈纽伦堡原则〉：人类试验中的人权》。

[37] Paul M. McNeill，《人类试验的伦理和政治》(*The Ethics and Politics of Human Experimentation*, Cambridge: Cambridge University Press, 1993)。

[38] Maurice Pappworth，《人豚鼠：在人身上的试验》(*Human Guinea Pigs: Experimentation on Man*, Boston: Beacon Press, 1967)。

[39] M. H. Pappworth，《“人豚鼠”的历史》(“Human Guinea Pigs”-A History)，《英国医学杂志》，301(1990)，第1456页～第1460页；Rachel McAdams，《人豚鼠：医生莫里斯·帕普沃斯和英国生物伦理学的诞生》(Human Guinea-pigs: Maurice Pappworth and the Birth of British Bioethics, MSc thesis, University of Manchester, 2005, copies held at the John Rylands Library, University of Manchester, and at CHSTM)。

[40] Robert J. Levine，《美国生物医学研究中对人类受试者的保护与近期英国经验的比较》(Protection of Human Subjects of Biomedical Research in the United States: A Contrast with Recent Experience in the United Kingdom)，《纽约科学院年报》(*Annals of the New York Academy of Sciences*)，530(1988)，第133页～第143页。

的整个权威群体的怀疑日益增长的背景中发生的。在20世纪60年代,环保主义者、女权主义者、民权活动家,还有反核与和平活动家开始挑战已有的价值观念,要求激烈地改变现状;20世纪70年代的妇女健康运动继续挑战男性主导的医学尤其是妇产科的理论和实践,并质疑把妇女的身体作为工具的做法。医疗日益去个性化、诊断越来越依赖复杂的技术、医患关系不断疏远,对上面这些问题的担心造成了一场“医疗危机”——对医生和医疗机构的诉讼大爆发。美国立法机构跟进立法,对医疗滥用进行了限制,限制的主要对象包括所谓心理手术尤其是脑叶白质切除术和生物医学试验中人类和动物研究对象的使用。同时医学研究的方法也在变化,在20世纪70年代英国医生阿奇·科克伦提出了健康服务的评估必须基于科学证据的观点,这个观点逐渐演化成“循证医学”,并发展出越来越多的大样本随机临床试验方法确定任何医疗过程的有效性和经济性。

597

当哈佛医学院的麻醉学专家亨利·K. 比彻用实例展示了美国主流医学研究中的伦理缺陷时,整个美国医学界都被震动了。在他1966年的文章《伦理与临床研究》(Ethics and Clinical Research)中,比彻选择了22个有伦理问题的临床研究实例,并指出这些研究工作都是在国家卫生局资助的研究者指导下在有名的研究中心进行的。[41] 比彻没有像帕普沃斯那样给出具体的名字,但是他书中的几个例子确实成为人类试验史上的反面典型:比如索尔·克鲁格曼医生及其同事故意给威洛布鲁克州立学校的弱智患者感染肝炎的威洛布鲁克试验,和切斯特·索瑟姆医生给犹太慢性病医院的老人和残疾人注射癌细胞的犹太慢性病医院试验。[42]

1972年塔斯基吉梅毒研究的暴露,使得公众对医学研究中虐待试验对象问题的关注进一步深入。1932～1972年的40年中,美国政府公共卫生局对塔斯基吉城的非裔美国男性的梅毒病在无治疗情况下的发展进行了研究,400多人被连续跟踪观察梅毒发病直至死亡的情况,在他们死后,他们的尸体都被解剖研究。在国会的听证会上,议员了解到政府的医生们是如何欺骗那些贫穷而且大部分是文盲的参与者,使他们相信自己得到了治疗“坏血液”的处理。公众对政府在塔斯基吉梅毒研究中的不光彩角色的愤怒是前所未有的,促使国会在1974年通过了旨在保护医学试验中的人类受试者的联邦法律《国家研究法案》(National Research Act)。[43] 这项法律要求,所有接受联邦政府资助的研究机构,必须在其机构中建立审查委员会,监视任何涉及人类受试者的研究;该法还要求,研究者必须获得试验参与者的书面同意。

598

〔41〕 Henry K. Beecher,《伦理与临床研究》(Ethics and Clinical Research),《新英格兰医学杂志》(*New England Journal of Medicine*),274(1966),第1354页～第1360页。

〔42〕 Albert R. Jonsen,《生物伦理学的诞生》(*The Birth of Bioethics*, New York: Oxford University Press, 1998)。

〔43〕 James H. Jones,《坏血:塔斯基吉梅毒研究》(*Bad Blood: The Tuskegee Syphilis Experiment*, expanded edition, New York: Free Press, 1993),第214页。也可参看 Susan E. Lederer,《美国医学研究大背景下的塔斯基吉梅毒研究》(The Tuskegee Syphilis Study in the Context of American Medical Research),载于 Susan M. Reverby 编,《塔斯基吉的“真相”:对塔斯基吉梅毒研究的再思考》(*Tuskegee's "Truths": Rethinking the Tuskegee Syphilis Study*, Chapel Hill: University of North Carolina Press, 2000),第266页～第275页。

对妇女和少数族群的保护，则在20多年后才开始受到重视，人们逐渐意识到这些人群很少包括在医学研究中，因而无法从临床研究获得的医学知识中受益。在20世纪80年代，妇女健康倡导者和艾滋病活动者使人们注意到医学研究投资的不平衡，以及妇女和少数族群被排斥在医学研究之外的现象，于是国家卫生局在1993年开始要求，除非有合理的原因，其资助研究的涵盖对象必须包括妇女和少数族群。[44] 有研究者发现，一些少数族群，尤其是非裔，由于历史上的虐待事件，对参加临床研究有所迟疑。[45]

滥用人类试验的问题、胎儿试验和器官移植中的伦理问题等也引起了越来越多的关注和兴趣，并催生了一个新的学术领域——“生物伦理学（Bioethics）”。生物伦理学这个词最早使用是在1970年，其产生的部分原因是，联邦政府机构对生物和医学研究中道德问题专业知识的需求。[46] 前面提到的《国家研究法案》，有一项条款授权成立保护生物医学和行为研究中人类受试者国家委员会（1974～1978），这个委员会的工作之一就是提交关于人类试验伦理的报告。另一个组织——医学、生物医学和行为研究中的伦理问题调查总统委员会（1980～1983），进一步研究了脑死亡、停止生命维持的决定权和普及医疗等问题。除了联邦政府对生物伦理学专业知识的需求，医学院和大学也开设了生物伦理专业的课程，到1998年，在美国已经有近200个生物伦理学的中心、系和专业。[47]

动物与伦理

1966年，也就是亨利·K. 比彻发表揭露临床研究的伦理缺陷文章的同一年，美国的动物保护运动终于实现了长久努力的目标——限制动物试验的联邦法规。这项法规是多个动物保护团体长期斗争的结果，其直接原因则是《生命》（*Life*）杂志的一篇配图报道所激起的公众愤怒。这篇题为《狗集中营》（Concentration Camps for Dogs）的文章包括一系列照片，揭示了大量生活在污秽不堪环境中的营养不良的狗和动物经营商对它们的虐待，而这些狗大部分被卖给了研究机构。[48] 在这篇文章发表后，美国国会每周收到的关于狗失窃和动物经营执照的信件，超过了关于民权和越南战争的，这就直接催生了《试验动物福利法案》（Laboratory Animal Welfare Act）。这项法案要求所有

599

[44] Anna C. Mastroianni、Ruth Faden 和 Daniel Federman 编，《妇女与健康研究：将妇女纳入临床研究的伦理和法律问题》（*Women and Health Research: Ethical and Legal Issues in Including Women in Clinical Studies*, Washington, D. C.: National Academy Press, 1994）。

[45] Vanessa N. Gamble，《塔斯基吉阴影：非裔美国人与健康护理》（Under the Shadow of Tuskegee: African Americans and Health Care），《美国公共卫生杂志》（*American Journal of Public Health*），87（1997），第1773页～第1778页。

[46] 关于“生物伦理学”这个名词的起源，参看 Warren T. Reich，《“生物伦理学”这个词的诞生和塑造其含义者的遗产》（The Word “Bioethics”: Its Birth and the Legacies of Those Who Shaped Its Meaning），《肯尼迪伦理研究所杂志》（*Kennedy Institute of Ethics Journal*），4（1994），第319页～第336页。

[47] Jonsen，《生物伦理学的诞生》。

[48] 《狗集中营》（Concentration Camps for Dogs），《生命》（*Life*），60（1966年2月4日），第22页～第29页。

研究机构和动物经营商在农业部注册，法案还有专门条款保护被窃宠物主人的权利，并确定狗、猫、灵长目动物、兔子、仓鼠和豚鼠6种动物必须得到“人道的”待遇。国会后来又多次修改了这项法律，把它更名为《动物福利法案》(Animal Welfare Act)，增添了在条件允许时必须使用止痛药物的条款，并且成立了动物保护和使用委员会(Animal Care and Use Committees)负责审查动物试验的流程。[49]

到20世纪70年代，对动物试验的新指责不断产生，动物权利活动者加剧了对动物试验、动物养殖场、皮毛工业等的批评。这一轮的动物权利运动的推动力量是一群哲学家，其中最著名的是澳大利亚哲学家彼得·辛格，他1975年的著作《解放动物》(*Animal Liberation*)被誉为动物权利运动的“圣经”。[50] 辛格在这本书中，给动物权利运动赋予了理性和逻辑，使这项运动摆脱了过去几十年间“过于感情用事的瑕疵”所导致的政治方面的缺陷。[51] 在当时风起云涌的环境主义运动、民权运动、女权运动的促进下，动物权利运动令本来历史更久、规模更大的动物福利运动焕发新的青春，在20世纪80年代，吸引了大量的成员加入这个运动。在英国，理查德·赖德的《科学的受害者》(*Victims of Science*, 1973)的出版，引起了关于动物试验的激烈辩论，并促成了动物保护主义者的极端运动。[52] 这次运动的成果是，1986年通过的《动物(科学过程)法案》(Animals [Scientific Procedures] Act)，该法案实施了新的对研究者个人和研究过程的特许规定，以及对动物饲养者和供应商的注册要求。在20世纪50年代最早提出“3R”(减少[Reduction]、提高[Refinement]和替代[Replacement])，到1987年科学研究中用试验动物做手术的次数降低到360万次，到1994年这一数字进一步降低到280万次。[53]

600

对历史上人类试验的反思

20世纪90年代，许多国家开始对历史上发生的人类试验，尤其是第二次世界大战期间和之后的试验，进行反思、道歉、经济赔偿和法律诉讼。美国政府在1974年通过庭外和解，向塔斯基吉梅毒研究的受害者赔付了1000万美元，但是直到1997年5月，才由比尔·克林顿总统代表国家正式向尚在人世的受害者和死者亲属道歉。“合众国

[49] F. Barbara Orlans,《以科学的名义:负责的动物试验中的问题》(*In the Name of Science: Issues in Responsible Animal Experimentation*, Oxford: Oxford University Press, 1993),第50页。

[50] James M. Jasper 和 Dorothy Nelkin,《动物权利运动:道德抗议的发展》(*The Animal Rights Crusade: The Growth of a Moral Protest*, New York: Free Press, 1992)。

[51] Andrew Rowan,《动物保护运动的发展》(The Development of the Animal Protection Movement),《国家卫生研究所杂志》(*Journal of NIH Research*),1(1989),第97页～第100页,引文在第100页。

[52] E. M. Tansey,《“女王受到了极大的惊吓”:英国试验生理学教学使用动物的情况》(“The Queen Has Been Dreadfully Shocked”: Aspects of Teaching Experimental Physiology Using Animals in Britain),《生理学教学的进展》(*Advances in Physiology Education*),19(1998),第S18页～第S33页。

[53] Robert Garner,《政治动物:英国和美国的动物保护政策》(*Political Animals: Animal Protection Policies in Britain and the United States*, New York: St. Martin's Press, 1998)。

政府，"克林顿表示，"做了错误的事情——严重的道德错误，这是对我们诚实平等地对待所有公民的承诺的违反。"[54]

在向塔斯基吉梅毒研究受害者道歉之前，克林顿总统已经向参加了美国政府在第二次世界大战和冷战期间主持的人类辐射试验的男女公民和儿童道歉。虽然人类辐射试验并不是全新的披露——早在1986年，马萨诸塞州众议员爱德华·马基就提醒人们注意美国的"核豚鼠"，但是直到1993年这些试验才引起广泛的公众注意。当时媒体上关于50年前给包括美国公民在内的人注射钚的试验的详细报道，像催化剂一样激发了公众对美国政府的核历史和冷战研究项目的质询。[55] 在能源部实施新的公开政策的同时，能源部长黑兹尔·奥利里要求对能源部资助人类辐射试验情况进行全面调查。在1994年，克林顿总统指定了一个独立的顾问委员会，调查1944～1974年所进行的粒子辐射试验，以确定这些早期试验所适用的伦理和科学标准，并评估现在美国研究中对人类受试者的保护措施是否合适。[56] 从1994年之后，数个资助人类辐射研究的美国大学和公司向试验的参加者支付了赔款；有几个对大学和公司的法律诉讼还悬而未决。

601

克洛德·贝尔纳在他1865年的书中提醒读者，没有动物试验就只能是人类试验。到了20世纪90年代，大多数研究者会说，对于生物医学科学，两者都是必不可少的。在19和20世纪，研究中使用人和动物，引起了对这两种试验的底线和限制的讨论。对动物的关心甚至早于对研究中的人类受试者的关心，但绝大多数时间里，"两脚豚鼠"和四脚豚鼠的命运是息息相关的。

（张瑞峰　译）

[54] Alison Mitchell，《克林顿总统向塔斯基吉研究的幸存者道歉》（Survivors of Tuskegee Study Get Apology from Clinton），《纽约时报》（*New York Times*），1997年5月17日；"总统为塔斯基吉研究致歉的讲话"（Remarks by the President in Apology for Study Done in Tuskegee, The White House, Press Release）。

[55] Subcommittee on Energy Conservation and Power, House of Representatives，《美国"核试验豚鼠"：在美国公民身上进行的30年辐射试验》（American Nuclear Guinea Pigs: Three Decades of Radiation Experiments on U. S. Citizens, 99th Congress, 2nd session）。

[56] 《人类辐射试验顾问委员会总结报告》（*Final Report of the Advisory Committee on Human Radiation Experiments*, New York: Oxford University Press, 1996）。

32

602

环保主义

斯蒂芬·博金

环保主义(environmentalism)是一个不断变动的目标,其状态和表象总是不断变化。有些人将其视为一种思想状态或人生方式,另外一些人将其视为对当代社会或政治纲领的批判。即使是对其单一的、最为广泛的含义(对自然环境的状态和人类对自然环境影响的关注)也存在着不同的理解,从单纯易拉罐和瓶子的可循环利用到对工业社会的排斥。环境价值观随着文化的变化而变化:一个社会繁华熙攘的城市,在另一个社会就是一个雾霾弥漫的地狱;一片用于排水的沼泽,也可能是具有保护价值的湿地。[1] 在对环境问题形成共识的地方,其作为个人或社会责任的定义在不同的社会背景中仍存在差异。

显而易见,要寻求一个线性的、连续的环保主义的历史是不可能的。因此,关于环保主义的研究大都聚焦于以下特定地区:美国西部、新英格兰、加拿大、英国、瑞典或印度。反之,想要提供一种普遍性表述的历史学家,却基于找寻环保主义"根源"或"起源"的目的,总是企图在一种单一的叙述框架中限制其多样性。[2]

在寻找这些根源的过程中,历史学家们经常从诸如吉尔伯特·怀特(1720～1793)、亨利·戴维·梭罗(1817～1862)、约翰·缪尔(1838～1914)和乔治·珀金斯·马什(1801～1882),以及更近的蕾切尔·卡森(1907～1964)或奥尔多·利奥波德(1887～1948)等个人的研究中发现它们。通过证明这些观念是如何从殖民语境中浮现而出到最终塑造了欧洲人的观点,或者通过展示通常并未受到重视、偏离环保主义核心的地点和学科的重要性,近年来的研究提供了关于这些根源(诸如工业卫生学

603

〔1〕 Mary Douglas,《纯洁与危险:污染与禁忌的概念分析》(*Purity and Danger: An Analysis of the Concepts of Pollution and Taboo*, London: Routledge and Kegan Paul, 1966)。

〔2〕 例如参看 Richard Grove,《绿色帝国主义:殖民扩张、热带岛屿乐园与环保主义的起源(1600～1860)》(*Green Imperialism: Colonial Expansion, Tropical Island Edens and the Origins of Environmentalism, 1600–1860*, Cambridge: Cambridge University Press, 1995);David Pepper,《现代环保主义的起源》(*The Roots of Modern Environmentalism*, London: Croom Helm, 1984);Donald Worster,《自然经济:生态学思想史》(*Nature's Economy: A History of Ecological Ideas*, 2nd ed., Cambridge: Cambridge University Press, 1994)。

和“环保主义的工作场所根源”)的更为宽阔的视野。[3] 这些研究揭示了细节的重要性:观测结果的偶然组合,具有背景的个人和从论据推出结论的倾向,以及为表达这些结论提供机会的制度背景和政治背景。

但是界定环保主义“起源”的观念自身也具有不确定性。这意味着环保主义可以被简化为一系列基本概念,它们来源于一个特定背景,具有矛盾而普遍的意义。从起源上看,环保主义的历史正经历一种风险,它成为对这些基本概念进行表达(或压制)的线性描述,这些基本概念将(现在认为是重要的)概念“先驱”从其所处的历史背景中挑选出来。对起源的强调也使人们对环保主义有了一种特殊的看法,即将其作为一些具有洞察力的个人(通常是科学家)的产物,他们的见解最终会传播到社会中去。最后,它否认了某种可能性,即关键问题不在于确定谁首先阐述了环境关切,而是理解这个观念是如何产生的,这个观念就是这些关切需要集体的回应。正如其他社会问题的案例,比如,和犯罪一样,历史上最有趣的创新或许不是简单地识别问题,而是将其定义为公共责任要素,而不仅仅是个人责任要素。[4]

与强调其起源于一个或若干意见领袖的观点不同,一些研究者把环保主义的出现归因于更为广泛的社会变革。比如,根据塞缪尔·海斯的观点,财富的增加导致北美人和欧洲人所寻求的不只是生活必需品,还有像清洁空气和水这样令人愉快的环境。更多的休闲时间和更大的流动性也发挥了作用,通过使更多的人能够体验自然环境,从而使他们和环境保护之间形成了利益攸关的关系。[5]

环保主义的起源通常也可以在科学中找到,我们关于环境的知识大多来源于此。然而,在历史的大部分时间里,没有一个特殊的知识领域被认为与环境特别相关。因此,在历史上使用当代的“环境科学”概念通常是不恰当的。任何科学领域与环境价值观也没有内在的、必然的联系。甚至通常被认为与环保主义有关的生态学,实际上与环境价值观有着非常复杂的关系,但这种关系也主要取决于当地环境的具体情况。

在科学史上,环境视角已提供了重要的修正主义的描述。许多研究者认为,自从科学革命以来,通过推广严格的唯物主义的、机械论的自然观,牛顿的学问已被当作操纵自然的工具。因此,对自然的操控和利用是现代科学事业的核心。[6] 此外,科学的碎片化和专业化被认为是可将自然划分为独立单元、孤立地进行研究并获取短期利益的合理性基础。相比之下,“环保主义的”科学有时被描述为必然是整体性的和反唯物

604

〔3〕 Grove,《绿色帝国主义:殖民扩张、热带岛屿乐园与环保主义的起源(1600～1860)》;Christopher G. Sellers,《职业危害:从工业疾病到环境健康科学》(*Hazards of the Job: From Industrial Disease to Environmental Health Science*, Chapel Hill: University of North Carolina Press, 1997),第12页。

〔4〕 Theodore Porter,《相信数字:科学与公共生活中的客观性追求》(*Trust in Numbers: The Pursuit of Objectivity in Science and Public Life*, Princeton, N. J.: Princeton University Press, 1995)。

〔5〕 Samuel Hays,《美、健康和永恒:美国环境政治(1955～1985)》(*Beauty, Health and Permanence: Environmental Politics in the United States, 1955-1985*, Cambridge: Cambridge University Press, 1987)。

〔6〕 Carolyn Merchant,《自然之死:妇女、生态学与科学革命》(*The Death of Nature: Women, Ecology, and the Scientific Revolution*, New York: HarperCollins, 1980)。

论的:既排斥现代工业,也排斥为其提供支持的科学。这些解释例证了科学观是西方文化基本价值观的一种反映形式。

但历史学家也表示,现代科学与环保主义之间的关系比诸如此类二分法所包含的观点更为复杂。科学对环保主义的历史意义无法通过认定其仅仅是反对的或支持的,或者通过建立其与基本的文化价值观之间的联系而获得。这种复杂性使得有必要质疑将科学作为必然的开拓者或保护者的单一理论。当然,这种关系只能在特定情况下通过缜密的验证才能得到理解。科学家可能被引向其学科之外定义的特定目标,或者他们可能定义自己的议程和意识形态观念。他们可以在涉及环保主义时发挥各种各样复杂和模糊的作用,从评估待选政策到使伦理优先权合法化。科学常常被当作自然资源或环境风险冲突中的一种资源,其权威受到各种观点的批评。

本章将从1800年以来环保主义和科学历史的回顾开始,接着讨论这一历史过程中出现的若干主题,其中包括科学在环保主义中的作用和权威,以及科学专业知识的政治立场。

19世纪的环保主义和科学

至1800年,科学可以就人类与自然世界的关系提供相当多的评论。从自然神学的角度来看,有人认为被一个聪明和仁慈的造物主所创造的自然,会倾向于稳定和平衡。因此,人类可以自由地掌控它以满足自身的需要。科学可以通过对自然的调查和分类来帮助人类识别有用的资源。卡尔·林奈(1707～1778)的《自然经济》(*The Oeconomy of Nature*,1749)就例证了这种"帝国主义的"观点和以超然的客观性态度对理性的、机械论的自然进行描述的权威基础。[7] 这种看法补充了由工业革命所形成的那种观点,即确信能够通过技术掌控自然。

605

但是其他经验也可以从自然研究中得出:人类只是许多物种中的一个,其应该寻求的不是控制,而是通过简单和谦卑的生活来寻求宁静的和谐。吉尔伯特·怀特在《塞尔彭博物志》(*The Natural History of Selborne*,1788)中提供了关于"田园牧歌式"观点的经典陈述。怀特和随后具有浪漫主义传统的作家,诸如亨利·戴维·梭罗,将这种观点根植于那些将自己视为自然的一部分而非独立于自然的自然主义者感性、整体的观察之中。[8]

达尔文进化论具有模棱两可的环境含义,虽然它倾向于表明一种并非田园牧歌式和谐而是持续不断竞争的观点,不过它也指出在人类和其他物种之间具有的亲缘关

[7] Clarence J. Glacken,《罗得斯岛海岸遗迹:从古代到18世纪末西方思想中的自然与文化》(*Traces on the Rhodian Shore: Nature and Culture in Western Thought from Ancient Times to the End of the Eighteenth Century*, Berkeley: University of California Press, 1967),第510页～第512页;Worster,《自然经济:生态学思想史》,第31页～第55页。

[8] Worster,《自然经济:生态学思想史》。

系。到 19 世纪末,通过“现实版”的动物故事这种流行形式,比如欧内斯特·汤普森·西顿的故事,并且作为达尔文、乔治·约翰·罗马尼斯和其他研究动物行为的学生的工作的结果,动物被描述为有感觉、思维和痛苦的生命,并倡导给予动物更多的人道待遇。[9]

进化论的出现和对动物特征的这些描述,以及长期存在并延伸到 19 世纪的对人与动物关系的争论,在很大程度上构成了活体解剖的伦理和动物生理、行为的机械论解释的合适性。从勒内·笛卡儿论证人类伦理学对无知无觉、不具思考能力的动物的漠不关心,到约翰·洛克辨析人类负有道德义务避免残忍地对待动物,再到约翰·雷将动物描述为上帝的创造物,需要以仁慈的管理、伦理的态度来对待动物,这最终成为有组织的社会运动的焦点。在英国,反虐待动物协会(Society for the Prevention of Cruelty to Animals,成立于 1826 年,于 1840 年成为王家协会)所发起的社会活动在聚焦于动物活体解剖的 1876 年《虐待动物法》(Cruelty to Animals Act)讨论中达到了高潮。关于这一法案的辩论引发了许多英国科学界精英人士参与。[10]

除了这些宽泛的观点(关于控制或与自然和谐共处),特定的环境条件以及政治和社会形势都塑造了科学对环保主义的影响。环保主义的历史离不开更为宽广的现代历史潮流和帝国主义扩张、经济和城市发展、政府扩张和科学界演进等的发展。 606

行政国家的出现

当植物学家、博物学家和其他科学家周游世界的时候,其意图主要在于寻找自然资源或研究机会。对于欧洲帝国的扩张而言,田野科学却是完整的。但到了 19 世纪初,一些人也开始对这一扩张的后果表示关切。在毛里求斯岛,像在其他地方的科学家一样,皮埃尔·普瓦夫尔(1719～1786)关于殖民地的实践逐步提出了一个完善的环境观点,并最终说服了当局制定法律以控制森林砍伐。这种情况首先发生在热带岛屿上,这些面积不大、仿佛是天堂象征的岛屿,增强了科学家的说服力。通过证明森林的损失以及由此产生的气候变化所具有的大陆性意义,支持了将森林覆盖与气候变化(并最终和殖民地的经济安全)联系在一起的“干燥”理论,亚历山大·冯·洪堡(1769～1859)也做出了其贡献。通过他们的影响,森林保护在印度,并最终在非洲南部和其他地区成为殖民地政府所接受的一项工作,而这则有效地扩大了国家的作用。[11] 乔治·珀金斯·马什的著作《人与自然》(*Man and Nature*,1864),通过援引人类影响的国际范围的证据(包括欧洲殖民地特别是印度科学家的观点),提高了对物种

[9] Thomas Dunlap,《拯救美国野生动物:生态学和美国思想(1850～1990)》(*Saving America's Wildlife: Ecology and the American Mind, 1850-1990*, Princeton, N. J.: Princeton University Press, 1988)。

[10] Roderick Frazier Nash,《自然权利:环境伦理史》(*The Rights of Nature: A History of Environmental Ethics*, Madison: University of Wisconsin Press, 1989)。

[11] Grove,《绿色帝国主义:殖民扩张、热带岛屿乐园与环保主义的起源(1600～1860)》。

灭绝和森林砍伐问题的关注度。马什对一个被贪婪和无知所撕裂的和谐世界的描述，具有广泛的影响力，在美国尤其如此。[12]

19世纪，工业国家政府扩大并改变了自身，以承担更广泛的责任。经济发展需要更多资源，城市不断增长，环境对健康的危害不断增加。作为回应，环境对当时经济或健康等方方面面的影响开始被视为公共责任。政府应该正视公众关切，某种程度上甚至应该规约或限制私人活动，这一观念受到认可。比如，作为疟疾和其他疾病源头的死水，可以通过排水或安装喷泉的方式来"克服"，就像在法国和其他地方所做的一样。[13] 19世纪末，在一些工业国家，城市水供应开始由市政府提供，这反映了政府作为社会与环境关系调解人的新的重要性。1863年，英国政府通过了旨在控制空气污染的《制碱法》(Alkali Act)，并设立了第一个污染控制机构，而对水污染及对鱼类资源影响的关注，则导致了1861年和1865年的《鲑鱼法》(Salmon Act)。[14] 自然景观本身开始受到国家的持续关注。例如，在德国，森林长期以来承载着巨大的文化意义，启迪了民族起源和民族认同的神话：一个居于森林的民族，坚强而自立，根植于自己的自然景观之中。在19世纪，这些森林也被诸如威廉·海因里希·里尔等作家描述为，其不仅对德国的历史具有重要意义，还对德国当代的经济地位和认同具有重要意义。对这些森林的保护管理越来越被视为政府的一项应尽职责。[15]

607

随着政府角色的扩大，科学的角色也随之扩展。在英国，化学家们积极宣称他们在水的纯净度方面作为客观专家的权威性，即使他们的建议并不具有足够的可信度。这些努力显示出专业知识不断发展变化的作用，这也反映在新的专业群体中，比如在美国出现的卫生工程师和公众保健医生。为保护公众健康，这些群体提出相互竞争的方案，并展开激烈的争论。到了世纪之交，改革的理念也促进人们认识到城市环境、人类行为和社会秩序之间的密切关系。[16]

公众对环境方面的关切，导致政府作用的加强，这种关系在运用科学管理自然资源方面也很明显。到了19世纪70年代，德国已经建立了一个以科学为基础的林业模式，积极重申了森林对德国文化和民族认同的历史重要性，这一点也体现在包括大学教职、研究项目和广泛专业文献在内的19世纪专业科学的领域之中。这种专业管理模式随后传播到印度和其他地方，也包括美国，比如吉福德·平肖(1865～1946)将欧

[12] George Perkins Marsh,《人与自然：或者，被人类行为改变的自然地理》(*Man and Nature: Or, Physical Geography as Modified by Human Action*, Cambridge, Mass.: Belknap Press, 1965), David Lowenthal 编。

[13] Jean-Pierre Goubert,《水的征服：工业时代健康的来临》(*The Conquest of Water: The Advent of Health in the Industrial Age*, Cambridge: Polity Press, 1986; 2nd ed., 1989), Andrew Wilson 译。

[14] Roy MacLeod,《〈制碱法〉实施(1863～1884)：民事科学家的出现》(The Alkali Acts Administration, 1863-84: The Emergence of the Civil Scientist),《维多利亚时代研究》(*Victorian Studies*), 9(1965), 第85页～第112页; Roy MacLeod,《政府与资源保护：〈鲑鱼法〉实施(1860～1886)》(Government and Resource Conservation: The Salmon Acts Administration, 1860-1886),《英国研究杂志》(*Journal of British Studies*), 7(1968), 第114页～第150页。

[15] Simon Schama,《景观与记忆》(*Landscape and Memory*, Toronto: Random House of Canada, 1995)。

[16] Christopher Hamlin,《杂质科学：19世纪英国的水分析》(*A Science of Impurity: Water Analysis in Nineteenth Century Britain*, Berkeley: University of California Press, 1990); Joel Tarr,《寻找最后的废水池：历史视野中的城市污染》(*The Search for the Ultimate Sink: Urban Pollution in Historical Perspective*, Akron, Ohio: University of Akron Press, 1996)。

洲的经验运用到美国林业局的成立中。在干旱的美国西部地区，美国地质调查局的约翰·韦斯利·鲍威尔（1834～1902）于1878年开始强调对水和土地管理的科学基础的必要性。根据其观点，科学可以决定如何分配土地，哪些地方需要灌溉，哪些森林需要被保护。鲍威尔随后于1888年开始了一项针对美国西部的大规模调查，以确保其按计划、合理地发展。尽管其反对者最终否决了这个项目，但是专家意见依旧会帮助美国水利发展机构证明大规模水利工程的合理性，并将之描述为理性科学农业的典型，这种农业被认为是对自然的重要控制。专业知识与官僚权威密切相关，资源专家在理性客观性的理想基础上建立了强大权威。[17]

608

渔业研究项目也已启动，最初在19世纪60年代初的挪威，之后1871年的美国鱼类委员会和1884年的英国海洋生物协会也启动了相关项目，还有其他国家。在渔业科学方面的持续争论也变得更为明显：托马斯·亨利·赫胥黎在1883年认为海洋渔业资源很有可能是用之不竭的，而埃德温·雷·兰克斯特则认为基于生态环境基础，渔业资源的数量将会减少。[18]

至1900年，专业知识被认为是控制自然的必要条件。在北美的自然保护运动中，资源管理被商人、政治家和科学家定义为一个类似于商业中科学管理的技术问题：由政府支持的科学，可以帮助确保资源基于普遍福利目的的有效使用。[19] 专业的资源管理的兴起也标志着科学家所扮演的两种社会角色的分裂，一种是独立于工业和政府的、经常提供关于资源使用的广泛批评的活动家，另一种是将社会激进主义视为非专业化并专注于提高生产和解决林业及资源管理等其他方面问题的管理者。加利福尼亚科学家提供了激进主义如何与职业认同联系起来的一种模式。到19世纪90年代，他们形成了一种强调田野研究和环境保护的独特职业角色。许多科学家成了活动家，特别是作为塞拉俱乐部（Sierra Club，由约翰·缪尔领导）的共同创始人或参与者。但是到了第一次世界大战，随着加利福尼亚融入全国科学界，这种独特的角色消失了。[20]

在俄国，至19世纪50年代，环保人士已开始表达他们的看法，特别是莫斯科大学和莫斯科农业协会的动物学家和农学家。这些意见最终在1888年的森林法典、1892年的新狩猎法和保护北太平洋海狗的努力中开始得到官方的承认。至1900年，俄国科学家已经提出了一些关于环境保护的论点，包括留出特别区域以供研究的需求。[21]

609

虽然19世纪被视为政府和科学家在环境事务中发挥重要作用的时期，但这并不

〔17〕 Donald Worster，《帝国之河：水、干旱和美国西部的发展》（*Rivers of Empire: Water, Aridity, and the Growth of the American West*，New York: Oxford University Press, 1985; 2nd ed., 1992）。

〔18〕 Tim Smith，《定标渔业：估量捕鱼影响的科学（1855～1955）》（*Scaling Fisheries: The Science of Measuring the Effects of Fishing, 1855-1955*，Cambridge: Cambridge University Press, 1994）。

〔19〕 Samuel P. Hays，《环境保护与效率的信条：前进的环境保护运动（1890～1920）》（*Conservation and the Gospel of Efficiency: The Progressive Conservation Movement, 1890-1920*，Cambridge, Mass.: Harvard University Press, 1959）。

〔20〕 Michael Smith，《平和的景象：加利福尼亚的科学家和环境（1850～1915）》（*Pacific Visions: California Scientists and the Environment, 1850-1915*，New Haven, Conn.: Yale University Press, 1987）。

〔21〕 Douglas R. Weiner，《自然模式：苏维埃俄国的生态学、环境保护与文化革命》（*Models of Nature: Ecology, Conservation, and Cultural Revolution in Soviet Russia*，Bloomington: Indiana University Press, 1988）。

排斥其他行动者的作用，特别是那些处理不容易通过专业技能解决的问题的人们。比如，在英国，业余博物学研究的广泛热情——表现在田野俱乐部和博物学者协会的迅猛发展上——最终导致对面向工业化的农村状况、自然生境的消失等问题的关注，具有讽刺意味的还有由博物学者自己采集的标本。许多组织，比如公共开放空间和人行道保护协会（Commons, Open Spaces and Footpaths Preservation Society，成立于1865年）、国家信托（National Trust，1895）以及自然保护区促进协会（Society for the Promotion of Nature Reserves，1912），[22]都提倡保护农村环境。

进入20世纪

在19世纪末20世纪初，历经快速工业化进程的欧洲和美国的工作场所成为工人、企业、国家和专家之间互动的新舞台。特别是在德国和英国，一种关于工作场所健康的专业科学观点应运而生，即新学科工业卫生学。在大学和政府（如德国）或在工厂检查员（如英国）中的安全职位，为研究人员提供了方便，他们可以提出关于工作场所环境的总体看法。在以上两个国家，被国家聘用以帮助确保职业健康的医生的观点自然会被政府接受。活跃的工会，最终也包括雇主（至少在一定程度上受到工人关于赔偿要求的推动）都支持关注工作场所的环境。

美国工业卫生学不如欧洲发展得那么顺利。就培养一门新科学学科而言，这种差异说明了发展背景的重要性，特别是来自国家强有力支持的重要性。在美国，对专家关注工作场所环境的官方支持就不那么明显了。尽管如此，仍有一些研究者通过借鉴欧洲案例，寻求为自己界定一个新的公共角色，并开始梳理进入这门新学科的关于铅和其他有毒物质的危害的尚不系统的知识。艾丽斯·汉密尔顿（1869～1970）是第一个使职业病研究成为全职职业的美国人。通过对工作环境的近距离观察和对公司管理人员的说服，她促使有关人员对工作场所显而易见的危险采取了行动。至1930年，工业卫生学已得到美国卫生专业人员和雇主的认可。但是在确立其对于工业和管理者的重要性的同时，如同资源管理者一样，工业卫生学家也开始坚持其作为一种特殊类型、具有定量和规范特征的知识的公正拥有者的职业自主权。[23]

610

在世纪之交一门新的科学学科出现了。这门学科还缺乏专业资源管理和工业卫生学的特点，即与工业或政府的联系。源自各种制度背景，响应不同的专业理想和机会，至1894年，生态学作为一个独立学科已初具规模。它与环保主义没有必然联系：

[22] David E. Allen，《英国博物学家》（*The Naturalist in Britain*, London: Allen Lane, 1976）；John Sheail，《受托管的自然：英国自然保护的历史》（*Nature in Trust: The History of Nature Conservation in Britain*, Glasgow: Blackie, 1976）；P. D. Lowe，《英国自然保护史中的价值观与机构》（Values and Institutions in the History of British Nature Conservation），载于 A. Warren 和 F. B. Goldsmith 编，《环保展望》（*Conservation in Perspective*, Chichester: Wiley, 1983），第329页～第352页。

[23] Sellers，《职业危害：从工业疾病到环境健康科学》。

它尚未形成统一的格局、整体的观点,生态学是支离破碎的世界观的混合物。生态学的各个分支学科,诸如植物生态学、动物生态学和淡水生物学,在19世纪一直独立存在。

生态学家对环境问题同样有不同的观点。当一些人为了保存研究地点而提倡自然保护区时,其他人则会提出管理和控制自然的建议,尤其是在农业服务方面。在美国,生态学在"纯粹"的大学环境(诸如芝加哥大学)和具有实践导向的政府赠与土地的学院中均得到了发展。因此,1880年之后,伊利诺伊大学的斯蒂芬·艾尔弗雷德·福布斯(1844～1930)使生态学与伊利诺伊自然史调查机构和本州的昆虫学家的工作发生了联系,因此生态学可以应用于困扰农民的害虫问题。在内布拉斯加大学,查尔斯·E. 贝西及其学生弗雷德里克·爱德华·克莱门茨(1874～1945),推动了一个与农业研究和草原农场主所面临的挑战有密切联系的植物生态学学派的建立。[24]

私人赞助对生态学也有着重要意义,其为政府缺乏资源而又需要进行的研究提供了支持。这种支持有助于生态学家为其研究提供一个"小生境",从而使其研究和农业研究站区别开来,后者的特点是直接关注当前问题。这样的工作有时也有环境含义。比如,丹尼尔·特伦布利·麦克杜格尔(1865～1958)等生态学家鼓励美国人重视沙漠环境,其采用的方法是不把它描述为一个粗糙且毫无希望的地方,而是一个如果适应那里的条件,生命就可以蓬勃发展的地方。[25]

611

至20世纪20年代,生态学沿着不同的道路前进。在英国,对污染及其对鲑鱼和其他物种影响的关注,连同那种需要科学知识作为政府行动基础的信念一起,促进了对淡水污染生态学的研究。水污染研究委员会于1927年成立,淡水生物协会(Freshwater Biological Association)研究站两年后在温德米尔(Windermere)成立。[26] 在美国,生物调查局在促进野生动物研究的同时,还试图控制甚至消灭食肉动物。最后,由查尔斯·埃尔顿和奥尔多·利奥波德领导的一些生态学家,开始为野生动物管理建立科学基础。通过"捕食者与猎物的关系、营养级、小生境和食物链"等展示自然是如何组织的,其努力也为改变美国人对野生动物的态度奠定了基础。自然作家减少了关于个别动物的描写,而将笔墨更多地倾注在"生命网络"方面,其影响是显而易见的。这种更为广泛的自然观越来越多地包含了食肉动物,它们曾被视为有害物而不是生命网络的正

[24] Stephen Bocking,《斯蒂芬·福布斯、雅各布·赖格哈德与大湖区水域生态学的出现》(Stephen Forbes, Jacob Reighard and the Emergence of Aquatic Ecology in the Great Lakes Region),《生物学史杂志》(*Journal of the History of Biology*),23(1990),第461页～第498页;Ronald Tobey,《挽救大草原:美国植物生态学创始学派的生命周期(1895～1955)》(*Saving the Prairies: The Life Cycle of the Founding School of American Plant Ecology, 1895–1955*, Berkeley: University of California Press, 1981)。

[25] Sharon E. Kingsland,《一门难以捉摸的科学:美国西南部的生态学事业》(An Elusive Science: Ecological Enterprise in the Southwestern United States),载于 Michael Shortland 编,《科学和自然:环境科学史论文集》(*Science and Nature: Essays in the History of the Environmental Sciences*, Chalfont St. Giles: British Society for the History of Science, 1993),第151页～第179页。

[26] John Sheail,《两次世界大战之间英国内陆渔业的污染和保护》(Pollution and the Protection of Inland Fisheries in Interwar Britain),载于 Shortland 编,《科学和自然:环境科学史论文集》,第41页～第56页。

常的部分。利奥波德的影响尤其值得注意。他借鉴了生态学理论，并在《沙乡年鉴》（*A Sand County Almanac*）中阐述了其土地伦理。这部在他去世后的1949年出版的著作，成为环境伦理学的一种具有影响力的阐释。[27]

在20世纪20年代，苏联生态学家提倡生态研究保护区，提倡将生态学应用于区域规划、退化土地恢复，他们在这方面有着重要影响。如V. V. 斯坦钦斯基（1882～1942）等具有高度理论创新特点的俄国生态学家，开创了植物社会学，也开创了生态能量学范式。但是，在20世纪30年代初期，其信息已被斯大林主义者在被征服的、破碎的自然基础上所创造的一个新社会愿景所淹没。尽管如此，当其存在之时，苏联生态保护依旧展现了影响环境政纲的各种因素的复杂性：跨部门的冲突和各部门保护自身利益的愿望；基础科学价值观与未开发自然价值观的比较；专业知识在决定人与自然关系中的作用；科学界为应对不断变化的政治条件所做的努力。[28]

在20世纪30年代，工业卫生学家开始主导对诸如杀虫剂、工业化学品和空气污染等新出现问题的研究。以前专注于工作场所的研究人员开始将视野转向更为广阔的环境，工业卫生学开始转变为环境健康科学。工业卫生学家努力工作以减轻（通过关于危害证据的严格标准）人们对从含铅汽油到滴滴涕（DDT）等最危险工业产品的顾虑。（最终，他们提供了对这些和其他污染物采取行动的基础，蕾切尔·卡森和其他科普作家和活动家援引了这些成果。）[29]在20世纪中期，许多欧洲和美国城市也开始采取控制烟尘的一致行动，而这往往是在几十年来大量无效尝试之后开始的。现在使控制成为可能的情况，不仅包括关于空气污染性质和影响方面的更多科学知识，而且还包括不断变化的经济条件，例如，煤炭在工业、运输和家庭用途方面替代品（特别是天然气和电力）的可用性和一些戏剧性的事件（如1952年伦敦烟雾事件）。这些事件引发了人们对环境问题的密切关注，同时也有助于克服在对产生污染的私人行为进行规约时所遇到的抵制的观念。[30]

612

在20世纪30年代，一些生态学家提出其学科能够提供关于人类社会的综合评判。或许这一观点最突出的倡导者是弗雷德里克·爱德华·克莱门茨和保罗·西尔斯（1891～1990），在西尔斯的《沙漠在进军》（*Deserts on the March*，1935）中尤为明显。在一定程度上，这种综合观点植根于他们对草原干旱尘暴区的经验，他们深信，正如生态学家所论证的那样，破坏性使用土地的行为或许可以在自然群落平衡的基础上被改变。克莱门茨关于生态演替与顶极群落的观点暗示，不受干扰的自然可以作为土地利

[27] Dunlap，《拯救美国野生动物：生态学和美国思想（1850～1990）》。
[28] Weiner，《自然模式：苏维埃俄国的生态学、环境保护与文化革命》。
[29] Sellers，《职业危害：从工业疾病到环境健康科学》。
[30] Tarr，《寻找最后的废水池：历史视野中的城市污染》；Peter Brimblecombe，《大雾：中世纪以来伦敦空气污染史》（*The Big Smoke: A History of Air Pollution in London since Medieval Times*，London: Methuen, 1987）；Timothy Boon，《〈烟雾威胁〉：1937年的电影、赞助者与科学的社会关系》（*The Smoke Menace*: Cinema, Sponsorship and the Social Relations of Science in 1937），载于Shortland编，《科学和自然：环境科学史论文集》，第57页～第88页。

用的最佳榜样。[31] 尽管如此,这些观点并没有导致政府对生态学保持持续的兴趣,农民们对生态学家的方案也持抵制态度。正如阿瑟·乔治·坦斯利(1871～1955)所提出的批评,克莱门茨的信息对于如英国等国家的生态学家而言缺乏共鸣,在英国几乎所有的自然景观都显示出人类活动的痕迹。像其他英国生态学家一样,坦斯利认为生态理论应该包括人类因素,而不是把它当作对其他自然群落的侵入性影响。[32]

思考其学科对社会影响的,并非只有植物生态学家。芝加哥大学动物生态学家在沃德·克莱德·阿利(1885～1955)领导下,就认为人类社会可以学习自然界中被发现的广泛合作。[33] 无论如何,很多生态学家拒绝将人类纳入其学科,对刚刚出现的"人类生态学"一直持怀疑态度。他们还倾向于强调在需要保护的未受干扰地区进行生态研究的必要性;他们认为只有"原始的"区域才能提供可靠的知识。

613

环境革命

在第二次世界大战之后,一些环境问题开始呈现出全球性特征。在 20 世纪 50 年代,对放射性问题的关注——可能是第一次全球环境灾难——就随着关于核泄漏对健康影响的讨论而浮出水面。研究表明北极地区的放射性水平在不断增加,牛奶中发现了放射性物质锶-90,并最终在牛奶饮用者的牙齿和骨骼中也发现了锶-90,这进一步引发了公众的顾虑。1948 年,有两部著作提供了关于在有限世界中不断增长人口的马尔萨斯主义(和某种程度的生态学)视角:威廉·福格特的《生存之路》(*Road to Survival*)和亨利·费尔菲尔德·奥斯本的《我们被掠夺的星球》(*Our Plundered Planet*)。一些至少是被科学家们所主导成立的新机构(如 1948 年成立国际自然和自然资源保护联盟[International Union for the Conservation of Nature and Natural Resources]),也表明了关于环境问题的日益鲜明的国际视野。

至 20 世纪 60 年代早期,公众对自然领域和污染的关注迅速增加,关于杀虫剂、空气和水污染、大坝和其他问题的公开讨论不断激增。1972 年,斯德哥尔摩人类环境会议的召开标志着对环境的顾虑已成为重要的国际问题。这些顾虑在发展中国家的政府中也变得颇为常见(诸如此类的顾虑也被长期融入许多公民所采取的资源使用战略之中)。到了 1980 年,100 多个国家都拥有一个或更多的环境保护机构,很多国家颁布了污染控制的法律、物种和自然区域保护的法律,并对拟定的发展规划的影响进行了

[31] Worster,《自然经济:生态学思想史》。

[32] Stephen Bocking,《生态学家与环境政治学:当代生态学史》(*Ecologists and Environmental Politics: A History of Contemporary Ecology*, New Haven, Conn.: Yale University Press, 1997),第 13 页～第 37 页。

[33] Gregg Mitman,《自然状态:生态学、共同体与美国社会思想(1900～1950)》(*The State of Nature: Ecology, Community, and American Social Thought, 1900–1950*, Chicago: University of Chicago Press, 1992)。

评估。[34]

在20世纪70年代，石油价格上涨、经济衰退、关于环境保护社会共识的缺失，激起了对环境优先权的反对，支持对环境优先权要基于其经济影响进行评估。尽管如此，环保主义仍继续发展，其关注了更明显的污染形式，还扩大到包括更持久但不太明显的污染形式，诸如有毒化学品，以及酸雨、臭氧层耗损和气候变化等国际问题。过去20年，对特定风险不断降低的容忍度值得关注，而这一点至少在部分程度上得益于知识水平和监测能力的改善以及对人类健康危害的更为强烈的关注。

614 科学在环境革命中扮演着多种角色。科学研究关注从臭氧层变薄到气候变化等公众容易忽视的问题。近年来对全球问题的关注，部分程度上反映出环境科学的影响力，其在诸如政府间气候变化专门委员会和国际地圈-生物圈计划等项目的支持下，更多地聚焦在理解全球系统方面。自从20世纪80年代以来，生态学家和环境保护生物学家将生物多样性缺失列为国际关注的主要问题，他们以这种方式在环境事务中维护其更为突出的角色。[35]

科学也提供了伦理方面的启发，这一点某种程度上导致了19世纪田园牧歌式视角的持续存在。以《寂静的春天》(*Silent Spring*,1962)作者蕾切尔・卡森为代表的科学家和科普作家，强调了人类和自然之间保持和谐关系的必要性。尤金・P. 奥德姆、巴里・康芒纳和弗兰克・弗雷泽・达林等阐述了生态思想的政治意蕴，包括从养分循环到多样性在生态系统稳定性中的假定作用。曾经被视为无用之物的湿地、森林和沙漠，如今却被认为是值得保护的、有趣而有吸引力的生境。在美国，1972年《海洋哺乳动物保护法》(Marine Mammal Protection Act)和1973年《濒危物种法》(Endangered Species Act)反映了源自生态学的观点：不仅是一些物种，而且所有物种，连同它们的生态系统，都应该得到保护。

环境价值观也导致新“舞台”的出现，在其中可运用生态专业知识。在北美，20世纪60～70年代期间公园管理的专业化及其对生态优先的重新定位，使生态知识在国家公园管理方面发挥了更大作用。[36] 在水污染研究中，关注焦点主要是与人类用水最密切相关的化学特性，比如细菌含量，这方面的专业知识内容已扩展到包括衡量水生态系统整体健康状况的生态参数。

但是与此同时，科学和环保主义之间的关系却表现得较为模糊，科学不仅作为关于环境问题的知识资源而存在，而且也作为其原因而存在。因此，在撰写《寂静的春天》时，卡森采用了杀虫剂影响生态的科学证据，以加强她的应该对自然采取更加谨慎

[34] John McCormick,《再造天堂：全球环境运动》(*Reclaiming Paradise: The Global Environmental Movement*, Bloomington: Indiana University Press, 1989)。

[35] David Takacs,《生物多样性的理念：天堂的哲学》(*The Idea of Biodiversity: Philosophies of Paradise*, Baltimore: Johns Hopkins University Press, 1996)。

[36] Richard West Sellars,《保护国家公园的自然：一段历史》(*Preserving Nature in the National Parks: A History*, New Haven, Conn.: Yale University Press, 1997)，第204页～第266页。

举措案例的说服力,她也就专业知识特定形式的权威性、相关的利益集团、做出对公众有影响的决策等方面提出了问题。[37]

对科学及其运用更为普遍的批评如何从环保主义中呈现出来,《寂静的春天》是一个极具说服力的例子。资源管理由于过于狭窄、不包括生态现实和公众关注二者在内的定义而受到批评。维持渔业最大产量的概念被视为在防止资源耗竭和生态破坏方面显得过于简单化和低效率。诸如美国林务局和英国林业委员会等强调木材生产效率的机构也受到了严格审查。在很多人看来,问题在于特殊行业的集权化和这些行业、利益集团与政府机构之间的密切关系——这在美国众所周知,被称为"铁三角"。核工业之所以受到特别的批评,不仅因为其所具有的环境含义,而且还因为其所采用的以暗箱方式制定决策的模式,受到专门技术可以解决任何问题之观点的支持。从国际视野来看,曾经被盛赞为绿色革命的成功的努力(其使用科学手段满足日益增长的人口的粮食需求)因为忽视粮食生产的社会因素而受到批评。诸如此类的批评反映了一种对技术知识可以脱离其应用的社会和政治背景的观念的排斥。[38] 615

然而,这些对科学的批评和自20世纪70年代以来对专业知识尊重程度的下降,并不意味着科学在环境事务中变得无足轻重。基于环境风险实证评估的环境规章制定体系,对科学专门知识有着极大渴求。新环境专业的出现,由政府和工业界发起的大规模研究,公共利益集团对专业知识的使用,证明了科学在环境政纲中的持续重要性。自20世纪60年代以来,在采取行动之前,工业界就通过其自身积累的专业知识和对危害证据的高标准坚持,在环境科学领域持续增强其影响力。[39] 然而,某些标准(涉及过程和参与),可以更为广泛地运用科学以强化其公信力和合法性。环境规制也提出了新要求,特别是在量化影响和危害方面,支持某些学科能够根据这些标准提供信息。

环保主义及其所面临的挑战,在科学家们之间产生了不可胜数的争论。很多生态学家不愿卷入公开论战。比如,在20世纪70年代中期,詹姆斯·拉夫洛克提出了其盖娅假说:有机体具有维持全球环境以适应生命的自我平衡能力。[40] 该理念以及其所包含的所有生命独立性信息,吸引了广泛的公众注意力。但是,当拉夫洛克利用其关于全球大气系统的科学理解来发展其假说时,很多科学家并不认同这种看似神秘的理论(大地是一个和希腊女神共享一个名字的活的有机体?),或者不愿意接受它对传统科学学科支离破碎的观点所带来的挑战,以及完全根据个体对生态现象作出的解释。 616

[37] Thomas Dunlap,《滴滴涕:科学家、公民和公共政策》(*DDT: Scientists, Citizens, and Public Policy*, Princeton, N. J.: Princeton University Press, 1981)。

[38] Brian Balogh,《链式反应:美国商业核能的专家辩论与公众参与(1945～1975)》(*Chain Reaction: Expert Debate and Public Participation in American Commercial Nuclear Power, 1945–1975*, Cambridge: Cambridge University Press, 1991); Vandana Shiva,《绿色革命的暴力:第三世界农业、生态学与政治》(*The Violence of the Green Revolution: Third World Agriculture, Ecology and Politics*, Penang: Third World Network, 1991)。

[39] Hays,《美、健康和永恒:美国环境政治(1955～1985)》,第359页～第362页。

[40] J. E. Lovelock,《盖娅:地球生命的新观察》(*Gaia: A New Look at Life on Earth*, Oxford: Oxford University Press, 1979)。

只是到了 20 世纪 80 年代晚期，科学家们才开始将其作为一种科学概念予以关注。[41]

更为普遍的是科学家们不情愿将批评人类社会作为他们工作的一部分，这种情况在第二次世界大战之后增多了。[42] 因此，在过去 20 年中，通过社会批评来整合生态学的努力，在自然科学以外得到了长足发展。诸如阿尔内·内斯、比尔·德瓦尔和乔治·塞申斯等深层生态学家，以及如默里·布克钦等社会生态学家，有选择地利用生态学以发展对消费主义、资本主义和西方人类社会方方面面的批评。[43] 他们的工作证明，在科学界之外，生态学通常不仅被视为另外一种专业化的学科，而且被视为一种整体、综合的观点。对很多人而言，"生态学"一点也不算科学，而是一种伦理视角或政治运动。[44]

在关于空气和水质、土地使用方式、健康或者清洁技术等知识方面，环保主义对科学提出了各种各样的要求。在形成新的研究议程之外，环保主义的影响力在某种程度上也表明，自然世界的科学知识是如何因为公众关注而被结构化的。对环境和保护的关注促进了从林学和野生动物管理到毒理学和环境化学等一系列新学科的形成。这些学科代表着公众关注和科学观念之间协商的结果。对一些科学家来说，这些协商是非常实际的，尤其是在获得更多研究经费方面。不过一些科学家欢迎公众知名度和社会相关性，而其他一些科学家则退回其实验室之中，因为他们感到了其科学公信力和自主权所承受的风险。

毫无疑问，科学和环保主义二者对彼此都显得非常重要，但是科学家们的影响有时却因他们不能为环保主义者提供清晰的"信息"而有所减弱。比如，在 20 世纪 60 年代，生态学家声称其在环境事务中担任重要角色，支撑他们自信心的是一个概念，即不受人类干扰的自然界基本上是稳定的。这意味着生态学家在描述这种稳定性和它如何保持或恢复中发挥着很大作用。然而，在 20 世纪 70 和 80 年代，很多生态学家实际上失去了这种平衡和预测性的直觉，因为它已被混沌和不可预测性的印象替代了。[45] 近年来，伴随着诸如气候变化等复杂现象的不确定性，环境科学家们难以为有效行动给出有效证据，甚至在广泛科学共识面前也是如此。

617

科学的角色和权威

科学家对环保主义兴起的贡献引出了科学家在整个环保主义历史中的角色问题。

[41] Stephen Schneider 和 Penelope Boston 编，《涉及盖娅的科学家》（*Scientists on Gaia*, Cambridge, Mass.: MIT Press, 1993）。

[42] Eugene Cittadino，《人类生态学失败的承诺》（The Failed Promise of Human Ecology），载于 Shortland 编，《科学和自然：环境科学史论文集》，第 251 页～第 283 页。

[43] 对这些和其他相关观点的介绍，参看 Carolyn Merchant 编，《生态学》（*Ecology*, Atlantic Highlands, N. J.: Humanities Press, 1994）。

[44] 同上书。

[45] Worster，《自然经济：生态学思想史》。

在探讨这些问题的过程中，历史学家通常聚焦在科学家及其工作的内因方面。对很多科学家而言，个人价值观被视为塑造其角色的重要因素，诸如吉尔伯特·怀特的“田园牧歌式冲动”，梭罗的“浪漫风光”，吉福德·平肖的“功利视角”，或者蕾切尔·卡森的“生态敏感性”。或者，其角色由其科学内容所界定。比如，人们曾讨论过生态学家利用稳定性、平衡、竞争和合作等生态概念推导出关于人类行为的教训。因此，这些主题塑造了生态学家在环境政治中的角色。此外，自然是否被视为有序、确定和平衡的，或者被视为混沌、不可预测和不稳定的，影响到科学家保持其专业知识的能力。当科学家拥有清晰信息的时候，他们具有更大的影响力；当自然表现得更为清晰而非混沌时，这种信息更易于获得。[46]

然而，对科学家而言，能够发挥有效作用也要求他们维护其在阐释世界方面的权威。在 21 世纪，科学家做到了这一点，因为他们以能够严守科学与社会或政治态度之间严格边界的客观、独立的观察者的身份出现。科学家通常也抗拒对环境价值观过于趋同的认知，即使为了证明国家或私人资助的正确而展现其与环境相关的工作。这种矛盾对这些生态学家而言具有特殊意味：他们总是声称和环保问题有着相关性，但他们使生态学与聚焦在农业和资源管理领域的实际研究计划互异，同时试图维护其中立性和客观性。[47]

618

这些策略是由历史决定的。虽然当代科学家试图在其工作和社会视野之间构建清晰的边界，但在另外情形下，比如在 19 世纪的欧洲殖民地，科学家对生态改革的呼吁是伴随着对社会改革的要求而诞生的，诸如要更好地对待当地民众。与此类似的是，近数十年科学家频繁地将其自然观与由当地知识所提供的自然观区别开来，而殖民地科学家通常会运用这些知识，并承认利用产自当地的长期经验的好处。[48]

科学家也经常通过主张其知识独立于当地条件或经验，以此来维护其权威：这是标准化的知识，可以放之四海而皆准。这是显而易见的，比如，洪堡和其他科学家构建了干燥基础理论，使得其关于森林砍伐和气候变化之间关系的观察结果更具有说服力；美国工业卫生学家将每个工厂独特的噪声、灰尘和危险的联合体归纳为个别物质的毒性作用，或者适用于任何工作场所甚至任何环境的条件；生态学家发展物质流和能量流的概念时，允许生态系统运行的一般原则可以不必考虑特定物种。[49]

科学家们也经常寻找自己学科和已被认为是严密的、权威的其他学科间的联系。比如，原子能委员会（Atomic Energy Commission）的生态学家为了追溯放射性核素环境保护运动，而采用了保健物理学家所使用的技术；当研究铅中毒毒理学和其他职业疾

[46] 同上书，第 388 页～第 433 页。

[47] Kingsland，《一门难以捉摸的科学：美国西南部的生态学事业》；Bocking，《生态学家与环境政治学：当代生态学史》，第 38 页～第 60 页。

[48] Grove，《绿色帝国主义：殖民扩张、热带岛屿乐园与环保主义的起源（1600～1860）》。

[49] Grove，《绿色帝国主义：殖民扩张、热带岛屿乐园与环保主义的起源（1600～1860）》；Sellers，《职业危害：从工业疾病到环境健康科学》；Joel Hagen，《错综复杂的河岸：生态系统生态学的起源》（*An Entangled Bank: The Origins of Ecosystem Ecology*，New Brunswick，N. J.：Rutgers University Press，1992）。

病的工业卫生学家聚焦于内部医疗机制的时候,他们采用了被化学家和生理学家所证明是合理的解释模式。[50]

除此之外,科学家们会通过运用定量方法来维护其在环境事务中的权威。但是诸如此类的方法也带来了复杂的影响。正如西奥多·波特所指出的,成本利润分析——一种典型的定量分析方法——体现了对专业知识的应用和质疑,这是因为一般而言像这种复杂的量化原则,会减少专家所具有的判断力。[51] 在环境保护背景下,对定量分析的需求为科学所提供的环境的形象增添了新维度:迫使那些无形的、不可测的环境价值观提供附有数据的新方法,同时也豁免了那些能够更好地提供量化的分析结果的专业知识形式。

619

政治和科学

环保主义不仅关系到对自然的态度,也关系到对资源的利用、责任的界定和为某人的立场构建支持。对环保主义中的科学而言,同样也是如此。比如,美国 20 世纪 60 年代病虫害防治的相互竞争策略,会被描述为控制自然或者与自然和平共处的截然不同态度的反映。这些策略本身也会受到政治和体制因素的影响,其中包括联邦和州农业研究机构之间所形成的对立,以及为了获得环保学家支持(在研究资金方面的竞争)而付出的努力。[52]

为了维护他们的角色,科学家们已对环保主义所形成的政治环境做出反应。极为重要的观点是,环境乃公共责任,而非个人责任,而这一点应该引起政府的重视。这种变化是过去两个世纪所发生的政府扩张的一部分——这通常被描述为行政国家的兴起。随着经济重要性和工业影响力二者的增长,对于政府管理机构而言,忽略其对于自然资源的要求,或其对于健康和环境所产生的风险,将变得更为困难。比如,在 19 世纪,英国和法国殖民地对森林砍伐问题的处置,欧洲国家应对由工业化和城镇增长所引发的环境和健康威胁;在 20 世纪资源管理机构和 1970 年之后环保机构的形成方面,政府为监管机构在经济活动方面行使权力(与专家权威联合)提供了"舞台"。对科学家而言,特别是自第二次世界大战以来,这些"舞台"的建立所产生的一个主要结果是:随着科学被视为行使国家权力的一种手段,政府支持所具有的重要性日益增长。

这些"舞台"具有能够反映国家政治文化差异性的多种形式,这种差异性包括关于专业知识、社会和环境之间关系的不同的理念。比如,战后英国政府的自然管理委员

[50] Bocking,《生态学家与环境政治学:当代生态学史》,第 63 页～第 88 页;Sellers,《职业危害:从工业疾病到环境健康科学》。

[51] Porter,《相信数字:科学与公共生活中的客观性追求》。

[52] Paolo Palladino,《论"环保主义":美国有害动植物控制研究政策争论的起源(1960～1975)》(On "Environmentalism": The Origins of Debates over Policy for Pest-Control Research in America, 1960-1975),载于 Shortland 编,《科学和自然:环境科学史论文集》,第 181 页～第 212 页。

会(Nature Conservancy)的生态学家在基于非正式说服和共识基础上的社团主义框架下,在保护物种和生境方面向土地所有者提出了建议。比较而言,在美国自20世纪70年代以来对环境论争有所影响的科学家,总是在具有高度对抗性的法律框架中提出建议。这些差别悬殊的"舞台"对专业知识提出了极其不同的需求。

对专业知识的需求,也被众说纷纭的关于政府在环境事务中所扮演的适当角色的观念所塑造。政府应该运用其专业知识来为社会识别和寻找目标,或者应该仅仅提供一个"舞台",私人利益集团在此"舞台"内追逐其自身目标?在环境决策方面应该有着广泛的参与,还是应该将参与方局限于具有官方地位的机构和利益集团?弗雷德里克·爱德华·克莱门茨提供了一个答案:对某个特定的地点而言,生态学能够揭示土地如何使用才是最适合的,而这个建议此后可以被能够秉持社会利益优先个人贪欲原则的政府所实施。在科学家自己的观念中,他们的专业知识如何应用有一个永恒的主题,即专家协助政府确认并实现社会利益,比如,这在20世纪30年代的专家治国运动(Technocratic Movement)中就有所反映。[53] 另外,科学家有助于使得决策制定具有更为民主的形式,也是较有影响的一个观念。比如,约翰·韦斯利·鲍威尔期望将美国西部气候和地力方面的知识教给个人土地所有者。[54]

620

基于环境专业的政治意义,这些问题显得比较尖锐。其实践通常具有政治或社会的含义,比如,在印度殖民地进行森林保护过程中,将本地的森林资源使用者和基本资源区分开来,或者在加利福尼亚,科学知识能够合法地在渔业活动中将一些特定的族群排除。更为普遍的是,倚重专业资源管理知识的观念,在限制决策的途径方面有着直接的政治影响。这在美国西部河流改造和这些河流管理机构管理权集中方面的效果是明显的。[55] 20世纪60年代的环境保护运动部分地挑战了这种观念。它宣称了各民族自己的顾虑和经验的正当性,并宣称需要更加开放、民主的决策形式。这一挑战产生的根源在于寻求环境领域特殊的影响力,即环境专业知识在社会中的地位问题。虽然民主国家宣称其合法性来自选举的原则和程序以及民众代表制度,但是专家的权威却以科学专业知识为基础,而非多数人的意志。

关于对环境问题做出反应的合理范围的认知理念已发生了变化。环境问题是本地化的吗?或者其要求在国家范围内甚至是国际合作层面的反应?就环保问题的反应范围而言,在过去的一百年中,定义日益增长且规模更大的环保问题成为重要趋势:从本地到全国,再到全球。在某种程度上,这种趋势反映了人类社会工业废水四处蔓

[53] Peter J. Taylor,《技术乐观主义、H. T. 奥德姆和第二次世界大战后生态隐喻的局部转换》(Technocratic Optimism, H. T. Odum, and the Partial Transformation of Ecological Metaphor after World War II),《生物学史杂志》,21(1988),第213页～第244页。

[54] Donald Worster,《无人居住的地区:美国西部一直变化的景观》(*An Unsettled Country: Changing Landscapes of the American West*, Albuquerque: University of New Mexico Press, 1994),第12页～第20页。

[55] Grove,《绿色帝国主义:殖民扩张、热带岛屿乐园与环保主义的起源(1600～1860)》;Arthur McEvoy,《渔民问题:加利福尼亚渔业中的生态学和法律(1850～1980)》(*The Fisherman's Problem: Ecology and Law in the California Fisheries, 1850-1980*, Cambridge: Cambridge University Press, 1986);Worster,《帝国之河:水、干旱和美国西部的发展》。

621 延的趋势——顺流而下越来越远，进入大陆风模式，或者遍布海洋同温层——近乎无休无止地寻找最后的废水池。[56] 这一趋势与国家以及国际环境专业知识机构和社群的形成是保持一致的。

将环境定义为政治问题，具体的关注是非常重要的，这不仅是因为其将影响不同形式专业知识之间所能感知的关联性。比如，当对自然区域保护的关注成为优先考虑的目标时，所导致的结果就是对生态学家将产生更大的需求。但是，正如近数十年所表明的那样，当人们更为关注环境风险所带来的对人类健康的影响时，其所导致的结果是将会召唤更多的环境毒物学家和流行病学家。这表明，环境问题自身能够形成历史注意力的聚焦，远不只是提供更加基本的环境价值观的线索。

环保主义总是吸引历史学家对其归纳：关于它的起源、当代意义及其和科学的关系。因此，通过勾勒出科学与工业社会相容或对立的更广泛的模式，我们提出关于科学和社会关系的若干综合视角。最近，关于特定语境下科学和环境的研究表明，其关系是如何被不断演进的社会和经济条件、环境政纲和论争、新的科学理念和考察所塑造的。在这里不存在一个单一化的叙事，存在的是多元化的叙事，这既反映了自然世界的多元性，也反映了人类社会的复杂性。

科学一直是人类试图理解其对世界影响的一种主要手段。在一个社会，环境事务能够形成涉及不同世界观和冲突利益集团的激烈论争，由科学家所提供的关于环境的描述彼此之间具有明显的冲突。有效处理当前的环境问题，避免这些问题出现，将要求更有效地运用科学。理解科学是如何被其自身历史及其所创造的社会塑造的对此会有促进作用。

（傅玉辉　译）

[56] Tarr，《寻找最后的废水池：历史视野中的城市污染》。

33

大众科学

彼得·J. 鲍勒

很多近来的历史工作专注于大众科学在19世纪文化中所扮演的角色。[1] 这的确是一个科学和普通公众相联系的方式有了主要的发展的时期,但是我们必须当心一个前提,即在世纪末期科学的日益专门化创造了一种至今持续未变的形势。在本章中,我继续讨论撰写19世纪历史的作者曾经探讨过的一些主题并追踪它们到现今,特别是关于一种较为陈旧的科学普及的观点所承受的持续压力,现在大多数历史学家都认为这种观点不令人满意。这就是在20世纪中期颇为流行的"主导"的科学普及的观点,按照这种观点,科学是专业的精英先研究出来的,其结果再被作为中介的科学作家简单化后传给基本上是被动的公众,这些作家本人可能并非科学家但本质上享有科学界的利益。现在,没什么人接受这种"自上而下"的模式,将其作为科学和公众之间复杂的交互关系的适当表述,这一章会试图揭示其不被接受的原因。实际上,我们将会看到,这种更加复杂的情况在19世纪就普遍存在,只是暂时地和部分地被科学界在20世纪早期和中期的几十年期间采取一种更加孤立主义立场的努力所遮掩。

"主导观点"及对其的批评

科学普及的"主导观点"在20世纪60年代形成一个明确的模型,当时科学的角色看起来比今天更稳固且有少得多的争议性。[2] 这一观点在很大程度上是被一个假说所推动,即普及是关于科学的信息从那些"饱学之士"传播到渴望学习的公众。写作关于科学的作品被科学界的活跃成员所轻视,因为传播知识不如生产知识更重要。这是

[1] 关于这方面的文献调查,参看 David Knight,《科学家与他们的公众:19世纪的科学普及》(Scientists and Their Publics: Popularization of Science in the Nineteenth Century),载于套书中的一卷,Mary Jo Nye 主编,《剑桥科学史·第五卷·近代物理科学与数学科学》(*The Cambridge History of Science*, vol. 5: *The Modern Physical and Mathematical Sciences*, Cambridge: Cambridge University Press, 2003),第72页～第90页。

[2] 关于主导观点的叙述,参看 Richard Whitley,《知识的创造者和知识的获得者:科学普及作为科学领域和公众的关系》(Knowledge Producers and Knowledge Acquirers: Popularization as a Relation between Scientific Fields and Publics),载于 Terry Shinn 和 Richard Whitley 编,《说明性科学:普及的形式和功能》(*Expository Science: Forms and Functions of Popularization*, Sociology of the Sciences Yearbook, vol. 4, Dordrecht: Reidel, 1985),第3页～第28页。

一个职业科学作家的年代,他们接过了这项不那么令人羡慕的科普工作,因为科学家以丧失了他们的尊严为由拒绝了它。研究现代科学的社会学家与历史学家一起批评这种模型不足以应付现实世界。它的前提是存在一个稳固的科学精英团体,其用一个声音说话,而且期望其所宣称的内容会被媒体、政府和公众毫无疑问地接受。不用说,这种情况在现代世界中是得不到的,并且可能是对20世纪60年代形势的过度简化,尽管相比今天,那时的科学家不太习惯他们自己同行之间的不同意见和对他们工作的公开批评。[3]

有两个相当明显的原因令我们怀疑任何视公众为基本上被动的科学信息的接受者的模型。首先,交流极少会有一个纯被动的听众。即使写给其他科学家看的时候,一个科学家-作者是在试图说服读者对事实的某个特定的解释是最合乎情理的,这件工作的成功取决于读者对此的反应以及与之对立的解释。这就是为什么诸多科学革命是复杂的、需要在社会学和技术层面上理解的过程。但是在为一般读者写作的时候,同样的修辞上的要求亦是需要的,而且这里也是如此,读者有其爱好,它们将会决定读者对所读到的内容作出怎样的反应。其次,正如穆尔(第29章)和鲍勒(第30章)证实的那样,科学很少会以中立的方式介绍给公众。科学作者常常要表达关于他或她所描述的科学的意义的观点,公众(或是组成公众的不同的团体)作出他们认为是适当的反应。即使在表面上写作的动机是教育性的,科学普及者通常会有更广泛的、鼓励更多公众来支持科学的目的。

更一般地说,大众科学的覆盖范围要远远大过科学普及。在19世纪,面向大众的讲座和展览是推广科学的重要方式,此时展示的因素是至关重要的。虽然展览在定义人们所认为的物理科学和技术之间的联系方面起了关键的作用,但是新技术在医学上的应用也受到了更多重视。[4] 非学术性的教育机构发挥了相似的作用,例如伦敦的王家研究院(Royal Institution),富裕的公众来此感受讲座和演示。对于繁荣发展到20世纪的自然史博物馆来说,展示的作用也益发重要,这些博物馆是那些使欧洲和美国的公众深入了解现在正为科学所征服的自然世界的广度的"科学大教堂"(参看第4章)。

624

在博物学和一些其他领域,包括天文学,尽管专门化和职业化的程度在不断增加,有一定知识的业余人员依然可能为科学做出重要的贡献(参看第2章)。甚至在今天,业余人员仍能发现重要的化石和彗星,而且在生态学和天文学调查中发挥着一定的作用。在这些领域,科学精英不能以一种高高在上的态度和公众交谈,尽管他们或许能

〔3〕 参看 Stephen Hilgartner,《科学普及的主导观点:概念问题和政治用途》(The Dominant View of Popularization: Conceptual Problems, Political Uses),《科学的社会研究》(*Social Studies of Science*),20(1990),第519页~第539页。

〔4〕 参看 Iwan Rhys Morus,《弗兰肯斯坦的孩子们:19世纪早期伦敦的电、展览和实验》(*Frankenstein's Children: Electricity, Exhibition and Experiment in Early Nineteenth-Century London*, Princeton, N. J.: Princeton University Press, 1998);Carolyn Marvin,《当旧技术成为新技术时:关于19世纪后期通信系统的思考》(*When Old Technologies Were New: Thinking about Communications in the Late Nineteenth Century*, New York: Oxford University Press, 1988)。

够在比如说核物理方面这么做。公众控制什么可以被承认是科学的能力对科学界的影响一直起到一个非常重要的制衡作用,比如,尽管被精英斥为伪科学,颅相学依然广为公众所接受。在这里,大众科学能够挑战精英科学的权威——远非科普主导观点所想象的那种从上而下的情况。如果说公众挑战精英的意愿在20世纪中期暂时有所减弱,那么当代关于基因工程和环境的争议再一次使科学家们确信,如果他们不想失去那些他们声称所惠及的人的信任,他们就必须努力工作。

19世纪的大众科学写作

从历史学家的角度看,有趣的问题是这种有些过于简单化的情况是如何形成的,它或许在20世纪中期短暂流行过。正如已经引用过的研究所表明的,主导观点的确不适用于19世纪,因为当时人们还在公开辩论科学的更深层次的意义,而且科学家们自己亦在力图说清楚一个观点,即科学界应该是什么样子的。我们对19世纪中期大众出版文化的理解,以及对科学在其中发挥的作用的理解,因詹姆斯·A. 西科德关于对罗伯特·钱伯斯所著《万物自然史的遗迹》(*Vestiges of the Natural History of Creation*)一书的接受的研究等类似研究而大大改观。借助新兴的"书的历史"领域,西科德不仅向我们展示了一本具有争议的作品是如何在公众中传播的,而且展示了这个国家不同的阶层和不同地区公众对其反应的多样性。在这里我们看到大众作品直接影响了人们对一个重要科学问题的思考方式,而且,按照西科德的说法,直接决定了人们对查尔斯·达尔文《物种起源》一书的理解方式。[5] 然而在颅相学(钱伯斯是支持的)上,大众科学的作用是挑战而非赞同科学界精英所推动的观点。

625

钱伯斯的书刻意努力在19世纪早期的几十年里激进的唯物的大众科学(由阿德里安·德斯蒙德所揭示)和更为正统的作家所公开宣称的自然神学之间去定义一个小空间。在当时,由那些不直接从事科学研究的人为普通公众写关于科学的作品是非常平常的。在19世纪后期的几十年里,一直不断地有促进自然神学的主题的作品,很多都是由和科学界有接触的女性作者所著。这种情况在19世纪60年代开始有所改变,尽管阿尔瓦尔·埃勒戈德的关于公众对达尔文的反应的开创性研究仍然主要依赖传

[5] James A. Secord,《维多利亚时代的轰动:〈万物自然史的遗迹〉非比寻常的出版、接受及秘密的作者》(*Victorian Sensation: The Extraordinary Publication, Reception and Secret Authorship of Vestiges of the Natural History of Creation*, Chicago: University of Chicago Press, 2000)。也可参看 Adrian Desmond,《进化政治:激进伦敦的形态学、医学和改革》(*The Politics of Evolution: Morphology, Medicine and Reform in Radical London*, Chicago: University of Chicago Press, 1989);Steven Shapin,《科学和公众》(Science and the Public),载于 R. C. Olby、G. Cantor 和 M. J. S. Hodge 编,《现代科学史指南》(*Companion to the History of Modern Science*, London: Routledge, 1990),第990页~第1007页;Roger Cooter 和 Stephen Pumphrey,《私人领域与公共场所:关于科学普及史和大众文化中的科学的反思》(Separate Spheres and Public Places: Reflections on the History of Science Popularization and on Science in Popular Culture),《科学史》(*History of Science*),32(1994),第232页~第267页;Roger Cooter,《大众科学的文化意义:19世纪英国的颅相学和赞同的组织》(*The Cultural Meaning of Popular Science: Phrenology and the Organization of Consent in Nineteenth-Century Britain*, Cambridge: Cambridge University Press, 1985)。

统的期刊。[6] 但是,印刷技术、税收和邮政系统方面的实际发展使新一代的大众期刊迅速出现。不仅如此,日益专门化的科学界开始认识到需要阐明一种新的科学意识形态。这是托马斯·亨利·赫胥黎的科学自然主义的时代,其试图通过把职业科学等同于反对有组织的宗教以从教会夺下文化的权威。伯纳德·莱特曼认为促使赫胥黎加入大众科学写作行列的原因恰恰是由于他意识到自然神学的支持者在保护较旧的科学含义方面依然非常成功。但是,同时他也不愿意认同那些更为极端的宗教反对者,他们中的一些——特别是 C. A. 沃茨和理性主义者出版协会(Rationalist Press Association)——活跃在科学普及领域。[7] 露丝·巴顿和罗伊·麦克劳德曾经探究过不同的期刊(包括《自然》[*Nature*]杂志)和图书(例如"国际科学丛书"[International Scientific Series])的成功之处,它们被认为提高了职业科学家的工作形象。[8] 随着平衡逐渐从对神圣智慧的公开求助的偏离,新一代的职业科学家试图创造一个新的弗兰克·特纳所称的"公共科学"的领域,在这一领域中,对科学的社会影响的关注要求每个人对科学的方法和结论有一个基本的了解。[9] 这个说法主要是为挫折所激发,因为直至第一次世界大战,英国政府和工业界未能履行早些时候许下的支持科学的承诺。值得注意的是,尽管"国际科学丛书"开始非常成功,但终究还是停止出版了,因为后期的书被认为太像教科书了。抓住公众的注意力需要更直接为大众读者量身定做的东西,现在仅有少数科学家能够提供水平适当的作品。

626

尽管很多历史关注集中在英国和美国的情况,但是其他国家也经历了科学的快速发展,而且这些国家的公众也不得不接受这些发展。在德国,科学行业牢固建立起来的时间要早于英语国家,不过就像德国的其他学术界人士一样,科学家不得不以科学对哲学和文化以及工业的贡献来劝说人们接受他们的研究主题。科学亦被当作政治自由主义的催化剂来推广,而这么做的不仅仅是激进的唯物主义者。即便是鲁道夫·

[6] Alvar Ellegård,《达尔文和普通读者:英国期刊出版界对达尔文进化理论的接纳(1859～1872)》(*Darwin and the General Reader: The Reception of Darwin's Theory of Evolution in the British Periodical Press, 1859-1872*, Göteborg: Acta Universitatis Gothoburgensis, 1858; repr. Chicago: University of Chicago Press, 1990)。

[7] Bernard Lightman,《"自然界的声音":普及维多利亚时代的科学》("The Voices of Nature": Popularizing Victorian Science),载于 Bernard Lightman 编,《背景中的维多利亚时代的科学》(*Victorian Science in Context*, Chicago: University of Chicago Press, 1997),第 187 页～第 211 页;Bernard Lightman,《维多利亚时代科学普及者的视觉神学:从虔诚的眼到化学的视网膜》(The Visual Theology of Victorian Popularizers of Science: From Reverent Eye to Chemical Retina),《爱西斯》(*Isis*),91(2000),第 651 页～第 680 页;Bernard Lightman,《意识形态、进化论和后维多利亚时代信奉不可知论的科普者》(Ideology, Evolution and Late-Victorian Agnostic Popularizers),载于 James R. Moore 编,《历史、人类和进化:纪念约翰·C. 格林的论文》(*History, Humanity and Evolution: Essays for John C. Greene*, Cambridge: Cambridge University Press, 1989),第 285 页～第 309 页。

[8] Ruth Barton,《就在自然面前:19 世纪 60 年代一些英国大众科学杂志中的科学目的和科普目的》(Just before Nature: The Purposes of Science and the Purposes of Popularization in Some English Popular Science Journals of the 1860s),《科学年鉴》(*Annals of Science*),55(1998),第 1 页～第 33 页;Roy MacLeod,《〈自然〉的创刊》(The Genesis of *Nature*),《自然》(*Nature*),224(1969),第 423 页～第 440 页;Roy MacLeod,《科学中的进化主义、国际主义和商业企业:国际科学丛书(1871～1910)》(Evolutionism, Internationalism and Commercial Enterprise in Science: The International Scientific Series, 1871-1910),载于 A. J. Meadows 编,《欧洲科学出版的发展》(*Development of Science Publishing in Europe*, Amsterdam: Elsevier, 1980),第 63 页～第 93 页。麦克劳德的文章是按下书的原文版式重印的,Roy MacLeod,《维多利亚时代英格兰的"科学信条"》(*The "Creed of Science" in Victorian England*, Aldershot: Ashgate Variorum, 2000)。

[9] Frank M. Turner,《英国的公共科学(1880～1919)》(Public Science in Britain, 1880-1919),《爱西斯》,71(1980),第 589 页～第 608 页。

菲尔绍，一个反对恩斯特·海克尔的一元论达尔文主义的保守派人物，也愿意提出把科学作为一个挑战道德和政治权威传统来源的价值体系的基础。但是，到19世纪末的时候，却是海克尔的激进和浪漫思想的结合被最有效地呈现给公众作为科学转变文化和社会的能力的象征。[10]

法国有非常受欢迎的（而且其作品被广泛翻译的）大众科学作家，比如卡米耶·弗拉马里翁，而且儒勒·凡尔纳开创的科幻小说的作用亦不可忽视。这使我们联想起大众科学作品和科幻小说携手并进创作出一幅科学能够改变人们生活的画面。[11] 这当然是基于技术奇迹的描绘和预测，但是它也反映了古生物学和进化理论所产生的关于生命和人类起源的新思想。路易·菲吉耶于1863年出版的《大洪水之前的世界》（*La terre avant le deluge*）一书中含有对过去生活令人惊叹的视觉描述，在凡尔纳的《地心游记》（*Voyage au centre de la terre*）中，这种生活在地球中心巨大的洞穴中仍然被保存了下来。弗拉马里翁于1886年出版的《人类被创造之前的世界》（*Le monde avant le creation de l'homme*）一书也探讨了关于过去的新观念，到这个世纪最后10年的时候，"史前"小说这一类型已经完全确立了。早期古人类学家的人类起源的理论和传统的创世神话之间的相似之处曾经为米夏·兰多所注意。[12] 但如同马丁·拉德威克所指出的那样，过去世界的视觉重现对人们的想象力亦有强烈的影响，最终进入了博物馆展示和广告等不同的领域。本杰明·沃特豪斯·霍金斯重新复制的实际大小的史前动物，现在仍然可以在伦敦南部锡德纳姆（Sydenham）的水晶宫看到，恐龙和其他已经灭绝的动物几乎栩栩如生，至少对卡通画家而言是这样的。[13]

627

20世纪早期

到了20世纪早期，情况再次开始改变。尽管在英国和美国仍然缺少足够的支持，但是科学界的地位已经相当稳固。同时严重的分歧开始出现，一些人想要继续要求政

[10] Kurt Bayertz，《传播科学精神：19世纪德国科学普及的社会决定因素》（Spreading the Spirit of Science: Social Determinants of the Popularization of Science in Nineteenth-Century Germany），载于Shinn和Whitley编，《说明性科学：普及的形式和功能》，第209页～第227页；Andreas Daum，《19世纪的科学普及：公民文化、科学教育和德国公众（1848～1914）》（*Wissenschaftspopularisierung im 19 Jahrhundert. Burgerliche Kultur, naturwissenschaftliche Bildung und die deutsche Offentlichkeit, 1848–1914*, Munich: Oldenbourg, 1998）；Constantin Goschler编，《柏林的科学和公众（1870～1930）》（*Wissenschaft und Offentlichkeit in Berlin, 1870–1930*, Stuttgart: Franz Steiner, 2000）。也可参看J. Schikore，《解释视觉的任务——亥姆霍兹关于视觉的写作作为科学普及模型的测试案例》（The Task of Explaining Sight – Helmholtz's Writings on Vision as a Test Case for Models of the Popularization of Science），《背景中的科学》（*Science in Context*），14（2001），第397页～第417页。

[11] 关于科幻小说，可参看I. F. Clarke，《期望的模式（1644～2001）》（*The Pattern of Expectation, 1644–2001*, London: Book Club Associates, 1979）；Paul Fayter，《奇怪的空间和时间的新世界：维多利亚时代晚期的科学和科幻小说》（Strange New Worlds of Space and Time: Late Victorian Science and Science Fiction），载于Lightman编，《背景中的维多利亚时代的科学》，第256页～第280页。

[12] Misia Landau，《人类进化的故事》（*Narratives of Human Evolution*, New Haven, Conn.: Yale University Press, 1990）。

[13] Martin J. S. Rudwick，《远古的场景：史前世界的早期图画描述》（*Scenes of Deep Time: Early Pictorial Representations of the Prehistoric World*, Chicago: University of Chicago Press, 1992）。也可参看Claudette Cohen，《猛犸的命运：化石、神话和历史》（*The Fate of the Mammoth: Fossils, Myth and History*, Chicago: University of Chicago Press, 2002），William Rodarmor译。

府和业界给予更多的支持——他们愿意通过媒体来呼吁,而另一些人想保留科学家传统的独立并视科学普及为往好里说是浪费大好的研究时间,而往坏里说则是贬低了科学家这一职业。但是大众媒体也在改变,它开始通过发行新的大规模流通的报纸、期刊和廉价的图书来创造现代大众文化。但是一点也不清楚的是那些编辑这些新出版物的人是否真的想让科学家为他们写作:彼得·布罗克斯提到了编辑 W. T. 斯特德,628其在 1906 年公开表明了他不愿意请专家来写给大众读的文章,因为专家无法避免技术细节。[14] 实际上,在科学家和公众之间还是有相当多的互动,但是这种互动绝不是按照科学专业人士所规定的方式。正如布罗克斯所坚持的,当时的情况是一种协商,而不是简单的知识传播,因为科学家、出版商和公众的成员都带有他们各自的利益来影响科学的大众形象。

20 世纪早期确实是避免公开辩论和科普写作的"漠然的"科学家的虚构故事被创造出来的时期。后来,持左翼观点的科学家公开声明他们的社会良知和他们教育公众并与大众交流的意愿。像兰斯洛特·霍格本和 C. H. 沃丁顿这样的科学家-作家悲叹较早一代科学家的懦弱,他们由于拒绝思考他们狭隘的专业研究之外的东西,而把自己完全卖给了资本主义工业。[15] 的确,一些出类拔萃的人,比如霍格本自己和年轻的朱利安·赫胥黎,被认为把时间浪费在了大众写作上因而承受了很大的职业发展的风险,特别是会影响他们获得令人羡慕的王家学会奖学金的机会。相反地,有像斯特德这样的编辑和出版商,他们认为几乎没有科学家可以成功地写出适合非专家读者的作品,并认为记者更胜任这份工作。由于在当时几乎没有什么专门的科学记者,这就意味着科学的形象可能是由那些外行人所树立,他们把科学家描绘为从事与现实生活联系极少的令人费解的工作的孤傲的形象。像博物学这样的领域(训练有素的业余爱好者在其中仍能发挥一定作用)则被挤在一边并被视为和实验室科学不可同日而语。

但是这么说并不全面。科学家确实在 20 世纪早期为公众写作,我们要知道是怎么写的以及为什么写。那些取得成功的当然是一群特别的科学家,因为在认为只有一些科学家具有真正的和非专家交流的天赋上,斯特德是对的。大多数科学家可以写给特别感兴趣的读者看的半科普书,但很少有科学家能够写出适合科普杂志水平的文章,更不要说报纸了。那些的确在这个更广泛的层面取得成功的并不一定是为后来科学历史学家记住的大人物。其中一些,包括生物学家 J. 阿瑟·汤姆森和赫胥黎,的确是几乎完全放弃了科学研究来为非专业读者写作。其他人,包括霍格本、沃丁顿和大部分的本章后面提到的较为有名的科学家,继续了他们的研究工作并保持了作为职业科学家的信誉。很多资历很浅的人几乎可以肯定是为了钱而写作,因为没有获得教授

[14] Peter Broks,《第一次世界大战之前的媒体科学》(*Media Science before the Great War*, London: Macmillan, 1996),第 34 页。

[15] Gary Wersky,《显著的自治组织:20 世纪 30 年代英国科学社会主义者的集体传记》(*The Visible College: A Collective Biography of British Scientific Socialists of the 1930s*, London: Allen Lane, 1978)。

职位的理论的和实践的科学工作者的工资少得可怜。

629 但是,说到底,那些因努力和公众交流而出名的科学家几乎肯定有着某种更广泛的动机,不管是宗教上的或是意识形态上的。一些科学家想要把对科学的理解传播给普通群众,他们确信创造一个受过教育的普通民众群体是消灭社会特权的最好方式。埃德温·雷·兰克斯特在《每日电讯报》(*Daily Telegraph*)上开创性的“安乐椅上谈科学”系列文章就延续了他的导师托马斯·亨利·赫胥黎与大众的交流。科学可以在道德教育方面发挥一定作用的观念亦得到了广泛宣扬。《发现》(一份英国杂志)的观念在表明科学家(包括这一阶段的考古学家)不仅是公正无私而且是富有想象力的真理探寻者方面是很重要的。[16] 一些科学家则公开为宗教或哲学教育的目的而写作,其中包括J. 阿瑟·汤姆森、阿瑟·S. 爱丁顿和詹姆斯·金斯,他们被反对者指责为试图重新建立自然神学。唯物主义者不满少数著名但是年迈的科学家能够创造一种关于科学的更广泛含义的不切实际的印象,因为他们能够向公众成功地宣扬过时的概念。后来的社会主义作家,包括霍格本和J. B. S. 霍尔丹,对他们自己的书和文章中所嵌入的政治意识形态有更强的自我意识,而倾向于强调科学在改善人民生活方面的实用价值。

在美国,希望把政府对科学的支持带到一个新水平的科学家积极地通过书籍和杂志与公众沟通,但在这里同样也有科学界的其他成员质疑这些科学家的动机。[17] 科学以一个声音和公众说话的概念只是一个错觉,但是要更多的人理解这一事实取决于那些持反对观点的科学家,他们愿意花必要的时间来阻止他们的对手创造科学界是铁板一块的假象。

对英国和美国的杂志的调查都表明在20世纪早期的几十年里,相当大一部分有关科学的文章是由科学家执笔的或是基于对他们的采访。[18] 笔者自己关于同一时期大众科学书籍的研究表明,大众教育系列图书的出版商非常乐意有真正的“专家”为他们写作。J. 阿瑟·汤姆森是“家庭大学图书馆”丛书的科学编辑,这套丛书是关于学术专题的简短而便宜的书并且给作者预付50英镑(相当于初级科研人员年薪的 630 1/3)。[19] 不少科学家,不仅是出名的,很快开始在新的广播媒体上传播科学。在英国,

[16] 参看Anna-K. Mayer,《“好斗的责任感”:英国风格和科学家》(“A Combative Sense of Duty”: Englishness and the Scientists),载于Chris Lawrence和Anna-K. Mayer编,《重塑英格兰:两次世界大战之间英国的科学、医学和文化》(*Regenerating England: Science, Medicine and Culture in Inter-war Britain*, Amsterdam: Rodopi, 2000),第67页~第106页。

[17] Ronald C. Tobey,《美国国家科学中的意识形态(1919~1930)》(*The American Ideology of National Science, 1919-1930*, Pittsburgh, Pa.: University of Pittsburgh Press, 1971)。

[18] Broks,《第一次世界大战之前的媒体科学》;Marcel La Follette,《创造我们自己的科学:科学的公共形象(1910~1955)》(*Making Science Our Own: Public Images of Science, 1910-1955*, Chicago: University of Chicago Press, 1990)。

[19] Peter J. Bowler,《从科学到科学普及:J. 阿瑟·汤姆森的职业》(From Science to the Popularization of Science: The Career of J. Arthur Thomson),载于M. D. Eddy和D. Knight编,《科学和信仰:从自然哲学到自然科学(1700~1900)》(*Science and Beliefs: From Natural Philosophy to Natural Science, 1700-1900*, Aldershot: Ashgate, 2005),第231页~第248页。更广泛的情况,参看Peter J. Bowler,《专家和出版商:在20世纪早期的英国写作大众科学,现在写作大众科学史》(Experts and Publishers: Writing Popular Science in Early Twentieth-Century Britain, Writing Popular History of Science Now),《英国科学史杂志》(*British Journal for the History of Science*),39(2006),第1页~第29页。

广播为英国广播公司(BBC)所控制,其建立的明确宗旨是教育而非娱乐。这一时期几乎没有什么听众调查,但是逸事趣闻表明大多数听众觉得专家或科学家之类的"谈话"是相当枯燥的。[20]

尽管很多为了教育普通大众而写的资料旨在提供对科学的所有领域的一般性介绍,但很明显有某些特定的主题和领域,其由于被认为具有革命性而激发了出版界的兴趣。一些生物学和心理学的主题就是这样。朱利安·赫胥黎声名鹊起是因为他在蝾螈的生长激素上的研究引发了长生不老的想象,弗洛伊德心理学前卫的隐喻亦被广泛报道。但是大概最激动人心的报道集中在物理学和宇宙学的新进展上,特别是相对论和量子力学。作为一个艰涩的推翻了所有传统确定性的理论的作者,阿尔伯特·爱因斯坦几乎成为神话中的人物,这已经为历史学家详尽地探讨过。[21] 一个更具体的而且也为人注目的案例是阿瑟·S. 爱丁顿和詹姆斯·金斯之间的较量,他们(在剑桥大学出版社的鼓动下)以写作探讨新物理学是如何推翻钟表机械式的宇宙的旧形象的畅销书的方式互相竞争。迈克尔·惠特沃思对这些和其他畅销书作者的研究会提供一个怎么去理解科学家、出版商和公众之间的关系的模型,如果详细的出版商记录可以得到的话。[22]

人们普遍认为科学作家或科学记者这一职业仅仅于20世纪30年代开始出现。在美国,由埃德温·E. 斯洛森担任编者的科学新闻服务机构成立于1920年,为媒体提供相关信息。国家科学作家协会(National Association of Science Writers)成立于1934年,最初仅有11位成员,其成员人数在第二次世界大战后大幅度增加。[23] 在英国,据说在战前只有3位职业科学作家,而英国科学作家协会(Association of British Science Writers)在1947年才成立。但是这类数字是会让人产生误解的。尽管许多科普书籍是由工作中的科学家写的,但很多期刊和报纸上的类似文章却一直都是由记者提供,而这些记者必然要自己学习科学知识。在20世纪30年代情况发生了变化,专业科学记者出现了,他们或许有一个科学的学位而且可以和研究科学家们很好地打成一片以确保他们可以得知有关最新发现的消息。他们也能够在科学家面前把自己说成是在

631

[20] 参看科利·诺克斯(Collie Knox)尖酸的评论,刊登在1934年5月29日的《每日邮报》(*Daily Mail*)上,引用于D. L. Le Mahieu,《民众文化:两次世界大战之间英国的大众交流和高雅心智》(*A Culture for Democracy: Mass Communication and the Cultivated Mind in Britain between the Wars*, Oxford: Clarendon Press, 1988),第275页。关于广播的影响更正面的观点,参看Mark Pegg,《广播和社会(1918～1939)》(*Broadcasting and Society, 1918－1939*, London: Croom Helm, 1983),第208页。即便是有了今天的高科技电视节目,然而研究表明大众科学的观众依然非常有限。

[21] 例如Alan J. Friedman和Carol C. Donley,《像神话中的人物和缪斯的爱因斯坦》(*Einstein as Myth and Muse*, Cambridge: Cambridge University Press, 1986);Michel Biezunski,《科学普及和科学争议:以相对论在法国为例》(Popularization and Scientific Controversy: The Case of the Theory of Relativity in France),载于Shinn和Whitley编,《说明性科学:普及的形式和功能》,第183页～第194页。

[22] Michael Whitworth,《布面精装的世界:大众物理图书(1919～1939)》(The Clothbound Universe: Popular Physics Books, 1919-39),《出版史》(*Publishing History*),40(1996),第53页～第82页。

[23] B. Dixon,《告诉人民:第二次世界大战以来公共出版中的科学》(Telling the People: Science in the Public Press since the Second World War),参看Meadows,《欧洲科学出版的发展》,第215页～第235页;Jane Gregory和Steve Miller,《大众中的科学:交流、文化和可信性》(*Science in Public: Communication, Culture, and Credibility*, New York: Plenum Press, 1998);Hillier Krieghbaum,《科学和大众媒体》(*Science and the Mass Media*, New York: New York University Press, 1967)。

这样一个良好的宣传变得越发重要的世界里代表着科学本身的利益的人。

后来的发展

随着科学作家这一新的职业稳固下来,其成员越发急于说服科学家只有那些具备适当的文学能力的人才能把科学的东西以公众能够消化吸收的形式展现出来。这就强化了有些科学家本来是相当有限的对他们那些和公众直接打交道的同行的怀疑。20 世纪中期的几十年因而成为科学普及"主导观点"的鼎盛时期,在这种观点下,科学知识的创造和传播是截然不同的,那些创造知识的人不应该直接和大众媒体打交道。传播是一个单向的过程,因为科学知识的特殊性质使其免受只能被动吸收科学发现的简化版的公众的质疑。在战后的年代里,在科学职业内部排斥那些通过和媒体直接联系而规避科研出版界同行评审体系的人的趋势增强了。《新英格兰医学杂志》(*New England Journal of Medicine*)的编者弗朗茨·英格尔芬格,宣称他不会接受一个已经向大众媒体宣布其发现的科学家的任何论文。这个英格尔芬格规则基本上强化了专业科学家和科学作家之间日趋增加的分隔,但它是通过延迟二者的互动以及使其变成一个完全的单向过程来实现的。难怪在这些 20 世纪后期开始出现的基于科学的行业中,这样的规则变得无法维持——尽管科学家可以在透露给记者之前告诉专利律师或商业上的支持者。在这一时期,只有在介绍非常粗略的概论方面,还有一群特别的科学家继续为普通公众写作,其中包括像卡尔·萨根和斯蒂芬·杰伊·古尔德这样的取得了国际声誉和作品大卖的人物。但即便在这种情况下,还是有人怀疑影子写手最终提供了不可缺少的媒介。 632

探索科学及其含意的新的方式开始出现。相比 19 世纪的前身,20 世纪中期的杂志已经有了更好的插图说明,而且彩色摄影的出现更为杂志打动人心的能力增加了新的方式。在像国家地理学会(National Geographic Society)这样成功的机构的管理下,杂志可以营造出读者真的置身于探索之中的感觉,并且通过这样的宣传开启重要的探险活动。把这种方式应用在像灵长类动物学这样有争议的领域,《国家地理》(*National Geographic*)杂志能够直接左右公众对世界上所发生的事情的理解,在这个案例中是通过推广女性灵长类学者如简·古多尔的工作。[24] 博物馆也日益意识到其塑造公众对科学和自然的认识的能力,卡尔·埃克利在美国自然史博物馆(American Museum of Natural History)的模拟动物野生状况的展览开创了一个创造错觉的新时代,这种错觉使参观者可以直接经历一个实际上是精心打造的自然世界的场景。大型的展览继续

[24] Donna Haraway,《灵长类影像:现代科学世界中的性别、人种和自然》(*Primate Visions: Gender, Race and Nature in the World of Modern Science*, London: Routledge, 1990)。也可参看 Ronald Rainger,《拯救古物:亨利·费尔菲尔德·奥斯本和古脊椎动物学在美国自然史博物馆(1890~1935)》(*An Agenda for Antiquity: Henry Fairfield Osborn and Vertebrate Paleontology at the American Museum of Natural History, 1890-1935*, Tuscaloosa: University of Alabama Press, 1991)。

把公众的注意力聚焦在那些政府和业界最想推销的科学和技术上,有时伴有寻求影响公众观点的科学家的积极参与。[25] 广播在前文已经提到过了,到了20世纪中期,通过纪录片的形式,电影亦越来越广泛地用来介绍关于自然世界的科学观点。[26]

在20世纪的后50年里,电视成了科学得以普及或被批评的最有影响力的媒体。现在电视制作人加入了科学作家的行列,来促进公众对这种最初被设想为一个不容置疑的科学知识体系的理解,一些科学家很好地适应了这种新环境,卡尔·萨根就是一个好的例子。但是随着媒体和公众开始意识到权威人士试图操纵他们对所发生的事情的理解,科学界的天真的期望越来越受到挑战。互联网现在已经绕过了官方的交流沟通渠道,因而使得科学界、政府和业界的任何决定不会受到挑战的情况变得几乎不可能了。在这种环境下,一个在曾经的科学普及的"主导观点"中所描绘的公众被动接收信息的场景已经转化为越来越多的精英和专业人士接受他们必须和公众建立关系并对公众的关注作出反应。这种情况在某种程度上再次建立了早期形式的大众科学的氛围特点,这种特点同样出现在科学界开始认为自己——用C. P. 斯诺的话说——是一个其他任何人都要对其有所了解的独立文化之前,这是个历史的讽刺。[27]

633

(胡炜 译)

[25] 关于展览(或是如20世纪所称的博览会),例如参看Jacqueline Eidelman,《法国科学的圣地:早期的"探索宫"》(The Cathedral of French Science: The Early Years of the "Palais de la Decouverte"),载于Shinn和Whitley编,《说明性科学:普及的形式和功能》,第195页~第207页;Sophie Forgan,《原子漫游奇境》(Atoms in Wonderland),《历史与技术》(*History and Technology*),19(2003),第177页~第196页。

[26] Greg Mitman,《胶片上的自然:电影中与野生生物有关的美国传奇》(*Reel Nature: America's Romance with Wildlife on Film*, Cambridge, Mass.: Harvard University Press, 1999)。

[27] C. P. 斯诺在1959年里思讲座(Reith lecture)中抱怨文学精英已经开始忽略科学,但是他本人积极参与向普通公众普及科学的活动。参看C. P. Snow,《两种文化:再次审视》(*The Two Cultures: A Second Look*, Cambridge: Cambridge University Press, 1969)。

专 名 索 引*

* 条目后的页码为原书页码,即本书旁码。

C

D

E

F

Z

人 名 索 引*

* 人名后的页码为原书页码,即本书旁码。

C

D

E

F

G

H

J

K

L

M

N

O

P

T

X

Y

Z